Der Aufbau der realen Welt

Grundriß der allgemeinen Kategorienlehre

von

Nicolai Hartmann

Walter de Gruyter & Co.

vormals G. J. Göschen'sche Verlagshandlung / J. Guttentag, Verlagsbuchhandlung / Georg Reimer / Karl J. Trübner / Veit & Comp.

Berlin 1940

Archiv-Nr. 42 45 40

Druck von Walter de Gruyter & Co · Berlin W 35

Printed in Germany

Vorwort.

Den Untersuchungen „Zur Grundlegung" und denen über „Möglichkeit und Wirklichkeit" stelle ich mit der Allgemeinen Kategorienlehre, die den „Aufbau der realen Welt" umreißen soll, das dritte Stück der Ontologie an die Seite.

Die Entfaltung des neuen Themas ist durch die voraufgegangenen Bände eindeutig vorgezeichnet. Man wird sich der dort mehrfach erörterten Gründe erinnern, warum alle ins Besondere und Inhaltliche gehende Ontologie die Form der Kategorienlehre annehmen muß. Nicht von Verstandesbegriffen handelt die Kategorienlehre, sondern von den strukturellen Fundamenten der realen Welt, genau in demselben Sinne, wie die Modalanalyse von ihrer Seinsweise handelte. Kategorienlehre ist nicht Sache der Erkenntnistheorie; sie ist für diese zwar unentbehrlich, kann aber von ihr allein nicht bewältigt werden. Nur ontologische Frageweise hat für sie die rechte Einstellung und die nötige Weite.

Mit welchem Recht sich Seinsfundamente unter dem Namen von „Kategorien" behandeln lassen, ist nicht schwer zu zeigen; davon gibt die Einleitung Rechenschaft. Daß aber in einer Untersuchung über Kategorien auch ein einheitliches Gerüst der realen Welt greifbar wird, ist eine Einsicht, die sich nicht zum voraus, sondern erst im Fortschreiten der inhaltlichen Erörterungen selbst erweisen läßt. Wenn ich diese Einsicht bereits im Titel des Buches ausspreche, so greife ich damit dem Erweise nicht vor, sondern weise nur vorweg auf den ontologischen Hauptgegenstand der Kategorialanalyse hin.

Der Hinweis ist nicht überflüssig. Denn der Weg des Erweises ist ein weiter. Das ontologische Kategorienproblem ist mit einer langen Reihe von Aporien belastet, von denen die meisten auf traditionellen Vorurteilen beruhen. Der Abbau dieser Vorurteile ist die Aufgabe des I. Teiles. Er vollzieht sich in rein kritischer Arbeit, und zwar auf einem Wege, der, wie mir scheinen will, der Weg einer neuen Kritik der reinen Vernunft ist. In der Tat handelt es sich hier auf der ganzen Linie um neue Einschränkungen der apriorischen Erkenntnis sowie um Sicherung der objektiven Gültigkeit philosophischer Einsichten.

Dieser Teil der Untersuchungen wird nicht um seiner selbst willen geführt, enthält aber die entscheidenden Auseinandersetzungen. Ein Bruchstück davon habe ich bereits 1924 in dem Aufsatz „Wie ist kritische Ontologie überhaupt möglich" veröffentlicht. Der Sache nach war es schon damals die Vorarbeit zur Kategorienlehre. In der neuen Bearbeitung konnte ich die alten Ansätze fast durchgehend festhalten. Inhaltlich aber bedurfte es vieler Ergänzungen.

Die Kategorienlehre selbst freilich erfordert ein ganz anderes Vorgehen. Kategorien wollen aufgezeigt, analysiert, durch ihre mannigfaltigen Abwandlungen hindurch verfolgt sein. Der II. Teil nimmt diese Aufgabe in Angriff, indem er die strukturellen Fundamentalkategorien herausarbeitet, d. h. diejenigen Kategorien, die allen Schichten des Realen (und überdies allen Seinssphären) gemeinsam sind, sowie die sich eng an sie anschließenden Kategoriengruppen der Qualität und Quantität. Diese Untersuchung muß weit ausholen. Sie mag darum in ihren Anfängen unübersichtlich scheinen. Vergleicht man sie aber mit den Schwierigkeiten der Modalanalyse, so darf sie als konkret und relativ leicht gelten. Sie kann überall am Inhaltlichen ansetzen, z. T. sogar am anschaulich Gegebenen und unmittelbar Aufweisbaren. Denn jede dieser Kategorien durchdringt den ganzen Schichtenbau der realen Welt bis hinauf zu den Höhen des geistigen Seins und offenbart in jeder Höhenlage neue Seiten ihres Wesens.

Die Anfänge dieser Untersuchung liegen weit zurück. Schon die „Metaphysik der Erkenntnis" (1921) fußte auf einigen Analysen dieser Art. Wenn ich sie damals mit hätte vorlegen können, es wäre manches schlimme Mißverständnis niemals aufgekommen; ich hoffte denn auch, in absehbarer Zeit einen Abriß der Kategorienlehre folgen lassen zu können. Die Hoffnung erfüllte sich nicht. Mit dem Eindringen wuchs der Stoff an, und solange der Überblick des Ganzen fehlte, entbehrten auch die ersten Schritte der Sicherheit. Indessen sind fast zwei Jahrzehnte darüber hingegangen und die ganze Problemlage im Fach hat sich verschoben. Der Ontologie ist sie günstiger geworden: der Fragebereich um das „Seiende als Seiendes" hat wieder eine gewisse Selbständigkeit erlangt; und wenn man heute das Sein vom Gegenstandsein unterscheidet, so wird man wenigstens von den Jüngeren verstanden. Andererseits hat sich der Fragebereich der Ontologie zu ungeahnter Verzweigung ausgewachsen; niemand wird heute noch glauben können, auf diesem Arbeitsgebiet als Einzelner zu einem Abschluß gelangen zu können. Es beginnt vielmehr die Einsicht durchzudringen, daß wir überhaupt heute erst in den Anfängen der Kategorienlehre stehen. Wer auf diesem Gebiete etwas vorlegen will, muß notgedrungen einen vorläufigen Grenzstrich ziehen.

Die Problemlage unserer Zeit gestattet den Einblick nur in gewisse Ausschnitte des kategorialen Gesamtaufbaus. Nur die niederen Schichten sind halbwegs zugänglich geworden; für die höheren, die des seelischen und des geistigen Seins, mangelt es noch an gründlicher Vorarbeit. Und wie könnte es anders sein? Ist doch die Psychologie, ist doch die

Mehrzahl der Geisteswissenschaften noch jung. Diese allgemeine Problemlage kann sich nur langsam ändern. Wer mehr als einen Ausschnitt geben wollte, müßte mit Vermutungen künftiger Einsichten arbeiten. Damit kann in der Wissenschaft niemand Glück haben. Den Propheten spielen wird stets nur der Unwissende.

So ist es denn auch heute nur ein Ausschnitt aus der kategorialen Mannigfaltigkeit, was ich auf diesen Blättern vorlege. Und nicht nur auf diesen Blättern. Denn das gleiche wie von den Fundamentalkategorien, die dieser Band behandelt, gilt auch von den Kategorien der Natur, mit denen es der nächste (das vierte Stück der Ontologie) zu tun hat. Andererseits aber ist auch der engste Ausschnitt aus der kategorialen Mannigfaltigkeit nur auf Grund größerer Zusammenhänge faßbar. Man muß diese wenigstens im Blick haben, wenn auch die Analyse sie nicht bewältigt. Denn so steht es einmal im Kategorienproblem: es hängt alles unaufhebbar aneinander, und man kann die Anfänge erst zur Klarheit bringen, wenn man mit der Kategorialanalyse bedeutend über sie hinausgelangt ist und etwas vom Aspekt des Ganzen erfaßt hat.

Das widerstreitet keineswegs dem Ansatz an einem Ausschnitt. Im Gegenteil, dafür stehen die Aussichten gar nicht schlecht. Gerade das Ganze ist von den Anfängen aus in gewissen Umrissen erkennbar. Denn eben weil im Kategorienreich alles unlöslich aneinanderhängt, muß sich auch schon in den Fundamentalkategorien etwas vom Aufbau der realen Welt verraten. So kommt es, daß am Leitfaden dieser Kategorien eine Reihe von Gesetzen greifbar wird, die das innere Gerüst des ganzen Aufbaus ausmachen. Darum bildet die Herausarbeitung dieser Gesetze den eigentlichen Schwerpunkt der vorliegenden Untersuchungen. Mit ihnen hat es der dritte Teil des Buches zu tun.

Mit den Gesetzen selbst bringe ich heute nicht mehr etwas Neues. Ich habe 1926 unter dem Titel „Kategoriale Gesetze" (Philosophischer Anzeiger I, 2) von ihnen gehandelt; doch fehlte mir damals das breitere inhaltliche Material, um sie mehr ins Einzelne durchzuprüfen. Auch habe ich im Lauf der Jahre manches an der damaligen Fassung verbesserungsbedürftig gefunden. Die Gesetze kehren zwar in der neuen Fassung alle wieder, haben aber in einigen wesentlichen Stücken eine Änderung erfahren.

Der Hauptpunkt des Unterschiedes läßt sich ohne Schwierigkeiten vorweg angeben. Damals schien es mir noch, daß alle Überlagerung der Seinsschichten und ihrer Kategorien den Charakter des Überformungsverhältnisses trage. Damit war dem relativierten Form-Materie-Verhältnis, also einem einzelnen Kategorienpaar, ein zu großer Spielraum zugestanden; der Aufbau der realen Welt war noch zu einfach gezeichnet. Der Fehler machte sich dann in der weiteren Durchführung der Kategorialanalyse immer mehr als Unstimmigkeit geltend. Es zeigte sich, daß weder die Schichten des Realen selbst noch die seiner Kategorien im reinen Überformungsverhältnis aufgehen, daß vielmehr eine zweite Art der Überlagerung sich dazwischenschiebt und nach oben zu immer mehr das Feld beherrscht. Diese galt es zu fassen und der kategorialen Gesetzlichkeit einzugliedern.

So sah ich mich denn auf die neuerliche Überprüfung der ersten Grundlagen zurückgeworfen. Mit den mannigfachen Umwegen, die meine Untersuchungen seitdem durchlaufen haben, brauche ich den Leser dieses Buches nicht zu beschweren. Ich habe denn auch in der neuen Darstellung der kategorialen Gesetze davon Abstand genommen, auf die frühere Fassung Bezug zu nehmen. Es schien mir überflüssig, heute noch fortlaufend an sie zu erinnern. Wer die alte Arbeit kennt, wird ohnehin leicht die Abweichungen feststellen. Und über die Gründe der veränderten Fassung gibt die Analyse selbst genügend Aufschluß.

Indessen konnte ich von Jahr zu Jahr verfolgen, wie sich der Schichtungsgedanke, obgleich ich ihn damals in unausgereifter Form gebracht hatte, immer mehr durchsetzte. Es scheint, daß er ein allgemein empfundenes und auf vielen Problemgebieten gedanklich vorbereitetes Desiderat des erwachenden ontologischen Denkens erfüllte. Das besondere Verhältnis der Schichten jedoch sowie namentlich die zwischen ihnen waltende Abhängigkeit unterlag hierbei mancher Verunklärung. Da nun der kategoriale Bau der realen Welt ein Schichtenbau ist, die besondere Art seiner Schichtung also zum eigentlichen Hauptthema des vorliegenden Buches gehört, so habe ich nunmehr auf die Behandlung der vierten Gesetzesgruppe, die der Dependenzgesetze, größeren Nachdruck legen müssen. Erst von diesen Gesetzen aus fällt das entscheidende Licht auf das Schichtungsverhältnis, und auch sonst liegen bei ihnen die wichtigsten Aufschlüsse über den Aufbau der realen Welt. Erst hier, im letzten systematischen Abschnitt des Schlußteiles, kommt das Hauptthema des ganzen Werkes zum Austrag. —

Noch eines liegt mir hierbei am Herzen. Ich höre immer wieder den Vorwurf, ich hätte der Philosophie das Recht, auf ein „System" hinzuarbeiten, abgesprochen, täte dabei aber selbst nichts anderes als ein philosophisches System zu bauen. Es kann nicht fehlen, daß dieser Vorwurf insonderheit gegen ein Buch erhoben werden wird, welches direkt vom Aufbau der realen Welt handelt, also jedenfalls doch auf ein System hinarbeitet.

Ich könnte gegenfragen: soll etwa einem, der gegen das Konstruieren einschreitet, das Thema „Welt" verwehrt sein? Oder soll, weil es das Thema doch nun einmal gibt, aller kritischen Besinnung abgeschworen und aller Spekulation die Tür geöffnet sein? So wird man es wohl nicht meinen. Aber es ist vielleicht besser, wenn ich den entscheidenden Unterschied — auf die Gefahr hin, denen lästig zu werden, die ihn längst erfaßt haben — hier in Kürze darlege.

Da ist doch den Herren Kritikern ein mir kaum begreifliches Mißverständnis untergelaufen. Sie haben das System der Welt mit dem System der Philosophie, das Suchen nach ersterem mit dem fabulierenden Gedankenspiel des letzteren verwechselt. Niemals habe ich bestritten, daß die Welt, in der wir leben, ein System ist, und daß die philosophische Erkenntnis dieser Welt auf Erkenntnis ihres Systems hinauslaufen muß. Bestritten habe ich stets nur, daß solche Erkenntnis von einem vorentworfenen Systemplane ausgehen dürfe — gleich als wüßten wir schon vor aller Untersuchung, wie das Weltsystem beschaffen ist —, um dann hinterher die Phänomene hineinzuzwängen, soweit das geht, und abzuweisen, soweit es nicht geht. Dieses haben die spekulativen Systeme der Metaphysik von den Anfängen der Philosophie bis auf unsere Zeit getan. Darum hat sich keines von ihnen halten können. Systeme dieser Art sind es, die m. E. in der Tat heute ausgespielt haben.

Das ist der Unterschied, auf den allein es ankommt: ob man ein erdachtes resp. den Traditionen theologischer Populärmetaphysik entnommenes System voraussetzt, oder ob man ein noch unbekanntes System, das im Gefüge der Welt stecken mag, von den Phänomenen ausgehend aufzudecken sucht. Von einem Aufbau der „realen Welt" wird man sinnvollerweise nur im zweiten Falle handeln können. Man wird dabei freilich das System nicht auf den Tisch präparieren können. Man wird sich auch nicht einbilden dürfen, das vom Fabulieren verwöhnte metaphysische Bedürfnis befriedigen zu können. Man wird vielmehr zufrieden sein, wenn es gelingt, einige Grundzüge des gesuchten Weltgerüstes zur Greifbarkeit zu bringen.

Mehr als einige Grundzüge bringt auch dieses Buch nicht. Die kategorialen Gesetze bilden nur ein loses Geflecht, in dem manches hypothetisch und vieles ganz offen bleibt. Wer die Gesamtanschauung von der Welt, auf die sie hinausführen, ein System der Philosophie nennen will, dem soll das unverwehrt sein. Er muß sich dann nur hüten, das System über die Grenzen des wirklich Aufgewiesenen und Dargelegten hinaus nach Gutdünken zu erweitern. Dem Systemsüchtigen vom alten Schlage wird das nicht leicht sein. Wer den Unterschied von Untersuchen und Konstruieren nicht in langjähriger eigener Arbeit an denselben Problembeständen ermessen gelernt hat, wird hier schwerlich die kritische Grenze zu ziehen wissen. Er wird gut tun, sie sich einstweilen zeigen zu lassen.

Ob ich selbst die Grenze richtig gezogen habe — diese Frage wird der aufmerksam Lesende in jedem Kapitel des Buches neu gestellt finden. Sie zu beantworten ist weder Sache des Autors noch seiner Zeitgenossen. Sie beantwortet sich von selbst, wenn die Forschung einige Schritte weiter gelangt und die Problemlage eine andere geworden ist. So lehrt es uns die geschichtliche Erfahrung. Aber die Heutigen erfahren die Antwort nicht mehr.

Eine Fülle weiterer Fragen hängt hiermit zusammen, die alle ins Methodologische gehen. Fast ebenso groß wie das Mißverständnis in der Systemfrage ist das andere, das die „Voraussetzungen" der Philosophie betrifft. Jene selben Kritiker haben mir die Idee einer „voraussetzungslosen Philosophie" zugeschrieben. Sie haben damit einen mir gänzlich fremden Gedanken — der ja auch nachweislich ganz anderen Ursprungs ist — auf meine Arbeiten übertragen. Ich habe schon vor zwei Jahrzehnten in der „Metaphysik der Erkenntnis", damals noch im Gegensatz zur Mehrzahl der Fachgenossen, die umgekehrte Forderung erhoben, die Philosophie von einem so breit wie möglich angelegten Umfang des Gegebenen aus zu beginnen und in diesem Gegebenen den Bestand ihrer Voraussetzungen zu erblicken. Zu wenig Gegebenes anzunehmen ist gefährlich, denn es setzt eine Auslese voraus, deren Gesichtspunkt nicht zum voraus feststehen kann; zu viel vorauszusetzen ist weit gefahrloser, weil in der Fortarbeit das irrig Hingenommene sich herausstellen läßt. Die Philosophie beginnt nicht mit sich selbst; sie setzt das in Jahrhunderten angesammelte Wissen und die methodische Erfahrung aller Wissenschaften voraus, nicht weniger aber auch die zweischneidigen Erfahrungen der philosophischen Systeme. Aus alledem hat sie zu lernen. Von dem ungeheuren Unsinn einer „voraussetzungslosen Wissenschaft" ist sie jedenfalls weiter entfernt als irgendein anderer Wissenszweig.

Was sie wirklich zu vermeiden trachten muß, sind nur Voraussetzungen einer bestimmten Art: die spekulativen und konstruktiven, die der Untersuchung vorgreifen und ihre Ziele vorweg bestimmen. Noch im Neukantianismus hat die Tradition der Systembaumeisterei vorgeherrscht. Wir stehen heute in der Reaktion gegen diese Tendenz. Philosophie soll keine Luftschlösser bauen. Sie soll auch nicht vorspiegeln, zeitlose Dinge zu treiben. Aus der Zeitlage heraus die Probleme aufgreifen soll sie, in dem Maße als diese spruchreif geworden sind. Es gibt keine größere Aufgabe für sie, als die Arbeit an ihnen bewußt und ohne Nebenrücksichten aufzunehmen.

Berlin, Dezember 1939.

Nicolai Hartmann.

Inhalt.

Erster Teil

Allgemeiner Begriff der Kategorien

I. Abschnitt. Die Kategorien und das ideale Sein.

II. Abschnitt. Ontologische Fassungen und Fehlerquellen.

III. Abschnitt. Erkenntnistheoretische Fassungen und Fehlerquellen.

IV. Abschnitt. Fehlerquellen der philosophischen Systematik.

Zweiter Teil

Die Lehre von den Fundamentalkategorien

I. Abschnitt. Die Schichten des Realen und die Sphären.

IV. Abschnitt. Die Kategorien der Qualität.

Dritter Teil

Die kategorialen Gesetze

I. Abschnitt. Gesetze der kategorialen Geltung.

II. Abschnitt. Gesetze der kategorialen Kohärenz.

III. Abschnitt. Gesetze der kategorialen Schichtung.

IV. Abschnitt. Gesetze der kategorialen Dependenz.

V. Abschnitt. Methodologische Folgerungen.

Einleitung

1. Die Stellung der Kategorienlehre innerhalb der Ontologie.

Das erste Anliegen der Ontologie geht dahin, die Frage nach dem „Seienden als Seienden" in ihrer vollen Allgemeinheit zu klären, sowie sich der Gegebenheit des Seienden grundsätzlich zu versichern. Mit dieser Aufgabe hat es die Grundlegung der Ontologie zu tun. Daneben tritt in zweiter Linie das Problem der Seinsweisen (Realität und Idealität) und ihres Verhältnisses zueinander. Die Behandlung dieses Problems fällt der Modalanalyse zu. Denn in den variierenden Verhältnissen von Möglichkeit, Wirklichkeit und Notwendigkeit, sowie deren negativen Gegengliedern, wandelt sich die Seinsweise ab.

Soweit steht die Untersuchung noch diesseits aller inhaltlichen Fragen, und folglich auch diesseits aller Erörterung von konstitutiven Grundlagen des Seienden. Erst mit der inhaltlichen Differenzierung des Seinsproblems tritt die Untersuchung an diese Grundlagen heran. Sie geht damit in ein drittes Stadium über und wird zur Kategorienlehre.

Alles, was die Ontologie über jene allgemeinen Bestimmungen des ersten und zweiten Fragebereichs hinaus über das Seiende ausmachen kann, bewegt sich im Geleise der Kategorialanalyse. Alle irgendwie grundlegenden Unterschiede der Seinsgebiete, -stufen oder -schichten, sowie die innerhalb der Gebiete waltenden gemeinsamen Züge und verbindenden Verhältnisse, nehmen die Form von Kategorien an. Da aber Gliederungen, Grundzüge und Verhältnisse des Seienden eben das sind, was den Aufbau der realen Welt ausmacht, so hat es die Kategorialanalyse mit nichts Geringerem als diesem Aufbau der Welt zu tun. Begrenzt ist ihr Thema nur insofern, als sie den Weltbau nicht bis in seine Einzelheiten verfolgt, sondern sich ausschließlich an das Prinzipielle und Grundsätzliche in ihm hält. Sie folgt der Besonderung auf allen Seinsgebieten nur so weit, bis sie auf die Ansätze der Spezialwissenschaften stößt, deren mannigfache Verzweigung ja nichts anderes ist als die weitere Aufteilung der Welt als Forschungsgegenstand an die besonderen Methoden des Eindringens.

Dieser Anschluß an die Einzelgebiete der positiven Wissenschaft ist für die Kategorienlehre tief charakteristisch. Wie die Wissenschaften alle sich einst von der Philosophie abgespalten haben, so bleiben sie für diese dauernd das immer weiter sich ausbreitende Feld der Gegebenheit. Das philosophische Wissen geht nicht den Weg der Ableitung von den Fundamenten zu den Einzelheiten, sondern den der Erfahrung und des Rückschlusses von den Tatsachen zu den Grundlagen. Da es sich aber in den Kategorien um die Seinsgrundlagen derselben Gegenstandsgebiete handelt, mit denen es auch die Einzelwissenschaften zu tun haben, so ist es klar, daß sich hier eine feste Grenzscheide der Philosophie gegen die letzteren gar nicht ziehen läßt, daß es vielmehr breite Grenzzonen geben muß, auf denen sie sich mit ihnen überdeckt.

Das ist für beide Teile kein Schade, braucht auch den Unterschied der Methode nicht zu beeinträchtigen. Denn so allein ist es möglich, die inhaltlich auseinanderstrebenden Wissenschaften durch die Einheit der Philosophie zusammenzuhalten. Und so allein kann die Philosophie mit dem Bathos der Erfahrung in lebendiger Fühlung bleiben. Eines ist so notwendig wie das andere. Für die Kategorienforschung aber ist dieser Zusammenhang der Lebensnerv. Denn woher sonst sollte sie ihr Wissen um die reale Welt schöpfen?

Wir stehen also mit dem Eintritt in den dritten Fragebereich an dem Punkte der Ontologie, von dem ab sie in Kategorienlehre übergeht. Auch das ist kein scharfer Grenzstrich; in gewissem Sinne sind auch die Seinsmodi schon Kategorien, nur eben noch keine inhaltlichen; und andererseits ist auch die enger verstandene Kategorienlehre ebensosehr eigentliche Ontologie wie die vorangehenden Untersuchungen der Grundlegung und der Modalanalyse. Der Unterschied liegt nur im Einsetzen des Strukturellen, Konstitutiven und Inhaltlichen. Man darf also sagen: im Gegensatz zu der grundlegenden Behandlung des Seienden als solchen und der Seinsweisen ist die Kategorienlehre die inhaltliche Durchführung der Ontologie.

2. Der Sinn der Frage nach den „Kategorien".

Um die Grundbestimmungen des Seienden also, und zwar in inhaltlicher Hinsicht, soll es sich in den Kategorien handeln. Das ist eine klare Aufgabe, an der es nicht viel zu deuteln gibt. Denn fragt man nun weiter, was Kategorien sind, so stellt sich die Antwort ganz von selbst ein, sobald man Beispiele nennt: etwa Einheit und Mannigfaltigkeit, Quantität und Qualität, Maß und Größe, Raum und Zeit, Werden und Beharrung, Kausalität und Gesetzlichkeit u. s. f. Man kennt die Seinsbestimmungen dieser Art sehr wohl auch ohne Untersuchung, sie muten uns vertraut an, begegnen uns im Leben auf Schritt und Tritt. Sie sind in gewissen Grenzen das Selbstverständliche an allen Dingen; wir bemerken sie im Leben zumeist nur deshalb nicht, weil sie das Gemeinsame, Durchgehende sind — dasjenige, wodurch die Dinge sich nicht unterscheiden —, kurz das Selbstverständliche. Uns aber ist es im Leben um die Dinge in ihrer Unterschiedenheit zu tun. Die Philosophie dagegen besteht wesentlich darin, daß sie das Unverstandene im Selbstverständlichen allererst entdeckt.

Der Sinn der Frage nach den Kategorien wurzelt in solcher Entdeckung des Unverstandenen. Jede einzelne Kategorie, wie harmlos sie auch auf den ersten Blick anmuten mag, enthüllt, einmal genauer ins Auge gefaßt, eine Fülle von Rätseln; und an der Lösung dieser Rätsel hängt alles weitere Eindringen in das Wesen der Dinge, der Geschehnisse, des Lebens, der Welt. Daß man das Prinzipielle in den Dingen erfaßt, indem man sich ihrer Prinzipien versichert, ist ein tautologischer Satz. Sofern also Kategorien Prinzipien des Seienden sind, ist das Forschen nach ihnen die natürliche Tendenz der philosophischen Erkenntnis.

Aber wie reimt sich damit die Wortbedeutung von „Kategorie"? Das Wort bedeutet nun einmal „Aussage" oder „Prädikat"; und Aussage ist Sache des Urteils, der Setzung, der Behauptung — und selbst wenn man vom sprachlichen Ausdruck absieht, so doch immerhin Sache des Denkens, und keineswegs des Seins. Die Art, wie Aristoteles seinerzeit den Terminus „Kategorie" einführte, betont den Sinn der Aussage darin ganz offen: Kategorien sind die Grundprädikate des Seienden, die aller spezielleren Prädikation vorausgehen und gleichsam ihren Rahmen bilden. Dann aber, so scheint es, sind sie bloße Begriffe. Denn prädizieren lassen sich nur Begriffe.

So gesehen wird die Frage nach den Kategorien wieder sehr zweideutig. Was gehen Aussagen als solche, desgl. Urteile und Begriffe, die Ontologie an? Sie können bestenfalls auf das gehen, was menschliches Denken oder Dafürhalten dem Seienden „beilegt", nicht was diesem an sich „zukommt". Oder soll man etwa voraussetzen, daß das Beigelegte mit dem Zukommenden identisch, die Aussage also fest an das Sein gebunden wäre? Wo bleibt da der Spielraum menschlichen Irrtums, ja selbst der noch weitere des menschlichen Nichtwissens und Nichtwissenkönnens?

Es war die stillschweigende Voraussetzung des Aristoteles, daß in den ersten Grundprädikaten ein Irrtum nicht möglich sei: nur in den besonderen Bestimmungen von Größe, Beschaffenheit, Ort, Zeitpunkt usw. könne der Mensch fehlgreifen, nicht aber darin, daß überhaupt alles Qualität und Quantität, Raumstelle und Zeitdauer hat. Eine Voraussetzung, die praktisch wohl auch kaum anzufechten ist und erst in größeren spekulativen Zusammenhängen fragwürdig werden kann. Daß diese Zusammenhänge sich mit Notwendigkeit einstellen, sobald man über ein eng begrenztes Katagoriensystem hinausgeht und die Reichweite der kategorialen Mannigfaltigkeit zu übersehen beginnt, mußte dem Aristoteles noch fern liegen. Dennoch kündigte sich die Unstimmigkeit schon in seiner eigenen Kategorientafel an. Ließ sich doch die erste und wichtigste seiner Kategorien, die Substanz (οὐσία) in keiner Weise als ein „Prädikat" verstehen. In aller Ausdrücklichkeit lehrte Aristoteles, Substanz sei dasjenige „von dem alles andere ausgesagt werde", was aber selbst von keinem anderen ausgesagt werden könne.

Damit ist das logische Schema der Kategorien als Aussageformen bereits durchbrochen, und zwar gerade an der zentralen Kategorie, um die alle anderen sich gruppieren. Aber selbst wenn man hierin eine bloß formale Unstimmigkeit sehen wollte, so traf doch das Schema auch nach anderer Seite nicht zu. Die wichtigsten Aussagen über das Seiende als solches sind bei Aristoteles in den vier Prinzipien seiner Metaphysik enthalten: in „Form und Materie" einerseits, „Dynamis und Energeia" andererseits. Aber diese Aussagen sind nicht in seine Kategorientafel aufgenommen. Man muß darin wohl ein Zeichen sehen, daß es ihm in dieser Tafel gar nicht im Ernst um den Inbegriff der fundamentalsten Aussagen über das Seiende zu tun war.

Diese Folgerung ist ebenso unvermeidlich wie geschichtlich aufschlußreich. Denn hier liegt der Grund, warum in den ganzen Jahrhunderten der von Aristoteles beeinflußten Philosophie — in denen jene soeben genannten vier Prinzipien die denkbar größte Rolle spielten — die Forschung nach den Seinsgrundlagen sich nicht an den Begriff der Kategorie gehalten hat, sondern terminologisch andere Wege gegangen ist. Im Neuplatonismus hießen solche Grundlagen nach Platonischer Art „Gattungen des Seienden" (γένη τοῦ ὄντος), in der Scholastik hießen sie Universalien, Wesenheiten (essentiae), substantielle Formen, in der Neuzeit simplices, requisita, principia, u. a. m. Der Terminus „Kategorien" taucht wohl immer wieder auf, beherrscht aber keineswegs das Feld. Er rückt mit der Zeit immer mehr von der Metaphysik in die Logik.

In der Tat, wie hätte es anders sein sollen? Ist doch die „Aussage" als solche dem Seienden äußerlich. Die Dinge haben ihre Bestimmungen an sich, unabhängig vom Urteil über sie. Das Urteil kann sie treffen oder verfehlen, und je nachdem ist es wahr oder unwahr. Man sollte also meinen, die ganze Frage nach den „Kategorien" habe damit ausgespielt.

Aber ganz das Gegenteil ist der Fall: die Frage nach den Universalien, den substantiellen Formen und manchem, was ihnen verwandt ist, hat ausgespielt; die nach den Kategorien ist nur verschoben worden, hat einen Sinnwandel erfahren, hat aber dabei doch das Wesentliche ihrer ursprünglichen Bedeutung festgehalten.

Man fragt sich natürlich, wie das möglich ist. Die Antwort lautet: es ist möglich, gerade weil der Aussagecharakter als solcher dem Seienden äußerlich ist. Während alle anderen begrifflichen Fassungen der Seinsgrundlagen irgendeine die Sache selbst betreffende Auffassung oder Vorstellungsweise in sie hineintrugen, stand der Begriff der „Kategorie" vollkommen neutral zu ihnen und involvierte keine inhaltlichen Vorurteile. Er eben hielt sich an das dem Seienden Äußerliche, die Aussagbarkeit. Diese als solche läßt sich ja nicht bestreiten — soweit wenigstens, als jene Seinsgrundlagen erkennbar und in Begriffe faßbar sind, — aber das Seiende selbst mitsamt seinen Grundlagen ist dagegen indifferent.

Daß aber mit den Kategorien etwas gemeint ist, was jenseits der Aussage liegt und von ihr unabhängig dasteht, ließ sich in ihrem Begriff ohne Schwierigkeiten festhalten. Das teilen sie mit allen anderen Prädikaten, denn das gehört zum Sinn des Urteils. Worüber sagen Urteile denn etwas aus? Doch nicht über sich selbst, und auch nicht über den Subjektsbegriff. Sie sagen ganz eindeutig etwas über die Sache aus; und dieses Etwas, das sie aussagen, bezeichnen sie eben damit als ein an der Sache Bestehendes.

Was vom Urteil überhaupt gilt, gilt auch für die ontologischen Grundprädikate (Kategorien): indem sie selbst die allgemeinsten Aussageformen — gleichsam die Geleise möglicher speziellerer Aussagen — sind, sagen sie nichtsdestoweniger die Grundbestimmungen der Gegenstände aus, von denen sie handeln. Und die Meinung darin ist, daß eben diese ausgesagten Grundbestimmungen den Gegenständen als seienden zukommen, und zwar unabhängig davon, ob sie von ihnen ausgesagt werden oder nicht. Alles Seiende erscheint, wenn es ausgesagt wird, in Form von Prädikaten. Aber die Prädikate sind nicht identisch mit ihm. Begriffe und Urteile sind nicht um ihrer selbst willen da, sondern um des Seienden willen.

Es ist der innere, ontologische Sinn des Urteils, der seine logisch immanente Form transzendiert. Das ist es, was den Begriff der „Kategorie" allen Mißverständnissen zum Trotz ontologisch tragfähig erhalten hat.

3. Das erkenntnistheoretische Kategorienproblem.

Andererseits aber ist es doch verständlich, daß sich mit dem Terminus „Kategorie" die Tendenz verband, ihn subjektiv zu verstehen. Als mit dem Aufkommen der neueren Erkenntnistheorie das Apriorismusproblem ins Zentrum des Interesses rückte, wurde diese Tendenz fast zwangsläufig. Der Streit der Rationalisten und Empiristen gab ihr ein Gewicht, wie man es in der älteren Philosophie nicht gekannt hatte. Die Empiristen bestritten nicht, daß der Verstand mit Hilfe seiner Begriffe dem Gegebenen eine Fülle von Bestimmungen hinzufügte; sie bestritten nur, daß dieses Hinzugefügte Erkenntniswert habe (d. h. daß es den Gegenständen auch wirklich zukäme). Die rationalistischen Gegner aber behaupteten eben diesen Erkenntniswert; ihnen schwebte eine innerliche Verbundenheit der vom Verstande eingesetzten Grundbegriffe mit den Grundwesenszügen des Seienden vor.

Auf dem Boden dieser Streitfrage hat nun das Kategorienproblem eine großartige Erneuerung erfahren, ging aber zugleich seines ursprünglich ontologischen Charakters verlustig. Es wurde zu einem Teilproblem der Erkenntnistheorie. Jetzt wurde es für die Kategorien wesentlich, daß sie Begriffe sind, Sache des Verstandes, seine von ihm mitgebrachten „Ideen" (ideae innatae), seine Elemente (simplices), oder auch seine ersten, der Erfahrung vorausgehenden Einsichten (cognitione prius). Bestritt man ihnen nunmehr den Erkenntniswert, so setzte man sie zu willkürlichen Annahmen herab; suchte man ihren Erkenntniswert zu begründen, so machte man sie zur an sich gewissen (evidenten) Grundlage aller über die bloße Wahrnehmung hinausgehenden Einsicht.

Diese Alternative hat bis in die neuesten Theorien hinein eine bestimmende Rolle gespielt. Wenn Kategorien bloß Begriffe sind, die der menschliche Verstand sich bildet, so liegt es nah, sie als „Fiktionen" zu verstehen; oder mehr pragmatistisch gewandt, als Formen des Vorstellens, die geeignet sind, der Gegenstände praktisch Herr zu werden; oder in historistischer Wendung, als Denkformen, die relativ auf bestimmte Zeiten und Verhältnisse sogar eine gewisse Notwendigkeit haben können, aber mit dem Wandel der Verhältnisse wechseln müssen. Ebenso fehlt es nicht an gegenteiligen Theorien, die den strengen Wahrheitswert des Apriorismus zu begründen suchen. Aber sie ziehen dabei das Gegenstandsfeld der Erkenntnis nach idealistischer Art in ein transzendentales Bewußtsein, ins Reich des Logischen, oder auch direkt in die Welt des Gedankens hinein und entwerten damit zugleich die objektive Gültigkeit, die sie zu erweisen trachten.

Es ist das bleibende Verdienst der Kantischen Philosophie, daß sie im erkenntnistheoretischen Kategorienproblem den eigentlichen Hauptfragepunkt erkannt und klar herausgearbeitet hat. Er liegt nicht im Inhaltlichen, sondern im Geltungsanspruch der Kategorien. Die „transzendentale Deduktion" ist eigens diesem Geltungsanspruch gewidmet. Sind Kategorien „reine Verstandesbegriffe" und beruht auf ihnen der apriorische Einschlag in unserer Erkenntnis (die „synthetischen Urteile a priori"), so kommt alles darauf an, ob sie auch auf die Gegenstände zutreffen, über die wir urteilen. Kant nannte dieses Zutreffen die „objektive Gültigkeit". Das Werk der „Kritik" bestand in dem Nachweis, daß ein solches Zutreffen sehr bestimmte Grenzen hat, also keineswegs selbstverständlich ist. Es sind Grenzen, welche die Vernunft auch nicht immer eingehalten hat. Mit der Grenzüberschreitung aber setzt der Irrtum ein. Den Grenzstrich zog Kant zwischen den empirischen und den „transzendentalen" Gegenständen. Nur auf die ersteren sind unsere Kategorien anwendbar; sie haben „objektive Gültigkeit" nur in den Grenzen „möglicher Erfahrung".

Wie aber steht nun das so gefaßte erkenntnistheoretische Kategorienproblem zum ontologischen? Ist es wirklich wahr, was man der Kantischen Philosophie wohl nachgesagt hat, daß die Frage der Seinsgrundlagen dabei so ganz ausgeschaltet sei? Ist es nicht vielmehr so, daß das Problem jener Grenzziehung, sowie das der objektiven Gültigkeit überhaupt, gerade die Frage nach den Seinsgrundlagen einschaltet? Im Grunde kann ja doch ein Verstandesbegriff nur dann auf die Sache zutreffen, wenn die Beschaffenheit, die er von ihr aussagt, an der Sache auch wirklich besteht. Die „objektive Gültigkeit" also, soweit sie reicht, setzt voraus, daß die Verstandeskategorie zugleich Gegenstandskategorie ist[1]).

Diesen inneren Zusammenhang kann man nur dann verfehlen, wenn man die „Erkenntnis" als eine rein interne Bewußtseinsangelegenheit versteht, etwa als bloße Sache des „Denkens" oder des Urteils; ein Fehler, den freilich die meisten Theorien des 19. Jahrhunderts, insonderheit die neukantischen, gemacht haben. Kant selbst hat ihn keineswegs gemacht. Ihm gilt Erkenntnis noch als Verhältnis des Subjekts mit seinen Vorstellungen zu einem „empirisch realen" Gegenstande; und das Hauptproblem ist ihm das Zutreffen der Vorstellung auf den Gegenstand. Darum steht das Problem der „objektiven Gültigkeit" im Zentrum seiner Kategorienlehre. Ist es der Verstand, der in den synthetischen Urteilen a priori „seine" ihm eigentümlichen Kategorien einsetzt, so ist die objektive Gültigkeit solcher Urteile etwas tief Fragwürdiges und muß besonders erwiesen werden.

In der Frage nach ihr steckt also unverkennbar das ontologische Kategorienproblem. Und besinnt man sich nun auf den vollen Sinn des Erkenntnisbegriffs — daß Erkennen das „Erfassen" eines Seienden ist, das auch unabhängig von ihm ist, was es ist —, so zeigt sich vollends, daß der apriorische Einschlag der Erkenntnis den Charakter der Kategorien als Seinsprinzipien schon zur Voraussetzung hat.

[1]) Kritik der reinen Vernunft [2], S. 197 (die Schlußworte des Abschnitts). Vgl. dazu des Verfassers „Grundzüge einer Metaphysik der Erkenntnis" [2] (Berl. 1925) Kap. 46. — Das ontologisch Prinzipielle hierzu s. unten Kap. 12 e.

Aber auch ohne Kants klassische Fragestellung kann man sich diesen Zusammenhang klar machen. Geht man davon aus, daß es sich zunächst nur um Verstandesbegriffe handle — denn von den Dingen, wie sie an sich sind, könne man ja nichts wissen —, so fragt es sich doch: sind denn diese Verstandesbegriffe wirklich Formen des Erkenntnisverhältnisses, also etwa des „Erfassens" als solchen, oder des Problembewußtseins, des Wahrheitsbewußtseins, des Erkenntnisfortschrittes (des Eindringens in die Sache) u. s. w.? Das sind sie offenbar nicht. Sie müßten ja sonst den Charakter der Subjekt-Objekt-Relation betreffen. Sie betreffen aber vielmehr ganz allein das Inhaltliche des Gegenstandes, und zwar so, wie er in der Erkenntnis erscheint. Darin ist der Anspruch enthalten, daß der Gegenstand auch an sich so beschaffen sei. Und sofern es sich um echte Erkenntnis (und nicht Irrtum) handelt, muß dann der Gegenstand auch wirklich so beschaffen sein, wie die vom Verstande eingesetzten Kategorien es sagen.

Alle Rede von sog. „Erkenntniskategorien" — sofern sie nur im Ernst Kategorien der Gegenstandserfassung, und nicht bloß solche des Denkens oder des Urteils meint — hat es also in Wahrheit schon mit Seinskategorien zu tun. Die gedankenlose Redeweise bringt sich das nur nicht zum Bewußtsein, weil sie ihre eigenen Voraussetzungen nicht präsent hat: daß Erkennen „Erfassen" heißt, und daß der Gegenstand der Erkenntnis ein von seinem Gegenstandsein unabhängiges, übergegenständliches Sein hat.

4. Die Gegebenheitsverhältnisse im Wissen um Kategorien.

Hierzu kommt aber noch etwas anderes. Die Erkenntnis und ihr Gegenstand, das Seiende, sind dem erkennenden Bewußtsein selbst nicht in gleicher Weise gegeben. Die natürliche Richtung der Erkenntnis ist die auf den Gegenstand (intentio recta), ihr Bewußtsein ist Gegenstandsbewußtsein, nicht Selbstbewußtsein. Sie kann wohl auch sich selbst zum Gegenstande machen, aber nur in der Form einer Rückbesinnung von den Gegenständen her; und dann ist es schon eine Erkenntnis zweiter Ordnung, eine gegen die natürliche Richtung laufende, umgebogene, „reflektierte" Erkenntnis (intentio obliqua). Diese gegen sich selbst zurückgewandte Erkenntnis ist die erkenntnistheoretische, in der die Erkenntnis um sich selbst weiß.

Direkt gegeben also ist in aller Erkenntnis nur die Seite des Gegenstandes. Was wir von der Erkenntnis selbst wissen, das wissen wir stets in erster Linie von ihrem Gegenstande; denn freilich fällt von ihm auch auf sie mancherlei Licht zurück. In Wirklichkeit aber wissen wir von der Erkenntnis selbst und als solcher relativ wenig und erst auf Umwegen. Dieses Gegebenheitsverhältnis zu durchschauen und im folgenden dauernd im Auge zu haben, ist wichtig, weil die Tradition skeptischer und idealistischer Denkweise in der Erkenntnistheorie das umgekehrte Verhältnis lehrt: vom Gegenstande, wie er „ist", erfahren wir nichts, die Erkenntnis dagegen erfährt im Erkennen sich selbst. Hier liegt die Vorstellung zugrunde, die Erkenntnis sei ja stets bei sich, müßte also auch stets um sich wissen, der Gegenstand aber sei von ihr geschieden durch unübersteigliche Heterogeneität. Diese Vorstellung ignoriert die Grundtatsache im Erkenntnisverhältnis: das Ausgerichtetsein auf die Gegenstände; sie ignoriert zugleich das Verborgensein des eigenen Wesens der Erkenntnis für sie selbst. Und außerdem hebt sie den Sinn des „Erfassens" im Erkenntnisverhältnis unbesehen auf und vernichtet damit die Erkenntnis selbst.

Das begrenzte Recht der Skepsis klarzustellen, ist Aufgabe einer anderen Untersuchung. Hier handelt es sich nur um das Gegebenheitsverhältnis von Sein und Erkenntnis, unabhängig davon, ob das Sein, mit dem wir es zu tun haben, Ansichsein ist oder nicht. Denn auch ein auf uns relatives Sein zeigt dieselbe Priorität der Gegebenheit. Auch vom erscheinenden Gegenstande gilt, daß die Erkenntnis direkt nur um ihn weiß, und nicht um sich selbst.

Nun aber ist eins klar: was von der Erkenntnis und ihrem Gegenstande in ihrer konkreten Fülle gilt, das muß erst recht vom Prinzipiellen in beiden gelten, d. h. von ihren Kategorien. Denn dieses Prinzipielle ist schon an sich nur mittelbar vom Konkreten aus zur Gegebenheit zu bringen. In diesem Punkte aber haben die neuzeitlichen Theorien, insonderheit die idealistischen, sich noch in besonderer Weise einer grundsätzlichen Verkennung der Sachlage schuldig gemacht. War es doch der Stolz und Glanz dieser Theorien, eine Ableitung der Kategorien aus dem Wesen des Bewußtseins, des Ich, des Denkens, oder der Vernunft zu geben. Reinhold, Fichte, Hegel, die Neukantianer haben Ableitungen dieser Art geradezu als die Hauptaufgabe der Philosophie verstanden; sie sahen mit Verachtung auf die Versuche älterer Denker, die Kategorien analytisch aus dem Felde des Gegebenen aufzulesen. Die Geschichte aber hat ihnen Unrecht gegeben. Nichts in ihren großen Systemen hat sich vor der Kritik weniger bewährt als diese hochfliegenden Ableitungen. Die analytischen Arten des Vorgehens haben Recht behalten. Und, was mehr ist als das, sie weisen alle ohne Ausnahme auf die Seite des Gegenstandes zurück; und erst vom Gegenstande aus, soweit sie ihm das Prinzipielle abzugewinnen wissen, können sie es mittelbar auf die Erkenntnis übertragen.

Das große Fiasko jener Deduktionen ist ein lehrreiches Kapitel in der Geschichte der Erkenntnistheorie und der Metaphysik. Es hat unwiderleglich bewiesen, daß wir von den Kategorien der Erkenntnis direkt gar nichts wissen können, daß vielmehr alles, was wir von ihnen erfahren, am Gegenstande der Erkenntnis (am Seienden, soweit es erkannt wird) erfahren wird und erst von ihm aus auf die Erkenntnis rückübertragen wird. So sind die Kategorien des Aristoteles, so die Kantischen und die Hegelschen den Gegenstandsverhältnissen entnommen, einerlei ob sie von der Theorie für Arten des Seins oder für Begriffe und Funktionen des Verstandes ausgegeben wurden. Substanz, Beschaffenheit, Größe waren als Bestimmungen des Gegenstandes gefunden und gemeint, nicht als Bestimmungen des Erkennens; ebenso Kausalität und Wechselwirkung, Endlichkeit und Unendlichkeit. Von der Erkenntnis sagen diese Kategorien nichts aus; sie konnten also auch sinnvoller Weise gar nicht als Bestimmungen der Erkenntnis gelten. Die These, die sie für Erkenntniskategorien erklärte, meinte in Wahrheit auch etwas ganz anderes, etwas was dem Inhalt und Wesen dieser Kategorien gar nicht angesehen werden und aus ihm auch niemals folgen konnte. Sie meinte die Abhängigkeit des Gegenstandes mitsamt seinen kategorialen Bestimmungen vom Bewußtsein. Das aber ist eine spekulativ-metaphysische These, die das Wesen der Kategorien im Grunde nichts angeht und ihren ursprünglich gegenständlichen Charakter auch nicht anficht.

Wissen wir somit von Erkenntniskategorien als solchen unmittelbar nichts, so ist es um so beachtlicher, daß wir von Gegenstandskategorien auch vor aller philosophischen Besinnung schon eine ganze Menge wissen. Denn die Erfahrung stößt uns im Leben und in der Wissenschaft unentwegt auf sie — nicht auf alle freilich, wohl aber auf einige, die sich ganz von selbst als durchgehende Grundzüge der Erfahrungsgegenstände herausheben. Von dieser Art sind z. B. die Aristotelischen Kategorien, die ja unmittelbar der Erfahrung des unreflektierten Lebens und seinen Aussageweisen entnommen sind.

Dem schlichten Gegenstandsbewußtsein des Alltags entgehen diese Gegenstandskategorien nur deswegen, weil sie ihm gar zu geläufig und selbstverständlich sind. Mit dem Einsetzen der philosophischen Frageweise aber wird das Geläufige und Selbstverständliche zum Problem gemacht; und nun erst entdeckt der Mensch, daß es solcher Grundzüge des Seienden in der ihm wohlbekannten Welt noch eine ungeahnte Fülle gibt, und daß sie bei näherem Zusehen weit entfernt sind, ihm verständlich zu sein. Damit erst eröffnet sich jene Flucht von Rätseln und Fragen, mit denen es die Kategorienlehre zu tun hat.

5. Von der Erkennbarkeit der Kategorien.

Diese Sachlage behält etwas Paradoxes im Hinblick auf den Zusammenhang des Apriorismus mit den Erkenntniskategorien. Da auf den letzteren alle Erkenntnis a priori beruhen muß, so liegt die Auffassung nahe, daß sie selbst in irgendeiner Weise Erkenntnischarakter haben müssen, also etwa wie bei den Neukantianern „reine Erkenntnisse“, oder wie bei Descartes „das der Erkenntnis nach Frühere“ (cognitione prius), das „am meisten Bekannte“ (maxime notum) u. s. w. sein müssen.

Diese Auffassung beruht auf einem Mißverständnis des Apriorischen. Man geht dabei etwa von der Kantischen Bestimmung aus, a priori sei das Allgemeine und Notwendige in der Erkenntnis; und man meint nun, es müßte vor dem Bewußtsein der eigentlichen Gegenstände — der Einzelfälle — ein reines Bewußtsein dieses Allgemeinen und Notwendigen, z. B. in Form eines Gesetzesbewußtseins, geben. Das ist weder Kants Meinung, noch läßt es sich im Phänomenbereich der Erkenntnis aufweisen. Das Allgemeine und Notwendige wird, wenn überhaupt, so stets erst nachträglich als solches erfaßt; erst die Einzelfälle bringen den Verstand auf seine Spur. Aber das hindert nicht, daß in der Auffassung der Einzelfälle jenes Allgemeine und Notwendige inhaltlich vorausgesetzt ist, oder Kantisch gesprochen, daß es in der Erfahrung „angewandt“ wird, ohne als solches erkannt zu sein.

Dasselbe gilt auch von den ersten Voraussetzungen dieses Allgemeinen und Notwendigen, d. h. von den Erkenntniskategorien. Sie sind weit entfernt, selbst apriorische Einsichten zu sein. Sie sind so wenig „reine Erkenntnisse“, als sie „reine Verstandesbegriffe“ sind. Die Begrifflichkeit an ihnen ist sekundär, genau so sehr wie das Begriffensein und das Erkanntsein überhaupt. Erst die Philosophie vermag sie aufzuweisen, zu erfassen und in begriffliche Form zu fassen. Sie selbst, sowie ihr Funktionieren in der Gegenstandserkenntnis, sind unabhängig von allem Erfaßt- und Begriffenwerden. Sie sind wohl Grundlagen, Bedingungen oder Prinzipien der Erkenntnis, nämlich des apriorischen Einschlages der Gegenstandserkenntnis. Aber erkannt werden in der letzteren nicht sie selbst, sondern „durch sie“ die Gegenstände (Dinge, Geschehnisse, Realverhältnisse u. s. f.); sie selbst dagegen bleiben in dieser Erkenntnis, die durch sie zustandekommt, durchaus unerkannt. Und sie können in ihr unerkannt bleiben, weil es in ihr nur auf das Funktionieren der Kategorien ankommt, nicht aber auf ein Bewußtsein ihrer Funktion.

Was die Erkenntniskategorien im Bewußtsein zustandebringen, ist der breite apriorische Bestandteil aller naiven und wissenschaftlichen Erkenntnis. Diese aber besteht unabhängig von aller Kategorienerkenntnis und geht ihr zeitlich weit vorher. Der Kategoriengebrauch, den die Erkenntnis macht, kann nicht auf die Erkenntnistheorie warten, die allein imstande ist, ihr die Kategorien bewußt zu machen, von denen sie Gebrauch macht. Es ist damit ähnlich wie mit dem Gebrauch unserer

Muskeln im leiblichen Leben, der auch nicht auf die Anatomie wartet, um von ihr zuvor Lage und Wesen der Muskeln zu erlernen. Hier wie dort geht der Gebrauch dem Wissen in aller Selbstverständlichkeit voraus. Wir brauchen eben die Kategorien gar nicht zu kennen, um sie in der Gegenstandserkenntnis anzuwenden.

Erkenntniskategorien sind ohne Zweifel die ersten Bedingungen der Erkenntnis, nicht aber erster Gegenstand der Erkenntnis, sondern viel eher letzter. Kategorienerkenntnis ist letzte Erkenntnis; denn sie ist die am weitgehendsten bedingte und vermittelte Erkenntnis, eine Erkenntnis, welche die ganze Stufenleiter der konkreten Gegenstandserkenntnis schon hinter sich hat. Denn von dieser muß sie ausgehen, und ihr Weg führt sie rückwärts, von dem Bedingten zu den Bedingungen. Und der Gegenstandserkenntnis als solcher fügt sie auch nichts neues hinzu.

Eine solche letzte Erkenntnis nun ist, wenn sie schließlich wirklich zustandekommt, weit entfernt, apriorische Erkenntnis zu sein. In ihr ist freilich ein apriorischer Einschlag, derselbe nämlich, der auch in der vorausgegangenen Gegenstandserkenntnis war; aber er ist in ihr nur als ein vermittelter, und zwar aus der letzteren vermittelt. Und das heißt, er ist gerade aus dem posterius vermittelt. Das Wissen um die Kategorien ist ein empirisch bedingtes; es hängt an der Erfahrung, welche die Erkenntnis an sich selbst und ihrem Gegenstande macht. In diesem Sinne darf man sagen: das Wissen um das apriorische Element in der Erkenntnis ist ein a posteriori bedingtes Wissen.

In der Tat ist Kategorienerkenntnis eine hochkomplexe Form der Erkenntnis. Sie schließt rückläufig von der gesamten Erfahrung aus auf die Bedingungen der Erfahrung; sie arbeitet analytisch, vom Concretum zum Prinzip fortschreitend, läuft also der natürlichen Richtung der Abhängigkeit entgegen. Der Art des Vorgehens nach trägt sie den Charakter der philosophia ultima. Gerade damit aber reimt es sich sehr wohl, daß sie dem Inhalt nach zur philosophia prima gehört. Denn was sie zutage fördert, ist die Kenntnis des primum, der Prinzipien.

Kategorien der Erkenntnis also sind nicht nur keine apriorischen Erkenntnisse, sondern an sich überhaupt keine Erkenntnisse. Ja, darüber hinaus noch muß man sagen: sie bestehen und funktionieren in der Gegenstandserkenntnis ganz gleichgültig dagegen, ob und inwieweit sie selbst erkannt sind. Im allgemeinen bleiben sie in aller Erkenntnis durchaus unerkannt.

Es gilt somit von ihnen, sofern sie überhaupt philosophisch erkannt werden, das allgemeine Gesetz des Erkenntnisgegenstandes, das Gesetz seiner Übergegenständlichkeit, d. h. der Unabhängigkeit seines Bestehens von seinem Erkanntwerden [1]).

[1]) Vgl. hierzu „Zur Grundlegung der Ontologie" Kap. 22—25.

6. Berechtigung des Festhaltens an den „Grundprädikaten".

Nach diesen Überlegungen sollte man meinen, daß der Terminus „Kategorie" sich weder für die Erkenntnisgrundlagen noch für die Seinsgrundlagen aufrecht erhalten läßt. Weder um Urteilsprädikate noch um Verstandeserkenntnisse handelt es sich, sondern offenbar um die inneren Prinzipien, und zwar sowohl um die des Seienden als auch um die der Erkenntnis des Seienden. Bestehen aber solche Prinzipien unabhängig von aller Aussage und allem Erkanntsein, so sollte auch die Terminologie alles vermeiden, was diese Unabhängigkeit verschleiert.

Das ist eine Forderung, der man unbedingt nachkommen müßte, wenn die Prinzipien selbst in irgend einer greifbaren Gegebenheitsweise zugänglich wären, die den logisch-wissenschaftlichen Erkenntnisapparat und seine Begriffsbildung nicht zur Voraussetzung hätte. Eine solche Gegebenheitsweise der Prinzipien aber gibt es nicht. Es zeigte sich ja schon, daß sie vielmehr in aller Gegenstandserkenntnis zwar vorausgesetzt sind, aber als solche unerkannt bleiben. Die Folge davon ist, daß man sie stets erst besonders aufspüren muß. Und dieses Aufspüren — die Arbeit der Analysis — ist ein Verfahren, das die strengste, auf jede Einzelheit hin kontrollierbare Begriffsbildung verlangt. Es ist ein Verfahren des Aufweisens und der Kritik zugleich; und alles, was in ihm zutage gefördert wird, läßt sich nur in der Form von streng logisch aufgebauten und von überschaubaren Urteilszusammenhängen getragenen „Aussagen" zum Bewußtsein bringen.

Selbstverständlich sind diese „Aussagen" als solche nicht identisch mit den gesuchten Prinzipien. Aber die Sachlage ist doch so: weil die Prinzipien nicht direkt gegeben, sondern gesucht sind und in vielen Fällen sogar dauernd gesucht bleiben — denn die Kategorienforschung ist ein uferloses Feld und kommt im endlichen Erkennen nicht zuende —, so ist es von Wichtigkeit, daß sich das kritisch-ontologische Denken stets dieses Verhältnisses bewußt bleibe. Das aber heißt, die philosophische Forschung darf es im ganzen Felde der einschlägigen Überlegungen niemals vergessen, daß sie die Prinzipien selbst keineswegs hat, sondern durchaus nur gewisse Vorstellungen oder Aspekte von ihnen, die dem jeweiligen Stadium der Analyse entsprechen. Diese Aspekte unterliegen der Inadäquatheit wie dem Irrtum, haben aber stets eine objektiv ausgeprägte und inhaltlich umrissene Gestalt.

Die festumrissene Gestalt nun, die diese unfertigen und einseitigen Aspekte der gesuchten Prinzipien zeigen, ist die des geprägten Begriffs. Und der Anspruch, den solche Prinzipienbegriffe erheben, auf die Erkenntnisgegenstände zuzutreffen — d. h. also von ihnen als „Prädikate" aussagbar zu sein —, ist der unaufhebbar berechtigte Sinn des alten Terminus „Kategorie".

Diese Überlegung ist durchaus keine skeptische. Sie besagt nicht, daß wir von den Prinzipien selbst nichts wüßten. Wir wissen vielmehr sehr wohl etwas von ihnen, aber dieses Wissen ist weder ein abgeschlossenes noch ein absolut gewisses. Da es sich aber hier um das Prinzipielle in allem Wissen vom Seienden handelt, so ist es für die Einsicht selbst von ausschlaggebender Wichtigkeit, den Abstand dessen, was sie in ihren Begriffen „hat", von dem, was sie mit eben diesen Begriffen zu fassen sucht, jederzeit fest im Auge zu behalten. Nur so kann sie hoffen, in ihrem schwierigen Vorhaben wirklich vorwärts zu kommen.

Sieht man die Sachlage so an, so ist die Festhaltung des Ausdrucks „Kategorie" für das ganze Problemgebiet der Seins- und Erkenntnisprinzipien nichts Geringeres als eine Instanz der Kritik. Was wir jeweilig für Prinzipien halten, sind nicht ohne weiteres die Prinzipien selbst; es bleibt stets ein Unterschied zwischen diesen und den Prinzipienbegriffen. Sprechen wir also von „Kategorien", so mahnt schon das Wort zur Vorsicht. Daß wir dabei über der „Aussage" den Gegenstand der Aussage aus dem Blick verlieren könnten, ist vielleicht keine so ernste Gefahr mehr. Die Prädikate sind und bleiben ja ihrem Sinn nach Seinsprädikate [1]).

Man muß sich an diesem Punkte wohl vor einer falschen Alternative hüten. Prädikat und Prinzip stehen nicht in Disjunktion; eines schließt das andere nicht aus. Es gibt doch Aussagen, die das, was sie bezeichnen, auch wirklich treffen; und selbst wo sie es nicht treffen, können sie es doch eindeutig intendieren. Ist es doch überhaupt der Sinn der Prädikation, Seiendes auszusprechen. Daß das letztere dabei gerade als ein selbständiges und von der Prädikation unabhängiges gemeint ist, widerspricht dem Sinn der Aussage nicht. Nun ist das Seiende im Falle der „Kategorie" das Prinzip; dieses besteht als solches ohne das Prädikat, aber das Prädikat hat doch den Sinn, es auszusprechen. Das Prädikat seinerseits also besteht nicht ohne das Prinzip, zum mindesten nicht, ohne auf ein solches abzuzielen.

Es ist dasselbe wie mit allen Begriffen. Der Begriff der Welt ist nicht die Welt. Aber indem man ihn hat, denkt man die Welt. Und indem man ihn auf Grund neuer Erfahrung fortbildet, erkennt man die Welt.

Man kann also vielmehr umgekehrt von den Kategorien sagen: sie sind wohl Prädikate, aber zugleich auch mehr als Prädikate; und sie sind Prinzipien, aber zugleich auch weniger als Prinzipien. In ihnen eben suchen wir die Prinzipien zu fassen, soweit sie faßbar sind. Der Doppelsinn ist ihnen wesentlich, ja er ist als solcher ein ganz eindeutiger. Streng

[1]) Es soll damit nicht gesagt sein, daß diese Gefahr gar nicht bestände. Sie kann wohl dazu führen, daß man aus der Ontologie eine „Logik des Prädikats" macht (wie Rickert es getan hat).

genommen bewegt sich nicht das Seiende in Kategorien, sondern nur die Wissenschaft vom Seienden, die Ontologie. Und sofern die Ontologie eine im Werden begriffene Erkenntnis ist, bleibt sie vom Seienden auch inhaltlich ebenso unterschieden wie das Prädikat vom Prinzip.

Andererseits, da dieser Unterschied ein prinzipieller und selbstverständlicher, zugleich aber niemals inhaltlich direkt aufzeigbar ist — denn das Bewußtsein „hat" nur die eine Seite, das Prädikat, den Begriff —, so darf man ihn praktisch auch wiederum vernachlässigen. Es ist überflüssig und irreführend, auf Schritt und Tritt den Charakter des Prädikats in der Kategorie zu unterstreichen; genau so wie es im Leben überflüssig und störend ist, auf den Begriff oder die Vorstellung zu reflektieren. Es genügt, daß man den Charakter des „Prinzips" im Auge habe und sich der Inadäquatheit des Begriffs kritisch bewußt bleibe.

7. Weitgehende standpunktliche Indifferenz der Kategorienlehre.

Mit diesen Dingen hängt es zusammen, daß die Kategorienlehre sich in gewissen Grenzen diesseits der standpunktlichen Gegensätze — insonderheit neutral gegen Idealismus und Realismus halten kann.

In den Kategorien geht es nicht um die Seite des Daseins am Seienden, sondern um die Seite des Soseins. Das besagt, es geht hier nicht um die Seinsweisen — denn diese sind Weisen des Daseins —, sondern um Geformtheit, Struktur und Inhalt. Kategorien sind inhaltliche Prinzipien, und darum macht es an ihnen keinen grundsätzlichen Unterschied aus, ob sie ihrem Ursprung nach als an sich bestehende Seinsprinzipien oder als Verstandesprinzipien zu verstehen sind. Dieser Unterschied ist der denkbar gewichtigste für den Seinscharakter der realen Welt, aber nicht für ihren inhaltlichen Aufbau — wenigstens nicht, solange man den letzteren nicht bis in seine höchsten Schichten verfolgt, mit denen er den Menschen und seine Welterkenntnis mit umfaßt.

Was die Kategorienlehre treibt, ist in erster Linie stets die rein inhaltliche Analyse. Sie findet ihre Gegebenheiten auf allen Gebieten des Lebens und der Wissenschaft. Die äußere Empirie der Einzelfälle, die seelischen und geistigen Phänomene, die sich aufdrängenden Gleichartigkeiten und Gesetzlichkeiten (oder was wir im Leben dafür nehmen) steuern das ihre dazu bei. Nicht auf die Frage absoluter Geltung geht diese Analyse; man kann ihr vor der Hand nicht entnehmen, wieweit das inhaltlich Gefundene Sache des Seienden selbst, wie weit nur Sache der Auffassung ist. Das letztere ist eine Frage, die nach Zusammenhängen anderer Art ausschaut; vorentscheiden könnte man sie nur auf Grund spekulativer Annahmen. Solche Vorentscheidung aber ist wertlos. Die wirkliche Entscheidung also rückt hier ganz von selbst in ein späteres

Stadium der Untersuchung. Es ist der methodische Vorzug der inhaltlichen Kategorienlehre vor anderen Teilen der Ontologie — z. B. vor der Modalanalyse —, daß sie in weiten Grenzen unmetaphysisch vorgehen kann.

Als Beleg dieser Neutralität darf die geschichtliche Tatsache gelten, daß Kategorien aller Seinsstufen sowohl in idealistischer als auch in realistischer Denk- und Forschungsweise aufgedeckt worden sind, und zwar ohne Unterschied der Geltung, die sie sich im unablässigen Streit der Theorien und Systeme errungen haben. So ist z. B. kein Zweifel, daß Kants Kategorien „transzendental-subjektivistisch" (als Prinzipien eines transzendentalen Subjekts) gemeint waren; ihr Ursprung sollte ein solcher im Verstande sein, und darum mußte ihre objektive Realität erst besonders „deduziert" werden. Aber in der eigentlichen Analyse ihres Inhalts, wie Kant sie in der „Analytik der Grundsätze" gibt, ist davon wenig zu verspüren. Man denke an die Analyse der Veränderung, des Kausalzusammenhanges, des commercium spatii. Dasselbe gilt noch verstärkt von der Mehrzahl der Hegelschen Kategorien in den zwei ersten Bänden seiner Logik. Das prägt sich schon äußerlich in der durchgehenden Seinsterminologie aus, in der sie abgehandelt sind. Das Endziel Hegels, in ihnen die dialektischen Momente einer einheitlichen Weltvernunft aufzuweisen, ist ihnen inhaltlich äußerlich. Unabtrennbar aber von ihnen ist, daß sie Grundmomente der Welt in ihrem objektiven Gesamtaufriß, sowie zugleich solche der Welterkenntnis sind.

Etwas ähnliches läßt sich bei den Rationalisten des 17. Jahrhunderts aufzeigen. Wenn die simplices des Descartes dem Verstande unmittelbar gegeben und in sich selbst einleuchtend sind, so werden sie damit zwar als seine ihm eigenen Prinzipien eingeführt; dennoch aber ist das Wesentliche in ihnen, daß sie als Strukturelemente dessen gelten sollen, was sich außerhalb des Verstandes in der Welt der extensio aufbaut. Läßt man hier die Denkmetaphysik des Verstandes fallen, so bleiben die reinen Seinskategorien übrig. Was dabei verloren geht, ist gerade die lange Reihe fragwürdiger Konsequenzen (z. B. des Eingeborenseins), die damals und später noch oft die Opposition der Empiristen herausgefordert haben.

Noch durchsichtiger ist das Verhältnis bei Leibniz. Die „Ideen" (simplices, requisita) haben zur Sphäre den Verstand Gottes, sind also als Prinzipien eines architektonischen Intellekts gemeint. Aber eben damit sind sie vielmehr Prinzipien der Welt. Eine Welt ist nur „möglich" in den Grenzen dessen, was diese Prinzipien zulassen; und auch die reale Welt ist als Spezialfall darunter enthalten. Sofern es aber Prinzipien der realen Welt sind, ist es ihnen der Sache nach ganz äußerlich, daß sie einem intellectus divinus entstammen. Man kann also unbeschadet ihres determinierenden Waltens in dieser Welt von der Rolle eines solchen intellectus vollkommen absehen. Die metaphysische Deutung der Prinzipien auf ihren Ursprung hin ist ihrem ontologischen Gehalt durchaus unwesentlich. Darum ist sie geschichtlich im Fortgange der Erkenntnis der Kritik erlegen, während die inhaltliche Herausarbeitung sich im Wechsel der Theorien bewährt hat.

8. Die geschichtliche Kontinuität der Kategorialanalyse.

Für die realistischen Theorien erübrigt sich der Nachweis solcher Neutralität, weil sie ohnehin ihrer Einstellung nach ontologisch sind. Im ganzen aber muß gesagt werden, daß philosophische Theorien realistischer Richtung relativ wenig zum Kategorienproblem beigetragen haben — es sei denn, daß man die Systeme der Antike und des Mittelalters hierher rechnen will, was sich ohne Entstellung nicht wohl machen läßt. Der Grund dieser Sachlage liegt darin, daß die Initiative der Kategorienforschung von jeher im Felde der Erkenntnistheorie ihren Ursprung hatte, die eigentlich realistische Denkweise aber dem Erkenntnisproblem ferner stand als die idealistische.

In einer glücklichen Lage befand sich noch die alte Philosophie. Hier spielt überhaupt der uns heute geläufige Gegensatz von Idealismus und Realismus noch keine Rolle. Die Einstellung steht noch diesseits ihres Gegensatzes; in ihr ist die natürliche Richtung der intentio recta noch nicht verloren gegangen. Sie ist im wesentlichen ontologisch, auch in ihren erkenntnistheoretischen Überlegungen.

Nur so ist es zu verstehen, daß die Aristotelischen „Kategorien", obgleich sie als Prädikamente eingeführt werden, doch ohne weiteres als Grundbestimmungen des „Seienden als Seienden" gelten können. Kein setzender oder vollziehender Intellekt steht dahinter; eine Beziehung auf den νοῦς im Buch Λ der Metaphysik ist nicht ersichtlich. Wichtig ist nur der Inhalt, die Differenzierung der Arten „zu sein".

Noch deutlicher wird dieses Verhältnis an den Platonischen Ideen, über deren Seinsweise der Streit früh erwachte und nie zur Ruhe gekommen ist, deren Charakter als Prinzipien — und zwar sowohl des Seienden als auch der Erkenntnis — niemals im Ernst angefochten worden ist. Das Inhaltliche des Ideenreiches tritt freilich erst in den späten Fassungen, zumal in den dialektischen Dialogen (Sophistes und Parmenides) hervor, wo die obersten Ideen als „Gattungen des Seienden" (γένη τοῦ ὄντος) auftreten und deren Teilhabe aneinander das Grundproblem bildet. Ihre Methexis läßt zwar den Logos entstehen, aber hinter ihnen steht kein Logos, aus dem sie ihrerseits etwa erst hervorgingen. Sie stehen in so wunderbarer Neutralität da, daß sie jede

Deutung zulassen; wie sie denn auch fast jede Deutung erfahren haben, die sich nur ausdenken läßt. Der neuplatonische Emanatismus hat sie als die stabilen Formen eines göttlichen νοῦς, der Universalienrealismus der Scholastik als „substantielle Formen" der Dinge verstanden; der neuzeitliche Apriorismus nahm sie als „angeborene Ideen der Seele", der Realismus als „Urbilder in der Natur" in Anspruch. Für all diese Auffassungen finden sich bei Platon selbst die Ansätze; aber auf keine von ihnen wollte er das Wesen der Ideen einschränken. In aller Ausführlichkeit lehnte er die extremsten von ihnen im einleitenden Teil des „Parmenides" ab: Ideen sind weder παραδείγματα noch νοήματα, sondern etwas anderes, drittes, was den Sphärenunterschied von Sein und Denken in ganzer Spannweite umfaßt und sie befähigt, beides zu sein. Das ist der Grund, warum er die schon damals umstrittene Frage der „Teilhabe" in die dialektisch aufweisbare Verbundenheit der Ideen untereinander umbiegt, im übrigen aber über deren Wesen nichts näheres wissen will. —

Sieht man die lange Reihe der großen metaphysischen Theorien von Platon ab bis auf die Gegenwart entlang, so ergibt sich daran eine lehrreiche Tatsache. Sie alle arbeiten Prinzipien heraus, stehen also in der gemeinsamen Bemühung um das ontologische Kategorienproblem. Das Fortschreiten dieser Arbeit kümmert sich wenig um den Gegensatz der Standpunkte und Systeme, an dem der breite Streit der Meinungen und überhaupt alles Vordergründige und Äußerliche in der Geschichte der Philosophie haftet. Die gemeinsame Arbeit an der großen Aufgabe, den Aufbau der realen Welt in seinen ihm eigentümlichen Kategorien zu erfassen, geht homogen und ungehemmt durch die wechselnde Metaphysik der Weltbilder hindurch. Sie bildet eine einheitliche Linie im Hintergrunde der spekulativen Kartenhäuser, deren Emporschießen und Zusammenbrechen ihr äußerlich bleibt. Sie verbindet die Denker und die Zeiten, indem sie das Haltbare und Lebensfähige aus der Masse ihres Gedankengutes rettet, verbindet und verwertet.

So ist es denn die Geschichte des Kategorienproblems selbst, welche die Neutralität der Kategorien — gewissermaßen durch die Tat — zum voraus erwiesen hat. Das Kategoriengut geht, einmal entdeckt, so gut wie unbehindert und in überraschender Kontinuität von einer Theorie in die andere über. Es durchwandert sie alle, als wären die kühnen Gedankenbauten bloß zeitweilige, unwesentliche Ausgestaltungen — gleichsam sein Beiwerk, das seinen sicheren Gang nicht berührt, — um schließlich aus dieser Kontinuität heraus dem Epigonen in schlicht inhaltlicher Sachlichkeit und Einheitlichkeit zuzufallen.

9. Die Denkformen und der kategoriale Relativismus.

Von solcher Einsicht ist freilich die Philosophie unserer Zeit weit entfernt. In manchen Einzelfragen, z. B. auf gewissen Teilgebieten der Raum- und Zeitanalyse, ringt sich wohl ein tieferes Verstehen durch; im großen Ganzen aber erscheinen „Kategorien" dem wissenschaftlich denkenden Menschen von heute als fragwürdiges Menschenwerk. Ein Kategoriensystem gilt ihm als eine Art Schubfächersystem des Gedankens zum Zweck der Vereinfachung oder Denkbequemlichkeit. Die Gesichtspunkte, unter denen man sie allenfalls noch zum Problem macht, sind die der Methodologie, der Denkökonomie, der praktischen, geschichtlichen oder sozialen Bedingtheit, oder gar der immer noch umgehenden Systematavismen.

Es sind also zunächst noch gewisse Thesen des Positivismus, Pragmatismus, Denkhistorismus, sowie der Als-Ob-Philosophie zu erledigen. Ihnen gemeinsam ist der Ausgang von der „Relativität der Denkformen". Seit Hegel ist der Gedanke geläufig, daß jedes Gegenstandsgebiet seine eigene Gesetzlichkeit hat und seine besonderen Gedankenwege erfordert; zugleich aber auch, daß in jedem Zeitalter und jedem Volksgeiste andere und andere Sondertypen der Gegenstandslogik vorwalten, die dann die Tendenz zeigen, über das Ganze der Weltanschauung überzugreifen. Die Perspektive, die von hier ausging, hat sich dahin ausgewirkt, daß der Gedanke der Relativität auf die in den Denktypen enthaltenen Kategorien selbst übertragen wurde. Und zuletzt erblickte man in den Denkformen mit ihrer Beschränktheit auf Zeiten und Völker unmittelbar Kategoriensysteme. So konnte es nicht ausbleiben, daß man ihre geschichtliche Relativität auch den Kategorien selbst zuschrieb.

Hinter dieser Übertragung steht nichts anderes als eine bestimmte, für unsere Zeit charakteristische Denkform. Man könnte sie den allgemeinen Typologismus nennen. Es gibt in der Vielfachheit menschlicher Artung das Gemeinsame im Besonderen, den Menschentypus. Jeder Typus hat seine Anschauungs- und Denkweise, nicht anders als er auch seine Lebensweise hat; er muß also auch „sein" Kategoriensystem haben. Unter dem letzteren versteht man dann soviel wie ein wohlgeordnetes System stationärer Vorurteile, die sich gegenseitig stützen und gemeinsam eine für den Hausgebrauch des Typus genügend vereinfachte und zurechtgestutzte Welt erscheinen lassen. So kann man von einem Kategoriensystem des „mythischen Menschen" sprechen, einem solchen des „religiösen Menschen", des „künstlerischen Menschen"; desgleichen von einem des „sozialen", des „ökonomischen", des „politischen", des „wissenschaftlichen Menschen" u. a. m. Dieselbe Sache, dieselbe Welt sieht in jedem dieser Systeme verschieden aus, scheint immer wieder eine andere zu sein. Die Vertreter verschiedener Denktypen können sich über keine Sache recht verständigen, sie meinen anderes, auch mit den gleichen Worten. Und das, als was einem jeden die Welt erscheint, das „ist" sie ihm dann auch.

Treibt man diesen Typologismus auf die Spitze — und es handelt sich ja nicht nur um die genannten, sondern erst recht um die zeitlich und völkisch verschiedenen Denktypen —, so führt das notwendig zum allgemeinen Relativismus des Seins und der Wahrheit. Man löst die eine Welt, in der alle Menschentypen leben, in ebensoviele Welten auf, als es Denktypen gibt. Ja, eigentlich kann man dann gar nicht mehr nach „einer" Welt, in der sie leben, fragen, sondern nur nach den verschiedenen Welten, die sie sehen und denken und in denen sie zu leben meinen. Das ist derselbe Relativismus wie der des Protagoras — „was mir scheint, das ist mir, und was dir scheint, das ist dir" —, nur erweitert und statt auf Individuen auf Menschentypen bezogen. Es ist grundsätzlich dieselbe Auflösung des Seins- und Wahrheitsbegriffs, gegen die Platon einst die Schärfe seiner Dialektik richtete.

Wer „Kategorienlehre" in diesem Sinne treiben wollte, käme in Wahrheit auf eine Psychologie der Denktypen hinaus. Er könnte nichts als die Mechanismen gegensätzlicher Subjektivität beschreiben und registrieren, um durch sie hindurch immer wieder andere Verzerrungen des Seienden zu sehen, immer andere „Welten", — als gäbe es gar nicht die seiende Welt selbst, in der alle diese erscheinenden Welten mitsamt ihren Trägern, den nach Typen verschiedenen Subjekten, koexistierten. Die Welt selbst ist hinter der Psychologie der Sehweisen verschwunden. Und man darf sich nicht wundern, daß diese Psychologie sie nicht wiederfinden kann. Die Analytik der Brillengläser hat es bewirkt, daß sie nur noch Brillengläser sehen kann, aber keine Gegenstände mehr durch sie hindurch

10. Die geschichtliche Beweglichkeit des Geistes und die Kategorien.

Daran, daß es eine Typik der Weltanschauungen und der hinter ihnen stehenden Denkformen gibt, ist natürlich nicht zu rühren. Aber ihr Problem ist nicht das der Kategorien. Denn die Welt ist eine, und nur der Anschauungen sind viele. Vergleichbar und gegeneinander abhebbar sind die Anschauungen ja auch nur, weil sie sich in einer und derselben Welt begegnen.

Darüber hinaus aber beweist die Typologie der Denkformen gerade durch ihr eigenes Tun, daß die Erhebung über sie sehr wohl möglich ist. Sie beweist es mit der Tat, indem sie sich im Betrachten und Vergleichen faktisch über die Denkformen erhebt. Denn was sie über diese ausmacht, soll ja nicht in der Relativität einer Denkform, sondern schlechthin gelten.

Ihr eigenes Faktum ist so die natürliche Grenze dessen, was sie behauptet. Sie ist, indem sie sich selbst über die Typen stellt, zugleich ihre Aufhebung. Ist sie das nämlich nicht, so fällt sie unter die Relativität, die sie behauptet, und ist eine ebenso bedingte Denkform wie die, von denen sie handelt. Damit aber fällt der Wahrheitsanspruch ihrer Feststellungen hin. Diese sind dann keine Feststellungen von Weltaspekten, sondern nur Aspekte von Aspekten.

Der Fehler liegt natürlich nicht in der Typenlehre als solcher. Die Phänomene der Denkformen sind nicht zu bestreiten, nur die Konsequenzen sind falsch gezogen. Ontologisch bedeuten die Denkformen etwas ganz anderes: sie sind Formen des welterfassenden Bewußtseins, Formen der Auffassung und des Weltbildes. Sie gehören, sofern sie auch ein Seiendes sind — geschichtlich-zeitliches Sein haben —, einer ganz bestimmten Schicht des Seienden an, nämlich der höchsten, der des geistigen Seins. Anschauungs- und Denkformen sind Geistesformen; wie denn Weltbilder und Weltanschauungen das Werk des Geistes sind.

Nun ist Welterfassen nicht Sache des Einzelmenschen allein, sondern stets auch Sache größerer Einheiten, Gemeinschaften, Sache der Völker und Zeitalter. Wohl summiert sich hier alles aus der gedanklichen Leistung der Einzelnen; und einzelne Köpfe prägen die Formen der Weltbilder, die dann das geschichtliche Dokument bilden. Aber das sind schon die Endglieder ganzer Entwicklungen; und die Denk- und Anschauungsformen selbst, in denen die Einzelnen ihre Arbeit vollziehen, sind gemeinhin nicht ihr Werk, sondern das einer geschichtlich gewordenen Denktradition. Der Einzelne übernimmt sie, er bildet sich an sie heran und wächst in sie hinein, um sie dann als die seinigen zu verwenden. Das geistige Gut, das in diesen Denkformen steckt, ist das des gemeinsamen geschichtlichen Geistes. Es ist das Gut eines in vielen lebenden und sie bestimmenden objektiven Geistes.

Daß objektiver Geist in diesem Sinne ein schlichtes, aufweisbares Grundphänomen aller Geistesgeschichte, weit entfernt von Hegelscher Substanzmetaphysik, ist, dürfte gerade der geschichtlichen Typenforschung wohlbekannt sein und darf hier vorausgesetzt werden[1]). Gemeint ist mit ihm nichts als die gleichartige Geformtheit alles individuellen Denkens und Auffassens innerhalb eines Volkes (oder auch einer Völkergruppe) in geschichtlich gleicher Zeit. Es ist geistige Geformtheit, die nicht von Individuum zu Individuum, wohl aber von Zeitalter zu Zeitalter wechselt. Objektiver Geist ist für den Einzelnen eine relativ feste Basis, in geschichtlichen Zeitmaßen aber ist er beweglich. Auf dieser seiner Beweglichkeit beruht die Zeitbedingtheit der Denkformen sowie die

[1]) Der ausführliche Nachweis dazu in dem Werk „Das Problem des geistigen Seins", Berlin 1933, Kap. 19—31.

geschichtliche Relativität der Geltung, die allen in ihnen gemachten Voraussetzungen eigen ist.

Aber eben die Denkformen und ihre Voraussetzungen sind nicht identisch mit den Kategorien, und zwar weder mit denen der Erkenntnis noch mit denen des Seins. Die Kategorien wechseln nicht mit der geschichtlichen Denkform. Sie gehen durch viele sehr verschieden geartete Typen der Denkweise und des Weltbildes hindurch, sie sind das Verbindende in ihnen über den Gegensatz der Völker und Zeiten hinweg. Es können wohl je nach der Art der Denkform einzelne Kategorien (oder Gruppen von Kategorien) in ihr dominieren, während andere zurücktreten und gleichsam „verschwinden". Aber sie werden vom geschichtlichen Geiste weder geschaffen noch vernichtet, sondern nur ins Licht gerückt oder verdeckt.

11. Kategoriale Stellung der Denkformen.

Das geistige Sein ist die höchste Seinsschicht der realen Welt. Sein kategorialer Aufbau ist hochkomplex und vielseitig bedingt durch die Eigenart der niederen Schichten, über denen es sich erhebt. Diesen Aufbau zu entwerfen, ist keine Aufgabe, mit der man in der Kategorienlehre beginnen kann. Sie ist ein Endproblem, an das man mit zureichenden Forschungsmitteln erst herankommen kann, wenn die ganze Reihe der vorgelagerten einfacheren und niederen Problemgruppen — entsprechend dem geschichteten Aufbau der realen Welt — zu ihrem Recht gekommen ist. Das ist der Grund, warum die Gesetzlichkeit der Denkformen und der auf ihnen beruhenden Relativität hier nicht vorweggenommen werden kann. Sie kann der Kategorialanalyse nicht zugrundegelegt werden, weil vielmehr diese ihrer Erforschung vorausgehen muß.

Man kann die Kategorienlehre nicht willkürlich vom Ende oder aus der Mitte beginnen, sondern nur von ihrem natürlichen Anfang, vom erfaßbar Einfachsten und Niedersten. Es ist im Kategorienreich nicht wie in gewissen metaphysischen Systemen, wo alle Reihen wieder in sich selbst zurücklaufen. Der intelligible Raum der Kategorien läßt sich nicht nach dem Schema des elliptischen Raumes verbildlichen. Das zu ändern steht nicht in der Macht des Menschen. Der Aufbau der Welt ist ein natürlicher, an nichts als den Seinsphänomenen ablesbarer; man muß ihn nehmen, wie man ihn zu fassen bekommt. Das Denken kann ihn nicht anders durchlaufen, als wie die Phänomene es führen. Die Gesetzlichkeit, auf Grund deren dem so ist, wird uns noch viel beschäftigen. Sie besteht in einer inneren, einseitigen, nicht umkehrbaren Richtung der Abhängigkeit, die zwischen den Seinsschichten selbst, und folglich auch zwischen den Kategorienschichten waltet.

Nicht, als wäre der Erkenntnisweg so absolut an diese Seinsordnung gebunden. Das Begreifen kann wohl auch an jedem Punkt einsetzen, kann von jeder Seinsgegebenheit, einerlei welcher Schicht, ausgehen; die Frage ist nur, wie weit es damit kommen kann. Auf jedem Wissensgebiet „kann" man von beliebigen Einzeltatsachen ausgehen; will man den Tatsachen aber auf den Grund gehen, so muß man notgedrungen bis auf die Fundamente zurückgehen. Die Richtung der in der Sache liegenden Abhängigkeit ist auf keinem Gebiet umkehrbar. Darum kann die methodologische Bewegungsfreiheit nirgends eine unbegrenzte sein.

Die Kategorialanalyse kann hiernach wohl bis zum Problem der Denkformentypik hinaufgelangen, aber nur wie zu einem Endgliede ihrer Problemkette. Stünden die Denkformen als bloße Ausprägungen geistiger Eigenart da — wofür die geistesgeschichtliche Betrachtung sie freilich öfters genommen hat —, so ließe sich ein kürzeres Verfahren mit ihnen einschlagen. Sie wären dann bloße Formen der Konstruktion, ohne den Anspruch eines inneren Bezuges auf die seiende Welt. Nun aber ist ihr eigentlicher Sinn der, daß sie Formen des Weltbildes sind. Sie setzen also die Welt, deren Bildformen sie sind, voraus. Das ist es, was die Formentypologie immer wieder vergißt: das Reelle in den Denkformen, ihren Erkenntnis- und Wahrheitsanspruch. Vermeiden läßt sich solche Schiefheit nur, wenn man sich über die Denkformen hinaus auch der Welt versichert, die sie zu erfassen und darzustellen trachten. Diese Welt aber ist es, um deren Aufbau es sich in der Kategorialanalyse handelt.

Weil nun aber andererseits die Denkformen doch Typen „wirklichen" — nämlich eines zeitgebundenen, historisch realen — Denkens sind, so muß es auch irgendwelche Kategorien geben, die ihren Bau und ihre Differenzierung betreffen. Und wie sie selbst der Schicht des geistigen Seins angehören, so müssen die ihnen zugehörigen Kategorien denn auch spezifische Kategorien geistigen Seins sein. Diese herauszuarbeiten, gehört ohne Zweifel mit zu den Aufgaben einer totalen Kategorienlehre, aber natürlich nicht zu den ersten und einfachsten, sondern zu den allerletzten und abschließenden. Wie weit im Felde aber sind wir heute noch mit den ersten und dringlichsten Aufgaben, und wie unabsehbar ist die Reihe der Aufgaben, die zwischen diesen und jenen liegt!

12. Echte und scheinbare Kategorien.

Es wäre ein Irrtum zu meinen, daß die besonderen Kategorien des geistigen Seins, unter denen die Gesetzlichkeit der Denkformen steht, dieselben sind, welche die besonderen Inhaltsformen in diesen ausmachen. Eine solche Inhaltsform ist z. B. die Beseelung oder Vermenschlichung der Naturerscheinungen in der Anschauungsweise des Mythos. Aber sie ist keine durchgehende Kategorie geistiger Formgebung. Dazu würde gehören, daß andere Denkformen sie auch enthalten müßten, wennschon nicht als dominierendes Formmoment. Das wiederum läge nah, wenn hinter Flüssen, Bäumen und Bergen tatsächlich seelische Wesen stünden. Man müßte dann annehmen, daß die Zeitalter mythischer Anschauungsweise hellsichtig gewesen seien, den Naturwundern noch tiefer auf den Grund gesehen hätten als wir Heutigen, obgleich sie vom pflanzlichen Lebensprozeß, von der Dynamik der Gebirgsfaltung und der Erosionstätigkeit fließenden Wassers nichts wußten. Niemand wird eine solche Konsequenz ziehen wollen; hier gerade ist es offenkundig, wie gewaltig sich die Basis schlichter Tatsachenkenntnis erweitert hat. Noch weniger wird man bestreiten wollen, daß der Umfang der Tatsachenkenntnis es ist, was über die Verschiedenheit der Denkformen hinweg den Realitätswert eines Weltbildes wesentlich bestimmt. Und nicht erst das Denken heutiger Wissenschaft hat den Naturanthropomorphismus abgestreift; auch viele frühere Denktypen sind ohne ihn ausgekommen. Es handelt sich in ihm eben nicht um eine Kategorie, sondern um die Besonderheit einer zeitbedingten Denkform.

Oder man denke an solche Denkformen der Alten, schon auf philosophischem Boden, wie das Gesetz der Gegensätzlichkeit (daß alle Abstufungen aus den Extremen entstehen, einerlei um welche Gegensatzdimension es sich handelt); oder das Prinzip der Grenze (πέρας), sofern man in ihm geradezu die Seinsbestimmtheit überhaupt erblickte. Beide sind noch in Platons Denken in Kraft, wennschon sie gelegentlich von der Durchschlagskraft einzelner Probleme durchbrochen werden. Bei Aristoteles lösen beide sich auf und werden zum Problem gemacht. Fortgelebt aber haben beide noch in vielen Weltbildern. Das Mittelalter brach aus spekulativen Gründen mit dem Endlichkeitsprinzip, aber noch Hegel nannte die Endlichkeit „die hartnäckigste Kategorie des Verstandes". Und erst langsam in der Neuzeit schwindet unter dem Druck der neuen Problemmannigfaltigkeit die Denkform der als Prinzip verstandenen Gegensätzlichkeit. Heute ist ihre Bedeutung auf die Richtungsunterschiede möglicher Abstufung beschränkt; das Continuum ist homogen geworden, die Extreme haben keine Prävalenz mehr. Ebenso ist die Anschauungsform der Endlichkeit als des allein Seienden und Auffaßbaren geschwunden. Das Unendliche erscheint uns grundsätzlich nicht weniger seiend, wennschon nicht als solches gegeben. Die Grenzen der Gegebenheit aber sind weder die des Seins noch die des Erkennens.

Diese Wandelbarkeit beweist, daß es sich hier nicht um echte Kategorien handelt. Wohl sind Gegensatz und Endlichkeit Kategorien; aber die metaphysisch verallgemeinerte Rolle, die ihnen im Denken der Alten zufiel, hat sich als eine bloß „scheinbar kategoriale“ erwiesen. Was an der Gegensätzlichkeit und Endlichkeit Bestand hat, ist noch heute in unseren wissenschaftlichen Denkformen maßgebend. Aber es ist auf eine viel bescheidenere Rolle beschränkt. Die echten Kategorien ergeben sich als etwas inhaltlich Engeres, aber eben darum Gewichtigeres, als etwas Allgemeines und Notwendiges, das man als das Identischbleibende in den verschiedensten Denkformen wiederfindet, — soweit wenigstens, als diese inhaltlich an die einschlägigen Probleme heranreichen.

Wenn irgendetwas, so hat ein solches Identisches berechtigten Anspruch darauf, als echte Kategorie zu gelten. Aber auch hier braucht man sich auf das Geschichtlich-Empirische nicht zu verlassen. Man kann stets auch auf andere Weise untersuchen, ob etwas scheinbare oder wirkliche Kategorie ist. Die Untersuchung muß klarstellen, ob sich das vermeintlich „kategoriale“ Moment aus dem Concretum, an dem es auftritt, ausschalten oder „wegdenken“ läßt, ohne daß dieses verändert wird, oder nicht. Diese Art Untersuchung wird immer und unvermeidlich dort geführt, wo Kategorien aufgezeigt und als solche erwiesen werden sollen. Die bekannteste Untersuchung dieser Art ist die von Kant in der „metaphysischen Erörterung“ von Raum und Zeit geführte (z. B. das Argument, es ließen sich wohl die Dinge aus dem Raume, aber nicht der Raum aus den Dingen wegdenken).

13. Die Beweglichkeit der Denkformen und das Durchgehen der Kategorien.

Auf der anderen Seite lassen sich nun unschwer Strukturelemente aufzeigen, die allen Denkformen gemeinsam sind. Schon die soeben erwähnten, Raum und Zeit, sind in die Augen fallende Beispiele dafür. Der Mythos, das religiöse Denken, das wissenschaftliche Weltbild, die schlicht praktische Anschauungsweise des Alltags — sie nehmen alle die Welt, in der wir leben, als eine raum-zeitliche. Darin unterscheiden sie sich nicht. Erst in der besonderen Art, die Raumzeitlichkeit zu verstehen, gehen sie auseinander; aber nicht so weit, daß nicht gewisse Grundmomente identisch blieben.

Ebenso kann man gewisse Wesensstücke der Kausalanschauung in ihnen allen wiederfinden. Nicht die Wissenschaft erst entdeckt die ursächliche Verknüpftheit; alles schlichte Handeln rechnet schon in seinem Hinstreben auf Ziele mit der besonderen Wirkung bestimmter Dinge in bestimmter Situation, und auf diese besondere Wirkung hin seligiert es seine Mittel. Anders ist zwecktätiges Handeln und Verwirklichen gar nicht möglich. Selbst das mythische Denken macht es nicht anders: der Zorn der Götter ist Kausalfolge menschlicher Hybris, diese wiederum Kausalfolge der Verblendung; sogar die Schicksalsschläge haben ihre Ursache, einerlei ob sie Götter oder Menschen treffen. Ja, das Schicksal selbst arbeitet hier schon mit Hilfe der Kausalfolge, nicht anders als der Mensch in seinem begrenzten Tun: es waltet, indem es Mittel auswählt, die seine Zwecke bewirken. Schon die naivste Teleologie, die das Geschehen deutet, ist kausalistisch durchsetzt.

Das ist natürlich nicht der strenge Kausalitätsbegriff der Wissenschaft. Es fehlt ihm das allseitige Durchgehen, das Fortlaufen der Reihe, ja es fehlt die Gleichheit der Wirkung gleicher Ursachen. Aber ein wesentliches Grundmoment geht doch durch alle Denkformen: dieses, daß überhaupt eines das andere nach sich zieht, und zwar unausbleiblich nach sich zieht. Dieses zum mindesten ist ein allgemeines kategoriales Moment. Aber freilich wird an diesem Beispiel auch die Kehrseite sichtbar: gerade die Kausalitätskategorie setzt sich im Weltbilde der verschiedenen Denkformen erst langsam durch, sie stößt auf Widerstände, die ihre Herrschaft einschränken, und wird erst in späten Denkformen zum einheitlichen Nexus. Aber das ändert nichts daran, daß einige ihrer Grundmomente gemeinsame Züge der heterogenen Denkformen sind. Darin aber liegt das empirische Anzeichen ihres kategorialen Charakters.

Man wird den umgekehrten Schluß freilich nicht ziehen dürfen. Nicht alles, was erst in geschichtlich späteren und gereifteren Denkformen durchbricht, ist deswegen als Scheinkategorie abzulehnen. Es gibt verborgene Seiten des Seins, die eine bestimmte Entwicklungshöhe des Begreifens erfordern, wenn überhaupt sie begriffen werden sollen. Aber in solchen Fällen läßt sich dann auch meist ohne Schwierigkeiten nachweisen, daß und warum sie einer primitiveren Denkform nicht zugänglich waren; wobei die Unzugänglichkeit des Gegenstandsgebietes dann fast identisch ist mit dem Fehlen der ihm entsprechenden Kategorie in solchen Denkformen. Aber das ändert nichts am Unterschied von Denkform und Kategorie.

Der Mensch kann das Kategoriensystem, mit dem er arbeitet, wohl ergänzen, aber er kann es nicht wechseln, wie er sein Weltbild durch Umlernen wechseln kann. Die Denkform kann zwar der Einzelne gemeinhin auch nicht wechseln, wohl aber der Mensch überhaupt in den Zeitmaßen größerer Perioden, nicht willkürlich, sondern geführt von seinen geschichtlichen Schicksalen. Und so finden wir in der Geschichte nach- und nebeneinander die Mannigfaltigkeit der Denkformen — und in Zeiten großer geistiger Bewegtheit wechseln sie von einem Denker zum anderen—, während sich in ihnen die kategorialen Grundmomente entweder durchgehend erhalten oder nach und nach hervortreten.

Hier also ist der Punkt, an dem man eine scharfe Grenze ziehen kann zwischen Kategorien und Denkformen. Kategorien fallen unter das Gesetz des Ansichseins, d. h. der Unabhängigkeit vom menschlichen Dafürhalten; Denkformen dagegen fallen unter das Gesetz des objektiven Geistes, d. h. der Wandelbarkeit und Entwickelbarkeit geistiger Artung in der Zeit. Sie gerade sind die Typenformen des Dafürhaltens selbst, sind mannigfaltig bedingt durch den Gestaltwandel, der sich in den tragenden Schichten menschlichen Seins vollzieht, (z. B. den der sozialen Lebensgestaltung). Die Kategorien dagegen sind zwar allgemeine Bedingungen des Dafürhaltens und seiner Besonderungen, aber selbst nicht durch diese bedingt.

Die Wandelbarkeit geschichtlichen Gemeingeistes steht mitten inne zwischen der Stabilität kategorialer Fundamentalformen und der schnell beweglichen Variabilität persönlicher Überzeugungen und Meinungen. Die Denkform eines in bestimmter Epoche stehenden Volkes kann der Einzelne nicht verschieben; er ist in sie hineingewachsen und in ihr gefangen, er denkt in ihrem Geleise und sieht die Welt durch sie gefärbt und geformt. Er kann nur innerhalb ihrer über einzelne Gegenstände anders denken als andere. Diese kleinen Unterschiede sieht er ungeheuer vergrößert, weil sie ihm auffallen, während er das Gemeinsame wie etwas Selbstverständliches hinnimmt. Gerade selbstverständlich aber ist auch das Gemeinsame keineswegs. Er bemerkt das nur erst, wenn es angefochten wird, oder wenn er fremdvölkischer Geistesart begegnet. Ja, der Einzelne kann schließlich auch im eigenen Denken über seine Denkform hinausgetrieben werden; er kann durch das Leben selbst auf ihre Grenzen gestoßen werden, es können ihm Unstimmigkeiten begegnen, die zu überwinden er sich gedrängt sieht. In Wahrheit aber ist auch das nicht so ganz Privatsache des Einzelnen; es kündigt sich vielmehr darin schon die geschichtliche Variabilität der Denkform an. Denn indem bei veränderter Gesamtsituation in vielen Köpfen das analoge Hinausgetriebenwerden über die herrschende Denkweise einsetzt, bewegt sich auch die geschichtliche Gestalt des objektiven Geistes fort.

Das geschieht nicht allein mit der Denkform, sondern ebenso mit den Wertungen, dem Rechtsempfinden, dem Geschmack, der Lebensgestaltung. Es ist eben dasselbe Gesetz für alle Gebiete des geistigen Lebens. Aber die Kategorien selbst verschieben sich damit nicht. Sie sind die bleibenden Grundlagen des Erfassens, wie divergent dessen besondere Formen auch sein mögen.

14. Pragmatismus, Historismus und Fiktionstheorie.

Im allgemeinen darf man sagen: das Dafürhalten des Einzelnen variiert innerhalb der Grenzen einer zur Zeit herrschenden Denkform; die Denkform ihrerseits variiert — in weit größeren Perioden — innerhalb dessen, was auf Grund der Verstandes- und Anschauungskategorien überhaupt möglich ist. Und in beiden Fällen ist der Spielraum der Variabilität noch ein unübersehbar großer.

Die echten kategorialen Formen wechseln nicht nur nicht mit dem persönlichen Dafürhalten, sondern auch nicht geschichtlich mit der Denkform. Was mit der Denkform aufkommt und verschwindet, das ist vom Range der zeitbedingten Auffassungsweise, des Vorurteils oder der „Fiktion". Es gibt auf allen Gebieten die in diesem Sinne geschichtlich flüchtigen, dem Individuum aber gleichwohl konstant erscheinenden Anschauungsweisen. Von ihnen dürfte in gewissen Grenzen wirklich gelten, was der Pragmatismus lehrt: daß sie Anpassungsformen des Menschen an die Besonderheit des jeweilig wirklichen Lebens sind. Ja, man könnte meinen, daß sie durch ihre Bewährung in der Praxis des Lebens geradezu Selektionswert haben. Es ist nur verkehrt, deswegen gleich alles, was die Denkformung überhaupt enthält, auf diesen realen Lebenseffekt zu gründen. Denn nicht alles, was sie enthält, unterliegt diesem Wechsel.

Die pragmatistische Lehre ist angesichts des Wechsels der Denkformen eine einleuchtende Konsequenz. Zu jeder Zeit sucht der Mensch einen modus vivendi in seiner jeweiligen Welt; er findet ihn in bestimmten Auffassungsformen, und zwar natürlich in solchen, die seinem Leben förderlich sind. Diese gelten ihm dann als „Wahrheiten". „Wahr" in diesem Sinne muß wirklich zu jeder Zeit etwas anderes sein, weil unter anderen Lebensverhältnissen anderes dem Menschen lebensdienlich ist. Das Zutreffen der Auffassungsweise auf die Sache ist demgegenüber wirklich in weiten Grenzen irrelevant.

Neutraler ist die rein historische Perspektive. Sie verzichtet auf Erklärung der Mannigfaltigkeit durch das Prinzip der Nützlichkeit und Lebensförderung, sie reiht nur deskriptiv-geschichtlich Bild an Bild, „Wahrheit" an „Wahrheit", ohne Wertmaßstäbe heranzutragen. Diese Neutralität ist eine gewisse Überlegenheit; aber es ist eine Überlegenheit nach Art der Skepsis. Der Verzicht auf Erklärung wirkt sich aus als Verschwommenheit, die Unterschiede der geistigen Höhenordnung in der Vielheit der Anschauungsweisen verschwinden. Das Resultat ist die Erweichung alles Geurteilten und Erkannten, gleichsam die allgemeine Rückgratlosigkeit der Vernunft. Mehr noch als im Pragmatismus verschwimmt hier die Welt im Nebel der unstet sich drängenden Weltbilder. Und für einen realen Boden, auf dem dieses Sichdrängen spielte, ist kein Raum. Auch die Geschichte der Menschheit ist kein solcher Boden mehr; auch sie verschwimmt in der Flucht der Geschichtsbilder.

Noch weiter geht die Als-Ob-Theorie, die ausdrücklich die Kategorien, insonderheit die Kantischen, zu Fiktionen herabsetzt. Die Welt, die durch die Fiktionen erfaßt werden sollte, ist in keiner Weise mehr greifbar.

Es fehlt dieser Theorie nichts als die unvermeidliche Einsicht, daß sie konsequenterweise sich selbst unter ihr eigenes Prinzip subsumieren muß. Was der Einsicht ihrer eigenen Fiktivität gleichkäme.

Derselbe schwache Punkt ist auch den anderen Formen des Relativismus eigen. Ist der Historismus selbst nichts als ein geschichtliches Geistesphänomen in bestimmter Zeit, so hebt sich die allgemeine Gültigkeit seiner Sätze damit auf. Dann aber wird die der anderen Theorien wieder möglich. Und ist der Pragmatismus selbst nichts als ein philosophischer modus vivendi, so haben seine Aussagen keine Anwendbarkeit auf andere Theorien als ihn selbst. Dann aber ist er unter ihnen allen die einzige Theorie, die bloß nützlich, nicht wahr ist. Und die gemeinsame Grundüberzeugung jener anderen — die vom Bestehen echter Wahrheit und Unwahrheit, als des Zutreffens oder Nichtzutreffens auf die Sache, — dürfte Recht behalten.

Alle Relativismen haben das Mißliche an sich, daß ihr Geltungsanspruch ihren eigenen Grundsätzen widerspricht. Sie vertragen die Rückbeziehung auf sich selbst nicht, in die sie gleichwohl unaufhaltsam stürzen. Sie negieren die Gültigkeit ihrer eigenen Thesen hinsichtlich ihrer selbst, behaupten sie aber in einem Atem für jede andere Einsicht. Generell läßt sich das am besten in der Begriffssprache der Fiktionstheorie aussprechen: der Satz, daß alle Sätze Fiktionen sind, besagt, daß er selbst auch eine Fiktion ist; dann aber sind offenbar nicht alle Sätze Fiktionen, also braucht auch er selbst keine Fiktion zu sein; und wiederum, wenn er somit keine Fiktion ist, so müssen alle Sätze Fiktionen sein; und also auch er selbst. Man sieht, das ist ein Kreislauf, in dem weder die These noch ihre Aufhebung sich halten kann. Es ist die strenge Form der Paradoxie.

Es bleiben nur zwei Auskünfte. Entweder die Paradoxie ist reell, und im Wesen aller Aussage steckt ein realer Widerstreit; womit dann der Sinn eindeutiger Geltung sich aufhebt. Oder aber Theorien, die auf diese Paradoxie hinauslaufen, sind künstliche Abstraktionen, die gedankenloser Weise eben das voraussetzen, was sie in ihren Sätzen bestreiten. Dieses in ihnen zugleich Vorausgesetzte und Bestrittene aber ist nicht nur der Sinn und das Wesen transzendenter Wahrheit, sondern im letzten Grunde gerade das Bestehen gemeinsamer Kategorien, die der eigenen wie der fremden Denkform in gleicher Weise zugrundeliegen. Im zweiten Falle aber geben die relativistischen Theorien wider Willen den geschichtlichen Beweis dafür ab, daß es solche Kategorien gibt.

15. Die Arten der Variabilität und ihre Gründe.

Und dann gewinnt auch alles, was sie durch ihre Sehweise sichtbar machen, — die Relativität der Denkformen, die wechselnde Geltung ganzer Systeme von Voraussetzungen und Vorurteilen — einen ganz anderen, positiven Sinn. Der neue Sinn dieser Phänomene aber wirft ein wertvolles Licht auf die Rolle jener identisch durchgehenden Kategorien, über denen sich die wechselnden Denkformen erheben.

Kategorien machen die Bewegung des objektiven Geistes nicht mit. Wohl aber können, wie sich schon zeigte, einzelne Kategorien und ganze Kategoriengruppen in einer Denkform das Übergewicht haben, andere aber gleichsam verdrängt sein. Ja, es können sehr wohl auch manche ganz fehlen, sofern die Denkform an die Erfassung der ihnen zugehörigen Seite des Seienden etwa noch gar nicht heranreicht. Das tut dem Durchgehen der Kategorien keinen Abbruch. Zu ihrem Wesen gehört es weder, in jeder Denkform auch schon aktiviert zu sein, noch auch in jeder an dem ihnen gebührenden Platze zu stehen. Vielmehr, je nachdem welche Seite der Welt einer bestimmten Denkform wichtig ist, müssen notwendig die zu dieser gehörigen Kategorien ein Übergewicht bekommen; was dann unmittelbar das Zurücktreten der anderen bedeutet.

Zugleich damit aber müssen auch die einzelnen Kategorien selbst in sehr verschiedenem Lichte erscheinen. Denn Kategorien sind — wenn man von den allerersten und formalsten absieht — schon in sich komplexe Gebilde, an denen einzelne Momente hervor- oder zurücktreten können. Die Kausalitätskategorie z. B. hat ein sehr verschiedenes Gepräge, je nachdem an ihr das Moment der Abhängigkeit oder das des Hervorbringens, das der fortlaufenden Reihe oder das der Analogie überwiegt. Ähnlich ist es mit allen Kategorien. Weder sie selbst noch ihre Momente ändern sich dadurch, daß sie im Denken einer bestimmten Denkform eine größere oder kleinere Rolle spielen; vielmehr umgekehrt, weil ihre Rolle im Denken gemeinhin eine unbemerkte bleibt, kann die Dominanz einzelner kategorialer Momente in den Denkformen mannigfach variieren, ohne daß die Kategorie in ihrem Wesen verschoben würde. Auf solchem Variieren beruht sehr wesentlich die Mannigfaltigkeit der Weltbilder und Weltanschauungen. Die Größenordnung dieser Mannigfaltigkeit aber erschöpft sich nicht in den großen Gegensätzen völkischer und zeitalterlicher Eigenart. Sie setzt sich in der bunten Vielheit der philosophischen Systeme fort, sofern diese bei jedem einzelnen Denker wieder Eigenstruktur und Eigengesetzlichkeit zeigen.

Ferner fällt hier ins Gewicht, daß die Kategorien kein homogenes Kontinuum bilden, sondern in Gruppen auftreten, entsprechend den Schichten im Aufbau der realen Welt. So gibt es Kategorien des Mechanischen, des Organischen, des Seelischen, der Gemeinschaft, der Moral u. s. f. Jede dieser Gruppen kann in gewissen Denkformen dominieren. So dominiert im mythischen Denken die des Seelischen, im Weltbilde des Aristoteles die des Organischen, in der Atomistik die des

Mechanischen, im Pragmatismus die des Sozialen. Das hindert nicht, daß wiederum innerhalb einer Kategoriengruppe zeitweilig eine einzelne Kategorie, oder gar ein bestimmtes Moment an ihr, die Denkform beherrschen könnte. So hat z. B. innerhalb der Gruppe des Organischen von jeher die Zweckkategorie vorgeherrscht. In diesem Falle ist es sogar so, daß die herrschende Kategorie der dominierenden Gruppe gar nicht ursprünglich angehört, sondern aus einer anderen (der des menschlich-geistigen Seins) auf sie übertragen ist; was dann natürlich auf eine Verfälschung der Eigenart einer ganzen Seinsschicht hinauslaufen kann. Sieht man näher zu, so findet man fast in allen geschichtlich vorliegenden Denkformen solche Übertragungen. Sie werden meist unbedacht vollzogen auf Grund einseitiger Orientierung; aber ihre Folgen sind unabsehbar. Denn so entsteht die für alle metaphysischen Weltbilder charakteristische Grenzüberschreitung, die spekulative Verallgemeinerung einzelner Kategorien, die gewaltsame Vereinheitlichung des Weltbildes — das typische Phänomen der weltanschaulichen „Ismen".

Zu den inhaltlichen Arten des Variierens kommt noch eine quantitative Abstufung im Charakter des Dominierens selbst. Eine und dieselbe Kategorie (oder auch eine Kategoriengruppe) kann in einer Denkform stärker und schwächer dominieren. So herrscht die Zweckkategorie in der Denkform des Aristoteles weit stärker als in der Platonischen, in der Platonischen aber bereits stärker als in der des Anaxagoras. Andererseits gibt es Denkformen, in denen sie noch ganz anders zur Alleinherrschaft, ja zu einer Art Absolutheit, gelangt als bei Aristoteles (der dem „Automatischen" und dem „Zufälligen" immerhin noch Spielraum läßt). Ein großes Beispiel dieser Art ist die systematische Denkform Hegels.

Das sind deutlich Abstufungen im Grade des Dominierens, und zwar einer und derselben Kategorie. Man kann angesichts des bekannten geschichtlichen Antagonismus von mechanistischer und teleologischer Denkform dieselbe Abstufung zugleich als eine solche des kausalen Denkens verstehen. Vollständig dominiert die Kausalität nur im reinen „Mechanismus", und zwar auch nur dort, wo wirklich alle Seinsschichten — also auch seelisches, soziales, geschichtliches Sein u. s. f. — nach seinem Schema gedeutet werden. In dieser Reinheit nun hat es ihn niemals gegeben; denn auch die dahin zielende Tendenz der extremen Materialisten blieb natürlich die Erklärung der geistigen Phänomene schuldig. Alle vorsichtigeren, oder selbst nur vollständigeren Abarten des kausalistischen Weltbildes lassen hier gewisse Begrenzungen gelten. Die antike Atomistik machte mit dem Prinzip der „Aitiologia" vor der Welt des Ethos halt; und Descartes, der den Mechanismus auf das tierische Leben ausdehnte, übertrug ihn nicht auf die „denkende Substanz".

16. Der Richtungssinn im Wechsel der Denkformen.

Rücken nun so die Arten des Dominierens einer Kategorie deutlich belegbar ins Gesichtsfeld, so erweitert sich das Phänomen der Denkformen. Bestehen die Denkformen nämlich wesentlich in der Vorherrschaft einzelner Kategorien oder Kategoriengruppen, so wird es unwahrscheinlich, daß sie in der Geschichte einem planlosen Wechsel ohne jeden Richtungssinn ausgeliefert sind. Wenn die relativistischen Interpretationen dieses Phänomens nichts weiter wollen als die Beschreibung geschichtlicher Erscheinungen, so ist gegen ihre Neutralität nicht viel einzuwenden. Wollen sie aber mehr sein — und wer könnte das verkennen —, so arbeiten sie gemeinsam an der Destruktion des geistigen Fortschrittes.

Als abschreckendes Beispiel schweben hierbei immer noch die gewaltsamen Geschichtskonstruktionen des deutschen Idealismus vor. An diesen nun gibt es in der Tat mancherlei zu destruieren, insonderheit wohl die optimistischen Schemata des Progresses. Läßt man aber zugleich mit diesen alles Fortschreiten überhaupt fallen, so sind alle Denk- und Auffassungsformen gleichwertig, und der reelle Sinn von Erkenntnis und Forschung hört radikal auf. In den genannten Theorien nun ist der Sinn der Forschung und ihres Vorwärtskommens in aller Form aufgehoben. Sie können sich das gewissermaßen auch leisten, weil es ihnen auf die Erkenntnis im Sinne haltbarer Errungenschaften nicht ankommt, ja weil ihnen der Ernst der ontologischen Frageweise fehlt. Sie sehen sich nicht mehr bezogen auf eine identische, gemeinsame Welt, angesichts deren es wahre und unwahre Auffassung gibt; wie sie denn auch sich selbst nicht mehr als Teilerscheinung einer gemeinsamen Welt wissen.

Nimmt man es einmal wieder mit der Frage solcher Verbundenheit auf, bezieht man alle Weltbilder wieder auf die eine identische Welt, so ändert sich die Sachlage von Grund aus. Dann wechseln die Weltaspekte nicht willkürlich-zufällig, sondern in Abhängigkeit voneinander und von der wirklichen Stellung, die sich der Mensch in der Welt schafft. Diese Stellung aber steht nicht still, sondern hat deutlich die Tendenz des Fortschreitens in sich.

Gerade die Grundgedanken des Pragmatismus, die das Reelle in ihm ausmachen, lehren das unzweideutig. Es gibt eine durchgehende Tendenz zur Beherrschung des Seienden in aller Menschengeschichte, und zwar unabhängig davon, mit welchen weiteren Zielen oder Wertrichtungen man sie verbindet. Die Beherrschung nun setzt Erkenntnis voraus, und zwar gerade die im transzendenten Sinne „wahre" Erkenntnis. Diese aber hängt wesentlich am Verhältnis der Seins- und Erkenntniskategorien: je weiter der Umfang ihres Zusammenfallens ist, um so weiter reichen Erkenntnis und Wahrheit. Gibt es nun aber einen

Wechsel vorwiegender Kategoriengruppen in den geschichtlichen Auffassungsformen, so bedeutet dieser notwendig zugleich einen Wechsel im Wahrheitsgehalt des Weltbildes; zum mindesten muß das von einzelnen Erkenntnisgebieten gelten, mittelbar aber betrifft es stets auch das Ganze jeweiliger Erkenntnis. Und selbstverständlich steht der sehr verschiedene Grad von Macht und Beherrschung des Seienden, zu der es der Mensch bringt, in eindeutiger Abhängigkeit von diesem Wechsel.

Das ist aber zugleich der Grund, warum das planlose Nebeneinander der Denkformen von vornherein unwahrscheinlich ist. Ein solches wäre denkbar nur bei vollkommener Gleichgültigkeit des Menschen gegen seine eigene Macht- oder Ohnmachtstellung in der Welt. Niemand wird solche Gleichgültigkeit im Ernst behaupten. Das Streben nach Erkenntniszuwachs als Macht- und Lebensfaktor, die Tendenz zum Eindringen und Beherrschenlernen, ist bei allem Wandel der Regsamkeit doch eine durchgehende Grundtatsache. Und sie ist es nicht etwa bloß in den intellektuell bevorzugten Individuen — wie sehr auch alle Initiative von diesen ausgehen mag —, sondern gerade auch in ganzen Völkern und Zeitaltern, sowie im Ganzen der Völkergeschichte.

Man wird sich freilich nicht einbilden dürfen, daß der Wandlungsprozeß, der aus dieser Tendenz resultiert, eine eindeutig aufsteigende Richtung einschlagen müßte. Das einmal Errungene kann hundertfach wieder verloren gehen, Rückschläge aller Art können einsetzen. Der Auftrieb ist eben nicht der allein bestimmende Faktor der geistigen Wandlung. Es wird heute auch nicht so leicht jemand in den alten Fehler der vereinfachten Fortschrittsschemata verfallen; weder eine konstruierte Geradlinigkeit noch eine ebenso konstruierte Antithetik vermag die Mannigfaltigkeit verschlungener Wege zu erfassen, die uns die geschichtliche Erfahrung zeigt. Aber eine Richtung im Großen auf Erkenntniszuwachs hin wird sich trotzdem schwerlich verkennen lassen, wenn man die Konstanz der Grundsituation einerseits und das für alle Zeiten charakteristische Ringen und Vorwärtsstreben, gleichsam die ständige Eroberungstendenz des Menschengeistes, fest im Auge behält. Hinter der scheinbaren Indifferenz taucht alsdann im Wechsel der Denkformen selbst — soweit er ein Wechsel vorwiegender Kategoriengruppen ist — die unbeirrbare Tendenz des Erkenntnisprogresses und der Annäherung an das Reale auf.

Und es ist nicht schwer zu sehen, daß dem auch das geschichtliche Gesamtphänomen entspricht. Im Großen hat ja doch niemand einen Zweifel daran, daß die Erkenntnis seit den Zeiten der Vorsokratiker nicht bloß in heterogenen Vorstellungsweisen hin und her gependelt hat, sondern auch um manches bleibende Resultat bereichert worden und vorwärtsgekommen ist. Und nur im Großen, nicht im Einzelnen läßt sich der Überschlag machen. Diese Perspektive ist im Hinblick auf die ins Riesenhafte angewachsenen Wissensgebiete mit ihrer ungeheuren Mannigfaltigkeit bewährter und erprobter Einsichten von schlagender Überzeugungskraft.

Die Reihe der geschichtlichen Denkformen zeigt keineswegs nur den unentwegten Wechsel, sondern auch eine sehr bestimmte Art inneren Wachstums. Es gehen immer größere und mannigfaltigere Kategoriengruppen in die Denkformen ein; das Vorherrschen einzelner Kategorien wird mit der zunehmenden Erfahrung doch mehr und mehr eingeschränkt, und die erweiterte Überschau bringt mancherlei Ausgleich. Die Weltbilder werden universaler. Und schließlich tritt dazu noch das Wissen um die Denkformen selbst und ihre Gesetzlichkeit. Dieses Wissen, eine Errungenschaft unserer Zeit, ist ein entscheidender Schritt zur Überwindung der einseitigen Sehweisen in der Philosophie. Vielleicht darf man sagen, es ist der erste wirklich radikale Schritt. Aber es ist gewiß nicht der letzte.

Verfälschen freilich würde man diese Perspektive, wenn man sie auf andere Geistesgebiete und deren geschichtlichen Formenwechsel übertragen wollte. Das Gemeinschaftsleben mit seinen politischen und sozialen Formen folgt einem anderen Gesetz; ebenso das ethische, rechtliche, bildungspädagogische und künstlerische Leben. Auf diesen Gebieten lernen die Völker und Zeiten nicht so leicht voneinander wie auf dem der Erkenntnis. Das praktische Leben steht auch in ganz anderem Maße vor immer wieder anderen, neu entstehenden Aufgaben. Je aktueller das Lebensgebiet, um so weniger läßt seine Geschichte den Aufstieg erkennen. Nur das Wissen steht anders da, und zwar eben deswegen, weil es die Tendenz hat, sich abseits zu halten vom Felde der Dringlichkeit und seine eigenen Wege im Hinschauen auf das Ganze der realen Welt zu gehen.

17. Das Auftauchen der Kategorien im Wechsel der Denkformen.

Die Bewegung der Denkformen, ihre Ablösung und ihre Auswirkung genauer zu verfolgen, ist eine Aufgabe für sich. Sie gehört der Geistesgeschichte an. Für unser Problem ist daran nur ein kleiner Ausschnitt von Phänomenen wichtig. Diese betreffen das Auftauchen der Kategorien im Wechsel der Denkformen, sowie die eigenartige Dynamik ihres Durchbruchs ins Bewußtsein. Hierzu läßt sich allgemein dreierlei sagen.

1. Es zeigte sich, daß der Wandel der Denkform wesentlich im Wechsel der dominierenden Kategorien wurzelt. Es brechen immer wieder neue Kategorien ins Bewußtsein durch und beanspruchen dann im Denken

den ihnen zukommenden Platz. Der Ausschnitt der jeweilig das Denken beherrschenden Kategorien „wandert" gewissermaßen innerhalb des Kategorienreiches von einer Kategoriengruppe zur anderen. Aber er stößt im Weiterwandern die einmal gewonnenen Kategorien nicht ganz ab, auch wenn sie nicht mehr im Denken dominieren, sondern hält sie fest. Die Denkform hat Spielraum dafür; sie verliert nicht notwendig auf der einen Seite, indem sie auf der anderen gewinnt. Der einmal von gewissen Kategorien beherrscht gewesene Geist behält diese an sich. Er läßt sie aber unter immer neu durchbrechenden und dann dominierenden Kategoriengruppen zum Untergeordneten herabsinken. Das ist sein Modus, die Kategorien festzuhalten, indem er die Denkform wechselt.

2. Die Dynamik des inneren Durchbruchs ist weder eine stetige noch angebbar periodische. Sie hängt nicht am Wesen der Kategorien, sondern an den geschichtlichen Schicksalen und Aufgaben des Geistes. Wohl aber rücken auf diese Weise die verschiedenen Kategoriengruppen nach und nach an die ihnen im Denken zukommende Stelle. Die ihnen zukommende Stelle eben ist niemals die der Dominante; sie ist stets eine auf bestimmte Seinsgebiete oder auf bestimmte Seiten des Seienden eingeschränkte. Alle Vorherrschaft (Dominanz) im Weltbilde ist usurpatorisch, einseitig, fehlerhaft. Erst in der zweiten Phase ihrer Aktualisierung im Bewußtsein, d. h. im Verdrängtwerden aus der dominierenden Stellung, gelangen die Kategorien an den ihnen zukommenden, „natürlichen" Platz innerhalb des sich entfaltenden Denk- und Erkenntnisapparates.

Der Durchbruch geht so den Weg der Überspannung und des Zurückgebrachtwerdens auf strenge Beschränkung. Der Geist beginnt, wenn er geschichtlich an eine neue Kategoriengruppe herangewachsen ist, stets und fast zwangsläufig mit der Überschätzung des ihm Neuen und überraschend Einleuchtenden; er meint damit gleich „alles" zu begreifen. So kommt es zur usurpierten Dominantenstellung dieser Kategorien. Weil aber die Überspannung Weltverkennung (Vereinfachung) ist und über lang oder kurz das Fehlgreifen im Leben nach sich ziehen muß, so kann sie sich nicht dauernd halten. Sie muß der neuen Denkform weichen, welche die Reduktion der überspannten Kategorien auf den ihnen gemäßen Seinsbereich vornimmt. Und sofern die Reduktion durch das einsetzende Dominieren einer anderen Kategoriengruppe bedingt ist, unterliegt nun wiederum die neue Denkform der gleichen Instabilität und wird ihrerseits von einer weiteren reduziert.

3. Auf diese Weise kommt in der Tat ein gewisser Einschlag von Antithetik in den Prozeß hinein. Aber die Antithetik ist nur ein Oberflächenphänomen an ihm — gleichsam der Modus, wie sich die Momente des Ungleichgewichts, die durch jeden Einbruch neuer Kategoriengruppen

entstehen, in den Denkformen auspendeln. Im Gesamteffekt ergibt sich vielmehr eine ganz andere, unter dem Wellengeplätscher der Überspannungen ruhig herlaufende, einheitliche Grundtendenz im Wechsel der Denkformen. Es ist die Tendenz der inneren Erweiterung und des kategorialen Zuwachses. Sie geht von der Besonderheit der einzelnen Kategoriengruppe in Richtung auf die Ganzheit des Kategorienreiches fort.

Das ist nun, inhaltlich gesehen, der Prozeß, der vom partikulären Weltbilde und der beschränkten Perspektive zum Gesamtaspekt der Welt, wie sie „ist", hinführt, — ein Prozeß freilich, den wir nur in der Tendenz kennen und stets nur vom jeweilig gegebenen Stadium aus sehen können, der aber nichtsdestoweniger stets in der Reihe durchlaufener Denkformen erkennbar ist, und von dem wir keinen Grund haben anzunehmen, daß unser geschichtliches Stadium sein letztes sei.

Man wird hieran freilich keine optimistischen Ausblicke knüpfen dürfen. Es handelt sich hier offenbar gar nicht um antizipierbare Endziele, wie etwa das einer vollständigen Totalität. Es liegt im Wesen eines solchen Prozesses, daß er im endlichen Geiste nicht ins Ungemessene weitergehen kann. Die kategoriale Kapazität des Geistes läßt sich freilich a priori nicht beurteilen. Da der Prozeß ein solcher der Ausweitung und Auffüllung ist, so muß er wohl irgendwann auch an der Fassungskraft des endlichen Menschenwesens seine Grenze finden. Aber das ändert nichts an der Tendenz des Prozesses. Und nur auf diese kommt es zunächst an. Das Auftreten der Grenze eben würde nichts weiter bedeuten, als daß im weiteren Wechsel der Denkformen das Festhalten der einmal gewonnenen Kategorien versagen müßte. Die sich ablösenden Weltaspekte würden dann, was sie auf der einen Seite gewinnen, auf der anderen wieder verlieren.

18. Die Lagerung der primären Gegebenheitsgebiete.

Der faktische Prozeß des Aufstieges und der Ausweitung — man möchte sagen, die kategoriale Entwicklung des Weltbewußtseins — bildet keine einheitliche Linie. Er verläuft vielfach gespalten auf mannigfaltigen Wegen, und nicht alle Wege vereinigen sich wieder. Alle Vorstellungen von durchgehender Ordnung versagen hier. Auch die natürliche Ordnung der wechselnd zur Vorherrschaft kommenden Kategorien ist in ihm keineswegs maßgebend; vielmehr kann eben diese natürliche Ordnung bestenfalls erst nachträglich, und zwar in bewußtem Gegensatz zum geschichtlichen Wechsel ihrer Vorherrschaft, ermittelt werden. Hegels berühmter Gedanke, daß die geschichtliche Reihenfolge der Stufen gedanklichen Vordringens der systematischen Anordnung im Aufbau der Welt entspreche, hat sich als irreführend erwiesen. Der Wahrheitskern darin beschränkt sich darauf, daß überhaupt jene geschichtlichen Stufen Teilaspekte dieses Aufbaus sind, und daß in ihnen allen kategoriales Gut enthalten ist, welches die Philosophie zu sammeln und zu bergen hat.

Überhaupt darf man sich den Prozeß nicht nach Analogie bewußter Forschungsmethoden denken. Er braucht deswegen noch lange kein regelloses Vagabundieren des Geistes zu sein, in dem das Fortschreiten Zufallssache bliebe. Vielmehr herrscht hier offenkundig eine Aufstiegsgesetzlichkeit anderer Art. Sie hängt nicht am Wesen der Welt, sondern am Wesen der Erkenntnis und läßt sich durch die Richtung vom Gegebenen zum Verborgenen, vom Bekannten zum Unbekannten bestimmen. Das Gesetz ist das wohlbekannte Aristotelische: alle Erkenntnis beginnt mit dem „für uns Früheren" und schreitet fort zum „an sich Früheren". Aktiviert sie nun dabei von Schritt zu Schritt neue Kategorien im Weltbewußtsein des Menschen, so erschließt sie ebendamit andere und andere Seiten der Welt. Und da wir einen Teil des Gesamtprozesses geschichtlich kennen, so können wir auch angeben, in welchen Bereichen des Seienden die ursprünglichen Gegebenheiten, und mit ihnen die inhaltlichen Ausgangspunkte des Prozesses liegen.

Die ersten Gegebenheiten nun liegen in der ontisch hochkomplizierten Sphäre des Lebensaktuellen. Der Mensch geht von dem aus, was sich aufdrängt und was ihm wichtig ist, nicht von dem, was an sich maßgebend oder grundlegend ist. Er tritt unbeschwert-praktisch an das Aktuelle heran, ohne seine Abgründigkeit zu ahnen. Aber innerhalb des ihm Lebenswichtigen setzt sein weiteres Sinnen nicht beim Gewohnten und Selbstverständlichen an, sondern beim Auffälligen und Erstaunlichen. So wird die philosophische Besinnung zuerst auf die höchsten und entlegensten Fragen hingelenkt: sie fragt nach dem Übermenschlichen, dem Göttlichen, der Weltentstehung, dem Weltgrunde. Es sind gleich die fundamentalsten Kategorien, die bei solcher Frageweise in Aktion treten. Aber die Resultate entsprechen nicht den hochgesteckten Zielen.

Erst langsam steigt der Gedanke von seinen Höhen herab in die Sphäre des Alltäglichen und Lebensnahen. Er entdeckt dessen Bedeutung erst mit dieser Rückkehr; und es ist bereits ein zweiter Ansatz, in dem ihm das Erstaunliche und Rätselhafte im Altgewohnten aufgeht. Ein um vieles einfacherer und anspruchsloserer Kreis von Kategorien tritt hiermit in Funktion. Aber er setzt sich nicht so leicht gegen die Gewaltsamkeit jener Kategorien des phantasierenden Weltdenkens durch; deren Reduktion geht langsam vorwärts und ist vielleicht nie ganz abschließbar.

Indessen öffnen sich mitten im Leben Gegebenheitsgebiete, die auf eine Spaltung der Welt hinauszulaufen scheinen — in eine räumliche

Welt des dinglich-materiellen Seins und eine unräumliche des seelisch-geistigen Lebens. Daß beide irgendwie in der Tiefe zusammenhängen, wird zwar nie bestritten, ist aber nicht leicht begreiflich; denn gerade als Gegebenheitsgebiete sind sie in der Tat grundverschieden, und dieser Gegensatz bleibt in einer langen Abfolge von sonst recht divergenten Denkformen unangetastet stehen. Der Gegensatz erscheint als Verhältnis von „Außenwelt und Innenwelt", von „Seele und Leib", von „Materie und Geist"; ja, selbst der Dualismus von „Materie und Form" ist ihm noch verwandt, denn mit der „Form" verbindet sich früh die Vorstellung von etwas dem Geiste Ähnlichem.

Diese Gespaltenheit reimt sich indessen keineswegs mit der Überlagerung der Seinsstufen, die sich dem unbefangenen Blick ja nicht weniger unmittelbar aufdrängt. Da steht zwischen der Welt der Materie und der des Seelischen das große Gebiet des organischen Lebens. Aber seine Gegebenheit ist uneinheitlich: wir erfassen es teils äußerlich nach Art der Dinge, teils innerlich in uns selbst nach Art der seelischen Zustände. Sieht man näher zu, so findet man, daß diese mittlere Schicht des Seienden, bei der in irgendeiner Weise doch gerade die Verbindung des seelischen mit dem materiellen Sein liegen muß, überhaupt nicht in einer ihr eigentümlichen und gemäßen Weise gegeben ist (wenigstens nicht unmittelbar und nicht in ihrer Besonderheit). Sie wird daher von Anbeginn bald unter den Kategorien der Materie, bald unter denen des Seelenlebens verstanden. Beide Arten des Verstehens aber sind gleich willkürlich und uneigentlich, denn beide übertragen unbesehen Kategorien einer anderen Seinsschicht auf die Lebensphänomene; beide also machen sich derselben kategorialen Grenzüberschreitung schuldig — die eine von der niederen, die andere von der höheren Seinsordnung her. Dieser Zustand ist trotz fruchtbarer wissenschaftlicher Einsicht bis heute nicht grundsätzlich behoben. Er spiegelt sich noch im Streit mechanistischer und vitalistischer Auffassung der Lebenserscheinungen. Nur die inhaltliche Konvergenz der Probleme führt eindeutig über den Dualismus der Sehweisen hinaus.

Die Sachlage verschärft sich noch beträchtlich dadurch, daß die beiden Gegebenheitsgebiete auch nach anderer Richtung über sich hinausweisen: auf die höheren Stufen des geistigen Seins einerseits und auf die elementarsten Seinsgrundlagen andererseits. Das Reich des Geistes ist mannigfaltig, es entfaltet sich in den Formen der Gemeinschaft, des Rechts, der Sittlichkeit, der Kunst, der Geschichte. Und jedes dieser Gebiete hat seine besonderen Kategorien. Aber ins Bewußtsein dringen diese Kategorien erst langsam durch. Ihre Aktivierung im Denken ist das fortschreitende Sich-selbst-Erkennen des Geistes. Und um nichts weniger unzugänglich sind die niedersten Kategoriengruppen, die noch so allgemein sind, daß sie keiner bestimmten Schicht des Realen zugeordnet, sondern allen Schichten gemeinsam und gleichsam dem ganzen Aufbau der realen Welt vorgelagert sind. Um ihrer habhaft zu werden, bedarf es der Abstraktion von allem besonders Gearteten, also auch eines Hinabsteigens in die Region unterhalb aller Gegebenheit.

19. Kategoriale Entfaltung des Weltbewußtseins.

Diese Überlegungen zeigen, daß der Wechsel der Denkformen doch für die Kategorienlehre ein lehrreiches Kapitel ist. Das Wichtige an diesem Phänomen liegt nicht, wie heute noch allgemein gilt, in den vieldiskutierten Erscheinungen der geschichtlichen Relativität, sondern in der Dynamik und Anordnung, in der die Kategorien sich im Denken aktivieren. Diese Dynamik und Anordnung aber ist die kategoriale Entfaltung des menschlichen Weltbewußtseins.

Darum ist die Lagerung der unmittelbaren Gegebenheitsgebiete von Bedeutung. Die ersten Kategoriengruppen, die ins Bewußtsein durchbrechen und die Denkform bestimmen, sind solche der Dingsphäre einerseits und des praktisch eingestellten Menschengeistes andererseits. Zweierlei Typen der Metaphysik alternieren von den Anfängen her: eine solche der dingartigen Substanzen und eine solche der zwecktätig vorsehenden Mächte; und oft kombinieren sich beide in einem Weltbilde. Erst langsam treten in der Geschichte die Denkformen dieser beiden Typen zurück, und Kategoriengruppen von größerer Mannigfaltigkeit treten in Aktion.

Hier aber liegt auch der Grund, warum es bestimmte Richtungen in der Entfaltung des Weltbewußtseins gibt. Dafür genügt es nicht, daß der Gesamtprozeß ein auf mehreren Geleisen gleichzeitig laufendes Vordringen ist. Der Gesamtprozeß vielmehr — da er nicht anders als vom Bekannten zum Unbekannten fortgehen kann — zerfällt in vier Prozesse. Er geht von den zwei bevorzugten Gegebenheitsgebieten aus, kann aber von jedem dieser beiden aus in je zwei Richtungen fortlaufen: aufwärts zum höheren Sein und abwärts zum niederen. Er läuft vom seelisch Innerlichen zum geistig Objektiven hinauf, zugleich aber auch zum organisch Innerlichen hinab; und andererseits läuft er vom dinglich Mechanischen zum organisch Äußerlichen hinauf, zugleich aber auch zum kategorial Niedersten und Fundamentalsten hinab. Denn die Ausgangsgebiete verschieben sich nicht; sie können sich nur erweitern. Aber die Erweiterung ist schon bedingt durch das Einrücken benachbarter Kategoriengruppen ins Bewußtsein.

Und da es ein und derselbe erkennende Geist ist, der diese Prozesse durchläuft, so häufen sich die verschiedenartigsten Kategorien in ihm an — gleichsam von zwei Polen aus — und gruppieren sich um diese, greifen aber keineswegs sogleich harmonisch ineinander. Denn die Ordnungsfolge ihres Durchdringens ins Bewußtsein ist eine ganz andere als die ihres ontischen Zusammenhanges. Aber nach und nach fügen sie sich doch zusammen, um der Tendenz nach schließlich eine geschlossene Einheit zu bilden.

Im Wechsel der Denkformen muß sich das so ausprägen, daß ihre Aufeinanderfolge im einzelnen eine gewisse Regellosigkeit zeigt, im ganzen aber die Konvergenz der beiden Grundtypen enthält. Indem die besonderen Formen beiderlei Typs sich ausweiten und auswachsen, müssen sie in der Tendenz aufeinander zuwachsen und schließlich zusammenwachsen. Die einseitigen Weltbilder weichen den vielseitigeren; und könnte der Prozeß so ungestört weitergehen, so müßten die heterogenen Weltaspekte zuletzt einander berühren und ein homogenes Ganzes ergeben.

Die Philosophie hat Beispiele großer Synthesen, die das scheinbar Unvereinbare in der Tat umfassen und damit beweisen, daß diese Tendenz keineswegs illusorisch ist. Ob sie erfüllbar ist, bleibt eine andere Frage. In einer Hinsicht aber sind solche Versuche doch eine lehrreiche Probe auf das Exempel der kategorialen Ausweitung: die Systeme, die solche Synthesen bringen, sind stets auf einer weit größeren Mannigfaltigkeit von Kategorien erbaut als die einseitigen Weltbilder, die sie zu vereinigen streben. Und da solche Mannigfaltigkeit kein indifferentes Nebeneinander sein kann — koordinieren läßt sich ja nur das Gleichartige —, so sind es eben diese Synthesen, in denen auch eine objektive Anordnung der Kategorien sich geltend macht. Ob diese auch bewußt erkannt wird oder nicht, macht dabei nur einen geringen Unterschied aus. Wichtig ist vielmehr, daß sie stets eine ganz andere ist als die geschichtliche Reihenfolge, in der die Kategorien sich in den Denkformen aktivieren.

Erster Teil

Allgemeiner Begriff der Kategorien

I. Abschnitt

Die Kategorien und das ideale Sein

1. Kapitel. Gleichsetzung von Prinzipien und Wesenheiten.

a. Prinzip und Determination.

Der Sinn der Frage nach den Kategorien hat sich nunmehr präzisiert. Gefragt ist nach den ontischen Grundlagen, den konstitutiven Seinsprinzipien. Zugleich aber ist auch gefragt nach den Erkenntnisprinzipien, sofern diese mit jenen notwendig irgendwie zusammenhängen müssen. Und zwar ist nach beiden gefragt im Gegensatz zum Wechsel der Denkformen — und wiederum nicht sofern diese zu den beiderseitigen Prinzipien indifferent stehen, sondern gerade sofern die Beweglichkeit der Denkformen es ist, woran die kategoriale Mannigfaltigkeit geschichtlich greifbar wird.

Es hat sich weiter gezeigt: weil man Prinzipien — einerlei welcher Art — nur in Form von Prädikaten aussprechen kann, so ist ebendamit gefragt nach den Grundprädikaten. Weil aber diese nicht identisch sind mit den Prinzipien, die sie aussprechen, und auch inhaltlich bloß Näherungswerte darstellen, so ist drittens stets — und zwar gesondert an jeder Kategorie — auch zugleich nach dem immer wieder anders ausfallenden Verhältnis des Prädikats zum Prinzip gefragt.

Man kann die philosophische Frage nach den Kategorien nur lebendig erhalten, wenn man sie die ganze Untersuchung hindurch nach diesen drei Richtungen offen hält. Man hält sie damit bei ihren Quellen fest. Löst man sie davon ab, so entgleitet sie entweder ins Formale oder ins Spekulative, oder auch in die Relativität der Denkformen.

Dieses vorläufige Resultat genügt aber nicht. Gefragt ist zwar nach den ontischen Grundlagen, aber doch nicht nach allen beliebigen. Es gibt auch sehr spezielle ontische Grundlagen bestimmter Ausschnitte des

Seienden. Von dieser Art sind die Gesetze der Weltmechanik, des Seelenlebens, der Volkswirtschaft. Mit ihnen haben es auf allen Gebieten die Spezialwissenschaften zu tun. Hier dagegen handelt es sich nur um die allgemeinsten und fundamentalsten, zum Teil also um einen so elementaren Bestand von Seinscharakteren, daß der naiv im Leben stehende und selbst der wissenschaftlich denkende Mensch ihn in aller Selbstverständlichkeit voraussetzt, wenn überhaupt ihm einmal etwas davon bewußt wird.

Kategorienlehre ist ausschließlich Fundamentalontologie, d. h. Forschung nach den allgemeinen Seinsfundamenten, die sich zwar auch nach den Seinsschichten differenzieren, aber doch unterhalb der Besonderheit jener Spezialgebiete bleiben. Die Kategorienlehre teilt mit der Mehrzahl der Wissenschaften die ontologische Grundeinstellung der intentio recta. Aber innerhalb des Seienden überhaupt, auf das sie gemeinsam mit ihnen gerichtet ist, hat sie es doch nur mit dem Allgemeinen zu tun, auf das alles speziellere Seiende basiert und von dem es abhängig ist.

Darin liegen zwei Bestimmungen des Kategorienseins: die Allgemeinheit und der Determinationscharakter. Der letztere besagt eben dieses, daß Kategorien das konkrete Seiende irgendwie „bestimmen", oder was dasselbe bedeutet, daß sie dasjenige sind, wovon es „abhängig" ist. Dieser zweite Grundzug der Kategorien ist es, was sie zu „Prinzipien" macht. Ein „Prinzip" ist nicht etwas für sich; es ist das, was es ist, nur in Beziehung auf sein Korrelat, das „Concretum". Unter dem Concretum aber ist der Spezialfall zu verstehen, nicht so sehr als das Einzelne und Einmalige (das wäre bloß der Gegensatz zum Allgemeinen), sondern als das allseitig bestimmte, in sich komplexe Gebilde, das unzählige Momente umfaßt und nur in deren Miteinandersein besteht. An der Korrelation von Prinzip und Concretum eröffnet sich eine Möglichkeit, das Wesen der Kategorien näher zu bestimmen. Sie liegt in der Analyse des Verhältnisses selbst. Denn dieses Verhältnis ist ein eigenartiges, keinem anderen vergleichbares.

Hierbei nun liegt das ganze Gewicht auf der Frage: wie eigentlich „determinieren" Prinzipien ihr Concretum? Denn der Arten des Determinierens gibt es viele. Wie also modifiziert sich in der Korrelation von Prinzip und Concretum der Charakter der Determination? Oder auch so: wie unterscheidet sich diese Korrelation von anderen Korrelationen, die ihr nahe verwandt sind, wie etwa Form und Inhalt, Allgemeines und Einzelfall?

Diese und ähnliche Fragen sind der Anfang einer langen Reihe von Schwierigkeiten, die einer besonderen Untersuchung bedürfen. Eine solche Untersuchung wird noch zu führen sein; und sie wird sich an den zahlreichen geschichtlichen Versuchen, das Verhältnis zu fassen, orientieren müssen, um ihre Aporetik durchzuführen. Vorarbeiten aber kann man ihr durch Klärung des anderen Grundmomentes im Wesen der Kategorien, des Momentes der Allgemeinheit. Denn auch dieses ist keineswegs ohne Schwierigkeiten. Was heißt es, daß Kategorien das Allgemeine im Concretum sind? Allgemeines gibt es ja auch sonst an allem Seienden, desgl. an allem Gedachten, allen Vorstellungen. In solcher Verwässerung ist natürlich nichts damit gesagt. Auf den eigentümlich kategorialen Charakter des Allgemeinen kommt es an. Aber worin besteht er?

b. Das Allgemeine in den Kategorien. Antike Fassungen.

Wenn dieses „Allgemeine" etwas Bestimmtes besagen soll, so muß man es auch bestimmen können. Man hat es von jeher zu bestimmen gesucht als das „Wesen" oder die „Form", in neuerer Zeit auch als die Gesetzlichkeit. Und man meinte damit annähernd dasselbe wie mit den Gebilden der idealen Sphäre, ein ideal Seiendes.

Was dazu verführte, liegt auf der Hand. Kategorien haben eine gewisse Ähnlichkeit mit Wesenheiten. Sie haben keine zeitliche Existenz, bestehen in Unabhängigkeit von den besonderen Realfällen, lassen sich aber an diesen sehr wohl erfassen, aus ihnen herausheben. Ja, sie sind zunächst nur auf diesem Umwege faßbar, werden bestenfalls erst hinterher auch in ihren eigenen Zusammenhängen zugänglich. Und die Apriorität ihrer Einsichtigkeit besteht an ihnen wenigstens insofern zu Recht, als in ihnen, wenn sie einmal herausgehoben sind, auch stets mehr einsichtig wird als ihr Bestehen im betrachteten Realfalle: eben ein Allgemeines, Wesenhaftes, Gesetzliches, das schon als solches prinzipiell eine Unendlichkeit von Fällen umfaßt. Nimmt man dazu die Überzeitlichkeit, das Fehlen alles Entstehens und Vergehens, aller Individualität, so ist es verständlich, daß man geradezu zwangsläufig zur Gleichsetzung der Kategorien mit idealem Sein gedrängt wurde. Man fand keine rechten Unterschiede, und man sah auch keinen Grund, nach ihnen weiter zu suchen.

Dem leistet die Geschichte des Kategorienproblems in jeder Hinsicht Vorschub. Die Aristotelischen Kategorien entstammen in aller Deutlichkeit einer Wesensanalyse des Dinglichen. Sie drücken also Wesensmomente aus, und ihre Bezogenheiten aufeinander sind Wesensgesetze. Daß z. B. Größe, Beschaffenheit, Ort und Zeitpunkt nur einem Substanzartigen zukommen können, ist als ein Wesensgesetz gemeint; und daß ebenso umgekehrt alles Substanzartige Ort und Zeitpunkt, Beschaffenheit und Größe haben muß, ist wiederum als Wesensgesetz gemeint. Die Kategorialanalyse bewegt sich hier ganz in der Wesensanalyse. Wie also hätte man diese Kategorien anders verstehen sollen als nach

Art von Wesenheiten? Man kann sich eigentlich nur wundern, daß Aristoteles sie nicht einfach in das τί ἦν εἶναι hineingezogen hat. Nur die „Substanz" leistete dem Widerstand.

Fragt man sich, woher diese Auffassung stammt, so muß man wohl antworten: aus der Platonischen Philosophie. Denn aus der Vorsokratik stammt sie nicht. Die Prinzipien der Vorsokratiker sind wohl als Substanzen, auch wohl als Kräfte oder Mächte gemeint, die in der realen Welt walten, aber nicht als ideale Wesenheiten. Am nächsten kommen dem Wesensreich vielleicht noch die Zahlprinzipien der Pythagoreer, sowie ihre Tafel der Gegensätze. Aber mit ihrer Betonung der Gegensätze stehen sie nicht allein, das ist ein durchgehender Gedanke der Frühzeit. Und bei der Mehrzahl derer, die in Gegensätzen philosophieren, handelt es sich dabei um harte Realität, und keineswegs um ideenhaftes Sein.

Bei Platon aber wird das anders. Sein Ideenreich ist ein eminentes Kategorienreich, eine Sphäre von Prinzipien, welche die Welt beherrschen und bestimmen, — zugleich aber auch ein Reich idealer Wesenheiten, und zwar „an sich seiender" Wesenheiten. Das Platonische Ideenreich ist überhaupt die geschichtlich erste Fassung und Charakterisierung des ideal Seienden, sofern es eine Sphäre mit eigener Seinsweise im Gegensatz zum Realen bildet.

Man darf wohl sagen, es ist das Schicksal des Kategorienproblems auf viele Jahrhunderte geworden, daß es in demjenigen Kopf, in dem es zuerst spruchreif wurde, zugleich mit dem Problem des idealen Seins, und geradezu ineins mit ihm, spruchreif wurde. Die abendländische Philosophie hat sich von dieser Problemverschmelzung nie wieder frei gemacht. Das war ihr Schade, denn die Probleme sind verschieden.

In Platons eigenem Denken lassen sich beide Probleme ganz eindeutig aufzeigen. Es sind eng verbundene, aber in Platons Charakteristik noch sehr wohl unterscheidbare Kehrseiten der „Idee". Die Idee ist einerseits „Prinzip" (ἀρχή), und als ein solches ist sie Grundlage, das Bestimmende, durch welches die Dinge sind, wie sie sind. Und andererseits ist sie Wesenheit, die als Allgemeines in den Spezialfällen wiederkehrt. Im ersteren Sinne ist sie Urbild (παράδειγμα), im letzteren Gattung, Art, Immerseiendes, Sichgleichbleibendes (γένος, εἶδος, ἀεὶ ὄν, ὡσαύτως ἔχον). Derselbe Gegensatz spiegelt sich in der Art, wie sie erfaßt werden soll. Die „innere Besinnung" auf sie (ἐννοεῖν), sowie die Methode der „Hypothesis" sind auf die Idee als Prinzip gerichtet; die „Zusammenschau" (συνορᾶν), die „Überschau der Fälle" (ἐπὶ πάντα ἰδεῖν) u. a. m. gelten der Idee als dem Allgemeinen. Neutral zu beiden steht das Moment des „Vorwissens" (προειδέναι), das die Keimzelle alles späteren Apriorismus ausmacht.

So liegen in den Platonischen Fassungen der Idee alle Requisiten der Wesensschau und zugleich die der Prinzipienforschung. Man hat darin auch kaum etwas Auffallendes erblickt; man stand eben selbst unter dem Einfluß dieser Tradition. Man kannte es nicht anders, als daß das ideale Sein auch Seinsprinzip sein müsse. In aller Selbstverständlichkeit übernahm schon Aristoteles diesen Zusammenhang: das „Eidos" ist zugleich das den Fällen Gemeinsame und das bewegende Prinzip in ihnen. Diese Auffassung geht trotz aller Verschiedenheit der Systeme fast ununterbrochen durch bis auf die Lehre von den substantiellen Formen, die in sich den Charakter der reinen essentia mit dem der Realprinzipien vereinigen sollten.

c. Neuzeitliche Fassungen. Kant und seine Epigonen.

Obgleich in der Neuzeit das Wesensreich an Bedeutung verliert, wird das Gewicht jener Verschmelzung doch eher noch größer. Die Gründe dafür liegen einerseits bei dem subjektivistischen Element, das sich in die Auffassung des idealen Seins einschleicht — denn immer mehr sieht man in den Wesenheiten bloße Begriffe des Verstandes —, andererseits aber bei dem immer mehr ins Zentrum der Probleme rückenden Rätsel des Apriorismus.

Die „ersten Ideen" oder simplices, wie Descartes und Leibniz sie schildern, sind deswegen so überaus konsequenzenreich für die erkenntnistheoretischen Grundfragen, weil sie einerseits als begrifflich verstandene Wesenheiten dem Intellekt angehören und ihm als die seinigen faßbar sind, zugleich aber doch auch kategoriale Grundlagen des Seienden und der Welt ausmachen. Denn das ist die stille Voraussetzung, die der subjektivistische Einschlag mit sich bringt, daß der menschliche Intellekt die Kategorien des göttlichen in sich trägt; er braucht sie nur sich selbst „distinkt" zu machen, um sie als solche zu erfassen. Da aber der göttliche Intellekt zugleich architektonisch ist und den Weltbau bestreitet, so muß der letztere sich mit jenen Kategorien auch erfassen lassen.

In dieser Form übernimmt Kant das Kategorienproblem. Darum sind bei ihm Kategorien in aller Selbstverständlichkeit „reine Verstandesbegriffe", ohne daß sie deswegen aufhörten, „Bedingungen der Möglichkeit der Gegenstände" zu sein. Daß hierin eine doppelte Funktion der Kategorien in Anspruch genommen wird, liegt klar zutage; desgleichen daß auf dieser Verdoppelung gerade die „objektive Gültigkeit" synthetischer Urteile a priori beruhen muß. Aber es ist genugsam bekannt, daß die Kritik der reinen Vernunft für dieses Verhältnis keinen Erweis bringt, ja genau genommen auch keinen Versuch eines Erweises. Denn die Argumentation mit der „transzendentalen Apperzeption" ist selbst eine metaphysische Hypothese — wie ja der ganze Aufriß des transzendentalen Idealismus eine solche ist —, und die Ableitung aus dem „Medium der Erfahrung" ist nur eine Exposition desselben Verhältnisses (als Argument verstanden wäre sie ein Zirkelschluß).

In Wahrheit liegt die Sache doch vielmehr so, daß Kant das Grundverhältnis der zweierlei Funktion aus dem traditionellen Gut der Philosophie übernahm, das ihm vorlag. Denn eben der Doppelsinn der Kategorien als Wesenheiten einerseits und Seinsprinzipien andererseits hatte sich ungeschwächt erhalten; und nur die Wesenheiten hatten sich zu Verstandesbegriffen verflüchtigt. Diese Verflüchtigung oder Subjektivierung der Kategorien ist dann im Entwicklungsgange der Philosophie des 19. Jahrhunderts immer weiter fortgeschritten. Das Resultat liegt in den Systemen der Neukantianer vor, wo die Seite des selbständigen Erkenntnisgegenstandes ganz verschwunden ist, und das Erkenntnisverhältnis nur noch eine Angelegenheit des Bewußtseins in sich selbst ist. Als letztes Glied dieser Entwicklung steht die Auffassung der Kategorien als bloßer Fiktionen da.

d. Die phänomenologische Erneuerung der Wesenslehre.

In dieser ganzen Tradition steckt, nur schlecht verborgen durch die wechselnde Terminologie, die alte, festgefahrene, kaum mehr variierende Grundansicht, daß Prinzipien und Wesenheiten dasselbe sind. Und nur die kritische Arbeit der Nominalisten verhindert die Wiederkehr der alten Wesensontologie. Hatte doch die These, daß die Universalien nur in mente bestehen, die Subjektivierung der Kategorien heraufgeführt.

Wie aber, wenn man dieses Moment der Kritik wieder fallen ließ? Dazu lag mancherlei Grund vor. Hatte doch die Subjektivität der Kategorien zu untragbaren Konsequenzen geführt; es fehlt um den Beginn unseres Jahrhunderts nicht an skeptischen, agnostischen und relativistischen Tendenzen, die alle Errungenschaften aufzulösen scheinen. Der Gegenschlag, wenn man überhaupt einen wagen wollte, konnte nur ein radikaler sein. Er kam von den Brentanoschulen her und führte zur Erneuerung der Lehre vom objektiven Bestehen des Wesensreiches.

Das hätte an sich nicht viel besagt, wenn nicht in dieser Erneuerung den alten Wesenheiten voll und ganz die Funktion von Prinzipien zugefallen wäre. Denn damit wurde sie faktisch zu einer metaphysischen Theorie, die sich die Entscheidung der wichtigsten Kernfragen im Gebiet des Erkenntnis- und Seinsproblems zumutete. Aber äußerlich erschien sie in bescheiden deskriptivem Gewande — als bloße „Phänomenologie", die gegen alle Realprobleme die kritische Haltung der ἐποχή herauskehrte. So konnte sie für unmetaphysisch und ungefährlich gelten. Aber sie war es nicht.

Der Charakter der „Wesenheit" als solcher, und damit auch der des idealen Seins überhaupt, ist hier so scharf ausgeprägt, wie er es seit Platons Zeiten nirgends mehr gewesen ist. Sogar die Art des Verfahrens, wie man sich der Wesenheit versichert, gemahnt unmittelbar an Platonische Ideenschau. Aber zugleich ist auch der Prinzipiencharakter eindeutig hervorgekehrt, nämlich in der These, daß eben diese Wesenheiten es sind, die das Reale durchweg beherrschen. Es ist nach dieser Auffassung so, daß die realen Einzelfälle sich in ihrem Sosein nach den Wesenheiten richten, daß also immer und in jeder Hinsicht Wesenheiten als determinierende Instanzen hinter ihnen stehen, oder auch daß alles Reale sein ideales Wesen „hat" (in sich trägt und auf ihm beruht). Darum allein kann die Wesensschau es durch Absehen vom „Zufälligen" aus dem Einzelfall gewinnen; dieses Verfahren ist die phänomenologische Reduktion. Umgekehrt aber „hat" durchaus nicht alles Ideale sein Reales.

Das letztere dürfte nun freilich unbestritten dastehen, einerlei wie im übrigen man das ideale Sein auch verstehen mag, einerlei auch in welchem Maße man ihm die Funktion von Kategorien zuschreiben mag. Das erstere dagegen ist von der determinierenden Funktion, wie sie nur echten Prinzipien zukommen kann, auf keine Weise abzulösen. Eben diese Funktion aber in so enger Zusammenspannung mit der Seinsweise idealer Wesenheiten ist mit einer Reihe von Aporien behaftet. Diese Aporien drücken genau die Divergenz von Kategorien und idealem Sein aus; sie sind damit die Grenzscheide, an der sich das Sein der Kategorien vom idealen Sein verschieden erweist.

Die Aporien selbst werden uns sogleich näher beschäftigen. Vorweg aber sei nur eines gesagt: bestünden sie nicht, so müßte sich als Gesamtbild eine sehr einfache Anordnung ergeben. Es gäbe dann nur ein einziges Reich des Konkreten, das reale Seiende, also die Welt, in der wir leben, mit ihrer Zeitlichkeit, Dinglichkeit, Vergänglichkeit und Individualität. Dieses Reich stünde unter Prinzipien, die es durchgehend beherrschten, deren Herrschaft sich aber potentiell auch auf andere Sphären ebenso konkreter Art erstreckte, falls es deren welche geben sollte (mit Leibniz zu sprechen, auf andere „mögliche Welten"). Der Inbegriff solcher Prinzipien aber müßte seinerseits ein Reich idealen Seins ausmachen.

Dieses Gesamtbild entspricht der geschichtlichen Tradition, wie sie oben in ihren Hauptphasen angedeutet wurde. Und eben diese Tradition ist es, mit der nun gebrochen werden muß. Denn sie verwischt die Unterschiede von Kategorien und idealem Sein. Und sie bezahlt die Vereinfachung des Weltbildes mit Verfälschung der beiderseitigen Probleme.

2. Kapitel. Aufhebung der Gleichsetzung. Die Abgrenzung.

a. Die drei Hauptpunkte der Unterscheidung.

Der Aporien, in die man mit der Gleichsetzung von Kategorien und Wesenheiten gerät, sind viele und mannigfaltige. Und ebenso mannigfaltig sind die gesuchten Unterschiedsmomente. Aber sie lassen sich auf wenige Punkte zurückführen, bei denen allein die Entscheidung liegt. Sie lassen sich am leichtesten herausstellen, wenn man im Gegensatz zu ihnen von dem ausgeht, was den Kategorien und Wesenheiten unzweifelhaft gemeinsam ist, demselben also, was von jeher dazu verführt hat, sie gleichzusetzen.

Dieses Gemeinsame besteht in folgenden Momenten: Kategorien wie Wesenheiten sind das „Allgemeine" und Identische in der Mannigfaltigkeit der Fälle, sie sind „enthalten" in den Fällen und aus ihnen durch Analyse gewinnbar, sind aber zugleich auch das Überzeitliche, vom Einzelfall Unabhängige und Überempirische in ihnen. An diesen Punkten der Übereinstimmung ist durchaus nicht zu rütteln. Es fragt sich nur, ob sie zur Gleichsetzung genügen.

Es ist leicht zu sehen, daß sie nicht genügen. Sie betreffen das zunächst in die Augen Fallende, dasjenige also, was den gemeinsamen Gegensatz der Kategorien und Wesenheiten zum konkret Realen ausmacht. Man müßte schon, wenn man sich an diese Gemeinsamkeit allein hielte, auch noch das Reich der Begriffe dazurechnen — wie dies ja in der Tat häufig geschehen ist —, und man würde damit die ganze Frage ins Logische transponieren. Gerade vom logischen Verhältnis des Allgemeinen und Einzelnen ist es aber höchst fraglich, ob es für die besondere Art des Enthaltenseins, die hier waltet, — und zwar sowohl für die der Kategorien als auch für die der Wesenheiten — zureicht.

Demgegenüber sind die folgenden Momente des Unterschiedes zu erfassen und zu berücksichtigen.

1. Für das ideale Seiende ist es charakteristisch, daß es inhaltlich in Formen, Gesetzlichkeiten und Relationen aufgeht. Für die Kategorien als solche dagegen ist das nicht charakteristisch. Sie enthalten auch Momente anderer Art. Unter diesen sind die dimensionalen und substratartigen Momente die wichtigsten. Kategorien können also schon aus diesem Grunde keine bloßen Wesenheiten sein.

2. Das ideale Seiende hat selbst seine besonderen Kategorien. Es kann in den Prinzipien nicht aufgehen, weil es ein weitverzweigtes Reich mannigfaltiger Besonderungen ist. Daß seine Besonderung nicht bis zum „Einzelnen" (Individuellen) herabreicht, ändert daran nichts. Oder, anders ausgedrückt: das ideale Seiende hat innerhalb seiner Grenzen bereits Spielraum für den Gegensatz von Prinzip und Concretum.

Nur die einfachen und fundamentalen Grundmomente in seinem Bestande können kategorialen Charakter beanspruchen. Alles Komplexe in ihm „beruht" auf jenen Grundmomenten, nicht anders als auch in der realen Welt das Komplexe auf relativ einfachen Grundmomenten beruht.

3. Die Kategorien des realen Seins fallen mit denen des idealen Seins nicht durchweg zusammen. Und ebenso fallen die Kategorien der Realerkenntnis mit denen der Idealerkenntnis nicht durchweg zusammen. Freilich fallen beide Kategorienreiche teilweise zusammen, und vielleicht darf man sagen: sie decken sich in so weitem Umfange, daß man auch in der wissenschaftlichen Forschung nicht leicht auf die Grenzen des Deckungsverhältnisses stößt. Aber eine totale Deckung ist es dennoch nicht. Auf den Grenzgebieten des Erkennbaren macht sich die Divergenz fühlbar. Und da die Grenzen der Erkenntnis keine Seinsgrenzen sind, so ist der Fingerzeig, der in diesem Grenzverhältnis gegeben ist, ein ausschlaggebender. —

Von diesen drei Punkten ist schon jeder einzelne, für sich genommen, vollkommen beweisend, — freilich nicht auf Grund einer so summarischen Aufzählung, wohl aber wenn man die einschlägigen Phänomengruppen genau untersucht. Diese Untersuchung wird zu führen sein. Wenn auch nur einer dieser Punkte sich erweisen läßt, so ist die traditionelle Gleichsetzung erledigt.

Für den Erweis aber genügt es, wenn sich einzelne Kategorien oder kategoriale Momente aufzeigen lassen, auf welche die behauptete Gleichsetzung nicht zutrifft. Für die Widerlegung eines allgemeinen Urteils genügt eben schon ein einziger Fall, der ihm widerspricht. Natürlich aber kann man sie nur führen, indem man in die Kategorialanalyse selbst eintritt. Und da diese ein weites Forschungsgebiet ist, in das man sich nicht vor Erledigung der allgemeinen Vorfragen hineinwagen kann, so muß einstweilen die breite Fülle des Beweismaterials noch unausgewertet bleiben. An seine Stelle können einstweilen nur vereinzelte Beispiele treten, die den Vorzug haben, unmittelbar an Bekanntes anzuknüpfen.

Es muß hierzu bemerkt werden, daß es mit den meisten Punkten der allgemeinen Voruntersuchung, in der wir stehen, ebenso bestellt ist. Sie können sich in ganzem Umfange alle erst später bestätigen. Methodisch aber wäre es trotzdem falsch, sie bis ans Ende hinauszuschieben — und das würde heißen, bis nach Vollendung der ganzen, auch der speziellen Kategorienlehre —, denn dafür ist das Arbeitsfeld, das vor uns liegt, ein zu mannigfaltiges und wohl auch ein zu wenig abschließbares. Die Orientierung in ihm wird vielmehr erst möglich, wenn man es durch gewisse allgemeine Erörterungen zum voraus übersichtlich macht.

Die Gefahr, daß man das eine und das andere vorläufig nur unzureichend erweisen kann, muß man dabei in Kauf nehmen. Man würde sonst auf dem ungangbaren Neulande bei den ersten Schritten stecken bleiben. Dieser Gefahr gegenüber ist jene die geringere.

b. Die Grenzen des Formcharakters in den Kategorien.

Der erste der drei aufgeführten Punkte besagte, daß Kategorien nicht wie Wesenheiten in den Momenten Form, Gesetz und Relation aufgehen. Das sollte eigentlich schon aus der bloßen Tatsache einleuchten, daß man von alters her neben das Reich der Formen die Materie (oder gar vielerlei Materien) gestellt hat. Diese Nebenordnung war nicht Ausdruck einer bestimmten Meinung oder eines Geschmacks, sie war erzwungen durch das eigenartige Seinsgewicht des Realen — in erster Linie des Physisch-Dinglichen —, sowie durch seine Nichtauflösbarkeit in lauter Formmomente. Platon, der kein eigentliches Stoffprinzip anerkannte, sah sich doch gezwungen, die Räumlichkeit fast bis zur Materialität zu verdichten; Aristoteles zog es vor, den offenen Dualismus von Form und Materie in Kauf zu nehmen, obgleich die letztere sich als ein „Alogisches" aller näheren Fassung entzog. Und dieser Dualismus der Prinzipien setzte sich in der Folgezeit bis zu einer Art Alleinherrschaft durch.

Die Formen allein können eben den vollen Gehalt des Realen an kategorialer Bestimmtheit nicht bestreiten. Sie gelangen über die Seite des „Soseins" an ihm nicht hinaus. Zum „Dasein" gehört ein Geformtes. Es steckt also in ihm ein Formbares, d. h. ein an sich Formloses.

Setzt man „Kategorie" der Aristotelischen μορφή gleich, so geht sie natürlich ohne weiteres im τί ἦν εἶναι (essentia) auf; und dann darf man sie wohl als ideales Sein bezeichnen. Ideales Sein ist ja grundsätzlich indifferent gegen Realität, d. h. gegen Fälle, in denen es realisiert ist. Es braucht keine Materie, es geht in der Form auf.

Nun liegt es aber im Wesen der Kategorien, daß sie den Inbegriff aller notwendigen und allgemeinen Züge an dem Concretum ausmachen, zu dem sie gehören. Das eben besagt ja der Prinzipiencharakter in ihnen, daß sie das „Prinzipielle" im Concretum sind; sie müssen also das zu seinem Aufbau Erforderliche enthalten und hergeben. Zum Realen aber gehört prinzipiell und notwendig die Materialität; und wenn es nicht Materie im stofflichen Sinne sein sollte, so muß es doch irgendetwas anderes sein, was ebenso eindeutig Substratcharakter zeigt. Ob das Substrat ein einziges und einheitliches ist oder in eine Vielheit verschiedener Substrate zerfällt, macht hierbei keinen Unterschied aus.

Ein Kategoriensystem, das nicht in irgendeiner Weise das Prinzip der Materie enthält, kann nicht das der gegebenen und erfahrbaren realen Welt sein, der wir als Menschen angehören und in der unser Leben sich abspielt. Aristoteles hatte recht: ein reines Formensystem ohne Materie kann der Welt nicht genügen. Ein Kategoriensystem aber muß ihr genügen. Anders ist es gar nicht ihr Kategoriensystem.

Die Folge ist: ein Kategoriensystem der realen Welt kann kein bloßes Formensystem sein. Es muß die Materie mit umfassen; oder richtiger, es muß auch für die materiale Seite des Realen aufkommen. Denn es muß alles Prinzipielle enthalten, das zur Welt gehört. Die Materialität der Welt aber ist nicht weniger etwas Prinzipielles an ihr als die Formen und Gesetzlichkeiten, die in ihr walten. Das bedeutet keineswegs, daß man so einfach „die Materie" — etwa im Sinne eines Urstoffes — als Kategorie zu akzeptieren hätte. Es kann sich vielmehr herausstellen, daß sie in diesem Sinne etwas Sekundäres ist. Das ändert aber nichts an der Sachlage. Vielmehr muß sich die „Materie" dann in kategoriale Momente auflösen, nur eben nicht in bloße Formmomente, denn sie ist nun einmal das Gegenteil der Form. Das aber besagt: unter den kategorialen Momenten, in die sie sich auflöst, müssen notwendig irgendwelche Substratmomente enthalten sein.

c. Das Substratmoment in den Kategorien.

Für Aristoteles lag das alles noch einfacher. Was er mit seinem Reich der Formen wollte, war gar kein Kategorienreich; eher kann man es ein Reich bewegender Kräfte nennen. Der Dualismus von „Form und Materie" beweist das ganz klar, denn er ist ein Dualismus der Prinzipien selbst. Er macht das Kategorienreich entweder unselbständig oder uneinheitlich. Im letzteren Falle aber müßte auch die Welt selbst uneinheitlich sein. Denn entweder man nimmt die Materie hinein oder man läßt sie außerhalb. Läßt man sie außerhalb, so involviert man damit ein Gegenreich der Kategorien, das von diesen ganz frei bleibt; nimmt man sie aber hinein, so wird das Kategorienreich inhomogen.

Indessen, die Inhomogeneität ist lediglich Folge der gemachten Voraussetzung, daß Kategorien nichts als Formen seien. Diese Voraussetzung ihrerseits stützt sich auf nichts als die Gleichsetzung von Kategorien und idealem Sein. Und eben das ist der Fehler. Läßt man die Gleichsetzung fallen, so verschwindet auch jene Voraussetzung und mit ihr die Inhomogeneität. Ein Kategorienreich, das die Materialität enthält, kann sehr wohl in sich homogen sein. Denn die Substratmomente können auf viele Kategorien verteilt sein und sich den Momenten von Form, Gesetz und Relation durchaus harmonisch einfügen. Und dabei können sie doch sehr wohl zusammen die Materialität der realen Welt ausmachen. Es gibt philosophische Systeme, die in dieser Richtung eine Auskunft gesucht haben. Deutlich steckt ein solches Substratmoment im ἄπειρον des Platonischen „Philebus“ (als dem unbegrenzt Bestimmbaren, das aller Bestimmung zugrunde liegt); es steckt in Descartes’ extensio, die genau verstanden nicht Raum, sondern „Ausdehnung“ ist. Wieder anders ist die Kantische Auflösung der Materie in das dynamische Verhältnis zweier Kräfte (Attraktion und Repulsion). Auch geht die Substanzkategorie Kants nicht in „Beharrung“ auf, sondern meint das „Beharrende“ selbst hinter der Beharrung. Kant nahm also das erforderliche Substratmoment voll und ganz in die Kategorientafel auf.

Etwas ähnliches wie von der Materie gilt von allen dimensionalen Kategorien, oder genauer von allen dimensionalen Momenten in den Kategorien. Dimensionen eben sind Substrate möglicher Bestimmung, sind ihrem Wesen nach ein Unbestimmtes, das aller besonderen Abmessung, allen quantitativen Verhältnissen, aller Gradabstufung zugrunde liegt. Das gilt keineswegs nur von den Raumdimensionen und der Zeitdimension, es gilt auch von der Zahlenreihe und der komplexen Zahlenebene. Es gilt aber auch von allen Richtungen, in denen es eine physische Abstufung gibt (Wärme, Gewicht, Geschwindigkeit, Kraft usw.); kurz es gilt von allem, was quantitative Unterschiede und Verhältnisse zuläßt.

Sehr charakteristisch ist es, wie diese alogischen und amorphen Momente sich auch dort bemerkbar machen, wo sie durchaus verkannt oder ignoriert werden. Ein gutes Beispiel dafür ist das große Hegelsche Kategoriensystem. Nicht der Idealismus der Vernunft ist es, der hier die Substrate des Realen absorbiert, sondern die Dialektik der Kategorien selbst: da kehren die niederen immer als Elemente in den höheren wieder, erscheinen also als deren Materie. Scheinbar werden sie von den höheren aufgesogen, tatsächlich aber bleiben sie in ihnen als unaufgelöste Restbestände erhalten. Das Moment des Widerstandes in diesem Auflösungsprozeß setzt sich so fort, verdichtet sich und erscheint in dem ständig wiederkehrenden Widerspruch. Denn dieser wird nicht aufgelöst, sondern in den höheren Synthesen nur „aufgehoben“. Er bleibt also bestehen.

3. Kapitel. Die Kategorien des idealen Seins.

a. Prinzip und Concretum innerhalb des Wesensreiches.

Soweit der Unterschied in den Substratmomenten liegt, läßt sich also sagen: Kategorien mögen den Wesenheiten wohl eng verwandt sein, mögen sogar in weitem Ausmaße mit ihnen zusammenfallen, aufgehen können sie deswegen doch niemals in ihnen. Und insofern kann auch ihre ganze Sphäre nicht mit der des idealen Seins identisch sein. Immerhin könnte alles, was Form- und Gesetzescharakter in den Kategorien hat, noch sehr wohl dem idealen Sein angehören. Und dann wäre es doch auch sehr wohl möglich, daß alles ideale Sein seinerseits Kategoriencharakter hätte.

Das ändert sich aber wesentlich, sobald man den zweiten Punkt des Unterschiedes heranzieht. Dieser besagt, daß das ideale Sein vielmehr selbst wiederum seine eigenen Kategorien hat, denen innerhalb seiner eine Mannigfaltigkeit des Konkreten gegenübersteht. Es erweist sich, daß die große Masse des idealen Seins — sowohl des Mathematischen als auch der Wesenheiten und Werte — dem Concretum angehört, also das natürliche Gegenstück der Kategorien bildet. Auch hier eben ist das kategoriale Sein durchaus nur das der Prinzipien.

Kategorien also gehen nicht nur nicht im idealen Sein auf — weil sie ja vielmehr der Seinsweise des Realen genügen müssen —; sondern sie sind auch dort, wo sie in ausgesprochener Weise Prinzipien des Idealen sind, also zu dessen Seinsweise gehören und in ihr aufgehen, immer noch etwas anderes, etwas Ausgezeichnetes, durch die bloße Idealität als solche nicht Charakterisierbares. Dieses Andere und Ausgezeichnete in ihnen ist aber gerade ihr Prinzip-Sein. Es besteht hier wie bei den Realkategorien darin, daß sie bestimmend (determinierend) sind für ein Concretum. Die Seinsweise des letzteren ändert daran nichts. Es ist ein anderes, ideal sein, ein anderes, Prinzip des Idealen sein.

Das läßt sich auf allen Gebieten erweisen, die eine generelle Formung und Gesetzlichkeit über einer breiten Masse von komplexen und besonderen Gebilden idealer Seinsweise erkennen lassen. Diese sind dann stets das Abhängige, jene das Bestimmende und Beherrschende. In der Geometrie ist das eine bekannte Sache. Die große Mannigfaltigkeit der Figuren und der ihnen zugehörigen Strukturgesetze, die man als Theoreme ausspricht, bilden das Concretum. Ein Dreieck, ein reguläres Polygon, eine Ellipse, einschließlich dessen, was die Lehrsätze von ihnen aussagen, sind keine Prinzipien, sondern sie stehen unter Prinzipien, die nicht mit ihnen identisch sind. Sie haben wohl ideales Sein, aber nicht kategoriales Sein. Weit eher kann man das, was die Geometrie in ihren ersten Definitionen und Axiomen ausspricht, als kategoriales Sein bezeichnen. Aber auch das ist vielleicht noch zu niedrig gegriffen.

Hinter den Axiomen steht noch ein anderes Grundwesen, der Raum selbst und als solcher. Und an ihm gibt es eine Reihe wirklich grundlegender Momente, etwa das seiner Dimensionen, ihrer Mehrheit und ihres gegenseitigen Verhältnisses; ferner die Momente der Kontinuität, der äußeren und inneren Unendlichkeit, der Homogeneität, der Eindeutigkeit der Raumstellen und des stetigen Überganges der Richtungen. Momente dieser Art bilden im strengen und eigentlichen Sinne die kategoriale Grundlage alles geometrischen Seins einschließlich seiner Verzweigungen und Besonderungen. Aber zwischen ihnen und den Axiomen (und Definitionen) waltet bereits ein sehr bestimmtes Verhältnis: die Axiome sind schon Expositionen speziellerer Raumverhältnisse, die jene Grundmomente zur Voraussetzung haben. Sie bilden also bereits den Übergang von diesen zur konkreten Mannigfaltigkeit der Figuren und ihrer besonderen Gesetze.

An der Geometrie also ist es deutlich sichtbar, wie sich der Unterschied der Kategorien von der Masse des idealen Seins ganz von selbst herausstellt, und zwar ohne daß die Grenzen der Sphäre und ihrer Seinsweise dabei überschritten würden.

b. Die Spiegelung der Sachlage in den Gegebenheitsverhältnissen.

Das bestätigt sich voll und ganz, wenn man auf die Gegebenheitsweise der Figuren und Theoreme hinschaut und sie gegen die des Raumes selbst hält. Was der Raum als solcher ist, und welches seine Grundeigenschaften sind, kann erst einer nachträglichen und auch geschichtlich späten Reflexion zugänglich werden. Die unmittelbare Anschauung des Räumlichen hält sich ausschließlich an das Konkrete, an die Figuren und die besonderen Verhältnisse, die in ihnen walten. Unmittelbar gegeben ist hier wie überall im Leben nur das Besondere und Komplexe; es enthält zwar seine Kategorien, aber es bietet sie der Anschauung nicht ohne weiteres dar.

Die traditionelle Lehrweise der Geometrie könnte einen freilich hieran irre machen. Es sieht so aus, als würde durch das Euklidische Verfahren der Anordnung und des Beweisens die Einsichtigkeit der Theoreme auf die der Axiome zurückgeführt. Denn tatsächlich geht dieses Verfahren von den Axiomen aus und steigt zu den Theoremen herab, und es läßt in diesen nichts gelten, was es nicht aus jenen erweisen kann. Aber gerade dieses Verfahren ist weder ein getreues Bild des Erkenntnisganges noch eine einwandfreie Lehrmethode. Denn das wahre Verhältnis ist ein ganz anderes.

Die Axiome und alles, was der Stellung nach ihnen verwandt ist, sind weit entfernt, zuerst erkennbar zu sein. Und ebensoweit entfernt sind die Theoreme der konkreten Figuren davon, erst auf den Beweis warten zu müssen, der sie von den Axiomen her einsichtig macht. Der Beweis vielmehr ist ein nachträgliches Verfahren der Kontrolle und der Verbindung. Wenn irgendetwas in der Geometrie unmittelbare und anschauliche Einsichtigkeit hat, dann sind es gerade gewisse Theoreme der einfacheren Figuren. Von dieser Art sind z. B. die Dreiecksgesetze, oder überhaupt die meisten Gesetze der geradlinigen Figuren, und wohl noch manches darüber hinaus. Sie sind freilich nicht einem jeden auf jeder Entwicklungsstufe geometrischen Denkens einsichtig, wohl aber einem jeden, der es soweit gebracht hat, zu verstehen, worum eigentlich es in ihnen geht. Darum allein besteht die Möglichkeit, sie sich an Hand der Zeichnung evident zu machen.

Auf Sätze komplizierterer Art trifft das allerdings nicht ohne weiteres zu, oder doch nur bei weitgehend geschulter geometrischer Anschauungskraft. Und schließlich von einer gewissen Höhe der Kompliziertheit ab dürfte alle Anschaulichkeit versagen. Das ändert aber nichts an der grundsätzlichen Sachlage den Axiomen gegenüber, und vollends nichts den kategorialen Grundmomenten des Raumes gegenüber. Die unmittelbare Anschauung ist offenbar in der Geometrie auf Gebilde und Gesetzlichkeiten einer gewissen mittleren Höhe beschränkt. Nur Raumverhältnisse von relativer Einfachheit, keineswegs aber deren einfachste Elemente, machen die primäre Sphäre des Gegebenen aus; von ihnen aufwärts wie abwärts bewegt sich das vermittelte Erfassen fort, indem es auf Grund dieses Gegebenen Konsequenzen zieht. Es schließt rückwärts auf dessen Voraussetzungen, und es schließt vorwärts auf das weiterhin Abhängige. Während aber nach oben zu die unmittelbare Einsichtigkeit nur durch die Komplexheit der Gebilde und die Grenzen der Übersicht abnimmt, verringert sie sich nach unten zu aus einem ganz anderen Grunde: darum nämlich, weil es überhaupt im Wesen der Prinzipien und alles ihnen Nahestehenden liegt, hinter dem Concretum zu verschwinden und nur mittelbar durch Analyse des letzteren sichtbar werden zu können.

Der analytische Rückschluß, von dem hier die Rede ist, bildet auf allen Gegenstandsgebieten den Zugang zu den Kategorien. Weil aber dieser Rückschluß in der Geometrie so leicht aufweisbar ist, so wird es an ihm evident, daß es auch hier den Gegensatz von Prinzip und Concretum gibt, und zwar innerhalb der Seinssphäre, der die Figuren und ihre Gesetze angehören.

Faßt man die ganze Geometrie als eine einzige große Exposition des Raumwesens auf, so ist das Erste der Exposition nicht das Erste und Fundamentalste des Raumes, sondern ein Sekundäres und Abhängiges. Die Axiome aber, zu denen sie fortschreitet, stehen dem Ersten bereits ganz nah. Der Euklidische „Beweis" ist in Wahrheit gar nicht Beweis — des Beweises würde es für ohnehin Evidentes nicht bedürfen —, sondern die Rekonstruktion der ontisch idealen Abhängigkeit selbst, wie sie durchgehend vom Fundamentalen zum Sekundären waltet. Der „Beweis" folgt der ratio essendi, während der Erkenntnisweg ihr entgegen läuft.

Das bestätigt sich auch geschichtlich, sofern die Axiome später gefunden worden sind als jene Gruppe mittlerer Theoreme. Und eine noch schlagendere Probe auf das Exempel ist der überhaupt erst spät ausgebrochene Streit um die Axiomatik, während das Speziellere im großen Ganzen unbestritten dasteht. Das kategoriale Grundwesen des Raumes aber, das noch oberhalb der Axiome steht, wird in der Geometrie nur ganz sekundär und mittelbar berührt.

c. Wesenheiten und Wesenskategorien.

Was für die Geometrie gilt, kehrt in vollem Umfange auf allen mathematischen Gegenstandsgebieten wieder. Zahlen sind ideale Gebilde, aber sie sind nicht Kategorien. Vielmehr, sie „haben" ihre Kategorien, auf denen sie beruhen. So liegt ihnen allen deutlich das Kontinuum der Zahlenreihe zugrunde, innerhalb dessen jeder „Schnitt" eine reelle Zahl ist; dasselbe gilt von Einheit und Vielheit, Endlichkeit und Unendlichkeit u. a. m. Niemand wird solche Seinsfundamente der Zahlen den Zahlen selbst gleichsetzen. Sie sind ein anderes als sie, ihre Prinzipien.

Aber das Verhältnis ist noch viel allgemeiner. Denn ähnlich liegt es auch bei den „Wesenheiten" im engeren Sinne, die sich von den Realfällen aus „vor die Klammer heben" lassen. Schon die deskriptive Art der Heraushebens beweist, daß sie ein Concretum oder Momente eines solchen sind. Was hier bewußt gemacht und herausformuliert wird, überschreitet ja auch kaum einmal die Grenzen der Anschaulichkeit. Es spricht meist nur verallgemeinert aus, was am Phänomen „sichtbar" wird. Und so sind diese „Wesenheiten" denn jedenfalls nicht Kategorien.

Wenn die Aktanalyse bestimmte Formen der Gesinnung, der Aktivität, der Aufmerksamkeit oder des künstlerischen Schauens herausarbeitet, so gibt sie dabei die besonderen Arten des Verhältnisses zum Gegenstande, sowie die Strukturen des inneren Verhaltens an, unterscheidet sie von anderen, ähnlichen Strukturen, zeigt die Abstufungen der Ichbeteiligung, des Einsatzes, der Hingegebenheit oder der Distanz zur Sache auf u. a. m. Das sind lauter Wesensmomente, weit diesseits der Realfälle, und deshalb von diesen ablösbar. Aber es sind deswegen doch genau so wenig Kategorien, wie Dreiecke oder Ellipsen Kategorien sind. Vielmehr diese herausgehobenen und nunmehr in ihrer Idealität faßbaren Wesensstrukturen bilden selbst wiederum ein in sich mannigfaltiges Concretum, das auf gewissen Fundamenten beruht. Und nur diese Fundamente haben Anspruch auf die Sonderstellung von Kategorien.

Freilich, wo sie liegen und wie sie aussehen, ist eine schwierige Frage. Auf diesen Gebieten der Wesensforschung sind wir nicht in der glücklichen Lage, auf ein in Jahrhunderten vorbereitetes, breit ausgebautes System des Wissens hinblicken zu können, das uns einen Fingerzeig gäbe, wo die zugehörigen Kategorien zu suchen wären, — so wie wir es von den mathematischen Wissenschaften her kennen. Man kann hier noch lange nicht fest genug im Konkreten Fuß fassen, um von ihm aus „rückwärts" auf erste Fundamente hinauszugelangen, nach der Art wie man in der Geometrie auf die Grundzüge des Raumwesens hinausgelangen kann. Hier ist noch fast in allen Richtungen Neuland der Forschung, und die Wege zur Erfassung der nächsten Zusammenhänge müssen erst gebahnt werden.

Aber es kann nach der Art des Materials, das sich darbietet, keinem Zweifel unterliegen, daß auch hier überall gewisse Kategorien dahinter stehen, desgleichen daß sie in gewissen Grenzen erforschbar sein müssen. Dafür werden sich in der speziellen Kategorialanalyse noch Anhaltspunkte ergeben. Ja, man spürt ihr Dahinterstehen schon in der einfachen Wesensanalyse hindurch; ihr Walten kündigt sich in gewissen durchgehenden Homogeneitäten der Wesenheiten und Wesensgesetze an. So könnte man z. B. hinter der Mannigfaltigkeit der Aktwesenheiten im Gesetz der Intentionalität ein kategoriales Grundmoment zu erkennen meinen. Zur Zeit freilich dürften solche Schlüsse verfrüht sein.

Auch hier bewährt sich das Gesetz, daß unmittelbar faßbar nicht die Kategorien selbst sind, sondern nur ihr Concretum. Die Wesenheiten, die sich unmittelbar vor die Klammer heben lassen, sind einer so einfachen Methode auch nur deswegen zugänglich, weil sie ein Concretum sind. Mit Kategorien kann man nicht hoffen, so leichtes Spiel zu haben.

Nicht zu vergessen ist hierbei außerdem, daß nicht alles, was eine „phänomenologische" Reduktion heraushebt, deswegen auch gleich den Charakter idealen Seins hat. Phänomene als solche sind zunächst Außenaspekte des Seienden — auch des idealen —, sind mit vielerlei Zutaten der Auffassungsweise durchsetzt. Und diese lassen sich von echten Wesenszügen der Sache keineswegs ohne weiteres unterscheiden, haben vielmehr selbst ein phänomenal-gegenständliches Sosein. Nicht alles erscheinende Sosein aber, und wäre es auch in die strengste Allgemeinheit erhoben, ist echtes ideales Sein.

d. Ausblick. Werte und Wertkategorien.

Man kann das Kapitel der Wesenskategorien nicht abschließen, ohne einen Blick auf das dem idealen Sein zugehörige Reich der Werte zu werfen, obgleich hier das ontologische Problem seine Grenze findet und nur noch eine Art Rahmen bildet. Eine konkrete Mannigfaltigkeit liegt aber doch auch hier vor, und innerhalb ihrer eröffnet sich ebenso wie im Wesensreich der Ausblick auf erste Prinzipien. D. h. das Verhältnis von Prinzip und Concretum kehrt wieder.

Freilich ist man hier hinsichtlich der Kategorien in noch ungünstigerer Lage: hier hat die Analyse noch kaum bis an die Höhenlage herangeführt, in der sie liegen müssen. Soviel läßt sich sagen: die Werte, die sich aus der Eigenart bewertender oder stellungnehmender Akte entnehmen und deskriptiv fassen lassen, sind ohne Ausnahme als hochkonkrete und komplexe Strukturen zu bezeichnen. Dagegen unterliegt es keinem Zweifel, daß hinter ihnen gewisse Wertgrundlagen oder Wertkategorien stehen. Dabei handelt es sich nicht um einen Analogieschluß, wie etwa die Parallelität des Verhältnisses zu anderen Gebieten idealen Seins ihn nahelegen könnte. Es kommt vielmehr in der Gesetzlichkeit gewisser Wertgruppen, oder in deren eigentümlicher Wesensbezogenheit aufeinander — obgleich diese nicht weiter erklärbar, sondern nur eben konstatierbar ist — ein Grundverhältnis eigener Art zutage, das unverkennbar auf das Walten allgemeiner Kategorien hinweist. Hierher gehört z. B. das auf den ersten Blick höchst paradoxe, aber unbestreitbare Gesetz der sittlichen Werte, daß sie für Akte bestimmter Art wohl realisierbar, aber nicht direkt erstrebbar sind; oder daß sie dem Akt wohl als Wertqualitäten zukommen, aber nicht zugleich als seine Ziele vorschweben können. Ein weiteres Beispiel wäre das zwischen Güterwerten und sittlichen Werten waltende Fundierungsverhältnis. Solcher Gesetze läßt sich eine ganze Reihe aufzählen. Ihr Bestehen aber ist kaum anders denkbar als durch kategorial-allgemeine Grundzüge des Wertvollseins überhaupt, die hinter ihnen stehen und ihrer Aufdeckung noch harren.

Ein weiterer Beleg für das Verhältnis von Prinzip und Concretum innerhalb der Wertsphäre liegt im Problem des „sittlich Guten" als eines Grundwertes aller ethischen Werte. Dieser Grundwert ist seit Platons Lehre von der „Idee des Guten" ein Gegenstand ernstester philosophischer Bemühung gewesen. Er müßte von Rechts wegen unter den sittlichen Werten die Rolle eines sie alle tragenden Prinzips spielen (nicht anders als das kategoriale Wesen des Raumes unter den geometrischen Gebilden und Gesetzen). Das eigentümliche aber ist, daß sich der Inhalt des Guten in keiner Weise allgemein angeben läßt. Man hat hier stets entweder einen spezielleren Wert substituiert, wie die positive Moral immer tut, oder man hat das Prinzip bloß postuliert, ohne es näher zu bestimmen, resp. man hat wie Platon seinen leeren Begriff gebildet.

Man nähert sich ihm noch am ehesten, wenn man die mannigfaltigen besonderen Werte, die „unter ihm" enthalten sein müssen, beschreibt und vergleicht, ihre Beziehungen und Beziehungsgesetze herausarbeitet. Man stößt dabei wenigstens auf eine einheitliche Perspektive, an deren Ende, wie an einem Konvergenzpunkt, der logische Ort des Guten sichtbar wird. Aber auch so faßt man inhaltlich nicht es selbst, denn die Perspektive ist nicht konstruktiv bis zu Ende vollziehbar. Vollziehbar wäre sie nur im Mitgehen der konkreten Wertschau. Die Wertschau aber läßt sich nicht zwingen. Sie hat ihr eigenes Gesetz — das eines langsamen geschichtlichen Ganges, der keine Vorgriffe zuläßt.

4. Kapitel. Inhaltlicher Überschuß der Realkategorien.

a. Kategorialer Hintergrund des Sphärenunterschiedes.

Die These, daß Kategorien als solche nicht ideales Sein sind, ist nun nach zwei Richtungen gesichert. Einmal enthalten sie Substratmomente, die der idealen Seinsweise gänzlich heterogen sind. Sodann aber zeigte sich, daß innerhalb des idealen Seins sich noch einmal Kategorien vom Concretum abheben; der Prinzipiencharakter dieser „Idealkategorien" — wie man sie nennen kann —, geht eben in ihrer Idealität nicht auf.

Zu diesen zwei Punkten des Unterschiedes kommt nun als dritter, daß auch die Realkategorien mit den Idealkategorien keineswegs durchgehend zusammenfallen, sondern in manchen Zügen eine eigene, auf diese nicht übertragbare Inhaltlichkeit zeigen. Kategorien des Realen mögen den Wesenheiten immerhin verwandt sein, mögen sich auch in weitem Ausmaße mit deren Prinzipien decken. Aufgehen können sie in den letzteren doch nicht, weil sie Kategorien einer anderen Seinssphäre sind und für das Prinzipielle in dieser Andersheit mit aufkommen müssen.

Diese Sachlage ist nur dadurch verschleiert, daß innerhalb der Grenzen des Erkennbaren — und das ist in beiden Seinssphären nur ein Ausschnitt aus der konkreten Gegenstandsfülle — die Deckung der beiderseitigen Kategorien in der Tat eine weitgehende ist. Das wird auch sehr verständlich, wenn man erwägt, daß die Erkennbarkeit des Realen, soweit sie auf dem apriorischen Erkenntnisfaktor beruht, sehr wesentlich durch das Verhältnis von Realkategorien und Idealkategorien bedingt ist; was seinen Grund wiederum darin hat, daß die letzteren fast durchweg in den Erkenntniskategorien enthalten sind. Das komplizierte Verhältnis, das hier zwischen den drei Arten von Kategorien — denen des Realen, denen des Idealen und denen der Erkenntnis — waltet, bildet eines jener Grundprobleme der Erkenntnis, die erst von der ontologischen Kategorialanalyse her eine grundsätzliche Klärung erwarten können. Das Resultat kann also hier nicht vorausgenommen werden. Einstweilen muß die prinzipielle Überlegung genügen. Und sie reicht auch aus, um die Verschleierung der Grenzen jenes Deckungsverhältnisses verständlich zu machen [1]).

[1]) Für die erkenntnistheoretische Sachlage muß ich an dieser Stelle verweisen auf die Ausführungen in „Grundzüge einer Metaphysik der Erkenntnis", 2. Aufl., Berl. 1925, Kap. 73 und 74.

Durch das Deckungsverhältnis also darf man sich nicht irremachen lassen. Es fällt nur darum so aufdringlich in die Augen, weil es im allgemeinen auf den erkennbaren Ausschnitt der Welt zutrifft, und über diesen hinaus alle inhaltliche Argumentation schwierig wird. Bei näherem Zusehen aber macht sich die Divergenz von Real- und Idealkategorien auch schon in den Grenzen des Erkennbaren geltend, wennschon sie unauffällig bleibt und der besonderen Aufweisung bedarf.

Daß aber die beiden Kategorienbereiche überhaupt divergieren, sollte eigentlich vor allem Aufweis außer Frage stehen. Sonst nämlich könnten die beiden Reiche des Seienden selbst in ihrer konkreten Mannigfaltigkeit überhaupt nicht verschieden sein. Man bedenke: ein Kategoriensystem, als vollständiges verstanden (nicht wie der Mensch es in Ausschnitten erkennt), determiniert auch sein Concretum durchaus vollständig; es bestreitet alles nur irgendwie Prinzipielle in ihm, einschließlich seiner Substratmomente (Kap. 2 b und c). Jeder Andersheit am Concretum muß eine Andersheit der Kategorien entsprechen. Ist also die reale Welt in wesentlichen Zügen anders beschaffen als das Reich des idealen Seins, so müssen notwendig auch in den zugehörigen Kategoriensystemen Unterschiede bestehen. Wie weit sich diese auch aufzeigen lassen, ist demgegenüber eine ganz andere Frage. Kategorien sind überhaupt nicht in gleichem Maße erkennbar wie das Concretum, das sie determinieren. Aber die Divergenz der Systeme ist als solche auch ohne Aufzeigung besonderer Unterschiede grundsätzlich einsichtig. Dafür eben genügt die tiefe Verschiedenheit der Seinsbereiche.

Die Kategoriensysteme bilden den Hintergrund der Seinssphären und ihrer Seinsweisen. Was diese an Wesensunterschieden aufweisen, muß sich in jenen irgendwie spiegeln, auch wenn die Enge des Wissens um kategoriale Verhältnisse die Spiegelung für uns trübt. Denn es muß schon auf dem Unterschied der Kategoriensysteme beruhen.

b. Modale und substantielle Momente.

Nun aber lassen sich darüber hinaus sehr wohl auch Unterschiede an einzelnen Kategorien und Kategoriengruppen aufweisen. Man stößt auf sie am leichtesten, wenn man von den Unterschieden im beiderseitigen Concretum ausgeht.

Die am meisten maßgebenden Beispiele dafür liegen bei den Modalkategorien, deren Eigenart es ja überhaupt ist, daß auf ihnen die Seinsweise als solche beruht; in der Seinsweise aber liegt der Hauptunterschied des Realen vom Idealen. Wesensmöglichkeit ist eine andere Möglichkeit als Realmöglichkeit. Für jene genügt schon die einfache Widerspruchslosigkeit, für diese ist eine lange Reihe von Realbedingungen erforderlich, deren Totalität bis zum letzten Gliede beisammen sein muß. Wesensnotwendigkeit geht in der Unterordnung des Besonderen unter das Allgemeine auf, und die Besonderheit des Falles bleibt von ihr aus zufällig; Realnotwendigkeit dagegen ist gerade die des Einzelfalles in seiner Einmaligkeit, in Abhängigkeit von der Gesamtkollokation der jeweiligen Realumstände. Vollends unvergleichbar aber sind Realwirklichkeit und Wesenswirklichkeit. Letztere besteht schon zu Recht, wo bloße Wesensmöglichkeit (Widerspruchslosigkeit) vorliegt; erstere dagegen beruht auf gegenseitiger Durchdringung von voller Realmöglichkeit und Realnotwendigkeit. Im Wesensreiche ist darum unendlich vieles möglich, was nicht real möglich ist. Im Realen ist nichts möglich, was nicht wirklich ist[1]).

Die Modalanalyse ist in der Lage, diese Sätze in aller Genauigkeit zu erweisen, sowie ihnen eine lange Reihe weiterer anzufügen, in denen der fundamentale Unterschied im modalen Bau von Idealität und Realität sich exponieren läßt. Das Gewicht ihrer weitverzweigten Konsequenzen ist ein um so größeres, als alle Feststellungen dieser Art noch diesseits des besonderen Inhalts stehen. Sie sind deswegen auch unabhängig vom inhaltlichen Deckungsverhältnis der Sphären und ihrer konstitutiven Kategorien; unabhängig also auch von den Grenzen der Deckung. —

Weiter ließen sich hier jene selben Substratmomente anführen, die bereits oben (beim ersten Punkt der Unterscheidung) als allem idealen Sein fremd verzeichnet wurden. Sie fallen natürlich hier ebensosehr wie dort ins Gewicht; denn es sind lauter Momente der Realkategorien, und sie machen einen greifbaren Unterschied zwischen diesen und den Idealkategorien aus. Wichtiger aber ist es wohl, daß auch abgesehen von ihnen eine Fülle von spezifischen Realmomenten aufzeigbar ist, die kein Analogon in den Wesenskategorien finden.

Die beiden bekanntesten Glieder der Kantischen Kategorientafel, die Substanz und die Kausalität, sind überzeugende Beispiele dafür. In der Substanz nämlich handelt es sich keineswegs bloß um ein Substrat, sondern um die Beharrung im Fluß der Veränderung. Sie ist das „Sich-Erhaltende" im Wechsel der Zustände, dasjenige, was im Strom des Geschehens der Vergänglichkeit widersteht. Dieses dynamische Verhältnis kann nur in der realen Welt bestehen; denn es setzt die Dynamik des Geschehens selbst voraus, diese aber ist dem idealen Sein von Grund aus fremd. Die Unveränderlichkeit der Wesenheiten aber hat mit Substantialität nichts zu schaffen; ihre Unberührtheit vom Entstehen und Vergehen beruht auf ihrer Zeitlosigkeit.

---

[1]) Die Untersuchung, die diese Verhältnisse klarstellt, ist in dem Buch „Möglichkeit und Wirklichkeit", Berlin 1938, geführt. Sie muß hier in ganzer Ausdehnung vorausgesetzt werden. Insbesondere gehören davon hierher die Kapitel 18—21, 24, und 41—44.

Und ähnlich ist es mit der Kausalität. Wäre Kausalität nichts als eine Gesetzlichkeit — das Kausal-„Gesetz" —, so wäre sie freilich auch als Wesenheit faßbar; aber sie besteht nicht darin allein. Sie ist vielmehr die dynamische Reihe der Stadien des Prozesses, sofern diese einander hervorbringen oder ineinander übergehen. Sie ist der fortlaufend kontinuierliche Nexus, der das zeitlich Auseinanderliegende in eindeutiger, irreversibler Abhängigkeit verknüpft und so die Einheit eines Gesamtvorganges erst möglich macht. Etwas derartiges ist im dynamiklosen Reich des idealen Seins ein Ding der Unmöglichkeit. Dort gibt es wohl andere Formen der Determination und Abhängigkeit, aber keine Kausalität.

Man wende hiergegen nicht ein, es müsse doch auch ein „Wesen" der Substanz und der Kausalität geben. Damit verschiebt man den Begriff der Wesenheit. Denn selbstverständlich steht dieser Begriff in der Mannigfaltigkeit philosophischer Terminologie nicht fest. Man kann ihn leicht zu einem bloß methodischen Mittel, das Allgemeine im Speziellen herauszuheben, herabsetzen; dann aber ist er nicht mehr geeignet, die Seinsweise idealen Seins ontologisch zu charakterisieren. Außerdem gehen ja gerade die aufgezeigten spezifischen Realmomente der Substantialität und Kausalität in solchen abstrahierten „Wesenheiten" nicht auf; sie bleiben heraus, was man auch anstellen mag, sie mit hineinzunehmen. Wie also man das „Wesen" solcher Kategorien auch fassen mag, man faßt damit doch nur das Unwesentliche in ihnen. Der Sinn des „Wesens" schlägt in sein Gegenteil um.

c. Die Zeitlichkeit als kategoriale Grenzscheide. Die Räumlichkeit.

Hinter der Beharrung und der ununterbrochenen Folge des Bewirkens steht etwas weit Fundamentaleres, was die Realkategorien noch radikaler von den Idealkategorien scheidet: die Zeitlichkeit. Beharrung und Wechsel, Wirken und Bewirktwerden gibt es nur im Zeitfluß. Dieser aber ist nur dem Realen eigentümlich. Er macht recht eigentlich, und zwar in aller Greifbarkeit und Gegebenheit, den Unterschied des Realen vom Idealen aus. Er ist zum mindesten die bekannteste und gleichsam die populäre Seite an diesem Unterschied.

Wesenheiten gelten von alters her mit Recht als das Zeitlose. Man hat sie deswegen für das im höheren Sinne Seiende erklärt; denn sie unterliegen der Vergänglichkeit nicht. Diese Enthobenheit erschien als erhabene Ewigkeit. Das Reale dagegen — und zwar in ganzer Ausdehnung, einschließlich des seelisch und geistig Realen — ist dem Entstehen und Vergehen unterworfen. Und solange man diese beiden Momente des Prozesses, und mit ihnen das Werden überhaupt, in Gegensatz zum Sein brachte, mußte alles Werdende um seiner Zeitgebundenheit willen als ein nur uneigentlich Seiendes erscheinen.

Läßt man in dieser uralten Entgegensetzung die traditionelle Enge des Seinsbegriffs und das Werturteil zugunsten des Idealen fallen, so bleibt die klare Einsicht übrig, daß an der Zeitlichkeit als solcher sich die Realwelt vom Wesensreich radikal scheidet. An der Zeit haben wir das Beispiel einer reinen Realkategorie, der unter den Idealkategorien nichts entspricht, was ihr irgend vergleichbar wäre.

Auch hier aber ist demselben Mißverständnis zu begegnen wie bei der Substanz. Denn natürlich kann man auch von einem idealen Wesen der Zeit sprechen, in demselben Sinne, wie man von den besonderen Wesenheiten zeitlicher Vorgänge spricht, z. B. von „Aktwesenheiten". Und natürlich wird man das allgemeine Wesen der Zeit auch stets in diesen besonderen Wesenheiten wiederfinden; denn die Akte selbst sind psychisch-real, und nur ihre Wesenheiten sind überzeitlich. Darin ist nichts Widersinniges: Wesenheiten eines Zeitlichen brauchen nicht selbst zeitlich zu sein. Wäre dem nicht so, so könnten Wesenszüge ja überhaupt nicht Züge eines Realen sein; und dann wären ideales und reales Sein nicht nur verschieden, sondern auch geschieden, und es bestünde ein Chorismos, der den Sinn ihrer Zusammengehörigkeit aufheben müßte. So aber ist das Verhältnis nicht, und schon die ältesten Verfechter des Ideenseins wußten sehr genau, daß es so nicht ist. Die Einheit der Welt wird durch die Zweiheit der Seinsweisen nicht in zwei Welten zerrissen.

Die Zeitlichkeit ist wohl durchgängiges Wesensmoment der Akte, aber sie ist kein kategoriales Moment der Aktwesenheiten. Oder anders gesagt, die Zeit gehört wohl zu den inhaltlichen Momenten, die von diesen Wesenheiten umgriffen werden, aber sie ist kein Strukturmoment der Wesenheiten als solcher. Das Sein der Wesenheit eines Zeitlichen ist kein zeitliches Sein; es ist zu aller Zeit und doch zugleich in keiner Zeit. Es ist also gleichgültig gegen die Zeitbestimmtheit der Realfälle, die es begreift. Nicht gleichgültig ist es nur dagegen, daß die Realfälle überhaupt zeitlich sind und ihre besondere Stelle, Folge und Dauer in der Zeit haben.

Die Zeitlichkeit bildet somit eine klare kategoriale Grenzscheide des Realen und des Idealen, und ebendamit auch eine solche ihrer beiderseitigen Kategoriensysteme. Die Idealkategorien enthalten das Prinzip der Zeit überhaupt nicht. Unter den Realkategorien aber ist dieses Prinzip eines der durch alle Stufen und Schichten hindurchgehenden Grundmomente, über dem sich erst die spezielleren Formen des Realen erheben: das Werden, die Beharrung, die Folge, der Prozeß — und so fort bis zu den höchsten Erscheinungen des Menschenlebens und seiner Geschichte. —

Man sollte nun meinen, daß vom Raume ein Gleiches gelten müßte. Denn es ist leicht zu sehen, daß Wesenheiten ebensowenig etwas Räumliches sind wie etwas Zeitliches. Der Unterschied aber ist, daß es sehr wohl Reales gibt, das nicht räumlich ist: das ganze Reich seelischen und geistigen Lebens ist raumloses Sein, obgleich es die Zeitlichkeit mit dem Physischen und Organischen teilt. Nur die niederen Schichten des Realen sind räumlich, zeitlich dagegen sind alle. Darum ist die Zeitlichkeit eine wirklich auszeichnende Kategorie des Realen als solchen, die Räumlichkeit aber nicht. Jene reicht bis in die höchsten Höhen der realen Welt, und die Grenze ihrer Reichweite ist zugleich deren Grenze. Die Räumlichkeit dagegen bricht auf halber Höhe ab.

Und andererseits ist sie auch in dieser Begrenzung keine spezifische Realkategorie. Denn es gibt den reinen geometrischen Raum, den Idealraum, neben dem Realraum. Die geometrischen Figuren haben als die allgemeinen Gebilde, die sie sind, nur ideales Sein im Idealraum; ihr Räumlichsein ist ein charakteristisches Überall-und-nirgends-Sein, was realräumlich ein Ding der Unmöglichkeit ist. Der Idealraum ist ferner weder notwendig dreidimensional noch Euklidisch; er ist das Allgemeine möglicher „Räume", während der Realraum einer ist und nur von einerlei Beschaffenheit sein kann.

Eine Grenzscheide gegen das ideale Sein also gewinnt man an der Raumkategorie nicht. Wohl aber ist der enger gefaßte Realraum als solcher eine spezifische Realkategorie (wennschon nur eine solche der niederen Realschichten); und in dieser Einschränkung darf er denn auch als ein leicht faßbares Moment der Unterscheidung zwischen dem System der Realkategorien und dem der Idealkategorien gelten.

d. Die Realkategorie der Individualität. Konsequenzen.

Als ein zweites grenzsetzendes Moment des Realen läßt sich neben der Zeit die Individualität nennen. Alles ideale Sein ist allgemein, und alles reale ist individuell — und zwar im strengen Sinne individuell: einzig und einmalig. Es gibt in der realen Welt zwar zu allem das ihm Ähnliche, Analoge, ja oft das für menschliche Fassungskraft von ihm gar nicht Unterscheidbare; aber es gibt nicht dasselbe noch einmal. Jeder Fall ist nur einmal da.

Nicht, als gäbe es in der realen Welt kein Allgemeines. In allen noch so einzig gearteten Fällen gibt es das mit anderen Fällen Gleichartige, das immer Wiederkehrende, das Gesetzliche. Aber dieses Allgemeine ist nicht selbständig, es besteht nur „an" und „in" den Realfällen. Isolierbar ist es von ihnen nur in der Abstraktion, und da hat es keine Realität, — genau so wie es im idealen Sein (wo alles allgemein ist) keine Realität hat. Man darf also kurz formulieren: Realität hat das Allgemeine nur „im" Individuellen (vgl. unten Kap. 37 d und e).

Das Allgemeine ist eine beiden Seinssphären gemeinsame Kategorie; sie ist nur im idealen Sein die beherrschende, im realen eine untergeordnete. Individualität dagegen ist ausschließlich Realkategorie; im Reich der Wesenheiten gibt es nichts Individuelles. An der Individualität also scheiden sich radikal nicht nur die beiden Seinssphären sondern auch ihre Kategoriensysteme.

Hier liegt auch der Grund, warum man seit alter Zeit die Individualität in Verbindung mit der Materialität gebracht hat. Die aristotelische Zurückführung des Einzelnen als solchen auf die Materie ist zwar unhaltbar, denn sie trifft nicht auf seelische und geistige Individualität zu; aber sie erfaßte doch das Problem an seiner Wurzel, wennschon nur im Bereich des Dinglichen. Ebenso charakteristisch ist die spätere Deutung der „Individuation" als Funktion von Raum und Zeit. Sie schoß zwar ebenso zu kurz hinsichtlich der Räumlichkeit, denn diese erstreckt sich nur auf die niederen Schichten des Realen; aber sie traf das Problem sehr genau mit der Rolle, die sie der Zeitlichkeit zuschrieb. Denn in der Tat ist alles Zeitliche einmalig und einzig, und alle Einzigkeit ist zeitlich.

Eine grundsätzliche Verfehlung des Problems dagegen steckt in den Theorien, welche die Individualität rein qualitativ-inhaltlich verstehen wollen, nämlich als die bloße ins Unendliche gehende Komplexheit der Form. Wohl gibt es die fortgesetzte Differenzierung der essentia bis zur haecceïtas, wie Duns Scotus sie lehrte, und ebenso gibt es die „Idee" des Individuellen, wie sie Leibniz vorschwebte. Aber in beiden ist keine Gewähr der realen Einzigkeit. Die Idee des Individuellen ist nicht individuelle Idee: daß es nur einen einzigen Realfall gibt, der unter sie fällt, liegt nicht an ihr, sondern am Bau der realen Welt, sofern diese so geartet ist, daß sie nie zum zweiten Mal das qualitativ genau Gleiche hervorbringt. Individualität eben geht als solche niemals in bloßer Struktur auf. Darum bleibt sie dem idealen Sein fremd. Aber andererseits gehören zu ihr nicht bloß Substratmomente, und auch nicht bloß die dimensionalen Momente des Realen (die Raum- und Zeitstelle), sondern stets auch die Ganzheit des Realzusammenhanges, der selbst ein einziger ist, und in dem alles Besondere durch die Art seiner Eingliederung einzig ist.

Bedenkt man nun, daß jedes Ding an seiner Stelle, jedes Geschehnis in seiner einmaligen Bedingtheit und Verbundenheit, jeder Mensch und jedes Menschenschicksal in seinen Lebenszusammenhängen Individualität hat, so wird hieran überwältigend klar, wie sehr der grundlegende Unterschied des realen vom idealen Sein ein in den Kategorien verwurzelter ist. Es hilft nichts, daß ein Wesensreich unendliche Differenzierung zuläßt und gleichsam den Spielraum für qualitative Individualität offen läßt. Es fehlen ihm doch die Kategorien, auf Grund deren allein das wirklich Einzige und Einmalige bestehen kann. —

Die Konsequenz der ganzen Untersuchung, soweit sie bisher geführt ist, darf hiernach so zusammengefaßt werden. Es ist ein verhängnisvoller Fehler, die Kategorien nach Art des idealen Seins zu verstehen. Kategorien mögen, soweit immer es die Seinsverhältnisse zulassen, den Wesenheiten verwandt erscheinen; aufgehen können sie deswegen doch niemals in ihnen, und ihr System kann kein solches des idealen Seins sein. Erst wenn man sich von dem geschichtlichen Vorurteil frei macht, das hier eine Gleichsetzung vollzog, wird es möglich, der Eigenart des kategorialen Gerüstes im Aufbau der realen Welt nachzugehen.

Darüber hinaus aber hat sich noch eine andere, affirmative Konsequenz gezeigt. Die Kategorien des idealen Seins und die des realen decken sich nur teilweise; beide Seinssphären haben auch ihre eigenen Kategorien. Und hieraus ergibt sich für die Kategorialanalyse unabweisbar die Aufgabe, diesem Unterschied auch im einzelnen nachzugehen. Denn nunmehr gilt es, an jeder Kategorie zu prüfen, inwieweit und mit welchen ihrer Momente sie der realen Welt, mit welchen dem Wesensreich zugeordnet ist, aber auch mit welchen ihrer Momente sie beide verbindet.

II. Abschnitt

Ontologische Fassungen und Fehlerquellen

5. Kapitel. Didaktischer Wert der Vorurteile.

a. Das unbewältigte Rätsel der „Teilhabe".

Lassen sich nun Kategorien nicht nach Analogie von Wesenheiten verstehen, ist der Charakter der Allgemeinheit in ihnen nicht angetan, zu verdeutlichen, was eigentlich sie sind, so muß man auf die andere Seite ihres Wesens zurückkommen: auf den Prinzipiencharakter. Von diesem zeigte sich schon, daß er in einer bestimmten Art der Determination besteht. Aber in welcher? Wie eigentlich determinieren Kategorien ihr Concretum? Und wie überhaupt ist ihr Verhältnis zum Concretum beschaffen?

Sie determinieren offenbar nicht wie Ursachen, auch nicht wie Vernunftgründe, und erst recht nicht wie Zwecke. Auch keine andere der bekannten Determinationsformen reicht hier zu. Umschreibt man aber das Verhältnis durch die „konstituierende" Funktion der Kategorien, so ist damit nichts mehr als das „Bestimmen" überhaupt ausgesprochen, ohne daß dessen besondere Art klar wird. Denn im Kantischen Sinne als „Synthesis" läßt es sich nicht verstehen; Synthesis würde bestenfalls auf Erkenntniskategorien zutreffen, sofern ihnen ein unzusammenhängendes Material der Erkenntnis gegenübersteht (was auch schon gnoseologisch seine Schwierigkeiten hat), aber jedenfalls nicht auf Seinskategorien.

Die Platonische Philosophie faßte dieses Verhältnis vom Concretum aus: als ein solches der „Teilhabe" der Dinge an den „Ideen". Aber worin die Teilhabe bestehen und wie sie funktionieren sollte, blieb unbestimmt. Und an diese Unbestimmtheit hat sich eine Reihe von Aporien geheftet, deren Menge und Abgründigkeit sich erst nach und nach ergeben hat. Die Diskussion hierüber begann schon in Platons eigenen Schriften und ist bis in die Neuzeit hinein fortgegangen. Fast jedes metaphysische System hat eine andere Fassung des Verhältnisses gebracht, und mit ihr eine andere Fassung der Prinzipien selbst. Die Geschichte der Metaphysik seit der Antike besteht sehr wesentlich in der Abwandlung dieser Fassungen. Und man darf sagen, daß in der langen Reihe der letzteren eine Fülle metaphysischer Chancen gleichsam ausprobiert worden ist. Das Ergebnis ist die Menge übersichtlich gewordener Konsequenzen, die nun ein Arsenal philosophischer Erfahrung bildet — gleich fundamental und lehrreich in ihren Fehlern und Irrwegen wie in den positiv erarbeiteten Einsichten.

Die Gleichsetzung der Prinzipien mit den „Wesenheiten" — die in den Kapiteln des vorangegangenen Abschnittes bereits durchdiskutiert und zurückgewiesen wurde — ist ohne Zweifel die geschichtlich bedeutendste ontologische These, die das Rätsel der „Teilhabe" und der kategorialen Determination zu lösen suchte. Mit ihr verbunden aber war die andere These, daß dieselben Wesenheiten zugleich begriffliche Prinzipien des Denkens, also Erkenntnisprinzipien des Verstandes sind. Auf dieser Basis ließ sich ein aprioristisches Weltbild von einzigartiger Geschlossenheit erbauen.

Es ist von Wert, festzuhalten, daß die Grundmomente dieses Weltbildes nicht christlich-theologischen, sondern antiken Ursprungs sind. Sie liegen im Platonischen Ideenapriorismus und in der Aristotelischen Autonomie des Logischen. Beide bilden eine gefährliche Basis der Ontologie, die fast zwangsläufig zu bestimmten Einseitigkeiten hindrängt. In solchen Jahrhunderten aber, in denen es der Metaphysik mehr um Gott und die Seele ging als um Natur und menschliches Leben, mußten sie sich notwendig verfestigen und dogmatisch werden. Will man der deduktiv gewordenen und fast erstarrten Begriffsontologie auf den Grund gehen — d. h. nicht etwa sie auf „Motive" oder weltanschauliche Anlässe hin untersuchen (was geistesgeschichtlich gewiß ergiebig, philosophisch aber wertlos ist), sondern ihre sachlich-inhaltlichen Voraussetzungen und Vorurteile ins Licht rücken —, so genügt es nicht, die scholastischen Formulierungen unter die Lupe zu nehmen. Man muß weiter auf die Quellen der Alten zurückgehen. In ihnen bereits ist so gut wie alles enthalten, was die mittelalterliche Ontologie an Voraussetzungen fruchtbarer und fehlerhafter Art jahrhundertelang mitgeführt hat.

Dieses geschichtlich-systematische Verhältnis haben die neuzeitlichen Bahnbrecher der Kritik und des Methodengedankens nicht durchschaut. Sie drangen darum mit ihrer Kritik auch keineswegs bis auf die eigentliche Grundlage der alten Ontologie durch; sie merkten nicht die Schwäche jener Gleichsetzung und jenes Begriffsapriorismus, und ihr eigenes Denken blieb, obschon es die Antriebe der neuen Naturwissenschaft mit voller Begeisterung aufnahm, im Grunde doch ein begriffsontologisches. Selbst die neue Erkenntnistheorie, die aus diesen Antrieben entsprang, wußte sich aus den Fesseln nicht zu lösen; sie behielt bei aller kämpferischen Kühnheit des Vordringens den alten Feind, den sie schlagen sollte, unbewältigt im Rücken. Die simplices des Descartes, obgleich inhaltlich an den neuerschlossenen Problemgebieten orientiert, sehen der Fassung nach den alten essentiae immer noch zum Verwechseln ähnlich. Leibniz sucht sogar wieder die Anknüpfung an diese und unterstreicht sie terminologisch. Und noch Kant hält in den „Verstandesbegriffen" zäh und ausdrücklich den Charakter der logischen Funktion fest.

b. Notwendigkeit einer radikaleren „Kritik".

Bei Kant ist dieses nun freilich nur noch ein schwacher Überrest. Aber es ist doch kein Zufall, daß die Kritik der reinen Vernunft unter ihren Hauptthesen kaum eine enthält, die im Ernst gegen die alte Ontologie gerichtet wäre. Die Polemik gegen die substantiellen Formen ist hier nicht mehr lebendig, und die Lehre von Erscheinung und Ding an sich widerstreitet der Ontologie nicht. Direkte Ablehnung findet nur das dogmatisch-deduktive Verfahren. Aber diese Ablehnung ist nicht neu, schon die Nominalisten hatten sie aufs gründlichste durchgeführt.

Die „Kritik" im destruktiven Sinne richtet sich nur gegen die rationale Psychologie und Theologie. Schon bei der Kosmologie überwiegt die aufbauende Tendenz. Vollends die kritischen Einschränkungen, welche in der transzendentalen Ästhetik und Analytik vorgenommen werden, sind weit mehr angetan, Erkanntes zu befestigen als es einzureißen. Erst die neukantischen Überspannungen des theoretischen Idealismus haben diese Sachlage verkennen lassen. Es war eine Folge der unfruchtbaren Zuspitzung

„standpunktlicher“ Spekulation, daß man die schlichte Anerkennung der „empirischen Realität“ bei Kant nicht mehr zu würdigen vermochte. Im Grunde ist der „transzendentale Idealismus“ vom alten Begriffsrealismus nicht so weit entfernt, wie man in den Zeiten des Streites um das „Ding an sich“ meinte. Hier wie dort sind die sog. „Dinge“ nicht das eigentlich Seiende, sondern nur unselbständige Erscheinung. Das Ansichseiende liegt anderswo; aber hier wie dort steht es im Hintergrunde der Wahrnehmung und des Gegebenen. Und selbst die Art, wie der Verstand sich zu den Dingen verhält, ist noch die gleiche. Der menschliche Verstand ist verwurzelt in einem übergeordneten allgemeinen Verstande, welcher der erkennbaren Welt seine Formen oder Gesetze vorschreibt. Ob dieser nun ein göttlicher und infiniter oder ein „transzendentaler“ heißt, mag theologisch und metaphysisch von größtem Belang sein, erkenntnistheoretisch macht es keinen Unterschied aus.

Man sieht, daß hier das alte Rätsel der Teilhabe ganz unberührt bleibt. Nicht, als hätte Kant nicht darum gesorgt, wie Kategorien sich auf ein ihnen heterogenes Mannigfaltiges bestimmend beziehen könnten; diese Frage steht ganz zentral da und ist im Kernstück der Vernunftkritik, der „transzendentalen Deduktion“, behandelt. Aber sie war doch nur eine Frage der „Anwendung“, betraf also die Kategorien nur, sofern sie Erkenntnisprinzipien sind, nicht sofern sie zugleich Gegenstandsprinzipien sind. Es fehlt also die eigentlich grundlegende, ontologische Seite der Frage. Die Lehre von der Einheit des „Objekts“, die erst in einer „Synthesis der Einheit“ zustandekommt, reicht hier nicht aus, obgleich sie tiefsinnig das „konstitutive“ Wesen der Kategorien berührt. Denn hier zeigt sich die Schranke, die Kant sich selbst durch die Denkform seines Idealismus vorzog: es geht nur um ein Konstituieren im Bewußtsein, und alle Synthesis ist nur Funktion des Verstandes.

So kommt es, daß Kant wohl der Erkenntnistheorie Wege weisen, aber nicht eigentlich die Prolegomena zu einer künftigen Metaphysik liefern konnte, wie er es im Sinne hatte. Dazu gerade hätte es einer tiefer ins Ontologische selbst eindringenden Kritik bedurft. Die Deduktion hätte sich zu einer Untersuchung darüber auswachsen müssen, was eigentlich Kategorien sind, sofern sie mehr als bloße Begriffe des menschlichen Verstandes, d. h. sofern sie wirklich „transzendentale“ Prinzipien sind und nicht nur Synthesen im Bewußtsein, sondern auch solche im Gegenstandsfelde des Bewußtseins zustande bringen. Eine solche Untersuchung hätte es mit der alten Frage aufgenommen, wie eigentlich Prinzipien determinieren, und worin der Sinn des vielumstrittenen Teilhabeverhältnisses besteht. Nicht der idealistische Einschlag allein in Kants Denken verbaute ihm einen solchen Weg; auch die Gefangenheit im Denkgeleise der alten Ontologie selbst tat das ihrige dazu. Ein Problem erfassen kann man nur, wenn man das Rätselhafte in einem vorliegenden Verhältnis sieht. Kant aber sah das Rätsel im Verhältnis von Prinzip und Concretum nur auf der Seite des Bewußtseins und der Erkenntnis, nicht auf der Seite der Gegenstände.

Darum muß man in der Aufdeckung traditioneller Fehler und Vorurteile auch systematisch über Kant hinausgreifen. Man muß die Aufgabe einer neuen und radikaleren Kritik auf sich nehmen — nicht nur der reinen Vernunft, sofern sie die apriorischen Voraussetzungen positiver Wissenschaften enthält, sondern der kategorialen Formung unseres Seins- und Weltbewußtseins überhaupt, sofern sie den Anspruch erhebt, mehr als bloße Bewußtseinsformung zu sein. Diese Kritik muß, wie die Kantische, wesentlich in positiv aufbauender Arbeit bestehen, aber zugleich eine Analytik der philosophischen Seinsauffassung selbst sein. Ihre Durchführung kann natürlich nur im Ganzen der Kategorialanalyse gegeben werden.

Als vorbereitende Aufgabe rein kritischer Art darf aber die Aufdeckung der traditionellen Fehler in den geschichtlichen Fassungen der Kategorien gelten. Ihre Fruchtbarkeit liegt in dem Gesetz des Negativen, daß jede negative Einsicht im Zusammenhang positiver Einsichten der Ursprung neuer positiver Einsicht ist. Die Aufdeckung jeder Fehlerquelle ist zugleich Wegweisung zur Richtigstellung des Fehlerhaften. An jedem einzelnen geschichtlich vorliegenden Vorurteil muß sich, wenn die Klarstellung seiner Hintergründe gelingt, zum mindesten die genaue Umreißung eines bestimmten Erfordernisses zur adäquaten Fassung der Kategorien ergeben. Und in der Zusammenschau solcher Erfordernisse läßt sich dann ein Weg bahnen, den die Analyse einschlagen kann. Darum liegt auf der Aufdeckung der Vorurteile ein methodisches Gewicht, das an der Zufälligkeit des geschichtlichen Gedankengutes und seiner Schicksale gar nicht zu messen ist.

c. Geschichtlicher Gang der Arbeit am Kategorienproblem.

An der Kategorienforschung haben bewußt und um ihrer selbst willen immer nur ganz wenige gearbeitet. Aber nicht bei den wenigen allein liegt die Tradition des Kategorienproblems. Denn irgendwie mitgearbeitet haben zu allen Zeiten alle, die nur überhaupt ein Fundamentalproblem im Auge hatten. Das liegt im Wesen philosophischer Fragestellung: sie muß notgedrungen auf Prinzipielles gehen, auf Grundlagen, auf erste Voraussetzungen; und sie kann nicht umhin, diese — wo und wie sie sie findet oder zu finden meint — als Prinzipien dessen zu verstehen, was sie untersucht, und dann als solche in Form von Grundprädikaten auszusprechen. Das aber heißt: sie arbeitet notgedrungen Kategorien heraus.

Es gibt in der Geschichte der Philosophie keine irgend nennenswerten Denker, die nicht in diesem Sinne an der Kategorienlehre mitgearbeitet hätten. Verkennen kann man diese Sachlage nur, wenn man den Begriff der Kategorie auf einige wenige Prinzipien beschränkt. Zu solcher Beschränkung liegt aber kein Grund vor. Das Reich der Kategorien ist mannigfaltig, jedes Seinsgebiet hat seine besonderen Kategorien. Und so kann man denn in der Philosophie, wenn man nur im Ernst einer bestimmten Frage auf den Grund zu gehen sucht, die Richtung auf Kategorien hin gar nicht verfehlen. Daß man sie als solche suche, ist dazu nicht erforderlich. Man wird durch die Probleme auf sie hingedrängt. Und man findet sie, auch ohne zu wissen, was man findet.

Die Geschichte des Kategorienproblems, in diesem weiten Sinne verstanden, fällt annähernd zusammen mit der Geschichte der Philosophie überhaupt, — sofern wenigstens man die letztere nicht als die Abfolge der Theorien und Systeme, sondern als die schlicht sachliche Fortarbeit an den immer wiederkehrenden Grundproblemen versteht. So verstanden nämlich ist die Geschichte des philosophischen Denkens erstaunlich einheitlich, stetig und harmonisch. Dem Widerstreit und der Vergänglichkeit jener bunt wechselnden Gedankenbauten gegenüber zeigt der geschichtliche Gang der großen Grundprobleme eine Entwicklungslinie von großzügiger, schicksalhaft anmutender Eindeutigkeit und Rechtläufigkeit.

Es läßt sich weiter zeigen, daß die große Menge bleibender Errungenschaften im Problem der Kategorien nicht so sehr durch die Arbeit jener wenigen bewußten Kategorienforscher zustande gekommen ist, als vielmehr in der verstreuten und gelegentlichen Arbeit der vielen philosophischen Köpfe, die einfach ihren Problemen nachgingen, ohne dabei an Kategorien zu denken. Jene Wenigen haben zu allen Zeiten von der geleisteten Gedankenarbeit dieser Vielen gezehrt, sie aufgesammelt und ausgewertet. Platon und Aristoteles werteten das kategoriale Gut der Vorsokratik aus, Plotin und Proklus das des ganzen Altertums, Descartes und Leibniz das der Scholastik und der beginnenden neuen Naturwissenschaft, Kant das der Newtonschen philosophia naturalis. Hegel erhob das von ihnen allen befolgte Verfahren der Auswertung zum bewußten Prinzip der Methode, und so entstand in seiner „Logik" das größte Kategorienwerk, das wir bis heute besitzen.

Unter solchen Umständen kann es nicht befremden, wenn wir finden, daß auch die traditionellen Fehler und Schiefheiten in der Fassung der Kategorien dieselbe erstaunliche Konstanz, ja geradezu Hartnäckigkeit, zeigen wie die positiven Errungenschaften. Es gibt da gewisse Fehler, die heute zwar als solche durchschaubar sind, die aber fast unverändert die Jahrhunderte durchlaufen haben, sich als perennierende Vorurteile an das sich ansammelnde Gedankengut geheftet, sich in ihm verfestigt und es selbst derartig durchformt haben, daß auch wir Heutigen noch ihrem Denkzwang unterliegen, wenn wir uns ihrer nicht durch ständige kritische Arbeit erwehren. Sie sind es, die zuletzt den Kategoriengedanken überhaupt verdächtig gemacht haben, und zwar gerade bei Denkern, die mit den alten Grundproblemen vollen Ernst machen. Und das ist wohl verständlich. Solche Denker empfinden den Denkzwang der Tradition als Hemmschuh, können ihn aber nicht einfach abstreifen; denn ihn zu durchschauen fehlt ihnen die kritische Methode. Die Folge ist, daß sie das kategoriale Gut der Jahrhunderte mit über Bord werfen. Sie finden keinen anderen Weg, sich seiner überlegenen Zähigkeit zu entziehen. So geben sie es einer radikalen und in ihrem Radikalismus ebenso unkritischen Destruktion preis.

Wie alle Extreme in der Philosophie zweischneidig sind, so auch dieses. Die Destruktion langt bei der Leere an; sie hat mit den Fehlern der Fassung auch das Erfaßte selbst zerpflückt. Nach der radikalen Loslösung aus aller traditionellen Bindung findet sich der Einzelne mit seinem einsamen Denken allein dastehend. Er muß von vorn anfangen, er hat auf den Ertrag der geschichtlichen Denkerfahrung verzichtet; er sieht sich an die ersten Ausgänge zurückversetzt und muß von unten aufbauen. Er kann das natürlich in Wirklichkeit nicht; ohne es zu wissen, steht er trotz allem in der Zeitkindschaft seiner Epoche und fußt auf überkommenen Voraussetzungen, nur freilich nicht mehr auf philosophisch durchdachten. Aber selbst gesetzt, er käme mit seinem Aufbau von unten auf zu nennenswertem Ertrage, so fehlt ihm nun eben doch gerade jene Denkerfahrung, die allein ihn vor ähnlichen Vorurteilen bewahren könnte. Er muß notwendig in neue Einseitigkeit fallen, um nichts besser als die soeben vermiedene.

Mit dem allgemeinen Kehraus der Denktradition kann man traditionellen Vorurteilen nicht begegnen. Es bedarf hier eines ganz anderen Vorgehens: einer vorsichtigen Kritik, die bei jedem Schritt um das Affirmative des traditionellen Gedankengutes besorgt ist. Das ist das Gegenteil von Destruktion; solche behutsame Kritik ist die Freilegung und Wiedergewinnung der bleibenden Errungenschaften aus den Trümmern der spekulativen Gedankenbauten. Darum kann bloße Destruktion nicht helfen. Man muß tun, was die großen Meister der Kategorienlehre immer getan haben: den objektiven Geist der Jahrhunderte für das eigene Denken arbeiten lassen. Denn Philosophie ist nun einmal nicht Sache eines einzelnen Kopfes, genau so wenig wie irgendeine andere Wissenschaft. Sie bedarf des stetigen Fortganges in der Geschichte.

Niemand braucht, weil er in diesem Fortgange drinsteht, dem überkommenen Denkgeleise blindlings zu folgen. Der Sinn der Kritik — im Gegensatz zu Skepsis, Agnostizismus und Destruktion — ist es immer gewesen, Vorurteile als solche zu erkennen und unter Wahrung des hinter ihnen verborgenen positiven Gedankengutes auszuschalten. Ja, Wahrung ist eigentlich noch zu wenig. Es gilt vielmehr dieses Gedankengut von der Deformiertheit durch die Vorurteile zu befreien und ihm die urwüchsige Gestalt in möglichster Reinheit wiederzugeben. Die Arbeit der Kritik ist also eine eminent positive.

d. Methodologisches.

Der Vorurteile nun, die sich angehäuft haben, sind viele. Nicht alle davon sind unangefochten geblieben, nicht alle haben sich geradlinig fortgeerbt. Nicht alle auch sind besonderer Untersuchung wert. Zumeist besteht zwischen mehreren ein durchsichtiger Zusammenhang, und dann schließen sich diese ganz von selbst zu einer Gruppe zusammen. In einer Gruppe von Vorurteilen spielt stets eines die Rolle des zentralen Momentes. Die ganze Gruppe aber steht und fällt mit diesem.

Das gibt eine natürliche Handhabe für das Verfahren der Kritik: man kann sich ohne Skrupel an die zentralen Vorurteile allein halten, und ihrer sind nur wenige. Man erledigt zugleich mit ihnen die übrigen. Kenntlich aber sind sie an der Hartnäckigkeit ihrer Wiederkehr in den mannigfaltigen und oft ganz heterogenen Denkformen. Sie allein sind verhängnisvoll in ihrer Auswirkung und bedürfen der sorgfältigen Behandlung.

Diese zentralen Vorurteile haben sich nun fast alle in charakteristischer Zuspitzung an die Namen einzelner großer Denker geheftet, und zwar diejenigen am meisten, die sich geschichtlich bis zum unbewußten Denkzwang verdichtet haben. Und das ist verständlich, denn gerade die Autorität der großen Namen hat das meiste zu ihrer Verfestigung beigetragen. Man sieht sich unwillkürlich versucht, sie nach diesen Namen zu benennen. In der Tat läßt sich mit gutem Sinn von einem Platonischen, einem Aristotelischen, einem Cartesischen Vorurteil u. s. f. sprechen. Doch ist hier historisch wie systematisch wohl einige Vorsicht geboten. Denn in Wahrheit ist in keinem Falle ein Einzelner der Urheber; die großen Meister waren vielmehr die Wortführer ihrer Zeit, und ihre Fehler wurzeln tief in der gemeinsamen Denkweise, Sichtrichtung und Sichtbegrenzung. Andererseits aber sind die Fehler doch nur Kehrseiten echter Einsichten und Errungenschaften; und diese sind es, die auf die Dauer doch wohl das größere Gewicht behalten.

Es könnte ferner scheinen, als müßte die Aufgabe der Kritik dahin drängen, den geschichtlichen Gründen der Verirrungen nachzuspüren. Nichts wäre abwegiger als das. Man wird bei solchem Tun unwillkürlich aus der philosophischen Untersuchung hinaus und in die geistesgeschichtliche hineingedrängt; man gerät auf die Spur der gedanklichen „Motive", wird von ihnen festgehalten, abgelenkt von den Problemen und — um es gerade heraus zu sagen — genasführt. Die Motive gedanklicher Verirrungen nämlich sind durchgehend von erstaunlich einfacher, subjektiver, allzumenschlicher Art, auch dort wo sie mit gewichtigen Weltanschauungsfragen zusammenhängen. Man kann sie mit Leichtigkeit auf Rudimente mythologischen oder theologisch-populärphilosophischen Denkens zurückführen, oder auch auf vorschnelle Verallgemeinerungen einseitiger Erfahrung, ja selbst auf unbesehen zum Vorbild gemachte Begriffe einer unausgereiften Naturwissenschaft. Die Durchsichtigkeit solcher Provenienz macht das Aufzeigen von Motiven zu einem ebenso leichten wie ergiebigen Spiel. Aber sie steht in gar keinem Verhältnis zu der gewaltigen Tragweite der philosophischen Konsequenzen, die aus den einmal entstandenen Vorurteilen hergeflossen sind.

Die Beschäftigung mit den „Motiven" geht einer historisch reizvollen Aufgabe nach. Sie ist in der Geistesgeschichte nicht zu entbehren; sie ist auch im Hinblick auf die Philosophie denen nicht zu verdenken, die den geschichtlich einheitlichen Gang der großen Grundprobleme in der Vielheit wechselnder Lehrmeinungen nicht zu erblicken vermögen. Für die Philosophie selbst, und speziell für das Kategorienproblem, ist sie ebenso belanglos wie die Denkformentypik oder die Psychologie der Weltanschauungen. Denn hält man selbst alle Motive in der Hand, so ist damit noch nicht ein einziges Vorurteil entlarvt. Die tiefsten Einsichten können immer noch aus denselben geschichtlichen Motiven hervorgehen wie die verhängnisvollsten Fehler. —

Andererseits ist die Aufgabe der Kritik, einmal richtig angefaßt, durchaus keine sonderlich schwierige. Die zentralen Vorurteile in der Fassung der Kategorien zu durchschauen, erfordert keine besondere erkenntnistheoretische Zurüstung, ja kaum eine eigentliche Widerlegung — vorausgesetzt freilich, daß man einmal wirklich auf sie aufmerksam geworden ist. Es ist vielmehr so, daß die Aufgabe wesentlich im Aufmerksamwerden auf die Vorurteile besteht. Man braucht sie gleichsam nur bei ihrem wahren Namen zu nennen, so stehen sie entlarvt da, und man wundert sich, wie sie das philosophische Denken so lange gefesselt halten konnten.

Das Geheimnis dieser Sachlage läßt sich aus zwei Gründen verstehen. Erstens sind die Vorurteile, um die es geht, der Sache nach geschichtlich überlebt. Die lebendigen Probleme sind über sie hinausgewachsen und laufen längst in anderen Bahnen. Nur die Kategorienforschung als solche ist darin rückständig. Und zweitens, das systematische Gewicht dieser Vorurteile liegt nicht in ihnen selbst; sie sind an sich imponderabel, vertragen sich mit sehr verschiedenen Standpunkten und

Systemen, betreffen auch nicht direkt das Inhaltliche der Kategorien, sondern wirklich nur den Sinn ihres Prinzipseins (der „Teilhabe" und der Determination). Vom Inhaltlichen der ontologischen Probleme aus sind sie darum auch kaum greifbar. Man muß sie vielmehr in ihrer eigenen Schlinge fangen; d. h. man muß sie von ihren Konsequenzen aus ansehen, dann stellen sie selbst ihre schwache Seite bloß.

Die nächste Sorge also ist die um eine möglichst vollständige Phänomenologie der Vorurteile selbst. Was sich an ihr von Fall zu Fall positiv ergibt, kann sich erst allmählich zeigen.

6. Kapitel. Der kategoriale Chorismos und die Homonymie.

a. Aporie und Geschichte des Chorismos.

Das allgemeinste der ontologischen Vorurteile ist die im ersten Abschnitt bereits behandelte Gleichsetzung der Kategorien mit Wesenheiten. Sie mag im folgenden auf sich beruhen bleiben, obgleich sie in fast alle spezielleren Fassungen mit hineinspielt. Sie hatte den Nachteil der Unbestimmtheit und Ungreifbarkeit. Darum mußte sie zuerst klargestellt und erledigt werden. Die Thesen, zu denen wir nun kommen, sind um vieles schärfer umrissen, und das spekulative Wagnis in ihnen ist größer.

Die älteste grundsätzliche Fassung des kategorialen Seins ist in Platons Ideenlehre gegeben. Sie enthält neben jener Gleichsetzung noch andere sehr eigenartige Bestimmungen. Die bekannteste unter diesen dürfte der sog. „Chorismos" der Ideen sein.

Der Ausdruck besagt „Abtrennung" — nämlich die der Ideen von den Dingen —, und die Vorstellung, die sich mit ihm verknüpft hat, ist die eines Dualismus oder eines Gegenüberstehens zweier Reiche: des Zeitlosen und des Zeitlichen (Entstehenden und Vergehenden), oder auch des eigentlich Seienden (ὄντως ὄν) und des Erscheinenden (φαινόμενον). Es liegt im Wesen eines „Prinzips" (ἀρχή), daß es von anderer Seinsweise ist als das Concretum, dem es gilt. Soweit die Zweiheit nichts besagt als diese Andersheit, besteht sie zurecht und ist unaufhebbar. Handelt es sich aber um ein ganzes Reich von Prinzipien, so wird leicht ein Gegensatz zweier Welten daraus, der die enge Zusammengehörigkeit von Prinzip und Concretum nicht mehr erkennen läßt. Diese Überspitzung war zu Platons Zeit in der Megarischen Schule bereits vollzogen. Die Schwierigkeit also bestand von vornherein in der Frage nach der „Teilhabe" (μέθεξις) der Dinge an den Ideen.

Ohne Zweifel hat Platon selbst die Schwierigkeit anfangs übersehen. Er verlegt die dem Werden enthobenen Ideen als Urbilder (παραδείγματα) der Dinge in eine Sphäre jenseits der sichtbaren Welt, einen „überhimmlischen Ort"; und wenn letzterer auch nur ein mythisches Bild ist, so unterstreicht doch das Bild die Isolierung der Welt des „Ansich-seienden" (καθ' αὑτὸ ὄν), und man versteht es sehr wohl, daß die Nachwelt — ohne Rücksicht auf Platons spätere Bekämpfung dieses Bildes — gerade die Transzendenz der Ideenwelt als die eigentlich Platonische Hauptthese festgehalten hat.

Bei solcher Fassung aber erweist sich die Frage der Teilhabe als vollkommen unlösbar. Der Sinn der Ideen als Prinzipien sollte sein, daß „durch sie" die Dinge sind, wie sie sind. Das besagt ein Beruhen der Dinge auf den Ideen, setzt also die Verbundenheit voraus. Die Verbindung aber ist nun durch den radikalen „Chorismos" der Ideen aufgehoben und nachträglich auf keine Weise wieder herstellbar. Ideen, die ihr „Ansichsein" grundsätzlich jenseits der Dinge haben, können nicht Prinzipien der Dinge sein.

Diese Aporie bildet den Hauptpunkt der Aristotelischen Polemik gegen die Ideenlehre. Am bekanntesten ist aus ihr das Argument des τρίτος ἄνθρωπος geworden. Soll der empirische Einzelmensch durch die Idee des Menschen bestimmt sein, so bedarf es dazu einer weiteren, verbindenden Idee des Menschen, und diese ist dann neben dem empirischen Menschen und seiner Idee der „dritte Mensch". Da sie aber wiederum der Verbindung mit dem empirischen Menschen bedarf, so taucht die Notwendigkeit eines vierten Menschen auf; und so geht es fort in infinitum. Das ist eine deductio ad absurdum. Das Interessante aber ist, daß Platon selbst (in seinem „Parmenides") diese Konsequenz bereits gezogen, ja sogar überboten hat: ein Gott, im Besitze solcher Ideen, könnte durch sie die wirklichen Dinge und Menschen ebenso wenig erkennen oder beherrschen, wie der Mensch, in die Dingsphäre gebannt, die Ideen erkennen könnte.

Damit ist der Chorismos grundsätzlich abgelehnt. Und Platon baute entsprechend dieser Einsicht nunmehr seine ganze Ideenlehre um. Er hob den Dualismus nicht nur auf, sondern entwarf eine Theorie der fortschreitenden gegenseitigen Verbindung der Ideen miteinander, in der es auf einen kontinuierlichen Abstieg oder Übergang von der Sphäre der Ideen zur Sphäre der Dinge hinausläuft. Diese geniale Aufhebung des Dualismus aber hat geschichtlich nicht mehr gewirkt. Sie ist in ihrer Kühnheit und Großartigkeit wohl schon den Zeitgenossen nicht recht faßbar gewesen. Das hat das Schicksal des Platonismus für alle Zeiten bestimmt. Die platonisierenden Theorien des Mittelalters und der Neuzeit zeigen deutlich das Fortleben des alten Chorismos, am stärksten überall dort, wo man aus spekulativen Gründen Gewicht auf die Transzendenz legte. Aber auch Leibniz' Ideen im göttlichen Verstande zeigen noch einen sonderbar weltfremden Charakter, und sie bedürfen zur Realisation des unter ihnen Möglichen noch eines Prinzips anderer Art.

Ja, selbst in der Kritik der reinen Vernunft kann man Reste des Chorismos finden; bedürfen doch die Kategorien hier noch einer besonderen „Deduktion", die ihre Anwendbarkeit auf Gegenstände der Erfahrung erst erweisen muß, — gleich als läge es nicht vielmehr im Wesen der Kategorien, daß sie Prinzipien eben dieser Gegenstände, und sonst nichts, sind. Auch bei Kant sind die Kategorien ursprünglich mit einem gewissen Chorismos behaftet, wobei das „transzendentale Subjekt" die Rolle des überhimmlischen Ortes übernimmt. Das letztere ist auch geschichtlich ganz folgerichtig; denn das Ideenreich wurde von Plotin in den νοῦς hineingenommen, dieser νοῦς wurde im Mittelalter zum intellectus divinus umgeprägt, das transzendentale Subjekt aber ist eine Säkularisation des intellectus divinus. Daß nun die „Gegenstände der Erfahrung" vom transzendentalen Subjekt mit umfaßt werden, ist zwar eine These des Kantischen Idealismus; aber es ist nicht an ihnen selbst einsichtig, ist auch aus dem Wesen der Verstandesbegriffe als solcher nicht herleitbar. Kategorien, die von Hause aus wirklich als Prinzipien der Gegenstände gefaßt wären, würden offenbar einer nachträglichen Deduktion ihrer objektiven Gültigkeit nicht bedürfen.

b. Aufhebung des Chorismos. Das Wesen des „Prinzips".

Die Lehre, die sich aus den Aporien des Chorismos und seiner Geschichte ziehen läßt, ist eine sehr schlichte Einsicht, aber eine solche von allergrößter Tragweite. Fragt man nämlich jetzt, was denn eigentlich für die adäquate Fassung der Kategorien erforderlich ist, so braucht man die offenkundig als unhaltbar und fehlerhaft erwiesenen Momente nur ins Positive zu wenden. Sie nehmen dann etwa die folgende Form an.

1. Erforderlich ist die grundsätzliche Aufhebung des Dualismus zweier Reiche, die Wiederherstellung der Einheit der Welt durch einen jede Distanz überbrückenden Zusammenhang von Prinzip und Concretum.

2. Diese Einheit darf nicht als eine nachträgliche verstanden werden, die sich erst herstellen müßte — oder gar die erst der Gedanke vollziehen müßte —, sondern als ursprüngliches Ineinandersein und Nur-miteinander-Bestehen von Prinzip und Concretum. Schon der Ausdruck „Teilhabe" ist viel zu äußerlich, um diese Einheit auszudrücken; er ist ein unzureichender Ersatz für die vom Denken in der Abstraktion gelöste Einheit. Wo die Einheit intakt ist, bedarf es keines Teilhabens.

3. Prinzipien sind hiernach nichts für sich ohne Concretum, sind auch nichts außer ihm oder neben ihm; so wie andererseits auch das Concretum

nicht ohne sie bestehen kann. Sie reichen wohl über den Einzelfall hinaus, sowie über jede begrenzte Gruppe von Fällen, aber nicht über den Inbegriff aller hinaus. Das Prinzipsein der Kategorien heißt eben dieses, daß sie kein Fürsichsein haben, sondern nur ein Sein „für" anderes; oder auch, daß sie das, was sie an sich sind, nur „für" das Concretum und „an" ihm sind. Darum bleibt auch an den besten ontologischen Bestimmungen Platons, dem ὄντως ὄν und dem καθ' αὑτὸ ὄν etwas Mißverständliches. Recht dagegen behält sein Satz, daß die Dinge das, was sie sind, „durch" die Ideen sind.

4. Und das bedeutet weiter, daß das Sein der Kategorien in der Bestimmung des konkreten Seienden aufgeht. Kategorien haben kein anderes Sein als die von ihnen ausgehende, das Concretum betreffende Determination. Wie diese Determination des näheren beschaffen ist, läßt sich einstweilen nicht ersehen. Nur eins muß zur Einschränkung gesagt werden: das Verhältnis läßt sich nicht umkehren. Die Fülle der Seinsbestimmtheit am Concretum braucht ihrerseits in der kategorialen Determination nicht aufzugehen. Denn es gibt innerhalb der kategorial determinierten Mannigfaltigkeit noch andere — und anders dimensionierte — Determination. Diese steht zwar auch unter bestimmten Kategorien, verknüpft aber nicht Prinzip und Concretum, sondern Concretum und Concretum. —

Ein großer Gedanke bricht sich in diesen vier Punkten Bahn. Man kann ihn sich in zweierlei Weise durchgebildet denken; und beide Möglichkeiten sind von den Altmeistern der Prinzipienforschung entwickelt worden. Man kann das Sein der Prinzipien als von Hause aus den Dingen immanent verstehen; oder man kann umgekehrt die Dinge als der Prinzipiensphäre immanent verstehen, aus ihr hervorgegangen und von ihr getragen. Beides schließt sich nicht einmal ganz aus, der Unterschied ist mehr ein solcher der Ausgangsstellung.

Den ersteren Weg ging Aristoteles. Er suchte die Prinzipien des Seienden — bei ihm sind es „Formsubstanzen" — durchaus nur „im" Concretum selbst, nicht außer ihm oder neben ihm; und er wußte auch methodisch den Schein des Dualismus zu vermeiden, der unwillkürlich immer wieder durch die begriffliche Unterscheidung heraufbeschworen wird.

Der andere Weg ist der des späten Platon, der mit dem Gedanken Ernst machte, daß alles konkrete Seiende erst in der „Verflechtung" der Ideen entsteht. Indem er die Teilhabe der Dinge an den Ideen in eine Teilhabe der Ideen aneinander umbog, ergab sich als äußerste Konsequenz fortschreitender Komplexion das „Gegenstück der Idee" (ἑτέρα φύσις τοῦ εἴδους); dieses Gegenstück aber ist bereits das Concretum, das Dingliche, Abhängige und Vergängliche. Die Abhängigkeit selbst aber ist nichts anderes als die gesuchte Teilhabe der Dinge an den Ideen. Nur eben ist auf diese Weise alles eigentliche Teilhaben überboten durch ein anderes, viel innigeres Verhältnis; man könnte es vielleicht am ehesten als ein Hervorgehen bezeichnen.

Diese zwei Arten der Durchführung sind nicht die allein möglichen. Aber sie genügen vor der Hand, um sich an ihnen zu überzeugen, daß es hier nicht um Abstraktionen oder bloße Gedankenschemata geht, sondern um durchaus konkrete und anschauliche, wenn auch noch einseitige Vorstellungen des Grundverhältnisses zwischen Prinzip und Concretum.

c. Das Platonische Vorurteil der „Homonymie".

Den Chorismos kann man nicht wohl als Platonisches Vorurteil bezeichnen; denn Platon selbst hat ihn noch überwunden, radikaler vielleicht als je ein Späterer. Aber es gibt ein anderes Vorurteil, die Fassung der Ideen betreffend, das man ihm mit Recht zurechnen kann. Auch dieses hängt mit der „Teilhabe" zusammen; aber es betrifft nicht ihre Möglichkeit, sondern ihren inhaltlichen Sinn. Es liegt auch nicht in der Geschiedenheit der Dinge von den Ideen, sondern umgekehrt in der zu weitgehenden Homogeneität beider.

Das „Teilhaben" der Dinge an der Idee sollte bedeuten: sie sind Nachbilder der Idee, und diese ist ihr Urbild. Sie sind so beschaffen, wie sie sind, dadurch, daß diese ihre Beschaffenheit primär die der Idee ist. Die inhaltliche Bestimmtheit von Idee und Ding ist also die gleiche, nur mit dem Unterschied, daß sie an der Idee vollkommen, am Dinge aber unvollkommen und gleichsam verwischt ist. Zwischen Idee und Ding besteht Ähnlichkeit, d. h. es besteht zugleich Identität und Verschiedenheit: ersteres, sofern die Beschaffenheit inhaltlich die gleiche ist; letzteres, sofern diese rein oder unrein ausgeprägt ist.

Idee und Ding sind hiernach qualitativ homogen und nur durch Abstufung geschieden. Das ist, genau besehen, ein sehr geringer Unterschied. Wie sehr auch Platon sich müht, den Unterschied als einen gewaltigen fühlbar zu machen, inhaltlich wird er kaum greifbar. Denn bis auf die Abstufung bleiben Ding und Idee durch dieselbe Bestimmtheit gekennzeichnet. Und darum tragen beide denselben „Namen". Die Idee des Schönen ist in demselben Sinne „schön" wie die schönen Dinge, und zwar erst recht schön, „das Schöne selbst"; die Idee des Gleichen ist in demselben Sinne gleich wie die gleichen Dinge, und zwar erst recht gleich, „das Gleiche selbst". Dieselbe Bestimmtheit kehrt wieder, nur ins Vollkommene erhoben. Oder umgekehrt: die Teilhabe der Dinge an der Idee ist die Wiederkehr der inhaltlichen Bestimmtheit der Idee an den Dingen, nur unter Preisgabe der Vollkommenheit. Die Dinge „haben die Tendenz zu sein wie die Idee, verhalten sich aber schwächer". Die Sprache kann das in der Tat nicht anders ausdrücken als durch Übertragung des gleichen „Namens" von der Idee auf die Dinge; und so stehen denn die letzteren als das „Gleichnamige" da. Aristoteles hat diese „Gleichnamigkeit" (Homonymie) in aller Form als einen Wesenszug der Ideenlehre angesehen, und zwar als einen sehr zweischneidigen, der sie fast zur Tautologie herabsetzt.

Es geht nämlich nicht an, sich über diese sonderbare „Gleichnamigkeit" wie über eine bloße Ungeschicklichkeit des Wortausdrucks hinwegzusetzen. Zu groß ist dafür die Rolle, die sie in der Geschichte gespielt hat. Der Mangel im Wortausdruck ist vielmehr das Anzeichen einer inneren Unstimmigkeit. Diese tritt befremdlich genug zutage, wenn wir etwa bei Platon selbst lesen, die Idee der Größe sei selbst groß, die Idee der Kleinheit selbst klein; oder die Idee der Herrschaft herrsche selbst über die Idee der Knechtschaft, nicht anders als ein menschlicher Herr über menschliche Knechte, die Idee der Knechtschaft aber diene der Idee der Herrschaft, wie ein menschlicher Knecht dem Herrn dient. Hier spürt man es wohl, daß die Gleichnamigkeit kein so harmloses Prinzip ist, sondern einem verhängnisvollen Irrtum als Deckmantel dient. Und in der Tat beruht gerade auf ihr ein Teil der Aporien, welche der Methexis anhaften.

Heute ist es freilich nicht schwer, die Unstimmigkeit aufzudecken, wenn man sie in der Zuspitzung der genannten Beispiele faßt. Man braucht sich nur klarzumachen, daß auf diese Weise eine Dualität zweier Welten ohne eigentlich inhaltlichen Unterschied hingenommen wird, also wirklich eine nahezu tautologische Verdoppelung der Welt. Dingwelt und Ideenwelt sind nur Abstufungen ein und derselben Mannigfaltigkeit, ohne daß das ganze Weltbild dadurch etwas an Verständlichkeit gewänne.

Geschichtlich ist hierzu freilich zu bemerken, daß der Sinn der Ideenlehre, zumal in der späteren Fassung, keineswegs in dieser Tautologie aufgeht. Wollte man bloß die letztere aburteilen, man täte nicht nur Platon, sondern auch dem breiten Strom des Platonismus bis in unsere Tage Unrecht. Es ist vielmehr so, daß an einem großen und fruchtbaren Kerngedanken dieses Moment der Tautologie als seine schwache Seite — oder soll man sagen als seine Unausgereiftheit — bestehen geblieben ist; und die Aufgabe für den Historiker wäre gerade die, den wahren Gehalt der Platonischen These aus der Entstellung, die sie durch das zu primitive Denkschema erfuhr, allererst wiederzugewinnen. Aber wegdeuten läßt sich die inhaltliche Ähnlichkeit von Idee und Ding aus Platons eigenen Formulierungen nicht. Sie wurde von ihm nicht wie der Chorismos in seinen reiferen Fassungen durchschaut und überwunden. Der Fehler der Homonymie ist in seinem Denken viel tiefer eingewurzelt als der des Chorismos. Und weder er noch ein späterer Denker des Altertums hat den Fehler abgestreift, oder auch nur als Fehler empfunden.

d. Der Gedanke des „Prinzips" und seine Vernichtung in der Homonymie.

Dabei kann man sich nicht verhehlen, daß gerade der Grundgedanke, der Gedanke des „Prinzips" in der Idee, durch die Homonymie aufs äußerste gefährdet ist. Der springende Punkt ist eben doch dieser, daß die Idee der „Grund" der Dinge (ihre αἰτία) sein sollte, resp. die Bedingung, auf Grund deren sie so sind, wie sie sind. Dabei aber wird es gänzlich verkannt, daß eine Bedingung, die dem Bedingten bis zur Ununterscheidbarkeit ähnlich sieht — und das besagt die Homonymie —, gar nicht mehr seine Bedingung sein kann. Eine solche würde vielmehr der gleichen Bedingtheit unterliegen. Und ebensowenig ist hier erkannt, daß eine Bedingung dem Bedingten auch gar nicht ähnlich zu sein „braucht". Methodologisch möchte man noch hinzufügen: wenn durch die Ermittelung einer Bedingung irgendetwas am Bedingten erklärt oder begreiflich gemacht werden soll, so „darf" die Bedingung dem Bedingten auch gar nicht ähnlich sein. Das Begreifen eben hat den Sinn, inhaltlich über das Gegebene hinauszugehen. Und gerade ein solches Hinausgehen nimmt die Ideenlehre in Anspruch: durch die Besinnung auf die Idee als den „Grund" der Sache soll die Sache erfaßt werden, wie sie „seienderweise" ist, im Unterschiede zu dem, als was sie in der „Wahrnehmung" oder in der willkürlich gebildeten „Meinung" (δόξα) erscheint.

Der Gedanke des „Prinzips" stammt nicht von Platon, er ist viel älter. Nach dem Zeugnis des Aristoteles hat Anaximander ihn zuerst gefaßt und auf das ἄπειρον als Weltgrund angewandt. Die meisten der Vorsokratiker sind ihm gefolgt. Aber die Prinzipien, die sie zugrundelegen, sind durchweg inhaltlich ganz anders als die dingliche Welt, die auf ihnen beruhen soll. Das Feuer und der Logos des Heraklit zeigen keine Ähnlichkeit mit dem Fluß der Dinge, die sie erklären sollen; ebenso der Haß und die Liebe des Empedokles oder die Atome und das Leere Demokrits. Das alles sind echte „Prinzipien", ohne Homonymie und ohne Tautologie; und eben darum können sie in der inhaltlichen Beschränkung, die ihnen eigen ist, wirklich etwas erklären. Anders die Ideen Platons. Es ist, als würde in ihnen der Gedanke des Prinzips, indem er nunmehr erst universal auf die ganze Welt gerichtet wird — denn vorher betraf er nur die φύσις —, zugleich an sich selbst irre.

Gerade in diesem Stadium aber erfuhr er diejenige Verfestigung, die ihm dann in einer langen Kette von philosophischen Systemen verblieben ist. Man konnte den Fehler nicht mehr beheben, weil man ihn nicht mehr bemerkte. Aristoteles, der so manche Schwäche der Ideenlehre aufgedeckt hat, der in seiner immer wiederkehrenden Kritik auch die Homonymie oft genug berührt, vermochte den Fehler nicht zu durchschauen. Vielmehr zeigen seine eigenen Formsubstanzen durchaus dieselbe Homonymie; die Aufhebung des Chorismos änderte daran nichts. Und nach seinem Vorbilde hat auch die Ontologie des Mittelalters sie unverändert beibehalten: die essentia, zum Realprinzip erhoben, ist immer noch den Dingen „gleichnamig". Erst der spätmittelalterliche Nominalismus hat in diese wohl verschanzte Stellung eine Bresche geschlagen — freilich um den Preis des ganzen ontischen Prinzipiencharakters in der essentia. Er fiel in das andere Extrem; er gab den wertvollen Kern des alten Grundgedankens zugleich mit dem Fehler preis, der sich an ihn geheftet hatte.

Schon dieser geschichtliche Durchblick lehrt genugsam, daß es sich in der Homonymie um ein zentrales und wahrhaft verhängnisvolles Verfehlen handelt. An der Ideenlehre selbst konnte der Fehler noch relativ unschuldig erscheinen, weil in ihr nirgends die Konsequenzen gezogen sind, an denen die Tautologie hätte spürbar werden können. Die späteren Theorien sind darin durchsichtiger, denn bei ihnen fiel das Gewicht mehr und mehr auf die Durchführung. Systematisch gesehen aber ist die Homonymie nichts Geringeres als die Aufhebung des Prinzipiengedankens, gleichsam seine Vernichtung. Ein „Prinzip" hat den Sinn, das Unbegriffene in einem Phänomen faßbar zu machen; es ist nicht selbst Phänomen, ist nicht gegeben, muß vom Gegebenen aus erst rückerschlossen werden, um dann seinerseits das Gegebene begreiflich zu machen. Aber wo bleibt das Rückerschließen, wo das Begreifen, wenn das Prinzip nur die Verdoppelung dessen ist, was ohnehin gegeben war? Das Begreifen wird zur Täuschung, das Erklären zum fehlerhaften Zirkel. Im Prinzip ist ebendasselbe vorausgesetzt, was zu erklären war. In der Idee des Schönen ist es dasselbe Schönsein wie in den schönen Dingen, in der Idee des Menschen dasselbe Menschsein wie in den lebenden Menschen.

In Wahrheit werden nur gewisse Züge des Phänomens deskriptiv herausgehoben und verallgemeinert. Das Verallgemeinerte gilt dann schon als Prinzip. Aber man trifft mit diesem Verfahren nur das, was in der Mannigfaltigkeit der Erscheinungen mit einer gewissen Regelhaftigkeit wiederkehrt. Die Wiederkehr nun darf freilich als Anzeichen von etwas Prinzipiellem gelten, das ihr zugrunde liegt, etwa einer Gesetzlichkeit. Aber eben doch nur als Anzeichen, nicht als das Prinzip selbst; und wenn dieses ein Gesetz ist, nicht als das Gesetz selbst. Das Gesetz müßte erst im Gegensatz zum Phänomen der Gleichartigkeit in den Fällen gesucht, ermittelt und inhaltlich formuliert werden. Denn ist das Gesetz Grund der Gleichartigkeit, so kann es nicht einfach in der Wiederkehr bestehen, sondern muß ein anderes sein als sie. Mit der Aufdeckung der Gleichartigkeit in den Erscheinungen ist die Wesensidentität des Gesetzes nicht gegeben; es ist nur ein Ausgangspunkt für die Gesetzesforschung gegeben. Dieses methodologische Verhältnis ist aus den Gesetzeswissenschaften, zumal den exakten, allgemein bekannt. In ihrem Vorgehen liegt denn auch geschichtlich wie systematisch die Überwindung der Homonymie und des tautologischen Erklärens.

e. Die Theorie der „Vermögen". Aufhebung der Homonymie.

Der Fehler also war, daß man zum Resultat machte, was bestenfalls Ausgangspunkt hätte sein können. Und das wirkliche Resultat war, daß man bei dem stehen blieb, was man ohnehin wußte.

In welchem Maße das „tautologische Erklären" ganze Epochen philosophischen und physikalischen Denkens irregeführt hat, davon macht man sich am ehesten eine Vorstellung, wenn man an die spätscholastische Theorie der qualitates occultae denkt. Schon der Name ist Verkennung der Sachlage, diese Qualitäten waren nichts weniger als okkult. Sie waren die einfache Wiederholung des Gegebenen, nur gedanklich zum Prinzip erhoben. Ähnlich ist es mit den zahlreichen „Kräften" und „Vermögen" gewesen, die man den Stoffen, Dingen, Lebewesen oder Seelen zuschrieb. Jede Äußerung wurde einer „Kraft" zugeschrieben, die Kraft aber verräterischer Weise nach der Äußerung benannt, ohne daß sich über sie etwas anderes ausmachen ließ, als daß sie das Bewirkende der Äußerung sein sollte. Das ist in aller Form die Denktechnik der „Gleichnamigkeit".

Am längsten hat das tautologische Erklären in der psychologischen Theorie der „Vermögen" fortgelebt. Die Wolfische Einteilung der „Seelenvermögen" ist noch bei Kant die Voraussetzung seiner psychologischen Begriffe. Aber es bedurfte noch einer besonderen Ausprägung der Tautologien, wie sie Reinhold in seiner Elementartheorie brachte, bevor J. G. Schulze ihre Unfruchtbarkeit erkennen und in seinem „Änesidemus" bloßstellen konnte. Daß man etwa der „Rezeptivität" nichts abgewinnt, wenn man sie auf ein „Vermögen der Rezeptivität" zurückführt, diese augenfällige Selbstverständlichkeit mußte sich damals erst gegen den zähen Widerstand des eingewurzelten Denkschemas mühselig durchsetzen. Aber erst von dieser befreienden Einsicht her datiert der nachmalige Aufschwung der Psychologie als Wissenschaft — nicht anders als der große Aufschwung der Naturwissenschaft zwei Jahrhunderte vorher von dem Bruch mit den okkulten Qualitäten und Kräften her datierte. In beiden Fällen handelt es sich um Abstreifung des Fehlers der Homonymie.

Hegel hat in seiner „Phänomenologie" endgültig der Homonymie das Urteil gesprochen, freilich ohne sie beim Namen zu nennen und ihren geschichtlichen Ursprung im Platonismus zu durchschauen. Er schildert sie als eine „tautologische Bewegung" des Verstandes, in der er bei der ruhigen Einheit seines Gegenstandes verharrt, während die Bewegung „nur in ihn selbst" fällt. „Sie ist ein Erklären, das nicht nur nichts erklärt, sondern so klar ist, daß es, indem es Anstalten macht, etwas Unterschiedenes von dem schon Gesagten zu sagen, vielmehr nichts sagt, sondern nur dasselbe wiederholt"[1]). Die boshafte Ironie dieser Schilderung ist nicht von Hegel in die Sachlage hineingetragen; sie liegt vielmehr in ihr selbst, ist der einfache Ausdruck des logischen Zirkels, in den das spekulative Denken sich verfangen hat. Und zugleich ist sie die durchaus sachliche Erklärung für die mühelose Evidenz, die einer nichtssagenden Technik des Begründens und Erklärens doch immer wieder Adepten gewonnen hat. Die Selbsttäuschung des Denkens in diesem Verfahren gleicht einer Falle, von der es eingefangen und der Bewegungsfreiheit beraubt wird, bevor es sich noch hat umschauen können. Das Denken lernt die Falle erst vermeiden, wenn es dahinter kommt, daß es selbst sie gestellt hat.

Die Einsicht kommt ihm nicht mit einem Schlage, und die Umwälzung, die der Einsicht folgt, erst recht nicht. Seit die Naturwissenschaft der Neuzeit die erste Bresche in das Mauerwerk des alten Vorurteils schlug, hat zwar sie selbst sich von Grund aus umgebildet, ist längst zur inhaltlich ergiebigen Gesetzesforschung geworden und kennt kaum mehr die Namen jener alten Tautologien. Und sie hat manche andere Wissenschaft nach sich gezogen. Aber gerade die Philosophie ist ihr darin nur langsam gefolgt, obgleich sie in diesem Punkte sich ohne Schaden an ihr hätte orientieren dürfen. Der Grund dafür dürfte wohl darin liegen, daß die philosophische Fundamentaldisziplin nur langsam beweglich ist und es nicht so leicht hat, von Grund auf neu zu bauen. Sind doch selbst Kant und Hegel, die Bahnbrecher einer wirklich neuen Kategorienforschung, der Trägheitskraft des alten Vorurteils im eigenen Denken nicht ganz entgangen. Vollends ist im Beginn unseres Jahrhunderts die Methode der Phänomenologie ihm noch einmal ganz verfallen: die „vor die Klammer gehobenen" Wesenheiten zeigen in aller Unverhülltheit die antiquierten Züge der Homonymie. Und hier tritt es zugleich noch einmal eindringlich zutage, wie die Gleichsetzung von Kategorien und Wesenheiten — die oben vorweg erledigt wurde — aufs engste mit der Homo-

[1]) Hegel, Phänomenologie des Geistes (Ausg. Lasson, 1907) S. 104.

nymie zusammenhängt. So aber kommt es, daß auch wir Heutigen in diesem Punkte noch vor einer Aufgabe stehen, die erst bewußt in Angriff genommen werden muß.

Das generelle Erfordernis dieser Aufgabe läßt sich freilich als etwas ganz Einfaches aussprechen: Kategorien dürfen dem Concretum, das auf ihnen beruhen soll, nicht inhaltlich gleichen. Sie dürfen vor allem nicht um ihres Prinzip-Seins willen in etwas ihm Ähnlichem gesucht werden; denn in aller Ähnlichkeit verbirgt sich ein Stück Wesensidentität. Wie ihre Seinsweise eine andere ist — nach Platons alter Einsicht —, so muß auch ihre strukturelle Beschaffenheit eine andere sein.

Wo dieses Gesetz nicht erfüllt ist, da ist die Forschung auf Irrwegen; da sind die aufgezeigten Grundlagen nur Scheingrundlagen, keine Prinzipien, keine Kategorien. Da fällt auch jeder Anspruch hin, daß auf Grund ihrer etwas am Sein der Welt begriffen werden könnte. Der Weg fruchtbarer Kategorienforschung kann erst nach radikaler Preisgabe aller tautologischen Erklärungsweise frei werden. Wie aber im einzelnen das inhaltliche Verhältnis von Kategorie und Concretum sich gestalten muß, läßt sich zum Voraus nicht sagen. Dieses Wie muß der Kategorialanalyse erst abgewonnen werden und kann sich nur in ihr von Fall zu Fall ergeben.

7. Kapitel. Kategoriale Grenzüberschreitung und Heterogeneität.

a. Die Verallgemeinerung spezieller Kategorien.

Die Homonymie ist fehlerhafte Homogeneität zwischen Kategorie und Concretum. Es gibt aber auch eine ebenso fehlerhafte Heterogeneität zwischen ihnen, und zwar eine ganz andere als die des Chorismos. Dieser betrifft nur die Trennung der Sphären und Seinsweisen und verträgt sich daher widerstandslos mit qualitativer Gleichartigkeit, wie ja sein Zusammenbestehen im Platonismus mit der Homonymie beweist. Es gibt aber eine Heterogeneität, die nicht mit ihr zusammenbestehen kann.

Diese ist recht eigentlich das Gegenstück des Platonischen Fehlers, gleichsam seine Umkehrung, das entgegengesetzte, aber ebenso verkehrte Extrem. Hier überschreitet die inhaltliche Ungleichheit das geforderte Maß des kategorialen Andersseins: sie artet in strukturelles Nichtzutreffen der Kategorie auf das Concretum aus.

Dieser Fehler ist ebenso verbreitet wie der der Homonymie. Nur steht er in den Denksystemen, die ihn begehen, nicht zentral da, ist auch in ihnen nicht als das Eigentliche und Grundsätzliche gemeint. Er ergibt sich vielmehr immer erst sekundär, in der Verallgemeinerung.

Der Gedankengang in ihm hat einen ganz bestimmten Typus des Ablaufs: es wird auf einem begrenzten Gebiet des Seienden eine bestimmte Kategoriengruppe (oder auch nur eine einzelne Kategorie) entdeckt, und durch sie bewältigt das Begreifen auf diesem Gebiet gewisse Problembestände; sodann aber wird das Entdeckte über die Grenzen seines Ursprungsgebietes hinaus auf die Nachbargebiete übertragen und schließlich auf das Ganze der Welt ausgedehnt, also auf Schichten des Seienden, die in Wahrheit ganz andere Kategorien haben. So entsteht im philosophischen Weltbilde die Verallgemeinerung der entdeckten Kategorien über ihre natürlichen Geltungsgrenzen hinaus. Darin besteht die kategoriale Grenzüberschreitung. Diese bringt es dann mit sich, daß ganze Gebiete und Schichten des Seienden von der zu Unrecht auf sie bezogenen Kategoriengruppe verkannt, entstellt und vergewaltigt werden.

Diesen Fehler begehen alle einseitig orientierten philosophischen Theorien, alle sog. „Ismen". Schon die Namen verraten die Grenzüberschreitung. „Intellektualismus" z. B. ist nicht eine Theorie des Intellektes, fußend auf den Prinzipien der Intellektualfunktionen, sondern eine Theorie, die alles Erkennen und alles menschliche Verhalten auf den Intellekt und seine Prinzipien zurückzuführen sucht; eine Theorie also, die mit diesen Prinzipien die Grenzen überschreitet, die ihnen durch ihr eigenes Wesen gezogen sind. So ist „Voluntarismus" nicht eine Lehre vom Willen, „Pragmatismus" nicht Lehre vom praktischen Verhalten; beide vielmehr entstehen erst in der willkürlichen Ausdehnung eines an sich berechtigten Prinzips. Der eine will alles auf den Willen, der andere alles auf das praktische Verhalten zurückführen. Und mit dieser Grenzüberschreitung setzen sie sich ins Unrecht.

Das ist es, was die üblich gewordenen Namen solcher Theorien vernehmbar aussprechen: es wird hier überall eine einzige Kategoriengruppe zur dominierenden gemacht und auf ganze Phänomengebiete bezogen, die ihr heterogen sind. Die Mannigfaltigkeit der Welt wird unbesehen über einen Leisten geschlagen; man hat den Vorteil des vereinfachten, leicht überschaubaren Weltbildes — der „Ismus" ist fertig.

Es ist sehr menschlich, das Neuentdeckte und eben einleuchtend Gewordene zu überschätzen. Der Rausch der Entdeckerfreude tut auch gewiß noch das seinige hinzu; und es ist begreiflich, daß gerade bahnbrechende Denker diesem Fehler leicht verfallen. Den Fehler rechtfertigen kann das nicht. Und die Geschichte lehrt, daß er sich stets überraschend schnell rächt — in der Vereinseitigung und Verarmung des Weltbildes.

b. Krasse Typen kategorial einseitiger Weltbilder.

Ausgehend von den einfachsten Beobachtungen der Akustik (Verhältnis von Saitenlänge und Tonhöhe) und der Berechenbarkeit gewisser Bewegungen am Himmel, kamen die alten Pythagoreer zu dem berühmten Satz, die Zahl sei das Prinzip der Dinge. Eine Entdeckung ersten Ranges liegt dieser These zugrunde, ein erstes, ahnungsvolles Wissen um die gewaltige Rolle der mathematischen Verhältnisse im Aufbau der physischen Welt. Aber der kaum geborene Gedanke blieb dabei nicht stehen, er griff sofort über auf „alles Seiende", d. h. auf die ganze reale Welt: alles sollte in Zahlverhältnissen bestehen, auch das menschlich-seelische Sein, einschließlich der Tugend und der Gesetze des Staates. Aus der Entdeckung der mathematischen Kategorien im Kosmos wurde ohne weiteres ein universaler Mathematizismus.

Diese ungeheuerliche Grenzüberschreitung blieb an den Naturtheorien haften, die in der Neuzeit das mathematisch fundierte Weltbild zur Durchführung brachten. Zwar sind die Grenzüberschreitungen hier im allgemeinen weit vorsichtiger, aber sie verschwinden nicht ganz; und wenn ein heutiger Positivismus im Ernst definiert „wirklich ist, was meßbar ist", so liegt dem Anspruch nach darin noch immer dieselbe Maßlosigkeit der Verallgemeinerung. Es ist sehr verständlich, daß die großen Erfolge der mathematischen Naturwissenschaft eine Expansionstendenz heraufführen, die schon durch die bloße Trägheitskraft der Denkgewohnheit auf Gebiete wie die Physiologie, die Psychologie, oder die Soziologie übergreift. Aber die Folge ist ein ungeheures Mißverhältnis zwischen Prinzip und Concretum, ein verhängnisvolles Vorbeisehen am Wesentlichen und Eigentümlichen der höheren Seinsphänomene, ein immer ungünstiger werdendes Verhältnis von Erkennen und Verkennen in den zugehörigen Wissenschaftszweigen und schließlich der Zusammenbruch ganzer Theorien.

Schon das Naturgeschehen und die materielle Dinglichkeit selbst sind weit entfernt, in Größenverhältnissen allein aufzugehen. In den Qualitäten, Abhängigkeiten und Gesetzlichkeiten, selbst soweit sie wirklich mathematisch aufgebaut sind, stecken doch stets noch andere Faktoren. Sie lassen sich nicht rein in Zahlen und Formeln auflösen. Der Gegensatz solcher Grundmomente wie Masse, Strecke, Zeitdauer, Geschwindigkeit, Kraft, Widerstand, Trägheit, läßt sich nicht ins Quantitative übersetzen; er gibt vielmehr allen irgendwie bestimmten quantitativen Verhältnissen erst ihren Sinn. Und das heißt, erst als Verhältnisse dieser Grundmomente können sie als Realverhältnisse gelten. Denn gerade als bloß quantitative Verhältnisse, ohne Substrate der Quantität, können sie das nicht. Das „rein mathematische" Verhältnis als solches ist ein leerlaufendes Verhältnis und steht windschief zur realen Welt.

Vollends anderer Natur ist aber schon die Welt des Lebendigen. Hier sinkt das Quantitative zu einem ganz untergeordneten, nur noch die Aufbauelemente mitbestimmenden Moment herab. Es verschwindet nicht ganz, aber das Eigentümliche des organischen Lebens, sein Novum dem Leblosen gegenüber, bleibt von ihm unberührt. Es hat andere, eigene Kategorien. Und je weiter hinauf man steigt in die Regionen des seelischen und des geistigen Seins, die sich über dem Organischen erheben, um so mehr verschwindet der Einschlag des Quantitativen, und um so auffallender wird das Mißverhältnis, das die Verallgemeinerung der mathematischen Prinzipien heraufbeschwört. Der Anspruch, ein Concretum von der Seinshöhe geistigen Lebens mit so inhaltsarmen Kategorien zu bewältigen, sinkt zur Lächerlichkeit herab. —

Der geschilderten Grenzüberschreitung des Mathematischen verwandt ist eine ganze Reihe ähnlicher Versuche. Der bei weitem bekannteste ist der des sog. Materialismus. Hier liegt der Nachdruck nicht auf der Berechenbarkeit, sondern auf den Substraten der Dingsphäre und ihrer Mechanik, auf solchen Kategorien also wie Materie, Bewegung, Kraft, Energie. Auch hinter dem Materialismus steht eine ganz schlichte, in sich vollkommen berechtigte Theorie des materiellen Seins; in dieser sind solche Kategorien wie die oben genannten in der Tat die maßgebenden. Ein „Materialismus" wird aus ihr erst durch die Grenzüberschreitung, d. h. dann, wenn man organisches und seelisches Leben, oder gar Phänomene des Denkens und Wollens mit Kategorien dieser Art bewältigen will. So oft dieser Versuch unternommen wurde, ist er gleich in den Anfängen stecken geblieben; er kann es über ein leeres Postulat — resp. über einige sehr allgemein und unbestimmt gehaltene Andeutungen — nicht hinaus bringen. Denn bei jedem näheren Eingehen auf die Phänomene zeigt sich sofort, daß sie so nicht faßbar sind; sie werden entweder verleugnet oder verkannt. Und die immer wiederkehrende Konsequenz ist denn auch tatsächlich die entsprechende Problembeschränkung, die Einengung der Welt auf materielles und dem Materiellen ähnliches Sein.

Ähnlich, wiewohl weniger grotesk, ist die Verirrung in jeder Art von Biologismus — einerlei ob er mehr organologisch oder evolutionistisch aufgezogen wird —, ja sogar im Psychologismus. Hier sind die Ausgänge freilich höher hinauf verlegt; die Kategoriengruppe, die zugrundegelegt wird, steht der Seinsordnung nach dem Geiste näher. Aber sie ist und bleibt ihm doch heterogen und äußerlich. Kategorien des Organischen können die Bewußtseinsvorgänge ebensowenig meistern, wie Kategorien des Seelischen das Ethos, das Denken, die Erkenntnisfunktion, oder gar soziale und geschichtliche Verhältnisse meistern können. Daß psychologische

Erklärungen vor den Phänomenen der letztgenannten Art versagen, ist eine sehr junge Einsicht; erst um die letzte Jahrhundertwende hat intensive kritische Arbeit den Fehler des Psychologismus wirklich aufzudecken vermocht. Und wenn auch die damaligen Argumente (etwa die Rickerts und der Brentanoschüler) nicht eben in jeder Hinsicht stichhaltig waren, so reichten sie doch aus, die charakteristische Grenzüberschreitung greifbar zu machen, deren sich die Psychologie mit ihren Methoden schuldig gemacht hatte. Der gewaltige Widerstand, den diese Kritik zu überwinden hatte, legt ein beredtes Zeugnis von der Trägheitskraft des bekämpften Vorurteils ab.

c. Die Grenzüberschreitung „nach unten".

In den angeführten Beispielen besteht die Insuffizienz der vorgeschobenen Kategorien überall darin, daß diese von ontisch niederer und strukturell inferiorer Art sind. Sie können ein Seiendes der höheren Ordnung nicht tragen, weil sie inhaltlich nicht an seinen Bestand heranreichen. Es gibt aber auch die umgekehrte Heterogeneität, die im Herantragen von Kategorien höherer Seinsstufe an das Concretum der niederen besteht. Das ist eine andere Variante der Grenzüberschreitung, ein anderer Typus desselben Grundfehlers; und in der Geschichte der Metaphysik ist er sogar der bei weitem mehr verbreitete.

Es ist auch leicht einzusehen, warum er der vorherrschende ist: Kategorien höherer Ordnung können sich am Seienden niederer Ordnung nicht so leicht als insuffizient erweisen. Sie sind eben reicher und tragfähiger; und wenn es nur auf inhaltliches Zureichen allein ankäme, so wäre eine solche Übertragung überhaupt kaum anzufechten. Deswegen hat die Grenzüberschreitung „nach unten zu" von vornherein die größere Chance, ein einheitliches Weltbild zu ergeben. Sie gerät auch nicht so leicht in Konflikt mit den Phänomenen. Nur eine gewisse Willkürlichkeit haftet ihr auf den ersten Blick an. Eigentliche Kritik aber erfährt sie erst dann, wenn die eigenen, autochthonen Kategorien der niederen Seinsstufe entdeckt werden, und die von oben her auf diese übertragenen höheren Kategorien sich hier als überflüssig erweisen. Die Grenzüberschreitung selbst aber ist die gleiche wie die der umgekehrten Richtung; der Widersinn der kategorialen Heterogeneität ist derselbe.

Von dieser Art ist z. B. aller Idealismus, insofern er aus Kategorien des Subjekts — oder auch der Vernunft, des Geistes, des Bewußtseins — die Struktur und Seinsweise aller Gegenstände, also der ganzen übrigen Welt verstehen will. Die Vergewaltigung der Dingwelt ist hier besonders spürbar, weil ihre selbständige Realität aufgehoben, und sie selbst als eine Vorstellungs- oder Erscheinungswelt in das Bewußtsein hineingenommen wird. Ob der Idealismus sich dann weiter als einen subjektiven oder objektiven, einen transzendentalen oder logisch absoluten bezeichnet, das macht an der Grenzüberschreitung selbst keinen Unterschied mehr. Die Kategorien eines transzendentalen Subjekts sind um nichts weniger Subjektskategorien als die eines empirischen.

Ähnliches gilt von mancherlei verwandten Systemtypen. So gibt es einen Personalismus, der alle Sachgebiete nach Analogie personaler Wesen zu verstehen sucht. Sehr bekannt ist die Sachlage im Pantheismus, der die Gebilde der Natur bis zu den niedersten herab als Modifikationen eines göttlichen Urwesens gelten läßt und damit die Kategorien dieses Urwesens (meist als allumfassende Vernunft verstanden) auf sie überträgt. Auch die Monadenlehre zeigt ein ähnliches Schema; sind doch in ihr die Substanzen alle, auch die Elemente der Materie, nach Art des seelischen Seins gemeint.

Aber nicht nur die großen Systemtypen der Metaphysik gehören hierher. Es gibt auch gewisse mehr unterirdische Vorurteile, die fast unbemerkt hinter den bewußt verfochtenen oder umstrittenen Hauptthesen der Weltbilder stehen, aber eben deswegen von um so größerer Zähigkeit sind. Unter diesen darf der Teleologismus — die Ansicht, daß die Welt in allen ihren Schichten von Zwecken beherrscht wird, — als eine typische Grenzüberschreitung „nach unten zu" gelten. Diese Ansicht beherrscht in der Geschichte der Metaphysik die Mehrzahl der großen Systeme, wiewohl sie oft in Formen auftritt, die sie bis zur Unkenntlichkeit verdecken.

Die Zweckkategorie gehört von Rechts wegen der Sphäre des Menschen, und speziell der des menschlichen Wollens und Handelns an. Wenigstens wirklich aufweisen läßt sie sich nur hier. Übertragen aber wird sie von alters her mit der größten Skrupellosigkeit auf alles, was der Mensch anderweitig nicht zu erklären weiß (d. h. dessen wirkliche Kategorien er nicht kennt). Versteht man nun etwa Naturprozesse auf Grund der Zweckkategorie, so schiebt man ihnen eine Zwecktätigkeit nach Art der menschlichen unter; man deutet nach Analogie des eigenen Menschenwesens. Das läßt die Naturprozesse zwar außerordentlich vereinfacht erscheinen, ihrer wahren Natur aber wird es genau so wenig gerecht wie die alte mythische Vorstellungsweise, die in Bergen und Flüssen beseelte Wesen erblickte. Inhaltlich steht die metaphysische Naturteleologie der mythischen Allbeseelung ja auch noch ganz nah: es ist in beiden derselbe Anthropomorphismus, der das Weltbild bestimmt.

So aber ist die Sachlage: alle ernsthafte Erforschung der Naturverhältnisse muß ebensosehr mit der teleologischen Vergewaltigung aufräumen, wie alle Geisteswissenschaft mit den Übergriffen naturalistischer Anschauungen auf ihrem Gebiete aufräumen muß.

d. Das Erfordernis der Wahrung kategorialer Eigenart.

Alle philosophischen Richtungen, die ihr Orientierungsgebiet einseitig in einer einzigen Seinsschicht suchen — einerlei welche es sein mag — und von ihr aus die gefundenen Kategorien auf andere Seinsschichten übertragen, begehen ein und denselben Fehler der Grenzüberschreitung. Sie arbeiten ohne Unterschied mit der kategorialen Heterogeneität. Ihre inhaltliche und weltanschauliche Verschiedenheit ändert daran nichts. Sie ist nur der Ausdruck der Verschiedenheit ihrer Ausgangsgebiete, sowie des Richtungssinnes der Grenzüberschreitung.

Hinsichtlich dieses Richtungssinnes lassen sich zwei Grundtypen der Metaphysik unterscheiden: eine Metaphysik „von oben" und eine Metaphysik „von unten". Die erstere überträgt die höheren Kategorien auf niedere Seinsschichten, die letztere die niederen Kategorien auf höhere Seinsschichten. Fast alle metaphysischen Systeme der Geschichte gehören eindeutig entweder dem einen oder dem anderen Typus an. Darum ist es so wesentlich, den Fehler der Heterogeneität grundsätzlich zu durchschauen. Dieser Fehler ist das inhaltlich schwerste Hemmnis der Kategorienforschung. Er hat es nie recht zugelassen, daß der forschende Blick sich in seinem Gegenstandsfelde wirklich frei und allseitig nach Prinzipien umsah: jede Entdeckung, indem sie etwas Neues erschloß, mußte die Umschau auch zugleich fesseln. Denn jede Entdeckung brachte sofort den Übergriff mit sich.

Die Vorsicht der kritischen Haltung ist, so scheint es, erst in der bösen Erfahrung erlernbar. Diese hat die Philosophie nun in ihrer Geschichte reichlich gemacht. Zu ihrer Auswertung aber gehört es, daß man den Wahrheitskern eben derselben Theorien, die den Fehler begingen, wohl im Auge behalte. Die Prinzipien, mit denen man die Übertragung vollzog, waren eben doch stets auf einem bestimmten Seinsgebiet beheimatet und hatten auf diesem rechtmäßige Geltung. Sie wurden erst durch Überschreitung dieses Seinsgebietes zweideutig. Als Theorie der Materie war die alte Atomistik im Recht, erst in der Ausdehnung ihrer Prinzipien auf die seelische und geistige Welt wurde sie fehlerhaft. Die Ausdehnung aber lag nicht im Wesen ihrer Prinzipien, sondern nur in der Konsequenz eines vorschnellen weltanschaulichen Einheitsbedürfnisses. Deckt man also den Fehler auf, so ist die Errungenschaft der Erkenntnis, von der man ausging, ohne weiteres in ihrer natürlichen Begrenzung wiederzugewinnen.

Wie hier, so ist es überall in den metaphysischen Systemen. Ein Kern echter Einsicht liegt stets zugrunde, und nur die Expansionstendenz des spekulativen Denkens macht aus der Einsicht Irrtum. Viele wertvolle Einsichten sind auf diese Weise von ihren eigenen Urhebern verdunkelt worden. Es gilt aber vielmehr, sie wieder ins Licht zu rücken, und das besagt: sie nicht nur wiederzugewinnen, sondern sie auch vor neuer Verdunkelung sicher zu stellen. Das kann man nur, wenn man sich die Lehre wirklich zu eigen macht, die sich aus einer so teuer erkauften Erfahrung ergibt.

So mannigfaltig die geschichtlichen Erscheinungen sind, die dem Fehler der kategorialen Grenzüberschreitung entspringen, so schlicht und einheitlich ist das systematische Erfordernis, das sich mit seiner Aufdeckung zugleich ergibt. Es ist das Erfordernis der unbedingten Wahrung aller und jeder kategorialen Eigenart, einerlei um welches Seinsgebiet es sich handeln mag. Ein jedes Sondergebiet des Seienden hat eben seine eigenen, nur ihm zukommenden Kategorien, die in keiner Weise durch anderweitige Kategorien ersetzt werden können und auch ihrerseits niemals ohne weiteres auf andere Seinsgebiete übertragbar sind. Sie können sich wohl weit in die Gebiete strukturell höheren Seins hineinerstrecken, aber sie können dort nicht die eigentlich zentralen und für das höhere Concretum charakteristischen Kategorien sein. Sie verschwinden dann vielmehr als untergeordnete (bloß mit-bedingende) Momente in der höheren und reicheren Struktur derjenigen Kategorien, die das Spezifische dieser Gebiete ausmachen.

Haben also gewisse Kategorien eines bestimmten Seinsgebietes trotz ihrer Zugehörigkeit zu diesem eine auf andere Gebiete übergreifende Geltung, so ist das wesentliche Erfordernis der Kategorienlehre, die Begrenzung dieses Übergreifens genau zu untersuchen. Das aber kann nur auf den mitbetroffenen Gebieten selbst geschehen, und zwar durch die Analyse der dort beheimateten Kategorien. Als erste Aufgabe also steht nur um so mehr die Herausarbeitung der für jede Seinsschicht charakteristischen und ihr eigentümlichen Kategorien da. Das Übergreifen kategorialer Geltung, sowie die Bestimmung seiner Grenzen, ist demgegenüber eine cura posterior.

Daß hier gewisse streng gesetzliche Verhältnisse des Kategorienreiches hineinspielen, liegt auf der Hand. Und diese Gesetzlichkeit läßt sich auch durchaus näher ermitteln. Aber ihre Herausarbeitung ist eine Aufgabe größeren Stils, die noch in einer besonderen Untersuchung zu lösen sein wird. Sie läßt sich an dieser Stelle nicht vorwegnehmen, obgleich sich erst an ihr die ganze Tragweite der kategorialen Eigenart und des Erfordernisses ihrer Wahrung erweisen kann.

8. Kapitel. Kategorialer Teleologismus und Normativismus.

a. Alte und neue Zweckvorstellungen im Kategorienproblem.

Weit tiefer in die spekulative Metaphysik hinein führt das andere Vorurteil, daß Kategorien den Charakter von Zwecken haben und ihr Concretum teleologisch determinieren. Es ist heute nicht von gleicher Bedrohlichkeit wie das der Grenzüberschreitung, liegt aber doch auch nicht so weit von den Wegen heutiger Philosopheme ab, daß man es ganz ignorieren könnte.

Auch dieses Vorurteil geht — zugleich mit dem Chorismos und der Homonymie — auf den Platonismus zurück, es haftet der alten Ideenmetaphysik an. Im „Phaidon" spricht Platon den Grundsatz aus: den Dingen allen wohnt die Tendenz inne, zu sein wie die Idee, aber sie bleiben hinter ihr zurück. Gedacht ist diese Tendenz als eine Art Kraft der Ideen, die sich in den Dingen auswirkt, sofern diese nach ihnen gebildet sind. Das Ganze der Welt ist hiernach vom Hinstreben auf das Ideenreich wie von einer Sehnsucht nach ihm ergriffen. Und sehr verständlich wird es in diesem Zusammenhang, warum Platon an die höchste Spitze des Ideenreiches die Idee des Guten setzte. Sie eben ist Zweck aller Zwecke, Wert aller Werte, verleiht allem Seienden das Sein und allem Sinnvollen den Sinn. Man darf bündig sagen: die teleologische Determination, die von den Ideen ausgeht, um die Dinge inhaltlich bestimmend zu durchwalten, ist das metaphysische Schema dessen, was Platon die „Teilhabe" der Dinge an den Ideen nannte. Und betrachtet man die mannigfaltigen Gleichnisse, in denen Platon sonst noch die Teilhabe zu verbildlichen suchte, unter diesem Schema, so kann man nicht behaupten, er habe es nirgends gesagt, worin das Verhältnis der Teilhabe bestehen solle.

Dieser Gedanke, noch lose und schwankend bei Platon, wird in der Metaphysik des Aristoteles zum festgefügten Dogma. Das „Eidos" ist hier eine bewegende Kraft, ist reine „Energeia"; und diese besteht darin, daß sie den Werdeprozeß des dinglich-realen Gebildes auf die Verwirklichung der Form, wie auf einen Endzweck, hindirigiert. Dem entsprechend steht das „erste Bewegende" als universales Telos da; es bewegt, „wie der Gegenstand der Liebe bewegt", d. h. es zieht zu sich hinauf, und dieser Zug durchsetzt und beherrscht alle Werdeprozesse der Welt. Das einzelne Eidos aber wirkt unter dieser allbeherrschenden Macht wie ihr Ebenbild im Kleinen und Besonderen, indem es den Einzelprozeß dirigiert.

Dieser dynamische Teleologismus der Prinzipien hat die ältere Ontologie fast durchweg beherrscht. Er lebt in der scholastischen Lehre von der essentia, überall wo diese als Realprinzip verstanden wird, und erstreckt sich tief in die Neuzeit hinein. Er ist im deutschen Idealismus wieder aufgelebt, hat in Hegels System eine Spätblüte erfahren und ist noch verkappt in manchen heutigen Theorien enthalten. Er hat hier freilich ein anderes Gesicht gewonnen. An die Stelle der teleologischen Determination ist ein Verhältnis des Sollens, der Norm und des Wertes getreten. Aber das Telos ist damit nicht verschwunden. Im Wesen des Zweckes gerade liegt es, daß er ein irgendwie Wertvolles oder Seinsollendes sein muß, wenn anders das Zweckverhältnis ein sinnvolles sein soll. In dieser Verbundenheit mit Werten kennen wir den Zweck dort, wo allein wir ihn wirklich aufzeigen können, in der Sphäre des menschlichen Tuns.

Ist also die Determination, die von den Kategorien ausgeht, Zwecktätigkeit, so ist es nur konsequent, die Kategorien selbst als Normen zu verstehen, oder auch direkt als Werte. Heinrich Rickert hat dem alten Gedanken diese Wendung gegeben; hinter allem Sein steckt nach seiner Auffassung ein Sollen, und als Sollen läßt sich dann auch das „Gelten" der Kategorien „für" ihr Concretum deuten. Das ontologische Realitätsproblem aber wird auf diese Weise seiner Autonomie beraubt, wird Wertgesichtspunkten unterworfen, deontologisch unterbaut.

Kants These vom Primat der praktischen Vernunft hat dieser gedanklichen Richtung Vorschub geleistet — freilich ohne im mindesten auf sie hin angelegt zu sein. Es ist bekannt, wie Fichte diesen Primat ins Universale ausgebaut hat. Alle Seinsbestimmtheit gilt ihm als Selbstbestimmung einer absoluten Tätigkeit des Ich. Das Ich hat die Bestimmung, sich selbst anzuschauen, denn es erfüllt sich erst in dieser Anschauung. Hier liegt das oberste Sollen, und aus ihm ergibt sich als abgeleitetes Sollen alles, was zu seiner Erfüllung erforderlich ist. So überträgt sich der Sollenscharakter auf die Kategorien. Dennoch sollen diese die Prinzipien alles Seienden sein. Mit Recht richtete sich gegen Fichte der Vorwurf, auf diese Weise ginge alle Selbständigkeit und Eigengesetzlichkeit der Natur verloren. Mit gleichem Recht trifft heute Rickert und seine Schule der Vorwurf, daß im Normativismus das gesamte ontologische Problem a limine abgewiesen und vor aller Diskussion im negativen Sinne vorentschieden ist — freilich nicht zu Gunsten der Ichsphäre, wohl aber zu Gunsten der Wertsphäre.

b. Axiologische Fundierung der Kategorien.

Das ist nun dem Idealismus gerade recht. Die Auflösung des Seienden eben ist es, was er will. Aber das Kategorienproblem ist damit durchaus verfälscht. Es ist, rein als Problem verstanden, sogar dann verfälscht, wenn die Theorie metaphysisch recht behält. Die Problemlage ist vielmehr die, daß die Entscheidung über das Wesen der Kategorien noch aussteht und überhaupt erst von der genaueren Analyse der einzelnen Kategoriengruppen selbst, sowie der interkategorialen Verhältnisse erbracht werden kann. Ob Seinskategorien unter Wertprinzipien stehen, oder diese unter jenen, oder ob beide selbständig nebeneinander bestehen, kann nur der Inhalt der Kategorien lehren. Wüßte man das vorher, so wäre die Kategorialanalyse für diese Grundfrage überflüssig. Eine Theorie, die aus spekulativen Gründen sich für den Primat der Werte entscheidet, hat von vornherein die natürliche Grenze ihrer Kompetenz überschritten. Sie usurpiert die Grundlage vor aller Untersuchung.

Daß diese Theorie ein idealistisches Grundmotiv hat, ändert an der Art der Usurpierung wenig. Nimmt man sie rein als axiologische Fundierung der Kategorien, so wird der Zusammenhang mit dem antiken Teleologismus der Prinzipien augenfällig. In diesem Zusammenhang gesehen, gewinnt der Fehler des Normativismus ein eigenartiges geschichtliches Gewicht, an dem sich verstehen läßt, warum er unbewältigt und stets hinter scheinbar ganz anderen Thesen versteckt noch heute fortlebt. Er besteht letzten Endes in einem Wertvorurteil zu gunsten der Prinzipien als solcher, — als ob diese ein Sein für sich hätten und sich wie eine selbständige Instanz gegen das Concretum ausspielen ließen.

Das Platonische Ideenreich galt schon als Sphäre der Vollkommenheit; im Gegensatz zu ihm erschien die Welt der Dinge als Sphäre geschwächten und gleichsam deklassierten Seins. Als Argument dafür benutzte man die Endlichkeit und Vergänglichkeit der Dinge. Die Universalienlehre des Mittelalters verlieh vollends dem Reich der essentiae einen Schimmer von Heiligkeit; sie standen dem Wesen Gottes nah und sind auch immer wieder dem göttlichen Verstande zugeschrieben worden. Schon das Prädikat der „Reinheit" ist bezeichnend für das metaphysische Werturteil. Dieses Prädikat aber hat mit fast unverändertem Sinne von Platon bis auf die Philosophie der Neukantianer und Phänomenologen fortgelebt.

Einen objektiven Grund für dieses Wertvorurteil würde man in all den von ihm beherrschten Theorien vergeblich suchen. Es ist ja auch schlechterdings nicht einzusehen, warum ein allgemeines Prinzip besser oder wertvoller sein sollte als ein beliebiger realer Spezialfall, der unter ihm steht. Die Vorstellung eines strahlenden Ideenreiches voll überhimmlischer Herrlichkeit mutet uns heute doch recht kindlich an. Worin sollte denn auch ein Wertvorzug des Allgemeinen und Prinzipiellen vor dem Concretum liegen? Empfinden wir doch gerade die Realisation eines Wertes im Einzelfall als wertvoll. Und lehrt nicht das Leben tausendfach, daß alles Schöne und Wertvolle, um dessentwillen sich das Leben verlohnt, individuell, begrenzt und ephemer ist?

Man sieht sich weiter zurückverwiesen an den allgemeinen (nicht nur kategorialen) Teleologismus. Seine Wurzeln sind sehr populärer Natur. Sie liegen in ewig menschlichen Gemütsbedürfnissen, im Vorsehungsglauben, ja im mythischen Anthropomorphismus; nicht weniger aber auch im allzumenschlichen Vorwitz des „Wozu“-Fragens. Man glaubt ein gutes Recht zu haben, an alles Geschehen und Ergehen die Frage zu stellen, „wozu“ es so sei; als ob es so ausgemacht wäre, daß alles auch wirklich ein „Wozu“ hat. Hier hört alles einsichtige Begründen auf. Statt einen haltbaren Grund der These zu finden, stößt man auf ihre vollständige Grund- und Bodenlosigkeit.

Eine tiefsinnigere Abart desselben Wertvorurteils verbirgt sich in der durch Dilthey inaugurierten Theorie des „Verstehens“. Das Begreifen gilt für ein untergeordnetes, mehr äußerliches Erfassen. Verstehen ist mehr. Es gilt also, alles zu „verstehen“, was ist. Andererseits aber kann man verstehen nur das, was einen „Sinn“ hat; und zwar versteht man es dann auf Grund dieses seines Sinnes, wie auf Grund eines Prinzips. So versteht man eine Einrichtung, eine Handlung, ein menschliches Verhalten in der Tat aus seinem Sinn heraus. Und die Beispiele zeigen, daß „Sinn“ in diesem Zusammenhang stets etwas mit Wert und Zweck zu tun hat.

Wie aber, wenn es sich nicht um Einrichtungen und Verhaltungsweisen handelt, sondern um Dinge und Dingzusammenhänge, um Naturvorgänge und Naturverhältnisse? Gibt es da auch etwas zu „verstehen“? Das wäre bei strengem Festhalten an derselben engen Bedeutung von „Verstehen“ doch nur möglich, wenn es auch auf diesen Seinsgebieten überall einen „Sinn“ gäbe, der die Rolle eines konstituierenden Prinzips spielte. Und dazu wäre weiter erforderlich, daß irgendwelche Wertmomente im Concretum das Bestimmende wären. Mit dieser Voraussetzung aber vollzieht man eine offenkundige Grenzüberschreitung mit der Prinzipiengruppe der Werte. Denn das gerade ist zum mindesten metaphysisch sehr fraglich, ob Werte konstitutiv in den Aufbau der niederen Seinsschichten hineinspielen. A priori jedenfalls darf man das nicht annehmen, und die Erfahrung gibt dafür keinerlei Anhalt.

Wie es nicht ausgemacht ist, daß alles Seiende sein „Wozu“ hat — denn es gibt auch andere Determination im Aufbau der realen Welt als die finale —, so ist es auch nicht ausgemacht, daß an allem Seienden ein „Sinn“ hafte, den zu „verstehen“ Aufgabe des Menschen sein könnte. Nimmt man von vornherein Kategorien für Werte, so verfehlt man a limine das Problem der Kategorien; und, was vielleicht noch schwerer wiegt, man begibt sich in Gefahr, auch das Problem der Werte zu verfehlen. Denn hat man den Werten von Anbeginn eine unbegrenzte Rolle im Zusammenhang des Realen zugeschrieben, so kann man hinterher die Besonderheit derjenigen Seinsgebiete nicht mehr in ihrer Eigenart fassen, in denen Sinn- und Wertbezüge wirklich konstitutiv auftreten.

c. Kritische Stellungnahme und methodisches Erfordernis.

Allgemein läßt sich sagen: der kategoriale Teleologismus und Normativismus greift gleich im Anfang eine einzige Kategoriengruppe heraus, unter die er alle noch zu untersuchenden Kategorien stellt, die Gruppe von Zweck, Norm und Wert. Man darf mit einigem Recht behaupten, daß es die am meisten umstrittene und am wenigsten in ihren Gebietsgrenzen umrissene Gruppe ist. Gesetzt nun, sie hätte wirklich eine übergeordnete Stellung: woher wollte man denn wissen, daß dem so ist, bevor sich aus der Analyse der übrigen Kategorien ergeben hat, daß sie in ihnen allen wirklich enthalten ist? Das ist offenbar ein Ding der Unmöglichkeit. Vor der vollzogenen Arbeit der Kategorialanalyse kann man schlechterdings nichts über das Verhältnis der Kategorien zueinander wissen. Erst bestenfalls aus ihr und durch sie kann man etwas über Anordnung, gegenseitige Stellung und Bedingtheit, über die Abhängigkeit der einen von den anderen, inhaltliches Enthaltensein, Unter- und Überordnung der Kategorien erfahren.

Diese Verhältnisse alle sind weder empirisch noch apriorisch unmittelbar zu greifen; es ist ein umständlicher Weg der Untersuchung, der allererst zu ihrer Erfassung hinführen kann. Wir haben zunächst nichts als den Inhalt der Kategorien, und auch dieser ist für viele erst noch zu ermitteln. Aber erst an ihm können die interkategorialen Verhältnisse ersichtlich werden. Nimmt man nun gar unbedacht eine Kategoriengruppe als oberste vorweg und läßt die anderen alle nach ihrem Vorbild geprägt sein — und das tut man, wenn man alle Kategorien als Zwecke, Normen oder Werte verstehen will —, so hat man damit die eigentlich zentrale und grundlegende Untersuchung bereits beim ersten Schritt lahmgelegt. Man hat ihr, ohne sich dessen zu versehen, vorgeschrieben, wo sie hinausgelangen soll, und kann ihr nun nicht mehr folgen, wohin sie selbst einen führen würde.

Darüber hinaus wäre hier eine noch weit universalere Kritik des metaphysischen Teleologismus in seinen verschiedenen Formen anzufügen. Der kategoriale Teleologismus ist schließlich nur eine Spezialform. Aber diese Untersuchung erfordert ein weiteres Ausholen und muß deswegen in anderem Zusammenhang durchgeführt werden. Die Anknüpfungspunkte dafür liegen über eine breite Mannigfaltigkeit von heterogenen Problemen verstreut. Sie werden sich bis zur Generalabrechnung noch weiter häufen. Denn die meisten ontologischen Grundprobleme sind geschichtlich von teleologischen Vorurteilen durchsetzt.

Aber nicht alle diese Vorurteile gehen die Determinationsform der Kategorien an.

Soviel freilich sieht man auch hier schon: die Expansionstendenz des teleologischen Denkens ist eine Art Erbsünde der Metaphysik, die zu bekämpfen um so schwieriger ist, als ihre im Gefühlsleben verborgenen Wurzeln nicht so sehr der argumentierenden Widerlegung als einer Umbildung der seelischen Haltung bedürfen. Solche Umbildung ist aber nur durch die Schaffung eines neuen Denkgeleises, sowie durch Gewinnung voller Bewegungsfreiheit in ihm zu erreichen. Und beides muß dem traditionellen Denkzwang der herrschenden Begriffe erst abgerungen werden. —

Man kann hiernach ohne weiteres die Konsequenz ziehen und aussprechen, was für eine reine Fassung der Kategorien erforderlich ist, sofern sie den Fehler der Vermengung mit Werten, Normen oder Zwecken zu vermeiden hat. Wenn der Fehler in der Annahme lag, Kategorien determinierten wie Zwecke, so muß nun das Erfordernis dahin gehen, von dieser Annahme Abstand zu nehmen. Das braucht nicht zu bedeuten, daß es gar keine Prinzipien gebe, die wie Zwecke determinieren; es kann vielmehr sehr wohl solche geben, daraus würde aber nicht folgen, daß Kategorien — und nun gar alle — von dieser Art sein müßten.

Ob dem so ist oder nicht, ist vor der Kategorialanalyse nicht zu entscheiden. Unbedingtes Erfordernis also ist unter allen Umständen, die Frage nach der Art, wie Kategorien ihr Concretum bestimmen, einstweilen in suspenso zu halten und nicht im Sinne jener summarischen Antworten vorzuentscheiden. Kategorien als solche dürfen, wo nicht ihre besondere Eigenstruktur es an die Hand gibt, in keiner Weise als Zwecke, Normen oder Werte verstanden werden. Die von ihnen ausgehende Determination der Welt ist nicht als solche schon eine finale; oder Aristotelisch ausgedrückt: sie bewegen nicht „wie der Gegenstand der Liebe bewegt".

9. Kapitel. Kategorialer Formalismus.

a. Das antike Formprinzip und seine Grenzen.

Eines der bestimmenden gedanklichen Elemente im kategorialen Teleologismus ist die Aristotelische Auffassung der Prinzipien als Formen. In der Scheidung von Form und Materie, die dieser Auffassung zugrunde liegt, fällt der Materie die Rolle der passiv empfangenden Substanz zu, der Form die des gebenden, tätigen, bestimmenden oder bildenden Prinzips. Die substantielle Form erscheint als „reine Energeia", die Materie nur als Substrat für die Verwirklichung der Form, und insofern als reine Dynamis. Da nun Prinzip im engeren und ursprünglichen Sinne nur das Bestimmende (Determinierende) im Zusammenhang des Seienden ist, nicht aber das Bestimmte oder gar bloß Bestimmbare in ihm, so schreibt sich aus dieser dualistischen Aufteilung der Welt das bekannte Vorurteil her, das Wesen des Prinzips sei überhaupt nur die Form.

Von diesem Vorurteil nun ist bereits oben bei der Abwehr der Gleichsetzung von Kategorien und Wesenheiten (Kap. 2 b und c) die Rede gewesen. Denn eine solche Gleichsetzung fußt schon auf ihm. Aber es gibt noch andere Seiten des kategorialen Formalismus, und diese verdienen noch eine besondere Berücksichtigung, sofern sie erst im Zusammenhang der übrigen ontologischen Vorurteile greifbar werden.

Schon der Umstand, daß diese Fassung der Prinzipien die Determination der im Werden begriffenen Dinge betrifft, rückt sie in engste Beziehung zum Teleologismus. Dieser ist wesentlich auf ihr erbaut. In der Metaphysik des Aristoteles, sowie in den Theorien aller derer, welche die Bestimmtheit des Seienden auf substantielle Formen beziehen, stützen sich die beiden an sich heterogenen Vorurteile derart gegenseitig, daß sie kaum mehr voneinander zu trennen sind. Dadurch wurden sie mit dem Anwachsen der Tradition immer mehr zur inneren Fessel des Gedankens.

Und in der Tat passen sie sehr genau ineinander. Materie kann nicht Bestimmung von Prozessen im Sinne einer inhaltlichen Zielrichtung sein. Ziele müssen ein Sosein, Bestimmtheit, Gestalt haben. Das Gestaltmoment aber (das Eidos) ist Sache der Form. Und umgekehrt, Formen haben, wenn man sie von einem vorhandenen Formlosen aus betrachtet, nur Sinn als bestimmende Mächte, die es gestalten. Vom Formlosen aus erscheinen sie also ganz zwanglos als die Bestimmung zur Formbildung, d. h. als Telos der formbildenden Prozesse. Darin aber liegt schon ein verkappter circulus in demonstrando: zwei Annahmen, der Formcharakter und der Zweckcharakter des Eidos, begründen sich gegenseitig, stehen aber im übrigen ohne zureichende Begründung da. Und dieser formale Fehler der Wechselbegründung, obgleich weittragend und verhängnisvoll in seinen Konsequenzen, entgeht natürlich dem in beiden Vorurteilen gefangenen Denken. Von welcher geschichtlichen Zähigkeit aber gerade die verkappten Zirkelschlüsse sind, ist genugsam bekannt. Man könnte hieraus allein schon entnehmen, warum die Aufdeckung des Fehlers im Form-Vorurteil so lange auf sich hat warten lassen.

Die Mißlichkeit der Konsequenzen dagegen wird von der Zähigkeit des traditionellen Denkzwanges keineswegs mit verdeckt. Eine Kategorienlehre, die auf dem Prinzip des Formalismus aufgebaut ist, nimmt von vornherein den Nachteil auf sich, daß sie mit der Materie nicht zurechtkommen kann. Sie schließt sie als das in sich Form- und Bestimmungslose von sich aus. Kategorien der Materie als solcher sind nach der getroffenen Voraussetzung ein Ding der Unmöglichkeit. Das Substrat aller Formung bleibt als unbewältigte Gegeninstanz des Kategorienreiches stehen, als ein zweiter Weltgrund neben ihm. Und so involviert es die bekannte dualistische Spaltung des Seienden. Von der Welt als einem Ganzen bewältigt dann das Kategoriensystem nur die eine Seite. Damit ist es zu einem bloßen Teilsystem herabgesetzt.

b. Stellung des Formalismus zu den anderen Vorurteilen.

Es ist von hohem Interesse zu sehen, wie die Formenmetaphysik eine Art Brennpunkt aller ontologischen Vorurteile bildet. Wie mit dem kategorialen Teleologismus, so hängt sie auch aufs engste mit der Grenzüberschreitung und der Homonymie, ja mittelbar sogar mit dem Chorismos zusammen.

Daß es nämlich Form-Momente in den Kategorien gibt, daran ist ja kein Zweifel; alles Strukturelle im Aufbau der realen Welt hat Formcharakter. Und nimmt man die verwandten Momente von Gesetz und Relation hinzu, die sich ja ohne Schwierigkeit unter den weitgefaßten Formbegriff subsumieren lassen, so wird es wohl verständlich, wie auch in der veränderten Problematik der Neuzeit der Formcharakter der Kategorien sich halten konnte. Der Fehler liegt eben nur in der Verallgemeinerung, die man mit dem Formprinzip vornimmt: erst wenn man behauptet — oder stillschweigend voraussetzt —, „alles" an den Kategorien sei Form, überschreitet man die natürliche Grenze, die der Form als solcher gezogen ist. Der Fehler also zeigt das typische Gesicht der Grenzüberschreitung.

Andererseits neigte die antike Eidoslehre dazu, die Form möglichst konkret zu fassen. Aristoteles sprach den höheren Allgemeinheiten den Charakter selbständiger Formprinzipien ab; nur die speziellen Formen (etwa die, welche den „Arten" der Lebewesen entsprechen) galten ihm als substantiell und als bewegende Mächte. Aber gerade dadurch wurde es unmöglich, sie inhaltlich von den Realfällen zu unterscheiden; denn der Unterschied, den die Materialität des Realen ausmacht, ist ja kein inhaltlicher. Indem nun aber das Eidos doch etwas anderes sein sollte als das σύνολον, ergab sich die Schwierigkeit der Homonymie. Das Haus als Eidos sollte Formursache des realen Hauses, der Mensch als Eidos das Werdeprinzip des lebenden Menschen sein. So gesehen, ist der Formalismus schon in seinen Anfängen die leere Verdoppelung der Welt.

Wollte man dem entgehen, so mußte man wohl oder übel nach einem Unterschied anderer Art suchen. Und da ein solcher nicht im Inhalt liegen konnte, mußte er auf die Seinsweise abgewälzt werden. Das aber bedeutet, daß man eine Trennung des Eidos als solchen vom Concretum vornehmen mußte, die hinterher nicht wieder zu überbrücken war. So ist der frühplatonische Chorismos schon eine Folge der Homonymie; und diese wiederum ist schon eine Folge der tautologisch zum Prinzip ihrer selbst gemachten Form der Dinge. Fragt man sich weiter, warum denn der Chorismos in den essentia-Theorien so lange fortgelebt hat, so ist die einzig zutreffende Antwort: weil man die Homonymie nicht los wurde. Diese aber konnte man nicht loswerden, solange man die Prinzipien als dieselben „Formen" verstand, die auch an den Dingen bestehen.

Erst in dem Augenblick, wo man den antiken Formbegriff mit seiner versteckten Tautologie fallen ließ und an seine Stelle Relationen und Gesetzlichkeiten setzte, die dem Concretum in seiner Erscheinungsweise nicht ohne weiteres anzusehen sind, konnten diese Schwierigkeiten alle mit einem Schlage hinfallen. Das ist der Grund, warum die Philosophie der Neuzeit mit ihnen lange nicht mehr im gleichen Maße zu ringen gehabt hat wie die des Altertums. —

Es darf indessen nicht verschwiegen werden, daß neben den genannten noch ein weiterer ontologischer Fehler in der Aristotelischen Eidoslehre steckte. Wenn diese nämlich zum Dualismus von Form und Materie führte, so bestand das Mißliche dabei nicht allein in der unbewältigten Gegenstellung der Materie, sondern auch in deren Seinsmodus. Da nämlich nach Aristotelischer Auffassung nur die Verwirklichung eines Eidos Wirklichkeit hat, so kann die Materie kein Wirkliches sein; da sie aber doch etwas „ist", mußte sie nunmehr als ein bloß Mögliches verstanden werden. Und das eben besagt ihre Fassung als „Dynamis". Andererseits aber, wie konnte denn ein Mögliches neben dem Wirklichen bestehen, gleich als bestünde die reale Welt aus zweierlei Seiendem? Das nur der Möglichkeit nach Seiende erschien nun gleichsam als ein Halbseiendes neben dem voll und eigentlich Seienden. Aber dafür wiederum war kein Spielraum in einer Welt, in der stets die Energeia der Dynamis „vorausgehen" sollte, und alles Möglichsein stets schon einem Wirklichseienden anhaften sollte [1]).

Nach welcher Seite auch man den erweiterten Formgedanken verfolgt, er führt von einer fehlerhaften Voraussetzung zur anderen. Er ist mit ihnen allen so verknüpft, daß er wie eine Art gemeinsamer Nähr-

[1]) Man vergleiche hierzu die Lehre des Buches Θ der Aristotelischen Metaphysik von der Priorität der ἐνέργεια. Die genaue Durchführung der angedeuteten Aporetik findet sich in „Möglichkeit und Wirklichkeit" Kap. 22, sowie Einleitung 2—4.

boden für sie erscheint. Das ist um so auffallender, als der Formgedanke ja nicht an sich abwegig ist, sondern erst durch Grenzüberschreitung in schiefe Stellung gerät. Was es damit auf sich hat, wird sich an erster Stelle an den Konsequenzen zeigen müssen, die er in den einschlägigen Theorien selbst nach sich zieht.

c. Folgeerscheinungen des kategorialen Formalismus.

Daß der offene Dualismus von Form und Materie eine ontologisch schwer haltbare Position ergibt, ist altbekannt. Schwerer ins Gewicht aber fällt es, daß dieser Dualismus, einmal ausgeprät, sich verfestigte und zu einer Art Erbübel der Metaphysik wurde; und nicht nur der Metaphysik, denn auch die neuzeitliche Erkenntnistheorie wurde von ihm ergriffen. „Form und Materie der Erkenntnis", dieser Gegensatz beherrscht noch die Kantische Philosophie, sowie die Systeme des 19. Jahrhunderts. Aber er trift die Phänomene hier ebensowenig wie einst in der alten Ontologie.

Die Unstimmigkeiten machten sich gleich zu Anfang geltend. Schon Aristoteles konnte die These nicht halten, daß die allgemeine und „erste" Materie (d. h. die absolut formlose) unmittelbar die der Einzeldinge sei. Er erkannte vielmehr in aller Klarheit, daß die Materie in den Dingen bereits hoch spezialisiert (oder differenziert) ist. Wie aber ist es denn denkbar, daß sich Materie ohne Formung, rein aus sich selbst heraus differenzieren sollte? Muß sie da nicht notwendig Bestimmtheiten aufnehmen, also wohl gar selbst bestimmende Prinzipien sui generis enthalten? Nun aber soll sie als solche gerade das Bestimmungslose und Prinzipienlose sein. Denn nach der Voraussetzung sind nur die Formen das Bestimmende. Aristoteles suchte sich zwar damit zu helfen, daß er alle Differenzierung unterhalb des Eidos für etwas bloß „Mitlaufendes" (συμβεβηκός) erklärte. Aber er verschob damit nur die Frage. Denn woher sollte nun die Bestimmtheit des Mitlaufenden stammen? Außerdem ließ sich auch die Verschiebung nicht aufrecht erhalten. Denn es zeigte sich sehr bald, daß durchaus nicht jedes Eidos in jeder Materie verwirklicht werden kann (z. B. das der Säge nicht in Holz, sondern nur in Eisen). Das Eidos also schreibt seinerseits die besondere Art der differenzierten Materie vor. Das aber bedeutet, daß die Art der Differenzierung unter den Wesensbestimmtheiten des Eidos mit enthalten ist.

Diese Schwierigkeit hat sich mit der Formsubstanzen-Lehre auf die Universalientheorie der Scholastik übertragen. Die alte Aporie der besonderen Materie wiederholt sich mannigfach in den Fassungen der materia signata. Man sucht sie in den Bestand der essentia aufzunehmen, trägt aber ebendamit den Dualismus auch in die essentia selbst hinein und sprengt tatsächlich das Formprinzip. Diese Zuspitzung der Problemlage kommt aus dem immer mehr in den Vordergrund rückenden Individuationsproblem; sollte doch der ganze Unterschied der Einzeldinge unter ihrem gemeinsamen Eidos — und selbst der der Einzelpersonen unter der Wesenheit „Mensch" — lediglich darauf beruhen, daß es andere Teile der Materie sind, woraus sie geformt sind. Diese ungeheuerliche Paradoxie schlug dann bei Duns Scotus in ihr Gegenteil um: es müssen reine Formmomente sein, welche die Individualität ausmachen. Dann aber geht die Differenzierung der Form ins Unendliche. Die Konsequenz ist ein Formenreich, in dem die ganze uferlose Mannigfaltigkeit der realen Einzelfälle wiederkehren muß. Und nun erst wird die tautologische Verdoppelung der Welt vollständig. Ein solches Formenreich ist denn auch gar kein Prinzipienreich mehr. Es hat das Concretum voll und ganz aufgesogen. —

In den rationalistischen Systemen der Neuzeit ist der Formgedanke durch das Substanzproblem weitgehend zugedeckt. Aber er verschwindet nicht. Das neue Prinzipien- und Kategorienproblem steht von vornherein in seinem Zeichen. Indem Kant ihn aufnahm und alles Apriorische in der Erkenntnis als Form verstand, übertrug er ihn zugleich auf die Ethik; nicht nur Raum, Zeit und Kategorien sind reine Formen, sondern auch der kategorische Imperativ ist ein formales Gesetz. An diesem Punkte zuerst aber begegnete der alte Gedanke einer ihm an die Wurzeln greifenden Kritik. Denn das praktische Bedürfnis verlangt gebieterisch nach einem Inhalt; die Inhaltslosigkeit des sittlichen Gebotes erschien als schwache Seite der Kantischen Ethik. Schon Schleiermacher setzte an diesem Punkte mit seiner Kritik ein, aber erst die Anfänge der Wertethik bei Nietzsche zeigten einen positiven Weg, die Leere des Formalismus zu überwinden. Denn nicht um Aufdeckung mißlicher Konsequenzen allein handelte es sich hier. Es galt den Nachweis zu erbringen, daß alles, was im Bereich der Erkenntnis, der Anschauung, des Ethos und der Wertung die Rolle eines Prinzips spielt, den Charakter inhaltlicher Erfülltheit hat. Diese Aufgabe ist durch die Kritik Schelers am „Formalismus" im wesentlichen erfüllt worden.

Nur darf man sich hierbei nicht darüber täuschen, daß auch diese Kritik eine in mancher Hinsicht einseitige und anfechtbare ist. Sie fiel u. a. ihrerseits in den Fehler des Mittelalters zurück, alle Prinzipien unbesehen für Wesenheiten auszugeben. Sie hätte also konsequenter Weise auch wiederum die „materialen" Momente von ihnen ausschließen müssen. Sie konnte sie nur mit hineinnehmen, weil sie dem „Materialen" eine ganz andere Bedeutung gab: die des Inhaltlichen. Damit aber brach sie ihrer eigenen Tendenz gegen den alten Apriorismus der Formen die Spitze ab. Denn der Kantische Begriff der Form hatte sein Gegenstück keineswegs im Inhalt, sondern in der Materie. Allerdings muß man zugestehen, daß der Unterschied von Materie und Inhalt verblaßt, wenn es sich nicht um Materie der Dinge, sondern um „Materie der Erkenntnis" (Material der Sinnlichkeit) oder „Materie des Willens" handelt. Aber dennoch bleibt der Gegensatz von Form und Inhalt ein anderer als der von Form und Materie. Und das ist gerade für Kant nicht ohne Gewicht. Denn der Inhalt der Erkenntnis ist es, der sich nach Kantischer Auffassung erst durch die synthetische Funktion der Verstandesformen gestaltet.

Die Kritik also schoß weit übers Ziel. Aber auch der Formgedanke hatte alle Grenzen überschritten, nicht freilich bei Kant, wohl aber bei den Neukantianern. Hat doch der logische Idealismus den Formcharakter des Apriorischen in allem Ernst für seine These, daß alles Sein Setzung des Denkens sei, als Argument in Anspruch genommen: Verbindung, Relation, Gesetzlichkeit — kurz, alle Formmomente der Gegenstände — könne nur das Denken zustande bringen; woraus dann folgen sollte, daß ein gegebener „Stoff" gar nicht vorhanden, das produktive Denken also „alles" sei.

d. Das Erfordernis der materialen Momente in den Kategorien.

Man sieht nun leicht, wie in diesem ganzen Kampf um den Formgedanken Recht und Unrecht auf beiden Seiten ist. Form ist nicht das, was allein die Prinzipien des Seienden ausmacht; aber sie ist und bleibt deswegen doch ein Grundmoment der Prinzipien. Form ist andererseits wohl das Gegenglied zum materialen Moment der Erkenntnis, aber nicht zum Ganzen des Erkenntnisinhalts; sie hat also ihre eigenartige Stellung im Wesen der Erkenntniskategorien, gerade sofern sie als Formung eines Stoffes wesentlicher Inhaltsfaktor ist. Daraus ergibt sich die Notwendigkeit, die Lehre aus jenen geschichtlichen Fehlschlägen zu ziehen und das allgemeine Erfordernis hinsichtlich des Formcharakters in der Fassung der Kategorien genauer zu bestimmen.

Es wird hierfür vor allem festzuhalten sein, daß Formen als solche selbst etwas Inhaltliches sind; sie machen an allem Seienden die Struktur, d. h. seinen inneren Bau aus. Und da der innere Bau im wesentlichen das Sosein des Seienden bestimmt, so kann man auch sagen: die Formmomente sind es, die im wesentlichen das Sosein ausmachen. Es geht aber andererseits nicht an, die erscheinenden Formen einfach dem Concretum zu entnehmen und in die Allgemeinheit der Arten erhoben für Kategorien zu erklären. Das würde homonyme Kategorien ergeben, welche nichts erklären und die Welt nur verdoppeln. Es gilt vielmehr, dem Concretum auf Grund seiner äußeren Erscheinung, gleichwohl aber stets in einem gewissen Gegensatz zu ihr, die innere Form erst durch besondere Analyse abzugewinnen. Denn diese ist stets etwas ganz anderes als jene: eben das Konstituierende, „auf Grund" dessen die erscheinenden Gestalten erst zustande kommen. Es ist auch niemals so, daß einer Art von Gegenständen eine einheitliche kategoriale Form zugrundeläge — etwa nach Art des Aristotelischen Eidos —, es sind vielmehr stets viele Formmomente kategorialer Art, die erst zusammen die konkret erscheinende Gestalt ergeben. Die Kategorien, auch sofern sie nur Formen sind, bilden eine andere Mannigfaltigkeit als die realen Gebilde, die auf ihnen beruhen. Sie sind dieselben für eine ganze Schicht der realen Welt, aber sie machen nur gemeinsam miteinander die komplexe Form der Einzelfälle, und selbst die ganzer Arten von Fällen aus.

Soweit richtet sich das ontologische Erfordernis hinsichtlich des Formcharakters gegen die Unfruchtbarkeit der antiken und mittelalterlichen Form-Tautologien. Man kann es methodologisch dahin formulieren: die innere, kategoriale Form ist nicht identisch mit der äußeren oder erscheinenden Form des Seienden und muß stets erst im Gegensatz zu ihr gesucht werden.

Darüber hinaus aber ist ein weiteres zu berücksichtigen: die Formmomente in den Kategorien mögen so mannigfaltig sein wie nur möglich, aufgehen können Kategorien in ihnen nicht; und selbst wenn einzelne unter ihnen reinen Formcharakter haben sollten, so kann das doch nicht von allen gelten, und vollends nicht von einem ganzen Kategoriensystem (etwa dem einer Seinsschicht). Denn am Concretum gibt es nun einmal Substrate der Formung; und ein Kategoriensystem, das diese nicht enthält, genügt offenbar dem Concretum nicht. Das gilt sowohl von Seinskategorien wie von Erkenntniskategorien. Hierfür genügt es nicht, daß man kategoriale Formung als etwas eminent Inhaltliches versteht; in dieser Frage handelt es sich nicht mehr um „Form und Inhalt", sondern um „Form und Materie". Und da ist es die entscheidende Einsicht, daß gar kein Grund vorliegt, den Gehalt der Kategorien auf Form, Gesetz und Relation einzuschränken, daß vielmehr spezifische Substratmomente in genau demselben Sinne konstituierend wie jene sind. Das methodische Erfordernis, das sich hier ergibt, geht also dahin, daß diese Substratmomente unter allen Umständen mit hineinzunehmen sind in den Gesamtbestand derjenigen Kategorien, deren formgebende Determination auf sie bezogen ist.

Solche Hineinnahme ist nicht so paradox, wie sie erscheint. Nur das alte Vorurteil der Formalität hat sie zum Nonsens gestempelt — und zwar deswegen, weil man nur eine einzige, amorphe, plumpe „Materie" kannte, die man sich im übrigen durchaus dinglich vorstellte, aber doch ohne Bedenken der ihr heterogenen Mannigfaltigkeit der Formen entgegenstellte. Diese formlos dunkle Einheit, der dann auch ohne weiteres die Unauflöslichkeit anzuhaften schien, konnten keine Kategorien aufsaugen. Das aber ändert sich, sobald an die Stelle der absoluten Materie eine Mannigfaltigkeit verschiedener Substratmomente tritt, die sich auf eine Mehrheit von Kategorien verteilt. Um die Aufweisung solcher Substratmomente ist die heutige Naturauffassung nicht verlegen; alle Dimensionen, in denen quantitative Abstufung spielt, gehören hierher, von den eigentlich substantiellen Momenten, wie Kraft und Energie, ganz zu schweigen.

Bei so veränderter Sachlage macht die Zugehörigkeit der „materialen Momente" zu den Kategorien durchaus keine Schwierigkeit; sie fügen sich den übrigen kategorialen Momenten homogen ein. Und sieht man genauer zu, so findet man gar, daß diese sich gerade durch ihre Bezogenheit auf sie erst durchgehend zusammenschließen. Aber das zu zeigen muß der Kategorialanalyse selbst vorbehalten bleiben.

III. Abschnitt

Erkenntnistheoretische Fassungen und Fehlerquellen

10. Kapitel. Neue Aufgaben der Vernunftkritik.

a. Besondere Restriktion einzelner Kategorien.

Die Reihe der Folgerungen, die sich aus der Kritik der ontologischen Vorurteile ergibt, ist mit den oben aufgezählten nicht abgeschlossen. Aber es gibt unter ihnen auch solche, die zugleich mehr die erkenntnistheoretische Seite der Kategorien betreffen als die ontologische. Diese sind im Zusammenhang des Erkenntnisproblems leichter faßbar und rücken damit an den Anfang einer neuen Reihe kritischer Erwägungen.

Es hat sich zur Genüge gezeigt, eine wie breite Rolle das Formvorurteil in der Behandlung der Erkenntniskategorien spielt. Mehr sporadisch tritt in ihr der Fehler der normativ-teleologischen Fassung auf. Ebenso treten der Chorismos und die Homonymie hier mehr zurück. Sehr auffallend dagegen macht sich die Grenzüberschreitung bemerkbar; besteht sie doch in der „Anwendung" einer in begrenztem Gegenstandsfelde beheimateten Kategorie auf Gegenstände heterogener Art.

Alle Anwendung nun ist Sache des erkennenden Subjekts und beruht auf einer Spontaneität in der Deutung oder Formung des Gegebenen. Seinskategorien als solche werden nicht „angewandt", ihr Verhältnis zum seienden Concretum ist das einer Determination, die unabhängig von menschlicher Auffassung besteht. Nur Erkenntniskategorien werden „angewandt", und nur von ihnen kann man sagen, daß mit ihnen eine Gebietsgrenze „überschritten" werde. Es ist die Spontaneität des Verstandes, welche die Verallgemeinerung vornimmt; und sie allein ist es, an die sich die Forderung der Kritik, Gebietsgrenzen zu respektieren, richten kann. Seinskategorien überschreiten ihre Grenzen nicht, sie kommen außerhalb des Seinsgebietes, dem sie zugehören, überhaupt nicht vor.

Daraus geht eindeutig hervor, daß jenes Erfordernis der Grenzeinhaltung, das sich oben ergab (Kap. 7 d), sich sehr wesentlich auf die gnoseologische Seite des Kategorienproblems bezieht. Nun besteht aber die letztere in nichts anderem als dem alten klassischen Problem des Apriorischen in der Erkenntnis. Und eben dieses Problem ist es, das den eigentlichen Gegenstand der Kantischen Kritik ausmachte. Wir stehen also mit dem Erfordernis einer Begrenzung der „Anwendung" mitten im Problemfelde der Kritik der reinen Vernunft.

„Reine Vernunft", das hieß bei Kant apriorische Vernunft. Und „Kritik" sollte Grenzziehung bedeuten. Denn das war die entscheidende Einsicht, die der Arbeit der Kritik vorausging, daß die apriorische Spontaneität der Vernunft in der Anwendung ihrer Kategorien einer Grenzziehung bedürfe. Die genaue Formulierung des Problems, das in dieser Aufgabe steckt, ist in der Fragestellung der „transzendentalen Deduktion der reinen Verstandesbegriffe" gegeben: es ist die Frage nach der „objektiven Gültigkeit" der Kategorien. Darin liegt die Voraussetzung, daß der Verstand die Tendenz hat, mit seinen Kategorien über die Grenzen ihrer objektiven Gültigkeit hinauszugehen. Und in der Tat liegt dieses Hinausgehen greifbar auf den Problemgebieten der spekulativen Metaphysik vor.

Soweit könnte es nun scheinen, daß dieses von Kant klargestellte und als unkritisch bekämpfte „Hinausgehen" nichts anderes sei als jener Fehler der kategorialen Grenzüberschreitung, von dem oben die Rede war. Dem ist aber keineswegs so, denn Kant erblickte den Fehler lediglich in der Anwendung der Kategorien auf „Dinge an sich"; oder, da das Ding an sich ein standpunktlich bedingter Begriff und die negative Formulierung eindeutiger ist: er erblickte den Fehler in der Anwendung der Kategorien über die „Grenzen möglicher Erfahrung" hinaus.

Das Restriktionsgesetz, das Kant hieraus ableitete, besagte demnach, daß die Anwendung der Kategorien „auf Gegenstände möglicher Erfahrung" einzuschränken sei. Es ist ohne Zweifel eine seiner bedeutendsten Einsichten. Man konnte mit ihr sehr wohl gegen die spekulative Metaphysik aufkommen. Ob sie aber auch für die kritische Begrenzung eines bescheideneren Apriorismus genügt, ist eine andere Frage.

Was Kant nicht sah, die Tatsache, daß fast alle Kategorien im menschlichen Verstande die Tendenz zur Grenzüberschreitung haben, konnte er auch nicht kritisch behandeln. Diese Tendenz aber besteht, und zwar in der Weise, daß sie keineswegs über „mögliche Erfahrung" hinaus, sondern nur über die besondere Reichweite — gleichsam über die natürliche Gebietsgrenze — der einzelnen Kategorie hinaus drängt. Wenn Kategorien des Dinglich-Materiellen auf organisches und seelisches Sein, oder Kategorien des Geistes auf physische Verhältnisse übertragen werden, so bleibt ihre Anwendung noch durchaus innerhalb der Grenzen möglicher Erfahrung. Überschritten dagegen wird eine ganz andere Grenze, eine solche nämlich, welche zwei heterogene Erfahrungsgebiete voneinander scheidet. Die Restriktion auf Gegenstände möglicher Erfahrung hilft also hier nicht.

Kants Kritik zog nur summarisch die allgemeine Grenze objektiver Gültigkeit für alle Kategorien. Eine wirkliche Kritik der „reinen" — d. h. der apriorischen — Vernunft muß aber vielmehr für jede einzelne Kategorie, zum mindesten also für jede Gruppe zusammengehöriger Kategorien, die besondere Grenze ihrer legitimen, objektiv gültigen Anwendung ziehen.

Darin besteht die Aufgabe einer neuen Kritik der „reinen" Vernunft. Und sie ist höchst aktuell, weil die Mehrzahl der metaphysischen Systeme auf Verallgemeinerung einzelner Kategoriengruppen beruht. Die Grenzüberschreitung ist die allgemeine Form der philosophischen „Ismen". Wie aber ist die Grenzziehung zu bestimmen, mit der man die Expansionstendenz der Kategorien im menschlichen Verstande in Schranken halten kann?

Diese Frage läßt sich nicht summarisch beantworten. Denn begrenzt man die objektive Gültigkeit einer jeden Kategorie generell durch die Reichweite des Seinsgebietes, auf dem man sie ursprünglich vorfindet, so ist man in Gefahr, die Grenzen zu eng zu ziehen. Es gibt eben auch mancherlei wirklich gemeinsame Kategorien sehr verschiedener Seinsgebiete (die Zeit z. B. ist materiellen und seelischen Vorgängen gemeinsam, der Raum physischen und organischen Gebilden). Aber solche Gemeinsamkeit läßt sich nicht auf alle Kategorien übertragen.

Die Aufgabe also wird gerade darin bestehen, an jeder Kategorie die besonderen Grenzen ihrer Geltung aufzuzeigen. Diese Aufgabe zu erfüllen ist eines der dringlichsten Erfordernisse der Kategorialanalyse. Auf die letztere fällt die Hauptlast der von Kant begonnenen Arbeit, die „reine" Vernunft von Schritt zu Schritt der Kritik zu unterwerfen.

b. Das Vorurteil der Begrifflichkeit.

Zu dieser inhaltlichen Aufgabe aber kommt, daß die ganze Reihe der erkenntnistheoretischen Einseitigkeiten und Vorurteile in der Fassung der Kategorien selbst sich den Tendenzen der gleichen Kritik ohne weiteres einfügt. Denn sie alle betreffen, mittelbar oder unmittelbar, dasselbe Grundproblem der apriorischen Erkenntnis und ihrer objektiven Gültigkeit.

An erster Stelle steht hier das weitverbreitete Vorurteil, daß Kategorien „Begriffe" seien. Seinen geschichtlichen Ursprung hat es, zusammen mit dem Formgedanken, in der Aristotelischen Philosophie, auch hängt es gleich diesem bereits dort mit dem kategorialen Teleologismus zusammen.

Die Metaphysik des Aristoteles setzte die „Formsubstanz" einerseits dem bewegenden Zweckprinzip, andererseits aber dem in der „Definition" zur logischen Begriffseinheit zusammengefaßten Eidos (τί ἦν εἶναι) gleich[1]). In dieser doppelten Gleichsetzung liegt die Wurzel des Vorurteils der Begrifflichkeit, welches dann dauernd die Ontologie in den Fesseln der Logik festgehalten und sowohl sie als auch die Logik zweideutig gemacht hat. Prinzipien sind nach dieser Auffassung nichts anderes als Prinzipienbegriffe, die substantielle Form der Dinge ist der aus Wesensmerkmalen aufgebaute Begriff. Freilich muß man unter solchen Umständen auch dem Begriff selbst eine eigene, ontisch übergeordnete Seinsweise zuschreiben, wie seine logische Funktion sie nicht kennt. Aber eben das taten die „begriffsrealistischen" Theorien des Mittelalters. In diesen Theorien — durch ihre im übrigen nicht unbedeutenden Unterschiede nur wenig abgewandelt — herrschte das Vorurteil der Begrifflichkeit fast schrankenlos; und in gemäßigterer Form setzt es sich noch in den rationalistischen Systemen der Neuzeit fort.

Seine ungeheure Verführungskraft beruht von Anbeginn wesentlich auf seiner erkenntnistheoretischen Konsequenz: unter der Voraussetzung der Identität von Begriff und Seinsprinzip ließ sich ohne Schwierigkeiten das Wesen der Welt begrifflich meistern. Und zugleich erfuhr das alte Apriorismusproblem, das mit der Rolle der Begriffe in der Erkenntnis nun einmal unlöslich zusammenhängt, eine summarische Lösung, die alles Fragwürdige in ihm von vornherein verschwinden ließ. Denn ist einerseits das menschliche Denken kraft seiner Logik der Begriffe

[1]) Will man historisch genau sein, so muß man die These des Aristoteles freilich vorsichtiger fassen: nicht der Begriff selbst, sondern nur die „Definition" (ὁρισμός) ist inhaltlich der substantiellen Form gleichgesetzt. Vom Begriff als solchem gibt es bei Aristoteles noch keine Theorie, auch entspricht keiner seiner Termini genau dem, was die Späteren „Begriff" nennen. Definiert wird bei ihm denn auch nicht der Begriff, sondern das τί ἦν εἶναι (essentia, Wesen), resp. das εἶδος (das bei ihm nicht der „Artbegriff" ist, sondern die Artform des Seienden). Erst bei den lateinischen Logikern kommen notio und conceptus auf; und als logisches Gebilde im strengen Sinn figuriert der Begriff schwerlich vor dem Nominalismus. — Aber für das Vorurteil der Begrifflichkeit macht das keinen Unterschied aus. Denn der Sache nach beruht nun einmal die Begriffsbildung auf der Definition. Vgl. „Aristoteles und das Problem des Begriffs", Abhandl. der Preuß. Akad. d. Wiss., Phil.-Hist. Klasse 1939 V.

Herr, und sind diese andererseits die Formsubstanzen alles Seienden, so ist mit ihnen das Denken auch a priori des Seienden selbst und der Welt Herr.

Und, was man nach der Ursprungsgeschichte dieses Gedankens nicht erwarten sollte, das Vorurteil der Begrifflichkeit überlebte geschichtlich die Formsubstanzenlehre; es bestand fort, nachdem diese längst der Kritik gewichen war. Auch die Kritik der reinen Vernunft war in diesem Punkte unkritisch genug. Wohl gibt es für sie Formen, die nicht Begriffscharakter haben (Raum, Zeit und Schemata); aber die eigentlichen „Kategorien" sind auch hier noch durchaus Begriffe, „reine Verstandesbegriffe". Als etwas anderes weiß Kant sie nicht zu denken; darin ist auch er noch Aristoteliker, nicht schlechter als die Ontologen alter Observanz. Ja, auch beim Erweise des Anschauungscharakters von Raum und Zeit liegt der Nachdruck der Untersuchung auf der Abwehr ihres Begriffscharakters. Daß sie sonst Begriffe sein müßten, ist also die selbstverständliche Voraussetzung, von der er herkommt. Daß aber Raum und Zeit auch etwas ganz anderes sein könnten als Begriffe oder Anschauungen, kommt ihm gar nicht in den Sinn.

Den größten Triumph feiert das Aristotelische Vorurteil erst in Hegels Logik. Hier tritt die Dialektik der Begriffe direkt mit dem Anspruch auf, Dialektik des Seins, der Welt, der Natur, des Geistes zu sein, kurz alles in allem zu sein. In gewissem Sinne muß man dieser ungeheuerlichen Anmaßung des begrifflichen Denkens sogar noch Dank wissen. Gerade sie hat den alten, eingewurzelten, immer unbemerkt gebliebenen Fehler sichtbar gemacht: die universale Durchführung der Begriffsmetaphysik hat schlagender, als jede Kritik es vermocht hätte, an ihren eigenen Konsequenzen ihre Schiefheit erwiesen. Der größte geschichtliche Versuch, die philosophia prima auf der Basis der Begrifflichkeit durchzuführen, ist zugleich die geschichtliche deductio ad absurdum eben dieser Basis. Die doppelte Identitätsthese „Prinzip = Form = Begriff" überhebt sich am Gewicht der Welt, bricht unter ihm zusammen. Denn weder sind Hegels Kategorien bloße Formen, noch reicht der dialektische Begriffsapparat zu, selbst das wirklich Formale in ihnen zu fassen.

c. Das wirkliche Verhältnis von Kategorie und Begriff.

Die Kritik der reinen Vernunft war keine Kritik der Begrifflichkeit hinsichtlich ihrer Rolle in der Erkenntnis, genau so wenig wie sie eine solche des Formcharakters war. Auch in dieser Hinsicht hat sie eine unerfüllte Aufgabe hinterlassen, die seitdem über und über spruchreif geworden ist. Ihre genauere Durchführung freilich gehört in die Erkenntnistheorie; sie erfordert auch eine neue Untersuchung über das Wesen des

Begriffs, die an dieser Stelle nicht durchgeführt werden kann. Für den Zweck der Ontologie aber genügt es, das Verhältnis von Begriff und Kategorie klarzustellen.

Das erste Erfordernis in dieser Richtung ist, sich ein für allemal klarzumachen, daß Kategorien als solche überhaupt nicht Begriffe sind. Das gilt sowohl von Seinskategorien als auch von Erkenntniskategorien. Von den ersteren sollte es als selbstverständlich einleuchten, sobald man es einmal ausspricht; nur ein ausdrücklicher Begriffsrealismus könnte überhaupt anderer Meinung sein. Aber auch an den Erkenntniskategorien wird es evident, wenn man sich klarmacht, daß ihre Funktion im Erkenntnisakt zumeist keine eigentlich spontane ist, nicht „Anwendung" im strengen Sinne, die im Belieben des Denkens stünde, sondern in der Regel schon vollzogen ist, wenn etwas als Erkanntes zur Präsenz gelangt. In der wissenschaftlichen Erkenntnis freilich gibt es auch bewußte „Anwendung", aber auch da ist sie die Ausnahme. In der Praxis des Lebens dürfte sie kaum vorkommen. Hier läuft das Erfassen in den eingefahrenen Geleisen der kategorialen Funktionen, und für ein Operieren mit Begriffen bleibt gar kein Spielraum.

Hierzu gilt es zwei Dinge im Auge zu haben. Das erste ist: es gibt wohl auch „Kategorienbegriffe", aber diese sind etwas ganz anderes als die Kategorien selbst. Sie verhalten sich zu diesen wie Sachbegriffe zu den Sachen, Verhältnisbegriffe zu den Verhältnissen, Wesensbegriffe zu den Wesenheiten. Sie teilen das Schicksal aller Begriffe, mit dem, was sie begreifen, nicht identisch zu sein. Kategorienbegriffe sind Versuche des Denkens, die Kategorien definitorisch zu fassen. Sie kommen also nur im philosophischen Denken vor, nicht in den Gegenständen, und nicht im Gegenstandsbewußtsein, ja gemeinhin auch nicht im Denken der Wissenschaften. Die Kategorien selbst sind Prinzipien der Gegenstände und als solche notwendig in ihnen enthalten. Und sofern Gegenstände als das, was sie wirklich sind, erfaßt werden, sind entsprechende Kategorien auch im Erkenntnisinhalt enthalten; in diesen also handelt es sich dann um Erkenntniskategorien. Aber weder in den einen noch in den anderen handelt es sich um „Begriffe" der Kategorien. Das erfassende Bewußtsein ist an seine Gegenstände hingegeben; es besteht neben dem Gegenstandsbewußtsein nicht noch in einem zweiten Bewußtsein, einem Kategorienbewußtsein.

Denn es steht weder in der Macht der Dinge, anders zu sein, noch in der Macht des erkennenden Bewußtseins, sie anders aufzufassen, als die Kategorien es vorschreiben. Ob aber ein darüber hinausreichendes Denken sich auch von den Kategorien einen „Begriff" machen kann oder nicht, davon ist jenes Enthaltensein und Vorschreiben vollkommen unabhängig. Begriffe sind hier wie überall etwas Nachträgliches, ontologisch wie erkenntnistheoretisch Sekundäres; dasjenige, dessen Begriffe sie sind, steht indifferent zu ihnen. Es kann von ihnen getroffen oder auch verfehlt werden, es selbst bleibt dabei, was es ist. Die Ontologie und die Erkenntnistheorie haben dieses gemeinsam, daß nicht Kategorienbegriffe, sondern die Kategorien selbst Gegenstand ihrer Untersuchung sind. Beide aber sind ihrerseits in der Lage, Kategorienbegriffe zu bilden, nämlich als ihre selbstgeschaffenen Werkzeuge, mit denen sie diesen ihren Gegenstand zu bewältigen suchen.

Das zweite aber, worauf es ankommt, betrifft das inhaltliche Verhältnis. Diese selbstgeschaffenen Werkzeuge eben können zupassen oder auch nicht zupassen; die Begriffe können den Kategorien adäquat oder inadäquat sein. Und dieser Unterschied kann alle Stufen der Adäquation durchlaufen. Im allgemeinen sind sie weitgehend inadäquat, und das ist es, was die Kategorienforschung geschichtlich nicht zur Ruhe kommen läßt. Aber auch wenn ein philosophisch ausgebildeter Kategorienbegriff einmal adäquat sein sollte, so wäre er deswegen doch nicht die von ihm begriffene Kategorie selbst.

Daß es eine Geschichte der Kategorienbegriffe gibt, d. h. einen fortlaufenden Prozeß der kategorialen Begriffsbildung, in dem die Begriffe entsprechend jedem Zuwachs der Erkenntnis sich wandeln, ist der beste Beweis für die Unbegrifflichkeit der Kategorien selbst. Denn wenn auch dieser Prozeß sich für die Philosophie günstig als ein fortschreitender Adäquationsprozeß auffassen läßt, in dem also dann die begrifflichen Fassungen sich inhaltlich den Kategorien nähern, so wird es doch gerade dann am greifbarsten, daß die Kategorien selbst ihn nicht mitmachen, sondern jenseits der Begriffsgeschichte als das, was sie sind, beharren. Sie sind dann das notwendige Korrelat der Adäquation, ohne das diese gegenstandslos, und folglich illusorisch würde. Kategorien eben bestehen unabhängig von der Begriffsbildung; sie haben außer dem Concretum, dem sie zugehören, nichts, worauf sie rückbezogen wären. Diese Rückbezogenheit aber ist indifferent gegen alle begriffliche Fassung.

Das eigentlich Wichtige hieran aber ist, daß dieses im selben Maße wie von den Seinskategorien auch von den Erkenntniskategorien gilt. Die Funktion der Kategorien im erkennenden Bewußtsein hat mit einem Begreifen dieser Funktion genau so wenig zu tun, wie etwa das Wahrnehmen mit dem Begreifen des Wahrnehmungsvorganges. Vom Begriff sind sie ebenso unabhängig wie Naturgesetze. Ihre begriffliche Fassung setzt erst mit ihrer Entdeckung durch die Erkenntnistheorie ein; ihr Funktionieren in der Gegenstandserkenntnis aber wartet nicht auf die Erkenntnistheorie, es geht der Entdeckung weit vorher und wird gemeinhin von ihr auch nicht beeinflußt. Die Erkenntnistheorie überhaupt ist ein Spätprodukt.

d. Kategorialer Subjektivismus.

Aufs engste hängt mit dem Aristotelischen Vorurteil der Begrifflichkeit das Kantische der „Subjektivität" zusammen. Aber es ist nicht einfach seine Folge; gerade etwas Subjektives hat der Aristotelismus niemals unter dem Begriff verstanden. Erst mit der Loslösung des neuzeitlichen Denkens vom antiken Vorbilde kommt die These auf, die Prinzipien als solche müßten im Subjekt liegen. Da nun aber die Gegenstände selbst, die das Concretum zu den Prinzipien bilden, Objekte des Subjektes sind, so resultiert die These: Objekte haben ihre Prinzipien im Subjekt.

In dieser These sind die beiden Gegensatzpaare „Subjekt—Objekt" und „Prinzip—Concretum" einander, wenn auch nicht gleichgesetzt, so doch gleichgerichtet. Sie überschneiden sich nicht, sondern stehen parallel zueinander. Daß das Subjekt auch sein eigenes Concretum neben dem der Dinge (etwa seine Vorstellungen) enthalten könnte, ist hier ebenso übersehen, wie daß umgekehrt auch das Objekt seine eigenen Prinzipien haben könnte (etwa Gesetze, von denen das Subjekt nichts zu wissen brauchte). Es sind hier also zwei Gegensatzdimensionen, die ihrem Wesen nach verschieden gerichtet sind, die einander kreuzen und zusammen vier Glieder ergeben müßten (zwei Arten von Concretum und zwei Arten von Prinzipien), künstlich in gleiche Richtung gebracht.

Dadurch wird das Bild beträchtlich vereinfacht. Es bleiben nur zwei Glieder übrig, und zwischen ihnen waltet nur ein einziger Gegensatz. Das Subjekt ist die Sphäre der Prinzipien, das Concretum ist die der Objekte. Daß unter solchen Umständen das Objekt neben der Vorstellung verschwindet, ist verständlich: es ist ihr derartig nah gerückt, daß es mit ihr in eins zusammengeht. Diese Konsequenz macht die These des folgerichtigen Idealismus aus; daß Kant sie nur sehr bedingt gezogen hat, ändert daran nichts. Der frühe Fichte und Schelling, sowie die Neukantianer haben sie dafür in aller Sorglosigkeit durchgeführt.

Setzt man den Bewußtseinsidealismus als zugestanden voraus, so ist natürlich auch diese Konsequenz sehr wohl haltbar: da das Concretum von seinen Prinzipien abhängig ist, diese aber im Subjekt liegen sollen, so erscheint das Objekt vom Subjekt her bestimmt. Und es gibt ein gewichtiges Phänomen, welches dem allem auch Recht zu geben scheint: die Unabhängigkeit der apriorischen Einsichten von der „Gegebenheit", resp. ihr Bestehen im Subjekt vor der am Einzelfall gemachten Erfahrung. Wie wäre es möglich, daß das Subjekt etwas vom Objekt a priori weiß und mit objektiver Gültigkeit von ihm aussagen kann, wenn nicht die Prinzipien des Objekts im Subjekt lägen?

Daß dieses das eigentliche Argument Kants für den „transzendentalen Idealismus" ist, dürfte wohlbekannt sein. Daher der Nachdruck, der auf dem Problem der „synthetischen Urteile a priori" liegt; daher auch die Zuspitzung der Untersuchung auf die „objektive Gültigkeit" der Kategorien. Daß aber das Argument nicht stichhaltig ist, dafür kann man bei Kant selbst den Beweis finden: in dem Kapitel vom „obersten Grundsatz aller synthetischen Urteile" ist das Problem des Apriorismus einer ganz anderen Lösung zugeführt, und zwar im Gegensatz zur „transzendentalen Deduktion". Diese Deduktion will den Erweis für die Anwendbarkeik der „reinen Verstandesbegriffe" auf Gegenstände möglicher Erfahrung führen; daß nun ein solcher Erweis überhaupt nötig wird, ist schon eine Folge der vollzogenen Trennung der Prinzipien von ihrem Concretum. Getrennt aber werden die Prinzipien von ihren Concretum doch überhaupt erst durch ihre Hineinnahme ins Subjekt. Denn an sich besteht zwischen den Gegenständen der Erfahrung und ihren Kategorien keine Scheidewand.

In rein erkenntnistheoretischer Hinsicht wird man freilich dem Problem dieser Deduktion die Berechtigung nicht absprechen dürfen. Denn die synthetischen Urteile a priori werden vom Subjekt gefällt, und zwar unter seinen, von ihm eingesetzten Kategorien. Und von diesen Kategorien ist es dann in der Tat fraglich, ob sie auch auf den Gegenstand zutreffen. Aber es ist klar, daß eine sachgerechte Lösung dieser Frage doch stets nur durch die Untersuchung des Verhältnisses von Subjektskategorien und Gegenstandskategorien erreicht werden kann.

Faßt man dagegen das Problem ontologisch, d. h. bezieht man es auf die Kategorien des „Gegenstandes", so wird es sinnwidrig, wird zur künstlichen Aporie, die nur durch den Standpunkt heraufbeschworen wird. Denn eben das ist das Vorurteil des Idealismus, daß nicht nur die Erkenntnis des Gegenstandes, sondern auch der Gegenstand selbst seine Prinzipien im Subjekt habe. Dadurch wird die Theorie gezwungen, die Subjektsphäre zu erweitern, dem empirischen ein „transzendentales Subjekt" überzuordnen, in dem dann auch die Gegenstände möglicher Erfahrung Platz finden. Ein solches Subjekt höherer Ordnung aber bleibt eine Konstruktion der Theorie. Ein Phänomen, das ihm entspräche, läßt sich schlechterdings nicht auffinden.

e. Die Wiederherstellung der dimensionalen Überschneidung.

Umgekehrt ist vielmehr vor aller Theorie die Selbständigkeit des Erkenntnisgegenstandes gegeben und durch eine umfangreiche Phänomenanalyse sichergestellt[1]). Diese Gegebenheit bildet den natürlichen Ausgangspunkt aller weiteren Untersuchung, der erkenntnistheoretischen so gut wie der ontologischen. Dann aber muß die Theorie damit rechnen,

[1]) Vgl. „Zur Grundlegung der Ontologie", Kap. 22—35.

daß der Gegenstand zunächst einmal seine eigenen Kategorien für sich hat; und zwar muß er sie vor aller Erkenntnis haben, und sie nicht etwa erst von ihr empfangen.

So erst wird auch die rechtmäßige erkenntnistheoretische Aporie im Kantischen Deduktionsproblem sichtbar. Denn darum allein kann es sich handeln, ob die Erkenntniskategorien, unter denen der Gegenstand a priori beurteilt wird, auch die an sich bestehende Seinsbestimmtheit des Gegenstandes treffen, die ja nicht unter ihnen, sondern unter anderen Prinzipien — und möglicherweise unter abweichenden — steht.

Vom transzendentalen Subjektivismus schreibt sich ein ganzes Gewirr von Mißverständnissen her, die sich in der philosophischen Begriffsbildung festgesetzt haben und dort bis heute unausrottbar geblieben sind. Es sei hier nur an die immer noch übliche Gegenüberstellung von „Prinzip und Gegenstand" erinnert, die man für einen ursprünglichen Gegensatz nimmt. Man bemerkt nicht, daß man damit die Prinzipien bereits unversehens subjektiviert hat. Denn der legitime Gegensatz zum Gegenstande ist das Subjekt. Hier wirkt die Kantische Parallelschaltung der Gegensatzdimensionen „Subjekt—Objekt" und „Prinzip—Concretum" verhängnisvoll nach. Und man kann der Verfehlung nicht auf die Spur kommen, solange man sich nicht in aller Ausdrücklichkeit auf die Heterogeneität der beiden Dimensionen besinnt und die Terminologie selbst im Sinne dieser Einsicht umbildet.

Bei den Neukantianern kehrt der Kantische Fehler nur vergrößert wieder. Die Kategorien, einmal ins Subjekt hineingenommen, werden immer mehr exklusiv-subjektiv gefaßt: als „reine Erkenntnisse", als „Erzeugungen", als „Setzungen" und „Methoden" des Denkens, ja schließlich mit skeptischem Einschlag als „Fiktionen". Das Kategorienproblem wird in diesen Umbildungen mehr und mehr verflüchtigt, es nähert sich der Stellung eines bloßen Methodenproblems und verschwindet schließlich in ihm. Das Primäre und ontologisch Fundamentale in ihm geht damit vollkommen verloren. —

Was allen solchen Deformationen gegenüber ontologisch erfordert ist, kann nicht zweifelhaft sein. Erfordert ist vor allem die Aufhebung jener Parallelschaltung der beiden Gegensatzdimensionen „Subjekt — Objekt" und „Prinzip — Concretum"; oder positiv ausgedrückt: die Wiederherstellung ihres natürlichen Verhältnisses, ihrer dimensionalen Überschneidung. Gegenstand und Gegenstandsbewußtsein müssen ein jedes seine eigenen Kategorien haben, nicht anders als sie ja auch ein jedes sein eigenes Concretum haben. Und beide sind dann gesondert auf ihre Kategorien hin zu untersuchen.

Wie die gefundenen Kategorien des erkennenden Bewußtseins sich zu denen seines Gegenstandes verhalten, bildet dann erst die weitere

Frage. Diese Frage muß der inhaltlichen Kategorialanalyse überlassen bleiben, sie kann in keiner Weise vor ihr aus spekulativen Rücksichten heraus entschieden werden. Freilich ist vorauszusehen, daß sie sich wenigstens teilweise decken müssen. Sonst wäre eben apriorische Erkenntnis überhaupt nicht möglich. Aber man kann keineswegs von vornherein ein vollständiges Zusammenfallen der Erkenntniskategorien mit den Seinskategorien voraussetzen. Denn gerade in welchen Grenzen sie sich decken, und welche kategorialen Elemente das Gemeinsame ausmachen, läßt sich vor der inhaltlichen Untersuchung nicht voraussehen.

Darum ist es geboten, vielmehr von vornherein mit einer gewissen Divergenz zu rechnen. Diese hinterher auf Grund inhaltlicher Untersuchung einzuschränken, macht methodisch keine Schwierigkeit. Hat man dagegen zuvor beide Kategorienreihen summarisch identisch gesetzt — oder gar überhaupt nicht daran gedacht, sie zu unterscheiden —, so kann man die Divergenz hinterher kaum mehr auffinden, weil man die feineren Unterschiede bereits verwischt hat.

Darüber hinaus aber sollte schon vor aller Kategorialanalyse wenigstens soviel einleuchtend sein, daß auch innerhalb eines bestehenden Deckungsverhältnisses eine und dieselbe Kategorie nicht schlechthin dasselbe als Erkenntniskategorie sein kann wie als Seinskategorie. Sonst eben könnten Erkenntnisgegenstände nichts anderes als Erkenntnisinhalte sein. Damit aber würde die ganze Transzendenz des Erkenntnisverhältnisses, sowie der eigentliche Sinn von Wahrheit und Irrtum zerstört.

11. Kapitel. Kategorialer Apriorismus und Rationalismus.

a. Die vermeintliche Erkennbarkeit a priori der Kategorien.

Daß Erkenntnis a priori auf Kategorien beruht, ist eine Einsicht, die seit ihrer ausdrücklichen Formulierung durch Kant kaum mehr bestritten worden ist. Sie war dort nur durch die vermeintliche Begrifflichkeit und Subjektivität der Kategorien zweideutig gemacht. Intuitive Erkenntnis z. B. kann nicht auf Begriffen beruhen; es zeigte sich aber, daß es weite Gebiete apriorischen Erfassens gibt, die durchaus intuitiven Charakter haben. Es war die bedeutendste Entdeckung der Phänomenologie vor nun fast 30 Jahren, daß es auf allen Gebieten des Geistes, und keineswegs nur in der Erkenntnis, ein inhaltliches a priori gibt, das bis ins praktische Verhalten hinein die maßgebenden Gesichtspunkte darbietet. Läßt man nun das ohnehin unhaltbare Vorurteil der Begrifflichkeit fallen, so rücken die Kategorien auch im Gebiete des intuitiven Erkennens an ihre natürliche Stelle und erweisen sich als Prinzipien apriorischer Schau. Sie sind damit ihrer Beschränkung auf synthetische „Urteile" enthoben und liegen nun wirklich aller und jeder „Einsicht a priori" zugrunde.

Aber dabei ist die Theorie nicht stehen geblieben. Es lag nahe, auf Grund dieses Verhältnisses den auf Kategorien basierten Apriorismus der Erkenntnis nun auch auf die Erkenntnis der Kategorien selbst zu beziehen. An dieser letzteren arbeitete die Erkenntnistheorie; und von der Art ihres Vorgehens aus erschien es ganz natürlich, daß die Bedingungen alles Apriorischen selbst erst recht a priori einsichtig sein müßten. Diese nicht etwa ausdrücklich erschlossene, sondern als selbstverständlich hingenommene Auffassung wurde durch das Vorurteil der Begrifflichkeit und Subjektivität noch erheblich gestützt: sind Kategorien Begriffe des Verstandes, so muß das Subjekt sie in sich auffinden, sie also vor aller Erfahrung, d. h. a priori, erkennen können. Ja, man ging noch weiter: das Subjekt muß sie sogar vor aller „Anwendung" auf Gegenstände, rein in sich, erfaßt haben, und zwar eben um sie anwenden zu können. Kategorien sind dann direkt „reine Erkenntnisse" vor der inhaltlichen Gegenstandserkenntnis. Damit schaltete man einen Apriorismus der Kategorienerkenntnis noch vor den Apriorismus der Gegenstandserkenntnis — freilich meist ohne sich Rechenschaft zu geben, was man damit tat. Und dieser vorgeschaltete „kategoriale Apriorismus" ist es, der in der Fassung der Kategorien eine weitere, über den einfachen Subjektivismus noch hinausgehende Fehlerquelle bildet.

Er ist am bekanntesten in der Cartesischen Form. Diese besagt: Prinzipien sind unmittelbar in sich selbst einleuchtend. Sie müssen nach Descartes per se notae sein, weil sie die simplices, die einfachsten Elemente der Erkenntnis und auf nichts anderes zurückführbar sind. Da nämlich alle komplexen Vorstellungen auf sie zurückgehen, so müssen sie das der Erkenntnis nach Frühere (cognitione prius) sein.

In dieser Argumentation ist vorausgesetzt, daß die simplices selbst Erkenntnisinhalte (ideae, Vorstellungen) sind; nur so nämlich können sie Elemente der komplexen Vorstellungen sein. Aber eben diese Voraussetzung ist fraglich. Sind denn Prinzipien Inhaltselemente, die ihrerseits als solche schon erkannt sein müßten? Dann brauchte man nach ihnen ja gar nicht erst zu suchen. In Wahrheit aber bedarf es eines besonderen analytischen Verfahrens, um sie erfaßbar zu machen. Erkenntnisprinzipien sind Bedingungen der Erkenntnis. Aber Bedingungen der Erkenntnis brauchen durchaus nicht selbst erkannt zu sein. Die Gegenstandserkenntnis kann auf ihnen beruhen, ohne um sie zu wissen. Prinzipien apriorischer Erkenntnis brauchen also auch jedenfalls nicht a priori erkannt zu sein. Dieses Verhältnis ist ein wohlbekanntes, auch außerhalb der Erkenntnis. Das logische Schließen z. B. beruht auf den „Denkgesetzen", aber diese selbst brauchen dem Schließenden nicht bekannt zu sein, auch nicht sofern er folgerichtig nach ihnen verfährt. Erst die Logik entdeckt sie; aber das schließende Denken wartet nicht auf die Logik. So wartet auch das Sprechen nicht auf die Grammatik; es folgt den Gesetzen der Sprache, aber es weiß sie nicht. So erkennt der Mensch durch seine Kategorien Dinge, aber ein Wissen um die Kategorien braucht er deswegen nicht zu haben. Erst die Erkenntnistheorie ist das Wissen um sie. Aber die Dingerkenntnis wartet nicht auf die Erkenntnistheorie.

An diesen Überlegungen wird der Fehlschluß im Cartesischen Argument sichtbar. Die simplices brauchen nicht a priori bekannt zu sein, weil sie vielmehr gemeinhin in der komplexen Gegenstandserkenntnis überhaupt unerkannt bleiben. Prinzipien sind nicht Oberbegriffe, unter die man das Besondere erst zu „subsumieren" hätte und die man zu diesem Zwecke zuvor einmal „wissen" müßte. Das Besondere eines Spezialfalles ist vielmehr immer schon von ihnen bestimmt, geformt, gestaltet, wenn es ins Bewußtsein tritt. Darin allein besteht der apriorische Einschlag der Erkenntnis; in ihm sind die Prinzipien vorausgesetzt, aber er ist kein Wissen um ihr Vorausgesetztsein.

Gerade das Schema der Subsumption ist es aber, was hier irreführend gewirkt hat. Nicht Descartes allein ist hier der Täuschung verfallen, das ganze Zeitalter teilte die Auffassung, daß jedes Verhältnis von Prinzip und Concretum ein explizit deduktives sei. Auch Leibniz teilte diese Ansicht, obgleich er im Gedanken der „konfusen" Idee den Typus der Erkenntnis beschrieben hatte, in dem die einfachen Grundelemente nicht mit erfaßt sind. Und gerade dieser Erkenntnistypus ist der allgemeine. Auch bei Kant noch blickt das Subsumptionsverhältnis unverhohlen durch: die Kategorien sind durchaus Oberbegriffe, „unter" welche der materiale Inhalt der Einzelfälle gebracht wird. Daß es einen „Kategoriengebrauch" oder eine „Anwendung auf Gegenstände" gibt, zeigt deutlich, daß das Denkschema ein deduktiv logisches ist. Ein solches aber setzt natürlich ein Wissen um die Oberbegriffe voraus. Und da dieses nun aus der Erfahrung nicht stammen kann, muß es ein apriorisches Wissen sein. Daß Kategorien den Einzelfall auch bestimmen könnten, ohne daß überhaupt ein Wissen um sie vorläge, kann unter solchen Voraussetzungen nicht einleuchten.

b. Wahres Verhältnis des Apriorismus zu den Kategorien.

Daß dieser kategoriale Apriorismus das Apriorische in der Gegenstandserkenntnis, dessen Grundlage die Kategorien bilden sollten, in unheilvoller Weise zweideutig gemacht, ja geradezu der deductio ad absurdum preisgegeben hat, ist merkwürdigerweise bis in die neueste Zeit kaum recht durchschaut worden. Geschichtlich war indessen die Sachlage bereits im Kampf des Empirismus gegen Descartes' idea innata zur Spruchreife gelangt. Sind die obersten Ideen „eingeboren", so muß offenbar auch das naivste Bewußtsein sie kennen, z. B. das des Kindes. Da aber hat man es leicht zu zeigen, daß von solcher Kenntnis keine Spur sich aufweisen läßt. Ein solches Argument mag populär sein, aber es trifft doch den Kern. Der Irrtum Lockes und seiner Nachfahren war nur, daß sie damit die Erkenntnis a priori überhaupt zu treffen meinten; in Wahrheit traf es ausschließlich den „kategorialen Apriorismus". Daß ein naives Bewußtsein nichts von jenen „Ideen" weiß, hindert es nicht, vermöge ihrer apriorische Erkenntnis von Gegenständen zu haben. Nur daß es um die Ideen selbst, vermöge derer es solche Erkenntnis hat, auch noch ein Wissen a priori habe, ist auf Grund der von Locke aufgewiesenen Tatsache unmöglich. —

Was erfordert nun die Kategorienlehre in dieser Problemrichtung? Das läßt sich jetzt unschwer in zwei Punkten angeben. Erstens gilt es radikal zu scheiden zwischen der apriorischen Erkenntnis von Gegenständen (als einer auf Kategorien beruhenden Erkenntnis) und der vermeintlichen Apriorität der Kategorienerkenntnis selbst. Es ist niemals ein Schluß von jener auf diese möglich. Beide haben überhaupt wenig miteinander zu tun. Die apriorische Erkenntnis, die auf Kategorien beruht, ist nicht Erkenntnis der Kategorien, sondern stets nur Erkenntnis konkreter Gegenstände. Und faßt man die letzteren Kantisch als Gegenstände der Erfahrung, so läßt sich bündig sagen: aller Apriorismus ist beschränkt auf Gegenstände der Erfahrung.

Und zweitens, es läßt sich zeigen, daß Kategorien, soweit sie ihrerseits wirklich erkennbar werden, doch keineswegs rein a priori erkennbar werden. Ihre Erfaßbarkeit ist keine unmittelbare, sondern in weitestem Maße durch das posterius bedingt, also gerade durch das, was erst vermittelst ihrer erkannt wird. Die natürliche Richtung aller Erkenntnis ist die auf ihren Gegenstand; will sie also ihre eigenen Prinzipien erfassen, so muß sie sich selbst umlenken, sich von ihrem Gegenstande ab und auf sich selbst zurücklenken. Sie muß also sich von der intentio recta auf die intentio obliqua umstellen; und das ist methodisch gar nicht einfach, denn zunächst stößt sie dann auf sich als Akt, sodann auf ihren Inhalt (das Erkenntnisgebilde), beides aber ist noch nicht ihr kategorialer Hintergrund.

Im allgemeinen läßt sich sagen: Kategorien werden nicht direkt in sich selbst, sondern auf dem Umweg über das Concretum erfaßt. Gegeben ist zunächst immer nur das Concretum, an ihm muß die Analyse ansetzen. Kategorien sind zwar nicht Erkenntniselemente, wohl aber Strukturmomente des Erkenntnisinhalts. Sie können also auch nur als Strukturmomente am Erkenntnisinhalt festgestellt werden. Dieses Feststellen aber geschieht in der Analyse. Seit den Tagen der Alten ist das analytische Verfahren in diesem Sinne angewandt und der deduktiven Apodeiktik bewußt entgegengesetzt worden. In der Neuzeit hat Descartes es an die zentrale Stelle gerückt, an die es gehört. Es ist auch in Kants „transzendentaler" Schlußweise das Kernstück — am deutlichsten spürbar wohl in den sparsam gehaltenen inhaltlichen Untersuchungen seiner „Analytik der Grundsätze".

Man darf das nicht im Sinne eines kategorialen Empirismus verstehen. Der Ausgang vom posterius bedeutet nur die Anknüpfung an das Gegebene. Hat der analytische Weg einmal bis zu den Kategorien hinaufgeführt, so müssen diese ja doch in sich selbst erschaut werden. Nur ist die Evidenz, zu der sie auf diese Weise gelangen, eine vermittelte, und zwar vom posterius her vermittelte; und diese Vermittelung muß in ihr festgehalten werden, denn sie hat keine andere Stütze. Das „prius", das die Kategorien in der Erkenntnis „a priori" hergeben, wird durch diese Bedingtheit ihrer eigenen Erkennbarkeit nicht im mindesten berührt. Das prius der Erkenntnis ist eben nicht selbst Erkenntnis, sondern nur Prinzip der Erkenntnis. Also kann es auch nicht Kategorienerkenntnis sein. Es ist vielmehr, soweit überhaupt die Philosophie zur Kategorienerkenntnis gelangt, deren Gegenstand.

c. Kategorialer Rationalismus.

Wenn Kategorien schon nicht etwas a priori Bekanntes sind, so könnten sie deswegen doch sehr wohl überhaupt erkannt, oder wenigstens erkennbar sein. Man hat das meist als selbstverständlich angenommen, ohne erst die Frage danach zu stellen, und das Aristotelische Vorurteil der Begrifflichkeit hat dem Vorschub geleistet. Als Begriffe mußten sie allerdings durch und durch „rational" sein; ja, ihre Erkennbarkeit durfte dann gar nicht weiter in Frage stehen.

Verbindet sich nun diese Auffassung fest mit dem kategorialen Subjektivismus und Apriorismus, so gewinnt sie eine Form, in der sie von erstaunlicher Zähigkeit und scheinbar gar nicht mehr anzugreifen ist. Von einem Concretum nämlich — es sei nun das der Dinge oder das der Vorstellungen — gibt man allenfalls noch eine gewisse Irrationalität zu; von den Prinzipien, auf denen es beruht, gibt man sie nicht zu. Prinzipien, so meint man, sind ja dem Bewußtsein gegeben, gehören ihm an, sind sein Einsatz und Beitrag zum Concretum; das Concretum dagegen ist, soweit überhaupt gegeben, doch nur annähernd, etwa „confuse" oder als Mannigfaltiges gegeben. So setzt sich die Überzeugung fest, Kategorien müßten durchweg erkennbar sein.

Darin steckt neben den Vorurteilen der Begrifflichkeit, Subjektivität und Apriorität noch deutlich ein Äquivokationsfehler. Der Terminus „rational" ist doppeldeutig. Nimmt man ihn im Sinne von „logisch", so ist das Irrationale nur das „Alogische", was an den Kategorien nicht viel besagen würde; versteht man aber „rational" im Sinne von „erkennbar", so ist das Irrationale das „Unerkennbare" (Transintelligible). Die oben angegebene Überlegung enthält eine quaternio terminorum. Man geht von der Begrifflichkeit aus, es folgt das Ausgeschlossensein des Irrationalen im Sinne des Alogischen; man subsumiert indessen unter Irrationalität im Sinne des Unerkennbarseins. Und so folgt, daß Kategorien nichts Unerkennbares enthalten können. Wäre nun alles Unerkennbare auch alogisch und umgekehrt, so behielte der Schluß recht. Das aber ist zweifellos nicht der Fall. Daß Erkennbares auch alogisch sein kann, beweist eindeutig das breite Gebiet der sinnlichen Gegebenheit; und daß etwas logisch Durchsichtiges auch unerkennbare Momente enthalten kann, beweist die Kontroverse über die Axiomatik der mathematischen Wissenschaften, ja sogar der Logik selbst.

Es sind vor allem die führenden Denker der Neuzeit, die das Vorurteil des kategorialen Rationalismus begünstigt haben. Descartes hat sogar in seiner Theorie der simplices eine Art Begründung dafür geliefert. Man muß an diesem Punkte einsetzen, um dem Vorurteil auf den Grund zu kommen.

Voraussetzung ist: die Prinzipien sind „einfach" (simplices), das Concretum ist zusammengesetzt, komplex. Da nun das Einfache leichter erkennbar sein muß als das Komplexe, dieses aber in breitem Umfange gegeben ist, so müssen die Prinzipien erst recht und vor allem anderen gegeben sein. Dieser Gedankengang, wiewohl nirgends direkt ausgesprochen, liegt dennoch allem weiteren zugrunde. In ihm aber lassen sich drei Fehler aufweisen.

Erstens sind die Prinzipien hier als Elemente aufgefaßt, aus denen sich das Concretum aufbaut. Diese Auffassung ist nach dem Schema der logischen Begriffsschichtung gebildet, in der die allgemeinsten Merkmale (die der höchsten Oberbegriffe) durchgehende Inhaltselemente der spezielleren Begriffe sind. Das aber würde bei strenger Übertragung auf die Prinzipien bedeuten, daß auch sie nichts als „Merkmale" der konkreten Fälle sein könnten. So paßt es freilich ganz gut zum alten Universalienreich, aber es paßt schlecht zum wirklichen Charakter von Kategorien, welche dem Concretum gegenüber die Rolle von Bedingungen spielen.

Zweitens ist es ein Irrtum, daß das Einfache leichter erkennbar sei als das Zusammengesetzte. Wie der Wahrnehmung wohl Dinge in ihrer Ganzheit, aber keineswegs deren physische Elemente gegeben sind, so auch dem mathematischen Denken wohl die Figuren und in gewissen Grenzen auch deren Gesetze (Theoreme), aber keineswegs deren erste Voraussetzungen, die in den Grundeigenschaften des Raumes liegen. Axiome sind wohl um vieles „einfacher" als Theoreme, aber sie sind nicht in sich, sondern nur als Bedingungen der Theoreme einsichtig; wie sie denn auch im ganzen später aufgezeigt worden sind. Um sie kann berechtigter Streit bestehen bei völlig unbestrittenen Theoremen.

Drittens aber ist es auch irrig, daß Prinzipien notwendig etwas Einfaches sein müßten. Es gibt hochkomplexe Kategorien, in denen viele einfachere kategoriale Momente enthalten und vorausgesetzt sind, und zwar ohne daß sie deswegen der für Kategorien überhaupt charakteristischen Selbständigkeit entbehrten. Die Selbständigkeit nämlich besteht nur dem Concretum gegenüber, nicht aber so unbedingt anderen Prinzipien gegenüber. Einfachheit und Komplexheit der Kategorien stuft sich mannigfach nach der Höhe der Seinsschicht ab. Das komplexe Concretum der höheren Schichten hat notwendigerweise entsprechend komplexe Kategorien.

Man hat sich in diesem Punkte von jeher durch die alte Devise „simplex sigillum veri" irreführen lassen. Für Erkenntniskategorien könnte diese noch allenfalls sinnvoll sein; bei Seinskategorien ist sie jeden Sinnes bar (weil es „Wahrheit" ja nur in der Erkenntnis gibt). Faktisch aber leistet das sigillum veri auch in der Erkenntnis den schwersten Täuschungen Vorschub. Die Wahrheit ist keineswegs immer auf seiten der einfachsten Meinung; die künstliche Vereinfachung aber ist stets bereit, der ignava ratio zu dienen.

Der Cartesische Fehler ist nicht unbeeinflußt von solcher Täuschung. Das Unternehmen der Prinzipienforschung ist hier schon im Ansatz vereinfacht und überdies durch das logische Schema deformiert. Es scheint a priori ausgemacht, daß alles Prinzipielle an sich „einfach" ist. Descartes durchschaute nicht, daß er gerade damit die Erkennbarkeit der Prinzipien herabsetzte. Er war weit entfernt von der Einsicht, daß eben die letzten kategorialen Elemente etwas schwer Zugängliches sind. In der Tat bleiben diese Elemente ein für unsere Fassungskraft inhaltlich Fragwürdiges, etwas, was auch in keinem aufweisbaren Prinzip mittlerer Höhe und keiner Gruppe von solchen mittelbar ganz faßbar wird. Die komplexeren Kategorien sind es, die sich annähernd fassen lassen. Aber sobald man die Elemente aus der Verbundenheit herauslöst und für sich fassen will, werden sie unfaßbar. Was man gemeinhin für letzte, noch eben faßbare Elemente hält, das sind durchaus keine einfachen Gebilde. Die letzten requisita möglicher Analyse sind weder simplices noch auch ohne weiteres das ontologisch Erste.

d. Erkenntniskategorien und Kategorienerkenntnis.

Über dem Vorurteil der Einfachheit erhebt sich nun erst als ein zweites das der durchgehenden Erkennbarkeit. Es fällt mit dem kategorialen Apriorismus nicht zusammen, denn es betrifft auch die Erkenntnisweise der Analysis; aber es geht der Sache wie der Geschichte nach von demselben Punkte aus. Descartes verstand seine simplices als die „am besten bekannten" (maxime notae), resp. als das „der Erkenntnis nach Frühere" (cognitione prius). Gehen wir noch einmal hiervon aus, so gelten in dieser Auffassung die Prinzipien nicht nur als das bedingende prius der Erkenntnis, sondern zugleich auch als das vor allem anderen Erkannte.

Freilich ließe sich das „Früherseіn der Erkenntnis nach" auch anders interpretieren; aber es steht nicht allein da, und den Rationalisten gilt es doch in der Tat als ein Vorerkanntsein und Vorgegebensein. Und selbst wenn dieses nicht ganz die Meinung gewesen sein sollte, so hat es doch in dieser Bedeutung geschichtlich gewirkt. Daran ändert auch die Tatsache nichts, daß die methodologischen Überlegungen von Anbeginn der Gleichsetzung des inneren prius der Erkenntnis mit dem Vorerkannten sehr bestimmt widersprachen. Ein analytisches Verfahren wäre zur Ermittelung eines wirklich schon Vorerkannten ganz überflüssig; und ebenso müßte in der Leibnizischen Anordnung der Erkenntnisstufen die „distinkte" Erkenntnis der „konfusen" vorangehen, wenn wirklich die requisita ein Vorerkanntes wären. Im Nachfolgen des „unterscheidenden" Eindringens spricht sich deutlich ein Wissen um das wahre Verhältnis aus. Und diese Anfänge eines kritischen Wissens um die wirkliche Stellung der Erkenntnisprinzipien im erkennenden Bewußtsein sind ohne Zweifel gerade das Wichtigste in Leibniz' Erörterungen zum Erkenntnisproblem. Aber sie genügten nicht, um geschichtlich durchzudringen.

Der Fehler lag gerade darin, daß man trotz methodisch vorgeschrittener Haltung innerlich doch nicht loskam von der alten Auffassung der Erkenntnisordnung und Erkenntnisfolge. Es fehlte das klare Bewußtsein des natürlichen Verhältnisses von Erkenntniskategorien und Kategorienerkenntnis. Es spricht sich heute leicht aus, daß es dasselbe ist wie das von beliebigen anderen Gegenständen und der auf sie bezogenen Gegenstandserkenntnis, daß also auch die Kategorien als Gegenstände der Erkenntnis (der philosophischen) unabhängig von ihrem Erkanntsein bestehen und ihre Funktion erfüllen. Das eben konnte man nicht klar durchschauen, solange der Gegensatz des Inneren und Äußeren (cogitatio und extensio) der beherrschende war, und das Innere — einerlei ob komplexe oder einfache Idee — zwangsläufig als ein gewußtes vorschwebte. Man darf vielleicht sagen, daß in der Zwangsläufigkeit dieses

Vorurteils der Grundfehler des Rationalismus überhaupt (also nicht nur des kategorialen) liegt, und zwar nicht nur damals, sondern auch bei allen späteren Auswirkungen seiner Denkweise — bis tief in die noch kaum überwundenen Theorien der Neukantianer hinein. Auch die Kritik der reinen Vernunft ist seiner nicht Herr geworden. Die Aufgabe der Kritik muß auch in diesem Punkte erweitert werden.

Es muß deswegen um des weiteren Zusammenhanges willen an dieser Stelle erneut geltend gemacht werden: ein Wissen um Erkenntnisprinzipien ist in dem auf ihnen beruhenden Wissen um die Erkenntnisgegenstände von Hause aus in keiner Weise enthalten. Alle Erfahrung der Prinzipienforschung seit den Zeiten der Alten hat es aufs eindringlichste gelehrt, daß ein Wissen um die Erkenntnisprinzipien für das Erkennen der Dinge nicht nur nicht erforderlich ist, sondern auch da, wo es wirklich vorhanden ist, keine Rolle spielt. Ein solches Wissen kommt in der Regel zu spät für die Dingerkenntnis; es setzt erst in der philosophischen Kategorienforschung ein. Und wenn es einsetzt, ist es seinerseits bedingt und inhaltlich vermittelt durch das Wissen um die Dinge: es kommt erst nachträglich in der Rückwendung von diesen aus zustande.

Erkenntniskategorien in ihrer natürlichen Funktion — d. h. in der Gegenstandserkenntnis — haben nichts mit Kategorienerkenntnis zu tun. Erkannt wird durch sie ein anderes als sie, nicht sie selbst. Sie sind nur Erkenntnisbedingungen, nicht selbst „Erkenntnisse". Das prius, das ihnen zukommt, ist ein solches der Funktion, nicht das eines Inhaltes neben dem Erkenntnisinhalt, oder gar vor ihm; es geht darin auf, daß sie erste Grundlagen der Erkenntnis sind, es ist weit entfernt zu bedeuten, daß sie auch erstes Erkanntes sein müßten. Kategorien können darum auch in der geklärtesten und inhaltlich durchdachtesten Gegenstandserkenntnis durchaus unerkannt bleiben. Sie sind nur das seiende, nicht das als seiend erfaßte prius der Gegenstandserkenntnis. Zum mindesten aber ist das Erkennen „durch sie" vollkommen unabhängig von ihrem eigenen Erkannt- oder Unerkanntsein. Also ist es auch unabhängig von ihrem Erkennbar- oder Unerkennbarsein.

e. Konsequenzen, die Kritik der apriorischen Vernunft betreffend.

Damit darf das rationalistische Vorurteil des Descartes als erledigt gelten. Das Wichtige hierbei ist, daß die fundamentalphilosophischen Errungenschaften der großen Rationalisten, mit denen es verbunden war, in dieser Kritik ganz unbeeinträchtigt bleiben. Kategorien sind und bleiben die inneren Bedingungen apriorischer Erkenntnis; aber Kategorienerkenntnis ist, gerade indem sie Erkenntnis der ersten Erkenntnisbedingungen ist, letzte und bedingteste Erkenntnis.

Dieses Resultat aber wirft ein sehr eigenartiges Licht auf die Aufgabe einer ins Spezielle gehenden Kritik der apriorischen Vernunft, wie sie oben (Kap. 10 a) als ein Desiderat der Kategorienlehre entworfen wurde. Es zeigte sich dort, daß es nicht genügt, die Anwendung der Kategorien auf Gegenstände möglicher Erfahrung zu restringieren, wie Kant getan, daß die Einschränkung vielmehr für jede einzelne Kategorie (oder Kategoriengruppe) eine besondere, inhaltlich bestimmte sein muß. Der Grund dafür lag in der stets drohenden Gefahr möglicher Überschreitung der dem zugehörigen Concretum eigenen Gebietsgrenzen.

Diese Aufgabe erscheint plausibel unter der Voraussetzung, daß die Anwendung der Kategorien sich im vollen Lichte des Bewußtseins vollzieht. Man kann nicht sagen, daß diese Voraussetzung in der Auffassung Kants vom Kategoriengebrauch ganz erfüllt war; jedenfalls finden sich bei ihm deutliche Anzeichen dafür, daß die Kategorien schon auf den niedersten Stufen der Gegenstandserfassung (Synthesis der Apprehension in der Anschauung) im Spiele sind. Immerhin sah er in der „Anwendung" doch noch einen Akt der „Spontaneität"; und nur so ist es verständlich, wie er sich von seiner Restriktion eine wirklich durchführbare „kritische" Beschränkung des Kategoriengebrauchs versprechen konnte. Einer Anwendung, die sich dem Wissen des vollziehenden Subjekts ganz entzog, hätten sich auf diese Weise schwerlich Grenzen ziehen lassen.

Wie aber, wenn nun die Kategorien selbst sich dem Wissen des Subjekts entziehen? Muß da nicht auch ihre Anwendung eine zwangsläufige, dem Zugriff des Bewußtseins und der methodischen Überlegung entzogene sein? Wenn dem aber so ist, so verliert auch jede kritische Einschränkung der Anwendung, sowohl Kants allgemeine als auch die nunmehr geforderte spezielle, ihren praktischen Wert. Denn nur das Bewußtsein kann kritisch über der Einhaltung von Grenzen wachen.

Diese Aporie wäre unlösbar und müßte die Aufgabe der Kritik in der Tat illusorisch machen, wenn die Verborgenheit der Erkenntniskategorien in der Gegenstandserkenntnis eine grundsätzliche und notwendige wäre. Das aber ist nach den obigen Darlegungen keineswegs der Fall. Der Irrtum des kategorialen Apriorismus und Rationalismus besteht ja nur darin, daß man die Erkenntnis „durch" Kategorien von einem Vorerkanntsein der Kategorien selbst abhängig machte. Kategorien funktionieren im Erfassen der Gegenstände durchaus, auch ohne selbst erkannt zu sein. Aber das schließt keineswegs aus, daß eine Erkenntnis höherer Ordnung — die philosophische — auch sie erkennen und ins Licht des Bewußtseins rücken könnte. Werden aber einmal Kategorien als solche erfaßt, so wird damit auch ihre Anwendung ins Licht des Bewußtseins gerückt.

Nur die naive und unreflektierte Erkenntnis also läßt sich keine Grenzen des Kategoriengebrauchs vorschreiben. Das aber ist eine Selbstverständlichkeit, denn eben in der Ungebundenheit und Unbewußtheit ihres Schaltens mit den Kategorien besteht ihre Naivität. Mit dem leisesten Anheben der Reflektiertheit — in der wissenschaftlichen Überlegung, ja selbst schon im praktischen Denken des gereiften Menschen — setzt auch die Selbstbesinnung ein, in der nach und nach die Kategorien zum Bewußtsein kommen. Das philosophische Bewußtsein vollends besteht wesentlich in der Bewußtmachung und kritischen Erwägung seiner Kategorien. Diese Erwägung setzt in ihm durchaus nicht erst dort ein, wo es sich ausdrücklich die Aufgabe der Erkenntniskritik stellt; sie geht vielmehr aller bewußt kritischen Bemühung voraus — ist z. B. in aller philosophischen Polemik (sofern diese an die Grundlagen rührt) seit den ältesten Zeiten enthalten —, die kritische Philosophie aber ist nur die zur Methode erhobene Fortsetzung ihres Beginnens.

Dieses Verhältnis findet sich schon bei Kant, zwar nicht ausgesprochen, wohl aber folgerichtig berücksichtigt. Nicht die Alltagserfahrung ist es, in deren Felde der Kategoriengebrauch restringiert werden soll, sondern die philosophisch-spekulative Erkenntnis. Und diese allein ist es, die in unheilvoller Weise die Grenzen überschreitet, innerhalb deren Kategorien objektiv gültig sind. In der spekulativen Erkenntnis aber sind die Kategorien nicht mehr dem Bewußtsein entzogen, oder doch zum mindesten nicht ganz. Und darum ist auch der Gebrauch, den sie von ihnen macht, entweder schon ein bewußter oder doch wenigstens einer, der sich leicht bewußt machen läßt.

Es waltet also im Stufengang der Erkenntnis ein sehr eigenartiges Verhältnis. Die Kategorien bringen, wie es scheint, von sich aus eine gewisse Tendenz zur Grenzüberschreitung mit. Vielleicht gilt das nicht von allen, sicher aber gilt es von einigen. Diese, wenn sie einmal auf einem Gebiet der Gegenstandserkenntnis zur Herrschaft gelangt sind, drängen zu einer Art Alleinherrschaft. Solcher Expansionstendenz kann sich nur eine Besinnung entgegensetzen, welche zunächst einmal die Kategorien selbst, zusammen mit ihrer Anwendung, ins Bewußtsein erhebt; so geschieht es denn auch in der Tat überall, wo die Kritik einsetzt (z. B. bei Kant ist dieser Aufgabe viel Raum gewidmet). Hat man sie aber einmal bewußt gemacht, so hat man damit die Gefahr der Grenzüberschreitung verdoppelt und muß nun erst recht für Grenzziehung und Einhaltung der gezogenen Grenze Sorge tragen. Denn die Bewußtmachung leistet auch der freien spekulativen Anwendung Vorschub.

Zugleich aber gibt gerade auch sie allererst die Möglichkeit zu kritischer Überwachung des Kategoriengebrauchs. Die Durchleuchtung der unbewußten Anwendung bedeutet zwar einerseits die Freiheit, mit der erfaßten Kategorie willkürlich zu schalten, andererseits aber auch die Freiheit, gegen das mit ihr getriebene Gedankenspiel einzuschreiten. Und diese zweite Freiheit ist die entscheidende. Denn sie bedeutet das Freiwerden des Erkennens vom Denkzwang der vorherrschenden Kategorie. Sie ist das Abschütteln der Tyrannei einzelner Kategorien oder Kategoriengruppen, die Rückkehr von der Spekulation zur Erkenntnis.

f. Der Einschlag des Irrationalen in den Kategorien.

Ausschlaggebend für die zutreffende Fassung der Kategorien ist eigentlich nur die oben durchgeführte Einsicht ihrer Gleichgültigkeit gegen das Erkanntsein und Erkennbarsein. Darüber hinaus aber läßt sich auch zeigen, daß die Kategorien — und zwar sowohl die der Erkenntnis als auch die des Seienden — einen erheblichen Einschlag des Unerkennbaren haben. Dafür gibt es eine Reihe von Gründen, die im einzelnen aufzuzeigen nur in der inhaltlichen Kategorialanalyse gelingen kann. Zum voraus angeben lassen sich dafür nur gewisse Richtlinien.

Zwei der Hauptgründe sind bereits oben berührt worden. Der eine liegt in den Extremen der Einfachheit und Komplexheit. Die letztere steigert sich in den höheren Kategorien bis zur Undurchsichtigkeit, während die niedersten Kategorien umgekehrt durch ihre Einfachheit unfaßbar bleiben; am meisten erkennbar sind immer noch Kategorien mittlerer Höhe. Der andere Grund der Irrationalität ist derselbe, welcher schon dem kategorialen Formalismus eine Grenze setzte: Kategorien gehen in Form, Gesetz und Relation nicht auf, sie enthalten neben Formmomenten auch Substratmomente, die sich nicht auflösen lassen. An diesen versagt das Durchschauen; sie können wohl als solche festgestellt, aber nicht eigentlich begriffen werden.

Daran schließen sich drei weitere Argumente. Erstens enthalten viele Kategorien Unendlichkeitsmomente. Alle irgendwie dimensionalen Strukturen sind ganz wesentlich mit solchen behaftet. Der Gedanke aber kann das Unendliche nicht durchlaufen, er kann es nur in Abbreviaturen annähernd begreifen. Zweitens, selbst wenn sich die unbequemen Substrate ausschalten ließen, die Kategorien würden auch dadurch nicht restlos rational; was übrig bleibt, das weite Reich der Formen, Gesetze und Relationen, ist immer noch weit entfernt, durchweg erkennbar zu sein. Gesetze und Relationen sind wohl das relativ Rationalste in den Kategorien — gleichsam das dem Verstande am meisten Verwandte in ihnen —, aber auch das relativ Rationalste ist nicht total rational. Es gibt Gesetze, die ebenso wie die Substrate sich nur konstatieren, nicht aber zur Evidenz bringen lassen. — Und drittens: auch wenn diese inhaltlichen Momente des Irrationalen alle wegfielen, es bliebe doch an allen Kategorien der Grund ihres Soseins — d. h. die eigentümliche Notwendigkeit, mit der sie auftreten — unerkennbar; es läßt sich nicht einsehen, warum sie so sind, wie sie sind, und die Welt (resp. die Erkenntnis der Welt) gerade so determinieren, wie sie es tun. Oder auch so: unerfindlich ist und bleibt es, warum gerade diese und keine anderen Kategorien bestehen.

Dieses letztere Argument ist ein absolutes und in sich vollkommen einsichtiges. Es liegt im Wesen der Kategorien, daß alle Notwendigkeit am Concretum auf sie zurückgeht. Die Folge ist, daß an ihnen selbst keine Notwendigkeit mehr sichtbar werden kann, weil hinter ihnen nichts mehr ist, worauf sie zurückgehen könnte. Kategorien sind das im Rückgang Letzte, sie müssen für unser Verstehen in der Luft schweben. Beruft man sich aber auf ihr System als ein Ganzes, so wird die Rückführung zu einer gegenseitigen, sie nimmt dann die Form der „Diallele" an. Diese aber schließt gerade alle einsichtige Notwendigkeit aus[1]). —

Es ist fünferlei, was die Kategorienlehre aus diesen Überlegungen zu lernen und als methodische Erfordernisse in sich aufzunehmen hat.

1. Kategorien sind überhaupt nur teilweise erkennbar. Die Kategorialanalyse muß notwendig in ihrem Vordringen früher oder später auf Irrationales (und das heißt nicht Alogisches, sondern Unerkennbares) in ihnen stoßen. Damit findet sie Grenzen, die sie nicht überschreiten kann.

2. Das darf sie in ihrer Aufgabe nicht irremachen. Der Einschlag des Irrationalen beeinträchtigt das Sein der Kategorien nicht. Kategorien bestehen unabhängig vom Grade ihrer Erkennbarkeit. Was an ihnen erfaßt werden kann, auch wenn es nur wenig ist, wird dadurch, daß es nur Teilcharakter hat, nicht entwertet; genau so wie auch in der konkreten Gegenstandserkenntnis die ewige Unfertigkeit des Erkennens das Erkannte nicht entwertet.

3. Die Kategorienlehre hat die objektiven Grenzen der Erkennbarkeit an den Kategorien unbedingt anzuerkennen. Sie darf sie in keiner Weise spekulativ überschreiten. Darüber hinaus aber fällt ihr die Aufgabe zu, diese Grenzen auch nach Möglichkeit zu bestimmen. Dadurch allein kann sie das Grenzphänomen des Irrationalen in den Kategorien positiv auswerten. Die Schwierigkeit dieser Aufgabe besteht darin, des unaufhebbaren Scheines, als handle es sich um Problemgrenzen oder gar um ontische Grenzen der Sache selbst (d. h. des kategorialen Seins), Herr zu werden. Denn das eine wie das andere ist in der Tat nur Schein. Diese Grenzen sind wie alle Rationalitätsgrenzen (also etwa wie die

[1]) Auf dem Boden der Modalanalyse kann man diesem Argument eine noch strengere Form geben. Es bildet hier einen Spezialfall des allgemein ontologischen Gesetzes, daß Notwendigkeit überhaupt die Form der Reihe hat, wobei stets die ersten Reihenglieder „zufällig" bleiben. Vgl. hierüber das Genauere in „Möglichkeit und Wirklichkeit" Kap. 10 a und b, sowie Kap. 27 a und b.

am Concretum bestehenden) zwar unübersteigbare, aber doch eben nur gnoseologische, nicht ontologische Grenzen: sie haften also nicht den Kategorien selbst an, sondern nur ihrer Objizierbarkeit, d. h. letzten Endes nur der menschlichen Fassungskraft.

4. Das System der Kategorien, zu dem die Forschung bestenfalls gelangen kann, muß notwendig ein Ausschnitt bleiben. Es kann sich also mit dem an sich bestehenden System der Seinsprinzipien, und selbst mit dem der Erkenntnisprinzipien, welche beide die Forschung ermitteln soll, immer nur näherungsweise decken.

5. Diese Grenzregeln gelten grundsätzlich für alle Arten von Kategorien, wenn auch vielleicht weitgehend abgestuft. Kategorien des idealen Seins mögen hinsichtlich des Irrationalitätseinschlages günstiger gestellt sein als die des realen Seins; wo aber ein Irrationales in ihnen auftaucht, zeigt es für die Forschung denselben bloß gnoseologischen Charakter. Erkenntniskategorien aber, sowie Bewußtseinskategorien überhaupt, sind in dieser Hinsicht keineswegs günstiger gestellt als Seinskategorien. Denn die Erkentnis der konkreten Gegenstände, aus der allein sie gewonnen werden können, steht ihrer Erfassung zugleich im Wege. Erkenntnistheorie ist um nichts rationaler als Ontologie.

12. Kapitel. Vorurteile in den Identitätsthesen.

a. Identitätsphilosophische Vereinfachung.

Insofern das Problem der Erkenntnis und des menschlichen Weltbildes ein Kategorienproblem ist, liegt sein Gewicht nicht auf den Erkenntniskategorien allein, sondern auf deren Verhältnis zu den Seinskategorien. Je weiter sich die Erkenntniskategorien inhaltlich von den Seinskategorien entfernen, um so unerkennbarer wird die Welt; je mehr Identität zwischen den einen und den anderen besteht, um so erkennbarer ist die Welt, und um so zutreffender fällt das vom Menschen herausgeformte Weltbild aus.

Daß spekulative Theorien sich dieses Gesetz zunutze gemacht und ganze Problemketten mit einer einzigen Identitätsthese zu bewältigen gesucht haben, erscheint hiernach fast als eine Art Zwangsläufigkeit des vorschnell zu greifbaren Resultaten drängenden Denkens. Die Geschichte ist überreich an Beispielen dafür. Identitätsthesen dürfen überhaupt als Prototyp metaphysisch-summarischer Problemlösungen gelten. Sie sind Gewaltstreiche des spekulativen Denkens. Wo sie Platz greifen, setzt die Vereinfachung des Weltbildes, ja oft genug der allgemeine Kehraus der Probleme ein.

Die größte Vereinfachung des Weltbildes, die sich denken läßt, ist die

Identitätsthese des Parmenides: Denken und Sein sind ein und dasselbe. Wie die These urspüglich bei ihm selbst zu verstehen ist, geht uns hier wenig an; geschichtlich gewirkt hat sie als gewaltsame Kontraktion der heterogenen Sphären in eine einzige Sphäre. Vollzieht man diesen Schritt, so schrumpft das Problem der Prinzipien überraschend zusammen: gibt es überhaupt nur eine einzige homogene Sphäre konkreter Gebilde, so kann es natürlich auch nur eine einzige homogene Reihe von Prinzipien geben.

Die Identitätsphilosophie des deutschen Idealismus hat von diesem Gewaltstreich ausgiebigen Gebrauch gemacht. Ihr konnte er sogar mit einem gewissen Recht als Überwindung des Subjektivismus und der Ich-Philosophie erscheinen. So geschlossene Systembauten wie Schellings System von 1801 und Hegels Dialektik des Absoluten, die in einer einzigen kontinuierlichen Reihe das Ganze der Welt zu erschöpfen meinten, waren eben nur möglich bei radikaler Gleichsetzung des „Subjektiven und Objektiven" oder des „Vernünftigen und Wirklichen".

Aber eben in der Gleichsetzung liegt ihre Schwäche. Denn so widerstreiten sie den gegebenen Grundphänomenen — z. B. gleich dem Erkenntnisphänomen. Erkenntnis setzt ein unaufhebbares Gegenüber von Subjekt und Objekt voraus; sie ist ihrem Wesen nach die bestimmt geartete Relation zwischen ihnen, und die Relation setzt Spielraum voraus. Sie ist nur möglich in der Zweiheit der Sphären; fallen beide in eins zusammen, so fällt auch die Relation in sich zusammen. Relation gibt es nur zwischen Nichtidentischem. Identität ist Aufhebung der Relation.

Alle strenge Identitätsphilosophie hebt das Erkenntnisproblem schlechterdings auf. Es hilft nichts, daß man hinterher die Einheit sich spalten läßt: man macht damit weder die Spaltung selbst noch die Heterogeneität der Sphären verständlich. Man gewinnt den Ernst des Erkenntnisproblems dadurch nicht wieder. Schelling und Hegel haben ihn kaum mehr gekannt, die Identitätsthese hat ihn verschlungen. Diese großzügigste und radikalste aller metaphysischen Thesen hat sich nirgends, wo sie auftrat, halten lassen, auch bei den Alten nicht. Weder Platon noch Plotin, die ihr am nächsten standen, haben sie durchzuführen gewagt. Sie schränkten sie kritisch ein, und dadurch erst gewannen sie ihr das Positive ab, das in ihr steckte.

Die systematische Konsequenz indessen geht noch weiter. Wie die Transzendenz des Erkenntnisverhältnisses verloren geht, so auch die der emotionalen Akte, die das ethische, soziale und rechtliche Verhältnis von Person zu Person, sowie das von Person und Gemeinschaft ausmachen. Es verschwindet damit das Fundament der inhalts- und aktualitätserfüllten Lebensprobleme. Das Wesen des Menschen und seiner Stellung in der realen Welt erscheint so weit vereinfacht, daß die mannigfachen Formen des Zwiespalts, in denen er steht, nicht mehr zur Geltung kommen und das Gewicht der Aufgaben nicht mehr ermessen lassen, vor die er gestellt ist.

b. Die erste Restriktion. Der Gedanke der kategorialen Identität.

Das erste Erfordernis, das sich ergibt, ist der Bruch mit der totalen Identitätsthese. Will man den Sinn der philosophischen Grundprobleme wiedergewinnen, so muß man die ungeheure Vereinfachung der Welt aufheben. Welt und Weltbewußtsein müssen wieder in ihrer Gegenüberstellung anerkannt sein — auf die Gefahr hin, daß man aus ihnen nun auch zwei grundverschiedene Reihen von Kategorien gewinnen könnte.

Diese Gefahr liegt nun freilich nicht so nah. Ein Bewußtsein, das durchgehend andere Kategorien hätte als die Welt seiner Gegenstände, könnte keine Erkenntnis dieser Welt haben. So erscheint es denn geboten, nach Aufhebung der totalen Sphärenidentität sich auf eine bloß „kategoriale Identität" zurückzuziehen. Man „restringiert" damit die vermeintliche Identität der ganzen Sphären auf eine solche der in ihnen waltenden Prinzipien. Das Concretum in seiner Mannigfaltigkeit ist nun auf beiden Seiten ein sehr verschiedenes — der Gedanke und der Gegenstand des Gedankens decken sich nicht —, aber deswegen können doch sehr wohl die Kategorien beider identisch sein.

Die neue These, die aus dieser ersten Restriktion herausspringt, ist um vieles kritischer und bescheidener als die Eleatische und die Schellingsche. Es gibt nach ihr eine wurzelhafte Verbundenheit der beiden in ihrer Gegebenheit unaufhebbar heterogenen Sphären, und zwar wieder eine solche durch Identität; aber die Identität muß so gefaßt sein, daß sie die Heterogeneität nicht aufhebt.

Dieser Gedanke war bereits den Alten geläufig. Wenn z. B. die Pythagoreer den Satz vertraten, die Prinzipien der Zahl (und damit die des rechnenden Denkens) seien zugleich Prinzipien des Seienden, oder wenn Heraklit den Logos der Welt im Logos der Seele wiederzufinden meinte, so waren das der Sache nach bereits Ausprägungen einer kategorialen Identität. Rechnendes Denken und Welt der Dinge sind und bleiben sehr Verschiedenes, Seele und Kosmos sind nicht dasselbe; aber das Prinzipielle in ihnen ist ein und dasselbe, einerlei ob man es als Zahl oder als Logos verstand.

In großem Stile findet sich die These in der Platonischen Philosophie, und zwar in aller Strenge bezogen auf das Erkenntnisproblem. Platon war der Erste, der das Problem des Apriorischen — des „Vorwissens" (προειδέναι), wie er es nannte, — deutlich als solches erkannt und entwickelt hat. Er war auch der Erste, der die allein mögliche Lösung des Problems gegeben hat. Wie kommt es, daß der Mensch mehr von den Dingen weiß, als was die Sinne ihm sagen? Es kommt nach Platons Meinung so zustande: das Wahrgenommene gemahnt den Menschen an etwas anderes, an die Urbilder (Ideen) der Dinge; das Denken besinnt sich darum anläßlich der Wahrnehmung auf ein „ureigenes Wissen" (οἰκεία ἐπιστήμη), welches die Seele in sich trägt, ohne bewußt darum zu wissen. In der Besinnung kommt es zum Heraufholen (ἀναλαμβάνειν) dieses verborgenen Wissens aus der Tiefe der Seele ins Licht des Bewußtseins. Sein Inhalt sind die Ideen.

Insoweit sind die Ideen Bewußtseins- oder Erkenntnisprinzipien. Aber sie gehen darin nicht auf. Denn fragt man, was denn diese in der „Seele" aufgefundenen Ideen zur Erkenntnis der Dinge beitragen können, so ist die Antwort klar vorgezeichnet: eben diese selben Ideen sind zugleich die objektiven, an sich seienden Urbilder der Dinge, nach denen die letzteren geformt sind (παραδείγματα, καθ'αὑτὸ ὄντα, ὄντως ὄντα). Darum allein gemahnen die Dinge auch noch in der nichts ahnenden Wahrnehmung an die Ideen. Und darum darf der paradoxe Satz gelten, daß die „Unverborgenheit des Seienden" (ἀλήθεια τῶν ὄντων) nicht in den Dingen selbst, sondern in den λόγοι zu finden ist, in welche sich die Seele zurückzieht und gleichsam „flüchtet", wenn sie sich von der Wahrnehmung abwendet und auf ihr „ureigenes Wissen" besinnt [1]).

In diesem großzügigen Gedanken, der die geniale Antizipation der Pythagoreer erkenntnistheoretisch auswertet, ist der springende Punkt die Identität des Ideenreiches. Diese Identität nämlich ist keine Selbstverständlichkeit; sie bedeutet vielmehr das Grundgesetz der Erkenntnis oder die allgemeine Bedingung, unter der überhaupt der menschliche Gedanke, sofern er mehr als Wahrgenommenes enthält, auf reale Gegenstände zutreffen und Wahrheitswert haben kann. In neutralerer Fassung hat dieses Grundgesetz die charakteristische Form der restringierten Identitätsthese: die Prinzipien des Seienden sind identisch mit den Prinzipien des Wissens um das Seiende. Es ist im Gegensatz zur Eleatischen These, die zuviel behauptete, eine eingeschränkte, nämlich genau die These der „kategorialen Identität". Denken und Sein bleiben geschiedene Sphären, Gedanken kommen so wenig in der Dingwelt vor wie Dinge in der Gedankenwelt; aber die Prinzipien beider sind dieselben.

[1]) Für den genaueren Nachweis aus den Platonischen Dialogen sei hier verwiesen auf „Das Problem des Apriorismus in der Platonischen Philosophie", Sitzungsber. der Preuß. Ak., Phil.-hist. Klasse 1935, XV.

c. Kants „Oberster Grundsatz" und seine überstandpunktliche Geltung.

Daß man mit einer solchen kategorialen Identität das Rätsel des Apriorismus in der Dingerkenntnis lösen kann, liegt auf der Hand. Daher die Wiederkehr dieses Gedankens in der Geschichte, und zwar in den sonst einander widerstreitenden Theorien. Die Scholastik kannte ihn in verschiedener Einkleidung, in Spinozas Identität der „Ordnung und Verknüpfung" kündigt er sich an, in Leibniz' prästabilierter Harmonie ist er verborgen.

In die klassische Form hat Kant diesen Gedanken gebracht. Er spricht ihn als „obersten Grundsatz aller synthetischen Urteile", und damit als das Prinzip der apriorischen Erkenntnis, folgendermaßen aus: „Die Bedingungen der Möglichkeit der Erfahrung überhaupt sind zugleich Bedingungen der Möglichkeit der Gegenstände der Erfahrung und haben darum objektive Gültigkeit in einem synthetischen Urteile a priori" (Kritik d. r. V.² S. 197). Hier tritt in dem „sind zugleich" deutlich der Charakter der Identitätsthese zutage. Was aber ist gleichgesetzt? Nicht Erfahrung und Gegenstand der Erfahrung, deren Verschiedenheit ist vielmehr vorausgesetzt. Nur die Prinzipien der Erfahrung und die Prinzipien des Gegenstandes sind gleichgesetzt. Denn „Bedingung der Möglichkeit" ist nach Kantischer Begriffssprache nichts anderes als „Prinzip". Und speziell im Falle des obersten Grundsatzes handelt es sich um die Kategorien.

Als schlichte Formel der kategorialen Identität hat dieser Grundsatz allgemeine, überstandpunktliche Geltung und ist nicht an den Kantischen Idealismus gebunden[1]). Er drückt genau die Bedingung aus, unter der die rätselhafte Tatsache der apriorischen Erkenntnis verständlich wird. Ein Subjekt kann offenbar um Bestimmtheiten eines ihm heterogenen Objektes nur dann a priori etwas wissen, wenn die inneren Prinzipien dieses seines Wissens mit denen des Objekts übereinstimmen. Der Astronom kann die Bewegung eines Gestirns nur dann zutreffend vorausberechnen, wenn die Gesetze, nach denen er rechnet, dieselben sind, nach denen sich das Gestirn selbst draußen im Weltraume bewegt.

Aus dem in der Kantischen Philosophie ausgereiften Bewußtsein dieses Zusammenhanges gewinnt nun die Kategorienlehre eine Einsicht von grundlegender Bedeutung: es kann sich in der Gegenüberstellung von Erkenntnis und seiendem Gegenstande nicht um zwei von Grund aus verschiedene Reihen von Kategorien handeln; es muß zwischen den Kategorien der Erkenntnis und denen des Seienden eine gewisse Iden-

[1]) Das Nähere hierzu in „Grundzüge einer Metaphysik der Erkenntnis" ², 1925, Kap. 47, sowie „Diesseits von Idealismus u. Realismus", Kantstudien XXIX, 1924, Abschn. 4.

tität bestehen. Sonst wäre das, was wir „Erkenntnis a priori" nennen, nicht Erkenntnis, sondern Irrtum a priori.

Es bleibt nur die Frage übrig, ob diese kategoriale Identität selbst eine durchgehende — d. h. den ganzen Bestand der Kategorien umfassende — ist, oder ob sie weiter restringiert werden muß.

d. Der absolute Apriorismus und seine Aporien.

Die letztgenannte Frage wird an solchen Systemen spruchreif, die sich erkenntnistheoretisch auf den Boden eines reinen oder absoluten Apriorismus stellen, die also für Erkenntnis a posteriori überhaupt keinen Raum lassen. Bei Kant ist das nicht der Fall. Er sieht „zwei Stämme" der Erkenntnis vor und läßt dem „Mannigfaltigen der Erfahrung" in seiner eigentümlichen Gegebenheitsweise breiten Spielraum.

Wohl aber haben wir bei Leibniz den Typus eines solchen Systems. Hier „repräsentiert" die einzelne Monade das Weltall; und diese ihre „Repräsentation" ist, wo sie die Schwelle des Bewußtseins überschreitet, ihre Erkenntnis der Welt. Die Monade mitsamt ihrer Repräsentation ist eine Welt für sich, ein Kosmos im Kosmos, also keineswegs dasselbe wie die makrokosmische Welt aller Monaden, ja mit ihr nicht einmal direkt verbunden; sie ist „ohne Fenster". Ihr Repräsentieren der Welt ist ein rein inneres Hervorbringen, ihr Erkennen ein rein apriorisches. Was aber bewirkt dann die Übereinstimmung des Hervorgebrachten mit der Sache, die es repräsentieren soll (der Vorstellung mit dem Gegenstande der Vorstellung)?

Mit der „prästabilierten Harmonie" ist hier nichts erklärt, sie bedarf vielmehr selbst der Erklärung. Der allein ernst zu nehmende Grund der Übereinstimmung liegt in der Identität der Prinzipien (der einfachen Ideen), sofern sie allen Monaden — also auch der repräsentierenden Monade und ihrem Gegenstande, der Vielheit der übrigen Monaden — gemeinsam sind. Mit den Prinzipien zugleich sind auch ihre Kombinationen bis in die höchste Konkretion hinein identisch. Darauf beruht in Leibniz' Monadenwelt die Einstimmigkeit von Vorstellung und Gegenstand der Vorstellung, darauf der viel berufene „Gleichschlag der Uhren" und die Konstanz des Verhältnisses von „Leib und Seele".

Hierbei sieht man deutlich, wie der absolute Apriorismus übers Ziel schießt. Die Identität der Prinzipien reicht zwar für ihn aus; denn wie sollte Verschiedenheit zwischen Vorstellung und Vorgestelltem aufkommen, wo alle Bausteine und alle Gesetze ihrer Kombinatorik identisch sind? Damit aber reicht die Identität weiter, als das Phänomen der Erkenntnis sie verlangt und rechtfertigt. Gerade der absolute Apriorismus entspricht dem Phänomen keineswegs. Diejenige Erkenntnis, die allein wir kennen, die menschliche, ist keine rein apriorische. In ihr ist breiter Spielraum für Erfahrung, und alle Bewahrheitung liegt für sie im Zusammenstimmen apriorischer und aposteriorischer Gegebenheit. Eine Identitätsthese, die Erkenntnis- und Seinskategorien schlechthin und in ganzem Umfange gleichsetzt, beweist zuviel. Und eben damit beweist sie nichts — qui nimium probat, nihil probat. Man kann sich das in dreierlei Richtung klarmachen.

Erstens, gesetzt es gäbe nur „eine" Reihe von Prinzipien, gültig für die durchaus heterogenen Welten der Vorstellung und der Gegenstände, so ist zu fragen: wie kommt es überhaupt, daß diese beiden Welten noch verschieden sind? Beruht aller Inhalt auf den Prinzipien (wie bei Leibniz), und fällt alles Prinzipielle in ihnen zusammen, wie können sie da überhaupt noch zwei Welten sein? Sie müssen notwendig ununterscheidbar sein, müssen also — gerade nach der Leibnizischen lex identitatis indiscernibilium — eine und dieselbe Welt sein. Damit aber stellt sich die Eleatische Totalidentität der Sphären mitsamt ihren Aporien wieder her.

Zweitens, auch wenn man von dieser metaphysischen Unstimmigkeit absieht, wenn also die Sphären nicht zu koinzidieren brauchten, Subjekt und Objekt einander „gegenüber" blieben, es tauchte doch sofort eine gnoseologische Aporie auf: alles Seiende müßte erkennbar sein, es könnte in der Welt nichts Irrationales geben. Das ist nun freilich auch die Meinung Leibnizens. Aber dem Erkenntnisphänomen widerspricht es. Gerade die Grenzen der Erkennbarkeit gehören mit zum Phänomen und spielen in ihm eine sehr eigentümliche Rolle. Analysiert man das Erkenntnisphänomen unparteiisch, so kann darüber kein Zweifel sein, daß in allen Richtungen möglichen Vordringens an irgendeinem Punkte Grenzen der Erkennbarkeit, d. h. des möglichen Vordringens selbst auftauchen. Eine Erkenntnis aber, die im Besitze aller Seinskategorien wäre, könnte im Bereich des Seienden auf solche Grenzen nicht stoßen. Ihr müßten alle Seiten des Seienden grundsätzlich faßbar sein. Auch in dieser Richtung also beweist die These durchgehender kategorialer Identität mehr, als sie beweisen darf. Damit setzt sie sich ins Unrecht. Sie beweist Unwahres[1]).

Drittens aber, selbst wenn man nun auch von dieser Unwahrheit absieht, es bliebe doch die weitere Aporie übrig, daß alles Erkennbare „a priori" erkennbar sein müßte, daß folglich die Erkenntnis den mühseligen Weg der Empirie gar nicht nötig hätte. Sie müßte ja vielmehr alles auch ohne Gegebenheit, rein von sich aus und gleichsam in sich selbst

[1]) Zum Nachweis des Irrationalen im Gegenstandsbereich der Erkenntnis vgl. „Metaphysik der Erkenntnis" [2], Kap. 32, 33, sowie „Zur Grundlegung der Ontologie" Kap. 26; daselbst auch die Einleitung, Abschn. 5—9.

finden können. Auch das widerspricht offenkundig den Erkenntnistatsachen. Wie der reine Rationalismus dem Auftreten des Unerkennbaren am Gegenstande widerstreitet, so der reine Apriorismus dem breiten Einschlag empirischer Gegebenheit in der Erkenntnis selbst. Auch diese Konsequenz hat Leibniz nicht gescheut. Aber sie ist sein Fehler.

e. Weitere Einschränkung der kategorialen Identität.

Es steckt hiernach immer noch ein Fehler in der auf die Kategorien eingeschränkten Identitätsthese. Es ist in ihr immer noch zu viel identisch gesetzt. Man muß sie weiter einschränken, bis sie ihr natürliches dem Phänomen allseitig entsprechendes Maß findet. Auch diese Aufgabe bedeutet eine Fortführung der von Kant begonnenen Kritik der apriorischen Vernunft. Und sie ist für die Ontologie von besonderem Gewicht, weil erst in ihrer Durchführung der inhaltliche Unterschied von Erkenntniskategorien und Seinskategorien greifbar werden kann.

Die neue Einschränkung selbst aber ist jetzt nicht schwer zu geben. Zunächst ist eines klar: Kategorien des Subjekts und Kategorien des Objekts können offenbar nur teilweise identisch sein, teilweise müssen sie divergieren. An die Stelle der totalen Identität tritt eine bloß partiale Identität. Diese freilich bildet das Minimum, unter welches man nicht hinabgehen kann, ohne nach der anderen Seite das Phänomen zu verfehlen. Gibt es gar keine kategoriale Identität, so ist Erkenntnis a priori ein Ding der Unmöglichkeit. Nun aber gibt es sie unbestreitbar als Bestandteil aller Erkenntnis. Also muß es eine mindestens partiale Identität der Kategorien geben.

Ferner ergibt sich aus der Tatsache, daß die Gegenstände nur teilweise erkennbar sind, ein wichtiger Schluß über die Art der Begrenzung des Identitätsverhältnisses. Da die partiale Irrationalität der Gegenstände das Vorhandensein solcher Bestimmtheiten an ihnen bedeutet, welche das Subjekt mit seinen Erkenntnismitteln nicht nachbilden kann, so muß offenbar das System der Seinskategorien reicher sein als das der Erkenntniskategorien. Die Identität der Kategorien also ist einseitig begrenzt: es muß Seinskategorien geben, die nicht zugleich Erkenntniskategorien sind. Ob es auch umgekehrt Erkenntniskategorien gibt, die nicht zugleich Seinskategorien sind, mag hier auf sich beruhen bleiben; um der Irrationalität im Gegenstande willen brauchte es sie nicht zu geben. Jedenfalls aber muß es im Reich der Kategorien eine Grenze geben, von welcher ab den Seinskategorien keine Erkenntniskategorien mehr im Subjekt entsprechen.

Und schließlich: diese Grenze der kategorialen Identität muß offenbar genau der Rationalitätsgrenze am Erkenntnisgegenstande entsprechen.

Das ist eine schlichte Konsequenz aus dem entwickelten Bedingungsverhältnis zwischen der Erkennbarkeit a priori und der Identität der Kategorien: ein jeder Gegenstand ist nur gerade so weit a priori erkennbar, als seine Kategorien zugleich Erkenntniskategorien sind. Darüber hinaus ist er notwendig unerkennbar, sofern nicht aposteriorische Gegebenheit darüber hinausführt. Der Einschlag des Irrationalen im Erkenntnisgegenstande entspricht genau dem Gesamtbestand an Bestimmtheiten, um welche das System der Seinskategorien reicher ist als das der Erkenntniskategorien. Denn um eben diese Bestimmtheiten ist dann die Erkenntnis ärmer. Darum kann sie die entsprechenden Seiten am Bilde des Gegenstandes nicht ausfüllen.

Daß diese Sachlage neben ihrer zentralen Bedeutung für die Erkenntnistheorie auch für die Ontologie von entscheidender Wichtigkeit ist, dürfte ohne weiteres einleuchtend sein. Denn in ihr liegt der Grund, warum die Kategorialanalyse überhaupt inhaltliche Unterschiede zwischen Erkenntnis- und Seinskategorien aufsuchen und nach Möglichkeit klar herauszuarbeiten trachten muß. Das erschwert ihre Aufgabe ganz beträchtlich, aber es bereichert sie auch inhaltlich. Wie weit die Konsequenzen führen, kann sich natürlich erst im Laufe der Arbeit ergeben. —

Vor einem Mißverständnis aber muß hier gewarnt werden. Es war oben gezeigt worden, daß auch die Kategorien selbst einen breiten Einschlag des Irrationalen haben, daß also auch sie nur partial rational sind (Kap. 11 f). Da nun die Gegenstände in Abhängigkeit von ihren Kategorien stehen (ihr Concretum sind), so muß es auf den ersten Blick nahe liegen, das Irrationale in den Kategorien irgendwie mit dem Irrationalen im Erkenntnisgegenstande zusammenzubringen. Dann aber müßte das Irrationale in den Kategorien auch seinerseits von der Grenze der kategorialen Identität abhängig sein.

Nichts wäre irriger als das. Ist schon die Funktion der Erkenntniskategorien selbst im Erkenntnisakt vollkommen indifferent dagegen, ob und wieweit die Kategorien erkannt oder selbst erkennbar sind, so ist natürlich ihre Identität mit den Seinskategorien — und vollends deren Grenze — erst recht indifferent dagegen. Das aber heißt: die Erkennbarkeitsgrenze der Kategorien hat mit der am Concretum bestehenden Erkennbarkeitsgrenze überhaupt nichts zu tun; und folglich hat sie auch nichts mit der Identitätsgrenze der Seins- und Erkenntniskategorien zu tun. Anders ausgedrückt: die Erkennbarkeit der Gegenstände steht in keinerlei Verhältnis der Abhängigkeit von der Erkennbarkeit der Kategorien. Identisch nämlich können Erkenntnis- und Seinskategorien auch dort sein, wo sie ihrerseits nicht mehr erkennbar sind; und verschieden können sie auch sein, wo sie der Analyse zugänglich und folglich erkennbar sind.

Der Leibnizische Fehler also steht vollkommen indifferent zum Cartesischen. Er betrifft eine von Grund aus andere Seite des Kategorienproblems.

13. Kapitel. Das Vorurteil der logisch-ontologischen Identität.

a. Die doppelte Identitätsthese.

Bevor wir die Konsequenzen aus dem aufgedeckten Kategorienverhältnis ziehen, gilt es noch eine andere Form der Identitätsthese zu entlarven, die der zuletzt behandelten im Effekt ähnlich sieht, aber auf anderer Grundlage erwächst und eine andere innere Struktur zeigt. Es ist die These der Identität logischer und ontologischer Prinzipien, wie sie in den Systemen des alten Universalienrealismus unbemerkt und unerörtert zugrunde lag.

Sie hängt aufs engste mit dem Vorurteil der Begrifflichkeit und dem der Formalität zusammen. Auch in diesen beiden ließ sich schon eine summarische Gleichsetzung aufweisen: das Prinzip ist der Form, und diese wiederum dem Begriff gleichgesetzt. Aber das ist nur die Hälfte, nur die logische Seite der Theorie. Die ontologische kommt erst zum Vorschein, wenn man im Wesen der Form den Charakter des Realprinzips ins Licht rückt. Denn zunächst sind die reinen Formen bloß logische Idealformen. Die eigentliche Grundthese dagegen — wiewohl stets nur verschleiert ausgesprochen — ist die, daß die logisch-idealen Formen zugleich Seinsformen des Realen sind. So ergibt sich ein streng logischer Seins-Rationalismus, den man vom gnoseologischen wohl unterscheiden muß.

Nach dieser Voraussetzung kann es nicht nur kein Unerkennbares, sondern auch kein Alogisches in der Formung des Realen geben. Mit dem Zurücktreten des Materieprinzips (als des Alogischen) bei Duns Scotus wird diese Folgerung spruchreif: die logischen Verhältnisse beherrschen die Welt der Dinge bis in alle Besonderung und Individuation hinein. Das Schema der Beherrschung ist ein rein deduktives. Die ersten Prinzipien — man läßt ihrer nur wenige gelten — sind „gewiß", und aus ihnen soll apodeiktisch alles folgen, was nur irgend im Gegenstandsbereich der Erkenntnis liegt. Ein analytisches Verfahren kann neben diesem einheitlich deduktiven Schema nicht aufkommen. Wo es tatsächlich aufkommt, wie bei Descartes, da ist sein Motiv bereits ein gegen die deduktive Ontologie gerichtetes Moment der Kritik. Aber auch hier bleibt die deduktive Gesamtrichtung dem Einschlag des Intuitivismus gegenüber in Kraft, der sich ohnehin nur auf die obersten Prinzipien bezieht.

Das gibt nun der Logik ein ganz ungeheures Übergewicht in der Metaphysik. Und bliebe nicht im Hintergrunde das unbewältigte Materieproblem stehen, es hätte die Alleinherrschaft der Logik bedeutet. Da die inneren Formen des Seienden nicht als solche gegeben sind, auf ihre Erfassung aber alles ankommt, so fällt dem Logischen, sofern seine Formen zugleich Seinsformen sind, die einzigartige Rolle zu, sie dem Bewußtsein geben zu können. Und hier nun eröffnet sich die verführerische Aussicht eines logischen Rationalismus, die das Odium der alten Ontologie recht eigentlich verschuldet hat. Denn eben dieses Reich der Logik erschien nun als das des Gedankens selbst; hier brauchte man nicht den mühevollen Weg der Erfahrung zu gehen, hier greift der Gedanke in seinem eigenen Reich unmittelbar das Seiende.

Man sieht, zu der ersten Identitätsthese ist noch eine zweite getreten, und zwar unbemerkt, ohne Rechenschaft, als wäre sie selbstverständlich. Es ist die Gleichsetzung von logisch idealer Struktur und reinem Denken (Vernunft, ratio). Sie ist in Wahrheit ebensowenig selbstverständlich wie die erste Identitätsthese. Sie mag bei bestimmter Auffassung des Logischen allenfalls nahe liegen, aber die Auffassung selbst ist willkürlich. Darin ist verkannt, daß die idealen Strukturen und Gesetzlichkeiten nicht einfach die des Denkens sind, sondern unabhängig vom Denken bestehen. Das Denken seinerseits richtet sich freilich nach ihnen als nach seinen Gesetzen (z. B. nach dem Satz des Widerspruchs, dem dictum de omni, den Gesetzen der Schlußfolge). Aber deswegen sind die Gesetze doch ursprünglich keine Denkgesetze. Sie gehören derselben Sphäre an wie mathematische Gesetze, wie sie denn auch zu deren Prinzipien gehören. Mathematische Gesetze aber sind Gesetze von solchen Gebilden wie Zahlen und Figuren, keineswegs aber von Gedanken und Denkoperationen.

Gerade die Gesetzlichkeit des Denkens ist keine mathematische, wohl aber ist die des Realen auf dessen niederen Stufen eine mathematische. Ein Sichrichten des Realen nach mathematischen Gesetzen wäre aber unmöglich, wenn deren Wesen das von Denkgesetzen wäre. Man müßte denn schon den Sachverhalt auf den Kopf stellen und die reale Welt selbst ins Denken hineinnehmen. Das aber ist keineswegs die These der alten Ontologie, sondern eher die ihres äußersten Gegensatzes, des logischen Idealismus.

b. Aufdeckung der Unstimmigkeiten. Das Drei-Sphären-Verhältnis.

So liegt denn in Wirklichkeit eine Dreiheit verschiedener Strukturen vor, deren Prinzipien in der alten Ontologie mehr oder weniger identisch gesetzt sind: die Struktur des Gedankens, die des idealen Seins (der Wesenheiten) und die des realen Seins. Die Grundwesenheiten sind einerseits den Grundbegriffen, andererseits den Grundformen des Realen gleichgesetzt. Diese doppelte Identitätsthese ist eng verwandt der zu Anfang (Kap. 1) behandelten Gleichsetzung von Prinzip und Wesenheit überhaupt, deckt sich aber keineswegs mit ihr, denn sie betrifft nicht alle Wesenheiten. Sie ist aber trotz ihrer inhaltlichen Begrenztheit die gefährlichere These, denn sie umspannt das Prinzipielle dreier Sphären in einer Gleichsetzung; und inhaltlich — nach „unten" zu — läßt sich diese, wenn sie einmal zugestanden ist, natürlich leicht ausdehnen. Sie macht darum den eigentlichen Grundfehler der alten Ontologie aus. Es ist ein Fehler in der Fassung der Prinzipien.

Gewiß liegt mancherlei Grund vor zu solcher Identifizierung. Die Strukturen des idealen Seins spielen wirklich die vermittelnde Rolle zwischen Gedanken und Realität, am deutlichsten sichtbar im logischen Einschlag der Erkenntnis. Sie müssen deshalb in der Tat wenigstens teilweise mit denen des Denkens und gleichzeitig mit denen des Realen zusammenfallen. Sonst könnte das Denken in seinen Schlußfolgerungen das Reale nicht fassen. Ideale Gesetzlichkeit muß also wirklich nach zwei Seiten die eigene Sphäre transzendieren — ins Denken hinein und in die Realwelt hinein. Aber dieses Transzendieren braucht nicht durchgehende Identität zu bedeuten. Und es darf auch gar nicht eine solche bedeuten. Sonst wäre ein Alogisches im Reich des Realen nicht möglich. Das Reale aber ist voll des Alogischen, noch weit mehr als des Unerkennbaren. Die reale Welt ist so wenig durchweg logisch, wie sie durchweg mathematisch ist.

Erfordert ist also jedenfalls zunächst dieses: die drei Bereiche von Strukturen und Prinzipien müssen vor der Hand einmal als solche unterschieden werden. Über ihr mögliches strukturelles Zusammenfallen, sowie über dessen Grenzen, ist damit nichts vorentschieden. Daß sie wenigstens teilweise zusammenfallen müssen, darüber ist kein Zweifel möglich. Daß sie nicht ganz zusammenfallen können, hat sich als ebenso einsichtig erwiesen. Es bleibt also nur übrig, daß auch hier eine partiale Identität bestehen muß. Und damit erwächst der Kategorienlehre die Aufgabe, auch die logisch-ontologische Identität richtig einzuschränken. Sie muß die Grenzen der Identität in den beiden Sphärenverhältnissen bestimmen.

Der Fehler der alten Ontologie lag nicht darin, daß sie überhaupt Übereinstimmung der Sphären annahm, sondern darin, daß sie der Übereinstimmung keine Grenzen setzte. Dadurch wird das Verhältnis grundsätzlich verschoben, die Selbständigkeit der Sphären gegeneinander aufgehoben. Identitätsthesen sind nun einmal die bequemsten Lösungen metaphysischer Probleme, denn sie sind die radikalsten Vereinfachungen. Die alte Ontologie war auf solch einer radikalen Vereinfachung der Welt aufgebaut. Aber ebendas, was sie voraussetzte, steht in Frage und hätte der Untersuchung bedurft: ob das Prinzipielle der Realstruktur wirklich logische Struktur ist, ja ob es auch nur durchweg ideale Wesensstruktur ist; und nicht weniger, ob das Prinzipielle der Wesensstruktur auch durchweg im Realen wiederkehrt. Außerdem aber ist es ebenso fraglich, ob alle logische Gesetzlichkeit sich auch wirklich im Denken durchsetzt, ja dem Denken auch nur vollständig zugänglich ist; und ebenso umgekehrt, ob die Gesetzlichkeit des Denkens eine ausschließlich logische ist, ob nicht noch andere Mächte hier führend — und vielleicht irreführend — eingreifen. Denn es gibt auch psychologische Hintergründe des Gedankenablaufs, und diese sind weit entfernt von logischer Struktur.

Es kann in der logischen Sphäre ebensowohl das Undenkbare geben (etwa im Auftreten der Paradoxien), wie es im tatsächlichen Denken lebender Individuen das Alogische gibt (z. B. die Assoziationen). Zwischen logischer Sphäre und Denksphäre gibt es also ebensogut eine Grenze der Strukturidentität wie zwischen realer und logischer Sphäre.

c. Einschränkung der logisch-ontologischen Identität.

Restringiert man also die doppelte Identitätsthese in der Weise, daß man in ihren beiden Gliedern die geforderte Beschränkung anbringt, und betrachtet man nun unter neuem Gesichtspunkt die Mittelstellung der logischen Idealgesetzlichkeit zwischen Realsphäre und Gedankensphäre, so ergibt sich für das durch sie vermittelte Verhältnis der beiden letzteren erst recht Begrenztheit der Strukturidentität. Auf dieses Verhältnis aber kommt es vor allem an für die Grundfrage der Ontologie: was können wir vom real Seienden als solchem wissen? In diesem Punkte hatte die alte Ontologie sich auf den Boden eines logischen Rationalismus gestellt; sie meinte, das Denken müsse in seinen Strukturen irgendwie mittelbar die des Realen offenbaren.

Diese Voraussetzung ist die Wurzel des Übels. Sie ist radikal falsch. Es ist vielmehr eine Frage von unabsehbarer Schwierigkeit, ob und wie weit das Denken mit seiner Eigengesetzlichkeit überhaupt das Eigentümliche des Seienden treffen kann. Daß es selbst bei strengster logischer Durchformtheit mannigfaltigen Irrtümern ausgesetzt bleibt, läßt sich unmöglich bestreiten. Die antike Skepsis hat diese Frage bereits in vollem Umfange aufgerollt und in einleuchtenden „Tropoi" aporetisch gegliedert. Daß man diese klassische Aporetik immer nur als eine solche der Erkenntnis verstanden hat und nicht zugleich als Aporetik des Seins, ist eine der erstaunlichen Problemverkennungen, die sich der alte Dogmatismus der Ontologie, nicht weniger aber auch der neuere Kritizismus, hat zuschuldenkommen lassen.

Es ist das Verdienst der Kritik der reinen Vernunft, das Problem allererst wiedergewonnen zu haben. Denn hier wurde die Frage nach der „objektiven Gültigkeit" ontologischer Urteile bewußt und gesondert vom Nachweis der Tatsache ihrer Apriorität gestellt. Man hat sich meist nur für die Lösung dieser Frage bei Kant interessiert. Deswegen hat man ihre Bedeutung verkannt. Denn die Lösung ist standpunktlich bedingt. Die Fragestellung selbst aber hat überstandpunktliche und übergeschichtliche Bedeutung. Das Verdienst der „transzendentalen Deduktion" liegt nicht darin, daß sie auf Grund gewisser Voraussetzungen den zwölf „Verstandesbegriffen" die Kompetenz für empirisch reale Gegenstände zuspricht, für Dinge an sich aber nicht, sondern einzig darin, daß sie überhaupt und durch die Tat — d. h. durch den eingeschlagenen Weg der Untersuchung selbst — die Notwendigkeit einleuchtend zum Bewußtsein bringt, alle solche Kompetenz oder Inkompetenz von Denkmitteln erst besonders nachzuweisen.

Die Untersuchung kommt, hier wie so oft bei den großen Denkern, obgleich weder ontologisch angelegt noch ontologisch gemeint, letzten Endes doch der Ontologie zugute. Es fehlte ihr vielleicht zum Durchdringen nur die Übersicht der Sphären. Kant sah ihrer nur zwei. Die alte Ontologie aber hatte ihrer drei verbunden. —

Überschaut man nun nach Auflösung der hypostasierten Identität das dreifache Sphärenverhältnis, so ergibt sich, daß eine Ontologie des idealen Seins von der des realen zunächst unterschieden werden muß. Wieweit beide sich dann wieder vereinigen, kann nicht vorentschieden werden. Die Untersuchung aber wird an den einzelnen Kategorien zu führen sein, denn nur an ihnen selbst kann es sich zeigen, ob sie in beiden Sphären dieselben sind oder nicht. Und wiederum sind beide Sphären zunächst auch kategorial von der Sphäre des Gedankens zu unterscheiden, und zwar unbeschadet der weitgehenden Abhängigkeit des Gedankens von Strukturen des idealen Seins. Auch diese Abhängigkeit eben hat ihre Grenzen. Aber aufzeigbar sind die Grenzen gleichfalls nur am Verhältnis der beiderseitigen Kategorien.

Es handelt sich darum hier auch nicht um den Unterschied „formaler" und „materialer" Ontologie, wie er von phänomenologischer Seite vorgeschlagen worden ist. Denn weder entbehrt das Reale der Formen noch das Ideale des Inhalts. Außerdem täuscht eine solche Einteilung von vornherein ein unzutreffendes Überlagerungsverhältnis der Prinzipien vor, gleich als stünde alles Reale durchweg unter idealen Formen und hätte keine anderen Prinzipien neben ihnen. Damit würde dann das Vorurteil der Universalien-Identität nur wieder erneuert. Aber eben die Grenzen dieser Identität sind aufweisbar geworden (vgl. Kap. 2 und 4).

Es müssen also zunächst die Unterschiede nach allen Seiten hin offen gehalten werden. Man darf im Verhältnis der Sphären nirgends davon ausgehen, daß für sie alle nur eine einzige Reihe von Kategorien bestünde. Und wie es der Modalanalyse gelingen konnte, die Seinsweise der Sphären von innen heraus zur Bestimmung zu bringen, so wird die inhaltliche Kategorialanalyse darauf hinzuarbeiten haben, ihr Wesen auch strukturell zu bestimmen.

14. Kapitel. Konsequenzen aus der Kritik der Identitätsthesen.

a. Sekundäre Erfaßbarkeit der Erkenntniskategorien.

Von den besprochenen Identitätsthesen mußte die erste, die Eleatische, ganz der Kritik weichen. Die zweite und dritte dagegen ließen sich begrenzen, und dadurch bekamen sie einen festen Halt am Phänomen. In beiden Fällen handelte es sich um Einschränkung auf partiale Identität der Kategorien. Soweit sind die Konsequenzen der Kritik bereits gezogen. Aber man kann sie — und zwar gerade von der Überschau der ganzen Sphärenmannigfaltigkeit aus — noch ein Stück weiter ziehen. Und damit erst gewinnt die neue Perspektive der Kategorienlehre festere Bestimmtheit.

Zunächst leuchtet es ein, daß die Kategorien des Seienden niemals vom Erkenntnisproblem aus erschöpft werden können, und natürlich erst recht nicht vom logischen Problem aus. Ist nur ein Teil der Seinskategorien mit Erkenntniskategorien (und nun gar mit logischen) identisch, so kann man von diesen aus natürlich nicht jene übersehen. Es ist ein kapitaler Irrtum der neueren Philosophie, daß sie das Kategorienproblem so ganz in die Erkenntnistheorie hineinzog und dort zu bewältigen suchte. Und dieser Irrtum wächst noch beträchtlich an, wenn man das Erkenntnisproblem seinerseits ins Logische hineinzieht, wie das im 19. Jahrhundert immer wieder geschehen ist. Erst auf ontologischem Boden wird das Kategorienproblem spruchreif. Denn hier erst werden Seinskategorien im Unterschiede von Erkenntniskategorien faßbar. Und aus demselben Grunde wird sogar das Erkenntnisproblem erst auf ontologischem Boden spruchreif. Beide Probleme setzen das Sphärenverhältnis mit seinem eigenartigen Ineinander von Identität und Verschiedenheit voraus. Das Sphärenverhältnis aber ist bereits ein ontologisches Verhältnis.

Es liegt nah, hiergegen einzuwenden, wir könnten doch nichts direkt von den Seinskategorien wissen, und wenn es uns nicht die Erkenntniskategorien vermitteln, erfahren wir von ihnen auch indirekt nichts. Wenn damit nur gemeint ist, daß alle Erkenntnis auf Erkenntniskategorien beruht, so ist diese Meinung zutreffend, aber kein Einwand.

Denn was durch Erkenntniskategorien erkannt wird, das sind niemals sie selbst, sondern ein anderes, der Erkenntnisgegenstand. Dieser aber ist nicht durch sie, sondern durch Seinskategorien bestimmt. Analysiert man also ihn auf seine Kategorien hin, so findet man nicht die Kategorien, durch die man ihn erkennt, sondern diejenigen, auf denen seine ontische Struktur beruht.

Tatsächlich aber meint jener Einwand noch etwas anderes. Er meint, die Erkenntniskategorien müßten uns irgendwie direkt bekannt, oder doch erkennbar sein, und nur von ihnen aus könnten wir auf Seinskategorien schließen. Das ist ein schwerer Irrtum — er deckt sich annähernd mit dem oben bereits erledigten „kategorialen Apriorismus" (Kap. 11) —, denn gerade Erkenntniskategorien sind, wiewohl erste Erkenntnisbedingungen, doch zugleich letztes Erkanntes. Soweit Kategorien überhaupt erfaßt werden, müssen sie stets zunächst am Gegenstande erfaßt werden; und erst vom Gegenstande aus können sie nachträglich, im Einsetzen der intentio obliqua, auch im Erkennen als solchem wiedergefunden werden. —

Dagegen gibt es wohl bestimmte Fragen, in denen die Kategorienlehre nur vom Erkenntnisproblem her Orientierung gewinnen kann. Zu diesen gehört alles, was die Erkenntniskategorien als solche betrifft; mittelbar natürlich auch alles, was deren Verhältnis zu den Seinskategorien betrifft. Dieses Verhältnis ist mit der summarischen Einsicht, daß es sich um bloß partiale Identität handelt, keineswegs erschöpft. Es kommt vielmehr darauf an, die einzelnen Kategorien auf diesen Fragepunkt hin zu untersuchen. Das besagt: es muß an jeder Kategorie ermittelt werden, ob und wie weit sie zugleich Seins- und Erkenntniskategorie ist, oder was dasselbe ist, wie sie im Ganzen des Kategoriensystems gelagert ist, und wie ihre Stellung zur Grenze der kategorialen Identität ist. Denn diese Grenze durchschneidet das System.

Dieselbe Aufgabe besteht auch hinsichtlich der Ideal- und Realkategorien. Auch hier gilt es, den Verlauf einer Identitätsgrenze den einzelnen Kategorien gegenüber zu bestimmen. Und hier muß die Orientierung aus solchen Wissenschaften herkommen, die es mit idealem Sein zu tun haben.

b. Die partiale Identität einzelner Kategorien.

Damit hängt ein Weiteres zusammen. In einer partialen Identität von Seins- und Erkenntniskategorien ist es keineswegs selbstverständlich, daß die einzelnen Kategorien — zumal Kategorien höherer Ordnung, die selbst schon ein ganzes System kategorialer Momente umfassen können, — in ihrer Ganzheit diesseits oder jenseits der Identitätsgrenze zu liegen kommen. Es ist vielmehr sehr wohl möglich, daß diese Grenze mitten durch sie hindurchgeht und sie gleichsam in zwei Teile schneidet, von denen nur der eine zugleich den Charakter des Erkenntnisprinzips hat, der andere aber bloß Seinsprinzip ist.

Da es sich hierbei nur um eine Identitätsgrenze handelt und nicht um eine Seinsgrenze, so wird die Kategorie auf diese Weise nicht in sich gespalten oder gesprengt. Sowohl die Seinskategorie bleibt heil als auch die Erkenntniskategorie. Gesprengt wird lediglich die inhaltliche Übereinstimmung zwischen ihnen. Denn von der Identitätsgrenze ab divergieren die beiden Systeme kategorialer Momente. Und das bedeutet, daß alles konkrete Seiende, sofern es seine Bestimmung aus solchen kategorialen Momenten hat, die jenseits der Grenze liegen, a priori nicht erkennbar ist.

Die restringierte These der partialen Identität wird also hierdurch gar nicht angefochten. Sie wird nur primär auf die einfacheren kategorialen Momente bezogen statt auf die komplexen kategorialen Einheiten (die Kategorien im üblichen Sinne). An der Identitätsthese macht das keinen sehr wesentlichen Unterschied aus; denn diese These ist gleichgültig gegen die engere oder losere Verbundenheit zwischen den Einzelmomenten. Nur auf Koinzidenz und Divergenz in den verschiedenen Sphären kommt es für sie an. Die Einheiten, zu denen die einfacheren Elemente sich zusammenschließen, sind ohnehin keine unbedingt notwendigen und gegebenen. Zum Teil sind sie sogar erst durch die begriffliche Fassung hineingetragen. Und ihre Begrenzung gegeneinander ist eine verschwimmende. —

Der Kategorienlehre erwächst also hier eine weitere Aufgabe von großer Tragweite und Schwierigkeit. Sie entsteht mit dem veränderten Sinn der partialen Identität. Nicht nur das ganze System der Seinskategorien koinzidiert nicht vollständig mit dem der Erkenntniskategorien, sondern auch die einzelnen Kategorien koinzidieren nicht. Das aber heißt: auch soweit die Seinskategorien dem Inhalt nach im System der Erkenntniskategorien wiederkehren und also im Groben gesehen mit ihnen identisch sind, läßt sich doch nicht sagen, daß sie als ganz dieselben wiederkehren. Eine und dieselbe Kategorie kann neben identischen Grundzügen doch noch recht abweichende Momente zeigen. Man gibt ihnen zwar in beiden Sphären dieselben Namen (nennt sie hier wie dort „Raum, Zeit, Substanz" u. s. f.), aber der kategoriale Gehalt ist deswegen doch in mancherlei Momenten divergent (der Anschauungsraum z. B. ist nicht Realraum, und ebenso umgekehrt).

In diesem Verhältnis ist beides gleich wichtig, die Identität wie die Verschiedenheit: erstere für die apriorische Erkennbarkeit der Gegenstände, letztere für die Grenzen dieser Erkennbarkeit. Die partiale Identität kehrt also voll und ganz an den einzelnen Kategorien wieder. Und der Kategorialanalyse bleibt nichts anderes übrig, als jede einzelne Kategorie gesondert als Seinskategorie und als Erkenntniskategorie zu untersuchen, sowie die Abweichungen in möglichster Klarheit herauszuarbeiten. Denn selbstverständlich läßt sich diese Arbeit nicht summarisch für alle, oder auch nur für ganze Kategoriengruppen leisten. Jede Kategorie hat vielmehr ihre eigene Identitätsgrenze. Und an dieser hängt die Reichweite ihrer objektiven Gültigkeit als Prinzip apriorischer Erkenntnis.

c. Abstufung von Identität und Nichtidentität in den Kategorien.

Es liegt nun auf der Hand, daß diese Aufgabe der Kategorienforschung, die dem Erkenntnisproblem entstammt, aber nur auf ontologischem Boden durchgeführt werden kann, zuletzt doch wieder die größte Bedeutung für die Erkenntnistheorie gewinnt. Sie betrifft die Fortführung der kritischen Restriktion des Apriorismus und gehört recht eigentlich zur Kritik der apriorischen Vernunft.

Jede Kategorie, die apriorische Erkenntnis vermittelt, die also überhaupt in den Bereich der kategorialen Identität fällt, ist gleichzeitig beiden Sphären zugeordnet, der realen und der Erkenntnissphäre. Aber sie hat diese Spannweite doppelter Zuordnung nur in einem Teil ihres Wesens; in einem anderen Teil ihres Wesens wird sie von der Zweiheit der Sphären gespalten und gleichsam auseinandergerissen. Und da die Spaltung an jeder einzelnen Kategorie eine andere ist, so ergibt sich die Möglichkeit unbegrenzt differenzierter Abstufung zwischen den Extremen, der vollen Identität und der vollen Nichtidentität. Da aber am Grade der Identität die Leistung einer Kategorie als Prinzip apriorischer Erkenntnis hängt, so stufen sich damit gleichzeitig die Kategorien in dieser ihrer Erkenntnisleistung ab.

Hier liegt nun ein neues, noch wenig bearbeitetes, aber zweifellos aufschlußreiches Forschungsgebiet, mit dessen Erschließung das Apriorismusproblem in der Erkenntnistheorie allererst mehr im Einzelnen bearbeitbar wird. Nicht im Ableiten von allgemeinen Gesichtspunkten her, sondern einzig aus der phänomenologisch-analytischen Detailarbeit an den einzelnen Kategorien kann der Überblick gewonnen werden, der hier not tut. So darf man sich vielleicht auf Grund der ontologischen Kategorialanalyse unter dem Gesichtspunkte des Sphärenverhältnisses eine Wiedergeburt des Erkenntnisproblems versprechen, und zwar gerade in dessen zentralem und von alters her als zentral erkanntem Fragepunkt. —

Aber auch das ist nur eine Seite der neuen Sachlage. Das gnoseologische Verhältnis der zweierlei Kategorien, das sich als partiale Identität erwiesen hat, ist wegweisend für die Behandlung ähnlicher Sphärenverhältnisse, wo und wie immer sie sich ergeben. Die Ontologie hat es nicht mit dem Gegenüber von Subjekt und Objekt zu tun. Innerhalb des Seienden eröffnet sich die andere, gegen jenen Gegensatz indifferente Gespaltenheit in ideales und reales Sein. Auch diese ist ein Sphärengegensatz. Beide Seinssphären stehen wiederum unter Kategorien, und zwar gleichfalls unter teilweise identischen. Diese partiale Identität aber ist eine andere als die der Seins- und Erkenntniskategorien und daher auch eine anders begrenzte.

Da nun ideales Sein auch Erkenntnisgegenstand ist — und zwar gerade Gegenstand rein apriorischer Erkenntnis —, so könnte man erwarten, daß es auch besondere Erkenntniskategorien der Idealerkenntnis neben denen der Realerkenntnis geben müsse. Dem aber ist nun zweifellos nicht so. Das Kategorienreich der Erkenntnis ist durchaus eines, und nur die Grenzen seiner Identität mit den Kategorien des realen und des idealen Seins sind entsprechend verschieden. Es stehen sich also, wenn man von den Unterschieden der besonderen Wissenschaftsgebiete absieht, nicht vier, sondern nur drei Kategorienbereiche gegenüber. Von diesen divergieren die der Realkategorien und Erkenntniskategorien am weitesten; daher die Beschränktheit apriorischer Realerkenntnis. Die Idealkategorien dagegen stehen einerseits den Realkategorien, andererseits aber auch den Erkenntniskategorien näher; ihnen eignet nach beiden Seiten die breitere Identität. Es sind aber keineswegs ohne weiteres dieselben Idealkategorien, die mit Erkenntniskategorien identisch sind, wie diejenigen, die mit Realkategorien identisch sind.

So ist die Rolle, welche die Idealkategorien im Gesamtverhältnis der allseitig beschränkten kategorialen Identität spielen, eine vermittelnde. Aber auch die Vermittelung ist nur eine partiale.

d. Zum kategorialen Grenzverhältnis der Seinssphären und des Logischen.

Auch im Identitätsverhältnis von Ideal- und Realkategorien macht die Identitätsgrenze vor der Einheit der komplexen Kategorien nicht Halt. Sie geht auch hier mitten durch diese Einheit hindurch, wo und wie nur irgend diese sich mit ihr überschneidet.

Damit erweitert sich noch einmal die Aufgabe der Kategorialanalyse, und die Mannigfaltigkeit, die sie zu bewältigen hat, nimmt um eine Dimension zu. Die Unterschiedenheit der Seinssphären bedeutet inhaltlich eben dieses, daß auch eine und dieselbe Kategorie in ihnen nicht schlechthin dasselbe ist. Der Raum z. B. ist nicht nur als Anschauungsform, sondern auch als idealer (etwa als geometrischer) Raum nicht in jeder Hinsicht dasselbe wie als Realraum. Freilich ist der Unterschied lange nicht an allen Kategorien so groß wie hier, und bei manchen mag er in der Tat bis zur Ungreifbarkeit verschwinden; aber eben das läßt sich vor der Analyse nicht voraussehen, und deswegen muß die Untersuchung erst an jeder einzelnen Kategorie herausfinden, in welchen kategorialen Momenten die Gemeinsamkeit und in welchen die Abweichung liegt.

Ein Verfahren, welches diese Aufgabe in Angriff nimmt, muß für die Ontologie selbst von größter Bedeutung werden. Liegt doch in ihm die einzige Handhabe, den Unterschied und das gegenseitige positive Verhältnis zwischen idealer und realer Seinssphäre auch inhaltlich zu bestimmen. An diesem Verhältnis aber hängt vieles im Aufbau der realen Welt, was sich aus der Analyse der letzteren allein kategorial nicht verstehen läßt.

Darüber hinaus aber sind hier noch Aufschlüsse anderer Art zu gewinnen. Die wichtigsten darunter sind vielleicht diejenigen, welche die rätselhafte Stellung des Logischen, und zwar gerade in seinen metaphysischen Hintergrundsproblemen betreffen. Denn das Reich des Logischen ist zwar eine sekundäre, aber doch eigenartige Sphäre; es gehört dem Gedanken an und ist insofern an das denkende Subjekt gebunden, transzendiert aber das Subjektive durch die charakteristische „Objektivität" seiner Zusammenhänge. Nur so ist es möglich, daß die Formen und Gesetze der Logik im Denken selbst mit dem Anspruch auftreten, zugleich im Gebiet des Realen Gültigkeit zu haben. Hierauf wiederum beruht die Tendenz der Realwissenschaften zur strengen logischen Durchformung ihrer Zusammenhänge. Diese Tendenz bedeutet nicht Entfernung von den Realzusammenhängen, sondern ist das erprobte methodische Mittel, sich ihnen treffsicher zu nähern. D. h. es ist eine durchaus ontologische Tendenz der Wissenschaften.

In der Frage aber, wie das zustandekommt, liegt das metaphysische Rätsel der logischen Sphäre. Es ist eine Frage, deren Lösung einzig im Sphärenverhältnis der Kategorien zu suchen ist. Denn die Prinzipien der Logik haben selbst kategorialen Charakter. Oder genauer: die Frage nach der Gültigkeit logischer Gesetze in der Realsphäre und nach den Grenzen dieser Gültigkeit hat die genaue Form eines kategorialen Identitätsproblems, und zwar auch gerade im Hinblick auf die Identitätsgrenzen innerhalb der Struktur einzelner Kategorien.

e. Weitere Sphärenmannigfaltigkeit. Begrenzung der Aufgabe.

Nach Analogie der durchgeführten Grenzdiskussion kann man noch manchen Schritt weiter kommen. Zur Mannigfaltigkeit der Sphären, die unter teilweise identischen Kategorien stehen, zählt auch die rein subjektive Innenwelt als solche, verstanden etwa als die der Akte, Zustände, Vorgänge des psychisch realen Lebens. Sie steht in einem gewissen Gegensatz zur Welt der objektiv geformten Inhalte des Bewußtseins, die als Erkenntnisgebilde zwar dem Subjekt zugehören, aber doch wesenhaft Beziehungsglieder einer transzendenten Relation und aus dieser niemals herauslösbar sind.

Die Sphäre der spezifisch subjektiven Gebilde ist somit wiederum eine geschlossene Welt für sich, die zwar auch eine reale ist und insofern der allgemeinen Realsphäre zugehört, aber innerhalb ihrer durch ihre Eigenart und eigene Gegebenheitsweise — die innere Wahrnehmung — eine deutliche Sonderstellung einnimmt. Als Phänomensphäre gesehen, tritt sie also „neben" die Seinssphären, sowie „neben" die logische und die Erkenntnissphäre als besonderes Problemgebiet, das seinerseits eigene kategoriale Formung zeigt.

Da nun aber zwischen den Akten und den objektiven Inhalten des Bewußtseins bei aller Verschiedenheit doch ein unverkennbar durchgehender Zusammenhang besteht, so muß es auch hier eine modifizierte Wiederkehr gewisser Kategorien geben. Die Aufgabe, diese herauszuarbeiten, sowie in ihr das entsprechende Verhältnis von Identität und Nichtidentität im Verhältnis zu den übrigen Sphären klarzustellen, dürfte der Psychologie angehören. Freilich würde das eine Umbildung der Psychologie von Grund aus bedeuten; es läßt sich aber nicht verkennen, daß die heutige Psychologie in dieser Umbildung bereits begriffen ist, sofern es ihr nicht mehr um letzte Elemente, sondern um Gestalten und Ganzheiten, also um solche Gebilde psychischer Art geht, die deutlich kategoriale Struktur zeigen.

Für die Belange einer eigentlich ontologischen Psychologie, verstanden als Erforschung des seelischen Seins, mag es heute noch nicht an der Zeit sein, sie in Angriff zu nehmen. Auch würde im Rahmen einer allgemeinen Kategorienlehre diese Aufgabe viel zu weit führen. Aber man darf darüber nicht vergessen, daß zum Aufbau der realen Welt eben doch auch die psychische Welt mit ihrem besonderen kategorialen Bau gehört. Alle Begrenzung der Aufgabe ist also nach dieser Seite bloß eine solche der Durchführungsmöglichkeit.

Wie ernst auch für das Kategorienproblem diese Aufgabe werden muß, ersieht man leicht, wenn man erwägt, daß es im Aufbau des seelischen Seins eine Stufenordnung der inhaltlichen Gebilde gibt, die in den niederen Regionen noch ganz in die Aktzusammenhänge eingefügt dasteht, in den höheren aber sich deutlich faßbar über sie erhebt und sich den ausgeformten objektiven Erkenntnisgebilden und der logischen Struktur nähert. Von alters her hat man diese Stufenordnung gesehen, hat sie als Überlagerung von Wahrnehmung, Vorstellung, Erfahrung, Wissen beschrieben und dabei stets ein gewisses Bewußtsein der kategorialen (strukturellen) Verschiedenheit dieser Stufen gehabt In Wirklichkeit sind diese Stufen weit mannigfaltiger. Ohne Zweifel aber hat eine jede ihren besonderen kategorialen Apparat. Und dieser Apparat dürfte sich nach oben zu der Objektivität, und damit zugleich der engeren Erkenntnisstruktur nähern. Es müssen dann offenbar von Stufe zu Stufe neue, und zwar immer objektivere Kategorien einsetzen.

So wenig die Kategorienlehre heute imstande ist, diese Verhältnisse zu durchdringen, sie muß doch schon um des Erkenntnisproblems willen wenigstens bei gewissen Kategoriengruppen auf sie Rücksicht nehmen. Denn schon die Gegebenheitsverhältnisse der Wahrnehmung zeigen eine gewisse kategoriale Formung. Und diese spielt keine geringe Rolle im Aufbau der menschlichen Erkenntnis. Sie geht auf den höheren Stufen eben nicht verloren, sondern erhält sich in gewissen Grenzen. Die Überformung hebt sie nicht auf. —

Daß von der Fülle der Aufgaben, die der Kategorienlehre zufallen, einstweilen nur ein Teil in Angriff genommen werden kann, ist auch ohne nähere Begründung klar. Es sind Aufgaben auf weite Sicht, und die philosophische Erfahrung in ihrer Behandlung kann sich erst allmählich von Versuch zu Versuch einstellen. Diesen natürlichen Weg abkürzen und etwa gleich im ersten Wurf das Ganze der sich überkreuzenden Probleme bewältigen wollen, wäre ein eitles Unterfangen. Vor der Hand kann die Kategorialanalyse sie bei ihrem inhaltlichen Fortschreiten nur gerade im Auge behalten und überall dort mitberücksichtigen, wo sich die Anknüpfungen dafür darbieten.

Wie aber der Stand der Kategorienforschung heute ist, läßt sich nicht behaupten, daß die Anknüpfungen dafür überall gegeben wären oder auch nur sich aufspüren ließen. Die Arbeit, die sich zur Zeit im Problembereich der Kategorien leisten läßt, ist deswegen nicht eine überall gleichmäßige. Eine Synopsis der Sphären [1]), wie sie hier eigentlich verlangt wäre, — d. h. eine vergleichende Betrachtung der Kategorien nach ihrer Abwandlung in den verschiedenen Sphären — wird sich nur in einzelnen Fällen, und auch da nicht vollständig durchführen lassen. Das bedeutet aber nicht, daß diese Arbeit wertlos wäre. Sie ist es so wenig, wie nur je auf einem anderen Forschungsgebiet die unvollkommenen Anfänge wertlos sind. Es fällt ihr vielmehr die nicht geringe Bedeutung der Wegfindung zu. Und damit zugleich gewinnt sie etwas von dem einzigartigen Reiz des tastenden Vorfühlens ins Unbekannte, das sich noch keinem Schema fügt.

[1]) Was es mit einer Synopsis der Sphären auf sich hat, dafür hat die Modalanalyse das Beispiel gegeben; vgl. „Möglichkeit und Wirklichkeit", insonderheit den III. Teil.

IV. Abschnitt

Fehlerquellen der philosophischen Systematik

15. Kapitel. Das Vorurteil des Einheitspostulats.

a. Kategorialer Monismus.

Es gibt neben den eigentlich ontologischen und den gnoseologischen Verfehlungen des Kategorienproblems noch eine dritte Art von Fehlerquellen in der Fassung der Kategorien. Sie betrifft weniger die Stellung oder die Funktion, die man ihnen zuschreibt, als ihren Zusammenhang im Ganzen, ihr System. Insofern sind die Fragen, die hier berührt werden, sekundärer Natur; denn eben das System der Kategorien läßt sich nicht vorwegnehmen, es kann erst nach und nach aus den inhaltlichen Verhältnissen, welche die Analyse aufzudecken hat, sich ergeben. Aber gerade diese natürliche Reihenfolge der Probleme ist es, was in der Mehrzahl der geschichtlich vorliegenden Versuche verkannt worden ist. Man ging von einer fertigen Vorstellung vom Aufbau der realen Welt aus, und man richtete danach das System der Kategorien ein, lange bevor irgendwelche Untersuchungen dazu eine Berechtigung gaben.

Das gewöhnlichste der Vorurteile dieser Art ist der kategoriale Monismus. Fast ausnahmslos ging die Prinzipienforschung, wo überhaupt sie getrieben wurde, von der Voraussetzung aus, das System der Prinzipien müsse in einem einzigen „obersten Prinzip" gipfeln, von welchem alle anderen abhängen. Es läßt sich nicht verkennen, daß diese Voraussetzung nahe liegt. Wie man die Kategorien auch angreift, der Unterschied allgemeinerer und speziellerer Prinzipien tritt unter allen Umständen auf. Er drängt sich, gerade weil das wirkliche Ordnungsverhältnis der Kategorien noch verborgen ist, mit einer gewissen Zwangsläufigkeit als maßgebend auf. So faßt man das Verhältnis unwillkürlich als das der Subsumption und involviert damit, ohne sich Rechenschaft zu geben, das logische Schema der Begriffspyramide.

Ist man einmal so weit, so taucht notwendig die Frage auf, was für ein Prinzip denn die Spitze der Pyramide bilde. In dieser Frage aber ist die Hauptentscheidung schon vorweggenommen: „daß" überhaupt eine Spitze vorhanden ist, d. h. daß es ein oberstes Prinzip aller Prinzipien geben müsse. In Wahrheit stand gerade das in Frage.

In dieser Form enthält das Postulat des obersten Prinzips bereits das Vorurteil der Begrifflichkeit — oder doch das einer sehr nahen Verwandtschaft zwischen Kategorien und Begriffen — in sich. Aber zurückführen kann man es auf dieses Vorurteil keineswegs. Es ist anders verwurzelt und tritt auch in anderer Form auf, die das metaphysische

Einheitsbedürfnis in weit größerer Selbständigkeit erscheinen läßt. Latent ist es schon in der uralten Frage nach dem „Anfang aller Dinge" enthalten, wobei der Doppelsinn von „Anfang" (ἀρχή, principium) von vornherein das Wesen der Frage bestimmt. Nicht anders ist es mit der immer wiederkehrenden Frage nach der „ersten Ursache", dem „Grunde aller Dinge", dem „Weltgrunde", sowie in ausgesprochen teleologischen Weltbildern nach dem „letzten Endzweck". Ein universaler Entwicklungsgedanke fordert kategorisch die Einheit des Ursprungs, ein universaler Teleologismus die Einheit des Telos. Aber das Einheitspostulat als solches ist überall dasselbe. Es entspringt der unausgesprochenen Überzeugung, die Einheit durchgehenden Zusammenhanges in der realen Welt könne es nur geben, wo alle Glieder und Teilverhältnisse von einem einzigen Punkte abhängig sind.

In vielen Systemen fällt die Rolle des Einheitspunktes der Gottheit zu. Wie der Begriff der Gottheit dann des Näheren gefaßt wird, ob mehr theistisch oder pantheistisch, macht dabei keinen großen Unterschied aus. Aber auch im Begriff der einheitlichen „Substanz", des „Unbedingten", des „Absoluten", oder etwa in dem Platonischen des „unhypothetischen Prinzips" steckt dieselbe Voraussetzung. Plotin formulierte das oberste Prinzip geradezu als „das Eine schlechthin"; er sprach damit in aller Form den wahren Sinn der These aus: das schlechthin Eine steht „jenseits" aller Differenzierung und Mannigfaltigkeit. Von dieser Stellung aus gesehen, ist es nach dem Worte des Cusaners die reine coincidentia oppositorum.

Es darf nicht irre machen, daß hierbei zumeist direkt die Einheit der Welt gemeint war und nicht die Einheit der Kategorien. Gerade am Problem der Welt als eines Ganzen ist das kein maßgebender Unterschied. Denn Kategorien in ihrer Pluralität sind nun einmal die Geleise, in denen die Mannigfaltigkeit der Welt — und nicht weniger die der Welterkenntnis — sich bewegt. Das Einheitsprinzip der Welt und das der Kategorien bilden von Anbeginn nicht zwei verschiedene Probleme, sondern nur eines. Die Form der Frage nach der Einheit der Kategorien ist nur die fortgeschrittenere und reifere, sofern das Problem der Einheit und Mannigfaltigkeit selbst in ihr als ein Problem der Prinzipien erkannt ist.

b. Die metaphysische Aporetik des „obersten Prinzips".

Ein solcher Monismus ist in sich selbst keineswegs widersprechend. Aber er ist auch nicht durch Phänomene belegbar. Er wird bei allen seinen Vertretern einfach hingenommen, als ob er in sich notwendig und evident wäre. Man folgt blind dem methodologisch-systematischen Einheitsbedürfnis. Man hypostasiert ein Postulat. Plotin hat das Verdienst, dieses wenigstens klar ausgesprochen zu haben. Denn in diesem Punkte liegt der eigentliche Fehler. Anders stünde es damit, wenn die Kategorialanalyse selbst auf ein oberstes Einheitsprinzip hinausführte. Das aber tut sie keineswegs. Und in keinem der monistischen Systeme ist von solchem Hinausführen auch nur die Rede.

Meist ist es so, daß man das postulierte Prinzip, eben weil es so eindeutig postuliert ist, auch schon für erkannt hält. Der kategoriale Rationalismus und Apriorismus tragen das ihrige bei, diesen Irrtum zu stützen. Sind alle Kategorien erkennbar, so muß wohl auch das Einheitsprinzip erkennbar sein. Es muß sich aufzeigen lassen. Spinoza hielt seine absolute Substanz, Kant seine transzendentale Apperzeption, Fichte sein absolutes Ich für philosophisch erkannt und erwiesen. In Wirklichkeit war das Prinzip in allen drei Fällen erschlossen, und zwar auf Grund eines Postulats erschlossen. Aber um den Fehlschluß zu wissen, ist nicht so einfach, solange man an der Rationalität der Prinzipien festhält. Anders ist es immerhin bei Plotin und beim Cusaner: sie wissen um die Irrationalität des obersten Prinzips, dennoch aber meinen sie von ihm dieses eine zu „wissen", daß es „Eines", resp. daß es Koinzidenz ist. In der Konsequenz der Irrationalität aber würde es vielmehr liegen, daß auch ein solches Wissen ausgeschlossen ist.

Indessen, die Aporie geht weiter. Es läßt sich zeigen, daß auch die bloße Vorwegnahme des Prinzips ohne Einsicht in seine Beschaffenheit unmöglich ist. Hätte das Kategorienreich erwiesenermaßen die Form der logischen Pyramide, so ließe sich allenfalls darüber streiten. Aber wir wissen keineswegs zum voraus, welche Form das Kategorienreich hat. Wir kennen von ihm nur einen Ausschnitt, und es ist schwer zu sagen, ob er relativ auf das Ganze ein großer oder kleiner ist. Jedenfalls aber ist es ein „mittlerer" Ausschnitt, er enthält vorwiegend Kategorien mittlerer Höhe; die höchsten und die niedersten Kategorien — d. h. die komplexesten und die elementarsten — sind am wenigsten erkennbar, und zwar die einen eben wegen ihres komplizierten Baues, die anderen eben wegen ihrer Einfachheit. Das Hochkomplexe ist schwer durchschaubar, das in sich Einfache auf nichts mehr reduzierbar und aus nichts begreifbar.

So gibt es denn im Kategorienreich eine „obere" und eine „untere" Rationalitätsgrenze. Was zwischen beiden Grenzen liegt, ist wenigstens partial rational. Aber auch diesen Ausschnitt kennen wir nicht genügend, um von ihm aus extrapolierend ersehen zu können, ob das System, über eine der beiden Grenzen hinaus verlängert, — also nach „oben" oder nach „unten" zu — konvergiert oder nicht. Wir kennen auch innerhalb der beiden Grenzen kein geschlossenes System, sondern nur einzelne Schichten und Gruppen von Kategorien ohne durchgehende Kontinuität.

Zwischen den Gruppen aber, und vollends zwischen den Schichten klaffen Lücken, deren inhaltliche Erfüllung wir kaum mutmaßen, keinesfalls aber eigentlich erraten können. Und selbst wenn wir innerhalb jener Grenzen eine gewisse Konvergenz feststellen könnten, die deutlich über eine der Grenzen hinauswiese, so wüßten wir deswegen doch noch nicht, ob sie sich jenseits der Grenze auch weiter fortsetzt oder wieder in Divergenz übergeht.

Wir haben also keine Möglichkeit, aus der Struktur der Zusammenhänge, in denen die erkennbaren Kategorien auftreten, auf das Vorhandensein oder Nichtvorhandensein eines obersten Einheitsprinzips zu schließen. Die Frage muß offen bleiben. Und mit ihr bleibt die Möglichkeit offen, daß das System keine „Spitze" hat, oder positiv ausgedrückt, daß es in eine Pluralität selbständiger Elemente ausläuft.

Die im Sinne der Einfachheit — also nach „unten" zu — letzte noch eben faßbare Schicht zeigt eine immerhin beträchtliche Mannigfaltigkeit durchaus selbständiger Elemente, deren Anzahl und genaue Abgrenzung allerdings schwer angebbar ist. Die Kategorien dieser Schicht haben aber keineswegs den Charakter absolut letzter Elemente. Sie zeigen vielmehr deutlich die Fugen einer Struktur, die wir zwar nicht weiter auflösen können, die aber auf eine bereits in ihnen selbst enthaltene Elementarmannigfaltigkeit hinweist. Das ist ein Anzeichen, daß über diese Kategorienschicht hinaus noch eine weitere Schicht kategorialer Elemente liegt. Was aber wiederum diese Elemente sind, und was eventuell noch hinter ihnen steht — ein weiteres Elementarsystem oder eine punktuelle Einheit —, ist daraus in keiner Weise zu ersehen.

c. Die greifbare Einheit der gegenseitigen Bezogenheit.

Was dagegen wirklich zu ersehen ist, dürfte einzig dieses sein, daß innerhalb der letzten faßbaren Schicht alle Glieder wechselseitig durcheinander bedingt sind, derart, daß in gewissem Sinne jedes von ihnen oberstes Prinzip der anderen ist, und wiederum jedes von allen anderen abhängig ist; ein Verhältnis, das sich darin bestätigt, daß sie alle erst an ihrem gegenseitigen Verhältnis faßbar und darstellbar werden.

Diese Sachlage hat als erster Platon in seiner späten Entwicklungsphase aufgezeigt. Er nannte dieses Phänomen die „Gemeinschaft" oder „Verflechtung" der Ideen (κοινωνία, συμπλοκή) und bezog es in aller Ausdrücklichkeit auf die allgemeinsten Grundmomente des Seienden. Sein Nachweis ging dahin, daß keines dieser Grundmomente für sich allein ohne die anderen besteht, jedes vielmehr die anderen voraussetzt und impliziert. Er ist damit der Überwinder des kategorialen Monismus geworden, und zwar im Gegensatz zu seiner eigenen früheren Lehre von der „Idee des Guten" als einem obersten Prinzip. Das „Oberste" im Ideenreich ist kein „Eines", sondern eine „Gemeinschaft", ein allseitiges Miteinander und Durcheinander, also jedenfalls ein ganzes System koordinierter Elemente.

Man fragt hier wohl unwillkürlich: ist denn eine Pluralität oberster Prinzipien möglich? Muß nicht im Systemcharakter schon Einheit sein? Die Frage aber enthält schon das Mißverstehen der Sachlage. Einheit muß natürlich sein. Denn eben Zusammenhang ist schon Einheit. Aber im kategorialen Monismus war ja nicht Einheit des Zusammenhanges behauptet, sondern die Einheit eines einzigen obersten Prinzips. Diese letztere, die punktuelle Einheit, ist es, die sich im Kategorienreich nicht aufzeigen und selbst als Postulat nicht halten läßt. Aber es gibt auch Einheit anderer Art, die komprehensive Einheit, die in den Elementen selbst als Form ihrer Verbundenheit liegt, die also ihnen nicht als höheres Prinzip übergeordnet ist, sondern ihnen immanent und durch ihre Mannigfaltigkeit ebenso bedingt ist, wie diese durch sie.

Zu dieser Einsicht ringt sich der Gedanke nur schwer durch. Nicht in der Philosophie allein, auch auf den meisten speziellen Forschungsgebieten steht ihm die alteingewurzelte monistische Denkgewohnheit entgegen. Es ist lehrreich, einen Seitenblick auf diese streng parallelen Erscheinungsformen des Monismus und ihre Überwindung zu werfen. In den kosmischen Theorien z. B. suchte man immer nach dem materiell existierenden Zentralkörper des Weltalls. Man meinte ihn in der Erde zu haben, dann im Zentralfeuer (Pythagoreer), später in der Sonne (Copernikus), zuletzt in einem hypothetischen Weltkörper, bis schließlich die genauere Tatsachenkenntnis zeigte, daß es gar keines Zentralkörpers bedarf, daß ein kosmisches System ebensogut auch ohne einen solchen bestehen kann. Nicht anders war es in den alten biologischen Theorien. Man suchte mit einer gewissen Zwangsläufigkeit nach der Einheit des Lebensprinzips im Körper; man hat es im Blut, im Herzen, im Gehirn, in einer Vitalseele erblicken wollen, um schließlich einzusehen, daß das System der Organe selbst Einheitscharakter hat, und zwar nicht durch ein Zentralprinzip, sondern gerade sofern es schon ein System von Systemen ist, und in ihm wiederum ein System von Prozessen, Funktionen und gegenseitigen Abhängigkeiten besteht.

Das Postulat der punktuellen Einheit ist ein menschlich-subjektives, ein rationalistischer Atavismus des unreifen Denkens. Auf allen Gebieten dringt erst spät der Gedanke durch, daß gerade die höheren Typen der Einheit von ganz anderer Art sind: Einheit der Ganzheit, des Zusammenhanges, des Systems.

Im Kategoriensystem freilich ist das Vorhandensein eines obersten Einheitsprinzips mit diesen Analogien noch nicht widerlegt. Widerlegt ist nur das Postulat als solches, die Subreption des Prinzips vor aller ins einzelne gehenden Analyse. Denn die Analyse allein könnte bestenfalls entscheiden, ob das Einheitsprinzip sich erschließen läßt oder nicht. Prinzipiell muß man die Frage wohl offen lassen. Aber ein Grund zur Annahme eines solchen Prinzips liegt in keiner Weise vor. Wichtiger aber als diese negativ-kritische Einsicht dürfte die affirmative sein, daß es zur Einheitlichkeit des Kategorienreiches und des Aufbaues der realen Welt eines solchen Einheitsprinzips auch keineswegs bedarf. Denn damit erst wird das Gewicht des Problems auf eine ganz andere Seite im Wesen der Kategorien verlegt, auf die Seite ihrer Verbundenheit und ihrer Gemeinschaft.

d. Die Unableitbarkeit der Kategorien.

Die ganze Größe der Verirrung, die im kategorialen Einheitspostulat liegt, wird erst ermeßbar, wenn man den alten Anspruch der spekulativen Metaphysik, die ganze Mannigfaltigkeit der Kategorien und der realen Welt selbst aus dieser Einheit abzuleiten, damit verbindet. Denn ohne Zweifel stand von den Anfängen her dieser Anspruch hinter der Hartnäckigkeit des kategorialen Monismus. Man kann ihn ohne Schwierigkeit bis auf den Neuplatonismus zurückverfolgen, wo er bereits die Form einer Entwicklungstheorie hatte. Das „absolut Eine" des Plotin läßt alle Mannigfaltigkeit — zunächst also die der „Ideen" — aus sich hervorgehen; es kann nicht in sich bleiben, es „strömt über". Dieses Überströmen ist es, was man mit Emanation übersetzt hat. Die Versuche der Neuplatoniker, namentlich des Proklos, den Prozeß des Hervorgehens genauer zu fassen, reichen freilich an das Gewollte nicht heran. Sie liefen auf eine Dialektik der Kategorien hinaus, in welcher diese sich wie in einer Reihenfolge auseinander ergeben sollten. Und dem lag die Vorstellung zugrunde, daß sie alle bereits keimartig „eingewickelt" in dem Einen enthalten sein müßten, um sich dann folgerichtig „entwickeln" zu können. Zugleich war dieses als ein Prozeß gedacht, den der endliche Geist des Menschen in seiner gedanklichen Entwicklung nachbilden kann. Und darin sollte das Wissen um ihn bestehen.

Das Schema dieses Gedankens liegt geschichtlich überall da zugrunde, wo man im Ernst an einheitliche Deduktion der Kategorien dachte. Das ist nirgends stärker in die Erscheinung getreten als in den Systemen des deutschen Idealismus. Reinhold sprach es zuerst aus, die Kategorien müßten alle aus einem Prinzip abgeleitet werden. Bei Fichte bereits nahm die Ableitung die Form einer das Ganze der Philosophie umfassenden Dialektik an. Und bei Hegel wurde die Dialektik zur einheitlichen Methode, mit deren Hilfe der Gedanke den Weltbau von unten auf bis zu den höchsten Stufen durchläuft.

Die Großartigkeit des Anspruches, der hierin zum Ausdruck kommt, wird man nicht bestreiten können; erscheint er doch wie die Erfüllung der kühnsten Hoffnungen, die jemals das spekulative Denken gehegt hat. Warum aber konnten dann die auf diesem Gedanken erbauten Systeme sich nicht halten? Warum brachen sie, kaum entfaltet, wieder zusammen? Das hatte freilich mehr als einen Grund. Aber die Dialektik und der ungeheuerliche Anspruch, alles aus einem Quellpunkt — dem Ich, der Vernunft, dem Absoluten — abzuleiten, war keineswegs unschuldig daran. Vielleicht lag hier sogar der eigentliche Grund des Zusammenbruches. Denn hier war ein Gesetz mißachtet, welches aller möglichen Ableitung die Schranke setzt.

Man kann dieses Gesetz so aussprechen: aus dem Einfachen ist das Komplexe niemals ableitbar. Ist also die Einheit, die man zugrundelegt, eine wirklich „absolute", d. h. in sich einfache, so folgt aus ihr gar nichts. Schon Plotin war außer stande zu zeigen, wie die Vielheit der Ideen aus dem „Einen" hervorgehe; er konnte das Hervorgehen nur behaupten, ohne irgendetwas zu erweisen. Bei den Idealisten ist es umgekehrt: sie nehmen das Einheitsprinzip, aus dem alles folgen soll (das Ich, die Vernunft, das Absolute) mehr als ein solches der Ganzheit, in dem dann die Welt mit aller Mannigfaltigkeit schon enthalten sein muß. Freilich, das „Ableiten" als solches bleibt auch dann eine Täuschung, und es ist nur konsequent, wenn Hegel den deduktiven Charakter in der Dialektik endgültig preisgibt und sie dafür als eine „Erfahrung" höherer Ordnung beschreibt. In Wahrheit wird auf diese Weise die Mannigfaltigkeit der Kategorien, deren Reihe die Dialektik durchläuft, gerade als eine selbständige neben der Einheit des Ausganges anerkannt.

Kategorien sind nicht ableitbar. Für das Verständnis ihrer bunten Gegensätzlichkeit und ihrer verschlungenen Verhältnisse, in denen der Aufbau der realen Welt sich gründet, ist aus einem obersten Einheitsprinzip, selbst wenn sich ein solches erfassen ließe, nichts zu gewinnen.

Den Fehler also, den alle metaphysischen Monismen machen — einerlei ob sie dabei mehr formal-emanatistisch oder pantheistisch-evolutionistisch oder idealistisch gerichtet sind — ist ein doppelter. Erstens läßt sich das „Eine" weder aufzeigen noch erfassen, es bleibt leeres Postulat; und zweitens, auch wenn man es erfassen könnte, man würde doch aus ihm gerade am wenigsten die Mannigfaltigkeit verstehen können.

Auf die Kategorien angewandt besagen diese beiden Sätze: soweit menschliche Einsicht reicht, spricht nichts für das Bestehen eines „obersten Prinzips"; und wenn es bestehen sollte, die Vielheit und der Reichtum der Kategorien würden doch aus ihm nicht folgen.

16. Kapitel. Das Vorurteil des kategorialen Dualismus.

a. Gegensatz und Widerstreit im Aufbau der Welt.

Weit weniger spekulativ, um ein Beträchtliches mehr in den Phänomenen verwurzelt ist der kategoriale Dualismus — auch er eine Einseitigkeit, die sich bis zur Weltverkennung steigern kann, aber eine reellere und weniger verführerische. Denn der Dualismus hat ein natürliches Korrektiv in sich, er ist philosophisch unbefriedigend.

Er treibt über sich hinaus. Er geht auch geschichtlich dem Monismus voraus. Die meisten Erscheinungsformen des letzteren sind schon Versuche zur Überwindung kategorialer Dualismen. Daß die letzten faßbaren Grundbestimmungen des Seienden Gegensatzstruktur zeigen, ist eine sehr alte Einsicht. Die Philosophie der Vorsokratiker bewegte sich vorwiegend in Gegensatzkategorien: Begrenzung und Unbegrenztes, Sein und Nichtsein, Entstehen und Vergehen, Bewegung und Stillstand, Streit und Harmonie, Haß und Liebe, Volles und Leeres — solche Prinzipien beherrschen die ältesten Theorien. Die reale Welt erscheint in ihnen polar gespalten, in welcher Hinsicht man sie auch betrachten mag. Heraklit hat daraus eine Art von ontologischem Gesetz gemacht, das Gesetz des Widerstreites oder des „Krieges", der da „Vater und König" aller Dinge ist. Dieses Gesetz hat, obgleich oft bestritten, unbemerkt bis in die neueste Zeit hinein eine gewisse Herrschaft behauptet.

An ihm ist denn auch etwas durchaus Wahres und Unverlierbares. Es gibt kategoriale Gegensätze im Seienden, die sich in keiner Weise wegdisputieren lassen. Es gibt eine ganze Schicht von Gegensatzkategorien, die unabhängig vom Standpunkt der Weltbetrachtung überall wiederkehren müssen, weil die Struktur der Gegenstände selbst sie schon in der Erscheinungsweise zeigt. Dem philosophischen Denken bleibt nur übrig, sie entweder zu verkennen oder sie zu erfassen und herauszuarbeiten.

Nicht in ihnen als solchen, auch nicht in ihrer Anerkennung durch die Theorie, liegt der kategoriale Dualismus. Schon ihre Mehrheit und dimensionale Bezogenheit aufeinander läßt die Einheit des Zusammenhanges nicht verschwinden. Zum Dualismus kommt es erst, wo einer dieser Gegensätze herausgegriffen und überspannt wird. Denn damit erst macht man ihn zum alleinigen und allbeherrschenden; und dann setzt die Spaltung der Welt ein, die ihre Ganzheit zu zerreißen scheint.

So ist es mit dem Gegensatz von Einheit und Vielheit geschehen, so mit dem von Materie und Form, von Substanz und Akzidenz (Modus), von An-sich und Erscheinung, von Prinzip und Concretum, von Subjekt und Objekt. Desgleichen kann man hierher den Dualismus von Gut und Böse rechnen; denn er ist nicht einem bestimmten Gegensatz von Werten untereinander entnommen, sondern der kategorialen Grundstruktur des Wertreiches überhaupt: dem generellen Gegensatz von Wert und Unwert.

Außer dem letztgenannten, welcher der vorphilosophischen Weltanschauung entstammt, hat der Dualismus von Form und Materie am längsten geherrscht. Er wurde schon von Aristoteles zu einer Art Kanon der Metaphysik erhoben, und erst die Systeme der Neuzeit haben ihn langsam aus seiner beherrschenden Stellung verdrängt. Dafür fielen sie in den nicht weniger fragwürdigen Dualismus von Subjekt und Objekt. Descartes' Zweisubstanzenlehre gab diesem Dualismus den schroffsten Ausdruck, und zwar einen streng kategorialen Ausdruck, so wenig auch das Kategorienpaar cogitatio und extensio uns Heutigen als ein gleichwertiges einleuchten mag. Das Leib-Seele-Problem und das Erkenntnisproblem sind seither von ihm beherrscht geblieben.

Auch von diesen beiden Dualismen aber, dem Aristotelischen und dem Cartesischen, ist zu sagen, daß sie für gewisse Problemgebiete ihre unverlierbare Bedeutung behalten. Aber gerade in der Beschränkung auf bestimmte Gebiete sind sie dann keine eigentlichen Dualismen mehr, sondern lassen den Durchblick offen sowohl auf höhere Mannigfaltigkeit als auch auf umfassende Einheit. Nur wo das ganze Weltbild einseitig unter die Zweiheit eines Kategorienpaares gestellt wird, nimmt der Gegensatz den Charakter der metaphysischen Gespaltenheit an.

Die Spaltung wird dann mit Recht als unbefriedigend empfunden, und man sucht nach der Einheit. Man fällt dabei notwendig in einen ebenso fragwürdigen Monismus. Ja, meist sucht man ihn künstlich herzustellen, indem man die eine Seite des Gegensatzes der anderen überordnet. So ordnen die idealistischen Theorien das Subjekt dem Objekt über, die realistischen umgekehrt das Objekt dem Subjekt. Beide kommen nicht weit mit ihrer These. Denn ableiten läßt sich weder die Welt der Gegenstände aus dem Bewußtsein, noch das Bewußtsein aus ihr.

Ebensowenig konnten die Versuche gelingen, Materie auf Form oder Form auf Materie zurückzuführen. Ursprüngliche kategoriale Gegensätze sind grundsätzlich nicht reduzierbar. Und es bedarf der Reduktion auch nicht. Denn die Welt des Seienden geht ohnehin in keinem dieser Gegensätze auf, läuft also auch nicht Gefahr, von ihnen gespalten zu werden. Es kann sehr wohl auch bei allseitiger Herrschaft der Gegensätze doch alles kontinuierlich ineinander übergehen. Erst wenn man einen von ihnen künstlich den anderen überordnet und so auf das Ganze der Welt überträgt, begeht man mit ihm den Fehler der Grenzüberschreitung (vgl. Kap. 7). Insofern sind alle kategorialen Dualismen mit der Kritik dieses Fehlers zugleich erledigt.

b. Der innere Dualismus im Prinzipiengedanken selbst.

Eine besondere Stellung aber nimmt der Dualismus von Prinzip und Concretum ein. Er betrifft das Wesen der Kategorien selbst in ihrem Verhältnis zum Inbegriff des Seienden, dessen Prinzipien sie sind. Man kann ihn den inneren Dualismus des Prinzipiengedankens überhaupt nennen.

Er kommt mit der bloßen Unterscheidung des Prinzips von seinem Concretum auf und ist, wenn man sich nicht von Anfang an kritisch gegen ihn sichert, hernach nicht mehr loszuwerden. So geschah es in alter Zeit dem ersten großen Versuch dieser Art, der Platonischen Ideenlehre. Auch wenn man in ihr von der Gefahr des eigentlichen Chorismos absieht, d. h. auch wenn man das von den Dingen unterschiedene Ideenreich nicht als von ihnen durch eine Kluft „geschieden" versteht, so bleibt doch die nackte Gespaltenheit der Welt in zwei ontisch verschiedene Reiche übrig, eine Verdoppelung der Welt, die nun durch alle Gebiete hindurchgeht. Dieser Dualismus haftet allen metaphysischen Theorien an, die auf die eine Seite die reinen Formen, Universalien oder sonstwie gefaßten Prinzipien setzen, auf die andere aber die reale Dingwelt.

Dieser Dualismus bedroht den Sinn der Kategorienlehre selbst, und damit auch den der Ontologie. Er verführt immer wieder zu der Meinung, man handle ja gar nicht vom Seienden, wenn man von Kategorien handle. Und in der Tat begegnet man dieser Meinung nicht selten wie einem Einwande. Aber es kann natürlich nicht mit rechten Dingen zugehen, daß Kategorien der Welt so gegenüberstehen, als wären sie ein zweites Seiendes neben der seienden Welt. Hier liegt ein kapitales Mißverständnis vor. Diesem kann man mit einer bloßen Teilhabetheorie nicht begegnen. Denn es besteht nicht im Chorismos.

In der Tat kann man das Gegenüberstehen von Prinzip und Concretum nur dann als Gespaltenheit mißverstehen, wenn man dieses Verhältnis von Grund aus verkennt. Die Vorstellung der Gespaltenheit wird überall da leicht involviert, wo man Kategorien als Wesenheiten, Formen oder gar Begriffe versteht. Aber das zeigte sich ja schon auf der ganzen Linie: eben da, wo man sie so versteht, versteht man sie nicht als das, was sie an sich sind, nicht als Prinzipien. Das Wesen des „Prinzips" als solchen besteht darin, daß es für sich allein überhaupt nichts ist, sondern alles, was es wirklich ist, „für" sein Concretum ist. Oder auch so: ein Prinzip besteht überhaupt nur als das Prinzipielle im Concretum.

Prinzipien bilden folglich niemals und unter gar keinen Umständen eine zweite Welt neben der Welt der Dinge, Geschehnisse und Einzelfälle. Sie sind nicht ein Kosmos über dem Kosmos, sondern ein Kosmos im Kosmos. Und der Sinn der Determination, die sie über das Concretum ausüben, ist der einer Gesetzlichkeit, die nirgends als dort besteht, wo es konkrete Fälle gibt. Das wird auch dadurch nicht beeinträchtigt, daß Kategorien nicht in Gesetzlichkeit aufgehen, daß sie Substratcharaktere enthalten; denn eben diese Substratcharaktere unterliegen demselben Verhältnis des Darinseins. Der Grundcharakter alles kategorialen Seins ist seine Weltimmanenz.

Einen gewissen Vorschub leistet man dem Vorurteil der Dualität durch die philosophische Begriffssprache selbst, sofern man eben von einem „Reich" der Kategorien spricht. Das klingt doch immer wieder nach einer eigenen Sphäre, in der Art wie einst die Ideensphäre gemeint war. Leider lassen sich Ausdrücke dieser Art nicht ganz vermeiden, weil es doch auch notwendig wird, die Kategorien zusammenzufassen; und in dieser Zusammenfassung sind sie natürlich nicht identisch mit der zum Ganzen zusammengefaßten Welt, sondern sind nur das Gerüst in ihr, die durchgehende Struktur. Ganz also kann man den Schein nicht vermeiden. Aber um so mehr gilt es vor ihm auf der Hut zu sein.

c. Das Aufgehen der Kategorien im Concretum.

Das Verhältnis der Kategorien zum Concretum ist im Grunde ein sehr einfaches. Nur die Tradition der Universalienmetaphysik hat das Verständnis dafür getrübt. Es kehrt verkleinert auf vielen Spezialgebieten wieder, z. B. in der exakten Naturwissenschaft. Auch diese hat es in gewissem Sinne mit zweierlei Gegenstandsbereichen zu tun: mit der Natur einerseits und den Gesetzen der Natur andererseits. Aber nicht leicht wird es hier jemandem in den Sinn kommen, darin eine Spaltung zu sehen, d. h. den Gegenstand der Naturwissenschaft für verdoppelt zu halten. Vielmehr ist diese Wissenschaft so geartet, daß sie, indem sie Wissenschaft von den Gesetzen ist, zugleich Wissenschaft von den realen Prozessen ist. Und das hat seinen Grund in ihrem Gegenstande. Denn die Gesetze selbst sind nichts anderes als die Gesetze der Prozesse. Es gibt sie gar nicht außerhalb der realen Verhältnisse und Prozesse. Nur die Wissenschaft hebt sie heraus, und zwar auch nicht um sie abzusondern, sondern einzig um in ihnen das Allgemeine der Realfälle selbst in adäquater Weise zu fassen. Wer das als Isolierung, Abstraktion, Entfernung vom Realen empfindet, der hat vom Sinn der Wissenschaft keinen Begriff.

Im Falle der Naturwissenschaft ist das Mißverständnis auch so auffällig, daß nicht leicht ein Einsichtiger ihm verfallen wird; womit freilich auch nicht gesagt sein soll, daß der Nichteinsichtigen so ganz wenige wären. In der Philosophie aber ist es nicht so leicht, des Vorurteils Herr zu werden. Man hat sich einmal daran gewöhnt, Prinzipien als für sich bestehende Gebilde anzusehen, und die Theorien haben dem immer wieder Vorschub geleistet. Zudem handelt hier eine besondere

Wissenschaft von ihnen. Und schließlich liegt es bei sehr allgemeinen und grundlegenden Gesetzen überhaupt nah, sie von ihrem Concretum abgelöst zu sehen und für sich zu nehmen; die inhaltliche Distanz, der aufs äußerste getriebene Gegensatz von Allgemeinstem und Individuellem, bringt die Täuschung mit sich. Diese Täuschung läßt sich, auch wo sie durchschaut wird, nicht restlos beheben. Das Allgemeinste ist zwar ebensosehr wie das weniger Allgemeine „im" Individuellen selbst, und nur in ihm, enthalten; aber, einmal als solches erfaßt, scheint es doch immer dem Individuellen entgegenzustehen.

Die radikalste Überwindung dieses inneren, dem Kategoriengedanken selbst anhaftenden Dualismus dürfte immer noch die alte sein, die Platon in seiner späten Phase („Sophistes" und „Parmenides") gegeben hat. Sie erschöpft sich nicht in der Aufhebung des Chorismos (Kap. 6 a), sie nimmt auch die Wurzel des Unterschiedes hinweg, auf dem der Dualismus beruhte. Ideen und Dinge werden wieder „eine" Sphäre, und nur der Gegensatz in der Höhenabstufung des Allgemeinen und Einzelnen bleibt übrig; dieser Gegensatz ist ausgeglichen durch den stetigen Übergang des Abstieges in der fortschreitenden „Teilhabe der Ideen aneinander".

Es darf aber nicht verkannt werden, daß diese Überwindung übers Ziel schießt. Sie sollte von Rechts wegen nur die Spaltung und Trennung der Sphären aufheben, nicht den Gegensatz selbst. Der Unterschied von Prinzip und Concretum mußte erhalten bleiben; es ist aber doch fraglich, ob ihm mit der Auflösung in einen bloßen „Höhenabstand" Genüge geschieht. Die Überspannung der Stetigkeit und des Überganges hängt hier — wie auch so oft anderwärts — mit der Äußerlichkeit eines im Grunde bloß logischen Schemas zusammen, das der wahren Natur des kategorialen Baues in der realen Welt nicht entspricht. Dieses Schema — es ist das der nachmals vielumstrittenen Kombinatorik — paßt sehr wohl auf eine bis ins Konkrete herabreichende Ideenwelt, also auf das im weitesten Sinne verstandene ideale Sein, nicht aber auf die modal ganz anders geartete Realwirklichkeit.

Der schlichtere und besser zutreffende Aspekt ist durchaus der oben angegebene des Gesetzesgedankens. Auch er ist nur eine Analogie, wie denn Kategorien nicht in Gesetzlichkeit aufgehen. Aber er ist in diesem Falle doch die bessere Analogie. Denn in dem einen Punkt, auf den es hier allein ankommt, trifft er das Verhältnis von Kategorien und Concretum weit genauer als das Schema der Kombinatorik; dieser Punkt ist die Art des Enthaltenseins der Kategorien in ihrem Concretum. Wie die Naturgesetze nur in den realen Naturprozessen ihr Bestehen haben und außerhalb ihrer nichts sind, so haben auch die Kategorien des Realen nur als die inneren Strukturverhältnisse der realen Welt selbst ihr Bestehen und sind kein irgendwie für sich Seiendes jenseits des Realen.

Weiter freilich reicht auch diese Analogie nicht. Man darf sie nicht wie ein universales Schema hinnehmen und dogmatisieren. Ein Teilverhältnis kann wohl einen Fingerzeig geben, wie das im übrigen ungreifbare Grundverhältnis zu verstehen ist. Aber es kann diesem nicht schlechthin gleichen. Für die letzten Grundverhältnisse gibt es keine strengen Analogien, keine zutreffenden Bilder, Begriffe oder Gleichnisse. Man muß sie im Fortschreiten der Analyse aus sich selbst heraus zu verstehen suchen.

17. Kapitel. Das Vorurteil des Harmoniepostulats.

a. Die Antinomien und der Realwiderstreit.

Ist man des kategorialen Monismus und Dualismus Herr geworden, so ist damit der Einheitsschematismus noch nicht in jeder Hinsicht überwunden. Gerade die Überbrückung der Gegensätze bringt ein neues Einheitsschema mit sich — nicht in Form des „obersten Prinzips", wohl aber in Form des geforderten Ausgleichs, des Harmoniepostulats.

Heraklit, der schroffer als alle die Gegensätze an die Spitze stellte, ging auch mit der Idee ihrer restlosen Auflösung in die „schönste Harmonie" voran, die „verborgen" in ihrem Widerstreit waltet und „stärker" ist als die vergängliche „offenbare" Teilharmonie. In dieser Harmonie des Ganzen bestehen ohne Abbruch und ohne Aufhebung alle Gegensätze zusammen, nicht in Koinzidenz zwar, wohl aber in Form des Ausgleichs. Sie halten einander die Wage. „Die Harmonie ist die der Gegenspannung, wie die des Bogens und der Leyer".

Dieses Harmonieprinzip hat sich in der Folgezeit machtvoll durchgesetzt. Es herrscht fast überall, wo nicht kategorialer Monismus oder Dualismus einfachere Lösungen vortäuschen. Es herrscht meist auch dort, wo sich gewichtigere Dualitäten auftun, wie die von Gut und Böse. Die Theodizee der Stoiker hielt an der Weltharmonie des Logos fest. Sie wurde damit vorbildlich für alle späteren Versuche, das Böse unter dem Gesichtspunkte des Guten zu rechtfertigen. Und genau so wird es mit den anderen Gegensätzen gemacht: gibt es schon keine aufzeigbare punktuelle Einheit, so muß doch Einheit des Einklanges bestehen. Es dürfen keine Widersprüche bleiben; und wo sie bestehen, müssen sie sich doch wieder aufheben. Die Aufhebung sucht man dann stets ganz folgerichtig in der Einbeziehung in größere Zusammenhänge.

Daß darin auch eine gefährliche Vereinfachung der Sachlage liegen kann, ist auf den ersten Blick nicht zu sehen. Seit dem Aufkommen des

Antinomiengedankens bei Zenon dem Älteren ist man immerhin darauf aufmerksam geworden. Im Wesen der Antinomie liegt es aber, die Frage umzukehren: wo haben wir denn die Einstimmigkeit — etwa in solchen Phänomenen wie der Bewegung, der Vielheit, der Räumlichkeit? Gegeben ist zunächst nicht sie, sondern mannigfacher Widerstreit, ein Zusammenbestehen des Widersprechenden. Diese Einsicht ist für das logische Denken etwas Unglaubwürdiges; sie widerspricht seinem Grundgesetz, dem Satz des Widerspruchs. Dieser eben erklärt das Widersprechende für unmöglich.

Das Harmoniepostulat ist eine bequeme, summarische Auskunft. Der unbequeme, beunruhigende Antinomiengedanke konnte sich dagegen nur langsam durchsetzen. Die antike Dialektik war diesem Ansinnen nicht gewachsen; sie sah nur skeptische oder dogmatische Auswege, aber keine positive Auswertung. Auch Platons großartige Antinomien im „Parmenides" stehen vereinsamt da und blieben unbearbeitet. Von Plotin bis auf den Cusaner suchte man die Lösung allen Widerstreits (wo man ihn sah) in einem transzendenten Prinzip, dessen Beschaffenheit man aber nicht näher angeben konnte. Erst bei Kant kommen die Antinomien zu ihrem vollen Recht, und zwar gerade als Fundamentalfragen der realen Welt in ihrer Ganzheit, ontologisch ausgedrückt also, als kategoriale Grundfragen. Denn daß Kant solche Gegensätze, wie sie hier tangiert sind (Einstimmigkeit und Widerstreit, Teil und Ganzes u. a.), nicht als Kategorien gelten ließ, geschah nicht aus inhaltlichen Gründen, sondern nur weil er sie zweideutig (amphibolisch) fand; das aber ist nur die Kehrseite der Antinomien.

Immerhin ist auch Kant noch gar zu sehr auf „Lösung" der Antinomien bedacht, d. h. darauf, den Realwiderstreit zu überwinden. Er kann sie auf diese Weise auch nicht eigentlich auswerten. Nach ihm handelt es sich um „Antinomien der Vernunft": nicht die Sache — d. h. die Welt — ist in sich widerstreitend, sondern die Vernunft, weil sie ihr nicht gewachsen ist, liegt mit sich selbst im Widerstreit. Darum sind sowohl These wie Antithese aus der Vernunft heraus notwendig. Auf dieser Basis konnte Kant die Antinomien allerdings ernst nehmen; aber der Charakter des Realwiderstreits ging dabei verloren. Und die Lösungen, die er gibt, stehen nicht auf gleicher Höhe wie die Problemaufrollung. Es sind idealistisch-spekulative Lösungen, die mit der Metaphysik des transzendentalen Bewußtseins, sowie des Gegensatzes von Ding an sich und Erscheinung stehen und fallen.

b. Echte und unechte Antinomien. Kant und die Hegelsche Dialektik.

Sofern nun hier noch ein Fehler liegt, muß man ihn doch noch tiefer in den Voraussetzungen suchen. Ist es eigentlich überhaupt so sicher, daß alle Antinomien sich lösen müssen? Ist die Forderung der ratio, daß alle Widersprüche sich aufheben müssen, und damit die grundsätzliche Tendenz, den Widerstreit von vornherein gar nicht anzuerkennen, nicht am Ende selbst ein Vorurteil? Kann eine Antinomie nicht gerade als solche zurecht bestehen, auch ohne sich aufzulösen? Ist es wahr, daß sie die Sache, der sie anhaftet, vernichten würde?

Zenon ließ den Paradoxien der Bewegung ihr Recht, aber er verwarf dafür die Bewegung selbst. In seinen Augen zerriß und vernichtete der innere Widerspruch das Sein der Bewegung, und zwar in schroffster Opposition gegen das Phänomen, das als solches er ja nicht bestreiten konnte. Ähnlich verfuhr Kant in den „mathematischen Antinomien"; er verwarf These und Antithese zugleich, und zwar auch er in verhängnisvollem Widerspruch zu einem Phänomen. Seine „dynamischen Antinomien" dagegen löste er auf, und zwar zugunsten der Thesis. Damit aber vernichtete er sie selbst. Denn er erklärte den Widerstreit für transzendentalen Schein.

Gibt es keinen dritten Weg? Ist es notwendig, daß jede auftauchende Antinomie entweder zur Aufhebung ihrer selbst oder zur Aufhebung der Sache (resp. des Phänomens) führt? Welches Recht haben wir eigentlich, die Sache selbst, so wie sie sich darstellt, — d. h. die Sache in ihrer eigentümlich antinomischen Struktur — zugleich mit ihrer Begreiflichkeit preiszugeben? Wie wäre es, wenn etwa die Antinomie gerade das innere Wesen der Sache ausmachte, d. h. wenn die Antinomie real wäre? Dann müßte doch vielmehr jeder philosophische Versuch, sie aufzulösen, von vornherein ein unmögliches Unternehmen sein. Und nicht nur ein unmögliches, sondern auch ein in der Tendenz falsches, ein grundsätzlich irregeleitetes, ein den Sinn der Antinomie mißverstehendes Unternehmen. Die Auflösung eben würde die Antinomie zum Verschwinden bringen. Ist aber die Antinomie selbst in der Sache — z. B. in der Welt als einem Ganzen — real, so ist ihr Verschwinden im Denken der Sache einfach Täuschung des Denkens, ein Blendwerk der Theorie.

Die vermeintliche Lösung ist dann nichts als Verkennung der Unlösbarkeit. Nichts hat diese an sich einfache Einsicht so sehr behindert wie der Rationalismus in der neuzeitlichen Philosophie. Man sah den Satz des Widerspruchs als Gesetz der Vernunft an, und deswegen als Gesetz der Welt. Dieser Satz aber verneint die Realität des Widerspruchs. Wohl sind mancherlei Zweifel gegen den Satz des Widerspruchs geltend gemacht worden. Sie konnten sich vor der Gewaltherrschaft der Vernunft nicht halten. Hegel erst war es, der hier Bahn gebrochen hat.

Er nimmt gerade den Widerspruch selbst, wo und wie er ihn findet, als real. Er hebt damit den „Satz des Widerspruchs" auf. Nach ihm hat alles Seiende den Widerspruch an sich, alles ist in gewissem Sinne auch das Gegenteil seiner selbst. Darum besteht seine Dialektik wesentlich darin, überall das verborgene Antinomische aufzuspüren. Sie hat eine Fülle von Antinomien aufgedeckt, von der sich die alte Ontologie nichts träumen ließ. Aber sie schritt auch über diese Antinomien hinweg zu immer neuen Synthesen, in denen der Widerstreit sich löste. Sie hat damit ihre eigene Errungenschaft wieder zweideutig gemacht.

Denn gerade Hegels Denken steht ganz unter dem Harmoniepostulat. Hegel läßt den Widerspruch im Sein nur gelten, um ihn desto sicherer wieder „aufzuheben". Seine Dialektik ist eine einzige große Kette von Lösungen aufgedeckter Widersprüche. Dieser ständige Triumph der Vernunft über den Widerspruch ist wohl angetan, die größten Bedenken zu erwecken. Ist es doch, als käme nun noch viel weniger der Ernst der Antinomien zu seinem Recht. Wohl lassen sich spekulativ über jeder Antithetik Synthesen konstruieren. Aber sind konstruierte Synthesen denn Lösungen? Und wenn sie es sind, vernichten sie da nicht eben die Antinomien?

Dennoch ist auch das nicht das Letzte der Hegelschen Dialektik. Gerade wenn man dieses Bedenken ernst nimmt, zeigt sie doch ein anderes Gesicht. Die Hegelschen Synthesen sind nämlich, genauer besehen, keine Lösungen des Widerspruches, sondern nur „Aufhebungen" im dialektischen Sinne. Die These und Antithese setzen sich beide in die Synthese hinein fort. Sie bleiben gerade erhalten, kehren an den höheren Synthesen in neuer und neuer Form wieder. Freilich sinken sie dabei zu untergeordneten Momenten herab, aber sie sind doch in ihrer „Aufhebung" zugleich aufbewahrt. Es ist also gar nicht die Aufgabe der Synthese, die Antithetik zu „lösen", sondern vielmehr das Zusammenbestehen des Entgegengesetzten im höheren Gebilde zu erweisen. Der Widerstreit lebt ungebrochen fort. Es ist Ernst mit seiner Realität.

Will man sich die große Lehre der Hegelschen Logik zueigen machen, ohne ihrer fragwürdigen Systematik zu verfallen, so genügt es nicht, sich klar zu machen, daß sie trotz aller harmonistischen Tendenz doch im Grunde die Überwindung des kategorialen Harmoniepostulats enthält. Es genügt auch nicht, daß man den traditionellen Gedanken, alle Antinomien müßten lösbar sein, als falsch verwirft und etwa einräumt, es könne auch unlösbare geben. Man muß vielmehr auch die Hegelsche Dialektik hinter sich lassen, um erst aus einer gewissen Distanz zu ihr die Folgerung zu ziehen.

Diese nämlich fällt dann wieder um vieles einfacher aus, als das komplizierte Widerspiel der Hegelschen Antithetik vermuten ließ. Es gilt, sich eines grundsätzlich klar zu machen: was sich lösen läßt, das war vielmehr von vornherein keine echte Antinomie; da war der Widerspruch kein innerer, bodenständiger. Ein Widerspruch, der sich beheben läßt, ist eben in Wahrheit gar nicht an der Sache vorhanden. Er bestand nur zum Schein, bestand vielleicht nur auf der Basis unzureichender Problemfassung oder irriger Voraussetzung. Der Schein kann auf solcher Basis ein durchaus notwendiger sein. Er kann auch für uns unaufhebbar sein, wie Kants „transzendentaler Schein", dann nämlich, wenn wir keine Möglichkeit haben, hinter die gemachte Voraussetzung zurückzugreifen. Aber wo und wie immer wir der Voraussetzung beikommen können, da muß er mit ihr zugleich fallen.

Der Widerspruch bestand dann aber nicht an der Sache selbst, sondern nur an der inadäquaten Fassung. Es gibt ohne Zweifel unzählige unechte Antinomien, die in bestimmten Problemstadien ihre Berechtigung haben, aber im Fortschreiten der Einsicht verschwinden müssen. Hierher darf man heute die Zenonischen Antinomien rechnen. Auch von den Hegelschen Antinomien gehört vielleicht der größere Teil hierher. Es bleiben genug andere übrig, die sich nicht lösen lassen. Nur die in der Sache selbst liegende Antinomie ist echt. Eine echte Antinomie ist noch nie gelöst worden, was immer auch die Theorien als Lösung ausgeben mögen. An einer echten Antinomie ist schon das Ansinnen, sie lösbar zu machen, Verkennung der Sache.

c. Sinn der unlösbaren Antinomien. Größenwahn der Vernunft.

Es gibt der echten Antinomien nicht so viele, als man unter dem Eindruck der Hegelschen Logik meinen sollte. Aber es sind ihrer doch genug, um eine erhebliche Rolle zu spielen. Die Kantischen Antinomien sind ungelöst geblieben; unter den Hegelschen darf dasselbe immerhin von vielen gelten. Zenons Aporien haben sich zwar in seiner Fassung lösen lassen; aber es sind andere dahinterstehende aufgetaucht, die sich so leicht nicht bewältigen lassen. Es ist das Große an Zenon, daß er in dem entscheidenden Punkte — dem des auftauchenden Widerspruchs — keinem Kompromiß zugänglich war. Ebenso ist es das Große an Hegel, daß er die Widersprüche nicht abstumpft und verbiegt, sondern bewußt hervorkehrt und „zuspitzt", um an ihrer Spannweite erst die wahren Ausmaße des Gegenstandes zu gewinnen.

Sind unlösbare Antinomien etwas Sinnloses? Kein Zweifel, die große Mehrzahl der Denker hat es gedacht. Und dennoch, liegt es nicht auf der Hand, daß eben das ein rationalistisches Vorurteil ist? Ganz im Gegenteil, es läßt sich zeigen: so allein, als unlösbare, sind Antinomien sinnvoll. Sinnlos dagegen ist der Begriff der „lösbaren Antinomie", ein hölzernes Eisen; man bemerkt es nur nicht, weil man sich nicht Rechenschaft gibt, was eigentlich damit gemeint ist. Erweist sich eine Antinomie als lösbar, so erweist sich, daß sie keine Antinomie war. Das ist ein in sich evidenter Sachverhalt, wenn man ihn einmal durchschaut hat. Daß man ihn nicht durchschaute, ist die tiefere Wurzel des Harmoniepostulats.

Dahinter steht freilich etwas noch Allgemeineres: das auf nichts gegründete Vorurteil der menschlichen Vernunft — gleichsam ihr Größenwahn —, daß nur Probleme, die sie zu lösen vermag, zu Recht bestehen. Es ist nicht leicht, sich zur Einsicht zu bringen, daß dem nicht so ist. Eine späte Errungenschaft ist das Wissen, daß es vielmehr auf allen Gebieten Probleme gibt, die unlösbar sind, die aber deswegen doch nicht abweisbar, weil nicht aus der Welt zu schaffen, sind. Nicht die Vernunft „macht" die Probleme; sie sind ihr aufgegeben, und zwar dadurch, daß die Welt so ist, wie sie ist. Die Vernunft kann sie nur als solche erkennen oder verkennen, aber nicht ändern. Alle echten metaphysischen Fragen enthalten unlösbare Problemreste. Warum sollte es gerade mit einer Spezialform metaphysischer Fragen, den Antinomien, anders sein? Die Sachlage ist doch vielmehr die umgekehrte: die Antinomie als solche ist diejenige Problemform, in der die Unlösbarkeit selbst bereits mit ausgedrückt und gleichsam sichtbar gemacht ist. Denn eben sichtbar ist in ihr die Gegenläufigkeit des Widerstreitenden, sofern beide Seiten der Antithetik unabweisbar sind.

Angesichts einer solchen Problemform ist es a priori einsichtig, daß alle Lösungen nur Scheinlösungen sein können. Sie können nur standpunktlich bedingte Geltung haben. Und das bedeutet, daß sie philosophisch überhaupt keine Geltung haben können.

Solche Lösungen wollen das Diskrepante zur Harmonie zwingen; sie fragen nicht danach, ob das Diskrepante überhaupt der Harmonie bedarf, oder auch nur ihrer fähig ist. Das menschliche Verstehen hat die Form der Einheitlichkeit und Einstimmigkeit; daher seine Tendenz, alles Widerstreitende einstimmig zu machen, es unter den Satz des Widerspruchs zu zwingen, es koste was es wolle. Diese allzumenschliche Teleologie des Verstehens ist eine Rechnung, die nie aufgehen kann; sie mißt die Gesetzlichkeit der Welt an ihren Zwecken der Vereinfachung. Die Unfähigkeit der Vernunft, das in ihr nicht Aufgehende gelten zu lassen, ist ihr Armutszeugnis.

Was daraus für die Kategorien folgt, ist nun leicht einzusehen. Alle am Concretum auftretenden Antinomien sind im Grunde reine Kategorienprobleme. Es steckt in ihnen allen der Widerstreit des Prinzipiellen gegen Prinzipielles. Der Widerstreit also ist im kategorialen Sein selbst beheimatet. Nur darum ist er am Concretum ein unaufhebbarer. Das Gefüge der Kategorien fügt sich dem Harmoniepostulat nicht. Es kann deswegen unter seinem Gesichtspunkte ebensowenig erfaßt werden wie unter dem des Einheitspostulats.

Es gibt kategoriale Gegensätze im Aufbau der realen Welt, die rein von sich aus auf einen Widerstreit hinausführen. Diesem Umstande muß man, wo immer man ihm begegnet, Rechnung tragen, auch auf die Gefahr hin, das in Rechnung Gezogene nicht begreifen zu können. Diese Gefahr ist die geringere, diese Rechnung immer noch die bessere. Daß man damit den Teildualismen die Tür öffnet, will wenig besagen. Diese erscheinen ohnehin eingebettet in größere kategoriale Mannigfaltigkeiten, in denen sie als untergeordnete Momente verschwinden. Die Einheitlichkeit des Ganzen ist von ihnen nicht bedroht, sofern man nur den Aspekt der Ganzheit weit genug offen hält, die Spannweite allen Widerstreites zu umfassen.

d. Die Einheit der Welt und das natürliche System der Kategorien.

Man braucht nicht zu befürchten, daß man auf diese Weise in einen uferlosen Pluralismus geraten könnte, der die Einheit der Welt in lauter Teilaspekte zerreißen müßte. Die Pluralität der Kategorien hat mit Pluralismus nichts zu tun. Sie ist eine Selbstverständlichkeit, denn sie ist nichts als der kategoriale Ausdruck der Gestaltenmannigfaltigkeit im Aufbau der Welt.

Daß es auch einen Einheitstypus der Welt geben müsse, und folglich auch einen solchen des Kategoriensystems, darum besorgt zu sein haben wir keinen Grund. Die Einheit im Sinne der Ganzheit und des Zusammenhalts ist uns gewiß. Schon der durchgehende Phänomen- und Problemzusammenhang legt von ihr Zeugnis ab. Aber sie in Form irgendeines bestimmten kategorialen Postulats vorwegzunehmen, ist Vorwitz. Sie braucht weder die Form eines obersten Prinzips zu haben noch die der Widerspruchslosigkeit, ebensowenig aber auch die einer einzigen, durch alle Gebiete hindurchgehenden Gegensätzlichkeit. Denn auch die Dualismen sind verkappte Einheitspostulate. Setzt doch Widersprechendes notwendig die Einheit des genus voraus.

Man soll dem Kategorienreich keinen Einheitstypus aufzwingen, der sich nicht aus ihm selbst in der Analyse der Kategorien ergibt. Einheiten konstruieren ist leicht; sie herausfinden, wo sie vorhanden sind, ist um vieles schwerer. Die Systembauten der Metaphysik haben unentwegt Einheitstypen konstruiert und dann gemäß der Konstruktion die Weltbilder geformt. Aber immer ergaben sich über lang oder kurz Widersprüche gegen irgendein Phänomengebiet, das man nicht berücksichtigt hatte. In solchem Konflikt unterliegt notwendig die Konstruktion.

Der umgekehrte Weg muß gegangen werden, die Einheit muß dem Seienden in seiner kategorialen Mannigfaltigkeit erst abgewonnen werden. Es ist unmöglich, zum voraus zu wissen, wie sie beschaffen ist. Sicherlich paßt auf sie keines der einfachen Einheitsschemata, die sich überall dem Gedanken anbieten, sich gleichsam a priori aufdrängen. Es gibt kein gefährlicheres a priori als dieses, keines, das weniger Aussicht auf objektive Gültigkeit hätte.

Die wirkliche Einheit der Welt und ihres Kategoriensystems kann sich bestenfalls an der inneren Strukturgesetzlichkeit ergeben, die den Aufbau der realen Welt beherrscht, und die sich dann am Leitfaden der kategorialen Zusammenhänge wohl auch muß ermitteln lassen. Nur darf man sich dieses Ermitteln nicht wie ein geschwindes intuitives Erschauen vorstellen. Es muß den langen Weg der Kategorialanalyse durchlaufen, der sich nicht willkürlich abkürzen läßt. Daß ein Fortschreiten an diesem Leitfaden auf die Einheit eines Systems hinausführt — auf das natürliche System des Seienden, ausgeprägt in einem ebenso natürlichen System von Kategorien —, wird man wohl kaum bezweifeln können. Aber das hat mit der punktuellen Einheit eines Prinzips nichts zu tun, mit einem herrschenden Gegensatz oder herrschender Einstimmigkeit ebensowenig. Außerdem unterscheidet sich ein solches System von allen konstruierten Systemen dadurch, daß man es nicht zum voraus angeben kann. Man muß es der Welt, wie sie ist, erst abgewinnen. Denn auf das Wie des Systems kommt es dann an, auf seinen inneren Bau. Und der läßt sich nicht antizipieren.

Auch den umgekehrten Fehler freilich gilt es zu vermeiden. Man darf aus dieser Sachlage nicht durch voreilig agnostische Zuspitzung einen Irrationalismus machen. Es liegt kein Grund vor, das natürliche System im Aufbau der realen Welt für unerkennbar zu halten. Ganz im Gegenteil, von jedem Problemstadium der Kategorienforschung aus ist ein gewisser Zugang zum Einheits- und Systemtypus des Ganzen gegeben, und in ihrem Fortschreiten wird dieser Zugang notwendig immer breiter.

Daß dem so ist, davon legt gerade das heutige Stadium der Forschung Zeugnis ab. Der lückenhafte Überblick, den wir gewinnen können, genügt durchaus, um eine Anzahl kategorialer Zusammenhangsgesetze faßbar zu machen. Und in diesen liegt bereits der Hinweis, in welcher Richtung die Einheitsstruktur in der Mannigfaltigkeit zu suchen ist. Von diesen Gesetzen wird (im III. Teil) eine besondere Untersuchung zu handeln haben.

Zweiter Teil

Die Lehre von den Fundamentalkategorien

I. Abschnitt

Die Schichten des Realen und die Sphären

18. Kapitel. Die Erkenntnissphäre und ihre Stufen.

a. Realität und Erkenntnis.

Die Reihe der Vorfragen, ehe man an die Gruppe der allgemeinsten Kategorien heranschreiten kann, ist noch nicht abgeschlossen. Es wurden bisher nur diejenigen behandelt, die eine radikale Kritik bestehender oder in unserer Zeit noch nachwirkender Anschauungen notwendig machten. Darüber hinaus gibt es aber noch solche, die erst nach Erledigung jener Anschauungen in den Vordergrund treten, Fragen also, welche dem inhaltlichen Vorgehen bereits näher stehen und die Disposition der Gesamtaufgabe betreffen. Bei der Größe des Problemfeldes sind die Differenzierung der Aufgabe sowie die aus ihr resultierenden Fingerzeige von allergrößtem Wert. Man muß sie also vorweg zu gewinnen suchen.

Zunächst stehen sich, wenn man die Konsequenzen der kritischen Untersuchung zieht, zwei heterogene Einteilungsprinzipien gegenüber, die beide das Ganze der kategorialen Mannigfaltigkeit in der Einheit der Welt betreffen. Die eine ist die nach den Sphären des Gegebenen und der Phänomene, die andere die nach den Stufen oder Schichten des Realen. Beide sind bereits mehrfach aufgetaucht, denn beide sind in dem weitverzweigten Problembereich verwurzelt, der in der kritischen Erörterung durchlaufen wurde. Die Frage ist nun, wie diese beiden Ordnungsverhältnisse zueinander stehen. Denn irgendein inneres Verhältnis zwischen ihnen muß es geben. Anders könnten sie nicht beide auf eine und dieselbe kategoriale Mannigfaltigkeit, und durch sie hindurch auf ein und denselben Aufbau der realen Welt bezogen sein.

Den Ausgang für diese letzte Voruntersuchung kann man ohne Bedenken von der ontologischen Stellung der Erkenntnissphäre nehmen, obgleich sie eine sekundäre ist. Denn sie ist diejenige, in der die Arten der Gegebenheit sich zusammendrängen und auf deren Boden sie spielen. Auch bringt man den wichtigsten Sphärenunterschied schon mit, wenn man vom Erkenntnisproblem herkommt. Er wurzelt in dem unaufhebbaren Gegenüber von Subjekt und Objekt, durch welches ein Erkenntnisverhältnis erst möglich wird. Eben dieses Gegenüberstehen aber ist ontologisch durchaus kein grundlegendes. Denn das Objektsein ist für Seiendes nicht charakteristisch; das Seiende ist übergegenständlich. Außerdem ist keineswegs das Erkenntnisobjekt allein ein seiendes, sondern ebensosehr auch das Subjekt. Beide bestehen auch in gleicher Weise an sich. Und zwar ist ihr Sein, soweit es sich um Realerkenntnis handelt, vom gleichen Realitätstypus. Sie sind reales Subjekt und reales Objekt.

Das Erkenntnisverhältnis ist kein ontisches Grundverhältnis. Es spaltet das Seiende nicht in eine Welt des Subjekts und eine des Objekts. Es läßt beide auf gleicher Seinsbasis bestehen; wie denn Subjekte selbst wiederum Objekte möglicher Erkenntnis sind. Die eine Welt des Realen ist die der Dinge und Personen. Erkennendes und Erkanntes haben dieselbe Realwirklichkeit, Zeitlichkeit, Zerstörbarkeit, Individualität. Das erkennende Subjekt hat nur einen inhaltlichen Seinsvorzug, den, daß es das Ganze dieses Realgefüges (einschließlich seiner selbst) noch einmal in sich darstellt, repräsentiert — oder, wie ein altes Bild sagt, „widerspiegelt".

Die Begriffe und Gleichnisse reichen hier zwar alle nicht zu. Aber soviel besagen sie eindeutig: das erkennende Weltbewußtsein ist die Wiederkehr seiner selbst und aller Dinge in der Vorstellung, im Gedanken, in der Meinung und Beurteilung. Es ist zwar nur eine inhaltliche Wiederkehr im Ausschnitt, und auch das nur näherungsweise, aber dennoch eine Art Wiederkehr: eine zweite Welt als Darstellung der ersten im Subjekt, aber nicht neben der ersten, sondern in ihr. Denn das Subjekt ist von der ersten mit umfaßt. Die Relation zwischen Vorstellung und Gegenstand ist eine von vielen Beziehungen, die das seiende Subjekt mit anderem Seienden verbinden; wie denn Erkenntnis nur ein Spezialfall der transzendenten Akte (Erleben, Erfahren, Wollen, Handeln usw.) ist, und keineswegs der bevorzugte oder grundlegende unter ihnen.

Somit steht die Sphäre der Erkenntnis — inhaltlich gesehen, als die dem Subjekt angehörende Repräsentation der Welt — keineswegs der Sphäre des Realen gegenüber, sondern ist als eine Teilsphäre in sie einbezogen. Sie ist auch nicht ihr gleichwertig, bildet kein gleichgestelltes Gegenglied, wie korrelativistische Theorien es immer wieder gelehrt haben, sondern bleibt ihr untergeordnet. Das ganze Erkenntnisverhältnis ist eine Teilrelation des Seienden. So wenigstens ist es im ontischen Grundverhältnis.

Im Gegebenheitsverhältnis ist der Aspekt ein anderer. Gegeben ist dem erkennenden Subjekt zunächst alles in Form des Erkenntnisinhalts, wennschon es naiverweise um diese Form als solche nicht weiß und erst von der einsetzenden gnoseologischen Reflexion darüber belehrt wird. Die Erkenntnissphäre ist also gerade für die ontologische Besinnung zunächst vorgelagert, und erst durch sie hindurch stößt der Gedanke auf das Ansichseiende. Darin liegt der Grund, warum die Erkenntnissphäre, obgleich ontologisch sekundär und allseitig bedingt, dennoch als Gegebenheitsbereich auch im Kategorienproblem das Nächstliegende ist. Sie bedarf darum besonderer Berücksichtigung, nicht um ihrer selbst willen, sondern um der Erfassung des Realen willen. Das Erkennen eben ist das Erfassen.

b. Die Spaltung der Erkenntnissphäre. Traditionelle Unterscheidungen.

Andererseits ist auch die Erkenntnis kein in sich homogenes Ganzes, dessen inhaltliche Mannigfaltigkeit in sich gleichartig wäre. Sie stuft sich mehrfach ab; und von alters her hat man gesehen, daß die Stufen genug Gegensätzlichkeit zeigen können, um in Konflikt miteinander zu geraten. Aber nur langsam und im steten Kampf mit vorschnellen Deutungen ringt sich die Einsicht durch, daß auch der Gegensatz dieser Stufen auf Verschiedenheit der kategorialen Struktur beruht.

Bei Aristoteles ist eine solche Stufenfolge im Erkenntnisgang schon klar herausgearbeitet: Wahrnehmung, Erinnerung, Erfahrung und Wissen. Diese Stufenfolge soll zeigen, wie sich von relativ einfachen Elementen der Gegebenheit aus durch das Einsetzen höherer (im wesentlichen verbindender) Funktionen das eigentliche Wissen um die Sache herausbildet, welches schon einen Einschlag von Selbstkontrolle hat und Anspruch auf Wahrheit erheben kann. Sie ist früh zur philosophischen Tradition geworden und in der Mehrzahl späterer Theorien maßgebend geblieben. Geschichtlich hinter ihr steht die ältere zweistufige Gliederung von Wahrnehmung und Einsicht (αἴσθησις und νόησις), die in der Vorsokratik herausgebildet worden war. Sie entspricht der ältesten erkenntnistheoretischen Besinnung, welche besagt, daß Wahrnehmung allein über das Wesen der Dinge nicht belehrt.

Zwischen diese offenbar extrem heterogenen Stufen hatte Platon den Spielraum der Vorstellung oder Meinung (δόξα) gesetzt. Die Meinung bildet sich der Mensch, indem er über das Wahrgenommene hinausgeht; darum unterliegt er mit ihr in erhöhtem Maße dem Irrtum. Die Wahrnehmung mag subjektiv sein, aber sie ist unmittelbare Gegebenheit und als solche nicht aufhebbar; in der Vorstellung dagegen setzt eine relativ freie Tätigkeit des Meinung-Bildens ein. Diese Freiheit bringt die Vielheit der Meinungen mit sich, von denen bestenfalls eine zutreffen kann. Darüber hinaus kann nur eine Instanz der Sicherung führen, und eine solche muß der Tendenz nach auf Gewißheit gehen. Diese Instanz hat man von jeher im Aufdecken der Gründe gesucht. Aber das ist Sache größerer Überschau. Das Auf-den-Grund-Gehen und die Überschau machen zusammen — und zwar beide im Gegensatz zur Meinung — den neuentdeckten Begriff der Wissenschaft aus (ἐπιστήμη). Das kritische Moment der Rechenschaft unterscheidet die Wissenschaft von der Unverbindlichkeit der Vorstellung und Meinung.

Selbstverständlich lassen sich diese Stufen weiter unterteilen. Bestehen sie doch überhaupt nicht streng geschieden, sondern nur durch unmerkliche Übergänge verbunden. Aber nicht darauf kommt es hier an. Es ist auch nicht so wesentlich, ob man die Aristotelische oder die Platonische Stufenfolge zugrunde legt, obgleich diese beiden sachlich sehr verschieden sind (Empirie ist etwas ganz anderes als Meinung); man kann statt dessen auch einer der neuzeitlichen Einteilungen folgen, etwa der Kantischen, die zwischen Sinnlichkeit und Verstand die Einbildungskraft einschaltet, und zwar mit einem deutlichen Einschlag von Anschauungscharakter. Doch ist es mit dieser Anordnung schon mehr auf das Ineinandergreifen der Funktionen abgesehen als auf eine Stufenordnung.

Worauf es hier allein ankommt, ist vielmehr, daß es überhaupt Stufenunterschiede innerhalb der Erkenntnis gibt. Denn steht nun jede dieser Stufen unter ihren Kategorien, und hat jede von ihnen ein besonderes Verhältnis zum Gegenstande, so wird das Verhältnis der Kategorien verschiedener Erkenntnisstufen zueinander und zu den Seinskategorien von großer Bedeutung. Und da es sich natürlich nicht um ganz verschiedene Kategorien, sondern nur um partial verschiedene handeln kann — denn sonst wären die Stufen nicht vergleichbar und auch nicht ineinander überführbar —, so läßt sich unschwer voraussehen, daß in gewissen Fällen auch dieselben Kategorien verschiedenen Erkenntnisstufen angehören dürften, nur in entsprechender Modifikation.

c. Verhältnis der Erkenntnisstufen zum Logischen und zum Akt.

Dafür ist vor allem eines maßgebend. Die genannten Stufen sind alle echte Erkenntnisstufen. In ihnen wird Seiendes erfaßt, und dieses Erfassen ist das Erkennen. Es ist nicht so, wie häufig behauptet worden ist, daß die niederen Stufen bloß subjektive Bewußtseinsphänomene wären, die oberste aber dadurch über sie hinausgehoben würde, daß sie logische Struktur hat. Der Unterschied des Logischen und Alogischen besteht hier freilich zu Recht; aber nicht er macht den Stufenunterschied aus.

Man verkennt diese Sachlage notwendig, solange man das Erkenntnisverhältnis mit dem logischen Verhältnis verwechselt. Erkenntnis ist ein transzendenter Akt; sie hat mit dem Urteil direkt nichts zu tun, sie bewegt sich in anderer Dimension. Erkenntnis besteht nicht darin, daß „etwas als etwas" gesetzt, bezeichnet oder anerkannt wird, wie von phänomenologischer Seite immer wieder behauptet wird. „Etwas als etwas", das ist vielmehr die logische Form des Urteils. Ein Urteil kann die Fassung oder der Ausdruck einer Einsicht sein, braucht es aber nicht zu sein; es gibt auch die bloße Behauptung ohne Einsicht. Aber auch wo das Urteil Ausdruck der Einsicht ist, da ist es doch noch lange nicht selbst die Einsicht. Denn es gibt auch vielerlei Einsicht, die weit entfernt ist von Urteilsform. Dahin gehört das meiste intuitive Erfassen menschlicher Eigenart; aber auch die Wahrnehmung und die große Menge der Meinungen (soweit sie den Gegenstand erfassen) gehören hierher.

Setzt man Erkenntnis gleich dem Urteil, so verkennt man zwangsläufig den Erkenntnischarakter der Wahrnehmung, sowie aller konkretanschaulichen Gegenstandsauffassung. Das aber ist gerade charakteristisch, daß Wahrnehmung auch ein Erfassen ist, und zwar auch ein durchaus objektives, wenn auch ein einseitiges und beschränktes. Dasselbe gilt von höheren Stufen anschaulichen Erfassens, von aller naiven Erfahrung und der Tendenz nach auch von der Meinung. Es gibt neben der Wahrnehmung das Wahrnehmungsurteil, neben der Meinung den Begriff, in dem sie sich ausprägt. Aber Urteil und Begriff bleiben im Erkenntnisverhältnis sekundär; sie können auch ausbleiben, und am Inhalt ändert das nichts.

Wo aber ein ganzer Zusammenhang von Urteilen und Begriffen sich herausbildet, da macht er eine Sphäre geprägter Gebilde aus, die nun sogar eine gewisse Selbständigkeit gegen die Stufen der Erkenntnis zeigen. Diese Sphäre — die logische — ist erst recht sekundär; da sie aber dem entwickelten Gegenstandsbewußtsein die greifbarste ist, so neigt die Theorie dazu, sie für fundamental zu halten und von ihr aus die nicht logisch geformten Stufen der Erkenntnis zu entwerten.

Und auf der anderen Seite gibt es hinter den inhaltlichen Erkenntnisstufen die seelischen Akte, die dem Inhalt in ihrer Weise entsprechen, die Wahrnehmungs-, Vorstellungs-, Anschauungsakte, die wiederum eine einheitliche Sphäre bilden, und zwar im Realverhältnis die tragende Sphäre. Denn geistiges Sein ist vom seelischen getragen.

In diesem Sinne grenzt die Erkenntnissphäre, einschließlich ihres ganzen Stufenganges, einerseits an eine logische, andererseits an eine psychische Sphäre, und zwar so, daß die einschlägigen Phänomene unmerklich ineinandergleiten. Daher die Tendenz der Erkenntnistheorie, entweder nach der einen oder nach der anderen Seite zu entgleisen, entweder einem Logismus oder einem Psychologismus zu verfallen. Die eigene Linie in ihr ist überhaupt nur im strengen Sichhalten an den Transzendenzcharakter der Erkenntnisrelation durchführbar.

Das spiegelt sich auch im Verhältnis zu den Seinssphären. Die logische Sphäre nähert sich mit ihren Gesetzen und Strukturen der idealen Seinssphäre. Die psychische Aktsphäre dagegen ist ein Teilgebiet der Realsphäre; wie denn die seelischen Akte alle real in der Zeit verlaufen und ihre besondere psychische Realität haben. Beide Sphären kommen nun aber für die inhaltliche Stufung der Erkenntnis nicht in Betracht, denn beide sind keine objektiven Gegebenheitssphären. Die psychische ist nicht objektiv, die logische nicht Gegebenheitssphäre; jene ist überhaupt kein Reich des Inhalts, diese stellt im Erkenntnisverhältnis nur ein Reich von Formen der Verarbeitung anderweitig gegebener Inhalte dar.

Wohl muß es Kategorien dieser Sekundärsphären geben. Aber es können keine Kategorien der Objekterfassung sein. Nur solche aber haben Erkenntnisbedeutung und ein angebbares Zuordnungsverhältnis zu den Seinskategorien der Erkenntnisgegenstände. Darum auch spielt das „Denken" in diesem Zusammenhang nur eine geringe Rolle. Denken ist von sich aus kein erfassender Akt. Ihm genügt ein bloß intentionaler Gegenstand, eines ansichseienden Gegenstandes kann es entbehren. Das Denken ist „frei". Es kann einen Realgegenstand haben, ist dann aber mehr als Denken und vom Erkenntniszusammenhang her bestimmt; es braucht aber keinen zu haben. Der Bereich des Denkens ist irrigerweise den Erkenntnisstufen eingefügt worden; das ist ein „logisches" Vorurteil. Das Denken enthält wiederum ein Kategorienproblem eigener Art, denn es überschneiden sich in ihm Gesetzlichkeiten sehr verschiedenen Ursprungs. Aber es ist mehr ein Bereich des geistigen Seins überhaupt als der Erkenntnis; es ist auch im Hinblick auf die Zugänge zum Seienden als solchem nicht in gleichem Sinne „vorgelagert" wie die Stufen der eigentlichen Erkenntnis.

Reine Funktion der Vermittelung des Seienden an das Bewußtsein ist nur die Erkenntnis. Und inhaltlich verstanden ist nur sie die Ausformung des seinsrepräsentierenden Bewußtseinsinhaltes. Sie ist die Form, in der wir um Seiendes wissen. Darum muß in der Diskussion dieser Form als solcher (der kategorialen Erkenntnisstruktur) auch die Seinsstruktur beurteilbar werden. Auch das freilich kann nur genähert gelingen, aber doch in zielsicherer Näherung.

Und nur aus diesem Grunde sind die Kategorien der Erkenntnis, und also auch die ihrer Stufen, von ontologischem Gewicht; und nur darum müssen sie, wo nur irgend sie gesondert faßbar werden, in die ontologische Kategorialanalyse hineingezogen werden. In jedem anderen Betracht sind sie genau so partikulär wie die der übrigen Teilsphären des geistigen Seins und können keine Sonderstellung beanspruchen.

d. Die innere Heterogeneität der Erkenntnisstufen.

Die Wahrnehmung, die anschauliche Vorstellung, die Erfahrung, das Wissen sind nicht nur dem genus nach homogen, d. h. in gleicher Weise Arten des „Erfassens" eines seienden Gegenstandes; sie sind vielmehr grundsätzlich auch Erfassung desselben Gesamtgegenstandes (der realen Welt) durch dasselbe Subjekt. Und darüber hinaus ist dieselbe Zugehörigkeit des Subjekts zur Welt der Gegenstände ihnen allen eigentümlich, ihre gemeinsame Seinsvoraussetzung.

Man darf diese These nicht mißverstehen. Selbstverständlich gibt es Objekte des Wissens, die nicht Objekte der Wahrnehmung sind (z. B. Gesetzlichkeiten). Und ebenso gibt es Objekte der Wahrnehmung, die wenigstens nicht ohne weiteres Objekte des Wissens sind. Die selektive Bezogenheit der Erkenntnisstufen auf Ausschnitte des Seienden betrifft aber nicht den Erkenntnischarakter ihrer Inhalte. Die Grenzen sind nur solche der Zuordnung, Wahrnehmung erfaßt andere Seiten des Seienden als wissenschaftliches Eindringen; und wenn sie auch einmal dieselben Seiten erfaßt, so repräsentiert sie sie doch anders. Wo aber beide dieselben Gegenstände betreffen, da stehen der Vergleichbarkeit und dem Zusammentreffen keinerlei Wesensgrenzen im Wege. Darum allein kann es eine sinnvolle Zusammenarbeit zwischen ihnen in der Einheit eines Erkenntnisfortschrittes geben.

Das hat seinen Grund in der gemeinsamen ontologischen — d. h. dem Seienden zugewandten — Einstellung der Erkenntnisstufen. Der Sinn des Gegenstandseins ist für sie alle der gleiche: sie nehmen ihren Gegenstand von vornherein als ansichseienden, d. h. als übergegenständlichen Gegenstand. Das naive und das wissenschaftliche Weltbewußtsein bedürfen der besonderen Einstellung auf das Seiende nicht. Sie bringen sie bereits mit. Es ist die natürliche Einstellung alles Erkennens, auch des naivsten.

Man kann das auch so ausdrücken: die ontologische Haltung der natürlichen Weltansicht und des praktischen Lebens geht unverändert und ohne Grenzscheide in die wissenschaftliche Erkenntnishaltung über. Und von dort geht sie ebenso unverändert in die philosophisch-ontologische Einstellung über. Nur inhaltlich verschiebt sich das Bild. Ein Herausfallen aus dieser Grundeinstellung gibt es überhaupt nur in gewissen spekulativen Theorien; es sind diejenigen, welche die intentio recta gegen die intentio obliqua vertauscht haben und nun von dieser zu jener nicht mehr zurückfinden. —

Das allein Wichtige im Verhältnis der Stufen ist übrigens gerade das ganz primitive Verbundensein. Zwei Identitäten verbinden sie durchgehend: die Identität des erkennenden Subjekts und die Identität des Objekts (der einen erkennbaren Welt). Auf diesem Zusammenhang beruht bei aller Heterogeneität der Funktion das Ineinandergreifen wie die Zusammenarbeit der Erkenntnisstufen, sowie im Resultat die Einheitlichkeit ihrer auf sehr verschiedenen Wegen erarbeiteten Erkenntnisinhalte. Das Wissen bleibt durchgehend auf Wahrnehmung rückbezogen; wo es diesen Rückhalt verliert, wird es haltlos, zweifelhaft, spekulativ. Die Wahrnehmung aber bleibt auf Deutung und Auswertung durch das begreifende Wissen angewiesen. Und wo diese fehlt, wird sie unverständlich, fragwürdig, widersprechend.

e. Verteilung des apriorischen Einschlages auf die Erkenntnisstufen.

Der Strukturunterschied der Erkenntnisstufen ist ein durchaus innerlicher und kategorialer. Er läßt sich nicht auf solche Gegensätze zurückführen wie die traditionellen von Rezeptivität und Spontaneität, Sinnlichkeit und Verstand, oder ähnliche. Alle Erkenntnisstufen sind vielmehr durchaus rezeptiv im Hinblick auf das Objekt — ihre gemeinsame Funktion ist das Erfassen selbst — und zugleich spontan im Hinblick auf das in ihnen entstehende Erkenntnisgebilde. Sie bringen alle etwas hervor, aber sie ändern nichts an ihrem Gegenstande.

Näher kommt man der Abstufung mit dem Gegensatz von a posteriori und a priori. Aber auch in diesem geht sie nicht auf. Das aposteriorische Element im Wissen ist ebenso grundlegend und unaufhebbar wie in den Wahrnehmungszusammenhängen und in jeder Art Anschauung. Und ebenso unterliegt es keinem Zweifel, daß bereits in der Wahrnehmung eine Fülle apriorischer Elemente enthalten ist. Nicht etwa nur die Kantischen „Anschauungsformen" liegen ihr zugrunde; vielmehr sind auch die Qualitätensysteme, in denen sie sich bewegt, einem Gefüge apriorischer Zusammenhangsgesetze unterworfen.

Es zeigt sich somit im Gegensatz zu den alten Einteilungen, daß auf allen Stufen kategoriale Formung besteht. Auf dieser beruht ein apriorischer Einschlag, der von unten auf die Erkenntnis durchzieht und in aller Erfahrung bereits enthalten ist. Nur ist er natürlich ein sehr verschiedener auf den einzelnen Erkenntnisstufen; er ist auf den höheren größer als auf den niederen, und darum an ihnen faßbarer, wie er denn auch am wissenschaftlichen Erkennen zuerst entdeckt worden ist. Aber seine bedingende Rolle auf den niederen Stufen ist trotzdem keine weniger wichtige.

Daß die Stufen naiver Erkenntnis inhaltlich an der Dinglichkeit haften und damit zugleich das Verhältnis von „Ding und Eigenschaften" in den Vordergrund rücken, ist ihre Eigentümlichkeit. Die bildhafte Form der Wahrnehmung und aller konkreten Anschauung bringt das mit sich. Und letzten Endes wurzelt diese Eigenart beider in ihrer unlöslichen Verwobenheit mit der Fülle der emotional-transzendenten Akte, in denen die ersten und stärksten Impulse der Realitätsgegebenheit liegen. Diese dingliche Anschauung bringt eine Art Isolierung des Einzelobjekts mit sich; oder vielmehr sie erst teilt das Kontinuum der Seinszusammenhänge auf, zerschneidet es gleichsam und bringt so den Aspekt des Einzeldinges zuwege.

Die Wissenschaft dagegen muß in ihrer Tendenz, das Reale allseitig zu erfassen, dieser Isolierung entgegentreten, der Diskretion die Fülle des Kontinuums wiedergeben und so das Gesamtbild rekonstruieren. Sie tut das nicht mit einem Schlage, kann es auch niemals ganz vollbringen. Denn auch in ihr herrscht eine gewisse Begrenztheit, Diskretheit, Endlichkeit, auch sie muß sich mit manchen Isolierungen behelfen. Nur in der Tendenz kann sie auf das Ganze als solches gerichtet sein. Die Prävalenz der Dinge wird aufgehoben, die Prozeßcharaktere treten in den Vordergrund, mit ihnen aber auch die allgemeinen, durchgehenden Gleichartigkeiten, Strukturtypen der Abläufe und die Gesetzlichkeiten.

Verliert diese hohe Erkenntnisstufe die Fühlung mit der niederen, in der die Gegebenheit der Fälle liegt, so verfällt sie der Abstraktion. Das ist die andere Form der Isolierung, die um nichts weniger einseitig ist als die der dinglich-konkreten Anschauung. Die Verschiedenheit der kategorialen Formung und des apriorischen Einschlages drängt zu ebenso verschiedener Einseitigkeit. Erst wo sich die verschiedenen Erkenntnisstufen so miteinander verbinden, daß sie sich organisch ergänzen, hebt sich auch die Isolierung und alle Einseitigkeit auf.

f. Reduktion der Stufen auf zwei Grundbereiche der Erkenntnis.

In diesem Gegensatz hebt sich aus den Stufen innerhalb der homogenen Erkenntnissphäre deutlich eine gewisse Polarität heraus. Und gegen diese gesehen, verliert sich nun wieder die Mehrstufigkeit im inhaltlichen Aufbau der Erkenntnis. Es ist also kein Zufall, daß in der Geschichte des Erkenntnisproblems immer wieder die Zweiheit der Erkenntnisbereiche auftritt. Erwägt man hierzu, wie die obere Stufe mit zunehmender Reife immer mehr die logisch-begriffliche Geformtheit annimmt, die ihrem Inhalt eine ideelle Überzeitlichkeit verleiht, so ist es sehr wohl zu verstehen, daß die traditionelle Fassung dieses Gegensatzes immer bestimmter auf den Unterschied von „Wahrnehmung und Denken" hinausgedrängt werden mußte.

Diese Fassung ist freilich schief, denn nicht auf den Gegensatz des Logischen und Alogischen kommt es hier an. Wohl aber ist das, was man unvollkommen damit umschrieb, ein gnoseologischer Gegensatz der kategorialen Struktur. Und auf diesen kommt es für die Kategorienlehre an. Denn in ihm birgt sich eine ganze Dimension kategorialer Verschiebung, die über ihren oberen Pol hinaus verlängert gradlinig in das größere Kategorienreich des Seienden hinüberführt.

Darum auch kommt es in der Kategorialanalyse nicht so sehr auf die feineren Unterschiede der Erkenntnisstufen an wie auf den Richtungsunterschied im Gegensatze wissenschaftlicher und naiver Erkenntnis, wobei die Wahrnehmungssphäre eine Art unteren Pol bildet. Im Groben darf man diesen Unterschied sehr wohl als den von Wahrnehmung und Wissenschaft bezeichnen. Die Bezeichnungen freilich bleiben ungenau; denn eine ganze Stufenfolge der Alltagserkenntnis samt ihren Abarten und Parallelgeleisen birgt sich dann hinter der Wahrnehmung.

Trotzdem ist etwas innerlich Notwendiges in dieser Reduktion, weil die Gegensätzlichkeit der Extreme selbst im Aufbau der Erkenntnis eine eminent bestimmende Rolle spielt: in dem ergänzenden Verhältnis dieser Extreme besteht die einzige Chance der Erkenntnis, zu einem Kriterium der Wahrheit, wenn auch nur einem relativen, zu gelangen. Und das wiederum ist etwas, was man fast von den Anfängen der Erkenntnistheorie ab wohl gesehen hat. Darum kehrt der Dualismus der Erkenntnisinstanzen immer wieder.

Man nähert sich also mit diesem Aspekt der ältesten Fassung des Gegensatzes, dem von αἴσθησις und νόησις (λόγος). In gewissem Sinne ist diese Fassung in der Tat fundamentaler als alle späteren. Das entgeht einem, wenn man die alten Ausdrücke mit „Sinnestätigkeit" und „Denken" übersetzt und das letztere gar noch als das Logische versteht. Beides ist unzutreffend. Die αἴσθησις hat ursprünglich einen sehr weiten Sinn, sie umfaßt von der Wahrnehmung aufwärts alles, was zur naiven Dingauffassung gehört. Das νοεῖν vollends ist immer falsch übersetzt worden; es hat mit cogitatio, Denken und logischer Struktur wenig zu tun. Der eigentliche Wortsinn besagt auch etwas ganz anderes, was man mit „spüren", „bemerken" oder auch „erfassen" wiedergeben kann. Es drückt nicht die immanente Gedankenbildung, sondern einen durchaus transzendenten Akt aus, einen echten Erkenntnisakt also. Aristoteles hat es direkt durch „Berühren" (θιγγάνειν) umschrieben, womit das Herangehen an den Gegenstand gemeint ist.

Gibt man der νόησις diese ursprüngliche Bedeutung zurück, so drückt sie genau das obere Extrem des Gegensatzes aus, der die Erkenntnisstufen beherrscht. Sie ist die höhere Erkenntnisform, die reine „Einsicht" und insofern das eigentliche Element des wissenschaftlichen Erfassens.

Damit deckt sich gut das Bild des „Schauens", das Platon mit Vorliebe für sie verwendet. So verstanden stehen αἴσθησις und νόησις in strenger Parallele. Beide sind transzendente Erkenntnisakte, beide bestehen im „Berühren" des Gegenstandes, beide haben nichts zu tun mit der leerlaufenden Vorstellung oder dem konstruktiven Denken. Die Fühlung mit dem Seienden macht in beiden das Wesen aus.

Nur ist diese Fühlung selbst eine sehr verschiedene, und deswegen auch ungleichwertige. Wo die αἴσθησις nur Rätsel aufgibt, da geht die νόησις auf den Grund und gibt Lösungen. Diese Ungleichwertigkeit, in der gleichwohl die höhere Stufe nicht ohne die niedere, und nicht ohne Einklang mit ihr, bestehen kann, ist der Ausgangspunkt der antiken Ontologie gewesen. Es erweist sich, daß auch heute noch die Kategorialanalyse mit ihr rechnen muß. Es gilt also, aller neuerlichen Grenzverwischung zum Trotz, auf den altbewährten Gegensatz zurückzugreifen.

Er hat sich denn auch bereits in der Modalanalyse bewährt[1]). Es zeigte sich dort, daß die Modi und Intermodalverhältnisse des Begreifens andere sind als die der Anschauung und dementsprechend anderen Gesetzen unterliegen. Das ist zwar nicht ganz derselbe Gegensatz wie der von Wahrnehmung und Einsicht, er kommt ihm aber doch sehr nah. Solche Unterschiede der Nüance müssen überhaupt in einer gewissen Beweglichkeit gehalten werden; denn je nach der Art der Kategorien, an denen der Gegensatz hervortritt, muß auch er selbst sich wandeln. Es gibt z. B. eine ganze Reihe von sehr speziellen Qualitätskategorien, die durchaus primär nur der Wahrnehmung als solcher eignen; und es gibt Anschauungsformen, die vielmehr den Charakter der über die Wahrnehmung hinausgehenden Zusammenschau haben, obgleich sie auch der Wahrnehmung eigen sind. Beide aber stehen deswegen immer noch im Gegensatz zu den entsprechenden Kategorien des Begreifens. Man wird also von „Sinnesqualitäten" und „Anschauungsraum" sprechen, ohne doch deswegen Sinnlichkeit und Anschauung „gegen"einander auszuspielen. Die Vielheit der Erkenntnisstufen, sowie deren unmerkliches Übergleiten ineinander läßt das ohne weiteres zu.

19. Kapitel. Das Hineinspielen der idealen und logischen Sphäre.

a. Idealstrukturen in den niederen Erkenntnisstufen.

Auch zum idealen Sein hat die Erkenntnis ein inneres Verhältnis. Es besteht nicht darin allein, daß in aller Realerkenntnis auch ein Stück Idealerkenntnis enthalten ist; das ist vielmehr schon durch das ineinandergeschobene Verhältnis der beiden Seinssphären gegeben. Es gibt hier

[1]) Vgl. „Möglichkeit und Wirklichkeit", Kap. 47—52.

aber neben dieser vermittelten Beziehung noch einen anderen Zusammenhang. Die Erkenntnis nämlich hat auch auf ihren eigenen inhaltlichen Stufen bereits einen gewissen Einschlag von Idealstruktur. Die konkret bildhaften Strukturen des Wahrnehmungs- und Vorstellungsinhalts, des naiven Situationsbewußtseins, desgleichen die des Person- und Handlungsbewußtseins, zeigen deutlich gewisse Wesenszüge — und zwar schon in der intentionalen Gegenstandsform, diesseits aller Frage nach dem Zutreffen auf Realgegenstände.

Am erstaunlichsten ist das in der Sinnessphäre. Das Verhältnis solcher Qualitäten wie Rot, Gelb, Grün ist ein einsichtiges Wesensverhältnis mit streng allgemeiner Gesetzlichkeit der Verwandtschaft, der Reihenfolge, des Gegensatzes, der Komplementärstellung u. s. w.; nicht die Erfahrung lehrt diese Verhältnisse, in ihr vielmehr treten weit kompliziertere Anordnungen auf, durch welche sie verdeckt werden. Die ideale Ordnung der Farben wird gerade in einem gewissen Gegensatz zur Erfahrung erfaßt. Das gleiche gilt von den Verhältnissen der Tonhöhe, des Zusammenklanges, der Disharmonie und Auflösung. Hier überall liegen Grundverhältnisse vor, die der Erfahung schon zugrunde liegen. Und dieser apriorische Einschlag durchzieht die ganze Stufenfolge der Erkenntnis. Sehr deutlich macht er sich im Vorstellungsablauf und in der Gedankenverbindung geltend. Denn was man seit Hume als Assoziationen bezeichnet, ist weit entfernt in Gewohnheitsprodukten aufzugehen; es enthält apriorische Strukturgesetze, die in solchen Verbindungstypen wie dem der Ähnlichkeit und des Kontrastes, der räumlichen und zeitlichen Zusammengehörigkeit, auch unmittelbar aufzeigbar werden.

Bei allen diesen Wesensstrukturen ist nur zu beachten, daß sie ausschließlich solche des Bewußtseinsinhaltes sind — zwar „objektiv" in dem Sinne, daß sie nicht an den Akten, sondern an den Inhalten (den intentionalen Gegenständen) auftreten, aber doch nicht „objektiv gültig" im strengen Sinne. Denn sie betreffen von sich aus nicht ohne weiteres den ansichseienden Gegenstand, sondern nur das repräsentierende Erkenntnisgebilde. Und das bedeutet: diese Idealstrukturen betreffen nicht unmittelbar den Erkenntnischarakter der Wahrnehmung und Anschauung. Sie sind nicht zugleich Wesensstrukturen des Realen. Wenn man sie also auch den Bewußtseinskategorien zuzählen darf, so doch jedenfalls nicht den Erkenntniskategorien.

Wohl bekannt ist das aus den Humeschen Untersuchungen über den mangelnden Erkenntniswert der Assoziationen. Aber auch für die Sinnesqualitäten ist es leicht einzusehen. Denn die physischen Beschaffenheiten von Körpern und Vorgängen, die sich in den Sinnesqualitäten spiegeln, sind ihrerseits keine Qualitäten, die sich diesen nur irgend vergleichen ließen, sondern etwas vollkommen anderes. Wellenlängen haben mit Farb- und Tonqualitäten nichts gemeinsam. Und wenn hier nicht eine feste Zuordnung zwischen physischer Quantität und empfundener Qualität bestünde, so könnte auch kein objektiver Erkenntniswert der Sinnesgegebenheiten bestehen.

Die Zuordnung selbst aber hat mit jenen Wesensgesetzen nichts zu tun. Sie ist eine spezifische Realgesetzlichkeit, die von den Wesenszusammenhängen aus gesehen zufällig erscheint.

b. Die logische Sphäre und ihre Idealgesetzlichkeit.

Das ändert sich aber auf der obersten Stufe der Erkenntnis, dort wo das Erkennen zum Begreifen wird und Wissenschaftscharakter annimmt. Diese Schicht ist neben ihrem Wahrheitsanspruch noch durch ihre logische Formung ausgezeichnet. Hier herrscht eine Wesensgesetzlichkeit eigener Art, die ausschließlich den Zusammenhang der Inhalte betrifft. Es ist eine sehr allgemeine, formale und insofern inhaltlich fast nichtssagende Gesetzlichkeit, aber eben dadurch ist sie befähigt, jede Art von Inhalten, auch die heterogensten, zu umspannen. Diese Gesetzlichkeit hat die einzigartige Funktion, das Identische in seiner Identität festzuhalten, das Widersprechende aus allen Zusammenhängen auszuschließen, das Zusammengehörige aber auf Grund seiner Gleichartigkeit (des Allgemeinen in ihm) zu implizieren. Die Entfaltung dieser Funktion ist die Urteils- und Schlußgesetzlichkeit.

Was es mit dieser logischen Gesetzlichkeit auf sich hat, kann man nicht fassen, solange man sie als „Denkgesetzlichkeit" versteht und die logische Sphäre als Denksphäre gelten läßt. Das Denken vielmehr hat noch ganz andere Gesetze als die logischen. Das Denken ist Akt und hat Aktgesetze. Diese sind legitimer Gegenstand der Denkpsychologie. Das Charakteristische des Denkens aber ist gerade, daß es unter zweierlei Gesetzlichkeit zugleich steht, einer psychischen des Denkvorganges und einer logischen des Denkinhaltes. Beide reimen sich keineswegs miteinander, gemeinhin liegen sie sogar im Streit.

Das Phänomen dieses Streites ist wohlbekannt. Wir begegnen ihm unentwegt im „unlogischen Denken", in der merkwürdigen Tatsache der logischen Fehler. Stünde das Denken unter der logischen Gesetzlichkeit allein, so müßte es ihr unverbrüchlich unterworfen sein und könnte keine logischen Fehler machen. Es macht aber Fehler. Es ist also als tatsächlicher Denkablauf offenbar noch von anderer Seite her bestimmt, und diese andere Bestimmung in ihm durchkreuzt die logische Folgerichtigkeit. Es ist also nicht rein logisch geleitet. Die logische Gesetzlichkeit in ihm ist einer stets schon vorhandenen psychischen Gesetzesstruktur übergelagert, und diese bricht immer wieder durch sie hindurch. Nur vollbewußte, methodische Selbstüberwachung des Denkens vermag dagegen aufzukommen. Es gibt eine Tendenz im Denken, die auf solche Überwachung hindrängt und dadurch eine Art Reinkultur der logischen Folgerichtigkeit erstrebt. Das ist die Tendenz der Wissenschaft.

Logische Struktur und Gesetzlichkeit ist primär überhaupt nicht die des Denkens, sondern die seines Inhaltes, des Gedankens. Und erst vom Gedanken aus bestimmt sie mittelbar das Denken. Aber die Sphäre des Logischen ist auch nicht so schlechthin die des Gedankens — es gibt ja auch sehr alogisch geformte Gedanken —, sondern ein engerer Ausschnitt aus ihr. Umreißen aber kann man diesen Ausschnitt durch nichts als die logische Struktur selbst. Hier fallen denn auch die letzten Reste von Aktcharakter hin, die dem Gedanken noch anhaften (z. B. der Behauptungscharakter der Urteile). Erst in solcher Begrenzung paßt auf die logische Sphäre die Strukturgesetzlichkeit von Begriff, Urteil und Schluß. Aber zugleich wird daran klar, daß diese Gesetzlichkeit mehr ist als ein bloß formales Ordnungsschema.

Denn eine Logik, die in bloßer Eigengesetzlichkeit des Gedankens bestünde, könnte keine Bezogenheit auf irgendetwas haben, was außerhalb der Sphäre der Gedanken läge, z. B. auf reale Gegenstände. Auf Grund einer solchen Eigengesetzlichkeit könnte der Gedanke nicht Erkenntniswert haben. Die Folgerichtigkeit im Schluß hat an sich nur den immanenten Richtigkeitswert, nicht Wahrheitswert (im Sinne des Zutreffens auf Seiendes). Es folgt immer nur die Notwendigkeit der Konklusion auf Grund der Prämissen; ob diese wahr sind, dafür steht die logische Folge nicht ein. Daß aber Schlüsse auch Wahrheitswert haben können, d. h. daß das aus „wahren" Prämissen folgerichtig Geschlossene selbst Anspruch auf Wahrheit im Zusammenhang der Erkenntnis hat, ist nur verständlich, wenn die Zusammenhangsgesetzlichkeit, welche die Folgerichtigkeit im Schlusse ausmacht, auch eine Zusammenhangsgesetzlichkeit desjenigen Seienden ist, um dessen Erfassung es in Prämissen und Konklusion geht.

Das aber heißt: die Erkenntnisbedeutung des Logischen ist nur möglich, wenn die logischen Gesetzlichkeiten ursprünglich Seinsgesetzlichkeiten sind. Die Subsumptionsschlüsse z. B. können Erkenntniswert nur inbezug auf eine solche reale Welt haben, in der es allgemeine Gesetzlichkeit (Gleichartigkeit durchgehender Züge in der Mannigfaltigkeit der Fälle) gibt. Anderenfalls wäre das dictum de omni et nullo in ihr gegenstandslos. Und dann könnte es keine auf diese Welt zutreffenden allgemeinen Obersätze geben, aus denen auf das Besondere oder auf Einzelfälle geschlossen werden dürfte. Das Verhältnis des Allgemeinen und des Besonderen, an dem alle Schlußgesetze hängen, muß ein Seinsverhältnis sein. Die auf ihm beruhenden logischen Gesetze sind dann ohne weiteres zutreffend auf die Seinsverhältnisse.

Dieser Zusammenhang nun wäre schwer verständlich ohne Vermittelung der idealen Seinssphäre. Denn weder empfangen die Realverhältnisse ihre Gesetze von der Logik, noch sammelt die Logik ihre Gesetze aus dem Realen auf. Vielmehr die Urteile und Schlüsse haben die logische Gesetzlichkeit a priori in sich; sie verfahren nach diesen Gesetzen, auch ohne um sie zu wissen. Es ist wie bei der Mathematik: alles Rechnen geht streng nach den Gesetzen der Zahlen und Figuren vor sich, auch ohne deren letzte Grundlagen zu kennen; es hat sie in sich als „seine" Gesetze, obgleich sie nicht Denkgesetze sind, sondern Gesetze der Zahl und des Raumes.

Diese Analogie zeigt deutlich die Rolle der Idealsphäre an. Die logischen Gesetze sind primär Gesetze des idealen Seins, sie übertragen seine Struktur auf die Zusammenhänge des Gedankens. Dadurch allein wird es verständlich, daß logische Schlüsse Erkenntniswert in bezug auf das Reale haben können. Denn eben diese Gesetzlichkeit des idealen Seins greift auch nach der anderen Seite über — in das Reich des Realen.

Man kann das auch so ausdrücken: der Satz der Identität, des Widerspruchs, des ausgeschlossenen Dritten, die Subsumptionsgesetze u. a. m. sind als solche nichts als Gesetze des idealen Seins. Es ist ihnen äußerlich, daß sie auch einer Gedankenwelt als logische Gesetzlichkeit dienen; und ebenso äußerlich ist es ihnen, daß auch Realzusammenhänge sich in weiten Grenzen nach ihnen richten. Aber für die Gedankenwelt und für das Reale ist dieses Übergreifen keineswegs äußerlich. Denn ohne beides könnte es Erkenntnis des Realen in der Form logischer Zusammenhänge nicht geben.

c. Die Stellung der logischen Sphäre.

Der Einblick in diese Sachlage ist späten Datums. Geschichtlich geht ihm eine lange Reihe fragwürdiger Auffassungen voraus. Von ihnen ist beim „Vorurteil der logisch-ontologischen Identität" (Kap. 13) die Rede gewesen. Was die alte Ontologie sehr wohl sah, das war der Sphärenzusammenhang von Wesenheit und Realfall einerseits, von Wesenheit und logischer Form andererseits. Was sie nicht sah, war nur dieses, daß der dreifache Sphärenzusammenhang nicht durchgehende Identität der Prinzipien sein kann. Die Richtigstellung des Vorurteils bedeutete Einschränkung der Identität.

Für diese Einschränkung aber hat sich jetzt ein sehr bestimmtes Maß gefunden. Es ist dadurch gegeben, daß nur ganz bestimmte, wenige, allerdings sehr fundamentale Gesetze des idealen Seins einerseits das Reich des Gedankens, andererseits das Reich des Realen beherrschen, und zwar beides nicht absolut. In der Sphäre des Gedankens ist die Herrschaft dieser Gesetze durch psychische Aktgesetze begrenzt, in der des Realen aber durch dessen heterogene Eigengesetzlichkeit. Nichtsdestoweniger ist ein Kernstück jener alten Theorie damit als durchaus zu Recht bestehend erwiesen.

Man sieht in diesem Doppelverhältnis deutlich die Zwischenstellung der idealen Seinssphäre zwischen Realsphäre und logischer Sphäre, zugleich aber auch die Zwischenstellung der logischen Sphäre zwischen idealer Seinssphäre und Erkenntnissphäre. Die logische Sphäre erweist sich damit als durchaus eigenartige Gegebenheitssphäre. Freilich ist sie eine solche der allgemeinsten Art, denn gegeben sind hier nur leere Formen. Aber diese Formen erweisen sich als sehr gewichtig für die Erkenntnis, und zwar auf deren oberster Stufe.

Von der idealen Seinsgesetzlichkeit ließ sich zeigen, daß sie an sich indifferent gegen das Logische und gegen das Reale ist. Ebenso aber läßt sich zeigen, daß auch das Logische seinerseits indifferent ist gegen die Erkenntnis wie gegen das Reale. Es liegt im Wesen des Urteils, entweder wahr oder unwahr sein zu können, d. h. auf das Reale zutreffen zu können oder nicht. Es liegt aber auch in seinem Wesen, entweder wahr oder unwahr sein zu müssen; denn ein drittes ist gar nicht möglich. Dennoch ist der Urteilscharakter selbst in ihm vollkommen indifferent gegen wahr und unwahr. Der logischen Form des Urteils ist es niemals anzusehen, ob es wahr ist oder nicht. Am auffallendsten wird das am Urteilszusammenhang in der Form des Schlusses. Es gibt vollkommen richtig schließende Schlüsse aus unwahren Prämissen und mit unwahrer Konklusion. Aus der Richtigkeit des Schlußzusammenhanges folgt eben nicht die Wahrheit der Konklusion [1]). Sie folgt vielmehr nur, wenn außerdem auch die Wahrheit der Prämissen feststeht. Diese Gewähr leistet aber ihr logischer Charakter nicht. Für sie kann nur die Erkenntnis aufkommen. Das eben heißt es, daß die logische Struktur als solche, mitsamt der ihr eigentümlichen Gesetzlichkeit der Folgerichtigkeit gegen Wahrheit und Unwahrheit indifferent ist.

---

[1]) Unter „Richtigkeit" soll hier immer die innere Übereinstimmung verstanden werden; also das, was gewisse Theorien „immanente Wahrheit" nennen (die Benennung ist schief, denn um Wahrheit handelt es sich gar nicht). Desgleichen soll unter „Wahrheit" hier stets das Zutreffen auf die Sache verstanden werden; also das, was man pleonastisch „transzendente Wahrheit" genannt hat.

d. Die Rolle des Logischen in der Erkenntnis.

Und dennoch liegt gerade in dieser Indifferenz des Logischen seine tiefe Bedeutung für die Erkenntnis — soweit nämlich diese auf ihrer wissenschaftlichen Stufe bewußt logische Struktur annimmt. Denn die Richtigkeit des logischen Zusammenhanges hat den unschätzbaren Vorzug unmittelbarer Evidenz. Sie ist im buchstäblichen Sinne das, was die Wahrheit nicht ist: norma sui et falsi.

Es gibt kein strenges und absolutes Kriterium der Wahrheit, wohl aber eines der Richtigkeit. Dieses Kriterium liegt nicht etwa im Satz des Widerspruchs allein, sondern in der Gesamtheit der logischen Gesetze. Die Intaktheit dieser Gesetze in einem Begriffs- und Urteilszusammenhang hat eben im logisch geklärten Bewußtsein die Form des zwingenden Einleuchtens; ihre Verletzung dagegen hat die Form eines Bewußtseins der Unstimmigkeit (welches dann der Aufdeckung des Fehlers vorangeht). In diesem unmittelbaren, alle gedanklichen Zusammenhänge begleitenden Bewußtsein der Intaktheit oder des Verletztseins logischer Gesetzlichkeit besteht die Evidenz der logischen Folge, die „logische Gewißheit".

Sieht man nun dieses Evidenzphänomen vom Standpunkt der Erkenntnis an, so rückt mit ihm die logische Sphäre an den entscheidenden Punkt, in welchem sich die Wissenschaft von der naiven Erkenntnis abhebt. Alle Erkenntnis hat den Charakter der „Einsicht", und insofern auch des Schauens. Aber zwei Arten des Schauens stehen einander entgegen: eine isolierende Einzelschau, in der nur ein begrenzter Inhalt zur Gegebenheit gebracht wird, und eine Zusammenschau, die eines am anderen mißt und prüft. Man kann diesen Unterschied den der stigmatischen und der konspektiven Schau nennen. Die Transzendenz des eigentlichen Erfassens hängt unmittelbar stets an der ersteren, die logische Durchsichtigkeit und das Begreifen an der letzteren. Stigmatische Schau nun — sie mag a posteriori (Wahrnehmung) oder a priori (Wesenseinsicht) sein — bleibt stets des Kriteriums bedürftig. Konspektive Schau hat ihr Kriterium in sich, ist der Evidenz fähig. Diese Evidenz aber beruht auf der logischen Zusammenhangsgesetzlichkeit. Sie ist also zwar nur Evidenz der Richtigkeit. Aber auch die Richtigkeit gewinnt im Erkenntniszusammenhang eine neue Bedeutung.

Für eine Erkenntnis mit unmittelbar objektiver Wahrheitsevidenz wäre sie von ganz untergeordneter Bedeutung. Anders für die menschliche Erkenntnis, die solcher Wahrheitsevidenz entbehrt. Für sie wird durch die logische Evidenz der „Richtigkeit" wenigstens mittelbar die Annäherung an ein Wissen um Wahr und Unwahr möglich. Denn wo sich zwischen heterogenen Gegebenheiten am Leitfaden der logischen Zusammenhangsgesetze innere Übereinstimmung herstellt, da ist die

Überzeugung berechtigt, daß sich in ihr auch die äußere Übereinstimmung mit dem Gegenstande ankündigt, der in jenen heterogenen Gegebenheiten erscheint [1]).

Die Bedingung aber, unter der eine so fundamentale Erkenntnisbedeutung der logischen Richtigkeit möglich wird, ist der Seinscharakter in der logischen Gesetzlichkeit. Wäre die letztere bloße Eigengesetzlichkeit des Gedankens, so könnte die nach ihr geordnete konspektive Schau — zumal wo sie die gewaltige Spannweite wissenschaftlichen Denkens annimmt — kein Bild der Seinszusammenhänge ergeben. Sie könnte also der Erkenntnis nicht Wahrheit, und vollends kein stichhaltiges Wahrheitsbewußtsein verleihen. Ist sie aber ursprünglich ideale Seinsgesetzlichkeit, unter der nicht nur der Gedanke, sondern in weitem Ausmaße auch das Reale steht, so bedeutet ihre Verletzung im Denken — also etwa das Auftauchen des Widerspruchs — das untrügliche Anzeichen des Unwahren, ihre Intaktheit aber wenigstens die Chance, des Wahren habhaft zu werden.

20. Kapitel. Die Lehre von den Schichten des Realen.

a. „Natur und Geist". Der vierschichtige Stufenbau.

Für das Kategorienproblem ist der Unterschied der Sphären der zuerst in die Augen springende Gesichtspunkt der Differenzierung. So wenigstens, wenn man vom Erkenntnisproblem herkommt, auf dessen Boden sich nun einmal die Kategorienforschung in den letzten Jahrhunderten ausgebildet hat. Insoweit beherrscht das Verhältnis von Erkenntniskategorien und Seinskategorien das Interesse; und auch die weitere Sphärendifferenzierung wird nur aktuell, soweit sie dieses Interesse berührt.

Ontologisch aber ist gerade dieser Unterschied sekundär, und mit ihm auch das positive Verhältnis der Sphären. Nur das gegenseitige Verhältnis der beiden Seinssphären ist hier wesentlich, aber im inhaltlichen Aufbau der realen Welt ist es nichtsdestoweniger nur eines von mehreren Momenten. Die bei weitem wichtigeren Aufbaumomente liegen in einer anderen Dimension der Differenzierung. Diese andere Dimension — die eigentlich inhaltliche und deswegen auch für die Kategorien fundamentale — ist die der Schichten oder Stufen des Realen. Sie ist fundamental auch in dem Sinne, daß sie von der realen Welt auf die anderen Sphären übergreift und mannigfach in sie hineinspielt; ja in gewissen Grenzen fügen die Sekundärsphären sich ihr ein, dergestalt daß ihre

[1]) Zur Theorie des relativen Kriteriums vgl. „Metaphysik der Erkenntnis"[2] 1925, Kap. 56 und 57.

abhängige Seinsweise erst aus ihr heraus recht verstanden werden kann. Sie ist aber noch weit mehr fundamental in dem anderen Sinne, daß auch die inhaltliche Differenzierung der Kategorien, sowie ihr Verhältnis zueinander, in erster Linie als entsprechende Schichtung von ganzen Kategoriengruppen verstanden werden muß.

Was es mit der Schichtung innerhalb einer Sphäre auf sich hat, ist bereits am Beispiel der Erkenntnissphäre herausgekommen (Kap. 18). Aber gerade der Stufengang der Erkenntnis ist weder ein eindeutiger noch ein ontisch fundamentaler. Denn eigentliche Schichten sind diese Stufen nicht. Es mangelt ihnen die scharfe Abgehobenheit voneinander, die Grenzen verschwimmen; ja, man kann hier sogar je nach den leitenden Gesichtspunkten die Stufung verschieden auffassen. Eine echte Seinsstufenfolge dagegen ist eindeutig und unabhängig von Gesichtspunkten. Sie muß daher auch in einschlägigen Phänomengruppen eindeutig greifbar sein. Das ist es, was an den Schichten des Realen unbestreitbar zutrifft.

Man hat deswegen in der Geschichte der Metaphysik auch von jeher die Schichtung des Realen gesehen. In dem Gegensatz von „Natur und Geist", wie die Tradition des deutschen Idealismus ihn festgehalten hat, ist der Schichtengedanke geradezu populär geworden. In dieser Form beherrscht er bis heute die Differenzierung der Wissensgebiete in Naturwissenschaften und Geisteswissenschaften. Dieser Gegensatz geht nicht im Cartesischen Dualismus von extensio und cogitatio auf, obgleich er geschichtlich von ihm beeinflußt ist; das Wesentliche in ihm ist vielmehr dieses, daß es zwei heterogene Reiche des Seienden gibt, die sich innerhalb einer und derselben realen Welt überlagern. Das eine von ihnen versteht man als eine Gesamtheit niederer Gebilde, das andere als eine solche von Gebilden höherer Art, die sich über jenen erheben. Die letzteren sind von derselben Realität wie die ersteren — geschichtliche Abläufe etwa sind nicht weniger real als Naturvorgänge —, aber ihr Bau und ihre Gesetzlichkeit ist eine andere, d. h. ihre Kategorien sind andere.

An dieser Zweiheit wäre nichts auszusetzen, wenn sie inhaltlich zureichte. Aber sie reicht nicht zu. Die reale Welt ist nicht so einfach, daß sie in einem einzigen Gegensatzschema aufgehen könnte. Überhaupt versagt hier das Schema der Gegensätzlichkeit. Die Welt ist nicht zweischichtig, sie ist zum mindesten vierschichtig. Denn offenbar ist innerhalb dessen, was man summarisch Natur nannte, eine klare Grenzscheide zwischen dem Lebendigen und dem Leblosen, dem Organischen und dem Anorganischen; auch hier besteht ein Überlagerungsverhältnis, ein Unterschied der strukturellen Seinshöhe, der Gesetzlichkeit und der kategorialen Formung. Und ebenso hat sich innerhalb dessen, was man Geist nannte, ein einschneidender Wesensunterschied zwischen den seelischen Vorgängen und den objektiven Inhaltsgebieten des gemeinsamen geistigen Lebens herausgestellt, der hier nicht weniger schwer ins Gewicht fällt als dort der Unterschied des bloß Physischen und des Lebendigen. Er ist nur wieder ein ganz anderer und nicht so leicht eindeutig zu fassen. Aber in den Gegenstandsbereichen der Wissenschaft hat er sich in den letzten zwei Jahrhunderten vollkommen klar herausgebildet. Es ist der Unterschied zwischen dem Gegenstande der Psychologie einerseits und dem jener großen Gruppe von Geisteswissenschaften andererseits, die sich nach den mannigfaltigen Gebieten des geistig-geschichtlichen Lebens gliedert (Sprachwissenschaften, Rechts- und Staatswissenschaften, Sozial- und Geschichtswissenschaften, Kunst- und Literaturwissenschaften u. s. w.). Von den philosophischen Disziplinen gehören zu dieser Gruppe die Ethik und Rechtsphilosophie, die Geschichts- und Sozialphilosophie, die Ästhetik und die Erkenntnistheorie, die Logik und Wissenschaftstheorie (Methodologie).

Um den eigentlichen Wesensunterschied des seelischen und des geistigen Seins ist erst in allerjüngster Zeit, um die letzte Jahrhundertwende, der Streit ausgefochten worden. Es war der Kampf gegen den Psychologismus, in welchem die Selbständigkeit und Eigengesetzlichkeit der geistigen Lebens- und Inhaltsgebiete gegenüber derjenigen der psychischen Akte und Vorgänge allererst zum Vorschein kam. Denn eben der Psychologismus hatte die Tendenz, diese Selbständigkeit zu verwischen, alles von den Vorgängen aus zu erklären. Er beging den Fehler der Grenzüberschreitung „nach oben" (vgl. Kap. 7 b und c). Sein Fehler ist prinzipiell derselbe wie der des Biologismus und des Materialismus. Alle diese Ismen verkennen die Schichtung der realen Welt; sie vergewaltigen die Phänomene, indem sie die natürlichen Grenzen zwischen den Stufen des Realen ignorieren und deren Eigengesetzlichkeit zugunsten einer konstruierten Einheitlichkeit verschwinden lassen.

b. Geschichtliche Ursprünge des Schichtungsgedankens.

Daß im Aufbau der realen Welt eine Schichtung besteht, ist an sich leicht einzusehen, es drängt sich dem unbefangenen Blick geradezu auf. Es ist denn auch früh gesehen worden. Und nur deswegen konnte sich der Schichtungsgedanke nicht unbehelligt durchsetzen, weil ihm von jeher das Einheitspostulat des spekulativen Denkens entgegenstand. Man hielt das klar Eingesehene nicht für das Maßgebende, weil es die Welt aufzuspalten schien, und weil man nicht sah, wie man dem Zerfall begegnen sollte. Denn daß eine Stufenordnung mit ausgeprägter Grenzziehung gar keinen Zerfall zu bedeuten braucht, daß es auch anders geartete Einheit im Aufbau der realen Welt geben kann als die der durchgehenden Gleichartigkeit, das gerade ist eine relativ späte Einsicht.

Aus diesem Grunde verschwinden die Einteilungen, die man phänomengerecht zu machen suchte, fast überall hinter der Tendenz, sie wieder zu überwinden. Ja, sie dringen vielfach gegen das Übergewicht dieser Tendenz gar nicht recht durch. Man muß also, wenn man nach geschichtlichen Ursprüngen des Schichtungsgedankens sucht, diese allzu vordergründige Tendenz stets erst subtrahieren. Dann freilich zeigen die meisten philosophischen Systeme Spuren des Schichtungsgedankens.

Das wird um so notwendiger, wenn man sieht, daß gerade diejenigen Systeme, die bewußt und vordergründig eine Stufenordnung entwickeln, am wenigsten phänomengerecht dabei vorgehen. Beispiele dafür sind die fünf Hypostasen des Plotin und die vier Seinsgebiete in der divisio naturae des Scotus Eriugena. Beide Systeme folgen einem spekulativen Einteilungsprinzip, und die eigentlich reale Welt wird nur gleichsam nebenbei mit untergebracht (so bei Plotin ausschließlich in der 3. und 4. Hypostase). Tatsächlich ist in solchen Einteilungen der Gegensatz von Prinzip und Concretum mit unter die Stufen gemischt; und da er von anderer Dimension ist, muß er von Anfang an die Schichtenfolge verunklären.

Wirkliche Ursprünge des Schichtungsgedankens kann man dagegen auf der Höhe der antiken Philosophie finden. Merkwürdigerweise tritt er hier am besten ausgeprägt zunächst innerhalb des seelischen Seins auf. Platons Lehre von den „drei Seelenteilen" ist eine echte Stufenordnung mit klarer Überhöhung und Grenzziehung. Eine untere Schicht, in welcher die Mächte der „Lust und Unlust" herrschen, steht einer oberen, vernunftgeleiteten gegenüber; und zwischen ihnen gelagert ist eine solche des Strebens (des Eifers und des Mutes). Hier liegen geschaute Phänomene zugrunde, wenn auch vielleicht einseitig erfaßte; aber sie sind durch keine spekulative Einheitstendenz verfälscht. Und sie erweisen sich sogleich als fruchtbar durch ihre rein funktionale Unterschiedenheit. Denn es zeigt sich, daß auch im Ethos des Menschen und im Aufbau der politischen Gemeinschaft dieselben Stufen wiederkehren: dort in den inhaltlich verschiedenen Arten des sittlichen Verhaltens (der ἀρετή), hier in der Differenzierung der „Stände" und ihrer Aufgaben im Staate. Und auf beiden Gebieten bleibt der Charakter der Schichtung mit ihren Niveauunterschieden der Funktion erkennbar.

In größerem Stile setzt die Seelenlehre des Aristoteles diesen Gedanken fort. Auch hier ist es eine funktionale Dreiteilung, und zwar gleichfalls als Überlagerung gedacht, nur eine andere, noch strenger an den Phänomenen orientierte. Die oberste Stufe, die der Vernunft und der Überlegung, bleibt dieselbe. Die unterste ist reine Vitalfunktion, bewegendes Prinzip der Lebensprozesse (des Stoffwechsels und der Zeugung); sie hat mit Bewußtseinserscheinungen nichts zu tun. Die mittlere Stufe aber ist die der Wahrnehmung und des Begehrens; und innerhalb ihrer finden wir eine weitere Stufenfolge nach den einzelnen Sinnesgebieten. Deutlich erkennt Aristoteles das Verhältnis dieser Stufen als ein solches der Überlagerung (also Schichtung). Denn das ist sein Hauptaugenmerk, zu zeigen, wie immer die höhere Stufe auf der niederen aufruht, ohne sie nicht bestehen kann, während diese ohne die höhere sehr wohl besteht (in der Pflanze z. B. die Vitalseele ohne Sinnlichkeit, im Tier die vitale und wahrnehmende Seele ohne Vernunft); nicht weniger aber ist es ihm darum zu tun, daß dennoch immer die höhere Stufe ihr eigenes, durchaus selbständiges Prinzip hat.

In dieser Anordnung — man mag sie inhaltlich beurteilen, wie man will — ist der Schichtungsgedanke bereits vollkommen ausgebildet. Er ist nur noch nicht auf das Ganze der Welt bezogen. Denn das Seelische ist selbst nur eine Seinsschicht im Stufenreich der Welt. Das Interessante nun ist, daß Aristoteles das sehr wohl gesehen und in gewissen Grenzen auch die Konsequenz daraus gezogen hat. Wir finden bei ihm den Gedanken einer die ganze Welt durchziehenden Stufenordnung; man muß sie sich nur in seinen Schriften zusammensuchen. Über der schon spezialisierten Materie erhebt sich der „physische Körper", über diesem der „organische Körper"; die nächsthöhere Stufe ist das „beseelte Lebewesen", und dieses wird seinerseits überhöht vom „politischen Lebewesen" (dem Menschen). Aber auch mit ihm hört die Schichtung nicht auf. Der Mensch ist der Vollendung in der ἀρετή fähig, er erhebt sich mit ihr wieder auf einen höheren Stand. Und auch die ἀρετή erreicht in der höchsten dianoetischen Tugend noch einmal einen besonderen Gipfel, den des rein geistigen oder schauenden Lebens.

Diese Stufenordnung ist mit mancherlei Abänderungen in den Systemen des Mittelalters mehrfach wiedergekehrt. Wenn man von ihrem letzten Gliede, das spekulativ bedingt ist, absieht, so zeigt sie dieselbe natürliche Anlehnung an unverrückbare Phänomengruppen wie die funktionalen Schichten der Seele. Die vier Hauptstufen des physischen, organischen, seelischen und geistigen Seins sind deutlich in ihr erkennbar. Am wenigsten einheitlich tritt noch das Seelische hervor. Durchaus phänomengerecht aber ist die Mehrstufigkeit des Geistigen erfaßt, soweit sie sich angedeutet findet.

c. Das Grenzverhältnis der Schichten und die Metaphysik des stetigen Überganges.

Man kann bei näherem Zusehen zwei Gründe finden, warum die Aristotelische Stufenordnung trotz allem nicht recht eindeutig wirkt. Der eine Grund liegt darin, daß für die Schichten die Gesamtgebilde gesetzt sind, die ja als solche nicht einschichtig sind, also auch nicht reine Vertreter einer Seinsschicht sind. Da steht z. B. für eine mittlere Schicht der „Mensch"; aber der Mensch ist selbst ein geschichtetes Wesen, er ist organisches, seelisches und geistiges Wesen, und sogar die niederste Schicht fehlt nicht, denn schließlich ist er doch „auch" ein materielles Wesen. Darin steht er nicht allein. Die höheren Gebilde, aus denen die Welt besteht, sind alle ähnlich geschichtet wie die Welt. Gute Beispiele dafür sind solche Kollektivgebilde wie Gemeinschaft, Staat, Volk; sie haben die Stammesgemeinschaft zur Grundlage, die gleiche seelische Artung zur Voraussetzung, formen sich aber erst in der geistigen Gemeinsamkeit heraus. Eben deswegen aber sind sie selbst keine Schichten des Realen, sondern Einheiten, in denen diese bereits eigenartig aufeinander bezogen sind. Sie setzen also die Schichten schon voraus.

Es geht nicht an, daß man die Schichten des Realen nach den komplexen Gebilden bestimmt, an denen sie auftreten. Ihr Wesen ist ein anderes, und ihre Grenzen überschneiden sich mit denen der Gebilde.

Wichtiger aber ist der andere Grund der Unstimmigkeit. In der Aristotelischen Stufenfolge hat immer die niedere Stufe die Tendenz, sich in der höheren zu vollenden; sie strebt hinauf, und das Ganze des Stufenreiches sieht aus wie ein einziges großes Gezogensein „nach oben". Man kann dieses die durchgehende Teleologie der Formen nennen. Ihr entspricht die metaphysische Vorstellung vom „ersten Beweger", der da bewegt „wie der Gegenstand der Liebe bewegt", d. h. alles zu sich hinaufzieht.

Ohne Zweifel dient dieses Bild dem metaphysischen Einheitsbedürfnis. Es ist der Ausdruck einer Kraft- und Bewegungseinheit, welche die unterschiedenen Schichten wieder unselbständig macht. Das tritt noch deutlicher hervor, wenn man bedenkt, daß ja auch die Art des bestimmenden Prinzips bei Aristoteles auf allen Stufen die gleiche ist: das Formprinzip, das zugleich bewegende Ursache und Zweckprinzip ist. In die Sprache der Kategorien übersetzt würde das bedeuten, daß alle Seinsschichten Kategorien der gleichen Art haben, also im Grunde homogen sind.

Von hier aus ist es nur ein kleiner Schritt bis zur vollständigen Verwischung der Schichtengrenzen, oder positiv ausgedrückt, bis zum stetigen

Übergang zwischen ihnen, in welchem dann die Grenzen wirklich verschwinden müssen. Dieser Gedanke findet sich in pantheistischem und emanatistischem Gewande. Am reinsten ausgesprochen aber ist er wohl in der Leibnizischen Monadenlehre. Alle Unterschiede der „Substanzen" gehen hier auf die Verschiedenheit ihrer Entwicklungshöhe zurück; Materie, Pflanze, Tier, Mensch haben hier keine prinzipielle (substantielle) Heterogeneität, sondern nur den Unterschied der Abstufung. Darum gehen sie kontinuierlich ineinander über, ohne daß irgendwo ein Sprung oder eine Schichtendistanz aufträte. Nicht die Schichten selbst verschwinden in diesem Monismus des stetigen Überganges, wohl aber die Grenzen zwischen ihnen. Und damit muß freilich auch das meiste von der Verschiedenheit und inneren Mannigfaltigkeit der Kategoriengruppen verschwinden, welche den Schichten des Realen entsprechen.

Daß dem in der Tat so ist, sieht man deutlich, wenn man die Grundbestimmungen der Monade ins Auge faßt. Es gibt bei Leibniz eigentlich nur ein einziges kategoriales Grundmoment, an dessen Abstufung die Verschiedenheit der Monaden hängt: die Repräsentation der Welt. Das macht die Monaden gleichartig, und in dieser Gleichartigkeit erscheinen die natürlichen Schichtengegensätze des Realen eingeebnet; die Unterschiede von Materie und Lebendigkeit, Lebendigkeit und Bewußtsein u. s. f. sind zu Gradunterschieden herabgesetzt. Die Substanzen sind denn auch von vornherein nach Art des seelischen Seins verstanden, und die „Kraft", aus der heraus sie sich entfalten, ist nach Art seelischer Kraft gemeint. Der Ausgangspunkt des ganzen Weltbildes also ist auf der Höhe des seelischen Seins gewählt — dort, wo der Mensch es im eigenen Selbstgefühl erlebt, — und von dort aus ist das Prinzip „nach unten zu" auf die niederen Stufen des Realen übertragen. Die Monadenlehre ist eine typische Grenzüberschreitung „nach unten", eine durch Verallgemeinerung einer Kategoriengruppe höherer Ordnung „von oben her" erklärende Metaphysik.

Sie hat Nachahmung im deutschen Idealismus gefunden. Als Schelling in bewußtem Gegensatz zu Fichte das Problem der Natur wiederzugewinnen suchte, verfiel er auf denselben Gedanken, nur daß er im Ausgangspunkte noch eine Stufe höher griff: der „Geist" müsse dasjenige sein, was in den Formen und Gebilden der Natur von unten auf verborgen ist. So verstand er das schöpferische Prinzip von der Materie aufwärts als „unbewußte Intelligenz", welche die Stufen des Dynamischen und Organischen durchläuft, um im Menschen zum Bewußtsein zu erwachen und nun der weiteren Entfaltung in die geistige Welt entgegenzugehen. Das ist dieselbe Metaphysik „von oben" und dieselbe Kontinuität des Überganges wie bei Leibniz. Und auch hier verschwinden die natürlichen Stufen nicht, wohl aber wird ihr Grenzverhältnis verwischt und ihre Selbständigkeit aufgehoben. Es ist auch hier eine einzige Kategoriengruppe, mit der die ganze Mannigfaltigkeit der Welt bewältigt werden soll.

d. Die drei Einschnitte in der Stufenfolge der realen Welt.

Dieser Kontinuitätsgedanke hat noch im 19. Jahrhundert den Schichtungsgedanken überwuchert. Auch bei Hegel hat er das Übergewicht, obgleich die Stufen deutlicher abgehoben sind. Und Schopenhauer, der ein Prinzip des Willens an die Stelle der Intelligenz setzt, macht es mutatis mutandis nicht viel anders. Das Einheitsbedürfnis eben überwiegt in den spekulativen Systemen das Bestreben, der Mannigfaltigkeit gerecht zu werden.

Indessen ist es leicht erkennbar, daß diese Einheiten konstruiert, diese stetigen Übergänge bloß postuliert sind. Es gibt gewisse Grundphänomene unüberbrückbarer Andersheit im Stufengange der Realgebilde, die sich durch solche Konstruktionen nicht wegdisputieren lassen. Sie machen sich als augenfällige Einschnitte in der Abstufung selbst bemerkbar. Sie sind in ihrer Art unverkennbar dadurch, daß es mit den Mitteln menschlicher Erkenntnis auf keine Weise gelingen will, die an den Grenzscheiden auftretenden Lücken im Continuum auszufüllen. Es ist, als risse hier die Kette der Seinsformen ab, um dann wieder in einem gewissen Höhenabstand neu zu beginnen. Eine phänomengerecht angelegte Kategorienlehre muß diese Einschnitte ebensosehr berücksichtigen, wie die Seinszusammenhänge, die über sie hinweggreifen; d. h. sie muß der Eigenart der Kategoriengruppen, die ober- und unterhalb der Lücken das Concretum bestimmen, in genügender Weise gerecht werden. Sie muß also in der Stufenfolge der Kategorien selbst die entsprechenden Einschnitte aufweisen. Was wiederum bedeutet, daß sie es mit einer den Schichten des Realen parallel laufenden Schichtenfolge der Kategorien zu tun hat.

Solcher Einschnitte nun gibt es im Aufbau der realen Welt nur drei. Ihrer muß man sich vor allem weiteren versichern. Man kann das freilich nur tun, indem man bereits die grundlegenden kategorialen Aufbaumomente, die an diesen Punkten einsetzen, heraushebt.

1. Der bei weitem sichtbarste Einschnitt ist derjenige, welcher der alten Scheidung von Natur und Geist zugrunde lag. Er ist nur durch diese Scheidung ungenau bezeichnet; denn das Physisch-Materielle und das eigentlich Geistige sind Seinsgebiete, die ohnehin weit auseinanderliegen, dicht aneinander aber grenzen die Bereiche der organischen Natur und des Seelischen. Zwischen diesen beiden aber, obgleich sie im Menschenwesen aufs engste verbunden sind, klafft der Hiatus der Seinsstruktur.

Denn das Organische, einschließlich des subtilen Systems der Prozesse, in dem es besteht, ist noch ein räumliches und materielles Gefüge; die seelischen Vorgänge und Inhalte dagegen sind etwas ausgesprochen Unräumliches und Immaterielles. Und diesem Gegensatz entspricht die Andersheit der Gegebenheit: die dinglich-äußere Gegebenheit des räumlich Lokalisierten und die innere Selbstgegebenheit der seelischen Akte als der dem Subjekt selbst eigenen und zugehörigen.

Es hilft uns nichts, daß wir die klarste Selbstgewißheit von der unlöslichen Einheit des eigenen Menschenwesens haben, wir können die beiden Aspekte, in denen es uns gegeben ist, deswegen doch keineswegs identifizieren. Es hilft uns auch nichts, daß wir um eine Fülle von Vorgängen wissen, die zugleich organische (physiologische) und psychische sind, — wie die Wahrnehmung, das Sprechen, das bewußte Tun, die zielgeleitete Arbeit —, wir können die tiefe Andersheit des organischen Prozeßcharakters und des Aktvollzuges doch nicht überbrücken. Diese im Wesen der Phänomene verwurzelte Zweiheit macht das psychophysische Problem aus. Man wird ihm nicht gerecht, wenn man die offenkundig vorhandene Einheit verleugnet. Aber man wird ihm auch nicht gerecht, wenn man die Heterogeneität der beiden Seinsarten, die in ihm verbunden sind, bestreitet. Beides ist von den Theorien versucht worden, beides hat nicht auf gangbare Wege des Eindringens zu führen vermocht. Das große Rätsel ist gerade, daß der Schnitt mitten durch das Menschenwesen hindurchgeht, und zwar ohne es zu zerschneiden. Die Schichtendistanz zwischen Organischem und Seelischem bedeutet eben nicht Geschiedenheit, sondern gerade Verschiedenheit in der Verbundenheit; aber freilich eine radikale, in der kategorialen Struktur selbst verwurzelte Verschiedenheit.

2. Einen ähnlichen Einschnitt haben wir weit unterhalb der psychophysischen Grenzscheide zwischen der leblosen Natur und der organisch-lebendigen. Auch hier hat sich die Wissenschaft viel um den Übergang bemüht; immer wieder ist der Gedanke der Urzeugung des Lebendigen niederster Stufe aus rein dynamisch-chemischen Verhältnissen aufgetaucht. Seit man das Stufenreich des Lebendigen als Abstammungszusammenhang verstehen gelernt hat, ist dieser Gedanke auch grundsätzlich nicht abweisbar. Aber ein eigentliches Hervorgehen der Lebendigkeit — mit ihren eigentümlichen Funktionen des sich selbst regulierenden Stoffumsatzes und der Selbstwiederbildung — aufzuweisen, ist nicht gelungen. Der Einschnitt also bleibt bestehen. Ja, man möchte hinzufügen: auch wenn sich das Continuum der Formen einmal als über ihn hinweggehend erweisen sollte, so würde er doch in dem Sinne bestehen bleiben, daß mit dem Beginn der Lebensfunktionen eine eigene Gesetzlichkeit dieser Funktionen einsetzen müßte. Damit aber kommt man gerade

darauf hinaus, daß von dieser Grenze ab aufwärts eine andere — und zwar höhere — Kategoriengruppe zur Herrschaft gelangt.

3. Und schließlich gibt es weit oberhalb noch einmal einen Einschnitt von nicht geringerer Tiefe. Er scheidet das geistige Sein von dem der seelischen Akte. Daß geistiges Leben etwas anderes ist als der Inbegriff psychischer Vorgänge, hat man wohl von jeher gewußt; man war nur immer zu schnell geneigt, sein Wesen im rein Ideenhaften zu erblicken, und so konnte man in ihm keine Seinsstufe des Realen erkennen. Auch wirkte hier hindernd das alte Vorurteil nach, Realität käme nur dem Dinglichen zu. Es ist eine späte Einsicht, daß alles Zeitliche Realität hat, auch wenn es weder räumlich noch materiell ist. In der Tat sind die verschiedenen Gebiete des Geisteslebens weit entfernt, ein bloß ideales Sein zu haben: die Sprache, das Wissen, das Recht, die Sitte — sie alle haben ihr geschichtlich-zeitliches Entstehen und Vergehen; sie gehen nicht auf in den ideellen Normen oder Werten, denen sie folgen, sie teilen deren Zeitlosigkeit nicht, sondern bestehen nur in ihrer Zeit und nur im geschichtlich realen Volksleben einer bestimmten Epoche.

Aber dieses ihr zeitliches Sein als „lebende" Sprache, „geltendes" Recht, „bestehende" Sitte u. s. w. ist ein der Art und Stufe nach anderes als das der Aktvollzüge eines Bewußtseins, obgleich es in den jeweilig lebenden Individuen die Aktvollzüge zur Voraussetzung hat. Dieses Vorausgesetztsein hebt die Grenzscheide nicht auf, genau so wenig wie das Vorausgesetztsein des Organischen im Seelischen und das des Materiellen im Organischen jene anderen beiden Grenzscheiden aufhebt. Das Entscheidende vielmehr ist, daß oberhalb des Seelischen beim Einsetzen des geistigen Lebens noch einmal eigene Gesetzlichkeit einsetzt. Und das bedeutet, daß wiederum eine höhere Schicht neuartiger Kategorien sich den niederen überordnet.

e. Die vier Hauptschichten des Realen und ihre weitere Unterteilung.

Es muß freilich gesagt werden, daß die genauere Begründung der drei Einschnitte eine Aufgabe ist, die erst die Durchführung der Kategorialanalyse erfüllen kann. Insonderheit gilt das von dem zuletzt aufgeführten Einschnitt. Denn er ist in der Tat mit so allgemeinen Andeutungen nur ungenau gekennzeichnet. In Wahrheit sind es nicht die Phänomene des objektiven Geistes allein, sondern auch die des personalen Geistes, welche oberhalb dieser Grenzscheide zu liegen kommen. Und hier ist es nicht so einfach, die Unterscheidung durchzuführen; denn teilweise sind es dieselben Bewußtseinsakte, die dem seelischen und geistigen Sein zugleich angehören. Aber die hier entstehenden Aporien zu lösen, kann ohne die genauere Untersuchung der Aktphänomene nicht gelingen.

Diese Untersuchung aber läuft auf die Kategorialanalyse beider angrenzenden Schichten hinaus. Was vor der Hand eine cura posterior bleiben muß.

Sieht man von solchen Schwierigkeiten ab, so hat die Einteilung, die mit den drei Einschnitten im Aufbau der realen Welt gegeben ist, etwas unmittelbar Einleuchtendes. Mit ihr nämlich befestigt sich ganz eindeutig das Bild des Schichtenbaus der Welt, und zwar als eine Überlagerung von vier Hauptschichten. Hier handelt es sich nicht um schwer faßbare Gebiets- und Gegebenheitscharaktere, sondern um geläufige Unterschiede, die dem praktischen Denken des Alltags ebenso wohlbekannt sind wie dem kritischen der Wissenschaft. Haben sich doch die Wissenschaften auf ihrem Werdegange im Laufe der Jahrhunderte mit einer gewissen Zwangsläufigkeit nach eben diesen vier Hauptschichten des Realen in Gruppen innerer Zusammengehörigkeit gegliedert. Die Grenzen dieser Gruppen sind zwar keineswegs überall scharf gezogen, denn es gibt Gegenstandsgebiete, die in sich mehrschichtig sind (z. B. die der Anthropologie, Ethnologie, der Sozialwissenschaft u. a. m.); aber andererseits sind diese Grenzen, wo sie hervortreten, doch auch nicht überschreitbar. Und hier liegt der Grund, warum am Gesamtbilde der Wissenschaft in unserer Zeit die Aufgespaltenheit so stark überwiegt, die Einheit aber so schwer faßbar ist.

Um eben diese von den Einzelwissenschaften her kaum mehr greifbare Einheit handelt es sich aber in der Ontologie. Denn eben die Einheit der realen Welt erfassen kann nur heißen, diese Welt in ihrem Aufbau und ihrer Gliederung erfassen. Die Einheit, welche sie hat, ist nicht Einheit der Gleichförmigkeit, sondern Einheit der Überlagerung und Überhöhung von sehr verschieden geformten Mannigfaltigkeiten. Und diese wiederum sind so zueinander gestellt, daß die dem Typus nach niederen und gröberen auch die tragend zugrundeliegenden sind, die höheren aber, auf ihnen aufruhend, sich über ihnen erheben.

So erhebt sich die organische Natur über der anorganischen. Sie schwebt nicht frei für sich, sondern setzt die Verhältnisse und Gesetzlichkeiten des physisch Materiellen voraus; sie ruht auf ihnen auf, wennschon diese keineswegs ausreichen, das Lebendige auszumachen. Ebenso bedingt ist seelisches Sein und Bewußtsein durch den tragenden Organismus, an und mit dem allein es in der Welt auftritt. Und nicht anders bleiben die großen geschichtlichen Erscheinungen des Geisteslebens an das Seelenleben der Individuen gebunden, die seine jeweiligen Träger sind. Von Schicht zu Schicht, über jeden Einschnitt hinweg, finden wir dasselbe Verhältnis des Aufruhens, der Bedingtheit „von unten" her, und doch zugleich der Selbständigkeit des Aufruhenden in seiner Eigengeformtheit und Eigengesetzlichkeit.

Dieses Verhältnis ist die eigentliche Einheit der realen Welt. Die Welt entbehrt bei aller Mannigfaltigkeit und Heterogeneität keineswegs der Einheitlichkeit. Sie hat die Einheit eines Systems, aber das System ist ein Schichtensystem. Der Aufbau der realen Welt ist ein Schichtenbau. Nicht auf die Unüberbrückbarkeit der Einschnitte kommt es hierbei an — denn es könnte sein, daß diese nur „für uns" besteht — sondern auf das Einsetzen neuer Gesetzlichkeit und kategorialer Formung, zwar in Abhängigkeit von der niederen, aber doch in aufweisbarer Eigenart und Selbständigkeit gegen sie.

Hiermit ist eine Grundgesetzlichkeit im Aufbau der realen Welt ausgesprochen, die einstweilen noch keineswegs erwiesen ist. Sie wird im Schlußteil unter den „kategorialen Gesetzen" zu erweisen sein. Aber dafür bedarf es noch mancherlei anderer Untersuchungen. Wichtig ist für den Augenblick nur, daß der Begriff einer „Schicht" des Realen aus dem angegebenen Gesamtverhältnis — und nur aus ihm — eindeutig bestimmt ist. Es genügt für eine „Schicht" nicht, daß sie Glied einer Stufenfolge ist; es gehört zu ihr auch das Abgehobensein von den benachbarten Schichten — soweit solche über oder unter ihr bestehen —, wennschon nicht durch einen Hiatus, so doch durch die Andersheit der in ihr einsetzenden Kategorien. Es gehört also stets eine gewisse kategoriale Selbständigkeit zu ihr, aber auch stets Abhängigkeit von der tragenden niederen Schicht.

Diese Wesenszüge der Schichtung treffen durchaus nicht auf jede Art Stufenbau zu, z. B. nicht auf jene oben entwickelten Stufen der Erkenntnis, deren Grenzen verschwommen bleiben, die zwar eine relative Selbständigkeit gegeneinander haben, aber kein eindeutiges Verhältnis des Aufruhens. Überhaupt muß gesagt werden, daß Schichten im strengen Sinne nur die vier Hauptschichten des Realen sind. Das ist nicht unwichtig für den Aufbau der realen Welt. Denn selbstverständlich ist ihr Stufenbau im einzelnen ein viel mannigfaltigerer. Jede der vier Hauptschichten ist in sich weiter abgestuft; aber diese Stufung ist gespalten in parallele Stufenfolgen, ist also keine eindeutige Überhöhung; sie zeigt auch keine kategorial scharfen Grenzstriche, sondern meist gleitende Übergänge. Am bekanntesten ist diese Sachlage im Reiche des Organischen, wo das Verhältnis der Arten, Gattungen, Familien, Ordnungen, Klassen eine ganz andere Mannigfaltigkeit als die von Schichten zeigt. Und ähnlich ist es in den anderen Seinsschichten. Am größten dürfte die Parallelschaltung verschiedener Stufungen in der Schicht des geistigen Lebens sein.

Nicht verkennen darf man freilich, daß in der weiteren Unterteilung der Hauptschichten neben anderen Verhältnissen auch noch einmal eine gewisse Schichtung vorkommt. So bildet im Reich des Organischen der

Unterschied der Einzelligen und Vielzelligen ein unverkennbares Schichtenverhältnis; und ähnlich ist es im Reich des geistigen Seins mit dem Unterschiede des personalen und objektiven Geistes, sowie mit dem Gegensatz beider zum objektivierten Geiste. Aber auch alle solche Verhältnisse bilden keine durchgehende Schichtung, sondern gleichsam nur den Ansatz einer solchen. Im übrigen werden sie von einfacher Stufung mit gleitenden Übergängen abgelöst.

21. Kapitel. Schichten des Realen und Schichten der Kategorien.

a. Dimensionen kategorialer Mannigfaltigkeit.

Zwischen einem Concretum und seinen Kategorien besteht ein Verhältnis fester Zugehörigkeit, in welchem die Kategorien die Rolle einer durchgehenden, das Gemeinsame in der Mannigfaltigkeit beherrschenden Determination spielen. Wenn nun das Concretum der gesamten realen Welt einen Schichtenbau bildet, so müssen die Schichten des Realen notwendig in entsprechenden Kategorienschichten wiederkehren. Der Unterschied der Realschichten ist eben ein prinzipieller, er muß also in ihren Kategorien enthalten sein. Deswegen aber braucht die Schichtung der Kategorien ihrerseits mit der Schichtung des Realen doch nicht einfach identisch zu sein.

Und sie kann auch nicht einfach identisch mit dieser sein. Denn erstens gibt es nicht nur Kategorien des Realen, sondern auch solche der übrigen Sphären. Und zweitens gibt es Kategorien von solcher Allgemeinheit, daß sie sich nicht als einer bestimmten Realschicht zugehörig auffassen lassen. Solche Kategorien sind gemeinsame Prinzipien aller Schichten des Realen; sie bilden die einheitliche Grundlage der gesamten realen Welt. Und ihre ontologische Bedeutung liegt darin, daß sie die fundamentalsten Kategorien sind — das gemeinsame Fundament aller kategorialen Besonderung, damit also auch aller Schichtung — und überdies diejenigen sind, an denen die Einheit im Aufbau der realen Welt strukturell greifbar wird. Sie sollen im folgenden Fundamentalkategorien heißen. Sie machen den Gegenstand der „allgemeinen Kategorienlehre" im Unterschiede von der „speziellen" aus.

Von diesen zwei Gründen der Nichtidentität ist der erstere für das Problem der Realkategorien ein nur äußeres Moment. Denn er betrifft nur die Parallelstellung der Idealsphäre, sowie die der sekundären Sphären, sofern deren Kategorien Abweichungen von den Realkategorien zeigen. Es handelt sich also dabei um eine kategoriale Gesamtmannigfaltigkeit, welche in dieser Ausdehnung nicht mehr den Bau der Realwelt betrifft. Diese Gesamtmannigfaltigkeit ist offenbar eine mehrdimensionale. In ihr überschneidet sich die Mehrheit der Sphären mit der Folge der Schichten. Denn die letztere kehrt auch in den verschiedenen Sphären wieder.

Von der idealen Sphäre, als einer solchen der Wesenheiten, leuchtet das unmittelbar ein, obgleich ihre Selbständigkeit eine bedingte ist. Es wurde aber bereits gezeigt, warum ihre Kategorien mit denen des Realen nicht durchgehend zusammenfallen können (Kap. 3 und 4). Weil aber Wesensstrukturen und Wesensgesetze die reale Welt durchziehen, so bildet das Verhältnis ihrer Kategorien zu den Realkategorien auf jeder Schichtenhöhe doch ein Problem, welches auch die reale Welt betrifft, und zwar am meisten dort, wo die kategoriale Identität beider Seinssphären Grenzen zeigt.

Von noch größerem Interesse ist das kategoriale Verhältnis der Erkenntnissphäre — einschließlich ihrer inneren Abstufung (Kap. 18) — zur Realsphäre, obgleich die Erkenntnis dem Seienden als Seienden äußerlich ist und zu seinem Aufbau nur insofern gehört, als sie selbst ein Seinsphänomen der höchsten Realschicht, des geistigen Seins, ist. Denn Ontologie ist nun einmal Wissen um das Seiende, und das Wissen ist Sache der Erkenntnis. Die Abweichung der Erkenntniskategorien — einerlei ob sie solche der Wahrnehmung, der Anschauung, der Erfahrung oder des Begreifens sind — bildet also ein Medium, durch welches hindurch allererst die Realkategorien greifbar werden können. Die Ontologie kann also die letzteren, auf die doch alles ankommt, nicht anders als in ständiger kritischer Auseinandersetzung mit den von ihr selbst (als einer Forschungsweise) mitgebrachten Erkenntniskategorien herausarbeiten. Und dazu muß sie die Unterschiede, auf die sie stößt, ins Bewußtsein heben. Denn der Erkenntnis in ihrer natürlichen Einstellung sind ihre eigenen Kategorien noch weit weniger bewußt als die ihrer Gegenstände.

Am geringsten in diesem Zusammenhange ist das Gewicht der logischen Sphäre, deren kategoriale Momente sich auf wenige Gesetzlichkeiten reduzieren lassen. Ihre Besonderheit spielt noch am ehesten bei den Fundamentalkategorien eine gewisse Rolle, wie denn ihre Gesetzlichkeit auch der Allgemeinheit und Inhaltsleere nach diesen am nächsten steht. Weiter hinauf verschwindet sie so gut wie ganz aus dem Konzert der kategorialen Mannigfaltigkeit.

b. Die Stellung der Fundamentalkategorien innerhalb der am Concretum differenzierbaren Schichtenfolge.

Von weit größerem ontologischen Gewicht aber ist das zweite Moment der Abweichung kategorialer Schichtung von der Schichtung der realen Welt. Es liegt im Auftreten der Fundamentalkategorien. Da diese ihrer

Einfachheit und Allgemeinheit nach sich als die elementarsten erweisen und als solche in den spezielleren Kategorien aller Realschichten enthalten — oder vorausgesetzt — sind, so muß man sagen, daß in ihnen sich die Folge der Kategorienschichten „nach unten zu" fortsetzt.

Denn in der Tat stehen sie der Rangordnung nach „unterhalb" der Kategorien des Anorganischen. Es gibt also keine besondere Schicht der realen Welt mehr, die ihnen zugeordnet wäre. Oder, anders ausgedrückt: die Schichten des Realen brechen nach unten zu mit dem Reich des Physisch-Materiellen ab, die Schichten seiner Kategorien aber brechen an dieser Grenze nicht ab, sondern erstrecken sich weiter abwärts. Freilich darf man sich diese Fortsetzung nicht in der Weise vorstellen, als hätten die elementaren Kategorien nun überhaupt kein Concretum, auf das sie bezogen wären; das würde einen Widersinn ergeben, denn es macht das Wesen der Kategorien aus, daß sie nicht etwas „für sich" sind, sondern nur etwas an und in einem Concretum, nämlich „seine" Prinzipien. In der Tat fehlt ihnen das Concretum nicht; es liegt nur nicht wie bei den höheren Kategorien in einer einzelnen Realschicht, sondern in allen Realschichten zugleich. Man kann das auch so ausdrücken, daß die Schichten des Realen ihre Kategorien nicht nur in den ihnen entsprechenden und speziell zugeordneten Kategorienschichten haben, sondern stets zugleich auch in den gemeinsamen Fundamentalkategorien.

Dieses Verhältnis kompliziert die Sachlage freilich, macht sie aber keineswegs undurchsichtig. Es liegt keinerlei Schwierigkeit darin, daß ein und dasselbe Realgebilde zugleich sehr allgemeine und sehr spezielle Prinzipien habe. Und vollends einleuchtend wird die „Unterhalbstellung" der Fundamentalkategorien, wenn man sieht, in welcher Art diese den speziellen Gebietskategorien zugrundeliegen, wie sie in ihnen die Rolle von einfachen kategorialen Aufbauelementen spielen, die in die komplexen Strukturen eingehen. Ihr Verhältnis zu den letzteren ähnelt dem Verhältnis zu einem Concretum derartig, daß man in den höheren Kategorien selbst bereits eine Art Concretum erblicken kann, auf welches sie bezogen sind. Denn da sie deren kategoriale Bedingungen sind, so darf man mit einem gewissen Recht sagen, daß sie auch deren Prinzipien sind. Sie sind in diesem Sinne die Prinzipien von Prinzipien. Und das ist ein durchaus eindeutiges Verhältnis, in dem der Sinn des „Prinzipseins" vollkommen gewahrt bleibt. Wie sehr dieses Verhältnis dem ganzen Aufbau der Kategorienschichtung entspricht, kann hier freilich noch nicht vorweggenommen werden. Das zu zeigen, gehört zum Thema der „kategorialen Gesetze".

Etwas anderes aber wird an der Eindeutigkeit dieses Verhältnisses auch ohne nähere Analyse klar: dieses, daß wir es in den Fundamentalkategorien mit echten, selbständigen Schichten von Prinzipien zu tun haben, welche vollgültig die Schichtenfolge der Realkategorien nach unten zu fortsetzen. Das Schichtungsverhältnis selbst nämlich, sowie die zugehörige Schichtungsgesetzlichkeit, setzt sich in ihnen fort. Sie zeigen zu den Kategorien der anorganischen Welt dasselbe Verhältnis, wie diese zu denen des Lebendigen, und wie die letzteren zu denen des Seelischen u. s. w.: immer ist die niedere Schicht die bedingende und tragende, die höhere aber die aufruhende, in der gleichwohl die niederen Kategorien zu bloßen Elementen einer hoch überlegenen Struktur herabgesetzt sind. Dieses Verhältnis geht ohne Abänderung über die untere Grenze des Realen hinweg. Es verbindet also eindeutig die Kategorien des Materiellen, des Organischen u. s. f. mit den Fundamentalkategorien, die kein Concretum besonderer Schichtenhöhe mehr haben. Es beweist die Einheit und Homogeneität in der Schichtenfolge der Realkategorien, auch gerade sofern diese sich gegenüber der Schichtenfolge der realen Welt selbst als eine erweiterte zeigt.

c. Die drei erkennbaren Gruppen der Fundamentalkategorien.

Die Fundamentalkategorien bilden den Gegenstand der „allgemeinen Kategorienlehre". Sie sind eine kategoriale Mannigfaltigkeit, die selbst wiederum in deutlich unterscheidbare Gruppen zerfällt; und zwischen diesen Gruppen waltet wieder ein gewisses Schichtungsverhältnis, nur freilich ein keineswegs eindeutig ausgeprägtes. Man muß es deswegen dahingestellt sein lassen, ob es sich hier um eigentliche Überlagerung der kategorialen Höhe nach handelt oder um Parallelschaltung. Bei der Mehrdimensionalität der kategorialen Mannigfaltigkeit überhaupt würde im letzteren Falle keinerlei Schwierigkeit der Unterscheidung bestehen.

Solcher Gruppen nun lassen sich drei unterscheiden. Jede von ihnen ist in sich homogen und zugleich von den anderen klar abgehoben. Die Schwierigkeit ihrer Stellung zueinander ist aber dadurch nicht behoben. Denn in gewissem Sinne ist jede von ihnen in den anderen vorausgesetzt; es kann also jede die „erste" (unterste) Stelle beanspruchen. Vielleicht rührt diese Undurchsichtigkeit daher, daß ihrer in Wahrheit mehr sind; vielleicht auch ist es so, daß uns die eigentlich erste und elementarste Gruppe nicht erkennbar ist. Das würde den mancherlei Einschlägen des Irrationalen in den Realkategorien gut entsprechen. Aber wie dem auch sei, behandeln lassen sich natürlich nur erkennbare Kategoriengruppen. Über eine eventuell noch davorgeschaltete unerkennbare ließen sich höchstens Vermutungen aussprechen. Und auch das nur auf Grund der erkennbaren.

1. An erster Stelle gehört hierher die Gruppe der Modalkategorien.

Sie darf hier als bekannt vorausgesetzt werden, weil ihre Untersuchung in extenso bereits vorliegt[1]). Diese Gruppe ist insofern prototypisch, als sie noch diesseits aller inhaltlichen Besonderheit steht, nur die Seinsweise betrifft und deswegen wohl das Sphärenproblem bestimmt, aber den Aufbau der Realwelt und alles Strukturelle überhaupt noch unberührt läßt. Die Untersuchung hat gezeigt, wie die sechs Modi und ihre Intermodalverhältnisse sich in den Sphären abwandeln, hat zur Bestimmung gebracht, was Realität eigentlich heißt und wie sie sich vom idealen Sein als einem unvollständigen unterscheidet, gleichwohl aber dieses in sich enthält. Sie hat darüber hinaus noch die Kategorien der Determination herausgearbeitet und ihre Begrenzung auf allen Gebieten des Irrealen aufgezeigt. Und an dem Beispiel dieser Kategorie hat sie zugleich das innere Verhältnis von Modus und Struktur (Seinsweise und Seinsbestimmung) ins Licht gerückt. Die Konsequenzen erstrecken sich dementsprechend bis in die höchsten Stufen des geistigen Seins hinauf; sie betreffen noch das Sollen und das Ethos, das Erkenntnisverhältnis und die rätselvolle Seinsform künstlerischer Werke.

Diese Untersuchung darf als die eigentlich fundamental-ontologische gelten. Sie macht durch ihre methodische Schwierigkeit und Eigenart eine besondere philosophische Disziplin aus. Sie mußte deswegen von der „allgemeinen Kategorienlehre", zu der sie dem Thema nach gehört, abgetrennt und ihr vorweg durchgeführt werden.

2. Daneben steht eine Gruppe von Elementarkategorien, die strukturellen Charakter haben und durchgehend paarweise, in der Form zusammengehöriger Gegensatzglieder auftreten. Von diesen Kategorien sind viele von alters her bekannt. Solche Gegensätze wie Einheit und Mannigfaltigkeit, Form und Materie, Qualität und Quantität, Continuum und Discretum gehören hierher. Aber auch der Gegensatz von Struktur überhaupt und Modus muß noch als ein Grenzverhältnis dazu gerechnet werden, desgleichen Gegensätzlichkeit und Übergang (denn zwischen allen Gegensätzen spannt sich eine Dimension möglicher Übergangsglieder), System und Glied, Determination und Dependenz. Ja selbst die Grundstruktur des kategorialen Seins überhaupt, das Verhältnis von Prinzip und Concretum, ist ein Elementargegensatz.

In ihren Anfängen hat die Metaphysik sich fast ausschließlich in Gegensatzkategorien solcher Art bewegt. Es waren freilich nicht immer die wirklich fundamentalen; z. B. spielten Endlichkeit und Unendlichkeit, Positives und Negatives (Sein und Nichtsein), Substanz und Akzidenz dabei eine große Rolle. Von diesen Gegensätzen fällt der erste unter Quantität, der zweite unter Qualität, der dritte aber bereits unter die

[1]) Dargelegt in dem Werk „Möglichkeit und Wirklichkeit", Berlin 1938, welches den vorausgehenden Band zu dem gegenwärtigen bildet.

speziellen Kategorien der ersten Realschicht. Andere Gegensätze, die mit ihnen untermischt auftreten, wie Subjekt und Objekt, oder Erscheinung und Ansichsein, sind vollends sekundär; sie gehören dem Erkenntnisverhältnis, und folglich der Realschicht des geistigen Seins an. Man kann also die elementaren Gegensatzkategorien nicht blindlings der Geschichte entnehmen. Es gilt vielmehr die wirklich fundamentalen erst herauszufinden, um sie dann an der Hand ihrer mannigfachen gegenseitigen Beziehungen zu analysieren.

Diese Untersuchung wird in den nächsten Abschnitten zu führen sein. Sie hat den Vorzug, daß sich von jedem Gliede der Gegensatztafel aus ein Durchblick durch den ganzen Schichtenaufbau der realen Welt ergibt. Sie vermittelt also gleich von den ersten Schritten ab ein konkretes Bild dieses Aufbaus — und zugleich ein Bild des Kategorienreiches.

3. Dieses Bild des Kategorienreiches aber läßt nun seinerseits eine Strukturgesetzlichkeit erkennen, welche die innere Anordnung und interkategorialen Verhältnisse selbst betrifft. Bei näherem Zusehen findet man auf diese Weise ein ganzes System „kategorialer Gesetze", welche das Wesen des Prinzipseins, die Kohärenz der Kategorien innerhalb einer Schicht, die Überlagerung der Kategorienschichten und die in ihr waltende Dependenz bestimmen.

Diese kategorialen Gesetze nun bilden eine weitere Gruppe von Fundamentalkategorien. Sie bezeichnen zugleich in ihrer strukturellen Artung als „Gesetze" einen dritten Typus von Kategorien überhaupt — neben dem der „Modi" und dem der „Gegensätze". Zugleich aber geht ihre ontologische Bedeutung weit darüber hinaus. Denn da Kategorien das Prinzipielle in einem Concretum sind, das Concretum in diesem Falle aber nichts Geringeres ist als der gesamte Aufbau der realen Welt, so sind die kategorialen Gesetze nichts anderes als die Gesetze eben dieses Aufbaues der realen Welt. Das bedeutet, daß an ihnen erst sich die Überlagerung der Realschichten, einschließlich des eigenartigen Wechselspiels von Abhängigkeit und Selbständigkeit, klären kann.

In diesem Sinne darf man sagen, daß in den kategorialen Gesetzen der eigentliche Schwerpunkt der allgemeinen Kategorienlehre liegt. Und dem entspricht es, daß sie in gewisser Hinsicht auch fundamentaler als die beiden ersten Kategoriengruppen sind; denn diese unterliegen bereits den kategorialen Gesetzen. Aber eben weil es sich hier um die entscheidenden Ordnungs- und Aufbauprinzipien handelt, muß die einschlägige Untersuchung ans Ende gerückt werden. Sie ist ohne die konkrete Fülle der Durchblicke, die sich an den Elementargegensätzen ergibt, nicht durchzuführen. Sie bleibt daher dem „dritten Teil" der allgemeinen Kategorienlehre vorbehalten.

d. Die obere Grenze der Fundamentalkategorien und das ideale Sein.

Die Abgrenzung der Fundamentalkategorien als der allgemeinen von den besonderen Kategorien der einzelnen Realschichten ist indessen nicht ohne Aporien. Es gibt Kategorien, die innerhalb der Realwelt von gleicher Allgemeinheit sind wie etwa die Elementargegensätze. Von dieser Art sind die Zeit, der Prozeß, die Veränderung: nicht nur die Naturgebilde haben ihr zeitliches Entstehen und Vergehen, ihren Wandel, ihre inneren Abläufe, sondern auch das seelische und geistige Sein; am letzteren kennen wir es als seine Geschichtlichkeit. Andererseits aber sieht man es diesen Kategorien ohne weiteres an, daß sie etwas Spezielleres sind als etwa Einheit und Mannigfaltigkeit oder Substrat und Relation. Man kann Zeitlichkeit und Prozeßcharakter nicht unter die allgemeinen Gegensatzkategorien aufnehmen, und noch weniger natürlich unter die kategorialen Gesetze oder die Modi, mit denen sie gar keine Verwandtschaft zeigen.

Aber was macht den Unterschied? Doch nicht einfach dieses, daß sie nicht Gegensatzcharakter haben; dann würde vielmehr für sie und manche ihnen gleichgestellte eine besondere Gruppe von Fundamentalkategorien anzunehmen sein. Das geht nun erst recht nicht an, weil es vielmehr in die Augen springt, daß sie dafür nicht allgemein genug sind. Wenn sie aber doch allen Realschichten ebenso gemeinsam sind wie jene, worin sollte dann noch ihr Speziellersein liegen?

Hier stoßen wir auf einen Mangel in der oben gegebenen Bestimmung der Fundamentalkategorien. Es genügt nicht, daß sie allen Realschichten gemeinsam sind, sie müssen — wenigstens grundsätzlich — auch allen Sphären gemeinsam sein. Und da es für die Seinsverhältnisse nur auf die Seinssphären, nicht auf die Sekundärsphären, ankommt, so läßt sich vereinfacht sagen: Fundamentalkategorien müssen dem realen und idealen Sein gemeinsam sein.

Daß diese Bestimmung auf die Elementargegensätze zutrifft — z. B. auch auf den von Materie und Form —, wird freilich noch zu erweisen sein („Materie" im ontologischen Sinne ist nicht die sog. Stoffsubstanz der Dinge allein). Setzt man sie aber hier ein, so ergibt sich ohne weiteres eine eindeutige obere Grenze für den Bereich der Fundamentalkategorien. Und diese Grenze schließt ganz radikal die Zeitlichkeit, den Prozeßcharakter, die Veränderung usw. von ihnen aus.

Das ideale Sein ist gerade dadurch am augenfälligsten vom realen unterschieden, daß es kein zeitliches Sein ist, keinen Wandel, kein Entstehen und Vergehen, keine Veränderung kennt. Es gibt in ihm Einheit und Mannigfaltigkeit, Dimensionen und Gegensätze, Kontinuität und Diskontinuität, Beziehung und Bezogenes, aber es gibt in ihm keinen Wandel. Ideales Sein ist zeitloses Sein.

Die Zeitlichkeit und die ihr verwandten Kategorien sind also insofern etwas weit Spezielleres und weniger Fundamentales — im Vergleich mit den allgemeinen Elementargegensätzen —, als sie spezifische Realkategorien sind. Sie setzen deshalb erst mit der untersten Schicht des Realen ein, und ihr Hindurchgehen durch die höheren Realschichten hat einen ontologisch anderen Charakter als das der Fundamentalkategorien.

e. Die Zwischenstellung der Quantitätskategorien.

Eine eigenartige Rolle spielen in diesem Grenzverhältnis noch die sog. Quantitätskategorien. Hierher sind nicht etwa alle Grundmomente des Mathematischen zu rechnen, z. B. nicht die schon viel spezielleren der geometrischen Verhältnisse, welche sich auf dem Prinzip des Raumes aufbauen, wohl aber die allgemeinsten, welche das Reich der Zahlen und der Mengen umfassen und damit die Grundlage der Größenverhältnisse überhaupt bilden.

Diesen Kategorien kann man den Charakter von Realkategorien nicht absprechen, weil sie die niederste Schicht des realen Seins, die der anorganischen Natur, ganz offenkundig beherrschen, ihre Gesetzlichkeit durchdringen und sehr wesentlich mit bestimmen. Für die Wissenschaften von der anorganischen Natur ist das von ausschlaggebender Bedeutung. Denn gerade der quantitative Charakter in dieser Gesetzlichkeit ist die am besten erkennbare Seite an ihr. Ihm verdanken diese Wissenschaften ihren vielgerühmten Charakter der Exaktheit, der ihnen in der Tat eine hohe Überlegenheit über Wissenschaften anderer Art gibt.

Aber die Quantitätskategorien sind deswegen doch keineswegs ohne weiteres Kategorien der Natur, genau so wenig wie die reine Mathematik, die sich auf sie gründet, eine Naturwissenschaft ist. Das Reich der Zahlen und aller mannigfaltigen Zahlverhältnisse ist zwar ein echtes Concretum, das auf diesen Kategorien beruht und ihnen unmittelbar zugehört, aber es ist kein „reales" Concretum. Seine Seinsweise ist die der idealen Sphäre. Und dem entspricht es, daß die reinen Zahlverhältnisse — und zwar auch die speziellsten unter ihnen — von ganz anderer Allgemeinheit sind als die in den Naturgesetzen enthaltenen. Vielmehr besteht hier ein klares Bedingungsverhältnis: der mathematische Gehalt der Naturgesetze beruht auf der rein-mathematischen Gesetzlichkeit, wennschon er keineswegs durch sie allein bestimmt ist, d. h. er setzt sie voraus.

Das ist nun offenbar ein Verhältnis des „Aufruhens". Und daraus folgt — wenn man hier den genauen Begriff der Schichtung einsetzt —, daß der Gegenstand der reinen Mathematik eine niedere Seinsschicht, unterhalb der anorganischen Natur, also auch unterhalb des ganzen

Schichtenbestandes der realen Welt, bildet. Wir haben es also im Gegenstandsgebiet der reinen Mathematik mit einer Schicht des idealen Seins zu tun, welche unterhalb der Realschichten steht, aber doch eine konkrete Mannigfaltigkeit eigener Art bildet. Die Kategorien dieser Schicht haben somit die eigentümliche Stellung, daß sie zwar den Realschichten gegenüber zu den Fundamentalkategorien zählen müßten, dem besonderen Concretum nach aber, das ihnen als das ihrige zugeordnet ist, auch wiederum nicht zu ihnen gehören können. Denn Fundamentalkategorien eben sind solche, die auf das Ganze des Schichtenbaues bezogen sind und kein besonderes Concretum haben.

Auf das Ganze bezogen nun sind die Quantitätskategorien nicht einmal mittelbar. Von den Realschichten ist es eben doch nur die unterste, die wirklich maßgebend von ihnen beherrscht wird. Schon im Organischen wird ihre Rolle eine ganz untergeordnete, und weiter hinauf verschwindet die mathematische Struktur vollständig. Das ist es, was sie von den Fundamentalkategorien radikal scheidet.

Es läßt sich nicht verkennen, daß das einfache Bild der Kategorienschichtung, welches in den Fundamentalkategorien eine direkt anschließende Verlängerung der Stufenfolge nach unten zu erblickt, durch die Zwischenstellung der Quantitätskategorien einen Riß bekommt. Aber man muß dem Phänomen dieser Stellung Rechnung tragen, muß das zu einfach geratene Bild ihr entsprechend modifizieren. Man wird also schließen müssen: es gibt einen Spielraum zwischen der unteren Grenze der den Einzelschichten zugehörigen Realkategorien und den Fundamentalkategorien. Und dieser Spielraum ist gleichfalls von gewissen Kategorien erfüllt. Ob die quantitativen die einzigen sind, die in ihn hineingehören, läßt sich vor der Hand nicht entscheiden. Jedenfalls aber wird in ihnen eine Gruppe greifbar, welche die charakteristische Zwischenstellung zeigt.

Man muß diese Gruppe also noch in das Thema der allgemeinen Kategorienlehre hineinnehmen, obgleich ihre Glieder keine Fundamentalkategorien sind.

22. Kapitel. Einordnung der sekundären Sphären in die Schichten des Realen.

a. Ontologische Zufälligkeit der sekundären Sphären.

Die kategoriale Mannigfaltigkeit, mit der wir es zu tun haben, liegt nun als eine in zwei Dimensionen geordnete vor: sie breitet sich einerseits in der Verschiedenheit der Sphären und andererseits in der Höhenordnung der Schichten aus. Und man könnte nun meinen, daß in der Überschneidung dieser beiden Dimensionen eine eindeutige Systemordnung aller Kategorien sich ergeben müßte. So wäre es in der Tat, wenn die Sphärenunterschiede die gleiche Homogeneität zeigten wie die Schichtenunterschiede.

Dem ist aber keineswegs so. Von ontologischer Gleichstellung läßt sich allenfalls noch im Hinblick auf die zwei Seinssphären sprechen; auch da freilich nur mit mancherlei Abstrichen, denn ideales Sein ist unvollständiges Sein, und seine Selbständigkeit ist eine sehr beschränkte (wie sie denn auch nur sporadisch auf bestimmter Schichtenhöhe in die Erscheinung tritt, z. B. auf der des Quantitativen). Von den sekundären Sphären läßt sich etwas ähnliches in keiner einzigen Seinsschicht aufweisen. Man kann sie den Seinssphären nicht nebenordnen; oder genauer gesprochen, die Nebenordnung, in der sie zunächst auf Grund ihrer kategorialen Abweichung erscheinen, ist gerade ontologisch eine zufällige. Diese „Zufälligkeit" ist nichts anderes als ihr Sekundärsein selbst. Denn hinter ihr steckt — wie hinter aller erscheinenden Zufälligkeit — ein in Wahrheit ganz anderes Verhältnis. Und dieses hat seine sehr bestimmten ontologischen Gründe, die keineswegs Sache der Auffassung sind. Es ist ein Verhältnis, das nicht von den Sphären selbst her, sondern vom Schichtenbau der realen Welt her bestimmt ist.

Von den sekundären Sphären ist nun die der Erkenntnis die bei weitem wichtigste. Die logische Sphäre spielt daneben nur eine untergeordnete Rolle; sie kommt im Sphärenverhältnis nur insoweit zu einer gewissen Geltung, als sie die oberen Stufen der Erkenntnis mit ihrer Formgesetzlichkeit durchsetzt. Innerhalb der Erkenntnissphäre dagegen kommen alle ihre verschiedenen Stufen in Betracht, insonderheit der Gegensatz zwischen der untersten und der obersten, der Wahrnehmung (anschaulichen Vorstellung u. s. w.) und dem eigentlichen Wissen (Begreifen).

Erkenntnis nun ist ihrem Wesen nach ontologisch sekundär. Sie setzt das Seiende, das ihr Gegenstand ist, schon als ihr Primäres voraus; und dieses besteht unabhängig davon, ob sie es zu ihrem Gegenstande macht oder nicht, wird auch von ihr nicht verändert. Zugleich aber ist sie selbst ein Seiendes, nämlich ein Seinsverhältnis sui generis, und kann nur in schon bestehenden Realzusammenhängen von bestimmter Schichtenhöhe vorkommen. Sie kann nur entstehen in einem Bewußtsein, das bereits über die rein seelischen Aktzusammenhänge hinausgewachsen und auf die Höhe des objektiv Geistigen gelangt ist. Erkenntnis ist eine spezifische Funktion des geistigen Seins. Sie gehört also in den Schichtenbau des Realen hinein, gehört seiner höchsten Schicht an, und muß, wenn man sie ontologisch verstehen will, aus ihrer Einordnung in diese Seinsschicht heraus verstanden werden. Sie ist also vom ganzen Schichtenaufbau des Realen getragen, in welchem stets die höhere Schicht auf der niederen aufruht, bis hinab zum physisch Materiellen. Sie ist also in ihrer Seinsart auch kategorial von unten her bedingt, und zwar ebensosehr von den Fundamentalkategorien wie von den niederen Realkategorien.

b. Doppelsinn von „primär" und „sekundär". Phänomen und Sein.

Ist die Erkenntnis ontologisch sekundär, so ist sie deswegen doch in dem Aspekt ihres eigenen Vorgehens — der ratio cognoscendi — keineswegs sekundär. In ihr liegen die Gegebenheiten, bei denen sich die philosophische Überlegung vorfindet, wenn sie sich dem Seienden zuwendet; sie liegen auch dann in ihr, wenn die eigentlichen Quellen der Gegebenheit unterhalb der Erkenntnis liegen. Erkenntnis ist primär im Sinne des „für uns Früheren"; sie ist sekundär im Sinne des „an sich Früheren".

Legt man diese altbewährte Unterscheidung zugrunde, so behält die Zusammenstellung der ontisch ganz heterogenen Sphären dennoch einen präzisen Sinn, wenn auch nur einen methodologischen. Verfolgt man nämlich jetzt einzelne Kategorien durch diese heterogene Mannigfaltigkeit der Sphären hindurch, so tritt in den Unterschieden ihrer Struktur der Gegensatz primärer und sekundärer Gestaltung deutlich zutage; und zugleich läßt sich die Linie der Abwandlung von den Gegebenheitssphären zu den Seinssphären in der Weise verfolgen, daß die kategorialen Strukturen des Seienden durch sie annähernd faßbar werden.

Man kann diesen Zusammenhang am Verhältnis von Phänomen und Seiendem erläutern. Es sind grundsätzlich dieselben Inhalte im Phänomen und im Seienden; denn es ist der Sinn des Phänomens, daß es Erscheinung eines bestimmten Seienden ist. Erscheinung ohne ein Ansichseiendes, welches das „Erscheinende" in ihr wäre, ist leerer Schein. Und den meint man nicht, wenn man von Phänomenen spricht. Das Seiende also offenbart sich im Phänomen. Es ist nicht so, wie die Skepsis und selbst Kant noch meinte: man könne wohl Phänomene erkennen, aber nicht Ansichseiendes. Gerade umgekehrt: man kann auf keine Weise Phänomene erkennen, ohne zugleich in gewissem Maße auch das Ansichseiende zu erkennen, das in ihnen erscheint.

Aber andererseits, es ist auch nicht so, wie die Phänomenologen es annehmen, als wäre das Phänomen schlechthin und ohne weiteres das Seiende; als wären alle am Phänomen ablesbaren Bestimmungen deswegen auch schon Seinsbestimmungen, ja als wären diese in jenen auch nur erschöpfbar. Gerade umgekehrt: das Phänomen hat mitsamt seinen Wesenszügen stets nur den Charakter des Für-uns-Seins. Es ist nicht die Sache selbst, sondern nur ihr Gegenbild, und dieses kann weit von der Sache abweichen. Das eben ist einem Phänomen niemals direkt anzusehen, wie weit es echtes „Phänomen" (im obigen Sinne), wie weit bloß Schein ist. Darum muß alle Besinnung auf die Sache selbst, wie sie an sich ist, erst bei der kritischen Deutung des Phänomens ansetzen. Das ist ein in allen Wissenschaften anerkanntes und bewährtes Verhältnis. Wie sollte es für die Philosophie nicht maßgebend sein, sofern sie es mit dem Problem des Seienden als solchen aufnimmt?

Das wirkliche Verhältnis der Sphären in ihrer Heterogeneität und gleichzeitigen Inhaltsbezogenheit aufeinander dürfte hiermit im wesentlichen klargestellt sein. Die Stufen der Erkenntnissphäre sind ganz und gar Phänomensphären des Seienden. Sie erheben, recht verstanden, gar nicht den Anspruch, neben die Seinssphären zu treten. Sie haben vielmehr ontologisch ihre besondere, untergeordnete Stelle im Stufenreich des Seienden, sind bestimmten Realschichten zugehörig; und jede Herauslösung aus dieser Zugehörigkeit muß zur Verfälschung ihres Wesens führen. Aber der ratio cognoscendi nach sind sie als Gegebenheitssphären die Zugänge zum Seienden. Sie sind das eben deswegen, weil sie bloße Phänomensphären sind. Denn aller Zugang zum Seienden hat die Form des Phänomens.

In gewissen Grenzen läßt sich das auch von der logischen Sphäre sagen. Auch sie ist als Inbegriff gedanklicher Zusammenhänge eine Phänomensphäre, und zwar in ihrer Weise eine solche von hoher Adäquatheit, dafür aber auch von minimaler inhaltlicher Erfülltheit. Alle Erfüllung, die in ihre Formen eingeht, ist eben nicht die ihrige. Was in ihr mit einzigartiger Vollkommenheit erscheint, ist eine formale Zusammenhangsgesetzlichkeit des Seienden selbst — zunächst des idealen, mittelbar aber auch des realen. In den sehr engen Grenzen dieses Inhaltes — soweit man ein so undichtes Netz von Formen noch einen Inhalt nennen kann — ist sie von allerhöchstem Wert für gewisse Gebiete der Kategorienforschung. Denn soweit diese Formen Zugänge zu Realverhältnissen enthalten, bilden sie die exaktesten Hinweise auf Realkategorien, die uns zur Verfügung stehen.

c. Ontische Zugehörigkeit und inhaltliche Zuordnung.

Als Phänomen- und Gegebenheitssphären stehen nun aber die sekundären Sphären in doppelter Bezogenheit auf das Reale da. Einerseits sind sie selbst etwas Seiendes und gehören einer bestimmten Schicht des Realen zu: Erkenntnis ist etwas im Menschenleben real Wirkliches und eminent Wirksames, das sein Entstehen in der Zeit hat, wie alles Reale, — sowohl im Kleinen wie im Großen, im Individuum wie im geschichtlichen Gesamtleben. Andererseits aber sind diese selben Sekundärsphären auch noch mit ihrem Inhalt bestimmten Schichten des Realen zugeordnet, und zwar keineswegs ohne weiteres denselben Schichten, denen sie im Realverhältnis zugehören.

Jene Zugehörigkeit ist etwas ganz anderes als diese Zuordnung. Phänomene sind notwendig Phänomene „von etwas" — wenn anders es nicht Scheinphänomene sind —; Erkenntnis ist notwendig Erkenntnis „von etwas". Das Etwas aber ist in beiden Fällen ein Seiendes. Darin besteht die Zuordnung als inhaltliche Bezogenheit: Erkenntnis ist nicht demjenigen Seienden zugeordnet, welchem sie selbst angehört, sondern demjenigen, welches sie erkennt.

Das schließt freilich nicht aus, daß die Zuordnung sich auch auf die eigene Realschicht der Erkenntnis erstrecken könnte; Erkenntnis kann ja auch geistiges Sein, kann schließlich auch sich selbst zum Gegenstande machen. Aber das ist lange nicht in aller Erkenntnis der Fall, am wenigsten im Bereich der Wahrnehmung. Und selbst wenn in aller Erkenntnis auch stets ein mitlaufendes Erfassen geistigen Seins stecken sollte, so liegt das doch nicht am Wesen der Erkenntnis, sondern an der Verschlungenheit der Realverhältnisse, in denen das erkennende Wesen lebt. Grundsätzlich vielmehr liegt es im Wesen der Erkenntnis, daß sie sich auf Gegenstände aller Seinsschichten erstrecken kann, und zwar ganz unabhängig davon, ob sie diese auch als solche begreift. Das aber heißt: Erkenntnis ist, wiewohl der höchsten Realschicht allein angehörig, doch grundsätzlich allen Schichten ohne Unterschied „zugeordnet".

Diejenige Beziehung zum Realen, welche für die Gegebenheitssphären als Zugänge zum Seienden charakteristisch ist, liegt nun aber nicht in der Zugehörigkeit, sondern in der Zuordnung. Das ontologische Grundverhältnis spielt in dieser Hinsicht nur die Rolle einer Voraussetzung; die Zugehörigkeit der Erkenntnis zum geistigen Sein, ihr Aufruhen auf dem Vollzug der Akte, sowie deren weitere Bedingtheit durch den Organismus u. s. f., betrifft nur ihre eigene Seinsweise und deren Abhängigkeit im Realzusammenhang. Daß in ihr Seiendes zugänglich wird, hängt an ihrem Verhältnis zu ihren Gegenstandsgebieten. Dieses Verhältnis aber ist die „Zuordnung". Und sofern ihr das eigene Grundverhältnis — ihre Zugehörigkeit und ontische Bedingtheit — zugänglich wird, so wird es ihr nicht auf Grund seiner selbst, sondern auf Grund der Zuordnung zugänglich.

In den Grenzen, in denen die logische Sphäre als Gegebenheitssphäre gelten darf, d. h. in den Grenzen des dünnen Formengeflechts, mit dem sie alle von ihr erfaßten Inhalte durchsetzt, muß das Gleiche auch von ihr gelten. Und nur dadurch ist es möglich, daß ihre Gesetzlichkeit auf den oberen Stufen des Erkennens eine maßgebende Rolle spielt. Auch hier ist mit der selbstverständlichen, wiewohl ontisch grundlegenden Zugehörigkeit des Logischen zum geistigen Sein wenig gesagt. Seine Bedeutung liegt vielmehr in seiner unbeschränkten Zuordnung. Denn bei der ungeheueren Weite seiner formalen Gesetzlichkeit gibt es kein

Seiendes, welcher Sphäre und welcher Höhenschicht es auch angehören mag, auf das seine Formen sich nicht erstreckten. Ist aber, wie sich schon oben zeigte, diese Gesetzlichkeit im Grunde eine solche des idealen Seins, und umfaßt sie deswegen auch von vornherein gewisse durchgehende Formverhältnisse des Realen, so wird es sehr verständlich, daß der spezifisch „logische" Zugang zum Seienden trotz aller Inhaltsleere doch eine sehr gewichtige Gegebenheitsinstanz ausmacht.

Und die Bedeutung dieser Sachlage wird noch größer, wenn man erwägt, daß diese Art von Zugang sich auch direkt auf gewisse Kategorien des Realen erstreckt. Charakteristischer Weise sind es gerade die Fundamentalkategorien, von denen das gilt. Denn auch diese sind von ähnlicher Allgemeinheit und Inhaltsleere. Die Zuordnung des Logischen also erstreckt sich im Schichtenreich der Kategorien noch über die Realitätsgrenze hinaus abwärts bis zu den elementarsten Seinsgrundlagen; was methodisch für die Kategorialanalyse der letzteren natürlich von unschätzbarem Werte ist.

d. Zweierlei Zuordnung in der Erkenntnis.

Erkenntnis ist ihrem Wesen nach Zuordnung. Sie ist es durch die Transzendenz der Relation, in der sie besteht. Diese Transzendenz ist das Hinübergreifen über das Bewußtsein, die Fühlung mit dem bewußtseinsunabhängigen Seienden, einerlei ob es ein äußeres oder ein inneres ist. Gedanken und Vorstellungen gibt es auch ohne solche Zuordnung, ohne transzendenten Bezug, und d. h. ohne Erkenntnischarakter und ohne seienden Gegenstand. „Erkennen" kann man nur Seiendes. Die Erkenntnisbedeutung eines Gegenstandsbewußtseins, einerlei welcher Stufenhöhe, liegt darin, daß es ein Ansichseiendes repräsentiert. Erkenntnis ist Repräsentation der Welt im Bewußtsein; ihre Inhalte sind wesenhaft einem Seienden zugeordnet. Sie sind es der Tendenz nach auch dann, wenn sie es verfehlen oder nur teilweise treffen.

Wenn aber dieses von „aller" Erkenntnis gilt, so ist damit doch nicht gesagt, daß auch in aller Erkenntnis die Zuordnung die gleiche sei. Sie ist vielmehr sehr verschieden je nach der Stufe der Erkenntnis; und vor allem ist ihre Verschiedenheit durch den Gegensatz von Wahrnehmung und Wissen (Begreifen) beherrscht. Das bedeutet, daß die Erkenntnis auf zwei Grundtypen oder Arten der Zuordnung aufgebaut ist, in deren Widerspiel sie sich bewegt. Und, um das Bild dieses Aufbaus vollständig zu machen: der zweierlei Zuordnung entspricht auch zweierlei Zugehörigkeit. Denn die Stufen der Erkenntnis, denen sie eigen sind, liegen innerhalb des geistigen Seins so weit auseinander, daß sie auch im Schichtenbau sehr verschiedene Höhenlage haben. Das geistige Sein eben ist in sich vielstufig. Die Wahrnehmung gehört in seine Niederungen, sie steht dem bloß Seelischen noch nah; das Begreifen aber mit seiner Beweglichkeit des Eindringens und seiner kritischen Selbstkontrolle zählt zu den höchsten und reichsten Inhaltsgebieten des Geistes, und entsprechend sind seine Funktionen von Grund aus anderer Art. Das Wesentliche aber in dieser Andersheit ist die Art der Zuordnung.

In der Wahrnehmung sind die einzelnen Sinnesqualitäten bestimmten Eigentümlichkeiten des physisch Seienden zugeordnet. Dieser Typus der Zuordnung ist wohlbekannt, wiewohl seine Funktion manches Rätselhafte umschließt. Jeder Farbenton in der Empfindung entspricht einer Wellenlänge des Lichtes, jede hörbare Tonhöhe einer solchen des Schalles. Hier ist die vollste Unähnlichkeit der Bestimmtheit zwischen Seiendem und Repräsentation. Aber die Zuordnung selbst ist eine feste, und sie macht die Skala der Farben und Töne zu einem Beziehungssystem, welches das an sich Gleiche unter gleichen Bedingungen auch stets als gleich erscheinen läßt. In gewissem Sinne ist dieses die vollkommenste Form der Zuordnung; ihr Nachteil besteht lediglich darin, daß es nur sehr enge Ausschnitte aus der unübersehbaren Mannigfaltigkeit der Seinsbestimmtheiten sind, die auf diesem Wege dem Bewußtsein vermittelt werden.

In sehr erweitertem Maße tritt die Zuordnung auf den höheren Erkenntnisstufen auf. Aber sie hat hier einen ganz anderen Typus, besteht in einer Beziehung von anderer Ordnung und Gesetzlichkeit. Sie setzt auch nicht an den Einzelfällen des Realen ein, sondern an dem Allgemeinen in ihm, an seiner Gleichartigkeit und Regelmäßigkeit. Sie hält sich also an die Gesetze des Realen, und letzten Endes an seine Kategorien. Wir kennen ihr Grundphänomen als den apriorischen Einschlag der Erkenntnis. Die Erkenntnis des Allgemeinen und der Gesetzlichkeit kann in weitestem Maße durch Erfahrung — also letztlich durch Einzelfälle der Wahrnehmung — bedingt sein; die Erhebung des Erfahrenen in die Allgemeinheit, unter welcher dann wieder weitere Einzelfälle verstanden oder gedeutet werden, ist deswegen doch Sache des Apriorischen. Hier also hängt alles daran, unter was für Kategorien die Erkenntnis ihre empirischen Gegebenheiten zusammenfaßt, versteht, interpretiert. Entsprechen ihre Kategorien den Seinskategorien, so hat das entstehende Gesamtbild des Gegenstandes objektive Gültigkeit (Wahrheit); sind sie in wesentlichen Stücken abweichend, so ist die Folge Verfehlung des Seienden, Irrtum.

Dieses Verhältnis entspricht nun sehr genau dem Satz der Erkenntnistheorie, daß die Dinge nur so weit a priori erkennbar sind, als die Erkenntniskategorien mit Seinskategorien identisch sind. Dafür, daß diese Identität auch wirklich ihre Grenze hat, und daß die Grenze genau der

Grenze der Erkennbarkeit der Gegenstände entspricht, sind oben die Gründe angegeben worden (vgl. Kap. 12 b—e). Ontologisch aber wird an diesem Verhältnis eine sehr merkwürdige Eigenart des erkennenden Geistes sichtbar: das Wiederauftauchen der Seinskategorien niederer Schichten im inhaltlich Strukturellen der geistigen Welt selbst. So tauchen z. B. die Kategorien des Quantitativen im rechnenden Denken wieder auf, desgleichen die Substanz, die Kausalität u. a. m. in der Dingerfassung. Und nur weil sie im Geiste wiederkehren, gibt es apriorische Erkenntnis desjenigen Seienden, dessen Realkategorien sie sind.

Sie sind deswegen nicht etwa Realkategorien des Geistes; die Erkenntnis als solche ist nicht etwas Quantitatives oder Substantielles, oder auch nur etwas in sich kausal Geordnetes. Der Geist, und mit ihm die Erkenntnis, hat vielmehr seine eigenen, auf keinerlei niederen Seinsstufen vorkommenden Kategorien. Dahin gehört vor allem die höchst eigenartige Kategorie der Zuordnung selbst, deren Problem uns hier beschäftigt. Aber auch einige andere lassen sich als wohlbekannt aufzählen; so z. B. die sog. Objektivität des Inhalts, seine Übertragbarkeit (Mitteilbarkeit) von Subjekt zu Subjekt, seine Ablösbarkeit vom tragenden Akt, seine Indifferenz gegen Subjekt und Akt, seine eigentümlich schwebende Seinsform im objektiven Geiste u. a. m. Das alles sind Realkategorien des Geistes; sie alle zusammen — und es sind ihrer nicht wenige — machen die Eigenart seines Schichtencharakters aus.

Dagegen kehren in seinem Inhalt die Kategorien der niederen Seinsschichten wieder, nicht zwar als die seinigen, wohl aber als die der Erkenntnisgebilde (Repräsentationen); denn diese sind die Gegenbilder der Gegenstände, denen er als erkennender zugewandt (zugeordnet) ist. Erkenntnis ist, inhaltlich verstanden, eine Sphäre objektiver Gebilde, welche das Ansichseiende aller Schichten im Bewußtsein „darstellen". Diese Gebilde müssen, wenn die Repräsentation Erkenntniswert haben soll, die gleichen Grundstrukturen aufweisen wie das repräsentierte Seiende.

Darum muß das Wiederauftauchen auch der niederen Seinskategorien am Inhalt der Erkenntnis als das Eigentümliche des geistigen Seins angesehen werden, soweit wenigstens zum Wesen des Geistes gehört, daß er Repräsentation der Welt, ein Bild der Welt in der Welt selber, ist.

e. Die Verdoppelung der Kategorien und die Zuordnung.

Natürlich wird es bei dieser Sachlage notwendig, die am Inhalt wiederkehrenden Kategorien von den Realkategorien des Geistes zu unterscheiden. Das ist nun keineswegs schwer, die Kategorien selbst verraten ihr Wesen an der eigenen Struktur, sobald man sie daraufhin ansieht. Der Raum z. B. ist Inhaltskategorie der anschaulichen Dingerkenntnis; er muß am Inhalt wiederkehren, weil er Realkategorie der Dinge ist, und weil Dinge sonst in ihrer Räumlichkeit nicht erkennbar wären. Aber er ist nicht Realkategorie der Erkenntnis; Erkenntnis als solche ist nicht räumlich, sie ist nur als Dingerkenntnis dem Räumlichen zugeordnet, d. h. Erkenntnis des Räumlichen. Darum kehrt der Raum in ihr als „Anschauungsform" wieder — zwar nicht in voller Identität aller seiner Momente, wohl aber doch soweit dem Realraum der Dinge angeglichen, daß diese vermöge der Anschauungsform erfaßbar werden.

Das ist ein im Grunde ganz unkompliziertes Verhältnis. Es ist dasselbe an der Kausalität, am quantitativen Verhältnis, am Gesetzescharakter des physischen Prozesses, an den Substratcharakteren des Dinglichen. Sie alle gehören — wiewohl abgewandelt — zur kategorialen Struktur des Inhaltlichen im erkennenden Geiste, sie kehren an dieser Struktur wieder. Aber sie gehören nicht zur Eigenstruktur des erkennenden und wissenden Geistes; dieser unterliegt nicht der Naturgesetzlichkeit, enthält keine dingartigen Substrate, funktioniert nicht nach dem Schema von Ursache und Wirkung. Es bedarf durchaus keiner besonderen Kategorialanalyse, um dieses einzusehen. Der Unterschied von Realkategorien des Geistes und seinen Inhaltskategorien ist ein so auffallender, unverkennbarer, beruht auf so tiefer Heterogeneität, daß nur ein wissentliches Verschließen der Augen ihn übersehen könnte.

Kompliziert und der besonderen Analyse bedürftig wird dieses Verhältnis erst, wo eine und dieselbe Kategorie zugleich als Realkategorie der Erkenntnis und als ihre Inhaltskategorie auftritt. Das gilt z. B. von allen Fundamentalkategorien und wird an ihnen zu zeigen sein. Aber es gilt auch noch von mehreren speziellen Kategorien, und an diesen wird das Auseinanderhalten beider Arten des Prinzipseins schwierig. Gerade in solchen Fällen aber liegt auf der klaren Unterscheidung ein besonderes Problemgewicht, denn hier hat sich von jeher Verwirrung eingeschlichen. Es gehört zu den wichtigsten Aufgaben der Kategorienlehre, diese Verwirrung zu entwirren.

Als ein repräsentatives Beispiel für das doppelte Auftreten einer Kategorie am Wesen der Erkenntnis und des geistigen Seins überhaupt steht die Zeit da. Erkenntnis ist ein transzendenter Akt des Bewußtseins. Die Transzendenz als solche ist hierbei etwas Zeitloses, aber der Aktcharakter ist wie an allen Bewußtseinsakten etwas Zeitliches. Das letztere gilt auch vom Fortschreiten der Erkenntnis, und zwar sowohl im Individuum als das reifende Eindringen und Zulernen wie auch im geschichtlichen Erkenntnisprozeß, in den alles persönliche Erkennen eingegliedert ist. Eines wie das andere braucht Zeit, läuft in der Zeit ab, ist ein zeitlicher

Prozeß. In diesem Sinne ist die Zeit Realkategorie der Erkenntnis als solcher, ebenso wie sie Realkategorie des in seinen Akten verlaufenden Bewußtseins und des geistigen Lebens überhaupt ist.

Zugleich aber tritt die Zeit am Erkenntnisinhalt als Anschauungskategorie auf, ja ebensosehr auch als Wahrnehmungs- und Erlebniskategorie. Denn alles Reale, das wir erfassen, erscheint uns auch inhaltlich als ein zeitliches, und zwar ohne Unterschied der Schicht, der es angehört. So nämlich muß es sein, wenn wir die Realverhältnisse als das erfassen sollen, was sie sind, als die in der Zeit entstehenden und vergehenden, an bestimmte Dauer gebundenen, einmaligen und nicht wiederkehrenden. Die Zeit als Anschauungs- und Erlebniskategorie ist also weit entfernt dasselbe zu sein wie die Zeit als Realkategorie des Anschauens und Erlebens selbst (der Akte). Das Bewußtsein mitsamt seinen Akten läuft in der Zeit ab, aber es ist auch seinerseits ein Bewußtsein zeitlicher Abläufe; und diese letzteren sind mit seinem eigenen Ablaufen nicht identisch. Sie können z. B. vergangene Abläufe (Ereignisse) sein; das Bewußtsein aber, dem sie präsent sind, kann ein jetziges sein. Auf eine kurze Formel gebracht: die Zeit, in der das Bewußtsein abläuft, ist nicht die Zeit im Bewußtsein der Abläufe. Und die Kategorialanalyse der Zeit vermag darüber hinaus auch noch zu zeigen, daß Zeit als Anschauungsform sogar strukturell etwas anderes ist als die Realzeit, in der das Anschauen — zusammen mit allen übrigen Bewußtseinsakten — vor sich geht.

Man sieht nun aber auch leicht, wie in dieser Verdoppelung der Kategorien gerade das Wesen der Erkenntnis wurzelt; desgleichen wie an ihr das Widerspiel von Zugehörigkeit und Zuordnung sich spiegelt. Durch die Wiederkehr der Realkategorien im Bewußtsein als Auffassungskategorien wird die Zuordnung des Bewußtseinsinhalts zu Realgegenständen verschiedener Schichten erst möglich. Durch ihr Bestehen an der Struktur der Auffassungsakte selbst dagegen werden diese ihrerseits dem Schichtenbau der realen Welt eingegliedert; und darin besteht ihre Zugehörigkeit zu einer bestimmten Realschicht, an die sie gebunden bleiben, einerlei welcher Schicht die Gegenstände angehören, auf die sie gerichtet sind.

Die Wiederkehr der Realkategorien am Inhalt der Erkenntnis betrifft recht eigentlich das Verhältnis der Zuordnung. Und da an der letzteren die Erkenntnisfunktion hängt, so ist es nunmehr auch ontologisch verständlich, warum die Erkenntnis die eminente Gegebenheitssphäre auch für die Kategorialanalyse ist, obgleich der Erkenntnis ihre eigenen Kategorien gemeinhin keineswegs „gegeben“ sind (Kap. 11 a—d). Seinskategorien werden, soweit sie überhaupt erfaßt werden, am „erkannten“ Gegenstande — genauer am Gegenstande, soweit er erkannt ist, — zugänglich. Und das heißt, sie werden durch die Vermittelung ihrer abgewandelten Wiederkehr in der Erkenntnis zugänglich.

Alles Wissen des Philosophen um sie hängt an seinem Wissen um die am Erkenntnisgebilde faßbar werdenden Strukturen des Gegenstandes. Nicht daß sie hier als Erkenntniskategorien unmittelbar gegeben wären. Daß es Erkenntniskategorien sind, lehrt vielmehr erst die Erkenntnistheorie. Wohl aber ist das Gegenstandsein, das dem Seienden als solchem äußerlich ist, das Gebiet des Zuganges und der Erfaßbarkeit. Das Ansichseiende ist gleichgültig gegen seine Objektion (sein Objektwerden für ein Subjekt); es geht auch immer nur teilweise in die Objektion ein. Aber in seinem Objiziertsein — soweit dieses eben reicht — ist es gegeben. Und nirgends als in seinem Objiziertsein sind seine kategorialen Strukturen zunächst faßbar. Erst von hier aus kann die Kategorialanalyse die Differenzierung in Seinskategorien und Erkenntniskategorien vornehmen; und auch das kann sie nur, sofern sie in der Stufenfolge der Erkenntnis selbst eine Konvergenz auf den ansichseienden Gegenstand bereits vorfindet.

Auf diese Weise kommt das scheinbar Paradoxe zustande, daß der methodische Wert der Erkenntnissphäre als einer kategorialen Gegebenheitssphäre gerade auf der ontisch sekundären Relation der Zuordnung beruht. Das spiegelt sich deutlich in der Stellung der Ontologie als Wissenschaft. Sie gehört als Erkenntnisgebiet der Realschicht des geistigen Seins an. Sie findet sich mitsamt der ganzen Erkenntnissphäre als dieser Realschicht zugehörig vor; aber indem sie sich an die Gegenstände der Erkenntnis hält — also der intentio recta, als der natürlichen Einstellung der Erkenntnis, folgt —, hält sie sich an das Verhältnis der Zuordnung, und nicht an das der Zugehörigkeit. Das heißt es, daß sie ihre Ansätze im Inhalt der Erkenntnis findet. Denn dieser allein ist es, der dem Seienden aller Schichten zugeordnet ist.

II. Abschnitt

Die elementaren Gegensatzkategorien

23. Kapitel. Die Stellung der Seinsgegensätze. Geschichtliches.

a. Die Aufgabe und ihre Grenzen.

Unter den Fundamentalkategorien ist die Gruppe der elementaren Seinsgegensätze die bekannteste und ohne Zweifel auch die am besten faßbare, wenn auch keineswegs die am meisten universale. In gewissem Sinne freilich ordnet sie sich den Modi und den kategorialen Gesetzen über. Unter den Gegensätzen stehen eben doch auch solche wie Prinzip und Concretum, Struktur und Modus, die in jenen beiden Kategoriengruppen vorausgesetzt sind. Andererseits aber stehen die Gegensätze selbst unter den kategorialen Gesetzen, z. B. denen der Kohärenz, der Wiederkehr, der Abwandlung u. a. m., und die Modalverhältnisse der Seinssphären sind in ihnen breits vorausgesetzt. Das Verhältnis zwischen den drei Gruppen der Fundamentalkategorien ist, hiernach zu urteilen, mehr ein solches der gegenseitigen Bedingtheit als ein solches der Überordnung.

Unter den Strukturelementen des Seienden sind diese Gegensatzkategorien die allgemeinsten. Sie gehen, soweit wir sie in die Steigerung der Kompliziertheit hinein verfolgen können, durch alle Schichten hindurch. Sie sind dementsprechend die einfachsten und elementarsten Aufbaumomente der realen Welt, sie haben die stärkste Durchschlagskraft in der Abwandlung, aber zugleich die geringste inhaltliche Erfülltheit. Und was die letztere anlangt, so gehört sie notwendig zu solcher Allgemeinheit; denn die hohe Abwandelbarkeit hängt ganz und gar an der Aufnahmefähigkeit für die heterogenste Inhaltsfülle. Die eigene Leere ist das Komplementärmoment der Fundamentalstellung, welche diese Kategorien einnehmen.

Als Strukturelemente sind sie aber gleichwohl schon inhaltliche Bestimmtheiten, wennschon solche, die noch eine Grenzstellung zum Inhaltslosen einnehmen. Sie bilden zusammen, indem sie sich überkreuzen, ein weitmaschiges Netz möglicher Erfüllung, gleichsam ein Stellensystem aller höheren Kategorien. Und da es sich durchgehend um polar gestellte Gegensätze handelt, zwischen denen sich die entsprechenden Dimensionen des Überganges spannen, so läßt sich dieses Stellensystem sehr wohl nach dem Bilde eines Dimensionssystems verstehen. Die Zahl seiner Dimensionen kommt dabei der Anzahl der Gegensätze selbst gleich. Das Bild freilich darf nicht überspannt werden. Denn die Gegensätze selbst sind weder gleichartig noch auch gleich fundamental.

Damit ist auch schon eine Grenze der Aufgabe berührt: die Aufzählung der Gegensatzkategorien bringt es nicht bis zu einem homogenen System. Man darf den Gedanken nicht ganz von der Hand weisen, daß es ein solches System gibt; aber aufzeigen können wir es nicht. Dazu würde vor allem Vollständigkeit der Gegensatztafel gehören. Aber auch hier schon ist der Analyse eine Grenze gezogen. Denn erstens wissen wir nicht, ob wir vom heutigen Stande des Wissens aus alle einschlägigen Seinsgegensätze erfassen können; die Wahrscheinlichkeit, daß wir es nicht können, ist sogar die bei weitem größere. Und zweitens gibt es unter den erfaßbaren Gegensätzen auch einige, von denen es sich schwer entscheiden läßt, ob sie dazu gehören oder nicht, ob sie selbständig sind oder unter einen der anderen Gegensätze gehören.

Von dieser Art sind z. B. Dasein und Sosein, Qualität und Quantität, Individualität und Allgemeinheit. In der nachstehenden Tafel ist dem zweiten dieser Gegensätze eine selbständige Stellung eingeräumt, dem ersten und dem dritten aber nicht. Dafür gibt es gute Gründe, die es plausibel erscheinen lassen. Aber eine Gewähr für das Zureichen solcher Gründe haben wir nicht. Überhaupt muß in aller Klarheit ausgesprochen werden, daß alle Zusammenstellung im gegenwärtigen Forschungsstadium etwas Unsicheres und Tastendes behält. Und daraus muß die Konsequenz gezogen werden, daß jede Art von „Kategorientafel", die sich aufstellen läßt, nur einen Versuch darstellt, wie er der gegebenen Problemlage entspricht, keineswegs aber den Anspruch erheben kann, ein System zu sein.

Das hindert natürlich nicht, daß sich auch in einer so locker gefügten Zusammenstellung gewisse Züge eines Systems ankündigen. Denn freilich müssen wir damit rechnen, daß in Wahrheit die Gegensatzkategorien ein System bilden. Seine Erkennbarkeit aber kann für uns eine weit geringere sein als die seiner einzelnen Glieder. Man muß sich also an die Glieder und ihre mannigfachen Bezogenheiten aufeinander halten. Der Ertrag der Untersuchung kann auch in diesen Grenzen schon ein reicher sein.

b. Weitere Einschränkungen und methodische Richtlinien.

Es bleibt manches Rätselhafte an diesen Gegensatzkategorien. Wenn man schon ihr System nicht faßt, noch auch sich ihrer Vollzähligkeit versichern kann, so schaut man doch nach einer Einheit aus, einem „ersten Prinzip", in dem sie zusammenhängen mögen. Es ist das alte Einheitspostulat, das sich unwillkürlich einschleicht, nicht anders als es von altersher die Weltbilder beherrscht hat (vgl. Kap. 15 a und b).

Auch diese Neugierde muß man sich verwehren. Es befriedigt nicht, daß der einfachsten Prinzipien so viele sein sollten, aber einsehen können wir es nicht anders. Und wie sich schon zeigte: es läßt sich nicht als notwendig erweisen, daß ein Urprinzip hinter ihnen stehe. Es braucht der Welt an Einheit nicht zu fehlen, auch wenn sie auf einer Mehrheit von Elementarkategorien ruht. Ihr Aufbau kann trotzdem die Einheit eines Gefüges haben. Und das genügt dem Phänomen ihres Zusammenhalts.

Aber wenn es schon keine erste Einheit gibt, sehr nahe liegt doch die Vermutung, daß hinter den Elementargegensätzen noch andere, vielleicht einfachere Kategorien verborgen liegen, die wir nicht ans Licht heben können. Sieht man sich ohne Vorurteil in die Geschichte der Metaphysik hinein, so erstaunt man über die Regellosigkeit und Zufälligkeit der Motive, aus denen sich im Laufe der Zeiten so etwas wie eine Tafel der Gegensätze zusammengefunden hat. Es wirkt nicht glaubhaft, daß ein so planloses Herumirren der Spekulation treffsicher auf die letzten Fundamente der realen Welt hinausgeführt haben sollte. Viel wahrscheinlicher ist, daß es nur bis auf die letzten erkennbaren Elemente geführt hat. Und dem scheint der Umstand zu entsprechen, daß sich am Zusammenhang der aufweisbaren Seinsgegensätze noch hier und da die Fugen einer Struktur aufweisen lassen, die sich mit derjenigen der Gegensätze nicht deckt, die wir aber aus ihnen allein auch nicht rekonstruieren können.

Man ziehe nun aber nicht den Schluß daraus, daß die Elementargegensätze eine besonders schwer zugängliche Kategoriengruppe seien. Ganz das Gegenteil ist der Fall. Sie sind vielleicht gerade deswegen, weil sie nicht absolut letzte Elemente (simplices im strengen Sinne) sind, relativ gut faßbar. Das Einfachste und das Komplexeste ist auf allen Gebieten am schwersten faßbar, Gebilde mittlerer Höhe am leichtesten. Tatsächlich sind wohl nur noch die Kategorien der unbelebten Natur ebenso gut erkennbar wie die Gegensatzkategorien; nächst ihnen dann wohl noch die einiger Geistesgebiete. Gerade bei den Seinsgegensätzen ist kein Grund zur Skepsis; wie sie denn auch trotz ihrer Allgemeinheit einer gewissen Anschaulichkeit nicht entbehren und — in tiefem Gegensatz zu den Modalkategorien — unmittelbar einleuchten, sobald man erst einmal richtig auf sie aufmerksam geworden ist.

Alle Vorstellungen von übertriebener Schwierigkeit sind hier falsch angebracht. Wohl aber ist es sehr die Frage, wie weit die Herausarbeitung der einzelnen Kategorien wirklich vordringen kann. Da diese Kategorien elementar und für unser Erkennen nicht weiter auflösbar sind, so können sie nur an den Verhältnissen, in denen sie stehen, gefaßt werden. Diese aber sind bei der unvermeidlichen Unvollständigkeit der Tafel nicht vollständig entwickelbar. Einen gewissen Ersatz dafür bietet eine Übersicht der Funktionen, welche den Elementarkategorien in den höheren Schichten zufällt: man kann jede einzelne von ihnen monographisch durch den ganzen Aufbau der realen Welt bis zu den höchsten Seinsformen des Geistes verfolgen, denn als Fundamentalkategorie kehrt sie abgewandelt in allen Schichten wieder. Aber das ist ein Verfahren von so großer Umständlichkeit, daß es praktisch nicht durchführbar ist; außerdem würde es, wirklich durchgeführt, die ganze Kategorienlehre — die doch mit diesen Gegensätzen erst beginnt — schon voraussetzen. Tatsächlich wird die Untersuchung sich auf Schritt und Tritt an diese Abwandlung der Gegensatzkategorien in der Schichtenfolge wenden müssen, um aus ihr das Allgemeine und Elementare zu belegen; denn die Schichten sind das gemeinsame Concretum dieser Kategorien, und analysieren lassen sich Kategorien nun einmal nicht anders als aus ihrem Concretum heraus. Aber von Überblick und Durchführung kann auf dieser Stufe der Untersuchung keine Rede sein. Die Auswertung der Abwandlung kann sich hier nur auf eine für den vorläufigen Zweck geeignete Auswahl beschränken.

Was unter Berücksichtigung dieser gegebenen Sachlage sowie der geschichtlich gewordenen Problemlage wirklich geleistet werden kann, läßt sich in den folgenden Punkten zusammenfassen.

1. Man kann zunächst einmal unter Auswertung geschichtlicher Vorarbeit eine unverbindliche Reihe von Seinsgegensätzen zusammenstellen; die Vorläufigkeit dieser Reihe besteht darin, daß sie unvollständig und ohne durchgehendes Ordnungsprinzip dasteht, nach dem Ausdruck Kants also keine „Tafel", sondern eine „Rhapsodie" ist.

2. Man kann das relative Elementarsein dieser Gegensätze, also z. B. ihre Irreduzibilität aufeinander, nachweisen; desgleichen daß sie trotz mancherlei Ähnlichkeiten nicht miteinander koinzidieren. Das letztere ist ontologisch von hohem Wert, weil sie in den Theorien vielfach miteinander verwürfelt worden sind.

3. Man kann nachweisen, daß sie in durchgehender Kohärenz stehen, d. h. nur miteinander bestehen und isoliert gar nicht vorkommen, ja daß sie sogar in ihrer Abwandlung durch die Schichtenfolge den Zusammenhalt nicht verlieren. Darin besteht zugleich der Nachweis ihrer Zugehörigkeit zu einer Gruppe. Die Punkte 2 und 3 zusammen, also der Nachweis durchgehender Andersheit und durchgehenden Bezogenseins aufeinander, bilden zusammen das klassische, von Platon zuerst im „Sophistes" durchgeführte Verfahren einer Analyse der Kategorien auf Grund der interkategorialen Verhältnisse. Wie überaus fruchtbar dieses unscheinbar anmutende Verfahren ist, davon hat die Analyse der Intermodalverhältnisse das Beispiel geliefert.

4. Man kann darüber hinaus besondere Zusammengehörigkeiten — eigentliche Implikationen — unter den Gliedern der Gegensatztafel aufweisen. Das Charakteristische ist, daß diese Implikationen keineswegs an das dualistische Schema der Gegensätzlichkeit (das paarweise Auftreten der Gegenglieder) gebunden sind, sondern sich mit ihm mannigfach überkreuzen. In ihnen am ehesten lassen sich die Spuren eines Systemzusammenhanges und einer engeren Gruppengliederung erblicken.

5. Man kann schließlich in fast unbegrenztem Maße — soweit nämlich die speziellen Kategorien der Realschichten sich als bekannt voraussetzen lassen — die Abwandlung der einzelnen Gegensatzglieder für ihre eigene Klarstellung heranziehen. Diese Seite der Aufgabe ist höchst reizvoll, weil sie eine Fülle konkreten Materials in die Untersuchung hineinzieht

und das Allgemeine, auf das sie angelegt ist, seiner Abstraktheit enthebt. Schon in der bloßen Andeutung solcher Abwandlungsperspektiven erfüllt sich etwas von der Aufgabe der allgemeinen Kategorienlehre, den Aufbau der realen Welt von innen heraus zu erleuchten.

c. Die geschichtlichen Anfänge des Problems der Seinsgegensätze.

Diesen Aufgaben vorgelagert ist als erste Sorge die Auswahl der Gegensätze selbst. Denn nicht alles, was die Metaphysik für Elementargegensätze ausgegeben hat, darf als fundamental gelten, ja nicht einmal alles gehört ins ontologische Problem. Viele Systeme haben den Gegensatz von Subjekt und Objekt zugrundegelegt, andere den von Gut und Böse. Der erstere ist ein ganz sekundärer, dem Erkenntnisverhältnis — also einer Sonderform des geistigen Seins — entnommener; der letztere wiederum ist kein Seinsgegensatz. Die alten Pythagoreer nahmen in ihre Gegensatztafel solche Dualitäten auf wie Gerade und Ungerade (von der Zahl gesagt), Rechts und Links, Männlich und Weiblich, Gerade und Krumm (von der Linie gesagt), Licht und Finsternis, Quadrat und Oblongum. In der älteren Vorsokratik finden wir als gedankliches Gemeingut die Lehre, alle Dinge gingen aus dem Widerspiel des Warmen und des Kalten, des Trockenen und des Feuchten hervor.

Solcher Beispiele gibt es viele. Sie haben alle den Fehler, daß sie zu speziell sind. Die meisten gehören der Seinsschicht des Materiellen an, einige der des Organischen, wieder andere dem Reich der mathematischen Gegenstände. Aber selbst für diese Seinsbereiche sind sie nicht das Grundlegende. Die Welt ist in allen Schichten voller Gegensätze, aber die meisten von ihnen sind ontisch sekundär und haben überhaupt keinen Anspruch auf den Charakter von Prinzipien.

Immerhin spricht sich in ihnen mittelbar doch auch etwas vom kategorialen Gegensatzcharakter aus, der für den Aufbau der Welt wirklich charakteristisch ist. Dahin wäre die Art des Widerspiels zu rechnen, die ihnen gemeinsam ist: es sind lauter konträre Gegensätze, nicht kontradiktorische. Das bedeutet: beide Glieder sind positiv, und darum gibt es den Übergang zwischen ihnen. Oder anders gesagt: diese Gegensätze sind echte Polaritäten, bei denen sich von Extrem zu Extrem eine ganze Dimension möglicher Abstufungen spannt.

Auch das aber trifft nicht auf alle Versuche zu. Dieses Gesetz ist z. B. gerade in dem zentralen Gegensatz von Sein und Nichtsein, der noch das Denken Platons gefangen hält, nicht befolgt. Hier ist das Widerspiel ein kontradiktorisches, das eine Glied ist rein negativ. Da aber das rein Negative dem Seienden überhaupt fremd ist — es kommt außerhalb der gedanklichen Abstraktion nicht vor —, so handelt es sich hier um keinen Seinsgegensatz, geschweige denn um einen fundamentalen. Parmenides hatte in diesem Punkte recht gesehen: nur das Seiende „ist", das Nichtseiende aber „ist nicht". Nur sein Argument war falsch, denn er berief sich auf das Denken: man könne das Nichtseiende nicht denken, darum könne es nicht „sein". Man sieht daran, wie unfertig hier noch der Seinsgedanke ist. Denn erstens, vieles „ist", was wir nicht denken können (die Antinomien beweisen es); und zweitens, gerade „denken" läßt sich das Nichtseiende sehr wohl, aber deswegen „ist" es noch lange nicht.

Ein anderes sehr bekanntes Beispiel eines falsch gefaßten Elementargegensatzes ist die Gegenüberstellung von Sein und Werden. Sie beruht auf der Voraussetzung, das Werden bestünde im Entstehen aus Nichts und Vergehen in Nichts; eines wie das andere müsse demnach einen Zwischenzustand von Sein und Nichtsein bedeuten, also das Nichtsein enthalten, und folglich könne Werden nicht etwas Seiendes sein. Die letztere Konsequenz ist wiederum die der Eleaten. Aber auch ohne sie hielt sich der Gegensatz von Sein und Werden bei den Alten wie ein Dogma, von dem sie nicht loskamen, obgleich Heraklit gleich zu Anfang siegreich die Gegenthese gehalten hatte: alles Seiende ist im Werden (im „Flusse"). Das Rätsel löst sich einfach, wenn man reales und ideales Sein unterscheidet. Alles Reale ist zeitlich, das Werden — als ständiger Übergang in anderes verstanden — ist seine allgemeine Seinsform. Das Zeitlose aber, das dem Werden in der Tat enthoben ist, hat bloß ideales Sein. Das Werden also, prinzipiell verstanden, ist so weit entfernt in Gegensatz zum Sein zu stehen, daß es vielmehr eine charakteristische Grundkategorie des Realen ist.

d. Die Pythagoreer, Parmenides, Platon.

Ungeachtet dieser und einiger weiterer Fehlgriffe sind es doch dieselben Denker des Altertums gewesen, die erstmalig und für alle spätere Zeit das Problem der elementaren Gegensatzprinzipien erfaßt und herausgearbeitet haben. Das wird sehr einleuchtend, wenn man sich an diejenigen Gegensatzpaare bei ihnen hält, die sich geschichtlich am meisten durchgesetzt haben. Denn in der Tat haben die späteren Jahrhunderte nur weniges hinzuzufügen gewußt.

In der Pythagoreischen Tafel fallen die beiden Gegensatzpaare auf: Grenze und Unbegrenztes (πέρας — ἄπειρον), Eines und Vielheit (ἕν — πλῆθος). Freilich sind es auf den ersten Blick bloß quantitative Kategorien. Aber gerade bei den Pythagoreern, welche die Zahl als Prinzip alles Seienden verstanden, gibt es eine so enge Abgrenzung des Mathematischen nicht. Das πέρας hat den weiten Sinn von Bestimmung oder Bestimmtheit, das ἄπειρον den des Unbestimmten. Bedenkt man andererseits, daß πλῆθος jede Art Mannigfaltigkeit bedeuten kann, so nimmt auch das ἕν die weite Bedeutung von Einheit überhaupt an. Daneben findet sich in derselben Tafel noch der Gegensatz des Ruhenden und Bewegten (ἠρεμοῦν — κινούμενον), wobei Bewegung den in der Frühzeit gebräuchlichen weiten Sinn hat, der Veränderung und jede Art des Werdeprozesses einschließt. Man kann also in diesem Gegensatz den in der Tat fundamentalen Unterschied des im Prozeß Begriffenen und des dem Prozeß Enthobenen erblicken; was wiederum auf den Gegensatz von realem und idealem Sein hinausführen würde — entsprechend der pythagoreischen Lehre vom Beharren der Zahlverhältnisse im Entstehen und Vergehen der Dinge.

Die ewige Beharrung und der Stillstand sind die Grundkategorien, in denen Parmenides das Seiende zu fassen suchte. Daneben aber stehen als gleichgestellte die Bestimmungen der Einheit, der Identität, der Kontinuität, der Ganzheit, der Verbundenheit und der Geschlossenheit (ἕν, ταὐτόν, συνεχές, οὖλον, δεσμός, ὁμοῦ πᾶν). Man kann ihrer vielleicht noch mehr aufzählen. Diese Kategorien — σήματα nennt er sie — sind die Gegenglieder zu Mannigfaltigkeit, Verschiedenheit, Gespaltenheit, Zersplitterung in Teile, Unverbundenheit, Verstreutheit. Diese Gegenstücke gehören nach Parmenides der Welt des Scheines an, in der das Werden herrscht. Mit ihnen zusammen aber machen die aufgezählten Kategorien eine Gruppe sehr charakteristischer Seinsgegensätze aus. Identität und Verschiedenheit bilden den qualitativen Grundgegensatz. Mit Kontinuität und Gespaltenheit (Diskretion) ist offenkundig ein echter Fundamentalgegensatz getroffen. Dasselbe gilt von den beiden letztgenannten Kategorien, zumal wenn man sie zusammennimmt: Verbundenheit zur Vollständigkeit des Beisammenseins, oder auch zur Geschlossenheit. Der Ausdruck δεσμοὶ πειράτων weist auf diesen Sinn hin. Der Sache nach steckt dann darin die Kategorie des Gefüges, in dem die Glieder durchgängig miteinander verbunden sind. Das Gegenstück freilich fehlt; es müßte die Kategorie des Gliedes sein. Nach dieser Richtung findet sich die Vervollständigung des Gegensatzes vielleicht in der Ganzheit (οὖλον), die als solche freilich nur eine quantitative Bestimmung ist, aber in ihrem Gegenstücke, dem Teil, doch etwas dem Glied-Sein Verwandtes sich gegenüberstehen hat.

Ein wichtiges Gegensatzpaar verdanken wir auch Heraklit: Einstimmigkeit und Widerstreit (ἁρμονία — πόλεμος, ἔρις). Unter dem letzteren ist nicht Widerspruch, sondern Realrepugnanz zu verstehen.

Bei Platon kehren die meisten dieser Gegensätze wieder, und noch manche andere werden hinzugefügt. Man denkt hier wohl zuerst an die fünf „obersten Gattungen" (μέγιστα γένη) im „Sophistes", sowie an die Fortsetzung dieser Reihe im „Parmenides". Aber diese Gegensatzpaare sind zum Teil nicht fundamental, zum Teil nicht mehr neu. Durchaus neu dagegen ist der Gegensatz von Idee und Ding (εἶδος — ὄντα). Darin steckt unverkennbar das Gegenüber von Prinzip und Concretum. Platon ist nicht nur der eigentliche Entdecker der unlösbaren Bezogenheit dieser beiden aufeinander, er hat vielmehr auch die erste Aufrollung ihrer Aporetik, sowie die ersten positiven Bestimmungen ihres Verhältnisses gegeben. Nicht weniger fundamental ist der am Verhältnis der Ideen zueinander entwickelte Begriff der Gemeinschaft oder der Verflechtung (κοινωνία, συμπλοκή), als dessen Gegenglied man das Abgetrenntsein oder die Isolierung (χωρισμός, ἀφωρισμένον) findet. Mit diesen Bestimmungen dürfte das Verhältnis von Gefüge und Einzelglied besser getroffen sein als in dem „Beisammen" des Parmenides; dort ist die Gebundenheit aneinander noch wie eine auferlegte „Fessel" vorgestellt (δεσμός), hier erscheint sie als „Geflecht", in dem die Fäden einander durchdringen. Das Band ist ein inneres.

e. Die Kategorien des Aristoteles und die Prinzipien seiner Metaphysik.

Die Kategorientafel des Aristoteles umfaßt sehr ungleichwertige Glieder, sie ist insofern nicht eben einheitlich. Trotzdem ist Kants wegwerfendes Urteil über sie ungerecht. Denn erstens ist sie in Gegensätzen aufgebaut, und zweitens enthält sie drei fundamentale Gegensatzpaare, die in ihr auch geschichtlich neu auftreten.

Einer speziellen Seinsschicht gehören offenbar an: Raum und Zeit (ποῦ — ποτέ), sowie das unübersetzbare ἔχειν — κεῖσθαι. Diese vier Kategorien müssen hier aus dem Spiele bleiben, zumal sie auch keine strengen Gegensatzpaare bilden; was der Natur der Sache ja auch entspricht, weil eben wirklich auf der Höhe der speziellen Realschichten der Gegensatzcharakter in den Hintergrund tritt.

Von den übrigen sechs Kategorien fallen als strenge Gegensätze die beiden Paare auf: Quantität und Qualität (ποσόν — ποιόν), Tun und Leiden (ποιεῖν — πάσχειν). Von dem ersteren Paar ist das unmittelbar einsichtig, an dem letzteren aber läßt es sich aufzeigen, wenn man auf die genauere Bedeutung der Worte eingeht. Unter Tun ist alles Wirken oder Bestimmen zu verstehen, und keineswegs nur das kausale, unter Leiden alles Bestimmtwerden und Abhängigsein. Dem Eidos z. B. fällt in der Metaphysik das reine Tun zu, der Materie das Leiden. Es wäre zu wenig, wenn man hierin nur Aktivität und Passivität erblicken wollte; beide treten hier vielmehr als Bilder für ein fundamentaleres Verhältnis auf, welches im philosophischen Bewußtsein dieser Zeit eben erst zur Spruchreife gelangt und seine festen Begriffe noch nicht gefunden hat:

das Verhältnis von Determination und Dependenz. Freilich ist es nicht genau getroffen; anstatt der Bestimmung steht noch das Bestimmende, anstelle des Bestimmtwerdens das der Bestimmung Unterliegende. Aber das ändert nichts daran, daß hier ein wirklich fundamentaler Grundgedanke der Ontologie durchbricht: daß alle Bestimmtheit in der Welt auf bestimmenden Faktoren beruht.

Wichtiger noch ist vielleicht das Verhältnis der beiden übrigbleibenden Kategorien: Substanz und Relation (οὐσία — πρός τί), die Aristoteles nicht in Zusammenhang bringt, und zwischen denen er die Gegensatzbeziehung wohl auch nicht gesehen hat. In der Tafel sind es die einzigen Kategorien, die unverbunden für sich dastehen. Von der Substanz hat man das schon immer gesehen, und man deutete an ihrer Stellung herum. Offenbar nimmt sie eine Sonderstellung ein, und zwar die Grundstellung unter den anderen: die anderen alle werden von ihr ausgesagt (kommen ihr zu), sie selbst aber ist das, was von keinem anderen mehr ausgesagt wird. So namentlich leuchtet es ein, wenn man Substanz im Sinne des Substrats (ὑποκείμενον) versteht. In diesem Sinne also stehen die neun übrigen Kategorien der Substanz gemeinsam gegenüber, gleichsam als ihr in sich differenziertes Gegenglied.

Aber wie Aristoteles das Substrat überschätzt hat, so hat er die Relation unterschätzt. Das wird sehr verständlich, wenn man erwägt, daß der Ausdruck πρός τί ja noch nicht einmal die Relation selbst bezeichnet, sondern nur die Relativität eines unselbständigen Relationsgliedes. Das hat nicht hindern können, daß aus diesem unscheinbaren „Bezogensein" sich geschichtlich das Prinzip der Relation herausgebildet hat. Setzen wir dieses in seine Rechte, so ist der Gegensatz zum Substrat ein einleuchtender: das Substrat ist das relatum in der relatio, diese selbst aber das Verhältnis der relata. Bezogenes und Beziehung bilden einen fundamentalen Seinsgegensatz.

Diese Auffassung ist nicht einmal geschichtlich ein Anachronismus, wennschon sie nicht die des Aristoteles ist. Platon hat in seiner Spätzeit ganz ausgesprochener Weise den einzelnen Ideen ihre Bezogenheit aufeinander übergeordnet. In der Physik hatte Demokrit den Atomen ihre räumlichen Lage- und Bewegungsverhältnisse als etwas gleich Wesentliches nebengeordnet. Der Gedanke der Relation war längst da, und zwar gerade als der eines kategorialen Fundaments. Es fehlte nur die zureichende Formulierung und Eingliederung. Die Tafel des Aristoteles hat immerhin das Verdienst, eine solche versucht zu haben. —

Die Metaphysik des Aristoteles ist bekanntlich nicht auf diesen Kategorien aufgebaut —selbst die Substanz spielt keine so maßgebende Rolle, wie man erwarten sollte, — sondern auf zwei anderen Gegensatzpaaren: Form und Materie (μορφή — ὕλη), Dynamis und Energeia. Daneben spielen andere Gegensätze eine entscheidende Rolle: das Allgemeine und das Einzelne (καθόλου und καθ' ἕκαστον), sowie das Wesentliche und das Unwesentliche (καθ' αὑτό — συμβεβηκός) und einige andere. Die beiden letztgenannten Gegensätze sind qualitativ und insofern schon zu speziell für Fundamentalkategorien. Dynamis und Energeia sind überaus fundamental, gehören aber unter die Modalkategorien und bilden überdies keinen strengen Gegensatz. Es bleiben übrig Form und Materie.

Materie nun, wie sie Aristoteles verstand, — als alogisch-substantieller Bestandteil alles Realen — würde sich schwerlich unter den Fundamentalkategorien halten lassen. In dieser Bedeutung fehlt ihr die nötige Allgemeinheit, und auf den höheren Stufen des Realen, im Seelen- und Geistesleben, wäre wenig mit ihr anzufangen. Aber es gibt eine andere Bedeutung von Materie, die wirklich streng komplementär zur Form aller Art und Höhe ist. Und um ihretwillen müssen Form und Materie unter die Elementargegensätze gerechnet werden. Auch dafür gibt es gewichtige geschichtliche Belege.

f. Kants Reflexionsbegriffe und Hegels Antithetik.

Die späteren Zeiten haben zu diesen Gegensatzkategorien wenig hinzugefügt. Fast immer fielen die Kategoriensysteme in das alte Schema der Gegensätze, obgleich dieses nicht überall hin paßte. Prototypisch dafür ist die Rolle der opposita etwa beim Cusaner. Noch die Kantische Tafel ist in Gegensätzen aufgebaut, obgleich das Schema äußerlich ein dreigliedriges ist: Kant fügte je zweien Gegensatzgliedern ein drittes hinzu, welches eine Art Synthese darstellt. Es ist das Schema, nach welchem Hegel dann die ganze Welt in fortschreitender Entgegensetzung und Synthese aufzugliedern suchte.

Wenn man von den Obertiteln der vier Kategoriengruppen absieht, also von Quantität, Qualität, Relation und Modalität, so findet man in der Kantischen Tafel keine Fundamentalkategorien. Seine Kategorien sind dafür zu speziell. Man fragt sich unwillkürlich, wie das möglich ist. Die Antwort liegt eines Teils im Thema der Kritik der reinen Vernunft, den Apriorismus „in der Erfahrung" zu begründen, wobei das ganze Gewicht in der Tat auf speziellere Kategorien fallen mußte. Dazu aber kommt, daß Kant diejenigen Elementargegensätze, die er deutlich erkannte und deren Fundamentalstellung er sehr wohl einsah, als zwiespältig oder „amphibolisch", und deswegen als gefährlich im Verstandesgebrauch empfand. Die Gefahr, die ihm vorschwebte, ist natürlich die des spekulativen Denkens. Er gab ihnen daher nicht die Stellung konstitutiver „Verstandesbegriffe", sondern die unverbindliche bloßer „Reflexionsbegriffe".

Das ist nun ein starkes Stück, wenn man bedenkt, daß es sich um offenkundige Fundamentalkategorien handelt. Es sind keine geringeren als: 1. Einstimmigkeit und Widerstreit, 2. Einerleiheit (Identität) und Verschiedenheit, 3. Inneres und Äußeres, 4. Form und Materie. Von diesen Gegensatzkategorien macht Kant selbst den ausgiebigsten Gebrauch; der Aufbau seiner Kritik ist ohne sie gar nicht zu denken. Nicht Unrecht hatte er freilich mit der spekulativen Verführungskraft, die von ihnen ausgeht. Aber das eben wäre Aufgabe der Kritik gewesen, einer solchen in derselben Weise wie bei den „Verstandesbegriffen" durch geeignete „Restriktion" zu begegnen. Eine streng durchgeführte Kategorialanalyse hätte das sehr wohl leisten können.

Neben den bekannten Elementargegensätzen der Alten findet sich nun in dieser Tafel der Reflexionsbegriffe ein neuer, der von „Innerem und Äußerem". Er geht auf gewisse Unterscheidungen Leibnizens am Wesen der Monade zurück, und Leibniz selber fußte auf scholastischer Vorgängerschaft. Diese Vorgeschichte bildet ein interessantes Thema für sich, muß aber hier aus dem Spiele bleiben. Immerhin dürfte Kant zuerst den kategorialen Charakter dieses Gegensatzes greifbar gemacht haben, obgleich er ihm die Stelle nicht anwies, die er verdiente. Nach ihm hat dann Hegel eine ausführliche Exposition dieses sehr eigenartigen Gegensatzverhältnisses gebracht; und erst dadurch dürfte die ganze Bedeutsamkeit, die ihm anhaftet, ins Licht gerückt worden sein. —

Abschließend muß hier ein Wort über die Hegelsche Dialektik selbst gesagt werden. Sie hat das fundamentalphilosophische Verdienst, eine Fülle von ontologischen Gegensatzstrukturen aufgewiesen zu haben. Aber ihre spekulative Tendenz, jeden Gegensatz sogleich zum Widerspruch zuzuspitzen, um ihn sodann in eine „höhere" Synthese hinein „aufzuheben", hat sie zugleich auch um den Ertrag ihrer gewaltigen Leistung gebracht. Denn Gegensatz ist nicht Widerspruch und kann auch auf keine Weise in Widerspruch umgestempelt werden. Einer Synthese aber bedürfen die Seinsgegensätze nicht, weil sie durch die Kontinuität der Übergangsdimension, die sich zwischen den Extremen spannt, stets schon in ihrem eigenen Wesen zur Einheit gebunden sind.

In diesem Sinne hat gerade Hegel, mehr als die anderen alle, das Wesen der großen Seinsgegensätze verfehlt. Und damit hängt es zusammen, daß seine „Synthesen" teilweise künstlich konstruiert sind, und daß andererseits in seiner fortlaufenden Antithetik Gegensätze auftauchen, die weit entfernt sind ontologisch fundamental zu sein.

24. Kapitel. Die Tafel der Seinsgegensätze.

a. Anordnung der zwölf Gegensatzpaare.

Die Auslese der Kategorien, die in eine unverbindliche und offenbleibende Tafel der Elementargegensätze aufzunehmen sind — in eine Tafel also, die den Anspruch eines Systems nicht erhebt, sondern sich mit der „Rhapsodie" begnügt —, dürfte mit der vorstehenden geschichtlichen Orientierung im ganzen gegeben sein. Im einzelnen wird noch mancherlei an ihr zu rechtfertigen sein.

Wichtiger aber ist dieses: die einzelnen Gegensatzpaare erweisen sich bei näherem Zusehen als so unlöslich miteinander verknüpft, daß sie eine nebeneinanderstellende Aufzählung eigentlich nicht vertragen. Gerade die Aufzählung als solche also ist, weil sie die Auseinanderreißung nicht vermeiden kann, dem Verhältnis dieser Kategorien äußerlich. Dieses muß vor allem Eintritt in die Betrachtung der besonderen Beziehungen aufs nachdrücklichste betont werden. Es ist der Schlüssel für eine lange Reihe von Rätseln, die als reine Scheinschwierigkeiten durch die Diskretion der Begriffe — d. h. der Prädikamente als solcher — hineingetragen werden, die aber den Kategorien selbst keineswegs anhaften. In diesen vielmehr ist gerade die durchgehende Verbundenheit, gleichsam ihr Ineinanderstecken, das Eigentliche und Primäre, das keine begriffliche Fassung zum Ausdruck bringen kann. Ohne begriffliche Fassung aber geht es nun einmal nicht.

Die „Tafel" also ist diesen Kategorien unter allen Umständen äußerlich. Sie darf daher nicht für mehr genommen werden als ein Zugang. Sie muß hinterher, wenn sie die wirklichen Verhältnisse der Kategorien vermittelt hat, von diesen wieder abgezogen werden. Nur in dieser Einschränkung ist die folgende Aufzählung berechtigt, die 24 Glieder in 12 Gegensatzpaaren umfaßt, diese aber wiederum in zwei Gruppen teilt. Weder die Folge der Gruppen selbst noch die Anordnung innerhalb ihrer hat den Sinn einer Rangordnung.

I. Gruppe:

1. Prinzip	—	Concretum
2. Struktur	—	Modus
3. Form	—	Materie
4. Inneres	—	Äußeres
5. Determination	—	Dependenz
6. Qualität	—	Quantität.

II. Gruppe:

7.	Einheit	—	Mannigfaltigkeit
8.	Einstimmigkeit	—	Widerstreit
9.	Gegensatz	—	Dimension
10.	Diskretion	—	Kontinuität
11.	Substrat	—	Relation
12.	Element	—	Gefüge.

Auf den ersten Blick scheinen die beiden ersten Gegensätze der ersten Gruppe so fundamental zu sein, daß sie eine Gruppe für sich zu bilden verdienten. Denn sie betreffen das Wesen der Kategorien überhaupt. Bei näherem Zusehen aber zeigt sich, daß noch von einigen anderen dasselbe gilt, z. B. von Form, Determination, Einheit, Gegensatz. Es liegt also kein Grund vor, sie zu isolieren. Vielmehr dürfte an ihrer Zugehörigkeit zu den Seinsgegensätzen zu ersehen sein, daß auch das Wesen der Kategorien selbst sich erst aus den inneren Verhältnissen der Seinsgegensätze heraus näher bestimmen läßt.

Solcher Unstimmigkeiten fallen sehr viele auf. Die meisten stammen von den durchaus falschen Vorstellungen her, die man von Kategorien überhaupt mitbringt. So scheinen in derselben Gruppe der 5. und 6. Gegensatz zu speziell, weil man bei Qualität an Dingeigenschaften, bei Quantität an Größen- und Maßverhältnisse, bei Determination aber an den Kausalnexus denkt. Es wird noch zu zeigen sein, daß diese Kategorien in der Tat einen viel allgemeineren Sinn haben: daß z. B. solche gleichfalls kategoriale Gegensätze wie der des Allgemeinen und des Einzelnen, der Identität und Verschiedenheit u. a. m. von der Elementarkategorie der Qualität vollkommen umfaßt werden. Im übrigen wird von Qualität und Quantität in einem besonderen Abschnitt zu handeln sein, und zwar gerade deswegen, weil sie die kategorialen Gebietstitel für je eine ganze Untergruppe von Kategorien sind, die ihrerseits in Grenzstellung zu den speziellen Schichtenkategorien stehen.

b. Verschiedenheit von Form und Struktur, Materie und Substrat.

Ferner fallen eine Reihe von Verwandtschaften auf, die man fast für Verdoppelungen halten könnte. In der ersten Gruppe z. B. sind Struktur und Form auf den ersten Blick nicht zu unterscheiden. Das liegt an den Termini, die nicht in Rücksicht aufeinander, sondern in Rücksicht auf ihre Gegenglieder gewählt sind. Überhaupt ist zu sagen, daß die eingeführten Bezeichnungen alle nur teilweise passen; sie mußten dem geschichtlich gewordenen Sprachgebrauch der Philosophie entnommen werden, und dieser reicht an die kategorialen Unterschiede nicht heran. Man muß ihre neue Bedeutung also erst aus den interkategorialen Verhältnissen gewinnen.

Für den Unterschied von Struktur und Form gewinnt man sie ohne weiteres aus den beiderseitigen Gegengliedern. Form ist als Gegensatz zur Materie zu verstehen; und da Materie in kategorialer Bedeutung nicht der empirische Stoff der Dinge ist, sondern alles Ungeformte, sofern es formbar ist, d. h. sich der Formung passiv darbietet, so ist Form das bildende Prinzip, vermöge dessen Gebilde zustandekommen, oder auch das Gestaltende in aller Gestaltung. Struktur dagegen ist Gegensatz zum Modus. Und da am Modus die Intermodalverhältnisse, an diesen aber die Seinsweise, sowie alle besondere Art des Daseins hängt, so fällt auf die Seite der Struktur das ganze Gewicht des Soseins mit allen seinen Aufbauelementen und deren materialen Bedingungen. Unter Struktur, verstanden als Seinsbestimmtheit oder Sosein überhaupt, fallen somit alle übrigen 22 Gegensatzkategorien, d. h. alle außer dem Modus. Auch das allgemeinste kategoriale Verhältnis von Prinzip und Concretum ist ein Strukturverhältnis. Selbst Materie, Substrat und Element (Glied) fallen unter Struktur, weil .sie nicht Sache der Seinsweise, sondern der Seinsbestimmung, des Aufbaus und der Unterschiedlichkeit des Seienden (des Soseins) sind. Sie fallen aber keineswegs unter die Form, sondern stehen auf der Seite des Formbaren; wie denn ihre Gegenglieder (Form, Relation, Gefüge) offenbar eng zusammengehören.

Eine ähnliche Verwandtschaft kann man zwischen Materie und Substrat finden. Galt doch der Substratcharakter einst in der alten Metaphysik geradezu als das Wesen der Materie. Das paßt aber nur auf eine absolute oder letzte Materie im Sinne der πρώτη ὕλη. Der Stoff der dinglichen Welt hat sich seitdem als bereits sehr formenreich erwiesen; dennoch spielt er der höheren Formung gegenüber nach wie vor die Rolle der Materie, d. h. die eines Formbaren, das sich passiv der Gestaltung darbietet. Materie in jenem absoluten Sinne hat sich auf keinem Seinsgebiet aufweisen lassen. Ihr Begriff war der empirischen Stoffvorstellung entnommen und unbesehen auf ein unbekanntes Etwas übertragen worden, das man nun für das absolut Unbestimmte hielt.

Dagegen hat sich ein anderes Materieprinzip als charakteristisch für alle Seinsverhältnisse erwiesen. Auf allen Gebieten überhöhen einander die Stufen der Formung — auf physischem Gebiet z. B. erheben sich die Atome als höhere Form über Ionen und Elektronen, Moleküle über den Atomen, Aggregate über den Molekülen u. s. f. — und in dieser Überhöhung ist stets die niedere Stufe Materie der höheren, diese aber die Formung der niederen. In solch einer Skala sind Materie und Form beide gleich relativiert: es liegt im Wesen aller Form, daß sie selbst wieder Materie weiterer Formung sein kann; und es liegt im Wesen aller Materie, daß sie selbst schon Geformtheit weiterer Materie sein kann. Aber der Gegensatz von Materie und Form bleibt in der Relativierung vollkommen gewahrt; denn ohne ihn ist die Stufenfolge gar nicht möglich. Wie weit aber die Reihe der Überhöhungen fortgeht — und zwar nach beiden Seiten —, ob und wie sie ein Ende findet, ist eine metaphysische Frage, die das kategoriale Gegensatzverhältnis selbst nicht betrifft.

Vom Substrat dagegen kann man etwas ähnliches nicht sagen. Seine Bedeutung ist aus seiner Gegenstellung zur Relation zu entnehmen. Relationen durchziehen alles Seiende, sie sind in aller Form enthalten, fallen aber nicht mit ihr zusammen; sie haben außerdem das Gemeinsame mit der Formung, daß sie sich überhöhen. Es gibt Relationen von Relationen, in denen die relata selbst schon ganze Verhältnisse sind. Und weil Relationen dasjenige sind, was in der Struktur des Realen am ehesten rational faßbar und ausdrückbar wird, so gibt es eine Tendenz des Rationalismus, alles Seiende in Relationen aufzulösen. Man bekommt auf diese Weise einen reinen Relationalismus heraus, in welchem die Stufenfolge der Beziehungen ohne einen Fußpunkt des Bezogenen, d. h. ohne letzte relata, dasteht. Die Welt ist dann ein einziges großes Spinngewebe von Beziehungen, in denen nichts das Bezogene ist.

Diesem ungeheuren Nonsens tritt als Gegenglied der Relation überhaupt das Substrat entgegen. Relationen setzen ein relatum voraus, das nicht Relation ist. Die relata in diesem Sinne sind die Substrate der Relation.

c. Das Verhältnis von Element, Dimension und Kontinuität zum Substrat.

Solcher Verwandtschaften, in denen man die Verschiedenheit erst aufzeigen muß, gibt es noch mehr unter den Gegensatzkategorien, wennschon sie nicht immer so auffällig sind, daß man auf den ersten Blick eine Verdoppelung vermutet.

Mit dem Substrat hat das Element eine gewisse Ähnlichkeit. Aber sein Gegenstück ist nicht die Relation, sondern das Gefüge. Letzteres nun ist dasjenige, was die ältere Metaphysik ein System nannte. Der Terminus System aber hat seine Schattenseiten, er ist spekulativ vorbelastet, unterstreicht überdies zu sehr den statischen Bestand in einem Zusammenhang von Gliedern. Es gibt auch Systeme von Prozessen (wie etwa im Organismus), und die Prozesse sind dann ebensogut Elemente des Systems, wie Form- oder Stoffelemente es sind. Der Terminus „Gefüge" betont eine andere Seite am Wesen des einheitlichen Zusammenhanges, das Sich-Einfügen oder Ineinanderfügen; und dieses gilt ebensogut von dynamischen wie von statischen Elementen.

Und daran sieht man zugleich, wie auch das Element selbst, als inneres Moment eines Gefüges — als „Glied" in der Gliederung des Ganzen — etwas ganz anderes ist als ein bloßes Substrat. Denn es bekommt seine Bestimmung als Glied vom Gefüge her, während das Substrat einer Seinsrelation nicht unbedingt an diese gebunden ist, sondern unverändert auch das relatum anderer Relationen sein kann. Und das Charakteristische in der Überlagerung mannigfaltiger Seinszusammenhänge pflegt in der Regel eben dieses zu sein, daß dieselben Substrate zugleich relata sehr verschiedener Seinsverhältnisse sind. Darauf beruht die Verbundenheit von Relationen heterogener Art, die sonst wohl auch für sich bestehen könnten.

Eine andere Verwandtschaft besteht zwischen Substrat und Dimension. Dimensionen haben, rein als solche, unbestreitbar einen gewissen Substratcharakter, sofern sie das Medium unbeschränkter Abstufungen, Bestimmungen und Verhältnisse sind. Das gilt keineswegs nur von den bekannten Dimensionen des Raumes und der Zeit; es gilt von allen Gegensatzdimensionen, auch von den speziellen (z. B. den physikalischen der Dichte, der Temperatur, der Strahlungsenergie u. s. f.). Darum ist die allgemeine Kategorie der Dimension das unabtrennbar zugehörige Gegenstück zur Gegensätzlichkeit, sofern in dieser die Polarität oder die Zweiheit der Richtungen möglicher Abstufung das wesentliche ist. Daraus aber erhellt zugleich, daß Dimension an sich etwas anderes ist als bloßes Substrat. Dimensionen können wohl auch die relata von gewissen Relationen sein — so wie z. B. die Raumdimensionen das Bezogene in einem System von Dimensionen sind. Aber nicht das macht ihr eigenes Wesen aus; dieses enthält neben dem Substratcharakter noch ein Ordnungsprinzip, welches aller möglichen Bestimmung innerhalb der Dimension den Spielraum und die Reihenordnung vorzeichnet. Dieses kategoriale Moment fällt nicht unter den Substratcharakter, sondern ist ein Formmoment (oder auch ein solches der Gesetzlichkeit) im Wesen der Dimension.

Das sieht man am besten, wenn man die enge Verwandtschaft von Dimension und Kontinuität beachtet. Denn jede echte Dimension bildet ein Continuum möglichen Überganges; und jedes Continuum wiederum spielt in irgendeiner Dimension, oder auch in mehreren (denn es gibt mehrdimensionale Kontinuitäten). Hier ist der Unterschied vom bloßen Substrat möglicher Relationen deutlich zu greifen. Andererseits aber darf man sich nicht verführen lassen, nunmehr Dimension und Kontinuität gleichzusetzen. Das geht schon deswegen nicht, weil, wie gezeigt, ein Continuum auch mehrdimensional sein kann. Es geht aber auch aus dem anderen Grunde nicht, weil keineswegs bloß der stetige Übergang, sondern stets ebensosehr auch aller Abstand und alle Abgetrenntheit, kurz alle in dem Continuum mögliche Diskretion, innerhalb derselben Dimension spielt wie der stetige Übergang. Dimension ist ihrem Wesen nach stets zugleich Spielraum und Ordnungsgesetz sowohl einer Kontinuität als auch einer ganzen Mannigfaltigkeit möglicher Diskretionen. Und stets sind beide in gleicher Weise durch den Spielraum und das Ordnungsgesetz der Dimension bestimmt.

d. Unterscheidung von Gegensatz, Widerstreit, Diskretion und Mannigfaltigkeit.

Enger noch scheint die Verwandtschaft von Gegensatz und Widerstreit zu sein. Beiden gemeinsam ist das Widerspiel, der Riß, die trennende Kluft. Dem entspricht auch das gemeinsame geschichtliche Auftreten beider in der ältesten Metaphysik. Die Vorsokratiker verstanden gerade die Gegensätze als widerstreitende Mächte, und Heraklit charakterisierte durch sie direkt das Prinzip des „Krieges", der die Welt beherrscht. In der deutschen Philosophie war es Hegel, der grundsätzlich hinter allem Gegensatz die Unruhe des Widerspruchs erblickte. Er gründete darauf den rastlosen Schritt der Dialektik.

Demgegenüber hat von altersher die Logik zwischen Gegensatz und Widerspruch unterschieden. Aber der Unterschied bleibt hier ein formaler, und das Gemeinsame überwiegt, sofern in beiden eben doch das Ausgeschlossensein der Gegenglieder voneinander die Hauptsache ist. Außerdem ist der Widerstreit nicht Widerspruch — welch letzterer ja nur im Reich des Gedankens (an Urteilen und Begriffen) auftreten kann —, sondern das Aufeinanderstoßen des Unverträglichen in den Realverhältnissen (Realrepugnanz).

Damit kommen wir auf den eigentlichen Unterschied. Das Entgegengesetzte widerstreitet sich nicht, es besteht unangefochten nebeneinander; denn es berührt sich nicht, es klafft auseinander. Berg und Tal widerstreiten einander nicht, eher schon kann man sagen, sie bedingen einander. Der Widerstreit dagegen ist die Aufhebung dieses Auseinanderseins, das Zusammenkommen des Entgegengesetzten, das Aufeinanderstoßen. Da entsteht der Kampf, oder zum mindesten der Konflikt. So ist es, wenn zwei Kräfte einander entgegengerichtet sind, so, wenn organische Individuen im Kampf ums Dasein einander bedrängen, so, wenn im Gewissen Pflicht und Pflicht im Konflikt liegen.

So gesehen, sind Gegensatz und Widerstreit etwas gänzlich Verschiedenes. Sie sind nicht weniger verschieden als ihre Gegenglieder, Dimension und Einstimmigkeit (Harmonie), denen niemand die Heterogeneität bestreiten würde. —

Sieht man sich weiter in der Gegensatztafel um, so findet man noch mehr Kategorien, die auch eine gewisse Nahstellung zum Prinzip des

Gegensatzes zeigen: Diskretion und Mannigfaltigkeit, ja in gewissen Grenzen auch Qualität. Hier werden freilich nicht so leicht Verwechselungen unterlaufen, dafür aber scheinen diese Kategorien unmerklich ineinander überzugehen. Alle Begrenzung (πέρας) innerhalb eines Kontinuums ist Diskretion; die Bestimmtheit hängt am Unterschiede von anderer Bestimmtheit, liegt also in der Andersheit, soweit diese sich auf dieselbe Skala der Abstufung bezieht. Die Vielheit solcher Bestimmtheiten macht die Mannigfaltigkeit aus. Inhaltlich angesehen aber ist die Mannigfaltigkeit eine solche der Beschaffenheiten; d. h. die einzelnen Unterschiede in ihr sind solche der Qualität.

Nun aber beruht die Begrenzung innerhalb einer Skala möglicher Übergänge auf dem Gegensatz, der dem Continuum zugrunde liegt. Denn es handelt sich in ihr ja nur um den Unterschied der Abstufung, und dieser ist auf den Spielraum der Gegensatzdimension beschränkt. Somit könnte es scheinen, daß Mannigfaltigkeit, Qualität und Diskretion nur Spezialfälle der Gegensätzlichkeit sind.

Daran ist soviel richtig, daß das Gemeinsame dieser drei Kategorien der „Unterschied" ist, dieser aber, soweit er innerhalb einer Dimension spielt, wirklich durch die Polarität des Gegensatzverhältnisses — die Einheit des Richtungsgegensatzes auf der ganzen Linie einer Dimension — bedingt ist. So verstanden, rechtfertigt sich auch der Satz der Alten, daß aller Unterschied (διαφορά) auf dem Gegensatz (ἐναντιότης) beruht.

Aber das ist doch nur die Hälfte der Wahrheit. Die besondere Höhe der einzelnen Bestimmtheit — also die eigentliche Diskretion mitsamt ihrem Unterschied gegen andere Bestimmtheit im gleichen Continuum — kann nicht wiederum aus demselben Polarverhältnis der Extreme (also aus demselben Gegensatz) herstammen. Denn dieses Verhältnis ist allen Punkten im Continuum gemeinsam. Der Unterschied aber ist das Nichtgemeinsame, das Besondere. Wenn er auch die Relativität der Lage im Continuum an sich hat, so ist er doch nichtsdestoweniger die Sonderbestimmtheit, die dementsprechend ihre besonderen Verhältnisse der Andersheit zu anderer Bestimmtheit an sich hat. Und diese gehen im bloßen Richtungsunterschied nicht auf.

Damit ist das kategoriale Novum der Diskretion — und zugleich der Mannigfaltigkeit und der Qualität — gegenüber dem Wesen des Gegensatzes eindeutig angegeben. Und sehr überzeugend wird das, wenn man sieht, daß hierauf auch das Verschwinden der Polarität, ja des dualistischen Schemas überhaupt, in der qualitativen Mannigfaltigkeit beruht. Die Diskretion selbst ist hierbei noch am meisten an die Gegensätze gebunden, weil sie das Gegenglied zum dimensionalen Continuum ist. Aber auch diese Gebundenheit ist nur eine kategoriale Bedingtheit.

Und zugleich wird hieran der Unterschied von Diskretion und Mannigfaltigkeit klar. Die letztere nämlich ist nicht mehr an die Einheit einer Gegensatzdimension gebunden (wie Kontinuität und Diskretion). Es gibt wohl auch eindimensionale Mannigfaltigkeit, aber nur in Gedanken auf Grund abstrakter Isolierung einzelner Kontinuen, sowie auf gewissen Gebieten des idealen Seins (das aber eben deswegen unvollständiges Sein ist). In der realen Welt gibt es überall, schon von der niedersten Schicht an bis hinauf zu den höchsten Formen geistigen Seins, nur mehrdimensionale Mannigfaltigkeiten. Diese machen die unübersehbare Buntheit und den Reichtum der Welt aus. Und darum fällt auf das kategoriale Gegenglied der Mannigfaltigkeit, die Einheit, ein so gewaltiges Gewicht im Aufbau der realen Welt. Denn in der Einheit handelt es sich nicht um die Identität der Kontinuen und Dimensionen, sondern um Verbundenheiten, die über diese hinweggreifen und das qualitativ Heterogene in eins fügen.

Einer besonderen Klärung bedarf hiernach noch das Verhältnis von Mannigfaltigkeit und Qualität. Diese Frage muß hier zurückgestellt werden, weil das meiste, was wir im Leben für Qualität nehmen, auf sehr komplizierte Seinsverhältnisse zurückgeht, die ihrer besonderen Analyse bedürfen. Soviel nur sei hier gesagt: die Mannigfaltigkeit kann auch von anderer Art sein, sie kann auch z. B. quantitative Mannigfaltigkeit sein (so wie es die der Mengen, Zahlen, Größen in der Mathematik ist); sie kann auch eine solche von Relationen, von Formen, von Gesetzen u.s.w. sein. Ist sie aber eine wirklich qualitative Mannigfaltigkeit — wie z. B. in den Systemen der Sinnesqualitäten —, so ist doch das besondere Quale in der einzelnen Qualität etwas anderes als die Vielheit der Qualitäten, sowie deren Reihen, Verwandtschaften und Übergänge. Eine Mannigfaltigkeit ist eben schon mannigfache Bezogenheit, und meist eine solche mit sehr bestimmter Beziehungsgesetzlichkeit (was freilich nicht ausschließt, daß es auch ungeordnete Mannigfaltigkeiten geben könnte). Der Qualität als solcher aber sind diese Bezogenheiten äußerlich; sie läßt sich auch meist in verschieden geordnete Mannigfaltigkeiten einordnen. Diesen selbst gegenüber ist sie stets nur Element. Aber eben als Element ist sie ihnen gegenüber auch von einer gewissen Selbständigkeit.

Das spiegelt sich in ihrem Gegensatzverhältnis. Denn ihr Gegenstück ist nicht die Einheit, sondern die Quantität. Quantität aber ist der Spielraum derjenigen Mannigfaltigkeit, in der alle anderen Dimensionen möglicher Unterschiede als die der Größe ausgelöscht sind.

e. Das Verhältnis von Prinzip, Form, Innerem und Determination.

Über keine der aufgeführten Kategorien ist soviel hin und her gestritten worden wie über die des Prinzips, wennschon der Streit nicht immer unter diesem Titelbegriff stand. In den meisten geschichtlichen Fassungen haben sich Irrtümer nachweisen lassen (vgl. die Kapitel 1—9), und erst nach ihrer Berichtigung wurde es möglich, das Wesen des Prinzips grundsätzlich zu fassen. Diese Fassung — sie ist zugleich die des Wesens von „Kategorie" überhaupt — ist einstweilen noch nicht abgeschlossen. Sie wird erst bei den kategorialen Gesetzen abschließbar sein. Zunächst aber muß die Umreißung genügen, die sich an der Ausschaltung der geschichtlichen Vorurteile ergab.

Unter diesen Vorurteilen fand sich auch die alteingewurzelte Gleichsetzung von Prinzip und Form. Sie ließ sich leicht aus den Angeln heben durch den Nachweis der mannigfachen materialen Momente im kategorialen Bestande der Seinsprinzipien, und zwar bis herab auf letzte, unauflösliche Substratmomente. Das Aufgehen der Prinzipien in Form, Gesetz und Relation, das so oft behauptet worden, ist damit erledigt.

Das bedeutet in Rücksicht auf unsere Gegensatztafel, daß der Unterschied von Prinzip und Form — und zugleich auch der von Prinzip und Relation — eindeutig erwiesen ist. Dasselbe läßt sich aber auch nach der anderen Seite aufweisen: die Form als solche nämlich ist weit entfernt, bloß Sache des Prinzips zu sein; sie kommt ebensosehr dem Concretum zu, und zwar gerade auch denjenigen Momenten am Concretum, die nicht den Charakter des Prinzipiellen und kategorial Allgemeinen haben. Es gibt Formcharaktere an den Einzelfällen, die nur das Besondere, Einmalige, Individuelle betreffen; ja, es gibt sogar sehr äußerliche, flüchtige und nichtssagende Geformtheit, die von den Prinzipien aus höchst „zufällig" sein kann (nicht realzufällig natürlich). Und dem entspricht die Redeweise von der „bloßen Form", als dem Äußeren. Es ist wichtig, sich klarzumachen, daß diese „bloße" oder „äußere" Form nichtsdestoweniger ein echtes Geformtheitsmoment ist und mit vollem Recht unter die Fundamentalkategorie der Form fällt; wie sie denn auch stets das Grundgesetz der Form erfüllt, d. h. stets Formung von etwas ist, was ihr gegenüber Materie ist. Denn Form als solche ist gleichgültig gegen die Unterschiede von allgemein und individuell, wesentlich und unwesentlich, innerlich und äußerlich.

Damit ist auch das Verhältnis der Form zum „Inneren" geklärt. Solange man die Form schlechtweg als das Prinzipielle verstand, mußte sie als innere Formgebung erscheinen, gleichsam als die der Sache immanente gestaltende (determinierende) Macht. Diese Aristotelische Vorstellungsweise ist gefallen; und damit ist die Sicht frei geworden für eine Fülle echter Geformtheiten im Realzusammenhange, deren Faktoren durchaus äußere sind, und die an der Sache, der sie anhaften, ebenfalls das Äußere betreffen können.

Ernster ist die Frage nach dem Verhältnis von Prinzip und Determination, sowie die ihr parallel laufende nach dem Unterschiede von Prinzip und Innerem. Denn da es doch auch innere Form gibt — man denke an den Organismus, an den menschlichen „Charakter", an die Staatsverfassung —, so leuchtet es ein, daß hier das Innere mit der Form und dem Determinierenden in eins zu verschwimmen scheint.

Dazu ist zunächst zu sagen: am Wesen des Prinzips ist freilich die Determination, die es dem Concretum verleiht, das Kernstück. Aber eben das ist nur eine von vielen Arten der Determination, und keineswegs die in den Realzusammenhängen vorherrschende; vielmehr gibt es in jeder Realschicht besondere Typen der Determination — z. B. solche des linearen Nexus (des kausalen, finalen u. a. m.) —, welche am Concretum selbst und innerhalb seiner die Gebilde oder Prozeßstadien miteinander verbinden. Andererseits aber sind diese Typen des Nexus selbst echte Prinzipien — nämlich die Determinationskategorien der verschiedenen Realschichten —, und dasselbe gilt natürlich auch von der ihnen zugrundeliegenden Fundamentalkategorie der „Determination überhaupt". Determination und Prinzip sind also weit entfernt, sich zu decken. Diese beiden Kategorien ergänzen sich vielmehr, indem jede in gewissem Sinne das Allgemeine der anderen, und doch zugleich in anderem Sinne ihr Spezialfall ist. Dieses Verhältnis ist charakteristisch für viele der Fundamentalkategorien: sie setzen einander gegenseitig voraus, kommen ohne einander nicht vor, aber sie behalten dabei selbständig eine jede ihre Eigenart.

Daraus folgt weiter, daß Determination als solche durchaus nicht das Innere einer Sache auszumachen braucht. Die Mehrzahl der linearen Typen des Realnexus bedeuten für die Realgebilde, deren Verbundenheit sie ausmachen, eine durchaus äußere Determination. Am bekanntesten ist das an der Determinationsform der Kausalität, zumal im Gebiet der rein mechanischen Zusammenhänge. Solche „äußere" Determination ist deswegen keineswegs unwesentlich; viel eher wäre hier die Konsequenz zu ziehen, daß das Äußere in den Realverhältnissen etwas sehr wesentliches ist. Und das bedeutet, in die Sprache der Gegensatzkategorien übersetzt, daß in diesen Verhältnissen das Äußere etwas durchaus Prinzipielles ist; ein Satz, der sich in den höheren Schichten des Realen, zumal im Reiche des Geistes, noch viel tiefer bestätigt als in der einfachen Welt des Mechanismus. Hier also wird zugleich der Wesensunterschied von Prinzip und Innerem ganz konkret greifbar.

Prinzipien sind nicht das, was die Aristotelische und scholastische Metaphysik in ihnen sah: sie sind nicht „das Innere der Dinge". So konnte es nur scheinen, solange man sie als „substantielle Formen" verstand, welche — in Homonymie mit den Dingen (genauer, dem Concretum) — nur das Allgemeine in ihnen waren, zugleich aber als die immanenten determinierenden Mächte in ihnen galten. Es wurde oben gezeigt (Kap. 6 c—e), warum diese Homonymie eine verkappte Tautologie, also ein im Grunde nichtssagendes Verhältnis, war. Versteht man die Prinzipien als die echten Kategorien des Seienden mitsamt seinen mannigfachen Relationen, Abhängigkeiten und Zusammenhängen, so sieht man, daß die von ihnen ausgehende Determination ebensosehr das Äußere wie das Innere der Dinge betrifft, aber weder mit dem einen noch mit dem anderen identisch ist.

Denn freilich gibt es ein „Inneres der Dinge", richtiger: ein Inneres aller Gebilde und Gefüge, sowie der zeitlichen Abläufe, in denen sie stehen, und zwar ohne Unterschied der Schichtenhöhe. Aber dieses Innere besteht nicht darin, daß jedes Gebilde — oder auch nur jede Art von Gebilden — ein eigenes „Prinzip" hätte, das sich in seinem Werdegange bestimmend äußerte, sondern in etwas ganz anderem. Dieses Innere ist keineswegs immer ein geheimnisvolles Etwas, das sich allem Zugriff entzieht. Sein Verhältnis zum Äußeren ist ein schlicht kategoriales; und je nach der Art der gegebenen Zugänge sieht der Mensch die Realgebilde „von innen" oder „von außen". Stets ist die Seite, die er zunächst nicht sieht, ihm das Geheimnisvolle. Auf welcher Seite aber jeweilig das Übergewicht des Prinzipiellen liegt, darüber entscheidet nicht die Zufälligkeit seiner Sicht und seiner Zugänge, sondern die Eingliederung des Gebildes in den kategorialen Aufbau der realen Welt.

f. Methodologisches. Vielzahl und Einheit der Kategorien.

Die Tafel der Seinsgegensätze enthält noch einige weitere Verhältnisse, die einen Nachweis der Andersheit erfordern könnten. Prinzip und Einheit z. B. sind manchmal gleichgesetzt worden, desgleichen Mannigfaltigkeit und Concretum; Dependenz und Gefüge scheinen beide unter das genus Relation zu fallen; Substrat und Element bedürfen genauerer Unterscheidung. Doch sind diese Ähnlichkeiten nicht aufdringlich, lassen sich auch aus der bloßen Heranziehung der Gegenglieder als abwegig erweisen. Sie mögen einstweilen auf sich beruhen bleiben, zumal die weitere Analyse sie noch wird berühren müssen.

Allgemein aber ist zu all diesen Unterscheidungen zu sagen, daß sie weit entfernt sind, bloße Präliminarien der Kategorialanalyse zu sein. Sie bilden vielmehr schon den ersten Schritt einer Methode, die mitten hineinführt in die interkategorialen Verhältnisse. Und das bedeutet, daß mit ihnen bereits die Wesensbestimmung der Kategorien selbst begonnen hat. Denn so steht es methodisch mit dieser Wesensbestimmung, daß sie sich überhaupt an die interkategorialen Verhältnisse zu halten hat. Wenn die Elementargegensätze auch nicht die absolut „ersten" und einfachsten Kategorien sind, so sind sie doch die „nach unten zu" ersten erkennbaren. Und das will sagen, daß wir sie nicht weiter in kategoriale Elemente auflösen können. Also können wir sie auch nicht aus solchen Elementen heraus begreifen. Was man aber nicht in sich begreifen kann, das kann man sehr wohl aus den Verhältnissen heraus begreifen, in denen es steht. Von Kategorien nun gilt das in eminentem Sinne, denn kategoriale Verhältnisse sind keine äußeren Bezogenheiten, die den Kategorien auch fehlen könnten. In ihnen vielmehr ist das eigentliche Innenwesen der einzelnen Kategorien selbst enthalten und von Hause aus verwurzelt.

Man kann also gar nicht anders als, indem man diesen Verhältnissen nachgeht, zugleich den inhaltlichen Bestand der Kategorien selbst mit herausarbeiten. Neben der Sicht vom Concretum aus — der im engeren Sinne analytischen Methode — ist dieses Vorgehen bei Elementarkategorien das einzig mögliche und darum gebotene. Es ist, wie schon oben angedeutet wurde (Kap. 23 b), das alte, bewährte Verfahren Platons (im „Sophistes"); oder genauer, es ist die eine Hälfte dieses Verfahrens. Die andere Hälfte wird im folgenden noch nachzuholen sein; sie hält sich an die positiven Verbundenheiten, insonderheit an die eigentlichen Implikationen.

Das Auffallende aber ist, daß auch vor Herausarbeitung der letzteren, schon im bloßen Nachweis der Andersheit, die gegenseitigen Verbundenheiten hervorgetreten sind. Und damit erfüllt sich bereits eine berechtigte Forderung, deren Berücksichtigung in der bloßen Aufzählung oder Zusammenstellung der Kategorien zu einer Tafel nicht möglich war: die Forderung, Einheit und innere Zusammengehörigkeit der Elementargegensätze aufzuweisen.

Diese Forderung ist um so ernster, als die Zusammenstellung der Gegensätze im wesentlichen der Geschichte entnommen wurde, also im Zeichen einer gewissen empirischen Zufälligkeit steht. Die Auswahl aus dem geschichtlichen Gedankengut erstreckte sich nur auf die Heraushebung der genügend allgemeinen Gegensatzpaare. Im übrigen konnte zu Anfang nur zusammengeordnet werden, was inhaltliche Zusammengehörigkeit oder Bezogenheit zeigte. Es bestand also die Gefahr, daß wir auf diese Weise eine Mannigfaltigkeit ohne Einheit bekommen könnten. Eine solche hätte dem ontologischen Problem der Elementarkategorien nicht genügen können. Denn es handelt sich nun einmal um die Fundamente eines in aller Mannigfaltigkeit einheitlichen Aufbaus der realen Welt.

Die Gefahr hat sich nun bereits als unbegründet erwiesen. Die aufgezählten Gegensatzpaare zeigen schon in der bloßen Erörterung ihrer Verschiedenheit eine solche Fülle innerer Verbundenheit, daß ihre ontische Zusammengehörigkeit außer Zweifel stehen dürfte. Ja, es scheint umgekehrt, daß schon in dem geschichtlich regellosen und scheinbar sporadischen Auftreten dieser Gegensätze dieselbe innere Verbundenheit mitgespielt hat. Ihr frühes Auftreten in der Metaphysik, sowie die Tatsache, daß einer den anderen auch geschichtlich nach sich gezogen hat, gewinnt von hier aus einen Sinn, gemäß welchem ihr sukzessives Durchdringen ins philosophische Bewußtsein nicht mehr als Spiel des Zufalls erscheint.

Darüber hinaus aber ist es zweierlei, was in die Augen springt. Das erste betrifft das Verhältnis von Einheit und Mannigfaltigkeit in der Gegensatztafel selbst, also das Verhältnis eines Elementargegensatzes zum ganzen System der Gegensätze (wohlverstanden, zu einem System, dessen Vollständigkeit wir nicht haben). Die Erörterung der Mannigfaltigkeit in diesem System führt gerade auf deren Gegenstück, die Einheit der Gegensätze, hinaus. Und deutlich sichtbar wird hierbei — ohne daß einstweilen danach gesucht wurde —, wie diese ihre Einheit die Form eines kategorialen Gefüges annimmt, in welchem die Elemente (Glieder) nur beschränkte Selbständigkeit haben.

Man kann also sagen, daß noch ein zweites Gegensatzpaar — eben das von Element und Gefüge — sich dem Gesamtverhältnis dieser Kategorien überordnet und als eine Art Gesetzlichkeit der Tafel erweist. Die Gegensatztafel, so scheint es, gibt in ihren einzelnen Gliedern ihre eigene Gesetzlichkeit her. Dieser Satz kann hier noch nicht erwiesen werden, denn es sind einstweilen nur die ersten Spuren einer kategorialen Gesetzlichkeit, die sich in ihm aussprechen; erst an den weiter ausgreifenden Zusammenhängen wird sich seine Tragweite aufweisen lassen (vgl. unten die Kohärenzgesetze, Kap. 46 a—c). Aber man sieht doch soviel, daß die Vielzahl der in der Gegensatztafel vereinigten Kategorien ihrer Einheit gegenüber auf den zweiten Plan rückt: das Gefüge ordnet sich den Gliedern über. Und die Folge ist, daß schon im ersten Gange der Analyse die einzelnen Kategorien von ihrem Gefüge her bestimmbar werden.

Und damit hängt ein Zweites zusammen. Das Gefüge der Kategorien ist als solches für die einzelne Kategorie der Inbegriff ihrer Außenverhältnisse, also im strengen Sinne ihr Äußeres. Was eine Kategorie in sich selbst ist, ihr Inneres, kann damit nicht zusammenfallen. Nun aber erweist es sich, daß nichtsdestoweniger eben dieses ihr Inneres an ihrem Äußeren faßbar wird. Das ist nur möglich, wenn es einen Zusammenhang des Inneren und Äußeren gibt, der eine Art Wiederkehr oder Spiegelung des einen im anderen ausmacht. Wenn dem aber so ist, so haben wir es mit einem sehr eigenartigen Typus von Determination im Gefüge der Kategorien zu tun, der nichts Geringeres besagen würde als die durchgehende Abhängigkeit des inneren Baues einer Kategorie von dem Gefüge der Verhältnisse, in denen sie steht.

Damit erweist sich auch der Gegensatz von Innerem und Äußerem als konstituierende Gesetzlichkeit der Gegensatztafel. Und zugleich zeigt sich, daß vollends die Einheit des Gefüges in ihr sich der kategorialen Mannigfaltigkeit überordnet. Was um so schwerer ins Gewicht fällt, als diese Einheit der Gegensätze nicht gegeben ist. Denn jetzt zeigt sich ein Weg, sie aufzufinden. Sie ist ein altes Problem der Metaphysik, eine Art Welträtsel. Und gleich bei diesen ersten Schritten wird es klar, warum das Rätsel nie gelöst wurde. Man suchte die Lösung in Richtung auf ein Einheitsprinzip, eine Identität, eine coincidentia oppositorum. Man suchte sie also da, wo sie nicht zu finden war. Der kategoriale Bau der realen Welt weist auf einen anderen Einheitstypus zurück, auf die Einheit des Gefüges.

25. Kapitel. Die innere Bezogenheit in der Gegensätzlichkeit.

a. Die verborgenen genera der Gegensätze.

Aus alledem folgt, daß man unbekümmert um das Weitere den positiven Bezogenheiten der Gegensatzkategorien nachgehen muß. Denn dieser Bezogenheiten sind in der Tat weit mehr, als die im vorigen Kapitel gebrachten Unterscheidungen erkennen lassen.

Eine erste Gruppe von Beziehungen macht die innere Gebundenheit des Entgegengesetzten als solchen aus. Wohl hat man das immer gesehen; alt ist das Aristotelische Gesetz, daß Entgegengesetztes (τὰ ἐναντία) stets innerhalb eines gemeinsamen genus liegt, welches zugleich alle Übergangsstufen mit umfaßt. Ohne gemeinsames genus stehen auch die Extreme windschief zueinander und bilden keine opposita. Aber so selbstverständlich das erscheint, es ist doch ein zu formales Verhältnis, um in der Fülle der Erscheinungen zur Geltung zu kommen. Die Logik hat leichtes Spiel, es prinzipiell zu fassen; aber das Gemeinsame aufweisen, geht über ihre Mittel hinaus. Das Gemeinsame kann tief verborgen sein; das konkrete Gegenstandsbewußtsein faßt dann direkt nur die Gespaltenheit und weiß nicht, warum es das Auseinanderklaffende noch aufeinander bezieht.

Die Wissenschaft stellt relativ leicht das Bewußtsein des Gemeinsamen her. Sie bildet Oberbegriffe, welche das genus fassen: sie ordnet dem Warmen und Kalten die „Temperatur" über, dem Schweren und Leichten das „Gewicht" u. s. f.; in den Anfängen kommt solche Überordnung schon einer Entdeckung gleich. Mit den kategorialen Elementargegensätzen aber stehen wir heute immer noch in den Anfängen. Für sie ist das genus nicht so leicht anzugeben. Was ist denn das Gemeinsame von Einheit und Mannigfaltigkeit, von Kontinuität und Diskretion, von Form und Materie, von Determination und Dependenz? Das sind nur Beispiele. Aber wohin man greift in der Gegensatztafel, die genera fehlen. Die Geschichte der Metaphysik hat wohl den Gegensatz, aber nicht das Gemeinsame des Entgegengesetzten herausgearbeitet.

Das ist nun ein ernstlicher Mangel. Und es muß hinzugefügt werden: diesem Mangel ist nicht abzuhelfen, er liegt im Wesen der Sache. Wohl ist überall die Zusammengehörigkeit der Gegensatzglieder an ihnen selbst durchaus spürbar, aber wir können nicht hinter ihre Gespaltenheit zurückgehen, die Einheit des genus ist nicht mehr greifbar. Das eben ist die Sachlage in einer Kategorienschicht, die zwar nicht die absolut erste ist, wohl aber die „nach unten zu" erste erkennbare. Wenn wir an den Elementargegensätzen die genera erkennen könnten, so würden diese für unser Bewußtsein die Fundamentalkategorien bilden, und die Gegensatzglieder würden uns schon abgeleitet (untergeordnet, sekundär) erscheinen. Dann hätten wir es eben nicht mit einer Gegensatztafel zu tun, sondern mit einer Tafel der ihnen zugrundeliegenden genera, die in der Tat fundamentaler sein müssen. In dieser einfachen Überlegung liegt eines der unabweisbaren Anzeichen dafür, daß wir es in den Seinsgegensätzen nicht mit Kategorien von letzter und absoluter Einfachheit zu tun haben.

Die Grenze, auf die wir hier stoßen, ist eine Rationalitätsgrenze. Über die Gegensätze hinaus ist nichts mehr eindeutig erkennbar. Man erkennt wohl noch gerade, „daß" über sie hinaus noch kategoriale Fundamente vorhanden sind, aber nicht wie sie beschaffen sind. Erkennbarkeitsgrenzen sind keine Seinsgrenzen. Dieses Gesetz erfüllt sich auch hier voll und ganz. Aber das bedeutet nicht, daß wir mit den Mitteln menschlicher Erkenntnis eine solche dem Seienden — und das heißt in diesem Falle dem Bau der Kategorienschichtung — äußerliche Grenze auch nur um Haaresbreite verschieben könnten. Denn nicht an den Kategorien selbst hängt ihr Unerkennbarwerden von einer bestimmten Grenze ab, aber auch nicht an der Einstellung oder den Methoden der Erkenntnis, die sich ja im Fortschreiten der Einsicht müßten ändern lassen, sondern an dem kategorialen Apparat der menschlichen Erkenntnis selbst, der ihre Reichweite bestimmt, und den sie nicht ändern kann.

b. Die innere Bezogenheit in den Gegensätzen der ersten Gruppe.

Damit ist nun aber nicht gesagt, daß auch die innere Verbundenheit der opposita in den Seinsgegensätzen sich nicht erkennen ließe. Diese liegt vielmehr durchaus greifbar zutage und ist an den einzelnen Gegensatzpaaren aufzeigbar.

Sie ist vor allem daran greifbar, daß jede der 24 Gegensatzkategorien ihr zugehöriges Gegenglied voraussetzt und ebenso von ihm vorausgesetzt wird. Solches gegenseitige Vorausgesetztsein — man kann es auch die gegenseitige Implikation nennen — bedeutet strenge Korrelativität. Es hat mit den Begriffen, in welche menschliches Denken diese Kategorien kleidet, wenig zu tun; vielmehr sind die Begriffe so unzureichend, daß sie die durchgehende zweigliedrige Verbundenheit der Kategorien eher noch verdunkeln. Das gegenseitige Vorausgesetztsein der opposita ineinander ist ein rein ontisches.

An den meisten der Elementargegensätze ist das ohne weiteres sichtbar. Ein Prinzip setzt sein Concretum ebenso voraus, wie dieses das Prinzip; ohne einander sind beide nicht, was sie sind. Alles, was eine Seinsstruktur hat, muß auch einen Seinsmodus haben; und ein Modus seinerseits kann nur Modus eines irgendwie Bestimmten sein, also eines Etwas, das Struktur hat. Form ist nur an einer Materie möglich, sie wäre sonst Form von nichts; Materie aber ist das, was sie ist, nur als Materie irgendeiner Formung. So geht es die Reihe weiter: kein Inneres ohne Äußeres, aber auch kein Äußeres ohne Inneres; desgleichen keine Determination ohne Dependenz, aber auch keine Dependenz ohne Determination.

Nicht ganz so evident ist das Verhältnis bei Qualität und Quantität, denn es gibt Seinsgebiete, auf denen das Quantitative ganz zurücktritt, während die Qualitäten dominant sind. Aber es handelt sich hier nicht um die Übergewichte der einen Seite in den Gegensätzen — deren gibt es viele —, sondern um das prinzipielle Vorausgesetztsein allein. Und dieses erstreckt sich auch auf die Gebiete verschwindender Quantität. Denn zur Quantität zählt nicht das Reich der mathematisch exakten Größenbestimmtheit allein. Es gibt Größenabstufungen von ganz anderer, ja von wahrhaft ungreifbarer Natur; und diese sind in den höheren Schichten des Realen nicht weniger fundamental als die exakten in den niederen. Aber das muß hier noch auf sich beruhen bleiben; davon wird in anderem Zusammenhange zu handeln sein.

Diese Zusammengehörigkeit ist durchaus nicht bei allen Gegensätzen eine Selbstverständlichkeit. Daß bei Platon der Gedanke entstehen konnte, die Ideen bildeten eine selbständige Welt für sich, beweist zur Genüge, daß man Prinzipien auch ohne Concretum annehmen zu können meinte. Nur eben, man verstand sie dann auch nicht rein als

Prinzipien, sondern mengte ein ganz anderes Philosophem hinein. Ebenso hat der Begriff einer „absoluten Materie" lange Zeit eine Rolle in der Metaphysik gespielt; man dachte sich eine solche unabhängig von aller Formung, und als man einsah, daß man sie auf diese Weise ja vielmehr nicht „denken" konnte, meinte man, das liege am Denken und hielt die Materie für irrational. In Wahrheit hatte man das Gesetz der Bezogenheit in einem kategorialen Seinsgegensatz verletzt. Und dieser Fehler war nachträglich im Denken nicht zu reparieren.

Mit dem Inneren und Äußeren ist in dieser Hinsicht wohl am meisten falsches Spiel getrieben worden. Das geschah aus dem einfachen Grunde, weil man diesen Gegensatz anthropomorph verstand: man dachte sich das „Innere der Dinge" als eine Art Seele der Dinge, oder man dachte es nach Art der Aristotelischen immanenten Formsubstanzen. Und als ein mehr ernüchtertes Denken dahinter kam, daß die Dinge keine Seele haben, ja daß in ihnen auch keine bewegenden Formsubstanzen wohnen, da meinte man dann, im ganzen Reich der unbelebten Natur gäbe es kein Inneres, dieses Reich sei ein Reich des Äußeren allein. So ist die bekannte These zu verstehen, der Mechanismus habe kein Inneres.

Dagegen ist sehr viel zu sagen. Das Innere als solches hat nichts mit Seele und Formsubstanz zu tun. Es gibt ganz andere Typen des Inneren, z. B. im Aufbau eines Atoms, eines Weltkörpers, eines Kristalls. Ein mechanisches Gefüge hat genau so gut sein Inneres wie eine Pflanze oder ein Mensch; es ist nur ein gänzlich anderes. Auf jeder Seinsstufe gibt es Gebilde, und stets ist an ihnen Äußeres und Inneres verschieden und zugleich streng aufeinander korrelativ. Aber die besondere Beschaffenheit des einen wie des anderen hängt von den besonderen Kategorien der einzelnen Realschichten ab.

c. Die innere Bezogenheit in den Gegensätzen der zweiten Gruppe.

Soweit wurde die innere Bezogenheit nur an den Gegensatzpaaren der ersten Gruppe aufgewiesen. Sie läßt sich aber genau ebensosehr an denen der zweiten Gruppe aufweisen. Daß Relationen nicht ohne Substrate bestehen können, und Substrate ihrerseits nur als relata von Relationen Substrate sind, wurde schon oben gezeigt (Kap. 24 b). Dasselbe gilt nun auch für die übrigen vier Gegensätze. Diskretion (Unterscheidung) kann es nur in einem Continuum möglicher Abstufung geben; ein Continuum aber ist seinerseits nichts als dieses homogene Etwas, „in" dem die Abstufung spielt. Noch fundamentaler ist die Korrelativität von Dimension und Gegensatz: zwischen je zwei zusammengehörigen opposita spannt sich die Reihe möglicher Übergänge, und durch sie sind die Extreme verbunden; zugleich aber ist der besondere Charakter der

Reihe durch die opposita inhaltlich bestimmt, auch wenn die letzteren nicht Extreme im Sinne greifbarer Endglieder sind, sondern ihr Auseinanderklaffen nur im Richtungsgegensatz haben.

Von der Einheit und Mannigfaltigkeit könnte man meinen, jede von beiden müßte auch für sich bestehen können. Diese Meinung war die herrschende in der Philosophie der Eleaten; darum glaubten sie, alle Mannigfaltigkeit von der Einheit des Seienden ausschließen und in die Welt des Scheines verbannen zu können. Die letztere mußte dann Mannigfaltigkeit ohne Einheit sein. An diesem Auseinanderreißen des Entgegengesetzten — es betrifft noch andere Gegensatzpaare — ist aber vielmehr die Eleatische Philosophie gescheitert. Denn dem Sein nach gerade setzt alle Mannigfaltigkeit Einheit voraus, und zwar sowohl die der Teile als auch die des Ganzen. Daß von den Teilen jeder „einer" ist, dürfte evident sein. Daß aber auch alle zusammen die Einheit irgendeiner Bezogenheit haben müssen, einerlei wie lose diese immer sein mag, wird ebenso evident, wenn man erwägt, daß ohne alle Bezogenheit die Teile ganz windschief zueinander stehen müßten; sie würden dann gar nicht mehr zu „einer" Welt gehören und folglich auch zusammen keine Mannigfaltigkeit ausmachen. Mannigfaltigkeit eben setzt ein Zusammenbestehen voraus. Dieses Vorausgesetzte aber ist schon die Einheit.

Isolierte Mannigfaltigkeit ist leere Abstraktion. Aber auch isolierte Einheit ist leere Abstraktion. Freilich läßt sich ohne viel Mühe ein absolut „Eines" denken, das nichts neben oder außer sich hat, auch nichts weiter Unterschiedenes in sich hat. Aber ein solches macht weder selbst eine Welt aus, noch kann es Teil einer Welt sein; es kann nicht Form und nicht Materie, nicht Struktur und nicht Modus haben, kann nicht Prinzip und nicht Concretum sein u. s. f.; es ist bestimmungslos, ein ontisches Nichts. Platon hat diese Dialektik des absolut Einen (im „Parmenides") in klassischer Weise durchgeführt. Das Resultat war schon bei ihm ein ganz eindeutiges: es gibt das absolut Eine als das Isolierte nicht, seine Idee ist unhaltbar, ein Undenkbares, ein Nichtseiendes.

Man sieht nun leicht, daß diese Überlegung sich ohne weiteres auf das Verhältnis von Element und Gefüge überträgt. Man erinnere sich dazu, daß die Elemente eines Gefüges nicht Substrate sind, sondern Glieder, und daß dieses ihr Gliedsein ihnen wesentlich ist. Da aber das Gliedsein durch den Bau des Gefüges bestimmt ist, so sind die Elemente ebensosehr vom Gefüge her bestimmt, wie das Gefüge von ihnen her. Das gegenseitige Vorausgesetztsein der opposita ist also hier deutlich als das Enthaltensein des einen im Wesen des anderen greifbar. Dem entspricht es, daß ein Gefüge den Charakter der Einheit hat, die Elemente aber in ihrer Vielheit den einer Mannigfaltigkeit. Und das ist keine einseitige Überordnung (im logischen Sinne). Denn ebensogut kann man sagen:

alle Einheit, wenn sie nicht „letztes" Element ist, hat schon die Form des Gefüges; und alle Mannigfaltigkeit ist schon eine solche von Elementen. Überhaupt erweist sich die Kategorie des Gefüges, ebenso wie ihr Gegenglied, bei näherem Zusehen als überaus fundamental; sie steht darin um nichts gegen die scheinbar einfacheren Glieder der Gegensatztafel zurück. Das wird sich an den eigentlichen Implikationen innerhalb der Tafel noch ganz anders greifbar rechtfertigen.

Es bleibt noch der Gegensatz von Einstimmigkeit und Widerstreit übrig. Hier ist das korrelative Verhältnis nicht immer gesehen worden, weil man die Gegenglieder für unvereinbar hielt. Man meinte, ein und dasselbe Seiende könnte nur entweder einstimmig oder widerstreitend sein. Dem entsprechen denn auch die Typen der metaphysischen Weltbilder, die entweder Harmonie oder Disharmonie lehren, aber nicht beides zusammen. Sehr charakteristisch ist in dieser Hinsicht der Dualismus des guten und bösen Prinzips, der die Welt als Kampf zweier Mächte auffaßt.

Demgegenüber ist es eine der tiefsten Einsichten der Metaphysik, die in der Philosophie Heraklits durchbrach, daß gerade im Widerstreit (im „Kriege") gegeneinander gerichteter Mächte vollkommene Harmonie bestehen könne, daß Streit nicht nur Zerstörung, sondern auch Lebendigkeit und aufbauende Kraft sein kann. Heraklit verstand die ganze Welt als die große Harmonie allseitigen Widerstreits. In dieser Zuspitzung ist der Gedanke wohl nicht haltbar, weil er ein einseitiges Bild der Welt gibt. In die Sprache der Kategorien übersetzt, spricht er dennoch ein wichtiges Gesetz aus: alle Harmonie setzt Widerstreit voraus, denn sie erhebt sich erst über ihm; und aller Widerstreit setzt Harmonie voraus, denn anders würde er sich selbst vernichten. Dieses Gesetz spielt eine große Rolle in allen Schichten der realen Welt. Es ist überall da erfüllt, wo es ein sich erhaltendes Gleichgewicht entgegengerichteter Tendenzen gibt: in den dynamischen Gefügen der Natur, im Widerspiel der Prozesse des organischen Lebens, im Antagonismus der Interessen innerhalb der Menschengemeinschaft, u. s. f.

d. Das Gesetz des Überganges. Die Relativierung.

Neben der Korrelation und dem gegenseitigen Vorausgesetztsein der beiden Gegensatzglieder gibt es noch eine zweite Art der inneren Verbundenheit. Sie besteht darin, daß die opposita Zwischenglieder zulassen. Denkt man sich deren Reihe vervollständigt, so ergibt sich ein stetiger Übergang von einem Extrem zum anderen.

Dieser Übergang ist nichts anderes als die zwischen den opposita sich spannende Dimension. Wie denn die Kategorie der Dimension das Gegenglied zur Kategorie des Gegensatzes ist; ein neues Beispiel dafür, wie ein einzelner Seinsgegensatz sich in bestimmter Hinsicht allen übrigen überordnet und sich gleichsam zum Gesetz aller macht. Es bestätigt sich die bereits einmal gemachte Beobachtung, daß die Gegensatztafel in den einzelnen Kategorien, die sie enthält, ihre eigene Gesetzlichkeit hergibt.

Das Gesetz des Überganges ist nun keineswegs an allen Gegensätzen gleich ausgeprägt. An einigen scheint es auf den ersten Blick gar nicht aufweisbar zu sein. Von dieser Art sind die beiden ersten (Prinzip — Concretum, Struktur — Modus). Im übrigen kann man vorwiegend zwei Typen des Überganges finden: bei dem einen handelt es sich um Relativierung der opposita gegeneinander (wobei die Entgegensetzung sich als Richtungsgegensatz erweist); bei dem anderen liegt das eine oppositum fest, während das andere sich abstuft (wobei der festliegende Pol die Grenze der Abstufung bildet). Im Unterschied zur Relativierung kann man diese Form des Überganges die einseitige Abstufung nennen. Daneben gibt es noch einen dritten Typus, der freilich nur an einem einzigen Gegensatzpaar deutlich greifbar ist: die beiderseitige Abstufung ohne angebbare Grenzpunkte.

Der erste dieser Typen, die Relativierung, ist bereits an dem Fall von Form und Materie erörtert worden: alle Form kann selbst Materie höherer Formung, alle Materie Geformtheit niederer Materie sein. Das ergibt eine Stufung der Formen, in welcher alle Absolutheit des Gegensatzes von Form und Materie verschwindet, während die Eindeutigkeit des Richtungsgegensatzes sich ungeschmälert erhält.

Dasselbe gilt nun auch vom Gegensatz des Inneren und Äußeren, sowie von dem in dieser Hinsicht ihm eng verwandten Gegensatz des Elements und des Gefüges. Es war der Fehler der alten Theorien, daß sie das Innere eines Gebildes wie etwas Absolutes ansahen, an dem das Äußere dann zum Unwesentlichen herabsank. In einem jeden Gefüge ist vielmehr das Verhältnis der Glieder (oder Elemente) sein Inneres, sein Verhältnis zu anderen Gefügen gleicher Ordnung ist dagegen von ihm aus ein Äußeres. Ein jedes Glied wiederum kann ein ganzes Gefüge sein, freilich von anderer Ordnung; und dann sind die Innenverhältnisse des größeren Gefüges von ihm aus ein Äußeres, während seine eigenen Elemente und deren Beziehungen sein Inneres bilden.

In dieser Stufenfolge von Gefüge und Element, sowie in der ihr parallel laufenden von Äußerem und Innerem, sind beide Gegensätze relativiert. Jedes Gefüge kann selbst Element eines weiteren (umfassenderen) Gefüges sein, und jedes Element kann schon ein Gefüge weiterer (etwa einfacherer) Elemente sein. Ebenso kann jedes Äußere — z. B. jede Mannigfaltigkeit von Außenbeziehungen eines Gebildes — zum Inneren eines höheren Gebildes gehören und in Gegensatz zu dessen

Äußerem stehen; und jedes Innere kann die Außenbeziehungen niederer Gebilde umfassen und in Gegensatz zu deren Innerem stehen. Der organische Körper z. B. hat sein Inneres im funktionalen Verhältnis seiner Organe, die Organe aber haben das ihrige im funktionalen Verhältnis der Zellen, aus denen sie aufgebaut sind. Diese Reihe geht nach oben wie nach unten weiter; denn auch die Zellen sind nicht letzte Elemente, und auch das Leben des ganzen Organismus ist eingegliedert in das Leben der Art.

Diese Reihenform des Verhältnisses von Element und Gefüge, Innerem und Äußerem, Form und Materie ist eine Grundgesetzlichkeit im Aufbau der realen Welt, und zwar in allen Schichten des Realen. Sie ist das Gesetz, nach dem sich die Mannigfaltigkeit der Gebilde innerhalb einer Schicht weiter abstuft. Sie spielt eine außerordentlich große Rolle in der unbelebten und belebten Natur, eine vielleicht noch größere im geistigen Leben; nur im seelischen Sein tritt sie mehr in den Hintergrund, fehlt aber auch hier nicht ganz. Das Wesentliche in ihr ist überall das kategoriale Verhältnis der genannten drei Elementargegensätze. Denn in jeder Stufenordnung, einerlei welcher Art, erhält sich in der Relativierung der Gegensatzglieder selbst doch unaufhebbar der Richtungsgegensatz.

Der allgemeine kategoriale Ausdruck dieser Erhaltung des Richtungsgegensatzes in aller Abstufung ist der wohlbekannte Gegensatz des „Höheren und Niederen". Um diesen Gegensatz ist mancher Streit gegangen. An sich wäre er fundamental genug, um unter die Elementargegensätze gerechnet zu werden. Aber er ist der Form nach komparativ, er drückt also nur den Richtungssinn als solchen aus. Und will man diesen näher bestimmen (etwa definieren), so wird man unausweichlich auf die Gegensatzpaare von Materie und Form, Element und Gefüge, Innerem und Äußerem hingedrängt. Diese also liegen ihm ontologisch zugrunde. Ihnen gegenüber ist er unselbständig. —

Ähnlich nun steht es aber auch mit Determination und Dependenz, sowie mit Einheit und Mannigfaltigkeit. Alles Determinierende kann seinerseits schon von anderem abhängig sein, alles Abhängige anderes determinieren. In den meisten Formen des Realnexus ist das sogar notwendig. In diesen bekommt das Verhältnis die Form der fortlaufenden Reihe, und damit wird die Relativierung, zugleich aber auch die eindeutige Erhaltung des Richtungssinnes im Gegensatz von Determinierendem und Abhängigem, augenfällig.

Nicht so durchsichtig ist die Sachlage bei Einheit und Mannigfaltigkeit, weil hier zunächst keine Reihenordnung gegeben scheint. Aber man erinnere sich an das oben Ausgemachte: es handelt sich nicht um das Abstraktum des „absolut Einen", sondern um Einheit als Zusammenfassung der Mannigfaltigkeit, sowie als Glied der Mannigfaltigkeit. Als das Zusammenfassende nun kann die Einheit stets neben andere gleichgeordnete Einheiten treten, und dann macht sie mit diesen zusammen eine Mannigfaltigkeit aus; als Glied aber kann sie stets schon eine Mannigfaltigkeit niederer Einheiten umfassen. Alle Mannigfaltigkeit ihrerseits ist eben selbst „eine", setzt also irgendeine Zusammenfassung voraus; und sie enthält Einheiten niederer Ordnung.

Man sieht, die Stufenreihe stellt sich auch hier ohne Schwierigkeiten her. Und mit ihr ist der Übergangstypus der Relativierung gegeben, zugleich aber auch die Erhaltung des Richtungsgegensatzes.

c. Die einseitige Abstufung.

Die zweite Art des Überganges ist die der einseitigen Abstufung, bei der das eine oppositum festliegt, während das andere sich bis zu ihm hin als seinem Grenzfall abstuft.

Von dieser Art ist das Verhältnis von Substrat und Relation. Versteht man Substrate allgemein als die relata der Relation, so stufen sie sich freilich ebenso ab wie die Relationen selbst — d. h. sie können selbst wiederum in s ch relationale Struktur haben —, aber nicht in infinitum. Der Grenzfall ist das Substrat im engeren Sinne, das nur noch relatum möglicher Relationen, in sich aber nicht mehr relational gebaut ist. Diesem Grenzfall gegenüber stufen sich also vielmehr nur die Ordnungen der Relation ab, während er selbst fester Pol bleibt.

Dasselbe zeigt sich an Diskretion und Kontinuität. In der Mathematik ist es eine bekannte Sachlage, daß ein Continuum die Grenze der fortgesetzten Teilung bildet. Teilung aber ist quantitative Diskretion, also ein Spezialfall der Diskretion überhaupt. Es ist ferner leicht sichtbar, daß auch bei allen anderen Arten der Diskretion dasselbe Verhältnis vorliegt, bei allem qualitativen, strukturellen oder determinativen Übergange. Stets ist das Continuum der Abstufung die Grenze im Fortgange der immer mehr ins Subtile vorgetriebenen und dabei einander immer näher gerückten Unterschiede.

Wie eng der Zusammenhang von Kontinuität und Dimension einerseits, von Diskretion und Gegensatz andererseits ist, wurde bereits oben dargelegt (Kap. 24 c und d). Es zeigte sich, daß die Unterscheidung hier weit schwieriger ist als die Erfassung der inneren Verwandtschaft. Diese letztere aber ist deswegen so auffallend, weil sie auf der gleichen Art des Überganges zwischen den opposita beruht. Vom Gegensatz nämlich gilt dasselbe wie von der Unterscheidung (Diskretion): er erhält sich in der Abstufung, kehrt im Kleinen und Kleinsten wieder. Er bleibt auch am Ganzen der Übergangsdimension erhalten, die sich zwischen den opposita spannt. Er erhält sich also in seinem Grenzfall, denn die Dimension ist die Einheit in der Gegensätzlichkeit als solcher. Das Wesen der Dimension ist überhaupt die Überbrückung der Gegensätzlichkeit. Es bildet insofern die Grenze aller Gespaltenheit im Seienden; es ist damit zugleich das konkrete Bild des Gesetzes, welches die Gegensatztafel beherrscht, und der verborgenen Einheit des genus hinter aller Zweiheit. Mit der Kontinuität zusammen ist die Dimension das kategoriale Grundschema aller Verbundenheit, welche die Form des Überganges hat.

In gewissem Betracht gehört auch der Gegensatz von Qualität und Quantität unter das Übergangsschema der einseitigen Abstufung: insofern nämlich, als die reine Quantität sich als Grenzfall der Qualität auffassen läßt. Die qualitative Buntheit ist hier verschwunden, weil sie bis auf ein Minimum — auf eine einzige Dimension, die des Mehr und Weniger — herabgesetzt ist. In der Isolierung der letzteren von allen anderen Dimensionen möglicher Mannigfaltigkeit wirken die innerhalb ihrer spielenden Unterschiede gehaltslos und gleichsam leer. Diese Leere ist das Charakteristische des quantitativen Verhältnisses. Von einem solchen status evanescens der Qualität aus stufen sich die Ordnungen und Dimensionen qualitativer Mannigfaltigkeit in unbegrenzter Fülle ab. Sie steigern sich mit der Schichtenhöhe des Realen und dominieren in den höchsten Seinsgebieten vollständig, während die Leere des Quantitativen hier zu einem bloßen Schema zusammenschrumpft.

f. Die beiderseitige Abstufung.

Der dritte Typus des Überganges, die beiderseitige Abstufung, findet sich klar ausgeprägt nur an einem der Elementargegensätze: an dem von Einstimmigkeit und Widerstreit.

Dieser Gegensatz ist vielleicht überhaupt der am reinsten ausgeprägte der ganzen Tafel — im Unterschied zu einem solchen wie der zuletzt besprochene von Qualität und Quantität, in dem die Gegensätzlichkeit selbst unklar und verschwommen wirkt. Dem entspricht es, daß die beiderseitige Abstufung, die offensichtlich die vollkommenste Form des Überganges ist, sich klar ausgeprägt nur an dem einen Gegensatzpaar findet.

Harmonie ist störbar. Alle Störung hat die kategoriale Form des Widerstreites. Im Maße der Störung nimmt die Harmonie ab, und die Disharmonie wächst. Sie kann, formal angesehen, bis zum vollkommenen Widerstreit anwachsen; genau so wie von diesem aus als einem Extrem, durch Einsetzen des partialen Ausgleichs, die Harmonie anwachsen kann — bis zu vollkommener Einstimmigkeit.

Das ist das genaue Schema des idealen, von beiden Seiten her in gleicher Weise sich abstufenden Überganges. Genauer gesprochen, der Übergang in dieser beiderseitigen Abstufung ist vielmehr in Wirklichkeit nur einer; oder, nach dem Worte Heraklits, der Weg hinauf und hinab ist einer und derselbe. Denn es handelt sich hier nicht um den Richtungsunterschied zweier Prozesse, sondern höchstens um einen solchen der Betrachtung, die je nach Belieben vom einen oder vom anderen Extrem ausgehen kann. Ontologisch aber geht es nicht um die Betrachtung, sondern um die Abstufung selbst. Und diese hält zwar den Richtungsgegensatz der Extreme fest, ist aber ihrerseits nur an die Dimension, und nicht an die eine oder die andere Richtung innerhalb ihrer gebunden.

Das widerspricht nicht dem früher entwickelten Gesetz, daß Einstimmigkeit und Widerstreit einander voraussetzen und auch in den Realverhältnissen stets unablösbar ineinander stecken. Dieses Gesetz bedeutet nicht, daß aller Widerstreit in der Welt durch Harmonie — etwa durch dynamisches Gleichgewicht oder organische Selbstregulation u. s. w. — bewältigt wird; desgleichen nicht, daß alle Einstimmigkeit — etwa in den dynamischen, organischen oder sozialen Gefügen — das gleiche Maß von widerstreitenden Momenten zu bewältigen hätte. Es gibt sehr vollkommene und sehr unvollkommene Formen des Ausgleichs, ebenso wie es sehr einfache und sehr komplexe gibt; und je nachdem sind die Gefüge, deren inneren Aufbau der Ausgleich bestimmt, sehr verschieden stabil. Die Abstufung von Stabilität und Labilität aber in den Gefügen ist, kategorial angesehen, eine Abstufung im Verhältnis von Einstimmigkeit und Widerstreit in ihnen.

Die beiden opposita dieses Gegensatzes bleiben also in aller Abstufung beieinander. Aber die Abstufung selbst ist eine solche des Übergewichts der einen oder der anderen Seite. —

Mit einigen Vorbehalten lassen sich aber auch die ersten beiden Gegensätze, an denen der Übergang am schwierigsten zu fassen ist, als beiderseitig abgestuft verstehen. Das klingt sehr paradox, zumal beim Verhältnis von Struktur und Modus, welches bei aller Enge der Zusammengehörigkeit doch ein exklusives zu sein scheint. Aber man erinnere sich aus der Modalanalyse, daß es nicht nur absolute, sondern auch „relationale Modi" gibt (Möglichkeit, Notwendigkeit und ihre Negativa), daß ferner ein Bedingungs- und Determinationsverhältnis die Relationalität in ihnen ausmacht, und daß andererseits rein strukturelle Kategorien, wie die Determination selbst (das Verhältnis von Grund und Folge), der Prozeß (das Werden), das Sollen und die Verwirklichung u. a. m. einen modalen Bau haben. Es gibt also ebensowohl Strukturmomente in den Modalverhältnissen, wie es Modalmomente in den Strukturverhältnissen des Seienden gibt. Damit aber ist die beiderseitige

Abstufung bereits gegeben. Und es steht zu erwarten, daß sie sich bei weiter vorgetriebener Analyse auch über die ganze Distanz der opposita hin wird verfolgen lassen.

Dazu kommt aber noch ein anderes. Alles Seiende hat die beiden „Seinsmomente", Dasein und Sosein, an sich. Am Seinsmoment des Daseins aber hängt die Seinsweise (Idealität oder Realität), und die Seinsweise wiederum beruht auf den Intermodalverhältnissen, die in ihr walten. Alle Besonderung des Daseins also fällt auf die kategoriale Seite des Modus, während das Sosein Sache der Struktur ist. Nun hat sich aber in der Analyse von Dasein und Sosein gezeigt, daß sie im Ganzen der Seinszusammenhänge unbeschränkt ineinander übergehen: alles Dasein von etwas ist selbst auch ein Sosein von etwas (wenn schon eines anderen), und alles Sosein von etwas ist selbst auch das Dasein von etwas (gleichfalls eines anderen). Dieses Verhältnis ist das innere Gesetz der Seinsmomente. Es ließ sich formulieren als die „fortlaufend verschobene Identität von Dasein und Sosein im Ganzen des Seinszusammenhanges" [1]).

Das ist nun aber in aller Form eine Abstufung vom Typus der Gegenseitigkeit. Auch die Erhaltung des Richtungsgegensatzes fehlt nicht. Und da im Seinsmoment des Daseins das Gefüge der Modi das Maßgebende ist, so überträgt sich diese beiderseitige Abstufung ohne Abstrich auf den Gegensatz von Struktur und Modus überhaupt, in welchem man sie ohne die Vermittlung der Seinsmomente nicht so leicht vermuten würde. —

Ein wenig einfacher ist die Sachlage im Gegensatz von Prinzip und Concretum. Man sieht hier den Übergang nur deswegen nicht, weil man gewohnt ist, Prinzipien für etwas Absolutes zu halten. Daß dem keineswegs so ist, wurde schon anderweitig klar. Wichtiger aber ist die Überlegung, daß Kategorien ja nicht die einzigen Prinzipien des Seienden sind, daß es sehr spezielle Prinzipien der besonderen Seinsgebiete gibt — z. B. die Naturgesetze, die Wesensgesetze der seelischen Akte u. s. f. —, die sich zu den Kategorien bereits wie ein Concretum verhalten. So gesehen, gibt es eine ununterbrochene Abstufung der Prinzipien, von den Kategorien abwärts bis auf die Besonderheit der Realfälle herab.

Und dasselbe läßt sich vom Concretum sagen. Das Concretum, verstanden als das Gegenglied zum Prinzipiellen, ist keineswegs auf die Individualität der Realfälle beschränkt. Es umfaßt noch eine breite Typik der Fälle, wie sie in der Erfahrung sich aufdrängt und die große Masse empirischer Gesetzlichkeit ausmacht. Eine ganze Staffelung des Allgemeinen niederer Ordnung ist darin enthalten. Und „nach oben zu"

[1]) Über die genauere Ableitung dieses Gesetzes und seine Grenze in den Anfangsgliedern der Reihe vgl. „Zur Grundlegung der Ontologie" Kap. 19.

— d. h. in Richtung auf das höhere Allgemeine — geht diese Staffelung ohne Grenzscheide in das wirklich Prinzipielle über.

Das ist wiederum die beiderseitige Abstufung, und zwar ebenfalls unter durchgehender Erhaltung des Richtungsgegensatzes. Es fehlt in der Geschichte der Metaphysik nicht an Spuren dieses Gedankens. Sie sind nur meist durch spekulative Tendenzen entstellt, so z. B. in den periodisch immer wieder auftauchenden Kombinatoriktheorien (Raimundus Lullus und seine Schule, Leibniz in seiner scientia generalis), aber auch in den antiken Formen der Dialektik (Platon, Plotin, Proklus). Am reinsten der Intention nach ist dieser Übergang vielleicht im Platonischen „Parmenides" gezeichnet, wo er direkt die Ideen mit den Dingen zu einem einzigen homogenen Ganzen verbindet. Aber der ontologische Sinn dieses großen Versuches blieb unausgewertet.

26. Kapitel. Gegenseitige Überordnung und Implikation der Gegensätze.

a. Die äußere Bezogenheit und Querverbundenheit.

Bisher war nur von der „inneren Bezogenheit" die Rede, die zwischen den opposita je eines Gegensatzpaares besteht. Sie ist ohne Zweifel das Fundament aller weiteren Bezogenheit innerhalb der Tafel, macht aber deren Mannigfaltigkeit noch lange nicht aus. Ontologisch vielleicht noch wichtiger ist die „äußere Bezogenheit" der Gegensatzpaare aufeinander, diejenige also, die nicht innerhalb eines Gegensatzes spielt, sondern dessen Glieder mit den Gliedern anderer Gegensätze verbindet.

Was auf diese Weise entsteht, ist eine Art Querverbundenheit der Gegensatzkategorien miteinander. Das Bedeutsame an ihr ist, daß sie sich nicht auf einzelne Ausnahmeverhältnisse beschränkt, sondern die ganze Gegensatztafel umfaßt, so daß in ihr alle 24 Kategorien miteinander verbunden sind. Diese Verbundenheit ist freilich nicht überall eine unmittelbar einsichtige; da aber je zwei Kategorien durch innere Bezogenheit unlöslich miteinander zusammenhängen, so genügt ein relativ geringer Bestand von unmittelbar einleuchtenden Verbindungen, um mittelbar auf alle übrigen hinauszuführen. Und indem man diese Verbundenheit in ihrer Vermittelung verfolgt, stößt man fast überall auch auf die fundamentaleren direkten Zusammenhänge.

Diese „äußere" Bezogenheit ist nun weit entfernt eine den Kategorien äußerliche zu sein. Sie ist ihnen genau so wesentlich wie die „innere", sie ist auch ebenso wie diese ein inhaltlich konstitutives Moment an ihnen.

Denn das Gefüge der Gegensätze ist dem inneren Bau seiner Glieder nicht äußerlich. Es gibt zwei Phänomengruppen, an denen sich dieses Verhältnis aufzeigen läßt.

Die eine liegt im Verhältnis der Gegensatzkategorien zu ihrem gemeinsamen Concretum; und das ist hier nicht eine Seinsschicht allein, sondern die ganze Schichtenfolge (sowie die in sie eingeordnete Sphärenmannigfaltigkeit). Diese Kategorien determinieren nicht jede für sich gewisse Ausschnitte am Concretum, sondern nur alle zusammen ein und dasselbe Concretum; sie trennen sich in ihrer Funktion, die reale Welt zu bestimmen und zu beherrschen, nicht voneinander, wenn auch die Übergewichte der einen oder der anderen je nach der Seinsschicht und den besonderen Realverhältnissen mannigfaltig variieren.

Die zweite Phänomengruppe liegt in den inhaltlichen Verhältnissen der Kategorien zueinander. Sie setzt nicht voraus, daß der Inhalt der einzelnen Kategorien schon vollständig erkannt oder gar definiert wäre; vielmehr treten die Beziehungen ihrer Querverbundenheit weit eher als die zuerst erkennbare Seite an ihrem Inhalt hervor, so daß dieser mittelbar an der Mannigfaltigkeit der äußeren Bezogenheiten erst näher bestimmbar wird.

Die Form aber, in welcher die letzteren auftreten, ist die des gegenseitigen Vorausgesetztseins der Kategorien, resp. ihrer wechselseitigen Implikation. Es erweist sich als unmöglich, eine einzelne von ihnen zu fassen, ohne eine ganze Reihe weiterer mit hineinzuziehen; und da an diesen letzteren wiederum andere als vorausgesetzte Momente hängen, so ist tatsächlich in jeder einzelnen die ganze Tafel der Gegensätze mit vorausgesetzt. In etwas mehr zugespitzter Weise kann man das auch so ausdrücken: jede dieser Kategorien ist in bestimmter Hinsicht den übrigen übergeordnet und zugleich in anderer Hinsicht untergeordnet; oder auch jede ist determinierend für die übrigen und zugleich von ihnen abhängig. Solche gegenseitige Determination und Abhängigkeit, Über- und Unterordnung, ist aber nichts anderes als die Überordnung ihres Gefüges über das einzelne kategoriale Element.

Das Gesamtphänomen, das in diesen Andeutungen greifbar wird, ist das der kategorialen Kohärenz. Es wird sich hernach erweisen, daß es das Gewicht einer allgemeineren kategorialen Gesetzlichkeit hat, welche auch für die höheren Kategorienschichten Geltung hat. Einstweilen ist an ihm nur dieses wichtig, daß es in voller Deckung mit der ersten Phänomengruppe steht. Denn da Kategorien nicht ein Sein für sich haben, sondern in der determinierenden Rolle aufgehen, die sie in ihrem Concretum spielen, so ist ihr gegenseitiges Vorausgesetztsein ineinander nur die Kehrseite ihrer gemeinsamen Determination am Concretum.

Ferner ist es von Interesse zu sehen, daß die Beschreibung ihres Kohärenzverhältnisses nicht anders als durch einzelne der Gegensatzkategorien selbst gegeben werden kann. Ganz deutlich ist darin das Widerspiel von Relation und Substrat enthalten (denn die einzelnen Kategorien sind hier die relata der Bezogenheit), desgleichen das von Gefüge und Element, nicht weniger aber auch das von Determination und Dependenz. Nimmt man hinzu, daß die Innenstruktur der Kategorien sich hierbei in ihren Außenverhältnissen spiegelt, so ist auch der Gegensatz des Inneren und Äußeren mit darin enthalten. Dasselbe ließe sich noch leicht von Einheit und Mannigfaltigkeit, Form und Materie, Einstimmigkeit und Widerstreit zeigen; ob auch von den übrigen, mag hier dahingestellt bleiben. Soviel aber leuchtet ein, daß sich hier in neuer Weise der Satz bestätigt, daß die Gegensatzkategorien selbst die Gesetzlichkeit ihrer Tafel hergeben. Woraus man wiederum entnehmen kann, daß diese Tafel nicht — wie die geschichtlich-empirische Auslese einen glauben machen könnte — eine äußerliche Zusammenstellung ist, sondern eine von innen heraus gebundene Einheit, an der die einzelnen Glieder bloße Momente sind.

b. Unmittelbar evidente Implikationen.

Von der Fülle der Implikationen, die hier herrschen, brauchen nun nicht alle gesondert aufgeführt, geschweige denn besonders nachgewiesen zu werden. Ein Teil von ihnen liegt offen zutage. Andere melden sich so vordringlich, daß sie fast zur Gleichsetzung der Kategorien verführen. An diesen muß dann umgekehrt die Unterscheidung aufgezeigt werden.

Beispiele der letzteren Art waren es, von denen die Analyse der Gegensatztafel ausging (Kap. 24 c—f). In der Tat war es dort das erste Anliegen, die Andersheit einzelner Gegensatzglieder nachzuweisen. Diese selben Kategoriengruppen sind es aber, hinter deren inhaltlicher Verwandtschaft sich gewisse „äußere Bezogenheiten" verbergen. Die letzteren eben sind so auffallend, daß über ihnen die Verschiedenheit dem Blick entschwindet. Das reelle Phänomen, das hinter der mangelnden Unterscheidung steckt, ist nichts anderes als das Vorausgesetztsein oder Enthaltensein der einen Kategorie in der anderen.

Wenn z. B. Dimension und Kontinuität sich nicht so leicht auseinanderhalten ließen, so lag das daran, daß jede Dimension ihrem Wesen nach ein Continuum ist, und daß ebensosehr jedes Continuum irgendwie dimensioniert sein muß. Hier ist das gegenseitige Vorausgesetztsein beider ineinander ohne weiteres einleuchtend. Genau so ist es mit Substrat und Dimension: jede Dimension ist das Substrat möglicher Verhältnisse (Stufenordnung), die innerhalb ihrer liegen; und umgekehrt müssen die Substrate dieser Verhältnisse in einen dimensionalen Zusammenhang einbezogen sein, der den Verhältnissen Spielraum gewährt.

Anders können sie nicht relata von Relationen sein. Ähnlich hängen Substrat und Element zusammen: die Elemente eines Gefüges können zwar selbst wieder ganze Gefüge sein, aber da die Reihe nicht in infinitum gehen kann, müssen ihnen irgendwo letzte Substrate zugrundeliegen.

Ohne weiteres leuchtet die gegenseitige Implikation von Form und Struktur ein. Obgleich Struktur auch Materie umfaßt, kann sie doch nicht ohne Form bestehen; und obgleich alle Form ihren Seinsmodus hat, ist sie doch als solche der Seite des Strukturellen angehörig. Ähnlich ist es mit Form und Relation. Alle Geformtheit setzt Relation voraus, denn sie besteht in den Verhältnissen derjenigen Mannigfaltigkeit, die sie umfaßt (die räumliche Form z. B. in den Raumverhältnissen ihrer Teile); aber auch alle Relation setzt Form voraus, denn sie ist ihrerseits schon ein Sonderfall von Form. Und wiederum etwas Ähnliches gilt von Form und Gefüge, sowie von Relation und Gefüge. Ein jedes Gefüge nämlich umfaßt eine Vielheit von Relationen, nicht anders als die Form; es umfaßt sie zusammen mit seinen Elementen (Gliedern), zwischen denen die Relationen bestehen. Insofern kann man sagen, es ist ebensowohl das Gefüge der Relationen wie das der Elemente. Es setzt also die Relationskategorie voraus. Aber andererseits setzt diese auch das Gefüge voraus. Denn isolierte Einzelrelationen sind eine Abstraktion; es überschneiden sich stets viele, ja sie staffeln sich zu Relationen von Relationen. Das aber ist bereits das Gefüge.

Es mag mit diesen Beispielen genug sein. Erinnert sei nur noch an die offenkundigen Zusammenhänge von Materie, Substrat und Element, von Gegensatz, Widerstreit, Diskretion und Mannigfaltigkeit (auch Qualität gehört hierher), sowie andererseits an die von Prinzip, Form, Innerem und Determination.

Wichtiger als solche Aufzählung und Durchprüfung ist die Beobachtung — die man schon an den wenigen ausgeführten Beispielen leicht machen kann —, daß die besondere Art oder Form der Implikation sich nicht wiederholt, sondern von Fall zu Fall eine andere ist. Es handelt sich also hier nicht um ein Schema des Zusammenhanges, das unverändert durch die ganze Tafel ginge, sondern um echte Außenverhältnisse der Kategorien selbst, sofern sie durch deren inneres Wesen bestimmt sind.

c. Einige Beispiele entfernterer Implikationen.

Nicht alle Implikationen der Seinsgegensätze liegen so auf der Hand wie die angeführten. Es gibt auch entferntere Verhältnisse, die sich dem Blick erst bei genauerer Überlegung öffnen. Man kann z. B. fragen, wie stehen Dimension und Gefüge zueinander, oder Relation und Kontinuität, oder Widerstreit und Inneres? In solchen Fällen ist die Verbundenheit nicht auf den ersten Blick zu sehen.

Bleiben wir bei dem ersten Beispiel stehen. Es genügt nicht, sich zu sagen, daß es ja auch Dimensionssysteme gibt (das bekannteste ist der Raum); denn Implikationen bedeuten nicht, daß in gewissen Sonderphänomenen auch eine Verbindung der Kategorien auftreten kann; sie verlangen ein notwendiges und wesenhaftes Verbundensein. Wo ist nun hier ein solches?

Man kann es von beiden Seiten aufweisen, wenn man beide Kategorien in der vollen Allgemeinheit versteht, die ihnen als Elementarprinzipien zukommt. Es ist nicht wahr, daß Dimensionen reine Substrate (nämlich solche möglicher Abstufung) sind; sie haben wohl diesen Substratcharakter, gehen aber in ihm nicht auf. Was sie vom Substrat unterscheidet, ist das Formmoment in ihnen, welches in einer bestimmten Ordnungsfolge besteht, sofern diese aller Unterscheidung und Abstufung innerhalb der Dimension bereits zugrundeliegt. Diese Ordnungsfolge (oder Ordnungsgesetzlichkeit) bildet aber ein Stellensystem möglicher Unterschiede, welches die Form der Reihe hat. So gesehen also ist das Wesen der Dimension ein Gefüge von freilich sehr einfacher, aber doch auch sehr bestimmter Art. Es setzt also die Kategorie des Gefüges voraus.

Das gleiche läßt sich aber auch umgekehrt zeigen. Ein jedes Gefüge umfaßt Elemente, die selbst wiederum Gefüge sein können; es kann auch seinerseits Element eines höheren Gefüges sein. Diese Staffelung liegt im Wesen des Verhältnisses von Element und Gefüge, einerlei welcher Art sie sonst sein mögen. Nun aber hat die Staffelung der Gefüge stets einen eigenen Richtungssinn mit zugehörigem Richtungsgegensatz (etwa dem des höheren und niederen Gefüges); und dieser Richtungssinn hat die Form der Reihe. Da aber, wie gezeigt, Reihencharaktere die Ordnungsgesetzlichkeit einer Dimension voraussetzen, so darf man die Konsequenz ziehen, daß die Kategorie der Dimension bereits im Wesen des Gefüges ebenso grundsätzlich vorausgesetzt ist wie dieses in jener. Die beiden scheinbar gegeneinander indifferenten Kategorien also implizieren vielmehr einander gegenseitig. —

Ferner, wie steht es mit Relation und Kontinuität? Auch hier genügt es nicht darauf hinzuweisen, daß es die Beziehung verschiedener Kontinuen gibt. Dagegen läßt sich zeigen, daß im Wesen der Kontinuität selbst bereits ein ganz bestimmter Typus von durchgehender Bezogenheit enthalten ist. Stetig nennen wir einen solchen Übergang differenter Bestimmtheiten ineinander, bei dem keine Lücke entsteht, sondern die ganze Distanz positiv ausgefüllt ist. Diese Ausgefülltheit aller Distanzen aber ist ein Verhältnis eigener Art, eine Ordnungsgesetzlichkeit möglicher

Diskretion (nicht dieselbe wie im Wesen der Dimension, denn ein Continuum kann mehrdimensional sein). In diesem Ordnungscharakter liegt das Relationsmoment, das in jeder Art Kontinuität vorausgesetzt ist.

Und ebenso umgekehrt. Relation ist die Kategorie des Zusammenhanges. Aller Zusammenhang aber ist irgendwie dimensioniert, und in jeder Dimension durchdringen sich Kontinuität und Diskretion. Achtet man nur auf eine einzelne Beziehung, so erscheinen die relata in ihr vollkommen getrennt. Hinter der Getrenntheit der relata aber (d. h. hinter ihrer Diskretion) steht immer schon die Ordnungsfolge des kontinuierlichen Überganges. Denn nicht darauf kommt es an, daß im Realzusammenhange das Continuum ausgefüllt wäre — sonst könnte es in aller Welt keine diskreten Gebilde geben —, sondern nur darauf, daß es strukturell hinter der bloßen Bezogenheit der getrennten relata stehe. —

Oder: was haben Widerstreit und Inneres miteinander zu tun? Ist nicht vielmehr das einer Sache Äußere, sofern es ihr aufgedrängt wird, ein ihr Widerstreitendes? Das wäre freilich auch nur ein äußerer Widerstreit. Man denkt nun wohl an Fälle wie die zwei Seelen in einer Brust; und das ist in der Tat innerer Widerstreit, an dessen Beispiel man immerhin sehen kann, worum es sich hier handelt. Aber das genügt nicht, denn es ist ein Spezialfall; deswegen könnte es in der Welt sehr viele Gebilde geben, die „in sich" ohne Widerstreit sind.

Das seelische Sein (als die Subjektivität) ist nur eine Art des Inneren, aber immerhin die am schärfsten ausgeprägte. Der Konflikt ist für sie auf allen ihren Stufen tief charakteristisch, und zwar nicht erst als moralischer, sondern schon als einfacher Konflikt der Neigungen. Aber er ist nicht an das seelische Sein allein gebunden, er besteht ebenso schon im Organismus — etwa im Widerspiel der Prozesse (Assimilation und Dissimilation), die zusammen seinen Lebensvorgang bilden — und nicht weniger im Leben der Art, sofern hier alles auf die gegenseitige Konkurrenz der Individuen (den sog. Kampf ums Dasein) gestellt ist. Aber auch im dynamischen Gefüge (z. B. im Atom) ist das Gegeneinandergerichtetsein der Kräfte wesentlich. Bedenkt man nun weiter, daß sich Einstimmigkeit und Widerstreit, wie gezeigt wurde, beiderseitig abstufen, daß es also auch Gebilde mit einem Minimum an Widerstreit geben kann, so ist leicht zu sehen, daß in den Schichten des Realen überall das Innere der Gebilde gewisse Momente des Widerstreits enthalten muß. Sie können nur so überdeckt von beherrschender Harmonie sein, daß sie nicht leicht in die Äußerung hervortreten.

Und das findet seine Bestätigung, wenn man die umgekehrte Implikation ins Auge faßt. Denn auch Widerstreit seinerseits setzt den Charakter des Inneren voraus, an dem er auftreten kann. Man bedenke, daß das

Verhältnis des Inneren und Äußeren die Übergangsform der Relativierung an sich hat, daß also alles Äußere auch wiederum Inneres ist (nämlich das eines umfassenderen Gefüges). Tritt also an irgendwelchen Verhältnissen ein Widerstreit auf, der den Gebilden bestimmter Ordnung ein äußerer ist, so ist er ebendamit zugleich auch ein innerer, nämlich verstanden als der am Inneren des nächsthöheren Gesamtgebildes bestehende. Denn gibt es keinen umfassenderen Zusammenschluß mehr, der jene Gebilde umgreift, so kann es auch keinen Widerstreit zwischen ihnen geben. Widerstreit eben setzt das Aufeinanderstoßen voraus. Ohnedem entsteht er gar nicht. Und das bedeutet: er setzt das Innere voraus.

So kommt es ohne Schwierigkeit heraus, daß die scheinbar gegeneinander indifferenten Kategorien des Inneren und des Widerstreits einander nichtsdestoweniger implizieren.

d. Das Senkrechtstehen der Seinsgegensätze aufeinander.

Solcher Beispiele lassen sich beliebig viele beibringen. Wählt man willkürlich zwei weit auseinanderliegende Kategorien der Gegensatztafel — wie etwa Modus und Dependenz —, so besagt die scheinbare Indifferenz gar nichts gegen ein Implikationsverhältnis. Meist liegt dieses viel näher, als man meinen sollte. Im angeführten Beispiel etwa ist es klar, daß alles Abhängen einen Seinsmodus haben muß, genau so wie alle anderen Seinsstrukturen auch; andererseits aber hat die Modalanalyse gezeigt, daß im Gefüge der Modi stets Abhängigkeiten enthalten sind (wie denn die absoluten Modi nie ohne die relationalen auftreten). Es bedarf immer nur einer gewissen Versenkung in die interkategorialen Verhältnisse, um diese Implikationen herauszufinden.

Überhaupt befestigt sich bei weiterem Eindringen immer mehr das Bild einer durchgehenden Zusammengehörigkeit dieser Kategorien. Das spricht sich schon in der Art der Gegensätzlichkeit selbst aus: es sind keine disjunktiven Gegensätze, sondern durchweg konjunktive. Das will besagen: es gibt kein „Entweder-Oder" in ihnen, sondern nur das „Sowohl — als auch". Es gibt kein Seiendes — einerlei welcher Sphäre und welcher Schicht —, das nur entweder Einheit oder Mannigfaltigkeit, entweder Einstimmigkeit oder Widerstreit wäre, u. s. f.; es gibt nur solches, das sowohl Einheit als Mannigfaltigkeit, sowohl Einstimmigkeit als Widerstreit u. s. f. ist.

Die meisten der Seinsgegensätze tragen das Gesetz ihrer Konjunktivität deutlich an der Stirn. Es ist nicht identisch mit dem oben aufgeworfenen Gesetz des Überganges, aber es bestimmt doch sehr wesentlich die Formen des Überganges. Dazu kommt noch ein weiteres Moment der Verbundenheit, welches die konjunktiv verbundenen Glieder verschiedener Gegensatzpaare in eindeutige, positive Bezogenheit aufeinander bringt. Man kann es mit einem geometrischen Bilde das Senkrechtstehen der Gegensätze aufeinander nennen.

Das Bild selbst freilich darf nicht überspannt werden. Es entspricht dem Gesetz des Überganges, welches seinerseits an der zwischen je zwei Gegengliedern sich spannenden Dimension hängt. Denn eben das besagt das konjunktive Verhältnis von Gegensatz und Dimension, daß jedes Gegensatzpaar seine eigene Dimension hat. Wie aber soll man nun einen so innerlichen Zusammenhang mehrerer Gegensätze miteinander verstehen, in dem alle Gegensatzglieder wiederum in Querverbindung miteinander stehen? Die Querverbindung nämlich ist, wie sich gezeigt hat, ebenfalls keine äußerliche; sie ist ebensosehr Implikation und gehört ebensosehr zum Wesen der einzelnen Kategorien selbst wie die innere Verbundenheit der opposita innerhalb der Gegensätze.

Hier genügt es offenbar nicht, wenn man die Gegensätze einfach nebeneinanderstellt, so wie ihre Aufstellung in der Tafel es durch Untereinanderschreiben tut. Gerade die Parallelschaltung darin ist unzutreffend, ebensosehr wie alle Über- oder Unterordnung ein unzutreffendes Bild ergibt. Sie sind vielmehr im Range gleichgestellt, sind alle auf dasselbe Seiende bezogen — nämlich auf „alles" Seiende, auf die Welt mitsamt ihren Schichten und Sphären —, d. h. sie machen zusammen, ohne sich irgendwo zu trennen, die gemeinsamen kategorialen Momente des Seienden aus.

Dieses Verhältnis ist es, für das sich das Bild des Senkrechtstehens zwanglos anbietet. Denn die Seinsgegensätze haben nun einmal dimensionale Struktur; und das vom Raume her wohlbekannte Verhältnis mehrerer Dimensionen, die so zueinandergestellt sind, daß alles, was in die eine fällt, auch in die anderen fällt, ist nun einmal das des Senkrechtstehens aufeinander.

Nicht um Rechtwinkeligkeit handelt es sich hier, sondern durchaus nur um das einheitliche Bezogensein der Gegensatzdimensionen aufeinander: um dieses also, daß alles Seiende in ihnen allen seine Stelle hat und durch diese seine Stelle in ihnen bereits eine gewisse Besonderheit aufweist. Daß dieser Dimensionen weit mehr sind, als sich räumlich konkret verbildlichen läßt, tut dem Bilde keinen Abbruch; sind doch vieldimensionale Systeme auch dem geometrischen Denken nichts Fremdes. Das aber ist es, was an der Elementarkategorie der Dimension zu lernen war, daß sie weit entfernt ist, etwas bloß Räumliches zu sein. Die räumliche Dimension ist vielmehr nur ein Spezialfall der kategorialen Dimensionalität.

e. Das innere Gefüge der Seinsgegensätze.

Was das Bild des Senkrechtstehens anschaulich machen will, ist recht eigentlich das innere Gefüge der Seinsgegensätze: dieses, daß sie nicht getrennt, sondern nur miteinander determinieren, daß alles Seiende unter jeden von ihnen fällt, daß sie einander über alle Distanz der Verschiedenheit hinweg implizieren. Darüber hinaus könnte man das Bild vielleicht noch weiter ausdehnen und sagen: sie bilden kraft ihrer einheitlich bezogenen Dimensionalität eine Art kategorialen Stellensystems alles Seienden, in dem der Spielraum aller Formen, Verhältnisse, Abhängigkeiten, aller Mannigfaltigkeit und Verschiedenheit gegeben ist. Man darf dabei nur nicht vergessen, daß es bloß Elementarkategorien sind, und daß die besondere inhaltliche Erfüllung mit dem in ihnen dimensionierten Spielraum natürlich nicht mitgegeben sein kann.

Die Leere des Schemas aber spricht nicht gegen sein Zutreffen. Vielmehr so gerade liegt es im Wesen eines bloßen Dimensionssystems: es muß ein Leerstellensystem sein. Und so entspricht es auch der ontologischen Stellung der Elementargegensätze, denen als solchen keine bestimmte Seinsschicht entspricht. Sie bezahlen ihre Allgemeinheit und Fundamentalstellung mit ihrer Leere.

Nichtsdestoweniger läßt sich das angegebene Verhältnis auch über alle bloße Bildhaftigkeit hinaus an ihnen selbst belegen. Man halte sich dazu vor Augen, was eigentlich das Senkrechtstehen zweier Gegensätze aufeinander heißt. Es kann sinnvollerweise nur heißen, daß sich zwei Dimensionen der Abstufung überqueren, so daß wir ein zweidimensionales Feld der Abstufung mit vier Richtungsgegenden bekommen. So ist es z. B. mit den Qualitäten und Intensitäten im System der Farben (das man ja auch in einer „Farbengeometrie" verbildlicht hat): der Gegensatz von Rot und Grün etwa überquert sich mit dem von Hell und Dunkel, und da beide den stetigen Übergang mit umfassen, so breitet sich zwischen den vier Richtungsgegenden eine zweidimensionale Mannigfaltigkeit möglicher Übergänge aus. Genau so ist es mit den elementaren Seinsgegensätzen. Der Unterschied besteht nur in der größeren Dimensionenzahl und im Versagen der Anschaulichkeit. Um das Prinzip wiederzuerkennen, genügt es aber, einzelne Gegensatzpaare zusammenzustellen.

Ein schönes Beispiel geben die Kategorienpaare von Einheit und Mannigfaltigkeit, Element und Gefüge. Elemente sind Einheiten, aber weil sie Glieder sind, bilden sie zugleich eine Mannigfaltigkeit; es kann auch jedes in sich wieder mannigfaltig sein. Das Gefüge aber ist erst recht Einheit, wennschon eine andere als die des Elements, und ebenso ist es die von ihm umfaßte Mannigfaltigkeit; und es kann auch selbst wieder Glied einer anderen Mannigfaltigkeit sein.

Oder man stelle Prinzip und Concretum mit Relation und Substrat zusammen. Die alte Ansicht, daß nur das Concretum Substratmomente enthalte, der Bau der Prinzipien aber reine Sache der Relation (vorwiegend in Form der Gesetzlichkeit) sei, hat sich nicht halten lassen. Es gibt in den Prinzipien Substratcharaktere, so gut wie im Concretum Relationen. Die beiden Gegensätze also stehen senkrecht aufeinander.

Ähnlich ist es, wenn man Relation und Substrat mit Gegensatz und Dimension zusammenbringt. Der Gegensatz ist schon als solcher Relation, aber seine Glieder sind Substrate eben dieser Relation; sie sind sogar Substrate im strengsten Sinne der Unauflösbarkeit, denn auch der stetige Übergang kann sie nur relativieren, nicht in weitere kategoriale Elemente auflösen. Die Dimension aber, die sich zwischen den Gegensätzen spannt, ist erst recht Substrat; ja sie ist es in einem noch engeren Sinne, nämlich als Substrat möglicher Abstufung und Diskretion. Zugleich aber ist sie in sich selbst relational gebaut, denn sie geht in ihrem Substratcharakter nicht auf, ist über diesen hinaus ein Ordnungsprinzip mit eigenem Richtungsgegensatz und durchgehender Reihengesetzlichkeit. Die beiden Gegensatzpaare also überkreuzen sich.

Man braucht sich diese Beispiele nur näher anzusehen, um zu erkennen, daß es beim Nachweis der „Senkrechtstellung" im wesentlichen auf dieselben Zusammenhänge hinausläuft, um deren Aufweisung es sich auch bei den Implikationen handelte. In der Tat, worin anders sollte wohl die Überkreuzung der Gegensatzpaare bestehen als in einer solchen Verbundenheit, bei der alles, was in die eine Abstufungsdimension fällt, auch zugleich in die anderen fällt? Es sind ja nicht konkrete Realfälle oder Arten von Realfällen, um deren Verbundenheit es geht, sondern Kategorien, und zwar die allgemeinsten; für Kategorien aber gibt es kein anderes Verbundensein als in ihrer gemeinsamen Determination, wie sie am Concretum auftritt. Denn sie haben kein selbständiges Sein irgendwelcher Art neben dem Concretum.

Hat man also die beiden Platonischen Forderungen erfüllt, hat man zur Einsicht gebracht, daß die Kategorien alle — trotz mannigfacher Anklänge — voneinander verschieden sind, und zugleich daß sie alle nicht ohneeinander bestehen können, so hat man ebendamit ihre durchgehende gegenseitige Überkreuzung, und folglich auch das innere Dimensionsgefüge, das sie miteinander bilden, zur Einsicht gebracht.

Daß dieses dimensionale Gefüge, weil es ein ontisch allgemeines ist, auch für den Aufbau der realen Welt irgendwie wesentlich sein muß, dürfte man ohne Bedenken a priori schließen, auch wenn die Belege dafür sich so leicht nicht erbringen ließen. Gerade in diesem Punkte aber ist die Bestätigung aus den verschiedensten Erfahrungsgebieten so überwältigend reich, daß man noch eher umgekehrt aus ihr auf das Gefüge der Elementargegensätze rückschließen könnte. Das aber ist die Aufgabe einer anderen Betrachtung, in die wir nunmehr eintreten müssen.

III. Abschnitt

Die Abwandlung der Seinsgegensätze in den Schichten

27. Kapitel. Kategorien minimaler Abwandlung.

a. Deskriptive Behandlung und Abwandlung.

Es ist bereits mehrfach darauf hingewiesen worden, daß es besondere Gründe gibt, warum Kategorien von so hoher Allgemeinheit wie die Seinsgegensätze sich nicht direkt inhaltlich definieren lassen. Daß es trotzdem bestimmte Arten des Verfahrens gibt, sich ihrer auch erkennend zu bemächtigen, ließ sich auf Grund alter philosophischer Erfahrung vorwegnehmen und hat nun bereits weitgehend seine Bestätigung gefunden. Von den methodischen Richtlinien, die hierfür oben gegeben wurden (Kap. 23 b) haben die ersten vier sich in der Anwendung bewährt. Die fünfte und letzte dagegen ist noch nicht in die Betrachtung hineingezogen worden.

Jene vier ersten methodischen Momente betrafen die empirisch bedingte Zusammenstellung der Tafel, die durchgehende Verschiedenheit der Kategorien und ihre gegenseitige Bedingtheit (Kohärenz, Implikation u. s. w.). In der genaueren Durchprüfung dieser Verhältnisse hat sich bereits eine gewisse inhaltliche Bestimmtheit der Kategorien herausgestellt. Das war möglich, weil ihre Verhältnisse zueinander ihnen nicht äußerlich sind, sondern sehr wesentlich ihr Inneres mitbestimmen.

Es ergab sich so auf Grund ihrer gegenseitigen Verhältnisse eine Art deskriptiver Behandlung der Kategorien — gleichsam von außen her, in Wahrheit aber, wie sich immer deutlicher zeigte, aus dem inneren Gefüge, dessen Glieder sie sind, und das ihnen gegenüber einen sehr bestimmten Typus ontischer Priorität behauptet. Die Unselbständigkeit der Glieder dieses Gefüges ist identisch mit der Wesentlichkeit ihrer gegenseitigen Verhältnisse für sie selbst. Denn ihr Gliedsein im Gefüge ist identisch mit ihrem Bestimmtsein durch diese ihre gegenseitigen Verhältnisse.

So aufschlußreich nun aber auch diese Verhältnisse sein mögen, sie führen, wenn man ihnen allein nachgeht, doch nur zu einer halben

Deskription der Kategorien. Das beruht nicht bloß auf der Unvollständigkeit der Betrachtung — die ja freilich die Mannigfaltigkeit der Verhältnisse nicht kombinatorisch durchlaufen kann —, sondern auch auf der Einseitigkeit des Verfahrens, das sich rein unter den 24 Gliedern der Tafel hin und her bewegt und sich so der Diallele nähert. Man muß sich also zur Ergänzung nach Ansatzpunkten anderer Art umsehen, und zwar nach solchen, die außerhalb der Tafel liegen.

Wo diese zu suchen sind, kann keinem Zweifel unterliegen. Kategorien haben kein Sein für sich, sondern nur ein solches für ihr Concretum, wie sie denn auch nirgends anders vorkommen als an und in ihrem Concretum. Ursprünglich sind Kategorien überhaupt nur vom Concretum her erfaßbar, erst nachträglich können sie in sich selbst, resp. an ihrem Verhältnis zu anderen Kategorien, weiter bestimmbar werden. Auch die Auswahl der Seinsgegensätze beruhte auf ursprünglich in früheren geschichtlichen Stadien der Metaphysik vollzogener Sicht vom Concretum her — einer Sichtweise, die dann geläufig und selbstverständlich wurde, zuletzt aber fast in Vergessenheit geraten ist. Bei dieser Sicht ist die Ergänzung zu suchen.

Wo aber ist das Concretum der Seinsgegensätze? Eine eigene Realschicht ist ihnen nicht zugeordnet, sie gehören allen Schichten an. Ihr Concretum ist somit der ganze Schichtenbau der Welt. Es ist also eine überwältigende Masse des Materials, von dem aus sich die deskriptive Bestimmung dieser Kategorien ergänzen läßt. Man kann streng genommen jede von ihnen von jeder Seinsschicht aus sichtbar machen, wenn man es fertig bringt, die Analyse des Seienden auf jeder Höhenlage mit gleicher Sicherheit zu vollziehen.

Das letztere nun ist freilich praktisch nicht möglich, wenigstens nicht im heutigen, durchaus rückständigen Stadium der Kategorialanalyse. Nur in der niedersten Schicht des Realen läßt sich zur Zeit eine gewisse Überschau — wiewohl gleichfalls keine vollständige — erzielen. Weiter hinauf sind es überall nur einzelne Ausschnitte aus der Mannigfaltigkeit der Erscheinungen, die sich ontologisch-kategorial durchdringen lassen. Dennoch muß gesagt werden: schon in dieser Beschränkung ist das Material ein so gewaltiges, daß es nur sporadisch herangezogen werden kann. Anders müßte sich die Verfolgung einer einzelnen Kategorie durch die Reihe ihrer Abwandlungen hin zu einer ganzen Monographie auswachsen; und da die Abwandlung nicht die einer isolierten Kategorie ist, sondern stets die eines ganzen Gefüges von Kategorien, so müßte sich in der parallelen Betrachtung der einzelnen Kategorien vieles überflüssig wiederholen.

Aus beiden Gründen also kann es sich nur um eine sparsame Auslese handeln, in der weder Vollständigkeit noch auch durchgehender

Zusammenhang der Linie beansprucht werden kann. Es wird sich zeigen, daß selbst bei so weitgehender Einschränkung der Ertrag ein reicher ist und für die Ergänzung des Gesamtbildes vollkommen genügt.

b. Identität und Variabilität der Seinsgegensätze.

Man muß sich nun von vornherein klar darüber sein, daß das eigentliche Grundphänomen, an das wir uns zu halten haben, nicht so sehr die Abwandlung der Kategorien ist als ihr Hindurchgehen durch die Schichtenfolge oder ihre Wiederkehr in ihr. Das ist nicht ein und dasselbe. Denn Abwandlung bedeutet Variabilität oder Abänderung, das Hindurchgehen dagegen könnte an sich auch ein identisches sein.

Vollkommene Unveränderlichkeit nun wird man bei der gewaltigen Verschiedenheit der Schichten und ihrer engeren Stufen wohl an keiner Kategorie erwarten dürfen; dafür ist die Mannigfaltigkeit der von Stufe zu Stufe neu auftretenden Spezialkategorien zu groß. Immerhin aber sind darin die Elementargegensätze keineswegs gleich; sie unterscheiden sich sehr wesentlich im Ausmaße ihrer Identität und Abänderung beim Hindurchgehen durch die Schichten. Es gibt solche unter ihnen, die fast unverändert hindurchgehen, und solche, an denen jeder geringste Stufen- oder Gebietsunterschied sich deutlich als Abwandlung ausprägt. Es gibt z. B. unübersehbar viele Typen der Einheit und Mannigfaltigkeit, aber nur sehr geringe Unterschiede am Wesen von Prinzip und Concretum. Das hat seine Gründe im Inhaltlichen der Kategorien selbst. Und zwar läßt sich zum voraus sagen: je allgemeiner und schematischer (also inhaltsärmer) eine Kategorie ist, um so mehr ist ihr Hindurchgehen ein einfaches und identisches, um so weniger wird sie von der Eigenart der Schichten abgewandelt; und je reicher an innerer Bestimmtheit sie ist, um so mehr Abänderung erfährt sie, und um so reichhaltiger ist das Gesamtbild, das sich von ihr an ihrer Widerkehr in den Schichten ergibt.

An sich ist nun zwar gerade das Identischbleiben im Hindurchgehen das primäre Phänomen. Anschaulich aber wird der Inhalt einer Kategorie nicht an ihm, sondern weit mehr an der Abänderung. Die Mannigfaltigkeit der Überformungen ist es eben, worin ihr innerer Bestand sich am greifbarsten expliziert. Darum muß im folgenden das Hauptinteresse an denjenigen Kategorien hängen, deren Abwandlung die größte Reichhaltigkeit der Formen aufweist. Daß hierbei die durchgehende Identität sich immer noch ohne Schwierigkeit aufzeigen läßt, ist der klare Beweis, daß es sich nicht um Unterschiebung anderer Prinzipien, sondern um echte Überformung handelt.

Doch auch so ist das Bild der Abwandlung noch nicht vollständig.

Es spielen neben den Schichten auch die Sphärenunterschiede hinein. Denn gerade in der Sphärenmannigfaltigkeit erfahren die Kategorien gewisse Abwandlungen. Es zeigte sich zwar (in Kap. 22), daß die sekundären Sphären sich als untergeordnete Inhaltsgebiete des geistigen Seins ohne Abstrich in die Schichtenfolge des Realen einordnen lassen; und insofern bildet die Abwandlung in der Erkenntnissphäre (resp. deren Stufen) und in der logischen Sphäre nur ein Teilphänomen der Schichtenabwandlung. Aber die Eigenart dieser Sphären als Gegebenheits- und Ausgangsgebiete wird dadurch nicht herabgesetzt. Und außerdem geht der Gegensatz des idealen und realen Seins, d. h. derjenige der primären Sphären, nicht im Schichtenunterschied auf, sondern liegt quer zu ihm. Man muß also von vornherein mit einer Abwandlung nach den Sphären auch unabhängig von der nach Schichten rechnen und folglich von vornherein auf eine zweidimensionale Mannigfaltigkeit der Besonderungen bedacht sein.

Das erweist sich als fruchtbar bei denjenigen Gegensätzen, die sich nach Schichten nur wenig abwandeln. Denn gerade bei ihnen treten die Sphärenunterschiede recht markant hervor. Und selbstverständlich muß man in einer Untersuchung, die von der Mannigfaltigkeit der Besonderungen aus erst die einheitliche Grundstruktur der Kategorien zu gewinnen sucht, sich an diejenigen Unterschiede halten, in denen die Mannigfaltigkeit sich zeigt.

Es soll nun mit den am meisten identisch durch die Schichten hindurchgehenden Seinsgegensätzen begonnen werden, mit denjenigen also, die in dieser Richtung nur minimale Verschiebung erleiden. Es sind das die beiden in der Tafel an erster Stelle aufgeführten: Prinzip und Concretum, Struktur und Modus. An sie werden sich die übrigen mehr dem inhaltlichen Zusammenhang nach anschließen. Nur ein Gegensatzpaar der Tafel soll in der ganzen Betrachtung ausgespart bleiben, das von Qualität und Quantität; nicht als hätte es keine eigenartige Abwandlung, sondern nur im Hinblick auf die besondere Untersuchung, die es auf Grund seiner eigenartigen Stellung verlangt. Diese Untersuchung soll im nächsten Abschnitt gesondert folgen.

c. Prinzip und Concretum. Das Grundverhältnis.

Was eigentlich ein Prinzip sei, dieser Frage waren die Untersuchungen unseres ersten Teils gewidmet. Es zeigte sich dort, daß der direkten Bestimmung eine lange Reihe von Vorurteilen entgegenstand, daß aber in der fortschreitenden Berichtigung dieser Vorurteile sich eine Art negativer Umreißung ergibt, die zuletzt einen durchaus positiven Sinn gewinnt. Es ist in der Tat schon viel gewonnen, wenn man die Fehler des Chorismos, der Homonymie und der Grenzüberschreitung (Verallgemeinerung) gründlich überwunden hat, wenn man also den Prinzipien kein selbständiges Sein und keine Ausdehnbarkeit auf beliebige Gebiete mehr andichtet, sie aber auch nicht zur bloßen Wiederholung des konkreten Seienden herabsetzt.

Ebenso wichtig ist die Abwehr des Subjektivismus, Formalismus und Rationalismus, sowie der Gleichsetzung von Prinzipien und Wesenheiten. Die Kritik aller dieser Fehler — und mancher weiterer — darf hier vorausgesetzt werden.

Was nach ihrer Abstreifung übrig bleibt, ist ein Verhältnis sehr eigener Art, für das die Bilder und Gleichnisse alle versagen, weil es seinesgleichen in der Welt nicht hat. Das Gegenglied des Prinzips in diesem Verhältnis, das „Concretum", ist zwar mit diesem Namen nur oberflächlich gezeichnet; aber da es alles Seiende umfaßt — auch das nicht im engeren Sinne Seiende, das unselbständig Seiende der sekundären Sphären (Gedanke, Vorstellung, Meinung u. s. f.) —, so ist eine Umschreibung, die nicht schematisch wäre, nicht möglich. Eines bringt aber der Terminus „Concretum" doch gut zum Ausdruck: das Verbundensein vieler Prinzipien in ihm, oder wie der genaue Wortlaut es besagt: ihr „Zusammengewachsensein".

Das Concretum ist also nicht, wie der philosophische Sprachgebrauch es will, der Gegensatz zum Abstrakten. Denn Prinzipien sind nicht etwas Abstrahiertes. Das Konkrete ist als solches nicht das Anschauliche; oder vielmehr es ist nur auf einer bestimmten Stufe in der Erkenntnissphäre das Anschauliche, aber nicht entfernt alles konkret Seiende ist der Anschauung zugänglich. Und ähnlich läßt sich von den Prinzipien sagen: für eine bestimmte Art des Denkens, nämlich für ein bloß isolierendes Denken, sind sie in der Tat etwas Abstraktes; und da man sie auch philosophisch nur vermöge gewisser Isolierungen fassen kann, so bleibt ihnen auch in der kategorialen Begriffsbildung eine gewisse Abstraktheit anhaften. Aber eben diese Abstraktheit der Begriffe ist nicht die ihrige, und die Ontologie hat bei ihrer wirklichen Erfassung — die natürlich alle Begriffsbildung wieder transzendiert — kein wichtigeres Anliegen, als die unvermeidlich sich einschleichende Abstraktion wieder abzustreifen.

Und das ist stets möglich, wenn man das Prinzip mit seinem Concretum zusammenschaut. Das Concretum eben ist dasjenige, worin das Prinzip mit vielen anderen Prinzipien „zusammengewachsen" ist; worin es also seiner künstlichen Isolierung überhoben und seinem ursprünglichen Verhältnis, aus dem es an sich niemals heraustritt, wiedergegeben ist.

Man kann am ehesten dreierlei als Wesen des Prinzips angeben, und dem entspricht dreierlei am Concretum. Das Erste ist ein an sich sekundäres, gnoseologisches Verhältnis, aber es ist das Bekannteste: Prinzip ist dasjenige, woraus sich das Concretum — oder auch nur eine bestimmte Seite an ihm — verstehen läßt. Das Zweite ist das ontologische Grundverhältnis: Prinzip ist dasjenige, worauf das Concretum — oder eine bestimmte Seite an ihm — „beruht"; Kantisch ausgedrückt, es ist die „Bedingung seiner Möglichkeit". Dieses Moment entspricht genau dem alten Grundgedanken der ἀρχή. Der Kantische Ausdruck hat den Vorzug, daß er in dem „Beruhen" auf dem Prinzip den Charakter des letzteren als den eines Teilmomentes greifbar macht. Es „beruht" eben niemals ein Concretum auf einem einzelnen Prinzip, sondern stets auf vielen, die in ihm zur Einheit „zusammengewachsen" sind. Das einzelne Prinzip ist niemals der volle Seinsgrund, sondern stets nur eine Teilbedingung; oder modal ausgedrückt: es stellt von sich aus keineswegs die volle „Möglichkeit" eines Seienden dar, sondern nur eine Bedingung der Möglichkeit.

Dazu kommt als Drittes: indem das Prinzip Bedingung für sein Concretum ist, hat es unverbrüchliche Gültigkeit für alle Besonderungen, d. h. für alle Fälle, die der Art nach nur irgend unter seinen Bereich fallen. Es übt eine Art Herrschaft über die Fälle aus und bedeutet dadurch stets einen bestimmten Typus von Einheit in deren Mannigfaltigkeit. Diese Eigentümlichkeit des Prinzips hat man von jeher als seine Allgemeinheit verstanden. Dagegen wäre auch nichts einzuwenden, denn Allgemeinheit ist hier in der Tat die Folge der Unverbrüchlichkeit. Aber es geht nicht an, die Folge an die Stelle des Grundverhältnisses selbst zu setzen, wie früh geschehen und dann so lange wiederholt worden ist, bis man das Bedingungsverhältnis über dem äußeren Merkmal der Allgemeinheit fast vergaß.

Tatsächlich ist Allgemeinheit etwas ganz anderes als das Bedingungsein der Prinzipien. Sie besagt, streng kategorial genommen, nur die Gleichartigkeit in der Besonderung der Fälle, also ein rein qualitatives Moment, das ebensogut sekundäre und äußere Seiten der Fälle betreffen kann wie das Prinzipielle in ihnen. Die einseitige Entwicklung der Logik in der Neuzeit, und besonders im letzten Jahrhundert, hat diesen Unterschied verwischt. Und andererseits gibt es auch sehr spezielle Prinzipien — denn nicht nur Kategorien sind Prinzipien —, so daß sich ihr Geltungsumfang im Grenzfall der Individualität nähern kann.

d. Sphärenunterschied von Prinzip und Concretum.

Fragt man nun im Hinblick auf die hohe Eindeutigkeit dieses Verhältnisses, wie es sich abwandelt, so fällt der Blick in erster Linie auf den Unterschied der Sphären.

Es wurde bereits mehrfach und im Zusammenhang von immer wieder anderen Problemen gezeigt, warum Prinzipien des idealen Seins mit denen des realen nicht zusammenfallen können, und beide wiederum nicht mit denen der Erkenntnis; desgleichen warum in solcher Divergenz dennoch eine gewisse partiale Identität bestehen muß (vgl. Kap. 12, 13, 14, u. a.). Dem entspricht die Verschiedenheit im zugehörigen Concretum. Aber das ist nur ein inhaltlicher Unterschied. Um seinetwillen könnte das Grundverhältnis innerhalb der Sphären doch dasselbe sein.

Es ist aber nicht ganz dasselbe. Eine klare Abgehobenheit von Prinzip und Concretum gegeneinander zeigt eigentlich nur die Realsphäre. Und deswegen denkt man an sie in erster Linie, wenn man nach Prinzipien sucht. So entspricht es den Tendenzen der alten Ontologie. Diese Abgehobenheit geht so weit, daß man von den ersten Anfängen an Mühe hatte, das Getrennte wieder zusammenzubringen. Die antike Problematik des Chorismos ist der klare Ausdruck dieses Verhältnisses. Die Welt konnte gespalten erscheinen in die Prinzipien und das Concretum, solange man das Gemeinsame in beiden, den Übergang und das Ineinanderstecken beider nicht sah.

Ganz anders aber ist es im idealen Sein. Hier ist keine strenge Abgehobenheit. Das Prinzipielle erscheint hier nur als die allgemeinere und entsprechend inhaltsärmere Wesenheit; von ihm aus führt der Abstieg durch fortschreitende Spezialisierung kontinuierlich weiter bis zu den konkretesten Gebilden, ohne daß irgendwo eine angebbare Grenze auftauchte. Hier lag der Grund des Scheines, der zur Gleichsetzung von Kategorien und Wesenheiten führte.

Der Schein nun hat sich aufheben lassen. Der Übergang ohne Grenzscheide dagegen läßt sich nicht aufheben. Er gehört zum Wesen der Sphäre. Es fragt sich nur, inwieweit dieser Unterschied der Sphären ein solcher im Prinzipsein ist. Und da zeigt sich nun, daß er in bestimmter Richtung sehr wohl auch die Art des Prinzipseins betrifft. Denn das Concretum ist im idealen Sein anders beschaffen; es ist, wie sich bereits in der Modalanalyse gezeigt hat, unvollständiges Sein. Es stuft sich zwar von den Prinzipien aus unbegrenzt ins Spezielle ab, bleibt aber stets in einer gewissen Höhe der Allgemeinheit schweben und erreicht die Individualität nicht. Die Prinzipien und das unvollständige Concretum bilden also ein in sich homogenes Ganzes, in welchem das

Phänomen der Heterogeneität, welches in der Realsphäre den Schein des Chorismos heraufbeschwört, gar nicht vorkommt.

An diesem Verhältnis hing der alte Gedanke der Kombinatorik, der die Prinzipien wie Bausteine auffaßte und den Aufbau der Welt aus der Gesetzlichkeit ihrer Zusammenfügbarkeit ableiten wollte. Es ist kein Zweifel, daß dieser Gedanke sich im Rahmen einer Metaphysik entfaltete, welche die Prinzipien als reine Wesenheiten verstand. Denn nur in der Seinsordnung der idealen Sphäre ist dieses Schema durchführbar. Der Fehler aber war, daß man auf diese Weise auch zum „vollständigen" Concretum der realen Welt zu gelangen meinte. Außerdem übersah man ganz, daß es im idealen Sein eine Parallelität des Inkompossiblen gibt, und daß nur das Allgemeine im Speziellen von den Prinzipien aus notwendig ist [1]).

Diese Versuche sind lehrreich, weil man an ihnen ersieht, wie die von den Prinzipien ausgehende Determination in der idealen Sphäre eine lückenhafte ist. Sie läßt einer Wesenszufälligkeit Spielraum, die sich im Abstieg von Stufe zu Stufe vergrößert. Und da im idealen Sein nur „vertikale" Determination — d. h. nur die aus den Prinzipien kommende — herrscht, das Koordinierte aber, wenn man von der losen Verbundenheit im genus absieht, indifferent gegeneinander dasteht, so versteht man sehr wohl, wieweit hier das Verhältnis von Prinzip und Concretum in seiner bestimmenden Kraft herabgesetzt ist. Es ist nicht so, wie man wohl meinen könnte, daß die Determination, die von den Prinzipien ausgeht, dort die größte Macht besitzt, wo sie die einzige Form der Determination am Concretum ist. Es ist gerade umgekehrt: erst mit dem Auftreten der spezielleren Formen von Realdetermination, welche das Concretum in sich zur Einheit zusammenschließen, entfaltet die kategoriale Determination ihre eigentliche Kraft. —

Die Erkenntnis steht dem Realverhältnis in mancher Hinsicht wieder näher. Doch tritt hier das Besondere hinzu, daß die Prinzipien, auf Grund deren etwas erkannt wird, in gewissen Grenzen selbst wiederum erkannt werden können, ja bei den strengen Anforderungen wissenschaftlicher Erkenntnis erkannt werden müssen. Denn auf der Rechenschaft über sie beruht die Gewißheit der wichtigsten Einsichten. Nun sind sie aber von Hause aus durchaus verborgen, und will man sie erfassen, so muß man gerade von dem ausgehen, was auf ihnen beruht, vom Concretum. Im Concretum aber sind die Prinzipien vermengt, es ist nach dem Worte Leibnizens ein confusum; aus ihm also müssen sie erst durch Analyse gewonnen werden.

Andererseits ist es auch nicht so, daß im Concretum des unmittelbar

---

[1]) Zur Begründung dieser Dinge vgl. „Möglichkeit und Wirklichkeit", Kap. 42 und 44.

Gegebenen — etwa dem des anschaulichen Erlebens — ein strenges Analogon des Realkonkreten vorläge. Denn in voller Individualität sind gerade die Einzelfälle nicht gegeben; wir fassen sie von vornherein mit gewissen Abstrichen, d. h. in einer gewissen Verallgemeinerung gleichsam schematisch auf. Und von diesem schematisierten Concretum aus nimmt die Besinnung auf Prinzipien ihren Weg. Das ist durchaus keine Vereinfachung für sie, denn die Verallgemeinerungen des gleichsam „auf halber Höhe" erfaßten Besonderen entsprechen keineswegs der Richtung auf das Prinzipielle; sie sind in der Regel an die äußere Gleichartigkeit der Fälle angelehnt und dienen nur der vereinfachten Auffassung.

So wird das Verhältnis der höheren Erkenntnisstufen zu ihren Prinzipien ein recht kompliziertes. Man setzt die geläufigsten Prinzipien voraus, ohne um sie zu wissen, kommt aber mit ihnen nicht aus, muß sich also in der Besinnung über sie hinaus erheben. Man gelangt zu solchen Prinzipien, die keineswegs vorausgesetzt waren, die man aber auch nur teilweise und nicht ohne hypothetischen Einschlag erfassen kann; und auf Grund dieser erst wird eine Deutung dessen möglich, wovon man ausging — selbstverständlich eine solche, die mit Unstimmigkeiten, Ungewißheiten und Fehlerquellen behaftet bleibt.

Dieses sonderbar komplizierte Verhältnis zu den Prinzipien ist durchaus nur der Erkenntnis eigen. Man hat es unter dem Druck der erkenntnistheoretischen Denkweise, die im letzten Jahrhundert die ontologische verdrängt hatte, zu Unrecht auf die Realsphäre übertragen; man hielt schließlich auch die Seinsprinzipien selbst für „hypothetisch", setzte sie zu Annahmen, ja zu Fiktionen herab. Man vergaß das an sich Selbstverständliche, daß nur ein erkennendes Subjekt etwas „annehmen" kann, daß Realprinzipien von Annahmen wohl getroffen oder verfehlt, aber nicht verändert werden können, weil sie ihr Concretum auch ohne unser Wissen determinieren.

Diese und ähnliche Irrtümer klarzustellen, ist Sache der Erkenntnistheorie. Freilich aber kann nur eine ontologisch fundierte Erkenntnistheorie dieser Aufgabe genügen. Für unser Problem genügt es, daraus zu ersehen, welches Gewicht auf der sauberen Unterscheidung der Sphären im Verhältnis von Prinzip und Concretum liegt.

e. Schichtenabwandlung von Prinzip und Concretum.

Es wurde schon darauf hingewiesen, daß das Verhältnis von Prinzip und Concretum ein außerordentlich stabiles, seine Abwandlung in den Schichten also eine minimale ist. Dennoch fehlt die Abwandlung nicht ganz. So kann man z. B. entsprechend der Einordnung der sekundären

Sphären in die Schichten des Realen die eigenartige Verschiebung des Verhältnisses in der Erkenntnissphäre sehr wohl als eine Abwandlung auffassen, die einem bestimmten Teilgebiet des geistigen Seins eigen ist.

Wichtiger ist, daß auch alles, was sich sonst als Abwandlung verzeichnen läßt, der höchsten Seinsschicht angehört. Das Verhältnis von Prinzip und Concretum hat also eine sehr merkwürdige Form der Abwandlung: es geht unverändert durch alle Schichten hindurch, um erst in der höchsten auf einmal abzuweichen und gleichsam unstabil zu werden. Denn hier in der Tat ist die Wandlung eine ganz radikale.

Das Seinsgebiet dieser Abweichung ist das des menschlichen Ethos. Hier setzen Prinzipien ein, die ihr Concretum nicht unverbrüchlich determinieren, sondern nur den Charakter der Anforderung haben. Man kennt sie als Prinzipien des Sollens und der Werte. Ihr Concretum in der realen Welt ist der menschliche Wille, und mittelbar durch ihn hindurch die Handlung. Für Wille und Handlung ist es charakteristisch, daß sie von dem, was „sein soll", nicht direkt determiniert werden, sondern ihm gegenüber die Freiheit der Entscheidung haben, ihm zu folgen oder nicht. Auf dieser Freiheit beruht ihre Fähigkeit, gut oder böse zu sein. Stünden sie unter dem Sollen wie unter einem Naturgesetz, so bliebe dem Menschen nichts zu entscheiden, er wäre dann auch der Schuld und Verantwortung nicht fähig. Für den Menschen also als sittliches Wesen ist die Ohnmacht des Sollens und der Werte ihm gegenüber die Grundbedingung der gehobenen Sonderstellung, die er in der Welt einnimmt.

Die Grundbedingung des Menschseins also liegt gerade in der Durchbrechung jener Unverbrüchlichkeit, die sonst das Verhältnis von Prinzip und Concretum auszeichnet. Freilich kann man hier einwenden, Werte seien keine Seinsprinzipien mehr; das Gesetz aber gelte nur für Seinsprinzipien. Das ist aber nicht ganz wahr. Denn was Werte (Imperative, Sollensprinzipien) sonst auch sein mögen, sie haben doch in ihrer Weise auch ein Sein; und gerade als Mächte, die den Willen bestimmen können, erweisen sie sich doch auch als Realprinzipien. Durch den Willen greifen sie in den realen Fluß des Menschenlebens ein und gestalten ihn sehr wesentlich um. Man muß sie also gerade im Hinblick auf das Gesamtbild des Menschenlebens durchaus als Seinsprinzipien gelten lassen. Anders würde man ja auch den sittlichen Konflikten den Ernst der Realität absprechen müssen.

Und ein Seitenstück hierzu, wennschon eines von geringerer Tragweite, ist im Verhältnis der logischen Prinzipien zum menschlichen Denken gegeben. Die logische Gesetzlichkeit ist zwar keine normative, dennoch aber beherrscht sie das Denken nicht unverbrüchlich, sondern läßt ihm Spielraum, von ihr abzuweichen; und da das Denken aus dem Zusammenhang der psychischen Akte bereits eine andere Gesetzlichkeit mitbringt, so spielt sich in ihm gleichfalls ein gewisser Konflikt zweier Determinationen ab. Folgerichtig ist das tatsächliche Denken stets nur soweit, als es den logischen Gesetzen streng folgt. Aber es muß zu diesem Folgen angehalten werden, denn es muß stets seine Neigung zu logisch unstatthaften Verbindungen — z. B. zu vorschnellen Verallgemeinerungen, Analogieschlüssen, Assoziationen u. s. f. — erst überwinden.

Dieser wohlbekannte Sachverhalt ist keineswegs ein dem Denken äußerlicher. Er macht gerade seine Sonderstellung im geistigen Sein aus. Er konnte nur deswegen als ein äußerlicher erscheinen, weil man von der Fiktion eines „reinen Denkens" ausging, das in Wahrheit ein bloßes Ideal der Wissenschaft ist. Die rationalistischen Theorien machten daraus etwas Ursprüngliches, an dem dann die Abweichungen des „empirischen" Denkens als bloße Verfälschungen dastehen mußten. In diesem Aspekt ist das kategoriale Grundphänomen im Wesen des Denkens vollständig verkannt. Denn gerade das ist das Grundphänomen des Denkens, daß die logischen Gesetze, die es auf seinen höheren Stufen mehr und mehr beherrschen, nicht ursprünglich die seinigen sind, sondern Prinzipien des idealen Seins, denen das Denken zwar seine Exaktheit verdankt, wenn es sie befolgt, die zu befolgen es aber nicht gezwungen ist.

f. Struktur und Modus.

Vom Modus und seinen Besonderungen ist in der Modalanalyse ausführlich gehandelt worden. Unter den mannigfachen Resultaten, die sich dort ergaben, ist das wichtigste dieses, daß der Sinn der Modi selbst und ihre Intermodalverhältnisse in den verschiedenen Sphären grundverschieden sind, so sehr daß geradezu die in den Sphären waltenden Seinsweisen sich aus ihrer Verschiedenheit mit einer gewissen Genauigkeit bestimmen ließen. Vor allem konnten die primären Seinsweisen der Realität und Idealität selbst von hier aus charakterisiert werden, und ein gleiches gelang dann auch an den höchst komplizierten Seinsweisen der sekundären Sphären.

Dieser markanten Abwandlung nach den Sphären entspricht aber durchaus keine ihr vergleichbare Abwandlung in den Schichten. Es zeigte sich vielmehr, daß die Seinsweise der Realität durch alle Schichten des Realen unverändert hindurchgeht. Und das gleiche gilt von der Seinsweise der Idealität, soweit nämlich diese an den einzelnen Schichten überhaupt mit einiger Selbständigkeit hervortritt. Das bedeutet, daß die Modi und Intermodalverhältnisse im Wandel der

Struktur sich gleich bleiben. Denn die Struktur ist es, an deren außerordentlicher Mannigfaltigkeit sich die Schichten, sowie deren weitere Abstufungen und Parallelgebiete unterscheiden.

Hiernach sieht es so aus, als hätten wir es mit der reichsten Abwandlung der Struktur in der Schichtenfolge des Realen zu tun, zugleich aber mit absolut starrem Identischbleiben der Modalität. Und dieses sonderbare Gesamtbild trifft in der Tat zu, solange man es nur im Großen mit dem Grundgegensatz der beiden ursprünglichen Seinsweisen, d. h. mit Realität und Idealität, zu tun hat. Es ist durchaus wesentlich für den gesamten Aufbau der realen Welt, daß die Realgesetze der Möglichkeit und der Notwendigkeit, sowie ihre Verbindung im Realgesetz der Wirklichkeit, bis in die höchsten Stufen des geistigen Seins hinein sich erhalten. Denn auf Grund dieser Identität erhält sich auch die „Härte des Realen" sowie die Einheit des Determinationszusammenhanges in der vielschichtigen Mannigfaltigkeit der Welt.

Damit ist aber nicht gesagt, daß sich innerhalb der allen Schichten gemeinsamen Seinsweise nicht auch Unterschiede finden, die auf innerer Verschiebung der Intermodalverhältnisse beruhen. Der Einheit des Realen würde das keineswegs widersprechen. Man richtet hier den Blick unwillkürlich auf die große Grenzscheide der Schichtung, die zwischen dem Organischen und dem Seelischen hindurchgeht, an der sich das Räumliche vom Unräumlichen, das Materielle vom Immateriellen abhebt.

Aber bei näherem Zusehen zeigt sich, daß es sehr schwer ist, hier eine Modalgrenze aufzuweisen. Die Intermodalverhältnisse eben hängen nicht an Räumlichkeit und Materialität. Wenn auch die Zeitlichkeit hier aufhörte, wäre es freilich anders, denn der sehr eigenartige modale Bau des Werdens müßte dann mit zurückbleiben. Aber in der Stufung der Realstrukturen geht die Zeitlichkeit unverändert durch alle Schichten. Die Erwartung, mit dem Einsetzen des seelischen Seins eine neue Modalstruktur des Realen einsetzen zu sehen, erfüllt sich nicht.

Dagegen finden wir weiter oberhalb, auf denselben Stufen des geistigen Seins, bei denen auch das Verhältnis von Prinzip und Concretum sich verschiebt, die Anzeichen einer Abänderung im modalen Bau: in der Erkenntnis, im Ethos und im künstlerischen Schaffen (ja sogar in dessen Gegenstand). Diese Geistesgebiete haben sich von der Modalanalyse aus als „Gebiete unvollständiger Realität" erwiesen. Und eben die Unvollständigkeit besteht in der Auflösung des Gleichgewichts von Möglichkeit und Notwendigkeit.

Diese neuen Verhältnisse sind kompliziert. Man kann sie nicht aus dem Zusammenhang der Modalanalyse herausreißen, wenn man sie greifbar machen will. Es muß daher an dieser Stelle auf die einschlägigen Untersuchungen verwiesen werden [1]). Erinnert sei nur daran, wie sich im Sollen ein klar aufweisbares Übergewicht der Notwendigkeit über die Möglichkeit herausstellte, welches dann in der „Verwirklichung" seinen Ausgleich findet, sofern diese in der nachträglichen Ermöglichung des als notwendig Geforderten besteht; desgleichen an die Unwirklichkeit des erscheinenden Inhalts im künstlerischen Gegenstande und die Freiheit der vom Realzusammenhang abgelösten Möglichkeit im Tun des künstlerisch Schaffenden. Und etwas ähnliches ist schon im Verhältnis der Erkenntnis zum Realwirklichen, sofern sie dieses sehr wohl als solches erfaßt, ohne aber seine Realmöglichkeit, geschweige denn seine Realnotwendigkeit zu begreifen.

Das ist nun echte Abwandlung der Modalität. Aber es fällt an ihr auf, daß sie — ähnlich wie die von Prinzip und Concretum — an bestimmte Gebiete der höchsten Seinsschicht gebunden ist und offenbar im Bereich der niederen Schichten ihresgleichen nicht hat. Dieses Phänomen aber ist es, das nur die genannten Kategorien auszeichnet und recht eigentlich das Unterscheidende an ihnen ausmacht: sie sind Kategorien von minimaler Schichtenabwandlung; ihre Identität im Hindurchgehen durch die Schichten ist eine überaus starke und nahezu starre. Man vergesse aber nicht, daß dieses an den Modalkategorien die notwendige Kehrseite jener „Härte des Realen" ist, welche am einfachen Spaltungsgesetz der Realmöglichkeit hängt und deswegen alle vollständige Realität begleitet.

Dieses Resultat ist sehr merkwürdig und realontologisch von größter Tragweite. Einem weniger besonnenen Denken würde es weit näher liegen, die Seinsweise, und mit ihr den Modus, von Stufe zu Stufe sich wandeln zu lassen. Man erwartet gleichsam a priori, daß die Seinsweise mit der Höhe der Seinsstruktur Schritt halte und zum mindesten von Schicht zu Schicht eine andere werde. Dieses war die Auffassung der alten Lehre von der realitas, bei der mit dem Reichtum der Bestimmtheit (der „Prädikate", wie man sagte) auch der Seinscharakter zunehmen sollte. Man verstand eben hier unter realitas in Wahrheit nur die Seite der Struktur und hatte von der Seite des Modus nur unklare Vorstellungen.

Gerade gegen diese unbesehene Übertragung von der Struktur auf den Seinscharakter richtet sich die klare Unterscheidung im kategorialen Seinsgegensatz von Struktur und Modus. Es ist nicht wahr, daß der Inbegriff der Bestimmtheiten eine summa realitatis, nicht wahr, daß ein Wesen, dem die Totalität möglicher Prädikate zukäme, ein

[1]) Möglichkeit und Wirklichkeit, Kap. 33—35.

ens realissimum sei. Realität hängt nicht an der Art und Fülle der Struktur, sie nimmt nicht mit ihr ab und zu. Sie ist ein ontisches Grundmoment vollkommen anderer Art und stellt ihr eigenes Gesetz (das Realgesetz der Wirklichkeit) gegen alle Mannigfaltigkeit und alle Abstufung der Bestimmtheit. Das ist von fundamentaler Wichtigkeit, denn erst auf Grund dieser Einsicht wird der Blick frei für die Reichhaltigkeit der sich überhöhenden Seinsstrukturen, sofern sie auf dem modalen Boden einer und derselben Realität stehend den durchgehenden Zusammenhang einer einzigen realen Welt ausmachen.

28. Kapitel. Relation und Substrat, Form und Materie.

a. Stellung und Geschichte der Relationskategorie.

Es wurde oben gezeigt, wie sich Substrat und Materie, Form und Relation unterscheiden; desgleichen in welchen Momenten sie verbunden sind. Wichtiger vielleicht noch war die Unterscheidung des Überganges in beiden Gegensatzpaaren. Form und Materie relativieren sich restlos gegeneinander, Substrat und Relation lassen nur einseitige Abstufung (der Relation) zu. Denn Substrat im strengen Sinne ist das unauflösliche relatum möglicher Relationen, weil diese nicht in infinitum Relationen von Relationen sein können. Materie dagegen kann stets schon Formung niederer Materie, Form stets wieder Materie höherer Formung sein (vgl. Kap. 24 und 25).

Die Anfänge der Relationskategorie in der Geschichte sind sehr bescheiden. In der Aristotelischen Tafel steht sie noch ohne Gegenglied da. Sie ist in der Frageform des πρός τι noch als die einer Sache äußerliche Beziehung verstanden, die das Wesen der Sache nicht berührt. Es ist ein von der Dingvorstellung beherrschtes Denken, dem das Substrat (ὑποκείμενον) noch als das allein Primäre vorschwebt; Beziehungen zu anderem können hinzutreten, ändern aber kaum mehr etwas am inneren Bestande der Sache.

Nicht viel anders ist es in der Hochscholastik, wo relatio als ein „se habere ad aliquid", also als eine Art habitus, verstanden wird. Erst als die Lehre von den substantiellen Formen fiel — also mit dem Einsetzen der neuzeitlichen Naturwissenschaft — änderte sich das. Erst jetzt zeigte sich, daß Relationen auch fundamental sein können, daß die Verhältnisse, in denen Dinge stehen, für diese auch konstitutiv sein können. In kategorialer Form kam das überzeugend in der Kantischen Kategorientafel zum Ausdruck, wo „Relation" als Obertitel der bei weitem wichtigsten Kategoriengruppe steht. Damit hört die Relation auf, etwas der Sache Äußerliches zu sein. Es zeigt sich, daß der innere

Bau der sog. Dinge selbst ein relationaler ist[1]); Relationen also sind bereits Aufbaumomente in ihnen, denn aller Aufbau ist Zusammenhang, Relation aber ist nichts anderes als das kategoriale Schema des Zusammenhanges als solchen.

Es ist ein großer Unterschied, ob man die Relation als Beziehung oder als Zusammenhang versteht. Nur im letzteren Sinne läßt sie sich als Wesensverhältnis, und folglich als Strukturmoment einer Sache selbst verstehen. Nicht als ob es nicht auch äußere und unwesentliche Verhältnisse geben könnte; das wichtige ist vielmehr, daß es inmitten von mancherlei äußeren auch sehr gewichtige innere Verhältnisse gibt. Von dieser Art z. B. sind alle Abhängigkeitsverhältnisse, einerlei ob sie einseitig oder gegenseitig sind; und die Relationskategorien Kants zeigen deutlich, daß er gerade gewisse Grundformen der Determination und Dependenz im Auge hatte, als er die Relation zum kategorialen Titelbegriff machte.

Geschichtlich ist es denn auch wohl verständlich, warum er ihr diesen hohen Rang anwies. Nach seiner Auffassung sollten die „Objekte" erst durch bestimmte Arten oder Formen der „Synthesis" zustandekommen, durch eine Zusammensetzung also, bei der die Kategorien die eigentlich vollziehende Rolle spielen. Subtrahiert man von dieser Anschauung das transzendental-idealistische Schema, welches die Kategorien zu Verstandesbegriffen herabsetzt, so bleibt in aller Klarheit die ontologisch tragende und wahrhaft überragende Stellung der Relation übrig.

Dennoch ist auch die Kantische Fassung der Relation ontologisch nicht einwandfrei. Es fehlt auch hier, wie bei Aristoteles, ein äquivalentes Gegenglied. Man kann ein solches wohl hier wie dort in der Substanz erblicken, aber weder die Aristotelische οὐσία noch die Kantische Subsistenz entspricht genau dem Substrat; jene umfaßt auch die Form, diese ist als das Beharrende im Wechsel definiert und steht überdies der Relation untergeordnet da, als wäre sie ihr Spezialfall. Außerdem aber ist Relation als kategoriales genus von Substanz, Kausalität und Wechselwirkung viel zu eng gefaßt. Denn so würde sie der Realschicht der unbelebten Natur zugeordnet sein. Auf Relationen aber sind

[1]) Der Terminus „relational", der hier eingeführt wird, ist nicht zu verwechseln mit „relativ". Relational heißt aus Relationen bestehend oder Relationen in sich umfassend, welche die innere Struktur einer Sache bestimmen, unabhängig davon, ob die so strukturierte Sache auch noch in äußeren Relationen zu anderem steht. Relativ dagegen ist eine Sache vermöge der äußeren Zusammenhänge, in denen sie steht, zumal wenn sie durch bestimmte Gegenglieder bedingt ist. Der Gegensatz zu relativ ist daher „absolut" (abgelöst); der zu relational würde etwa heißen müssen „ohne innere Verhältnisstruktur", also „in sich einfach". Ein jedes Gebilde, einerlei welcher Seinsschicht, ist — wenn es nicht einfaches Substrat ist — in sich „relational"; nach außen aber, sofern es an weiteren Verhältnissen zu anderem hängt, „relativ" auf anderes.

keineswegs bloß die Gebilde dieser Schicht gegründet, sondern die aller Schichten. Relation ist eine Fundamentalkategorie. Es gibt kein Seiendes, das nicht entweder durch äußere oder durch innere Verhältnisse mitbestimmt wäre. Alle Isolierung ist sekundär, wenn sie nicht gar bloß in der Abstraktion besteht. Die Zusammenhänge sind überall das Primäre. Sie sind es im Kleinsten wie im Größten; an ihnen hängen Form, Gestalt, Qualität, Gefüge; ohne sie ist keine Einheit und keine Mannigfaltigkeit.

Daß man diesen kategorialen Sachverhalt so lange verkennen konnte, hat seinen Grund einzig in dem alten Vorurteil der Metaphysik zugunsten des sog. Absoluten. Relationen, als die der Sache äußeren verstanden, ergeben notwendig deren Relativität. Das Relative aber schien nicht das Wesentliche einer Sache sein zu können. Man bemerkte nicht, wie Zusammenhang und Einheit der Welt darüber verloren gingen. In Wahrheit handelt es sich in den Relationen nicht um die Herabsetzung der relata, sondern um den Aufbau der Formen und Gebilde, um echte ontische Synthese und um die Einheit des Realzusammenhanges.

b. Wesen und Abwandlung der Substratkategorie.

Was das Wesen des Substrates ausmacht, ist in der Metaphysik viel früher zur Reife gekommen. Die ὕλη des Aristoteles hat schon scharf ausgeprägten Substratcharakter; sie ist überhaupt weit mehr Substrat als Materie — so wenigstens, wenn man sie im Sinne der „ersten", wirklich formlosen Materie versteht. Denn hier ist in der Tat etwas Absolutes gemeint.

Dahinter stand aber schon eine ganze Entwicklung des Problems. Jene uralte Frage der Vorsokratiker, die auf ein Stoffprinzip ging, bewegte sich zwar im Problem der Materie, drang aber überall auf ein absolutes Substrat. Man sieht das sehr deutlich an einer solchen Theorie wie der alten Atomistik: die Materie verstand sie keineswegs als ein Letztes, sondern baute sie aus Atomen auf; die Atome selbst aber sollten Gestalt, Ordnung, Lage, Größe und Gewicht haben, also schon Formbestimmtheit von etwas anderem sein. Dieses Andere erst ist das Substrat des Materiellen.

Platon glaubte, das Substrat der Atome aufheben zu können, ihm genügte die räumlich-geometrische Begrenzung der leeren Volumina. Aber auf einem höheren Problemgebiet hat gerade er im Prinzip des ἄπειρον der Substratkategorie Geltung verschafft. Alle Bestimmtheit (πέρας) haftet an einem Unbestimmten, das unbegrenzt bestimmbar ist. Er dachte hierbei charakteristischerweise an nichts Materielles;

eher könnte man sagen, er meinte die Dimensionen möglicher Abstufung, alles nämlich, worin es ein „mehr und weniger" gibt (sein Beispiel im „Philebus" ist das Wärmere und Kältere). Der Nachdruck liegt auf dem komparativischen Charakter des Gegensatzes, d. h. auf dem Richtungsunterschied. Er faßte also das ungreifbare dimensionale Etwas, das sich der Abstufung anbietet, in der Tat als Substrat möglicher Bestimmung. Und da alle Bestimmung sich in Verhältnissen bewegt, so kann man auch sagen: es handelt sich hier um die erste klare Fassung von Substratcharakteren als den notwendigen Korrelaten möglicher Relation.

Diese Fassung erweist sich bei näherem Zusehen allen späteren als überlegen, auch der Aristotelischen und den neuzeitlich-naturwissenschaftlichen. Ja, eigentlich ist sie überhaupt die einzige wirklich zutreffende Fassung des Substrathaften geblieben. Im ὑποκείμενον des Aristoteles ging es mehr um den absoluten Gegensatz zur Form, nicht um ein letztes relatum; die modernen Begriffe von Materie, Bewegung, Kraft, Energie waren zu eng, nur an eine Seinsschicht gebunden. Hier wie dort war man übrigens mehr darauf aus, ein Absolutes im Gegensatz zum „Relativen" zu finden; der Gegensatz zum „Relationalen", um den es sich eigentlich handelte, ist kaum irgendwo wieder klar zutage getreten. Freilich ist er schwer zu fassen, aber doch nicht unmöglich. Was seiner Fassung fast immer hemmend entgegenstand, war die Vordringlichkeit des Substanzproblems; in der Substanz aber geht es nicht um das relatum möglicher Relationen, sondern um das Beharrende und die Beharrung. Und das ist ein ontologisch viel engeres Problemgebiet.

Eine gewisse Ungreifbarkeit liegt im Wesen echter Substratcharaktere. Kategorien haben eben einen Einschlag des Irrationalen (vgl. Kap. 11 c bis f), und an der Substratkategorie verdichtet sich dieser so weit, daß man stets nur gleichsam den kategorialen Ort der Substrate aufzeigen kann, soweit er sich im Geflecht der Relationen geltend macht. Das aber braucht gar nicht so wenig zu sein; man könnte daran bei fortgeschrittener Analyse sehr wohl die Abwandlung des Substrates nach Seinsschichten entwerfen. Nur das heutige Stadium der Analyse genügt dafür nicht. Es sei deswegen hier bloß auf einige wenige Punkte hingewiesen, in denen die Abwandlung sich andeuten läßt.

1. Solange man bei Substraten an dinglich vorgestellte Materie denkt, wird man natürlich nirgends als im Dinglichen Substrate vermuten. Anders, wenn man eingesehen hat, daß an allem, was Dimensionscharakter hat, auch ein Substratcharakter haftet. Denn alles Seiende ist irgendwie dimensioniert. Substratcharaktere lassen sich dann als die in den Relationen vorausgesetzten Grundmomente überall

aufweisen, wennschon das Aufweisen meist dieses Vorausgesetztsein nicht überschreiten kann. Das gilt z. B. auch vom idealen Sein, wo es an den Dimensionen des geometrischen Raumes sogar besonders greifbar wird.

2. Freilich treten die Substratmomente in der niedersten Realschicht verdichtet auf. Sie werden hier durch die Vordringlichkeit des Substanzproblems der Anschaulichkeit näher gerückt; denn Substanz geht zwar im Substratcharakter nicht auf, aber sie schließt einen solchen doch ein und setzt ihn voraus. Dieser verdichtete Substratcharakter ist indessen keineswegs auf die dinglich-sinnliche Materievorstellung beschränkt; gerade die letztere hat einer geklärteren weichen müssen, die in den neueren Fassungen der dynamisch verstandenen Substanz spruchreif geworden ist. Die Analyse dieser Dinge gehört in den Bereich der Naturkategorien. Wichtig aber für das Substratproblem ist an den Fassungen der Substanz weder deren Einheit noch die Art der Beharrung, sondern ausschließlich die Irreduzibilität als solche. Nur sie bildet das kategoriale Gegenglied zum Geflecht der Relationen.

3. In den höheren Schichten versagt freilich alle eigentliche Faßbarkeit der Substrate. Es scheint nach dem heutigen Stande unseres Wissens, als träten im Reich des Organischen keine neuen Substrate neben denen des Anorganischen auf. Jedenfalls liegen die letzteren auch hier überall zugrunde. Anders aber steht es im seelischen und geistigen Sein. Hier hört mit der Räumlichkeit auch die Materialität und das energetische Verhältnis auf. Mit dem seelischen Akt und seinem Inhalt setzt eine Mannigfaltigkeit anderer Art ein, die sich über einem anderen unauflöslichen Etwas erhebt. Wenn man sagt „sie ist aus anderem Stoff gemacht", so ist das zwar ein Bild; aber das Bild drückt doch zutreffend dieses aus, daß alle Verhältnisse, Formungen und Abhängigkeiten hier auf ein irreduzibles Element des Seelischen rückbezogen sind, das wir zwar nicht fassen können, das aber im Fühlen und Empfinden, in Tendenz, Drang und Trieb durchaus unmittelbar gegeben ist. In welche speziellen Kategorien des psychischen Seins sich diese Grundmomente fassen lassen mögen, ist schwer zu beantworten, steht aber auch hier nicht zur Diskussion. Wichtig ist nur, daß sie aus dem Seelenleben nicht ausschaltbar, vielmehr in allem Akt- und Inhaltszusammenhang vorausgesetzt, aber andererseits auch nicht auf irgendetwas anderes — am wenigsten auf organische oder gar dynamische Verhältnisse — zurückführbar sind. Das aber heißt, daß sie Anzeichen echter, selbständiger Substratmomente sind.

4. Im Reich des geistigen Seins setzt vollends eine ganze Reihe inhaltlich ausgeformter Gebiete höherer Ordnung ein, die alle ihr besonderes Unauflösliches haben. Das beginnt schon mit der bloßen

Objektivität geistiger Inhalte, die in der Mitteilung die Grenzen des Subjekts transzendieren, also sich von jenen Substraten des Seelischen lösen. Das gilt von allen Sinngehalten des geistigen Lebens, insonderheit aber von den Gebieten des gemeinsamen, geschichtlich tradierbaren, objektiven Geistes: Recht, Sitte, Ethos, Sprache, völkisches und staatliches Leben. Überall sind es Sinngehalte besonderer Art, welche die Eigenheit des Gebietes ausmachen, und stets stehen hinter den Sinnzusammenhängen (Relationen) auch bestimmte nicht weiter reduzible Sinnsubstrate.

Es hat nicht an Theorien gefehlt, die den Geist als Substanz verstanden; Hegels bekannte Substantialisierung des objektiven Geistes ist nicht der einzige Versuch dieser Art. Solche Theorien sind zwar fehlerhaft, aber man kann ihren Fehlgriff doch verstehen: sie trugen wenigstens in ihrer Weise der Eigenständigkeit der inneren Substrate des geistigen Seins Rechnung. Sie verkannten nur den kategorialen Charakter dieser Eigenständigkeit. Und das ist verständlich. Denn die Substratcharaktere sind das Verborgenste und Ungreifbarste auf allen Gebieten. Und sie am geistigen Sein mit einiger Eindeutigkeit zu fassen, ist die Philosophie von heute noch keineswegs in der Lage.

Es darf aber schon als eine Einsicht von beträchtlicher Tragweite gelten, wenn man wenigstens grundsätzlich begreift, daß Substrate nicht an der sog. Materie, und überhaupt nicht an den Niederungen der realen Welt allein hängen, sondern allen Schichten und Stufen eigen sind. Sie bedeuten an den höheren Schichten einen Typus der Selbständigkeit, der sich erstaunlicherweise mit der Abhängigkeit von den niederen Schichten sehr wohl verträgt. An dieser Stelle läßt sich ein solches Verhältnis noch nicht durchleuchten. Wir werden ihm bei den kategorialen Gesetzen auf breiterer Basis wieder begegnen.

c. Abwandlungen der Relation.

Alle Struktur ist, von innen betrachtet, im wesentlichen Relation. Daraus allein geht schon hervor, wie unübersehbar reich die Abwandlung der Relationskategorie sein muß. Sie im Ganzen durchverfolgen käme fast auf den gesamten Inhalt der speziellen Kategorienlehre heraus. Statt dessen kann hier nur auf einzelne Punkte hingewiesen werden, welche der Übersicht dienen, soweit diese nicht selbstverständlich ist.

Zu unterscheiden sind grundsätzlich drei Arten der Relation: 1. das feste Verhältnis, das die Konstanz des Typus ausmacht (einerlei ob es der eines Gebildes oder eines Prozesses ist); 2. das lose Verhältnis, das von Fall zu Fall wechselt und die Individualität bestimmt; 3. die weit ausladenden Zusammenhänge, die das Seiende heterogener Schichten verbinden und selbst wiederum typisch oder einmalig sein können.

Erwägt man, daß Individualität ein durchgehendes Moment alles Realen ist, so sieht man leicht, daß die Relationen der zweiten Art in der Realsphäre nicht weniger gewichtig sind als die der ersten. Nur die Endlichkeit unseres Verstandes, der das Komplizierte nicht anders als in Vereinfachungen zu fassen vermag, gibt den konstanten Relationsformen den Vorzug. Darin wurzelt ein wohlbekannter Sphärenunterschied: im idealen Sein, das keine Einzelfälle kennt, herrschen die konstanten Relationen ausschließlich, wobei freilich zu berücksichtigen ist, daß ihre Allgemeinheit sich mannigfach abstuft; in der Erkenntnis dagegen gibt es wenigstens eine Vorzugsstellung der konstanten Relationen. Das begreifende Erkennen muß sich notwendig an sie halten; das wahrnehmende und erlebende Erkennen aber, dem gerade die Individualfälle gegeben sind, faßt sie weder in ihrer wirklichen Einzigartigkeit, noch ist es auf ihren relationalen Bau ausgerichtet. Nur im realen Sein also kommt der ganze Umfang der ontischen Relationalität zur Geltung.

Das gilt auch von den Relationen der dritten Art. Der über die Schichtendistanzen übergreifende Realzusammenhang ist zwar immer da, aber seine Gegebenheit ist nur eine äußerliche und unbegriffene, und das Begreifen folgt ihm nur gleichsam von ferne. An dieser Sachlage hängt es, daß uns die Einheit der Welt in der Fülle der Erscheinungen zwar stets irgendwie gewiß, aber keineswegs durchsichtig ist, und daß erst die Philosophie ihr Problem als ein solches erfaßt. Aber auch sie macht die merkwürdigsten Umwege, bis sie dieses Problem als ein kategoriales der Relation verstehen lernt.

In der Schichtenfolge setzt die Herrschaft der Relation schon unterhalb des Realen ein. Das Gegenstandsgebiet der reinen Mathematik ist weit entfernt, in bloßer Quantität zu bestehen; das Qualitative ist nur eine Art Substrat von Verhältnissen eigener Art. Schon das Zahlensystem ist auf dem Verhältnis zur Einheit (der „Eins") aufgebaut; der Bruch, die Gleichung, die Funktion vollends sind Verhältnisse. Alle Abhängigkeit der Variablen, aller Kalkül der Wahrscheinlichkeit (der objektiv verstandenen), überhaupt alle Bestimmbarkeit und Berechenbarkeit beruht auf dem Verhältnis.

Was die exakte Naturwissenschaft als Gesetz der Natur faßt, hat durchgehend die kategoriale Form des konstanten Verhältnisses. Ontologisch angesehen ist die Naturgesetzlichkeit nichts anderes als die Gleichartigkeit oder Typik der Abläufe im Naturgeschehen. Man braucht das Quantitative in ihr gewiß nicht zu unterschätzen; aber schon Maß und Größe setzt einen Maßstab, also die Relation zu ihm voraus, und vollends die Typik der Prozesse beruht ganz auf der funktionalen Konstanz von Verhältnissen der Größen. Und gerade die Beweglichkeit der Größen selbst in der Konstanz des Größenverhältnisses macht den eigentlichen Charakter der Gesetzlichkeit aus. Der letztere ist nicht identisch mit der mathematischen Formulierbarkeit — wie die abgekürzte Begriffssprache der exakten Wissenschaften es immer wieder vortäuscht —, sondern die Formulierbarkeit beruht schon auf ihm.

Die Gesetzlichkeit der Abläufe ist indessen nur eine Sonderart der Relation. Eine andere, nicht weniger charakteristische ist das konstante Verhältnis, das den Aufbau der Gebilde, insonderheit der dynamischen Gefüge, bestimmt. Von diesen wird bei den Kategorien des Gefüges zu sprechen sein. Wichtig ist hier nur, daß beide Arten des Verhältnisses durchgehend ineinandergreifen und erst gemeinsam den Relationsbestand der Natur ausmachen.

Beide Arten des konstanten Verhältnisses kehren dann in den höheren Seinsschichten wieder, nur daß das Verhältnis der Schichten selbst bestimmend mit hineinspielt und die innere Relation der Gebilde mehr Autonomie gewinnt. Der Organismus ist getragen vom Verhältnis zur Umwelt; in sich selbst aber besteht er bis ins kleinste im eigenartig ausgewogenen Verhältnis seiner Organe und ihrer Funktionen. Am Gleichgewicht dieses Verhältnisses und seiner Selbstregulation hängt ganz und gar der Lebensprozeß. Im Artleben aber überhöht sich dieses Verhältnis noch einmal durch ein solches der individuellen Lebensprozesse zu einem Gesamtprozeß.

Ein typisches Schichtenverhältnis ist das viel diskutierte Leib-Seele-Verhältnis; ein Beispiel zugleich dafür, wie gleichgültig die ontischen Verhältnisse gegen die Grenzen der Begreifbarkeit dastehen. Wie die Beziehungen hier auch laufen mögen, die Gebundenheit ist da, ist auch in mancherlei Formen der Abhängigkeit greifbar.

Andere Beispiele liefern die transzendenten Akte: die Erkenntnis mit ihren Stufen, das Erleben, das Wollen und Handeln, das Lieben und Hassen und eine Fülle anderer Akte. Sie alle sind Akte eines personalen Wesens, hängen aber mit ihrem Gegengliede, dem Gegenstande, auf den sie gehen, an etwas Seiendem jenseits der Person. Was die Mehrzahl der Theorien verkannt hat, ist gerade der Relationscharakter in diesen Akten, sowie in den von ihnen gegebenen Gebieten des Menschenlebens: die Erkenntnis ist ein Seinsverhältnis, Gesinnung, Wille, Handlung sind Seinsverhältnisse, und zwar sehr eigenartige. Sie gehen zwar darin nicht auf, aber sie wurzeln darin.

Als vielleicht größtes Gebiet der Relation darf man das der menschlichen Gemeinschaft und ihrer mannigfachen Formen bezeichnen. Hier wird das Verhältnis der Personen recht eigentlich konstitutiv — nicht nur für die Gemeinschaftsphänomene, sondern gerade auch für die Personen selbst, sofern ihr tieferes Wesen sich erst in ihrem Hinausbezogensein über sich selbst in den größeren Zusammenhang erfüllt. Und nicht nur zur jeweilig bestehenden Gemeinschaft waltet dieses Verhältnis, sondern auch zur Geschichtskontinuität des politischen, sozialen und kulturellen Lebens.

Auf der Höhe des geistigen Seins eröffnet sich eine unübersehbare Mannigfaltigkeit immer neuer und eigenständiger Verhältnisse. Nicht mit Unrecht läßt sich sagen, daß erst hier die ganze Tragweite der Relationskategorie ermeßbar wird. Sie ist eben nicht, was noch Kant in ihr sah, eine Kategorie der materiellen Natur, sondern eine solche alles Seienden; und im Gegensatz zur Substratkategorie ist ihre Abwandlung eine „nach oben zu" gleichmäßig immer breiter und reicher werdende.

d. Form und Materie im Aufbau der Welt. Die Überformung und ihre Grenzen.

Fragt man sich, warum Kant Materie und Form für „amphibolische" Begriffe hielt — während er selbst im Aufbau der Kritik doch den ausgiebigsten Gebrauch von ihnen machte —, so findet man nur die eine Auskunft, der reflektierende Verstand gebe der Materie einen Vorrang vor der Form, ja er verstehe die Form überhaupt nur als „Einschränkung" an der Materie, die dann ihrerseits als ein Inbegriff unendlicher Möglichkeiten dasteht.

Mit solch einem Materieprinzip ist allerdings ontologisch nichts anzufangen, und zwar eben weil in ihm der alte Potenzbegriff vorausgesetzt ist. Mit diesem aber hat nun die Modalanalyse aufgeräumt: Realmöglichkeit ist weder ein Angelegtsein noch ein unbestimmtes Offenstehen. Unbestimmtheit dagegen im Hinblick auf eine spezifische Art weiterer Bestimmung gibt es in der Welt sehr wohl. Damit setzt ein neuer Begriff von Materie und Form ein, in dem keine von beiden einen Vorrang hat, sondern beide so streng aufeinander bezogen sind, daß sie überhaupt nur relativ aufeinander bestehen. Dieses Verhältnis ist das kategoriale: daß alle Form selbst wiederum Materie höherer Formung, alle Materie aber selbst Formung niederer Materie sein kann. Im Gesamtaspekt ergibt sich eine Staffelung oder fortlaufende Überhöhung, in der jede Stufe sowohl Materie als Form ist, das eine im Verhältnis zum höheren, das andere im Verhältnis zum niederen Gebilde.

Es wurde oben gezeigt, wie diese Staffelung, die prototypisch an Form und Materie als Relativierung des Gegensatzes auftritt, eine Grundgesetzlichkeit im Aufbau der realen Welt ausmacht (vgl. Kap. 25d). Man kann das Gesetz, das hier greifbar wird, das der „Überformung" nennen. Und man könnte nun meinen, daß die Reihe der sich überformenden Formungen im Schichtenbau eine einzige durchgehende wäre. So schematisch aber ist die reale Welt nicht gebaut. Es gibt in ihr Einschnitte, an denen die Reihe unterbrochen ist. An diesen Einschnitten erhebt sich die höhere Formung zwar auch „über" der niederen, ist aber nicht deren „Überformung", denn sie nimmt sie nicht in sich als ihre Materie auf. An diesen Einschnitten ist es, wo das Verhältnis von Form und Materie durch das Auftreten neuer Substrate unterbrochen wird.

Der wichtigste dieser Einschnitte ist der zwischen dem organischen und dem seelischen Sein. Während im Organismus dynamische Gefüge (Atome und Moleküle) aufgenommen und in die organische Form einbezogen werden, nimmt das Gefüge der Akte und Inhalte, welche das Seelenleben ausmachen, die räumlichen Formen und Prozesse des Organismus nicht in sich auf. Es läßt sie hinter sich zurück, denn seine Mannigfaltigkeit ist eine unräumliche und immaterielle. Es setzt hier mit neuem Anfang eine neue Reihe von Überformungen ein, die sich als Ganzes zu der alten wie ein Überbau verhält. Man kann deswegen an einem solchen Einschnitt im Gegensatz zur Überformung von einem Überbauungsverhältnis sprechen.

Das psychophysische Verhältnis ist nicht der einzige Einschnitt dieser Art. Auch an der Grenzscheide des seelischen und geistigen Seins, sowie innerhalb des geistigen Seins noch mehrfach, scheint die Reihe der Überformungen unterbrochen zu sein. Die seelischen Akte z. B. gehen in den objektiven Gehalt von Sprache, Wissen, Recht, Kunst nicht mit ein; das Geistesgut, obgleich getragen von ihnen, steht in einer gewissen Schwebe, abgelöst von ihnen da; und so allein kann es ein geistig Gemeinsames sein. Aber das Genauere dieses Verhältnisses ist mit gewissen Schwierigkeiten behaftet und gehört in eine viel speziellere Untersuchung hinein. Es hängt an den Kategorien des geistigen Seins, für deren Herausarbeitung bis heute noch wenig geschehen ist.

Wichtig ist an dieser Stelle nur, daß die ungeheure Mannigfaltigkeit der Formen, welche die reale Welt ausmacht, sich nicht einem linearen Ordnungsschema der Überformung fügt. Und es ist klar, daß gerade das Auftreten der Überbauungsverhältnisse diese Mannigfaltigkeit sehr erheblich steigert. Die Mannigfaltigkeit der Formen selbst braucht hier nicht aufgezählt zu werden. Sie ist von altersher gesehen worden und gehört zu dem am besten Bekannten, was die große Tradition der Metaphysik herausgearbeitet hat. Wohlbekannt ist auch die Wiederkehr des Form-Materie-Verhältnisses im Aufbau der Erkenntnis, die sich seit der Kritik der reinen Vernunft allgemein durchgesetzt hat. Das Gegebene der Sinne ist freilich eine sehr andere Materie als die der Dinge und Prozesse; aber die Formen, in die sie gefaßt wird, stehen in partialer Identität mit denen des Realen. Für solche Heterogeneität und Identität ist eben Spielraum in der Welt, und zwar eben deswegen, weil nicht alle Formung einfache Überformung ist. Die Erkenntnis ist ein großes Beispiel für das Einsetzen einer neuen Formungsreihe über einem selbständigen Substrat. Und das Charakteristische ist, daß sie grade so der durchgehenden Zuordnung, Entsprechung und Übereinstimmung fähig ist, die in ihr das Transzendenzverhältnis ausmacht.

Die größte geschichtliche Umwälzung hat der Formbegriff in der Naturwissenschaft erfahren. Die „substantiellen Formen" der alten Physik, die im Grunde bloß das Allgemeine der Art darstellten, konnten das Werden als solches nicht fassen, weil sie als statische Dingformen gedacht waren. Nun aber gibt es auch eine Formentypik der Prozesse, und gerade an ihr hing das eigentliche Begreifen der Natur. Bahnbrechend war darum die Ablösung der Formsubstanz durch die Gesetzesform der Prozesse selbst. Sie war es nicht nur für die exakte Wissenschaft und das Verständnis der anorganischen Natur. Vielmehr brach jetzt erst das Bewußtsein durch, daß es auf den höheren Seinsstufen auch spezifische Prozeßformen gibt, daß z. B. ein ganzes System von organischen Prozessen die Einheit und Gesamtform des Lebensprozesses — also der Lebendigkeit selbst — in einem Lebewesen ausmacht, und daß hierin recht eigentlich das Konstituierende auch für die sichtbare organische Form liegt.

Für die höheren Seinsstufen sind die Konsequenzen hieraus nur teilweise gezogen worden. Denn auch seelische Akte haben Prozeßcharakter und entsprechend ihre Prozeßformen und Gesetze. Und noch weit reicher dürfte die Formentypik des geistigen Geschehens sein. Aber hier liegt die kategoriale Durchdringung überall noch in den Anfängen.

29. Kapitel. Einheit und Mannigfaltigkeit.

a. Vermeintlicher Seinsvorrang der Einheit. Geschichtliches.

Es hat einer langen Entwicklung bedurft, bis das Verhältnis von Einheit und Mannigfaltigkeit sich in einiger Klarheit herausstellen konnte. Zwei Dinge standen dem im Wege: 1. die vermeintliche Unverträglichkeit der Mannigfaltigkeit mit der Einheit, und 2. der Seinsvorrang, den man der Einheit einräumte. Was in sich vielspältig ist, das, meinte man, könne nicht einheitlich sein; da es aber auf Einheit allein anzukommen schien — die Eleaten hatten Eines und Seiendes fast gleichgesetzt —, so betrachtete man die Mannigfaltigkeit wie etwas Nebensächliches und jedenfalls Unwesentliches. Von hier ist es dann nur noch ein kleiner Schritt, und man meint sie auch als das Chaotische, ja direkt als das Schlechte verstehen zu müssen. Im Neuplatonismus und den von ihm abhängigen Systemen der Späteren hat diese Auffassung eine breite Rolle gespielt.

Die Seite des Werturteils darin kann man getrost auf sich beruhen lassen; sie ist nur der Ausdruck einer weltflüchtigen Lebensstimmung und ontologisch irrelevant. Aber der Seinsvorrang der Einheit, sowie ihr vermeintlicher Widerstreit mit der Mannigfaltigkeit, haben für die nüchterne Überlegung etwas höchst Erstaunliches. Ist doch Einheit ohne Mannigfaltigkeit etwas kaum Vorstellbares, künstlich Isoliertes, Abstraktes, und ist doch Mannigfaltigkeit ohne Einheit zusammenhangslos, also kaum mehr Mannigfaltigkeit zu nennen. Eine setzt die andere voraus, und zwar gerade als gleich gewichtiges Gegenstück. Auf keinem Seinsgebiet, auch in den sekundären Sphären nicht, gibt es die Losreißung beider voneinander.

Aus bloßer Einheit läßt sich kein Gebilde, keine Bestimmtheit, keine Struktur, keine Welt verstehen. Ohne Gegengewicht bleibt es stets das leere Eine als solches. Erst die Verschiedenheit des Nichteinheitlichen, das sie zu bewältigen hat, gibt ihm Inhalt, Unterschied, Form. Erst Einheit und Mannigfaltigkeit zusammen ergeben ein „Etwas"; und erst so werden die Arten der Einheit selbst mannigfaltig. Damit aber steht man bereits bei der Abwandlung beider Kategorien.

In der Tat ist die Mannigfaltigkeit der Welt sehr wesentlich eine solche der in ihr auftretenden Einheiten. Man kann das schon am Verhältnis der Einheit zu den anderen Seinsgegensätzen sehen: sie ist in vielen von ihnen so auffällig vorausgesetzt, daß man sich versucht sieht, sie ihnen wie ein genus überzuordnen. Form ist offensichtlich eine Art Einheit, Materie aber ist es in ihrer Weise auch; Relation ist Einheit des Bezogenen, aber auch Substrate sind Einheiten. Prinzip und Struktur haben Einheitscharakter; aber auch Dimension, Kontinuität,

Einstimmigkeit, sowie ihre Gegenstücke, sind Einheitstypen. Denn Gegensatz ist Gebundenheit, Widerstreit ist Aufeinanderstoßen, Diskretion ist das Auftreten des einheitlich Begrenzten. Vollends deutlich wird das an Gefüge und Element, an der determinativen Gebundenheit, an der Äußerung eines Inneren.

Dennoch ist dieses Vorausgesetztsein keine Überordnung der Einheit, keine andere wenigstens als diejenige, die auch den anderen Seinsgegensätzen in verschiedener Abstufung eignet, und die im Gesamtresultat auf das kategoriale Grundverhältnis ihrer gegenseitigen Implikation hinausläuft. Man sieht das schon daran, daß diese Kategorien alle ebensosehr Mannigfaltigkeit wie Einheit sind. Die Einheit ist nur eine Seite an ihnen.

Immerhin muß man zugestehen, daß an der Einheit dieses Vorausgesetztsein besonders greifbar wird. Und hier dürfte der Grund liegen, warum in der Geschichte der Metaphysik das Suchen nach der Einheit eine so überragende Rolle gespielt hat. Immer schien es, wenn man nur die Einheit habe, so habe man alles. Man nahm eben in Wahrheit all die mannigfachen Form-, Struktur-, Relations- und Gefügetypen in das Problem der Einheit hinein. Und das ist nach der Eigenart dieser Kategorie an sich sehr wohl möglich, wennschon das Gesamtbild dabei notwendig ein einseitig verschobenes wird. Denn die Mannigfaltigkeit der Einheitstypen selbst kam zu kurz. Und so ergibt sich das Sonderbare, daß gerade in der überragenden Stellung, die man der Einheit gab, die Einheit selbst als Fundamentalkategorie zu kurz kam.

Das ist es, was sich an den spekulativen Einheitstheorien — von den Eleaten über den Neuplatonismus bis auf die neuzeitlichen Pantheismen — immer wieder gerächt hat: sie liefen alle, auch wenn man von ihren inneren Unstimmigkeiten absieht, auf Vereinfachung und Verarmung der Welt hinaus. Leibniz dagegen, der im Prinzip der Monade erst recht der Einheit den Seinsvorzug gab, hatte immerhin die gedankliche Großartigkeit, daraus auch im Sinne der Mannigfaltigkeit die volle Konsequenz zu ziehen; er zog sie bis zur Substantialität des Individuellen in seiner unübersehbaren Reichhaltigkeit und langte beim Gegenteil der Einheitsmetaphysik an.

Es ist von hohem Interesse zu sehen, welche führende Rolle Kant der Einheit zuwies. Auch bei ihm liegt eine gewisse Inkonsequenz darin, denn in seiner Kategorientafel ist die Einheit nur eine Quantitätskategorie. Im Aufbau der empirischen Gegenstandswelt dagegen ist sie neben der Form und der Synthesis das bei weitem wichtigste Prinzip. „Synthetische Einheit" ist der kategoriale Grundtypus aller nur irgendwie konstitutiven Momente, aus denen sich die mannigfaltige Geformtheit der „Erscheinungen" aufbaut. Die Mannigfaltigkeit selbst dagegen sah er nur wie einen formlosen Hintergrund aller dieser Einheiten. Daß die Fülle der Synthesen selbst wiederum — und zwar erst recht — eine Mannigfaltigkeit ist und zu höherer Mannigfaltigkeit führt (die Leibnizische Konsequenz), blickt bei ihm nur gelegentlich durch und spielt weiter keine Rolle.

b. Zur Abwandlung von Einheit und Mannigfaltigkeit in der Schichtung des Realen.

In der realen Welt aber spielt gerade die Mannigfaltigkeit der Einheitstypen die Hauptrolle. Schon die Umgangssprache unterscheidet zwischen der Eins, der Einzelheit, Einzigkeit, Einheitlichkeit, Einfachheit u. a. m. Diesen Ausdrücken entsprechen kategoriale Sonderbedeutungen. Von größerem ontologischem Gewicht ist unter ihnen nur die Einheitlichkeit, d. h. die zusammenfassende oder komprehensive Einheit. Zu ihr zählen die Kantischen „Einheiten der Synthesis", an ihr hängen die reichen Formmomente im Schichtenbau der Welt, und ihren Abwandlungen entsprechen die Typen der Mannigfaltigkeit.

Außer der numerischen Eins und ihrer Vielheit in der Zahl, deren Bedeutung man in alter Zeit wohl überschätzt hat, dürfte die Einheit des Allgemeinen am frühesten erkannt worden sein. Diese ist nicht, wie die Logik sie hinzustellen pflegt, eine quantitative, sondern eine qualitative Einheit; in ihr kommt es nicht auf die Anzahl, sondern auf die Gleichartigkeit der Fälle, resp. auf gewisse in ihnen allen wiederkehrende Züge an. In der Platonischen „Einheit der Gestalt" (μία τις ἰδέα) ist diese qualitative Einheit der Gleichartigkeit gemeint. Damit ist gesagt, daß dieser Einheitstypus auch der im idealen Sein (und in der logischen Sphäre) vorherrschende ist; oder richtiger, er ist überall da der maßgebende, wo es sich um das Verhältnis von genus und species handelt, also auch in der Realsphäre, soweit sie diesem Verhältnis unterworfen ist. Hierher gehört u. a. der Einheitstypus, der in aller Gesetzlichkeit steckt, auch der in den exakten Naturgesetzen. Und, was ontologisch gewichtiger ist, auch der Einheitscharakter, der in den Kategorien selbst enthalten ist — und zwar in jeder wiederum als ein besonderer —, hat diesen Typus der Allgemeinheit und Gleichartigkeit an sich. Selbstverständlich gehen weder die Kategorien noch die besonderen Realgesetze in ihm auf; aber sie haben ihn doch als ein Wesensstück an sich. Und dem entspricht die Sachlage, daß hier überall die zugehörige Mannigfaltigkeit auf der Gegenseite, in der Vielheit und Ungleichartigkeit der Fälle, liegt. Denn das ist charakteristisch für die

Einheit des Allgemeinen, daß sie die Fälle zwar umgreift, aber dennoch ihre Mannigfaltigkeit von sich ausschließt.

Ganz anders ist es mit den komprehensiven Einheiten, die nicht das Gleichartige, sondern gerade das Ungleichartige als solches in sich zusammenschließen. Hier ist es die Mannigfaltigkeit selbst, die vereinheitlicht und zum inneren Zusammenhalt gebracht wird. Alle eigentlich maßgebenden Einheitstypen, welche die Buntheit und den Formenreichtum der Welt ausmachen, — und zwar je höher hinauf, um so mehr — sind von dieser Art.

An der Geschlossenheit eigentlicher Gefüge ist das leicht zu sehen. Was Kant mit dem Beruhen der „Objekte" auf Synthesis meinte, war eben dieser Einheitscharakter; in erster Linie der der Dinge, aber darüber hinaus natürlich auch der aller höheren Gebilde. So wenigstens ist es, wenn man vom idealistisch-subjektiven Charakter in der Funktion der Synthesis absieht. Wichtiger aber ist es, daß auch die Bewegtheit des Werdens, der Vorgänge und Geschehnisse denselben Einheitstypus zeigt.

Daß ein Vorgang — er sei räumliche Bewegung, qualitative Veränderung, Strahlung oder chemischer Prozeß — überhaupt eine Art Einheit hat, ist für menschliches Begreifen durchaus nichts Selbstverständliches. Die Alten haben es nie recht zu fassen vermocht, sie sahen in erster Linie die Vielheit der Stadien, und darum gab es für sie unlösbare Aporien der Bewegung. Auch die Aristotelische Dynamis-Lehre vermochte den Prozeß nur unter Annahme eines Telos vom Ende her zu fassen, wobei gerade die spezifisch bewegliche Einheit des Geschehens selbst verlorenging. Erst auf dem Umweg über den neuzeitlichen Gesetzesbegriff wurde die Einheit des Prozesses als eine echte Einheit der Mannigfaltigkeit (der ungleichartigen Stadien) faßbar.

Das ist merkwürdig genug. Denn gerade auf Gesetzlichkeit im Sinne der exakten Wissenschaft ist die Einheit der durchlaufenen Stadien keineswegs angewiesen. Sie liegt einfach in der zeitlich-determinativen Verbundenheit der Stadien zu einem Ganzen mit entsprechender Gesamtgestalt, Richtung und Ordnung der Ablaufskurve. Die Determination darin braucht keine kausale, oder wenigstens nicht „bloß" kausale zu sein. Denn einen Einheitscharakter in diesem Sinne haben keineswegs bloß die mechanischen oder sonstwie dynamischen Prozesse sondern genau ebenso auch die organischen Prozesse — z. B. der Lebensprozeß eines Individuums oder der einer Artgemeinschaft —, desgleichen der Gesamtablauf eines Menschenlebens mitsamt seiner seelischen und geistigen Entwicklungskurve, ferner das geschichtliche Geschehen, ja der Geschichtsprozeß als ganzer. Ob solche Prozeßeinheiten lose oder festgefügt sind, ob sie in eindeutiger Weise Anfang und Ende zeigen, ist demgegenüber ein untergeordneter Unterschied. Einheit braucht nicht in Begrenzung zu bestehen (auch hier lag ein Vorurteil der Alten); auf die innere Gebundenheit kommt es an, und diese wird auch dadurch nicht ontologisch hinfällig, daß sie eine zerbrechliche oder gar von selbst zerfallende ist. Der Zerfall vielmehr setzt schon die Einheit voraus, die da zerfallen kann.

Dieses sind die schwerer greifbaren Typen der Einheit. Um vieles geläufiger sind uns im Leben diejenigen, die an geschlossenen Gebilden auftreten, sofern diese von einiger Konstanz sind. Was auf der Stufe der Dinglichkeit steht, bildet hier nur eine untere Grenzschicht; an den dynamischen Einheiten, aus denen die materielle Welt sich aufbaut, überwiegt der kategoriale Charakter des Gefüges, und die Einheit ist neben ihm kaum ein selbständiges Problem. Aber schon auf der Höhe des Lebendigen ändert sich das, denn hier stehen die Aufbauelemente in ständigem Wechsel, und die Einheit des Lebewesens setzt sich in sehr eigenartiger Weise gegen den Wechsel durch. Dasselbe Verhältnis besteht an der Einheit des Artlebens im Wechsel der Individuen. Noch geheimnisvoller wird die Sachlage im Seelischen: das Bewußtsein, inhaltlich genommen, ist ein unablässiger Strom von Akten und Inhalten, aber trotzdem gibt es eine Einheit des Bewußtseins, die sich in dieser fließenden Mannigfaltigkeit erhält. Hier wurzelt eine weit ausladende metaphysische und erkenntnistheoretische Reihe von Problemen; ihre Titelbegriffe sind die Einheit der Seele, des Selbstbewußtseins, der Apperzeption, des Ich. Es sind lauter Einheitsprobleme.

Um nichts weniger rätselhaft ist die Einheit der Person als des aktiv handelnden und sittlich verantwortlichen Wesens. Sie erhält sich in der Mannigfaltigkeit ihrer Situationen, Schicksale und Taten auch dort, wo das Bewußtsein ihre Identität nicht mehr präsent hat. Ihr gegenüber wiederum, sie selbst umgreifend, stehen weitere Typen der Einheit: die Einheit der Gemeinschaft und ihrer Abstufungen, sowie die Einheit der geistigen Sphäre und ihrer Inhaltsgebiete, in denen sie lebt (Einheit des objektiven Geistes).

Und noch einmal von ganz anderer Art ist die Einheit des künstlerischen Gegenstandes, sowie die ihr entsprechende, aber nicht mit ihr identische Einheit von Mensch und Werk in der dem Werke angemessenen Schau. Die Grundfragen der Ästhetik hängen an diesen Typen der Einheit. Aber mit ihnen ist das philosophische Begreifen noch weit im Felde.

c. Das Gesetz der Mannigfaltigkeit. Unbewältigte Restbestände.

Was an dieser Übersicht der Einheitstypen auffällt, ist die zunehmende Höhe ihrer inneren Form. Sie überhöhen einander keineswegs nach dem einfachen Schema von Form und Materie, denn die höhere Einheit ist durchaus nicht immer Überformung der niederen. Wohl aber nimmt die Form der Einheit mit der Stufenhöhe an Komplexheit zu. Und insofern spiegelt sich in ihrer Überlagerung greifbar sowohl der Schichtenbau der realen Welt im Großen, als auch die feinere Stufenfolge innerhalb der Schichten.

Geht man nun von der alten Vorstellungsweise aus, nach der Einheit und Mannigfaltigkeit im Widerstreit liegen und sich gleichsam gegenseitig verdrängen, so muß man erwarten, daß mit der Höhe der Einheit die von ihr umfaßte Mannigfaltigkeit abnehme; die höheren Seinsstufen müßten danach Gebiete geringerer Mannigfaltigkeit sein. Dem ist nun aber ohne Zweifel nicht so. Vielmehr sind offenbar die niederen Stufen die einförmigeren und schematischeren, die höheren aber haben die größere und in mehr Dimensionen variierende Mannigfaltigkeit. Der Beleg dafür ist die relative Einfachheit und exakte Faßbarkeit der Gesetzlichkeit im Gebiete der anorganischen Natur, sowie die zunehmende Komplexheit und Ungreifbarkeit der Gesetze im organischen, seelischen und geistigen Sein.

Die Konsequenz, die hieraus zu ziehen ist, geht dahin, daß mit der Höhe der Einheit auch die der Mannigfaltigkeit zunimmt, ja daß es gerade die zunehmende Mannigfaltigkeit in der Stufenfolge des Seienden ist, die der höheren Einheit bedarf. Das „Bedürfen" freilich ist nur ein Bild; es besagt nicht eine Forderung, ihm liegt kein Zweckverhältnis zugrunde. Es besagt vielmehr bloß, daß die höhere und komplexere Mannigfaltigkeit nur von der entsprechend höheren und an bindender Kraft überlegenen Einheit bewältigt werden kann. In diesem Sinne ist in der Tat die Höhe der Mannigfaltigkeit rein als solche schon bedingend für die der Einheit.

Man kann dieses Verhältnis, wenn man es als ein durchgehendes versteht, das „Gesetz der Mannigfaltigkeit" nennen. Streng erweisen freilich läßt sich sein Hindurchgehen durch alle Schichten und Stufen nicht. Aber es hat etwas in sich selbst Einleuchtendes, weil Einheit — als das Zusammenfassende im Ungleichartigen — nun einmal die Form der Bewältigung von Mannigfaltigkeit hat.

Keineswegs aber darf man den Sinn dieses Gesetzes dahin mißverstehen, als wäre damit auch der gleiche Grad an Bewältigung der Mannigfaltigkeit für alle Höhenlagen ausgesprochen. Es gibt vielmehr auf jeder Stufe die größere oder geringere Bewältigung vorliegender Mannigfaltigkeit. Es gibt kein Seinsgesetz, daß alle Mannigfaltigkeit in Einheit aufgehe. Denkbar wäre es, daß auf jeder Stufe ein Rest unbewältigter Mannigfaltigkeit zurückbliebe, gleichsam ein Rückstand des Chaotischen — so etwa, wie wir es gerade auf den höchsten Seinsstufen, im Gebiet menschlicher Lebensgestaltung, menschlichen Schaffens und menschlicher Gemeinschaftsbildung sehr wohl kennen.

Ob und in welchem Maße es etwas Ähnliches auch auf den niederen Stufen des Seienden gibt, ist freilich nicht leicht zu beurteilen. Auf ein Walten der Zufälligkeit, wie es ältere Theorien getan haben, darf man sich hier schwerlich berufen; dagegen sprechen die Intermodalgesetze des Realen. Aber das nicht von Einheit Bewältigte braucht auch gar nicht zufällig zu sein. Es kann seine Realnotwendigkeit in der Kollokation der Umstände haben, aber diese Kollokation braucht nicht den Typus einer irgendwie geschlossenen oder gar straff geformten Einheit zu haben. Wir kennen die Gesetze des organischen und des seelischen Lebens zu wenig, um sagen zu können, inwieweit gewisse Faktoren der Variabilität, der Abweichung vom durchschnittlichen Normaltypus — gleichsam der Streuung — selbst wiederum zu gewissen Einheiten gebunden sind oder nicht. Die Wahrscheinlichkeit aber ist groß, daß hier nicht alle Mannigfaltigkeit von entsprechender Einheit bewältigt ist. Und Tatsache ist, daß selbst auf dem Gebiet der niedersten Gebilde und ihrer Bewegungen die Wissenschaft eine bloß statistische Gesetzlichkeit aufzuzeigen vermag.

Das alles spricht für das Vorhandensein unbewältigter Mannigfaltigkeit. Aber auch wenn man von dieser schwer entscheidbaren Frage als einem Grenzproblem der Einheit absieht, so leuchtet doch ein, daß jede Art von Mannigfaltigkeit in höherem oder geringerem Maße von Einheit bewältigt sein kann. In diesem Sinne unterscheiden wir am Gemeinschaftsleben zwischen straffer und lockerer Organisation, an der menschlich-persönlichen Artung zwischen einheitlichen und innerlich zerrissenen Charakteren, am Bau eines Kunstwerkes zwischen einleuchtender und verschwommener Einheit. Man wird also die Höhe der Einheit von ihrer Straffheit (ihrer bewältigenden Kraft) jedenfalls unterscheiden müssen. Ihre Höhe macht ihren ontischen Typus aus, sie steht in Abhängigkeit von der Art der Mannigfaltigkeit und von der Schichtenhöhe; ihre Straffheit aber variiert auf jeder Höhenlage noch einmal selbständig, und an ihr hängt die Einheitlichkeit des Seinsgebietes.

Im allgemeinen wird man sagen dürfen, daß gerade die niederen Einheitstypen die strafferen sind, die höheren aber mehr Mannigfaltigkeit unbewältigt lassen. Dafür sind jene auch die gleichförmigeren und schematischeren, diese dagegen bilden in ihrem Typenreichtum selbst die unvergleichlich höhere Mannigfaltigkeit.

d. Sphärenunterschiede der Einheit. Der Begriff.

Charakteristisch für die Erkenntnissphäre ist, daß sie alle Mannigfaltigkeit nur soweit faßt, als sie sich in irgendwelchen Einheiten gebunden darstellt. Das gilt keineswegs bloß vom begreifenden Erkennen, es gilt auch schon von der Wahrnehmung und von allen Stufen des intuitiv-erlebenden Erfassens. Immer sind es bildhafte Einheiten, Gestalten, die aufgefaßt werden; jenes reine „Mannigfaltige der Wahrnehmung", dem alle Einheitsordnung fehlt, ist eine rückerschlossene Abstraktion, es kommt im menschlichen Gegenstandsbewußtsein nicht vor.

In diesem Punkte also unterscheiden sich die Stufen der Erkenntnis nicht. Sie unterscheiden sich dafür sehr wesentlich in der Art der Einheiten, in denen sie das Mannigfaltige erfassen. Die Wahrnehmung kennt zwar auch schon die Einheit der Allgemeinheit — bekanntlich verallgemeinert, schematisiert, vereinfacht und ergänzt sie alles schon im bloßen Hinschauen —, aber zu besonderer Ausprägung kommt diese Art Einheit doch erst im Begreifen: es greift das Gleichartige in der Mannigfaltigkeit der Fälle heraus und faßt es gesondert von ihr — „abgezogen" und zu bewußt geformten Einheitsgebilden zusammengezogen —, um durch diese wiederum die Mannigfaltigkeit überschauen zu können.

Diese abgezogenen Gebilde sind die sog. Begriffe. Sie sind der Form nach Einheit in doppeltem Sinne: dem „Umfang" nach Einheit der Gleichartigkeit, dem „Inhalt" nach Einheit der Ungleichartigkeit (der sog. Merkmale); denn die Menge der gleichartigen (nämlich der die Fälle gleicher Art verbindenden) Inhaltsmomente ist eine in sich ungleichartige Mannigfaltigkeit. Sofern aber der Begriff mit dieser doppelten Einheitsfunktion der Zusammenschau einer Mannigfaltigkeit dient, ist er weit entfernt, der Abstraktion zu dienen. Er ist vielmehr ein Mittel oder Vehikel echter Einsicht — man kann sagen, der höheren Schau —, und nur seine empirischen Ursprünge gehören der Abstraktion an.

Die Begrifflichkeit des Begreifens aber ist es, was der Einheitskategorie im Erkennen ein so gewaltiges Übergewicht über die Mannigfaltigkeit gibt. Was die Erkenntnis nicht faßt, das bleibt ihr eben fremd; so ist es verständlich, daß die Herrschaft der Einheit für sie früh zu einer Art Postulat wurde. Von hier stammt die Überschätzung der Einheit in den rationalistischen Systemen; sah man doch in ihr, weil sie der Weg des Erkennens war, geradezu so etwas wie Vernunft, Ordnung, Sinn, während man das Mannigfaltige, nachdem man es irrtümlich von ihr getrennt hatte, als das chaotisch Sinnlose und nur uneigentlich Seiende verstand. Dem leistete auch die Sachlage in der idealen Sphäre Vorschub, denn diese Sphäre steht unter der einseitigen Vorherrschaft des Allgemeinen, bewegt sich also ganz in den gestaffelten Einheiten der Gleichartigkeit. Die logische Sphäre und ihre das Denken beherrschende Gesetzlichkeit der Folgerung schematisiert dieses Verhältnis vollends zu einem solchen der Umfänge. Und das Resultat ist die Klassifikation als formales Schubfächersystem.

Die echte, arbeitende, nie stillstehende Erkenntnis hat diese Auswüchse der Theorie niemals mitgemacht. Für sie waren und blieben stets die Begriffe bloße Mittel der erweiterten Schau; und da diese im Vordringen nicht Halt machen kann, mußte sie ihre Begriffe in voller Beweglichkeit, d. h. in ständiger Umbildung erhalten. Die Folge davon aber ist, daß auf dem Boden des erkennenden Bewußtseins sich eine Art Kampf abspielt zwischen erstarrten und beweglichen Begriffen, man kann auch sagen zwischen toten (nun wirklich „abstrakten") und lebendigen Einheiten der Schau.

Von diesem Kampf weiß die Logik — eine in unseren Tagen rückständig gebliebene Wissenschaft — nichts zu sagen. Für die Erkenntnistheorie ist er das eigentlich Wesentliche an der Rolle des Begriffs. In der Tat ist der lebendige Begriff durch seine Beweglichkeit eine der merkwürdigsten Abwandlungen der Einheit, die es gibt. Die Realsphäre hat nichts ihm Vergleichbares, denn ihre genera und species sind etwas ganz anderes; sie teilen die Wandelbarkeit des Begriffs nicht, haben auch keine der seinigen vergleichbare „Geschichte", weil sie vielmehr dasjenige sind, woran der lebendige Begriff sich anzupassen sucht. Aber dieses Problem betrifft nicht den Einheitscharakter allein im Wesen des Begriffs, es ist mehr ein Problem des Gefüges und wird uns bei dieser Kategorie noch beschäftigen. Denn der Begriff ist ein Gefüge.

Soviel nur dürfte an der Rolle des Begriffs überzeugend klar werden, daß die Einheitstypen, welche die Erkenntnis inhaltlich beherrschen, nicht identisch sind mit denen, die ihre Gegenstände (also in erster Linie die reale Welt) beherrschen. Sie weichen dem Bau wie dem Inhalt nach von diesen ab, und nur weil sie abweichen, ist es möglich, daß sich die Erkenntnis mit ihnen in einem Näherungsverhältnis zu den realen Einheiten bewegt.

Darin sind die Wahrnehmung und das Begreifen einander ähnlich, daß sie in den Einheiten der Auffassung Ausschnitte aus dem Realzusammenhang herausschneiden, die keineswegs an dessen natürliche Zäsuren gebunden sind, sondern in einer gewissen Freiheit gegen diese variieren. Was für die Wahrnehmung die Einheit des Bildes, ist für das Begreifen die Einheit des Begriffs, für ganze Wissensgebiete aber die Einheit der Theorie. Ein und dasselbe Gegenstandsgebiet läßt be begrenztem Wissensstande — und das ist im Grunde wohl jeder Wissensstand — vielerlei Vorstellungsweise, mancherlei Begriffsbildung und immerhin mehr als eine Theorie (Gesamtschau) zu. Auf dieser Pluralität möglicher Einheitsbildung beruht die Labilität des jeweiligen Erkenntnisstandes, des individuellen wie des geschichtlich gemeinsamen, sowie die vielberufene Relativität seines Wahrheitsgehalts.

30. Kapitel. Gegensatz und Dimension, Diskretion und Kontinuität.

a. Zur Abwandlung von Gegensatz und Dimension.

Der enge Zusammenhang, der zwischen Dimension und Kontinuität besteht, sowie der Unterschied, der jede von beiden als besondere Kategorie rechtfertigt, ist oben aufgezeigt worden (Kap. 24 c und 26 b). Jede Dimension ist als solche ein Continuum, auch wenn keine realen Übergänge von durchgehender Stetigkeit in ihr vorkommen; das dimensionale Continuum ist ebensosehr Seinsbedingung der Diskretion wie der Kontinuität. Aber Dimension geht im Continuum nicht auf, sie ist darüber hinaus auch Substrat; denn in ihr spielen Verhältnisse, Verbundenheiten, Gesamtheiten mannigfaltiger Art.

Dazu kommt ihr Bezogensein auf den Gegensatz, das wir am Beispiel der Gegensatzkategorien selbst als eine Art Gesetzlichkeit kennengelernt haben. Es ist aber keineswegs auf diese Kategorien beschränkt, es kehrt an allen besonderen Richtungen möglicher Abstufung wieder — bis in die der Sphäre nach sekundären qualitativen Gegensätze, die noch die Mannigfaltigkeit im sinnlich Gegebenen beherrschen (hell — dunkel, rot — grün, hoch — tief, süß — bitter u.s.w.). Eine Fülle geläufiger Gegensätze beherrscht das gesamte Feld der Erfahrung und gibt ihm eine eindeutige Dimensionierung, wobei ihre Objektivität, d. h. ihr Anspruch auf Gültigkeit für die Gegenstandsverhältnisse selbst, sich ihrerseits abstuft. Solche Gegensätze wie groß — klein, stark — schwach, schwer — leicht, geschwind — langsam, heiß — kalt werden auch in der Fassung der exakten Wissenschaft nicht aufgehoben, sondern nur auf einheitliche Maßstäbe der Abstufung gebracht; die Dimensionen selbst bleiben bestehen, nur entdeckt die vordringende Erkenntnis zu ihnen hinzu noch weitere, zum Teil fundamentalere. Aber auch diese sind in derselben Weise dimensioniert. Und stets sind in den qualitativen Verhältnissen, in welchen sich alle Messung und alle mathematische Formulierbarkeit bewegt, die Dimensionen selbst als an sich unmathematische Substrate schon vorausgesetzt (Strecke, Dauer, Geschwindigkeit, Gewicht u. s. f.). Stets muß man um diese schon wissen, um die

Zeichensprache der Formel auch nur zutreffend verstehen zu können. Hinter den Dimensionen solcher quantitativen Abstufung aber stehen unverändert die Gegensatzpaare, zwischen denen sie sich spannen. Als Richtungsgegensätze bleiben sie in aller Umformung erhalten.

Die Alten hatten recht, wenn sie auch im Seelenleben aller Mannigfaltigkeit gewisse Gegensätze zugrundelegten. Namentlich die alte Stoa hat sich ein Verdienst erworben mit der Dimensionierung aller Gefühlszustände in der Abstufung von Lust und Unlust, sowie aller seelisch aktiven und reaktiven Tendenzen in der Abstufung von Hinstreben und Wegstreben (ὁρμή und ἀφορμή, ἐπιθυμία und φόβος). Dasselbe Gesetz gilt aber auch für die ganze Aktmannigfaltigkeit, z. B. sehr ausgeprägt in den höheren wertanzeigenden Akten, wie Liebe und Haß, Sympathie und Aversion, Achtung und Verachtung, oder auch in solchen wie Interesse und Langeweile, Gespanntheit und Gleichgültigkeit. Man sieht, daß diese Reihe sich bis in eine unübersehbar mannigfaltige Besonderung fortsetzen läßt; zugleich aber auch, daß sie sich bis in die höchsten Regionen des Geisteslebens hinauf erstreckt. Die menschlichen Beziehungen im rechtlichen, sittlichen, politischen und künstlerischen Leben sind offenbar von lauter Gegensatzdimensionen der Aktmannigfaltigkeit durchzogen.

Das wiederum hat seinen Grund darin, daß diese Geistesgebiete bis in die feinsten Differenzierungen hinein von Wertbezogenheiten durchsetzt sind. Das Wertreich aber ist nun einmal in eminentem Sinne von Gegensätzen durchzogen, von denen der radikal durchgehende von Wert und Unwert der grundlegende ist.

Es mag mit diesen Proben genug sein. Sie genügen, um die reiche Abwandlung von Gegensatz und Dimension in den Schichten — und selbst darüber hinaus im idealen Sein (Werte) und in den sekundären Sphären (Wahrnehmung und Wissenschaft) — anzudeuten. Was die Wissenschaft anlangt, so wäre über sie freilich noch manches Bemerkenswerte hinzuzufügen. Denn hier treten Gegensätze von teilweise sehr anderem Charakter auf. Wichtiger aber ist es, daß in der Erkenntnis, und insonderheit auf ihren niederen Stufen, die Dimensionen selbst gleichsam verdeckt sind, während die Gegensätze, zwischen denen sie sich spannen, eine gewisse Überbetonung erfahren.

Auf diesem Sphärenunterschied beruht es, daß auf vielen Gegenstandsgebieten erst die Philosophie sich auf die eigentlichen Dimensionen der Mannigfaltigkeit besinnen muß, während die zugehörigen Gegensätze von jeher geläufig sind. Das anschauliche Erkennen sieht die „Extreme" deutlich, es hat auch in der Umgangssprache den Begriffsschatz für sie. Für die Dimensionen aber, obgleich die Anschauung alles Gegebene in ihnen abgestuft sieht, hat es nicht so leicht die zureichenden Begriffe. Denn eben indem es nur die Unterschiede der Gegenstände in ihnen — wie in einem Schema möglicher Sicht — anschaut, sieht es doch nicht sie selbst.

b. Dimensionen und Dimensionssysteme.

Hier liegt auch der Grund, warum die Alten so lange Zeit an dem Satz festhielten, alle Unterschiede stammten aus dem Gegensatz der Extreme (ἄκρα). Nimmt man das streng, so bedeutet es die Zurückführung der Diskretion auf die opposita. Sie sahen eben nicht die Dimensionen der Abstufung, sondern nur die gleichsam absolut verstandenen Endglieder. Gerade solche aber gibt es in den meisten Gegensatzdimensionen gar nicht. Was es dagegen wirklich in ihnen allen gibt, ist die Absolutheit des Richtungsgegensatzes; und bezieht man den Satz der Alten auf diesen, so besteht er zu Recht. Anstelle der Priorität der Extreme tritt dann die Priorität der bipolaren Struktur der Dimensionen, sowie der eindeutigen Ordnungsgesetzlichkeit aller Abstufung innerhalb einer Dimension.

Sehr lehrreich ist in dieser Hinsicht die Platonische Fassung des Apeiron (im „Philebus") als eines durch den Richtungsgegensatz als solchen (den komparativ gefaßten) eindeutig bestimmten Substrates möglicher Abstufung. In dem Gesetz des unbegrenzt bestimmbaren „Unbestimmten" ist die alte Fassung des Verhältnisses bereits überwunden und die innere Einheit von Gegensatz und Dimension der Sache nach erfaßt.

Dimension ist nicht, was man von der Geometrie her unter ihr versteht, ist nicht „Ausmessung". Sie steht gerade diesseits aller Messung und aller Maßbestimmtheit. Sie ist vielmehr das Ausmeßbare, das Substrat möglicher Messung; oder richtiger noch, sie ist das Substrat möglicher Maßbestimmtheit. Denn Maßbestimmtheit gibt es auch ohne ein messendes Bewußtsein. Das gilt gerade auch von den Raumdimensionen, von der Dimension der Zahlenreihe, der Zeit, sowie von allen Dimensionen, in denen es eigentlich quantitativ bestimmte Maßverhältnisse gibt. Für die übrigen, die Dimensionen im weiten kategorialen Sinne, gilt zwar dieselbe Grundbedeutung, nur kann man hier nicht vom „Ausmeßbaren" im strengen Sinn sprechen, weil es sich nicht um quantitative Unbestimmtheit handelt, sondern nur vom „Bestimmbaren". Und damit kommt man genau auf das Platonische Apeiron hinaus.

Im Auge behalten muß man hierbei nur das Eine, daß es sich nicht um ein irgendwie für sich bestehendes Unbestimmtes handelt, das man etwa auch wie ein Anaximandrisches Urwesen verstehen könnte.

Die Unbestimmtheit ist nicht ein Seiendes unter Seiendem, auch nicht „hinter" dem Seienden, sondern durchaus bloß ein kategoriales Fundamentalmoment ohne ontische Selbständigkeit. Sie kommt nirgends anders als in und an den Bestimmtheiten des Seienden — bis in dessen letzte Besonderungen hinein — vor. Das aber heißt, sie kommt nur als Bedingung der Bestimmtheit vor. Kategorien haben kein selbständiges Sein neben dem Concretum, dessen Prinzipien sie sind. Wenn man sie in Gedanken hypostasiert, verkennt man sie. —

Einer besonderen Beachtung bedürfen in diesem Zusammenhang die Raumdimensionen, diejenigen also, an die man stets zuerst denkt, wenn man von Dimensionen spricht. Daß es mit ihnen etwas Eigenes ist, liegt auf der Hand, obgleich es sich nicht ganz ebenso leicht sagen läßt, worin sie sich von anderen Dimensionen unterscheiden. Auf die Anschaulichkeit darf man sich hier schwerlich berufen, die gibt es auch an anderen Dimensionen; auch an der prototypischen Meßbarkeit kann es nicht liegen, denn sie betrifft nur das Quantitative, also nicht den eigentlich dimensionalen Charakter. Wesentlich dagegen ist, daß es sich hier um eine Mehrheit vollkommen gleichartiger, durch nichts als ihr Querstehen aufeinander unterscheidbarer Dimensionen handelt; desgleichen, daß auch innerhalb einer Dimension hier vollkommene Homogeneität besteht, also keine eigentliche Abstufung stattfindet. Und damit hängt das weitere zusammen, daß diese Dimensionen auf keinem angebbaren Gegensatz beruhen, daß also hier die kategoriale Zusammengehörigkeit von Gegensatz und Dimension gelöst zu sein scheint.

Dieses letztere Moment ist offenbar das eigentlich unterscheidende; die beiden ersteren ließen sich leicht als Abwandlung verstehen. Aber wie steht es in Wirklichkeit mit dem Verschwinden der Gegensätzlichkeit? Bestehen die Raumdimensionen wirklich ganz ohne opposita? Das ließe sich doch nur bejahen, wenn man nach antiker Art unter den opposita irgendwelche inhaltliche Extreme (ἄκρα) verstehen wollte; und dem steht natürlich die charakteristische Unendlichkeit des Raumes entgegen. Aber eben die Vorstellung der Extreme ist es, die sich schon an anderen Dimensionen als unzutreffend erwiesen hat. An ihre Stelle ist längst der bloße Richtungsgegensatz getreten. Der aber ist in den Raumdimensionen ebenso wesentlich, ja ebenso grundlegend, wie in jenen.

Man darf sich das Verständnis der Sachlage nur nicht dadurch verbauen, daß man den Richtungsgegensatz im Raume als einen empirisch festgelegten, oder gar auf den Menschen bezogenen versteht. Die Relativität des Vorn und Hinten, Rechts und Links, drängt sich schon im Leben auf; die des Oben und Unten ist schon schwerer einzusehen und auch erst geschichtlich spät durchschaut worden. Aber es handelt sich nicht um diese Gegensätze der Anschauung, sondern um das grundsätzliche Verhältnis, daß im Raume von jedem Punkte aus jede Richtung notwendig ihre Gegenrichtung hat, der Richtungsgegensatz als solcher also ein stets schon zugrundeliegendes kategoriales Moment der Raumdimensionen ist. Dieses Gegensatzverhältnis ist die Bedingung des geometrisch wohlbekannten kontinuierlichen Richtungsüberganges im mehrdimensionalen Raume.

Das kategoriale Grundmoment des Gegensatzes ist an den Raumdimensionen gleichsam versteckt hinter dem mehrdimensionalen Continuum und seiner gleichförmigen Unendlichkeit. Für die Anschauung wird es noch mehr zurückgedrängt durch die Vordergründigkeit des Quantitativen in den Raumverhältnissen. Das ist, im Sinne der Abwandlung verstanden, ein lehrreiches Phänomen: es ist das Gegenstück zu jenem Verschwinden der Dimensionen hinter der Aufdringlichkeit der Gegensätze, das sich als Sphäreneigentümlichkeit der niederen Erkenntnisstufen ergab. —

In einem Punkte ist gerade das Verhältnis der Raumdimensionen prototypisch für alle Seinsdimensionen: es gibt keine isoliert auftretenden Dimensionen, sie kommen nur in Verbundenheit vor, nur in Form von Dimensionssystemen. Was an den Elementargegensätzen bereits sichtbar wurde, daß sie dimensional „senkrecht" aufeinander stehen (vgl. Kap. 26 d), das ist für alle besonderen Gegensatzdimensionen aller Schichten und Sphären charakteristisch. Die Folge davon ist, daß alle Mannigfaltigkeit in der Welt mehrdimensional ist; und da an der Höhe der Mannigfaltigkeit auch die des Einheitstypus hängt, so läßt sich sagen, daß mit dem Dimensionenreichtum auch die Höhe der Einheiten, Formen, Gefüge und Zusammenhänge zunimmt.

Nur in der Abstraktion des Gedankens ist es möglich, einzelne Dimensionen herauszulösen. Und das ist zu Zwecken der Übersicht allerdings auch unumgänglich. Auf solcher Isolierung einzelner Dimensionen einer gegebenen Mannigfaltigkeit beruht u. a. das Pinzip der Klassifikation. Daß nämlich eine und dieselbe Mannigfaltigkeit in verschiedener Weise klassifizierbar ist, hat seinen Grund in ihrer Mehrdimensionalität. Jeder Einteilung liegt eine bestimmte Dimension der Abstufung als „wesentliche" zugrunde. Aber daß die eine gegen die andere vertauschbar ist, beruht schon auf Überschneidung der Dimensionen.

c. Kategoriales Prius der Kontinuität und Vorherrschaft der Diskretion in den realen Reihen.

Jede Dimension ist ihrem inneren Bau nach ein Continuum und steht zugleich unbegrenzter Diskretion offen. Alle Unterschiede innerhalb ihrer beruhen schon auf dem Richtungsgegensatz. Aber sie selbst ist als solche nicht Kontinuität, sowenig wie der Richtungsgegensatz Diskretion ist.

Wie das Bewußtsein sich vorwiegend an die Gegensätze hält, ihr genus aber und mit ihm den Dimensionscharakter übersieht, so hängt es im Leben auch ganz an der Diskretion, faßt stets in erster Linie nur das Unterschiedene und Abgehobene und bemerkt das Continuum nicht, das darin vorausgesetzt ist. Wenn es aber das Continuum bemerkt, wenn es wie in den Bewegungsphänomenen darauf gestoßen wird, so ist es deswegen noch lange nicht imstande, es zu fassen. Denn im Unterschied von allem Diskret-Begrenzten ist das Continuum unanschaulich. Das Begreifen aber hat einen weiten Weg bis zu seiner Erfassung.

So ist das Problem der Kontinuität spät zur Spruchreife gelangt. Im Aristotelischen συνεχὲς καὶ διαιρετόν ist zwar das Grundverhältnis vorbildlich erfaßt; aber es vermochte sich so als ein bloß vorgezeichnetes nicht bis in die konkrete Problematik — z. B. bis in die der Zenonischen Bewegungsaporien — durchzusetzen. Und als es spät, im Beginn der Neuzeit, sich durchzusetzen begann, da war die Spruchreife des Problems um die Einschränkung auf das Gebiet mathematischer und physikalischer Verhältnisse erkauft, die den kategorialen Charakter der Kontinuität wiederum verdunkeln mußte.

Es ist leicht einzusehen, warum es gerade die mathematische Kontinuität war, an der das Prinzip des stetigen Überganges zuerst wirklich greifbar wurde. Auf mathematischem Gebiet eben ließ sich vom Verhältnis endlicher Größen aus — d. h. von der Diskretion aus — im Grenzübergang zum Unendlichkleinen das Continuum gedanklich fassen. Und stärker als sonst irgendwo war hier der Zwang der Probleme. Aber dieser methodische Vorzug des mathematischen Denkens hatte den Nachteil, daß nun die Meinung sich festsetzte, das Continuum wäre überhaupt eine mathematische Angelegenheit. Bis in den heutigen Stand der exakten Wissenschaften hinein hat dieses Vorurteil sich erhalten. In Wahrheit liegt Kontinuität aller und jeder Diskretion zugrunde, einerlei in welchen Gegensatzdimensionen diese gelagert ist. Darum ist die enge Verbundenheit der Kontinuitätskategorie mit dem Prinzip der Dimension überhaupt von so großer Tragweite. An dieser Verbundenheit leuchtet es erst ein, daß es sich um eine Fundamentalkategorie handelt, die allen Seinsschichten gemeinsam ist.

Leibniz, der als erster die Kontinuität zu einem Grundprinzip alles Seienden machte, hat unbeschadet seiner Ausgänge vom mathematischen Infinitesimalverhältnis ihre universale Bedeutung auch zuerst erkannt. Wir finden bei ihm die lex continui als allgemeines Seinsgesetz des lückenlosen Überganges für alle Gebiete in Anspruch genommen, obgleich er die Durchführung für eine so allgemeine Behauptung natürlich nicht geben konnte. Es scheint, daß er sie auch in einer kategorial nicht einwandfreien Weise gemeint hat, z. B. wenn er die Welt als lückenloses Continuum der Formen, Gebilde, Seinsstufen — in seiner Metaphysik also der „Monaden" — verstand. Die radikalen Unterschiede der Seinsschichten, die Einschnitte der Höhenabstufung (vgl. Kap. 20 d), sowie die empirisch gegebenen Schichtendistanzen widerstreiten dem offensichtlich. Dennoch ist in seinem Grundgedanken etwas, was gerade im kategorialen Sinne haltbar und ontologisch fundamental ist.

Kontinuität nämlich ist in einem bestimmten Sinne wirklich primär aller Diskretion gegenüber, auch in den real diskreten Reihen. Sie liegt überall in den Dimensionen der Mannigfaltigkeit selbst schon zugrunde, innerhalb deren die Realgebilde Abgehobenheit voneinander zeigen. Wir pflegen in solchen Fällen zu sagen: der „möglichen" Übergangsstufen sind unendlich viele, meinen aber nicht eine uferlose Menge des Realmöglichen, sondern nur die eine isolierte Bedingung der Möglichkeit, die im Prinzip der Reihenordnung liegt. Denn daß nur einzelne Stufen der Reihe real erfüllt sind, liegt nicht am Prinzip dieser Ordnung, sondern an den besonderen Realzusammenhängen, welche die Diskretion bestimmen.

Nur in diesem kategorialen Sinne ist Kontinuität fundamentaler als Diskretion: sie liegt als Bedingung der Diskretion zugrunde, während diese sich über ihr erhebt. Aber es wäre ganz irrig zu meinen, daß deswegen die realen Reihen auch kontinuierlich wären. Die Mehrzahl von ihnen ist durchaus diskontinuierlich. Die Arten der Atome — so wie das periodische System der Elemente sie zeigt — gehen nicht stetig ineinander über, sondern sind in Sprüngen des Atomgewichts voneinander abgehoben. Die Reihe der organischen Formen, auch wenn man sie phylogenetisch verbunden versteht, ist kein stetiger, sondern ein sprunghafter Formenzusammenhang; er verläuft auch zeitlich nicht in minimalen Variationen und deren allmählicher Steigerung, sondern ist wesentlich durch plötzlich auftretende größere Mutationen bestimmt. Ja nicht einmal die physikalisch-energetischen Prozesse verlaufen stetig, weil die Energieabgabe an Quanten gebunden ist, die sich nicht mehr teilen.

Diese Einsichten — wir verdanken sie sehr späten, z. T. den allerletzten Fortschritten der Forschung — schließen es natürlich keineswegs aus, daß es auch wirklich stetige Realprozesse geben kann. Aber es scheint doch, daß rein kontinuierlicher Übergang in den Realverhältnissen auf ein Minimum beschränkt bleibt (etwa in der Elementarform der rein räumlichen Bewegung). Im Großen gesehen stellt sich das Verhältnis jedenfalls so dar: wir haben es mit einer durchgehenden kategorialen Priorität der Kontinuen zu tun, aber zugleich mit einer deutlichen Vorherrschaft der Diskretion in der Mannigfaltigkeit realer Abstufungsreihen und Formenketten, ja wie es scheint, sogar der Prozesse.

d. Die höheren Kontinuen im organischen, seelischen und geistigen Leben.

Das eigentliche Feld der Diskretion liegt auf allen Gebieten in der Begrenztheit geschlossener „Gebilde", und zwar im Unterschied vom Fortlaufen der Prozesse, die bei aller Ungleichförmigkeit und Sprunghaftigkeit immer noch ein Wesensmoment der Stetigkeit an sich behalten. Nun gibt es aber auf den niederen Seinsstufen eine Vorherrschaft der Prozesse, auf den höheren dagegen, vom Organischen ab aufwärts immer zunehmend, eine solche der Gebilde; zum mindesten nimmt der Formenreichtum der letzteren in einer Weise zu, daß die Prozeßformen von ihnen überhöht und in ihrer Besonderung selbst von ihnen bestimmt werden. Im Hinblick auf die Abwandlung von Kontinuität und Diskretion bedeutet das ein im Schichtenbau der realen Welt nach oben zu fortschreitendes Übergewicht der Diskretion, sowie ein entsprechendes Zurücktreten der Kontinuität.

Dem entspricht nicht nur die zunehmende Komplexheit der Gebilde, sondern auch das Gewicht ihrer Individuation und die gesteigerte relative Selbständigkeit. Schon der Organismus hebt sich mit seinem Einzelsein und Einzelschicksal heraus aus dem Lebensprozeß der Art. Das menschliche Individuum aber ist durch sein seelisches Innenleben, sein Bewußtsein und seine aktive Selbstbestimmung noch in ganz anderem Sinne eine Welt für sich; sein Bewußtseinsstrom mag in sich freilich ein Continuum sein (wiewohl ein periodisch unterbrochenes), nach außen ist er doch absolut geschlossen. Sein Seelenleben mag nach außen bezogen sein und von außen bestimmt sein, es selbst geht doch nie in das ihm Äußere, auch nicht in fremdes Seelenleben über.

Dieses Verhältnis ist nun freilich einzigartig in der Welt. Denn weiter hinauf in der Sphäre des gemeinsamen Geisteslebens haben wir zwar die Geschlossenheit der Geistesgebiete, sowie die der völkisch und zeitlich getrennten Menschengruppen. Aber die Abgeschlossenheit ist nicht die gleiche; hier gibt es sehr wohl die Übergänge, das Übergreifen und Ineinandergreifen.

Überhaupt scheint es, daß im Geistesleben wieder mehr Kontinuität ist als im persönlich-seelischen Leben. Das wird besonders einleuchtend, wenn man auf die Geschichtlichkeit des objektiven Geistes hinblickt, der mit der Generation, die ihn trägt, nicht stirbt, sondern sich weiter tradiert. Es stellt sich hier über dem Wechsel der menschlichen Individuen die Kontinuität eines geschichtlich geistigen Prozesses her, die nun ihrerseits das individuelle Geistesleben überhöht und bestimmt. Denn so sind die kommenden und gehenden Individuen in diesen Prozeß einbezogen, daß sie ihrerseits erst in das tradierte geistige Gut — Sprache, Sitte, Recht, Wissen u. a. m. — hineinwachsen und erst dadurch auf die Höhe des jeweiligen gemeinsamen Geistes gelangen.

Diese Sachlage ist anthropologisch ausschlaggebend, sofern sie allem Individualismus der Persönlichkeit sehr enge Grenzen setzt — und zwar nicht aus ethischen, sondern aus rein ontologischen Gründen. Wären Kontinuität und Diskretion über alle Schichten des Realen gleich verteilt, so stünde das menschliche Individuum mit seiner seelischen Einzigkeit freilich ganz anders da. Nun aber ist der Mensch nicht seelisches Wesen allein, sondern auch organisches und geistiges Wesen; oder kategorial ausgedrückt, er ist selbst ein geschichtetes Wesen. Seine Seinsfundamente liegen im organischen Leben des Stammes, in dem er bloß ein Glied der Kette ist, die in der Folge der Generationen über ihn hinauslebt. Seine höheren Lebensgehalte liegen im geistigen Sein, und mit ihnen steht er wiederum in einer Kette fortlaufenden geschichtlichen Lebens, an die er gebunden ist und in der er nur ein zeitweiliger, wenn auch vielleicht aktiv sie bewegender Träger ist. Nur in der mittleren Seinsschicht, als seelisches Individuum und Bewußtsein, steht er anders da: sein Seelenleben ist und bleibt eine Sphäre für sich, ein Mikrokosmos, der sich bei aller Bedingtheit und Getragenheit vom makrokosmischen Prozeß doch niemals mit ihm vermengt.

So ist in der Kette der organischen Individuen Kontinuität. Hier schließt Leben an Leben durch Zeugung und ständige Wiederbildung; der Zusammenhang ist lückenlos, obgleich er durch die Periodizität der Generationenfolge einer gewissen Gliederung, d. h. der Diskretion unterliegt. In der Seinsschicht des Seelischen aber ist keine solche Kontinuität: das Bewußtsein behauptet seine Einheit nur innerhalb eines Menschenlebens, es entsteht in jedem Individuum von neuem und geht in jedem wieder zugrunde. Ein allgemeines Bewußtsein über dem der Individuen gibt es nicht; wie sehr auch die Metaphysik nach einem solchen gefahndet hat, etwa ein „transzendentales Bewußtsein" oder ein „absolutes Ich" postuliert hat, als real bestehend hat sich etwas derartiges nie nachweisen lassen. Eine Stufe höher aber, im geistigen Sein, ist wieder Kontinuität, und hier wird auf allen Gebieten im geistigen Austausch und in der Gemeinsamkeit des geistigen Gutes die Isolierung überbrückt.

Der Geist verbindet, wo das Bewußtsein trennt. Er verbindet auch dort, wo das organische Leben nicht verbinden kann. Denn der geistige Inhalt vererbt sich nicht — nur die Anlage vererbt sich —, aber er tradiert sich. In der Kontinuität des vom geistigen Zusammenhang über die Generationen hinweg zur Einheit gebundenen Gemeinschaftslebens spielt sich der große Gesamtprozeß ab, den wir Geschichte nennen.

e. Einseitige Übergewichte im Erkennen.

Um das Bild vollständig zu machen, muß man dieser Schichtenabwandlung auch noch den Sphärenunterschied hinzufügen. Die ideale Sphäre freilich ist hinsichtlich des Verhältnisses von Kontinuität und Diskretion uninteressant — bis auf die eigenartige Rolle beider Kategorien im Bereiche des Mathematischen. Für diese aber wird sich bei den Quantitätskategorien noch der Boden finden. Wichtig dagegen in einem allgemeineren Sinne ist die Sachlage in der Erkenntnissphäre.

In der Realsphäre sind die Übergewichte von Kontinuität und Diskretion sehr verschieden über die Schichten verteilt. Die Erkenntnis aber hat eine eigene Stufenfolge und diese zeigt einen anderen Gang des kategorialen Verhältnisses. Auf allen Gebieten der Wahrnehmung und des anschaulichen Erlebens ist die Diskretion im Übergewicht, die zugrundeliegende Kontinuität aber ist verdeckt. Die Anschauung hält sich an die Einzelgebilde, für sie sind Dinge, lebende und seelische Individuen das unmittelbar Gegebene. Sie faßt zwar auch Vorgänge, Bewegungen, Geschehnisse; aber ihr gelten sie als etwas Sekundäres und gleichsam Akzidentelles. Sie faßt auch keineswegs den stetigen Übergang selbst, sofern ein solcher vorliegt (in der räumlichen Bewegung etwa); sie verbindet nur lose die in ihrem Unterschied aufgefaßten Stadien zu einem Ganzen und läßt sie verschwimmend ineinanderlaufen. Damit stellt sich in der Anschauung allerdings das Bild des fließenden Fortschreitens her — eine Art Reobjektivation der Stetigkeit in der fortlaufenden Synthese des Wahrgenommenen —, aber es ist doch nur ein Hinweggleiten über die eigene Unvollständigkeit (die stets vorhandene Lückenhaftigkeit) der Wahrnehmungskette selbst.

Das ändert sich von Grund aus, sobald das Begreifen sich dieses Gegebenen bemächtigt. Solange es die strenge Kontinuitätskategorie noch nicht hat, erscheint ihm gerade diese von der Anschauung naiv, aber nur lose erfaßte Stetigkeit des Vorganges paradox: es müßten der Stadien ja unendlich viele in der kleinsten Spanne des durchmessenen Weges enthalten sein. Und nun verstrickt es sich in Paradoxien. Dieses Stadium der Unglaubhaftigkeit stetiger Übergänge haben wir, klassisch ausgeprägt, in den Zenonischen Aporien.

Ringt das Begreifen sich aber erst einmal bis zum Gedanken der Kontinuität durch, so begnügt es sich nicht mit der Lösung der Aporien, bleibt auch nicht beim Wissen um das kategoriale Vorausgesetztsein der Kontinuität (in den Dimensionen möglichen Überganges) stehen, sondern ist nun geneigt, alle Prozesse und alles, was sonst noch Reihenordnung zeigt, als real stetigen Übergang zu verstehen. So gelangt das begreifende Erkennen zu einem durchgehenden Übergewicht der Kontinuität, das ebenso einseitig ist wie das der Diskretion in der Wahrnehmung. Diese Sichtweise hat ihre klassische Ausprägung im Weltbilde der neuzeitlichen Physik erhalten, welches fast bis auf unsere Zeit das herrschende geblieben ist. Seinen Boden hatte es in der mathematischen Vorstellungsweise, deren faßbar gewordene Kontinuen nun ohne Grenzen auf alle Arten des Realprozesses übertragen wurden.

Es ist oben gezeigt worden, wie alle neu ins Bewußtsein durchgedrungenen Kategorien die Tendenz zur Grenzüberschreitung mit sich bringen (Kap. 7). Diese Tendenz ist im Denken der Kontinuität sehr weit gegangen. Auch der große Gedanke der Deszendenz organischer Formen verfiel in seinen Anfängen dem vereinfachten Schema der unmerklichen Übergänge. Und die ersten Schritte der neuen Psychologie im 19. Jahrhundert (Entdeckung der Schwellengesetze) mußten mit Kontinuitätsvorstellungen brechen, die allem weiteren Eindringen wie ein Hemmnis entgegenstanden.

Diese Antithetik der Vorherrschaft von Diskretion und Kontinuität in den Auffassungsformen der realen Welt dürfte im Grunde keine bloß geschichtliche sein. Sie wurzelt im Widerspiel der Erkenntnisstufen, deren Ineinandergreifen ihrerseits das Fortschreiten der Einsicht bestimmt. Wir leben heute in einer Epoche, deren Anschauungsweise die Gliederung, den Rhythmus und die Sprünge in den Kontinuen wieder mehr zur Geltung bringt. Und es scheint, daß in dieser Tendenz der Synthese die Einseitigkeiten früherer Zeiten sich auspendeln wollen. Damit ist Aussicht, daß auch die im Entstehen begriffene neue Ontologie ein besser ausgeglichenes Bild des kategorialen Verhältnisses von Kontinuität und Diskretion gewinnt, als es uns die Einseitigkeit menschlicher Denkformen vortäuscht.

31. Kapitel. Determination und Dependenz.

a. Determinative Reihe, Bedingung und Grund.

Eine Form der Determination ist uns im Verhältnis von Prinzip und Concretum begegnet. Man kann sie die kategoriale Determination nennen, weil sie die Bestimmung des Konkreten durch seine Kategorien bedeutet. Bedenkt man, daß das Wesen der Kategorien recht eigentlich in dieser bestimmenden Funktion besteht, daß sie neben ihr kein anderes Sein haben, so könnte man meinen, Determination sei überhaupt nichts anderes als die Funktion des Prinzips, Dependenz aber der Charakter des Bestimmtseins durch das Prinzip am Concretum (Kap. 27 c).

Das ist ein Irrtum, von dem man sich freimachen muß. Es gibt noch ganz andere Arten der Determination, die zwar besondere Prinzipien voraussetzen, aber nicht zwischen ihnen und dem Concretum, sondern innerhalb des letzteren spielen; ja es gibt auch solche, welche die Prinzipien miteinander verbinden, wir sind ihnen bei den Kohärenzphänomenen der Gegensatzkategorien begegnet (Kap. 26 a—c). Determination ist alles Bestimmtsein des einen durch ein anderes, einerlei in welcher Sphäre und Seinsschicht, einerlei auch, ob es einseitiges oder gegenseitiges, zeitloses oder zeitliches Bestimmtsein ist. Nur die Arten der Determination unterscheiden sich je nach dem Gebiet und der Dimension des Verhältnisses. Und deren allerdings gibt es mancherlei.

Determination ist eine Form der Relation, aber zugleich mehr als Relation. In ihr ist ein Glied das Bestimmende, das andere das Bestimmte. Aber sie geht in dieser Zweiheit nicht auf. Die wichtigsten Formen der Determination haben das Schema der Reihe, in der die Bestimmung von Glied zu Glied weitergegeben wird; die Dependenz wird dann eine ebenso von Glied zu Glied fortlaufende. Dabei sind beide nicht an die Diskretion der Glieder gebunden; die Kette oder Reihe kann auch kontinuierlich sein. Die Richtung der Determination aber erhält sich auch im stetigen Übergang.

Determination in diesem Sinne ist die Verbundenheit der concreta unter sich, und zwar durch ein fortlaufendes Folgeverhältnis. Sie bedeutet in aller Mannigfaltigkeit des Seienden dieses, daß nicht einfach alles, was ist, so nebeneinander besteht — auch wenn das Nebeneinander noch so sehr relational geformt und gegliedert sein sollte —, sondern daß eines auch „durch" das andere bedingt ist, oder daß eines „auf Grund" des anderen besteht. Dieser eigentümlich dynamische Charakter des Verhältnisses unterscheidet die Determination von bloßer Relation.

Dependenz aber ist dasselbe dynamische Verhältnis, nur vom abhängigen Gliede aus gesehen. Wo Determination die Form der Reihe annimmt, da ist die Dependenz ebenso reihenförmig das fortlaufende „Hängen“ der Glieder aneinander. Kategorial gesehen also unterscheiden sich Determination und Dependenz nur dadurch, daß sie in allen Teilverhältnissen der Reihe an getrennten Gliedern auftreten; so hat schon Aristoteles das Determinationsverhältnis verstanden, indem er es in die Zweiheit der Kategorien ποιεῖν und πάσχειν faßte. Am einfachsten ist das zu sehen, wo es sich nur um ein zweigliedriges Verhältnis handelt (wie etwa bei Prinzip und Concretum); wo das Verhältnis ein fortlaufendes ist, wird jedes abhängige Glied der Reihe selbst wiederum zum Determinierenden des nächsten Gliedes. Es gibt die Determination weiter. Die Dependenz wird zur Kette, in der die Glieder aneinander hängen.

Für die menschliche Fassungskraft freilich besteht hier noch ein anderer Unterschied. Abhängigkeit erfassen wir relativ leicht, oft schon an rein äußerlichen Anzeichen; die determinierende Macht hinter ihr zu erfassen, ist in der Regel weit schwerer. Daß von der Art des Samens die Gestalt der ausgewachsenen Pflanze abhängt, war von jeher leicht zu sehen; aber wie der Same es zuwege bringt, eine so lange Reihe von Prozeßstadien zu determinieren, ist ein Rätsel, das auch die heutige Forschung noch als in den wichtigsten Stücken ungelöst ansehen muß. So ist es auf den meisten Wissensgebieten: wir kennen überall viel mehr Dependenz als Determination. Nimmt man es damit kategorial streng, so muß man allerdings sagen, daß wir in solchen Fällen die eigentliche Dependenz ebensowenig kennen. Was uns in dieser losen Form bewußt wird, sind nur ihre Resultate, oder wenn man so will, ihre Erscheinungsform.

In der Regel ist das ontische Verhältnis so, daß die Determination an einer ganzen Reihe von Faktoren hängt, die alle mitbestimmend sind. Man kann diese Faktoren die Bedingungen, das Abhängige aber im Verhältnis zu ihnen das Bedingte nennen. Darin kommt eine Seite im Wesen der Determination klar zum Ausdruck: die Unerläßlichkeit der Faktoren für das Zustandekommen des Abhängigen. Denn das besagt der Ausdruck „Bedingung“: nicht ohne sie kommt die Sache zustande. Er besagt aber keineswegs, daß sie allein genüge, die Sache zustandezubringen. Eine einzelne Bedingung determiniert überhaupt noch nicht, sie determinieren nur in Gemeinschaft. Erst wenn alle Bedingungen beisammen sind, resultiert das durch sie bedingte Abhängige.

Das Bedingungsverhältnis also ist nicht identisch mit dem Determinationsverhältnis; es ist in diesem stets nur ein Teilverhältnis. Was noch hinzukommen muß, ist die Totalität der Bedingungen. Sind die Bedingungen beisammen, so setzt ein Gesamtverhältnis ein, das von anderer Art ist. Dieses Verhältnis ist das von zureichendem Grunde und notwendiger Folge.

Der „Grund" also, obgleich er in nichts anderem als der Vollzähligkeit der Bedingungen besteht, unterscheidet sich von diesen eben dadurch, daß er wirklich determiniert. Sein Zureichendsein ist identisch mit der Vollzähligkeit der Bedingungen. Der Satz vom zureichenden Grunde besagt, daß für alles, was ist, die Reihe der Bedingungen vollständig vorhanden ist, und daß auf Grund dieser Vollständigkeit nichts Seiendes anders sein oder ausfallen kann, als es ist. Dieses Gesetz, in voller Allgemeinheit verstanden, ist ein universales Determinationsgesetz. Es würde besagen, daß in allen Sphären und Schichten totale und durchgehende Determiniertheit waltet, und daß es nirgends in der Welt einen Spielraum des Zufälligen gibt.

b. Sphärenunterschiede. Wesenszufälligkeit und Realnotwendigkeit.

Die Modalanalyse hat gezeigt, daß dem nicht so ist. Es gibt kein allgemeines Determinationsgesetz. Es gibt nur ein Gesetz der Realdetermination; dieses besagt, daß in der Realsphäre alles, was wirklich ist, auch auf Grund einer vollständigen Bedingungskette notwendig ist. Es besagt aber nicht, daß auch im idealen Sein oder gar in den sekundären Sphären ein ähnliches Verhältnis durchgehender Determination bestehe. Es besagt auch nichts über die besondere Art der Realdetermination; aus ganz anderen Zusammenhängen heraus ergab sich erst, daß jede Schicht des Realen ihre besonderen Determinationsformen hat [1]).

Nicht als gäbe es keine Determination und keine Abhängigkeit in den anderen Sphären. Es gibt ihrer schon mancherlei, aber es ist keine durchgehende Determination, sie ist entweder sporadisch oder unvollständig, ergibt also kein eigentliches Gesetz.

Dasselbe läßt sich auch in der Begriffssprache von „Grund und Folge" ausdrücken. Es gibt kein für alle Sphären geltendes Gesetz des zureichenden Grundes. Es gibt nur eines für die Realsphäre. Der „Gründe" freilich gibt es auch im Wesensreiche, im Logischen und in der Erkenntnis genug. Aber in diesen Sphären hat entweder nur einiges (also nicht alles) einen zureichenden Grund, oder aber die

---

[1]) Diese Sätze erfordern eine weit ausladende Beweisführung, die nur auf Grund der Intermodalgesetze des realen Seins — sowie andererseits auch des idealen Seins der logischen und der Erkenntnissphäre gegeben werden kann. Diese Untersuchung ist geführt in „Möglichkeit u. Wirklichkeit", Berlin 1938, Kap. 24—36, 39 c und 44 a—c.

Gründe sind nicht zureichend (bestehen nicht in Totalität der Bedingungen). Das erstere entspricht der sporadisch auftretenden, das letztere der unvollständigen Determination.

Dieses Resultat der Modalanalyse ist offenbar von allergrößtem Gewicht für das Verständnis der Sachlage im Determinationsproblem. Und selbstverständlich muß es allen weiteren Erörterungen über das Kategorienpaar Determination und Dependenz zugrunde gelegt werden. Aber es läßt sich nicht leugnen: es ist ein sehr merkwürdiges Resultat. Man meinte doch immer, im idealen Sein und im Logischen sei alles notwendig, nichts zufällig, in der realen Welt aber gebe es überall den Zufall. Man glaubte also im Wesensreich, sowie in dem ihm formal verwandten Reich der Urteile und Schlüsse, durchgehende Determinationsketten zu erblicken, die allen besonderen Inhalt bis ins kleinste beherrschen; man hielt daran deswegen so fest, weil man die Wesensnotwendigkeit allein meinte, die freilich hier überall vom Allgemeinen zum Besonderen hin — also im logischen Schema „abwärts" — waltet. Individuelle Einzelfälle aber gibt es im idealen Sein nicht. Dem Realen aber sprach man diese durchgehende Determination eben darum ab, weil hier das Reich der individuellen Einzelfälle ist, und weil diese vom Allgemeinen her nur unvollständig bestimmt, in ihrer Besonderheit also ihm gegenüber in der Tat zufällig (nämlich wesenszufällig) sind.

Dieser Gegensatz ist es, den die Modalanalyse umkehrt. Das ideale Sein ist unvollständiges Sein, und dementsprechend ist auch die Determination, die in ihm waltet, eine unvollständige. Wohl ist die Bestimmung des Besonderen vom Allgemeinen her in der Stufenleiter von genus und species eine durchgehende, aber sie betrifft in der species stets nur das Generelle, während das eigentlich Spezielle undeterminiert und dem genus gegenüber recht eigentlich zufällig bleibt. Damit fällt der Nimbus des idealen Seins — als eines Reiches der vollkommenen Notwendigkeit — von ihm ab, und ein Jahrtausende altes Vorurteil der Metaphysik hat ausgespielt.

Und auf der anderen Seite zeigte sich, daß jene Wesenszufälligkeit der Realfälle nur relativ auf die Wesenheiten besteht, ja daß sie nichts anderes bedeutet, als die Unzulänglichkeit der Wesenszüge und Wesensgesetze, das Reale zu determinieren. Deswegen aber brauchen die Realfälle nicht real zufällig zu sein. Es gibt eben in der Realsphäre noch andere Determination als die „von oben her" (vom Allgemeinen her); es gibt neben dieser „vertikalen" auch eine „horizontale" Determination, welche gerade die realen Einzelfälle und speziell die Stadien des Realprozesses miteinander verbindet. Und in dieser determinativen Horizontalverbindung ist alles Einzelne und Einmalige in seiner Besonderheit durch eine stets vollständige Kette von Bedingungen notwendig und kann nicht anders ausfallen, als es ausfällt. Es hat also seinen zureichenden Grund. Aber es hat ihn nicht in Wesenheiten und Allgemeinheiten allein, auch nicht in Kategorien oder besonderen Gesetzlichkeiten allein, sondern in der Totalität der Realzusammenhänge, die als Gesamtkollokation von Fall zu Fall andere sind.

Das also war der alte Irrtum, daß man die „vertikale" Determination vom Allgemeinen her allein im Auge hatte. Es gibt diese freilich auch in der Realsphäre, aber sie ist hier nur ein Bruchteil der Gesamtdetermination, während sie in der idealen Sphäre allein bleibt. Realnotwendigkeit ist anders dimensioniert als Wesensnotwendigkeit; darum überkreuzt sie sich in den Realzusammenhängen reibungslos mit dieser, füllt aber zugleich deren determinative Unvollständigkeit auf. So kommt es, daß das Wesenszufällige zugleich real notwendig sein kann, daß im Realzusammenhang durchgehende Determination herrscht, während im idealen Sein das Besondere auf jeder Höhenlage zufällig bleibt.

Es gibt zwar Gebiete des idealen Seins, auf denen die vertikale Determination außerordentlich weit in die Besonderung hineinreicht. Es sind die Gegenstandsgebiete des mathematischen Seins. Doch walten hier besondere Verhältnisse, die am kategorialen Charakter des Quantitativen haften und sich nicht verallgemeinern lassen.

Ein besonderes Kapitel des Sphärenunterschiedes ist noch das Verhältnis der Erkenntnis zur Realdetermination. Die niederen Erkenntnisstufen fassen wenig von ihr; Wahrnehmung und anschauliches Erleben nehmen das „Tatsächliche" gemeinhin als Wirkliches ohne Notwendigkeit. Die Realdetermination bleibt verborgen. Darauf beruht die Zufälligkeit, in der die unbegriffenen Ereignisse zu schweben scheinen. Das Begreifen aber, das sich auf die Zusammenhänge besinnt, hat einen weiten Weg bis zum Erfassen der Notwendigkeit. Denn es muß dazu eine Totalität von Realbedingungen zur Übersicht bringen; eine Aufgabe, die ihm nur in einfachen Fällen annähernd gelingen kann. Tatsächlich kann sich das Begreifen in diesem Dilemma nur durch den Umweg über die um vieles leichter faßbare Wesensnotwendigkeit helfen. Aber diese reicht für die Realdetermination nicht zu [1]).

c. Die besonderen Typen der Determination in den Schichten des Realen.

Die Abwandlung der Determination und Dependenz in den Schichten des Realen ist von besonderem metaphysischen Gewicht, weil sie angetan ist, allen traditionellen Vorstellungen von Determinismus

[1]) Zur Theorie dieses Verhältnisses vgl. a. a. O. Kap. 48, 52 und 53.

und Indeterminismus entgegenzutreten. Denn ist Realdetermination nicht von einer Art, sondern ebenso geschichtet wie die reale Welt selbst, so passen alle alten Schemata des Weltbildes nicht auf sie zu und müssen revidiert werden, sowohl die deterministischen als auch die indeterministischen.

Aber diese Abwandlung zu verfolgen ist nur möglich, soweit wir die besonderen Typen der Determination kennen. Und hier stoßen wir auf Grenzen, die wir nicht überschreiten können. Denn die höheren Typen — vom Reich des Organischen an aufwärts — sind, soweit wir sie nicht aus unserem eigenen menschlichen Tun kennen, in ein Dunkel gehüllt, das nicht an ihrer Kompliziertheit allein liegt, und das bisher nur in sehr bescheidenen Grenzen hat aufgehellt werden können. Von allen Typen der Realdetermination sind uns unmittelbar nur zwei zugänglich: der Kausalnexus im physischen und der Finalnexus im geistigen Sein. Ohne Zweifel gibt es auch auf der Höhe des Organischen, sowie auf der des Seelischen eigene Formen des Nexus, und darüber hinaus noch weitere auf den höheren Stufen des geistigen Lebens. Aber für diese läßt sich nur gleichsam der ontologische Ort angeben, sowie einige wenige positive Hinweise, die sich aus den besonderen Prozeßformen ergeben. Die spezielle Kategorialanalyse kann hier freilich auf Grund der Schichtenunterschiede noch manches klären. Aber auch das läßt sich einstweilen nicht vorwegnehmen.

Immerhin ist es schon instruktiv, sich in den Grenzen unseres Wissens ein Bild von der Mannigfaltigkeit der Determinationstypen zu machen. Auf Vollzähligkeit kann das Bild selbstverständlich keinen Anspruch erheben.

1. Die einfachste Form des Realnexus ist die Kausalität. Sie hat die Form der mit dem Zeitfluß fortlaufenden Abhängigkeit des Späteren vom Früheren, wobei jedes Stadium des Prozesses zugleich Wirkung früherer Ursachen und Ursache späterer Wirkungen ist. Sie verbindet allererst die Stadien zur Einheit eines zusammenhängenden Prozesses, gleichgültig ob die Stadien kontinuierlich aneinanderschließen oder sprunghaft sich aneinander reihen. Grundsätzlich kommt die Kausalreihe aus der Unendlichkeit, denn vor jeder Ursache müssen weitere Ursachen liegen, und geht ins Unendliche, denn über jede Wirkung hinaus müssen weitere Wirkungen folgen. Sie führt daher, zum mindesten nach rückwärts, auf die Antinomie des „ersten Gliedes" hinaus.

2. Noch auf derselben Schichtenhöhe tritt neben die Kausalreihe als zweite Determinationsform die Wechselwirkung des Gleichzeitigen aufeinander. Sie besagt, daß die Kausalketten nicht isoliert nebeneinander her, sondern nur in durchgehender Querverbundenheit mit-

einander ablaufen und sich gegenseitig beeinflussen. Das läuft auf die Einheit des Naturprozesses (und vielleicht des Weltprozesses überhaupt) hinaus, sofern in jedem Gesamtstadium jede Teilwirkung mit durch die ganze Kollokation aller Realumstände bestimmt ist.

3. In der Welt des Organischen reichen diese Formen der Determination nicht mehr aus. Zwar löst sich manches Rätsel am Lebensprozeß durch das Ineinandergreifen der Kausalfäden; aber die subtile Zweckmäßigkeit der Teilfunktionen füreinander, die Selbstregulation des Ganzen, sowie die Wiederbildung des Organismus von der Keimzelle aus zeigen den Typus eines noch anders gearteten Zusammenspieles, das vom Ganzen aus bestimmt ist. Vom Resultat aus sieht diese Form der Determination dem Finalnexus zum verwechseln ähnlich, und man hat sie denn auch von altersher so verstanden. Es fehlt aber das zwecksetzende Bewußtsein; und die Wahrheit ist, daß wir die wirkliche Form der Determination in diesen innerorganischen Prozessen nicht kennen.

4. Um nichts weniger dunkel, obgleich weniger umstritten, ist die Determinationsform der psychischen Akte, die ihr Aufkommen, ihren Ablauf und ihren gegenseitigen Zusammenhang betrifft. Wenn man hier von psychischer Kausalität spricht, so ist das gewiß nicht ganz abzuweisen; aber es reicht nicht zu. Schon in den einfachen seelischen Reaktionen sind andere Momente mit bestimmend. Außerdem aber ist in allen Akten ein Faktor, der aus den inneren Eigentendenzen des Seelenlebens kommt, nicht aus dem Bewußtsein, sondern aus seinen unterbewußten Hintergründen. Wo er ins Bewußtsein aufrückt, nimmt er die Form der Zwecktätigkeit an. Wie er vor seinem Aufrücken determiniert, entzieht sich einstweilen noch aller Beurteilung.

5. Eine Stufe höher, mit dem Einsetzen der Objektivität und des personalen Geistes, haben wir dann wirklich den Finalnexus. Er ist nicht, wie man oft gemeint hat, die einfache Umkehrung des Kausalnexus, sondern von viel komplizierterem Bau. Er beginnt mit dem Vor-Setzen des Zweckes im Bewußtsein, verläuft sodann in der Wahl der Mittel — rückwärts vom vorgesetzten Zweck aus bis auf das erste Mittel — und endet im Realprozeß der Verwirklichung des Zweckes, der rechtläufig in der Zeit abläuft, und in dem dieselben Mittel als Ursachenreihe den Zweck bewirken. Da die ersten beiden Glieder dieses Zusammenhanges typische Bewußtseinsvollzüge sind, so kann es den Finalnexus nur geben, wo ein zwecksetzendes und Mittel wählendes Bewußtsein vorhanden ist.

6. Unter den vielerlei Determinationsformen, die dem geistigen Sein eigen sind, ist die Wertdetermination eine der merkwürdigsten. Werte sind keine realen Mächte, von ihnen geht nur ein Sollen aus,

die Anforderung. Aber der Mensch ist durch sein Wertgefühl empfänglich für die Anforderung; und da er zugleich des Wollens und der Verwirklichung mächtig ist, so kann er sich für sie einsetzen. Werte determinieren also nur indirekt etwas in der realen Welt, sofern ein realer Wille sich für sie entscheidet.

7. Das setzt aber eine weitere Determinationsform voraus: eben diejenige, die in der Entscheidung des Willens für oder wider die Anforderung enthalten ist. Sie besteht in einer Selbstbestimmung oder Autonomie des Willens sowohl den bestimmenden Faktoren der Realsituation als auch den Werten und ihrer Anforderung gegenüber. Ihr Problem ist das vielumstrittene der „Willensfreiheit". Allerdings ist „Freiheit" ein mißverständlicher Ausdruck: er täuscht Unbestimmtheit vor, während es sich in Wahrheit um einen eminent positiven Faktor der Eigenbestimmung handelt (vgl. hierzu unten Kap. 60e und f, 61a und b).

8. Eine besondere Rolle spielen weiterhin die hochkomplexen Determinationsformen im Gemeinschaftsleben und im Geschichtsprozeß. In ihnen überlagern und durchdringen sich die niederen Formen des Nexus und liegen teilweise mit den höheren im Streit. Auch der Streit aber ist nicht regellos, er hat sein sehr bestimmtes Folgeverhältnis. Es folgt nur nicht immer das, was menschliche Zwecksetzung und Initiative in ihm vorsieht. Gleichwohl ist die Tendenz des Menschen, den Geschichtsprozeß zu gestalten, in diesem selbst ein wesentlicher Faktor.

d. Andere Determinationsformen.

In den Determinationstypen des Realen überwiegt die Form des Nexus, d. h. der fortlaufenden Reihe. Das entspricht der allgemeinen Seinsform des Werdens, die in den Schichten die gleiche ist und auf der Einheit der Zeitlichkeit in ihnen beruht. Zwar treten neben dem Nexus auch andere Formen auf — wie in der Wechselwirkung, in der Ganzheitsdetermination des Organischen und im Anforderungscharakter der Werte —, aber sie fügen sich doch überall der linearen des Werdens ein.

Es gibt aber noch andere Formen der Determination und Dependenz, die nicht auf Realverhältnisse beschränkt sind; und es gibt auch solche, die sich zwar auf das Reale erstrecken — d. h. es mit determinieren —, aber nicht in seine Seinsform eingespannt sind.

Von der ersteren Art ist z. B. die Bestimmung des Besonderen durch das Allgemeine (der species durch das genus). Von ihr wurde bereits gezeigt, daß sie unvollständig ist, desgleichen wie es charakteristisch für das Verhältnis der beiden Seinssphären ist, daß sie im idealen Sein die einzige durchgehende Determinationsform ist, im realen aber nur ein untergeordnetes Teilmoment der Gesamtdetermination ausmacht.

Eng verwandt ist ihr die von den Kategorien ausgehende und das Concretum generell bestimmende Determination. Sie hat keinen Reihencharakter, ist bloß zweigliederig und steht dimensional „senkrecht" auf den im Concretum selbst verlaufenden Reihen des Realnexus. Nach dem Platonischen Bilde: sie spielt in der „Vertikale", während der Realnexus „horizontal" verläuft. Da aber die Kategorien nach der Schichtenhöhe verschieden sind, und das Concretum überall von ihnen „abhängt", so stehen auch die besonderen Typen der Realdetermination von ihnen in Abhängigkeit. Dadurch erweist sich die dimensionale Überkreuzung der Determinationen als wesentlich: der determinative Gesamtbau des Realzusammenhanges besteht im Ineinandergreifen der zeitlos-kategorialen und der zeitlich-realen Determination. Jene bestimmt die Form und den Bau des Nexus je nach der Schichtenhöhe, diese aber bestimmt das besondere Geschehen im Einzelfall, je nach der Gesamtkollokation des jeweiligen Realzusammenhanges.

Die geradlinige Fortsetzung der kategorialen Determination ist diejenige, die von den besonderen Gesetzen einer Seinsschicht (oder auch eines engeren Seinsgebietes) ausgeht. Das bekannteste Beispiel dieser Art ist die Naturgesetzlichkeit. Es ist dieselbe „Vertikale", in der sie verläuft, dieselbe Zweigliedrigkeit und dasselbe Überkreuzungsverhältnis zum Realnexus, das hier waltet. Nur setzt die Determination hier gleichsam auf halber Höhe ein, so wie es ihrer geringeren Allgemeinheit entspricht. Wichtig ist an diesem Verhältnis, daß die sog. Naturgesetzlichkeit nicht mit einer der Formen des Realnexus, also auch nicht mit der Kausalität, zusammenfällt. Der Realnexus könnte an sich auch ohne Gleichartigkeit (Gesetzlichkeit) der Abläufe bestehen; und die Gleichartigkeit könnte auch ohne Realnexus bestehen. Es sind determinativ durchaus verschiedene Instanzen der Bestimmtheit, die hier in Synthese treten und das Gesamtbild ausmachen.

Eine weitere Form der Determination — der Wechselwirkung des Realen vergleichbar, und doch ganz anders als sie — ist die Kohärenz der Kategorien, ihre gegenseitige Abhängigkeit und Implikation. Auch sie wirkt sich im Realen als Einheit der in sich mannigfaltigen kategorialen Determination aus. Und auch sie setzt sich im Zusammenhang der besonderen Gesetze fort, sofern diese nicht isoliert auftreten, sondern ihr Concretum gemeinsam bestimmen.

Wiederum anders ist die mathematische Folge, die das Reich der reinen Größenverhältnisse, also das der Zahl und des geometrischen

Raumes beherrscht, durch sie hindurch aber auch die Naturgesetzlichkeit durchsetzt. Sie ist mit dieser nicht identisch, besteht auch ohne sie als eine besondere Determinationsform des idealen Seins, umfaßt aber innerhalb des letzteren nur die quantitativen Verhältnisse. Für die Erkenntnis hat sie den ungeheuren Vorzug, daß sie unmittelbar im Verstande faßbar ist. Dadurch ist sie die faßbare Seite in der Naturgesetzlichkeit, soweit nämlich diese eine in quantitativen Verhältnissen geordnete ist.

Nur vorgreifend kann an dieser Stelle auf eine weitere, das ganze Reich des Realen durchziehende Determinationsform hingewiesen werden, welche das Abhängigkeitsverhältnis der Seinsschichten (sowie ihrer Kategorienschichten) betrifft. Sie verläuft in der Schichtenfolge von unten nach oben und bedeutet das Basiertsein der höheren Schicht auf der niederen. Aber sie ist durchaus keine vollständige Determination, sondern läßt viel Spielraum für Selbständigkeit der höheren Schichten. Von ihr wird noch ausführlich bei den kategorialen Gesetzen zu handeln sein; denn für den Aufbau der realen Welt ist gerade sie die ausschlaggebende.

Schließlich ist nicht zu vergessen, daß auch noch die Erkenntnis ein besonderes Verhältnis von Grund und Folge kennt, das sich weder mit dem in den Seinssphären waltenden noch auch mit der logisch-deduktiven Folge deckt. Die ratio cognoscendi ist in der Richtung beweglich, sie kann der ratio essendi folgen, kann ihr aber auch entgegen gerichtet sein. Denn die Gründe der Einsicht liegen beim Gegebenen; das Gegebene aber kann auch das ontisch Sekundäre sein. Sie schließt von der Wirkung auf die Ursache, vom Fall auf das Gesetz, vom Concretum auf das Prinzip, genau so gut wie umgekehrt. Und sie kann es darin zu hohen Gewißheitsgraden bringen, auch wenn sie es zum vollen Erfassen der Realnotwendigkeit nicht bringt.

Sie ist dabei freilich auf allgemeine Voraussetzungen angewiesen, wie z. B. in der Induktion auf das Wissen um die Gesetzlichkeit überhaupt. Aber in den Grenzen, in denen ihre Kategorien mit denen des Seienden zusammenfallen, ist sie dieser Voraussetzungen gewiß. Denn hier ist der Punkt, in dem der Erkenntnisgrund auf den Seinsgrund rückbezogen ist.

32. Kapitel. Einstimmigkeit und Widerstreit.

a. Realrepugnanz und Widerspruch.

Nicht um die Ehre Gottes allein ging es im Theodizeeproblem. Es ging darum, was von der Welt zu halten ist, in der wir leben, um Weltbejahung und Weltverneinung, um Lebensoptimismus und Pessimismus. Denn widerspruchsvoll und in sich gebrochen, ein Stümperwerk, schien diese Welt zu sein, voller Ungerechtigkeit, Schlechtigkeit und Halbheit — eine Welt, aus der man die Flucht suchen müsse. Das war es, was man Unvollkommenheit der Welt nannte. Ihre Wurzel aber sah man in der inneren Disharmonie, im Widerstreit feindseliger Mächte, die unbeherrscht das Ganze durchziehen und nicht zum Einklang zu bringen sind.

Seit der alten Stoa hat es die Metaphysik immer wieder unternommen zu zeigen, daß die Unvollkommenheit Schein sei, daß nur die engen Grenzen menschlicher Sicht die Harmonie nicht fassen, zu der alles sich zusammenschließt, und in der jeder Widerstreit sich auflöst. Das 17. Jahrhundert, das die neuen Wege mathematischer Exaktheit und erkenntnistheoretischer Kritik fand, ist zugleich die klassische Zeit dieses Gedankens. Kepler suchte die allgemeine „Weltharmonik" für den räumlichen Kosmos, Leibniz für den ganzen Aufbau der realen Welt nachzuweisen. Mit ihren Namen ist das metaphysische Prinzip der Harmonie für die Dauer verbunden geblieben.

Die Voraussetzung in alledem war, daß der Widerstreit das in sich Unstimmige und Hinfällige, und darum auch das Wertwidrige und Schlechte sei. Solange man mit dem Wertgefühl am omne ens est bonum hing, mußte die Theorie ihn aus der „seienden" Welt wegzudeuten suchen. Dieses Werturteil fand seine Stütze in der logischen Gesetzlichkeit des Denkens, die den Widerspruch als das Undenkbare ausschließt. Der Satz des Widerspruchs besagt eben die Nichtigkeit des Widerstreitenden im Reich des Gedankens. Sollte da nicht im Reich des Seienden das Widerstreitende ebenso nichtig sein?

Daß diese Rechnung angesichts der mannigfachen Konfliktphänomene nicht aufgehen konnte, ist wohlbekannt. Daß hier ein frommer Wunsch der Vater des Gedankens war, ist auch nicht schwer zu erkennen. Nicht ganz so leicht zu durchschauen ist schon die Berufung auf den Satz des Widerspruchs. Hier überdecken sich zwei stillschweigende Voraussetzungen, und beide sind gleich irrig.

Die eine besteht in der Meinung, das Gesetz des Widerspruchs beherrsche das Denken tatsächlich wie ein Naturgesetz. Das wirkliche Denken aber stößt in seinen Folgerungen vielmehr immerfort auf Widersprüche, und oft genug muß es sie unbehoben stehen lassen, weil es weder sie auflösen noch die Sache preisgeben kann, an der sie hängen. Das Denken eben steht nicht unter logischer Gesetzlichkeit allein, seine Ausgänge sind auf allen Gebieten alogischer Art (Gegebenheiten, apriorische Voraussetzungen u. a. m.); außerdem spielen ganz andere Gesetze des psychischen Vorstellungsablaufes hinein. Das Denken ist so der Kampfplatz von mindestens zwei verschiedenen Gesetzlichkeiten, und darum ist es gerade ein Feld des Konfliktes. Wäre es das nicht, machte es keine „logischen Fehler" und träten in ihm nicht immerfort Widersprüche auf, die es erst zu bewältigen trachten muß, so würde der logische Satz des Widerspruchs in ihm keinerlei irgendwie aktuelle Rolle spielen: es gäbe keinen Widerspruch im Reiche des Gedankens, den er verbannen könnte. Der Satz des Widerspruchs spielt nur deswegen eine so große Rolle im Denken, ist Maßstab und Kriterium seiner Richtigkeit, weil das Denken voller Widersprüche ist.

Er ist im Grunde auch gar nicht ein Gesetz des Denkens, sondern des idealen Seins. Im idealen Sein gibt es den Widerspruch nicht, weil es Spielraum hat für die Parallelität des Inkompossiblen. Das Unvereinbare stößt hier nicht aufeinander, weil es sich nicht berührt. Das Denken aber ist diesem Gesetz nicht unterworfen; es fügt sich ihm nur, soweit es sich zur Objektivität erhebt und in sich Ordnung und Einstimmigkeit schafft.

Die zweite falsche Voraussetzung aber ist die Verwechselung von Widerspruch und Widerstreit. Der Widerspruch ist freilich eine Art des Widerstreits, aber doch eine sehr besondere. Nur wo es Urteile (Aussage, „Spruch") gibt, kann es „Widerspruch" geben. Urteile gibt es nur in der logischen Sphäre, in der Realsphäre kommen keine Urteile vor. In ihr kann man auch nicht von „Widerspruch" sprechen. Was in ihr dem Widerspruch allenfalls entsprechen würde, ist eine ganz andere Form des Widerstreites, die Realrepugnanz. Diese besteht im Aufeinanderstoßen entgegengerichteter Tendenzen, Mächte oder Determinationen; d. h. sie besteht im realen Konflikt, im Kampf. Aber Kampf ist etwas ganz anderes als Unstimmigkeit. Er braucht nicht zur Vernichtung der aufeinanderstoßenden Mächte zu führen; vielmehr es resultiert aus jedem Konflikt wieder etwas ganz Bestimmtes, und zwar etwas, das seine Bestimmtheit eben aus der besonderen Art des Aufeinanderstoßens gewinnt. Der Realwiderstreit ist so nur ein Prozeßstadium unter anderen Stadien, und er zieht wie andere Stadien Folgen nach sich, die ihm selbst unähnlich sein können, d. h. nicht wieder im Konflikt zu bestehen brauchen.

Sagt man also, es gebe keinen Widerspruch im Realzusammenhang, so sagt man zwar etwas Wahres, aber auch etwas Belangloses. Der Widerspruch mitsamt seinem bekannten Gesetz der Selbstaufhebung (dem „Satz des Widerspruchs") ist eine untergeordnete Kategorie, die nur die sekundären Sphären betrifft und auf ein allgemeineres Gesetz der idealen Sphäre zurückgeht. Aber mit dem Auftreten der Realrepugnanz in der Realsphäre hat das nichts zu schaffen.

Jedenfalls gibt es einen eindeutigen Sinn des Widerstreits, und zwar, wie es scheint, in allen Schichten des Realen. Und damit erst wird das Problem der Einstimmigkeit akut. Denn der Realzusammenhang bricht nirgends auseinander. Er muß also wohl irgendwie Spielraum für den Widerstreit haben. Und da es sich hier nicht wie in der idealen Sphäre um ein indifferentes Nebeneinander handeln kann — denn der Realzusammenhang ist einer, und neben ihm gibt es keinen zweiten —, so muß es auch Formen der Einstimmigkeit geben, in die der Konflikt übergeht, oder in die er sich aufhebt. Es ist damit keineswegs gesagt, daß aller Widerstreit sich lösen müßte; der Widerstreit kann sich auch erhalten und steigern; er kann auch zur Vernichtung führen. Aber er kann nicht allein herrschen. Es muß auch übergreifende Harmonie geben.

b. Die Abwandlung des Widerstreits in den Schichten des Realen und die Formen der Einstimmigkeit.

Wie groß der Sphärenunterschied am Kategorienpaar von Einstimmigkeit und Widerstreit ist, hat sich bereits gezeigt. Die ideale und die logische Sphäre schließen den Widerstreit aus. Die Erkenntnissphäre ist voller Unstimmigkeiten, die alle aus der unbewältigten Mannigfaltigkeit des Gegebenen stammen; aber das Begreifen folgt dem Gesetz der Logik, es hat die Tendenz, den Widerspruch auszuschließen. Ja, es macht die Widerspruchslosigkeit geradezu zu einer Art Mindestforderung im Hinblick auf die Erfassung des Realen. Und es hat — im ganzen genommen, d. h. bis auf gewisse Grenzprobleme — vollkommen Recht damit. Denn der Realwiderstreit, der ja vielmehr mit erfaßt werden muß, hat nicht den Charakter des Widerspruchs.

Von wirklich fundamentaler Bedeutung ist also nur die Sachlage in der Realsphäre. Und da diese nach Schichten differenziert ist, so gilt es, die verschiedenen Formen und Abarten des Realwiderstreits, sowie die der immer wieder ihnen entsprechenden Einstimmigkeit wenigstens in großen Zügen zu überblicken.

Man kann den Widerstreit schon in den einfachen Widerstandsphänomenen des Materiellen finden, in der Undurchdringlichkeit, in Druck und Gegendruck, Stoß und Gegenstoß. Er ist hier sehr unscheinbar, und wir empfinden ihn nicht als Konflikt, denn das Aufeinanderstoßen löst sich hier überall sofort in ein klar geordnetes Verhältnis, resp. in das eindeutige Weiterlaufen des Prozesses auf.

Um vieles greifbarer ist er schon im Verhältnis gegeneinander gerichteter Kräfte, wie es im Gleichgewicht eines Hebels, in der Wurfparabel eines Geschosses, in der gestreckten Ellipse einer Kometenbahn oder im Strahlungsgleichgewicht einer leuchtenden Gasschicht (etwa der Sonnenatmosphäre) vorliegt. Die dynamischen Gleichgewichte aller Arten sind bereits Ausgleichsformen realen Widerstreites. Es sind also Formen der Einstimmigkeit widerstreitender Momente. Die große Konstanz solcher Ausgleichsformen täuscht uns leicht über das Vorhandensein des Widerstreites hinweg; aber es gibt auch Grenzen des dynamischen Gleichgewichts, und sieht man genauer zu, so findet man, daß alle Gleichgewichte einen gewissen Einschlag der Labilität haben, d. h. daß sie von einem bestimmten Grade der Verschiebung im Kräfteverhältnis ab sich auflösen. Die Auflösung ist dann das Zutagetreten des Widerstreites. Was wir physikalisch das Freiwerden gebundener Energie nennen, ist nichts anderes als der Durchbruch des dynamischen Widerstreites durch die labil gewordene Form des Ausgleichs.

Diese Art des Widerstreits geht durch alle Formen des dynamischen Verhältnisses hindurch. Eine andere Art aber setzt im Organischen ein. Äußerlich ist das schon sichtbar am Phänomen des Todes. Sofern der Tod des Lebendigen nicht gewaltsame Zerstörung durch äußere Mächte ist, besteht er im Versagen des Ausgleiches von aufbauendem und abbauendem Prozeß (Assimilation und Dissimilation). Diese beiden Prozesse halten sich im Gleichgewicht, solange das Individuum lebt, und das Gleichgewicht reguliert sich in gewissen Grenzen selbsttätig. Aber es reguliert sich nicht unbegrenzt; es hat selbst einen Einschlag von Labilität, und daran wird der innere Widerstreit im Widerspiel der Prozesse sichtbar.

Dasselbe wiederholt sich eine Stufe höher im Leben der Art als einem über den Tod des Individuums hinaus fortlaufenden Gesamtlebensprozeß. Die im Widerstreit liegenden Teilprozesse sind hier die Sterblichkeit und die Reproduktion (Wiederbildung) der Individuen. Auch sie stehen, solange die Art fortlebt, in einem Gleichgewichtsverhältnis; aber auch dieses Gleichgewicht ist labil, denn phylogenetisch gibt es ebensowohl den Artentod wie die Artentstehung.

Weiter aufwärts ist der Widerstreit ein wohlbekanntes Phänomen. Das Seelenleben des Menschen ist voller Konflikte, auch solcher, die weit unterhalb der vollen Bewußtheit liegen und sich in den mannigfachen Abstufungen des Schmerzes, der Unlust, des Unbehagens fühlbar machen. Auch hier gleicht sich nicht alles aus, wiewohl es zu allen Formen seelischen Widerstreites auch entsprechende Formen des seelischen Gleichgewichtes gibt. Denn noch weit mehr als im Reich der organischen Selbstregulation sind hier die Ausgleichsformen labil.

Die größten Ausmaße aber nimmt der Widerstreit erst auf der Höhe des geistigen Seins an. Denn das geistige Leben stellt Ansprüche und führt damit selbst Konflikte herauf. Der Antagonismus der persönlichen Interessen und Leidenschaften wird stets nur halb gebändigt durch die rechtliche und politische Organisation des Gemeinschaftslebens; der Konflikt zwischen Anspruch des Individuums und Anspruch der Gemeinschaft verlangt dauernd nach neuem Ausgleich; er kommt nie zur Ruhe, treibt aber eben dadurch den Menschen zu immer neuen Versuchen „gerechter" Synthesis an. Derselbe Konflikt, nur in größerem Stil, spielt sich im Zusammenleben der Völker und im Aufeinanderstoßen ihrer Machtansprüche ab. Der Geschichtsprozeß ist die Bühne, auf der dieser nie abreißende Kampf sich abspielt. Und die Geschichte lehrt, wie erstaunlich labil gerade auf diesem Felde die Versuche des Ausgleiches (Verträge und Abmachungen) gegenüber der Urwüchsigkeit der streitenden Mächte sind.

Nicht identisch mit diesen Formen des Widerstreites ist der moralische Konflikt. Er beruht auf dem Ineinandergreifen zweier heterogener Determinationen in der Bestimmung der menschlichen Aktivität. Kant hat sie als die der Neigung und die der Pflicht unterschieden, entsprechend dem inneren Gegensatz des Menschen als „Naturwesen" und als „Vernunftwesen". Genauer ist es, wenn man die erstere als Realdetermination (freilich nicht bloß als kausale), die letztere aber als ideale Determination, d. h. als Sollen oder als die von den Werten ausgehende Anforderung versteht. Der menschliche Wille ist dann recht eigentlich der Boden, auf dem dieser Konflikt ausgefochten wird. Aber die Entscheidungen, die der Wille trifft, sind weit entfernt, ein Ausgleich zu sein. Sie haben mehr den Charakter des Machtspruches, nicht den einer Lösung des Konflikts. Der Konflikt besteht denn auch über die Entscheidung hinaus fort und macht sich weiter im Leben geltend.

Es gibt noch andere Formen des widerstreitenden Aufeinanderstoßens heterogener Determinationen. Wir sind einer solchen schon oben begegnet; sie liegt in der zugleich psychischen Aktgesetzlichkeit und logischen Inhaltsgesetzlichkeit des Denkens. Für sie ist es charakteristisch, daß es einen eigentlichen Ausgleich hier gar nicht gibt. Es gibt nur eine einzige Art von Einstimmigkeit, die sich herstellen läßt: diejenige, die in der absoluten Herrschaft der logischen Gesetze liegt. Aber da das wirkliche Denken stets Aktvollzug bleibt und auf einem komplizierten Geflecht tragender Akte beruht, so läßt sich eben diese allein mögliche Einstimmigkeit stets nur in beschränktem Umfange — also stets nur innerhalb eines Teilgebietes — herstellen.

c. Zur Metaphysik des Widerstreites. Grenzen der Harmonie.

Da man die höheren Formen des Widerstreites, als die dem Menschen näherliegenden und ihn selbst direkt angehenden, natürlich von jeher kannte und auch um die Begrenztheit allen Ausgleichs sehr wohl wußte, so ist es verständlich, daß die kühnsten Theorien zur Lösung des Konfliktproblems entstehen konnten. Nicht die zu Anfang erwähnten Theodizeeversuche allein gehören hierher. Es gibt tiefsinnigere Lösungen, und zwar schon sehr alte.

Vielleicht die bedeutendste ist die des Heraklit. Nach ihm ist der Kampf selbst das erzeugende und ordnende Prinzip („Vater und König") alles Seienden; d. h. er ist das Gegenteil von dem, was man sonst unter ihm versteht, nicht Zerstörung, sondern Aufbau, nicht Verwirrung, sondern Ordnung. Hier ist die Harmonie nicht ein zweites Prinzip neben dem Widerstreit, sondern identisch mit ihm; sie ist zwar geheimnisvoll „verborgen" hinter dem aufdringlich erscheinenden Widerstreit, aber in der Tiefe ist sie eins mit ihm.

Dieser geniale Lösungsversuch leidet nur an dem einen Mangel, daß auf diese Weise kein rechter Unterschied mehr zwischen gelösten und ungelösten Konflikten übrig bleibt. Ja eigentlich kann es nach ihm keine ungelösten Konflikte geben, weil jeder Widerstreit selbst seine Lösung ist. Das könnte allenfalls auf die niederen Formen des Widerstreites zutreffen (auf die mechanisch-dynamischen), aber nicht auf die höheren, in denen die Gebilde, die es nicht zum Ausgleich bringen, zugrunde gehen.

Denn das ist das Charakteristische, das vom Organischen ab aufwärts immer deutlicher in die Erscheinung tritt, daß keineswegs aller Widerstreit sich auflöst, daß unübersehbar Vieles vom inneren Konflikt zerrissen und zerstört wird. Kategorial bedeutet das aber, daß Harmonie etwas anderes ist als Widerstreit, daß die beiden überall in der Welt vielmehr in Gegensatz stehen und sich gegenseitig verdrängen. In ganz naiver, aber fundamentaler Form hat Empedokles dieses Verhältnis ausgesprochen, indem er „Haß und Liebe" (νεῖκος und φιλότης) für die bewegenden Mächte der Welt erklärte. Hier ist der Gegensatz der beiden Kategorien gesehen und anerkannt, und zwar ist er wie ein Kampf aufgefaßt. Frei ausgedrückt: zwischen Krieg und Frieden ist noch einmal Krieg, zwischen Widerstreit und Einstimmigkeit ist ein Widerstreit höherer Ordnung; in diesem Widereinander beider siegt bald der Widerstreit, bald die Einstimmigkeit, und dieser Wechsel ist der Weltlauf.

In einer Hinsicht haben die Alten sich die Erfassung des Problems erschwert: sie erblickten die Wurzel des Widerstreits in den Seinsgegensätzen. Der Sache nach machten sie dadurch aus dem Realwiderstreit einen solchen der Prinzipien. Das entspricht nicht der Sachlage im Verhältnis der Gegensatzkategorien: Gegensatz ist nicht Widerstreit, er ist ebensosehr auch engste Zusammengehörigkeit (vgl. Kap. 25). Die ganze metaphysische Linie der Theorien, die eine Überwindung des Widerstreits in der Einheit der Seinsgegensätze suchten — es ist die Linie, die beim Cusaner in die coincidentia oppositorum auslief — läuft daher am ontologischen Problem des Widerstreits und der Einstimmigkeit vorbei.

Auch Hegel, der einer so einfachen Lösung abgeneigt war, hat Gegensatz und Widerstreit nicht reinlich auseinandergehalten. Überdies faßte er den Widerstreit als „Widerspruch" und gab damit dem Realproblem den Anschein eines logischen Problems. Darum ist lange nicht alle Antithetik, die er entwickelt, echter Realwiderstreit. Aber auf den höheren Seinsstufen hat er dennoch das Verdienst, viele echte Formen des Widerstreits aufgedeckt zu haben. Und wichtiger vielleicht noch ist, daß er diesen Widerstreit in den „Synthesen" seiner Dialektik nicht auflöste, sondern unbehoben in sie hineinnahm. Auf diese Weise gelang ihm allem Vernunftidealismus zum Trotz in seiner Metaphysik eine ontologisch phänomengerechte Einordnung des Realwiderstreits in die sich überhöhenden Formen der Einstimmigkeit.

Gerade diese Seite seiner lehrreichen Dialektik dürfte aber bis heute noch wenig ausgewertet sein. Man konnte sie auch auf idealistischer Basis nicht auswerten. Dazu bedarf es ontologischer Grundlagen und kategorialer Klärung des Verhältnisses von Gegensatz und Widerstreit. Diese Klärung dürfte mit der dimensionalen Struktur des Gegensatzverhältnisses vollzogen sein. Und damit erst wird es möglich, den Sinn der durchaus positiven Rolle, die dem Widerstreit im Aufbau der realen Welt zufällt, zu würdigen.

Die aufsteigende Reihe der Formen des Widerstreits in der Schichtung des Seienden hat gelehrt, daß der Widerstreit nach oben hin erheblich zunimmt — sowohl an Mannigfaltigkeit als auch an Tiefe der Spannung und des Konflikts —, aber auch, daß der wachsenden Größe des Widerstreits höhere Formen der Einstimmigkeit entsprechen. Nur sind diese letzteren weder identisch mit dem Widerstreit (nach Herakliteischer Art) noch sind sie ihm vollkommen gewachsen. Man kann auf ihnen keine Theodizee gründen, nicht aller Konflikt löst sich in Harmonie. Und, wie es scheint, gerade in den höheren Seinsschichten, im Reich des Menschen, des Ethos, des Gedankens und der Geschichte, nimmt der Überschuß des unbewältigten Widerstreits zu. Denn zu dem einfachen Widerstreit homogener Kräfte kommt hier der tiefere Widerstreit heterogener Determinationsformen, deren Ausgleich nicht gegeben, sondern dem Menschen anheimgestellt ist.

d. Das Problem der Antinomien.

Unter den aufgezählten Formen des Widerstreits fehlte noch diejenige, die in der Metaphysik die größte Rolle gespielt hat, die der Antinomien. Sie wurde dort mit Vorbedacht ausgelassen, weil sie nicht Realwiderstreit bestimmter Kräfte oder Determinationen ist, sondern ein im engeren Sinne prinzipieller oder kategorialer Widerstreit. Man kann sie auch nicht einer bestimmten Seinsschicht zuweisen, obgleich die Kantischen Antinomien „kosmologischer" Art sind, also in erster Linie der niedersten Schicht gelten.

Von den Antinomien nun ist bereits oben bei der Zurückweisung des kategorialen „Harmoniepostulats" die Rede gewesen (vgl. Kap. 17, insonderheit b und c). Es fehlte dort noch an der nötigen Unterscheidung von Widerspruch und Widerstreit, sowie am erforderlichen Abstand vom Gegensatzphänomen. Dennoch konnte schon jene Überlegung eindeutig zeigen, daß echte Antinomien nur solche sind, die sich nicht lösen lassen und an denen schon das Unternehmen der Lösung die Verfehlung des Problems bedeutet. Der Grund dieser Einsicht war ein sehr einfacher: Lösung eines Widerstreits durch Erkenntnis der wahren Sachlage ist nichts anderes als der Nachweis, daß der Widerstreit ein scheinbarer war, daß er also überhaupt nur in der unzutreffenden Auffassung, also nur in mente bestand. Die Lösung ist dann in der Tat die Aufhebung der Antinomie.

Diese Auskunft ist zwar eine erfreulich eindeutige, aber sie bringt keinerlei Entscheidung darüber, ob nun die großen Weltantinomien, um die so viel gestritten worden ist, echte Realantinomien sind oder nicht. Denn die vorgeschlagenen Lösungen sind fragwürdig. Das gilt auch von den Kantischen Lösungen. Für seine ersten beiden Antinomien wußte Kant nur eine negative Lösung: These und Antithese sollten beide hinfällig sein. Das ist in Wahrheit keine Lösung, sondern nur die Nichtigkeitserklärung der Antinomie. Wie aber kann man das Problem des Weltanfangs für nichtig erklären, oder auch nur das der kleinsten Teile? Natürlich kann man Probleme abweisen, weil man sie für Scheinprobleme hält. Aber als Lösung darf die Abweisung erst gelten, wenn man auch den Grund des Scheines aufzeigen kann. Und in diesem Punkte dürfte Kants Argumentation nicht zureichen.

Seine dritte und vierte Antinomie dagegen löste Kant durch das metaphysische Schema seines transzendentalen Idealismus: die „erste Ursache" und das „absolut notwendige Wesen" sind als Erscheinungen nicht möglich, als Dinge an sich aber sehr wohl möglich. Diese Auskunft ist eine spekulative, sie steht und fällt mit der Voraussetzung, d. h. mit dem metaphysischen Standpunkt.

Man kann also Kants Antinomien nicht als grundsätzlich gelöst ansehen. Man kann in seiner Behandlung der Kausalantinomie wohl einen tiefsinnigen Ansatz zur Lösung des Freiheitsproblems finden, wozu es freilich mancher ferneren Klärung, sowie der Herauslösung des Kerngedankens aus dem transzendentalen Schema bedarf. Aber als kosmologische Antinomie der „ersten Ursache" bleibt sie deswegen doch ungelöst.

Damit steigt die Chance, daß es sich hier um echte, d. h. um unlösbare Antinomien handeln könnte; kategorial gesprochen also um eine Grundform des Realwiderstreites im Ganzen der Welt — neben den besonderen Formen des Widerstreits, die mit der Eigenart der Seinsschicht wechseln. Doch auch das ist mit der Unlösbarkeit noch keineswegs entschieden.

Hat sich nämlich eine Antinomie als unlösbar erwiesen, so bestehen immer noch zwei Möglichkeiten: der Widerstreit kann in der Gesetzlichkeit des Erkennens liegen, er ist dann nach dem Worte Kants ein „Widerstreit der Vernunft mit sich selbst"; er kann aber auch im Sein liegen, und dann ist der Konflikt in der Struktur der realen Welt selbst angelegt. Im ersteren Falle ist der Bau der Welt harmonisch, und nur die Kategorien der Erkenntnis reichen nicht zu, ihre Einstimmigkeit zu fassen. Im letzteren Falle aber ist die Welt disharmonisch; die Erkenntnis aber steht unter dem Satz des Widerspruchs, sie lehnt das Begreifen des Widerstreitenden ab, weil es für sie die Form des „Widerspruchs" annimmt.

Kant entschied sich für den ersten Fall; oder vielmehr, er zog den zweiten gar nicht ernstlich in Betracht, denn viel zu stark war dafür noch das harmonistische Vorurteil des 17. Jahrhunderts in ihm. Indessen, gerade kritisch angesehen, hat dieser zweite Fall doch vieles für sich. Denn daß der kategoriale Apparat unserer Erkenntnis sich mit den Prinzipien des Seienden nur teilweise deckt, ist gerade eine kritische Einsicht. Es könnte also sehr wohl Seinsformen geben, die der Erkenntnis grundsätzlich nicht faßbar sind; und es ist nicht einzusehen, warum zu diesen nicht auch die Seinsform des Realwiderstreits gehören sollte, zumal es ja auf der Hand liegt, daß der Verstand den Widerstreit von vornherein als „Widerspruch" mißversteht.

Dieser zweite Fall erinnert an die Cartesische Idee des deus malignus: die menschliche Vernunft ist so eingerichtet, daß sie nach eben dem unausgesetzt fahnden muß, was real nicht besteht und dessen die reale Welt auch gar nicht bedarf. Sie ist dann durch kein Mißlingen von der Vergeblichkeit ihres Trachtens abzubringen, ist unbelehrbar, verurteilt ewig zu suchen, was es nicht gibt. Denn sie kann aus der Zwangsjacke des Widerspruchsgesetzes nicht heraus, auch wenn sie einsieht, daß dieses Gesetz den Realwiderstreit nicht betrifft.

Auf Grund ontologischer Überlegung kann sie aber sehr wohl aus der logischen Zwangsjacke heraus. Ontologisch nämlich gibt es zwei Gründe, die für den zweiten Fall sprechen. Der eine liegt in der Tatsache, daß es in der Schichtenfolge der realen Welt mannigfachen Realwiderstreit gibt, insonderheit aber auf der Höhe des seelischen und geistigen Seins, wo er den Ernst der Konflikte des Menschenlebens ausmacht und die sittlichen Aufgaben des Menschen sehr wesentlich mitbestimmt. Wollte man den Konflikt zweier Determinationen im Menschenwesen für Schein erklären — und sei es auch für transzendentalen Schein —, man würde den Menschen als sittlich-verantwortliches Wesen selbst aufheben. Man würde überdies den Grund des Scheines ontologisch aufweisen müssen; was eine Aufgabe ist, die öfters unternommen worden ist, aber stets schon bei den ersten Schritten das Problem verfehlt hat.

Der zweite Grund aber liegt in der Struktur der Antinomien selbst. Es ist nicht wahr, wie Hegel zu erweisen suchte, daß die vier Kantischen Antinomien lediglich an dem kategorialen Moment der Unendlichkeit hingen und im Grunde nur eine einzige Antinomie wären. Sie hängen vielmehr am dimensionalen Reihencharakter der Räumlichkeit, der Zeitlichkeit und der determinativen Struktur der Welt. Nicht daß die Reihen unendlich sind, sondern daß sie ein „erstes Glied" verlangen, beschwört den Widerstreit herauf; für das erste Glied aber ist es gleichgültig, ob es in endlicher Distanz oder in unendlicher Ferne liegt. Oder anders gesagt, das „erste Anheben" einer endlichen Reihe ist ebenso widerstreitend wie das einer unendlichen.

Wirklich aktuell ist das Problem des ersten Gliedes wohl nur in den determinativen Reihen. Es ist damit nicht auf die „erste Ursache" beschränkt, denn es gibt auch andere Formen des Realnexus, und selbst im idealen Sein spielen die ersten Glieder der Abhängigkeitsketten grundsätzlich dieselbe Rolle. Den eigentlichen Grundtypus dieser Antinomik haben wir im modalen Bau der Determination, d. h. im Wesen der Notwendigkeit als eines „relationalen Modus". Denn Notwendigkeit des einen gibt es nur „auf Grund" eines anderen; und weil das erste Glied der Kette nicht „auf Grund" eines anderen notwendig sein kann, sondern zufällig bleibt, so bleibt die Zufälligkeit am Ganzen der Notwendigkeitsverknüpfung selbst hängen. Dieses Verhältnis hat die Modalanalyse für alle Sphären herausgearbeitet [1]).

So gesehen ist Kants vierte Antinomie die eigentliche Grundantinomie. Die große Paradoxie, daß das vielumstrittene „absolut notwendige Wesen" vielmehr ein absolut zufälliges Wesen ist, hat

[1]) Vgl. „Möglichkeit und Wirklichkeit", Kap. 10 und 27.

Kant freilich nicht gesehen [1]). Sie liegt aber in der Konsequenz dieser Antinomie, wenn man sie auf ihrem eigenen Boden, dem der Seinsmodalität, ohne Voreingenommenheit durchführt. Und da eine solche Durchführung es mit sich bringt, daß man in ihr von den Erkenntnismodi absehen und erst im Gegensatz zu ihnen die ganz anders geartete Seinsmodalität einsetzen muß, so läßt sich die Antinomie, auf die sie hinausführt, auch nicht als Antinomie der Vernunft verstehen. Sie muß also eine Antinomie des Seienden als solchen sein. Und das bedeutet: sie ist ein Realwiderstreit in den kategorialen Grundlagen des Seienden, und sie zu lösen ist nicht nur unmöglich, sondern schon in der Tendenz ein Verfehlen des Problems.

33. Kapitel. Element und Gefüge.

a. Gebilde, Ganzheiten und Gefüge.

Die Abwandlung von Kontinuität und Diskretion hat gezeigt, wie in den höheren Schichten des Realen die Gliederung zunimmt und schließlich das Übergewicht gewinnt. Dieses Übergewicht hängt am Auftreten von relativ geschlossenen „Gebilden", die zwar in die durchgehenden Prozesse einbezogen, aber doch von einer gewissen Selbständigkeit gegen sie sind und teilweise ihrerseits den Ablauf der Prozesse bestimmen.

Soweit diese Gebilde nicht flüchtige Augenblickskollokationen sind, haben sie einen inneren Zusammenhalt, der ihnen Konstanz gibt, wennschon die Konstanz begrenzt sein mag. Der Zusammenhalt ist stets irgendwie relational und determinativ geformt. Die Teile des Gebildes sind nicht nur aneinander gebunden, sondern auch zur Ganzheit gefügt. Und die Abgrenzung eines solchen Ganzen gegen die umgebende Welt macht die äußere Form und Bestimmtheit des Gebildes gegen das Angrenzende aus, einerlei ob sie eine räumliche, zeitliche oder sonstwie dimensionierte ist.

Man könnte nun meinen, es handle sich in den diskreten „Gebilden" nur um diesen Ganzheitscharakter. Der kategoriale Gegensatz, um den es ginge, würde dann einfach der von Teil und Ganzem sein. Dem ist nicht so. In der Ganzheit überwiegt zu sehr der quantitative Charakter, die Summe, Vollständigkeit oder Vollzähligkeit der Teile; die innere Gebundenheit, das Bestimmtsein der Teile vom Ganzen her, ist für sie nicht charakteristisch. Wohl aber sind beide charakteristisch für die Gebilde der realen Welt, und teilweise auch für die der anderen

[1]) Ebenda, Kap. 10 b.

Sphären. Die Vollständigkeit dagegen ist in ihnen sekundär. Die Gebundenheit braucht nicht gleich mit Herauslösung eines Teiles zu verschwinden. Wohl aber verschwindet mit ihr die Ganzheit.

Dieses kategorial andere Verhältnis drückt der Gegensatz von Element und Gefüge aus. Man könnte dafür auch sagen: Glied und Gefüge. Denn hier sind die Teile in der Tat mehr als Teile. Sie sind durch die Stellung, die sie im Gesamtgebilde einnehmen, wesentlich bestimmt; löst man sie heraus, so hören sie auf zu sein, was sie waren. Denn ihre Besonderheit ist die der Funktion im Gefüge. Das Gefüge seinerseits kann unter Umständen die Funktion eines seiner Elemente sehr wohl durch die eines anderen ersetzen; ja es gibt Gefüge, die von vornherein auf solchen Ersatz angelegt sind (man denke an die Regenerationsphänomene der Organismen). Überhaupt hat das Gefüge den Gliedern gegenüber eine gewisse Selbständigkeit, während das Ganze den Teilen gegenüber keine hat. Die Abhängigkeit also ist im Gefüge eher noch die umgekehrte wie in der Ganzheit. Dort hängt das Ganze an den Teilen, hier die Elemente am Gefüge. Freilich ist das letztere ungenau gesagt: es gibt stets auch eine Abhängigkeit des Gefüges von den Elementen, und auch bei den höchsten Formen des Gefüges kann man nicht beliebig Elemente aus ihm herausreißen, ohne seine Stabilität zu erschüttern. Aber in gewissen Grenzen darf der Unterschied wohl so gefaßt werden: reißt man den Teil aus dem Ganzen, so ist die Ganzheit verletzt, der Teil aber nicht; reißt man ein Glied aus dem Gefüge, so hört das Glied auf zu sein, was es war, das Gefüge aber kann fortbestehen.

Die Konsequenz ist klar: im Gefüge sind nicht so sehr die Elemente maßgebend wie ihr Verhältnis zueinander und zum Gefüge. Ein Gefüge ist ein relationaler Einheitstypus und, was vielleicht mehr ist, ein determinativer Einheitstypus. Es ist nicht so sehr das System der Elemente als das System ihrer Bezogenheit und ihrer gegenseitigen Abhängigkeit; es ist also stets ein Relations- und Determinationssystem. In der Realsphäre, in der das zeitliche Werden die allgemeine Seinsform ist, sind daher alle natürlichen Gefüge zugleich Systeme von Prozessen und — da Prozesse nicht ohne dahinterstehende Kräfte laufen — auch Systeme dynamischer Antriebe. Elemente aber sind in solchen „dynamischen Gefügen" die Kraft- und Prozeßkomponenten so gut wie die materiellen Bausteine.

Die Elemente in diesem weiten Sinne haben keine grundsätzliche Priorität vor dem Gefüge. Sie können vorbestehen, wie die Atome vor den Molekülen der chemischen Verbindung, sie können aber auch erst vom Gefüge her ihre Bestimmtheit (Sosein, Struktur) haben, wie die Organe sie von ihrer Stellung und Funktion im Organismus her haben. Und je nachdem, wieweit sie selbständig oder vom Gefüge her bedingt sind, ist auch das Gefüge ein anderes. Seine niederen Formen sind die des lockeren Zusammenhanges, der zwar einen gewissen Einheitstypus zeigt, aber im Zerfallen leicht wieder ähnliche Gruppierung der Elemente mit ähnlichem Einheitstypus ergibt; in den mechanischen Systemen haben wir mancherlei Beispiele dafür, aber auch in der flüssigen Gruppenbildung der menschlichen Individuen, soweit es bloße Interessen- oder Zweckverbände sind. Die höheren Formen des Gefüges zeigen deutliche Überordnung des Zusammenhanges über die Elemente; in ihnen stehen und fallen die Elemente mit dem Gefüge, sie gehen mit seiner Auflösung zugrunde oder sie sinken herab von der Seinshöhe dessen, was sie waren. Nicht nur der Organismus ist von dieser Art; auch die Volks- und Staatsgemeinschaft verhält sich ähnlich zu den Individuen, und gleich ihr die geschichtlich überindividuellen Formen des Geisteslebens, sofern auch sie determinierende und einheitlich fortbestehende Formen der Verbundenheit sind.

Elemente dürfen daher nicht nach Analogie materieller Teilchen vorgestellt werden. Sie brauchen auch nicht einfach zu sein. Sie können selbst wieder ganze Gefüge sein — wie schon die angeführten Beispiele zeigen —, ebenso wie jede Art Gefüge ihrerseits wieder Element weiterer Gefüge sein kann. Wir haben es also mit einem bloß relativen Gegensatz zu tun, ähnlich wie bei Materie und Form, und die Überhöhung der Gefüge bildet wie dort eine Stufenordnung. Aber es handelt sich hier nicht mehr um die Überformung als solche, sondern um den inneren Bau der geformten Gebilde, sofern er überall wieder Eigengesetzlichkeit und Eigendetermination zeigt.

Im übrigen ist die aufsteigende Reihe der Gefüge im Gesamtbau der realen Welt durchaus keine kontinuierliche. Sie unterliegt denselben Einschnitten, die sich auch in den übrigen Formen der ontischen Überlagerung geltend machen; die Selbständigkeit der Seinsschichten wird von ihr nicht durchbrochen. Im Ganzen kann man wohl sagen, daß die Gefüge der niederen Schichten auch die einfacheren sind. Aber die Einfachheit allein leistet noch nicht Gewähr dafür, daß ein Gefüge Element eines höheren Gefüges sein müßte. Ebenso wie seine Komplexheit nicht Gewähr dafür leistet, daß es die der Seinsordnung nach niederen und einfacheren Gefüge zu Elementen habe. Im Gefüge eines geschichtlich lebenden „objektiven Geistes" z. B. sind die menschlichen Individuen nicht Elemente, im Aufbau der Gemeinschaft dagegen sind sie es wohl [1]).

---

[1]) Zu diesem Beispiel vgl. „Das Problem des geistigen Seins", Berlin 1933, Kap. 17 c.

b. Innere Gebundenheit und Beweglichkeit der Gefüge. Die Rolle des Widerstreits und der Labilität.

Wie die Abwandlung des Verhältnisses von Element und Gefüge verlaufen muß, ist nach dieser Klarstellung bereits einigermaßen zu sehen. Sie ähnelt derjenigen von Einheit und Mannigfaltigkeit, teilweise auch der von Form und Materie. Denn tatsächlich ist jedes Gefüge Einheit mannigfaltiger Elemente und zugleich ihre Formgebung. Das Neue ist nur, daß weder die Einheitlichkeit noch die Geformtheit das Wesentliche ist, sondern die innere relationale Gebundenheit und relative Selbständigkeit.

Die letztere wiederum ist keineswegs als Isoliertheit oder Fürsichsein zu verstehen — es liegt ja im Wesen der Gefüge, daß sie selbst wiederum Elemente sein können —, sondern nur im Sinne eines Übergewichts der inneren Bindung. Deswegen ist auch nicht die Geschlossenheit nach außen das Wesentliche — diese vielmehr stuft sich mannigfach ab —, sondern die Geschlossenheit nach innen. Ein nach außen offenes Gefüge kann in sich ebenso straff gebunden sein wie ein geschlossenes, ein geschlossenes kann der Bindung ermangeln und brüchig sein. Ein starres System kann schwach, ein fließend-bewegliches widerstandsfähig sein.

Bedenkt man ferner, daß die Diskretion im Realzusammenhang wesentlich am Auftreten der Gefüge hängt, so ist hieraus zu lernen, daß es sich in ihr nicht um eigentliche Abgrenzung handelt, sondern um die Gliederung des Seienden nach relationalen und determinativen Zentren der Bindung. Wo sind die Grenzen eines gravitativen Systems im Weltraum, wo die Machtgrenzen einer politischen Zentralgewalt im Völkerleben? Sie bestehen nur relativ auf die ebenso verschwimmenden Grenzen koordinierter Nachbarsysteme. In der Artikulation liegt die wahre Diskretion der Seinsgebilde. Nur die naive Anschauungsform der Dinglichkeit, die wir so leicht unbesehen auf andere Verhältnisse übertragen, täuscht uns die Vorherrschaft der scharf gezogenen äußeren Grenzen vor; und die antike Kategorie der „Grenze" (πέρας) hat diesen Fehler in der Ontologie heimisch werden lassen. Gerade die naive Anschauung aber ist an sekundären Gebilden orientiert, an Bruchstücken und Teilstücken der natürlichen Gefüge.

Wir werden also zu unterscheiden haben: einerseits das starre und das bewegliche Gefüge, andererseits das in sich straff gebundene und das lose gefügte, beides natürlich in mannigfacher Abstufung, aber keineswegs in Abhängigkeit voneinander. Bewegliche Gefüge sind solche, in denen die Elemente wechseln, während sie selbst sich erhalten; straff gebunden aber sind sie dann, wenn das Gefüge selbst den Verlust der Elemente durch entsprechenden Ersatz kompensiert. Dasselbe gilt für das Verhalten gegenüber jeder anderen Art von Störung.

Wichtig aber ist hierbei noch ein Weiteres. Es handelt sich nicht um äußere Störung allein. Es handelt sich auch um innere Zerfallserscheinungen und Stabilitätsgrenzen. Und hier ist der Punkt, an dem das Verhältnis von Einstimmigkeit und Widerstreit für den Bestand der Gefüge ausschlaggebend wird. Die allgemeine Seinsform der realen Welt ist das Werden, absolut statische Gefüge gibt es in ihr nicht. Mit der Bewegtheit aber ist das Spiel der bewegenden Kräfte unlöslich verknüpft. Es handelt sich also stets auch um Gefüge der Prozesse oder Prozeßkomponenten, sowie der antreibenden Mächte. Von dieser Art ist das dynamische Gefüge aller Stufen und Formen, aber auch nicht weniger das organische Gefüge, dessen spezielle Seinsform der Lebensprozeß ist. Und weiter hinauf alles, was im Seelenleben, im Bewußtsein, im Ethos des Menschen, in der Gemeinschaft und ihrer Geschichte den Charakter des einheitlichen Gebildes hat, beruht schon auf dem Widerspiel mannigfaltiger und teilweise stets einander entgegengerichteter Tendenzen. Der Ausgleich aber ist weit entfernt, immer ein vollkommener zu sein (vgl. Kap. 32b).

Aller Widerstreit, sofern er an den Elementen eines Gefüges besteht, hat die Tendenz, das Gefüge zu sprengen. Erhält sich ein solches Gefüge dennoch, so beruht das auf Bewältigung des Widerstreites, auf einer übergreifenden Funktion der Einstimmigkeit, in der sich der Ausgleich oder das Gleichgewicht herstellt. Solcher Gleichgewichte nun kennen wir eine große Menge, wir finden sie eben tatsächlich an allen Formen und Stufen realer Gefüge. Aber nirgends ist ihre Stabilität eine absolute. Sie alle können sich nur in gewissen Grenzen halten. Überschreitet eine der im Widerstreit liegenden Komponenten eine bestimmte Grenze, so wird das Gleichgewicht labil, und das Gefüge löst sich auf.

Die Art und Weise aber, wie sich ein bewegliches Gefüge in den Grenzen seiner Stabilität im Gleichgewicht hält, ist je nach den Seinsschichten und deren Stufen sehr verschieden. Diese Verschiedenheit macht die bei weitem wichtigsten Unterschiede in der Stufenfolge der Gefüge aus. Denn sie betrifft recht eigentlich deren inneres Wesen, die bindende Kraft, die im Fluß der Veränderungen den Typus des Gebildes erhält. Nach ihr also wird in der kategorialen Abwandlung des Gefüges in erster Linie zu fragen sein.

c. Die dynamischen Gefüge und der Aufbau des Kosmos.

Wenn man sich nach echten und primären Formen des Gefüges in der unbelebten Natur umsieht, darf man sich nicht an die dinglichen Gebilde der gewohnten Lebenssphäre halten. Die Mehrzahl der sog. „Dinge“, die uns umgeben, entbehren zwar nicht eines gewissen Gefügecharakters, aber dieser ist sekundär, vom Menschen geformt und in das Geleise eines bestimmten Gebrauchs eingefügt. Man nimmt sie im Leben mit Recht nur als untergeordnete Momente im Gefüge des Menschenlebens, sei es des privaten oder des gemeinschaftlichen; denn außerhalb seiner kommen sie nicht vor, und wenn sie es überdauern, so sind sie doch außerhalb seiner nicht, was sie in ihm sind. Das Gefüge des Menschenlebens aber ist von weit höherer Art und hat seine bestimmenden Faktoren nicht in ihnen.

Was aber an wirklich natürlichen Formen in unser Leben hineinspielt — ein Stein von unregelmäßiger Gestalt, ein Sandkorn, eine Wasserlache, ein Berg —, das sind keine selbständigen Gefüge, sondern Bruchstücke und Teilstücke weit größerer Gebilde, aus denen sie herstammen oder an denen sie als untergeordnete Momente fortbestehen. Wo wir Gebilden begegnen, die wirklich eine gewisse Eigenständigkeit der Formung haben, wie das in einem Wassertropfen, einem Nebelbläschen, einem Eiskristall der Fall ist, da beachten wir sie im Leben nicht; die ganze Aufmerksamkeit hängt an den um vieles weniger geschlossenen Gesamterscheinungen.

Erst die Wissenschaft hat spät und auf Umwegen den Blick für die primären dynamischen Gefüge geöffnet. Sie liegen weit außerhalb der Reichweite des unmittelbar Gegebenen. Ihre räumlichen Ausmaße überschreiten extensiv die Enge unserer Lebenssphäre — mit Ausnahme einiger weniger, etwa der Kristalle —, und zwar sowohl im Großen wie im Kleinen. Ahnend gewußt hat man das freilich seit alter Zeit; der Gedanke des Atoms ist nicht viel jünger als der des kosmischen Systems. Aber der wirkliche Einblick in die dynamischen Verhältnisse, auf denen diese primären Gefüge beruhen, kam erst spät.

Das Atom in heutiger physikalischer Auffassung und das Sonnensystem haben dieses gemeinsam, daß sie selbständige dynamische Gefüge von hoher Stabilität des Gleichgewichts sind. In ihnen sind widerstreitende Kräfte zum Einklang gebracht, die sich in den inneren Bewegungsvorgängen die Wage halten. Beide haben auch eine gewisse Selbstregulation, die der Störung entgegenwirkt. Aber in beiden hat die regulierende Instanz, und mit ihr die dynamische Stabilität des Gefüges Grenzen, über die hinaus das Gleichgewicht sich löst. Immerhin ist die Stabilität relativ auf die von außen einwirkenden Kräfte eine außerordentlich hohe, und darum ist die Dauer dieser Gebilde eine für menschliche Maßstäbe überwältigend lange. Es sind vielleicht überhaupt die vollkommensten Typen des Gefüges, die wir kennen.

An beide schließen sich in der Stufenfolge der Größenordnung weitere Arten des dynamischen Gefüges an, aber keineswegs unbegrenzt viele. Unterhalb des Atoms ist erst in neuester Zeit gerade noch eine aufweisbar geworden, von der wir freilich nur wenig wissen: die der Jonen und Elektronen (Neutronen, Protonen u. s. f.); wir kennen sie nur aus ihren Außenkräften, können also im Grunde auch nicht beurteilen, ob es eigentliche Gefüge oder letzte, wirklich einfache Elemente sind. Oberhalb des Atoms aber kennen wir in dieser Reihe auch nur einen Typus des Gefüges, das Molekül, dessen besondere Arten und Stufen der Komplexheit (sowie auch der Stabilität) freilich von großer Mannigfaltigkeit sind. Das Gleichgewicht ist hier wieder von ganz anderer Art; und dem entspricht die Eigenständigkeit der inneren Bindung, in der die Außenkräfte des Atoms zu Innenkräften des Moleküls werden, sowie die Neuheit und Mannigfaltigkeit chemischer Eigenschaften der Verbindung, die derjenigen der verbundenen Atome nicht gleicht.

Diese Stufenfolge setzt sich nicht weiter fort. Es gibt wohl unter den Aggregaten gewisse Formen mit innerer Determination (wie die Kristalle), aber sie nehmen auf ihrer Ebene der Komplexheit keine beherrschende Stellung ein. Der Größenordnung nach würden sich vielmehr an das Molekül die niederen Typen des organischen Gefüges anschließen, aber diese sind von ganz anderer Art und gehören einer höheren Seinsschicht an.

Oberhalb der Lücke aber, in den Größenordnungen kosmischer Gebilde, setzt eine neue Stufenfolge des dynamischen Gefüges ein. Das Sonnensystem ist nur das bekannteste und in seiner Dynamik durchschaubarste Gefüge dieser Art. Unterhalb seiner darf aber schon jedes seiner Glieder, jeder Zentralkörper und jeder Planet eines solchen Systems als dynamisches Gefüge gelten; in jedem von ihnen haben wir ein gravitatives Gleichgewicht (äußerlich erscheinend z. B. im Erdellipsoid), desgleichen ein thermisches Gleichgewicht, sowie bei hochtemperierten Weltkörpern (bei den leuchtenden Fixsternen) auch ein Strahlungsgleichgewicht. Und auch diese Gleichgewichte haben Grenzen ihrer Stabilität (im Massenverlust durch Ausstrahlung und in der Energieerschöpfung).

Oberhalb des Planetensystems aber gibt es noch mancherlei Größenordnung der gravitativen Verbundenheit: in den Sternhaufen, in den großen Spiralsystemen und vielleicht auch noch in ganzen Systemen solcher Systeme. In ihrem dynamischen Aufbau ist heute freilich noch vieles ungeklärt. Aber daß es sich überhaupt um dynamische Gefüge mit innerem Widerspiel der Kräfte und eigenartig gefügtem Gleichgewicht handelt, davon zeugt die Regelmäßigkeit gewisser wiederkehrender Formen. So z. B. schon äußerlich sichtbar im Bau der Kugelsternhaufen und der Spiralnebel.

Die Ordnungsfolge der dynamischen Gefüge gibt ein gewisses Einheitsbild vom Aufbau der kosmischen Welt. Diese Welt ist ein gestaffeltes Gefüge von ineinandergeschalteten und sich überformenden dynamischen Gefügen, wobei die der Größenordnung nach niederen immer wieder Elemente der höheren sind. Die Dynamik des Ganzen ist bei aller Mannigfaltigkeit relativ einheitlich. Außerordentlich merkwürdig aber bleibt die in der Mitte klaffende „Lücke". Denn zwischen dem chemischen Molekül und etwa dem Erdkörper ist doch noch ein ganz anderer Abstand als zwischen diesem und dem Planetensystem. Man kann diese Lücke auch nicht durch die organischen Gefüge ausgefüllt denken, denn diese sind dem Dasein nach sekundär; sie treten erst unter sehr eigenartigen—kosmisch seltenen—Bedingungen auf, die ihrerseits die volle Entfaltung der dynamischen Gefüge zur Voraussetzung haben. Außerdem sind sie nicht als Elemente in die großen kosmischen Systeme einbezogen, sondern etwas Akzidentelles in ihnen.

Für den Menschen aber hat diese Lücke noch das Besondere an sich, daß er seinem Körpermaße und seiner Lebenssphäre nach gerade mitten in ihr steht. Und da seine Wahrnehmung — und auch alle unmittelbare Anschauungsfähigkeit — an diesen Maßstab gebunden ist, so haftet er von Natur mit seiner Weltauffassung am ontisch Sekundären. Darum ist der Weg, den er zur Erfassung des Weltbaus hat, ein so weiter. Und darum bleibt ihm, auch wenn er in der Wissenschaft ein beträchtliches Stück dieses Weges durchlaufen hat, der gewonnene Aspekt doch im Leben fern.

d. Das organische Gefüge und die höheren Systemtypen.

Versteht man die anorganischen Bestandteile als „Elemente" des Organismus, so ist dieser vom dynamischen Gefüge radikal unterschieden durch den flüssigen Wechsel der Elemente. Das organische Gefüge ist also in noch ganz anderem Maße ein Prozeßgefüge, als selbst die „flüssigsten" dynamischen es sind; und das entspricht seiner Seinsform, die wir Leben nennen. Denn Lebendigkeit als solche ist zwar etwas tief Rätselhaftes, aber daß sie Prozeßform hat, ein Ablauf mit innerer Periodizität, Anfang und Ende ist, liegt offen zutage. Der Organismus also ist ein Gefüge der Prozesse im Gefüge der Formen, und zwar so, daß sich die Glieder des Formensystems in ihm (die Organe) erhalten, indem die stofflichen Elemente, aus denen sie aufgebaut sind, unablässig wechseln. Dieser „Stoffwechsel", sofern er sich selbsttätig erhält, ist die Grundform des Lebensprozesses.

Er selbst aber besteht im Widerspiel zweier Prozesse, eines aufbauenden und eines abbauenden Prozesses, die einander entgegenarbeiten, aber zugleich wie komplementäre Funktionen ineinandergreifen. Ihr Gleichgewicht macht das Gefüge der Prozesse bis in die besonderen Funktionen der einzelnen Organe hinein aus. In seiner Differenzierung ist dieses Gefüge schon in den niedersten Formen des Organischen, den einzelligen Lebewesen, nicht einfach; in den vielzelligen nimmt es außerordentliche Komplexheit an. Das Leben des Organismus aber hängt an der Erhaltung eben dieses hochkomplexen Gleichgewichtes der mannigfaltig ineinandergreifenden Teilprozesse; es ist darum an die selbsttätige Regulation des Gleichgewichts gebunden. Das Versagen der Regulation ist die innere Stabilitätsgrenze im Gefüge der Prozesse, der natürliche Tod des Individuums.

Auch das organische Gefüge tritt gestaffelt auf. Die kleinsten Einheiten des Lebendigen nähern sich in der Größenordnung den höheren Molekülen; der einzellige Organismus erreicht schon erhebliche Differenzierung; der vielzellige aber ist die weitere Überformung der Zellen, in der diese entsprechend den ihnen zufallenden Teilfunktionen erst recht mannigfaltig umgebildet werden. Wichtiger aber ist, daß im ganzen Reich des Lebendigen noch eine andere Art Staffelung der Gefüge waltet, nämlich in der Einordnung des Individuums in das „Leben der Art". Die Individuen leben zwar weitgehend unabhängig nebeneinander, aber sie bilden doch die Einheit eines Stammes; und dieser, sofern er in immer neuen Vertretern fortlebt, hat wiederum die Form eines Gefüges, wiewohl von sehr anderer Art.

Dieses übergeordnete Gefüge hat keine sichtbare Form, ist auch kein System von Formen, wohl aber ein solches der Prozesse. Es beruht auf demselben Widerspiel eines abbauenden und eines aufbauenden Prozesses, sowie auf demselben flüssigen Wechsel der Elemente wie das Leben des Individuums; nur daß die Elemente hier die lebenden Individuen selbst sind, die Prozesse aber in deren Ausscheiden durch den Tod und Eintreten durch Geburt (Zeugung, Wiederbildung) bestehen. Sterblichkeit und Reproduktion verhalten sich im Gesamtleben der Art genau so wie Assimilation und Dissimilation im Leben des Individuums: die eine ersetzt, was die andere zugrunde gehen läßt, und solange die Reproduktion der Sterblichkeit das Gleichgewicht hält, lebt die Art fort. An Stabilität ist das System dieser Prozesse im Leben der Art dem analogen im Individuum bei weitem überlegen. Aber seine Einheit kommt als innerer Zusammenhang nur in der zeitlichen Folge der Generationen zum Ausdruck; in der Simultaneität zeigt das Nebeneinander der Artgenossen kein geschlossenes Einheitsbild. —

Die Kategorie des Gefüges hat offenbar im Reich der Natur ein gewisses Übergewicht über andere Kategorien. Die wichtigsten Gebilde haben hier den Typus des Gefüges. Anders aber wird es in den höheren Seinsschichten. Das Seelenleben des Menschen, das Bewußtsein, die sittliche Person sind mehr durch ihre Einheit, Form, Determination, ihre Innerlichkeit und ihr Verhältnis zur umgebenden Welt charakterisiert als durch das Gefüge. Das letztere fehlt freilich in ihrem Aufbau nicht, man kann schon mit Recht vom Gefüge der Akte sprechen, vom Gefüge des Charakters, der tätigen Persönlichkeit und ihrer Lebensgestaltung; aber das trifft nicht ganz das Wesen der Sache. Der eigentliche Aufbau aus Elementen oder Gliedern, wie er für ein Gefüge charakteristisch ist, trifft hier nicht zu. Und selbst die Formen des Widerstreits und der teilweise ihn lösenden Einstimmigkeit sind mehr solche der Determination als der Prozesse und Kräfte.

Am ehesten könnte man noch bei der aktiven Persönlichkeit von einem Gefüge sprechen, sofern sie einem gewissen Umkreis des Seienden ihr Wesen aufprägt — in ihrem Eigentum, ihrem Macht- und Tätigkeitsbereich —, denn hier schafft sie in der Tat eine Art innerer Gebundenheit einer Lebenssphäre, deren Elemente sie ihrerseits erst zu dem umschafft, was sie sind. Aber die Lebenssphären verschiedener Personen greifen zu sehr ineinander, um für sich als eigentliche Gebilde gelten zu können; und die Verbundenheit der Glieder mit der Person ist stets mitbedingt durch die Verbundenheit der Personen untereinander. Diese letztere aber ist bereits ein Gefüge höherer Ordnung, die Gemeinschaft.

Oberhalb des individuellen Geistes gibt es in der Tat wieder echte Gefüge, und zwar solche von durchaus anderer Art als die natürlichen. Zwei Haupttypen von ihnen sind zu unterscheiden: der Typus der Gemeinschaft und der des objektiven Geistes. In der Gemeinschaft sind die Personen die Elemente, und mit ihnen die Mannigfaltigkeit der Tendenzen, Interessen, Ansprüche und Abhängigkeiten. Die Formgebung aber, mit der sich die Gemeinschaft erst über die vitale Stammeseinheit erhebt, liegt in den vom Geiste geschaffenen Institutionen des Rechts, der Moral, der Staatsverfassung, der Lebens- und Umgangsformen u. s. w.

Diese Inhaltsgebiete der Formgebung aber sind als solche nicht die Gemeinschaft selbst, sind kein Kollektivum der Personen, sondern bilden zusammen ein Gefüge des gemeinsamen „objektiven" Geistes. Es besteht aus geistigen Inhaltsmomenten, die allen Individuen gemeinsam, aber nicht an die jeweiligen Träger gebunden sind, sondern geschichtlich sich tradieren und im Wechsel der Generationen fortleben. Und nicht nur das Ganze des objektiven Geistes ist ein Gefüge, auch die einzelnen Glieder in ihm, die Gebiete des Geisteslebens sind durchaus eigenartige Inhaltsgefüge mit innerer Bindung und Eigengesetzlichkeit: die lebende Sprache ist ein Gefüge, die Wissenschaft, das Recht, die herrschende Moral sind Gefüge. Und sie bekunden sich als solche nicht nur in ihrem inhaltlichen Zusammenhang, sondern auch in der Einheitlichkeit der Formung, die sie ihren Trägern verleihen.

e. Sphärenunterschiede. Der Begriff, das Kunstwerk.

In der idealen Seinssphäre spielt das Gefüge keine nennenswerte Rolle. Das Verhältnis von genus und species ist ein bloßes Unterordnungsverhältnis, in dem das Allgemeinere die gegenseitige Beziehung des unter ihm zusammengefaßten Besonderen entweder gar nicht oder nur lose bestimmt. Ein genus ist nicht das Gefüge der umfaßten species, sondern nur ihr Gemeinsames. Wohl gibt es einen inneren Zusammenhang der Bestimmtheiten in ihm, aber die Selbständigkeit der Einheit darin ist eine untergeordnete.

Im Gebiet der mathematischen Gegenstände treten freilich Gebilde mit echtem Systemcharakter auf. Von dieser Art sind die geometrischen Figuren, deren Eigenschaften und Gesetze einen strengen Zusammenhalt zeigen; sie gehen zurück auf ein System der Axiome, hinter dem wiederum das dimensionale System des geometrischen Raumes steht. Ebenso bildet das Reich der Zahlen ein System, das als solches sehr durchsichtig wird, wenn man es auf die kontinuierliche Reihe aller reellen Zahlen zurückführt. In gewissem Sinne sind auch die einzelne Zahl, der Bruch, die Potenz bereits Systeme von Elementen, sofern sie auf das arithmetisch einfache Element, die Eins, gegründet sind. Höhere Formen des Gefüges haben wir in der Gleichung, in der Funktion, im Differentialquotienten, im Polynom, in der Reihensumme, im Integral, in den Mengen und ihren Mächtigkeiten u. a. m. In der Funktion ist sogar die Beweglichkeit der Elemente deutlich sichtbar. Aber es sind relativ einfache Typen des Gefüges, in denen stets eine Relation oder einige wenige den ganzen Zusammenhang ausmachen — so wie es eben nur in der Primitivität des rein quantitativen, im übrigen aber inhaltsleeren Verhältnisses möglich ist.

Die Erkenntnissphäre ist weit reicher an Formen des Gefüges. Die Wahrnehmung schon faßt alles in bildhaften Einheiten auf, die sinnlichen Elemente treten in ihr niemals isoliert auf. Diese Einheiten sind Gefüge eigener Art, deren Bindemittel sich zum Teil auch in den

Formen der anschaulichen Synthesis aufweisen lassen. Aber sie entsprechen keineswegs ohne weiteres den ontischen Gefügen, welche ihr Gegenstandsfeld beherrschen. Am nächsten kommen sie diesen wohl noch, wo Organismen den Gegenstand bilden; aber auch hier bleibt die bildhafte Auffassung mehr an der äußeren Einheit der Gestalt hängen, das organische Gefüge bleibt verborgen, und an seine Stelle tritt die mit großer Selbstverständlichkeit einspringende Analogie zum menschlichen Selbstgefühl. Die höheren Gefüge, etwa das Leben der Art, aber auch die menschliche Gemeinschaft, sind weitgehend unanschaulich und erst dem Begreifen zugänglich.

Die Dinge dagegen, die keine selbständigen Gefüge sind, pflegt das anschauliche Erfassen in übertriebener Selbständigkeit, ja in einer gewissen Isoliertheit zu nehmen, wobei die Zusammenhänge und Abhängigkeiten, in denen sie ontisch stehen, nicht zu ihrem Rechte kommen. Der Grund dieser Inadäquatheit ist einerseits die gewaltige Spannweite und Unanschaulichkeit dieser Zusammenhänge, andererseits aber die Leichtigkeit, mit der sich in der Wahrnehmung und im Erleben das Gefüge des Bildes herstellt. Die verschiedenen Stufen der Bildhaftigkeit — das Wahrnehmungsbild, das Anschauungsbild, das mit beiden nicht identische Erinnerungsbild, das bereits verallgemeinerte Erfahrungsbild — legen sich als subjektiv zur Einheit gefügte Ausschnitte vor die ontische Gliederung der Welt. Sie verdecken dadurch die Staffelung der realen Gefüge.

Das Begreifen nähert sich den letzteren wieder im Maße seines Eindringens, aber auf dem Umwege über eine neue Form des Gefüges, die den Gegenständen gegenüber von mindestens der gleichen Selbständigkeit, aber von höherer Anpassungsfähigkeit an sie ist als die anschauliche Bildhaftigkeit. Dieses Gefüge ist der Begriff.

Von der Logik aus, die im Begriff nur die Summe der Merkmale sieht und ihn nach der Stufe der Allgemeinheit (des „Umfanges") einordnet, kann man den inneren Funktionscharakter des Gefüges in ihm nicht erfassen. Wohl aber kann man es von der Rolle aus, die er im Aufbau der Erkenntnis spielt. Hier nämlich ist der Begriff kein starres System, dessen inhaltliche Identität feststünde, sondern etwas überaus Bewegliches und Wandelbares. Begriffe haben ihre Geschichte; jede neue Einsicht fügt dem Begriff ein neues „Merkmal" ein, und oft müssen andere Merkmale, die man ihm lange Zeit beigemessen, den neuen weichen. Der Begriff wandelt sich im Fortschreiten der Erkenntnis, während die Sache, deren Begriff er ist, dieselbe bleibt. Seine Identität in diesem Wandel aber hängt einzig daran, daß er nach wie vor Begriff derselben Sache ist. Man denke daran, wie mannigfach sich etwa der Begriff der Substanz, des Atoms, der Seele, des Menschen gewandelt hat. Ganze Theorien waren es, welche die einzelnen geschichtlichen Phasen dieses Wandels bezeichnen. Und tatsächlich wandeln sich ja auch nicht die einzelnen Begriffe allein, sondern stets ganze Gruppen und Zusammenhänge von Begriffen. Aber das Charakteristische im einzelnen Begriff ist doch die Flüssigkeit des Gefüges; denn eben im Wechsel der Merkmale erhält sich ihr Gefüge.

Natürlich läßt sich dasselbe auch von der Einheit ganzer Gedankensysteme, den sog. „Theorien" sagen. Tatsächlich unterliegen sie demselben Wandel und erhalten sich in ihm auf dieselbe Weise. Aber das ist nur dieselbe Art des beweglichen Gefüges wie im Begriff. Denn das Inhaltsreich der Erkenntnis ist in seinen Einheiten gestaffelt, und jede Stufe zeigt dieselbe Beweglichkeit. —

Ein besonderes Kapitel, das einer eigenen umfangreichen Analyse bedürfte, bildet noch das Kunstwerk als eine weitere Art des Gefüges. Man kann es keiner einzelnen Sphäre zuzählen, denn seine Seinsweise ist komplex: mit seinem Vordergrunde gehört es der Realwelt an und wendet sich an die Sinne, mit seinem inneren Gehalt hat es nur die sekundäre Seinsart der Erscheinung und besteht nur für ein Schauen höherer Ordnung. In seinen beiden Schichten aber ist es ein durchgegliedertes Gefüge, in dem die Formelemente von der Einheit des Ganzen her vollständig bestimmt sind.

Wie straff die Einheit des künstlerischen Gefüges ist, sieht man am besten an dem Verhältnis zwischen der Sparsamkeit des sinnlich Gegebenen und dem Reichtum dessen, was dadurch vermittelt wird: im Schauen stellt sich folgerichtig eine Vollständigkeit her, die nur aus dem Zusammenhang des Ganzen determiniert ist, d. h. vom Gefügecharakter des Werkes. Kein Allgemeines, keine Regel, kein Gesetz belehrt darüber, denn jedes Werk ist wieder ein anderes Gefüge, einmalig und nicht wiederkehrend. Worin die innere Bindung besteht, ist das Geheimnis der einzelnen Künste. Weder der Schauende noch der Schaffende vermag es zu entschleiern. Beide aber erfahren es an dem, was in ihnen vorgeht, als selbsttätig bestimmende Macht. Die Klärung dieser Sachlage ist die zentrale Aufgabe der Ästhetik.

34. Kapitel. Inneres und Äußeres.

a. Geschichtliches. Leibniz, Kant, Hegel.

Die Kategorie des „Inneren", die an sich nichts als den schlichten Gegensatz zur äußeren Begrenzung einer Sache oder auch zu ihrer Wirkung nach außen bezeichnet, hat durch die Aristotelische Philosophie einen geheimnisvollen Schimmer von Transzendenz erhalten, der trotz aller Entschleierung nicht wieder von ihr gewichen ist. Das hängt mit der Lehre von jener Formsubstanz zusammen, die als innewohnender Zweck den Werdegang und die äußere Formgebung der Dinge bestimmen sollte. Dieses substantielle Etwas war von Anfang an nach Analogie des seelischen Seins gedacht, war also dem Leib-Seele-Verhältnis entnommen, an dem in der Tat das Phänomen einer Innenwelt haftet, die in voller Heterogeneität zur Außenwelt dasteht. Der Brennpunkt dieser Weltansicht ist die Lehre von der Seele als der „ersten Entelechie" des organischen Körpers.

Nicht das Mittelalter allein hielt an ihr fest. Auch nach Überwindung der substantiellen Formen durch die neue Wissenschaft von den Naturgesetzen lebte sie in der Metaphysik fort, und Leibniz versuchte es, sie in der Monadenlehre noch einmal auf eine neue Basis zu stellen. Mit den Monaden eben ist ein Inneres der Dinge gemeint, das wie die Seele unräumlich und immateriell, zugleich aber auch rein aus sich selbst heraus determiniert, von allem äußeren Einfluß abgeschnitten, eine Welt für sich in der Welt darstellt.

Kant lehnte in seiner „Amphibolie der Reflexionsbegriffe" das Innere in diesem Sinne ab, und zwar um seiner Transzendenz willen: hier ist ein aus allem Erfahrungszusammenhang herausgerissenes „Ding an sich" angenommen, von dem wir in Wahrheit nichts wissen können. Was aber das vielumstrittene „Innere der Natur" angeht, so ist es irrig, sich davon übertriebene Vorstellungen wie von einem Wesen höherer Ordnung zu machen. Es gibt vielmehr ein ganz nüchternes Eindringen in dieses Innere, das den Weg der „Beobachtung und Zergliederung" geht und damit beweist, daß es sich hier gar nicht um eine seelenartige Substanz, sondern um ein Gefüge von Verhältnissen, Abhängigkeiten, Vorgängen und Gesetzlichkeiten handelt.

Kant stellte sich damit bewußt auf den Boden der exakten Wissenschaft. Und für das Gegenstandsgebiet dieser Wissenschaft wird man ihm Recht geben müssen. Aber war damit die Kategorie des Inneren wirklich erledigt? War es überhaupt nötig, sie in so schroffer Zuspitzung zu verstehen, wie Leibniz, oder auch nur wie der Aristotelismus getan hatte? Ist denn überhaupt die Seinsschicht der „Dinge" das Gebiet, auf dem sich diese Frage entscheiden ließe? Offenbar setzen doch auf den höheren Schichten Verhältnisse ganz anderer Art ein; und im seelischen Sein wird niemand die Geschlossenheit einer Innensphäre bestreiten können. Hier bedarf es keiner metaphysischen Konstruktion, hier ist das Innere selbst als Phänomen gegeben und wird unausgesetzt erfahren, nicht anders als die Außenwelt. Und was mehr ist, dieses Innere ist hier gerade die Sphäre der Immanenz, und im Vergleich mit ihm kann viel eher noch das „Äußere" als transzendent gelten.

Einen bedeutenden Versuch zur generellen Fassung des kategorialen Verhältnisses, das hier vorliegt, hat dann Hegel im zweiten Bande seiner Logik gemacht. Nach ihm bilden Inneres und Äußeres ein dialektisches Verhältnis, in dem das scheinbar Entgegengesetzte sich als im Grunde identisch erweist: das Äußere einer Sache ist nicht etwas anderes neben dem Inneren, denn es ist die Äußerung des Inneren selbst; das Innere aber besteht nicht vor der Äußerung oder unabhängig von ihr, sondern durchaus nur in ihr; ein Inneres, das sich nicht äußerte, besteht in Wahrheit gar nicht.

Man kann diese Dialektik des Inneren mit mancherlei Beispielen belegen. Aber die Beispiele sind nicht eindeutig. Ist die Masse der Weltkörper im Raum noch etwas anderes als das, was sie in ihren Auswirkungen als „träge" und „schwere" Masse ist? Gibt es noch ein Inneres in ihr, das in diesen Äußerungen nicht wäre? Da wir nichts anderes als die letzteren an ihr kennen, so liegt es nah, die Frage zu verneinen. Immerhin, verallgemeinern läßt sich das wohl nicht. Vom personalen Menschenwesen wird man schwerlich sagen können, es sei in sich nichts mehr, als was es in seinem Tun ist; und auch am Organismus geht das Innere schwerlich in seinen Äußerungen auf. Selbst wenn sich alles auswirken sollte, ist doch das, was sich auswirkt, ein anderes als die Auswirkung.

Im Grunde kommt auch die Hegelsche Dialektik mit dem Problem des Inneren nicht weiter, als die Kantische Amphibolie. Einseitige Zuspitzungen helfen hier nicht. Man muß sich dichter an die Phänomene halten. Man öffnet sonst, ohne es zu merken, der alten Metaphysik wieder die Tür. Sie ist versteckt auch im Hegelschen Begriff des Inneren enthalten. Die idealistische Geist-Metaphysik steht dahinter: Inneres kann letzten Endes nur der Geist sein; da er aber seinem Wesen nach auch „für sich" sein muß, was er „an sich" ist, so muß er sich offenbaren.

Auch ohne dialektisches Schema kehrt dieses gedankliche Motiv wieder, z. B. in den Voraussetzungen der Lebensphilosophie. Die Rolle des Inneren spielt hier „der Sinn" einer Sache, der sich an ihr „verstehen" läßt. Gemeint ist dieses Verstehen in der Weise, wie man den Sinn der Rede versteht, die ja ohne Zweifel die Äußerung eines Inneren ist. Und nun muß man von der Natur entweder annehmen, sie habe außer dem, was sie ist, auch noch einen „Sinn", der aus ihr zu uns spricht, oder aber man muß ihr das Innere überhaupt absprechen. Im ersteren Falle steht man dann wieder dicht bei den substantiellen Formzwecken; im letzteren aber kann auch „Beobachtung und Zergliederung" nicht ins Innere der Natur führen, weil diese keines hat.

b. Das Innere der dynamischen Gefüge. Gestaffeltes Innen und Außen.

Es ist durchaus verfehlt, an allem, was ist, nach einem Inneren zu fahnden. Das obige Beispiel von der Masse zeigt das deutlich: selbst wenn die Masse noch etwas mehr ist, als das „träge" und „schwere" Etwas, so braucht das doch kein Inneres zu sein. Kräfte brauchen überhaupt nicht Äußerungen von etwas zu sein, genau so wenig wie Wirkungen Äußerungen ihrer Ursachen sind. Das Bild des „Inneren" läßt sich wohl auf alles Mögliche anwenden, aber das Bild ist nicht die Kategorie des Inneren. Spricht man etwa vom Inneren eines Menschenschicksals, oder gar vom Inneren der Weltgeschichte (beides ist in der Metaphysik vorgekommen), so meint man ein Walten der Vorsehung, einen verborgenen Sinnbezug, einen Weltplan. Die Kategorie sinkt zum Schlagwort herab, hinter dem sich Reste überlebter Theorien von scheinbarem Tiefsinn verbergen.

Man darf offenbar aus der Kategorie des Inneren kein Postulat machen, weder ein weltanschauliches noch ein erkenntnistheoretisches. Das letztere tut man, wenn man alles Greifbare oder Gegebene als Äußeres der Sache versteht und den unbegriffenen Rest deswegen zum Inneren stempelt. Wohl gibt es an allen Gegenstandsgebieten Grenzen der Erkennbarkeit, aber sie sind keineswegs überall die eines Außen gegen ein Innen. Es gibt auch Fälle, wo das Innere gegeben ist, wie in der Selbstgegebenheit der seelischen Akte. Das Bild vom Eindringen in die „Tiefe" einer Sache führt hier leicht irre. Diejenige Tiefe, die man berechtigterweise allein meinen kann, liegt den ontischen Verhältnissen nach ebenso oft nach außen wie nach innen zu. Das wechselt je nach der besonderen Lage der gegebenen Angriffsflächen am Gegenstande.

Im strengen Sinne kann man von einem Innen-Außen-Verhältnis nur bei den ontischen Gefügen sprechen, desgleichen bei solchen Gebilden, in denen die Geschlossenheit und innere Gebundenheit mehr als bloßes Gefüge ist, wie in der Einheit des Bewußtseins und des personalen Geistes. Wo es sich dagegen um sekundäre Gebilde handelt, die nur als Teilstücke größerer Einheiten oder als Bruchstücke gesprengter Gefüge bestehen, läßt sich von einem eigenen Inneren nicht sprechen. Denn die bindenden Kräfte, die das Bruchstück in sich zusammenhalten, sind nicht die seinigen; sie liegen weit außerhalb seiner in der Entstehungsgeschichte des natürlichen Gefüges, dessen Teil es vor der Losreißung war.

Das gilt in erster Linie von der ganzen Mannigfaltigkeit der sog. Dinge, die uns im Leben umgeben. Gegenstände, die der Mensch herstellt, haben ihre Gebundenheit vom Menschen her; die einheitbildenden Mächte liegen hier in den Zwecken, die der Mensch mit ihnen verfolgt, also durchaus außerhalb ihrer. In einem gewissen Sinne kann man freilich mit gutem Recht diese zwecktätigen Mächte des Menschenlebens als das „Innere" menschengemachter Dinge bezeichnen. Dann muß man aber auch die Konsequenz ziehen und sagen, daß diese Dinge ihr Inneres „außer sich" haben. Man sagt damit eben, daß sie kein eigenes Inneres „in sich" haben, spricht also nichts anderes als ihre Unselbständigkeit aus. Und die Unselbständigkeit wiederum besagt nichts anderes, als daß es sich um Teilstücke weit größerer — und in diesem Falle auch der Seinsordnung nach weit höherer — Einheiten handelt.

Dasselbe gilt aber auch von den nicht menschengemachten Dingen unserer Umgebung. Es wurde schon oben gezeigt, daß sie fast ohne Ausnahme keine selbständigen Gefüge, sondern Bruchstücke von solchen sind. Ein Geröllblock, der im märkischen Sande liegt, hat seine abgeschliffene Form von den Gletschern der Eiszeit her, seine kristallinische Struktur aber von den eigenartigen Druck- und Temperaturzuständen in einem viel älteren Erkaltungsstadium der Erdrinde. Was ihn zur sichtbaren, massiven Einheit bindet, sind dynamische Verhältnisse, die ihr nächsthöheres selbständiges Gefüge im Erdkörper haben. Und sofern diese dynamischen Verhältnisse es sind, die allein man mit einigem Recht als das Innere des Geröllblocks bezeichnen kann, so muß man sagen, daß er sein Inneres außer sich hat.

Bei Gebilden, die ihr Inneres außer sich haben, kann man stets nur im uneigentlichen Sinne von „ihrem" Inneren sprechen. Es gehört eine gewisse ontische Selbständigkeit des Gebildes dazu, daß es ein Inneres habe. Innerhalb der Natur kommen also nur die primären, in relativer Selbständigkeit geformten Gefüge dafür in Betracht. Das sind sowohl die dynamischen als auch die organischen Gefüge. Und für die höheren Seinsschichten gilt dasselbe, nur mit dem Unterschied, daß die Einheitstypen der Gebilde hier teilweise weit mehr als Gefüge sind. Denn von diesen Einheitstypen gilt in noch höherem Maße als von den Gefügen, daß sie ihr Inneres „in sich" haben.

Man kann sich also in der Überschau besonderer Arten des Inneren und Äußeren an die Schichtenabwandlung des Gefüges halten (vgl. Kap. 33c und d). An den Arten des Gefüges kam bereits überall der Charakter des Inneren zum Vorschein — im Widerspiel der Kräfte, der Prozesse, Gleichgewichte, Regulationserscheinungen und deren Grenzen —, aber nicht in gleichem Maße trat die Äußerung dieses Inneren hervor. Weil aber ein Inneres das was es ist nur im Gegensatz zu einem Äußeren ist, so muß man es auch vom Äußeren her sehen, um seine Eigenart zu fassen.

Das ist nun sehr eindrucksvoll an der Stufenordnung oder Staffelung der dynamischen Gefüge zu sehen, soweit sie eine geschlossene Reihe der Größenordnungen darstellt. Das Gefüge des Atoms hat gewisse Außenkräfte, die in der chemischen Affinität zu anderen Atomtypen faßbar sind. Sie sind nicht identisch mit seinen inneren Bindekräften, obwohl sie ohne Zweifel in Abhängigkeit von ihnen stehen; vielmehr bilden sie die Innenkräfte der Verbindung in den Molekülen. In derselben Weise sind die Außenkräfte der Atomkerne und Elektronen zugleich die inneren Bindekräfte der Atome selbst. Und viele Größenordnungen weiter hinauf ist es ähnlich mit der Gravitation der Weltkörper, sofern sie an ihnen selbst Außenkraft, im gravitativ gebundenen System der Weltkörper aber die innere Bindekraft ist.

In solcher Staffelung scheint das Innen und Außen der dynamischen Gefüge geradezu eine Art Gesetzlichkeit zu bilden, nach der die Außenkräfte des niederen stets zugleich Innenkräfte des höheren sind — soweit überhaupt ein höheres vorhanden ist. Wichtig ist hierbei in ontologischer Hinsicht, daß nicht, wie Hegel meinte, das Innere einer und derselben Sache mit ihrem Äußeren identisch ist, sondern vielmehr immer das Innere des einen Gefüges mit dem Äußeren eines anderen. Und auch diese Identität ist natürlich nur eine partiale. Denn, wie sich schon früher zeigte, es geht nicht an, die gegliederte Einheit ganzer Gefüge aus den Elementen allein bestimmt zu denken. Die Gefüge haben alle ihre Eigendetermination, die selbst wiederum umbildend auf die Elemente übergreift; ihre Abhängigkeit von den letzteren ist begrenzt und wird durch die umgekehrte Abhängigkeit der Elemente von den Gefügen überformt.

c. Das Innere des Organismus und die Selbstdetermination.

Dasselbe gestaffelte Verhältnis des Innen und Außen wiederholt sich in den höheren Seinsschichten überall, wo es eine geschlossene Ordnungsfolge der Gefüge gibt. Im Reich des Organischen ist es wohlbekannt, wie die Außenfunktionen der einzelnen Zellen zugleich sehr wesentliche Innenfunktionen des vielzelligen Lebewesens ausmachen, die des Individuums aber (in der Erzeugung neuer Individuen) die wichtigste Innenfunktion des Stammeslebens bilden. Und etwas ähnliches gilt für die menschliche Gemeinschaft: ihr innerer Zusammenhalt beruht wesentlich auf dem Tun der menschlichen Individuen, die sie umfaßt; was nicht hindert, daß die Individuen ihrerseits erst von ihr zu dem gemacht werden, was sie sind. Auch hier bestimmen nicht die Elemente allein das Gefüge, sondern stehen in eigenartiger Wechselbedingtheit mit ihm, und das Innere der höheren Einheit behält seine determinative Selbständigkeit gegen sie.

Von diesen Verhältnissen und den in ihnen auftretenden Formen des Inneren soll hier nicht weiter gehandelt werden. Denn es gibt prägnantere Formen des Innen-Außen-Verhältnisses, die besonderer Berücksichtigung bedürfen.

Die eine dieser Formen ist der lebende Organismus, und zwar auf allen seinen Stufen. Schon die naivste Anschauung erblickt in ihm ein Inneres von ganz anderer Rangordnung als in den dynamischen Gefügen. Was aber das Unterscheidende daran ist, läßt sich so leicht nicht sagen. In der Geschlossenheit kann es nicht liegen, denn die Lebewesen sind funktional viel inniger mit ihrer Umwelt verbunden als Dinge mit ihrer Umgebung; beruht doch ihre Lebensfähigkeit in der Umwelt ganz und gar auf Angepaßtheit an sie. Näher kommt man der wahren Sachlage schon mit der Eigenbeweglichkeit und der zweckmäßigen Reaktionsfähigkeit; aber auch das sind nur Äußerungen des Inneren, nicht dieses selbst. Das Innere, das sich darin verrät, ist immer noch am ehesten greifbar in der selbsttätigen Regulation des Lebensprozesses selbst, sofern dieser im Widerspiel der Prozesse die Labilität seines Gleichgewichts auszugleichen imstande ist. Regulationen gibt es in gewissen Grenzen auch an den dynamischen Gefügen; aber sie sind automatischer Art und können sich nicht steigern. Am Organismus sind sie spontan, können sich auf jede Funktion erstrecken und bei zunehmender Belastung des Gleichgewichts selbst die erstaunlichsten Ausmaße annehmen.

Man darf sagen, der kategorial intensivierte Sinn des Inneren im Organismus liegt in der Art der Selbstdetermination. Die Regulationen sind nur eine Erscheinungsform an ihr. Weit eindrucksvoller noch erscheint sie im Werdegange des Individuums, der von der Keimzelle bis zur ausgewachsenen Form die einheitliche Direktion auf diese hin festhält. Die Embryogenese ist der hochkomplizierte, durch viele Stadien hin einheitlich „von innen geleitete" Werdeprozeß. Und wie man dieses Geleitetsein auch verstehen mag — worüber heute die Akten ja nicht geschlossen sind —, an ihm wird doch greifbar, was es mit dem Inneren des Organismus auf sich hat. Ein Anlagesystem, wie es im Chromosomenbestande der Keimzelle steckt, ist etwas anderes als eine Kollokation von Realumständen, Kraftfaktoren u. s. w.; und wenn die spezifisch organische Determinationsform, die ihm eignet, auch noch zum größten Teil im Dunklen liegt, es ist doch eine Innendetermination, die als Ganzes eine Einheit sui generis bildet und sich nicht in Faktoren auflösen läßt.

Das Innere in diesem Sinne ist es, was nicht im Gefügecharakter des Organismus aufgeht, nicht aus Elementen besteht und deswegen auch der Analyse widersteht. Es ist darum noch keineswegs das absolut

Unerkennbare; es wird vielmehr in seinen Äußerungen durchaus greifbar. Wir können es eben nur nicht „von innen" sehen, weil unser eigener Organismus uns nur im Außenaspekt einerseits und in dunklen Vitalgefühlen andererseits gegeben ist. Wir haben kein wahrnehmendes Organ, das uns seine Funktionen unmittelbar zeigen könnte.

d. Die seelische Innenwelt und das Innere der Person.

Ganz anders steht es in diesem Punkte mit der seelischen und personalen Innenwelt des Menschen. Diese Innenwelt ist mit dem „Innenaspekt" des Selbstbewußtseins begabt. Es spielt sich zwar lange nicht alles, was zu ihr gehört, im Lichte des Bewußtseins ab, aber doch vieles; und sehr vieles, was von Hause aus unbewußt verläuft, läßt sich durch spontane Einstellung und Hinlenkung des Bewußtseins bewußt machen.

Das Selbstbewußtsein ist auf diese Weise ein zwar beschränkter, aber doch echter Innenaspekt. Und es ist keineswegs bloß ein Innenaspekt des seelischen Lebens — gerade als ein solcher wäre er besonders beschränkt, weil ihm die Ichtiefe ebenso verborgen bleibt wie die Tiefe der äußeren Welt —, es ist vielmehr in weit höherem Grade unmittelbare Selbstgegebenheit der mannigfachen Beziehungen, in denen das Ich zur Außenwelt steht. Diese Beziehungen aber bestehen im Erleben und Erfahren, im Hoffen und Fürchten, Lieben und Hassen, Sehnen und Streben, Wollen und Handeln, kurz in der ganzen Reihe der transzendenten Akte. Das Zurechtfinden in der Umwelt, das Erfassen und die Bewältigung lebensaktueller Situationen, Verantwortlichkeit und Zurechenbarkeit, sowie die an ihr hängenden sittlichen Wertmomente sind Gegenstand der inneren Selbstgegebenheit.

Das ist merkwürdig genug, denn auf diese Weise umfaßt die Selbstgegebenheit zugleich einen beträchtlichen Ausschnitt der Außenwelt, in die hinein das menschlich-personale Innere sich in diesen seinen Akten äußert. Das Selbstbewußtsein des Menschen hängt also unlöslich an seinem Bewußtsein des ihm Äußeren; denn eben in den aufgezählten und allen ihnen verwandten Akten ist das Bewußtsein in erster Linie auf den Gegenstand (die Situation, die fremde Person u. s. w.) gerichtet, und das Wissen um den Akt — und also auch das um das eigene Selbst — ist sekundär. Das Selbstbewußtsein des menschlich Inneren ist also nicht ganz so unmittelbar, wie es zunächst zu sein scheint; es hängt bereits am Bewußtsein des Äußeren.

In dieser vermittelten Unmittelbarkeit der Selbstgegebenheit spiegelt sich deutlich die einzigartige Seinsform des Inneren im Menschenwesen. Sie ist nicht identisch mit der Selbstgegebenheit, sondern bildet sich in ihr wirklich nur gleichsam gespiegelt ab. Oder kürzer gesagt: der Innenaspekt ist nicht das Innere, genau so wenig wie der Außenaspekt das Äußere ist. Das personale Innenwesen des Menschen, der Träger und Vollzieher der Akte, ist nicht das gespiegelte Selbst des Selbstbewußtseins, sondern wird von ihm vielleicht mehr noch verdeckt als aufgedeckt. Das ist der Grund, warum der Mensch über sich selbst im Leben nicht auslernt, warum Selbsterkenntnis die letzte und schwerste aller Erkenntnisse ist.

Das seelisch Innere selbst zu ergründen ist Sache der Psychologie. Die Wege und Irrwege dieser Wissenschaft beweisen die Schwierigkeit der Aufgabe. Die Kategorienlehre kann ihrem zur Zeit immer noch in den Anfängen stehenden Eindringen nicht vorgreifen. Soviel aber ist klar: es handelt sich nicht um das Innere eines Gefüges, das man von seinen Elementen aus begreifen könnte; es handelt sich auch nicht um determinative Einheit eines sich aus sich selbst heraus regulierenden und dirigierenden Wesens, wie das beim Organismus der Fall ist. Es fehlt zwar weder am Gefüge der Akte, noch an aktiver Selbstbestimmung, aber der Charakter des Inneren als solchen ist hier ein anderer: dieses Innere ist eine Sphäre für sich mit eigener Seinsart dessen, was sie umfaßt. Es ist eine unräumliche, immaterielle Innenwelt inmitten der räumlich-materiellen, dynamischen und organischen Natur, durch ihre Zeitlichkeit und mancherlei determinative Wechselbeziehung mit dieser verbunden, und dennoch gegen sie als Sphäre unaufhebbar geschlossen. Und nicht nur gegen sie, sondern ebenso gegen ihresgleichen. Denn jeder Mensch hat sein seelisch Inneres für sich, das niemals in fremdes Seelenleben übergeht; alle Verbundenheit muß den Umweg über die „Äußerung" des Inneren gehen. Es kann keiner dem anderen sein Fühlen vermitteln, wenn der es nicht von sich aus nachfühlen kann; es kann auch niemand einen Gedanken mitteilen, wenn der Andere ihn nicht selbsttätig im eigenen Denken zu vollziehen weiß. Wir sagen dann: der Andere „versteht nicht". Das Verstehen eben ist der selbsttätige Vollzug.

Nicht von gleicher Geschlossenheit ist das menschliche Innere, wenn man es als das der geistig aktiven, sittlichen und rechtlichen Person versteht. Die Personsphäre ist nicht das seelische Leben allein, sie erstreckt sich als Aktions- und Interessensphäre in die Außenwelt hinein und überschneidet sich dort mit fremden Personsphären. Durch diese Überschneidung ist sie zugleich Element der Gemeinschaft, deren Innenkräfte hier eine ihrer Wurzeln haben.

Mit der Offenheit der Sphäre tritt auch der Charakter des Gefüges, sowie der des determinativen Inneren wieder hervor. Der letztere ist greifbar in der bewußten Selbstbestimmung, in der rechtlichen und sittlichen Freiheit der Person. Die Freiheit ist freilich eine beschränkte, aber sie bildet doch eine Art Zentralinstanz, von der aus das Innenwesen der Person seinen eigentlichen „Charakter" erhält. Denn diese Instanz hat wirklich etwas zu entscheiden. Sie ist in den Situationen des Lebens von Schritt zu Schritt zur Entscheidung herausgefordert; denn sie gerade steht mitten inne in jenem Widerstreit zweier Determinationen, die im Menschenwesen aufeinanderstoßen (vgl. Kap. 32b).

Das Innere der Menschenperson ist, wie man sieht, ein Problem der Ethik. Es spielt außer der rätselvollen Selbstbestimmung noch manches andere in ihm eine bestimmende Rolle: das vorsehende Bewußtsein, die Zwecktätigkeit der Willensaktivität, das Wertbewußtsein und das Gemeinschaftsbewußtsein. Aber soviel sieht man auch ohne besondere Analyse dieser Faktoren, daß es sich hier um eine andere Form des Inneren handelt als im seelischen Sein. Dieses Innere transzendiert sich selbst in seinen Akten, es geht durch sie in den Lebenszusammenhang der Personen ein und lebt sich in ihm aus. Es ist in sein eigenes Äußeres hinein verstrickt, es setzt sich in seinen „Äußerungen" in die Welt hinein fort. Und dadurch gibt es einem Ausschnitt dieser Welt den personalen Charakter, den wir im Leben als die Welt des Menschen kennen.

d. Zum Sphärenunterschied und zur Gegebenheit des Inneren.

Die mysteriösen Vorstellungen, die man in der Metaphysik mit dem Begriff des Inneren verband, haben zu einer Art Wertvorurteil geführt. Man meinte, das Innere einer Sache sei das Eigentliche oder „Substantielle" an ihr, das Äußere nur das Akzidentelle. Die Abwandlung des Kategorienpaares „Inneres — Äußeres" in den Schichten des Seienden, wie sie wenigstens in einigen Hauptstufen dargestellt werden konnte, hat dieses Vorurteil bereits zerstört.

Noch nicht eindeutig geklärt ist aber die Stellung der Erkenntnis zum Gegensatz des Inneren und Äußeren; nicht etwa deswegen, weil sie selbst auf den meisten ihrer Gegenstandsgebiete ein Innen-Außen-Verhältnis ist, sondern weil sie aus inneren Gründen ihres Vorgehens dazu neigt, jenes Wertvorurteil der alten Metaphysik zu teilen. Diese Neigung stammt aus den Gegebenheitsverhältnissen der dinglichen Gegenstände: die Wahrnehmung gibt das Äußere der Dinge, das Innere muß vom eindringenden Begreifen erschlossen werden.

Auf diesem engumrissenen Gegenstandsgebiet wäre nicht viel dagegen einzuwenden — außer vielleicht gegen die übertriebene Vorstellung vom „Inneren der Dinge" —, aber man blieb nicht dabei stehen. Man übertrug unbesehen das einmal geläufig gewordene

Gegebenheitsverhältnis auf andere Gegenstandsgebiete. Und damit verfälschte man die Sachlage.

Es dürfte an der Aufrollung des wichtigsten Innenphänomens, das wir kennen, des seelisch Inneren, überzeugend zur Geltung gekommen sein, daß keineswegs immer das Äußere das Gegebene, das Innere aber das Verborgene und Gesuchte ist. Wenn auch das Bewußtsein als Innenaspekt dieses Innere keineswegs erschöpft, es stellt uns doch mit unserem Wissen um seelisches Sein unmittelbar in seinen Kreis hinein; der „Ausdruck“ des eigenen Inneren aber (in Mimik, Geste, Tonfall u. s. w.) ist uns erst auf dem Umweg über die Reaktion anderer Personen zugänglich.

Soweit ist die Sachlage eine wohlbekannte. Aber sie ist damit nicht erschöpft. Denn sieht man nun zu, wie es denn mit der Gegebenheit anderer Gebilde, die ein Inneres haben, bestellt ist, so findet man, daß noch in vielerlei Fällen die Gegebenheit des Inneren über die des Äußeren überwiegt. Natürlich ist nirgends das ganze Innere ohne weiteres zugänglich — genau so wenig wie beim Seelenleben —, wohl aber gehören die wichtigsten Zugänge und Angriffsflächen der Erkenntnis dem Inneren an; und erst von diesen aus wird zusammen mit der weiteren Erschließung des Inneren auch der äußere Umriß und das Geflecht der Außenverhältnisse sichtbar.

Die schönsten Beispiele dieser Art liegen auf dem Gebiet des Gemeinschaftslebens. Der Einzelne steht im Verbande der ihm Gleichen drin; er ist hier Element, und das Gefüge spürt er zunächst nur an Bindungen, in denen er steht, sie mögen seine Pflichten sein oder seine ihm zugestandenen Ansprüche. Diese Bindungen, die er an sich erfährt, sind ein Bruchstück des Inneren vom Gefüge der Gemeinschaft. Das Gefüge also ist ihm von seinem Inneren aus gegeben; das Ganze in seinem äußeren Umriß und seiner Machtentfaltung nach außen lernt er erst auf Umwegen fassen. Aber auch dann tritt es ihm nicht leicht nah; denn ob er gleich getragen ist von ihm, es bleibt ihm unanschaulich, solange er sich nicht direkt betroffen sieht vom gemeinsamen Schicksal. Könnte er es unmittelbar sehen, wie er den Ausschnitt der Bindungen sieht, in denen er lebt, er würde vielleicht von Hause aus im Hochgefühl der Hingabe an die großen Dinge leben, deren er teilhaft ist. So aber muß er erst langsam im sittlichen Reifen sich zu ihm hinaufringen, bis er seine Aufgaben erfaßt.

Andere Beispiele liegen bei den großen dynamischen Gefügen des Kosmos. Das jahrhundertelange Ringen des Menschengeistes um das Begreifen des großen Schauspieles, das der ewig kreisende Sternhimmel darbietet, ist nichts anderes als das Suchen nach der Gesamtform des Gefüges, in das der Mensch mitsamt seinem Wohnsitz, der

Erde, eingefügt ist. Er kann das Gefüge aus Gründen seiner räumlichen Gebundenheit nicht anders als von innen sehen. Darum hat es so lange gedauert, bis er sich zur Gesamtanschauung des Ganzen erhob — zunächst zu der des Sonnensystems, und dann immer weiter hinaus zur Anschauung der größeren kosmischen Systeme.

Im Hinblick auf diese Beispiele kann man wohl fragen: ist eigentlich Gegebenheit des Inneren ein Erkenntnisvorteil? Es scheint fast, daß dem nicht so ist. Vielleicht sind grundsätzlich diejenigen Gebilde erkennbarer, bei denen die Gegebenheit am Äußeren haftet?

Aber wie dem auch sei, der Weg der Erkenntnis ist nicht, wie man immer gemeint hat, der des „Eindringens" vom Äußeren ins Innere. Er ist ebenso oft der umgekehrte. Und dann ist das Äußere ebensosehr das geheimnisvolle Unbekannte, zu dem man „vordringen" will, wie im Falle des „Eindringens" das Innere es ist. Welchen Weg das Erkennen geht, darüber entscheidet nicht der Unterschied des Außen und Innen, sondern der Ausschnitt des Gegebenen, letzten Endes also die Stellung des Menschen im Realzusammenhang der Welt.

IV. Abschnitt

Die Kategorien der Qualität

35. Kapitel. Das Positive und das Negative.

a. Die sinnlichen Qualitäten und ihre Subjektivität.

Die meisten der Elementarkategorien sind in den Systemen der Metaphysik zu kurz gekommen. Von der Qualität und Quantität möchte man eher das Gegenteil sagen: sie sind meist in ihrer Bedeutung überschätzt worden. Das ist verständlich, denn sie sind vordergründig, sie beherrschen schon die dingliche Gegebenheit, mit Beschaffenheit und Größe rechnet das alltägliche Denken, und der Wortschatz der Sprache ist dem angepaßt. Aristoteles setzte sie der Substanz am nächsten, Kant räumte ihnen den Vortritt in der Kategorientafel ein. Noch viel weiter ging darin Hegel, der den ganzen ersten — den am meisten ontologischen — Band seiner Logik ihnen widmete. Qualität und Quantität erscheinen hier als Titelbegriffe für das meiste, was ontisch fundamental und elementar ist.

Solange man sich vorwiegend an den dinglichen Verhältnissen orientierte, hatte diese Vorrangstellung etwas Zwangsläufiges; in den fortgeschritteneren Stadien der Metaphysik wird sie mehr und mehr zum Atavismus, den man unerörtert mitschleppt. Doch ist hier ein großer Unterschied zwischen Qualität und Quantität. Das ontische Gewicht der letzteren fand eine gewaltige Stütze an der mathematischen Naturerklärung, schon im Altertum, vollends aber in der Neuzeit; das der Qualität dagegen wurde umgekehrt immer mehr abgebaut, und zwar in Abhängigkeit von den Fortschritten des mathematisch exakten Wissens. Die Fülle der sinnlichen Beschaffenheiten, die schöne Buntheit der vertrauten Dingwelt schien sich in die homogene Eintönigkeit quantitativer Verhältnisse „aufzulösen".

Was es mit dieser „Auflösung" auf sich hat, wie weit ihr berechtigter Sinn reicht, und was der Qualität als Seinskategorie übrigbleibt, wird noch zu erörtern sein. Wichtig ist vielmehr zunächst, daß der Qualität in der Tat vieles zugeschrieben wurde, was ihrem engeren Sinne zuwiderläuft. Der Begriff der „Beschaffenheit" ist dehnbar; man konnte bequem Kräfte und Wirkungsweisen, Gestalten und Bewegungsformen, Lebensweisen und Charakterzüge darunter subsumieren. Dann mußten schließlich die meisten „Bestimmtheiten", die ein Seiendes haben konnte, unter Qualität rangieren. Wenn wir im Mittelalter Bestimmungen der Qualität als modus essendi oder dispositio substantiae finden, wenn daneben solche Unterscheidungen stehen wie qualitas essentialis und accidentalis, activa und passiva, manifesta und occulta, so sieht man leicht, wohin die Verallgemeinerung führt.

Noch bei Christian Wolf spürt man die Nachwirkung dieser Tradition, wenn er die Qualität als determinatio rei intrinseca bestimmt. Er führt sie damit freilich auf ein kategorial ganz anderes Verhältnis zurück, denn er macht sie zur Äußerung eines Inneren. Er nähert sich damit der Auffassung der älteren Stoiker, die das Wesen der ποιότης in einem πνεῦμα διῆκον καὶ ἀναστρέφον erblickten, also gleichfalls in einer Determination des Äußeren durch ein dynamisches Innenverhältnis. Ontologisch aber hat es damit seine Schwierigkeit bei allen Gebilden, die kein selbständiges Inneres haben (vgl. Kap. 34b); und das sind gerade die „Dinge" im engeren Sinne, an die in erster Linie man dabei dachte.

Dagegen hat die erkenntnistheoretische Richtung, die sich an die sinnlichen Qualitäten hält, den Vorzug größerer Bestimmtheit. Nur zeigte es sich hier seit der Sophistenzeit, daß gerade diese Qualitäten der Relativität auf den wahrnehmenden Menschen und seinen Zustand unterliegen. Es war von hier aus nur ein geringer Schritt, die Qualitäten überhaupt für etwas Subjektives zu erklären, dem an den Dingen nichts entspräche. Solcher Skepsis gegenüber ist die Theorie Demokrits bereits ein gemäßigter Mittelweg: nach ihr entspricht den Farben der

Dinge, dem Süß und Bitter u. s. f. sehr wohl etwas am Seienden, aber freilich etwas ganz anderes, die Lagerung der Atome im Leeren. Die Atome sind nicht ohne Beschaffenheit, sie haben Gestalt, Ordnung, Lage, haben auch Gewicht und Masse, aber es sind andere Beschaffenheiten als die der wahrnehmbaren Aggregate.

Auf dieser Unterscheidung beruht die in der Neuzeit berühmt gewordene Lehre von den „primären und sekundären Qualitäten". Sie ist nicht identisch mit der später versuchten Auflösung aller Qualität in Quantität, nähert sich ihr aber doch insofern, als sie für „primär" nur noch die räumlichen Bestimmtheiten gelten läßt. Für die Entwicklung der Sinnespsychologie ist sie grundlegend geworden. Ontologisch aber ist sie insofern doch schief angelegt, als nur die sekundären Qualitäten eigentliche „Qualitäten" sind, die primären dagegen offenbar auf kategoriale Strukturen ganz anderer Art zurückgehen; was sich ja schon aus der grundlegenden Rolle ergibt, die hierbei dem Raume zufällt.

Durch die Kantische Lehre vom apriorischen Anschauungscharakter des Raumes wurde dieses Resultat noch einmal ernstlich in Frage gestellt. Ist der Raum ebenso subjektiv und ebenso wenig Bestimmung der Dinge an sich wie die Sinnesqualitäten, so wird der Unterschied von primär und sekundär wieder verwischt. Aber die subjektive Bedingtheit betrifft nun nicht mehr die Qualität allein, sondern alle Seinsbestimmtheit, die in den Bereich der Erfahrung fällt. Und dadurch wird das ganze Problem der Qualität seiner vordringlichen Wichtigkeit beraubt.

Diese Herabsetzung der Qualität, gleichsam ihre Entthronung, ist nun aber gerade ontologisch ein bedeutsamer Schlußstrich. Daß sie im Gegensatz zu den ontologischen Tendenzen vom Idealismus vollzogen wurde, kann einen nicht verwundern, wenn man erwägt, wie sehr das Problem ein erkenntnistheoretisches geworden war. Die große Erneuerung des Erkenntnisproblems aber ging nun einmal den Weg über das idealistische Denken.

b. Das kategoriale Qualitätsproblem und die besonderen Kategorien der Qualität.

Erst nach dem Kantischen Umschwung der Dinge wurde es einsichtig — was man freilich in anderem Gewande auch früher gesehen hatte —, daß es noch einen anderen, zwar um vieles blasseren, aber fundamentaleren Sinn des Qualitätsproblems gibt. Man fand ihn im Begriffsapparat der formalen Logik vorgezeichnet, wo die „Qualität der Urteile" die feste Bedeutung des Gegensatzes von „affirmativ und negativ" hatte. An dieser Bedeutung sind die Kantischen „Kategorien der Qualität" orientiert.

Kant nannte diese Kategorien „Realität, Negation und Limitation"; und es ist bekannt, wie er die ersteren beiden aus der Urteilstafel ableitete, die dritte aber aus apriorischen Gründen hinzufügte. Er hätte ebensogut alle drei der antiken Metaphysik entnehmen können, wo sie als ὄν und μὴ ὄν seit der Eleatenzeit eine führende Rolle gespielt hatten, und wo das μὴ ὄν bereits in den beiden von Kant unterschiedenen Bedeutungen — einer rein negativen und einer ausgesprochen limitativen — zu voller Entfaltung gekommen war. Der Ausdruck „Realität" ist in diesem Zusammenhang irreführend; er war es schon in der Kritik der reinen Vernunft selbst, wo das Wort sonst eine andere Bedeutung hat.

Sieht man nun zunächst von der Spaltung der Negation in zweierlei Negativität ab — die sich ja leicht als untergeordnete Besonderung auffassen läßt —, so springen hier zwei Grundkategorien der Qualität heraus, die das Schema des Elementargegensatzes an der Stirn tragen. Sie sollen im folgenden als „das Positive" und „das Negative" bezeichnet werden. Diese Bezeichnungen haben den Vorzug vor den antiken Termini „Sein und Nichtsein", deren rein ontologische Prägung eine Vorentscheidung über ihre Rolle in den Seinssphären enthält.

Hat man einmal die Rolle dieser Kategorien erfaßt, so wird man von ihnen aus auch auf weitere, und zwar noch eigentlichere Qualitätskategorien hingeführt. Die limitierte Negation, das „Nicht-dieses-Sein", besagte ein Anderssein; das Anderssein aber ist qualitativ bezogenes Sein. Es kann nicht etwas in sich selbst „anders sein", sondern stets nur „anders als ein anderes". Es ist also die in der Mannigfaltigkeit des Seienden das eine vom anderen abhebende „Verschiedenheit". Und da alle Mannigfaltigkeit eine solche bereits voraussetzt, so haben wir in der Verschiedenheit ganz offenkundig eine Fundamentalkategorie.

Man sieht sich nach einem Gegenstück zu ihr um und findet ein solches zunächst in der Gleichheit. Aber Gleichheit kann auf bestimmte Momente limitiert sein: eines kann dem anderen in bestimmten Zügen gleichen, in anderen aber anders sein. Dasselbe gilt von der Ähnlichkeit, an der diese Relativität uns im Leben noch geläufiger ist. Das wirkliche Gegenstück zur Verschiedenheit müßte besagen, daß gar kein Anderssein der Bestimmtheit vorhanden ist. Wo aber eines vom anderen durch kein Anderssein unterschieden ist, da ist es vielmehr ein und dasselbe mit ihm. Ob es das in der realen Welt oder auch sonstwo gibt, ist eine sekundäre Frage; als kategoriales Gegenstück zur Verschiedenheit — also als das andere Extrem einer Gegensatzdimension — springt ganz eindeutig dieses Moment des „Ein-und-dasselbe-Seins" heraus, die Kategorie der „Identität".

Identität und Verschiedenheit bilden also ein zweites Kategorienpaar innerhalb der Gruppe der Qualität. Es hat vor dem ersten den Vorzug, daß man ihm den qualitativen Charakter ohne weiteres ansieht. Sein Fundamentalcharakter ist seit der Antike anerkannt. Aber seine Stellung in den Systemen neuerer Zeit ist verdunkelt durch die einseitige Betonung, welche die Identität — teils aus spekulativen, teils aus logisch-formalen Gründen — erfuhr. Die Logik bedurfte eines „Satzes der Identität", der als Axiom aller besonderen logischen Gesetzlichkeit zugrunde liegt. Und da dieser „Satz" dort nicht alleiniges Axiom ist, sondern mit dem Satz des Widerspruchs und dem Satz vom ausgeschlossenen Dritten zusammensteht, so wurde das ontologische Prinzip der Identität durch diese Verbindung der „logischen Gesetze" sogar verdeckt. Die Folge war, daß sich eine ganz einseitige, rein formale Auffassung des Identitätsprinzips durchsetzte, in der es sich kaum mehr um ein Qualitätsverhältnis handelte. Diese Auffassung kann als ein Schulbeispiel des im schlechten Sinne Formalen und Abstrakten gelten: sie machte aus der Identität eine leere Tautologie. Die Aufgabe der Ontologie ist es, demgegenüber den kategorialen Sinn der Identität erst wiederzugewinnen.

Dazu kommt aber noch ein dritter Seinsgegensatz, der gleichfalls unter die Qualität gehört, obgleich die formale Logik, die sich an die „Umfänge" der Begriffe hält, ihn der Quantität einzuordnen pflegt. Es ist der Gegensatz des Allgemeinen und des Individuellen.

Der kategoriale Sinn des Allgemeinen ist nämlich nicht die Zusammenfassung des Besonderen, geschweige denn eine Allheit der „Fälle"; wie denn das genus weit entfernt ist, ein System der verschiedenen species zu sein, die species aber ein System der Fälle zu sein. Das Allgemeine ist vielmehr, rein als solches, vollkommen gleichgültig gegen die Anzahl der Fälle; es ist dasselbe Allgemeine bei wenigen wie bei vielen. Wesentlich ist von ihm aus vielmehr nur die Gleichartigkeit der Fälle. Oder, besser gesagt: das Allgemeine ist das in den Fällen Identische; es ist deswegen in ihnen immer nur ein Bruchteil ihrer Bestimmtheit, aber dieser Bruchteil ist das qualitativ Übereinstimmende in ihnen — dasjenige, wodurch sie sich nicht unterscheiden.

Darum auch stuft es sich ab nach genus und species. Aber die Abstufung hat ihre untere Grenze im Individuellen. Dieses ist das nur einmal Vorhandene, das nicht an anderen Fällen wiederkehrt. Es kehrt aber nicht wieder, weil es das von ihnen allen Verschiedene ist. Die Andersheit ist das konstituierende Moment der Einzigkeit. Individualität also ist keine quantitative, sondern eine qualitative Kategorie.

Individualität und Allgemeinheit bilden einen Elementargegensatz, der an kategorialer Urwüchsigkeit den Seinsgegensätzen ebenbürtig zur Seite steht. Um ihretwillen in erster Linie steht die Qualität mit Recht in der Gegensatztafel. Das Problem der „Allgemeinheiten" (Universalien) hat einst lange Zeit die Metaphysik beherrscht; diese Metaphysik scheiterte schließlich am Problem des Individuellen. Auch heute noch gibt es Probleme an diesem Kategorienpaar, die gelöst werden müssen; und sie gehören zu den wichtigsten, welche die Seinsgegensätze uns aufgeben.

Wir werden also folgende drei Gegensatzpaare der Qualität zu behandeln haben:

1. Positives	—	Negatives,
2. Identität	—	Verschiedenheit,
3. Allgemeines	—	Individuelles.

Es kommt bei ihnen weniger auf die Abwandlung an als auf die genaue grundsätzliche Klarstellung ihres Wesens. Darüber hinaus aber wird noch von der qualitativen Mannigfaltigkeit als solcher gehandelt werden müssen. Und hier spielt der Sphärenunterschied eine entscheidende Rolle. Darum kann mit ihr nicht begonnen werden, obgleich das der Gegebenheit nach wohl am nächsten läge.

c. Die ontologische Unselbständigkeit des Negativen.

Der Gegensatz der Qualität und Quantität unterscheidet sich von den übrigen Elementargegensätzen dadurch, daß die Gegensätzlichkeit selbst an ihm verblaßt — er steht eben bereits an der Grenze zu den speziellen Kategorien —, zugleich aber auch dadurch, daß seine beiden Glieder in eine Mehrheit weiterer Kategorien zerfallen, wobei dann die letzteren wiederum ausgesprochenen Gegensatzcharakter zeigen. Für die Quantität wird das noch zu erweisen sein. Für die Qualität ist es an den soeben aufgeführten drei Gegensätzen gegeben, deren erster nunmehr zur Diskussion steht.

Ist es eigentlich wahr, daß der Gegensatz des Positiven und Negativen ein Seinsgegensatz ist? Der Qualitätsunterschied der Urteile — „affirmativ und negativ" —, von dem er hergenommen ist, kann dafür nicht als Beleg gelten. Er betrifft nur das prädikative Sein (das est und non est, wie es in der Copula erscheint), und dieses ist kein selbständiges Sein; ja, es ist, wie die Modalanalyse gezeigt hat, sogar „erweichtes Sein", das nicht einmal dem idealen, geschweige denn dem realen Sein entspricht [1]).

[1]) Vgl. „Möglichkeit und Wirklichkeit", Kap. 38 b—d, sowie Kap. 62.

Für Seinsverhältnisse kann man sich nicht an einer der sekundären Sphären orientieren. Anders sieht die Sache aus, wenn man auf die Anfänge der griechischen Ontologie zurückgreift. Hier beherrscht der Gegensatz von „Sein und Nichtsein" vollkommen das Seinsproblem. Man verstand das Werden als Entstehen aus Nichts und Vergehen in Nichts. Aber eben diese Auffassung des Werdens erwies sich schon früh als unhaltbar. Das ex nihilo nil fit der Eleaten machte ihr ein Ende, und der „Fluß" aller Dinge bei Heraklit hatte bereits die ganz andere Bedeutung, daß immer nur Seiendes in Seiendes übergeht, nichts aber aus dem Nichts kommt oder ins Nichts verschwindet.

Parmenides sprach das einfach aus: nur Seiendes ist, Nichtseiendes ist nicht. Dieser tautologisch klingende Satz ist die ontologische Abwehr des Negativen, gleichsam seine Verbannung aus der Welt des Seienden. Er ist, recht verstanden, unbestreitbar. Wie sollte Nichtseiendes zum Seienden gehören? Dennoch hat Platon ihm widersprochen, und zwar aus der Überlegung heraus, daß im Anderssein des Verschiedenen ein relatives Nichtsein steckt: es ist eben immer nur eines das andere eines anderen, und zwar dadurch, daß es „nicht ist", was jenes ist. Diese Negativität im Anderssein bedeutet natürlich keineswegs ein absolutes Nichtsein; aber als relatives Nicht-dieses-Sein besteht es doch zurecht in einer Welt des Seienden, die in sich mannigfaltig ist und die Fülle qualitativer Unterschiede umfaßt.

Sofern in dieser relativen Negativität die Verschiedenheit wurzelt, gewinnt das Negative wieder eine gewisse Bedeutung für die Seinssphären. Aber es ist offenbar eine untergeordnete Bedeutung. Denn das „andere", sofern es die Bestimmungen des „einen" nicht hat, ist ja nicht weniger positiv als dieses. Gleichwohl ist es nicht nur ein Aussagemoment, das hier die Negativität ausmacht, sondern auch ein Seinsmoment; denn das „eine" schließt eben die Bestimmtheiten des „anderen", sofern es „anders" ist, auch wirklich von sich aus.

Dieser relative Sinn des Negativen im Anderssein darf nun aber nicht dahin überspitzt werden, daß etwa auf ihm erst die Verschiedenheit beruhte (wie es z. B. Hegel in seiner Dialektik des Andersseins versucht hat). Dazu müßte man das Nichtsein wieder verselbständigen, und dann gerät man mit ihm in dieselben Aporien, um derentwillen Parmenides es verwarf. Die allein haltbare Stellung vielmehr, die man ihm in den Seinssphären beimessen kann, ist die eines unselbständigen Momentes in der Bezogenheit des verschiedenen Seienden.

Diese Unselbständigkeit des Negativen inmitten des Positiven ist für das „Seiende als Seiendes" durchaus charakteristisch. Es geht hier nicht an, was viele Theorien versucht haben, alle Bestimmtheit als „Grenze" (πέρας), die Grenze aber als Negation zu verstehen; ebensowenig kann man sie als die Negation anderer Bestimmtheiten auffassen, etwa in der Weise, daß sie als einzige von vielen „Möglichkeiten" bestehen bliebe, wenn die übrigen alle dem Nichtsein verfallen sind. Diese Vorstellungsweise, obgleich in der Antike verbreitet und bis heute in der Metaphysik nicht überwunden, beruht auf einem ontologisch unzutreffenden Möglichkeitsbegriff, den die Modalanalyse entlarvt hat. Auch unter den Modalbestimmungen selbst haben vielmehr die negativen Modi nur eine unselbständige Stellung, und die affirmativen beherrschen das Feld des Seienden.

Wo aber das Negative unselbständig ist, da wird eben damit der ganze Gegensatz des Positiven und Negativen auf den zweiten Plan zurückgedrängt. Und da nun dieses gerade für die Seinssphären gilt, so ergibt sich, daß die große Bedeutung, die dieser Gegensatz erlangt hat, wenn sie nicht überhaupt irrig ist, auf dem Gebiet der sekundären Sphären liegen muß. Zugleich aber liegt hier der Grund, warum der Gegensatz von Sein und Nichtsein, an dem eine so gewichtige Tradition hängt, nicht unter die elementaren Gegensatzkategorien aufgenommen werden konnte. Diese Kategorien sind durchweg affirmativ, ihr Gegensatz ist kein kontradiktorischer, wie denn die Gegenglieder einander nicht ausschließen, sondern implizieren.

d. Das Denken und die negative Begriffsbildung.

Es ist erstaunlich, wie oft in der Geschichte der Metaphysik die besten Einsichten aufs schlechteste begründet worden sind. Der Satz des Parmenides „das Nichtseiende ist nicht" war der unentbehrliche Grundsatz, durch den die Unselbständigkeit des Negativen erst greifbar wurde, aber das Argument des Parmenides war falsch. Es lautete: „denn nie ohne das Seiende, in dem es ausgeprägt ist, wirst du das Denken finden". Also weil man Nichtseiendes nicht „denken" kann, weil alles Denken ein Denken von Seiendem ist, soll Nichtseiendes nicht „sein" können.

Wenn damit nichts gemeint ist als der Satz der Intentionalität — alles Denken ist Denken von etwas, und nicht von nichts —, so ist der Satz zwar wahr, aber ontologisch nichtssagend. Denn das gedachte Etwas braucht kein Seiendes zu sein, weder im Sinne des realen noch des idealen Seins, es kann auch im bloßen Gedachtsein bestehen. Ist aber mehr damit gemeint, soll es heißen, daß ein Gedachtes, darum weil es gedacht wird, auch im Realzusammenhange so bestehe, wie es gedacht wird, so ist der Satz offenbar unwahr. Nichts ist dem Denken leichter, als sich vorzuspiegeln, was es in aller Welt nicht gibt. Wäre dem nicht so, der Mensch wäre im Denken vor allem Irrtum sicher.

Das war der Fehler des Parmenides — zum mindesten aber das tief Mißverständliche an seinem Argument —, daß er vom Denken auf das Sein schloß. Denn auch abgesehen davon, daß vieles sich denken läßt, was nicht „ist", gibt es gerade im Denken sehr wohl das Negative, und zwar in einer Verselbständigung, wie sie im Seienden nicht vorkommt. Das schlagende Beispiel dafür ist ja auch gerade jener verfestigte und verselbständigte Begriff des Nichtseins, um den das Argument sich dreht. Denn dieser Begriff ist ein reines Denkprodukt; und er ist es nicht nur in heutiger Auffassung, sondern er war es schon in der Auffassung des Parmenides. Das eben besagt doch sein Satz „das Nichtseiende ist nicht".

Hieraus ist die Konsequenz zu ziehen: in der logischen Sphäre und in der Erkenntnis spielt das Negative als solches eine breite Rolle, und zwar sowohl als absolute Negation — denn das Denken schließt das Widersprechende von sich aus, und dieses Ausschließen ist absolute Negation —, als auch im Sinne der relativen Negation, hinter der das noch unbekannte Anderssein sich verbirgt. Und diese zweite Form des Negativen (sie entspricht der Kantischen Kategorie der Limitation) ist in der Tat für den Fortgang des begreifenden Erkennens von einzigartiger Bedeutung. Hier hat die alte Philosophie bereits weit vorgreifend Bahn gebrochen. Es fehlte ihr nur an Unterscheidung dessen, was im Sein, und dessen, was nur im Denken gilt; d. h. es fehlte an zureichender Unterscheidung der Sphären.

Dieser Mangel tritt sehr auffällig in die Erscheinung an dem berühmten Satz des Demokrit: um nichts mehr „ist" das Seiende als das Nichtseiende. Da es hier um das Sein des Leeren neben dem der Atome geht, so muß der Satz als ein ontologischer verstanden werden. Dann aber wird die Bezeichnung des Leeren als Nichtseiendes sehr fragwürdig. Die Negativität, in der es dem Denken faßbar wird, ist ja gerade keine ontische, ist auch nicht als solche gemeint, sondern nur als Negativität des Begriffs. Das Leere selbst ist ein ontisch Positives. Diese Zweideutigkeit hat das Prinzip der negativen Begriffsbildung, dem Demokrit hier erstmalig auf der Spur war, nicht zu seinem Recht kommen lassen.

Nicht viel anders erging es Platon in seiner Lehre vom „seienden Nichtsein". Die Gleichsetzung des Nichtseins mit dem Anderssein (im „Sophistes") blieb ontologisch zweideutig, obgleich er das Prinzip logisch zutreffend formulierte. Und ähnlich noch steht es mit Hegels dialektischem Begriff der „Aufhebung", obgleich an ihm die kategoriale Funktion als eine solche des Denkens stärker hervortritt. In seiner Lehre von der „Macht des Negativen" nahm er die Negation vollends als bewegenden Faktor in das Sein hinein.

Demgegenüber gilt es, den logischen Charakter des Negativen und seine Bedeutung für die bewegliche Begriffsbildung im Fortgange der Erkenntnis festzuhalten, und zwar im Gegensatz zu der unselbständigen Rolle der Negation in den Seinssphären. Das Unerkannte, sofern es in Form des Problems zum Gegenstande gemacht wird, ist in den ersten Stadien des Eindringens stets nur negativ faßbar. Die Prädikate des angrenzenden Gegenstandsbereiches treffen nicht darauf zu. Will man es also irgendwie fassen, so muß man es zunächst in den Negationen dieser Prädikate fassen. An Gegenständen der Metaphysik, die auf lange Sicht keine andere Fassung zulassen, geht hierbei oft die Negation in den Terminus ein und bleibt an ihm sichtbar — charakteristischerweise auch dann noch, wenn sich im Fortschreiten der Einsicht längst ein eminent positiver Sinn an den Begriffen herausgebildet hat. Das Unendliche, Unbegrenzte, Unbedingte sind Beispiele solcher Begriffe. Die affirmative Bedeutung an ihnen ist heute ohne weiteres greifbar, aber die negative Form ist geblieben.

Man darf nicht behaupten, daß solche negative Begriffsbildung immer der Ansatz künftiger positiver Einsicht ist. Auch sehr vage Spekulation hat sich ihrer bedient. Aber man darf nicht verkennen, daß hier ein großes methodisches Mittel des Begreifens liegt, über das jeweilig Erkannte hinaus Fühlung mit dem Unerkannten zu nehmen. Das Geheimnis der Sache liegt darin, daß Negation im Denken mittelbar auch Determination ist. Gelingt es, ein Unbekanntes von verschiedenen Seiten zugleich negativ einzugrenzen, so kommt die Summe der Negationen einer positiven Bestimmung nah. Denn Eingrenzung (definitio) ist nun einmal das Vorgehen der Begriffsbestimmung [1]).

36. Kapitel. Identität und Verschiedenheit.

a. Das Identische im Verschiedenen.

Im Gegensatz zum Positiven und Negativen, deren Geltungsgebiet in den sekundären Sphären liegt, sind Identität und Verschiedenheit die eigentlich ontischen Kategorien der Qualität. Man hat sie zwar als Kategorien des vergleichenden Denkens verstehen wollen, und in der Tat beruht ja auch alles Konstatieren von Unterschieden und Übereinstimmungen auf ihnen; aber damit erschöpft man sie nicht, denn nur das Konstatieren ist Sache des Denkens, die Unterschiede und Übereinstimmungen selbst sind vor ihm da, und alles Vergleichen ist nur möglich, wo sie bereits vorhanden sind. Identität und Verschieden-

[1]) Vgl. hierzu das Nähere in „Metaphysik der Erkenntnis" [2], 1925, Kap. 37.

heit sind qualitative Einheit und Mannigfaltigkeit im Seienden selbst. Und erst vermittelt durch das Seiende, kehren sie im vergleichenden Denken wieder. Aber das Vergleichen dringt keineswegs bis in alle Feinheiten der ontischen Differenzierung.

Alle Mannigfaltigkeit des Seienden enthält sowohl Verschiedenheit als auch Identität. Denn in aller Verschiedenheit bleibt stets auch etwas identisch, anders wäre es gar nicht in die Einheit einer Mannigfaltigkeit zusammenfaßbar; und in aller Identität bleibt etwas verschieden, anders hätte das Identische nichts, womit es identisch wäre. In beiden Kategorien steckt ein Moment der Relation: verschieden kann etwas nur „von etwas" sein, und identisch kann etwas nur „mit etwas" sein. Läßt man diese Relation in sich zusammensinken, so verschwindet die Verschiedenheit mit ihr, die Identität aber wird zur leeren Tautologie.

Alle Mannigfaltigkeit des Seienden bewegt sich in Abstufungen des Identisch- und Verschiedenseins. Je mehr die Identität überwiegt, um so größer ist die Gleichheit, um so einförmiger die Mannigfaltigkeit; je mehr die Verschiedenheit überwiegt, um so ungleichartiger und vielförmiger ist die Mannigfaltigkeit. Gleichheit (qualitativ verstanden) ist nichts anderes als die partiale Identität im Verschiedenen, Ungleichheit nichts anderes als die partiale Verschiedenheit des in bestimmten Zügen Identischen.

Das Identische im Verschiedenen ist das Generelle in ihm, die Andersheit in ihm (der Unterschied) macht das Spezielle aus. Indem die Ordnungsfolge von genus und species abwärts fortschreitet, steigert sich im Anwachsen der Unterschiede die Verschiedenheit. Die Identität des Generellen dagegen erhält sich in der Steigerung der Verschiedenheit. Zugleich aber wird sie von ihr immer mehr verdeckt. Auf jeder Stufe gibt es hierbei bestimmte Dimensionen des Unterschiedes, und je nach ihrer Anzahl und ihrem Verhältnis fällt die Mannigfaltigkeit des Verschiedenen aus. Und wiederum setzt jede Dimension der Verschiedenheit eine für alle in ihr spielenden Unterschiede identische Art des Andersseins voraus. Aber die Identität der Art des Andersseins ist nicht dieselbe wie die Identität des genus.

In der Ordnungsfolge der Seinsschichten nimmt die Verschiedenheit gleichfalls zu, wie denn die höheren Schichten die bei weitem größere Mannigfaltigkeit zeigen. Aber die Mannigfaltigkeit verhält sich hierbei anders zur Einheit als die Verschiedenheit zur Identität. Die gesteigerte Mannigfaltigkeit wird in den höchsten Seinsschichten nicht mehr von der Einheit bewältigt (vgl. Kap. 29c), die Einheit bleibt hinter ihr zurück. Die Identität dagegen hält mit der Verschiedenheit Schritt. Sie ist nicht Zusammenfassung wie die Einheit, sie braucht nichts zu bewältigen.

Sie ist nur die im Anderssein enthaltene und vorausgesetzte Wiederkehr bestimmter Momente. Und diese nehmen mit der Mehrdimensionalität und dem Reichtum der Verschiedenheit gleichfalls zu.

Zwischen Identität und Verschiedenheit waltet nirgends ein Widerstreit. Sie greifen überall homogen und harmonisch ineinander. Ihr Gegensatz hat nichts Disjunktives an sich. An allem, was in der Welt sich unterscheidet, durchdringen sie sich. Aber sie betreffen an ihm verschiedene Seiten.

b. Das logische und das ontologische Identitätsprinzip.

Das Eigentümliche der Identitätskategorie — im Unterschied von der Verschiedenheit und den meisten anderen Kategorien — dürfte dieses sein, daß in ihr ein Gesetz enthalten ist: der „Satz der Identität". Er ist bekannt aus der Logik, wo er mit dem Satz des Widerspruchs und dem Satz vom ausgeschlossenen Dritten zusammen die Gruppe der „logischen Gesetze" (oder „Denkgesetze") ausmacht. Es soll nun hier nicht erneut davon die Rede sein, daß diese Gesetze vielmehr solche des idealen Seins sind und nur mittelbar logische Gesetze, daß sie das wirkliche Denken auch nur unvollkommen beherrschen u. s. f. (vgl. Kap. 19b und 32b). Wichtig für das Identitätsproblem ist vielmehr nur dreierlei: 1. daß es überhaupt „Gesetze" sind, 2. daß der Satz der Identität den beiden anderen schon zugrunde liegt, und 3. daß weder er, noch die beiden anderen Gesetze jene formale Evidenz oder unmittelbar apriorische Einsichtigkeit haben, die man ihnen immer zugeschrieben hat.

Gesetze sind Formen der Ordnung, sie wehren stets einen bestimmten Typus von Verwirrung ab. Das ist wohlbekannt am Satz des Widerspruchs: wenn A zugleich B und non-B sein könnte, so fiele alle Eindeutigkeit der Urteile, alle Notwendigkeit der Schlüsse hin. Auch der Satz der Identität wehrt etwas ab. Die Formel „A ist A" läßt das nicht auf den ersten Blick erkennen [1]). Bedenkt man aber, daß jedes synthetische Urteil „A ist B" etwas von A aussagt, was nicht in A enthalten ist, was also jedenfalls A von sich aus nicht ist, so ändert sich die Sachlage: Grundform des synthetichen Urteils ist gerade das Gegenteil vom Satz der Identität, nämlich „A ist non-A". In jedem synthetischen Urteil also ist die Identität von A gefährdet; und tatsächlich besteht die „Synthesis" darin ja auch grade in der Einfügung eines neuen Merkmals in den Inhaltsbestand des Begriffes A; womit doch offenbar A inhaltlich umgebildet wird. Kann man dann also noch sagen, daß es dasselbe geblieben ist, das es war?

[1]) Sie wird übrigens meist falsch geschrieben: „A = A"; was nur verwirrend wirkt, denn das prädikative Sein der Copula hat mit Gleichheit nichts zu tun.

Es hat heute keinen Sinn mehr, diese Frage auf formale Spitzfindigkeiten hinauszuspielen. Aber es ist doch erwähnenswert, daß bei den geschichtlich ersten Schritten der Logik dieses Problem hervorsprang und, da die ernstgesinnte Philosophie ihm noch gänzlich ungerüstet gegenüberstand, ein sehr bedrohliches Ansehen gewann. Antisthenes trat mit der These auf, man könne überhaupt nicht eines vom anderen aussagen, sondern stets nur eines von sich selbst; man könne also nicht sagen „der Mensch ist gut", sondern nur „Mensch ist Mensch" und „gut ist gut". Wie auch sein Argument gelautet haben mag (das ist nicht klar überliefert), man sieht doch deutlich, was gemeint ist: der Sinn der Aussage, sofern sie dem Subjekt etwas hinzufügt, was nicht in ihm schon enthalten ist, — also Kantisch gesprochen, der Sinn des synthetischen Urteils — wird angefochten.

Fragt man, warum er angefochten wurde, so kann man wohl nur eines antworten: weil der Subjektsbegriff durch das Prädikat verändert wird, also nicht identisch bleibt. Das ist es aber, wogegen der „Satz" der Identität sich richtet. „A ist A", das bedeutet: was man von A auch aussagt, wenn es nur wirklich Aussage von A ist, A selbst bleibt doch dasselbe. Nur deswegen ist der Satz der Identität ein Gesetz, weil er keine Selbstverständlichkeit ausspricht, sondern eine im Grunde sehr merkwürdige These, dazu eine für das ganze Reich der Begriffe, Urteile und Schlüsse grundlegende und unentbehrliche. Schroff zugespitzt darf man sie vielleicht so aussprechen: A ist, auch wenn es non-A ist, nichtsdestoweniger A.

Das ist nichts weniger als evident. Es ist ein hochsynthetischer, ja ein recht gewagter Satz. Läßt man ihn aber fallen, so behält Antisthenes recht, und man kann von A nichts als A aussagen; das Urteil wird dann zur Tautologie verdammt, es kann nichts mehr aussagen, was der Aussage wert wäre. Hierin allein liegt die Rechtfertigung eines so gewagten Satzes. Der Satz der Identität ist Bedingung des Urteils, darum muß er in der Sphäre des Urteils Gültigkeit haben.

Dann aber darf man ihn nicht als „A ist A" aussprechen, was eben doch eine tautologische Formel ist. Man muß den synthetischen Sinn der Identität mit zum Ausdruck bringen. Er muß besagen, daß A mit dem Prädikat B immer noch dasselbe ist wie ohne B, oder noch allgemeiner, daß A in der einen Hinsicht (z. B. im Urteil A ist B) dasselbe ist wie in anderer Hinsicht (etwa im Urteil A ist C), wie sehr es durch die verschiedenen Prädikate auch verschieden bestimmt sein mag. Will man das in eine Formel bringen, so muß die Formel lauten: „A_1 ist A_2". Die indices drücken hierbei die Verschiedenheit der Prädikation aus. Der Satz der Identität besagt nicht Identität des Identischen — womit nichts gesagt wäre —, sondern Identität des Verschiedenen.

Nicht das Urteil allein hängt an diesem Sinn der logischen Identität. Mehr noch vielleicht hängt der Schluß daran. Ein Syllogismus schließt nur, wenn der terminus medius im Ober- und Untersatz wirklich identisch ist. Spaltet er sich in zwei nicht identische Begriffe, so tritt die quaternio terminorum ein. Nun aber steht der terminus medius in den Prämissen sehr verschieden da; und gerade in dieser Verschiedenheit der Aussage muß er identisch sein. D. h. er muß als M_2 dasselbe sein wie als M_1. Hier ist der synthetische Sinn der Identität mit Händen zu greifen.

Und etwas ähnliches läßt sich vom Begriff zeigen. Sofern er das Allgemeine der Fälle darstellt, enthält er das in ihnen Identische (die gemeinsamen Merkmale sind eben dieselben); aber da die Fälle verschieden sind, so ist dieses Identische in ihnen ein Identisches im Verschiedenen.

Wichtiger vielleicht noch ist es, daß auch die beiden anderen logischen Gesetze den Satz der Identität voraussetzen. Es genügt, das vom Satz des Widerspruchs zu zeigen, denn ohne ihn hat auch der Satz vom ausgeschlossenen Dritten keine Geltung. In der klassischen Formulierung des Aristoteles lautet nun der Satz des Widerspruchs: „Dasselbe kann demselben nicht zugleich und in derselben Hinsicht zukommen und nicht zukommen". In diesem Satz ist viermal die Identität vorausgesetzt, denn auch in dem „zugleich" steckt noch eine Identität. Der Satz der Identität ist also in vierfacher Hinsicht die Bedingung des Satzes vom Widerspruch.

Und die weitere Folge ist: was vom Satz der Identität galt — daß er nicht a priori evident ist, sondern nur als notwendige Bedingung des Urteils und des Schlusses, ja sogar des Begriffs einleuchtet —, das muß nun auch von den anderen logischen Gesetzen gelten. Denn sie beruhen ihrerseits schon auf ihm.

c. Die ontologische Identität und das Werden.

Vom Logischen zum idealen Sein ist ein geringer Sprung, weil ideale Wesensgesetze die logischen Verhältnisse beherrschen. Und bedenkt man weiter, daß im Wesensreich das Verhältnis von genus und species das dominierende ist, dieses Verhältnis aber auf der Identität des Generellen im Speziellen beruht, so muß es einleuchten, daß die ideale Sphäre die eigentliche Domäne des Identitätsgesetzes ist. Dem entspricht denn auch die einzigartig beherrschende Stellung, die der Satz vom Widerspruch hier einnimmt.

Aber wie steht es damit in der Realsphäre, auf die ontologisch doch alles ankommt? Von eigentlichem Widerspruch kann hier nicht die

Rede sein, also auch nicht von einem Gesetz, das ihn ausschließt; ein Gesetz aber, das den Realwiderstreit ebenso strikt ausschlösse, besteht hier nicht. Der Widerstreit vielmehr ist ein positiv-kategoriales Moment, das mit der Schichtenhöhe des Realen offenkundig noch zunimmt und keineswegs überall von entsprechender Einstimmigkeit bewältigt wird (vgl. Kap. 32a—c). Was aber bleibt vom Satz der Identität übrig in einer Sphäre, die den unbewältigten Widerstreit enthält?

Was Antisthenes für das Urteil und das Denken zu erweisen suchte, das hat vor ihm mit weit größerem Recht Heraklit für die reale Welt unübertreffbar eindrucksvoll aufgewiesen. Nicht zweimal kann man in „denselben" Fluß steigen, er ist das zweite Mal ein anderer geworden. Ja, auch nicht einmal gelangt man in „denselben" Fluß, er wird schon ein anderer, bis wir hineingelangen, und wir selbst werden andere darüber.

Es ist das Gesetz des Werdens, dem alles Reale unterliegt. Das Werden bedeutet eben dieses, daß nichts Seiendes auch nur die kleinste Zeitspanne vollkommen identisch bleibt. Alles, was real ist, verändert sich; Veränderung aber ist die in die Reihe der Zeitstadien auseinandergezogene und zugleich in ihrer Folge geordnete Verschiedenheit.

Andererseits, wenn dieser „Fluß" aller Dinge nicht das ständige Entstehen aus Nichts und Vergehen in Nichts ist — was er nicht sein kann, weil ja das „Nichtsein nicht ist" (Kap. 35c) —, so muß er das Übergehen des einen in das andere sein. Und das wiederum ist nur möglich, wenn er im Anderswerden von etwas besteht, das sich im Wechsel der Beschaffenheiten erhält. Dieses sich erhaltende Etwas würde dann also das Identischbleibende im Fluß der Dinge sein, und der Fluß selbst bliebe auf das ihm Äußerliche und Periphere beschränkt.

Damit stehen wir vor der Kategorie der Substanz. Mit dem Subsistierenden eben ist das im Zeitfluß Beharrende gemeint, an dem nur die „Akzidentien" wechseln, dasjenige also, das dem Werden und der Vergänglichkeit standhält. Da nun ein solches absolut Beharrendes empirisch in keiner Weise aufzeigbar, für das Verständnis der Veränderung aber unbedingt erforderlich ist, so mußten sich die größten Streitfragen der Metaphysik um das Problem seines Bestehens und seiner näheren Bestimmung gruppieren. Diese Problematik der Substanz aber gehört in den Zusammenhang der speziellen Kategorienlehre und kann hier nicht vorweggenommen werden [1]).

Indessen auch die Substanz ist nur eine von mehreren Abwand-

[1]) Zur vorläufigen Orientierung über den einschlägigen Fragenkreis kann ich an dieser Stelle nur auf meinen Aufsatz „Zeitlichkeit und Substantialität", Blätter für deutsche Philos., Bd. XIII, 1938, verweisen.

lungsformen der Realidentität. Eine andere Form liegt in der Gesetzlichkeit der Naturvorgänge, sofern sie die in aller Beweglichkeit feststehende Typik der Abläufe, also die ständige Wiederkehr des in gewissen Grundzügen identischen Prozeßschemas bedeutet. Eine weitere, ganz andere Identitätsform haben wir in der selbsttätigen Wiederbildung des Organischen, durch die sich der Arttypus im Wechsel der Individuen erhält. Hier liegt nichts Beharrendes zugrunde, die Erhaltung ist rein auf die Funktion der Selbsterneuerung des Lebendigen gestellt; sie schwebt gleichsam über dem Wechsel seiner jeweiligen Träger.

Noch andere Abwandlungen liegen in der Einheit des Bewußtseins und der Identität der Person, desgleichen in der Erhaltung der menschlichen Gemeinschaft und des geschichtlich objektiven Geistes. Hier überall bedroht der zeitliche Fluß die Identität, und diese muß sich selbsttätig gegen ihn durchsetzen. Die Mittel und Wege aber, durch die seelisches und geistiges Sein sich gegen ihn als identisches durchsetzt, sind immer wieder andere.

Diese Abwandlung ist fast so reichhaltig wie die Stufenfolge des Realen selbst. Aber die Identität ist hier nirgends eine vollständige; sie erstreckt sich überall nur auf einzelne Züge, die man dann geneigt ist für die Grundzüge zu halten. Und überdies ist sie selbst zeitlich nicht unbegrenzt. Die Wahrheit des ganzen Verhältnisses dürfte der Widerstreit von Vergänglichkeit und Erhaltung im Realprozeß selbst sein. Und kategorial liegt ihm ein solcher von Identität und Verschiedenheit zugrunde. Hier also geht das an sich durchaus einstimmige Verhältnis von Identität und Verschiedenheit in Realrepugnanz über; und alle Identität, die sich im Werden durchsetzt, ist der Vergänglichkeit abgerungen. —

Aber noch eine ganz andere Form der Identität gibt es im zeitlichen Werden selbst, eine Identität, die sich nicht durchzusetzen braucht, weil sie im Wesen des Realen und seiner Zeitlichkeit bereits enthalten ist. Sie besteht in der Unabänderlichkeit des einmal Gewesenen, oder wie der poetische Ausdruck lautet, im ewigen Stillstehen der Vergangenheit. Dem Menschen in seiner Lebenssphäre wird sie sehr eindrucksvoll fühlbar in der Unaufhebbarkeit seiner einmal geschehenen Taten, sowie in der Unwiederbringlichkeit der einmal verpaßten Gelegenheiten. Der Zeitstrom hält fest, was einmal wirklich geworden ist, und gibt es nicht wieder her. Das Vergangensein ist nicht Aufgehobensein; anders wäre ja kein Unterschied zwischen dem Gewesenen und dem Nichtgewesenen.

Die Unmöglichkeit, etwas Geschehenes ungeschehen zu machen, etwas Unterbliebenes nachzuholen — denn das später Getane ist nicht dasselbe, was es in seiner Zeit gewesen wäre —, ist eine echte Form der Realidentität. Sie ist nur etwas ganz anderes als die Erhaltung. Denn diese beruht auf Dauer, jene aber gerade auf dem unaufhaltsamen Abrücken in die Vergangenheit. Denn eben das Vergangene ist das nicht mehr Veränderbare. In diesem Sinne hat alles, was real ist, auch unbegrenzte Realidentität, auch wenn es das Flüchtigste ist.

Die ontologischen Hintergründe dieser Realidentität liegen nicht in der kategorialen Struktur der Zeitlichkeit und des Werdens allein. Sie sind letzten Endes in der Modalstruktur des Realen, und zwar speziell in jenem „Spaltungsgesetz der Realmöglichkeit" zu suchen, von dem die Modalanalyse zeigen konnte, daß auf ihm die „Härte des Realen" beruht [1]).

37. Kapitel. Allgemeinheit und Individualität.

a. Die Metaphysik der Universalien und die sog. Individuation.

Solange man das Allgemeine als ein Seiendes höherer Ordnung ansah, das sein Bestehen für sich auch ohne reale Fälle hat, mußte die Besonderheit der Einzelfälle für etwas Sekundäres gelten, das erst nachträglich entsteht. Dieses „Nachträglich" brauchte freilich kein zeitliches zu sein; es kommt darauf aber auch nicht so sehr an. Denn das Allgemeine erstreckt sich über Fälle, die in beliebiger Zeit liegen können, ist also selbst ohnehin zeitlos, und nur die Fälle sind zeitlich. Wichtig ist in der These des Universalienrealismus nur das ontische Prius des Allgemeinen.

In der Konsequenz dieser These aber lag die Auffassung, daß die einzelnen Fälle in ihrer durchgehenden Unterschiedenheit, Unvertauschbarkeit, Einmaligkeit und Einzigkeit — kurz in ihrer „Individualität" — etwas sind, was den Universalien nicht nur entgegengesetzt, sondern auch widerstreitend ist. Man fragte also, wie dieses Individuelle denn eigentlich zustande kommen kann. In einer Welt, die von Allgemeinheiten beherrscht wird, ist das nicht so leicht einzusehen. Dieses „Zustandekommen" nannte man die „Individuation". Man fragte somit nach einem principium individuationis.

Schon Aristoteles, obgleich er das Eidos nirgends anders als „in" den Einzelfällen (ἕκαστα) erblickte, hatte so gefragt: was kommt zum Eidos hinzu, damit der Einzelfall entstehe — und zwar mit all den mannigfaltigen Bestimmtheiten, die nur von ihm als dem Einzelnen (καθ' ἕκαστον) gelten? Er antwortete mit dem Prinzip der Materie: alle besonderen Unterschiede unterhalb des Eidos kommen dadurch

[1]) Vgl. „Möglichkeit und Wirklichkeit", Kap. 15 d.

zustande, daß die Einzelfälle aus verschiedenen Teilen der Materie — und zwar der sekundären, selbst schon differenzierten Materie — gebildet sind.

Solange man nur auf Dinge hinblickte, mochte das zureichen. Wie aber, wenn es sich um menschliche Personen in ihrer charakterlichen und moralischen Eigenart handelte? Aristoteles scheute sich nicht, zu behaupten, Sokrates und Kallias unterschieden sich durch nichts als durch andere Knochen und anderes Fleisch. Er konnte die Konsequenz nicht anders ziehen, weil die Lehre vom „unteilbaren Eidos" (ἄτομον εἶδος) eine Differenzierung der Wesenheit (τί ἦν εἶναι) unterhalb der letzten und abschließenden Differenz (τελευταία διαφορά) nicht zuließ. Alle weitere Besonderung unter dem Eidos „Mensch" mußte also für unwesentlich — bloß „mitlaufend" (συμβεβηκός) gelten.

Diese Lehre erhielt durch die Abwertung der sichtbaren Welt im Christentum einen gewaltigen Rückhalt; sie hat bis ins 13. Jahrhundert nur wenig angefochten fortbestanden, obgleich sie sich mit der theologischen Auffassung von der Substantialität der Einzelseele nicht entfernt reimte. Die innere Ungereimtheit erwies sich doch als die stärkere. Plotin war es, der zuerst gegen sie Stellung nahm. Unter dem Titel „Gibt es Ideen der Einzelfälle" behandelte er die Frage nach der Individuation. Er antwortete bejahend. Er hob also die Aristotelische Grenze der Differenzierung im ἄτομον εἶδος auf und ließ die Reihe der Wesensunterschiede weitergehen. Er stieß hierbei freilich auf eine Aporie, die er nicht lösen konnte: die bloße Häufung der Differenzen machte noch keine strenge Einzigkeit aus. Er behielt deshalb das Prinzip der Materie bei.

Radikaler ging Duns Scotus vor, der das Prinzip der Individuation grundsätzlich in das Reich der „Form" hineinnahm und die Materie aus dem Problem ganz ausschaltete. Die essentia differenziert sich ohne Grenzen, die ganze quidditas der Einzeldinge wird von ihr allein bestritten. Gerade die Materie kann der Besonderheit nichts hinzufügen. In der Schule des Duns Scotus bildete sich für diese individualisierte Form der Terminus haecceïtas heraus, was man etwa mit „Diesdaheit" übersetzen kann; ein Beweis, wie sehr man den ursprünglichen Aristotelischen Begriff des „dieses da" (τόδε τι) vor Augen hatte.

Geht man der Sachlage in diesem Problemstadium mehr auf den Grund, so findet man, daß hier in der Tat ein radikaler Umbruch in der Auffassung der Individualität vorliegt. Beruft man sich nämlich auf Differenzierung der Form, so meint man in Wahrheit einen ganz anderen Sinn der Einzigkeit, als wenn man sich auf die Materie beruft: man meint jetzt nicht mehr das bloß numerische Einzigsein neben anderem Einzigen, sondern ein qualitatives. Dafür, daß ein Mensch nicht derselbe ist wie ein zweiter, konnte allenfalls das materielle Nichtidentischsein von Fleisch und Knochen genügen. Aber deswegen könnte qualitativ einer dem anderen in allen Zügen gleichen. So aber ist die Individualität der Menschen, und selbst die der Dinge, nicht beschaffen. Ein Ding ist vom anderen auch inhaltlich, dem Sosein nach, verschieden. Das Sosein, die quidditas, besteht aber aus lauter Momenten der Gestalt, der Qualität, der Mannigfaltigkeit und ihrer Einheit, kurz — wie man damals sagte — der „Form".

Das Gesetz, das hier berücksichtigt ist, läßt sich etwa so aussprechen: zwei Dinge, die in allen Stücken dieselbe Bestimmtheit hätten, wären in Wirklichkeit ein und dasselbe Ding. In einer Welt, wie der unsrigen, die aus lauter Einzeldingen besteht, muß also auch das Ähnlichste noch qualitativ verschieden sein. So hat es Leibniz nachmals in seiner lex identitatis indiscernibilium ausgesprochen.

Hier liegt der Grund, warum die Thomisten und Scotisten einander im Individuationsproblem nicht verstehen konnten. Sie meinten mit Individualität etwas verschiedenes. Beide zwar meinten ontologisch folgerichtig die Einzigkeit als solche (Einmaligkeit und Unwiederholbarkeit). Aber jene meinten die numerische Einzigkeit, im Grunde also die bloß quantitativ verstandene; diese dagegen meinten eine wirklich qualitative Einzigkeit, die Einzigartigkeit.

b. Die Antinomie der qualitativen Individualität und das Problem des principium individuationis.

Da es nun doch ontologisch nicht auf eine bloß formal-numerische, sondern auf eine inhaltlich erfüllte, also auf die qualitative Individualität ankommt, sollte man meinen, der Streit wäre zugunsten der scotistischen Auffassung entschieden. Geschichtlich zog aber schon der Nominalismus allem weiteren Fortkommen auf diesem Wege eine unübersteigliche Grenze vor, indem er den Universalien, auf deren Spezialisierung die Individuation beruhen sollte, die Realität absprach. Besteht das Allgemeine nur in mente, so kann keine an ihm einsetzende Differenzierung die einzelnen Realfälle erreichen, weil sie der Sphäre nach von ihnen getrennt bleibt.

Aber es gibt hier eine noch viel radikalere Schwierigkeit, die freilich keine der alten Theorien ganz erfaßt hat. Man denke sich das Allgemeine durch Differenzierung so weit herabspezialisiert, daß das ganze Sosein des Einzelfalles in ihm aufgeht; und man frage sich nun: wird es eigentlich dadurch allein schon zum Individuellen? Das könnte es doch nur, wenn das Sosein eines Falles auch die Garantie dafür enthielte, daß kein zweiter Fall ihm gleicht. Kann aber das Sosein — verstanden als Inbegriff der Bestimmtheit — dafür die Garantie geben? Doch offenbar nicht. Das Sosein als solches kann sehr wohl an anderen Fällen wiederkehren, und wenn es noch so sehr differenziert ist; gibt es aber faktisch in aller Welt nur den einen Fall, so liegt das nicht an ihm, sondern am Nichtvorhandensein anderer Fälle in der realen Welt. Daß die Gestalt des Sokrates nur einmal in der Geschichte vorkommt, liegt nicht an einem Wesen „Sokrates", das sich etwa nur an einem Menschen verwirklichen könnte, sondern an der Mannigfaltigkeit der Menschenwelt und des Geschichtslaufes, der nicht nur immer neue, sondern auch immer neuartige Gestalten heraufbringt.

Prinzipiell gesprochen: sofern alles Sosein und alle Wesenheit gleichgültig gegen die Anzahl der Fälle ist, also in aller Spezialisierung grundsätzlich doch allgemein bleibt, ist auch die zur haecceïtas erweiterte Wesenheit nicht eigentlich individuell. Und da das Wort nun gerade das einmalige „dieses da" als solches meint, so muß man wohl hinzufügen: es gibt keine eigentliche haecceïtas in diesem Sinne. Man kann das auch so ausdrücken: Individualität gibt es nur in der realen Sphäre, denn nur das real Seiende ist ein vollständig Bestimmtes; ideales Sein ist unvollständiges Sein, Wesenheiten stufen sich zwar nach genus und species ab, bleiben aber stets allgemein. Das Sosein einer Sache aber, wenn man es in der Betrachtung von ihrem Dasein abtrennt, ist „neutral" gegen Idealität und Realität; denn der Unterschied der Seinsweisen hängt nicht an ihm, sondern am Dasein [1]).

Am Sosein als solchem also kann das „Nur-einmal-Dasein" nicht liegen, denn es ist Sache des Daseins, und zwar ausschließlich des realen Daseins. Es gibt natürlich sehr wohl die Wesenheit eines Individuellen — die quidditas des einmaligen Realen in seiner Einmaligkeit —, aber sie ist keine individuelle Wesenheit. Sie bleibt allgemein in dem Sinne, daß die Einzigkeit des Realfalles (sein Nicht-Wiederkehren) nicht an ihr liegt, sondern an der Artung der realen Welt. Die Einzigkeit hängt am Gefüge des Realzusammenhanges, sofern dieser eben strukturell (relational und determinativ) so geartet ist, daß er das in allen Stücken Identische nicht zum zweiten Mal hervorbringen kann: dieselbe Sache würde zum zweiten Mal in anderen Seinsverhältnissen und anderen Determinationsverkettungen stehen und, da diese ihr nicht äußerlich sind, sondern ihre Beschaffenheit mit bestimmen, schon dadurch allein eine andere sein. Der Realzusammenhang der Welt ist aber selbst einzig. Darum allein ist alles das, was in ihm steht, auch einzig.

Der Satz: „das Sosein eines Individuellen ist kein individuelles

[1]) Vgl. „Zur Grundlegung der Ontologie" Kap. 17 a—c.

Sosein" spricht in ontologisch präziser Form die Antinomie der qualitativen Individualität aus. Der Grund der Antinomie aber liegt in der Isolierung des Soseins vom Dasein; er liegt aslo nicht in einer ontologischen Notwendigkeit, sondern in der Einseitigkeit der Betrachtungsweise. Die Einseitigkeit aber besteht in nichts anderem als in der rein qualitativen Fassung der Individualität selbst; bei solcher Fassung eben müßte die Einzigkeit am Sosein allein hängen, oder wie die Scotisten sagten, an der „Form" allein. Und das hat sich als unmöglich erwiesen.

Nimmt man aber das Seinsmoment des Daseins wieder hinein in die Betrachtung, so führt man auch den anderen Individualitätsbegriff wieder ein, den der numerischen Einzigkeit. Das Nur-einmal-Dasein in der realen Welt ist der genaue Ausdruck dieser numerischen Einzigkeit. Die Frage ist also: wie läßt sich die numerische mit der qualitativen Einzigkeit so zur Synthese bringen, daß sie zusammen eine einheitliche, nach beiden Seiten — nach der Seite des Soseins und der des Daseins — zureichend gefaßte Individualität ergeben?

c. Das principium individuationis im Realzusammenhang.

Dazu ist zunächst weiter zu fragen: welches principium individuationis sorgt denn für die numerische Einzigkeit? Auf das alte Prinzip der Materie kann man nicht zurückgreifen; es paßt nur auf dinglich-materielles Sein, und da gerade ist die Individualität qualitativ am schwächsten ausgeprägt. Im ausgehenden Mittelalter setzte sich der Gedanke durch, Raum und Zeit seien das principium individuationis. Ontologisch hat das sehr viel für sich: was seine eindeutige Stelle im Raume und zugleich in der Zeit innehat, das ist dadurch von allem anderen auch eindeutig unterschieden, hat also darin die Gewähr seiner Einzigkeit. In der Zeit allein kann vieles zugleich sein, im Raume allein kann vieles nacheinander denselben Ort einnehmen; es kann aber nichts zugleich mit einem anderen am selben Ort sein. Es konnte also scheinen, daß im hic et nunc das principium individuationis gefunden sei. So hat es noch Schopenhauer im 19. Jahrhundert vertreten.

Aber auch das genügt nicht, denn nicht alles Reale ist im Raume. Das seelische und geistige Sein ist unräumlich, es ist aber genau so sehr numerisch individuell wie das Räumliche; seine Zeitlichkeit allein aber genügt nicht zur Individuation. Es ist also im Grunde dieselbe Ungereimtheit, die dem hic et nunc als Prinzip der Einzigkeit anhaftet, wie diejenige, die der Materie anhaftete. Denn die Räumlichkeit reicht in der Schichtung des Realen nicht höher hinauf als die Materialität.

Was also unterscheidet denn im seelischen und geistigen Sein eines vom anderen? Hier ist doch außer der Zeitlichkeit und der Besonderheit des Soseins noch etwas Drittes, was mitspielt. Was scheidet einen Akt vom andern, einen Gedanken vom anderen, eine geschichtliche Bewegung von der anderen? Oder fragen wir genauer: was würde sie auch dann noch scheiden, wenn sie inhaltlich (dem Sosein nach) vollkommen gleich wären? Nicht die Zeit allein, wohl aber der alles umfassende Realzusammenhang in der Einheit der Zeit. Der gleiche Akt einer anderen Person ist ein anderer, weil er in ihr ein zweiter, einem anderen Lebens- und Aktzusammenhang angehöriger ist. Der gleiche Gedanke ist ein anderer, weil er in anderem Gedankenzusammenhang, die gleiche geschichtliche Bewegung (gesetzt, eine solche wäre möglich) ist eine andere, weil sie in anderem Geschichtszusammenhang auftritt.

Die Räumlichkeit ist nur die besondere Dimensionierung der niederen Realschichten. Die höheren haben andere Dimensionen der Mannigfaltigkeit. Daß also das hic et nunc für die ersteren genügt, bildet nur einen Spezialfall des Realzusammenhanges überhaupt. Was aber den Realzusammenhang selbst anlangt, so ist sein Charakter der Einzigkeit vollkommen einsichtig, denn er ist das Gefüge von Relationen und Abhängigkeiten, das die ganze reale Welt einheitlich durchzieht. Diese aber ist nur in der Einzahl da. Und darum sind auch alle besonderen „Stellen" im Realzusammenhang nur einmal da. Dieses „Nur-einmal-Dasein" aber ist die numerische Individualität, die Einzigkeit dem Dasein nach.

Der Realzusammenhang also, in seiner ganzen Fülle und Konkretheit verstanden, ist das eigentliche principium individuationis. Er leistet für alles Reale ebendas, was die Materie und selbst das hic et nunc nur für einen Teil des Realen leisten: die numerische Einzigkeit. Aber er leistet noch mehr. Denn in ihm wird auch die gesuchte Synthese der beiden Arten von Individualität greifbar, der numerischen und der qualitativen. Wie alles Dasein, so hat auch alles Sosein seine Bestimmtheit auf Grund von Determinationsketten, und diese eben sind es, die den Realzusammenhang ausmachen. Isolierte Beschaffenheit eines Einzeldinges ist eine Abstraktion. Was real wirklich ist, das ist auch bis in seine letzten Sonderzüge hinein real möglich und real notwendig; beides aber ist es auf Grund von Bedingungskomplexen, welche die ganze Breite der jeweiligen Realkollokation umfassen [1]).

An diesem Verhältnis ist etwas zu lernen, was auf der Basis der alten, von den Universalien ausgehenden Ontologie nicht greifbar werden konnte: es gibt nicht zweierlei verschiedene Individuation —

---

[1]) Vgl. „Möglichkeit und Wirklichkeit" Kap. 24, 25 und 31.

numerische und qualitative —, es gibt durchaus nur eine einzige auf Grund eines und desselben Individuationsprinzips. Und diese ist zugleich Einzigkeit dem Dasein und dem Sosein nach. Der Gegensatz also, über den sich einst die Thomisten und Scotisten nicht verständigen konnten, ist in Wahrheit ontologisch nichtig. Er ist kein Gegensatz, er scheint nur einer zu sein, solange man Sosein und Dasein voneinander trennt. Diese Trennung aber gibt es nur im Denken, in der Realität besteht sie nicht. Hier ist vielmehr alles Sosein von etwas zugleich auch das Dasein von etwas (wennschon nicht desselben), und alles Dasein von etwas zugleich Sosein von etwas. Es kann also gar nicht anders sein, als daß die Einzigkeit dem Dasein nach im Ganzen des Realzusammenhanges mit der Einzigkeit dem Sosein nach zusammenfällt [1]).

Nur eines noch bleibt hierbei zu bedenken: kann man eigentlich sagen, der Realzusammenhang sei das principium individuationis? Es ist doch vielmehr so, daß er das Konkreteste des Konkreten ist, also gerade kein principium. Und gerade dadurch, daß er dieses eine, gegliederte, vielfach verschlungene, sich in der Zeit als Gesamtablauf fortwälzende Ganze ist, das immer wieder andere Kollokationen ergibt, sind in ihm auch alle Gebilde, Situationen, Abläufe und Beschaffenheiten einzig und unwiederholbar. Individuation ist etwas, was nicht von einem Prinzip ausgeht, sondern nur dem in voller Ganzheit verstandenen Concretum eignet. Darum auch gibt es im idealen Sein kein Individuelles. Wesenheiten, wie speziell sie auch sein mögen, behalten immer etwas vom Prinzipiellen; es fehlt ihnen die Verflochtenheit der Realrelationen und Realdeterminationen.

Will man also die Konsequenz ontologisch folgerichtig ziehen, so muß man sagen: auch der Realzusammenhang ist kein principium individuationis, er „ist" vielmehr die Individuation selbst. Denn eben durch die immer neuen Realsituationen fällt auch das Geschehen immer anders aus. Man darf also sagen, es gibt kein principium individuationis, und es bedarf auch eines solchen nicht. Ja, es gibt auch im strengen Sinne keine „Individuation", sondern nur Individualität. Der Terminus „Individuation" ist und bleibt nun einmal mit der Schiefheit jenes Aspektes behaftet, der dem Allgemeinen die Priorität gibt und alles Einmalige als sekundär versteht. Das ist ein Rudiment des Universalienrealismus, das sich durch die beherrschende Stellung des Allgemeinen in der Logik bis in die Metaphysik der Idealisten und Phänomenologen hinein hat erhalten können.

Diese ganze Vorstellungsweise ist es, die sich nunmehr als unzu-

[1]) Vgl. „Zur Grundlegung der Ontologie", Kap. 19 a—d.

treffend erwiesen hat. Darum muß auch die ganze Frageweise nach der „Individuation" als solcher preisgegeben werden. Individualität ist nicht Individuation. Sie bedarf keines Prinzips neben den sonst alles beherrschenden Prinzipien. Dort, wo sie wirklich zuhause ist, in der Realsphäre, entsteht sie nicht nachträglich — hinter dem Allgemeinen her, das da unfähig ist, sie zu bestreiten —, sondern ist von vornherein und mit dem Allgemeinen zugleich da.

d. Die Individualität alles Realen und die Realität des Allgemeinen.

Mit den letzten Überlegungen ist der Gegensatz von Allgemein und Individuell in die Nähe des ersten Seinsgegensatzes — Prinzip und Concretum — gerückt. Darüber darf man den Unterschied nicht vergessen. Alle Prinzipien sind zwar allgemein, aber nicht alles Allgemeine ist Prinzip. Gemeinsame Züge vieler Fälle können auch sekundär und äußerlich sein, das Prinzipielle aber ist das ontisch Primäre. Und andererseits, auch das Concretum braucht nicht individuell zu sein; im ganzen Reich des idealen Seins bleibt es allgemein.

Der alten Lehre von der Priorität des Allgemeinen liegt die Vorstellung zugrunde, das Allgemeine sei ein anderes Seiendes neben dem Individuellen; auf dieser Basis war es möglich, über ein prius des einen oder des anderen zu disputieren. Und dann war es nur natürlich, daß man dem einen und dem anderen auch verschiedene Sphären zuwies. Der schroffe Universalienrealismus gab dem Allgemeinen den Vorrang der Wesenssphäre mit ihrer aeternitas; der Nominalismus gab dem Individuellen den Vorrang der selbständigen Existenz, während er das Allgemeine nur sekundär in der Abstraktion des Verstandes bestehen ließ. Beide machten denselben Fehler, nur in verschiedener Richtung: sie trennten das Allgemeine vom Einzelnen in der Welt und konnten es hinterher nicht mehr als das Gemeinsame der Einzelfälle selbst verstehen. Nun aber ist das Allgemeine gerade seinem Wesen nach nichts anderes als eben dieses Gemeinsame der Einzelfälle, das Identische in ihrer Verschiedenheit.

Von jeher waren daher diejenigen Theorien im Vorteil, die das Allgemeine „in" der realen Welt selbst sahen, oder wenigstens es als „auch" in ihr bestehend erkannten. So sahen es Abälard, Thomas, Duns Scotus und allen vorangehend schon Aristoteles. Aber keineswegs überwunden ist in diesen Theorien die Ansicht von dem zweierlei Seienden in der realen Welt selbst; und gestützt wurde sie noch durch die Dualität von Potenz und Aktus. Es schien nun, als bestände in einer und derselben Welt Allgemeines und Individuelles nebeneinander. Denn, so meinte man — meist freilich unausgesprochenerweise —, ein Individuelles könne doch auf keine Weise zugleich allgemein sein, ein Allgemeines auf keine Weise individuell.

Das ist im Grunde immer noch derselbe Fehler: man läßt nach wie vor zweierlei Seiendes gelten, nur daß man es jetzt in eine Sphäre hineinnimmt. Die reale Welt aber, die wir kennen, enthält gerade in dieser Hinsicht kein zweierlei Seiendes. Es handelt sich hier gar nicht um ein Übereinander, es kann sich nur um ein Ineinander des Allgemeinen und Individuellen handeln. Das also, was unmöglich schien — daß ein Individuelles in mancherlei Hinsicht auch ein Allgemeines ist, das Allgemeine aber seine Realität nirgends anders als im Individuellen habe — das gerade ist gefordert. Denn so allein entspricht es der Eigenart des Realseins im Gegensatz zu anderer Seinsweise: alles Reale (einerlei ob Prozeß, Gebilde oder flüchtige Kollokation) ist individuell — und zwar im strengen Sinne sowohl der numerischen Einzigkeit als auch der Einzigartigkeit —, und dennoch hat das Allgemeine in ihm gleichfalls Realität.

Das ist natürlich nur möglich, wenn das Allgemeine nicht neben dem Individuellen besteht, sondern „an" ihm. Ist das etwa ein widersprechendes Verhältnis? Läuft es auch nur auf einen Realwiderstreit hinaus? Gerade umgekehrt: es ist die vollkommene Einstimmigkeit von Allgemeinheit und Individualität, und zwar sowohl am Ganzen der Welt wie an jedem Ausschnitt; ja, es ist außerdem ein uns schon im Leben wohlbekanntes Verhältnis, in dem kein Unverbildeter etwas Paradoxes erblicken würde. Es ist einfach dieses: alle Einzelzüge eines Individuellen sind allgemein, denn sie sind faktisch, jeder für sich genommen, ihm mit unzähligem anderem gemeinsam; aber das Ganze ihres Ineinandergefügtseins an ihm ist einzig.

In nichts anderem als dieser Einzigkeit des Ganzen in der Einmaligkeit des Zusammentreffens einer Fülle von Bestimmtheiten, Beschaffenheiten und Verhältnissen, deren jedes einzelne allgemein ist, — besteht ontologisch die Individualität. Und da es ein solches Zusammentreffen nur in den Realfällen gibt, so gilt der Satz, daß nur Reales individuell ist. Da aber andererseits alle jene Bestimmtheiten allgemein sind und ihre Allgemeinheit auch in der Einzigkeit des Zusammentreffens nicht verlieren, so enthalten die individuellen Realfälle selbst das Allgemeine und sind hinsichtlich seiner zugleich das real Allgemeine.

In nichts anderem als diesem Enthaltensein des Allgemeinen im Individuellen besteht die „Realität des Allgemeinen". Es gibt also tatsächlich kein Bestehen des Allgemeinen in der Realwelt als nur in den Einzelfällen selbst. Gesetzlichkeiten, Beschaffenheiten, Form- und Prozeßtypen haben kein anderes Sein als das des Identischen in der

Verschiedenheit des Einmaligen. Identität und Verschiedenheit eben liegen nicht in Widerstreit, sondern ergänzen sich mannigfach abgestuft, indem sie sich gegenseitig in allem Seienden durchdringen. Das Allgemeine aber ist nichts anderes als die Identität einzelner Bestimmtheiten in der Verschiedenheit der anderen Bestimmtheiten. Ein Für-sich-Bestehen hat das Allgemeine nur im idealen Sein und im abstrahierenden Verstande. Real aber ist es nur in den Realfällen. Und da diese durchweg individuell sind, so darf man auch sagen: real ist das Allgemeine nur „im" Individuellen.

So stimmen die beiden Sätze ohne Widerspruch zusammen: alles Reale ist individuell, und das Allgemeine ist gleichwohl auch real. Es ist nur keine selbständige Allgemeinheit, die „neben" den individuellen Fällen real wäre; ebenso wie es keine individuellen Fälle „neben" dem Allgemeinen gibt, sondern nur solche, die von ihm umfaßt sind. „Allgemeine Fälle" gibt es nur in den Hilfsbegriffen der Wissenschaft, nicht in der realen Welt. Das Allgemeine hat gar nicht die Form des „Falles"; es hat die Form des in der Verschiedenheit der Fälle identisch Wiederkehrenden. Die Gemeinsamkeit dieses Wiederkehrenden in den Fällen ist aber gleichwohl ebenso real wie die Verschiedenheit der nicht-wiederkehrenden Züge.

Wollte man das bestreiten, man müßte Dasein und Sosein der Realfälle auseinanderreißen und dem Dasein allein Realität vorbehalten; denn das Sosein ist stets in vielen Stücken allgemein und nur in seiner Ganzheit einzig. Dann aber könnte die Bestimmtheit der Realfälle keine reale Bestimmtheit, die Fülle der Verhältnisse und Determinationen, auf denen sie beruht, keine Fülle von Realverhältnissen und Realdeterminationen sein. Kurz, man höbe damit nichts geringeres als die Realität des Realzusammenhanges auf.

Dieser ungeheure Widersinn ist in der grundlegenden Erörterung von Dasein und Sosein erledigt worden. Er bedarf im Problem des Allgemeinen keiner besonderen Widerlegung mehr.

e. Sphärenunterschied im Verhältnis des Allgemeinen und des Individuellen.

An keinem der Elementargegensätze tritt der Unterschied der Seinssphären so greifbar zutage wie an dem von Allgemeinheit und Individualität. Das Allgemeine ist beiden Sphären gemeinsam, das Individuelle scheidet sie radikal. Im idealen Sein gibt es nur Allgemeines. Es stuft sich dort zwar mannigfach ab, es reicht herab bis zur „Wesenheit eines Individuellen"; aber auch von dieser hat sich gezeigt, daß sie keineswegs „individuelle Wesenheit" ist. Die ideale

Seinssphäre kennt kein Individuelles. Alle wirkliche Einzigkeit gehört dem Realen an.

Der Alleinherrschaft des Allgemeinen im idealen Sein entspricht demnach keineswegs eine Alleinherrschaft des Individuellen im realen. Hier haben wir vielmehr die volle Gleichstellung: alles Reale ist zwar individuell, aber das Allgemeine ist im Individuellen selbst mit real. Der Unterschied in der Stellung beider ist zwar greifbar, aber er ist nicht ein solcher des Vorranges. Die oft proklamierte Priorität des Allgemeinen, bei der das Einzelne als kombinatorisches Resultat dasteht, hat sich als irrig erwiesen: alles Vorbestehen des Allgemeinen vor den Fällen ist bloß ein solches in der idealen Sphäre, ideales Sein aber ist selbst nur unvollständiges Sein. Eine Priorität des Individuellen aber ist erst recht nicht haltbar, weil stets schon gemeinsame Züge das Einzelne verbinden. Leibniz, der in der Monadenmetaphysik hiermit Ernst machen wollte, konnte es auch nicht vermeiden, die Mannigfaltigkeit der Einzelsubstanzen durch eine Fülle gemeinsamer Wesenszüge zu bestimmen. Er setzte also gleichfalls das Allgemeine schon voraus.

Der einzig klar faßbare Unterschied in der Stellung des Allgemeinen und Individuellen an ein und demselben Realen ist vielmehr dieser, daß das Allgemeine das Verbindende, das Individuelle das Trennende ist. Und damit hängt es zusammen, daß das Allgemeine auch in der realen Welt sich abstuft, während die Individualität als solche sich nicht abstuft. Es gibt wohl ein Mehr und Weniger des Allgemeinseins, je nach dem „Umfang" der Gleichartigkeit, aber es gibt kein Mehr und Weniger an Einzigkeit.

Dem scheint die Erfahrung zu widersprechen: ist nicht ein Mensch um vieles individueller als ein Stein? Aber meinen wir wirklich die Einzigkeit, wenn wir so fragen? Für das Einmaligsein ist es gleichgültig, wie hoch geformt oder wie lebenswichtig die Eigenart eines Gebildes ist, um derentwillen es im Realzusammenhang nicht zum zweiten Mal vorkommt. Die Einzigkeit als solche steigert sich nicht, wenn sie hoch über alles hinausragt, was der Einzelfall auch nur mit wenigen anderen gemeinsam hat. Sie gewinnt nur sehr wesentlich an Seinsgewicht und erst recht an Bedeutsamkeit, und darum ist sie uns im Leben an Menschen und menschlichen Verhältnissen wichtig, an Dingen und Naturvorgängen aber gemeinhin überaus gleichgültig. Aber das Wichtignehmen und die Gleichgültigkeit ändert nichts am Charakter der Einzigkeit selbst. Dieser ist ein absoluter und kann sich nicht steigern.

Von hohem Interesse ist auch die Stellung beider Kategorien in der Erkenntnissphäre. Es ist wohlbekannt, daß die Wahrnehmung, das Erleben, die Anschaulichkeit und alles, was dieser noch irgend nahsteht, an den Einzelfällen hängt, ja sogar dazu neigt, sie in einer gewissen Verselbständigung zu nehmen, die sich bis zur Isolierung steigern kann; desgleichen, daß alles denkende und begreifende Erkennen in erster Linie am Allgemeinen hängt, wie denn die Begriffsbildung und der ganze logische Ordnungsapparat sich in Allgemeinheiten bewegt, die nun ihrerseits leicht verselbständigt werden. Dahinter steht die Zweiheit der Erkenntnisquellen, der aposteriorischen und der apriorischen, deren Gegensatz ja eben dieser ist, daß jene vom Einzelnen her, diese vom Allgemeinen her erkennt.

Dieses Verhältnis ist ein vollkommen eindeutiges, was das Begreifen anlangt, obschon die Abstraktion in der Verstandestätigkeit gemeinhin nicht entfernt so weit geht, wie man zu meinen geneigt ist, wenn man sich an den Methoden der Gesetzeswissenschaften (der exakten) allein orientiert. Was aber die Wahrnehmung und das Erleben angeht, ist das Verhältnis keineswegs so einfach. Es ist ein Irrtum zu meinen, daß die Wahrnehmung wirklich das Individuelle erfasse. Sie hängt zwar am Einzelfall und ist durchaus nur Gegebenheit des Einzelfalles, aber sie gibt ihn keineswegs in seiner Einzigartigkeit; sie sieht gerade über die feineren Unterschiede hinweg, erfaßt den Fall nur in gewissen Zügen oder Umrissen, auf die es ihr ankommt, und diese sind zumeist gemeinsame Züge vieler Fälle.

Die Wahrnehmung, das Erleben und Erfahren sind dadurch charakterisiert, daß sie selektiv erfassen. Sie unterliegen dem praktischen Interesse und den lebensaktuellen Belangen, und sie bringen die Gesichtspunkte der Auswahl schon ihrerseits in die anschauliche Auffassung der Einzelfälle hinein. Diese Auffassung ist deswegen weder eine solche des Allgemeinen noch eine solche des Individuellen; sie hält sich vielmehr bei allem, was ihr begegnet, an eine gewisse mittlere Linie, an das „Typische". Sie hebt damit gerade das relativ Allgemeine heraus, sieht am wirklich Einzigartigen (der qualitativen Einzigkeit) vorbei, glaubt aber das Individuelle zu erfassen.

Sie täuscht sich darin grundsätzlich; sie verwechselt das dunkle apriorische Wissen darum, daß jeder Fall einzig ist, mit dem Erfassen der Einzigartigkeit selbst. Jenes Wissen bringt sie mit, aber es betrifft nur die numerische Einzigkeit. Sie inhaltlich zu erfüllen, hat das anschaulich-erlebende Erfassen meist gar nicht die Neigung. Es gleitet über die Tiefe der qualitativen Differenzierung achtlos hinweg. Es begnügt sich mit dem in vager Analogie erfaßten Typenhaften an Dingen, Geschehnissen, menschlichen Situationen, ja sogar an den Personen selbst. Dieses Typenhafte, obgleich es ein nur oberflächlich gesehenes Allgemeines ist — ein Surrogat also des wirklich Allgemeinen sowohl als auch des Individuellen —, ist stets im Leben das Vordringliche.

Das ist eine lebensnotwendige Vereinfachung. Individualität erfassen ist Sache tieferen Eindringens, es bedarf des besonderen Einsatzes, der ruhigen Hingabe und Versenkung. Dazu hat das anschaulich erlebende Bewußtsein im Hingleiten über die Fülle der Eindrücke nicht die Kraft; das Lebenstempo selbst verbietet es ihm. Dieses Bewußtsein muß mit allem relativ schnell fertig werden, muß es einordnen, unterbringen. Das kann es nur durch das vereinfachte Sehen des Typischen. Nur sparsam kann es sich in das eine oder das andere versenken, und auch das nur, wo tieferes seelisches Bedürfnis dazu hindrängt. Am ehesten sind noch Personen Gegenstände solcher Versenkung. Aber auch da neigt der Mensch auf Schritt und Tritt zu vorschnellen Analogien und Verallgemeinerungen.

Die Verallgemeinerung in der Abstraktion ist nicht das, wofür man sie gerne hält, ist nicht ein nachträgliches Tun der Wissenschaft. Gerade im Leben abstrahieren wir ohne Rechenschaft, unbewußt und unkontrolliert im weitesten Maße. Das Erleben ist überhaupt ein Schweben in halber Abstraktion, und zwar je naiver es ist, um so mehr. Am skrupellosesten abstrahiert das kindliche Bewußtsein, bei dem selbst die Unterscheidung der Personen sich nur auf den engsten Kreis erstreckt. Und gerade mit dem Erwachen des Begreifens setzt die Individuation in der Anschauung ein. Wirklich individuell zu erfassen — wenn auch nur genähert — ist wohl überhaupt nur das gereifte Bewußtsein imstande. Seine Fähigkeit zur Versenkung aber hängt bereits an einer weit auslangenden Überschau der Realzusammenhänge, wie nur das Begreifen sie gibt.

f. Schichtenabwandlung des Allgemeinen und des Individuellen.

Nur das Allgemeine stuft sich ab. Individualität als solche kann sich nicht abstufen, weil Einzigkeit und Einmaligkeit nicht an der Höhe struktureller Differenzierung allein hängt, sondern in erster Linie an der Einmaligkeit der Kollokation im Realzusammenhange.

Aber es gibt sehr wohl eine Abstufung im Seinsgewicht der Individualität, und diese hängt freilich an der Höhe der Differenzierung. Da aber die letztere im großen Ganzen der Welt mit der Schichtenfolge des Realen steigt, so nimmt auch das Seinsgewicht des Individuellen mit der Schichtenhöhe erheblich zu. Diese Zunahme ist so auffallend, daß man sie meist für eine Stufenfolge der Individualität selbst gehalten, ja oft überhaupt nur den Gebilden der höchsten Seinsschichten Individualität zugesprochen hat.

Es ist keineswegs nur das Dafürhalten des menschlichen Erlebens, das in den Prozessen der anorganischen Natur die Einmaligkeit des einzelnen Vorganges ignorieren zu können meint. Das Ignorieren hat auch einen sehr triftigen ontologischen Grund: die Individualität dieser Prozesse ist zwar vorhanden, aber sie ist in der Tat ontisch gewichtslos. Denn die inhaltlichen Unterschiede in den Prozessen sind relativ gering, das Identische in ihnen ist im entschiedenen Übergewicht. Das ist der Grund, warum die Wissenschaften, die von diesen Prozessen — und selbst von den typischen dynamischen Gefügen — handeln, sich an das Gleichartige in ihnen halten. Es sind Gesetzeswissenschaften.

Daß es auch vereinzelte Gegenstände dieser Seinsstufe gibt, an denen die Forschung auf das Einmalige geht — wie z. B. der Erdkörper als Gegenstand der Geologie und Geographie — ändert hieran nichts. Denn hier ist der Bezug auf den Menschen als Bewohner der Erde das Maßgebende.

Im Reich des Organischen verschiebt sich das Seinsgewicht schon ein wenig auf das Individuelle zu. Zwar ist im Ganzen auch an den lebenden Individuen einer Art die qualitative Individualität noch minimal; aber sie ist ontisch nicht gewichtslos, weil minimale Abweichungen vom Arttypus phylogenetisch zu Faktoren der Artumbildung werden können. Das findet seine Bestätigung, wenn man die Entfaltung des Lebens auf der Erde in ihrer zeitlichen und räumlichen Einmaligkeit ansieht, in der denn auch das Leben jeder Art als Stammesleben seine zeitlichen Grenzen und seine Einmaligkeit hat. Dieser Gesichtspunkt liegt uns im Leben fern, und selbst die Wissenschaft beobachtet und analysiert die Lebensfunktionen des einzelnen Organismus nur als die eines Repräsentanten. Aber im realen Zusammenhang der Formen des Lebendigen ist doch die Einzigkeit des Stammeslebens ein Wesensmoment von hohem ontischen Gewicht. Zum Bewußtsein kommt uns das freilich nur, wenn wir vom Aussterben heute lebender Arten hören. Wirkliche Aktualität aber gewinnt es, wo es um das Stammesleben des Menschen selbst in seiner hohen rassischen und völkischen Differenzierung geht.

Dieses Seinsgewicht des Individuellen nimmt in den höheren Schichten ganz unverhältnismäßig zu. Auf der Stufe des Seelischen ist es getragen von der Innerlichkeit und Geschiedenheit der Bewußtseinswelten. Zwar täuscht sich der Mensch meist gar sehr über die Originalität seines eigenen Seelenlebens — es ist, wie die Charakterologie und Psychologie wohl weiß, weit typenhafter, als wir naiverweise ahnen —, aber es bleibt doch genug an wesentlicher Ungleichartigkeit übrig. Und diese Ungleichartigkeit ist gerade für das Gesamtbild der menschlichen Gemeinschaften ein wichtiger konstitutiver Faktor. Denn die Gemeinschaften sind nicht Einheiten der Gleichartigkeit, sondern gerade der Ungleichartigkeit; und die Mannigfaltigkeit der

Funktionen in ihnen hängt an der Mannigfaltigkeit menschlich-seelischer Eigenart.

Noch weit mehr ausschlaggebend wird die Einzigkeit des Einzelmenschen an der Person als sittlichem Wesen. Hier ist nicht die qualitative Andersheit allein wichtig, sondern vor allem die Unübertragbarkeit von Schuld und Verdienst, Verantwortung und Entscheidungsfreiheit. Oder, um es prinzipieller auszusprechen: die Determination dessen, was der Einzelne in seiner Lebenssphäre dem Wirken und der Tendenz nach ist, ist hier selbst eine in ihrer Weise einzige und einmalige; und was von ihr an Aktivität ausgeht, ist unbeschadet der vielerlei gemeinsamen Einflüsse, denen sie unterliegt, doch das ihrige und kann in keiner Weise auf den Generalnenner irgend eines Allgemeinen zurückgebracht werden. Persönlichkeiten als solche sind darum nicht ersetzbar, wie sehr der Einzelmensch auch als Funktionsträger in der Gemeinschaft ersetzbar sein mag. Es bringt ein jeder als Person sein eigenes Prinzip in die Welt, und mit ihm verschwindet aus ihr auch das Prinzip.

Dieses ist kein Gleichnis, wennschon es ein unbeholfenes Bild für eine an sich nicht adäquat ausdrückbare Sache ist. Es ist damit dasselbe wie in der Geschichte mit den Völkern: ein jedes Volk bringt (nach dem bekannten Worte Hegels) sein eigenes Prinzip in die Welt. Es kann das Prinzip nicht übertragen, es kann es nur selbst an sich verwirklichen. Ein Irrtum Hegels war es, daß er dieses „Prinzip" nach Art einer Substanz verstand. Aber eindrucksvoll kommt darin doch die Einmaligkeit und Einzigkeit der Völker in der Menschengeschichte zur Geltung, und zwar gerade sofern an ihr ein Wesenszug alles geschichtlichen Lebens hängt: die Unwiederholbarkeit alles geschichtlichen Seins. Es ist hier nicht wie im Naturgeschehen, wo die neuen Vorgänge den alten im Wesentlichen gleichen und nur in Kleinigkeiten abweichen. Gerade nur die allgemeinsten Formen des geschichtlichen Geschehens kehren wieder, aber sie sind nichts als ein blasses Schema; der überragende Reichtum des Besonderen und immer wieder Anderen ist hier das eigentlich Wesentliche. Das Wesentliche der Geschichte liegt im Einmaligen und nicht Wiederkehrenden. —

Noch mancherlei Abwandlungen wären hinzuzufügen, die hier zu weit führen würden. Eine der erstaunlichsten ist die im künstlerischen Werk, dessen Einzigkeit leicht in die Augen springt, und dessen geistiger Gehalt doch wieder weit darüber hinaus ins Allgemeine weist. Etwas ähnliches ist es mit Geistesprodukten aller Art, sofern sie sich geschichtlich über ihre Zeit hinaus — etwa im Schrifttum — erhalten und immer neue Interpretation erfahren. Hier überall erscheint das Allgemeine in Form des Individuellen und gleichsam getragen von ihm. Aber die Art des Getragenseins führt auf eine lange Reihe neuer Probleme.

Denn sie hat nichts gemein mit dem Enthaltensein des Allgemeinen in den Einzelzügen der „Fälle", wie wir es sonst auf allen Gebieten des Realen kennen.

38. Kapitel. Die qualitative Mannigfaltigkeit.

a. Die „Zuordnung" der Wahrnehmungsqualitäten.

Es wurde zu Anfang der Untersuchung über die Qualität (Kap. 35a und b) ein engeres kategoriales Qualitätsproblem von dem weiten Gebiet der empirischen Beschaffenheiten unterschieden. Die drei Kategorienpaare: das Positive und das Negative, Identität und Verschiedenheit, Allgemeinheit und Individualität, gehören diesem engeren Problem an. In ihnen allein liegt der fundamentalontologische Gehalt des Qualitätsproblems. Das weite Feld der empirischen Beschaffenheiten dagegen gehört, wie sich zeigte, der sinnlichen Gegebenheit und der ihr nahstehenden Auffassungsweise des unmittelbaren Erlebens an. Es ist also etwas ontologisch Sekundäres, und die realen Bestimmtheiten der Dinge, die der Mannigfaltigkeit sinnlicher Qualitäten entsprechen, sind etwas ganz anderes als Qualitäten.

Das bedeutet nicht, daß die Kategorialanalyse die qualitative Mannigfaltigkeit, wie sie der Wahrnehmung gegeben ist, einfach ignorieren könnte. Es ist doch vielmehr so, daß der Aufbau der Wahrnehmungswelt, sofern er eine bestimmte Stufe des geistigen Seins ausmacht, mit in die Schichtenfolge der realen Welt hineingehört; wie denn die ganze Erkenntnissphäre mitsamt ihrer inhaltlichen Differenzierung sich der Seinsschicht des Geistes einordnet (vgl. Kap. 22c und d). Zugleich aber besteht das Erkenntnisverhältnis, ontologisch angesehen, darin, daß die Inhalte des erkennenden Bewußtseins bestimmten Seinsformen zugeordnet sind. Diese Zuordnung ist nicht identisch mit jener Einordnung; in ihr vielmehr besteht die Erkenntnisrelation zum seienden Gegenstande.

Jene schon in der Antike gemachte, in der Neuzeit zu ganzen Theorien ausgebaute Entdeckung, daß die Sinnesqualitäten „subjektiv" sind, d. h., daß sie nicht an den Dingen selbst bestehen, an denen sie uns erscheinen, sondern nur in unserer Dingauffassung, ist somit nur die Hälfte der ontologischen Sachlage. Die andere Hälfte besteht in der Art der Zuordnung, sofern diese das eigentliche Erkenntnismoment in der Wahrnehmung, den Faktor der Objektivität inmitten ihrer Subjektivität ausmacht.

Es ist allbekannt, daß in die Frage dieser Zuordnung das psychophysische Problem hineinspielt, das bei aller Klärung, die es erfahren hat, doch einen undurchdringlichen irrationalen Restbestand enthält. Selbstverständlich handelt es sich hier nicht um eine Behandlung dieses Problems. Es handelt sich vielmehr durchaus nur um die erfaßbare Seite dieser Zuordnung, um ihre Grenzen und ihre Ordnungsgesetzlichkeit; und auch das wiederum nur insoweit, als sie die qualitative Mannigfaltigkeit der Wahrnehmungswelt betrifft. Denn gerade insoweit steckt auch in ihr ein kategoriales Problem der Qualität.

Das Eigentümliche dieser reichgegliederten Inhaltswelt im Gegensatz zur ontologisch verstandenen Welt ihrer Gegenstände ist eben dieses, daß in ihr das kategoriale Grundmoment der Qualität, das sonst überall auf wenige schematische Züge beschränkt bleibt, das eigentlich Dominierende wird und sich zu einer vieldimensionalen Fülle und Buntheit ausweitet, wie wir sie sonst in aller Welt nicht wiederfinden. Und diese Fülle ist ihrerseits streng gesetzlich gegliedert, ist in ganzen Systemen qualitativer Abstufungen aufgebaut. Die Gesetze ihrer Mannigfaltigkeit aber spielen im ganzen Aufbau der Erfahrung, des Erlebens, der produktiven Lebensgestaltung und des künstlerischen Schaffens die Rolle durchgehender kategorialer Momente.

Darum muß die Kategorialanalyse der Qualität sie in ihre Betrachtung einbeziehen. Vorweg aber müssen zwei Vorurteile erledigt werden, die sich mit der Lehre von der Subjektivität der Sinnesqualitäten in unserer Zeit verbunden haben. Sie betreffen beide die sog. „Auflösung" dieser Qualitäten.

Erstens nämlich hat sich durch die Vorherrschaft des mathematischen Denkens in den exakten Wissenschaften die Ansicht festgesetzt, es müßte sich alle Qualität in Quantität auflösen. Man dachte dabei an die quantitativen Unterschiede der Frequenzen und Wellenlängen, die ja in der Tat dasjenige sind, was den Farb- und Tonqualitäten in der Außenwelt entspricht. Der Irrtum dabei ist nur, daß dieses Quantitätsmoment hier nicht das allein Bestimmende ist, daß es vielmehr Form- und Relationsmomente sind, „an denen" das Quantitative auftritt. Was der Farbempfindung in der physischen Welt zugeordnet ist, könnte man die selektive Reflexion des Lichtes an bestimmten Körperoberflächen nennen; was der Tonempfindung entspricht, sind Vibrationen der Schallquelle. Beides sind keine Quantitäten, sondern Prozesse von eigener Struktur.

Wichtiger aber ist das Zweite. Es ist nämlich überhaupt von Grund aus falsch, daß die Sinnesqualitäten sich „auflösen", einerlei ob in Quantität oder sonst was. Sie lösen sich vielmehr niemals und unter gar keinen Umständen auf. Sie bleiben in ihrer Sphäre unbeeinträchtigt als das stehen, was sie sind, als Qualitäten. Nur ist ihre Sphäre nicht die der Dinge, und die empfundenen Qualitäten sind keine Dingqualitäten. Sie haben ihresgleichen durchaus nicht außerhalb des Wahrnehmungsinhalts. Darin gerade besteht ja die Zuordnung in den Sinnesgebieten, daß Reiz und Empfindung einander heterogen sind und bleiben, daß ihr Gegenüber keinen Übergang des einen in das andere zuläßt, sondern sich in aller Abhängigkeit der Empfindung doch erhält. Daß Empfindung sich in physische Verhältnisse „auflösen" könnte, ist eine von vornherein verkehrte Anschauung, die man gedankenloser Weise einem Verhältnis zugrunde legt, welches sie gar nicht zuläßt.

b. Zuordnung und Erscheinungsverhältnis. Die sinnlichen Qualitäten und ihre Dimensionssysteme.

Man sieht, so verkehrt es ist, den Sinnesqualitäten Realität zuzuschreiben, es ist doch nicht minder verkehrt, sie aus unqualitativen Momenten — Funktionen, Prozessen, Verhältnissen oder gar Quantitäten — zusammengesetzt zu denken. Sie sind in ihrer Weise durchaus etwas Einfaches; und die Sphäre, in der sie es sind, ist eine in ihrer Weise durchaus gegenständliche; sie ist nur keine selbständige Sphäre, nicht eine primäre Seinssphäre, wohl aber eine sekundäre. Ihre Gegenständlichkeit (Objektivität) ist nicht Realität, sondern „Erscheinung". Und dieses Erscheinungsein darf man nicht losreißen von dem Subjekt, „für" das allein es besteht. Erscheinende Gegenstände sind daseinsrelativ auf die Auffassungsformen des Subjektes.

Und man kann hinzufügen: sie sind erst recht soseinsrelativ auf diese Formen. Das ist von Wichtigkeit im Hinblick auf die Subjektbedingtheit der Sinnesqualitäten (fälschlich „Subjektivität" genannt). Die Mannigfaltigkeit des Soseins, in der die Dinge dem wahrnehmenden Subjekt „erscheinen", ist eben eine nicht an ihnen selbst, sondern nur in der Erscheinung bestehende. Man kann auch sagen, sie besteht nur in der Gegebenheitsweise, und das qualitative Moment dieser Soseinsmannigfaltigkeit ist eine charakteristische Gegebenheitskategorie. Der Fehler des naiven Bewußtseins liegt in der Selbstverständlichkeit, mit der es die Gegebenheitskategorie für eine Seinskategorie nimmt. Der Fehler der grob-realistischen Auflösungstheorien dagegen liegt in der Tendenz, die Eigenart und Eigenständigkeit der Gegebenheitskategorie in ihrer eigenen Sphäre — der erscheinenden Gegenständlichkeit selbst — wegzudisputieren.

Aber das eigentliche Wesen der Sache liegt gar nicht so sehr in diesem Auffassungsstreit der Theorien, sondern in einem sehr eigenartigen Verhältnis der ontischen Bezogenheit zwischen den erscheinenden Qualitäten und den ansichseienden Realverhältnissen der Dinge. Ein wirkliches „Erscheinungsverhältnis" — in dem strengen Sinne, daß echte Realverhältnisse in den ihnen ganz unähnlichen Qualitäten sich spiegeln und unterscheidbar werden — kommt überhaupt erst durch diese ontische Bezogenheit zustande. Denn Erscheinung, wenn sie nicht leerer Schein sein soll, ist Erscheinung von Ansichseiendem; und in ihr wird zusammen mit dem bloß Erscheinungsmäßigen stets auch etwas vom Seienden erfaßt.

Diese ontische Bezogenheit des der Sphäre nach Heterogenen aufeinander ist nichts anderes als das oben bereits herangezogene Moment der „Zuordnung". Gnoseologisch angesehen aber ist es nichts geringeres als das eigentliche Erkenntnismoment in der sinnlichen Gegebenheit.

Diese ontische Bezogenheit nun läßt sich in gewissen Grenzen erforschen, soweit nämlich, als sie reine Zuordnung ist; soweit sie Determination ist, läßt sie sich über einen gewissen Stand der Dinge hinaus nicht erforschen. Denn beide Seiten des Verhältnisses sind der Erfahrung zugänglich, nur die determinative Form der Verbundenheit enthält einen unzugänglichen Problemrest. Die Sinnespsychologie hat denn auch das Moment der Zuordnung in weitem Maße erforscht. Von ihren Resultaten sind einige ontologisch recht bedeutsam. Sie lassen sich in folgenden Punkten zusammenfassen.

1. Jedes Sinnesgebiet hat ein eigenes Qualitätensystem, das sich nach gewissen Reihen der Abstufung gliedert. Diese Reihen bilden echte Dimensionen der qualitativen Mannigfaltigkeit. Jeder solchen Dimension liegt ein qualitativer Gegensatz zugrunde. Das Verhältnis von Gegensatz und Dimension (vgl. Kap. 30a und b) kehrt also in den Qualitätensystemen der Wahrnehmung wieder.

2. Jeder dieser Dimensionen qualitativer Abstufung entspricht an den Dingverhältnissen der realen Welt gleichfalls eine Abstufung, die aber ganz anders dimensioniert ist: Schwingungszahlen entsprechen den Farb- und Tonqualitäten, Amplituden den Intensitäten u. s. f. Wichtig aber ist, daß diese Entsprechung keine durchgehende ist. Die realen Reihen der Abstufung sind viel länger als die der Sinnesqualitäten. Die Zuordnung der letzteren besteht also nur innerhalb eines bestimmten Ausschnittes, sie hat ihre untere und obere Grenze.

3. Auch innerhalb des Ausschnittes, in dem die Zuordnung gilt, ist die Abstufung auf beiden Seiten sehr verschieden: in den realen Reihen ist sie kontinuierlich, in den Dimensionen der Empfindungsqualität ist sie diskret. Es gibt kleinste empfindbare Unterschiede, unterhalb deren wir keine Verschiedenheit mehr erfassen. Auch dadurch wird — ebenso wie durch die Grenzen der Ausschnitte — die qualitative Mannigfaltigkeit des Empfindbaren wesentlich eingeschränkt.

Der wichtigste und positivste dieser drei Punkte ist der erste. Bei aller Einschränkung, wie die Punkte 2 und 3 sie enthalten, ist die Mannigfaltigkeit der Qualitäten am erscheinenden Gegenstande der Wahrnehmung eben doch eine überaus große und reiche, namentlich im Bereich des Gesichts- und Gehörssinnes. Denn hier überkreuzen sich mehrere Dimensionen der Abstufung: an den Farben z. B. die der eigentlichen Farbqualität, die der Intensität (hell — dunkel) und die der Sättigung; an den Tönen die Dimension der Tonhöhe, die der eigentlichen Tonqualität (nicht identisch mit der Höhe, weil sie innerhalb ihrer periodisch wiederkehrt), die der Intensität (laut — leise) und die der Klangfarbe. In alledem aber sind die mannigfachen Abschattungen noch nicht enthalten, die erst im Nebeneinander durch den Kontrast und die qualitative Verwandtschaft entstehen.

Bedenkt man, daß in allen diesen Dimensionen die Zuordnung eine relativ feste ist und jedenfalls keiner willkürlichen Abänderung unterliegt, so wird es verständlich, wie durch sinnliche Qualitäten doch eine unübersehbare Fülle des Realen dem Bewußtsein vermittelt wird, obgleich sie den Bestimmtheiten des Realen vollkommen unähnlich sind. Ähnlichkeit ist überhaupt für das Verhältnis der Zuordnung nicht nötig; sie ist überboten durch die Form der Relation selbst: durch das Entsprechen, die Repräsentation, das Bildverhältnis. Denn bildhaft ist nun einmal alle unmittelbare Anschauung, die wahrnehmende so gut wie die vorstellende.

So kommt es, daß die qualitative Mannigfaltigkeit einseitig der Gegebenheit und der Erscheinung anhaften kann, während das Seiende, das darin zur Gegebenheit gebracht wird, auch nicht eine einzige dieser Qualitäten aufweist. Und nicht weniger kommt es hierdurch, daß die Wahrnehmung bei aller Subjektivität doch hohe Objektivität und Erkenntniswert hat, ja daß sie gerade eminentes Realitätszeugnis ist.

c. Relativität und Reobjektivation in der Wahrnehmung.

Eine wirkliche Grenze hat dieser Erkenntniswert der Wahrnehmung in ihrer sog. Relativität. Mit dieser Relativität ist nicht die Subjektivität gemeint. Letztere besteht in der Bedingtheit durch den Sinnesapparat des Subjekts, und dieser kann sehr wohl ein konstanter Faktor sein; worauf dann weiter die Festigkeit der Zuordnung, mittelbar also gerade die Objektivität der Wahrnehmung beruht. Die Relativität dagegen beruht auf der Inkonstanz des Sinnesapparats, auf Schwankungen, denen er unter bestimmten Einflüssen unterliegt. Die Entdeckung dieser Relativität ist alt, sie ist auch psychologisch durchaus kein

Rätsel, und die skeptischen Übertreibungen, die sich seit der Sophistenzeit an sie gehängt haben, sind heute kaum mehr eines Wortes wert. Aber sie ist ein Grenzphänomen der festen Zuordnung in der Wahrnehmung, und dadurch freilich auch ein Grenzphänomen ihres Erkenntniswertes.

Denn ist die Zuordnung keine streng allgemeingültige — allen Subjekten und allen Subjektszuständen gemeinsame — so muß die Identifizierung der Gegenstände, und speziell die ihres Soseins, versagen. Erwägt man nun, wie mannigfaltig die leibseelischen Subjektszustände wechseln, so sollte man meinen, daß dieses Versagen doch recht weit geht.

Die älteren Theorien haben sich hier mit dem „Denken" als ausgleichender Gegeninstanz geholfen. Dabei läuft es auf ein Wissen des Subjekts um seine Zustände hinaus, deren Einflüsse dann gleichsam bewußt von den empfundenen Qualitäten „subtrahiert" werden. Die Phänomene solcher Subtraktion kennen wir im Leben zur Genüge, aber sie setzen Erfahrung und Überlegung voraus. Sie lassen sich also auf das, was in der Wahrnehmung selbst vor aller Überlegung — also im bildhaft anschaulichen Eindruck — gegeben ist, nicht übertragen. Die neuere Psychologie aber hat gelehrt, daß gerade in der Wahrnehmung selbst schon ein weitgehender Ausgleich stattfindet, ein Ausgleich, der ohne jede Besinnung auf Ursachen arbeitet, ja demjenigen des Denkens in mancher Hinsicht objektiv überlegen ist.

Es genügt, wenn man sich hierfür an dem bekanntesten und am besten erforschten Ausgleichsphänomen orientiert. Es gehört dem Bereich des Gesichtssinnes an und besteht in der sog. „Farbenkonstanz der Sehdinge". Ein und dasselbe Ding erscheint uns im Leben dauernd gleich gefärbt, während in Wirklichkeit je nach dem Licht und dem Zustand des Auges die empfundene Farbqualität wechselt. Es gibt einfache Experimente, die das letztere aufs gewisseste nachweisen. Die Frage ist: wie erklärt sich die Farbenkonstanz?

Die Antwort ist: sie erklärt sich aus dem Wahrnehmungszusammenhang. Es gibt keine isolierte Empfindung einzelner Farben; experimentell kann man sie zwar annähernd herstellen, aber nur wenn man künstliche Bedingungen des Sehens schafft, wie sie im Leben kaum jemals vorkommen und jedenfalls keine Rolle spielen. Im Wahrnehmungszusammenhang dagegen handelt es sich immer um die bildhafte Ganzheit vieler sich gegeneinander abhebender Farbtöne, und dieses Sichabheben erhält sich weitgehend in der Veränderung des Lichtes und sogar des Organzustandes. Auf Grund seiner versagt daher die Identifizierung der Wahrnehmungsgegenstände nicht so leicht, wie sie auf Grund isolierter Farbempfindungen versagen müßte.

Dieses Ausgleichsphänomen besteht also darin, daß die Komponenten der qualitativen Relativität schon in der Wahrnehmung selbst wieder „subtrahiert" werden. Die Wahrnehmung setzt der einen Relativität eine andere entgegen, die Relativität auf das ganze jeweilige Wahrnehmungsfeld, sofern dessen Bestandteile alle die Schwankung der Qualitätswerte mitmachen. Durch diese zweite Relativität stellt sich die Konstanz der Gegenstandsbeschaffenheiten in der Erscheinung wieder her.

Die Wahrnehmung setzt also ihrer eigenen Subjektivität einen Faktor der Annäherung an die Objekte entgegen. Man kann diesen Faktor die „Reobjektivation" der sinnlichen Qualitäten durch den Wahrnehmungszusammenhang nennen. Die Reobjektivation bringt es zwar nicht zur vollen Aufhebung der Relativität; aber sie hält diese doch in sehr engen Grenzen. Sie stellt so wirklich eine Art Rückkehr zu den Objekten dar; denn sie gelangt so wenigstens bis zu der Identität der Seinsverhältnisse, die in der Abstufung der Sinnesqualitäten repräsentiert sind. Und so ist es zu verstehen, daß der Erkenntniswert der Wahrnehmung unter der Relativität der Empfindung im Ganzen doch nur wenig leidet.

Eines muß man sich hierbei klarmachen: in der sinnlichen Gegebenheit handelt es sich niemals um eigentliche Empfindungsqualitäten, sondern stets schon um reobjektivierte Wahrnehmungsqualitäten. Von Empfindungsqualitäten sollte man im Gegebenheitsbereich überhaupt nicht sprechen. Gerade sie sind nicht „gegeben", sondern vom Denken rekonstruiert. Die Psychologie hat ein gutes Recht, nach ihnen als den Aufbauelementen der bildhaft komplexen Wahrnehmung zu suchen. Aber das Gegebene, von dem sie ausgeht, ist stets der Wahrnehmungszusammenhang. Und wo das methodische Vorgehen um diese Sachlage nicht weiß, wo es die gesuchten Elemente für das Gegebene hält, da ist es den größten Irrtümern ausgesetzt.

Im Bereich des wirklich „Gegebenen" gibt es nur Wahrnehmungsqualitäten. Diese allein, und nicht jene rekonstruierten „Empfindungsqualitäten", sind es, an denen der hohe Objektivitätswert der aposteriorischen Erkenntnis haftet. In ihnen aber ist der Wahrnehmungszusammenhang nicht weniger konstitutiv als der Realzusammenhang in der Determination des Seienden.

Hierdurch wird mancherlei weiteres verständlich, unter anderem z. B. die qualitative Besonderheit der wahrgenommenen Einzelfälle. Wir haben zwar gesehen, daß Wahrnehmung nicht bis zur eigentlichen Individualität vorstößt. Aber das will hier wenig besagen, denn der Intention steht ja die Annäherung an das Einmalige offen. Doch steht dem die hohe Allgemeinheit der Sinnesqualitäten entgegen: dieselbe

Farbe, derselbe Ton u. s. f. kehrt an unzähligen Fällen wieder, genau so wie ja auch das Reale, das diesen Qualitäten an den Gegenständen entspricht, an unzähligen Einzelgegenständen wiederkehrt.

Wie also kann Wahrnehmung ein Individuelles wenigstens der Tendenz nach erfassen? Die Antwort kann nur lauten: dadurch, daß sie überhaupt nicht einzelne Qualitäten, sondern stets ganze Qualitätenzusammenhänge auffaßt. Dasjenige also, was der Individuation der realen Einzelfälle wenigstens entgegenkommt, ist wiederum derselbe Wahrnehmungszusammenhang, der auch die Objektivität und den Erkenntniswert der Wahrnehmung trägt.

V. Abschnitt

Kategorien der Quantität

39. Kapitel. Eines und Vieles.

a. Qualität und Quantität.

Die Tafel der Seinsgegensätze enthielt das Kategorienpaar „Qualität und Quantität", obgleich der Gegensatzcharakter in ihm nicht klar ausgeprägt ist. Als Aristoteles in seiner Tafel das ποσόν und ποιόν einander gegenüberstellte, schwebte ihm das Verhältnis beider in der Sphäre der empirischen Dinge vor, wie sie sich der Wahrnehmung darstellen. Da gilt der Satz: was Beschaffenheit hat, das hat auch Größe, und was Größe hat, das hat auch Beschaffenheit. Es hat sich aber gezeigt, daß dieser Satz für reale Gegenstände nicht zutrifft; denn die Fülle dessen, was der Wahrnehmung als Qualität erscheint, gehört nicht dem Realen an, das darin zur Erscheinung kommt, sondern nur der Erscheinung selbst.

Gilt nun etwa ein Gleiches auch von der Quantität? Das ist offenbar nicht der Fall. In der alten Unterscheidung primärer und sekundärer Qualitäten waren die ersteren im wesentlichen quantitative Bestimmungen; und damit meinte man eben dieses, daß sie nicht auf die Erscheinung beschränkt sind. Noch mehr gilt das von den im physikalischen Sinne verstandenen Realvorgängen, die den Sinnesqualitäten entsprechen; und wenn diese auch weit entfernt sind, in Quantität aufzugehen, so ist doch die quantitative Seite an ihnen eine wesentliche, und gerade die Abstufungen, auf die es hier ankommt, sind solche der Quantität.

Hier liegt nun ein fundamentaler Unterschied zwischen Qualität und Quantität. Die qualitative Mannigfaltigkeit gehört als solche der sekundären Inhaltssphäre der Erkenntnis an und bleibt auch dort auf bestimmte Stufen beschränkt; quantitative Mannigfaltigkeit dagegen ist durchaus Sache des Realen selbst. Sie erstreckt sich auf alle Dimensionen der Abstufung, welche die physische Welt beherrschen: räumliche Größe, Dauer, Gewicht, Geschwindigkeit, Dichte, Druck u. s. f. Es gibt keinen stichhaltigen Grund, der quantitativen Bestimmtheit in diesen Dimensionen die Realität abzusprechen. Die philosophischen Theorien, die das getan haben, gehen von idealistisch spekulativen Voraussetzungen aus und können keinen Anspruch auf ontologische Geltung erheben.

Die quantitative Mannigfaltigkeit ist zwar relativ blaß und eintönig im Vergleich mit der qualitativen, aber sie hat den Vorzug vor ihr, reale Mannigfaltigkeit zu sein. Die Kategorien der Quantität, unter denen sie steht, sind daher von vornherein Realkategorien und müssen als solche gefaßt werden. Daran ändert es nichts, daß die Mathematik es mit Gegenständen von idealer Seinsweise zu tun hat, und daß diese ein System von Verhältnissen bilden, das weit über das Reale hinausreicht. Ideales Sein deckt sich eben nur teilweise mit dem realen. Eine Philosophie der Mathematik kann die Grenzen dieser Deckung ignorieren. Für die Ontologie der realen Welt ist umgekehrt das Mathematische nur insoweit wichtig, als es zugleich Realstruktur ist.

Die Reichweite des Quantitativen im Aufbau der realen Welt deckt sich auch ihrerseits nicht mit einem Ausschnitt der mathematischen Verhältnisse. Die Quantität des Realen ist nur in der niedersten Realschicht eine mathematische, und nur hier ist sie zahlenmäßig exakt faßbar. Weiter hinauf entzieht sie sich aller exakten Fassung, hört aber dabei nicht auf, echte Quantität zu sein. Schon im Organismus ist das Meßbare mehr äußerlich, aber die Größenverhältnisse bleiben trotzdem wesentlich. In der Sphäre des Menschenlebens unterliegen nur noch die ökonomischen Verhältnisse mathematischer Gesetzlichkeit, und auch die nur in einem Teil ihrer bestimmenden Faktoren. Weiter hinauf aber gibt es Größenabstufungen mannigfaltiger Art, z. B. solche der seelischen Kräfte, der persönlichen Energie, der Intelligenz, der Macht, des Einflusses, der Ausdauer und vieles mehr. Es ist ein Irrtum, das Quantitative in diesem Bereich für ein bloßes Gleichnis auszugeben. Es handelt sich schon um echte Quantität; sie tritt nur unselbständig und in die Fülle gehaltvollerer Bestimmtheiten ganz und gar eingebettet auf, und sie ist darum keine mathematische Bestimmtheit.

Selbstverständlich aber liegt das eigentliche Seinsgewicht der Quantität im Bereich der unbelebten Natur. Und es ist kein Zufall, daß diese in weitem Ausmaße mathematisch faßbar ist. Die relative Einfachheit und Durchsichtigkeit der Naturvorgänge ist eben identisch mit dem quantitativen Schema, dem sie unterliegen. Denn dieses ist ein in hohem Maße allgemeines und in der Allgemeinheit der mathematischen Größenverhältnisse faßbar. In den höheren Seinsschichten steigert sich sehr schnell die Höhe der Besonderung und die Komplexheit der Gefüge. Darum können dort die mathematischen Verhältnisse, selbst wo sie wirklich noch hineinreichen, nicht mehr das Wesen der Sache betreffen.

Damit aber hängt es weiter zusammen, daß der menschliche Erkenntnisapparat zur physisch realen Welt in einem einzigartig günstigen Verhältnis steht. Auf keinem anderen Gebiet realer Gegenstände geht der Apriorismus der Erkenntnis so weit wie auf diesem. Denn auf keinem anderen ist die Kantische Forderung der Identität von Erkenntniskategorien und Gegenstandskategorien so weitgehend erfüllt (vgl. Kap. 12b und c, 14c). Darum auch ist das erstaunliche Phänomen der apriorischen Erkenntnis auf diesem Gebiete entdeckt worden; ja sogar die ersten Begründungen, die man ihm gab, bewegen sich noch ganz in den Grenzen des Mathematischen. Schlicht, einseitig, und doch in aller Einseitigkeit zutreffend sprachen die alten Pythagoreer es aus: „die Prinzipien der Zahlen sind zugleich Prinzipien der Dinge". Das Wunder, das sie hiermit zu fassen suchten, ist dieses, daß die Dinge im Raume sich der mathematischen Gesetzlichkeit fügen; und was wir im Denken „rechnend" über sie ausmachen, trifft auch realiter auf sie zu.

Genauer läßt sich das Verhältnis, das hier waltet, so aussprechen: die Gegenstände der reinen Mathematik mitsamt ihren Gesetzen gehören dem idealen Sein an; diese selben Gesetze aber beherrschen weitgehend die Struktur- und Bewegungsverhältnisse der anorganischen Natur, zugleich aber auch die Denkzusammenhänge, soweit sie sich auf Erkenntnis dieser Verhältnisse beziehen. Darum gibt es eine „exakte" Wissenschaft von diesen Naturverhältnissen, aber keine vom Seienden höherer Ordnung. Die Exaktheit ist die Kehrseite der Primitivität des Mathematischen und des rein Quantitativen überhaupt. Man kann auch sagen: sie ist die Kehrseite des aufs äußerste vereinfachten Verhältnisses von Seins- und Erkenntniskategorien, wie es eben nur auf Gegenstände der niedersten Realschicht zutrifft.

b. Die endliche Zahl und das ganzzahlige Verhältnis.

Es ist hier nicht auf eine Philosophie der Mathematik abgesehen. In eine solche müßte auch der Gegenstand der Geometrie von vornherein mit hineingezogen werden. Der aber gehört ontologisch zur

Kategorie des Raumes, die ihrerseits bereits einer speziellen Seinsschicht angehört. Soweit mathematische Dinge in die gegenwärtige Betrachtung hineinspielen, betreffen sie nur das Reich der Zahl. Die Zahl ist inhaltsleer, sie allein ist reine Quantität, mit der räumlichen Dimensionalität setzt bereits ein Verhältnis von Maß und Größe ein, das eine, wenn auch blasse und gleichsam minimale, so doch durchaus inhaltliche Bestimmtheit voraussetzt.

Aber auch sonst gehört in eine Philosophie der Mathematik vielerlei, was für die ontologische Kategorialanalyse viel zu speziell ist, z. B. eine Theorie der negativen Größen, der imaginären und komplexen Zahl, sowie manches andere, was nur in der Rechnung und im Kalkül, nicht im Aufbau der realen Welt eine Rolle spielt. Von alledem soll hier nicht die Rede sein.

Die Kantischen Kategorien der Quantität — Einheit, Vielheit und Allheit — reichen gleichwohl nicht aus, um die ontologischen Elemente des Mathematischen zu erfassen. Es fehlen die schon von den Alten aufgestellten und seither vielfach behandelten Gegensätze von „Teil und Ganzem", „Endlichem und Unendlichem", die beide nicht auf sie zurückzuführen, aber nicht weniger fundamental sind als der Gegensatz des „Einen und Vielen". Außerdem paßt die Allheit nicht recht in die Parallelstellung zu dem in sich klaren Gegensatz „Eines und Vieles". Sie steht in einem anderen Zusammenhang, ihr Gegenstück ist der Teil. Denn sie bedeutet Zusammenschluß, Abrundung, Totalität, fällt also unter die Kategorie der Ganzheit, der gegenüber Eines und Vieles nur Teilstücke sind.

Man darf hiernach die drei Gegensatzpaare zugrundelegen: 1.) Eines und Vieles, 2.) Teil und Ganzes, 3.) Endliches und Unendliches.

Aber auch das genügt keineswegs. Man kann das Wesen der Zahl wohl annähernd in diesen Kategorien gegründet ansehen; aber die „Zahlenreihe" als solche — verstanden als kontinuierliche Reihe aller reellen Zahlen — geht darin nicht auf. Und dasselbe muß vom System der Zahlen mit seiner eigenartigen Gesetzlichkeit gelten, sofern es wiederum im Reihencharakter nicht aufgeht. Für die Seite des Erkenntnisproblems — also für die Quantität in der sekundären Sphäre des Begreifens — ist außerdem noch der Gegensatz der rationalen und irrationalen Zahl von besonderem Gewicht. Denn hier ist die Grenze der kategorialen Identität im Bereich der Quantität selbst faßbar, und damit zugleich die des mathematischen Apriorismus und der Berechenbarkeit des Realen. —

Es ist in den philosophischen Theorien, die eine Philosophie der Mathematik zu geben suchten, vielfach so hingestellt worden, als gehörte die endliche Zahl mit allen ganzzahligen Verhältnissen, die auf ihr fußen, lediglich dem Denken an, während erst mit der Einführung des Unendlichen und der Irrationalzahl die Annäherung an die Realverhältnisse einsetzte. Im Hinblick auf die physikalische Erforschung der Realprozesse hat das seine Berechtigung, aber im Grunde ist diese Auffassung doch unzutreffend. Denn die reale Welt besteht nicht aus Prozessen allein, sie besteht auch aus Gebilden von relativer Geschlossenheit; und unter diesen gibt es stets auch das Verhältnis der Nebenordnung, in der das einfache Prinzip der Anzahl gerade das „natürliche" — d. h. das in der Natur selbst vorliegende — Realverhältnis ist. Das „Zählen" nach dinglichen Einheiten ist zwar ein Verfahren des Verstandes; aber die Anzahl der Dinge besteht auch ohne Zählung und vor ihr, und sie ist deswegen zählbar, weil sie schon an sich eine bestimmt große Menge von relativ gleichartigen Gebilden ist.

In der Reichweite der dinglich-anschaulichen Gegebenheit sind die zählbaren „Gebilde" allerdings ontisch sekundär im Vergleich mit den Kontinuen der Prozesse, in denen sie eine zeitlich begrenzte Konstanz haben. Aber das ändert nichts daran, daß sie echte Realgebilde von weitgehender Gleichartigkeit und Geschlossenheit sind. Wäre der Realbestand im uns umgebenden Ausschnitt der Welt vom Continuum allein ohne entsprechende Diskretion beherrscht, so wäre alles Zählen nur an fingierten Einheiten möglich, und alles Rechnen mit ganzen Zahlen und ganzzahligen Verhältnissen wäre fiktiv. So aber ist die wirkliche Welt nicht. Darum ist das kategoriale Verhältnis des „Einen und Vielen", einschließlich aller Zahlen und Zahlverhältnisse, die es zuläßt, durchaus ein Realverhältnis. Die endliche Zahl ist Realkategorie; und die arithmetischen Rechenoperationen mit ihr sind, soweit sie nicht abstrakt-inhaltslos, sondern am empirisch Gegebenen vollzogen werden, echte Erfassungsweisen quantitativer Realverhältnisse.

Überträgt man diesen Gesichtspunkt vom engen Ausschnitt empirischer Gegebenheit auf die nur vermittelt zugänglichen Einheiten der natürlichen Gefüge und erwägt man, daß deren Menge im Aufbau der kosmischen Welt ein wesentlicher konstitutiver Faktor ist, so gewinnt das ganzzahlige Verhältnis einen noch um vieles größeren Spielraum in der Realität. Und hier ist es leicht ersichtlich, wie gänzlich unabhängig sein Bestehen von aller Auszählbarkeit und Berechenbarkeit ist. Die Anzahl der Atome im Erdkörper mag nur in erster Näherung abschätzbar sein, aber sie ist auch ohne Abschätzung eine bestimmte in jedem Augenblick und als solche ihrerseits bestimmend für das innere Gleichgewicht, die Gestalt, Schichtenlagerung und Bewegungsverhältnisse der Erde.

Noch größere Bedeutung hat das ganzzahlige Verhältnis in der Wendung der Physik gewonnen, die sie durch die Quantentheorie erfahren hat. Die Voraussetzung der klassischen Physik, daß alle Prozesse kontinuierlich ablaufen, hat sich als irrig erwiesen; es gibt Quanten der Energieabgabe, die sich nicht mehr teilen, deren Multipla also stets ganzzahlige Verhältnisse ergeben. Die Kategorie der Diskretion bekommt auf diese Weise breiten Spielraum im Bereich der Naturvorgänge. Sie ist also gar nicht einmal auf „Gebilde" beschränkt. Soweit aber in der realen Welt die Diskretion und die Summierung gleicher Einheiten reicht, so weit reicht auch die einfache ganze Zahl.

c. Die Zahlenreihe und das Schema der Vielheit.

Für die reine Mathematik sind das alles bloß Anwendungsgebiete. Sie hat zunächst stets nur sich selbst im Auge; ihr kommt es auf Rechnungsmethoden, nicht auf das Seiende an. Sie weiß es meist nicht einmal, daß ihre eigenen Gegenstände — die Zahlen und Zahlverhältnisse, oder deren algebraische Verallgemeinerungen — nicht im Denken allein bestehen, sondern auch eine eigene Seinsweise haben. Der Ontologie aber geht es in erster Linie um die mathematischen Verhältnisse im Seienden; für sie ist das weite Feld gedanklicher Konsequenzen sekundär, das Verfahren der Berechnung und der Ansatz von Gleichungen sind für sie nur insoweit relevant, als sie Umwege zur Erfassung von Seinsverhältnissen sind.

Was ist nun das Seinsmäßige in der Zahl? Da wir die Zahlverhältnisse nur in der Abstraktion rein fassen — im „reinen Denken", wie der vielgebrauchte Ausdruck lautet, — so liegt die Konsequenz nahe, sie überhaupt für Denkgebilde zu halten und der Sphäre nach neben die Begriffe und Urteile zu ordnen. Ja, man ist so weit gegangen, die Zahlen überhaupt für Begriffe zu halten. Der Widersinn darin springt sofort in die Augen, wenn man bemerkt, daß Begriffe des quantitativen Charakters ganz entbehren, nicht größer und kleiner sein können; denn um den logischen „Umfang" geht es hier nicht. Die Begriffe verschieden großer Zahlen sind nicht verschieden große Begriffe. Überdies ist der zureichend definierte Begriff einer Zahl gar nicht leicht herzustellen, da spielen die schwierigsten theoretischen Grundfragen hinein; dagegen lassen sich kleinere Zahlen selbst, sowie die einfacheren Zahlverhältnisse sogar leicht in einer gewissen Anschaulichkeit übersehen; und diese Anschaulichkeit läßt sich durch geeignete Übung und Methoden der Rechnung noch beträchtlich erweitern. Das treffsichere intuitive Rechnen „im Kopf" ist durchaus kein begriffliches Vorgehen, obgleich es sich eine Fülle von besonderen Gesetzen (allgemeinen Grundverhältnissen) der Zahlenreihe zunutze macht.

Gerade in der Abstraktion ist das Seinsmäßige der Zahl nicht zu finden. Weit eher darf man sich hier auf den erweiterten Anschauungszusammenhang berufen, sofern er ein apriorischer und zugleich den Seinsverhältnissen der Quantität entsprechender ist. Die Kantische Zurückführung der mathematischen Urteile auf „reine Anschauung" ist, wenn man sie der eigentlichen Intention nach versteht, durchaus im Recht. Freilich darf man sie dann nicht auf Raum und Zeit beschränken, die beide schon etwas ontisch viel Spezielleres sind. Für die Geometrie konnte die Raumanschauung genügen, für sie ist Kants Beweisführung schlagend. Für die Arithmetik ist sowohl sie als auch die Zeitanschauung zu eng; und die nicht ganz eindeutigen Versuche Kants, auch für sie eine Zurückführung zu geben, dürfen aus diesem Grunde als gescheitert gelten. Alle spezielleren Dimensionen — und speziell sind der Zahl gegenüber die vier Raum-Zeit-Dimensionen — sind hier nur Beispiele.

Man kann aber die Konsequenz auch nach der anderen Seite ziehen. Ist denn apriorische Anschauung auf Raum und Zeit beschränkt? Hat nicht die Phänomenologie unserer Tage ein viel weiteres Feld der Intuition freigelegt? Und hat sich nicht bereits an einer ganzen Reihe von Fundamentalkategorien erwiesen, daß sie im Aufbau der Anschauungswelt eine breite Rolle spielen?

Es besteht doch die Möglichkeit, daß die Zahlverhältnisse in sich selbst und als solche auch in gewissen Grenzen der apriorischen Anschauung zugänglich sind. Denn sie spielen in einer eigenen Dimension, die sich im Schema der Linie oder des Zeitflusses zwar leicht darstellen, aber nicht auf eines von ihnen zurückführen läßt. Vielmehr ist die eigenartige Gleichgültigkeit dieser Dimension gegen räumlich, zeitlich oder anderswie dimensionierten Inhalt gerade charakteristisch für sie und selbst an ihr anschaulich erfaßbar.

Daß dem wirklich so ist, wird einleuchtend, wenn man bemerkt, daß auch Raum und Zeit nicht durchweg anschaulich sind. Beide sind es nur in einem gewissen Ausschnitt mittlerer Größe; im Größten und im Kleinsten versagt die Anschaulichkeit. Genau so ist es mit der Zahlenreihe: nur die einfacheren Zahlverhältnisse sind anschaulich, von einer gewissen Komplexheit ab werden sie unanschaulich. Und wie Raum und Zeit sich über die Grenzen der Anschaulichkeit hinaus fortsetzen, so auch die Zahlenreihe und das System der Zahlen.

Die Zahl selbst also ist ebensowenig Sache der Anschauung wie des Begriffs. Sie hat ein kategoriales Sein, das bestimmte Seiten am seienden Concretum ausmacht — am idealen so gut wie am realen —, und alles Anschauen und Begreifen ist diesem Sein gegenüber ebenso sekundär, wie überhaupt das Erkennen dem Sein gegenüber. Von diesem kategorialen Seinscharakter der Zahl aus ist Recht und Unrecht des mathematischen Intuitivismus leicht einzuschätzen.

Die Zahl, im Sinne solchen Seins verstanden, ist die rein quantitative und als solche inhaltslose Mannigfaltigkeit. Die Dimension, in der sie sich bewegt, ist gleichfalls durch nichts als ihre Allgemeinheit und Inhaltslosigkeit charakterisierbar. Sie ist deswegen auf alles übertragbar und ontisch in allem enthalten, was quantitative Bestimmtheit hat. Sie stellt den einfachsten kategorialen Typus der Reihe dar. Sie ist in ihrer Weise durchaus einzig, und die Zahlenmannigfaltigkeit in ihr ist eine eindimensionale. Die komplexe Zahlenebene fügt ihr zwar eine weitere Dimension hinzu, aber in Wirklichkeit ist es nur die Wiederholung derselben Dimension. Ein eigener Seinsbereich neben dem der reinen Quantität entspricht ihr nicht.

Die Dimension der Zahlenreihe ist wie jede andere Dimension auch ein Continuum; die quantitative Mannigfaltigkeit aber, die sich in ihr ausbreitet, ist zunächst eine diskrete. Und das bedeutet, daß auch die Zahlenreihe als solche in erster Linie eine diskrete ist. Der Gegensatz, auf dem sie sich aufbaut, ist der des Einen und Vielen. Er gehört zu demjenigen Typus kategorialer Gegensätze, der nur einseitige Abstufung zuläßt (vgl. Kap. 25c). Denn die Eins stuft sich nicht ab; sie ist zwar gleichgültig gegen die Größe, die man ihr als Maßstab in irgendeiner inhaltlich bestimmten Messung gibt, aber der Vielheit gegenüber bleibt sie stets dasselbe Element. Dagegen stuft sich die Vielheit unbegrenzt ab. Denn die ganze Zahlenmannigfaltigkeit bewegt sich in Abstufungen der Vielheit.

Die Vielheit selbst beruht auf Wiederholung der Eins. Diese Wiederholung aber macht noch nicht die bestimmte Zahl aus. Dazu gehört außerdem die Zusammenfassung der Einheiten zu einem Ganzen. In der Zahl ist die Einheit Teil, sie selbst aber ist die Ganzheit dieser Teile. Und dieser Ganzheitscharakter ist das Wesentliche an ihr. Denn die Einheiten in ihr sind ohne Unterschied, ihr Bau beruht nicht auf deren Anordnung oder Reihenfolge. In der Zahl 30 ist jede Einheit so gut die erste wie die dreißigste; denn nimmt man sie weg, so sind es nur 29 und die „30" ist verschwunden. Und so allein ist es auch möglich, daß jede Zahl selbst wieder zur Einheit der Vervielfältigung wird. Die Ganzheit allein befähigt sie dazu.

40. Kapitel. Das Unendliche und das Continuum der reellen Zahlen.

a. Bruch, Grenzübergang und transzendente Zahl.

Die Reihe der endlichen Zahlen geht ins Unendliche; sie reißt nicht ab, weder vorwärts ins Positive, noch rückwärts ins Negative. Diese Unendlichkeit des Fortganges ist nicht die der Zahlen selbst, sondern die der Reihe, in deren Wesen es liegt, nicht abzureißen. Aber nach beiden Seiten nähern sich die Zahlenwerte dem Unendlichgroßen. Vom Ganzen der Zahlenreihe aus gesehen ist der Bereich der Endlichkeit in ihr nur ein Ausschnitt zu beiden Seiten des Nullpunktes, der ohne Grenze ins Unendliche übergeht.

Aristoteles nannte diese Art des Unendlichen „das Unbegrenzte den Extremen nach" (ἄπειρον τοῖς ἐσχάτοις) und unterschied es vom „Unbegrenzten der Teilung nach" (ἄπειρον διαιρέσει). Die Unterscheidung entspricht im Wesentlichen der des Unendlichgroßen und Unendlichkleinen. Die Zahlenreihe enthält beide. In Richtung auf das Unendlichkleine aber verschiebt sich das Wesen der Zahl.

Hier spielen die Kategorien „Ganzes und Teil" die entscheidende Rolle. Nicht nur jede ganze Zahl ist ein Ganzes, sondern auch die Eins, die das Aufbauelement in ihr bildet. Und wie jedes Ganze, ist auch sie teilbar. Das Wesen des Bruches ist nicht das, was der Bruchstrich für die Rechenoperation bedeutet, die Division des Zählers durch den Nenner, sondern die Teilung der Eins. Mit dem unbegrenzten Anwachsen des Nenners aber geht diese Teilung ins Unendliche.

Es ist ein Irrtum, hierin eine Auflösung der Eins zu sehen. Die Eins gerade bleibt erhalten, denn alle Teilung bleibt auf sie ebenso rückbezogen wie die Reihe der ganzen Zahlen. Hebt man sie auf, so fällt auch der eindeutige Sinn der gebrochenen Zahl hin. Zwei Dinge aber sind es, die hierbei das Wesen der Zahl modifizieren.

1. Wie der unendliche Fortgang der Zahlenreihe nach beiden Seiten einen endlichen Ausschnitt um den Nullpunkt herum erkennen ließ, so läßt der unendliche Fortgang der Teilung zusammen mit jenem einen endlichen Ausschnitt von Zahlenwerten um die Eins herum entstehen. Während jener sich zwischen $-\infty$ und $+\infty$ bewegt, hat dieser seinen Spielraum zwischen ∞ und $\frac{1}{\infty}$.

2. Da die gleiche Teilbarkeit von jeder Einheit gilt, die Zahlenreihe sich aber aus Einheiten aufbaut, so nähert sich mit dem Fortgang der Teilung ins Unendliche die Zahlenreihe — die zunächst eine diskrete war — dem Zahlenkontinuum. Dieses Continuum ist die Reihe aller ganzen und gebrochenen Zahlen, also aller reellen Zahlen überhaupt.

Aber es ist nicht erschöpfbar durch die Reihe der in ganzzahligen Verhältnissen ausdrückbaren Zahlenwerte. Da aber alle Zahlenwerte sich in ihm bewegen — Diskretionen in diesem Continuum sind —, so ist das Continuum der reellen Zahlen nichtsdestoweniger die kategoriale Grundlage und das eigentliche Gerüst der Zahlenreihe.

Von der endlichen Zahl aus ist es nicht ohne Grenzübergang zu erreichen. Das liegt keineswegs bloß an der Endlichkeit des rechnenden Verstandes. Es liegt vielmehr am Wesen des Continuums selbst, sofern es ein Unendliches höheren Grades (höherer „Mächtigkeit") ist, als die Anzahl der ganzen und der in ganzzahliger Teilung bestehenden gebrochenen Zahlen ist. In diesem Continuum ist jeder beliebige Schnitt eine reelle Zahl. Aber nicht jedem Schnitt entspricht ein in ganzzahligen Verhältnissen ausdrückbarer Zahlenwert. Das Grenzphänomen, das hierfür beweisend ist, bildet das Auftreten der sog. „transzendenten Zahl".

Das ontologisch Wesentliche an der transzendenten Zahl ist nicht, daß sie nicht genau berechenbar ist und daß wir sie nur in Näherungswerten angeben können — das vielmehr ist schon eine Folge —, sondern daß zwischen ihr und der Eins kein gemeinsames Maß ist. Darum kann sie auch weder mit einer ganzen Zahl noch mit einem durch Teilung der Eins entstandenen Bruch ein gemeinsames Maß haben. Das Verhältnis zwischen ihr und der endlichen Zahl ist ein inkommensurables.

Dieses Verhältnis ist nicht eine Spitzfindigkeit der Theorie. Es hat seinen Grund überhaupt nicht im Denken, sondern im Sein. Darum ist das mathematische Denken auch vom Sein her auf sein Bestehen aufmerksam geworden, und zwar ebensosehr vom idealen wie vom realen Sein her. Das Verhältnis der Diagonale zur Seite im Quadrat, das der Peripherie zum Durchmesser des Kreises, sind altbekannte Beispiele dafür. Vollends in der realen Welt sind kommensurable Größen, streng genommen, gar nicht vorhanden: nimmt man den Maßstab von der einen her, so paßt er nicht auf die andere, nur die Ungenauigkeit unserer Meßmethoden täuscht uns ein Aufgehen vor.

Blickt man auf das Ganze der Zahlenreihe — verstanden als Reihe aller reellen Zahlen —, so erweist sich das System der endlichen Zahlen (einschließlich der endlich gebrochenen) als unfähig, die Reihe auszufüllen. Wie weit man die Teilung auch gehen läßt, es bleiben doch Lücken in der Reihe, und erst die transzendente Zahl füllt die Lücken aus. Da aber das Continuum hier wie überall das Fundament der Diskretion ist, so muß man die Konsequenz ziehen, daß ontologisch die transzendente Zahl mit ihrer weit höheren Mannigfaltigkeit den eigentlichen Grundstock der Zahlenreihe bildet, während die Mannigfaltigkeit der endlichen Zahlen innerhalb derselben Reihe nur ein

System eingestreuter Sonderfälle ausmacht. Dieses System gleicht einem Netz, dessen Maschen sich zwar immer enger machen lassen, aber doch stets Maschen bleiben, die zwischen den Fäden Spielraum lassen.

Daß dem wirklich so ist, beweist die Tatsache, daß die Näherungswerte einer transzendenten Zahl ihr zwar immer näher kommen, aber sie doch niemals erreichen. Mit welchen Methoden sie errechnet werden, ist dafür ganz gleichgültig. Verschieden ist nur die Grenze, bis zu der sich die Näherungswerte vortreiben lassen. Das Verhältnis zum Grenzwert aber bleibt in aller Näherung grundsätzlich das gleiche.

b. Die kontinuierliche Größenänderung und das Unendlichkleine.

Der infinitesimale Bau der Zahlenreihe, der im Phänomen der transzendenten Zahl anschaulich wird, wäre nun von geringer ontologischer Relevanz, wenn es dabei nur um das System der Zahlen selbst, seine Gesetze und die Grenzen der Rechnung ginge. Denn so rein in sich betrachtet, hat dieses System keinen weiteren Inhalt, es ist die reine, leere Quantität, die noch nicht Quantität von etwas ist. Alle Verhältnisse, die es umfaßt, spielen nur in der idealen Sphäre; und gerade an der Gleichgültigkeit dieser Verhältnisse gegen allen realen Inhalt ist der Charakter des idealen Seins als solchen faßbar.

Aber es geht hier keineswegs bloß um das Zahlensystem selbst. Wie die Entdeckung des Zahlenkontinuums an gewissen Problemen der Geometrie und der Mechanik haftete, so ist umgekehrt zu sagen, daß allgemein der Aufbau der Größenverhältnisse in Raum und Zeit, also auch der von Bewegung, Geschwindigkeit, Beschleunigung, bereits auf dem Prinzip der kontinuierlichen Größenänderung beruht. Es geht also im eminenten Sinne um Realverhältnisse, und zwar gerade um diejenigen, in denen überhaupt die Quantität des Seienden ihre größte konstitutive Kraft entfaltet.

Geht man der Geschichte der Infinitesimalrechnung nach, so findet man das ontologische Grundverhältnis durch eine uferlose Reihe schwerfälliger mathematischer Begriffe verdeckt, die alle den Zweck verfolgen, die kleinsten Größenunterschiede allererst mathematisch faßbar zu machen. Die Berechenbarkeit bewegt sich hier notgedrungen in Näherungsmethoden, bei denen es dann darauf ankommt, die Fehlergrenzen selbst faßbar zu machen. In den allgemeinen Überlegungen aber (im Kalkül) spielt gerade der Faktor des nichtfaßbaren Unendlichkleinen selbst die entscheidende Rolle. Es ist immer wieder mit Recht betont worden, daß die Mathematik nicht mit dem Unendlichkleinen „rechnet“. Aber sie kalkuliert es ein und setzt es in seiner Unberechenbarkeit schon im Ansatz ihrer Gleichungen voraus.

Dieses im Ansatz Vorausgesetzte ist es aber, was in der Richtungsänderung der Kurve, im Geschwindigkeitszuwachs der räumlichen Bewegung, kurz in der realen Größenänderung selbst das eigentlich Grundlegende ist. Denn die Größenänderung ist hier überall eine kontinuierliche, nicht in sprunghaft getrennte Stadien auflösbare. Da aber die Überlegung notgedrungen von dem endlichen Größenunterschied getrennter Stadien ausgehen muß, so geht sie eben vom ontisch Sekundären aus und kann zum Primären nur durch den gedanklichen Sprung gelangen, mit dem sie das Zusammenrücken der Stadien vorwegnimmt. In dieser Vorwegnahme weiß sie, daß auch die Größenunterschiede selbst hierbei „verschwinden", d. h. sich der Null nähern. Aber sie setzt voraus, daß selbst in diesem ihrem „Verschwinden" das Verhältnis der Größenunterschiede sich erhält.

Diese letztere Voraussetzung ist es, auf die alles ankommt. Sie ist bekannt aus der Formulierung Leibnizens, daß die Gesetze des Finiten sich im Infiniten erhalten. Von der mathematischen Überlegung aus aber ist dieser Satz nur ein Postulat. Beweisen läßt er sich nicht. Er erhält seine Bestätigung nur dadurch, daß die Rechnung, deren Ansatz unter seiner Voraussetzung gemacht wurde, zu Resultaten führt, die innerhalb gewisser Fehlergrenzen sich an den Realphänomenen bestätigen.

Die Bestätigung aber berechtigt nun ihrerseits dazu, das Vorausgesetzte als das eigentliche Grundmoment der in Frage stehenden Realverhältnisse anzusehen. Die Paradoxie daran ist nicht aus der Welt zu schaffen. Die Bewegung in einem Zeitpunkt steht still; dennoch soll sich die Geschwindigkeit aus Inkrementen der Beschleunigung aufbauen, die im Zeitpunkt einsetzen und selbst keine eigentlichen Größen mehr sind. Die Strecke der Kurve im Raumpunkt wird gleich Null, aber ihre Richtung soll sie auch im Punkte behalten, und das Inkrement der Richtungsänderung soll gerade im Punkte einsetzen.

Aber die Paradoxie besteht nur für die Anschauung. Das begreifende Denken sieht relativ leicht ein, daß so etwas nicht nur grundsätzlich möglich ist, sondern auch im Realen wirklich sein muß, wenn anders die Bewegung der Massen im Raum, die Beschleunigung, die Bahnen der Umläufe und der stetige Wechsel der Bahngeschwindigkeiten Realität haben sollen. Von alledem würde sonst eben nichts zustande kommen.

Der Gedanke der „infinitesimalen Realität", der vor 40 Jahren im Neukantianismus aufkam, entbehrt im Hinblick auf die Kontinuität gewisser Realprozesse nicht der Berechtigung. Das Erstaunliche ist nur, daß er damals als Argument für den reinen Denkidealismus verwandt wurde: weil das Unendlichkleine nur im Denken besteht, während die realen Vorgänge der Bewegungsänderung u. a. m. sein Bestehen voraussetzen, so sollte folgen, daß die Realität dieser Vorgänge nur im Denken besteht. Die Ontologie schließt mit größerem Recht umgekehrt: weil die Vorgänge der Bewegungsänderung und alle ihr verwandten echte Realprozesse sind, diese Realprozesse aber das Unendlichkleine voraussetzen, so folgt, daß das Unendlichkleine in ihnen real sein muß. Ja, es folgt, daß das Unendlichkleine das eigentlich konstituierende Grundmoment ihrer Kontinuität ist. Der berechtigte Sinn des Begriffs einer „infinitesimalen Realität" hat sich also im Vergleich mit dem, was seine Urheber mit ihm meinten, als der umgekehrte erwiesen.

Nicht darauf beruht der durchgreifende und in aller Wissenschaft beispiellose Erfolg der Unendlichkeitsrechnung in den exakten Wissenschaften, daß sich das rechnende Denken vom Sein entfernte, um es durch einen Kunstgriff gleichsam zu überspringen und erst im Resultat wiederzufinden. Vergeblich hat die Fiktionentheorie die Sachlage so zu deuten gesucht; es ist ihr nicht gelungen, einleuchtend zu machen, wie der Kunstgriff über ein Netz komplizierter Umwege wieder treffsicher auf Gegebenes hinausgelangen sollte, wenn diese Umwege lediglich solche der Abstraktion sind.

Jener beispiellose Erfolg beruht vielmehr auf einer Annäherung an die wirklichen Seinsverhältnisse, wie sie die Anschauung und der mit endlichen Größen rechnende Verstand nicht aufbringt. Das Continuum der Größenänderung ist eben unanschaulich. Es zu erfassen kann nur in der Entfernung von der Anschauung gelingen. Aber Entfernung von der Anschauung ist nicht Entfernung vom Realen.

c. Die Aporie und die Dialektik des Unendlichen.

Das Unendlichkleine und das Unendlichgroße bilden einen streng zusammengehörigen Gegensatz. Das genus, das sie zusammenschließt, ist das der Unendlichkeit selbst. Diese ist in beiden eine und dieselbe. In jedem Continuum der Größenänderung sind sie gemeinsam enthalten, und zwar so, daß sie sich gegenseitig fordern und ergänzen. Denn immer handelt es sich um die unendlichgroße Menge des Unendlichkleinen. Kategorial angesehen liegt ein prinzipieller Unterschied nur darin, daß es sich im Unendlichkleinen stets um den Teil, im Unendlichgroßen aber um Ganzheit handelt; denn die Allheit der Teile macht das Ganze aus.

Von altersher hängt am Unendlichen eine Reihe von Aporien. Sie waren schon in den Zenonischen Paradoxien enthalten, sie spiegeln sich deutlich in dem Ringen des mathematischen Denkens mit seinen Realproblemen; noch die Leibnizischen Formulierungen der unendlichkleinen Größen als non quanta oder als Größen im status evanescens legen davon Zeugnis ab. Es sind Formulierungen, die den inneren Widerstreit, den man empfand, in Form des expliziten Widerspruchs in die logische Greifbarkeit herauszustellen suchen.

Sieht man genauer zu, so findet man, daß diese antinomisch zugespitzten Aporien nichts anderes sind als die Unfähigkeit der Anschauung und des mit endlichen Zahlverhältnissen rechnenden Verstandes, das Unendliche mit ihren Mitteln zu erfassen. Der rechnende Verstand bleibt eben an die Anschauung, von der er herkommt, gebunden; darum bleibt alle Rechnung in der Annäherung stehen, und ihre höchste Leistung ist die Bestimmung ihrer eigenen Fehlergrenzen. Aber die Aporien selbst sind lediglich solche des Erfassens. Und mit der Erhebung des Begreifens über die Gebundenheit an das Anschaulich-Endliche fallen sie hin.

Hegel hat es versucht, den Kernpunkt dieser Aporien als Seinsantinomie zu entwickeln. Er verschob dabei aber sowohl das Endliche als auch das Unendliche aus seinem eigentlichen Gebiet, dem der Quantität, auf ein allgemeineres (das er Qualität nannte, für das aber auch dieser Titel noch viel zu eng ist). Und hier vermengte sich der Gegensatz von Endlich und Unendlich in unheilvoller Weise mit dem traditionellen Gegensatz der alten Metaphysik von Unvollkommen und Vollkommen. Das allein „wahrhaft Unendliche" ist hiernach das in sich Geschlossene und Abgerundete, die zu Ende gekommene Totalität; der bloße Fortgang in infinitum dagegen ist „schlechte Unendlichkeit", sofern er das Endliche, aus dem er herkommt, an sich behält und nicht los wird. Fragt man aber, warum das Endliche nicht in sich bleiben kann, so ist die Auskunft: es hat ein Sollen in sich, das es über sich hinaustreibt.

Man sieht, hier ist der eigentlich quantitative Sinn des Unendlichen verlorengegangen; ein teleologisches Schema ist zugrunde gelegt, dessen Einführung aber nicht explizit erörtert, sondern wie etwas schon Ausgemachtes vorausgesetzt wird. Ob die Hegelsche Dialektik des Unendlichen unter dieser Voraussetzung stichhaltig ist, mag dahingestellt sein; für das wirkliche Problem des Unendlichen spielt das keine Rolle, denn die Voraussetzung hat mit ihm gar nichts zu tun. Es gibt durchaus nichts, was ein Endliches über sich hinaus treiben könnte, und es gibt keinen Grund, warum das Unendliche vollkommener sein sollte als das Endliche.

Relativ nah dagegen bleibt Hegel dem kategorialen Unendlichkeitsproblem mit seinem Begriff der „schlechten Unendlichkeit". Dieser paßt gut auf die unendlichen Reihen. Außerdem entspricht er der „potentiellen Unendlichkeit", wie sie in allem progressus oder regressus in infinitum enthalten ist. Aber seine „wahrhafte Unendlichkeit" entspricht deswegen doch keineswegs dem Aktualunendlichen. Dieses letztere ist vielmehr in jedem infiniten Progreß schon enthalten: die Unendlichkeit, „in" die ein solcher Progreß geht, teilt dessen Unabgeschlossenheit nicht, sondern ist seine Bedingung, die vor ihm und unabhängig von ihm besteht.

Die Wahrheit also ist, daß die eigentliche Unendlichkeit im potentiell Unendlichen vielmehr auch schon eine aktuale ist. Der progressus infinitus ist ja kein Realprozeß; er gerade spielt nur in Gedanken. Im Sein dagegen sind die entsprechenden Reihen immer vollständig erfüllt; hier waltet ein Gesetz der Ganzheit, das vollkommen gleichgültig gegen die Unvollständigkeit des Denkens und der Berechnung dasteht.

Wichtiger aber dürfte es sein, daß auch der Infinitesimalkalkül, sowie alle ihm verwandten Methoden des Grenzüberganges, es in Wahrheit gleichfalls mit dem Aktualunendlichen zu tun haben. Ein anderes als dieses würde für die Überlegung und für den Ansatz der Gleichungen gar nicht zureichen; denn es würde das Continuum der Größenänderung gar nicht erreichen. So und nicht anders haben es auch die Klassiker der höheren Analysis im 17. Jahrhundert gemeint.

Aber wohlverstanden: nur die Überlegung, der Kalkül, der Ansatz hat es mit dem echten Aktualunendlichen zu tun. Die Rechnung dagegen hat es natürlich keineswegs mit ihm zu tun. Sie kann dafür nur Näherungswerte einsetzen, und an Stelle des wirklich Unendlichkleinen führt sie das für ihre jeweiligen Zwecke „genügend Kleine" ein.

Ist man sich hierüber klar, so zeigt es sich, daß das Unendliche — als das aktuale nach beiden Richtungen verstanden (als ∞ und als $\frac{1}{\infty}$) — vollkommen in sich einwandfrei dasteht, ohne Aporien und Antinomien, auch durchaus ohne anhaftende Dialektik. Alle Schwierigkeiten, auf die man im Laufe der Jahrhunderte bei seiner Fassung stieß, gehören der Anschauung und dem von der endlichen Zahl herkommenden Denken an. Das Unendliche aber besteht gar nicht im Denken, sondern im Sein.

41. Kapitel. Die Rechnung und das Berechenbare.

a. Sphärenunterschied der Quantitätskategorien.

Es wurde oben gezeigt, inwiefern die Mathematik das prototypische Gebiet des Apriorismus ist (Kap. 39a): die Prinzipien der Erkenntnis und die des Gegenstandes der Erkenntnis fallen hier so weitgehend zusammen wie sonst nirgends. Man könnte darum wohl versucht sein, im Bereich der Quantitätskategorien alle Sphärenunterschiede für suspendiert zu halten. Dem aber ist keineswegs so.

Man kann davon ausgehen, daß Quantitätskategorien im Sphärenverhältnis grundsätzlich ähnlich gestellt sind wie die sog. logischen Gesetze: sie sind in erster Linie Prinzipien der idealen Sphäre, erstrecken sich aber von dort aus tief in die Realsphäre einerseits, in die Erkenntnissphäre andererseits hinein. Darum gibt es ein Zutreffen des unter diesen Prinzipien Errechneten auf das Reale. Aber das Errechnen unter ihnen ist durchaus nicht jedem beliebigen Bewußtsein gegeben. Zu den erstaunlichen Erfolgen der exakten Wissenschaft hat das Begreifen einen weiten Weg. Auf diesem Wege muß es die ihm zunächst fremden Prinzipien der Mathematik erst zu den seinigen machen und sie anwenden lernen.

Das Festhängen der Anschauung und selbst des Verstandes am Endlichen ist hier nur eines von mehreren unterscheidenden Momenten. Wichtiger vielleicht ist es schon, daß auch die ganzzahligen Verhältnisse der Anschauung nur in sehr engen Grenzen zugänglich sind. Über diese Grenzen hinaus greift schon das einfachste Rechnen zu künstlichen Hilfsmitteln, z. B. zur übersichtlichen Darstellung der Zahlen in einem Stellensystem. In gewissem Sinne ist es wahr, daß diese Kunstgriffe der Rechnung selbst wiederum die Anschauung erweitern: das zunächst Unübersichtliche wird auf diese Weise in der Tat zusammenschaubar; aber der Grad der Anschaulichkeit verliert sich doch mit ihrer Erweiterung immer mehr. Und von einer gewissen Grenze ab — die z. B. im Rechnen mit dem Logarithmus längst überschritten ist — versagt sie ganz. Die Rechenmethoden aber bewegen sich mit ungeschmälerter Sicherheit weit darüber hinaus.

Die kategorialen Mittel des Begreifens gehen im Bereich des Quantitativen über die der Anschauung dadurch hinaus, daß es bestimmte Kategorien des Seienden, die dieser verschlossen sind, zu den seinigen macht und mit ihnen wie mit methodischen Mitteln operieren lernt. Dahin gehören vor allem die Kategorien des Unendlichen und der quantitativen Kontinuität. Aber auch die Ganzheit gelangt erst im Begreifen zu voller Entfaltung, wie das Prinzip der Reihensumme und des Integrals lehrt. Ja, in gewissen Grenzen muß dasselbe auch schon von der Vielheit und von der Teilung gelten; denn in beiden liegt grundsätzlich schon der Fortgang ins Unendliche.

Andererseits aber wird man doch auch der Anschauung nicht gerecht, wenn man ihr allen Anteil an diesen Kategorien abspricht. Daß die Reihe der ganzen Zahlen ins Unendliche geht, daß die Teilung der Eins in der Reihe der gebrochenen Zahlen sich der Null nähert, ist gerade der mathematischen Anschauung keineswegs verschlossen. Nur fehlt es ihr an Mitteln, diesen Fortgang zu fassen. Und mit der Faßbarkeit erst wird die quantitative Mannigfaltigkeit, auf die sich der

Fortgang erstreckt, der Rechnung und der Anwendung auf Realverhältnisse zugänglich.

Noch merkwürdiger vielleicht ergeht es der Anschauung mit dem Continuum. Kann man eigentlich sagen, das gleichmäßige Fortlaufen einer Bewegung (etwa bei einer rollenden Kugel) oder die gleichmäßige Beschleunigung (etwa wenn die Kugel bergab rollt) wäre nicht anschaulich gegeben? Die Anschauung faßt die eine wie die andere sogar mit solcher Gewißheit, daß sie dem Begreifen aufs nachdrücklichste widerspricht, wenn es vor der Stetigkeit des Vorganges versagt. So war es in den Zenonischen Paradoxien: der Verstand sagt, „der Pfeil steht still", die Anschauung aber bleibt dabei, daß er sich in begrenzter Zeit durch unendlich viele Punkte hin „bewegt". Und nur darum ist es eine Paradoxie. Spräche die Anschauung nicht so eindeutig für das Continuum der Bewegung, so wäre am Stillstehen des Pfeiles nichts Paradoxes.

Es scheint also, gerade das Begreifen versagt vor dem Continuum, während die Anschauung es ohne Schwierigkeiten faßt. Aber auch das trifft nicht zu. Die Anschauung vielmehr gleitet über den Gegensatz von diskret und kontinuierlich ganz hinweg. Sie faßt die Diskretion nicht, wenn der Wechsel der Stadien zu schnell ist (z. B. der der Bilder im Ablaufen eines Films), oder wenn die Unterschiede zu klein sind; sie nimmt von einer gewissen Grenze ab das fortlaufend Unterbrochene für ebenso stetig wie das stetige Ablaufen. Sie faßt also das Continuum keineswegs; eher könnte man sagen, sie läßt es sich vortäuschen. In Wahrheit aber ist es nur ihr eigenes Hingleiten über die Reihe der Stadien, das ihr den fließenden Fortgang vorspiegelt.

Sie hat also sehr wohl eine Vorstellung der Kontinuität, aber diese Vorstellung erfaßt nicht das wirkliche Continuum. Letzteres zu fassen liegt nicht nur weit über ihre Fähigkeit, sondern auch über die des begreifenden Denkens hinaus. Denn auch das Denken kann es nur abstrakt in die Überlegung einbeziehen; es wirklich zu verfolgen ist es so wenig imstande, wie eine aktuale Unendlichkeit zu durchlaufen. Wirklich vorhanden ist das Continuum nur im Sein.

Im idealen Sein liegt es als quantitatives Grundmoment aller diskreten Größe schon zugrunde. Im realen liegt es nur dimensional zugrunde. Die realen Prozesse aber sind je nach ihrer inhaltlichen Artung stetig oder gequantelt. In beiden Fällen bewegt sich das mathematische Erfassen des Vorganges nur in Annäherungen.

b. Das Quantitative im Sein und die Kunstgriffe der Rechnung.

Hieran wird nun sehr einleuchtend klar, wie weit doch bei aller Übereinstimmung das Auseinanderklaffen der Seins- und Erkenntniskategorien im Gebiet der Quantität geht. Es zeigt sich, daß selbst hier — im Zentralgebiet des Apriorismus — die kategoriale Identität von Hause aus nur eine minimale ist, wie sie sich aber unter dem wachsenden Druck der Probleme ganz beträchtlich erweitert. Wenn irgendwo, so ist es hier greifbar, wie der kategoriale Bestand der menschlichen Erkenntnis kein fester, sondern ein beweglicher ist, wie es ein Durchdringen neuer Kategorien ins Bewußtsein gibt, auf dem der geschichtlich langsam schreitende Prozeß einer Anpassung des Erkenntnisapparates an das Seiende beruht (vgl. Einleitung, 17).

Die Geschichte der Mathematik ist in dieser Hinsicht lehrreicher als diejenige anderer Wissenschaften, weil sie ein bewußtes Ringen um die Gewinnung zureichender Kategorien für die Erfassung des Seienden, sowie ein ständiges Experimentieren des Denkens mit seinen eigenen Voraussetzungen zu diesem Zwecke zeigt. Es ist ein Prozeß des ständigen Versuchens, Vorwärtskommens, Sichfestrennens, Zurückgeworfenwerdens, des Durchbrechens selbstgeschaffener Hindernisse und neuen Versuchens. Seine Kriterien hat dieses schwankende Vordringen in nichts anderem als in der Bewältigung der Probleme, die ihm durch die Realverhältnisse selbst gestellt sind.

Aber eins ist hierbei nicht zu vergessen. Lange nicht alles, was der Entdeckerimpuls des mathematischen Genius herausbringt, und womit er sich dann geschichtlich durchsetzt, ist echtes kategoriales Gut. Das meiste davon gehört durchaus nur der Methode an, ist Sache des Denkens, Kunstgriff des Bewußtseins zur Bewältigung seiner Aufgaben. Auch darin freilich steckt mittelbar die Annäherung an das Seiende, aber es bleibt doch der Umweg in Ermangelung der Möglichkeit des direkten Zugriffs.

Die Technik des Kunstgriffes geht nun aber in der Mathematik doch sehr weit. Sie beschränkt sich nicht auf so einfache Mittel wie die Umkehrung der ratio essendi, was der ratio cognoscendi ja auf allen Gebieten möglich ist: man sucht z. B. nach der an sich unabhängigen Variablen, macht sie aber in der Rechnung zur abhängigen, weil das Gegebene auf der Seite der an sich abhängigen liegt. Das ist die allgemeine Bewegungsfreiheit der Erkenntnis dem Seienden gegenüber und gleichsam ihr Vorrecht als geistiges Sein. Die Kunstgriffe des Rechnens fangen auch keineswegs erst in der höheren Mathematik an, sie liegen schon den einfachen arithmetischen Operationen zugrunde. Man bedenke, was das dekadische System für das bloße Addieren und

Multiplizieren bedeutet. Dieses System besteht freilich nicht in der Schreibweise allein, wobei die Stellenordnung die Reihe der Potenzen von 10 bedeutet; es ist vielmehr die Darstellung der Zahlen in einem Ordnungszusammenhang von Symbolen, in dem die Rechnung sich mit erstaunlicher Leichtigkeit bewegt. Aber mit dem Aufbau der Zahlenreihe selbst hat dieser Ordnungszusammenhang nichts zu tun. Die Zahlenreihe selbst läßt sich ebensogut in Potenzen einer anderen Basis darstellen. Und überhaupt, alle Darstellung ist ihr äußerlich. Ja, auch alles Rechnen ist ihr äußerlich. Rechnung gibt es nur im Denken; aber das Zahlensystem ist etwas jenseits des Denkens und unabhängig von ihm Bestehendes.

Die quantitativen Verhältnisse selbst, die dieses System ausmachen, bedürfen der Rechnung nicht. Sie sind das Berechenbare, auf das die Rechnung hinaustendiert. Und in noch höherem Maße gilt das von den Realverhältnissen, sofern sie quantitative sind. Die Naturerscheinungen richten sich nicht nach der Rechnung; kein rechnender Verstand liegt ihnen zugrunde — wie man sich das freilich oft spekulativ ausgemalt hat —, die menschliche Rechnung aber, in der wir allererst diese Verhältnisse kennen lernen, ist nichts als das nachträgliche Vorgehen des begreifenden Denkens, um sie zu erfassen. Dieses Vorgehen als solches ist die unerschöpfliche Domäne der Kunstgriffe. Die letzteren sind ontologisch keineswegs zu verachten, denn auf dem Umweg über sie nähert sich das Begreifen tatsächlich den Gesetzen des Zahlensystems, und über sie hinaus den quantitativen Realverhältnissen und ihrem kategorialen Bestande. Aber sie selbst sind etwas anderes und fallen weder mit jenen Gesetzen noch mit diesem Bestande zusammen.

Das alles läßt sich leicht belegen, auch gerade schon im Elementarmathematischen. Sehr anschaulich wird das Verhältnis zwischen den Zahlen selbst und dem dekadischen System, wenn man sich klar macht, daß die Reihe der Primzahlen unabhängig von diesem System besteht und unverändert in jedem anderen wiederkehrt, ebenso wie die Reihe der Quadratzahlen, der Kubuszahlen und aller anderen Potenzen. Aber das Gleiche wie vom dekadischen System gilt auch von anderen Kunstgriffen, z. B. von der algebraischen Verallgemeinerung, von der Gleichung und ihren Transformationen, von der Funktion u. a. m.

Was die letztere anlangt: daß zwei Variable in einem durchgehenden Abhängigkeitsverhältnis stehen, ist gewiß kein Kunstgriff; das ist das Reelle an der Funktion, das, womit sie an das Continuum der Größenänderung herankommt. Aber die Art, wie die Funktion die Werte der einen aus denen der anderen zu berechnen gestattet, ist Sache des Verfahrens. Und dazu stimmt es, daß die Richtung der Abhängigkeit, die im Seinsverhältnis unvertauschbar ist — denn sie hängt an den besonderen Determinationsverhältnissen des Realen —, in der Rechnung je nach der Lage des Gegebenen sich ändert.

c. Die drei Arten des Unberechenbaren und die Grenzen des mathematischen Apriorismus.

Wenn man nun schließen wollte, durch dieses Auseinanderklaffen im kategorialen Bestande des Seienden und der Erkenntnis müßten dem mathematischen Apriorismus doch enge Grenzen gezogen sein, so würde man wiederum fehlgehen. Zwar seine Gebietsgrenzen innerhalb des Seienden sind relativ auf die ganze Schichtenfolge der realen Welt wohl eng zu nennen; denn mit dem Abbrechen der quantitativen Gesetzlichkeit im Aufbau der Realverhältnisse bricht natürlich auch die Berechenbarkeit ab. Aber das Unberechenbare in diesem Sinne ist das dem Sein nach überhaupt Unmathematische. Und auf ein solches könnte sich ja das mathematische Denken nur irrtümlicherweise beziehen. Aber innerhalb seines ihm zugeordneten Seinsgebietes sind seine Grenzen keineswegs eng gezogen.

Das Berechenbare ist der Rechnung stets transzendent. Das Berechnen ist schließlich nur eine Unterart des Erfassens, alles echte Erfassen aber hat es mit einem ihm transzendenten Gegenstande zu tun. Und wie das Erfaßbare auf allen Gebieten seine Grenze im Unerfaßbaren findet — denn der Gegenstand macht vor der Reichweite des Erfassens nicht halt —, so findet auch das Berechenbare überall seine Grenze im Unberechenbaren. Und diese Grenze ist zugleich die des mathematischen Apriorismus überhaupt. Sie ist aber nicht die Grenze des Quantitativen im Aufbau der realen Welt, sondern nur die einer bestimmten quantitativen Gesetzlichkeit (der mathematisch faßbaren).

Das gilt für jede Art des Unberechenbaren. Die soeben angegebene ist nur eine von dreien. An ihr ist nichts Auffallendes, weil sie eine reine Gebietsgrenze innerhalb der realen Welt bedeutet. Wollte man organische Formen und Prozesse oder gar seelische Akte mathematisch behandeln, so brächte man sie unter Kategorien, die gar nicht die ihrigen sind. Versuche solcher Art sind denn auch nie über allgemeine Behauptungen einerseits und Ansätze an untergeordneten Momenten andererseits hinausgelangt.

Diese erste Art des Unberechenbaren also ist ein Phänomen der Schichtung des Realen. Ontologisch ist sie insofern sehr bemerkenswert, als an ihr klar wird, daß die Kategorien der Quantität nur in geringem Maße der Abwandlung fähig sind, also nur noch bedingt als Fundamentalkategorien gelten können. Ganz freilich kann man ihnen diesen Charakter nicht absprechen, denn als untergeordnete Momente gehen sie eben doch in die höheren Schichten ein; nicht das Quantitative überhaupt, sondern nur die mathematische Bestimmtheit der Größenverhältnisse reißt oberhalb des physisch-materiellen Seins ab. Daher die eigenartige Zwitterstellung dieser Kategorien auf der Grenzscheide von Fundamental- und Schichtenkategorien.

Für die Grenzen des mathematischen Apriorismus aber sind zwei weitere Arten des Unberechenbaren wichtiger. Nicht alles in der anorganischen Natur ist quantitative Bestimmtheit; auch hier vielmehr ist das Quantitative nur eines unter mehreren Grundmomenten, und zwar keineswegs das fundamentalste. Alle Quantitätsbestimmung hängt hier schon an gewissen „Substraten" und hat durch sie erst ihren Realitätscharakter. Es handelt sich eben nicht um leere Größenverhältnisse, sondern um solche der räumlichen Ausdehnung, der zeitlichen Dauer, der Bewegung, Geschwindigkeit, Beschleunigung, Masse, Kraft, Energie. Nicht darauf kommt es an, ob diese „Träger" der Quantität echte und letzte Substrate sind, wohl aber darauf, daß sie Substrate relativ auf die quantitativen Verhältnisse sind. Denn diese allein sind das Berechenbare, das ihnen zugrunde liegende Wesen von Masse, Kraft, Bewegung, Prozeß u. s. f. ist und bleibt unberechenbar. Es ist auch im Sinn der mathematischen Formeln, Gleichungen und Funktionen stets schon vorausgesetzt. Die Bedeutung der Symbole (m, c, t, g . .) ist aus keinem Größenverhältnis herauslesbar; man muß sie schon mitbringen, um die Formeln zu verstehen.

Die zweite Art des Unberechenbaren hängt also an den inhaltlichen Substraten der Rechnung selbst, und zwar mitten in demjenigen Seinsgebiet, das die höchste Berechenbarkeit aufweist. Ontologisch genauer kann man das so ausdrücken. Das eigentliche Berechenbare bleibt auch hier der Rechnung transzendent, und darum ist es nur mit einer Seite seines Wesens der Rechnung zugänglich; die anderen Seiten aber sind und bleiben in aller Rechnung das Unberechenbare.

In Wirklichkeit geht dieser Einschlag des Unquantitativen in der anorganischen Natur noch viel weiter. Das sieht man leicht, sobald man deren besondere Kategorien heranzieht: z. B. die besondere Form der Abhängigkeit (die kausale) oder die besondere Typik der dynamischen Gefüge, ja schon die der energetischen Prozesse. Ja, nicht einmal die sog. Gesetzlichkeit der Natur ist eine rein mathematische. Aber das nachzuweisen, gehört in die spezielle Kategorienlehre, auf die an dieser Stelle nur vorausverwiesen werden kann.

Es gibt aber auch noch eine dritte Art des Unberechenbaren. Sie liegt nicht im Unmathematischen — weder in dem der unbelebten Natur, noch über diese hinaus in höheren Schichten —, sondern im

Bereich des Mathematischen selbst. Nicht alle an sich mathematische Bestimmtheit ist berechenbar, wenigstens nicht von den Gegebenheiten aus, die dem Menschen vorliegen, und nicht mit den Mitteln seines rechnenden Verstandes. Es gibt viele mathematische Probleme im Bereich der Physik, die nur unter bestimmten vereinfachenden Annahmen lösbar sind (z. B. das Dreikörperproblem), wobei aber die Annahme stets eine Fehlerquelle bildet. Es gibt weiter quantitative Verhältnisse, die sich nur im Überschlag nach Methoden der Statistik errechnen lassen, wobei erst recht Annahmen über das durchschnittliche Verhalten der kleinsten Elemente nötig werden.

Das Unberechenbare in diesem Sinne hängt an den Grenzen des rechnerischen Verfahrens selbst. Seine ontologischen Gründe aber — diejenigen, die auf Seiten des Gegenstandes liegen — bestehen entweder in der Kompliziertheit oder in der Unregelmäßigkeit der quantitativen Seinsverhältnisse selbst. Ob sich in das Hochkomplizierte einmal mit fortgeschrittenen Methoden wird hineinleuchten lassen, ist allerdings nicht zum voraus entscheidbar. Aber die Grenze der Berechenbarkeit würde damit auch nur hinausgeschoben, nicht grundsätzlich überwunden. Und was die Unregelmäßigkeit im Verhalten der kleinsten Elemente angeht, so kann es allerdings sein, daß hinter ihr eine Gesetzlichkeit steht, die wir bloß nicht kennen. Aber dann ist es auch sehr fraglich, ob unser Erkennen ihr mit anderen methodischen Mitteln würde beikommen können.

Wie dem auch sei, das Unberechenbare der dritten Art bildet die eigentlich innere Grenze der Rechnung und des mathematischen Apriorismus überhaupt. Aber sie ist eine weitgesteckte Grenze, und sie schmälert die einzigartige Schlagkraft der exakten Wissenschaft auf ihrem Gebiete keineswegs. Denn trotz aller Einschränkung ist doch auf keinem anderen Gebiete das Kategorienverhältnis ein so günstiges wie hier, und nirgends reicht die Erkenntnis a priori auch nur annähernd ebensoweit.

Dritter Teil

Die kategorialen Gesetze

I. Abschnitt

Gesetze der kategorialen Geltung

42. Kapitel. Das Problem der kategorialen Gesetzlichkeit.

a. Die Frage nach dem affirmativen Wesen der Kategorien.

Wie das Kategorienproblem mit dem Aufbau der realen Welt zusammenhängt, ist in den vorstehenden Untersuchungen genügend klar geworden. Eine Fülle von Beziehungen hat sich an den allgemeinen Seinsgegensätzen aufgetan, ein Durchblick durch die Schichtenfolge des Realen ist gegeben und an einer Reihe durchgehender Kategorien inhaltlich belegt worden. Auf dieser Basis ist es nun möglich, auch das affirmative Wesen der Kategorien selbst, soweit es sich in deren Eigengesetzlichkeit spiegelt, näher zu bestimmen.

Denn die Frage nach ihrem affirmativen Wesen ist in der Analyse der Seinsgegensätze hinter dem Inhaltlichen fast verschwunden. Sie steht aber zu der großen Hauptfrage nach dem Aufbau der realen Welt nicht indifferent; sie fällt zum Teil sogar inhaltlich mit ihr zusammen, nämlich im Problem der kategorialen Schichtung, sofern diese das Prinzipielle und gleichsam das innere Gerüst im Stufenbau der realen Welt selbst ausmacht (vgl. Kap. 20 und 21).

Es handelt sich also darum, die Untersuchungen des ersten Teils wieder aufzunehmen. Diese waren dem Grundsätzlichen im Wesen der Kategorien gewidmet, aber sie hatten es mit einer derartigen Masse traditioneller Vorurteile zu tun, daß sie sich in der Richtigstellung von Fehlern und Ausschaltung von Fehlerquellen erschöpfen mußten.

Diese Richtigstellung und Ausschaltung erwies sich als eine zwar umständliche, aber überaus lehrreiche Arbeit. Denn an jedem überwundenen Vorurteil ergab sich ein wertvoller und durchaus affirmativer Fingerzeig für die Bestimmung des kategorialen Seins. Und die Fingerzeige nahmen die Form methodischer Erfordernisse an, denen es unschwer anzusehen war, daß sie sich nicht nur miteinander reimten, sondern auch einander implizierten.

Dennoch war es nicht möglich, die Summe dieses affirmativen Ertrages aus der Reihe der negativ-kritischen Bestimmungen zu ziehen, solange nicht wenigstens ein gewisser Bestand an Kategorien inhaltlich greifbar gemacht war. Alle positive Bestimmung bleibt abstrakt und im Grunde unverständlich, wenn sie nicht an einem inhaltlich greifbaren Material aufweisbar ist. Ein solches Material aber liegt nunmehr vor. Wir haben es in den elementaren Gegensatzkategorien kennengelernt. Es bildet zwar nur einen Ausschnitt aus der kategorialen Mannigfaltigkeit; aber der Ausschnitt ist nicht ein beliebiger, sondern ein solcher der inhaltlich fundamentalen Kategorien. Am Leitfaden dieses Materials muß es möglich sein, die Konsequenzen für das affirmative Wesen der Kategorien zu ziehen.

Solche Konsequenzen nun, wenn man sie in allgemeinen Sätzen ausspricht, nehmen die Form von Gesetzen an. Gesetze aber, die das Wesen der Kategorien betreffen, dürfen mit Recht „kategoriale Gesetze" heißen.

Kategoriale Gesetze haben natürlich selbst auch den Charakter von Kategorien, und da sie allgemein sind, von Fundamentalkategorien. Sie rücken damit neben die beiden anderen Gruppen der Fundamentalkategorien, die der Modi und die der Seinsgegensätze. Von dieser Einordnung ist bereits oben (Kap. 21c) die Rede gewesen. Aber es bleibt doch ein gewisser Unterschied zwischen ihnen und den beiden anderen Gruppen: in gewissem Sinne sind sie noch fundamentaler als diese und hätten ihnen mit Recht vorangestellt werden dürfen, wenn sich das nicht aus den angegebenen methodologischen Gründen verboten hätte.

Der Grund ihrer eigenartigen Stellung ist der, daß sie nicht ohne weiteres Gesetze eines Konkretums sind, sondern in erster Linie Gesetze der Kategorien selbst. Freilich erstrecken sie sich ebendamit auch notwendig auf das Concretum aller Schichten und Sphären, aber doch erst mittelbar. Ihr unmittelbares Concretum bilden die inhaltlichen Kategorien selbst: die Kategorien aber stehen unter diesen Gesetzen genau in derselben Weise, wie sonst das Concretum unter den Kategorien steht. Die kategorialen Gesetze sind Prinzipien der Prinzipien. Das Grundverhältnis von Prinzip und Concretum bleibt dabei vollkommen gewahrt. Es ist nur verschoben und gleichsam relativiert.

Gegen eine Relativierung in diesem Sinne ist nicht viel einzuwenden. Die spezielleren und höheren Kategorien sind ohnehin schon durch ihre bloße Inhaltsfülle konkret — im Vergleich mit den niederen und einfacheren; es wird sich noch zeigen, wie damit ein durchgehendes

Abhängigkeitsverhältnis verbunden ist, welches gegen das von Prinzip und Concretum nur wenig differiert. Prinzipien zeigen eben auch untereinander dasselbe Abhängigkeitsverhältnis; man würde das verkennen, wenn man ein relatives Concretum nicht auch in den interkategorialen Verhältnissen anerkennen wollte. Der Begriff hat sich nach den vorliegenden Verhältnissen zu richten, nicht diese nach ihm.

Die besondere Stellung der kategorialen Gesetze ist hiernach ohne weiteres einsichtig. Aber ein scharfer Grenzstrich zwischen ihnen und den anderen Fundamentalkategorien läßt sich nicht ziehen.

b. Eine methodologische Schwierigkeit.

Ist nun auch durch die vorangegangene Analyse der Seinsgegensätze eine gewisse Basis für die Entwicklung der kategorialen Gesetze gegeben, so ist doch die methodologische Schwierigkeit ihrer Behandlung damit noch nicht behoben. Eben weil diese Gesetze das Allgemeinste in den Kategorien sind, kann man sie nicht vor der Analyse der Kategorien selbst sichtbar machen. Was allgemein auf Kategorien zutrifft, kann sich erst aus deren Mannigfaltigkeit und gegenseitiger Bezogenheit ergeben. Und diese kann man nicht a priori vorwegnehmen. Alles Wissen um Kategorien geht vom Concretum aus; das Concretum der kategorialen Gesetze aber sind die Kategorien selbst. Man kann also um sie nicht wissen, bevor man um die Kategorien weiß.

Es darf nicht verschwiegen werden, daß dafür die Übersicht der Seinsgegensätze — und allenfalls noch der Modi — nicht genügt. Nichtsdestoweniger aber muß man es mit dieser Schwierigkeit aufnehmen. Denn erstens muß das Wesen der Kategorien vor der spezielleren Analyse in großen Zügen umrissen sein, und sei es auch nur, um den Gegenstand der Untersuchung festzulegen. Zweitens aber ist es eben die Allgemeinheit dieser Gesetze, was zur Vorwegnahme zwingt — selbst auf die Gefahr hin, sie einstweilen nicht erweisen zu können. Man müßte es sonst dem Zufall überlassen, wann und wo sie gelegentlich an der einen oder der anderen Kategorie auftauchen; man würde so zwar schließlich zu ihrer Kenntnis kommen, aber kein Gesamtbild von ihnen gewinnen. Das Gesamtbild aber ist überaus aufschlußreich für Stellung und inhaltliches Wesen der einzelnen Kategorien. Überdies hätte man den Übelstand in Kauf zu nehmen, daß die inhaltliche Untersuchung immer wieder unterbrochen und durch prinzipielle Klarstellungen in die Länge gezogen würde. Ja, man könnte es nicht vermeiden, daß dieselben prinzipiellen Klarstellungen an verschiedenen Stellen wiederkehrten und zu Wiederholungen führten.

Solche Umständlichkeit ist in einer ohnehin breit angelegten und schwer übersehbaren Totaluntersuchung schlechterdings untragbar. Es ist gewiß instruktiv, den Leser eben den Weg zu führen, den auch das suchende und mit den Problemen ringende Denken gegangen ist. Aber das an sich Instruktive findet seine Grenze an den weiten Umwegen, die das erstmalige Vordringen beschreibt. Ist der gerade Weg gefunden, so werden die Umwege überflüssig, ja störend. Der gerade Weg aber ist derjenige, der aus gewonnener Überschau heraus das Allgemeine und Grundlegende vorwegnimmt. Er wird irreführend nur, wenn er das Vorweggenommene eben damit auch schon als erwiesen hinstellt.

Es muß daher an dieser Stelle in aller Grundsätzlichkeit ausgesprochen werden, daß die im folgenden aufgeführten kategorialen Gesetze ihres eigentlichen Erweises noch ermangeln. Soweit ein solcher überhaupt erbringbar ist, kann erst der Fortgang der Kategorialanalyse, und vor allem die genauere Untersuchung der interkategorialen Verhältnisse ihn liefern. Auf diesen Erweis — der also dem Umfange nach mit der gesamten Kategorienlehre zusammenfallen müßte —, kann die Darlegung der Gesetze nicht warten [1]).

Sie kann es deswegen nicht, weil sie ihrerseits schon unentbehrlich für die Orientierung in der ungeheuren Masse des Materials ist, das die Kategorienlehre zu bewältigen hat, das aber in vielen Stücken auch schon zum Verständnis inhaltlicher Einzelheiten nötig ist. Die kategorialen Gesetze sind eben das Gerüst eines Aufbaus, in dem die Teile sehr wesentlich vom Ganzen her bestimmt und ohne eine annähernde Vorstellung von ihm auf keine Weise erfaßbar sind. Der Aufbau aber, um den es sich handelt, ist nicht der des Kategorienreiches allein, sondern letzten Endes derjenige der realen Welt. Bei einem solchen Gegenstande kann es nicht anders sein, als daß die fundamentalsten Bestimmungen über ihn nicht auf einen Schlag zu rechtfertigen sind, sondern sich erst allmählich erweisen lassen.

Es ist hierzu zu bemerken, daß alle irgendwie grundlegenden Wissensgebiete in ähnlicher Lage sind. Sie können stets das Prinzipielle erst vom Besonderen her beweisen, müssen es aber dennoch notgedrungen vorausschicken, um überhaupt verständlich zu sein. Am bekanntesten ist dieses Verhältnis an der Geometrie, deren Axiome erst aus ihrem Vorausgesetztsein in den Theoremen erweisbar sind. Es gibt eben streng

[1]) Ein solcher Erweis ist also eine Aufgabe, die weit über das Thema dieses Bandes hinausreicht. Gerade die Kategorien der einzelnen Schichten sind aufschlußreich für ihn. Die aber sind Gegenstand der speziellen Kategorienlehre, die beim heutigen Stande der Dinge gar nicht abschließbar ist.

genommen keinen Erweis einzelner Thesen in sich, sondern stets nur einen aus dem Zusammenhang des Ganzen heraus.

Der Übelstand ist tragbar, für die Kategorienlehre so gut wie für die Geometrie. Der Gegenstand der Kategorienlehre hängt mit allen Wissensgebieten zusammen, und das rein Inhaltliche ist zum Teil aus ihnen wohlbekannt. Man kann immer Beispiele finden, an denen sich die kategorialen Gesetze demonstrieren lassen, wenn auch deren Allgemeingültigkeit auf diesem Wege nicht darzutun ist. Dabei geht es freilich nicht ohne ein Stück Kategorialanalyse ab; man muß schon Strukturen aufzeigen, um Strukturverhältnisse greifbar zu machen. Es ist das kleinere Übel, daß man Bruchstücke der speziellen Kategorienlehre vorwegnehmen muß. Denn da man freie Auswahl aus einer gewaltigen Stoffmenge hat, kann man sich stets an das relativ Bekannte halten.

Schließlich ist eines nicht zu vergessen: das Beweisen ist nicht immer die Hauptsache. Es gibt Sätze, bei denen es wichtiger ist, sich ihren Sinn durchsichtig zu machen und sie an konkreten Fällen der Anschauung nahe zu bringen. Wenn das gelingt, so sprechen sie für sich selbst. Die kategorialen Gesetze, wenn man sie im Zusammenhang der einschlägigen Phänomene sieht, entbehren nicht einer gewissen Evidenz. Aber diese ist nicht auf den ersten Blick zu gewinnen, es bedarf der Hinführung zu ihr. Darum kommt es zunächst immer darauf an, sie eindeutig auszusprechen und ihren Sinn einsichtig zu machen. Das Einleuchten folgt dann von selbst im Maße des Verstehens.

Das bedeutet nicht, daß man sich die sorgfältige Durchprüfung sparen könnte. Wohl aber bedeutet es, daß man sie nicht gleich von Anfang an zu erzwingen braucht. Darum ist es möglich, an das Problem dieser Gesetze auf Grund eines einstweilen noch sehr beschränkten Materials analysierter Kategorien heranzutreten. Denn was sich an den Elementarkategorien einleuchtend machen läßt, das hat begründete Aussicht, auch über sie hinaus zu gelten.

c. Die vier Gruppen der Gesetze und ihre Grundsätze.

Das Kategorienreich ist eine mehrdimensionale Mannigfaltigkeit. Es geht in keinem einfachen Reihenschema auf. Als die auffallendste Dimension dieser Mannigfaltigkeit hat sich die der „Höhe" ergeben, in der die Seinsschichten einander überlagern. Eine zweite liegt in der inhaltlichen „Breite" der Schichten, d. h. in der Nebenordnung zusammengehöriger Kategorien gleicher Höhe. Diese beiden Dimensionen bestimmen den Spielraum der kategorialen Gesetzlichkeit. Neben ihnen spielt nur noch das Verhältnis von Prinzip und Concretum eine bestimmende Rolle in ihr. Es geht seiner Stellung nach der kategorialen Mannigfaltigkeit voraus und beansprucht daher in der Reihe der Gesetze den Vortritt. Der Dimension nach steht es quer zu allen Unterschieden der Kategorien unter sich, sowohl der „Höhe“ als auch der „Breite“ nach.

Untergeordnet dagegen ist in diesem Zusammenhang das Verhältnis der Sphären. Die beiden sekundären Sphären gehören ohnehin dem geistigen Sein an, ordnen sich also der Schichtenfolge des Realen ein; die ideale Seinssphäre aber tritt nur auf einigen wenigen Gebieten selbständig neben die Realsphäre — z. B. im Gebiet des rein Quantitativen —, und im übrigen ist alle Seinsbestimmtheit in ihr eine unvollständige. In der Unvollständigkeit aber sind auch die kategorialen Verhältnisse nicht voll entwickelt.

Die Erkenntnissphäre ist freilich in diesem Zusammenhang von hohem Interesse. Hier hängt am Kategorienverhältnis der ganze Einschlag des Apriorischen, und mittelbar also die Grundlage alles Begreifens, Verstehens, tieferen Eindringens. Aber eine allgemeine Gesetzlichkeit, welche die Übereinstimmung von Erkenntniskategorien und Seinskategorien (d. h. die Reichweite und Begrenzung ihrer Identität) beträfe, gibt es nicht. Jene partiale Wiederkehr der Realprinzipien im Verstande, an der alle Einsicht höherer Ordnung hängt, ist ontologisch gesehen ein Anpassungsprodukt des Menschenwesens an die Realverhältnisse, auf denen es beruht und in denen es lebt. Alles ist hier praktisch durch Lebensbedürfnisse und Lebensaktualitäten bestimmt — also durch sekundäre Verhältnisse komplexester Art. Es ist nicht durch Gesetze bestimmt, die an den Kategorien als solchen bestehen, sondern durch Verhältnisse, die am Concretum bestehen. —

Die kategoriale Gesetzlichkeit selbst ergibt sich nun bereits unschwer aus der Betrachtung der Seinsgegensätze — ihrer Zusammenhänge und ihrer Schichtenabwandlung —, und sie wird dabei in vielen Stücken unmittelbar einsichtig, kann aber auf dieser Basis nicht als erwiesen gelten. So lassen sich an der Überlagerung der Schichten ohne weiteres Schichtungsgesetze der Kategorien ablesen, die ihrerseits wieder in einem Grundsatz wurzeln; ferner ergibt sich, sobald der Typus der Schichtung erfaßt ist, auch die in der gleichen Höhendimension spielende Abhängigkeit, die sich ebenfalls in Gesetze fassen und auf einen Grundsatz zurückführen läßt. In beiden Fällen ist das Verhältnis zwischen dem Grundsatz und der voll entwickelten Reihe der Gesetze dadurch bestimmt, daß die letzteren untrennbar zusammengehören und gleichsam alle miteinander nur eine einzige, einheitliche Gesetzlichkeit ausmachen; diese ist nur zu vielseitig, um sich übersichtlich in einer einzigen Gesetzesformel aussprechen zu lassen. Daraus folgt die formale Notwendigkeit, sie in mehrere Gesetze zu zerlegen und diese gesondert zum Ausdruck zu bringen. Daß die Zerlegung beide Male je vier Gesetze ergibt, ist der Sache äußerlich. Die Zerlegung und Fassung könnte ohne inhaltlichen Unterschied auch eine andere sein. Der Inhalt der Gesetze selbst dagegen ist nicht willkürlich veränderbar. Man kann ihn in aller möglichen Einteilung und Formulierung nur entweder treffen oder verfehlen, aber nicht modifizieren.

Diesen beiden Typen der Gesetzlichkeit in „vertikaler" Dimension stehen zwei andere gegenüber, die der Sache nach in ihnen bereits vorausgesetzt sind. Die eine von ihnen betrifft die „horizontale" Mannigfaltigkeit der Kategorien gleicher Schichtenhöhe. Sie ist eine Gesetzlichkeit des inneren Zusammenhanges, welche jede der Kategorienschichten in sich selbst zur Einheit zusammenschließt. Sie steht mit den Beziehungsgesetzen der „Höhe" in engster Verbindung und ist ohne sie nur zur Hälfte verständlich. Die andere dagegen hält sich an das Verhältnis von Prinzip und Concretum, oder richtiger, sie spricht dieses Verhältnis allererst in Gesetzesform aus. Diese letztere Gesetzlichkeit steht unabhängig von den drei anderen Gesetzestypen da, ist auch ohne sie zu verstehen und geht deswegen ihnen allen voraus. Sie ist fundamentaler als die übrigen alle, aber auch formaler, elementarer und für den Aufbau der realen Welt von geringerem Interesse. Aber sie ist keineswegs selbstverständlich. Sie wird vielmehr erst faßbar, nachdem die ganze Reihe der alten Vorurteile, das Wesen der Prinzipien betreffend, endgültig gefallen ist.

Auch diese beiden Typen der Gesetzlichkeit sind zu komplex, um in einer einzigen Gesetzesformel zum Ausdruck zu kommen. Auch sie werden erst in der Zerlegung durchsichtig. Der Zerlegung kommt hier eine natürliche Gliederung der Wesensmomente entgegen, aber die Vierzahl der Gesetze ist irrelevant und könnte sehr wohl einer anderen Aufteilung weichen. In beiden aber läßt sich je ein Grundsatz aufweisen. Diese beiden Grundsätze sind außerordentlich einfach. Sie leuchten unmittelbar ein, wenn man den ganzen Gang der Untersuchung bis zu diesem Punkte verfolgt hat.

Hiernach lassen sich vor der Behandlung der Gesetze selbst die vier Grundsätze der kategorialen Gesetzlichkeit zusammenstellen. Sie können in dieser Allgemeinheit freilich nur der Übersicht dienen.

1. Der Grundsatz der Geltung: Kategorien sind das, was sie sind, nur als Prinzipien von etwas; sie sind nichts ohne ihr Concretum, wie dieses nichts ohne sie ist.

2. Der Grundsatz der Kohärenz: Kategorien bestehen nicht als einzelne für sich, sondern nur im Verbande der Kategorienschicht; sie sind durch ihn gebunden und mitbestimmt.

3. Der Grundsatz der Schichtung: Kategorien der niederen Schichten sind weitgehend in denen der höheren Schichten enthalten, aber nicht umgekehrt diese in jenen.

4. Der Grundsatz der Dependenz: Abhängigkeit besteht nur einseitig als die der höheren Kategorien von den niederen; aber sie ist eine bloß partiale Abhängigkeit, sie läßt der Eigenständigkeit der höheren Kategorien weiten Spielraum.

In solcher Fassung können die Grundsätze noch kaum etwas vom eigentlichen Gehalt der kategorialen Gesetzlichkeit verraten. Auch ist ihre Einsichtigkeit in dieser Allgemeinheit nur eine verschwommene. Das ganze Gewicht der Aufgabe fällt also auf die genauere inhaltliche Explikation dessen, was sie eigentlich besagen. Das kann nur in der Zerlegung der Grundsätze in die Teilgesetze geschehen.

43. Kapitel. Das Geltungsgesetz des „Prinzips".

a. Formulierung der Gesetze.

Der Grundsatz der Geltung formuliert das Verhältnis von Kategorie und Concretum als unlösliche Korrelation. Sieht man die Überlagerung der Schichten entlang, so drängt sich die feste Zugehörigkeit von Seinsschicht und Kategorienschicht zueinander ganz von selbst auf. Aber sie ist in diesem Durchblick nur dann einleuchtend, wenn man die Fassung der Kategorien von allem spekulativen Beiwerk reinigt. Und auch der Durchblick durch die Schichtenfolge ist keine Selbstverständlichkeit. Erst die Analyse der Seinsgegensätze hat hier Bahn gebrochen.

Das philosophische Denken hat gegen diesen Grundsatz in allen nur erdenklichen Richtungen verstoßen. Bald spricht es der Kategorie ein Fürsichsein neben dem Concretum zu, bald sieht es am Concretum noch andere Mächte beteiligt, die der Kategoriengeltung in ihm eine Grenze setzen. Oder auch es dehnt die Geltung der Kategorien über ihr Concretum hinaus aus und läßt auf der anderen Seite im letzteren Bestimmtheiten übrig, die es nicht auf Kategorien bezieht. In all diesen Richtungen wird das Wesen der Kategorien verfehlt; es sind nur verschiedene Arten, die Korrelation zu lösen. Diesen Arten des Verstoßes begegnen die vier Geltungsgesetze: sie sprechen alle dasselbe schlichte Grundverhältnis aus, sichern es aber nach verschiedenen Seiten gegen Verfehlung.

Zu dem hier eingeführten Begriff der „Geltung" muß vorweg bemerkt werden, daß es sich nicht um eine beliebige Art des Geltens handelt, sondern um das spezifische Gelten der Kategorien. Es hat nichts mit der Geltung von Normen zu tun, noch weniger mit der von

Urteilen, am wenigsten mit der geschichtlich-empirischen Geltung von Überzeugungen und Meinungen. Es steht aller Subjektivität fern, desgleichen allen Bedeutungs- und Sinnphänomenen. Eng verwandt dagegen ist es mit dem Walten oder Herrschen der Naturgesetze und der mathematischen Gesetze in ihrem Seinsbereich. Auch von diesen sagt man, sie „gelten“ für eine bestimmte Art von Gegenständen. Kategoriales Gelten ist nur noch allgemeiner und überdies nicht auf Gesetze allein beschränkt.

Etwas ähnliches ist von der „Determination“ zu sagen, die den Kategorien eignet. Sie besagt weder kausale noch finale, noch sonst eine besondere Art der Determination, sondern ausschließlich, daß ein Bestimmtsein von ihnen ausgeht, das als Bestimmtheit am Concretum besteht. Der Typus dieser Determination ist wiederum dem Herrschen von Gesetzen verwandt, geht aber in Gesetzlichkeit nicht auf. Das Verhältnis, welches der Grundsatz der Geltung ausspricht, ist ein in seiner Art einzig dastehendes; alle hergebrachten Verhältnisbegriffe treffen darauf nur halb zu. Das gilt auch vom Determinationsbegriff. Näher bestimmen kann man das Verhältnis nur, indem man es in die Gesetze auseinanderlegt, die es umfaßt.

1. Das Gesetz des Prinzips: das Sein einer Kategorie besteht in ihrem Prinzipsein. Daß etwas Prinzip einer Sache ist, heißt nichts anderes, als daß es bestimmte Seiten der Sache determiniert, resp. für sie „gilt“. Die Kategorie hat kein anderes Sein als dieses ihr Prinzipsein „für“ das Concretum.

2. Das Gesetz der Schichtengeltung: die Determination, die von einer Kategorie ausgeht, ist in den Grenzen ihrer Geltung — also innerhalb der Seinsschicht, der sie zugehört — eine für alles Concretum unverbrüchlich bindende. Es gibt von ihr keine Ausnahme, und keine Macht außer oder neben ihr vermag sie aufzuheben.

3. Das Gesetz der Schichtenzugehörigkeit: die unverbrüchliche Geltung einer Kategorie besteht aber nur am Concretum der ihr zugehörigen Seinsschicht. Außerhalb der Schicht kann sie — soweit sie da überhaupt besteht — nur eine beschränkte und modifizierte sein.

4. Das Gesetz der Schichtendetermination: am Concretum ist durch die Kategorien seiner Schicht alles Prinzipielle nicht nur unverbrüchlich, sondern auch vollständig determiniert. Das Concretum der Schicht also ist durch sie auch kategorial saturiert und bedarf keiner anderweitigen Bestimmung.

b. Das Gesetz des „Prinzips". Sein Inhalt und seine Geschichte.

Hat man voll und ganz erfaßt, was eine Kategorie ist, so sind diese vier Gesetze evident. Sie folgen dann aus dem Wesen der Kategorie. Oder vielmehr, sie sind nichts anderes als die Exposition dieses Wesens. Man kann auch sagen, sie werden dann zu einer Selbstverständlichkeit. Da aber das Wesen der Kategorie ein von altersher umstrittenes ist — wie die lange Reihe der Vorurteile gezeigt hat —, so sind die vier Gesetze notwendig, um allererst eindeutig zu sagen, was Kategorien sind. Sie enthalten, auf die gedrängteste Form gebracht, das bislang noch gesuchte „Affirmative" im Wesen der Kategorien, dessen Herausarbeitung die Kritik der Vorurteile forderte, aber selbst noch schuldig blieb.

Wem nach den vorangegangenen Untersuchungen diese Gesetze als selbstverständlich erscheinen, der beweist damit nicht ihre Richtigkeit, sondern gerade ihre Einsichtigkeit. Er hat dann eben das bereits im eigenen Denken vollzogen, worauf die ganzen Untersuchungen hinzielten: er hat die Konsequenzen aus ihnen folgerichtig gezogen. Er hat damit erfaßt, was eine Kategorie eigentlich ist. Und dann eben müssen die Gesetze selbstverständlich sein. Sie sind nichts als die Explikation des Erfaßten. —

Das erste Gesetz betrifft das „Sein" der Kategorien. Es besagt, daß dieses Sein im „Prinzipsein" aufgeht und nichts darüber hinaus ist.

Das Prinzipsein wiederum ist ein Sein „für" etwas, was dadurch so ist, wie es ist. Dieses „Für" drückt dasselbe Verhältnis aus wie das „Gelten" und das „Determinieren". Alle diese Ausdrücke umschreiben ein nicht weiter reduzierbares Verhältnis, ein Bezogensein, das sie nur unvollkommen widerspiegeln. Man hat es auch als ein „Darinsein" oder „Daransein" geschildert. Aber die räumlichen Gleichnisse hinken alle. Sie so gut wie die umschreibenden Ausdrücke werden erst mit Inhalt erfüllt, wenn man das Bezogensein der Kategorien auf ihr Concretum in der Kategorialanalyse als das ihnen eigentümliche und wesenhafte kennenlernt. Aber auch da bleibt das Allgemeine dieses Bezogenseins unausdrückbar; es kehrt nur an den einzelnen Kategorien immer wieder und wird so an ihnen gleichsam erfahrbar — an den Seinsgegensätzen z. B. drängte es sich fortlaufend und ungesucht auf —, aber definierbar wird es dadurch nicht. Das Allgemeine in ihm verschwindet hinter der Besonderheit und Inhaltsfülle der kategorialen Mannigfaltigkeit.

Das Geltungsgesetz des Prinzips ist weit entfernt, das Unmögliche zu erzwingen. Es sagt nicht, worin dieses Bezogensein besteht; es kann in dieser Hinsicht nur die Irrtümer vergangener Zeiten vermeiden. Es besagt vielmehr nur, daß das Sein der Kategorien in diesem Bezogensein besteht, und zwar nur in ihm. Was das Bezogensein selbst ist, überläßt es der Erfahrung, welche die Kategorialanalyse fortlaufend an ihrem Gegenstande, den Kategorien, macht. Diese Erfahrung aber ist im heutigen Stande der Probleme unabgeschlossen. Ja, sie ist seit den Versuchen der Alten nur wenig vorwärts gekommen.

Das Gesetz also besagt — bei aller Selbstverständlichkeit seines Wortlautes und aller Unfaßbarkeit des in ihm gemeinten Grundverhältnisses — doch etwas ganz Fundamentales und zugleich explizit Faßbares: das Sein der Kategorien wird an ihrer eigentümlichen Seinsweise, nämlich ihrem Aufgehen im Bezogensein auf das Concretum, allererst von anderem Sein unterscheidbar. Es ist insofern ein unselbständiges Sein, obgleich es das Determinierende eines selbständig Seienden ist. In dieser Formulierung kündigt sich bereits die Antinomie des Prinzipseins an.

Ein dunkles Bewußtsein dieser Sachlage rang sich bereits in den Anfängen der griechischen Philosophie durch. Das geschah am Begriff des „Prinzips" selbst (ἀρχή). Aristoteles schreibt die Einführung des Terminus dem Anaximander zu. Die wirkliche Klärung des Begriffs aber dürfte kaum vor Platon zu suchen sein. Sie besteht in der grundlegenden Einsicht, daß ein Prinzip als solches — bei Platon also die Idee als solche — kein Fürsichsein hat, oder wie man damals sagte, „kein Abgetrenntes (χωριστόν) ist", sondern lediglich ein solches, auf dem anderes beruht, resp. wodurch es so ist, wie es ist. Das Sein des Prinzips ist hiernach ein typisches „Sein für anderes", ein Zugrundeliegen oder Bedingungsein für etwas. So verstand Platon auf der Höhe seines Schaffens die „Ideen". Sie waren Prinzipien im strengen Sinne des Wortes. Sie sollten kein Fürsichsein haben (vgl. Kap. 6a und b).

Daß dieser Gedanke früh durchschlug, sieht man daran, daß er sich in der zentralen Linie der abendländischen Philosophie erhalten hat. Radikaler vielleicht noch als Platon griff Aristoteles ihn auf in seiner Lehre von der Immanenz des Eidos in den Dingen. Darin ist mit einzigartiger Strenge die Konsequenz aus dem Gedanken des „Prinzips" gezogen. Nachmals freilich ist diese Konsequenz nicht so rein festgehalten worden. Wohl aber blickt sie in einigen der Universalientheorien des Mittelalters durch; die extremen Richtungen entfernten sich nach verschiedenen Seiten von ihr, und nur auf einer schmalen mittleren Linie — kenntlich an der wiederkehrenden These der „universalia in rebus" — konnte sie sich halten.

In der Neuzeit springt der Gedanke des Prinzips auf die Problematik der Erkenntnisbedingungen über. Bei den großen Meistern des 17. und 18. Jahrhunderts bleibt er in dieser Beschränkung noch erkennbar. Erst in den spekulativen Systemen des deutschen Idealismus verschwindet er allmählich hinter der ihm gänzlich äußerlichen und inadäquaten Metaphysik des Bewußtseins.

c. Die Antinomie im Wesen des Prinzipseins.

Dieser Gedanke des Prinzips nun ringt von Anbeginn mit einer Antithese, die gleichfalls im Wesen des „Prinzips" verwurzelt ist. Das Erstaunliche daran ist, daß er sich zur Klarheit durchringt, obgleich der Widerstreit sich fühlbar macht und unbehoben fortbesteht.

Zwischen Prinzip und Concretum besteht eindeutige, irreversible Abhängigkeit. Das Prinzip determiniert, abhängig ist nur das Concretum. Das Prinzip ist das Unabhängige. Wie reimt sich damit das, was das kategoriale Gesetz des Prinzips ausspricht: das Prinzip hat kein eigenes Sein neben seinem Sein „für" das Concretum? Es ist also, was es ist, nur relativ auf das Concretum. Ist aber Relativität auf das Concretum nicht doch Abhängigkeit von ihm?

Die Antinomie läßt sich kurz so aussprechen: das Prinzip ist unabhängig vom Concretum, weil vielmehr das Concretum von ihm abhängig ist; und zugleich ist es doch abhängig vom Concretum, weil es nur relativ auf dieses besteht. Beides liegt im Wesen des Prinzipseins.

Versteckt sind beide Seiten der Antinomie schon in der Platonischen Idee enthalten. Die Idee ist etwas „selbst an sich selbst", und dennoch soll sie kein „abgelöstes" Sein neben den Dingen haben. Man kann diese Antinomie nicht dadurch lösen, daß man etwa das Ansichsein als Unabhängigkeit deutet und vom „abgelösten" Sein noch einmal unterscheidet. Das trifft zwar auf die Sachlage im Platonismus zu, reicht aber nicht aus, den Widerstreit zu beheben. Denn im Bezogensein bleibt das Unabhängige deswegen doch abhängig.

Es ist kein Zufall, daß dieser Punkt im Platonismus zweideutig geblieben ist. Aristoteles, der sich für die eine Seite der Antinomie entschied, hat damit das offene Problem nur verdeckt. Tatsächlich ist es aber doch so, daß hier eine Fundamentalantinomie des kategorialen Seins liegt, die bis heute nicht gelöst ist. Man kann sie auch nicht eigentlich lösen, man kann sie nur durchschauen und auf präziseren Ausdruck bringen. Sie ist eben eine echte Antinomie (vgl. Kap. 32d).

Vergeblich sucht der zu klaren Verhältnissen drängende Verstand, die Relativität auf das Concretum wegzudeuten; er sucht es um so mehr, als ihm aus traditionellen Gründen bei den Prinzipien eine Art Sein höherer Ordnung vorschwebt. Er kann sie nicht wegdeuten, weil sie dem Prinzip wesentlich ist. Ohne Concretum ist das Prinzip nicht Prinzip; und da es neben seinem Prinzipsein kein anderes Sein hat, so ist es ohne die Relativität gar nichts. Ebensowenig aber läßt sich wegdeuten, daß das Concretum das von ihm Abhängige, es selbst aber ihm gegenüber das Selbständige ist.

Diese beiden Seiten des Verhältnisses besagen zusammen, daß auch das Selbständige seinerseits abhängig vom Abhängigen, das Abhängige aber seinerseits auch selbständig gegen das Selbständige ist. Die Selbständigkeit im Prinzip also ist keine absolute Selbständigkeit, die Abhängigkeit im Concretum keine absolute Abhängigkeit. Oder auch so: das Selbständige ist selbständig nur in Abhängigkeit vom Abhängigen. In der Unabhängigkeit des Prinzips also birgt sich ein Typus der Abhängigkeit, der durch ihr eigenes Wesen involviert wird: die Selbständigkeit des Prinzips ist von Hause aus bezogene Selbständigkeit. Sie besteht nur in der Beziehung auf das Concretum.

Man sage nicht, das sei in aller Selbständigkeit und aller Abhängigkeit ebenso. Damit verwischt man die Sachlage im Prinzipsein. Es ist vielmehr durchaus nur am Wesen des Prinzips so. Die Welt z. B. ist selbständig gegen das welterkennende Bewußtsein, ohne deswegen relativ auf das Bewußtsein zu sein. Sie besteht auch ohne Erkanntsein, als dieselbe, die sie mit ihm ist. Das erkennende Bewußtsein aber ist abhängig von ihr, ohne in dieser Abhängigkeit zugleich selbständig gegen sie zu sein. Erkenntnis ist eben ein ontisch sekundäres Verhältnis. Die Antinomie hängt nur am ontisch primären Verhältnis: nur Prinzipien haben ein Sein, das im Bezogensein auf das von ihnen Abhängende vollständig aufgeht.

d. Deutung der Antinomie. Das Enthaltensein der Kategorien im Concretum.

Bedenkt man, daß es sich im Wesen des „Prinzips" um ein Letztes und Irreduzibles handelt, so kann einen das Auftreten der Antinomie nicht wundernehmen. Antinomien sind nun einmal die Ausdrucksformen dessen, was in unseren Erkenntnisformen nicht aufgeht, und sie tauchen überall dort auf, wo das Zurückverfolgen abbricht. Die Sache aber, an der die Antinomie hängt, wird dadurch nicht zweideutig. Das Unbegreifliche ist eben nur Grenze des Begreifens, nicht des Seins. Das Sein der Prinzipien ist ebenso gleichgültig gegen seine Erkennbarkeit wie alles andere Sein auch.

Kann man eine echte Antinomie auch nicht lösen, so kann man ihr doch auf Grund des Problemzusammenhanges, in dem sie steht, eine

Deutung geben. Die nächstliegende Deutung ist in diesem Falle die, daß die Bilder und Begriffe, in denen das Verhältnis sich uns darstellt, inadäquat sind. Sie sind ja auch alle von anderen Verhältnissen hergenommen. Die größte Schwierigkeit macht in diesem Zusammenhang der Determinationsbegriff. Es drängt sich da immer wieder die Vorstellung des Kausalverhältnisses auf, nicht anders als bei den alten Denkern sich die des Finalverhältnisses aufdrängte. Beides ist natürlich ganz unhaltbar. Man kann auch verstandesgemäß sehr wohl beide ausschalten, aber kann nicht hindern, daß man dabei doch die Vorstellung eines selbständigen und eines abhängigen Gliedes mit hinüber nimmt. Und diese Vorstellungsweise ist es, die hier versagt.

Wie außerordentlich verschiedenartig die Formen und Typen der Determination und Dependenz sind, davon ist oben ausführlich die Rede gewesen (vgl. Kap. 31c und d). In diesen Typen ist die besondere Art des Bestimmens nirgends eigentlich analysierbar; in aller Determination (auch z. B. in der Kausalität) steckt ein irrationaler Restbestand, und stets betrifft er die Art des Hervorbringens, Bewirkens oder Bestimmens selbst. In der kategorialen Determination aber kommt noch die besondere Schwierigkeit hinzu, daß sie nicht unter das vom Kausalnexus hergenommene Bild des Hervorbringens paßt. Das Bild setzt voraus, daß die Prinzipien irgendwie neben dem Concretum oder außerhalb seiner bestünden, also doch eine Art selbständigen Seins hätten. Und eben das ist der Fehler.

In dieser Hinsicht ist sogar das alte Bild des „Darinseins", obgleich es vom äußerlich räumlichen Verhältnis hergenommen ist, noch das bessere. Man kann in diesem Bilde wenigstens ohne Schwierigkeit die Selbständigkeit mit dem Bezogensein verbinden, wennschon am Concretum das Abhängigsein zu kurz kommt.

Am nächsten vielleicht kommt man der Sachlage, wenn man hier zum Vergleich die Art und Weise heranzieht, wie das Allgemeine im Individuellen enthalten ist (Kap. 37d). Es zeigte sich in der Analyse dieses Verhältnisses, daß es sogar eine vollgültige Realität des Allgemeinen gibt, obgleich andererseits alles Reale individuell ist. Das Allgemeine ist eben nicht irgendwo für sich, sondern nur „in" den Realfällen real: es ist das Gemeinsame oder identisch Wiederkehrende in der Verschiedenheit der Fälle. Darin liegt das Doppelverhältnis: es besteht unabhängig vom Einzelfall, ist an diesen in der Tat nicht gebunden, aber nicht unabhängig von Realfällen überhaupt. Denn es hat kein Sein neben ihnen.

Etwas Ähnliches gilt für das Prinzip, wie denn Prinzipien auch stets das Allgemeine im mannigfaltigen Concretum sind. Das Prinzip hat insofern keine Selbständigkeit gegen das Concretum, als es durchaus nur in dessen immer wiederkehrenden, sein Wesen ausmachenden Bestimmtheiten besteht. Es ist aber insofern sehr wohl selbständig, als vielmehr das Concretum an diese Bestimmtheiten gebunden ist und aus ihrem Rahmen nicht herausfallen kann. Das Concretum in seiner Mannigfaltigkeit ist wiederum nur abhängig vom Prinzip, sofern es in dieser Gebundenheit steht. Unabhängig aber ist es, sofern es die Prinzipien als die seinigen in sich enthält.

44. Kapitel. Die drei übrigen Geltungsgesetze.

a. Das Gesetz der Schichtengeltung. Unverbrüchlichkeit und Notwendigkeit.

Die Irrationalität der kategorialen Geltung ändert nichts an ihrem Bestehen und ihrem eigenartigen Machtbereich in der realen Welt. Man kann vielmehr nach ihrer Feststellung erst das Nähere über den letzteren ausmachen. Dabei nun stößt man gleich im ersten Ansatz auf die Grenzen der Seinsschichten gegeneinander. Und die Folge ist, daß die drei weiteren Geltungsgesetze alle bereits auf diese Grenzen Bezug nehmen.

Das zweite Gesetz ist daher bereits ein solches der „Schichtengeltung". Es besagt, daß die Determination, die von einer Kategorie ausgeht, in den Grenzen ihrer Gültigkeit auch eine unverbrüchliche ist und keine Ausnahme zuläßt. Alle Sonderfälle also, die überhaupt dem Gebiet nach unter sie fallen — und das heißt zunächst, die der betreffenden Seinsschicht angehören —, sind auch durchgehend von ihr bestimmt.

Dieses Gesetz ist so wenig selbstverständlich wie das erste. Es könnte an sich sehr wohl auch so sein, daß neben den Kategorien einer bestimmten Seinsschicht auch noch andere Mächte bestimmend in sie eingriffen; und dann bestünde die Möglichkeit, daß diese die Determination der Kategorien durchkreuzten, so daß im Concretum Fälle auftauchten, die eine abweichende Bestimmtheit hätten. Das Gesetz der Schichtengeltung besagt nun zwar nicht, daß solche Mächte nicht bestehen, wohl aber daß sie innerhalb der Seinsschicht die Geltung der ihr eigentümlichen Kategorien nicht aufheben können. Es gibt innerhalb der Schicht nichts, was nicht von diesen Kategorien bestimmt wäre und nicht in seiner Struktur ihr Gepräge zeigte.

Die Bedeutung dieses Gesetzes wird sehr einleuchtend, wenn man daraufhin die Kategorien mit Werten, Normen oder Sollensprinzipien vergleicht. Von diesen gilt das Gesetz offenbar nicht, obgleich sie doch auch einen gewissen Prinzipiencharakter haben. Werte haben keineswegs die Kraft unverbrüchlicher Determination; Normen, Gebote,

Imperative haben nur die Striktheit der Forderung an sich, nicht die Gewähr für Erfüllung der Forderung. Ihr Gelten ist zwar auch ein allgemeines und durchgehendes, aber es ist kein durchgehend determinierendes. Werte können ungeachtet ihres unverrückbaren Bestehens nicht verhindern, daß in der realen Welt Wertwidriges geschieht. Das Übel in der Welt besteht den Güterwerten zum Trotz, das Böse in der Welt den sittlichen Werten zum Trotz. Werte sind eben keine Kategorien. Ihr Gelten ist ein von Grund aus anderes.

Man sieht auch deutlich, wie hier anderweitige Mächte bestimmend in das Seinsgebiet hineinspielen. Die Direktion sittlicher Werte wird durchkreuzt von der natürlichen Neigung, also von Determination anderer Art. Und wir haben früher gesehen, wie sich im Menschenwesen geradezu eine Art Widerstreit zweier Determinationen abspielt (Kap. 32b und c). Hätten Werte die Geltungsart von Kategorien, so wäre ein solcher Widerstreit nicht möglich. Freilich hätte der Mensch dann auch keine Freiheit ihnen gegenüber.

Das ist nicht das einzige Beispiel andersartiger Geltung. Ein zweites, nicht weniger instruktives, ist das der logischen Gesetze im menschlichen Denken (vgl. Kap. 19b). Das Denken befolgt diese Gesetze nicht unverbrüchlich, es macht auch logische Fehler. Das Denken hat seine Aktgesetze, und diese sind von ganz anderer Art. Auch hier liegen zwei heterogene Determinationen im Widerstreit. Wären die logischen Gesetze Kategorien des Denkens, so könnte dieses nicht gegen sie verstoßen. Sie sind aber nur Gesetze der Richtigkeit, d. h. der inneren inhaltlichen Übereinstimmung gedanklicher Strukturen und Zusammenhänge. Als solche determinieren sie auch durchaus unverbrüchlich. Nur ist das faktische Denken weit entfernt, in diesem Richtigkeitszusammenhange allein zu bestehen. Es ist ein Gefüge von Aktvollzügen, und Akte haben mit der Folgerichtigkeit der Inhaltszusammenhänge an sich nichts zu schaffen.

Kategoriale Geltung ist eine strikte, unwiderstehliche, unverrückbare. Sie ist eine Determination, gegen die keine Macht der Welt aufkommt. Die Kategorien einer Seinsschicht beherrschen alles Seiende, das ihr angehört. Darin besteht ihre Schichtengeltung.

Diese Striktheit der Geltung ist es, die wir an den „Gesetzen" der Mathematik und der anorganischen Natur kennen. Auf diesen Gebieten ist es der Wissenschaft geläufig, streng zu unterscheiden zwischen Gesetz und bloßer Regel: die Regel läßt Ausnahmen zu, das Gesetz nicht; und eine einzige Ausnahme beweist schon, daß kein eigentliches Gesetz vorliegt. Der strenge Ausdruck solcher Striktheit der Geltung ist ein modaler: die Notwendigkeit.

Kategorien gehen in Gesetzlichkeit nicht auf, genau so wie sie auch in Form und Relation nicht aufgehen (Kap. 9b und c). Aber die Art ihrer Geltung ist dieselbe. Kategorien determinieren so, wie echte Gesetze determinieren, wie denn Gesetzesmomente auch stets in ihnen enthalten sind. Ihre Geltung am Concretum hat Notwendigkeit.

b. Das Gesetz der Schichtenzugehörigkeit.

Die unverbrüchliche Geltung einer Kategorie besteht aber nur am Concretum der ihr zugehörigen Seinsschicht; außerhalb der Schicht kann sie — soweit sie da überhaupt besteht — nur eine beschränkte und modifizierte sein.

Das dritte Geltungsgesetz, das dieser Satz ausspricht, besagt somit, daß es eine feste Zugehörigkeit der Kategorien zu bestimmten Seinsschichten gibt. Es spricht also eine Einschränkung der kategorialen Geltung aus. Sie ist, wie der Nachsatz sagt, nicht so zu verstehen, daß es gar keine Geltung einer Kategorie über ihre Schicht hinaus gibt, sondern nur so, daß Geltung über die Schicht hinaus keine strikte ist und nicht im Wesen der Kategorie allein liegt. Solche die Schicht überschreitende Geltung hängt, wie sich noch zeigen wird, an besonderen Bedingungen der Schichtungszusammenhänge. Sie unterliegt einer anderen kategorialen Gesetzlichkeit (den Schichtungsgesetzen).

Der Einwand liegt nah: wie kann das Gesetz der Schichtenzugehörigkeit auf die Fundamentalkategorien zutreffen, deren Eigenart doch gerade darin besteht, daß sie gemeinsam für alle Seinsschichten gelten?

Darauf ist zu antworten: das Gesetz besagt nicht, daß die Geltung einer Kategorie stets nur auf eine Seinsschicht beschränkt sei. Es besagt nur, daß sie auf die ihr zugehörige Seinsschicht beschränkt ist. Liegt ihr Concretum über mehr als eine Schicht hin ausgebreitet, so erstreckt sich auch ihre Geltung über mehr als eine Schicht. Ist das Concretum einer Kategoriengruppe über alle Schichten ausgedehnt, wie das der Fundamentalkategorien, so geht natürlich auch ihre Geltung in voller Striktheit über alle Seinsschichten hin. An solchen Kategorien hebt sich das Gesetz der Schichtenzugehörigkeit also nicht auf, sondern es wird nur gegenstandslos.

An den übrigen Kategorien, die ja alle ihren bestimmten „Ort" in der Schichtenfolge haben — und das ist die große Mehrzahl der Kategorien —, hat das Gesetz eine überaus wichtige Bestimmung, die weit entfernt ist, selbstverständlich zu sein. Hat doch die Mehrzahl der spekulativen Theorien dagegen verstoßen. Es sind alle diejenigen, die den Fehler der Grenzüberschreitung begehen (vgl. Kap. 7). Wer organisches Leben aus mechanischen Kräften und Kausalzusammenhängen erklären will, wer das Bewußtsein aus physiologischen Prozessen oder das Ethos des Menschen aus psychischer Aktgesetzlichkeit heraus begreifen will, verstößt gegen dieses Gesetz. Er überträgt Kategorien einer niederen Seinsschicht auf das Eigentümliche einer höher gearteten. Die höhere Artung aber bedeutet eben dieses, daß Kategorien eines höheren Typus dem Concretum das Gepräge geben. Die Übertragung ist ein barer Widersinn.

Noch ausschweifender ist die Verirrung, wo man Kategorien der höheren Schicht auf das Concretum der niederen überträgt. Das geschieht z. B., wenn man das physisch materielle Sein nach Art des Organismus oder gar teleologisch nach der Analogie des handelnden Bewußtseins deutet. Alle Geist-Metaphysik begeht diesen Fehler. Scheinbar lösen sich dann alle Rätsel spielend, in Wahrheit aber springen sie nur auf die gemachten Voraussetzungen selbst über. Der Teleologismus der Naturerklärung ist der Prototyp solcher Grenzüberschreitung „nach unten"; er ist im Grunde nichts als verkappter Anthropomorphismus: er überträgt das Eigentümliche des Menschen, den vorsehenden und zwecksetzenden Verstand, auf die organischen oder gar die kosmischen Prozesse. Und weil er auf diese Weise deren kategoriale Eigenstruktur nicht mehr sehen kann, verschließt er sich zugleich das Verständnis für den Widersinn seines Tuns.

Solchen Verirrungen gegenüber — es sind die gewöhnlichsten und zugleich die unheilbarsten der traditionellen Metaphysik — ist das schlichte und an sich sogar negative Gesetz der Schichtenzugehörigkeit von allerhöchster systematischer und didaktischer Bedeutung. Methodologisch gewandt, besagt es, daß die Grenzüberschreitung in der „Anwendung" einer Kategorie auf alle Fälle Weltverkennung ist, einerlei in welcher Richtung man mit ihr die Schichtengrenze überschreitet. Die Welt eben ist ein Stufenreich, und jede Stufe in ihr hat eigene Prinzipien — entsprechend ihrer eigenen Bestimmtheit und Geformtheit. Denkt man sich den Unterschied der Prinzipien aus ihr weg, so fällt auch der Unterschied der Geformtheit, und mit ihm der der Stufen selbst hin.

c. Das Gesetz der Schichtendetermination.

Nicht ganz so leicht hat man es, das vierte Geltungsgesetz zur Einsichtigkeit zu bringen. Es besagt, daß die Kategorien einer Seinsschicht für diese nicht nur bindend, sondern auch ausreichend sind: am Concretum ist durch die Kategorien seiner Schicht alles Prinzipielle vollständig determiniert.

Das ist ein Satz, den man weder aus der Kritik der Vorurteile, noch aus der geschichtlichen Erfahrung der Philosophie, noch auch direkt aus der Kategorialanalyse erweisen kann. Denn natürlich kann keine noch so weit geführte Kategorialanalyse die inhaltliche Totalität der einzelnen Kategorienschichten erschöpfen. Sie teilt das Schicksal aller Erkenntnis, im Fortschreiten begriffen zu sein und ihren Gegenstand in keinem gegebenen Stadium bis zu Ende zu erfassen.

Sehr wohl dagegen läßt sich das Gesetz aus der allgemeinen Sachlage im Kategorienproblem heraus grundsätzlich verstehen. Sein Sinn ist dann ein mehr definitorischer, das Wesen der kategorialen Determination näher bestimmender. Kategoriale Determination ist hiernach alles, was an prinzipieller Bestimmtheit am Concretum auftritt. „Prinzipielle Bestimmtheit" — das will besagen, daß es nicht um alle Bestimmtheit des konkreten Einzelfalles geht, sondern nur um die durchgehende und allgemeine. Neben ihr ist immer noch eine Fülle der besonderen Determination vorhanden, die bis in die Individualität des Einzelfalles hineinreicht. Diese stammt aus der Gesamtlage im jeweiligen Realzusammenhang und unterliegt den besonderen Determinationsformen, die je nach der betreffenden Seinsschicht in ihm walten, also in erster Linie dem Kausalzusammenhange, aber ebensosehr auch den höheren Formen des Realnexus (vgl. Kap. 31c). Solche Determination steht zwar auch unter Kategorien, ja die besonderen Formen des Realnexus sind selbst Kategorien, aber sie ist nicht kategoriale Determination. Sie spielt in einer anderen Dimension, sie verbindet — gleichsam in der „Horizontale" — Reales mit Realem (nicht mit dem Prinzip). An ihr hängt, da sich die Kollokationen im Realzusammenhang niemals ganz genau wiederholen, dasjenige Plus an Bestimmtheit, das den Realfällen ihre Einzigkeit gibt (Kap. 37c).

Allerdings nähert sich, wenn man diesen Abstrich voll berücksichtigt, das vierte Geltungsgesetz einer Tautologie. Es besagt auf diese Weise nur: das Prinzipielle an einem Concretum beruht auf seinen Kategorien; und da seine Kategorien eben doch seine Prinzipien sind, so scheint es, daß damit eigentlich nichts gesagt ist.

Aber das sieht sich ganz anders an, wenn man bedenkt, daß die Metaphysik von altersher gerade in diesem Punkte den größten Rätseln gegenübergestanden hat. Man erinnere sich der alten Materietheorien, die eine Fülle von Bestimmtheiten auf das unbestimmte Substrat der Dinge abwälzten; Kategorien waren nur Formen, und die Materie blieb ihnen gegenüber als ein formlos-heterogenes Etwas bestehen, das nie ganz von ihnen bewältigt wird. Da stand also ein zweites Grundprinzip den Kategorien gegenüber, und „das Prinzipielle" im Concretum war von den letzteren allein nicht herzuleiten. Das ist die

Negation des vierten Geltungsgesetzes: das Prinzipielle einer ganzen Seinsschicht ist dann durch ihre Kategorien nicht saturiert.

Dem konnte schon die Analyse der Seinsgegensätze den Grundsatz entgegenhalten, daß die Substratmomente im Realen mit zu seinem kategorialen Bestande gehören, und zwar in jeder Schicht wieder andere (vgl. Kap. 28b). Diese Einsicht aber hat sich erst langsam durchringen können und darf heute noch kaum als eine allgemein anerkannte gelten. Darum ist der Satz, daß alles Prinzipielle im Concretum einer Seinsschicht von deren Kategorien allein bestritten wird, durchaus keine Selbstverständlichkeit. Er ist auch nicht tautologisch. Denn daß Kategorien mehr als Formen, Gesetze und Relationen sind, daß sie auch Prinzipien anderer Art umfassen, ist nicht an ihrem allgemeinen Wesen a priori einzusehen, sondern in der Tat nur der ins Besondere gehenden Analyse ihres Inhalts abzugewinnen.

Wie sich die kategoriale Determination am Concretum mit der linearen Determination in den besonderen Typen des Realnexus kreuzt und zusammen eine totale Determination im Zusammenhang der realen Welt ergibt, ist an dieser Stelle nicht diskutierbar. Das läßt sich erst in der Analyse jener besonderen Typen, in erster Linie also der Kausalität, herausarbeiten. Nur so viel darf hier gesagt werden, daß es sich dabei keineswegs um einen Widerstreit der Determinationen handelt. Die Formen des Realnexus sind eben selbst Realkategorien, und das Besondere, das sie hervortreiben, fällt daher von vornherein unter die allgemeine kategoriale Formung, Struktur oder Bestimmtheit, die der ganzen Seinsschicht eigen ist. Sie bewegen sich überhaupt nur im Rahmen der kategorialen Determination, erstrecken sich also nur auf die Besonderheit der Fälle, die von dieser offen gelassen wird.

Das Gesetz der Schichtendetermination spricht somit keinen kategorialen Determinismus aus. Ohne das Besondere, das erst der Realnexus einer Seinsschicht ergibt, wäre die Gesamtheit der von den Kategorien ausgehenden Determination doch nur unvollständige Bestimmtheit am Concretum. Die volle Saturierung dieser Bestimmtheit kommt erst durch das Ineinandergreifen verschieden dimensionierter Determinationen zustande.

II. Abschnitt

Gesetze der kategorialen Kohärenz

45. Kapitel. Das Gesetz der Verbundenheit.

a. Das Problem der kategorialen Kohärenz.

Die Kategorien einer Schicht stehen in Zusammenhang miteinander. Der Typus dieses Zusammenhanges ist ein eigenartiger; er soll im folgenden zum Unterschied von anderen Typen des Zusammenhanges „kategoriale Kohärenz" heißen. Er unterliegt einer bestimmten Gesetzlichkeit, die den Grundzügen nach in allen Schichten wiederkehrt und sich dabei nur wenig abwandelt. Auch die elementaren Seinsgegensätze zeigen denselben Zusammenhangstypus. Die Gesetze dieses Zusammenhanges sind daher allgemein und lassen sich für alle Schichtenhöhen einheitlich fassen. Sie bilden als „Kohärenzgesetze" die zweite Gruppe der kategorialen Gesetze.

Da das Verhältnis der Kategorien einer und derselben Schicht ausschließlich die kategoriale Mannigfaltigkeit gleicher Seinshöhe betrifft, so fällt der Spielraum der Kohärenzgesetze lediglich in die „Horizontale" des Kategorienreiches. Er hat also mit dem Überlagerungsverhältnis noch nichts zu tun und kann in dieses nur mittelbar hineinspielen. Dieses Hineinspielen aber betrifft dann bereits das Verhältnis der „Vertikale", das einer anderen Gesetzlichkeit unterliegt; es soll daher hier vor der Hand ganz aus dem Spiele bleiben.

Den Geltungsgesetzen gegenüber sind die Kohärenzgesetze etwas gänzlich anderes. Sie betreffen in keiner Weise mehr das Verhältnis zum Concretum, sie setzen es vielmehr schon voraus. Sie können daher keinesfalls aus dem bloßen Wesen des Prinzipseins folgen. Sie sind Gesetze einer inhaltlichen Zusammengehörigkeit der Kategorien, sie haften an den interkategorialen Verhältnissen und können nur an deren inhaltlicher Exposition zur Einsicht gebracht werden.

Ihre Nachweisbarkeit hängt somit mehr noch als die der Geltungsgesetze an der inhaltlichen Überschau. Ja, sie könnte in wirklicher Strenge erst gegeben werden, wenn die Kategorialanalyse zu Ende gebracht ist. Da ein solches Zuendebringen dem endlichen Verstande nicht gegeben ist, muß man sich anders zu helfen suchen. Der Erweis selbst bleibt dabei freilich in einer gewissen Schwebe, die Geltung der Gesetze behält einen gewissen Einschlag des Hypothetischen. In dieser Einschränkung aber kann man sie sehr wohl auch vor dem Durchlaufen der kategorialen Mannigfaltigkeit einleuchtend machen.

Wesentlich erleichtert ist diese Arbeit durch mancherlei Forschungsarbeit, die man in alter und neuer Zeit auf das interkategoriale Verhältnis verwandt hat. In gewissen Grenzen sind im Kohärenzproblem die Wege gebahnt, wenn sie auch wenig begangen worden sind. Das geschichtliche Gut muß dabei freilich vorausgesetzt werden. Die nachstehende Darlegung fußt auf ihm, wennschon sie die geschichtlichen Anläufe nicht mit darlegt. Formulierung wie Begründung der Gesetze ist das Resultat einer philosophischen Erfahrung, die von den Anfängen ontologischen Denkens bis in die Gegenwart reicht.

Aber es ist eine sporadische Erfahrung und eine in mancher Hinsicht sogar recht fragwürdige. Es handelt sich bei ihr im wesentlichen um das Vorgehen einiger weniger dialektischer Köpfe in sehr verschiedenen Zeiten; dieses Vorgehen ist überall ein spekulativ eingestelltes, von Vorurteilen der Weltanschauung und Fehlern der Kategorienfassung durchsetztes. Man kann seinen Ertrag nicht auswerten, ohne in ständiger Kritik der Thesen und Argumente zu stehen. Zum Teil freilich ist diese kritische Arbeit bereits in der Analyse und Richtigstellung der kategorialen Vorurteile geleistet. Auf sie stützt sich im folgenden die Auslese des philosophisch Brauchbaren. Die Vorurteile aber sind damit noch nicht erschöpft; es gibt noch spezielle, die Kohärenz der Kategorien selbst betreffende Fehlerquellen der Theorie. Gegen sie muß die weitere Untersuchung noch besonders auf der Hut sein.

b. Formulierung der Kohärenzgesetze.

Der Grundsatz der kategorialen Kohärenz besagte, daß jede Kategorie durch den Verband der ganzen Kategorienschicht gebunden und inhaltlich mitbestimmt ist, also kein Bestehen außer ihm hat. Darin sind deutlich vier Momente enthalten, die sich gesondert formulieren lassen: 1. die Gemeinsamkeit der Geltung, 2. die inhaltliche Zusammengehörigkeit, 3. der Totalitätscharakter des Schichtenverbandes und 4. das inhaltliche Mitbestimmtsein der Einzelkategorie durch ihn.

Diesen vier Momenten entsprechen die vier Gesetze der kategorialen Kohärenz:

1. Das Gesetz der Verbundenheit. Die Kategorien einer Seinsschicht determinieren das Concretum nicht isoliert (jede für sich), sondern nur gemeinsam, in Verbundenheit. Sie bilden zusammen eine Determinationseinheit, innerhalb deren die einzelnen Kategorien wohl sehr verschieden vorwiegen oder zurücktreten, aber nicht für sich determinieren können.

2. Das Gesetz der Schichteneinheit. Die Kategorien einer Schicht bilden auch in sich selbst eine unlösliche Einheit. Die einzelne besteht

nur zurecht, sofern die anderen zurecht bestehen. Ihre Verbundenheit in der Determination wurzelt in ihrer eigenen inhaltlichen Verflochtenheit. Es gibt keine isolierten Kategorien.

3. Das Gesetz der Schichtenganzheit. Die Einheit einer Kategorienschicht ist nicht die Summe ihrer Elemente, sondern eine unteilbare Ganzheit, die das Prius vor den Elementen hat. Die Schichtenganzheit besteht in der Wechselbedingtheit ihrer Glieder.

4. Das Gesetz der Implikation. Die Ganzheit der Schicht kehrt an jedem Gliede wieder. Jede einzelne Kategorie impliziert die übrigen Kategorien gleicher Schicht. Jede einzelne hat ihr Eigenwesen ebensowohl außer sich in den anderen Kategorien wie in sich; die Kohärenz der Schicht aber ist ebensowohl an jedem Gliede als auch am Ganzen vollständig vorhanden.

Es ist diesen Kohärenzgesetzen leicht anzusehen, daß sie alle ein und dasselbe Grundverhältnis ursprünglicher Verbundenheit ausdrücken. Sie zeigen es nur von verschiedenen Seiten. Das tritt in den obigen Formulierungen so stark hervor, daß man auf den ersten Blick meinen könnte, die vier Gesetze sagten im Grunde ein und dasselbe und wären vielmehr nur „ein" Gesetz.

In gewissem Sinne nun ist dem auch wirklich so: es handelt sich um ein einheitliches Verhältnis, das man sehr wohl in ein einziges Gesetz müßte fassen können, wenn man es so direkt überhaupt zureichend fassen könnte. Aber das eben gelingt nicht. Oder es gelingt nur in summarischer Form, die das Eigenartige des Verhältnisses verschweigt, — so wie das im Grundsatz der Fall ist. Das gegenseitige Verhältnis der Kategorien ist eben ein komplexes, es läßt sich in solcher Einheitlichkeit nicht fassen. Es läßt sich aber wohl in mehrere Gesetze fassen. Und diese müssen dann notgedrungen verschiedenes sagen, obgleich sie nur Seiten einer Gesetzlichkeit sind.

Darum gewinnt die Aufteilung an vier verschiedene Gesetze bei der kategorialen Kohärenz eine größere und wesentlichere Bedeutung als bei den Geltungsgesetzen. Indem man das Grundverhältnis von seinen verschiedenen Außenseiten her kennen lernt, wird ein konvergierendes Vordringen in sein Inneres eingeleitet, durch das man dann erst die Fühlung mit ihm selbst gewinnt.

c. Das Gesetz der Verbundenheit und die komplexe Determination.

Die Basis des kategorialen Kohärenzphänomens ist das Gesetz der Verbundenheit. Daß die Kategorien einer Schicht eine feste Determinationseinheit bilden, neben der es kein isoliertes Determinieren einzelner Kategorien gibt, mag der abstrakten Betrachtung einzelner

Seiten an einem Concretum, wie die positiven Wissenschaften sie notgedrungen betreiben müssen, befremdlich erscheinen. Man braucht aber nur zu erwägen, daß die Arbeitsteilung der Wissenschaften im Grunde ja bloß ein notwendiges Übel ist und keineswegs Endpunkt der Sacherkenntnis, so gewinnt das Gesetz schon ein anderes Gesicht. Ontologisch gibt es eine Aufteilung des Seienden nach Betrachtungsarten überhaupt nicht; das Seiende als solches geht nicht im Gegenstandsein für die Betrachtung auf, es steht jenseits von Untersuchen und Erfassen. Es hat seine Einheit an sich selbst, und in ihr ist die Totalität seiner Bestimmtheiten jederzeit beisammen.

Hält man dieses fest, so läßt das Gesetz der Verbundenheit sich aus dem Wesen des konkreten Seienden heraus sehr wohl grundsätzlich dartun. Ein jedes Concretum ist ein in seinen Bestimmungsstücken mannigfaltiges. Da nun nach dem Gesetz der Schichtendetermination (dem 4. Geltungsgesetz) alles Prinzipielle in den Bestimmtheiten, die das Concretum aufweist, von den Kategorien seiner Schicht ausgeht, die einzelne Kategorie aber nur ein einzelnes Bestimmungsstück liefert, so ist es klar, daß an einem Concretum die Gesamtdetermination niemals von einer einzelnen Kategorie geleistet werden kann, sondern nur von einer Mannigfaltigkeit verschiedener Kategorien. Alle kategoriale Determination ist somit komplexe Determination. Kategorien determinieren nur in Komplexion.

Dieses Verhältnis ist es, das durch die Aufhebung des antiken Homonymieprinzips als gewährleistet gelten darf. Nach Platonischer und Aristotelischer Auffassung sollte es je ein „Eidos" für eine Art von Dingen geben; dabei kann es dann natürlich keine Verbundenheit der Prinzipien im Concretum geben, es determiniert dann in jedem Einzelfalle nur eines. Aber eben diese Auffassung hat sich als irrig erwiesen, weil die Prinzipien auf diese Weise bloße Tautologien dessen sind, was am Concretum ohnehin besteht. Erklärt wird durch das „homonyme" Eidos nichts (vgl. Kap. 6d). Hebt man aber das Vorurteil der Homonymie auf, so zeigt sich, daß die Mannigfaltigkeit der Prinzipien eine ganz andere ist als die der Dinge. Jetzt sind es die einzelnen Momente am Concretum, die auf der Geltung bestimmter Prinzipien beruhen. Da diese Momente aber isoliert nicht vorkommen, müssen viele Prinzipien zugleich am selben Concretum determinierend beteiligt sein.

Damit ist freilich noch nicht gesagt, daß in der komplexen Determination eines Seienden auch gleich alle Kategorien der Schicht vertreten sein müßten. Ihre Verflochtenheit im Concretum könnte sich ja auch je nach dem besonderen Fall auf einen Teil von ihnen beschränken. Und dem müßte in der Tat so sein, wenn alle Determination des besonderen Falles kategoriale Determination wäre. Das vierte Geltungsgesetz aber hat gezeigt, daß neben der kategorialen noch andere Determination besteht, die je nach der Seinsschicht ihre besondere Form des Realnexus hat. Die Verbundenheit der Kategorien in der Determination der Realfälle betrifft also nur das Prinzipielle in ihnen. Das aber ist ein Durchgehendes, allen Fällen der Schicht Gemeinsames. Und weil nun das Durchgehen oder die Gemeinsamkeit eben dieses besagt, daß jede Kategorie der Schicht an jedem Concretum ein unerläßliches Bestimmungsstück ausmacht, so folgt ganz allgemein, daß in der komplexen Determination eines Seienden alle Kategorien seiner Seinsschicht vertreten sein müssen.

Das Gesetz der Verbundenheit hängt also aufs engste mit dem Sinn und Wesen der kategorialen Determination zusammen. Macht man sich klar, was es mit dieser auf sich hat, so wird auch das Gesetz einsichtig. Man kann sich das sogar sehr anschaulich machen, wenn man als Beispiel die Sachlage in einer bestimmten Seinsschicht heranzieht.

Gesetzt einmal, Raum, Zeit, Prozeßhaftigkeit, Substanz, Kausalität und eine Reihe weiterer Prinzipien seien die Kategorien des körperhaft-physischen Seins; ist es da denkbar, daß irgendein Körper in irgendeinem seiner Zustände unräumlich oder zeitlos wäre, während Materialität und kausale Bedingtheit ihm eigen wäre? Oder etwa, daß in bestimmter raumzeitlicher Lage und Bewegtheit kein Substantielles wäre (einerlei ob man die Substanz als Materie oder sonst was versteht)? Oder ist es möglich, daß eines seiner Bewegungsstadien ohne Ursache hervorginge und ohne Wirkung verschwände? Wenn es wahr ist, daß die genannten Kategorien überhaupt als diejenigen seiner Seinsschicht zurecht bestehen, so ist das alles offenbar unmöglich.

Ob sie tatsächlich zurecht bestehen — so wenigstens, wie wir sie heute zu fassen vermögen —, ist eine ganz andere Frage; und die mag in dieser Überlegung offen bleiben. Sie betrifft lediglich die Grenzen unserer Kategorienerkenntnis. Nicht auf sie kommt es hier an, sondern allein auf den Folgezusammenhang: wenn überhaupt jene Kategorien die einschlägigen der Schicht sind, so müssen sie notwendig Stück für Stück in jedem körperhaft-materiellen Seienden, und sei es das nichtigste, vollzählig vertreten sein. Sie bilden gemeinsam eine Determinationseinheit, und diese ist grundsätzlich unlösbar.

Denkt man sich eine von ihnen in einem beliebigen Concretum als fehlend, so erweist sich, daß man das Concretum als ein in bestimmter Hinsicht Unbestimmtes gedacht hat. Das mag im Gedankenexperiment möglich sein, die Abstraktion ist nicht an gegenständliche Vollständigkeit gebunden. Das Reale aber ist in jedem Falle nur das Vollständige. Das Concretum hat stets seine vollständige Bestimmtheit. Es hat sie in der Weise, wie es an sich ist, unabhängig von allem Gedachtwerden und Erkanntwerden. Seine Kategorien betreffen sein Ansichsein, sie sind Seinskategorien. Darum ist ihre Verbundenheit in der komplexen Determination eines Realfalles notwendig eine totale. Wohl gibt es Grenzen dieser Verbundenheit; aber es sind zugleich die Grenzen der ganzen Seinsschicht. Und die sind nicht von Fall zu Fall verschiebbar.

Dasselbe gilt aus dem gleichen Grunde für alle weiteren Kategorien der Schicht. In jedem konkreten Spezialfall ist der Determinationszusammenhang eine Komplexion derselben Grundmomente. Die einzelnen Kategorien können dabei sehr verschiedene Verhältnisse eingehen; sie können in einem besonderen Falle dominieren oder mehr in den Hintergrund zurücktreten. Ist das Concretum ein Prozeß, so werden sie anders gelagert sein, als wenn es ein Körper ist. Aber in keinem Falle wird eine fehlen. Und dem Sein nach sind ja auch Prozeß und Körper niemals getrennt; das räumlich Gestaltete und materiell Erfüllte kommt in Wirklichkeit gar nicht anders vor als im Übergange. Es ist nie ein rein statisches Gebilde, es kann bestenfalls ein relativ konstantes Stadium im allgemeinen Strom des Werdens sein. Das eben besagt die Realkategorie der Zeit, die es nicht zuläßt, daß etwas bleibe. Sie ist latent auch im scheinbar Stillstehenden enthalten.

Das Latentsein aber ist nur ein Aspekt menschlicher Sehweise. Die Veränderung des Gebildes entzieht sich durch die Breite ihres Rhythmus der an die Enge des Augenblicks gebundenen Überschau.

d. Kategoriale Verflechtung und Schichtendetermination.

Man darf also von einer durchgehenden Identität der kategorialen Elemente sprechen, die in die komplexe Determination der mannigfaltigen Realfälle eingehen. Diese Identität wird erst durchbrochen, wenn man aus einer Seinsschicht in die andere eintritt, sowohl nach oben wie nach unten zu. Dann aber gilt sofort von den Kategorien der anderen Schicht das gleiche. Man entgeht dem Gesetz der Verbundenheit nicht durch den Wechsel der Schicht.

In Wahrheit ist eben die Sachlage diese: daß überhaupt Seinsschichten mit kategorial einheitlicher Geformtheit sich gegeneinander abheben, ist schon eine Funktion des Verbundenheitsgesetzes. Die durchgehende Gleichartigkeit der Bestimmtheiten innerhalb einer Seinsschicht ist nichts anderes als die Identität der kategorialen Elemente in allen Einzelfällen. Nach dem zweiten Geltungsgesetz determiniert jede Kategorie durchgehend jeden Einzelfall ihrer Seinsschicht. Die Verflechtung der Kategorien in der gemeinsamen Schichtendetermination mag also strukturell so mannigfaltig sein, wie sie will, sie bleibt deswegen doch stets Verflechtung derselben Elemente.

Das erste Kohärenzgesetz ist ein Grundgesetz. Da es aber das Phänomen der kategorialen Kohärenz noch von der Seite der am Concretum auftretenden Determination faßt, so steht es den Geltungsgesetzen noch nah und bildet erst den Übergang von ihnen zu der eigentlichen inhaltlichen Verflochtenheit der Kategorien untereinander. Diese Doppelstellung gibt ihm das eigenartige Gepräge.

Die Geltungsgesetzlichkeit nämlich ist ohne kategoriale Kohärenz nicht abschließbar. Das zeigte sich deutlich am Gesetz der Schichtendetermination. Dieses spricht die Suffizienz der Kategorien einer Schicht für alles Durchgehende und Prinzipielle in der Determinationsfülle der konkreten Fälle aus. Eine solche Inhaltsfülle aber kann von den Kategorien aus nur zustandekommen, wenn diese als verbundene und verflochtene determinieren. Sie wird sehr fragwürdig, wenn es außerhalb der Schichtenkohärenz und unabhängig von ihr die Sonderdetermination einzelner Kategorien gibt, so wie es die abstrakte Betrachtung einzelner Seiten oder Züge eines Seienden leicht vortäuscht.

Insofern ist das Gesetz der Verbundenheit im vierten Geltungsgesetz der Sache nach bereits vorausgesetzt. Beide Gesetze stehen offenbar in einem Komplementärverhältnis zueinander. Das vierte Geltungsgesetz sagt, daß alle durchgehende Determination der Realfälle von den Kategorien ihrer Schicht ausgeht; das erste Kohärenzgesetz aber sagt, daß alle Kategorien der Schicht in der Determination jedes Realfalles enthalten sind. Zusammengenommen also besagen die beiden Gesetze, daß alles Prinzipielle in der Determinationsfülle einer ganzen Seinsschicht auf der durchgehenden Identität und Kohärenz ihrer Kategorienschicht beruht. Erst so kommen die beiden Gesetze ganz zu ihrem Recht.

Dieses Resultat hat eine gewisse Durchsichtigkeit in sich selbst. Die beiden Gesetze drängen aufeinander hin und ergänzen sich gegenseitig. Was die totale Determination am Concretum — soweit sie eine kategoriale ist — eigentlich bedeutet, sagen durchaus erst beide zusammen. Zweideutig wird diese Durchsichtigkeit nur, wenn man den herausgearbeiteten Kategorienbegriff verschiebt; so z. B. wenn man den Kategorien ein selbständiges Sein zuschreibt, wenn man sie „homonymisch" (tautologisch) faßt, wenn man sie beliebig von einer Seinsschicht auf andere überträgt, oder wenn man ihr Wesen auf Form- und Gesetzescharaktere beschränkt, die Substratcharaktere aber von ihnen ausschließt. Das eben sind die alten Vorurteile der Metaphysik, mit deren Bekämpfung und Berichtigung unsere Untersuchungen begannen.

Wie sehr hier alles an der Überwindung dieser Vorurteile hängt, kann man am besten an dem letztgenannten Beispiel sehen. Schließt man die Substrate vom Bestande der Kategorien aus, so verfälscht man nicht nur den ontologischen Begriff der Kategorie, sondern auch den Sinn der kategorialen Bestimmtheit am Concretum. Man muß den Kategorien dann wieder eine Materie entgegensetzen, wie die alten Theorien es taten. Man involviert damit nicht nur den berüchtigten Dualismus der Prinzipien, sondern verzichtet auch auf alles Verstehen der einheitlichen Geschlossenheit mannigfaltiger Bestimmtheiten am Concretum. Die lange Reihe unnötiger Schwierigkeiten, die hieraus resultiert, fällt mit einem Schlage fort, wenn die Substratcharaktere, die den Spezialfall ja ohnehin determinieren — also in Wahrheit eben doch eine kategoriale Funktion haben —, dorthin genommen werden, wohin sie als ein Prinzipielles am Concretum gehören: unter die Kategorien.

So erst wird die einheitliche Determination auf Grund der durch alle Sonderfälle hindurchgehenden Kohärenz der Kategorien vollständig. Und erst mit dieser Vollständigkeit wird der Sinn der kategorialen Geltung eindeutig.

46. Kapitel. Die Gesetzlichkeit der interkategorialen Relation.

a. Das Gesetz der Schichteneinheit.

Hat man den Sinn des Verbundenheitsgesetzes einmal voll erfaßt, so will es einem im Zusammenhang der Geltungsgesetze sehr einfach und fast wie eine bloße Folge erscheinen. Nimmt man aber die drei folgenden Kohärenzgesetze hinzu, so zeigen sich erst seine Hintergründe. Es erweist sich dann, daß vielmehr zwischen ihm und diesen ein Folgeverhältnis besteht, welches sie nahezu als seine Korolarien erscheinen läßt.

Das stimmt freilich nur zum Teil. Insonderheit versagt die Ableitung beim Implikationsgesetz. Dennoch ist das Verhältnis von einiger Bedeutung, insofern auf diese Weise erst das Gesetz der Verbundenheit innerhalb der Kohärenzgesetzlichkeit ins rechte Licht gerückt wird. Dieses Gesetz faßt die Kohärenz noch gleichsam „von außen", nämlich als komplexe Determination. Solcher Komplexheit aber muß schon eine umfassende Relationalität innerhalb der Kategorienschichten zugrunde liegen. Die drei folgenden Gesetze haben es mit dieser Relationalität im Aufbau einer Kategorienschicht zu tun. Sie dürfen im Gegensatz zum ersten Kohärenzgesetz als Gesetze der „inneren Kohärenz", oder auch als Gesetze der interkategorialen Relation gelten. —

Das zeigt sich sogleich beim Gesetz der Schichteneinheit: die Kategorien einer Schicht bilden auch in sich selbst eine unlösliche Einheit. Die einzelne besteht nur zurecht, sofern die anderen zurecht bestehen. Ihre Verbundenheit in der Determination wurzelt in ihrer eigenen inhaltlichen Verflochtenheit. Es gibt keine isolierten Kategorien.

Die Kohärenz ist hiernach nicht nur Determinationseinheit, sondern ursprüngliche innere Einheit der Kategorien, ihre Schichteneinheit als struktureller Zusammenhang. Isoliert also die Betrachtung eine einzelne Kategorie — was sich freilich in der Analyse nicht ganz vermeiden läßt —, so ist sie immer schon in Gefahr, ihr Wesen zu verkennen. Das war der Grund, warum bei den Elementargegensätzen zuerst ihr gegenseitiges Verhältnis nach allen Richtungen klargestellt werden mußte, bevor die inhaltliche Analyse beginnen konnte (vgl. Kap. 24—26).

Das Gesetz besagt also mehr als das der Verbundenheit. Es transponiert die Kohärenz aus der Determination auf die kategorialen Strukturen selbst. Dennoch aber ist sein Zusammenhang mit dem ersten Kohärenzgesetz ein so enger, daß es sich aus diesem heraus als notwendig erweisen läßt.

Wäre nämlich das Sein der Kategorien ein selbständiges, hätten sie also noch ein anderes Sein als ihr Prinzipsein „für" das Concretum, so ließe sich allenfalls denken, daß ihre Kohärenz lediglich in der Determination zustande käme, die sie am Concretum leisten, nicht aber in ihnen selbst läge. Dem steht das erste Geltungsgesetz entgegen: Kategorien haben kein Sein neben ihrem Prinzipsein, sie sind nichts für sich, sind nur etwas „für" ihr Concretum. Es kann also in ihnen selbst nichts sein, was nicht in der Determination wäre, die das Concretum von ihnen erfährt; wie andererseits auch in dieser nichts sein kann, was nicht in ihnen selbst wäre. Ist nun die Determination eine komplexe, bezieht sie stets und notwendig die ganze Kategorienschicht in sich ein, so muß die Kohärenz der Bestimmungsstücke in der Determination notwendig zugleich Kohärenz der Kategorien selbst unter sich sein.

Sie kann somit nicht, wie manche Theorien es verfochten haben, eine sekundäre, den Kategorien selbst äußerliche Zusammenfügung (Synthese) sein, kann nicht in nachträglicher Kombinatorik der Kategorien zustande kommen, die mit dem besonderen Concretum wechseln, mit ihm stehen und fallen müßte. Sie muß notwendig eine in der Struktur der Kategorien selbst liegende Kohärenz sein, so wie sie in der ihnen allein eigentümlichen Seinsweise, ihrem Prinzipsein, angelegt ist. Es gibt keine isolierten Kategorien, weil es keine isolierte kategoriale Determination gibt.

Das Gesetz der Schichteneinheit besagt demnach, daß die Kategorien einer Schicht in durchgehender Korrelation stehen, und zwar in einer rein inhaltlichen: ihre eigenen Strukturen und Elemente sind aneinander gebunden. Eine jede ist für sich nur Teilstruktur, Gegenglied anderer Glieder, das aus sich heraus auf anderes, Ergänzendes bezogen ist. Die ganze Kategorienschicht ist nicht nur ein Gefüge von Kategorien, sondern auch ein Gefüge von interkategorialen Relationen. Ja, der Einheitstypus in ihr ist von Hause aus so angelegt, daß die Relationen in ihr das Primäre sind, zum mindesten also gleich primär mit den Kategorien selbst.

Die Schichteneinheit bekommt hierdurch ein wesentlich anderes Gepräge: die einzelnen Glieder treten zurück, das Ganze des Gefüges ordnet sich über, läßt sie hinter ihrer Verbundenheit verschwinden. Die ganze Schicht determiniert wie eine einheitliche, hochkomplexe Gesamtkategorie. Alle kategorialen Sonderstrukturen sinken zu Momenten herab. Die Schichteneinheit ist das eigentliche Wesen ihrer Glieder.

Diese Bestimmungen der Schichteneinheit greifen freilich bereits auf die beiden folgenden Gesetze vor. Sie sind auch tatsächlich von diesen nicht zu trennen. Um so mehr aber wird es notwendig, die Einheit der interkategorialen Relationen auch noch auf anderem Wege zu erweisen. Denn bisher haben wir sie nur aus dem Typus der Determinationseinheit am Concretum kennen gelernt.

Das ist zwar unter Voraussetzung des ersten Geltungsgesetzes ein sicherer Weg, aber es ist doch auch ein Umweg. Ist es wahr, was die Schichteneinheit besagt, daß die Kategorien einer Seinsschicht auch an sich strukturell unlöslich aneinander gebunden sind, so muß sich das auch inhaltlich an ihrer Struktur zeigen lassen. Die Schichteneinheit muß sich an Beispielen der Kategorialanalyse aufweisen lassen.

Am besten läßt sich das rückläufig von den beiden folgenden Kohärenzgesetzen aus durchführen.

b. Das Gesetz der Schichtenganzheit. Wechselbedingtheit der Kategorien.

Der Einheitstypus einer Kategorienschicht erweist sich also schon von der Determination aus als ein Ganzheitstypus. Dennoch besagt das neue Gesetz noch etwas darüber hinaus: die Einheit einer Kategorienschicht ist auch in sich selbst nicht die Summe ihrer Elemente, sondern eine unteilbare Ganzheit, die das Prius vor den Elementen hat. Die Schichtenganzheit besteht in der Wechselbedingtheit ihrer Glieder.

Ganzheit in diesem Sinne besteht — im Gegensatz zur Summe — im „Gefüge" der die Glieder verbindenden Relationen. Jede andere Ganzheit wäre bloß eine quantitative und als solche auch teilbar. Wirkliche Unteilbarkeit hängt immer schon an einem Bedingungsverhältnis, und dieses besteht im Falle der Schichtenganzheit in der gegenseitigen Bedingtheit der Kategorien. Ist aber die gegenseitige Bedingtheit eine inhaltliche, die sich vom Bestande der Kategorien gar nicht ablösen läßt, so muß man weiter folgern, daß die einzelne Kategorie diese gegenseitige Bedingtheit schon in ihrer eigenen Struktur enthält. Die Kategorien einer Schicht also haben ihrer Ganzheit gegenüber keine Selbständigkeit. Sie stehen und fallen mit ihr.

Das ist nun ein Verhältnis, das nicht ganz leicht zu durchschauen ist. Für seinen Erweis fällt übrigens außerordentlich erschwerend ins Gewicht, daß wir an keiner Kategorienschicht den wirklichen Gesamtbestand ihrer Glieder aufweisen können; in manchen Schichten kennen wir sogar nur einige wenige Elemente, und vielleicht nicht einmal die wichtigsten. In anderen freilich läßt sich eine größere Reihe erkennen, aber auf Vollständigkeit können wir nirgends mit Bestimmtheit den Finger legen. Außerdem lassen sich offenkundige Lücken aufzeigen, und weitere Lücken mögen in unserem Wissen vorhanden sein, ohne daß wir sie spüren. Das erstere ist offenbar bei den Kategorien des Organischen der Fall, von denen wir gerade die zentralen nicht kennen; und ähnlich ist es wohl auch bei denen des seelischen, sowie einigen Gebieten des geistigen Seins. Zum zweiten Typus zählen die übrigen Schichten alle, selbst die des Quantitativen, die immer noch als die rationalste gelten darf.

Das Bestehen der Schichtenganzheit ist freilich von allem Wissen und Unwissen unabhängig. Es handelt sich in ihr ja nicht um Ganzheit der Kategorienerkenntnis, sondern um Ganzheit des kategorialen Seins selbst. Diese kann ohne jene bestehen. Die kategoriale Kohärenz überschreitet die Grenze ihrer Erkennbarkeit genau so gut wie jeder andere echte Erkenntnisgegenstand auch. Ganz anders aber ist es mit dem „Erweise" des Ganzheitsgesetzes. Beim Erweise geht es um Einsicht. Und da wir die inhaltliche Ganzheit der Kategorienschicht nicht übersehen, können wir ihr Gesetz nicht direkt erweisen.

Das ist aber dasselbe, was überhaupt von den kategorialen Gesetzen gilt: man kann sie nicht streng beweisen, man kann sie nur inhaltlich durchsichtig machen und sie an den bekannten Kategoriengruppen nachprüfen. Im Maße fortschreitenden Eindringens in die kategoriale Mannigfaltigkeit können sie sich dann weiter bestätigen.

Durchsichtig machen läßt sich nun die Schichtenganzheit von der Schichteneinheit aus. Diese ergab sich durch Substitution des ersten Geltungsgesetzes in das erste Kohärenzgesetz: die Einheitlichkeit, die in der Determination waltet, muß auch die Kategorien selbst beherrschen. Dasselbe läßt sich von der Schichtenganzheit geltend machen. Es fragt sich also, ob die Wechselbedingtheit der Kategorien einer Schicht auch in der von ihnen ausgehenden Determination enthalten und am Concretum aufweisbar ist. Erweist sie sich als vorhanden — stehen also die Bestimmungsstücke am Concretum in Wechselbedingtheit —, so ist sie nach dem ersten Geltungsgesetz auch an den Kategorien als solchen vorhanden.

Daß sie aber in der Determination vorhanden ist, läßt sich an demselben Beispiel zeigen, an dem auch das Gesetz der Verbundenheit sich demonstrieren ließ. Die Einheit der Determination des physisch-körperhaften Seins durch die Kategoriengruppe von Raum, Zeit, Prozeß, Substanz, Kausalität hat bereits die Form innerer Wechselbedingtheit. Das bedeutet also, daß ein reales Concretum dieser Seinsschicht nicht räumlich sein kann, ohne zeitlich zu sein, und beides nicht ohne im Prozeß zu stehen; ferner daß es nicht im Prozeß stehen kann, ohne substantiell fundiert und kausal bedingt zu sein. Da nun in der Determination nichts bestehen kann, was nicht an den Kategorien selbst besteht, so folgt daraus, daß auch die Realräumlichkeit als solche nicht ohne Realzeitlichkeit, und beide nicht ohne Prozeß, Substantialität und Kausalität bestehen; ein Verhältnis, das sich auch umkehren läßt, denn ohne Raum und Zeit sind offenbar auch Prozeß, Substanz und Kausalität nicht möglich. Die Reihe dieser Zusammenhänge aber läuft fort bis an die Grenzen der Kategorienschicht.

Diese Zusammenhänge nun haben sichtlich die Form gegenseitiger Bedingtheit. Das läßt sich überall dort nachprüfen, wo unsere Kategorienkenntnis hinreicht. Hat man aber einmal begriffen, wie die Wechselbedingtheit in der komplexen Gesamtdetermination schon vorausgesetzt ist, so darf man sie unbedenklich über die Reichweite unserer Kategorienkenntnis hinausbeziehen.

c. Die Begrenzung des Ganzheitsgesetzes.

Hiernach ist also die Sachlage die, daß die kategoriale Wechselbedingtheit der Elemente einer Schicht bereits in der komplexen Determinationseinheit enthalten und vorausgesetzt war. Das Gesetz der Schichtenganzheit spricht nichts als die innere Grundlage der kategorialen Kohärenz aus, welche latent in den Gesetzen der Verbundenheit und der Schichteneinheit steckte. Insofern ist das Novum dieses Gesetzes nicht ein neu hinzutretendes Verhältnis, sondern nur die eigentliche innere Struktur des schon früher erwiesenen, und darum resultiert es aus dessen eigener Durchleuchtung. Die Wechselbedingtheit der Glieder einer Kategorienschicht ist nichts anderes als die Struktur der Schichteneinheit selbst. An ihr erweist sich diese als gegliedertes und zugleich unlösbares Gefüge.

Damit aber ist noch ein zweites Wesensmoment verbunden. Zur Ganzheit als solcher gehört die Geschlossenheit, der Umriß, die Abgegrenztheit gegen anderes. Schichtenganzheit ist nicht unendliche Totalität, sondern begrenzte Schichtentotalität. Das ist keineswegs selbstverständlich, denn an sich könnte die Wechselbedingtheit auch über die Schicht hinausreichen, könnte sich in andere Kategorienschichten hinein erstrecken. So aber ist die kategoriale Determination im Aufbau der realen Welt nicht beschaffen. Und darum ist auch das System der Kategorien nicht so beschaffen: es gibt kein Ganzheitsgesetz aller Kategorien überhaupt, es gibt nur das Ganzheitsgesetz der einzelnen Kategorienschichten.

Wäre dem nicht so, wären also alle Kategorien miteinander durch Wechselbedingtheit verbunden, so müßten auch die höheren Kategorien (etwa die des Seelischen und des Geistigen) in der Determination des niederen Seienden (etwa des physisch-körperhaften) mit enthalten sein. Da müßte dann also in der mechanischen Bewegung auch Zweck, Absicht, Vorbestimmung u. s. w. walten. Das ist es, was in der alten Metaphysik immer wieder behauptet worden ist; aber es ist eben das, woran diese Metaphysik unwiderruflich gescheitert ist. Denn das ist der Fehler der Grenzüberschreitung (resp. der Übertragung), und zwar in seiner bedenklichsten Form (vgl. Kap. 7c).

Die Begrenztheit im Verhältnis der Wechselbedingtheit ist also dem Ganzheitsgesetz wesentlich und läßt sich nicht von ihm ablösen. Sie ist zwar die negative Seite des Gesetzes, aber sie ist ebenso wichtig wie die positive. Denn ohne sie wird der Satz der Wechselbedingtheit unzutreffend.

Man kann nun auch diese Begrenzung auf andere Weise einleuchtend machen, indem man das entwickelte Kohärenzverhältnis in das dritte Geltungsgesetz substituiert. Dieses letztere ist selbst ein Grenzgesetz und besagt, daß die unverbrüchliche Gültigkeit der Kategorien einer Seinsschicht sich nicht über diese ihre Schicht hinauserstreckt; sie sind dem Concretum ihrer Schicht ebenso zugehörig wie dieses ihnen. Daraus folgt, daß diejenige Kohärenz der Kategorien, die sich am Concretum in seiner komplexen Determiniertheit aufweisen läßt und von hier aus erst für die interkategorialen Relationen nachweisbar wurde, sich nur auf Kategorien einer Schicht beziehen kann, über diese Grenze hinaus aber jedenfalls nicht den Charakter durchgehender Wechselbedingtheit hat.

Diese Kehrseite des Ganzheitsgesetzes kann man auch als ein besonderes Gesetz formulieren. Sie ist dann das genaue Gegenstück zum Gesetz der Schichtenzugehörigkeit und spielt unter den Kohärenzgesetzen dieselbe Rolle eines Grenzgesetzes wie jenes unter den Geltungsgesetzen. Es lautet dann: die Wechselbedingtheit der Kategorien und ihre strukturelle Gebundenheit aneinander ist auf die Totalität einer einzelnen Kategorienschicht beschränkt.

d. Das Gesetz der Implikation.

Wenn man weiß, daß die Wechselbedingtheit der Kategorien die innere Struktur der Schichteneinheit und Schichtenganzheit ausmacht, so weiß man deswegen doch noch nicht, worin sie selbst besteht und wie eigentlich die gegenseitige Bedingtheit den Kategorien anhaftet. Davon handelt erst das vierte Kohärenzgesetz. Auf seinen Inhalt laufen also die drei anderen hinaus.

Die vier Kohärenzgesetze stellen sich hiernach als gestaffelt heraus. Das erste beginnt mit dem Kohärenz-„Phänomen" in der komplex determinierenden Funktion am Concretum; das zweite zeigt, wie dieses Phänomen auf die innere Einheit der Kategorienschicht zurückgeht; das dritte deckt den Sinn der Schichteneinheit als Totalität gegenseitiger Bedingtheit auf. Das vierte aber handelt von der inhaltlichen Struktur dieser gegenseitigen Bedingtheit. Es ist im Sinne des kategorialen Grund-Folge-Verhältnisses der Seinsgrund der ganzen Kohärenzgesetzlichkeit — genau so wie das erste Gesetz ihren Erkenntnisgrund ausmacht —, so daß auf ihm nicht nur Schichteneinheit und Schichtenganzheit, sondern mittelbar auch die komplexe Determinationseinheit beruht, von der die Analyse ausging.

Dieses Gesetz nun besagt: jede einzelne Kategorie impliziert die übrigen Kategorien der gleichen Schicht.

Versteht man hierbei unter „Implikation" nicht nur ein Verhältnis der Verbundenheit in Gedanken (oder in den Begriffen), desgleichen auch nicht ein bloß synthetisches Zusammengefügtsein, das sich unter Umständen auch lösen könnte, sondern ein ursprüngliches ontisches Enthaltensein oder Vorausgesetztsein der Kategorien ineinander, so ergeben sich die paradoxen Folgesätze dieses Gesetzes aus der bloßen Implikation ganz von selbst (vgl. Kap. 45 b): 1. die Ganzheit der Schicht kehrt an jedem Gliede wieder; 2. jede einzelne Kategorie hat ihr Eigenwesen ebensowohl außer sich in den anderen Kategorien der Schicht wie in sich; und 3. die Kohärenz der Schicht ist ebensowohl an jedem Gliede als auch am Ganzen total vorhanden.

Es kommt also darauf an, die durchgehende Implikation der Kategorien gleicher Seinsschicht einleuchtend zu machen; dann müssen damit zugleich auch diese Folgesätze einleuchtend werden. Denn Implikation ist ein inneres Verhältnis; wo sie eine ganze Mannigfaltigkeit von Gliedern umfaßt, da ist das Eigenwesen der Glieder mit ihrem Verflochtensein in das Gesamtgefüge nahezu gleichbedeutend.

Der Erweis eines solchen Verhältnisses kann kein genereller sein. Man kann nicht aus prinzipiellen Überlegungen a priori nachweisen, daß die Kategorien einer Seinsschicht einander faktisch implizieren. Die Implikation ist in jedem besonderen Verhältnis einer einzelnen Kategorie zu einer anderen selbst eine andere. Sie kann also nur von Kategorie zu Kategorie in der Analyse selbst aufgewiesen werden. Und da ein solcher Aufweis mit der Durchführung der ganzen Kategorienlehre — der allgemeinen und der speziellen — zusammenfallen würde, so ist es selbstverständlich, daß ein strenger Erweis des Implikationsgesetzes hier nicht erbracht werden kann. Mehr noch als bei den anderen Gesetzen handelt es sich bei diesem lediglich um zwei näherliegende und viel bescheidenere Erfordernisse: einerseits um das grundsätzliche Verständnis dessen, was das Gesetz eigentlich besagt (und was es nicht besagt), andererseits aber um die konkrete Durchprüfung und Erläuterung des Gesetzes an solchen Kategoriengruppen, die dafür als genügend bekannt vorausgesetzt werden dürfen.

Eines aber kommt in dieser Sachlage dem weiteren Eindringen sehr zugute. Implikationen haben das Eigentümliche an sich, daß sie an den Kategorien selbst, soweit es überhaupt gelingt, diese inhaltlich zu erfassen, auch unmittelbar einsichtig gemacht werden können. Sie sind überhaupt dasjenige an den Kategorien, was sich am leichtesten fassen läßt; die kategorialen Momente, zwischen denen die Implikationen spielen, sind im allgemeinen weniger einsichtig als diese selbst. Das wird verständlich, wenn man bedenkt, daß alles Begreifen an Relationen hängt, während die Substrate der Relationen auf allen Gebieten sich dem Zugriff der Erkenntnis entziehen und oft nur mittelbar von jenen aus faßbar werden.

Das bedeutet: an einer Kategoriengruppe, soweit sie zur Einsicht gebracht ist, sind es gerade die Kohärenzphänomene, die sich zuerst näher erfassen lassen, während der Inhalt der einzelnen Kategorien sich erst mittelbar von den Zusammenhängen aus näher bestimmen läßt. Die Implikationen also, um die es sich jetzt handelt, sind weit entfernt, eine besonders schwierige Aufgabe der Kategorialanalyse zu bilden. In ihnen gerade liegen die besten und sichersten Zugänge zum Inhalt der Kategorien.

Aber die Klarstellung dieser Dinge verlangt ein genaueres Eingehen. Und dazu muß man weiter ausholen.

47. Kapitel. Das Wesen der kategorialen Implikation.

a. Zur Geschichte des Implikationsproblems.

Daß Kategorien einander fordern und nach sich ziehen, ist eine sehr alte Einsicht; desgleichen, daß auch die Gegebenheit, zu der philosophisches Eindringen sie bringen kann, stets die Form konspektiver Schau hat, weil sie sich notgedrungen an die Zusammenhänge in der kategorialen Mannigfaltigkeit halten muß.

Der Erste, der dieses Fundamentalverhältnis durchschaute und in prinzipieller Fassung aussprach, war Platon. Er entwickelte im „Sophistes" am Beispiel von fünf „größten Gattungen" sogar eine Art Theorie der „Gemeinschaft" (κοινωνία) oder „Verflechtung" (συμπλοκή) der Ideen: das Verhältnis von Sein, Nichtsein (Verschiedenheit), Identität, Bewegung und Stillstand wird untersucht. Diese Untersuchung, die heute noch durch ihre sachliche Strenge und Einfachheit überzeugend ist, läuft darauf hinaus, daß die genannten Ideen alle aneinander „teilhaben" und außerhalb solcher Teilhabe überhaupt nichts sind. Und die Ergänzung hierzu gibt die große dialektische Untersuchung im „Parmenides", wo das Grundsätzliche schon vorausgesetzt ist und die Verflechtung selbst an einer größeren Reihe von Ideen durchdisputiert wird.

Es sind hier direkt parallele Betrachtungen nebeneinandergestellt, in denen die zugrundegelegte Idee des „Einen" das eine Mal als Abgetrenntes „für sich", das andere Mal in allseitiger Bezogenheit durchgeprüft wird. Die eine Reihe der Untersuchungen führt dann auch konsequent zur Selbstaufhebung des „Einen", die andere aber zeigt, daß sein reines Ideensein selbst die Form einer mannigfaltigen Verflochtenheit hat — genau so, wie diese in der komplexen Bestimmtheit am Concretum immer vorhanden und aufweisbar ist.

Der bleibende Wert der Platonischen Untersuchung liegt keineswegs in dem genialen Grundgedanken allein; er liegt weit mehr noch in der Art der Durchführung. An jedem einzelnen Eidos wird gezeigt, wie es die anderen schon zur Voraussetzung hat, wie also ein jedes den anderen untergeordnet und zugleich auch übergeordnet ist, — ein Verhältnis, das sich in der logischen Form der Subsumption gar nicht ausdrücken läßt. Dieses Verhältnis eben ist die Wechselbedingtheit. Sein Innenaspekt ist die gegenseitige Implikation. Und gerade hier, wo der Begriff der Implikation noch fehlt, kann man sehr genau sehen, worin diese besteht: sie ist ein Mitbestehen aller Glieder an jedem einzelnen Gliede.

Die Folge ist, daß in der Tat die ganze Gemeinschaft (κοινωνία) der Ideen an jeder einzelnen Idee vertreten ist. Und so kommt es, daß eine einzelne Idee ihr Eigenwesen ebensosehr außer sich in den übrigen hat wie in sich, ihre Gemeinschaft aber in Form der „Verflechtung“ ebensowohl in der einzelnen als in der Gesamtheit aller total vertreten ist.

Wie konkret die Vorstellung Platons von dieser „Gemeinschaft“ ist, zeigen am besten die Bilder, die er gebraucht. Immer wieder kehren Bilder der „Mischung“ und der „Teilhabe“, des gegenseitigen „Sich-aufnehmens“ (δέχεσθαι); stärker noch ist das Gleichnis der „Verflochtenheit“, unterstrichen noch durch den auch einmal vorkommenden Ausdruck des „Hindurchgehens durcheinander“. Die einzelnen Ideen schweben ihm wie Fäden eines Geflechtes vor, die herausgezogen aus dem Gewebe so gut wie nichts sind, in ihm aber miteinander das Ganze sind. —

In solcher Reinheit und Ursprünglichkeit ist dieser Gedanke von keinem der Späteren mehr vertreten, oder auch nur gewürdigt worden. Dennoch ist er, einmal ausgesprochen und geformt, nicht mehr untergegangen. Er wurde nur durch mannigfache metaphysische Spekulation entstellt. Seine besten Vertreter waren im ausgehenden Altertum Plotin und Proklos; beide aber machten ihn zweideutig durch die Verknüpfung mit mystischen Tendenzen, zugleich aber auch dadurch, daß sie ihn in die Bahnen einer formalen Dialektik abgleiten ließen. In dieser Form übernahm ihn Raimundus Lullus, bei dem der Formalismus vollends zum Durchbruch kam; der ontologische Sinn des Kategorienverhältnisses verschwand nun fast ganz hinter dem methodisch überspannten Anspruch der Kombinatorik (vgl. unten Kap. 48c).

In solcher Entstellung fand der junge Leibniz den Platonischen Gedanken vor. Doch spielt in seine scientia generalis bereits ein neues Motiv hinein, das von Descartes herrührte. Descartes hatte in seinen „Regulae“ einen strengen Implikationsbegriff eingeführt. Freilich brachte es zugleich die radikale erkenntnistheoretische Wendung der Philosophie mit sich, daß die ganze Sphäre der simplices mitsamt ihrer Verbindungstendenz nach innen, in das Reich des Intellektes, verlegt wurde. Aber die ontologische Geltung des im Verstande „klar und distinkt“ Einsichtigen wurde doch in vollem Umfange festgehalten. Implikation bedeutet hier in vollkommener Reinheit die ursprüngliche Verbundenheit, die es unmöglich macht, ein einzelnes Glied „distinkt“ zu erfassen, ohne andere Glieder mitzuerfassen. Auf dieser Basis konnte sich bei Leibniz ein Wissen um die kategorialen Zusammenhänge im Aufbau der realen Welt durchringen.

Die stärkste Ausprägung erfuhr das alte Gedankenerbe bei Hegel. Doch treten gerade hier so wesentliche spekulative Elemente hinzu, daß der alte Grundgedanke fast unkenntlich wird. Was Hegel „Dialektik“

nannte, ist zwar objektiv als ein Seins- und Weltzusammenhang verstanden, aber es wird dem Denkzusammenhang entnommen, dessen Identität mit jenem vorausgesetzt wird. Der Duktus der Dialektik zeigt überdies die feste Form einer ununterbrochenen Kategorienkette, die als „Bewegung" einseitig vom Niederen zum Höheren aufsteigt. Und damit wird bereits das Schichtungsverhältnis mit in die Kohärenz hineingezogen, dessen Eigengesetzlichkeit nun nicht mehr zur Geltung kommen kann: durch die Tendenz des Aufstieges überschreitet die Dialektik die Grenzen der Schichtenganzheit und öffnet dem Fehler der Übertragung von speziellen Kategorien auf heterogene Seinsschichten die Tür.

Äußerlich bleibt dem ontischen Grundverhältnis auch die schematische Wiederkehr von These, Antithese und Synthese. Die weit mannigfaltigeren Verhältnisse, die Hegel zum Teil selbst erst aufdeckt, werden dadurch sogleich wieder verwischt und gleichsam verschleiert.

Das eigentliche Implikationsverhältnis ist ein viel einfacheres, zugleich allgemeineres und auch wiederum mannigfaltiger differenziertes. Es schließt die besonderen Formen dialektischer Verschlungenheit nicht aus, aber es besteht auch nicht in ihnen. Man muß sich, um sein Wesen zu erfassen, weit diesseits aller Dialektik zurückbegeben und unbeeinflußt von ihr die inhaltlichen Verhältnisse anschauen, wie sie in jeder Kategorienschicht bestehen.

So kommt es, daß die älteste Fassung der kategorialen Kohärenz bei aller Unfertigkeit doch die der wirklichen Sachlage adäquateste geblieben ist.

b. Implikation als funktionale Innenstruktur der kategorialen Kohärenz.

Es ergibt sich daraus, daß man sich für den Nachweis der kategorialen Implikation wieder in die ursprüngliche Platonische Problemsituation zurückversetzt sieht. Der Unterschied ist nur ein inhaltlicher: das Material an Kategorien, auf das wir uns stützen können, ist ein breiteres und in mancher Hinsicht durchsichtigeres geworden.

Nun nimmt die Mannigfaltigkeit der interkategorialen Verhältnisse mit der Seinshöhe der Schichten rapide zu; mit ihr aber nimmt auch die Schwierigkeit der Übersicht zu. Man tut also schon aus diesem Grunde gut, als Beispiel die elementarste Kategoriengruppe herauszugreifen, deren man habhaft werden kann. Freilich ist die Wechselbedingtheit gerade an diesen Kategorien weit weniger bekannt als an den höheren, bei denen sie anschaulich am Concretum gegeben ist; sind doch die elementaren Kategorien am häufigsten in den Theorien auseinandergerissen und verselbständigt worden. Aber eben das hat seinen unschätzbaren Vorteil für das Anliegen eines Nachweises: läßt sich an ihnen die gegenseitige Implikation nachweisen, so leuchtet sie auch ohne weiteres für die höheren Kategorienschichten ein.

Dazu kommt, daß die anschaulich gegebene Verbundenheit der höheren Kategorien am Concretum die Implikationen als solche auch wieder verdeckt. Denn es ist nicht so einfach, sich in der Betrachtung von dieser Gegebenheitsform freizumachen. Beruft man sich aber auf die so gegebene Verbundenheit, so ist damit doch immer nur die komplexe Determinationseinheit aufgewiesen, und diese ist mit den reinen Kategorienverhältnissen nicht identisch. Man muß dann auf sie erst rückschließen, wie das oben bei der Schichteneinheit und Schichtenganzheit geschehen ist. Will man sich überzeugen, daß die Verbundenheit in der Determination schon auf ein Implikationsverhältnis der Kategorien selbst zurückgeht, so muß man umgekehrt von diesen ausgehen und ihre interkategoriale Relation direkt zu fassen suchen. Und dazu muß man eine Kategoriengruppe wählen, die kein spezifisches, ihr allein zugehöriges Concretum hat, sondern sich auf alle Schichten des Realen erstreckt.

Das trifft nur auf die Fundamentalkategorien zu, und zwar in erster Linie auf die Gruppe der elementaren Seinsgegensätze. Denn diese haben außerdem vor den Modi und den Gesetzen den Vorzug der Inhaltlichkeit.

Und hier nun zeigt es sich, daß der Aufweis der Implikationen der Sache nach bereits in der Analyse dieser Kategorien enthalten ist, welche im zweiten Teil unserer Untersuchungen durchgeführt wurde. Denn dort war es das erste Anliegen, noch vor der Einzelanalyse, die innere Bezogenheit dieser Kategorien als eine durchgehende nachzuweisen. Der Nachweis bewegte sich in zwei Etappen. Es ließ sich zuerst zeigen, wie die Gegensatzpaare unlöslich korrelativ aneinander gebunden sind (Kap. 25); und es zeigte sich sodann, daß zwischen ihnen noch eine Querverbundenheit besteht, die ganz ausgesprochen die Form der Implikation hat und sich auch auf die inhaltlich entfernteren Verhältnisse erstreckt (Kap. 26). Schließlich aber ergab sich in der Einzelanalyse der Gegensätze noch eine Fülle von Bestätigungen für die durchgehende gegenseitige Implikation, wie man sie in der ersten Übersicht keineswegs voraussehen konnte (Kap. 27—34).

Diese Untersuchung war umständlich und bedurfte weiten Ausholens. Ihr Gedankengang kann natürlich nicht wiederholt werden. Wohl aber läßt sich umgekehrt erst jetzt ihr ontologischer Ertrag umreißen. Denn daß es sich in ihr um den Beleg für eine viel allgemeinere Gesetzlichkeit der Kategorien überhaupt handelt, war dort noch nicht zu ersehen. Es sei also hier, um den Ertrag jener Analysen für die Kohärenzgesetze zur Anschauung zu bringen, nur an einige Beispiele aus der Gegensatztafel erinnert, die als repräsentativ für das Gesamtverhältnis gelten dürfen.

Man betrachte etwa folgende fünf Gegensatzpaare auf ihre Kohärenz hin: Einheit und Mannigfaltigkeit, Gegensatz und Dimension, Kontinuität und Diskretion, Substrat und Relation, Element und Gefüge. Es implizieren sich zunächst die Gegenglieder. Jede Mannigfaltigkeit setzt Einheiten voraus und ist selbst wiederum Einheit; jede Einheit umschließt Mannigfaltiges und ist selbst Glied möglicher Mannigfaltigkeit. Jeder Gegensatz bewegt sich in einer Dimension möglicher Abstufungen, jede Dimension aber setzt den Richtungsgegensatz voraus. Jedes Discretum besteht auf der Grundlage einer Kontinuität, jedes Continuum ist Substrat möglicher Diskretion. Jedes Substrat ist Glied (relatum) möglicher Relation, jede Relation ist Verhältnis zwischen Substraten. Elemente sind das, was sie sind, nur als Glieder eines Gefüges, ein Gefüge aber setzt Elemente voraus, deren Verbundenheit es ist.

Soweit ist es nur die einfache Gegensatzimplikation. Nimmt man die Querverbindungen hinzu, so wird die Mannigfaltigkeit der Wechselbedingtheiten bereits zu groß für eine Aufzählung. Ganz offensichtlich implizieren einander Dimension und Kontinuität: Continuum ist nun einmal die ununterbrochene Reihe der Übergangsstufen, diese aber laufen beiderseitig in die Gegensätze aus, und zwischen Gegensätzen besteht eindeutig die Dimension ihrer Auseinandergespanntheit. Dennoch ist das Continuum als solches nicht Dimension: ein Continuum kann auch mehrdimensional sein, Dimensioniertheit aber ist ebensosehr dem Discretum eigen wie dem Continuum. Das Verhältnis also ist echte gegenseitige Implikation.

Ein ähnliches Verhältnis aber besteht zwischen der Kontinuität und den anderen genannten Kategorien; nur inhaltlich ist es immer wieder anders. Das Continuum impliziert Einheit, denn es ist selbst ein Einheitstypus; es impliziert aber auch Mannigfaltigkeit, denn ohne die Mannigfaltigkeit der Übergangsstufen fiele es in nichts zusammen. Ebenso impliziert es Substrat und Relation: es ist selbst Substrat möglicher Diskretion, es zeichnet aber auch zugleich die Ordnungsfolge der Abstufungen vor, ist also darum Grundrelation. Nicht weniger impliziert es Element und Gefüge: es ist, sofern es eine Unendlichkeit von möglichen Elementen zur Einheit zusammenschließt, selbst schon eine Art des Gefüges, in dem die Lage und gegenseitige Bezogenheit der Elemente vom Ganzen her bestimmt ist.

Das ist nur ein Beispiel. Ebenso wie für das Continuum läßt sich für jede andere der genannten Kategorien — ja für alle Gegensatzkategorien überhaupt — die Implikation durchprüfen, die sie mit den übrigen verbindet. Dafür muß auf die früheren Untersuchungen verwiesen werden. Das Beispiel kann nur zeigen, wie überhaupt kategoriale Implikationen aussehen, und wie sie am Inhalt der Kategorien selbst faßbar sind.

c. Die implikative Einheit einer Kategorienschicht.

Läßt sich nun auf diese Weise die Implikation durch eine ganze Kategorienschicht hin verfolgen, so erweist sie sich damit in der Tat als die funktionale Innenstruktur der kategorialen Kohärenz. Je weiter man sie inhaltlich herausarbeitet, um so mehr befestigt sich der Eindruck, daß es sich in ihr um ein allgemeines Gesetz handelt, das die implikative Einheit einer Kategorienschicht bestimmt.

Was in der Formulierung des Implikationsgesetzes und seiner Folgesätze ausgesprochen wurde (Kap. 46 d), erfüllt sich auf diese Weise in aller Buchstäblichkeit. Die Kategorien stecken derartig ineinander, daß sie in der Tat alle an jeder einzelnen vertreten sind. Die Ganzheit der Kategorienschicht kehrt also an jedem Gliede wieder; jede einzelne Kategorie hat ihr Eigenwesen im Zusammenhang der übrigen mit ihr, sie hat es also in einem sehr greifbaren Sinne ebensosehr außer sich wie in sich. Sie ist eben nicht etwas Selbständiges für sich, sondern vom ganzen Gefüge aller ihr gleichgeordneten Kategorien her bestimmt. Und so ist denn auch die Kohärenz der Schicht ebensowohl an jedem ihrer Glieder wie am Ganzen total vertreten.

Hat man sich einmal an einigen Beispielen davon überzeugt, mit welcher Leichtigkeit sich diese Sätze bewahrheiten, sobald man sie am Inhalt interkategorialer Verhältnisse prüft, so haben sie nichts Paradoxes mehr an sich. Eines besonderen Wortes bedarf allenfalls noch der letzte Satz: daß auch am Ganzen der Schicht die Kohärenz total vertreten ist. Das ist keine Selbstverständlichkeit, denn es besagt nicht einfach, daß das Ganze die Glieder umfaßt, sondern daß sich am Gesamtbilde als solchem noch einmal alle Einzelzüge der von ihm umfaßten Glieder wiederfinden. Und auch das ist rein inhaltlich einsichtig.

Bleibt man bei dem obigen Beispiel stehen, so zeigt sich, daß das Ganze jener fünf Gegensatzpaare selbst Einheit und Mannigfaltigkeit, selbst Continuum und Discretum, Gegensatz und Dimensionalität, Relation und Substrat (höherer Relationen), selbst Gefüge von Elementen ist. Und verfolgt man die Reihe der Gegensätze weiter, so sieht man, daß dieses Verhältnis sich auch auf alle Glieder der Schicht erstreckt. Denn das Ganze hat auch Form und Materie, Determination und Dependenz, Inneres und Äußeres u. s. f. Es verhält sich also kategorial genau so wie eines seiner Glieder. Der Unterschied der

Einzelkategorie und der ganzen Schicht wird sichtlich relativ. Das Ganze ist wiederum eine Kategorie, eine zwar komplexe, aber doch einheitliche. Ja, wenn man es genau nimmt, kann man nicht einmal sagen, daß es komplexer sei als eines der Glieder; denn die Glieder haben ja nach dem Implikationsgesetz alle dieselbe Mannigfaltigkeit der Momente an sich. Das eben heißt es, daß die Gesamtheit aller Kategorien an jeder einzelnen nicht weniger kohärent beisammen ist als am Ganzen der Schicht.

Sehr auffallend ist an dieser Sachlage auch, daß keine der unter sich kohärenten Kategorien sich als eigentlich übergeordnet oder beherrschend heraushebt. Das Einheitsbedürfnis des Forschenden schaut unwillkürlich immer wieder nach einer „Spitze des Systems" aus. Aber es wird von seinem Ausschauen genarrt: fast an jeder einzelnen Kategorie gibt es „Hinsichten", in denen sie die oberste ist; aber die Hinsichten halten nicht, was sie versprechen, sie heben sich gegenseitig auf, erweisen sich als Einseitigkeiten des Betrachtens. Reell daran ist, daß wirklich jede in den anderen vorausgesetzt, und insofern ihnen übergeordnet ist. Aber eben die Gegenseitigkeit hebt die Überordnung wieder auf. Was bleibt, ist durchaus nur die Wechselbedingtheit, die sich in durchgehender Implikation erschöpft. Reißt man aus dieser in der Abstraktion ein Einzelverhältnis heraus, so muß es dem Denken natürlich Überordnung vortäuschen. Aber das Herausreißen ist der Fehler. Der Aspekt des Ganzen ist der allein maßgebende. In Wahrheit ist keine der Kategorien die fundamentalste.

Ebensowenig ist es möglich, allen zusammen eine einzelne Kategorie aus anderer Sphäre oder Höhenlage überzuordnen. Versuche dieser Art haben sich alle als Vergewaltigungen erwiesen. Es gibt eben keine punktuelle Einheit einer Kategorienschicht. Und ebensowenig gibt es in ihr ein Zentrum, um das sich alles gruppierte — so wie etwa bei Aristoteles sich um die Substanz als Mittelpunkt die neun übrigen Kategorien gleichsam im Kreise lagern. Es gibt in einer Kategorienschicht keine andere Einheit als die der Kohärenz. Diese ist nicht nur eine komprehensive, sondern auch eine rein funktionale: die Einheit der gegenseitigen Implikation. Und dieser funktionale Charakter ist nicht wie ein Vollzug zu verstehen — geschweige denn wie ein Aktvollzug, als müßte ein Verstand ihn tätigen —, sondern wie eine Determination. Das eben besagt der Begriff der Wechselbedingtheit.

Man könnte also wohl sagen: das gemeinsame Prius einer Kategorienschicht ist das Gefüge der Kategorien. Und das ist es, was einst Platon mit dem Vorausgesetztsein ihrer „Gemeinschaft" (oder „Verflechtung") meinte. Aber auch diese Bilder bleiben einseitig. Das

Gefüge als solches ist vielmehr ebensowenig die allein übergeordnete Kategorie wie die anderen auch.

d. Grenzen der Erweisbarkeit des Implikationsgesetzes.

In der Aufzeigung der interkategorialen Verhältnisse an einer solchen Kategoriengruppe wie der der Seinsgegensätze liegt der Sache nach ein durchaus stichhaltiger Beleg des Implikationsgesetzes. Er findet seine Grenze nur in der Begrenztheit des Materials. Denn wenn auch aller Grund vorliegt zu erwarten, daß höhere Kategorienschichten sich ebenso verhalten, so ist die Verallgemeinerung deswegen doch nicht ein Erweis.

Das Gesetz generell zu erweisen wäre möglich, wenn man in gleicher Weise alle Kategorienschichten mitsamt ihren Untergruppen ableuchten könnte. In einer durchgeführten Kategorienlehre — wie wir sie heute jedenfalls nicht haben — könnte man dem immerhin näher kommen. Man könnte dann wohl auch bessere Gründe aufzeigen, warum sich das an einer Einzelgruppe Aufzeigbare verallgemeinern läßt. Im heutigen Forschungsstadium läßt sich das nicht machen.

Man kann nur zeigen, daß in anderen Kategorienschichten, soweit wir sie in einigen Gliedern übersehen, immerhin ähnliche Verhältnisse bestehen. Genau dieselben dürfen wir nicht erwarten, wenigstens nicht in den höchsten Schichten; denn es liegt auf der Hand, daß hier noch andere, speziellere Schichtengesetzlichkeit neben dem Implikationsgesetz auftreten kann. Das letztere würde dann natürlich, wie das beim Ineinandergreifen verschiedener Gesetzlichkeit immer geschieht, modifiziert werden. Die Implikation brauchte deswegen nirgends auszusetzen, sie würde vielmehr den Charakter einer Grundlage behalten. Aber freilich könnte das in sehr verschiedener Weise geschehen.

Wie die Dinge heute liegen, kann man nur noch die eine oder die andere Kategoriengruppe heranziehen. Aber über die niederen Seinsschichten kann man dabei kaum hinausgehen, dafür ist unser Wissen einstweilen zu begrenzt. Geeignet dafür ist die schon früher verwandte Kategoriengruppe von Realraum, Realzeit, Prozeß, Substanz, Kausalnexus; man kann sie auch noch erweitern, indem man solche Kategorien wie Bewegung, Veränderung, Naturgesetzlichkeit, Kraft, dynamisches Gefüge hinzunimmt. Doch läßt sich von den letzteren vor der genaueren Analyse wenig ausmachen. An den ersteren dagegen leuchtete die Zusammengehörigkeit schon in der gemeinsamen Determination des Realfalles ohne weiteres ein (Kap. 46b). Daß sie auch iu sich selbst unlöslich zusammenhängen, ist der physikalischen Betrachtung wohlbekannt. Doch macht man es sich damit wohl zu leicht, wenn man der üblichen Vorstellungsweise der Physik ohne weiteres folgt.

Keineswegs nämlich impliziert der Raum überhaupt die Zeit, oder auch umgekehrt. Der geometrische Raum (der Idealraum) besteht für sich ohne Zeitlichkeit. Die Zeit aber, und zwar gerade als Realzeit, impliziert den Realraum nur auf der Seinshöhe der niederen Realschichten; das seelische und geistige Sein ist zeitlich, ohne räumlich zu sein. Was die Realzeit wirklich allgemein impliziert, ist nur dieses, daß überhaupt noch andere Dimensionen der Mannigfaltigkeit sich mit ihr kreuzen, denn sonst kann es keine Gleichzeitigkeit von inhaltlich verschiedenem Seienden geben. Nur in dieser Einschränkung also darf man sagen, daß Realraum und Realzeit streng aufeinander bezogen sind. Aber eben in dieser Einschränkung genügt es auch für die Seinsschicht, als deren Kategorien sie beide zunächst auftreten.

Viel einfacher ist es mit der engeren Gruppe: Prozeß, Substanz, Kausalität. Sie implizieren einander und außerdem nach Raum und Zeit. Ist Substanz das im Prozeß Beharrende, so setzt sie natürlich den Prozeß voraus, und damit zugleich die Zeit und den Raum. Ist aber die Kausalfolge die Determinationsform in der Aufeinanderfolge der Prozeßstadien, so wird auch sie in denselben Implikationszusammenhang eingeschlossen. Umgekehrt aber impliziert auch Kausalität die Substanz, sofern ohne ein Beharrendes die Einheit des Prozesses verloren ginge: an Stelle des zeitlichen Ablaufes „eines" Geschehens bliebe nur das Nacheinander zusammenhangsloser Stadien übrig, und solche könnten nicht kausal verbunden sein. In diesen Zusammenhang lassen sich dann auch weiter Bewegung und Veränderung, Naturgesetz (Gleichartigkeit der Abläufe), Kraft und eine Reihe weiterer Kategorien einbeziehen.

Nicht so einfach ist es, wenn man fragt, inwiefern denn auch Raum und Zeit ihrerseits den Prozeß, die Substanz, die Kausalfolge u. s. w. implizieren. Es gilt da etwas ähnliches wie beim gegenseitigen Verhältnis von Raum und Zeit: sie implizieren einander nur als Realkategorien einer bestimmten Schicht. So ist es auch in ihrem Verhältnis zu Substanz und Kausalität: der geometrisch-ideale Raum impliziert sie nicht, die Zeitlichkeit der psychischen Akte gleichfalls nicht; wohl aber Realraum und Realzeit als Kategorien des physischen Seins. Ein Raum, in dem keine Körper sind, in dem keine Prozesse ablaufen, Wirkungen stattfinden, ist so wenig Realraum, wie eine Zeit, in der nichts geschieht, entsteht, vergeht oder dauert, Realzeit ist. Es ist zwar wahr, was Kant lehrte: man kann nicht den Raum aus den Dingen, wohl aber die Dinge aus dem Raume wegdenken. Aber der absolut leere Raum, den man übrig behält, ist dann ein bloßer Idealraum.

e. Das Kohärenzproblem in den höheren Kategorienschichten.

So geht es mit dem Nachweis der Implikation relativ leicht, soweit wir mit unserer Kenntnis der Kategorien reichen. Aber schon in derselben Seinsschicht (der unbelebten Natur) hat diese Kenntnis Grenzen, die wir nicht beliebig überschreiten können. In den höheren Schichten werden diese Grenzen immer enger. Bei den Kategorien des Organischen z. B. sind sie so eng gezogen, daß wir die Implikation nur noch erraten können.

Man weiß hier sehr wohl, daß der morphologische Bau des Organismus seine bestimmten Gesetze hat, desgleichen daß die mannigfachen Prozesse, die zusammen den Lebensprozeß ausmachen — den des Individuums so gut wie das Stammesleben der Art —, ihre ebenso bestimmten Prozeßgesetze haben; man weiß auch, daß die letzteren Funktionsgeformtheiten sind, in denen die Gewähr liegt, daß die gleiche Formung sich wiederbildet und somit das Leben sich erhält. Aber für menschliches Verstehen sind Gesetze der einen und der anderen Art doch zweierlei sehr verschiedenes; und die Kategorien, unter denen sie stehen mögen (einige von ihnen lassen sich fassen), zeigen doch eine gewisse Selbständigkeit gegeneinander.

Dennoch kann die Selbständigkeit im letzten Grunde nicht zurechtbestehen. Am wirklichen Organismus gibt es die Form nur im Prozeßstadium, den Prozeß aber nur im Formenverhältnis. Will man diesen durchgehenden Phänomenzusammenhang als einen kategorial bestimmten verstehen, so müssen die beiden Kategoriengruppen notwendig im Implikationsverhältnis stehen, wie immer ihre beiderseitigen Glieder auch beschaffen sein mögen. Der Organismus eben in seiner überzeugenden Einheitlichkeit und Geschlossenheit ist ein zwiefaches Gefüge: er ist Gefüge der Formen und Gefüge der Prozesse zugleich. Und so wenig die einzelnen Gesetzlichkeiten beider Systeme durchschaut sein mögen, daran kann man nicht zweifeln, daß sie im Grunde ein einziges System bilden, in dem alles sich gegenseitig voraussetzt.

An diesem Beispiel läßt sich, gerade sofern man dicht bei den Phänomenen stehenbleibt, deutlich einsehen, daß die Implikation der Kategorien auch über die Grenze der Erkennbarkeit der Kategorien hinausreicht. Das ist eine wichtige Einsicht. Die Unabhängigkeit von Erkenntnisgrenzen ist stets ein Zeugnis des Ansichseins. Die gegenseitige Implikation der Kategorien ist also, soweit wie sie überhaupt besteht, ein Seinsverhältnis; sie ist es genau so sehr wie die kategoriale Determination, in deren Komplexheit sie sich am Concretum geltend macht. Anders wäre es eben nicht möglich, daß organische Prozesse formbildende

Prozesse, organische Formen aber prozeßgetragene, sich ständig auflösende und ständig wiederbildende Formen sind.

Man kann ähnliches auch noch an den höheren Schichten zeigen, obgleich die Erkennbarkeit der Kategorien in ihnen noch mehr abnimmt. Charakteristisch ist die Sachlage bei den Bewußtseinskategorien. Die empirische Psychologie hat sie, ihren analytischen Arbeitsmethoden entsprechend, weitgehend auseinandergerissen. Sie ist deswegen in der isolierten Betrachtung von Wahrnehmungs-, Vorstellungs-, Gedächtnisphänomenen u. s. f. nahezu steckengeblieben; die emotionalen Phänomenreihen sind dabei lange Zeit fast ganz liegengeblieben. Es gibt aber kein Bewußtsein, das wahrnehmend oder vorstellend allein wäre, nicht auch fühlend, begehrend, interessiert. Die Einheit des Bewußtseins ist schlechthin gegeben, keine Psychologie kann sie im Ernst auseinanderreißen wollen. Wenn die Gesetzesgruppen Eigenstruktur und relativ isolierbare Erforschbarkeit zeigen, so ist daraus doch niemals kategoriale Isolierung zu erschließen.

Die Umorientierung der Psychologie, die in unserer Zeit bereits auf der ganzen Linie eingesetzt hat, ist trotz einstweiliger Bescheidenheit ihrer Resultate doch der sprechende Beweis dafür, daß eigentliche Aufschlüsse nur in der Verbundenheit der Phänomengruppen zu suchen sind. Ontologisch ausgedrückt bedeutet das aber, daß es eine kategoriale Kohärenz aller jener künstlich isolierten Gesetzesgruppen gibt, die deswegen, weil man sie nicht herauspräparieren kann, doch nicht weniger besteht und die Bewußtseinstatsachen beherrscht.

Ein schönes Beispiel der Kohärenz haben wir auch auf der Höhe des personalen Geistes. Hier handelt es sich um die gegenseitige Bedingtheit von Wertbewußtsein, Freiheit, Einsatzkraft, Vorsehung und Zwecktätigkeit. Freiheit ohne Vorsehung ist gegenstandslos, denn nur das Zukünftige steht der Aktivität offen; Vorsehung ohne Zwecktätigkeit ist ohnmächtig gegen das erschaute Anrückende; Zwecktätigkeit ohne Wertbewußtsein ist inhaltslos, erst das Wertgefühl sagt dem Menschen, was er sich zum Zweck setzen soll. Und alles dieses ohne Einsatzkraft wäre wiederum zur Untätigkeit verurteilt. Erst miteinander bilden diese kategorialen Grundmomente des personalen Geistes ein Aktgefüge, das wirklich aktionsfähig ist. Sie machen gemeinsam die Grundlage des moralischen Wesens aus.

So greifbar nah liegt freilich der Hinweis auf Einheit, Ganzheit und Kohärenz nicht auf allen Gebieten. Das geschichtliche Geschehen z. B. können wir in einer so allgemeinen Überlegung nicht auf seine kategorialen Verhältnisse hin durchinterpretieren. Hier überlagern sich so viele Seinsschichten mit ihren Kategoriengruppen, daß in einem summarischen Überblick alles miteinander zu verschwimmen scheint.

Das aber bedeutet nichts anderes, als daß hier bereits sehr wesentliche Schichtungs- und Dependenzgesetze hineinspielen, die freilich von ganz anderer Art als die Implikationen sind. Ihr Ineinandergreifen mit den Kohärenzgesetzen ist das Thema einer besonderen Untersuchung, die erst im Anschluß an die Schichtungsgesetze geführt werden kann.

Tatsächlich ist es ja überhaupt so, daß die Gesetze der „vertikalen" Überlagerung in die Kohärenzverhältnisse der besonderen Seinsschichten bereits überall hineinspielen, und zwar je höher hinauf im Schichtenreich, um so mehr. Insofern bleibt auch die Erörterung der Kohärenzgesetzlichkeit einstweilen unabgeschlossen. Sie läßt sich erst im Zusammenhang der ganzen kategorialen Gesetzesmannigfaltigkeit zu Ende bringen.

48. Kapitel. Zur Geschichte und Metaphysik der kategorialen Kohärenz.

a. Die Platonische Dialektik und ihr metaphysischer Hintergrund.

Die kategoriale Kohärenz ist ein so auffallendes Phänomen, daß sie notwendig das metaphysische Denken früh herausfordern mußte. Denker der verschiedensten Zeitalter und Richtungen haben ihr Problem aufgegriffen, gleichsam fasziniert von ihrer abgründigen Rätselhaftigkeit. Aber sie alle haben das Phänomen in ihre besonderen Weltbilder einbezogen und oft mehr an ihm herumgedeutet als es selbst zu klären gesucht.

Wie nun solche Einbeziehung in der Fassung der Kategorien selbst ein verschobenes Bild ergibt — die Reihe der Vorurteile hat darüber belehrt —, so natürlich auch in der Fassung und Deutung der Kohärenz. Man kann auch hier eine Reihe von Vorurteilen der Theorie aufweisen. Und da diese tief in das traditionelle Bewußtsein der Prinzipien hineinspielen, zugleich aber auch fast unlöslich mit den wichtigsten Errungenschaften ihrer Erforschung zusammenhängen, so ist es die Aufgabe einer besonderen, kritischen Untersuchung, sie aufzuweisen und das in ihnen steckende Gedankengut auf seine berechtigten Grenzen zurückzubringen.

Das Kategorienproblem verdankt die wichtigsten theoretischen Fortschritte den wenigen „dialektischen" Köpfen der Geschichte. Und da alle Dialektik an Kohärenzphänomenen haftet, so folgt, daß von jeher die wichtigsten Aufschlüsse an der kategorialen Kohärenz gewonnen worden sind. Seit den Zeiten der Alten ist „Dialektik" dasjenige Verfahren, das die unmittelbaren Zugänge zum Problem der

Prinzipien für sich in Anspruch nahm. Der Anspruch ist freilich ein übertriebener, ja ein überheblicher, aber er enthält doch einen berechtigten Kern.

Platon, der den Begriff der Dialektik prägte, wandte in der späteren Durchbildung seiner Ideenlehre auch als erster das Verfahren an. Es führte zur Herausarbeitung jener „Gemeinschaft" oder „Verflechtung" der Ideen, von der bereits oben die Rede war (Kap. 47a). Das Verfahren war in seinen Ansätzen noch ein äußerliches, kombinierendes und ausprobierendes; Hegel hat es deswegen als ein solches der „äußeren Reflexion" bezeichnet. Aber die Unverbindlichkeit des Ansatzes hatte auch ihre Vorteile: sie machte es möglich, die Untersuchung neutral und gleichsam diesseits aller spekulativen Entscheidungen zu halten. So konnten die Vorurteile, die später geherrscht haben, nicht eindringen.

So wird z. B. im „Sophistes" die Frage aufgeworfen, welche Ideen miteinander Gemeinschaft haben und welche einander „nicht aufnehmen". In dieser Frage ist der Fall des Widerstreits zweier Ideen vorgesehen, und zwar als eine Art innerer Grenze der Verflechtung. Als Kompensation dieser Begrenzung stehen aber Ideen besonderer Art da, welche die Funktion durchgehender Verbindung übernehmen; sie gehen „durch alle hindurch", und spielen unter ihnen die Rolle der „Zusammenhaltenden" (συνέχοντα). Im „Parmenides" geht die Dialektik dann noch einen Schritt weiter: hier wird grundsätzlich dargetan, daß selbst die scheinbar unvereinbaren Gegensätze einander nicht nur „aufnehmen", sondern auch fordern, voraussetzen und an sich haben. Sehr stark kommt das in der eigenartigen Dialektik von Sein und Nichtsein zum Ausdruck, wie sie das merkwürdige 24. Kapitel dieses Dialogs entwickelt.

Die Metaphysik des Ideenreiches aber trieb über diese Resultate hinaus. Die Ausgangsfrage war die der „Methexis". Die Einleitung des Dialogs zeigt, wie aussichtslos eine Lösung dieser Frage ist, wenn man von einer Abtrennung der Ideensphäre von den Dingen ausgeht. Der Zusammenhang muß vielmehr von Anbeginn vorhanden sein. Dann aber ist nicht von der Zweiheit getrennter Sphären auszugehen, sondern von der Einheit einer einzigen. Zwischen Idee und Ding (Prinzip und Concretum) muß ein stetiger Übergang sein, und dieser muß sich verfolgen lassen. Denn jede Bestimmtheit eines Dinges ist „Teilhabe" an einer Idee. Die Gesamtbestimmtheit des Dinges also kann nichts anderes sein als die Verflechtung der Ideen in ihm.

Dieser Gedanke dürfte es sein, der Platon bewog, die Teilhabe der Dinge an den Ideen in eine Teilhabe der Ideen aneinander aufzulösen. Das aber bedeutet freilich eine metaphysische These sehr eigener

Art: es ist die Umbiegung der „Teilhabe“ aus der Vertikale in die Horizontale. Gehen nun die Ideen gleicher Höhe beide in ihrer Sphäre (also im „horizontalen“ Verhältnis) Verbindungen miteinander ein, die durch ihr eigenes Wesen gefordert sind (also Implikationen sind), so muß ihre „Mischung“ fortschreitend mannigfaltiger werden und schließlich die bunte Fülle der Dinge erreichen. Dann geht das Ideenreich von selbst in das Concretum über, der Dualismus der zwei Welten ist überwunden. Die horizontale Teilhabe der Ideen aneinander geht wieder in die vertikale über. Sie ist im Resultat nichts anderes als die komplexe Teilhabe der Dinge an den Ideen.

Man kann dieses Prinzip das einer absteigenden Methexis nennen. Es bedeutet nichts geringeres als die Einheit der Welt auf Grund allseitiger Kohärenz. Eine Begrenzung durch Gruppen oder Schichten ist nicht vorgesehen; überhaupt ist der Gedanke nur in allgemeinen Umrissen konzipiert, nicht weiter differenziert.

In dieser Form ist er jedenfalls nicht haltbar. Er widerstreitet dem Phänomen der Schichtung des Seienden. Er macht die Welt homogener, als sie ist. Überdies mutet er der kategorialen Geltung (Determination) zu viel zu, denn er läßt keinen Spielraum für die lineare Determination des Realen in sich selbst, an der gerade die Besonderung der Fälle hängt (vgl. Kap. 44c). Es fehlt hier noch ganz das Bewußtsein einer Begrenzung der kategorialen Determination, und nicht weniger das einer Begrenzung der Implikation (Kap. 46c und d).

b. Plotins Dialektik. Menschliche und absolute Vernunft.

Plotin, der das Ideenreich noch einmal erstehen ließ, griff auch die Dialektik des späten Platon bewußt auf. Von seinen drei Büchern „über die Kategorien“ (περὶ τῶν γενῶν τοῦ ὄντος) ist das zweite in aller Ausdrücklichkeit ihr gewidmet. Das „Hervorgehen“ der Dinge aus der Verbindung der Ideen ist hier schon zur Grundlage eines Weltbildes geworden: eine durchgehende Emanation (πρόοδος) beherrscht die Welt, indem sie von der absoluten „Einheit“ bis auf die Individuation des Materiellen herabführt.

Der Nachdruck liegt also wieder auf der „Vertikale“. Die Welt ist als Stufenreich gesehen, in „Hypostasen“ geteilt. Aber das Stufenreich ist nicht das natürliche, sondern durch den Gegensatz von Idee und Ding bestimmt. Die Dialektik der Ideen ist die Bewegung einer Weltvernunft (νοῦς), die absteigende Methexis der Realprozeß der Weltentstehung. Die individuellen Dinge sind die untere Grenze des Hervorgehens. Über sie hinaus „nach unten zu“ ist nur noch die Materie, die vielmehr

„nicht seiend" ist; über den νοῦς hinaus nach oben zu nur noch das Eine, das „jenseits des Seienden und des Denkbaren" steht.

In dieser späten Umformung hat der Platonische Verflechtungsgedanke eine gewisse Popularität erlangt. Die Gleichsetzung des „Einen" mit Gott, der Materie mit dem Bösen ließ ihn mit der religiösen Mystik in eins verfließen und zuletzt ganz hinter ihr verschwinden. Damit verschwand auch der Kategoriengedanke. Die Idee des Stufenreiches aber blieb bestehen und gewann nachmals neue Bedeutung, als die natürlichen Seinsstufen in den Anfängen der neuzeitlichen Wissenschaft wieder sichtbar wurden.

So weit ist das metaphysisch-spekulative Motiv dieser Dialektik heute leicht zu bewältigen. Aber daneben hat diese Dialektik noch eine andere Seite, die Beachtung verdient.

Die Verflechtung der Ideen gilt hier als die einer göttlichen Vernunft; sie ist als solche real schöpferisch und weltbildend produktiv. Nun aber hat auch der Mensch Vernunft. Und diese menschliche Vernunft erscheint als verendlichtes Abbild der göttlichen. Bekommt sie nun in sich selbst die reinen Ideen zu fassen, und gelingt es ihr, deren Verflechtung im endlichen Denken nachzubilden — was ja eben im philosophisch-spekulativen Denken zu gelingen scheint —, so erscheint die Dialektik des menschlichen Denkens als ein unmittelbares Gegenbild vom Aufbau der Welt.

Dieser Gedanke, der von Hause aus auf einen logischen Apriorismus der Welterkenntnis hindrängt, liegt allen späteren Versuchen kategorialer Fassung des Seienden in dialektischer Form zugrunde. Ja er ist in allgemeinerer Form — ohne dialektisches Denkschema — die Grundlage des Universalienrealismus gewesen. Und jene traditionellen Vorurteile, die wir als die der logischen Identität, des Formalismus, der Begrifflichkeit u. a. m. kennen gelernt haben, sind hauptsächlich durch ihn zu ihrer Verfestigung gelangt.

c. Die Kombinatorik des Raimundus Lullus und Leibniz' scientia generalis.

Die Entwicklung, die dieser Gedanke nahm, heftete sich zunächst an die Außenseite der Kohärenz: die Mannigfaltigkeit der Kombinationen. Schon Platons Dialektik ging bewußt von einer ausprobierenden Kombinatorik der Ideen aus. Es lag nah, dieses Verfahren zu einer deduktiven Methode durchzubilden. Die einzige Voraussetzung schien die zu sein, daß man zuvor einmal die Ideen „habe". Dafür mußte in irgendeiner Form die Intuition (Erleuchtung, innere Schau) sorgen.

Tatsächlich finden wir auf der Höhe der Scholastik fast allgemein anerkannt ein Erkenntniselement der visio, das diese Funktion übernimmt. Zur eigentlichen Durchbildung aber kam der Gedanke erst bei Raimundus Lullus im 13. Jahrhundert, dessen ars magna die Kombinatorik auf strenge Grundlagen zu bringen suchte und sie dadurch in ihrer Stärke und Schwäche durchschaubar gemacht hat. Was sie wirklich leistete, blieb natürlich hinter ihrer Idee weit zurück. Setzte man in einer Figura A sechzehn Prädikate Gottes oder in einer Figura S vier potentiae der Seele, so ließ sich die Tafel der Kombinationen leicht angeben. Die räumliche Verbildlichung und die methodische Anweisung, wie mit den verschiebbaren Kreisen verfahren werden sollte, tut hierbei wenig zur Sache. Freilich führte gerade die äußere Technik des Verfahrens zunächst zu großen Erfolgen. Aber sie führte sehr bald auch zur Verwerfung der Sache.

Der Sinn der Sache aber geht in dieser Technik nicht auf. Die Kombinationen selbst beruhen keineswegs auf äußerlichem Hinzufügen. Lullus zeigte ausdrücklich, wie die Prädikate Gottes einander implizieren und gleichsam mitsetzen, so daß ihr Bestehen ohne einander real nicht in Frage kommt. Der Gedanke der kategorialen Implikation ist also nicht nur erfaßt, sondern auch die ganze Denktechnik soll nichts anderes sein als ihre Entwicklung im denkenden Verstande. Die Voraussetzung dabei aber ist die, daß Logik und Metaphysik auf denselben Grundlagen beruhen; beide betrachten dieselben res, nur jene als in anima, diese als extra animam seiend. Die ars magna also erhebt den Anspruch, indem sie die Logik des begrifflichen Auffindens ist (ars inveniendi particularia in universalibus), zugleich das Universalinstrument der Erkenntnis des Seienden zu sein.

Über die Wertlosigkeit des Schematismus in der ars magna ist kein Wort zu verlieren. Offenkundig aber ist, daß sich ihr Kerngedanke von diesem Schematismus ablösen läßt. Und in der Tat vollzog sich die Ablösung ganz von selbst, sobald man die inhaltlichen Verhältnisse genauer herausanalysierte. Descartes, der keineswegs sichtbar an diese Dinge anknüpfte, ist bereits Erbe des vollzogenen Ablösungsprozesses, zugleich aber auch einer auf breite wissenschaftliche Basis gestellten inhaltlichen Besinnung. Freilich tritt das Problem hier in der Beschränkung auf seine erkenntnistheoretisch-methodologische Seite auf. Aber eben dadurch gewann es zunächst an Bestimmtheit. Alles reine Erkennen vollzieht sich nach Cartesischer Auffassung auf Grund der simplices; diese können analytisch aufgefunden und dann intuitiv erfaßt werden. Sie bilden die Elemente, aus denen die kompositen Ideen sich „mischen". Sie sind also die Ausgangsebene eines absteigenden Prozesses, in welchem immer komplexere Gebilde entstehen. Diese Gebilde sind der Inhalt der „distinkten" Erkenntnis. Urteils- und Schlußzusammenhänge sind die Bahnen dieses Prozesses, der somit deduktiv einen einzigen, kontinuierlichen Duktus des motus intellectualis darstellt.

Bewußt auf die ars magna geht Leibniz' scientia generalis zurück. Auch sie setzt mit einem schematischen Verfahren, der „allgemeinen Charakteristik" ein. Aber sie läuft nicht auf Figuren und Kombinationen, sondern auf ein inneres Verbindungsgesetz hinaus, welches die simplices nötigt, sich in bestimmter Gruppierung zu verbinden, andere Gruppierungen aber als widersprechend ausschließt. In der Monadentheorie des reiferen Leibniz erhalten sich bestimmte Züge dieses Gedankens: in jeder Monade gibt es die Repräsentation der Welt, also der übrigen Monaden; da sie aber nicht durch Einwirkung von außen vermittelt ist, so kann sie nur im Verstande selbst durch Komplexion der einfachen Ideen a priori hervorgebracht sein. Ins Licht des Bewußtseins fällt dabei gemeinhin nur das komplexe Resultat, ohne daß seine Zusammensetzung durchschaut würde. Solche Repräsentation ist dann ein confusum, denn die Elemente sind in ihr konfundiert; sie kann wohl „klar" sein, aber nicht „distinkt", denn eben die distinctio ist die Unterscheidung der Elemente. Der Philosoph aber kann das Komplexe durchschauen und so zum distinkten und intuitiven Erfassen vordringen.

Der Sache nach läuft diese Idee der Erkenntnis nicht nur auf den vielberufenen absoluten Apriorismus hinaus, sondern auch auf eine universale Kombinatorik der Ideen. Aber es ist keine bewußt vollziehbare, sondern eine in aller Wahrnehmung und Erfahrung immer schon vollzogene Kombinatorik, von der bloß die Resultate ins Bewußtsein fallen.

Eine rein „distinkte" und zugleich intuitive Erkenntnis würde sie freilich auch bewußt vollziehen können. Sie würde sich damit dem Intellekt Gottes nähern, in welchem dieselbe Kombinatorik Weltschöpfung und Weltentwicklung bedeutet. Der inhaltlichen Übereinstimmung mit der göttlichen Ideenverbindung ist aber der menschliche Verstand auch weit diesseits der distinctio sehr wohl fähig. Darauf beruht nach Leibniz die Wahrheit unserer Erkenntnis. Hätte er auch das innere Gesetz der Kombinationen angeben können, so wäre er in Verfolgung seiner Intentionen auf eine inhaltlich entwickelbare Kategorienlehre hinausgelangt.

Ein solches Gesetz anzugeben ist nicht möglich. Das hieße, den universalen Apriorismus nicht nur behaupten, sondern auch mit der Tat durchführen. Der menschliche Apriorismus aber ist kein absoluter. Auch bei Leibniz blieb es schließlich bei der Herausarbeitung einiger weniger, logisch-formaler Gesetze, die an die Mannigfaltigkeit und faktische Komplexheit konkreter Erkenntnis nicht entfernt heranreichen. Gerade die ungeheure Verstiegenheit der Kombinatorik-Idee ist es, die in ihrer konsequenten Durchführung ihre eigene Schwäche offenbar macht. Ihre natürliche Voraussetzung wäre, daß man die Reihe der Kategorien zuvor einmal habe, um dann erst ihre Verbindungen durchprüfen zu können. Diese Voraussetzung ist in keiner Weise erfüllt. Gegeben ist gerade das Concretum, im Bewußtsein so gut wie im Sein. Die Prinzipien aber wollen erst von ihm aus erschlossen sein.

49. Kapitel. Hegels Idee der Dialektik.

a. Kategorien des „Absoluten". Die Antithetik.

Dennoch war es in den Systemen des deutschen Idealismus das Unternehmen der Dialektik, die innere Gesetzlichkeit des Kategorienzusammenhanges nicht nur aufzuzeigen, sondern auch im spekulativen Denken inhaltlich anzuwenden. In dieser Hinsicht ist Hegel der Fortführer der alten Kombinatorik. Nur hört diese dann auf, ein Kombinationsverfahren zu sein, und geht in selbsttätige Bewegung des Gedankens über, in der die Zusammenhänge sich von selbst herstellen.

Reinhold sprach zuerst die Forderung aus, die Kategorien müßten alle inhaltlich aus einem einzigen Prinzip „abgeleitet" werden. Fichte suchte sie in seiner Weise aus dem Prinzip des „Ich" heraus zu deduzieren. In der von ihm entworfenen Reihe implizieren sie einander in der Weise, daß die vorhergehende jedesmal noch einer Bedingung bedarf, unter der sie erst zurechtbesteht; die Bedingung ist dann die nächstfolgende Kategorie. So entsteht eine Gliederkette, in der schließlich alles am höchsten und letzten Gliede hängt. Dadurch wird — obgleich Fichte es nicht wahrhaben will — ein teleologisches Deduktionsschema eingeführt, welches den Sinn der Kohärenz von Grund aus verändert. Freilich bleibt das wahre Gesicht dieser Ableitung hinter der Fiktion einer neutralen Aufrollung der Bewußtseinsphänomene verdeckt.

Bei Hegel geht die Verdeckung noch weiter. Jetzt handelt es sich direkt um „Kategorien des Absoluten". Da aber das Absolute als die Vernunft verstanden wird, so bleibt das philosophische Denken in seiner Exposition der Kategorien dennoch ganz bei sich selbst. Es ist in seinem Tun die Selbstentfaltung des Absoluten, und seine Dialektik muß zugleich die des Seienden sein.

In dieser Voraussetzung ist die alte Annahme der Rationalisten — die Wesensidentität der menschlichen Vernunft mit einer postulierten Weltvernunft — aufs äußerste getrieben. Gibt es kein Absolutes, oder ist das Absolute nicht Vernunft, und ist diese wiederum der menschlichen nicht irgendwie analog, so fällt alles weitere in sich zusammen. Und was berechtigt zu einer solchen Annahme?

Wäre Hegels Dialektik nichts als die Durchführung dieses Dogmas, so ginge sie die Kategorienlehre nichts an. Aber sie ist noch etwas anderes. Sie ist eine Metaphysik der kategorialen Implikation, die unter den großen Theorien der Vergangenheit einzig dasteht. Darum muß sich der Epigone mit ihr auseinandersetzen.

In dieser Theorie hat die kategoriale Kohärenz ein sehr bestimmtes Schema angenommen. Man kann es in drei Momente zerlegen: 1. die Antithetik, das an jeder Kategorie auftretende Widerspiel von These und Antithese, welches über sie hinausweist; 2. die Synthese, das Hervorgehen der neuen Kategorie aus dem Widerstreit; und 3. der teleologische Aufstieg in dieser Bewegung, in dem sich die niedere Kategorie jedesmal als ein bloßes Moment der höheren erweist.

Das bekannteste dieser drei Momente ist das erste, die Antithetik. Man kann es nicht damit abtun, daß es viel zu sehr verallgemeinert auftritt. Faktisch gibt es freilich auch ganz andere, einfache Implikation der Kategorien; aber es gibt doch auch mehr Widerstreit, als das harmonistische Denken meint, und Hegel hatte nicht nur recht, ihn aufzudecken, sondern sein Verfahren ist auch das Mittel, ihn aufzuspüren. Auf diese Weise gelang ihm eine ganze Reihe wichtiger Entdeckungen.

Zugleich aber wurde die faktische Mannigfaltigkeit der kategorialen Verhältnisse durch dieses Schema auch verdeckt und um ihren natürlichen Reichtum gebracht. Außerdem fehlt dieser Dialektik eine klare Unterscheidung zwischen Kategorie und Begriff. Fraglich ist es, ob der Bewegung der Begriffe auch eine solche der Kategorien selbst entspricht. Von den aufgewiesenen „Widersprüchen" gehören ohne Zweifel viele nur der Begriffssphäre an, — wie denn der Widerspruch überhaupt nur im Reich des Gedankens auftritt. Der echte Widerstreit der Sache ist, namentlich in den niederen Seinsschichten, nicht entfernt so dicht gesät, wie die Einseitigkeit der Begriffe uns vortäuscht (vgl. Kap. 32a und c).

So haben wir in der Hegelschen Dialektik manche echte Sachantinomie, die der kategorialen Struktur anhaftet, daneben aber viele unechte. Die saubere Scheidung der einen von der anderen ist eine Arbeit der speziellen Analyse, die bis heute noch nicht geleistet, ja kaum in Angriff genommen ist.

b. Die Synthesen und die aufsteigende Richtung der Dialektik.

Es liegt auf der Hand, daß eine Dialektik, die spekulativ am Begriff hängt, sich auch konstruktiv weit von der realen Welt und ihren Kategorien entfernen kann. Das wird bei Hegel sehr sichtbar in der Art, wie seine Synthesen sich über der Antithetik aufbauen. Diese Synthesen sind nicht Auflösungen des Widerspruchs, sondern nur seine „Aufhebung" in ein anderes, in dem er erhalten bleibt.

Synthesen solcher Art lassen sich natürlich immer konstruieren und auch in gewissen Grenzen inhaltlich vordemonstrieren, ohne daß damit gesagt wäre, daß es im Seienden auch so etwas gebe. In der Konstruktion von Synthesen liegt die eigentliche innere Gefahr einer spekulativen Dialektik; in ihr ist auch das Hauptmoment des Unreellen in der Hegelschen Dialektik zu suchen. Freilich gibt es auch unter den Synthesen Hegels solche, die wirklich ein Sachverhältnis treffen und damit ein Kategorienverhältnis aufdecken; das gilt in erster Linie von denjenigen, die auf dem Gebiete des geistigen Seins liegen. Aber gerade das ist verführerisch im Hinblick auf die lange Reihe der übrigen Synthesen; es erweckt den Schein, als wären auch sie an der Sache selbst gewonnen. Die Dialektik selbst aber hat kein Mittel, hier nüchtern zu unterscheiden und auszulesen.

Vollends irreführend aber ist das dritte Moment (neben der Antithetik und der Synthesis), der Aufstieg. Wenn jedes komplexe Kategorienverhältnis eine höhere Kategorie impliziert, so wird damit nicht nur die Implikation überhaupt aus ihrer natürlichen Dimension, der „Horizontale", in ein Höhenverhältnis verschoben, sondern das Höhenverhältnis wird auch ganz eindeutig als die einseitige, nicht umkehrbare Abhängigkeit des Niederen vom Höheren verstanden. Damit aber wird eine gewaltige Vorentscheidung über den Aufbau der realen Welt getroffen. Der Gesamtaspekt ist dann eine einzige ununterbrochene Kette kategorialer Dependenz — ähnlich wie die im Neuplatonismus entworfene —, wobei letzten Endes alles am höchsten Gliede hängt: alles Mechanische ist schon organisch bedingt, alles Organische ist seelisch bedingt, und so immer weiter bis hinauf zum „absoluten Geiste". Das Ganze der Welt hat sein Universalprinzip im Geiste. Damit ist dann alle eigentliche Untersuchung über die Schichtungs- und Abhängigkeitsverhältnisse der realen Welt überflüssig gemacht; ihr Resultat ist vorweggenommen.

Es wird sich noch zeigen, wie katastrophal diese Vorwegnahme ist, denn sie ist unzutreffend. Sie verfälscht das Gesamtbild des Weltbaus von Grund aus. Der Aufstieg ist das bedenklichste Moment in der Hegelschen Dialektik, dasjenige wodurch sie unreell wird und den Zusammenhang mit dem Gegebenen verliert.

Die angegebenen drei Fehlerquellen in ihr lassen sich an zahlreichen Beispielen belegen. Einer der bekanntesten Grundsätze Hegels ist der, daß alles Ansichsein die Tendenz zu seinem Fürsichsein habe, weil es sich erst in ihm vollende (wobei Fürsichsein nicht die Absonderung, sondern das Wissen um das eigene Sein bedeutet). Wenn das bloß als

Gesetz des geistigen Seins gelten sollte, so wäre es immerhin diskutabel, wennschon nicht wahr. Soll es aber auch für alles niedere Sein gelten, so ist es ein usurpiertes Prinzip, eine Grenzüberschreitung der gefährlichsten Art; und unabsehbar sind die Konsequenzen, die es nach sich zieht. Hier wurzelt die Teleologisierung und Vermenschlichung der Natur.

Ähnliches läßt sich an spezielleren Beispielen aufzeigen. Was soll es z. B. heißen, daß alle prozeßhafte Unendlichkeit „schlecht" ist, oder daß sie die Tendenz hat, in „wahrhafte" Unendlichkeit (die zyklische) überzugehen? Das hat nur Sinn, wenn in ihr ein Sollen steckt, und wenn das Seinsollende darin von vornherein die „wahrhafte" Unendlichkeit ist. Daß aber ein Sollen in jener steckt, ist eine bloße Annahme. Es ist vorausgesetzt, daß das Endliche als solches nicht die Wahrheit seiner selbst ist, weil es ein „Ende" hat, und weil Ende Negativität zu sein scheint. Im Wesen der Sache aber liegt es, daß die anhaftende Negativität gerade mit zur Bestimmtheit des Wirklichen gehört, und daß ein dialektisches Hinausgelangen über sie auch ein Anlangen beim Unwirklichen bedeuten könnte. Es ist eben ein bestimmter Seinsbegriff (der des „Absoluten") zugrundegelegt, und aus ihm heraus wird argumentiert. Ob es ein solches Sein mitsamt seiner zugehörigen Sollenstendenz überhaupt gibt, wird gar nicht erst diskutiert.

Ein anderes Beispiel ist die berühmte Dialektik des Seins und Nichts im Anfang der Hegelschen Logik. Ihr affirmativer Sinn liegt im „Werden" als der Synthese jener beiden, in der dann Entstehen und Vergehen Momente sind. Aber die Voraussetzung ist, daß es überhaupt ein Werden in diesem Sinne gibt. Und das ist sehr fraglich. Ein Übergehen vom Nichts zum Sein und vom Sein zum Nichts ist schlechterdings unbekannt. Auf den wirklichen Gebieten des Werdens finden wir nichts als das Übergehen des einen Seienden in anderes Seiendes; was etwas von Grund aus anderes ist.

Das Werden ist überhaupt kein Gegensatz zum Sein, sondern selbst eine Seinsform, nämlich die allgemeine Seinsform alles Realen. Was also die Dialektik in diesem Falle beschreibt, ist eine reine Begriffsbewegung ohne Seinsbewegung, ein spekulativ leerlaufendes Denken, das mit kategorialer Kohärenz nichts zu schaffen hat.

c. Innere Gründe des Streites um die Dialektik.

Methodisch muß zu diesen Überlegungen bemerkt werden, daß man keineswegs jedermann ohne weiteres damit überzeugen kann. Es sind zwei Bedingungen dafür zu erfüllen: 1.) eine gewisse formale, denktechnische und inhaltliche Beherrschung der Hegelschen Dialektik und

2.) eine gewisse Distanz gegen sie. Diese Bedingungen zu erfüllen ist außerordentlich schwer.

Erfahrungsgemäß fordert die denktechnische Beherrschung dieser Dialektik eine langjährige Hingabe an sie. Denn man kann sie nicht von außen fassen, man kann nur mit dem eigenen Denken in sie eintreten und ihre eigenartigen Gänge mitvollziehen. Ist man aber nach vielem Bemühen in ihren Duktus hineingelangt, so ist das eigene Denken auch von ihr erfaßt und geformt, man ist ihr verfallen, in ihr gefangen, hat keine Freiheit mehr gegen sie. Wer sie „beherrscht", der wird vielmehr von ihr beherrscht und verliert das Urteil über sie. Das Organ der Kritik versagt. Diese Erfahrung bestätigt sich immer wieder.

Die innere Gefahr der Dialektik ist die unwiderstehliche Verführungskraft, die sie ausübt, sobald man ihre Kunst erlernt hat. Es gibt dann keine Verständigung mehr mit dem undialektischen Denken. Von jeher haben die Hegelianer dieses Schicksal erfahren: sie wurden zwangsläufig dahin geführt, zu glauben, sie allein seien im Besitz der höheren Wahrheit; sie wurden dogmatisch und unduldsam. Und eben damit beschworen sie nicht nur die berechtigte Ablehnung über sich, sondern auch die unberechtigte über Hegel herauf. Hier liegt der Grund, warum bis heute keine rechte Klarheit über die Hegelsche Dialektik besteht: sie wurde fast immer entweder kritiklos abgelehnt oder ebenso kritiklos nachgebildet und für den alleinigen Weg der Wahrheit ausgegeben. Daher die Unfruchtbarkeit des spekulativen Streites um das Erbe Hegels.

Weit schwieriger aber noch, als dieser Dialektik zugleich verstehend zu folgen und kritisch gegenüberzustehen, ist die Aufgabe, ihr auswertend gerecht zu werden. Sie ist nicht nur eine Methode des philosophischen Vorgehens, sondern auch eine Metaphysik der kategorialen Kohärenz, so gut wie die Kombinatorik eine solche war, nur mit überlegenen Mitteln und gesteigertem Anspruch. Und gerade in dieser ihrer Eigenschaft als Metaphysik ist sie für das Problem der Kategorien lehrreich — ebensosehr in den positiven Einsichten, die sie erschließt, wie in ihren Fehlern.

Kein objektiver Beurteiler wird ihr die Fülle ihrer inhaltlichen Errungenschaften bestreiten: die lange Reihe erstmalig herausgearbeiteter Probleme, Antinomien und kategorialer Strukturen. Aber diese unter dem Schutt formaler Irrgänge und geschichtlich bedingter Vorurteile hervorzuziehen und gleichsam gereinigt herauszupräparieren, kann immer nur in der eingehendsten Detailarbeit gelingen. Eine allgemeine Regel läßt sich dafür nicht angeben. Es ist eine ähnliche Aufgabe, wie sie dem Epigonen auch anderen Systemen gegenüber zufällt: Geschichtliches und Übergeschichtliches in ihnen zu scheiden, das eine abzustreifen, das andere auszuwerten und fortzubilden.

Mit dieser Aufgabe stehen wir heute noch in den Anfängen. Die hundert Jahre des unfruchtbaren Methodenstreites liegen noch zu nah hinter uns. Aber es kann keinem Zweifel unterliegen, daß die auf ontologischen Boden gestellte Kategorialanalyse es auch mit dieser Aufgabe aufnehmen muß. Kein anderer Forschungsweg kommt dafür in Betracht. Und man darf hoffen, daß dabei noch vieles in dem Geflecht der kategorialen Kohärenzphänomene sich wird klären lassen.

Wir haben bereits in der Analyse der elementaren Gegensatzkategorien eine Reihe von Beispielen solcher Auseinandersetzung mit Hegelscher Dialektik gehabt. Und es kann nicht anders sein, als daß sich höher hinauf in der speziellen Kategorienlehre diese Fälle häufen müssen.

Eines freilich muß hier beschränkend angemerkt werden. Die bedeutendsten Errungenschaften Hegels liegen auf der Höhe des geistigen Seins. Bis in diese Schichtenhöhe hinauf aber reichen die Wege heutiger Kategorialanalyse noch kaum. Die wichtigsten Aufschlüsse werden hier einer anderen Zeit auf Grund anderer Problemlage vorbehalten bleiben.

d. Kategoriale Kohärenz und Verflüssigung der Begriffe.

Indessen über die Grenzen des Inhaltlichen hinaus, das hier zu gewinnen ist, liegt noch ein anderes, das für alles Verständnis kategorialen Seins und seiner Gesetzlichkeit von hohem Lehrwert ist.

An der Kohärenzgesetzlichkeit, wie sie innerhalb der einzelnen Kategorienschichten herrscht, sahen wir das Eigentümliche, daß durch sie die Kategorien einer Schicht unlöslich miteinander verschmelzen. Das Ganze der Schicht wirkt wieder wie eine einzige Kategorie; ja die gleiche Ganzheit, wennschon mit verschobenen Momenten, ist in jedem Gliede enthalten. Unter solchen Umständen liegt der Gedanke nah, daß es sich in einer Kategorienschicht überhaupt nur um eine gediegene Einheit handelt, und daß vielleicht nur der menschliche Gedanke durch seine Begriffe diese Einheit zu unrecht in Glieder aufteilt, weil er sie nicht anders fassen kann. Was er für einzelne Kategorien ausgibt, wäre alsdann ein subjektives Aufteilungsprodukt, von dem man eben die Zäsuren der Begriffsbildung erst wieder subtrahieren müßte.

Nun läßt sich natürlich ohne Begriffe nicht philosophisch arbeiten. Begriffe aber teilen das kategoriale Continuum auf; sie wären demnach ebensosehr Verfehlung wie Erfassung der Kategorien, ein Mittel des Denkens, das zugleich sein Hindernis ist. Es wäre denkbar, daß in der

Einheit der Kohärenz die Kategorien ohne Fugen ineinander übergehen, daß also, wenn man sie recht fassen könnte, ihre Pluralität verschwinden und in ungeteilte Einheit übergehen müßte. Die Begriffsbildung wäre willkürliche Zerschneidung, der keine wirklichen Einschnitte entsprächen. Man müßte sie dann also auch durch andere Begriffe ersetzen können, die anders einschneiden und aufteilen. Ja, man müßte von Rechts wegen die Begrenztheit der Begriffe überhaupt aufheben und sie selbst ineinander überfließen lassen.

Die Hegelsche Dialektik nun ist das Beispiel einer Begriffsbildung, die mit dieser Forderung in der Tat Ernst macht. Die kategorialen Begriffe gehen hier selbst und als solche ineinander über. Als vereinzelte verschwinden sie damit im Duktus der Dialektik. Hegel nennt dieses die „Flüssigkeit" der Begriffe; und der Sinn dieser Verflüssigung geht dahin, daß erst durch sie die Begriffe tragfähig für ihren Gegenstand werden. Im Fortgange der Dialektik nämlich sagt immer erst der nächste, was der vorhergehende war; dieser war also ohne ihn gar nicht er selbst. Es ist zwar die Diskretion der Begriffe, an die sich hierbei der Wortausdruck hält; aber das Verhältnis selbst, das ausgedrückt wird, ist ein Continuum der Begriffe. Die Dialektik bleibt so zwar mit dem Widerspruch behaftet, weil das Begreifen mit der Scheidung der Begriffe behaftet bleibt. Aber sie ist doch der Ausdruck der Ungeschiedenheit und des Gegenteils ihrer selbst.

Hier trifft die Hegelsche Dialektik einen Punkt, der für die Fassung der kategorialen Kohärenz wesentlich ist. Von jeher hat die Definitionstechnik der klassischen Logik an den Kategorien versagt. Das liegt nicht am Einschlag der Irrationalität allein, es liegt auch an der Grenzziehung (definitio) als solcher; der unbegrenzte Begriff aber ist kein Begriff mehr. Man muß also die Begriffe in ständiger Auflösung und Umbildung erhalten; und das eben ist es, was Hegel mit der Bewegung der Begriffe meint, ja was ihm auch in manchen Partien seiner Dialektik gelungen sein dürfte. Denn es läßt sich nicht verkennen, daß ihm auf diese Weise die lichtvolle und wahrhaft geniale Fassung von schwierigen Sachverhältnissen geglückt ist, die sonst nirgends durchsichtig gemacht werden konnten.

Die Kategorienlehre kann der Verflüssigung des Begriffs nicht entbehren. Es ist dazu freilich keineswegs notwendig, daß sie „dialektisch" — oder gar Hegelisch — werde. Vielmehr ist von der Dialektik zu lernen, daß überhaupt Begriffe keine festumrissenen, unbeweglichen Gebilde sind, daß vielmehr erst eine bestimmte und in ihrer Weise sehr beschränkte Denktechnik sie dazu gestempelt hat. Diese Technik ist die der formalen Logik, die mit Definitionen anfängt und in Definitionen ausläuft. Aber hier eben liegt der Irrtum.

Begriffe sind vielmehr, solange sie in einem produktiven Denken lebendig sind, stets beweglich, flüssig, anpassungsfähig. Sie sind, solange sie nicht im trägen Denken zu verblaßten Abstraktionen herabsinken, stets „im Begriff", neuer Einsicht zu folgen, sie zu fassen, in ein größeres Ganzes einzubauen. So ist es nicht in der Dialektik allein, ja auch nicht in der Wissenschaft allein, so ist es auch im Leben selbst, wo das Denken unausgesetzt in neuer Begriffsbildung steht. Denn die Erkenntnis der Sache, die begriffen werden soll, steht nie still. Alles menschliche Erfahren, Lernen, Forschen zeigt die Begriffe in voller Bewegung: sie gerade sind es, die sich dabei wandeln.

Und im großen Stile ist die geschichtliche Bildung und Umbildung der Begriffe nichts anderes als dieselbe Bewegung. In der Geschichte der Begriffe lösen nicht nur einzelne „Merkmale" innerhalb der Begriffe einander ab, es lösen auch ganze Begriffe innerhalb größerer Begriffszusammenhänge (Theorien) einander ab. Die Bewegung dieser Ablösung aber geht den Weg des Urteils: es wird immer wieder ein neues Merkmal dem Begriff (S) als sein Prädikat (P) eingefügt. In der Geschichte eines Begriffes hat der Satz Hegels universale Bedeutung: erst die Prädikate sagen, was das Subjekt ist.

Man bleibt also auch mit den verflüssigten Begriffen auf durchaus reellem Boden. Kategorien wenigstens sind Gegenstände, die man nur mit solchen Begriffen fassen kann. Was ein vereinzelter Kategorienbegriff sagt, betrifft immer nur einen relativ willkürlichen Ausschnitt aus einem viel größeren, einheitlichen Gefüge mannigfaltiger Bestimmungen. Niemals aber sind die Einschnitte, die er durch seine Definition setzt, Einschnitte des kategorialen Seins selbst.

Dieses Verhältnis läßt sich freilich nicht generell verständlich machen. Es kann sich nur in der Kategorialanalyse selbst ausweisen. Am Beispiel der elementaren Gegensatzkategorien sind wir ihm bereits begegnet. Selbstverständlich kann man deswegen nicht aufhören, Kategorien in annähernd bestimmt umrissene Begriffe zu fassen. Aber es zeigte sich schon und wird sich in der Folge noch mehr zeigen, daß in eben diesem Nicht-anders-Können der Erkenntnis doch auch eine Grenze der Kategorienerfassung und des Kategorienverständnisses überhaupt liegt. Das philosophische Denken eben stößt, indem es seine eigenen Bedingungen und die seines Gegenstandes zu fassen trachtet, auf eine denkfremde — seiner Funktion und Struktur heterogene — Bedingtheit. Es steht in seiner philosophisch höchsten Funktion sich selbst im Wege.

Auch diese Einsicht freilich darf man nicht auf die Spitze treiben. Es bleibt schon in aller begrenzten und definitorisch umrissenen Begriffsfassung ein Kern des Reellen. Anders ließe sich mit dem menschlichen Begreifen in einem solchen Problem gar nicht arbeiten. Aber das

Eigentliche der Kategorien faßt solche Begriffsbildung nur im Bewußtsein ihrer Grenzen. Dazu gilt es die Verfestigung des Begriffenen zu vermeiden, den geprägten Begriff stets über seine Prägung hinaus offen zu halten, das Ganze, in dem er Glied ist, mit vor Augen zu haben. Oder, wie Hegel es ausdrückt, es gilt, das eigene Denken dauernd in der „Anstrengung des Begriffs" zu erhalten. Denn der Begriff ist Aufgabe. Er kommt nie zu Ende.

III. Abschnitt

Gesetze der kategorialen Schichtung

50. Kapitel. Das Höhenverhältnis der Kategorien.

a. Schichtung und Kohärenz.

Die Schichtenfolge der realen Welt ist das eigentliche Gerüst ihres Aufbaus. Die Gesetze, die sie beherrschen, sind daher in einem engeren und eminenten Sinne Gesetze des Aufbaus der realen Welt. Daß es kategoriale Gesetze sind, folgt aus dem Verhältnis der Kategorien zu ihrem Concretum, wie die Geltungsgesetze es festgelegt haben. Was sie aber besagen, kann sich weder aus der Geltung noch aus der Kohärenz ergeben, denn beide setzen die Überlagerung der Schichten schon voraus, sagen aber nicht, worin sie besteht. Das sagen erst die Schichtungsgesetze. Denn eine Schichtenfolge kann in sich selbst sehr verschieden gebaut sein.

Die Schichtung der realen Welt, wie sie oben beschrieben wurde (Kap. 20 und 21), ist nicht eine bloße Höhenordnung, sondern ein Verhältnis von sehr eigenartigem Bau, das die inhaltlichen und determinativen Beziehungen zwischen den Schichten betrifft. Viele Denker der Geschichte haben die Überlagerung erkannt, ohne doch ihren inneren Bau zu durchschauen; ja, die meisten haben ihr stillschweigend unzutreffende Gesetze untergeschoben. Die Lehre von den Schichtungsgesetzen, sowie den mit ihnen eng zusammenhängenden Dependenzgesetzen, hat die Aufgabe, hier Klarheit zu schaffen.

Die allgemeine Hauptthese zum Schichtungsverhältnis darf bereits als ausgemacht gelten. Sie lautet dahin, daß überhaupt jede Seinsschicht eigene Kategorien hat. Sie ergab sich schon in der Kritik jenes kategorialen Vorurteils, das in den metaphysischen Systemen am meisten verbreitet ist, des Vorurteils der Grenzüberschreitung (der unstatthaften Übertragung der Kategorien von Schicht zu Schicht, Kap. 7); sie befestigte sich in der Phänomenanalyse der Schichtung selbst (Kap. 20c) und wurde bereits im Grenzgesetz der kategorialen Geltung, dem Gesetz der Schichtenzugehörigkeit, ausgesprochen. Mit dieser Hauptthese also haben es die Schichtungsgesetze nicht mehr zu tun. Ihre Aufgabe beginnt vielmehr erst, nachdem die Hauptthese feststeht.

Denn mit dieser allein ist noch wenig gesagt. Hat jede Seinsschicht ihre eigenen Kategorien, so könnte man meinen, daß die Kategorienschichten beziehungslos zueinander stünden. Dem kann natürlich, da es sich um den einheitlichen Aufbau einer realen Gesamtwelt handelt, nicht so sein. Sind aber Beziehungen da, so scheint es, daß sich damit auch die kategoriale Kohärenz über die Schichtengrenzen hinaus erstrecken müßte. Damit aber würden die Schichten ineinanderfließen, was wiederum dem Grundphänomen der Überlagerung zuwiderliefe. Das tatsächliche Verhältnis muß also ein anderes sein.

Den Unterschied von der Kohärenzgesetzlichkeit richtig zu fassen, ist demnach gleich von den ersten Schritten ab ein Hauptanliegen. Es wird sich nicht mit einem Schlage befriedigen lassen. Wohl aber läßt sich vor der genaueren Analyse auch zu diesem Punkt das Grundsätzliche festlegen.

Die Kohärenz der Kategorien ist von subtiler Tiefe und Mannigfaltigkeit. Die Gesetze fassen nur das Allgemeine davon; im einzelnen ist sie von Fall zu Fall eine andere. Die dialektischen Theorien, die ihr nachgehen, neigen dazu, alle Beziehungsgesetzlichkeit der Kategorien in Implikation aufzulösen. Die Folge ist, daß kein Raum für andere Beziehungen bleibt. Tatsächlich aber schließen sie das Höhenverhältnis der Kategorien nicht aus, sondern suchen es in die Kohärenz hineinzunehmen. Und dabei geschieht es denn, daß sie vielmehr die Kohärenz selbst aus ihrer natürlichen Dimension, der „Horizontale", herausreißen und in die „Vertikale" umbiegen. So tat es schon Platon mit der absteigenden Methexis, so auch Hegel in der aufsteigenden Reihe der Synthesen.

Dabei muß natürlich die Eigengesetzlichkeit des Überlagerungsverhältnisses vollkommen verkannt werden: die Schichtung erscheint als ein Epiphänomen der Kohärenz. Und damit wird ihr ein viel komplizierteres, zugleich auch metaphysisch anspruchsvolleres Schema aufgezwängt, als ihr in Wirklichkeit zukommt. Hier lag eine Fehlerquelle der Kategorienforschung seit den Tagen der Ideenlehre. Sie ist heute noch nicht radikal behoben. Man kann sie auch nicht durch Kritik allein beheben. Man kann ihr nur den positiven Aufweis selbständiger, von der Implikation unabhängiger Schichtungsgesetze entgegensetzen.

Das Verhältnis des Höheren und Niederen im Kategorienreich ist nämlich nicht nur ein ganz anderes, sondern auch ein viel einfacheres und darum in größerer Bestimmtheit angebbares. Schon allein dadurch sticht es vorteilhaft von der Verschlungenheit der Kohärenz ab. Es trägt keinen Widerstreit in sich, läuft auf keine Paradoxien hinaus, drängt das Denken nicht an die Grenzen der Begrifflichkeit, involviert daher auch nirgends, wo es ins Bewußtsein durchdringt, eine spekulative Methode (nach Art der Kombinatorik oder Dialektik).

Diese durchsichtige Schlichtheit gibt ihm eine gewisse Großzügigkeit. Und darin wurzelt ein objektiver Vorrang, der methodologisch der Kategorienlehre in hohem Maße zugute kommt. Daß trotzdem das Schichtungsverhältnis noch wenig bekannt, geschweige denn methodisch ausgewertet ist, darf als Symptom gelten, wie sehr sich die Kategorienlehre noch immer in ihren Anfängen befindet. Befremdlich wirkt das zumal, wenn man erwägt, daß Schichtung und Kohärenz als Arten kategorialer Beziehung sich in ein und derselben Mannigfaltigkeit überschneiden. Die Querschnitte der Schichtung müssen auf jeder Höhenlage in die „Horizontale" fallen, d. h. die Kohärenz der Schicht aufweisen; und die Querschnitte der Kohärenz müssen in die „Vertikale" fallen, d. h. ein Schichtenverhältnis aufweisen.

Es liegt auf der Hand, daß in diesem Überschneidungsverhältnis der beiden Gesetzlichkeiten ein methodisch eminentes Mittel gegenseitiger Kontrolle für beide Richtungen möglichen Vordringens liegt. Zumal der genaueren Erforschung der Kohärenz dürfte das zugutekommen. Denn sie hat es mit dem bei weitem undurchsichtigeren Verhältnis zu tun und ist stets in Gefahr, entweder in der Starrheit der Begriffe oder in der Auflösung aller greifbaren Bestimmtheit stecken zu bleiben.

b. Formulierung der Schichtungsgesetze.

Das Schichtungsverhältnis selbst ist in zwei parallelen Phänomenreihen gegeben. Die eine hängt am Concretum, die andere an den kategorialen Strukturen, soweit deren inhaltliches Verhältnis sich aufzeigen läßt. Die erste Phänomenreihe ist die Überlagerung der nach Stufen der Seinshöhe voneinander abgehobenen Geformtheiten des Realen. Sie ist oben als eine in der Hauptsache vierstufige Gliederung geschildert worden, in der die Einschnitte allerdings von sehr verschiedener Tiefe sind (Kap. 20a und d).

Die zweite Phänomenreihe besteht in dem mit der Schichtenfolge Schritt haltenden Ineinanderstecken der Kategorien. Dieses bedeutet ganz schlicht das Enthaltensein kategorialer Strukturen niederer Art in den höheren, wie es dem Verhältnis des durchgehenden Getragenseins der höheren Seinsstufen von den niederen, resp. ihres Aufruhens auf ihnen entspricht. Das war es, was der Grundsatz der kategorialen Schichtung (Kap. 42c) aussprach: Kategorien der niederen Schichten sind weitgehend in den höheren enthalten, aber nicht umgekehrt diese in jenen.

Man sieht bereits an diesem Grundsatz, wie die Schichtung der Kategorien eine von Grund aus andere Form hat als die Kohärenz. Die Implikation — wenn man es hier noch so nennen will — ist durchaus einseitig: nur die höheren Kategorien setzen niedere voraus, nicht die niederen höhere. Ob das Voraussetzen in dieser einseitigen Richtung ein durchgehendes ist, steht dabei noch in Frage. Die Begrenzung des Verhältnisses ist noch ein besonderes Problem, für das der Anhalt in den Phänomenen erst zu suchen sein wird.

Das Ineinanderstecken der Kategorien nach ihrer Seinshöhenordnung ist insoweit nichts anderes als die kategoriale Kehrseite des Überlagerungsverhältnisses der Seinsschichten selbst und läßt sich von ihm gar nicht abtrennen. Man sollte demnach erwarten, daß die Analyse des Schichtungsverhältnisses die denkbar einfachste sei: weil die ontische Überlagerung am Concretum eine eindeutige und nicht umkehrbare ist, muß auch das Ineinandergeschobensein der Kategorien ein eindeutig an eine bestimmte Richtung gebundenes und nicht umkehrbares sein. Nur ist es, wie sich zeigen wird, damit allein nicht getan. Denn es gibt Einschnitte im Schichtenbau der realen Welt, die diesem einfachen Verhältnis eine Grenze setzen.

Das Grundverhältnis — wie es der Grundsatz der Schichtung ausspricht — läßt sich nun in vier Schichtungsgesetze auseinanderlegen, die ähnlich wie die Kohärenzgesetze erst zusammen eine einheitliche, wiewohl komplexe Gesetzlichkeit ausmachen. Voneinander getrennt bleiben sie einseitig und geben zu Mißverständnissen Anlaß, die ihren Inhalt verdunkeln.

1. Das Gesetz der Wiederkehr. Niedere Kategorien kehren in den höheren Schichten als Teilmomente höherer Kategorien fortlaufend wieder. Es gibt Kategorien, die, einmal in einer Schicht aufgetaucht, nach oben zu nicht mehr verschwinden, sondern immer wieder auftauchen. Die Gesamtlinie solcher Wiederkehr hat die Form eines ununterbrochenen Hindurchgehens durch die höheren Schichten. Aber dieses Verhältnis kehrt sich nie um: die höheren Kategorien tauchen in den niederen Schichten nicht wieder auf. Die kategoriale Wiederkehr ist irreversibel.

2. Das Gesetz der Abwandlung. Die kategorialen Elemente wandeln sich bei ihrer Wiederkehr in den höheren Schichten mannigfaltig ab.

Die besondere Stellung, die ihnen in der Kohärenz der höheren Schichten zufällt, gibt ihnen von Schicht zu Schicht neue Überformung. Was sich erhält, ist nur das Element selbst. An ihm als solchem ist die Abwandlung akzidentell. Im Aufbau der realen Welt aber ist sie ebenso wesentlich wie die Erhaltung.

3. Das Gesetz des Novums. Auf Grund der Wiederkehr ist jede höhere Kategorie aus einer Mannigfaltigkeit niederer Elemente zusammengesetzt. Aber sie geht niemals in deren Summe auf. Sie ist stets noch etwas darüber hinaus: sie enthält ein spezifisches Novum, d. h. ein kategoriales Moment, das mit ihr neu auftritt, das also weder in den niederen Elementen noch auch in deren Synthese enthalten ist und sich auch in sie nicht auflösen läßt. Schon die Eigenstruktur des Elementen-Verbandes in ihr ist ein Novum. Es können aber auch neue, eigenartige Elemente hinzutreten. Das Novum der höheren Kategorien ist es, was in der Wiederkehr der Elemente deren Hervor- und Zurücktreten, sowie ihre Abwandlung bestimmt.

4. Das Gesetz der Schichtendistanz. Wiederkehr und Abwandlung schreiten nicht kontinuierlich fort, sondern in Sprüngen. Diese Sprünge sind allen durchgehenden Linien kategorialer Wiederkehr und Abwandlung gemeinsam. Sie bilden an der Gesamtheit solcher Linien einheitliche Einschnitte. Auf diese Weise ergibt sich eine einzige Vertikalgliederung für alle Abwandlung durch die Höhendistanz der sich überlagernden Schichten. In diesem einheitlichen Stufenreich hat jede höhere Schicht der niederen gegenüber auch ein gemeinsames Novum: sie enthält die abgewandelte Schichtenkohärenz der niederen und taucht selbst mit der ihrigen abgewandelt in der nächst höheren auf. Sie erhält sich also — entsprechend den Kohärenzgesetzen — in ihrer Gesamtheit nicht anders als die einzelnen Kategorien.

c. Schichtungsverhältnis und logisches Subsumptionsverhältnis.

Einen strengen Beweis dieser Gesetze zu erbringen, wäre nur bei vollständiger Übersicht aller Kategorien möglich. Davon kann im heutigen Stande der Kategorienlehre nicht die Rede sein. Sie zu einer gewissen Einsichtigkeit bringen kann man aber auch ohne strengen Beweis.

Die vier Gesetze nämlich sind inhaltlich so beschaffen, daß sie unmittelbar einleuchten, wenn man ihren Sinn einmal ganz erfaßt hat. Man erfaßt diesen ihren Sinn aber, wenn man das Gesamtverhältnis der Schichtung, dem sie Ausdruck geben, in seiner Eigenart durchschaut. Dafür ist, wie bei den früheren Gesetzen, zweierlei erforderlich: 1.) sich das Gesamtbild der Gesetze so konkret wie möglich zur Anschauung zu bringen, und 2.) die Eigentümlichkeit des durchgehenden Verhältnisses an einigen repräsentativen Beispielen zu belegen.

Die erstere dieser beiden Forderungen läßt sich schon durch einen Vergleich mit der logischen Begriffsschichtung annähernd erfüllen. Die kategoriale Schichtenfolge erinnert unwillkürlich an das aus der Logik wohlbekannte Subsumptionsverhältnis. Und das ist kein Zufall: die logische Über- und Unterordnung der Begriffe mit ihrem indirekt proportionalen Verhältnis von Umfang und Inhalt ist eben weit entfernt, eine bloß logische zu sein. Es ist von Hause aus ein ideales Seinsverhältnis, sein Gesetz ist ein Wesensgesetz. Indem dieses Gesetz nach zwei Seiten — ins Reale und in das Reich des Gedankens — bestimmend übergreift, erweist sich die logische Ordnung der Begriffe als fähig, eine reale Ordnung gegenständlicher Bestimmtheiten zu erfassen.

Ist nun die Ordnung des Realen eine geschichtete, so muß das logische Grundschema das Höhenverhältnis der Realkategorien irgendwie widerspiegeln. Die Gesetzlichkeit der Begriffsschichtung muß also in gewissen Grenzen ein getreues Gegenbild des ontologischen Grundverhältnisses sein; anders könnten die Begriffe jene selben Seinsverhältnisse, deren Bestimmtheiten in den Kategorien liegen, nicht repräsentieren.

Der geschichtliche Ursprung der Logik ist ein direktes Zeugnis für diese Sachlage. Aristoteles sah überhaupt nicht zwei verschiedene Verhältnisse, sondern nur eines, das ihm zugleich als das logische und ontologische galt: der ὁρισμός bedeutet ihm inhaltlich die Schichtung der „Differenzen", gleichsam ihre Anhäufung vom allgemeinsten Merkmal bis herab zum „letzten" und spezifischen. Und diese Aufschichtung ist das τί ἦν εἶναι, welches die substantielle Form der Dinge ausmachen sollte.

Diese Analogie hat freilich ihre Grenzen. Das Subsumptionsverhältnis ist ein sehr vereinfachtes Bild des kategorialen Schichtungsverhältnisses. Nur das Schema in großen Zügen stimmt überein, nicht die eigentliche Gesetzlichkeit. Gerade der Glaube, daß logische Gesetzlichkeit die Seinsgesetzlichkeit ausmache, hat sich, nachdem er lange geherrscht, als irrig erwiesen. Die ontische Schichtung ist viel komplexer und reicher, sie geht in keiner Schichtung der Merkmale auf. Die einfacheren und niederen Kategorien verhalten sich zu den höheren und komplexeren nur teilweise so wie Oberbegriffe zu Unterbegriffen; teilweise ist das Verhältnis ein ganz anderes.

Das Gesetz der Wiederkehr und das des Novums lassen sich wohl in der Begriffspyramide aufzeigen: die Merkmale des genus kehren von Stufe zu Stufe in den species wieder, und die differentia specifica bildet ebenso fortlaufend ein Novum ihnen gegenüber. Aber die Abwandlung der wiederkehrenden Merkmale spielt logisch keine Rolle; und dasselbe gilt von der Schichtendistanz, die je nach dem principium divisionis sehr verschieden ausfällt und weit entfernt ist, eine für viele Begriffe einheitliche zu sein.

Ohne Abwandlung aber sinkt alle Wiederkehr zu einer rein formalen Wiederholung herab, an der die Differenzierung äußerlich bleibt. Das spiegelt sich deutlich in der Syllogistik, die sich ausschließlich am Schema der einander umspannenden Begriffsumfänge abspielt. Und ohne Schichtendistanzen ergeben die Linien durchgehender Wiederkehr kein Schichtensystem, wie die Kategorien es zeigen.

Eher noch würde das Subsumptionsverhältnis auf die Beziehung von Prinzip und Concretum zupassen, also auf das Determinationsverhältnis, welches die Geltungsgesetze aussprechen. Einen Unterschied zwischen diesem und der Schichtung der Kategorien kann die logische Begriffspyramide auf keine Weise ausdrücken; sie ist durch ihre Dimension viel zu sehr eingeschränkt. Für die kategoriale Gesetzlichkeit dagegen kommt es gerade auf diesen Unterschied an.

d. Der Richtungssinn des „Höheren" und „Niederen" in der kategorialen Schichtung.

So ist es denn auch kein Zufall, daß der Richtungssinn des „Höheren und Niederen" im Bilde der Vertikaldimension hier der umgekehrte ist. Die logische Pyramide setzt die allgemeineren und einfacheren Begriffe als die „höheren", die spezielleren und reicheren als die „niederen". Im logischen Verhältnis also ist das „Niedere" das Komplexe und enthält das Höhere als sein Element in sich.

Im inhaltlichen Verhältnis der Kategorienschichtung dagegen gewinnt das Höhersein einen ganz anderen Sinn, weil es vom Stufenunterschied der Seinshöhe hergenommen ist, der am Concretum ein eindeutig gegebener ist. Das ontisch „höhere" Gebilde ist das inhaltlich reichere und komplexere, das dem Bau und der inneren Organisation nach überlegene. Als solches eben ist es Träger der strukturell „höheren" kategorialen Bestimmtheit. Im kategorialen Schichtungsverhältnis also ist das „Niedere" das Einfachere und ist seinerseits als Element im Höheren enthalten.

Formal angesehen mag das lediglich als eine abweichende Verwendung des gleichen Bildes, sowie als bloße Umkehrung der Terminologie erscheinen. Dem wirklichen Problemgehalt nach aber steckt in der Umkehrung des Richtungssinnes gerade der Wesensunterschied von formaler und ontisch-kategorialer Höhenschichtung. Die beiden Abstufungen laufen eben in Wahrheit weder parallel noch in einfach entgegengesetzter Richtung, sondern auch in verschiedener Dimension.

Ja, auch das genügt noch nicht. Eine eindeutig verankerte Dimension hat vielmehr nur das kategoriale Höhenverhältnis. Denn es ist ein Seinsverhältnis. Das logische Verhältnis dagegen ist ein formales, an kein bestimmtes Sein gebundenes; seine Höhendimension ist also selbst nur formal eindeutig, inhaltlich ist sie auf jede Art von Schichtung anwendbar, wie immer diese dimensioniert sein mag.

So ist die Umkehrung des Bildes keine zufällige, der Bedeutungswechsel des „Höheren und Niederen" keine leere Wortfrage. Die formalistische Tradition ist ontologisch unzutreffend. Die „höheren" Kategorien sind schlechthin das inhaltlich Reichere und dem Sein nach Vollere; die niederen aber sind ebenso schlechthin das Elementarere und Fundamentalere.

51. Kapitel. Das Gesetz der Wiederkehr.

a. Das Seinsverhältnis der Schichten.

Mit dieser Umkehrung der Richtung hängt es aufs engste zusammen, daß in der Schichtung der Kategorien nicht, wie in der Begriffsschichtung, das Höhere im Niederen enthalten ist, sondern gerade das Niedere im Höheren. Das ist es, was das Gesetz der Wiederkehr ausspricht.

Hält man dieses fest, so ist das Grundverhältnis, welches die vier Schichtungsgesetze ausdrücken, im Schema leicht vorstellbar. Nur freilich genügt das Schema nicht; um es konkret zu erfüllen, muß man sich erinnern, was eigentlich die Überlagerung im Stufenreich des Seienden selbst besagte. Die Überlagerung ist als breite Phänomenkette gegeben. In der Beschreibung der Phänomenkette aber, wie sie oben gegeben wurde (Kap. 20), lag der Nachdruck immerhin einseitig auf dem Unterschied der Schichten, sowie auf den eigenartigen Einschnitten ihrer Folge. Das war es, was sich zunächst fassen ließ, wenn man sich die irreduzible Eigenart jeder einzelnen Seinsschicht klarmachte. Daß organisches Leben nicht in der Dynamik physischer Prozesse, seelisches Leben nicht in organischen Vorgängen aufgeht, u. s. f. die Reihe der Schichten, das bildet die Grundeinsicht, die alles weitere erst sichtbar macht.

Diese Einsicht steht noch dicht an der Phänomenreihe selbst. Sie ist nichts als der auf Grund breiter wissenschaftlicher Erfahrung intensivierte und ins Allgemeine erhobene Ausdruck des Gesamtphänomens, und zwar nach dessen zunächst auffallendster Seite.

Darüber hinaus zeigte es sich, daß die Reihe der Kategorienschichten sich unterhalb der Schichtung des Realen noch fortsetzt, daß es also Kategorien gibt, welche keiner besonderen Schicht des Realen zugeordnet sind, sondern sich auf alle Seinsschichten beziehen. Auch für diese gilt das Phänomen der Eigenart und der Irreduzibilität.

Bezieht man nun die vier Schichtungsgesetze, wie sie soeben formuliert wurden (Kap. 50b), auf dieses Gesamtphänomen, so sieht man, daß die beiden ersten Gesetze inhaltlich nicht in ihm enthalten sind, wohl aber das dritte und vierte. Der Phänomenbefund hält sich also zunächst ganz an die Seite der Schichtendistanz, und damit zugleich an das Schichten-Novum. Denn das Novum der höheren Kategorien gegenüber den niederen — ob man es nun an der Einzelkategorie oder an der ganzen Schicht betrachtet — ist der kategoriale Gehalt des Irreduziblen im Höheren gegen das Niedere.

Dagegen ist die Verbundenheit der Schichten miteinander, gegen die sich die Irreduzibilität doch erst abhebt, darin nicht mit ausgedrückt. Nun aber sind die Schichten, sofern sie die Einheit eines Weltbaus ausmachen, eben doch sehr bestimmt miteinander verbunden, und zwar in eindeutiger Ordnung. Die Ordnung dieser Verbundenheit aber wird erst an den Kategorien selbst faßbar. Dafür ist nun die Grundlage in der Analyse der Fundamentalkategorien gegeben, deren Hindurchgehen durch alle Seins- und Kategorienschichten sich von der Entfaltung ihres inhaltlichen Wesens gar nicht ablösen ließ.

Diese Ordnung in der Verbundenheit der Schichten sprechen die beiden ersten Schichtungsgesetze aus. Die Hauptthese ist in dem ersten, dem „Gesetz der Wiederkehr", enthalten. Das „Gesetz der Abwandlung" setzt die Wiederkehr bereits voraus; es gilt der durchgehenden Begleiterscheinung der Wiederkehr, hängt aber inhaltlich bereits mit dem Auftreten des „Novums" zusammen.

b. Das Enthaltensein niederer Kategorien in den höheren.

Daß überhaupt niedere Kategorien in den höheren als deren Elemente wiederkehren, ist die eigentliche Grundlage der kategorialen Schichtung. Was aber das „Gesetz" der Wiederkehr besagt, kommt erst heraus, wenn man den negativen Nachsatz hinzufügt: diese Richtung der Wiederkehr läßt sich nicht umkehren. Es sind also wohl niedere Kategorien in den höheren als Elemente enthalten, aber nicht höhere in den niederen.

Man könnte nun meinen, dieses Gesetz sei auch an derselben Phänomenkette aufzeigbar, an der das Verhältnis der Seinsschichten einleuchtete. Der Organismus ist zwar weit mehr als Mechanismus, aber er enthält doch die Gesetze des Mechanischen; seine Lebendigkeit ist ein räumlich-zeitlicher Prozeß, ist materiell gebunden, kausal bedingt, in den allgemeinen Umsatz der physischen Energien einbezogen. Das physisch-materielle Sein wiederum ist zwar weit mehr als ein bloß mathematisches Etwas, aber es enthält doch die mathematischen Verhältnisse, ist von ihnen durchzogen und in den Grenzen dieser Durchzogenheit auch mathematisch faßbar. Die niederen Kategorien sind also beide Male in den Strukturen der höheren Seinsschicht enthalten. Sie müssen also wohl auch in deren Kategorien als Elemente enthalten sein.

Es liegt nah, auch weiter aufwärts ebenso zu kalkulieren. Das Seelische ist zwar etwas anderes als organisches Leben, aber es besteht doch nie ohne organisches Leben; und die Welt des Geistes geht zwar nicht in seelischen Akten auf, aber sie besteht auch nicht ohne seelisches Sein. Die höhere Seinsschicht bleibt also stets in der Weise an die niedere gebunden, daß deren kategoriale Bedingungen im höheren Gesamtgebilde irgendwie erhalten bleiben, und zwar in einer für sein eigenes Wesen notwendigen Weise. Die Form der Erhaltung wäre dann freilich außerordentlich verschieden. Denn offenbar ist das Verhältnis bei den letztgenannten Seinsschichten nicht dasselbe wie bei den niederen. Aber man könnte sich hier vielleicht mit der Deutung helfen, daß die niederen Elemente in den Kategorien der höheren Schichten immer mehr hinter deren Eigenstruktur verschwinden; das Verschwinden aber brauchte keinen Ausfall zu bedeuten. Die Elemente brauchten nicht aufgehoben zu sein, sie könnten bloß verdeckt sein.

Wenn diese Überlegung ganz stichhaltig wäre, so bekäme das Gesetz der Wiederkehr eine sehr einfache und streng allgemeine Form. Es müßte dann besagen, daß alle niederen Kategorien in den höheren wiederkehren, und zwar ohne Ausnahme von Schicht zu Schicht, bis in die höchsten Stufen des geistigen Seins hinauf. Eine Kategorie, die einmal in einer Seinsschicht auftaucht, könnte dann nach oben zu überhaupt nicht wieder verschwinden. Und, was für die Analyse von größter Bedeutung wäre, mit den höheren Kategorien müßte die ganze Reihe der niederen mitgegeben sein. Man müßte sie direkt aus ihnen herausanalysieren können.

Das Gesetz wäre auf diese Weise freilich von erstaunlicher Einfachheit; und darin mag das Verführerische der ganzen Überlegung liegen. Aber dem wirklichen Schichtungsverhältnis der Kategorien entspricht es nicht. Dieses Verhältnis ist eben nicht so einfach, und sein Gesetz läßt sich in eine so strikte Formel nicht kleiden.

Das Gesetz, das hier wirklich gilt, besagt nicht so viel. Es behauptet nicht, daß alle niederen Kategorien in den höheren wiederkehren, sondern nur, daß einige wiederkehren. Wieviele und welche wiederkehren, davon sagt es nichts. Wohl aber sagt es, daß die umgekehrte Wiederkehr nicht vorkommt, daß also die Verbundenheit der Kategorienschichten miteinander ausschließlich auf dem Enthaltensein niederer Kategorien in den höheren beruht.

Und das ist nicht wenig, wie sich noch zeigen wird. Es genügt, um eine außerordentlich straffe und eindeutige Verbundenheit der Seinsschichten im Aufbau der realen Welt zu ergeben.

Der Fehler aber in der obigen Überlegung besteht in der Verwechselung von Bedingtheit der Seinsschichten und Enthaltensein der Kategorien. Es ist vollkommen wahr, daß seelisches Sein nicht ohne organisches Leben besteht; aber daraus folgt nicht, daß auch der Bau und die Gesetze des Organismus in denen des Seelenlebens enthalten wären. Sind sie aber nicht darin enthalten, so muß es gewisse Kategorien des Organischen geben — und natürlich erst recht solche der unbelebten Natur — die in den Kategorien des Seelischen nicht wiederkehren.

Und ebenso ist es eine Stufe höher hinauf. Es ist vollkommen wahr, daß geistiges Sein nicht ohne seelisches Leben bestehen kann; aber daraus folgt keineswegs, daß die psychischen Vorgänge auch in den inhaltlichen Zusammenhängen des Geisteslebens wiederkehrten. Dann aber liegt auch kein Grund vor, daß die Kategorien des Seelischen alle als Elemente in denen des geistigen Seins enthalten sein müßten. Es muß vielmehr dann auch solche geben, die nicht in ihnen enthalten sind.

Damit ist nun ein Fehlschluß aufgedeckt, der die schon an sich nicht ohne weiteres übersichtliche Sachlage vollkommen zu verschleiern drohte. Das Verführerische an ihm ist die Vereinfachung, die er vortäuscht. So allgemein aber ist das „Enthaltensein" im Kategorienverhältnis nicht. Es kehren nicht alle niederen Kategorien wieder, aber immerhin viele. Die große Frage ist natürlich, welche es sind. Und wenn sich das generell nicht sollte beantworten lassen, so gilt es doch zu zeigen, woran sie kenntlich werden. Denn sie sind das verbindende Moment im Aufbau der realen Welt.

c. Durchgehende und begrenzte Wiederkehr. Das „Abbrechen" der Linie.

Es gibt Kategorien, die wirklich durch alle Schichten hin wiederkehren. Von dieser Art sind die Fundamentalkategorien. Das hat sich in der Analyse der Modi und der Seinsgegensätze gezeigt. Bei den einen wie den anderen liegt es im Wesen der Sache, weil Fundamentalkategorien eben solche Prinzipien sind, die ihr Concretum in allen Seinsschichten haben. An den elementaren Seinsgegensätzen ließ sich das überdies auch im besonderen von jeder einzelnen Kategorie zeigen. Die Rolle, die sie in den Schichten des Realen spielen, ist zwar sehr verschieden; die einen treten in dieser, die anderen in jener Schicht mehr hervor, aber sie gehen ohne Lücke hindurch.

Etwas ähnliches läßt sich von vielen Kategorien der niederen Realschichten zeigen. Ihre Wiederkehr ist gegen die der Fundamentalkategorien nur insofern eingeschränkt, als sie erst höher hinauf einsetzen. Von der Höhe ihres Einsetzens ab ist aber ihr Enthaltensein in den höheren Schichten ein ebenso durchgehendes. Hierher gehören — um nur bekannte Beispiele zu nennen — die Zeit, der Prozeß (das Werden), der Kausalnexus und die Wechselwirkung.

Was die beiden letzteren anbetrifft, so muß der Beleg dafür freilich noch besonders erbracht werden. Dazu wird sich bei den weiteren Gesetzen die Gelegenheit finden. An der Zeit aber, sowie am Prozeß, ist das Hindurchgehen ohne weiteres einsichtig. Es gibt nicht nur physische Prozesse, sondern auch organische, ja das Leben selbst ist Prozeß; aber auch die seelischen Vorgänge, das Tun des Menschen, sein Reagieren, Streben, Handeln, sein Erleben und Erfahren, Zulernen, Eindringen hat Prozeßcharakter; und nicht weniger das politische, soziale, geschichtliche Geschehen, die großen geistigen Bewegungen, der Wandel der Anschauungen, der Werturteile u. a. m. Alle diese verschiedenen Typen des Prozesses aber sind zeitlich, laufen alle in einer und derselben Realzeit ab, setzen also diese voraus. Die Zeit und das Werden sind allem Realen gemeinsam, wie verschieden und scheinbar ganz unvergleichlich es im übrigen auch sein mag.

Wären alle Kategorien von dieser Art, so wäre das Gesetz der Wiederkehr ein allgemeines. Dem aber ist nicht so. Es gibt viele Kategorien, die keine durchgehende Wiederkehr haben, sondern nur eine begrenzte. Es gibt solche, die durch mehrere Schichten gehen, dann aber abbrechen; es gibt auch solche, die nur noch in die nächste Schicht hineinragen.

Das wichtigste Beispiel der auf bestimmter Stufe abbrechenden Wiederkehr haben wir in der Realkategorie des Raumes. Die Räumlichkeit als dimensionales System beherrscht zusammen mit der Zeitlichkeit die ganze Mannigfaltigkeit der Gestalt- und Prozeßformen der Natur, sowohl der unbelebten als auch der belebten. Aber während die Zeitlichkeit auch das seelische und geistige Sein mit umfaßt, bricht die Räumlichkeit mit dem Organischen ab. Die psychische Innenwelt, die Akte und Inhalte des Bewußtseins, Gedanke, Urteil, Gesinnung, Wille sind unräumlich. Ihre Mannigfaltigkeit hat neben der Zeit ganz andere Dimensionen, die sie mit Dingen und Dingprozessen unvergleichbar machen. Und in noch erhöhtem Sinne gilt das für die großen Inhaltsgebiete des geschichtlich objektiven Geistes.

Man kann hiergegen nicht geltend machen, daß Bewußtsein doch nur an ein leiblich-organisches Wesen gebunden vorkommt, daß geschichtlicher Gemeingeist doch an die lebenden Individuen gebunden bleibt, die ihrerseits auch ein räumlich-organisches Sein haben. Das ist zwar wahr, aber es ist nur der Ausdruck einer Bedingtheit des Unräumlichen durch das Räumliche. Es bedeutet nicht, daß seelisches und geistiges Leben, weil sie an räumlich-körperhafte Vorbedingungen gebunden sind, auch in sich selbst räumlich-körperhaft wären. Sie sind und bleiben vielmehr deswegen doch etwas ganz anderes, das sich über der räumlich-materiellen Welt erhebt und dabei deren kategoriale Geformtheit hinter sich läßt.

Hat man sich einmal an diesem Standardbeispiel abbrechender Wiederkehr klargemacht, was es mit dem Unterschied durchgehender und nichtdurchgehender Kategorien auf sich hat, so findet man leicht weitere Beispiele, die das Bild vervollständigen. Offenbar bricht an der Grenzscheide des organischen und seelischen Seins nicht nur die Räumlichkeit ab, sondern noch sehr viel anderes, was mit ihr unlöslich zusammenhängt. So bricht hier z. B. die materielle Substanz ab; und das will sehr viel bedeuten, denn mit ihr verschwindet auch die Form der Erhaltung (Beharrung), die für physische Prozesse charakteristisch ist. Da es aber sehr eigenartige Erhaltung auch im Seelenleben — und erst recht im geistigen Sein — gibt, so muß es offenbar noch andere Erhaltungsformen geben als die der Substantialität. Hier wurzelt eines der größten kategorialen Probleme im Stufenbau der realen Welt.

Ebenso dringt die breitangelegte Form- und Prozeßgesetzlichkeit beider Naturschichten nicht über diese Grenzscheide hinaus. Die physische Naturgesetzlichkeit durchzieht zwar als Grundlage auch das Organische, und wird hier von höherer Gesetzlichkeit überformt; aber beide Gesetzlichkeiten brechen an den Grenzen des Organischen ab, und vom Seelischen aufwärts setzt ein ganz anderer Typus von Gesetzlichkeit ein.

Ein weiteres Beispiel ist das Abbrechen des mathematischen Verhältnisses, das aus der Schicht des Quantitativen in die physische Welt hineinragt und dort eine beherrschende Stellung einnimmt. Schon im Reich des Organischen tritt es ganz zurück, wiewohl es in ihm als ein mehr hintergründiges Moment erhalten bleibt. Vom Seelischen ab aber verschwindet es ganz, um nur noch in den Inhaltskategorien der Erkenntnis wieder aufzutauchen (die aber keine Realkategorien sind). Das seelische und das geistige Sein sind zwar nicht in jeder Hinsicht unquantitativ — es gibt auch hier gewisse Momente der Größenhaftigkeit, Größenordnung u. s. w. —, aber sie sind gänzlich unmathematisch. Sie mathematisch fassen wollen, heißt sie schon im Ansatz verfehlen.

Von den Kategorien des Seelischen läßt sich zwar bei der heute gegebenen Problemlage wenig sagen. Aber es leuchtet doch ein, daß auch sie keineswegs ohne weiteres im geistigen Sein wiederkehren. Man sieht das deutlich an dem Gegensatz der logischen Gesetzlichkeit im Denken zur psychischen Gesetzlichkeit des Vorstellungs- und Gedankenablaufs; von diesem Gegensatz wurde oben bereits gezeigt, daß er sogar die Form des Widerstreites annimmt (Kap. 32b und c). Und mit gleichem Recht ließe sich auch der Widerstreit im Ethos des Menschen anführen; auch bei ihm geht es um das Aufeinanderstoßen heterogener Gesetzlichkeiten, von denen die niedere eine seelische (die der „Neigungen"), die höhere aber eine der Wertordnung eigentümliche ist.

Es ist sehr wahrscheinlich, daß innerhalb der Stufen des geistigen Seins gleichfalls die Wiederkehr der Kategorien begrenzt ist. So versagen z. B. die Gesetze der Logik schon sehr beträchtlich im Reiche des Ethos, das ihnen andere entgegensetzt. Und beide Gesetzlichkeiten versagen wiederum in der Welt des künstlerischen Schaffens und seiner Gegenstände. Doch sind hier die Verhältnisse noch undurchsichtig; und es ist schwer zu sagen, ob es sich bloß um ein Zurücktreten und Verdecktwerden oder um ein wirkliches Abbrechen handelt.

d. Überformungsverhältnis und Überbauungsverhältnis.

Das Überlagerungsverhältnis der Kategorienschichten ist offenbar nicht überall dasselbe. Wenn es Einschnitte zwischen den Schichten gibt, über die hinweg alle Kategorien wiederkehren, und andere Einschnitte, über die hinweg ganze Gruppen von Kategorien nicht wiederkehren, so muß man schließen, daß die Art der Einschnitte selbst eine verschiedene ist.

Dem kommt nun ein Phänomen entgegen, das oben bei der Analyse von Form und Materie auftauchte (Kap. 28d). Es zeigte sich dort, wie alle Form wieder Materie höherer Form, alle Materie aber Form niederer Materie sein kann. Diese Relativierung geht aber nicht einheitlich durch alle Schichten, sondern bricht auf gewisser Höhe ab, um dann wieder neu anzufangen. Eine solche Grenzscheide der Überformungen haben wir besonders deutlich an dem Einschnitt zwischen organischem und seelischem Sein. Die räumlichen Formen und die raumzeitlichen Prozesse des Organischen gehen nicht als „Materie" in das Seelenleben ein, sie werden von den psychischen Akten und Inhalten nicht „überformt". Das Verhältnis ist hier ein anderes. Das seelische Sein erhebt sich zwar über dem organischen, aber nur wie ein „Überbau", der das Material der niederen Stufe hinter sich läßt. Seine Inhalte sind aus anderem Stoff geformt.

Dasselbe Verhältnis läßt sich auch in den Kategorien „Element und Gefüge" ausdrücken; dieser Gegensatz unterliegt derselben Relativierung und zeigt dieselbe Überformungskette wie der von Materie und Form. Im ganzen Reich der Natur sind die Gefüge einer bestimmten Stufe selbst wiederum Elemente höherer Gefüge. Der Aufbau der kosmischen Welt ist ein einziges fortlaufendes Ineinanderstecken der Gefüge (Kap. 33c und d), eine durchgehende Staffelung, in der das höhere Gefüge immer wieder das niedere überformt. Die Reihe der Überformungen geht auch ohne Bruch über die Grenzscheide der leblosen und der lebendigen Natur hinweg: das organische Gefüge enthält eine ganze Stufenfolge von dynamischen Gefügen als Elemente in sich (Atome, Moleküle), es baut sich aus ihnen auf, ist also ihre Überformung. Die seelische Welt aber ist nicht Überformung organischer Elemente, wiewohl ihr Bestehen durch diese bedingt ist. Die Bedingtheit selbst eben ist hier eine ganz andere. Das Verhältnis der seelischen Innenwelt zum Organischen und zum ganzen Stufenreich der Natur ist kein Überformungsverhältnis, sondern ein Überbauungsverhältnis.

Dieser Unterschied von Überformung und Überbauung im Schichtenbau der realen Welt erweist sich nun aber als ein grundlegender, wenn man sieht, wie genau er auf die Grenzen der Wiederkehr im Verhältnis der Kategorien zutrifft. Gerade die Grenzscheide des Organischen und des Seelischen, an der das Überformungsverhältnis abreißt, ist auch die Grenze, an der die Räumlichkeit, die materielle Substanz, die Naturgesetzlichkeit, das mathematische Verhältnis u. a. m. endgültig aufhören. Bis hierher kehren die niederen Kategorien alle in den höheren wieder; von hier ab aber bleibt ein wesentlicher Bestand von ihnen zurück, und wenn man von den Fundamentalkategorien absieht, gehen nur noch wenige von ihnen in den Verband der höheren Kategorienschichten über.

Das ist offenbar kein zufälliges Zusammenfallen. Wenn die Grenzen der Wiederkehr zugleich Grenzen der Überformung sind — allerdings so, daß das Abbrechen der Wiederkehr stets nur einen Teil der niederen Kategorien betrifft —, so muß ein innerer Wesenszusammenhang zwischen dem Überformungsverhältnis am Concretum und dem Durchdringen niederer Kategorien in den Bestand der höheren aufzeigbar sein. Und das ist es nun, was sich an der Staffelung der Gefüge ohne weiteres aufzeigen läßt. Ist das höhere Gefüge Überformung der niederen, so nimmt es diese als Elemente in sich auf und wird schon allein darum durch deren kategoriale Struktur mitbestimmt. Denn es zeigte sich bereits, daß die Außenkräfte des niederen Gefüges in solchem Falle stets zugleich Innenkräfte des Höheren sind (vgl. Kap. 34b). Das tut der Selbständigkeit der höheren kategorialen Formung keinen Eintrag. Denn was die Elemente mitbringen, ist eben doch nur Materie der neuen Formung, die sich darüber erhebt. Aber es genügt doch, um die Wiederkehr der niederen Kategorien im Verbande der höheren auszumachen.

Darum versagt die Wiederkehr, wo die Überformung aufhört. Gehen die niederen Gefüge nicht als Elemente in die höheren ein, so bleibt auch ihre kategoriale Struktur vom Concretum der höheren Schicht, und damit auch von deren Kategorien, ausgeschlossen. Und nur noch solche Kategorien der niederen Schichten gehen in den Bestand der höheren über, die nicht an jenen Elementen allein hängen, sondern von allgemeinerer und fundamentalerer Art sind. Darum gehen die Kategorien des physisch-körperhaften Seins ohne Abstrich in die des Organischen über; und eben darum gehen von beiden nur einige wenige (Zeit, Prozeß, Kausalverhältnis u. a.) in den Kategorienbestand des seelischen und geistigen Seins über. Aber aus demselben Grunde gehen auch die Fundamentalkategorien ohne Grenzen der Wiederkehr durch alle Schichten hindurch.

e. Die Ablösung der beiden Überlagerungsverhältnisse im Schichtenbau der Welt.

Das Gesamtbild, das man auf diese Weise erhält, ist in sich vollkommen klar. Um es folgerichtig zu erweisen, wäre freilich auch die Berücksichtigung der zwischen den höheren Schichten — resp. deren Unterstufen — waltenden Verhältnisse vonnöten. Darauf muß hier Verzicht geleistet werden, einerseits weil diese Verhältnisse von weit höherer Kompliziertheit sind, andererseits aber weil sie die Kategorialanalyse des seelischen und geistigen Seins voraussetzen würden, die heute noch in den Anfängen steht. Man kann sich hier also nur auf einige wenige Andeutungen beschränken.

Oberhalb des Seelischen gibt es, wie es scheint, keine reinen Überformungsverhältnisse mehr. Die psychischen Akte sind nicht Elemente, sondern nur Träger der geistigen Gehalte. Diese treten von vornherein in einer gewissen Ablösbarkeit von ihnen auf; darin besteht wesentlich ihre Objektivität, ihre Unabhängigkeit vom einzelnen Träger, ihre Mitteilbarkeit und die Gemeinsamkeit der übergreifenden geistigen Sphäre, die mit ihnen unlöslich zusammenhängt. Das eigentlich geistige Sein also steht trotz engster Verbundenheit mit dem seelischen doch nicht im Überformungsverhältnis zu ihm, sondern in einem Überbauungsverhältnis.

Weit schlagender aber läßt sich das an einem anderen Verhältnis zeigen, das schon innerhalb des geistigen Seins spielt: am Verhältnis des objektiven Geistes zum personalen. Die wichtigsten kategorialen Grundmomente des letzteren sind Bewußtsein, Wille, Vorsehung, Zwecktätigkeit, Freiheit. Diese Kategorien aber gehen nicht auf den objektiven Geist über. Es gibt kein Gemeinbewußtsein über dem Bewußtsein der Individuen; und weil Wille, Aktivität, Freiheit u. s. w. an ein Bewußtsein gebunden sind, so kehren auch sie am Gemeingeist nicht wieder. An ihrer Stelle stehen die gemeinsamen Tendenzen, Interessen, Erfordernisse und mancherlei anderes. Aber Entscheidung, Initiative und Aktivität liegen nicht bei der Menge, sondern stets beim personalen Geiste, der in Gestalt einzelner Individuen die Führung übernimmt.

Diese Beispiele mögen hier genügen. Man ersieht aus ihnen wenigstens soviel eindeutig, daß das Überbauungsverhältnis im Aufbau der realen Welt nicht auf die eine Grenzscheide von organischem und seelischem Sein beschränkt ist. Es tritt höher hinauf noch mehrfach auf, und zwar keineswegs bloß an eigentlichen Schichtengrenzen, sondern auch innerhalb der Schichten am Verhältnis der besonderen Stufen. Überhaupt scheint es, daß im ganzen Schichtenbau der Welt die niederen Stufen durch Überformung, die höheren aber vorwiegend — ob ganz, das läßt sich einstweilen nicht entscheiden — durch Überbauung miteinander verbunden sind.

Soviel aber läßt sich unter allen Umständen behaupten, daß die Form der Überlagerung im Schichtenbau der Welt keine einheitliche ist. Es lösen einander zwei sehr verschiedene Arten der Überlagerung ab. Und nur die eine von ihnen ist so beschaffen, daß die ganze kategoriale Struktur der niederen Schicht mit in die der höheren übergeht. Die andere dagegen wirkt wie ein Filter: sie läßt nur bestimmte Kategorien durch in die höhere Schicht, die übrigen scheidet sie aus.

Und wenn es wahr ist, daß der letztere Typus des Schichtenverhältnisses nach oben zu immer mehr überwiegt — oder vielleicht gar oberhalb der psychophysischen Grenzscheide der herrschende ist —, so wird es daraus verständlich, warum die kategoriale Mannigfaltigkeit nach oben zu so gewaltig zunimmt. Denn beim Überformungsverhältnis erhält sich die ganze kategoriale Struktur der niederen Seinsstufen in den höheren; beim Überbauungsverhältnis wird sie durch andere abgelöst. Die Verbundenheit der sich überlagernden Schichten und Stufen ist im ersteren eine viel engere, im letzteren eine gelöstere. Darum ist auch die Heterogeneität der Struktur und der besonderen Seinsart in der Abgehobenheit der höheren Schichten voneinander eine weit größere.

f. Der ontologisch strenge Sinn des Gesetzes der Wiederkehr.

Erst jetzt ist es möglich, den Sinn der Wiederkehr ontologisch streng zu fassen. Die Formel des Gesetzes, wie sie oben gebracht wurde, schien den Mangel einer gewissen Unbestimmtheit an sich zu haben. Die Unbestimmtheit aber ist nur der genaue Ausdruck dessen, daß nicht alle Kategorien wiederkehren. Das Gesetz durfte nicht mehr sagen, als was wirklich zutrifft und sich generell aussprechen läßt: daß es das Durchdringen von Kategorien aus einer Schicht in die andere nur „nach oben zu“ gibt, nicht aber „nach unten zu“.

Sucht man nun aber nach größerer Bestimmtheit für dieses Gesetz, d. h. will man irgendein Merkmal derjenigen Kategorien finden, für die ein solches Durchdringen in die höheren Schichten charakteristisch ist, so bietet sich immerhin am Unterschied der beiden Überlagerungsverhältnisse ein gewisser Ansatz dafür dar. Man kann diesen Unterschied jetzt geradezu vom Kategorienverhältnis her definieren. „Überformung“ einer niederen Seinsschicht durch die höhere liegt vor, wenn der ganze Kategorienbestand der niederen in dem der höheren wiederkehrt, auch wenn er hier noch so sehr in untergeordnete Stellung gedrängt wird. „Überbauung“ dagegen haben wir, wenn ein Teil der niederen Kategorien nicht in den Bestand der höheren eingeht.

Der Unterschied der fortlaufend wiederkehrenden und der nicht fortlaufend wiederkehrenden Kategorien tritt also nicht in den Überformungsverhältnissen, sondern ausschließlich in den Überbauungsverhältnissen zutage. Das Einsetzen des „Überbaus“ ist die Grenze der Überformung in der Schichtenfolge; es ist das Einsetzen des Heterogenen, das die niederen Gebilde zwar voraussetzt, aber nicht in sich aufnimmt. Diejenigen Kategorien, die an einer solchen Grenzscheide zurückbleiben, hängen offenbar an der Überformung; oder, was dasselbe ist, sie sind Kategorien der niederen Gebilde als solcher, also der Elemente, die in die höheren Formen oder Gefüge wohl eingehen könnten, wenn es hier eine Überformung gäbe. Sie bleiben dann an der Grenzscheide zurück, weil es in ihr keine Überformung gibt. Die anderen Kategorien dagegen, die über die Grenzscheide hinweg in Kraft bleiben, hängen offenbar nicht an der Staffelung der Formen und Gefüge; sie sind nicht spezifische Kategorien von Gebilden, die nur als Elemente in höhere Formung eingehen können, und bleiben deswegen nicht mit diesen zurück. Sie sind von vornherein Prinzipien mit allgemeinerer Geltung. Ihr Auftauchen in der Schichtenfolge kann deswegen zwar an eine bestimmte Schichtenhöhe gebunden sein. Aber ihre Geltung braucht deswegen nicht an diese Höhenlage allein gebunden zu sein. Aber von ihnen, wie von den übrigen, die nur mit der Staffelung der Formen wiederkehren, gilt das Gesetz, daß ihr Eindringen in andere Schichten nur „aufwärts" geht, nicht abwärts.

Auf die Frage, welche Kategorien die Durchschlagskraft haben, über die Überbauungsverhältnisse hinweg wiederzukehren, läßt sich also jetzt antworten: es sind diejenigen, deren Geltungsbereich nicht an der Staffelung der Formen hängt. Man kann diese Kategorien kurzweg als die „durchschlagenden" oder „durchgehenden" bezeichnen. Ihr Hindurchgehen „nach oben zu" ist von der Höhenlage ihres Auftretens aus eine unbegrenzte. Dazu paßt es sehr genau, daß die niedersten Kategorien — die fundamentalen — die größte Durchschlagskraft haben. Sie gehen, wie sich an den Modi und Elementargegensätzen gezeigt hat, durch alle Schichten hindurch. Und darin eben besteht ihr Fundamentalsein. Sie sind die bei weitem „stärksten" Kategorien. Ihre Herrschaft geht auch weiter als die der Zeitlichkeit und des Werdens (Prozeßhaftigkeit); denn diese sind nur Kategorien des Realen, jene aber gelten ebenso auch für ideales Sein und für die sekundären Sphären.

Aus dieser Sachlage ist vor allem eines zu lernen: der volle ontologische Gehalt der kategorialen Wiederkehr, den von Rechts wegen das Gesetz aussprechen müßte, ist ein bei weitem komplizierteres Gesamtverhältnis, als eine kurze Formel es eindeutig aussprechen kann. Eines bündigen Ausdrucks ist eigentlich nur die einseitige Richtung der Wiederkehr fähig. Es soll daher auch nicht versucht werden, den vollen Gehalt des Gesetzes zu formulieren. Man muß vielmehr die ganzen angestellten Überlegungen an die Stelle der Formel setzen. Jede Vereinfachung würde das Resultat wieder verfälschen.

Wohl aber kann man das ganze Verhältnis anschaulich in einem Bilde zusammenfassen. Man muß dazu von der Überlagerung der Kategorienschichten ausgehen, die den vier großen Seinsschichten und ihren Unterstufen entspricht, unterhalb ihrer aber noch die Quantitätskategorien und die drei Gruppen der Fundamentalkategorien umfaßt. Man muß sich ferner den großen Haupteinschnitt auf halber Höhe (die psychophysische Grenzscheide), sowie die analogen Einschnitte weiter oberhalb vor Augen halten. Die Reichweite der einzelnen Kategorien in diesem Schichtensystem stellt sich dann als je eine von unten nach oben führende, die Schichten und ihre Unterstufen schneidende Linie dar. Und da in jeder Schicht neue Kategorien einsetzen, so wird das Bündel der Linien nach oben zu immer dichter und reicher. Aber so geht es nur bis zur ersten Grenzscheide (der psychophysischen) fort; hier bricht ein beträchtlicher Teil der durchgehenden Linien ab, an ihrer Stelle aber setzt eine Mannigfaltigkeit neuer Linien ein. Von diesen letzteren gehen wieder nur einige über die nächsthöhere

Grenzscheide hinweg, andere aber setzen an ihr aus, um gleichfalls neu einsetzenden Platz zu machen. Das wiederholt sich dann noch mehrfach innerhalb der höchsten Seinsschicht, die in sich selbst reich geschichtet ist. Ganz von unten bis oben dringen nur die niedersten, die Fundamentalkategorien, durch. Von denen der niederen Realschichten dringen nur einige wenige bis in die höchsten Stufen des Geistes vor; und es sind unter ihnen wiederum die relativ fundamentalsten. Im großen ganzen läßt sich sagen, daß die Durchschlagskraft der Kategorien, je höher hinauf sie einsetzen, immer mehr abnimmt. Doch hängt die Reichweite der Wiederkehr im einzelnen keineswegs an der Höhe des Einsetzens allein, sondern an anderen Bedingungen, von denen sich einstweilen nur eine, die Staffelung der Formen, fassen ließ.

An diesem Bilde wird es sehr anschaulich, was für eine ausschlaggebende Rolle im Aufbau der realen Welt die Wiederkehr der Kategorien spielt. Nichts geringeres als die Einheit und innere Gebundenheit der Welt in der Mannigfaltigkeit und scheinbar auseinanderbrechenden Heterogeneität des Seienden hängt an ihr. Die bindende Hauptkraft liegt dabei in den Fundamentalkategorien. Aber die Verbundenheit beschränkt sich keineswegs auf sie. Sie liegt zu einem sehr beträchtlichen Teil auch gerade in den Kategorien mit abbrechender Wiederkehr. Denn obgleich diese nur einen Bruchteil des Schichtenbaus durchziehen, verbinden sie doch wenigstens die nächstbenachbarten Schichten — und stets innerhalb der Schichten eine ganze Folge von Unterstufen — miteinander. Durch sie ist auch ohne die Fundamentalkategorien der ganze Aufbau von Schicht zu Schicht in sich verklammert. Die Verklammerungen lösen sich gleichsam ab; wo die eine aufhört, beginnt die andere. Das Ganze wäre auch ohne durchgehendes Band durch sie zur Einheit verbunden; mit ihm aber ist auch die Form der Verbundenheit eine zugleich einheitliche und in sich mannigfaltige.

52. Kapitel. Zur Metaphysik der kategorialen Wiederkehr.

a. Ontologischer Sinn der Irreversibilität.

Es kann hiernach keinem Zweifel unterliegen, daß das Gesetz der Wiederkehr in einem noch ganz anderen Sinne als die Kohärenzgesetze ein Fundamentalprinzip im Aufbau der realen Welt ist. Ohne dieses Gesetz gäbe es keinen angebbaren Zusammenhang zwischen Materie und Leben, Leben und Bewußtsein, seelischem Akt und geistiger Schöpfung. Schichtung könnte auch ohne Wiederkehr der Kategorien bestehen, aber nicht Verbundenheit der Schichten. Die Welt wäre ohne sie eine

Vielheit zusammengewürfelter heterogener Seinsbereiche, die im Grunde miteinander nichts zu tun hätten.

Die reale Welt, in der wir leben, hat Einheit. Aber die Einheit ist weder die eines Prinzips noch auch die eines Zentrums, sondern die Einheit einer Ordnung und eines Zusammenhanges. Die Form ihrer Ordnung ist die Schichtung, die ihres Zusammenhanges die kategoriale Wiederkehr. Damit gewinnt die Wiederkehr eine Bedeutung, durch die sie für eine Reihe metaphysischer Probleme entscheidend wird.

Das erste Moment von metaphysischem Gewicht in ihr liegt bereits in ihrer Irreversibilität. Wäre das Verhältnis so, daß auch höhere Kategorien in den niederen Schichten wiederkehrten, so ließe sich das ganze Verhältnis als ein gegenseitiges denken. Es würde sich dann von der Implikation, die innerhalb der Schichten waltet, nur durch die Andersheit der Dimension unterscheiden. Ja, man könnte dann das Gesetz der Wiederkehr einfach als eine Erweiterung des Implikationsgesetzes, und also auch der kategorialen Kohärenz überhaupt, über die Grenzen der Schicht hinaus verstehen. Etwas von dieser Auffassung steckt latent im Gedanken der Kombinatorik und noch sichtbarer in den dialektischen Systemen. Beide lassen die Kohärenz in die „Vertikale" umschlagen, und damit verlieren sie die Orientierung am Concretum aus den Augen. Die Kombinatorik artet in einen spekulativen Mechanismus der Prinzipien aus, die Dialektik in eine nicht weniger spekulative Teleologie der Formen.

Schon das Gesetz der Schichtenganzheit zog hier eine Grenze vor. Der Sinn dieser Grenze kommt aber erst am Gesetz der Wiederkehr deutlich zum Vorschein. Es gibt wohl eine Implikation, die über die Schicht hinausgreift — so darf man jetzt sagen —, aber nur in einseitiger Richtung, und auch in ihr nur mit gewissen Einschränkungen. Und damit ist es bereits ausgesprochen, daß sie nicht die der Kohärenz ist, ja, daß sie auch keine eigentliche Implikation ist, sondern etwas anderes. Dieses Andere eben ist die Wiederkehr der Kategorien, die als solche nur eine Richtung zeigt und sich nicht umkehren läßt, weil sie ein Ineinanderstecken der Kategorien ist, ein Enthaltensein von niederen Kategorien im Schichtenbestande der höheren. Und im Wesen des Enthaltenseins liegt es nun einmal, daß nur das Einfache im Komplexen, also nur niedere Kategorien in den höheren enthalten sein können.

Man kann also wohl sagen, daß höhere Kategorien gewisse niedere „implizieren" (denn das folgt daraus, daß diese in ihnen enthalten sind), aber diese Redeweise bleibt der Sachlage äußerlich. Sie bleibt deswegen mißverständlich, es sei denn, daß man sie rein formal verstünde.

Daß hier ein fundamentales Aufbauprinzip der realen Welt liegt, kann man daraus schwerlich mehr heraushören.

Die Schichtung des Seienden in der realen Welt ist ein einseitiges Anwachsen der kategorialen Struktur vom Elementaren und Einfachen zum Differenzierten und Komplexen. Wäre das Komplexe auch seinerseits schon — etwa latent — im Elementaren enthalten, so wäre dieses gar kein Elementares und die Schichtung kein Stufenreich, und alles Seiende wäre im Grunde von gleicher Strukturhöhe, gleicher kategorialer Geformtheit. Ein Stufenreich kommt überhaupt erst dadurch zustande, daß die höheren Schichten etwas vor den niederen voraus haben, ein Plus an kategorialer Determination besitzen. Das aber könnten sie nicht haben, wenn ihre Kategorien sich auch determinierend in die niederen Schichten hinein erstreckten.

Natürlich ist eine Welt ohne Schichten denkbar. Die unsrige aber, die reale Welt, um die allein es sich handelt, ist ein Schichtenreich. In diesem Punkte sprechen die Phänomene eine deutliche Sprache. An jedem Beispiel ist das ohne weiteres zu sehen. Daß der Mechanismus mit seinen Kategorien im Organismus enthalten ist, bedeutet nicht, daß auch der Organismus im Mechanismus enthalten wäre. Wollte man das letztere behaupten, man müßte annehmen, die raumzeitlichen Prozesse des Materiellen seien alle Lebensprozesse. Die Annahme kann man spekulativ wohl machen, und das ist oft geschehen, aber man langt mit ihr beim Hylozoismus an. Ein Phänomen, das zu ihr berechtigte, läßt sich nicht finden.

Ebenso kann man Theorien aufstellen, die den Geist mit seinen Kategorien zur Grundlage des Organischen, oder selbst des Anorganischen, machen. Auch das ist dagewesen, z. B. in der Schellingschen Naturphilosophie, die alles auf „unbewußte Intelligenz" zurückführt. Auch das ist im Sinne eines konstruierten Weltbildes ein durchaus widerspruchsfreier Gedanke. Aber mit der Welt, wie sie „ist", hat es nichts zu schaffen; und mit der Schichtung, wie sie an den kategorialen Strukturen selbst ablesbar ist, hat es keine Ähnlichkeit.

Das Ausschlaggebende im Schichtenverhältnis muß immer das bleiben, was die Kategorialanalyse selbst vorfindet. Sie findet aber stets nur in der Struktur der höheren Kategorien als deren Elemente niedere vor, niemals in der Struktur der niederen höhere. Sie findet z. B. in den Kategorien des Materiellen die des Mathematischen wieder, nicht aber in denen des Mathematischen die des Materiellen (etwa Schwere, Trägheit, Kraft, Energie). Sie findet in den Kategorien des Organischen die des Materiellen vor, nicht aber in diesen die des Organischen (Assimilation, Selbstregulation, Regeneration, Reproduktion).

Noch nicht erwiesen ist damit, daß das Gesetz der Irreversibilität ein allgemeines, für alle Schichtenverhältnisse geltendes ist. Das kann erst die fortschreitende Kategorialanalyse Schritt für Schritt aufweisen. Wohl aber läßt sich von hier aus das Prinzip erfassen, nach dem die Schichtung des Seienden und seiner Kategorien angelegt ist.

b. Die totale Wiederkehr und die Gebundenheit der höheren Schichten.

So ergänzen sich gegenseitig die Wiederkehr der Kategorien und ihre Irreversibilität. Gäbe es die Wiederkehr nicht, so könnte organisches Leben auch frei für sich ohne die unbelebte Natur bestehen; das Bewußtsein könnte freischwebend ohne organischen Träger, die geistige Welt ohne seelisches Leben bestehen. Die reale Welt wäre gespalten, zerrissen. Andererseits aber, wäre die Wiederkehr umkehrbar, so könnte es kein materielles Sein ohne organisches geben, kein organisches, das nicht Seele und Bewußtsein hätte, kein seelisches, das nicht Geist wäre. Die Welt hätte zu viel an Einheit, die Schichten fielen alle in eine einzige Schicht zusammen.

Das ontologische Gewicht der Irreversibilität aller kategorialen Wiederkehr beginnt hiermit sich zu enthüllen: eine solche Wiederkehr bindet wohl Schicht an Schicht, aber nicht gegenseitig, sie bindet die höheren Seinsschichten an die niederen, aber nicht die niederen an die höheren. Und hier liegt, wie nun leicht zu sehen ist, der Ansatzpunkt eines Abhängigkeitsgesetzes, das bereits halb in den Schichtungsgesetzen enthalten ist, aber doch in ihnen nicht aufgeht. Wir werden es in der vierten Gesetzesgruppe als „kategoriales Grundgesetz" kennen lernen.

Damit aber eröffnet si h am Gesetz der Wiederkehr noch eine andere Seite. Man b nn das Sein der höheren Schichten an das der niederen in jedem Concretum der niederen aber doch dessen ganzer enbestand enthalten ist, wird da nicht doch die Wiederkehr eine totale? Muß man da nicht sagen: das höhere Concretum behält das niedere an sich, folglich muß auch sein Kategorienbestand die niederen Kategorien irgendwie mit umfassen? Das würde aber bedeuten, daß schließlich doch alle niederen Kategorien im Gesamtbestande der höheren „enthalten" sein müßten. Damit wäre alles „Abbrechen" der Wiederkehr aufgehoben, und die Überbauungsverhältnisse würden für sie keine Grenzstriche mehr bilden.

Es ist nicht nötig, daß man dazu den Unterschied von Überformung und Überbauung wieder verwischte. Seelisches Leben wird man durch keine Deutung als Überformung des organischen auffassen können, denn es enthält nun einmal die räumlichen Prozesse des Organismus nicht in sich. Aber es setzt sie trotzdem voraus, und darin besteht seine

Gebundenheit an den Organismus. Das Überbauungsverhältnis ändert an dieser Gebundenheit nichts. Ist aber die Bindung, wennschon eine einseitige, doch eine unlösliche, warum betrachten wir da eigentlich das seelische Sein wie etwas für sich Bestehendes? Erweist sich diese Betrachtung als willkürlich, so ist doch die Konsequenz, daß seelisches Sein auch ontologisch nur im Zusammenhang mit dem organischen betrachtet werden darf, unbeschadet der kategorialen Heterogeneität, die hier besteht. Dann aber darf diese Heterogeneität auch kein Hindernis bilden, die Kategorien des Seelischen nur im Zusammenhang mit den Kategorien des Organischen zu betrachten. Das würde aber bedeuten, daß auch ontisch die letzteren nicht ohne die ersteren bestehen. Woraus folgen müßte, daß im Grunde doch, aller Heterogeneität der Schichten und aller Tiefe des Einschnittes zum Trotz, auch hier der ganze Bestand der niederen Kategorien irgendwie in dem recht verstandenen Gesamtbestand der höheren enthalten sein müßte.

Das nun wäre nichts geringeres als die „totale Wiederkehr" und würde jener Begrenzung des Enthaltenseins widerstreiten, für die oben eine Reihe eindeutiger und wohl schwerlich bestreitbarer Phänomene beigebracht wurde. Ja, es ist leicht vorauszusehen, daß sich dieselbe Überlegung auch auf die anderen Grenzen der Überformung erstrecken müßte, die weiter oberhalb liegen. Man müßte also die Konsequenz ziehen, daß auch die Stufen des geistigen Seins die ganze Schichtenfolge der niederen Kategorien in sich enthalten. Und damit verschiebt sich dann das ganze Bild der kategorialen Schichtung; es wird wieder überraschend einfach und einheitlich, nähert sich nun aber auch der künstlichen Vereinfachung der spekulativen Weltbilder.

Im Gegensatz zu dem früher entworfenen Bilde müßte es jetzt folgendermaßen aussehen. Eine Kategorie, die einmal in einer Schicht aufgetaucht ist, könnte nach oben zu überhaupt nicht wieder verschwinden; sie müßte sich über die Schicht hinaus in allem Höheren erhalten. Es könnte nur ein scheinbares Verschwinden, dem Phänomen nach, geben, nicht ein wirkliches, dem Sein nach. Und indem nun alle Kategorien von der Schicht aus, in der sie beheimatet sind, als einheitliche Linie kategorialer Bestimmtheit durch alle höheren Schichten hindurchgehen, sie gleichsam schneiden und dabei verbinden, würde sich das Bündel dieser Linien nach oben zu ungeheuer verdichten. Die höchsten Schichten brauchten deswegen nicht überdeterminiert zu sein. Die gewaltige Anhäufung der kategorialen Determination würde vielmehr durchaus ihrem Reichtum entsprechen.

c. Geschichtetes Wesen der höheren Seinsgebilde.

Dieses vereinfachte Bild nun ist durchaus nicht willkürlich. Es entspricht ihm sehr wohl etwas in der realen Welt. Es wird nur mißverständlich, wenn man es direkt auf die Kategorienschichtung von Materie, Leben, Seele und Geist bezieht. Es wird aber durchaus zutreffend, wenn man die beiden oberen Schichten nicht als Seele und Geist, sondern als Mensch und Gemeinschaft, oder auch als Mensch und Geschichte versteht.

Der Unterschied ist dieser: das seelische Sein enthält die organischen Prozesse nicht in sich, wohl aber enthält „der Mensch" sie in sich; denn der Mensch ist selbst ein geschichtetes Wesen, er ist auch Organismus, und folglich auch ein materiell-körperhaftes Gebilde. Insofern hat er die niederen Kategorien alle als konstituierende Momente an sich. Er unterliegt der Schwere, dem Druck, dem Energieumsatz so gut wie dem Hunger, der Sterblichkeit und der Zeugung. Es kehrt also in der Tat alles an ihm wieder, was dem Seienden der niederen Stufen eigen ist. Und da sein seelisches Leben ja nicht in der Luft schwebt, sondern an den Leib gebunden ist, so hat es einen unaufhebbar berechtigten Sinn, das Seelenleben nicht zu isolieren, sondern streng in den Realzusammenhängen zu fassen, in denen allein es auftritt.

Dasselbe gilt vom geistigen Sein. Im Individuum tritt es als personaler Geist an denselben Schichtenbau des „Menschen" gebunden auf wie das Seelische. Aber auch im großen Stile als gemeinsamer und geschichtlicher Geist unterliegt es derselben Bindung. Objektiver Geist enthält zwar keine eigenen seelischen Akte, ist kein organischer Prozeß, kein physisches Gebilde; wohl aber ist die Gemeinschaft, sowie ihre Geschichte, in der allein sie besteht, alles dieses zusammen. Ein Volk hat seinen Lebensraum, seinen organischen Lebensprozeß nach der Weise des tierischen Artlebens mit Selbstwiederbildung und Generationsfolge; es hat auch seine seelische Arteigenheit, und erst über alledem erhebt sich sein Geistesleben. Es ist ein ebenso geschichtetes Wesen wie der Einzelmensch. Und seine Geschichte ist ein ebenso geschichteter Prozeß wie das einzelne Menschenleben.

Man sieht, auf diese Weise ergibt sich in der Tat eine totale Wiederkehr aller niederen Kategorien in den höheren Schichten. Man muß sich also fragen, was denn das veränderte Bild der Schichtung ausmacht. Denn die Sache ist ja nicht eigentlich so, daß die Schichtenfolge selbst verändert wäre; man rechnet ja gerade im Wesen des Menschen, der Gemeinschaft, des Volkes, der Geschichte mit denselben Schichten des Seelischen und des Geistigen; man betrachtet sie nur in anders betonter Weise „an" den ontischen Gesamtgebilden (Mensch, Volk ...), an denen sie das spezifisch Unterscheidende gegenüber analogen Gebilden niederer Seinsstufe (Tier, Artleben) sind. Die Schichtenfolge also ist nicht gestört, sie ist nur in eine Stufenfolge der Gesamtgebilde eingegliedert. Und die totale Wiederkehr gilt nun nicht eigentlich von ihr, sondern von den Kategorien dieser die Stufenfolge enthaltenden Gesamtgebilde.

Anders ausgedrückt, in diesem Aspekt werden die höheren Seinsschichten mitsamt ihrem ontischen Unterbau, ohne den sie nie vorkommen, zu Einheiten zusammengefaßt, in denen die ganze Seinsschichtung von unten auf enthalten ist. Das Seelenleben wird nicht als bewußte (und unterbewußte) Innenwelt mit ihren Akten und Inhalten allein verstanden, sondern zusammen und gleichsam ineins geschaut mit dem leiblichen Leben und dessen physischen Lebensbedingungen. Und das Geistesleben wird nicht allein als Ethos, Sprache, Kunst, Erkenntnis u. s. f. verstanden, sondern ineins geschaut mit dem seelischen Aktleben, dem organischen Leben und den physischen Lebensbedingungen der Individuen, die seine Träger sind.

Diese Zusammenschau ist nicht nur berechtigt, sondern durchaus notwendig. Und so weit sie reicht, ist auch der Gedanke der totalen Wiederkehr ein berechtigter. Nur folgt daraus keineswegs, daß dieser Gedanke sich auch auf das spezifisch Unterscheidende des Menschen, des Volkes oder der Geschichte übertragen ließe. Die Heterogeneität des Seelenlebens gegenüber dem organischen Prozeß — also der große Einschnitt der Schichtenfolge, den das Überbauungsverhältnis kennzeichnet, — wird dadurch nicht aufgehoben. Es ist vielmehr so, daß die psychophysische Grenzscheide mitten durch das Menschenwesen hindurchgeht; das eben bedeutet es, daß der Mensch selbst ein von unten auf geschichtetes Wesen ist. Und dasselbe gilt von der Heterogeneität des geistigen Lebens, sowohl dem seelischen als auch dem organischen Leben, und vollends dem physischen Prozeß gegenüber. Der Einschnitt verschwindet nicht; und die analogen Einschnitte verschwinden auch weiter oberhalb im geistigen Sein nicht. Die tiefe Berechtigung der Schichtungseinheiten in den höheren Seinsgebilden hebt also die Grenzen des Überformungsverhältnisses innerhalb dieser Schichtungseinheiten in keiner Weise auf.

Vielmehr ist es doch gerade das große metaphysische Problem, wie derartig heterogene Seinsschichten in einem und demselben Menschenwesen — oder auch im Wesen von Gemeinschaft, Volk und Geschichte — so eng miteinander verbunden sein können. Dieses Problem löst auch die Kategorienlehre keineswegs bis zu Ende. Sie kann nur in mancher Hinsicht tiefer hineinleuchten, aber ein unlösbarer Rest bleibt bestehen. Es ist die Aufgabe der Philosophie nicht, das Unerkennbare beiseite zu schieben, oder sein Bestehen zu bestreiten. Sie muß es anerkennen und einzugrenzen suchen. Das aber geschieht im vorliegenden Falle durch die klare Herausarbeitung der an bestimmte Einschnitte im Schichtenbau der Welt gebundenen Grenzen der kategorialen Wiederkehr.

Das ist der Grund, warum der Widerstreit der beiden Aspekte ein bloß scheinbarer ist. Es ist zwar etwas sehr anderes, ob ich sage „in den höheren Gebilden kehren alle niederen Kategorien wieder", oder „in den höheren Schichten kehrt nur ein Teil der niederen Kategorien wieder"; aber es widerspricht sich nicht. Denn die in sich selbst geschichteten höheren „Gebilde" sind nicht identisch mit den „Schichten", die gestaffelt in ihrem Aufbau enthalten sind. In den Kategorienbeständen der höheren Schichten selbst sind die niederen Kategorien durchaus nur teilweise enthalten (so wenigstens oberhalb der psychophysischen Grenzscheide); in ihrem ontischen Unterbau dagegen, ohne den sie nie bestehen, sind alle Kategorien von unten auf enthalten.

Die Kategorienlehre aber hat guten Grund, sich im Schichtungsverhältnis selbst an die Seinsschichten als solche zu halten, und nicht an die Stufenfolge der Gesamtgebilde (Sache, Lebewesen, Mensch, Gemeinschaft). Denn eben weil diese Gesamtgebilde ein geschichtetes Wesen haben und darin dem Ganzen der realen Welt gleichen, kann die ontologische Analyse nicht von ihnen ausgehen. Ihre Stufenordnung setzt eben vielmehr die Schichtung der Welt — als die an ihnen wiederkehrende und gleichsam mikrokosmisch sich abbildende — schon voraus. Und eben diese Schichtung der Welt ist es, um deren Gesetzlichkeit es sich in den kategorialen Schichtungsgesetzen allererst handelt.

Der methodische Vorzug, den die Kategorialanalyse einstweilen dem reinen Schichtenverhältnis gibt, ist also kein willkürlicher, sondern ein seinerseits ontisch wohlgegründeter und durch die Problemlage gebotener. Er darf freilich nicht bis zur Zerreißung der Schichtenzusammenhänge zugespitzt werden. Aber damit hat es beim Gesetz der Wiederkehr keine Not, da ja vielmehr erst dieses Gesetz mit der Herausarbeitung solcher Zusammenhänge den Anfang macht.

Darüber hinaus aber ist zu sagen, daß auch der andere Aspekt an seiner Stelle noch zu seinem Recht kommt, und zwar gleichfalls noch innerhalb des Themenkreises der kategorialen Gesetzlichkeit. Aber die Gesetze, die ihm gerecht werden, sind nicht mehr die der Schichtung, sondern Gesetze der kategorialen Dependenz.

53. Kapitel. Gesetz der Abwandlung und Gesetz des Novums.

a. Das Verhältnis von Wiederkehr und Abwandlung.

Betrachtet man das Gesetz der Wiederkehr isoliert für sich, so ist man stets in Gefahr, seinen Sinn zu überspitzen. Die obigen Einschränkungen genügen noch nicht, ihm die zutreffende Begrenzung zu geben. Es genügt nicht, im Auge zu haben, daß nicht alle Kategorien in allen Schichten wiederkehren. Sie schlagen auch dort, wo sie wirklich als Elemente enthalten sind, nicht gleich stark durch; die Regel vielmehr ist, daß sie in der höheren Struktur gegen diese zurücktreten. Sie sinken, je höher hinauf sie durchdringen, immer mehr zu untergeordneten Elementen herab und können als solche in den Phänomenen auch ganz verschwinden.

Aber es ist auch nicht so, daß die Kombinatorik der niederen Elemente genügte, um höhere kategoriale Struktur zu ergeben. Vielmehr ist diese schon stets durch das Einsetzen neuer Kategorien bedingt. Ja man kann nicht einmal sagen, daß die Elemente in ihrer Wiederkehr ganz gleich blieben; sie erscheinen zwar wieder, aber in neuem Gewande. Sie bleiben nicht unberührt von der Struktur der höheren Kategorien, in deren Bestand und Kohärenz sie eingehen. Damit aber ändert sich die Sachlage wesentlich.

Diese Kehrseite der Wiederkehr spricht das „Gesetz der Abwandlung" aus: die kategorialen Elemente wandeln sich bei ihrer Wiederkehr in den höheren Schichten mannigfaltig ab. Die besondere Stellung, die ihnen in der Kohärenz der höheren Schichten zufällt, gibt ihnen von Schicht zu Schicht neue Überformung. Was sich erhält, ist nur das Element selbst. An ihm als solchem ist die Abwandlung akzidentell. Im Aufbau der realen Welt aber ist sie ebenso wesentlich wie die Erhaltung.

Das Gesetz der Abwandlung folgt eigentlich schon, wenn man das Implikationsgesetz in das Bild der Wiederkehr substituiert. Die wiederkehrende Kategorie rückt in den Verband der höheren Schichtenganzheit ein. Damit aber fällt sie unter die Kohärenz der höheren Schicht; und da diese in gegenseitiger Implikation besteht, so muß die niedere Kategorie mit den Elementen der höheren Schicht irgendwie behaftet sein. Denn eben das besagte das Gesetz der Implikation, daß der ganze kategoriale Zusammenhang einer Schicht an jedem ihrer Glieder vertreten ist. So muß denn notwendig eine Kategorie, die in die höheren Schichten durchdringt, in jeder von ihnen eine inhaltliche Besonderung erfahren.

Die Wiederkehr einer niederen Kategorie betrifft direkt immer nur eine oder einige wenige Kategorien der höheren Schicht, die anderen aber nur mittelbar. Niedere Einheitstypen tauchen nur an höheren Einheitstypen, niedere Kontinuitäten nur an höherer Kontinuität, niedere Gefügetypen mitsamt ihrer Gliederung nur am höheren Gefügetypus auf. Aber eben die höheren Typen sind andere Strukturen, und die Andersheit färbt ab auf das wiederkehrende Element. Durch die Kohärenz der höheren Schicht erstreckt sich die Wiederkehr freilich mittelbar auch auf die übrigen Kategorien der Schicht. Aber auch die höhere Kohärenz selbst ist eine andere als diejenige, aus der das Element kommt, und färbt nicht weniger ab. Bei den Fundamentalkategorien fällt beides zusammen, weil sie die notwendigen Grundmomente kategorialer Struktur überhaupt sind. Darum läßt sich das Schichtungsverhältnis an ihnen so schön im Prinzip aufzeigen.

Das Gesamtbild der Wiederkehr und Abwandlung, wenn man sie an einer ganzen Gruppe von Kategorien durch mehrere einander überlagernde Schichten hin verfolgt, stellt sich jetzt als ein Bündel divergierender Linien dar, welche die Schichten durchschneiden. Dabei ist die Einheitlichkeit der einzelnen Linien das strenge Bild der Wiederkehr selbst; die fortschreitende Divergenz aber ist das Bild der Abwandlung. Inhaltlich besteht sie in zunehmender Differenzierung. Von Schicht zu Schicht setzt neue Struktur in neuer Kohärenz ein. In diesem Fortgange wird der ursprüngliche Charakter des Elements immer mehr verdeckt durch die sich darüberlagernden höheren Strukturen; er kann schließlich so unkenntlich werden, daß man ihn erst durch besondere Analyse ans Licht ziehen muß, um ihn wiederzuerkennen.

So geben Wiederkehr und Abwandlung zusammen den Typus eines Kategorienzusammenhanges, der nicht nur die Kohärenz der Schichten schneidet, sondern auch wesentlich von ihr mitbestimmt wird. Aber freilich bestimmt auch er seinerseits ebenso wesentlich den Bestand der Schichten und ihre Kohärenz mit. Tatsächlich eben greifen die beiden Typen des Zusammenhanges — der „horizontale" und der „vertikale" — bei aller grundsätzlichen Heterogeneität doch ineinander. Sie ergänzen sich zur Einheit eines kategorialen Gefüges.

b. Beispiele aus den elementaren Seinsgegensätzen.

Dafür, daß dem so ist, sprechen nun ganz eindeutig die Untersuchungen der Seinsgegensätze, wie sie oben ausführlich durchgeführt wurden (Kap. 27—34). An jedem dieser Kategorienpaare ergab sich eine Reihe von Abwandlungen, die ihre Wiederkehr in den höheren Schichten Schritt für Schritt begleiten. Dieses Belegmaterial darf hier restlos zugrundegelegt werden. Dort konnte noch nicht das Allgemeine der Abwandlung gezeigt werden; das eben ist Sache der kategorialen

Gesetzlichkeit. Das Allgemeine ist aber jetzt leicht aus dem Besonderen zu entnehmen. Dazu freilich muß an die eine und die andere dieser Abwandlungslinien erinnert werden. Das Wesentliche dabei ist, daß die Abwandlung keineswegs nach einem Schema verläuft, sondern an jeder Kategorie eine eigene ist. Das gerade trat an jenen Beispielen sehr anschaulich zutage.

Werfen wir einen Blick auf den Wandel von Einheit und Mannigfaltigkeit. Ein anderes als die mathematische Eins und ihre Vielheit ist schon die Einheit des Dinges in der Mannigfaltigkeit seiner Beschaffenheiten; und wieder ein anderes ist die Einheit des Prozesses und die der dynamischen Gefüge, jene in der Vielheit, diese in der Verschiedenheit ihrer Elemente. Ganz anders ist wieder die um vieles höhere Einheit des Organismus in der Mannigfaltigkeit seiner Formen und Prozesse. Ganz unvergleichlich alledem ist die Einheit des Bewußtseins in seiner Akt- und Erlebnismannigfaltigkeit. So gehen die beiden Kategorien in fortschreitender Abwandlung auch durch die Stufen des geistigen Seins hindurch. Es gibt die Einheit der Person, die Einheit des Volkes, Einheit des Staates, Einheit der Wissenschaft, Einheit der Sprache, des geltenden Rechts, des Ethos, des Kunstwerkes. Das kategoriale Grundelement bleibt das gleiche, aber es tritt immer wieder in ganz anderer Gestalt auf. Diese Andersheit ist durch den Schichtcharakter bestimmt, denn natürlich spielt eine Fülle anderer Kategorien in der Struktur der Einheitstypen mit. Das eben besagt der Satz, daß die Kohärenz der Schichten die Abwandlung bestimmt.

Das alles wirkt selbstverständlich, sobald man die Reihe entlang verfolgt. Aber das Selbstverständliche ist, philosophisch zum Bewußtsein gebracht, nichts geringeres als eine Fundamentalgesetzlichkeit. Es gibt auch Kategorien, an denen die Abwandlung weit entfernt ist, selbstverständlich zu sein; man sehe sich daraufhin die oben dargelegten Abwandlungen von Substrat und Relation, Gegensatz und Dimension, Determination und Dependenz, Einstimmigkeit und Widerstreit, Innerem und Äußerem an (Kap. 28c, 30a, 31c und d, 32b, 34b—d). Hier wird die Analyse schon komplizierter; die Abwandlung wird überraschend mannigfaltig und fällt überdies an jeder Kategorie wieder ganz anders aus.

Die geeignetesten Beispiele dürften diejenigen sein, die relativ einfach, aber dabei doch nicht gerade selbstverständlich sind. Von dieser Art ist das Gegensatzpaar Kontinuität und Diskretion. Es ist leicht, die Kontinuen und Diskreta in der Zahlenreihe, in Raum und Zeit, in der Bewegung, im dynamischen Prozeß, in den Transformationen der Energie zu unterscheiden. Auch in der Kausalreihe sieht man beide noch ohne weiteres: den fortlaufenden Abhängigkeitszusammenhang, der eindeutig vom Früheren zum Späteren läuft, dabei aber seine sehr eigenartigen Einschnitte hat, die ihn mannigfach gliedern. Einen vollkommen anderen Typus des prozessualen Kontinuums haben wir dagegen im Reich des Organischen: Entfaltung, Entwicklung, formbestimmtes, immer zugleich formaufbauendes und formabbauendes Geschehen. Dieses Kontinuum ist begrenzt, der Lebensprozeß selbst setzt sich seine Grenzen. Im Großen, am phylogenetischen Gesamtprozeß, besteht diese Art Bewegung nicht; dafür gibt es hier in der relativen Konstanz der Arten, Gattungen, Ordnungen aufs neue ein ganzes System von Diskretionen, wie sie das niedere Seiende nicht kennt.

Ein sehr eigenartiges Übergewicht der Diskretion finden wir dann im Seelenleben. Der Organismus gibt sein Leben weiter, er vererbt es; sein Bewußtsein kann niemand weiter geben, es entsteht in jedem Individuum neu. Innerhalb des individuellen Lebens aber ist es nicht weniger ein Kontinuum als das der Vitalprozesse. Weitere Typen des Kontinuums finden wir im verantwortlich-tätigen Leben der Person, im Denken, im Erkenntnisprozeß, zumal in dem überindividuellen der Wissenschaft, im Leben der Gemeinschaft und des von ihr getragenen objektiven Geistes. Und überall entspricht dem eigenartigen Kontinuum eigenartige Diskretion. Das merkwürdigste und vielleicht komplexeste Kontinuum liegt im geschichtlichen Geschehen vor, einem selbst wiederum mehrschichtigen Prozeß, dessen eigentliche Struktur — denn die Zeitlichkeit der Folge ist an ihm nur ein wiederkehrendes Element — durch das Ineinandergreifen sehr verschiedener Determinationsformen bestimmt ist.

Bedenkt man, daß jedes dieser Kontinuen eine besondere Kategorie bildet, so ist leicht zu ermessen, daß sich die ganze Fülle der Abwandlung erst an deren näherer Analyse ergeben würde. Aber schon das flüchtige Ableuchten legt eine weit größere Mannigfaltigkeit der Überformungen bloß, als man vom einfachen Elementargegensatz aus erwarten sollte. Ganz anders noch steigert sich der Reichtum, wenn man mehrere Abwandlungslinien parallel zueinander verfolgt und dabei inne wird, daß keine der anderen gleicht, daß jede Grundkategorie ihre eigentümliche, auf keine andere übertragbare „Linie" beschreibt, daß also die Linien des „Bündels" nicht nur divergent, sondern auch strukturell verschieden sind. Jede Kategorie zeigt in der Art ihrer Wiederkehr die Sondergesetzlichkeit einer eigenen Wandlungskurve.

c. Das periodische Auftreten des irreduziblen Novums.

Der Grund dafür kann weder in der Wiederkehr selbst liegen, noch auch in dem bloßen Vor- und Zurücktreten der wiederkehrenden Elemente, oder gar in ihrer bloßen Kombination. Hier zeigt sich vielmehr, daß hinter der Abwandlung noch etwas anderes steckt, wodurch sie bereits wesentlich bestimmt ist. Dieses andere ist das Gesetz des Novums.

Das Gesetz besagt dieses: auf Grund der Wiederkehr ist zwar jede höhere Kategorie inhaltlich aus einer Mannigfaltigkeit niederer Elemente zusammengesetzt, aber sie geht in deren Summe nicht auf. Sie ist stets noch etwas darüber hinaus: sie enthält ein spezifisches Etwas, das erst mit ihr neu auftritt, das also weder in jenen Elementen noch in deren Synthese enthalten ist und sich auch nicht in sie auflösen läßt. Schon die Eigenstruktur des Elementen-Verbandes in ihr ist ein solches „Novum". Es können aber auch neue, eigenartige Elemente hinzutreten. Das ist an jeder Schichtengrenze der Fall, in sehr gesteigertem Ausmaße aber dort, wo die großen Grenzscheiden der Schichtung liegen — dort also, wo die Wiederkehr ganzer Kategoriengruppen abbricht und die Überformung der Überbauung weicht. Der „Überbau" ist dann im wesentlichen das Werk von Kategorien, die erstmalig neu auf dieser Seinshöhe einsetzen.

Das Nichtaufgehen der höheren Kategorien in den wiederkehrenden Elementen ist vielleicht das wichtigste Moment der Schichtungsgesetzlichkeit, obgleich es die bescheidene Form einer weiteren Begrenzung am Verhältnis des Ineinander-Enthaltenseins hat. Genügte nämlich die Wiederkehr der Elemente, um die höheren Seinsformen zu ergeben, so wären alle Seinsschichten und Stufen im letzten Grunde nur durch Fundamentalkategorien bestimmt, und diese müßten genügen, den ganzen Reichtum des seelischen und geistigen Seins zu tragen. Theorien solcher Art sind oft versucht worden und immer gescheitert, auch dann wenn man stillschweigend gewisse Geisteskategorien unter die Elementarkategorien einschmuggelte. Sie mußten scheitern, denn nicht einmal für das physisch-materielle Sein genügen bloße Elementarkategorien, und wenn man sie noch so sehr kombiniert dachte. Sie geben eben den Reichtum des Neuen nicht her, der mit der Welt der ineinandergreifenden Realprozesse und dynamischen Gefüge einsetzt.

Ohne das Einsetzen eines kategorialen Novums in jeder neuen Schicht ist der Formenreichtum der Abwandlung schlechterdings nicht zu verstehen. Aber auch die Eigenart der höheren Kategorien selbst, sowie die der konkreten Gebilde, ist ohne Novum nicht zu verstehen. Wenn im Aufstieg von Schicht zu Schicht nicht bei jedem Schritt andere Kategorien einsetzten — und zwar urwüchsig andere, den niederen wirklich heterogene —, so müßte das höhere Concretum aus den Kategorien des niederen allein zu verstehen sein: der Organismus müßte aus Prinzipien des Materiellen, das Bewußtsein aus denen des Organischen u. s. f. verständlich sein. Denn die höheren Kategorien selbst könnten dann nichts anderes sein als Kombinationen der niederen.

Das nun trifft offenbar nicht zu. Organisches aus Physischem, Seelisches aus Organischem bleibt ewig unverständlich — nicht nur weil wir die Kombination der strukturellen Momente nicht durchschauen, sondern weil auch tatsächlich das Höhere nicht in bloßer Kombination des Niederen besteht. Der Kombinatorikgedanke, der in Wahrheit allen Erklärungsversuchen solcher Art zugrundeliegt, ist, auf die kategoriale Schichtung der realen Welt bezogen, ein Irrweg. Er ist eine künstliche Vereinfachung, eine gewaltsame Vereinheitlichung zu Ungunsten der gegebenen Mannigfaltigkeit; er ist Verkennung der kategorialen Grundverhältnisse — in der Sprache Leibnizens könnte man sagen: Verkennung des Verstandes Gottes — und darum zuletzt Weltverkennung.

Gewiß gibt es die immer neuen Kombinationen wiederkehrender Elemente in der Schichtung der Kategorien. Aber sie sind weder eine Funktion der Elemente selbst noch ihrer Selektion — etwa unter einem Prinzip der Kompossibilität oder gar der Konvenienz —, sondern ganz offensichtlich eine Funktion der höheren kategorialen Struktur, die als solche ein Selbständiges und den Elementen gleich' Ursprüngliches ist, nicht ein Produkt aus ihnen, sondern neu hinzutretende Einheit aus einem Guß. Darin liegt der Grund, warum es nie gelingen kann, höhere Seinsgebilde aus den Gesetzen niederer heraus zu „erklären".

Das ist es, was das Gesetz des Novums ausspricht: auf Grund der Wiederkehr enthalten zwar die höheren Kategorien eine Mannigfaltigkeit niederer Elemente in sich, gehen aber nicht nur in deren Summe nicht auf, sondern sind schon in ihrer Zusammensetzung stets durch das Auftreten eines kategorialen Novums bedingt. Denn eben ein Novum ist jedesmal schon die Anordnung der Elemente in der neuen kategorialen Gesamtstruktur. Und nur dadurch sind die wiederkehrenden Elemente in der letzteren zu bloßen Momenten herabgesetzt, sind ihr ein- und untergeordnet.

Das Gesetz des Novums ist nicht eine Begrenzung der Wiederkehr — wie etwa das Auftreten der Überbauungsverhältnisse eine solche ist —, sondern das positive Gegenstück zu ihr. Es hindert das Durchgehen der niederen Elemente durch die Schichten nicht, aber es setzt ihm eine andere Grundeigentümlichkeit im Aufbau der realen Welt entgegen: das Moment der kategorialen Selbständigkeit der höheren Schicht gegen die niedere. Dieses andere Moment ist es, was das Enthaltensein niederer Kategorien in den höheren nicht mit ausdrücken kann, was aber dennoch in ihm mit vorausgesetzt ist; denn ohne das periodische Einsetzen des Novums wären die Höhenunterschiede der Seinsschichten gar nicht möglich. Da aber an diesen Höhenunterschieden die Abwandlung hängt, so muß man weiter sagen, daß auch die Überformung der wiederkehrenden Elemente in der Schichtenfolge schon durch das von Schicht zu Schicht sich wiederholende Einsetzen des kategorialen Novums bedingt ist.

d. Das Ineinandergreifen der Schichtungs- und Kohärenzgesetzlichkeit.

Daß dem so ist, läßt sich an jeder einzelnen Elementarkategorie beweisen, deren Abwandlung oben aufgezeigt wurde. Die verschiedenen Arten der Einheit und Mannigfaltigkeit von den mathematisch-quantitativen Verhältnissen aufwärts bis zu den Gesamterscheinungen des geschichtlich-geistigen Lebens sind offenbar keine automatischen Selbstverwandlungen eines elementaren Kategorienpaares, sondern eine Funktion der Schichtenfolge. Diese aber treibt die immer neuen Einheitstypen dadurch hervor, daß jede Schicht mit spezifischer Eigenstruktur einsetzt. Niemand wird die moralische Einheit der Person aus der numerischen Eins, oder auch nur aus der funktionalen Prozeßeinheit des Organismus herleiten wollen. Es setzt vielmehr mit der Person etwas ganz Neuartiges ein, und darum fällt auch ihr Einheitstypus ganz neuartig, mit allem niederen unvergleichlich aus.

Genau so ist es mit der Abwandlung des Kontinuums, der Relation, des Inneren, des Gefüges. Nicht ein allgemeines Prinzip der Kontinuität gibt jene aufsteigende Reihe verschiedenartiger Kontinuen her, nicht ein allgemeines Prinzip des Gefüges jene mannigfaltige Reihe der Gefügetypen, in der die Abwandlung dieser Kategorien besteht; sondern von Schicht zu Schicht schafft erst neue Mannigfaltigkeit den Boden neuer Stetigkeits- und Gefügeformen. Wohl hat man das Gefüge des Staates dem des Organismus verglichen; aber der Vergleich hat enge Grenzen. Die relative Selbständigkeit der Individuen, die rastlos am Gefüge formende Spontaneität des Menschengeistes beweist, daß der Boden und die innere Dynamik des Gemeinwesens etwas von Grund aus anderes ist. Die Abwandlung des Gefüges ist durch das Novum des geistigen Seins bestimmt, nicht umgekehrt dieses durch jene.

Hat man sich dieses grundsätzlich klargemacht, so darf man ohne Bedenken noch einen Schritt weiter gehen und das Gesetz des Novums auf das oben entwickelte Gesamtbild der divergierenden Linien kategorialer Wiederkehr beziehen. Die Divergenz in diesem Bilde drückt die nach oben hin zunehmende Mannigfaltigkeit der Formen aus. Da aber die Abwandlung durch das periodisch einsetzende Novum bedingt ist, so folgt, daß auch die Divergenz — und mit ihr die Formenmannigfaltigkeit selbst — eine Funktion des kategorialen Novums ist.

Das Novum ist jedesmal der Schicht eigentümlich, wenn nicht gar einer besonderen Stufe innerhalb ihrer. Dem Phänomen nach gehört es zunächst der einzelnen Kategorie an. Da diese aber im Implikationsverhältnis zu den übrigen Kategorien der Schicht steht, so zeigt notwendig auch das Ganze der jedesmaligen Schichtenkohärenz ein Gesamtnovum — man kann auch sagen ein Schichtennovum — gegenüber dem Ganzen der niederen Schicht. Und nach dem Gesetz der Schichtenganzheit (Kap. 46b) hat dieses Gesamtnovum die kategoriale Priorität vor dem besonderen Novum der Glieder.

Hier greifen also deutlich die beiden Gesetzesgruppen, die der Kohärenz und die der Schichtung, ineinander. Sie bilden ein Gefüge, in dem die Wiederkehr und die Schichteneinheit einander begegnen und gleichsam in Schach halten. Das Novum der höheren Kategorien gegenüber den niederen ist der Ansatzpunkt der autonomen Kohärenzgesetzlichkeit mitten im Schichtungsverhältnis; denn es gehört der Sache nach primär der ganzen Kategorienschicht an.

Zwischen den beiden Gesetzesgruppen ist hierbei kein Widerstreit. Es wäre auch dann kein Widerstreit, wenn die Wiederkehr der niederen Kategorien in den höheren eine totale wäre. Ganz im Gegenteil: die Schichtenkohärenz mitsamt ihrem Novum wird vielmehr selbst von der Wiederkehr erfaßt und in die höheren Schichten weitergetragen; sie ist ja nur den niederen Schichten gegenüber ein Novum. Da jedes sich abwandelnde Element die Kohärenz seiner Ursprungsschicht an sich hat, so überträgt es diese auf die Kategorien der höheren Schicht, so weit nur irgend seine Wiederkehr reicht. Freilich überträgt es sie nur in gleichfalls abgewandelter Form; aber das ändert grundsätzlich nichts an der Übertragung, wie das Beispiel der Elementarkategorien ja deutlich beweist (denn diese kennen tatsächlich keine Grenze der Wiederkehr).

Soweit also die Wiederkehr der Elemente reicht, macht sie auch deren Kohärenz zum Element der höheren und komplexeren Schichtenkohärenz. Und da diese das Gesamtnovum der höheren Schicht ist, so ordnet sie sich der Kohärenz der wiederkehrenden Elemente über und bezieht sie in sich ein, ohne sie als solche aufzulösen. Begrenzt ist dieses Verhältnis nur durch die Grenzen der Wiederkehr. Wo die Wiederkehr versagt, wo auch nur eine der niederen Kategorien im Bestande der höheren Schicht ausfällt, da ändert sich die Sachlage; da kann mit dem Durchdringen der übrigen in die höhere Schicht sich ihre Kohärenz nicht mit auf diese übertragen. Da löst sich die implikative Verbundenheit der Elemente und macht einem anderen Zusammenhang Platz.

Aber solche Begrenzung der Wiederkehr und solche Auflösung ist nicht durch das Novum der höheren Schicht bedingt, sondern durch die Grenzen der Überformung. Sie tritt dort auf, wo die letztere durch das Überbauungsverhältnis abgelöst wird.

Das Gesamtbild zeigt nicht nur ein Ineinandergreifen der beiden Gesetzlichkeiten, sondern auch ein weitgehendes Hindurchgreifen beider durcheinander. Beide sind selbständig, heterogen und zugleich fundamental; aber die Heterogeneität hindert sie nicht, sich im Ineinandergreifen zu einer höheren Gesamtgesetzlichkeit zusammenzuschließen. Und so erst stellen sie gemeinsam eine mehrdimensional-komplexe Zusammenhangsgesetzlichkeit des Kategorienreiches her. Zugleich sieht man hier, wie das Senkrecht-Aufeinanderstehen der beiden Grunddimensionen kategorialer Verbundenheit kein bloßes Bild ist, sondern ein echtes Überschneidungsverhältnis zum Ausdruck bringt, in dem auch die Implikation koordinierter Elemente mit wiederkehrt und sich abwandelt, die Wiederkehr und Abwandlung der Elemente aber selbst wiederum zum Träger von Implikationen wird.

54. Kapitel. Das Gesetz der Schichtendistanz.

a. Die Diskontinuität der Abwandlung.

Die ersten drei Schichtungsgesetze bilden sichtlich eine engere Einheit, während das vierte mehr abseits steht und von ihnen aus auch wohl fehlen könnte. An sich wäre es sehr wohl denkbar, daß die Abwandlung der Kategorien kontinuierlich verliefe, daß also von den kategorialen Formen des Physisch-Materiellen zu denen des Organischen ein stetiger Übergang mit unmerklichen Verschiebungen bestünde, und ähnlich weiter zu denen des Seelischen und des Geistigen. Das würde bedeuten, daß es keine kategoriale Schichtendistanz gäbe, keine Zäsuren, keine Sprünge der kategorialen Geformtheit.

In Wahrheit kennen wir die Schichtendistanz auch keineswegs vom Kategorienverhältnis selbst her, sondern lediglich am Concretum, nämlich aus den strukturellen Abständen seiner Seinsschichten. Diese eben zeigen gewisse Abstände, und zwar solche, die schon in der Gegebenheit der Phänomengebiete deutlich, unaufhebbar und, wie es scheint, unüberbrückbar bestehen. Durch sie stellt sich das Stufenreich des Seienden von vornherein als aufgeteilt in geschlossene und durchaus voneinander abgehobene Schichten dar.

Diese Form der Überlagerung könnte allein schon zum Beleg des Distanzgesetzes ausreichen, wenn sie ihrerseits ganz eindeutig wäre und nicht wenigstens prinzipiell die Möglichkeit kontinuierlicher Übergänge offen ließe. Denn was am Concretum besteht, muß erst recht im Kategorienverhältnis bestehen. Das folgt aus dem vierten Geltungsgesetz, wonach alles Prinzipielle am Concretum durch die ihm zugehörigen Kategorien nicht nur durchgehend, sondern auch total determiniert ist.

In diesem Sinne nun behauptet das Gesetz der Schichtendistanz: Wiederkehr und Abwandlung schreiten nicht kontinuierlich fort, sondern in Sprüngen; diese Sprünge sind allen durchgehenden Linien kategorialer Wiederkehr und Abwandlung gemeinsam, sie bilden an der Gesamtheit solcher Linien einheitliche Einschnitte. Auf diese Weise ergibt sich eine einzige Vertikalgliederung für alle Abwandlung. Sie ist identisch mit der Höhendistanz der sich überlagernden Schichten. Sie hängt aufs engste zusammen mit dem Auftreten des die ganze Schicht betreffenden Gesamtnovums und seiner kategorialen Priorität vor dem Novum einzelner Kategorien.

Hieraus wird erst das Phänomen der geschlossenen und in ihrer Ganzheit eindeutig voneinander abgehobenen Seinsschichten verständlich. Von der Wiederkehr aus gesehen, ist die einzelne Kategorienschicht nichts anderes als ein gemeinsames Sprungniveau sämtlicher Abwandlungslinien, gleichsam die Ebene korrespondierender Abwandlungsstadien. Daher die einheitliche Höhendistanz einer ganzen Schicht gegen die andere, obgleich die einzelnen Kategorien sich dabei sehr verschieden verhalten; und daher in der Gesamtheit der sich überhöhenden Schichtendistanzen die Einzigkeit der vertikalen Gliederung.

Für die Wiederkehr der Elemente ist diese Einheitlichkeit und Einzigkeit an sich irrelevant. Von der Einheit der Schicht aus gesehen ist aber umgekehrt die Wiederkehr der Elemente verhältnismäßig irrelevant. Schichtendistanz und einheitliches Schichtenniveau könnten an sich auch ohne sie bestehen. Es gibt eben innerhalb der Schichtungsphänomene noch einen Gesichtspunkt, von dem aus gerade die Geschlossenheit und Abgehobenheit der Schichten das eigentliche Grundphänomen ist. Dem gibt das Gesetz der Schichtendistanz Ausdruck. Die Wahrheit aber ist, daß beides nur miteinander besteht und sich gegenseitig modifiziert. Und das eine bekommt erst durch das andere sein eigentümliches Gepräge.

Das anschauliche Bild der Schichtendistanz ist im Leben ein sehr bekanntes und geläufiges, wennschon es dort ausschließlich das Concretum betrifft. Diese Geläufigkeit aber ist kein Erweis. Im Gegensatz zu den drei ersten Gesetzen, die sich an den Kategorien selbst durchverfolgen lassen, haben wir es im Distanzgesetz mit einem bloß deskriptiv aufgelesenen Verhältnis zu tun, das wir nicht direkt erweisen können. Aber solange wir keine kontinuierlichen Übergänge zwischen den Schichten kennen, hat es nichtsdestoweniger eine gewisse Unvermeidlichkeit. Denn für rein zufällig wird man das durchgehende Phänomen der von Schicht zu Schicht wieder auftretenden Abgehobenheit schwerlich halten können.

b. Metaphysische Aufhebung der Schichtendistanz und ihre Hintergründe.

Eine Selbstverständlichkeit, oder auch nur etwas a priori Einsichtiges, ist die Distanz der Seinsschichten deswegen keineswegs. Denkbar wäre es zum mindesten, daß ihr Gesetz nicht ontologisch ebenso durchgehend wäre wie das Phänomen, daß es somit nur begrenzte Gültigkeit hätte. Man könnte es z. B. gelten lassen für den Abstand zwischen dem Organischen und dem Seelischen, sowie überhaupt für die Überbauungsverhältnisse, desgleichen wohl auch für die Abgehobenheit der niederen Schichtenkategorien von den Fundamentalkategorien. An diesen Punkten ist die Heterogeneität augenfällig gegeben. Bei den anderen Stufenabständen kann sie schon allein deswegen angefochten werden, weil es Überformungsverhältnisse sind; so vor allem bei dem des Physisch-Materiellen und des Organischen, wie das Problem der sog. „Urzeugung" beweist.

Es gibt indessen metaphysische Theorien, die auch an den augenfälligsten Brechungspunkten der Stufenreihe einen stetigen Übergang annehmen. Nichts anderes bedeutete die Leibnizische lex continuitatis als metaphysisches Prinzip: sie behauptete im Ernst das ununterbrochene Fortschreiten der Seinsformen in unmerklichen Übergängen von der Materie bis hinauf zum Geiste; das Auftauchen des Bewußtseins im Lebendigen ist hier durchaus nur ein Punkt unter anderen im aufsteigenden Kontinuum der Perfektionsstufen. Ähnlich ist es bei Schelling mit dem Erwachen der Intelligenz zum Bewußtsein, nachdem sie unbewußt eine Mannigfaltigkeit aufsteigender Stufen durchlaufen hat.

Aber solche Theorien sind durchsichtig. Ihr uneingestandener Hintergrund ist das Einheitsbedürfnis um jeden Preis. Sie können das Kontinuitätsprinzip nur durch eine petitio principii halten: dadurch, daß sie höhere Kategorien auf niedere Seinsschichten übertragen, sie also im spekulativen Denken als Strukturmomente der niederen mißbrauchen. Sie begehen damit den Fehler der Grenzüberschreitung „nach unten zu" (vgl. Kap. 7c). So ist bei Leibniz die Monade auch der niedersten Stufe, etwa des Materiellen, schon ein seelisches Etwas.

Bei Schelling aber sind es direkt Kategorien des Geistes, die weit unterhalb alles Bewußtseins zu Prinzipien der Naturformen gemacht werden.

Das aber ist nun gerade die Umkehrung des Gesetzes der Wiederkehr. Dieses Gesetz spricht ein irreversibles Verhältnis aus: es gibt nur das Enthaltensein niederer Kategorien in denen der höheren Seinsstufen, niemals aber ein solches der höheren in den niederen. Diese Theorien konstruieren ein Kontinuum der Formen von oben her genau ebenso, wie die materialistischen Theorien eines von unten her konstruieren. Wie hier die Eigenart aller höheren kategorialen Struktur aufgehoben wird, so dort die Selbständigkeit aller niederen. Wie hier das Gesetz des Novums verletzt wird, so dort das der Wiederkehr. In beiden Fällen ist es dieselbe Erschleichung einer im Aufbau der realen Welt nicht vorhandenen Einheit. Und eben darum ist beides dieselbe Verkennung der vorhandenen Einheit.

c. Metaphysische Grenzfragen. Genetische Deutung der Schichtung.

In diesen Überlegungen zeigt sich, daß die Diskontinuität der vertikalen Gliederung und das Gesetz der Schichtendistanz doch auch noch anders als rein empirisch am Concretum erfaßbar sind. Die Zugänge sind nur vermittelter Art. Sie führen über den Zusammenhang mit den anderen Schichtungsgesetzen. Und dieser wird erst an den Irrwegen der Spekulation recht greifbar.

Grundsätzlich können kategoriale Gesetze — genau so wie die einzelnen Kategorien auch — nur mittelbar vom Concretum aus erfaßt werden. Ein Einschlag des Hypothetischen ist dabei nicht zu vermeiden. Aber er ändert nichts an der Sachlage im Problembestande. Dieser hängt am Phänomen. Die Phänomenkette aber zeigt unzweideutig die Diskontinuität der Reihe. Und wenn auch in einem verborgenen Hintergrunde des Seienden ein Formenkontinuum vorliegen sollte, so bliebe doch in der uns gegebenen Seinsebene und deren Kategorien die Schichtendistanz ungehoben bestehen. Und selbst so bliebe sie noch dieselbe Gesetzlichkeit: die einer eindeutigen Diskretion am hypothetischen Kontinuum.

Mittelbar aber kann ein solches Gesetz noch eine Begründung durch seinen Zusammenhang mit anderen kategorialen Gesetzen finden, sofern diese anderweitig genügend einleuchtend sind. Und das geschieht in diesem Falle durch den Zusammenhang der Schichtendistanz mit dem Gesetz des Novums einerseits und den Kohärenzgesetzen andererseits. Das Einsetzen des Gesamtnovums einer Schicht bedeutet eben einen Einschnitt im Kontinuum; die gegenseitige Bedingtheit der Kategorien aber, wie die Kohärenzphänomene sie zeigen, ist auf die Schichtenganzheit beschränkt und versagt, sobald man die Grenzen der Schicht überschreitet.

Vielleicht kann man auf Grund dieser Überlegungen noch einen Schritt weiter gehen. Eine geschlossene Schichtenganzheit in der Stufenfolge des Seienden wäre ein Ding der Unmöglichkeit, wenn die Schichten nicht durch gewisse Distanzen gegeneinander abgehoben wären. Man braucht sich die Distanzen deswegen ja nicht gerade wie breite Zwischenräume vorzustellen. Es genügt, daß sie deutlich abgehobene Stufen bilden. Die Bilder müssen hier natürlich alle versagen. Die Sache aber, um die es geht, kann man nicht mit ihnen fallen lassen. Sonst würde die Kohärenz der Kategorien kontinuierlich von einer Schicht zur anderen überfließen.

Das aber entspricht weder dem Verhältnis am Concretum noch dem an den Kategorien. Hier waltet ohne Zweifel ein anderes Verhältnis. Die niedere Schichtenkohärenz taucht wohl auch in der höheren auf, aber nur soweit die Wiederkehr ihrer Glieder selbst reicht, und auch das nur in spezifischer Abwandlung, indem das Novum der höheren Schicht sie durch die seinige überformt. Die Schichtendistanz also bleibt auch in der Wiederkehr niederer Kohärenz durchaus gewahrt. —

Es braucht nicht geleugnet zu werden, daß diese Auskunft für denjenigen, der mit den Ansprüchen universaler metaphysischer Weltdeutung an die Ontologie herantritt, etwas Unbefriedigendes hat. Es ist nicht nur das unausrottbare Einheitsbedürfnis, das hier nicht so leicht auf seine Kosten kommt und noch sogar gezwungen wird, über sich selbst umzulernen; es ist vielmehr auch der Anspruch, die Welt genetisch in ihrem Hervorgehen zu sehen, der sich auf diese Weise nicht eindeutig befriedigen läßt. Das ist nun freilich ein hoch gestellter Anspruch, und nicht leicht wird eine Theorie ihm genügen, wenn sie sich kritisch an das der menschlichen Sicht Zugängliche hält. Alle genetischen Deutungen, sie mögen nun von oben oder von unten ausgehen, sind spekulative Konstruktionen. Die Ontologie ist keineswegs gehalten, eine solche zu geben, wie überhaupt es nicht in ihren Intentionen liegt, alle Welträtsel zu lösen.

Was man aber wohl von einer philosophischen Theorie verlangen darf, ist dieses, daß ihre Bestimmungen überhaupt eine Weltgenesis zulassen. Das darf man auch von einer ontologischen Kategorienlehre erwarten, wie sehr immer sie ein bestimmtes Schema dafür als außerhalb ihrer Kompetenz liegend ablehnen mag. Hier aber könnte es scheinen, daß das Auftreten der Schichtendistanzen dem entgegenstünde.

Dennoch wäre es ein Irrtum, das Distanzgesetz so aufzufassen. Es wurde schon darauf hingewiesen, wie das Auftreten der Schichtendistanzen ein im Hintergrunde verborgen durchgehendes Kontinuum nicht ausschließt, vorausgesetzt daß man es nicht wie die alten Theorien dieser Art durch Grenzüberschreitung erschleicht. Aber auch auf andere Weise ist fortschreitende Weltentstehung bei bestehender Schichtendistanz denkbar. Die Schichtendistanz sagt nur, daß die Reihe der Kategorien kein Kontinuum bildet. Deswegen könnte doch in gewissen Weltzuständen das Concretum der jeweilig höchsten Seinsschicht so instabil in seiner Formung sein, d. h. so stark variieren, daß es den Formenkreis der Schicht überschritte. Man kann sich das etwa in folgender Weise denken: überschreiten die Gebilde einer Schicht bei ihrem Variieren eine gewisse Grenze nach oben zu, so müssen sie entweder die innere Stabilität verlieren, also unter den Kategorien ihrer Schicht unfähig werden, sich zu halten, oder aber bereits unter die Kategorien der höheren Schicht fallen und gleichsam von ihnen erfaßt werden, wodurch sie dann unter diesen die Stabilität und Eigenständigkeit einer höheren Seinsordnung finden.

Es ist durchaus möglich, sich in dieser Weise die Überbrückung der Seinsschichtenabstände vorzustellen, und keineswegs nur die relativ kleinen der Überformungsverhältnisse, sondern genau ebenso auch die großen Einschnitte, die durch das Überbauungsverhältnis gekennzeichnet sind. Denn für das Novum der höheren Schicht ist hierbei genügend Spielraum gelassen. Und darauf eben kommt es an, wenn man der Mannigfaltigkeit der Seinsformen gerecht werden will.

Aber selbstverständlich liegt an diesem Schema als solchem nichts. Die Genesis des Ganzen zu rekonstruieren, ist ohnehin für das Problemstadium, in dem wir stehen, ein unberechtigter Anspruch. Es genügt, sich zu überzeugen, daß auch dahin die Wege wenigstens offen stehen.

IV. Abschnitt

Gesetze der kategorialen Dependenz

55. Kapitel. Schichtung und Abhängigkeit.

a. Das Getragensein des Bewußtseins vom Organismus.

Es zeigte sich, daß die Wiederkehr an den Überbauungsverhältnissen ihre natürliche Grenze findet. Räumlichkeit und träge Substanz kehren oberhalb des Organischen nicht wieder, die Aktcharaktere des Seelischen nicht im objektiven Geiste. Aber auch ohnedem wird die Wiederkehr nach oben zu immer mehr eingeschränkt; denn je weiter aufwärts im Stufenreich der Ursprung einer Kategorie liegt, um so enger wird naturgemäß der Spielraum ihrer Abwandlung. Es kommen eben nur noch die höheren Schichten dafür in Betracht. Und diese Begrenzung ist nicht nur extensiv, sondern auch qualitativ. Die Durchschlagskraft der Wiederkehr wird in den höheren Schichten geringer, sie tritt mehr gegen das Novum zurück. Je höher hinauf eine Kategorie erstmalig einsetzt, um so eher löst sich die strukturelle Komplexion ihrer Elemente bei der Einbeziehung in höhere Struktur wieder auf. Sie ist von vornherein komplexer gebaut, hat mehr Fugen und Nähte, und diese sind in der Abwandlung auflösbar. Im Maße dieser Auflösbarkeit nähert sich die Abwandlung dem Verschwinden.

Demgegenüber ließ sich zeigen, wie alle derartige Begrenzung der Wiederkehr verschwindet, wenn man an Stelle der Seinsschichten die Reihe der Seinsgebilde setzt, von denen die höheren — der Mensch, die Gemeinschaft, die Geschichte — selbst geschichtete Gebilde sind, also auch die kategoriale Schichtung von unten auf in sich enthalten (vgl. Kap. 52b und c). Diese Umgliederung ist nicht willkürlich, obgleich sie nicht geeignet ist, die Unterscheidung der Seinsschichten als solche plastisch erscheinen zu lassen. Sie ist dafür um so mehr geeignet, die stockwerkartige Überlagerung der Schichten an den höheren Seinsgebilden selbst zur Anschauung zu bringen. Und diese ist von ausschlaggebender Wichtigkeit bei dem Schritt, vor dem wir nunmehr stehen, beim Übergang von der Schichtungsgesetzlichkeit zur Dependenzgesetzlichkeit.

Mit den beiden höheren Seinsschichten nämlich, sowie mit ihren Unterstufen, ist es so: man kann sie wohl in abstracto so betrachten, als schwebten sie ohne Seinsfundament in der Luft; man hält sich dann an die isolierten Phänomenbereiche, analysiert diese wohl auch gewissenhaft, vergißt aber, daß sie in Wirklichkeit isoliert gar nicht vorkommen. Solche Betrachtung ist in der Philosophie nicht weniger verbreitet als in den Geisteswissenschaften; dort hat sie zum Psychologismus und Idealismus, hier zu den Typologien und Strukturtheorien geführt. Beides ist weit von ontologischem Erfassen entfernt, vom Begreifen der spezifischen Seinsweise sowohl des Bewußtseins als auch des Geistes.

Ontologisch gesehen, gibt es eben das schwebende Bewußtsein und den schwebenden Geist nicht — wenigstens nicht, soweit es sich um reales Bewußtsein und realen Geist handelt. Hier ist die Grenze alles bloß phänomenologischen Vorgehens. Der Phänomenologe klammert die Realität ein, indem er Wesenszüge heraushebt; er kann Aktwesenheiten aufzeigen, die dem schwebenden Phänomenbereich entsprechen und dadurch alle niedere kategoriale Struktur von sich ausgeschieden haben. Die Einklammerung eben ist deren Ausscheidung, denn sie ist die Ausscheidung des Realzusammenhanges. Ontologisch kann man so nicht vorgehen. Das Sein des Aktes koinzidiert nicht mit dem introspektiv aufgelesenen Aktphänomen. Dieses ist nur seine Gegebenheitsweise. Erst mit der grundsätzlichen Unterscheidung von Gegebenheitsweise und Seinsweise tritt man auf ontologischen Boden über. Und erst auf diesem Boden kann das Kategorienverhältnis sichtbar werden.

Reales Bewußtsein kennen wir in Wahrheit nicht anders als „getragen" von einem lebendigen Organismus, genau so sehr wie wir diesen nur „getragen" von breiten physischen Zusammenhängen kennen. Die tiefe Andersheit des Bewußtseins gegenüber dem Organischen ändert hieran nichts. Sie ist, kategorial gefaßt, nur der sichtbare Ausdruck eines mächtigen regionalen Novums. Und dieses ist selbstverständlich nicht auflösbar in die Kategorien des Organischen.

Damit aber ist dem Phänomen genüge geschehen. Zur Losreißung des Bewußtseins vom organischen Leben berechtigt das nicht im mindesten. Alles Gerede von einem „Bewußtsein überhaupt", oder auch nur einem „transzendentalen Bewußtsein" ist demgegenüber ein Vorbeireden am eigentlichen Sein des Bewußtseins. Als Hilfsbegriffe einer bestimmten Erkenntnisproblematik mögen solche Ausdrücke ihre Berechtigung haben, solange man sie nicht über ihr Problemgebiet hinausbezieht; bei der geringsten Verallgemeinerung werden sie zu Ausflüchten der Spekulation, welche dann dazu dienen, die Welt künstlich zu vereinfachen, oder doch sie einer Theorie zuliebe in eine bestimmte Perspektive zu drängen.

Was man gewinnt, ist dann freilich eine Übersicht von bequemer Einheitlichkeit. Philosophisch aber ist die Übersicht vielmehr das Übersehen des Bewußtseins selbst in seiner ihm eigentümlichen Seinsweise.

b. Das Getragensein des Geistes von der ganzen Schichtenfolge.

Das gleiche gilt vom geistigen Sein, und zwar keineswegs nur vom personalen Geiste, an dem es ja leicht zu sehen ist, sondern auch vom geschichtlich objektiven Geiste. Dieser ist als solcher gewiß überpersönlich und überindividuell, er geht in keinem Bewußtsein auf. Aber er besteht dennoch nie ohne tragendes Bewußtsein, über das er sich erhebt. Dieses ist das reale Bewußtsein derer, in denen er lebt.

Dem entspricht es, daß er selbst nur als geschichtlich realer Geist besteht, der sein Entstehen und Vergehen, seine Entwicklung, seine

Blüte und seinen Niedergang hat — Vorgänge, die in derselben realen Zeit verlaufen wie auch die seelischen und die organischen und die physischen Vorgänge. Daß seine Ideenwelt zeitlos, unräumlich und unkausal ist, ändert hieran nichts. Denn seine Inhalte sind nicht identisch mit seinem zeitlich realen geschichtlichen Leben.

Als dieser reale objektive Geist ist er eben doch stets getragen von ungeistigem Sein, nämlich von der ganzen Schichtung des niederen Seins. Er ist real nur, wo es reale Menschen gibt, deren geistiges Leben er ausmacht. Damit ist er auf das reale Bewußtsein rückbezogen, setzt also seinem Dasein nach dessen Kategorien voraus; und wenn er sie schon inhaltlich nicht enthält, so enthält er sie doch als verschwundene in seinen Seinsfundamenten. Da aber das reale Bewußtsein seinerseits nicht ohne den organisch lebendigen Träger besteht, und der Organismus wiederum nicht ohne das tragende physisch-materielle Sein, so ist notwendigerweise die ganze Stufenfolge niederer Kategorien im geistigen Sein und seinen Kategorien bereits vorausgesetzt.

Sie ist freilich nicht an ihm als isoliertem Phänomen konstatierbar. Beschreibt man geistige Akte, moralische oder rechtliche Phänomene als solche, so wird man natürlich niemals physiologische oder mechanische Vorgänge darin finden. Im realen Sein des Geisteslebens kann dennoch die ganze Stufenleiter der niederen Kategorien latent enthalten sein. Denn dieses sein reales Sein ruht auf dem Sein der niederen Seinsschichten.

Nicht das ist das Wichtige in diesem Verhältnis, daß man die ganzen Gebilde höherer Ordnung an die Stelle der Schichten setzen und dann das Gesetz der Wiederkehr ausdehnen kann, sondern daß ein Bedingungsverhältnis zwischen den Seinsschichten besteht, welches das ganze Dasein der höheren von dem der niederen abhängig macht. Und dieses Verhältnis betrifft auch die Schichtenfolge der Kategorien. Daß Räumlichkeit und physischer Prozeß nicht Strukturen des Bewußtseins und des geistigen Seins ausmachen, beweist nicht, daß diese ohne sie bestehen könnten. Es beweist nur, daß sie nicht das Eigentümliche von Bewußtsein und Geist betreffen. Im geschichteten Aufbau des Menschenwesens und der Gemeinschaft sind sie nur zu untergeordneten Bedingungen herabgesetzt. Sie bleiben deswegen auch hier, was sie sind, Bedingungen. Sie sind nur hoch überbaut und gleichsam zugedeckt durch Strukturen ganz heterogener Art.

Zieht man sie aber dem höheren Gebilde unter den Füßen weg, so fällt zugleich mit ihnen auch dieses selbst. Und wollte man auch von aller Argumentation solcher Art absehen, es bliebe doch eine ganz triviale Wahrheit, um die zu streiten sich nicht verlohnt, daß alles wirkliche Auftreten von Bewußtsein und Geist im Weltgeschehen tausendfach an Bedingtheiten niederer Ordnung geknüpft ist, die ihrerseits nicht nur zeitlich und kausal, sondern auch durchaus räumlich und dynamisch-prozeßhaft geartet sind. Wie es keinem Denkenden im Ernst einfallen wird, aus solchen Bedingtheiten das geistige Sein „erklären" zu wollen, so sollte es andererseits auch niemand sich beifallen lassen, die Bedingtheit selbst zu bestreiten.

Von all den bekannten und landläufigen Vereinfachungen dieses Verhältnisses im Sinne des Naturalismus und Materialismus ist die entworfene Perspektive aufs strengste zu scheiden. Theorien, die Bewußtsein und geistiges Sein auf organisches und materielles Sein zurückführen, verfolgen in Wirklichkeit etwas ganz anderes: sie wollen es „aus" dem niederen Sein erklären, sie meinen mit den niederen Kategorien auszukommen, das höhere Sein ohne kategoriales Novum verstehen zu können. In Wahrheit heben sie damit nicht nur die Schichtendistanzen, sondern auch die Unterschiedenheit der Schichten selbst auf. Mit alledem haben die Schichtungsgesetze nichts gemein. Sie führen nichts zurück und „erklären" auch nichts. Sie formulieren nur die besondere, dem vereinfachten Schema nicht greifbare Art, wie kategoriale Strukturen höherer Seinsart auf die der niederen rückbezogen sind.

Das Charakteristische in diesem Rückbezogensein ist aber gerade, daß bei aller Bedingtheit die Struktur des höheren Seins niemals und nirgends in den Strukturen des niederen oder ihren bloßen Kombinationen aufgeht. Das Gesetz des Novums ist es, das aller nach dieser Seite gehenden Verkennung eine unübersteigbare Grenze vorzieht.

Was die Kategorienschichtung von aller schematischen Vereinfachung scheidet, läßt sich auf eine kurze Formel bringen: in der Schichtung koexistiert die Elementarbedingtheit von unten auf mit der ungeschwächten Selbständigkeit der höheren Schichten gegen die niederen; ja, sie koexistiert nicht nur mit ihr, sondern gerade so und nur so kann überhaupt Selbständigkeit einer höheren Schicht gegen die niedere bestehen, ruhend auf einem kategorialen Gefüge, dessen durchgehende Einheitlichkeit den Einschlag der Heterogeneität von Stufe zu Stufe nicht vergewaltigt. Das ist es, was das Widerspiel in der Doppelgesetzlichkeit der Wiederkehr und des Novums ausdrückt.

c. Die Stellung der Dependenzgesetze. Zur Terminologie des „Abhängens".

Die letzten Erwägungen haben bereits mitten in den Zusammenhang der Dependenzgesetze hineingeführt. Sie beweisen, daß diese vom Schichtungsverhältnis gar nicht zu trennen sind, ja sich in ihm bereits überall aufdrängen. Aber sie besagen deshalb doch etwas anderes.

Daß nämlich überhaupt in einer Schichtung auch ein Abhängigkeitsverhältnis stecke, ist an sich nicht selbstverständlich. Schichten können einander auch neutral überlagern. Anders ist es, wenn die Schichtung die besondere Form der Wiederkehr und Abwandlung durchgehender Elemente hat. Und vollends notwendig wird ein Bedingungsverhältnis involviert, wenn die Linien der Abwandlung eindeutige Richtung haben, die sich nicht umkehren läßt. Kehren nur die niederen Kategorien in den höheren wieder, nicht aber diese in jenen, so geraten dadurch die höheren Kategorien notwendig in eine gewisse Abhängigkeit von den niederen. Denn Elemente als solche sind nun einmal bedingend für das komplexere Gebilde, in das sie eingehen.

Diese Abhängigkeit ist von eigener Art. Wir haben im Kohärenzverhältnis eine andere kennengelernt; es war eine gegenseitige Abhängigkeit der Kategorien einer Schicht von einander. Aber eben in der Gegenseitigkeit ist der Abhängigkeit als solcher die Spitze abgebrochen; das Gleichgewicht des Bedingenden und des Bedingten bleibt bestehen. Das kam deutlich am Implikationsgesetz zum Ausdruck. Für eigentliche Dependenz dagegen ist das Übergewicht des Bedingenden charakteristisch. Ein solches Übergewicht nun stellt sich in der Vertikale der Schichtung ganz von selbst ein. Denn hier ist die Abhängigkeit einseitig, wie denn die Wiederkehr der Elemente eine irreversible ist. Das Übergewicht der niederen Kategorien — nicht etwa an Sinn und Bedeutung, wohl aber an ontischem Gewicht — entspricht genau dieser Irreversibilität. Es entspricht ihr sogar dort noch, wo an den großen Einschnitten der Stufenfolge die Wiederkehr vieler niederer Kategorien abbricht.

Die kategoriale Dependenz folgt also der Schichtung, und zwar ganz allgemein, ohne Rücksicht auf die Grenzen der Wiederkehr. Für die Begriffe, in denen sie sich fassen läßt, bedeutet das aber eine gewisse Schwierigkeit. Das Bild, welches dem Begriff der „Abhängigkeit" zugrundeliegt, ist ein räumliches. Und in diesem Bilde ist dasjenige, wovon etwas abhängt, als das „Höhere", das Abhängende aber als das „Niedere" vorgestellt. In diesem getreuen Wortsinne trifft das „Abhängen" noch auf das Subsumptionsverhältnis zu; vom letzteren aber zeigte sich schon, wie sein Richtungssinn sich im kategorial-ontologischen Verhältnis der Schichtung umkehrt. Denn hier nimmt das „Höhersein" eine ganz andere Bedeutung an, nämlich eine inhaltliche, jenem Bilde nicht entnommene und ihm gerade zuwiderlaufende. Das „Niedere" ist hier das Elementare, und darum das Unabhängige, das „Höhere" ist das Komplexe, Bedingte, und darum Abhängige.

So muß es notwendig sein, wenn die Richtung der kategorialen Abhängigkeit derjenigen der Schichtung folgt. Das räumliche Bild des Abhängens als solches wird dadurch hinfällig. Und wäre der Begriff der Abhängigkeit in der heutigen Terminologie noch fest mit diesem Bilde verknüpft, so müßte man ihn fallen lassen. Das ist nicht unmöglich. Läßt sich doch, wenn es um die Anschaulichkeit geht, sehr wohl ein räumliches Bild durch ein anderes ersetzen. Ein solches bietet sich in dem Verhältnis des „Beruhens" oder „Gegründetseins" des Höheren auf dem Niederen. Die elementareren Kategorien dürfen dann als die einfacheren in einem ganz strengen und zugleich anschaulichen Sinn als „Grundlagen" oder „Fundamente" des höheren Gebildes gelten; und dieses seinerseits steht dann als das von ihnen „Getragene" oder auf ihnen „Aufruhende" da.

Diese Terminologie ist dem Richtungssinn der kategorialen Dependenz adäquat. Sie hat freilich den Nachteil einer gewissen Schwerfälligkeit. Überdies fehlt ihr der Ausdruck für einen bestimmten Zug im Wesen des Abhängigseins. Dieser Zug hängt mit dem Bedingungsverhältnis zusammen und besagt, daß das Abhängige an das, wovon es abhängt, fest gebunden ist — als an eine Bedingung — und es nicht gegen ein anderes vertauschen kann. Dieser Zug ist einem Dependenzverhältnis, welches die ganze Schichtenfolge von unten auf bis zu den letzten Höhen begleitet, doch so wesentlich, daß man bei der Entwicklung der Gesetzlichkeit, die hier einsetzt, nicht auf den Begriff der Abhängigkeit verzichten kann.

Es darf hier nicht verschwiegen werden, daß die beträchtliche Verwirrung der Begriffe, die mit dem Bilde der Abhängigkeit zusammenhängt, letzten Endes durch die teleologische Metaphysik verschuldet worden ist. Denn macht man die höchsten Kategorien zur Grundlage der ganzen Schichtenfolge, so entspricht die Richtung der Abhängigkeit wieder dem räumlichen Bilde des „Abhängens". Schon Aristoteles hat das Bild in diesem direkten Sinne gebraucht, und durch Plotin, der alles „von oben her" emanieren ließ, ist es zu einer gewissen Popularität gelangt. Gerade in diesem Sinne aber ist und bleibt das Bild gefährlich. Darum ist es notwendig, es an allen mißverständlichen oder entscheidenden Punkten in das umgekehrte Bild des „Aufruhens" zu übersetzen.

d. Formulierung der Dependenzgesetze.

Man kann nun die Dependenzgesetze annähernd aus dem Schichtungsverhältnis ablesen, obgleich sie etwas aussprechen, was in den Gesetzen der Schichtung noch nicht enthalten ist. Die kategoriale Abhängigkeit „folgt" wohl der Schichtung, aber sie deckt sich dem Umfange nach nicht mit der Wiederkehr. Das Gesetz des Novums reicht wohl aus, die Grenzen der Abhängigkeit zu bestimmen; aber das Gesetz der Wiederkehr reicht nicht aus, die Abhängigkeit selbst zu bestimmen.

Der Übersicht halber sei der Inhalt der Dependenzgesetze einstweilen summarisch in folgenden drei Punkten zusammengefaßt.

Erstens: es gibt eine kategoriale Abhängigkeit der Schichten voneinander, aber nur einseitig als Abhängigkeit der höheren von der niederen Schicht (ihr Aufruhen oder Getragensein).

Zweitens: diese Abhängigkeit besteht nicht nur da, wo die Wiederkehr durchgeht (im Überformungsverhältnis), sondern auch da, wo sie abbricht (im Überbauungsverhältnis); das höhere Sein „ruht" auch da auf dem niederen „auf".

Drittens: die Abhängigkeit der höheren Seinsschicht ist niemals eine totale; das Novum in ihr ist und bleibt selbständig (autonom) gegenüber den niederen Kategorien — einerlei ob diese in ihm wiederkehren oder ihm nur die Basis des Aufruhens darbieten.

Zur Erklärung des letzteren Punktes muß man sich erinnern, daß selbst wiederkehrende (und folglich inhaltlich mitbestimmende) Elemente im Novum der höheren Schicht zu durchaus untergeordneten Momenten herabgesetzt sind. Autonom also sind die Kategorien der höheren Schicht in jedem Falle — ungeachtet ihrer Abhängigkeit von den niederen —, und nicht nur wenn sie diese „überbauen", sondern auch wenn sie nur ihre Überformung sind.

Schon in dieser lockeren Zusammenfassung, die noch alles Besondere vermeidet, ist das Gewicht der Dependenzgesetze deutlich zu sehen. Von jeher hat die Metaphysik Abhängigkeiten konstruiert, welche den Aufbau der Welt bestimmen sollten. Immer sind diese Konstruktionen einseitig ausgefallen. Immer sollte die ganze Stufenfolge entweder von einem obersten oder von einem untersten Gliede allein abhängig sein (vom Geist oder von der Materie). Und immer konnte die Rechnung nicht aufgehen. Die Dependenzgesetze machen jeder solchen Einseitigkeit ein Ende. Der Fehler war immer der gleiche: die Verkennung der Selbständigkeit in der Abhängigkeit. Der Sinn der neuen Gesetze ist, die unverkennbar vorhandene Abhängigkeit so zu fassen, daß für die ebenso unverkennbar vorhandene Autonomie der Seinsschichten Spielraum bleibt.

Die Gesetze selbst lassen sich nunmehr allen besonderen Erörterungen vorweg in folgender Weise zusammenstellen.

1. Das Gesetz der Stärke (das kategoriale Grundgesetz). Die höheren Kategorien setzen stets eine Reihe niederer voraus, sind aber ihrerseits in diesen nicht vorausgesetzt. Kategoriale Abhängigkeit also waltet

durchgehend von den niederen zu den höheren, nicht aber umgekehrt. Bezeichnet man nun das Fundamentsein oder Bedingungsein einer Kategorie als ihre „Stärke", Bedingtsein und Abhängigsein als ihre „Schwäche", so läßt sich das Gesetz kurz so formulieren: die niederen Kategorien sind im Verhältnis der Schichten jedesmal die stärkeren, die höheren jedesmal die schwächeren. Dieses Verhältnis waltet irreversibel in der ganzen Schichtenfolge. Stärke und Höhe stehen im Kategorienreich durchgehend im umgekehrten Verhältnis.

2. Das Gesetz der Indifferenz. Die niedere Kategorienschicht ist zwar Grundlage der höheren, aber sie geht in diesem Grundlagesein nicht auf. Sie ist auch ohne die höhere eine selbständig determinierende Prinzipienschicht. Sie ist auch als Ganzes nur „von unten her" bedingt, nicht „von oben her". Sie ist gegen alles Höhere indifferent. Das niedere Sein hat in sich keine Bestimmung zum höheren; es verhält sich gleichgültig gegen alle Überformung und Überbauung. Darin besteht seine Schichtenselbständigkeit.

3. Das Gesetz der Materie. Überall, wo in der Schichtung Wiederkehr und Überformung besteht, ist die niedere Kategorie für die höhere nur „Materie". Wiewohl sie die „stärkere" ist, geht doch die Abhängigkeit der höheren von ihr nur so weit, als die Eigenart der Materie den Spielraum höherer Formung einschränkt. Die höhere Kategorie kann aus der Materie der niederen nicht alles Beliebige formen, sondern nur was in dieser Materie möglich ist. Sie kann die niederen Elemente nicht umformen (denn diese sind stärker als sie), sondern nur überformen. Über eine solche einschränkende Funktion hinaus reicht die bestimmende Macht der „Materie" nicht. Vollends, wo die höhere Kategorienschicht die niedere nur „überbaut", ist die letztere nicht einmal Materie, sondern bloß Seinsfundament; damit wird ihr Einfluß weiter herabgesetzt.

4. Das Gesetz der Freiheit. Sind die höheren Kategorien durch die niederen nur der Materie nach (oder selbst nur dem Fundament nach) bedingt, so sind sie ungeachtet ihres Schwächerseins doch notwendig in ihrem Novum den niederen gegenüber „frei" (autonom). Das Novum eben ist neuartige, inhaltlich überlegene Formung. Diese Überlegenheit macht das Höhersein aus, einerlei ob dabei die niederen Elemente überformt oder überbaut werden. Freiheit hat immer nur das Schwächere gegen das Stärkere, weil es das Höhere ist. Es hat darum seinen Spielraum nicht „im" Niederen, sondern „über" ihm. Denn da das Niedere im Höheren nur Element und als solches gleichgültig gegen seine Überformung (resp. Überbauung) dasteht, so ist der Spielraum des Höheren oberhalb seiner notwendig unbegrenzt.

c. Inneres Verhältnis der vier Gesetze zueinander.

Diese Gesetze sprechen also nicht nur die kategoriale Abhängigkeit selbst aus, die in der Schichtung enthalten ist, sondern auch ihre innere Begrenzung. Zugleich sieht man leicht, daß sie weit mehr als die Schichtungsgesetze, durch das Verhältnis der Kategorien hindurchgreifend, auch unmittelbar das Verhältnis der ganzen Seinsschichten selbst, d. h. den Aufbau der realen Welt betreffen. Sie decken die innere Dynamik der Seinsschichtung auf. Sie berühren dadurch einen Hintergrund alles Seienden, um den sich von alters her die letzten metaphysischen Grundfragen bewegt haben. Dieser Hintergrund betrifft auch das Kategorienproblem selbst.

Man darf also sagen, daß in dem Problem der Dependenzgesetze auch das metaphysische — d. h. das nicht bis zu Ende lösbare — Problem im Aufbau der realen Welt mit in die Diskussion hineingezogen wird. Schon aus diesem Grunde liegt der Schwerpunkt der ganzen kategorialen Gesetzlichkeit — und damit der Schwerpunkt der Ontologie überhaupt, soweit sie Kategorienlehre ist — bei den Dependenzgesetzen.

Darum darf man das erste dieser Gesetze, das „Gesetz der Stärke", mit Recht als das „kategoriale Grundgesetz" bezeichnen [1]). Es ist das eigentliche und im engeren Sinne verstandene Dependenzgesetz, welches den Grundtypus der zwischen den Seinsschichten bestehenden Abhängigkeit ausspricht und damit das scheinbare Gleichgewicht der Schichten aufhebt.

Die drei übrigen Gesetze sind deswegen aber keineswegs bloße Folgesätze, die sich aus ihm ergeben. Am ehesten dürfte das noch vom Gesetz der Indifferenz gelten, welches den Typus der Abhängigkeit genauer bestimmt. In keiner Weise aber folgen aus ihm die Gesetze der Materie und der Freiheit. Beide bilden vielmehr offenkundig den Gegenschlag zum Grundgesetz: sie enthalten seine Einschränkung, sie bringen das Recht des „Höheren" gegenüber dem des „Stärkeren" zur Geltung. Ihr Zusammenhang mit dem Grundgesetz besteht in der — von den Fundamentalkategorien her wohlbekannten — Verbundenheit des Entgegengesetzten. Sie bringen das Moment der Autonomie des Höheren zum Ausdruck, demgegenüber das Stärkersein des Niederen erst sein ontisches Gewicht gewinnt.

Auch in diesem Punkte besteht ein enger Zusammenhang mit den Schichtungsgesetzen. Wenn auch die Dependenz nicht einfach mit der Wiederkehr, sondern mit der Schichtenfolge selbst geht, so folgt doch

[1]) Nicht zu verwechseln mit der „kategorialen Grundrelation", die nur ein erkenntnistheoretisches Verhältnis ist und sich mit der in Kap. 12 e entwickelten Sachlage deckt. Vgl. Metaphysik der Erkenntnis [2], 1925, Kap. 48 und 49.

das Auftreten der Freiheit aufs genaueste dem Einsetzen des Novums von Schicht zu Schicht. Und wie dort die Wiederkehr im Gesetz des Novums ihr Gegengewicht findet, so findet hier die Abhängigkeit des Höheren vom Niederen ihr Gegengewicht im Gesetz der Freiheit.

Im Grunde bilden auch die Dependenzgesetze zusammen nur eine einzige, wiewohl komplexe Gesetzlichkeit. Nur die Formulierung zwingt zur Aufteilung in die verschiedenen Momente. Aber durch die Aufteilung kommt gerade das Wichtigste und auf den ersten Blick Befremdende zum Vorschein: das Widerspiel von Stärke und Freiheit.

Daß es eine Abhängigkeit und zugleich eine Autonomie — derselben höheren Kategorien denselben niederen gegenüber — geben soll, muß formal widersprechend anmuten. Daß der Widerspruch ein scheinbarer ist, macht das eigentliche Wesen im Widerspiel der beiden Gesetze aus. In Wahrheit kommen beide Gesetze — das der Stärke und das der Freiheit — erst miteinander zu ihrer vollen Bedeutung. Das ist der Punkt, den eigentlich es zu erweisen gilt. An ihm hängt das metaphysische Gewicht des Dependenzverhältnisses. Alles übrige steht und fällt mit ihm.

56. Kapitel. Das kategoriale Grundgesetz.

a. Der Sinn des „Stärkerseins" in der Schichtung.

Für den Erweis der Dependenzgesetze kommt es, mehr noch als bei den anderen Gesetzesgruppen, in erster Linie darauf an, eine genaue Klärung dessen zu gewinnen, was sie eigentlich besagen. Nächstdem bedarf es der Belege an einleuchtenden Beispielen. Die Allgemeingültigkeit der Gesetze ergibt sich dann von selbst.

Gleich am kategorialen Grundgesetz erweist sich das als zutreffend. Das Gesetz in kürzester Formel besagt: die niederen Kategorien sind die stärkeren, die höheren die schwächeren; darum gibt es im Schichtenbau nur die Abhängigkeit der höheren von den niederen, nicht die der niederen von den höheren. Das leuchtet überall da, wo es Wiederkehr und Abwandlung gibt, unmittelbar ein. Denn die Wiederkehr besteht im Enthaltensein der niederen in den höheren; dieses Enthaltensein aber involviert Abhängigkeit der höheren von den niederen. Das ist zwar eine bescheidene und durchaus nur partiale Abhängigkeit, aber doch eine unaufhebbare und nicht umkehrbare; denn auch die Wiederkehr ist ja nicht umkehrbar. Ein Komplexes, wie hoch es sich auch über das Elementare erheben mag, bleibt doch in einer gewissen Abhängigkeit von ihm.

Nun aber reicht dieses Verhältnis für eine durchgehende Abhängigkeit des Höheren vom Niederen nicht zu. Denn die Wiederkehr ist selbst im Schichtenreich keine totale. Man könnte sich hier zwar an die Elementarkategorien halten, deren Abwandlung bis in die höchsten Schichten durchgeht. Aber auch das reicht nicht zu, denn andere Kategorien bleiben an den Grenzen der Überformung zurück. Zwar gehen immer auch einige der spezielleren Kategorien über diese Grenzscheiden hinweg — man erinnere sich des Beispiels der Zeitlichkeit —, aber damit wäre doch auch noch keine durchgehende Abhängigkeit der höheren von den niederen Kategorien gegeben.

Hier nun setzt ein anderes Verhältnis ein, das in den Schichtungsgesetzen zwar durchblickte, aber doch nicht mit zum Ausdruck kam. Dieses Verhältnis ist das durchgehende „Aufruhen" der höheren Seinsschicht mitsamt ihrem Kategorienapparat auf der niederen. Dieses Verhältnis ist allgemeiner als die Wiederkehr: es setzt sich auch dort fort, wo diese abbricht; es geht über die Grenzen der Überformung hinweg. Denn auch der ontische „Überbau", der ganze Gruppen der Elemente nicht in sich aufnimmt, bleibt doch rückbezogen auf die niedere Seinsschicht und ihren kategorialen Bau. Er ruht auf ihr auf.

Es ist nur eine bestimmte Art der Abhängigkeit, die an die Wiederkehr gebunden ist. An sich ist die kategoriale Dependenz nicht an sie gebunden. Bedingung des höheren Seins kann die niedere Schicht auch sein, ohne daß ihre kategorialen Elemente in ihm enthalten sind. Sie kann seine Bedingung im Sinne des Seinsfundaments sein. Das Fundament dringt deswegen nicht in die höheren Stockwerke vor; aber ohne seine tragende Funktion können diese sich nicht über ihm erheben. Darum besteht die kategoriale Abhängigkeit des Höheren vom Niederen, resp. das Stärkersein der niederen Kategorien, gleichgültig dagegen, ob diese in den höheren wiederkehren oder nur die Seinsbasis betreffen, über der sich die höheren Gebilde erheben.

Hieraus folgt in aller Klarheit, daß das kategoriale Grundgesetz fundamentaler ist als das Gesetz der Wiederkehr. Es ist nicht an dessen Grenzen in der Schichtenfolge gebunden. Es spricht ein durch keine Einschnitte im Stufenbau der Welt unterbrochenes Grundverhältnis aus. Es reicht damit tiefer hinab an das eigentliche Grundwesen der Schichtung als die Schichtungsgesetze selbst.

Hält man sich ausschließlich an die vier Hauptschichten der realen Welt, so läßt sich der Inhalt dieses Gesetzes an den drei Schichtendistanzen, durch die sie getrennt sind, folgendermaßen feststellen. Es gibt den Organismus nur als „Überformung" des Materiellen; es gibt das Bewußtsein nur als „Überbau" des Organischen; und es gibt den Geist nur als „Überbau" des Seelischen. Stets ist die höhere Seinsstufe getragen von der niederen, niemals schwebt sie für sich im Leeren ohne Seinsfundament. Und dieses Verhältnis geht durch, einerlei ob die höheren Gebilde die niederen in sich aufnehmen und überformen oder nur zum Fundament haben und überbauen.

b. Die Abhängigkeit des geistigen Seins und das Kategorienverhältnis.

Die „Stärke" einer Kategorie im Sinne der Dependenzgesetze ist also nicht identisch mit ihrer Durchschlagskraft als wiederkehrendes Element. Diese hängt zwar auch mit ihr zusammen, und an den elementaren Gegensatzkategorien ist es leicht zu sehen, daß gerade die niedersten Kategorien auch die größte Durchschlagskraft haben (Kap. 51f); aber das ist nur ein Moment am Gesetz der Stärke. Es gibt einen allgemeineren Sinn des Stärkerseins.

Man sieht das am besten, wenn man vom Geiste ausgeht. Das geistige Leben „beruht" nicht nur auf dem seelischen und mittelbar auf dem organischen und materiellen Sein, sondern es hat auch ständig mit ihm zu tun: es greift ein, bildet, formt um, wertet aus. Der Geist schafft eine Dingwelt nach seinen Zwecken, wie die Natur sie nicht kennt; er züchtet Pflanzen und Tiere, bildet das eigene Seelenleben um. Aber er bleibt dabei gebunden an die Eigengesetzlichkeit dessen, was er überformt. Er kann die Gesetze des Materiellen, der physischen Prozesse, des Lebendigen nicht abändern; sie bleiben ungeschwächt in Kraft. Der Geist hat über sie als solche keine Macht. Wohl aber ziehen sie ihm in seinem Tun und Planen sehr bestimmte Grenzen. Ja, sie gelten auch in seiner Lebenssphäre, weil diese nicht eine freischwebende, sondern „aufruhende" ist. Ein fallender Stein kann das Leben eines Genialen auslöschen, an dessen Wirksamkeit ein Stück geistiger Bewegung von geschichtlichem Ausmaße hing. Der Mensch ist das verletzlichste Wesen, das am meisten bedingte und abhängige. Seine Überlegenheit ist nicht die der ontischen Unabhängigkeit, sondern die der Erkenntnis, der bewußten Anpassung und zwecktätigen Auswertung.

Das Positive dieses Verhältnisses wird sehr anschaulich durch die Technik illustriert. Die Technik kann die natürlichen Energien und ihre Wirkungsweisen nicht beeinflussen; sie kann nur deren Gesetze verstehen und in ihrer Eigenart selbst für die Zwecke des Menschen verwerten. Sie rechnet in aller Bewußtheit mit dem Stärkersein der niederen Kategorien, sie paßt sich ihrer Herrschaft schmiegsam an; und alles, was sie schafft, ist getragen vom Erraten und Ergründen ihrer Besonderheit. Zugleich aber rechnet sie auch ebenso bewußt mit der Indifferenz dieser Mächte gegen alle höhere Überformung. Dem fallenden Wasser ist es gleichgültig, ob es frei fällt oder im Turbinenschacht. Aber daß es überhaupt fällt, daran ändert der schaffende Geist nichts.

Dieses Verhältnis ist ein allgemeines. Das geistige Leben ist ein ständiges Sich-Einschmiegen in das Geflecht der geistlosen Mächte. Die Sorge um Wohnung, Kleidung, Wärme u.s w. verläßt den Menschen auf keiner Höhe kultureller Erhebung. Der Geist bleibt rückgebunden an die Naturgesetzlichkeit der weiteren Welt, deren Glied er ist; diese Gesetzlichkeit ihrerseits ist nirgends, auch in den höchsten Überformungen nicht, an ihn gebunden. So steht die Abhängigkeit, Verletzlichkeit, Zerstörbarkeit des geistigen Seins, ja schon des Lebendigen, in schroffem Gegensatz zu der Unabhängigkeit und Übermacht der kosmisch-physischen Verhältnisse. Das wird sehr eindrucksvoll anschaulich, wenn man sich die verschwindende Kleinheit der Menschenwelt mit ihrer zeitlich begrenzten Geschichte vor Augen hält: wie sie, angeklammert an den zwar relativ stationären, aber doch vergänglichen Zustand einer Planetenoberfläche, ein ephemeres Dasein hat, nicht wissend, ob in unüberbrückbar weiter Ferne noch einmal etwas ihresgleichen unter ähnlichen Bedingungen besteht.

Hier ist am Concretum selbst das Verhältnis von Stärke des Niederen und Abhängigkeit des Höheren greifbar. Es ist das wohlbekannte Grundfaktum menschlichen Daseins, das in den Geschehnissen des Alltags auch dem naiven Denken so geläufig ist wie die leiblichen und seelischen Funktionen, die auf ihm beruhen, wie Atmen und Essen, Arbeiten und Nutznießen. Der adäquate ontologische Ausdruck dafür liegt aber im Dependenzverhältnis der Kategorien: was die höheren Kategorien herausformen, ist begrenzt dadurch, was auf der Seinsgrundlage des von den niederen Geformten sich halten kann. In diesem Sinne sind die niederen Kategorien die stärkeren.

Der menschliche Organismus hat sich in mancher Hinsicht den Bedürfnissen des Geistes angepaßt, aber die Anpassung hat unübersteigliche Grenzen. Geistige Entwicklung des Individuums braucht eine andere Lebensdauer als die der höheren Tiere; in den Grenzen des organisch Möglichen ist die vitale Lebenskurve des Menschenleibes diesem Erfordernis angepaßt. Vielleicht kann solche Anpassung auch noch weiter gehen, als sie heute vorgeschritten ist. Aber sie kann nicht beliebig weit gehen; sie ist durch das Gesetz des Organischen begrenzt, daß jede Art des Lebendigen nur im Wechsel der Individuen fortleben kann. Und wie das seelische Leben die Individuen trennt, das Bewußtsein in jedem Menschen neu einsetzt (vgl. oben Kap. 30d und 34d), so muß auch die geistige Entwicklung immer wieder von unten auf neu beginnen. Der Geist kann wohl als objektiver übergreifen, dem reifenden Individuum die gemeinsame Inhaltssphäre darbieten, in die es hineinwächst; aber das Hineinwachsen selbst, das Übernehmen und Verarbeiten muß immer wieder neu geleistet werden.

c. Kategoriale Determination und kategoriale Dependenz.

Wie man die Beispiele auch wählt, sie zeigen immer wieder dasselbe Grundverhältnis. Sie zeigen überdies die Unabhängigkeit der kategorialen Dependenz von der Wiederkehr, zugleich aber auch, daß sie deren Irreversibilität teilt. Das ist es, was die Formel ausspricht: Stärke und Höhe stehen im Kategorienreich durchgehend im umgekehrten Verhältnis zu einander.

Das kategoriale Grundgesetz drückt nichts anderes als die einheitliche Richtung der Abhängigkeit für die ganze Folge der Seinsschichten aus, und zwar sowohl am Concretum als auch an seinen Kategorien. Darum ist es auch keineswegs bloß der ontologischen Überlegung zugänglich, sondern schon mitten im Leben der einfachsten Besinnung geläufig. Tatsächlich rechnet der Mensch praktisch immerfort mit seinem Bestehen, und es ist nur ein kleiner Schritt über den praktischen Belang hinaus, es sich bewußt zu machen.

Aber das Gesetz selbst ist deswegen doch weit entfernt, selbstverständlich zu sein. Darüber geben zahlreiche Weltbilder, in denen es grundsätzlich verkannt und auf den Kopf gestellt ist, drastische Belehrung. Es gibt eine Fülle von Theorien, vulgären wie philosophischen, die geradezu auf der Inversion des kategorialen Grundgesetzes aufgebaut sind, die also die höchsten Kategorien zu den stärksten machen, und damit das Bild der wirklichen Welt von Grund aus verfälschen. Im Hinblick auf diese Theorien, die auch heute noch die vorherrschenden sind, ist es ein wichtiges Erfordernis, das schlichte Grundverhältnis in aller Genauigkeit herauszuarbeiten. Davon soll noch besonders die Rede sein.

Einstweilen aber gilt es, noch ein anderes Mißverständnis abzuwehren. Es liegt nah, die Abhängigkeit der höheren Kategorien von den niederen als eine Abart des Verhältnisses von Prinzip und Concretum aufzufassen, wie die ersten beiden Geltungsgesetze es aussprechen. Das würde bedeuten, daß die kategoriale Dependenz in der Schichtenfolge sich auf kategoriale Determination zurückführen ließe; die niedere Kategorienschicht müßte sich dann zur höheren wie zu ihrem Concretum verhalten. Was dazu verführt, ist einerseits die Verwandtschaft der „Höhendimension" in beiden Verhältnissen, andererseits aber die Analogie des Abhängigkeitstypus. Die letztere ist, soweit Wiederkehr der Kategorien besteht, sogar von einer gewissen Auf=

dringlichkeit; denn das Concretum enthält, so scheint es, die einzelnen Kategorien seiner Schicht ebenso in sich wie die höheren Kategorien die niederen.

Aber die Analogie ist schief. Weder die Dimension noch der Abhängigkeitstypus stimmt bei näherem Zusehen überein. Von allen Kategorien gilt es, daß sie ein Concretum sich gegenüber haben. Es gilt also auch von den wiederkehrenden Kategorien; folglich müssen diese nach zwei Seiten determinierend sein, für ihr Concretum einerseits und für die höheren Kategorien andererseits. Aber diese beiden Determinationen fallen nicht zusammen, sondern liegen in verschiedenen Gegensatzdimensionen. Beweisend dafür ist allein schon die Tatsache, daß die höhere Kategorienschicht als solche mit dem Concretum der niederen nichts zu schaffen hat. Die beiden Dimensionen werden überhaupt nur deshalb verwechselt, weil man von alters her gewohnt ist, sie beide durch dasselbe räumliche Bild zu veranschaulichen.

Nicht anders ist es mit dem Abhängigkeitstypus. Auf die Wiederkehr kann man sich hier nicht stützen, weil sie nicht durchgeht. Wenn also auch jedes Concretum die Kategorien seiner Schicht in sich enthält, so enthält deswegen doch nicht jede Kategorie die ganze Schichtung der niederen Kategorien in sich.

Dazu kommt, daß ein Concretum von seinen Kategorien total abhängig ist, nicht aber eine höhere Kategorienschicht von der niederen. Das vierte Geltungsgesetz sagte, daß die Kategorien einer Schicht alles Prinzipielle in ihrem Concretum determinieren (Kap. 44c); sie lassen an ihm keinen Spielraum für etwas Grundsätzliches, das nicht das ihrige wäre. In der Schichtung dagegen lassen die niederen Kategorien, auch wo sie in den höheren wiederkehren, an diesen selbst sehr weiten Spielraum für Bestimmtheit anderer Provenienz. Und solche Bestimmtheit liegt stets im „Novum“ der höheren Struktur. Die niederen Kategorien determinieren im Gefüge der höheren stets nur gewisse sehr allgemeine und untergeordnete Züge, die zwar grundlegend sind, aber an das Eigentümliche der höheren Gebilde nicht heranreichen. Sie determinieren eben nur wie eine condicio sine qua non. Solche Determination macht das Determinierte nur partial abhängig.

Wichtiger noch ist ein anderer Unterschied. Die Kategorien einer niederen Schicht gehen in ihrem Determinieren der höheren nicht auf; sie sind auch ohnedem, was sie sind. Für Prinzipien in ihrem Verhältnis zum Concretum aber ist es charakteristisch, daß sie in der Determination des letzteren aufgehen und kein anderes Sein neben ihrem Prinzipsein haben (wie das erste Geltungsgesetz besagt, Kap. 43b). Die niederen Kategorien dagegen haben in der Schichtung den höheren gegenüber gerade ein durchaus selbständiges Sein. Das besagt das zweite Dependenzgesetz (das der Indifferenz, vgl. Kap. 57a).

Man muß offenbar bei der in der Schichtung waltenden kategorialen Abhängigkeit alle Analogie mit der „kategorialen Determination" (Geltung für das Concretum) aus dem Spiele lassen. Niedere Kategorien sind nicht „Prinzipien" der höheren — am ehesten ließe sich das allenfalls noch für die Fundamentalkategorien halten —, sondern entweder ihre „Materie" oder ihr Seinsfundament. So entspricht es dem dritten Dependenzgesetz, dem „Gesetz der Materie", welches das Stärkersein der niederen Kategorien auf die ihm zukommenden Grenzen zurückführt. Materie nämlich determiniert auch: als Überformung bestimmter Materie ist nicht alles beliebige möglich, sondern nur was sie — die selbst spezifisch geartete — zuläßt. Aber solche Determination betrifft nicht das Eigentliche der höheren Form.

d. Zweierlei Überlegenheit in einer Schichtenfolge.

In diesen Überlegungen wird aber zugleich auch klar, daß es sich in dem Gegensatze von Stärke und Höhe um zwei sehr verschiedene und recht eigentlich heterogene Arten kategorialer Überlegenheit handelt. Das bedarf einer vorläufigen Klärung, weil dieser Gegensatz die weiteren Erörterungen in zunehmendem Maße beschäftigen wird.

Daß es überhaupt zweierlei Überlegenheit in der Einheit einer Schichtenfolge gibt, ist keineswegs ohne weiteres verständlich. Es ist vielmehr eine Eigentümlichkeit des Kategorienreiches, und damit zugleich auch eine solche des Schichtenbaus der realen Welt; ihr volles Wesen wird sich erst allmählich zeigen können. Erst recht nicht selbstverständlich ist es aber, daß die beiden Typen der Überlegenheit sich in der Schichtenfolge polar gegeneinander zuspitzen, daß nach dem einen Ende der Reihe zu die Stärke sich verdichtet, nach dem anderen die Höhe. An sich könnten auch die höchsten Kategorien die stärksten sein; das wäre dann die Inversion des kategorialen Grundgesetzes und ergäbe eine von Grund aus andere Welt als die unsrige.

Man kann die polar entgegengesetzte Verdichtung, sowie ihr Gesetz, die indirekte Proportionalität von Stärke und Höhe, nur als Tatsache hinnehmen. Warum die reale Welt gerade so und nicht anders eingerichtet ist, läßt sich nicht ermitteln; solche Fragen überschreiten die Kompetenz menschlicher Einsicht. Sehr bestimmt aber läßt sich die Heterogeneität von Stärke und Höhe einsehen; und das ist nicht wenig, denn darauf beruht die Möglichkeit ihres Zusammenbestehens in der Einheit einer Schichtung.

Die Überlegenheit des Höheren eben besteht in Seins- und Strukturfülle, in dem von Schicht zu Schicht um eine Ordnung wachsenden inhaltlichen Reichtum des Gebildes. Die Überlegenheit des Stärkeren dagegen besteht in seinem Fundamentsein, seiner Unabhängigkeit und Bestimmungskraft. Die Determination, die von den niederen Kategorien ausgeht, ist eine unbedingtere und unwiderstehlichere. Sie hängt nicht am reicheren Gehalt der höheren Kategorien, wohl aber hängt dieser an ihr. Die Determination der höheren Kategorien kann niemals gegen die der niederen gehen; es gibt in der Welt keine Macht, welche die letztere aufheben oder auch nur umschaffen könnte. Und im Falle des Widerstreites, wie manche Theorien ihn meinen annehmen zu müssen, würde die höhere Determination ohne weiteres der niederen weichen müssen.

Das aber würde bedeuten, daß es in der realen Welt zu einem höheren Sein — zu Leben, Bewußtsein, Geist — gar nicht erst kommen könnte. Nun aber gibt es die höheren Seinsschichten in genau derselben Seinsweise der Realität wie die niederen. Das allein ist Grund genug, um einzusehen, daß das Verhältnis von Überlegenheit des Stärkeren und Überlegenheit des Höheren im Kategorienreich nicht die Form des Widerstreites haben kann, sondern eine ganz andere haben muß. Welche Form es ist, davon handeln die beiden letzten Dependenzgesetze, das Gesetz der Materie und das der Freiheit.

Bevor wir an diese herantreten, steht aber noch das zweite Dependenzgesetz zur Diskussion.

57. Kapitel. Das Gesetz der Indifferenz und die Inversionstheorien.

a. Der Sinn der Schichtenselbständigkeit gegen die höhere Form.

Man kann die Bedeutung des kategorialen Grundgesetzes nicht zur vollen Anschauung bringen, ohne das Gesetz der Indifferenz heranzuziehen. Für das Verhältnis der ganzen Schichten nämlich folgt aus der einseitigen Abhängigkeit des Höheren vom Stärkeren noch etwas weiteres: das niedere Sein ist gleichgültig gegen seine Überbauung und Überformung durch ein höheres; es setzt ihr keinen Widerstand entgegen, aber es verlangt oder involviert sie auch von sich aus nicht. Es hat keine „Bestimmung" zum höheren Sein.

Dieses, am Kategorienverhältnis ausgedrückt, besagt: die niederen Kategorien haben Schichtenselbständigkeit gegen die höheren. Sie determinieren zwar in gewissen Grenzen die höheren mit, aber dieses

Determinieren ist ihnen als solchen durchaus äußerlich. Sie bestehen zurecht, auch wenn keine höhere Kategorienschicht sich über ihnen erhebt, in der sie wiederkehren oder Bedingungen im Sinne des Seinsfundamentes sind. Kurz, die niederen Kategorien verhalten sich „indifferent" gegen die höheren — trotz deren Abhängigkeit von ihnen. Auch als Kategorien haben sie keine „Bestimmung" oder Tendenz in sich, einer höheren Struktur als tragende Basis zu dienen, oder gar als Elemente in sie einzugehen.

Substituiert man das vierte Geltungsgesetz in das kategoriale Grundgesetz, so kann man das Gesetz der Indifferenz auch formal aus diesem folgern. Die niedere Kategorienschicht nämlich ist zwar Grundlage der höheren, aber ihr kategoriales Sein besteht nicht in diesem Grundlagesein; sie ist auch ohne alle Beziehung auf eine höhere Schicht eine selbständig determinierende Prinzipienschicht, und zwar wie jede andere Schicht auch, eine total determinierende (alles Prinzipielle enthaltende); ihr zugehöriges Concretum ist durch sie kategorial gesättigt und bedarf keiner anderen Prinzipien — d. h. keiner höheren, denn die niederen sind schon in ihr vorausgesetzt.

Eine jede Kategorienschicht ist auch als Ganzes nur „von unten her" bedingt, nicht „von oben her". Sie ist also nicht nur strukturell unabhängig von den höheren Kategorien, sondern auch unabhängig von ihrem Vorhandensein. In zugespitzter Formulierung: sie besteht unabhängig davon, ob überhaupt eine höhere Seins- und Kategorienschicht von ihr abhängig ist oder nicht. In dieser Formulierung erst zeigt sich der volle Sinn des Indifferenzgesetzes.

Wäre dem nämlich nicht so, bestünde also von vornherein eine Bindung „nach oben", so müßte alles niedere kategoriale Sein notwendig eine „Bestimmung" (Destination) zum höheren in sich haben — eine Tendenz, Element höherer kategorialer Form zu werden. Am Concretum aber würde das bedeuten, daß alles niedere Sein wenigstens grundsätzlich die Tendenz in sich trüge, in höheres Sein einzugehen oder überzugehen: alles Materielle müßte die Tendenz zur Lebendigkeit, alles Lebendige die zum Bewußtsein, alles Bewußtsein die zum Geiste haben. Das würde aber gerade die Abhängigkeit der niederen Schicht von der höheren bedeuten. Durchzöge eine solche Tendenz die ganze Schichtenfolge, so wäre sie die Inversion des kategorialen Grundgesetzes und widerspräche den Phänomenen, deren einheitlicher Ausdruck dieses Gesetz ist.

b. Inversionen des kategorialen Grundgesetzes.

Die Verletzung des Indifferenzgesetzes im spekulativen Denken ist folgenschwerer, als sich auf den ersten Blick übersehen läßt. Hat nämlich die niedere Schicht an Stelle ihrer Bedingtheit „von unten her" eine Bedingtheit „von oben her" in sich — und sei es auch nur die Bedingtheit im Sinne einer „Bestimmung" zum Höheren —, so müßten die Gebilde der niederen Schicht in deren ganzem Umfange die teleologische Tendenz besitzen, in die höhere Schicht aufzusteigen.

Man würde mit einer solchen These etwas behaupten, was allen aufzeigbaren Phänomenen zuwiderliefe. Es ist nicht wahr, daß alles physisch-materielle Sein die Tendenz hat, zum organisch-lebendigen Sein zu werden; das Auftreten des Lebens im Weltall ist an Bedingungen gebunden, von denen es leicht einzusehen ist, daß sie in den kosmischen Zusammenhängen nur als seltene Ausnahme eintreten können. Ebenso unwahr ist es, daß alles Lebendige die Tendenz habe, zum Bewußtsein zu gelangen; desgleichen, daß alles Bewußtsein zum geistigen Sein hintendiere. Offenbar wird in der Welt nur der allergeringste Bruchteil des physischen Seins in organische Gebilde hinaufgeformt. Nur gewisse Spitzenformen des Organischen sind es, an denen Bewußtsein auftritt (an den höheren Tieren). In beiden Fällen ist das Einsetzen des höheren Seins an eine kategoriale Formung gebunden, die wir dem niederen in keiner Weise als seine „Bestimmung" zuschreiben können. Die Erfahrung wenigstens gibt dafür nicht den geringsten Anhalt. A priori aber kann man darüber nichts wissen.

Und ebensowenig läßt sich behaupten, daß alles Bewußtsein zum geistigen Sein durchdringe, oder auch nur die Tendenz habe durchzudringen. Es müßte ein Durchdringen zur Personalität, zu ethisch bewertbaren Akten, zu schöpferischer Formung der Gemeinschaft und zur Objektivität allgemeingültiger Erkenntnis sein. Von alledem weit entfernt ist das geistlose Bewußtsein, wie wir es an den höheren Tieren beobachten, und selbst wie es die längste Zeit in den Anfängen des Menschengeschlechts bestanden haben mag. Das geistlose Bewußtsein ist in den Zwang der vitalen Mächte eingespannt, in das Widerspiel der naturhaften Tendenzen, Bedürfnisse und Instinkte; eine Tendenz darüber hinaus ist ihm als solchem fremd. Und wenn es auch wahr ist, daß sich ein scharfer Grenzstrich auf Grund unserer Erfahrung hier nicht ziehen läßt, so ist es doch um so leichter einzusehen, daß das Erwachen des geistigen Lebens im phylogenetischen Wandel des Bewußtseins zutiefst charakterisiert ist durch das Einsetzen eines ganzen Gefüges höherer Kategorien, wie sie eben das geistige Sein auf allen seinen Gebieten auszeichnen, keineswegs aber durch bloße Entfaltung dessen, was verkappt schon im primitiven Bewußtsein enthalten war.

Freilich kann man im Überblick der ganzen Stufenfolge mit einem gewissen Recht von „Höherbildung" sprechen. Aber man wird, wenn man metaphysischen Vorurteilen nicht Raum geben will, sich wohl hüten müssen, die Höherbildung als eigentliche „Entwicklung" zu verstehen. Man wird sie durchaus nur als das stufenweise Einsetzen von höherer und immer höherer Seinsform verstehen dürfen, d. h. als kategoriale Überformung oder Überbauung des niederen Seins durch höheres. „Entwicklung" nämlich (oder „Entfaltung") setzt ein „Eingewickeltsein" des Höheren im Niederen voraus; so war der Ausdruck auch ursprünglich im Neuplatonismus gemeint (ἐξέλιξις, ἐξάπλωσις), und erst spätere Zeiten haben seinen Sinn verschoben. Das bedeutet aber, daß bei aller eigentlichen „Entwicklung" das Höhere im Niederen als Anlageelement enthalten sein muß. Entwicklung als solche ist nicht schöpferisch, sie kann zu nichts Neuem führen. Das Schlagwort der évolution créatrice ist ein Widerspruch in sich selbst. Sieht man das Verhältnis der Seinsschichten im Schema der Entwicklung, so hebt man in Wahrheit die Irreversibilität der kategorialen Dependenz auf. Man verstößt damit nicht nur gegen die Gesetze der Stärke und der Indifferenz, sondern auch gegen das Gesetz des Novums.

Für das wirkliche Hineinwachsen des niederen Seins in die höhere Formung versagen alle Bilder und Gleichnisse. Die Bilder der „Vorgeformtheit" und der „nachträglichen Entstehung" — Präformation und Epigenesis —, die lange Zeit als Schlagworte entgegengesetzter Theorien gedient haben (zumal im Problemgebiet des Organischen), sind im Grunde nichts als roh zurechtgemachte Schemata einseitiger Betrachtungsweise. In ihnen ist die ontologische Hauptsache vollkommen übersehen: das Grundverhältnis der Prinzipien zum Concretum, wie die Geltungsgesetze es aussprechen. Setzt man dieses Verhältnis hier ein, so macht es keinerlei Schwierigkeit, daß am Concretum die höhere Seinsformung erst sekundär entsteht, während sie an den Kategorien, die als solche kein zeitliches Sein haben, vorbesteht.

Ein zureichendes „Bild" ist freilich auch das nicht. Denn auch die Geltungsgesetze lassen sich nicht eindeutig verbildlichen. Die Wahrheit eben ist, daß es kein Bild gibt, welches dem wirklichen Überlagerungsverhältnis der Seins- und Kategorienschichten gerecht würde. Denn es gibt im Reiche der Anschauung kein anderweitig bekanntes Verhältnis, dem dieses sich vergleichen ließe. Es hängt aber zum Glück in der Philosophie nicht alles an den Bildern allein. Was die ins Wesen einer Sache eindringende Überlegung zutage fördert, behält gegen alle Veranschaulichung ein Eigenrecht. Ja, tatsächlich ist vielmehr sie es, die der neuen und gereifteren Anschauungsweise erst die Bahn bricht.

Läge im Dependenzverhältnis der Schichten eine aufsteigende „Entwicklung" vor, so müßte alles niedere Sein den teleologischen Zwang enthalten, zum höheren aufzurücken; der Weltprozeß müßte darauf hinauslaufen, daß zuletzt alles bei der höchsten Seinsform anlangt. Wie sehr das allen bekannten Tatsachen widerstreitet, wurde schon oben gezeigt. Aber es widerstreitet auch wohlbekannten und genügend geprüften Gesetzlichkeiten. Organisches Sein kann ja gar nicht bestehen ohne die fortbestehende Grundlage des anorganischen, in das es eingebettet ist. Und ebenso augenfällig ist es, daß geistiges Sein nicht bestehen kann ohne die Basis eines geistlos-seelischen Seins, über dem es sich erhebt und von dem es zehrt. Ginge also alles niedere Sein in höheres auf, so wäre das vielmehr die Selbstaufhebung des höheren. Eine Tendenz dieser Art, die alle Schichten durchzöge, wäre in Wahrheit das Gegenteil dessen, was die Theorien mit ihr meinen: die totale Selbstauflösung und Selbstvernichtung alles Seienden.

Ignoriert man gedankenlos Tatsachen und Gesetze, ist es einem im Grunde nur um ein schönes Weltbild zu tun, in das man sich spekulativ verliebt hat, so hindert einen freilich nichts, einen teleologisch angelegten Stufenbau der Welt zu konstruieren, der auf „Entwicklung" basiert ist und stillschweigend die „Vorformung" (Präformation) des Höheren im Niederen in Kauf nimmt. Man langt damit bei einem Weltbilde an, welches geradezu die Inversion des kategorialen Grundgesetzes zum Gesetz macht und damit buchstäblich das Unterste zu oberst kehrt. Ein solcher Stufenbau aber besteht dann nur im Gedanken des Menschen. Mit dem Aufbau der realen Welt hat er nichts gemeinsam.

Allen solchen Inversionstheorien gegenüber besagt das Gesetz der Indifferenz, daß es in aller Welt keine „Vorformung" von Schicht zu Schicht gibt, also auch keine Auswickelung des Vorgeformten, sondern nur Überformung des Niederen durch Höheres, und wo diese versagt, nur noch Überbauung. Gegen diese beiden Typen des Überlagerungsverhältnisses ist das Sein der jeweils niederen Schicht durchaus indifferent. Beide sind und bleiben ihm äußerlich. Das Niedere hat niemals und auf keiner Stufe die „Tendenz", ein Höheres zu tragen oder als Element in ein solches einzugehen.

c. Die Teleologie der Formen als spekulatives Denkschema.

Das läßt sich an zahlreichen Beispielen belegen. Es sind sehr berühmte philosophische Systeme, gegen die sich diese Kritik auf Grund des Gesetzes der Indifferenz und letzten Endes des kategorialen Grundgesetzes richtet. Nur einige wenige seien hier herangezogen.

Der alte Hylozoismus des Thales und seiner Nachfolger, der das Prinzip des Lebens schon im Urstoff der Welt suchte, bildet hier nur ein harmloses Vorspiel. Aristoteles dagegen ist schon ein reiner Vertreter einer durchgehenden Teleologie der Formen; er hat mit diesem spekulativen Denkschema das Gesicht der Metaphysik für viele Jahrhunderte bestimmt. Nach ihm vollendet sich alle niedere Form erst in der höheren, und das höchste Glied der ganzen Reihe ist der νοῦς, zu dem alles emporstrebt. Von diesem heißt es daher: „er bewegt, wie der Gegenstand der Liebe bewegt", d. h. er bewegt teleologisch, als höchster Zweck, indem er alles zu sich hinaufzieht. Und in diesem Sinne ist er „das erste Bewegende" aller Dinge.

Noch bewußter durchgeführt ist das in der Lehre Plotins von der ἐπιστροφή aller Dinge zu dem „Einen", von dem sie ausgegangen sind. Und ganz offenkundig ist Leibniz von dieser Anschauung geleitet. Er legt das seelische Sein der lebendigen und leblosen Natur zugrunde, seine Monade ist seelisches Sein. Das ergibt ein imponierendes Continuum der Seinsformen; aber es ist gewonnen um den Preis des schlichten Respekts vor den Phänomenen in ihrer Differenzierung. Das Continuum läßt nicht nur die Schichtendistanzen verschwinden (wie oben gezeigt wurde, Kap. 54b), sondern es raubt den Schichten auch ihre Selbständigkeit.

Am bekanntesten ist diese Inversion wohl aus Schellings Naturphilosophie geworden. Schelling verstand das Anorganische als erstarrtes Leben, und das Leben wiederum als bewußtlosen Geist. Am Anfang aller Dinge steht dann die „unbewußte Intelligenz", deren Hindrängen zum Bewußtsein und schließlich zum sich selbst durchdringenden und wiedererkennenden Selbstbewußtsein den einheitlichen Duktus im Weltgefüge ausmacht. Hier ist die niedere Form nicht indifferent, sie drängt teleologisch zur höheren, kann sich selbst nicht vollenden ohne sie. Das Höhere wird so durchgehend zur latenten Voraussetzung des Niederen gemacht.

Dieser Gedankenromantik setzt Hegel die Krone auf — mit dem Anspruch, von unten auf, Stufe für Stufe, Kategorie für Kategorie, zu zeigen, wie jedesmal das Niedere auf das Höhere „dialektisch" hinausführt, weil es in ihm seine Bestimmung und seine Vollendung (seine „Wahrheit") hat. Hier ist Dialektik nicht die einfache Verfolgung von Implikationszusammenhängen, wie sie innerhalb einer Kategorienschicht bestehen, sondern die von unten auf angestellte Rekonstruktion einer von oben her durchgehend determinierenden Teleologie der Formen: an der höchsten Form, dem Sichselbstwissen des absoluten Geistes, „hängt" die ganze Reihe, und nur der aufsteigende Gang der Dialektik kann einen darüber täuschen. Die Täuschung fällt, wenn man begriffen hat, daß dieser Aufstieg vielmehr der Richtung der von Hegel gemeinten und vorausgesetzten Abhängigkeit entgegen läuft.

Hat man den gemeinsamen Grundcharakter im Denkschema dieser Theorien einmal durchschaut, so sieht man ohne weiteres, daß in ihnen das kategoriale Grundgesetz nicht nur aufgehoben, sondern auch auf den Kopf gestellt ist. Die Selbständigkeit der niederen Schichten ist von Grund aus verkannt, die höheren Kategorien sind zu den stärkeren gemacht, die Richtung der Dependenz in der Schichtenfolge des Seienden verkehrt.

Das Gefährliche daran aber ist, daß diese Inversion, einmal eingeführt und zum System durchgebildet, etwas gedanklich Zwangsläufiges gewinnt. Das Denken selbst, einmal an sie gewöhnt, nimmt ihre Form wie ein Gesetz an; es ist dann im selbstgeschaffenen Denkschema gefangen und kann nicht mehr anders denken. Darauf beruht die gewaltige, noch heute ungebrochene Trägheitskraft der Tradition, die diesen Theorien eignet.

d. Der verkappte Anthropomorphismus in der Formenteleologie.

Daß solche Theorien in sich selbst haltlos sind, daß ihre metaphysische Voraussetzung eine Subreption ist, braucht hiernach kaum gesagt zu werden. An Kritik hat es auch nicht gefehlt; wie denn die Blößen, die sie sich selbst geben, leicht sichtbar werden, wenn man sie nüchternen Blickes ins Auge faßt.

Aber ein anderes ist es, die Wurzel des Fehlers aufzudecken. Man hat sie bald im Einheitsfanatismus der Theorien als solcher, bald in der Vernunftmetaphysik, bald im Denkschema der Dialektik, oder auch in der sehr durchsichtigen Teleologie der Formen selbst, ja sogar im Systemtypus des Idealismus suchen zu müssen gemeint. In Wahrheit ist mit alledem zum Teil nur Beiwerk und Einkleidung, zum Teil nur die Konsequenz der Sache getroffen, nicht diese selbst. Das Wesen der Sache ist im Grunde ein anderes: der Fehler ist ein ontologischer, ein kategorialer.

Er besteht in der radikalen Verkehrung desjenigen Grundgesetzes, welches das Verhältnis zwischen der Rangordnung und der Abhängigkeitsfolge eben jener Seinsformen beherrscht, um deren einheitliche Zusammenschau diese Theorien bemüht sind.

Die Bemühung selbst nämlich unterliegt in ihnen einer Suggestion, die menschlich wohl verständlich, aber eben deswegen doch auch allzumenschlich ist und die Anschauungsweise anthropomorph macht. Der Mensch ist es, der in seinem Leben nach Kräften das Niedere dem Höheren unterordnet. Er macht es also wirklich, soweit seine Macht reicht, vom Höheren abhängig. Das eben heißt es doch, wenn er natürliche Vorgänge, Kräfte und Tendenzen für seine Zwecke auswertet. Diese Unterordnung hat hier ihr gutes Recht; denn das ist das Tun der Vernunft im Menschen. Im Tun des Menschen also deckt sich wirklich die Richtung der Rangordnung mit der Richtung der Abhängigkeit; das Höhere determiniert, es ist das Maßgebende.

Das spekulative Denken aber überträgt dieses sehr besondere Verhältnis nach außen. Es verlängert die Perspektive der zweckbewußten Aktivität weit über den engen Machtbereich des Menschen hinaus, in die Welt als Ganzes hinein — als wäre es einer ähnlichen Aktivität der Vernunft auch in ihr gewiß. Das spekulative Denken einer gewissen Stufe vermag die Welt in der Tat nicht anders vorzustellen, als nach Analogie menschlichen Tuns und Waltens; es findet seine Überlegungen gleichsam gefangen in der Dependenzform des zweckvollen Tuns. Und so ordnet es denn auch im Ganzen der Welt das Niedere dem Höheren determinativ unter, läßt auch in ihr die Abhängigkeit der Ranghöhe folgen. Das aber ist die Inversion des kategorialen Grundgesetzes. Denn dieses besagt, daß in der Schichtenfolge die Abhängigkeit der Rangordnung nicht folgt, sondern entgegen läuft.

Nicht das an Sinn und Wert Überlegene, nicht das dem Geiste Nähere und Verwandte ist das ontisch Grundlegende; nicht das Sinn- und Vernunftlosere ist das ontisch Abhängige und Schwächere. Gerade das Niedere, das allem Sinn, Wert und Geist Fernstehende, ist das Stärkere, Unabhängige und Fundamentale. Soweit überhaupt in der Höhendimension der Seinsformen Abhängigkeit herrscht, ist das Höhere vom Niederen abhängig, das Niedere aber indifferent gegen das Höhere. Die Dependenz in der Welt, wie sie „ist", hat nicht den Charakter einer Sinn- und Wertordnung, geschweige denn einer Vernunftordnung, sondern durchaus nur den einer Seinsordnung. Und wenn diese Seinsordnung auch, als Überlagerung verstanden, eine Rangordnung darstellt, auf die sich Sinn- und Wertordnung eindeutig beziehen läßt, so ist sie doch in ihrem Aufbau und ihrer inneren Dependenz niemals von oben her, sondern nur von unten auf zu verstehen.

Aus der Aufdeckung dieses Verhältnisses wird nun vor allem eines klar: die Teleologie der Formen, des Vernunftidealismus, sowie die aufsteigende Dialektik sind es nicht, die erst zur Inversion des kategorialen Grundgesetzes führen; vielmehr sie selbst beruhen schon auf ihr. Sie haben die Inversion immer schon vollzogen, freilich ohne es zu ahnen; sie haben sie zugleich mit der Sehweise jenes verkappten Anthropomorphismus vollzogen, der als solcher nicht ins Bewußtsein tritt, aber um so mehr zwangsläufig wirkt.

Im Idealismus z. B. ist schon von vornherein Bewußtsein (resp. Vernunft, Geist) dem dinglichen und organischen Sein vorgeordnet. Diese Vorordnung ist der Sinn alles „transzendentalen" Argumentierens. In der Formenteleologie, und speziell in der Hegelschen Dialektik ist grundsätzlich die Abhängigkeit des niederen Seins vom höheren schon vor aller Untersuchung proklamiert; sie ist in aller Selbstverständlichkeit zum Prinzip erhoben. Diese Selbstverständlichkeit ist zwar eine sehr subjektive, aber sie bleibt unangefochten, solange das Denken in der naiv-anthropomorphistischen Einstellung bleibt, die unbedenklich bei jedem Dinge danach fragt, „wozu“ es da sei, „worin“ es seine Bestimmung habe, — als wäre es von vornherein ausgemacht, daß alle Dinge ein „Wozu“ (einen Zweck, einen Sinn, eine innere Destination) haben müßten.

Diese vulgäre Frageweise geht eindeutig verfolgbar bis auf das uralte mythische Denken zurück, das alle Dinge vermenschlicht. Sie ist bis heute die Frageweise der Kinder und Ahnungslosen. Erstaunlicher aber ist es, daß sie trotz aller Durchsichtigkeit ihres Ursprungs in den großen und vielbewunderten Systemen der Metaphysik die stillschweigende, alles tragende Voraussetzung geblieben und selbst von deren Kritikern nicht klar durchschaut worden ist.

e. Suggestive Macht verborgener Irrtümer in der Denkform.

Die Autosuggestion des philosophischen Denkens, die von einer einmal übernommenen und in die Gewohnheit übergegangenen Denkform ausgeht, ist selbst dem um sie Wissenden schwer durchschaubar. Es ist kein Zufall, daß es keinem Kritiker Hegels ganz gelungen ist, ihn von innen heraus zu widerlegen, obgleich die „transzendente“ Kritik frühzeitig den Widerspruch seiner Thesen gegen breite Tatsachenreihen aufgezeigt hatte. Niemand kann das widerlegen, wovon er insgeheim selbst gefangen ist. Man begibt sich in das Geflecht der Dialektik hinein, um es erst einmal zu verstehen, was keine geringe Denkarbeit erfordert; ist man aber einmal darin, so hat das eigene Denken den Duktus der Dialektik angenommen, und man ist seiner Suggestion verfallen. Man merkt es nicht, daß man dieselbe stillschweigende Voraussetzung hingenommen hat, nach der man suchte, um sie aufzuheben. Sie wird eben nicht ausdrücklich wie eine These eingeführt, über die man diskutieren könnte, sondern wie eine Selbstverständlichkeit, von der man nicht redet, allem Thematischen untergeschoben. In den Konsequenzen würde man vergeblich nach einem Kriterium suchen, das sich gegen sie erheben könnte. Hier stimmt alles aufs beste in sich selbst. Nur neue Phänomenreihen könnten ein Gegenzeugnis erheben. Die aber sieht man nicht mehr deutungsfrei.

Wie der Zauber Hegels noch heute im Kern ungebrochen ist, so war es einst der nicht weniger starke, aber loser gewobene Zauber des Aristoteles, der in den Jahrhunderten der abendländischen Philosophie einzigartig geherrscht hat. Der Geist der Neuzeit konnte im Hochgefühl eines neu geschauten und erlebten Weltzusammenhanges sich wohl gegen ihn auflehnen, aber nicht ihn philosophisch entwurzeln. Hier wie dort bedarf es dazu noch einer anderen Art des Durchschauens, einer solchen, die bis auf die uneingestandenen kategorialen Voraussetzungen durchstößt.

Das Eigentümliche der traditionsgeheiligten Grundirrtümer ist dieses, daß sie in die ganze Art unseres Schauens, Denkens und Fragens eingelagert sind, daß alle gangbaren Begriffe und Ausdrucksweisen bereits von ihnen geformt — oder soll man sagen infiziert — sind. Jeder Schritt im Denken macht sie mit, ohne es zu wollen und zu ahnen. Nur das radikalste Mittel kann hier helfen: die an der Wurzel einsetzende Kategorialanalyse, die sich rein vom Gehalt der Probleme führen läßt und nach keiner Richtung etwas vorwegnimmt, was erst die Untersuchung erweisen kann.

Hier ist der Scheideweg der Metaphysik. Entweder man läßt sich im Geleise der übernommenen Denkform treiben, oder man nimmt die Arbeit auf sich, sie im eigenen Denken zu entwurzeln. Ein Kompromiß ist hier nicht möglich. Entscheidet man sich aber für das letztere, so ist es nicht negativ kritische Arbeit allein, die das leistet. Fruchtbare Kritik kann nur in der positiven Aufweisung von Seinsgrundlagen geleistet werden. Dazu bilden die Dependenzgesetze eine erste Handhabe, und unter ihnen wiederum in erster Linie das kategoriale Grundgesetz und das Gesetz der Indifferenz.

Allen jenen unbemerkten Fehlerquellen der Denkform gegenüber besagen diese beiden Gesetze etwas ganz Einfaches, am Verhältnis der Seinsschichten selbst Sichtbares. Sie besagen dieses, daß geistiges Sein Bewußtsein voraussetzt, während Bewußtsein als solches nicht auf geistiges Sein angelegt ist und auch ohne sein Bestehen Realität hat; daß Bewußtsein an organisches Sein gebunden ist und nur auftreten kann, wo ein solches als sein Träger vorhanden ist, während der Organismus seinerseits keineswegs an Bewußtsein gebunden ist, noch auch die Bestimmung zum Bewußtsein in sich hat; daß ferner organisches Sein nur auf Grund physisch-materiellen Seins möglich ist, dieses hingegen in weitestem Ausmaße ohne organisches Leben besteht.

Dasselbe gilt innerhalb der einzelnen Seinsschichten für alle differenziertere Abstufung der Gebilde, Vorgänge und Verhältnisse. Durch die ganze Stufenfolge hin zieht sich eindeutig und nicht umkehrbar die Abhängigkeit von unten her und die Indifferenz nach oben zu.

58. Kapitel. Das Gesetz der Materie.

a. Die Kehrseite der Indifferenz in der Überformung.

Aber auch das ist nur die Hälfte der Wahrheit, nur die eine Seite des Grundverhältnisses. Die Stärke und Indifferenz des Niederen erschöpft die Dependenzgesetzlichkeit im Aufbau der realen Welt nicht. Wollte man damit allein die Schichtenfolge ableuchten, man sähe sie trotz allem in einem schiefen Licht. Die andere Seite liegt in dem Gesetz der Materie und dem der Freiheit.

Handeln die ersten beiden Gesetze von dem, worin das Höhere abhängig, das Niedere selbständig ist, so haben die beiden letztgenannten Gesetze es umgekehrt mit dem zu tun, worin das Höhere eigenständig und autonom ist. Denn nur in bestimmter Hinsicht ist das Höhere abhängig vom Niederen: entweder als Überformung des Niederen, wobei es selbst dessen kategoriale Struktur als Aufbauelement in sich aufnimmt, oder als Überbau, der des niederen Seins nur als eines tragenden Fundamentes bedarf. Selbstverständlich ist im ersten Falle die Abhängigkeit des Höheren eine größere und mehr ins Inhaltliche gehende als im zweiten. Will man also das Moment der Autonomie einer höheren Seinsstufe gegenüber der niederen herausarbeiten, so muß man mit dem Überformungsverhältnis beginnen. Denn da hier die Abhängigkeit größer ist, muß auch die Autonomie des Abhängigen hier auf größere Widerstände stoßen. Ist sie für das Überformungsverhältnis nachgewiesen, so folgt sie für das Überbauungsverhältnis von selbst. Darum erstreckt sich das Gesetz der Materie unmittelbar nur auf die Überformung.

Sein Geltungsbereich wird deswegen keineswegs allzusehr eingeschränkt. Man erinnere sich hier, daß Überformung keineswegs bloß an der Grenze von physisch-materiellem und organischem Sein statt hat; da die Fundamentalkategorien durch alle Schichten hindurchgehen und von den höheren Kategorien immerhin viele nach oben zu wiederkehren, so findet in gewissen Grenzen an allen Schichtendistanzen „auch" Überformung statt, und „reine" Überbauungsverhältnisse gibt es wohl gar nicht. Ein Teil der niederen Kategorien geht eben stets mit in die höhere kategoriale Struktur ein, auch wenn sie hier als untergeordnete Elemente nicht auf den ersten Blick wiedererkennbar sind. Sie bilden überall, wo sie aufwärts durchdringen, eine Art kategorialer „Materie". Von dieser Materie handelt das dritte Dependenzgesetz.

Zur weiteren Klarstellung der Sachlage setzt die Überlegung am besten bei dem Moment der Indifferenz ein. Solange man die Indifferenz der niederen Schicht gegen die höhere lediglich auf die Schichtenselbständigkeit allem Höheren gegenüber ansieht, erschöpft man ihr

Wesen nicht. Sie hat noch eine Kehrseite. Und diese betrifft an jeder Grenzscheide nicht die niedere, sondern die höhere Schicht. Macht man sich grundsätzlich klar, was Indifferenz von A gegen B eigentlich bedeutet, so findet man, daß sie außer der Selbständigkeit von A gegenüber B auch eine solche von B gegenüber A bedeutet. Ist also B zuvor einmal abhängig von A, so besagt die Indifferenz von A gegen B, daß B nur in bestimmter Hinsicht abhängig sein kann, in anderer aber unabhängig von A ist.

Diese Kehrseite der Indifferenz, bezogen auf das Schichtenverhältnis, besteht also in der Gleichgültigkeit der niederen Seinsschicht dagegen, was an neuer Formung in der höheren einsetzt. Solche Gleichgültigkeit ist das Gegenteil von Determination. Die niedere Schicht hat somit nicht nur keine „Bestimmung" zur höheren, sie determiniert vielmehr auch sonst in keiner Weise, was in der höheren Überformung entsteht.

Solche Indifferenz nun gegen mögliche Formung ist offenbar die der „Materie" (kategorial verstanden). Ihr Gesetz also muß ein „Gesetz der Materie" sein.

b. Die Einschränkung der kategorialen Dependenz im Gesetz der Materie.

Substituiert man nun dieses Resultat in das kategoriale Grundgesetz, so wird es ohne weiteres verständlich, warum das Gesetz der Materie eine Einschränkung der kategorialen Dependenz bedeutet. Dem Stärkersein der niederen Schicht tut das keinen Abbruch: die höhere Schicht kann durch keine Überformung an ihr etwas ändern; die niedere ihrerseits determiniert sie sehr wohl, aber nur so, wie eine gegen sie indifferente Materie die Form determiniert, die sich über ihr erhebt.

Das ist es, was in dem oben gebrachten Wortlaut (Kap. 55d) das Gesetz der Materie ausspricht: überall wo in der Schichtung Wiederkehr und Überformung besteht, ist die niedere Kategorie für die höhere doch nur „Materie"; wiewohl sie die „stärkere" ist, geht doch die Abhängigkeit der höheren von ihr nur so weit, als die mitgebrachte Bestimmtheit und Eigenart einer Materie den Spielraum der höheren Formung einschränkt. Die höhere Kategorie kann aus der Materie der niederen nicht alles Beliebige formen, sondern nur was in dieser Materie möglich ist. Sie kann die niederen Elemente nicht umformen, sondern nur überformen. Über diese einschränkende Funktion hinaus reicht die bestimmende Macht der niederen Kategorien nicht.

Wo aber die höhere Kategorienschicht die niedere nur überbaut, da ist ihre Abhängigkeit noch weiter eingeschränkt. Da ist die niedere Schicht nicht einmal (oder nur teilweise) Materie der höhern, sondern nur ihr

Seinsfundament, determiniert also nur noch, wie die Tragkraft einer Unterlage determiniert. Denn auch ein Fundament kann nicht Beliebiges tragen, sondern setzt dem Getragenen gewisse Grenzen. Aber es bestimmt nicht positiv seinen Inhalt.

Für beide Fälle, unabhängig von der Art der Überlagerung, läßt sich sagen: keine höhere Macht kann die elementare Formung aufheben, auf der sie beruht; aber auch keine elementare kann von sich aus die höhere schaffen.

Das Verhältnis, das hier waltet, ist ein im Leben überall wohlbekanntes. Man kann es gut an dem alten Aristotelischen Beispiel vom Hausbau verbildlichen. Ziegel und Balken bestimmen nicht Plan und Gestalt des Hauses; wohl aber lassen sich in diesem Material nur Bauformen ausführen, die seiner Haltbarkeit Rechnung tragen. Insofern determiniert auch die Materie mit. Diese Determination betrifft nur nicht das eigentlich Positive des besonderen Bauplanes; sie grenzt dessen Möglichkeiten nur ein. Und die Eingrenzung ist von der Art, daß sie gegen alle Besonderung der Form gleichgültig bleibt. Das eben ist die besondere Art, wie Materie determiniert: sie greift der Form nicht vor, gibt sie auch aus sich nicht her, ist vielmehr nur die Bedingung, auf Grund deren sie erst möglich ist. Sie hält die Form wohl auf diesem Boden fest, läßt sie von ihm nicht los, setzt sich also auch in der Form durch. Ihr Anteil an der Gesamtdetermination der letzteren ist somit ein unverbrüchlicher. Aber gemessen an der Inhaltsfülle der Form ist diese Determination doch nur eine minimale, gleichsam ein Rahmen möglicher Formung.

Ist nun dieses Verhältnis auch einfach und fast eine Selbstverständlichkeit, so ist es doch eine erst spät und auf mannigfachen Umwegen errungene Einsicht. Fast überall, wo man die determinierende Kraft der niederen Seinsschicht in bezug auf eine höhere erkannte, überschätzte man sie inhaltlich; wo man aber die inhaltliche Eigenständigkeit der höheren erkannte, da übersah man sie völlig. Fast alle Metaphysik hat sich in dieser Beziehung in den Extremen bewegt. Die Extreme aber sind beide gleich unhaltbar.

Das Gesetz der Materie bedeutet demgegenüber kritische Besinnung nach beiden Seiten. Es besagt, daß die Wahrheit in der Mitte liegt. Als kategoriales Gesetz gefaßt, spricht es eben dieses aus, daß jede niedere Kategorienschicht die höhere Formung zwar mitbestimmt, aber doch bestenfalls nur als ihre „Materie", wenn nicht gar nur als ihr Seinsfundament. Das „Stärkersein" des Niederen ist eben eine bloße Determination „von unten her". Und eine solche überschreitet nicht die Kompetenz einer condicio sine qua non.

Im Verhältnis des Anorganischen zum Organischen — welches

ein reines Überformungsverhältnis ist — trifft das im buchstäblichsten Sinne zu. Die Atome und Moleküle mitsamt ihrer ganzen physischen Gesetzlichkeit erhalten sich im Aufbau des Organismus, sowie in dem eigenartigen Gefüge der Prozesse, welches seine Lebendigkeit ausmacht; aber seine Struktur und das Gleichgewicht der Prozesse, in dem sie sich erhalten, stammen nicht aus ihnen, sind Sache der höheren Formung. Wohl bleibt der Organismus den Gesetzen seiner anorganischen Elemente unterworfen; seine Bewegung im Raume bleibt durch Schwere, Trägheit und physische Energie bedingt, ob sie nun im Tropismus, im Laufen oder im Fliegen besteht. Aber der Tropismus als solcher, die zweckmäßige Funktion der Glieder selbst und alles, was dem verwandt ist, hat seine Eigenart auf Grund rein organischer Verhältnisse.

c. Fundament und Überbau. Scheinbares Verschwinden der Dependenz.

Nicht so handgreiflich ist das Verhältnis an der Grenzscheide des Organischen und des Bewußtseins. Denn hier waltet keine einfache Überformung, also auch kein Materieverhältnis. An einigen Kategorien zwar gibt es auch hier die Wiederkehr, an anderen aber setzt sie aus. Das Verhältnis ist das der Überbauung. Das bedeutet nicht, daß hier ein ganz anderes Dependenzgesetz herrschen müßte; es bedeutet nur, daß die Abhängigkeit noch loser wird, ja daß sie an gewissen höheren Funktionen des Seelenlebens fast zu verschwinden scheint. Im Verhältnis von Fundament und Überbau ist das von Materie und Form — sofern auch dieses schon eine Beschränkung der Dependenz bedeutete — noch überboten.

Auch das ist grundsätzlich leicht einzusehen, wenn man sich eng an die Phänomene hält und auf die metaphysischen Rätsel des psychophysischen Verhältnisses einstweilen verzichtet. Die physiologischen Prozesse mit ihrer organischen Formgebundenheit sind in keiner Weise mehr Elemente der seelischen Vorgänge, wohl aber sind sie deren Träger und Seinsbedingungen. Sie kehren nicht inhaltlich im Bewußtsein wieder. Das Seelenleben ist zwar nicht identisch mit dem Bewußtsein; doch gilt für seinen ganzen Umfang, soweit nur immer geeignete Methoden es bewußt zu machen vermögen, durchaus dasselbe.

Das Seelenleben erwächst nirgends anders als auf dem Boden eines Organismus, gleichsam ihm aufsitzend, und ist in seinen niederen Stufen auch gar nicht zu trennen von den Zuständen seines Trägers. Die scharfe Grenzscheide, die uns das Gegenteil vortäuscht, entsteht erst durch die Heterogeneität der Gegebenheit: die Phänomenreihen als solche sind es, die auf der ganzen Linie scharf kontrastieren. Aber

Getrenntheit der Phänomene ist Losreißung der Seinsschichten voneinander.

Sehr deutlich ist das an einzelnen Kategorien zu sehen. Der Bewußtseinsprozeß verläuft in derselben Realzeit wie der organische Prozeß, aber er verläuft nicht wie dieser im Raume. Die Zeitkategorie ist also noch Strukturelement des Bewußtseins; die Raumkategorie ist es nicht, die Räumlichkeit ist an den Bewußtseinskategorien verschwunden. Und dennoch bleibt das Bewußtsein mittelbar auch an sie gebunden, wennschon in anderer Weise; so wenigstens wenn man es nicht abstrakt (etwa als „Bewußtsein überhaupt") versteht, sondern als das reale Bewußtsein lebender Individuen. Die lebenden Individuen eben sind als organische Wesen im Raume, das Bewußtsein aber bleibt an die Individuen gebunden.

Auch inhaltlich zeigt sich das am Bewußtsein als Raumbewußtsein. Denn das Raumbewußtsein, obgleich selbst nichts Räumliches, bleibt doch im Wahrnehmen, Anschauen und Vorstellen räumlicher Verhältnisse an die Raumstelle gebunden, von der aus das Individuum jeweilig in die räumlich geordnete Dingwelt hineinschaut. Es sieht die Dinge in räumlicher Perspektive, in der es mit seinem Standort den Bezugspunkt bildet; und ebenso perspektivisch stellt es die nicht gegebene Raumordnung vor, indem es sich selbst den Standort in ihr anweist.

Was für eine Rolle hierbei die Kategorie des Anschauungsraumes spielt, erfordert eine Untersuchung besonderer Art (die in die spezielle Kategorienlehre gehört). Denn der Anschauungsraum ist eine Erkenntniskategorie, also eine bloße Inhaltskategorie des Bewußtseins, nicht seine Realkategorie. Zwischen ihm und dem Realraum besteht ein tief einschneidender Sphärenunterschied, der nur dadurch verschleiert wird, daß dieselben Schichten des Realen, die der Realräumlichkeit angehören (die der Dinge und Lebewesen), auch Gegenstände des räumlichen Anschauens sind (vgl. oben Kap. 22c). So kommt es, daß das bewußte Menschenwesen — ungeachtet der Unräumlichkeit des Bewußtseins — sich selbst gar nicht anders kennt als mit seinem Im-Raume-Sein. —

Ähnlich wie an der psychophysischen Grenzscheide gestaltet sich die Sachlage auch weiter oberhalb. Das geistige Sein ist nicht seelischer Akt, und seine Gesetze sind andere; aber der Vollzugscharakter des Aktes erhält sich in ihm, der Akt wächst nur in ein anders geartetes Gefüge von Gehalt und Bedeutung hinauf. Dieses andere Gefüge ist selbst in keiner Weise mehr Akt, es ragt sogar weit über die Grenzen des aktvollziehenden Bewußtseins hinaus — in eine Sphäre gemeinsamen geistigen Lebens hinein, die im ständigen Wechsel der Individuen einheitlich fortbesteht und sich fortentwickelt. Aber auch dieses höhere Gefüge bleibt stets an Bewußtsein und Akt als an seine Träger rückgebunden, und es kommt ohne sie nirgends vor; ja, es ist dadurch selbst real zeitgebunden, und diese Gebundenheit wird in der Geschichtlichkeit des Geistes sehr konkret greifbar. Und mittelbar, durch das Aufruhen des Bewußtseins auf dem organischen Leben, ist es sogar raumgebunden. Der Geist als solcher ist wohl unräumlich, aber sein reales Dasein in der Welt ist durch seine Rückgebundenheit an die niederen Seinsschichten doch auch räumlich lokalisiert.

Über solche Rückgebundenheit hinaus aber geht im Überbauungsverhältnis die Abhängigkeit „von unten her" nicht. Das besagt, sie ist um vieles geringer als im Materie-Verhältnis. Sie spielt in das Inhaltliche kaum mehr hinein. Denn das Gegenstands- und Erkenntnisverhältnis, durch welches alle Seinsgebilde von unten auf wieder inhaltsbestimmend im Geistesleben werden, ist ein ganz anderes Verhältnis, ein spezifisches Novum des Geistes.

59. Kapitel. Das Gesetz der Freiheit.

a. Die Independenz in der Dependenz.

Das vierte Dependenzgesetz ist in Wahrheit ein Gesetz der Independenz. Es ist die Kehrseite vom Gesetz der Materie und in diesem schon halb zu erkennen; es fügt aber zur bloß negativen Begrenzung der Abhängigkeit das eigentlich Positive erst hinzu: die Eigenständigkeit der höheren kategorialen Struktur.

Als Gegenstück zum Gesetz der Stärke kann man es auch das „Gesetz der Höhe" nennen. Denn das ist sein Sinn, daß es neben dem Vorrang der Stärke und des Elementarseins einen Vorrang der Höhe gibt, und zwar in derselben Stufenordnung des Seienden und seiner Kategorien. Dieser Vorrang der Höhe besteht nicht nur im inhaltlichen Reichtum der Struktur, auch nicht etwa erst im Sinn- und Wertgehalt — was ja unbestreitbar zutrifft, aber an sich kein ontologisches Moment ist —, sondern auch in einem bestimmten Typus von Unabhängigkeit, oder positiv ausgedrückt, in „kategorialer Freiheit" und Eigengesetzlichkeit (Autonomie).

Da nun nach dem Gesetz der Stärke das Höhere abhängig ist vom Niederen, so könnte hier ein Widerspruch zu liegen scheinen, denn die Unabhängigkeit, von der das Gesetz der Freiheit spricht, soll ja auch gerade eine solche des Höheren vom Niederen sein. Das erste Erfordernis also ist, den scheinbaren Widerspruch aufzulösen.

Das ist nun nach den vorhergegangenen Erörterungen nicht schwer. Man braucht dazu nur das Verhältnis der drei ersten Dependenzgesetze genau ins Auge zu fassen. Wäre nämlich die niedere Kategorienschicht nicht „indifferent" gegen die höhere, die auf ihr fußt, und wäre diese nicht nur der „Materie" (oder gar nur dem Fundament) nach durch jene bedingt, sondern auch ihrer besonderen Formung nach, so könnte es bei durchgehendem Stärkersein der niederen Kategorien keine Autonomie der höheren geben. Dann aber könnten die höheren auch kein Novum den niederen gegenüber enthalten, sie müßten in der Summe wiederkehrender kategorialer Elemente aufgehen.

Daß dem nicht so ist, sprach schon das Gesetz des Novums aus. Wiederkehr macht die höheren Formen nicht aus; die Stärke der niederen Kategorien ist nur die von Elementen. Es ist von Schicht zu Schicht wie in dem Aristotelischen Beispiel mit den Balken und Ziegeln: sie geben den Bauplan nicht her, sie sind nur Grenzen seines Spielraumes. So sind von Schicht zu Schicht die niederen Kategorien nur eine Einschränkung des Spielraumes für die höhere kategoriale Struktur und diese selbst stets gegen sie ein Novum, also autonome Struktur.

Da also vielmehr die niedere Kategorienschicht gleichgültig gegen die höhere ist, so darf das Gesetz der Freiheit ohne Widerspruch gegen das kategoriale Grundgesetz behaupten, daß ungeachtet des Stärkerseins der niederen Kategorien die höheren ihnen gegenüber in ihrem Eigentümlichen (ihrem Novum) autonom sind. Sie müssen sogar notwendig diese Autonomie haben, denn sonst wären sie gar nicht die höheren, nämlich Prinzipien neuartiger, inhaltlich überlegener Formung, und ihr Concretum wäre gar nicht die höhere Seinsschicht. Es handelt sich also in der kategorialen Freiheit des Höheren um eine Independenz in der Dependenz, um eine Selbständigkeit des Abhängigen als solchen und ohne Verletzung der Abhängigkeit, oder auch um das Zusammenbestehen von struktureller Überlegenheit des Höheren mit dem Stärkersein des Niederen im Schichtenbau der realen Welt. Und dieses Verhältnis besteht durchgehend für alle Schichtendistanzen, einerlei ob die höheren Kategorien die niederen wie eine „Materie" überformen oder nur wie eine Grundlage überbauen.

Hält man diese Dinge zusammen, so wird daran durchsichtig, daß kategoriales Höhersein schon rein als solches unmittelbar Autonomie gegenüber allem der Schichtung nach niederen Sein bedeutet, und zwar unbeschadet der kategorialen Abhängigkeit von diesem. Die Überlegenheit des Höheren ist eben eine andere als die des Stärkerseins; darum kommt ein Widerstreit seiner Independenz mit seiner eigenen Dependenz gar nicht in Frage. Denn die stärkeren Kategorien sind zugleich die ärmeren und können bei aller Härte ihrer Geltungskraft die höheren Seinsgebilde inhaltlich nicht bestreiten.

Das aber bedeutet: es bleibt an jeder Schichtendistanz Spielraum für höhere Formung „oberhalb" der niederen. Dieser Spielraum ist das freie Feld möglicher Autonomie einer höheren Seinsschicht.

b. Zweierlei Seinsvorrang. Das Ineinandergreifen von Abhängigkeit und Freiheit.

Es ist ein Irrtum, zu meinen, Abhängigkeit hebe alle Selbständigkeit auf. Dieser Irrtum stammt aus den deterministischen Vorurteilen einer veralteten Metaphysik. Nirgends aber wirkt er sich so irreführend aus wie am Problem der kategorialen Dependenz im Schichtenbau der realen Welt.

Die durchgreifende Kraft niederer Prinzipien mag aller höheren Formung so überlegen sein wie nur immer möglich, sie erstreckt sich deswegen doch auch in den höheren Seinsschichten nur auf das, was inhaltlich unter diese Prinzipien fällt. Und das ist, gemessen am Reichtum höherer Formung, durchaus nur etwas Untergeordnetes; es betrifft stets nur einige wenige Momente an ihr, und zwar stets solche, die das Eigentümliche der höheren Gebilde nicht ausmachen. „Absolute" Abhängigkeit also ist weit entfernt, „totale" Abhängigkeit zu sein. Ihre Absolutheit bedeutet nichts als die Unverbrüchlichkeit ihrer Geltung; und das eben ist der Sinn des Stärkerseins der niederen Kategorien, d. h. die Unmöglichkeit, daß irgendwelche höheren ihre Determination durchbrechen könnten. Daß sie am höheren Sein „alles" determinierten, bedeutet sie in keiner Weise. Im Gegenteil: je höher hinauf sie sich durchsetzen, um so dünner werden die Fäden dieser „absoluten" Determination, und um so mehr sinken sie selbst zu einem bloßen Seinsfundament herab, das gleichgültig gegen alles bleibt, was sich über ihm erhebt.

Kategoriale Dependenz ist ihrem Wesen nach eine zwar absolute, aber doch bloß partiale Dependenz. Darum verträgt sie sich mit ebenso partialer Independenz, auch wenn sie in der vielfachen Überhöhung durch diese fast unkenntlich wird. Das durchgehende Ineinandergreifen von Abhängigkeit und Freiheit ist hiernach durchaus kein unlösbares Rätsel. Es ist vielmehr ein ganz einfaches Verhältnis, dessen Notwendigkeit in einem Schichtenbau mit kategorialer Mannigfaltigkeit sich vollkommen einsichtig machen läßt.

Es wurde oben beim kategorialen Grundgesetz gezeigt, wie es eine Eigentümlichkeit im Schichtenbau der Welt ist, daß sich überhaupt zweierlei Überlegenheit — die der Stärke und die der Höhe — in ihm begegnet und in entgegengesetzter Richtung abstuft (Kap. 56d). Man kann jetzt auch sagen, es sind zwei entgegengesetzte Arten der Selbständigkeit und des kategorialen Vorranges. Der Unterschied gegen die dort angestellte Erörterung ist nur, daß auf Grund der drei weiteren Dependenzgesetze diese Eigentümlichkeit der Welt nicht mehr als bloße Tatsache hinzunehmen ist, sondern als innere Konsequenz einer kategorialen Mannigfaltigkeit begreifbar geworden ist. Denn jeder einseitige Seinsvorrang — sei es der der Höhe oder der der Stärke — würde alle Schichten einseitig von einer total abhängig machen, entweder alle niederen von der höchsten oder alle höheren von der niedersten, und dadurch die kategoriale Mannigfaltigkeit und den inhaltlichen Reichtum der realen Welt aufheben. Die Aufhebung aber würde aller unvoreingenommenen Analyse des Gegebenen — verstanden in der ganzen Breite naiver und wissenschaftlicher Erfahrung — widerstreiten.

Nicht von jedem Problemzusammenhang aus sind beide Arten des Seinsvorranges zu sehen. Darum ist in den metaphysischen Systemen tatsächlich meist nur eine gesehen worden. Auch vom kategorialen Grundgesetz aus ließ sich nur die eine sehen, der Seinsvorrang in der Stärke des Niederen. Diesem trägt auch das Indifferenzgesetz noch Rechnung; doch wird hier bereits der Seinsvorrang der Höhe sichtbar. Aber erst im Gesetz der Freiheit wird er voll ins Bewußtsein gehoben. Der entscheidende Schritt dieser Einsicht liegt beim Gesetz der Materie; denn am Überformungsverhältnis wird es durchsichtig, wie in der Einheit einer Schichtenfolge der Vorrang des Höheren mit dem des Stärkeren ungezwungen koexistieren kann.

Die beiden Arten des Vorranges widerstreiten einander deswegen nicht, weil sie ganz verschiedenes bedeuten. Aus demselben Grunde widerstreitet auch das Gesetz der Freiheit nicht dem Gesetz der Stärke; es spricht vielmehr in aller Bewußtheit die Andersheit im kategorialen Vorrang der Höhe gegen den der Stärke aus: die höhere Formung beansprucht nicht, Bedingung und tragende Grundlage zu sein, desgleichen nicht sich von der Grundlage des Stärkeren loszureißen, sondern lediglich, ihre besondere Artung im Aufruhen auf jener selbständig für sich zu haben. Dieser Anspruch verträgt sich offenbar ohne weiteres mit dem Stärkersein des Niederen.

Das Schwächersein des Höheren bedeutet nach dem Gesetz der Freiheit nur ein Bedingtsein vom strukturell Ärmeren her, das als solches den Strukturüberschuß des Höheren nicht tangiert. An diesem Strukturüberschuß, dem Novum des Höheren, hängt das kategoriale Moment der Freiheit. Und so könnte man das Gesetz denn auch anders aussprechen: Freiheit hat immer nur das Schwächere gegen das Stärkere. Denn das Schwächere ist das Höhere.

Natürlich bedeutet diese Formel nicht, daß nicht das Stärkere auch seine Selbständigkeit habe. Das Stärkersein ist vielmehr selbst eine Art Selbständigkeit. Das hat das Gesetz der Indifferenz zur Geltung gebracht. Aber Freiheit ist nicht identisch mit Selbständigkeit. Zur Freiheit gehört der Widerstand einer Determination, gegen welche sie sich durchsetzt. Die niederen Seinsschichten nun erfahren von den höheren keinerlei Determination; ihre Selbständigkeit gegen diese ist also keine Freiheit. Wohl aber erfahren die höheren eine sehr bestimmte Determination von den niederen her. Darum ist der Typus ihrer Selbständigkeit gegen diese mit Recht Freiheit zu nennen.

Will man dieses genauer an die oben gebrachten Formulierungen anknüpfen, so kann man auch so sagen: Freiheit ist die Selbständigkeit in der Abhängigkeit, Independenz in der Dependenz. Darum kann nur das kategorial Schwächere gegen das Stärkere Freiheit haben, nicht umgekehrt dieses gegen jenes. Die Selbständigkeit der Stärke kann auch das Unabhängige haben; sie ist zwar nicht identisch mit dieser, aber doch unlöslich verbunden mit ihr. Die Selbständigkeit der Freiheit dagegen kann nur das Abhängige haben.

In der Schichtenfolge des Realen haben diese Bestimmungen einen ganz konkreten Sinn: die höhere Formung hat ihren Spielraum nicht „in" der niederen, also nicht auf ihrer Seinshöhe, sondern „über" ihr. Die niedere Seinsschicht ist in ihrem ganzen Bereich schon durch ihre eigenen Kategorien zureichend determiniert; sie ist kategorial gesättigt. Und da ihre Kategorien die stärkeren sind, so können die höheren gegen sie nicht aufkommen. „In" ihr also ist kein Raum für Überbestimmung. „Oberhalb" ihrer dagegen haben die höheren Kategorien unbegrenzten Spielraum.

Denn „oberhalb" ihrer sind jene selben „stärkeren" Kategorien entweder nur Materie der Überformung oder gar nur Seinsfundament des Aufruhenden. In beiden Fällen verhalten sie sich vollkommen indifferent gegen das Einsetzen der höheren Form. Der Überformung setzen sie nichts als die Tragkraft des Elements, der Überbauung nichts als die der Seinsbasis entgegen. Beide schränken die höhere Formung nur im Sinne einer Bedingung ein, begrenzen also ihre Autonomie nur nach unten zu, nicht nach oben hin.

Die höheren Kategorien vermögen „gegen" die niederen nichts, „mit" ihnen aber — sie gleichsam „für" sich habend — alles, was nur immer an höherer Gestaltung sie aufbringen. Sie sind und bleiben zwar, bei aller Autonomie in einer gewissen Abhängigkeit von ihnen; aber sie sind „frei" in ihrer Abhängigkeit.

c. Verstöße der Metaphysik gegen das Gesetz der Freiheit.

Es ist früher gezeigt worden, wie das Einheitspostulat die meisten der großen Theorien der Metaphysik in der Geschichte der Philosophie beherrscht; desgleichen wie dieses Postulat zu einer der gefährlichsten Fehlerquellen wird (Kap. 15a und b). In dem entwickelten Verhältnis von Abhängigkeit und Freiheit nun haben wir den Problempunkt, an welchem es offenkundig unhaltbar wird. An diesem Punkte stehen sich grundsätzlich zwei verschiedene Typen der Überlegenheit und des kategorialen Vorranges gegenüber, und zwar so, daß sie nur miteinander die eigentliche Struktur des determinativen Zusammenhanges im Schichtenreich der realen Welt ergeben. Eine Theorie, die einseitig nur die eine im Auge hat, muß notwendig nicht nur die andere, sondern auch das Gefüge des Ganzen verfehlen.

Von jeher walten in der Geschichte zwei Typen der Systembildung vor. Der eine ist im wesentlichen der oben geschilderte der Formenteleologie, der von den höchsten Seinsformen aus abwärts schauend die niederen verstehen will (Kap. 57c und d); dieser Typus ist der eigentlich herrschende, die große Linie der spekulativen Metaphysik bestimmende. Die führenden Köpfe aller Zeiten sind seine Vertreter: Aristoteles, Plotin, Thomas, Leibniz, Hegel. Der andere Typus, viel bescheidener vertreten, aber nicht minder radikal, will umgekehrt von den niedersten Seinsformen aufwärts die höheren verstehen. Die antike Atomistik zeigt diesen Typus, weit schroffer als sie aber der neuzeitliche Materialismus, Naturalismus, Energetismus, ja in gewissen Grenzen auch der Biologismus und Psychologismus.

Beide Typen haben unrecht, und zwar beide verführt durch dasselbe Einheitspostulat. Der erste verstößt gegen das kategoriale Grundgesetz, indem er die höheren Prinzipien zu den stärkeren macht, der zweite gegen das Gesetz der Freiheit, indem er die niederen Prinzipien als zureichend für die höheren Seinsschichten gelten läßt. Jener hebt die Selbständigkeit des ontisch Fundamentalen auf, dieser die Autonomie der überlegenen Seinsfülle.

Die Kategorien des physisch Materiellen sind genau so wenig imstande, auch nur dem Organismus oder gar dem Bewußtsein und dem geistigen Sein zu genügen, wie die Kategorien des letzteren imstande sind, die Grundlage für jenes herzugeben. Eine rein mechanistische Deutung der Lebenserscheinungen ist ebenso aussichtslos wie die psychovitalistische und die teleologische. Beide führen das organische Sein auf Kategorien zurück, die nicht die seinigen sind und deswegen seine Eigenart vergewaltigen, die eine von unten, die andere von oben her. Geschichtlich sind beide wohl verständlich; denn tief im Irrationalen versteckt liegen die eigentlichen Gesetzlichkeiten des Organischen. Da die benachbarten Seinsschichten unter- und oberhalb des Organischen um vieles besser zugänglich sind, so muß die Verführung allerdings groß sein, deren Kategorien auf das Gefüge der Lebensprozesse „anzuwenden", um in sein Geheimnis einzudringen. Und eine Fülle vager Analogien und Ähnlichkeiten bestärkt diesen Anreiz noch um vieles.

Beide Tendenzen verkennen grundsätzlich die kategoriale Selbständigkeit des Organischen. Wäre der „Vitalismus" wirklich das, was sein Name besagt, die einfache Annahme eigener Vitalprinzipien, die von keiner anderen Seinsschicht entlehnt sind, so wäre er eine brauchbare Theorie, auch wenn er diese Prinzipien nicht inhaltlich herausarbeiten könnte. Er wäre wenigstens grundsätzlich auf dem ontologisch rechten Wege. Die vitalistischen Theorien tun indessen tatsächlich etwas ganz anderes: sie übertragen seelische oder geistige Prinzipien auf den Organismus, und zwar mit besonderer Vorliebe immer wieder die Kategorie der Zwecktätigkeit, die vom menschlichen Planen und Handeln hergenommen ist.

Der springende Punkt ist eben doch der, daß auf jeder Seinsstufe in doppelter Richtung Selbständigkeit und Eigengesetzlichkeit besteht: die der Stärke und Indifferenz gegen das höhere Sein und zugleich die des Novums und der Freiheit gegen das niedere. Der Vitalismus hat immer nur die letztere berücksichtigt, die erstere aber preisgegeben. Darum hat er niemals echte Vitalprinzipien eingeführt, sondern unter dem Vorgeben, solche zugrundezulegen, entlehnte Kategorien aus der Sphäre des menschlichen Tuns und Treibens an ihre Stelle gesetzt.

d. Schematisches Erklären und zu leichtes Spiel.

Wie der Materialismus das Lebendige vergewaltigt, so der Biologismus das Bewußtsein und das Seelenleben überhaupt. Versteht man das Bewußtsein als eine Funktion des Organismus unter anderen Funktionen, so kann man sich sehr wohl einen phylogenetischen Weg seiner Entstehung auf Grund von Mutations- und Selektionsprozessen speziellster Art zusammenreimen. Man wird dieser Auffassung auch eine gewisse Berechtigung nicht bestreiten dürfen. Nur bedeutet sie kein ontologisches Durchdringen bis auf das Eigentümliche des Bewußtseins; sie setzt dieses vielmehr in der angenommenen Funktion schon voraus.

Das Charakteristische einer subjektiven Innenwelt, als Widerspiel der Außenwelt mit durchgehender Heterogeneität gegen sie und eigenem Innenaspekt, bleibt in dieser Perspektive gänzlich unbegriffen, ja selbst als Problem unberührt. Man hat nicht nur die Autonomie des Seelischen, sondern auch die Andersheit seiner Seinsweise unterschlagen.

Das psychophysische Problem in der Einheit des Menschenwesens kann bei einer so schematischen Erklärungsweise nicht mehr zu seinem Recht kommen. Die Theorie hat sich zu leichtes Spiel damit gemacht, sie hat es schon durch ihre Voraussetzung ausgeschaltet. Die Voraussetzung ist aber eine kategoriale. Nüchtern ausgesprochen würde sie dahin lauten, daß der organische Prozeß zureiche, um den seelischen Vorgang — nicht etwa nur zu tragen, sondern auch auszumachen und ontisch zu konstituieren.

Nicht viel anders ist es auch mit den Versuchen des Psychologismus, das geistige Sein aus dem Gefüge seelischer Vorgänge heraus zu verstehen, also etwa das Urteil, das Erkennen, Wertfühlung und moralische Verantwortung, künstlerisches Schaffen und Schauen nach der Art psychischer Reaktionen aufzufassen. Man deklassiert damit in Wahrheit das Geistesleben, bringt es um seine charakteristische Objektivität, seinen Sinngehalt, sein überindividuelles und übersubjektives Sein. Statt es zu erklären, oder auch nur in seiner Rätselhaftigkeit anzuerkennen, vernichtet man seine Eigenart und Autonomie.

Alle Verstöße gegen das Gesetz der Freiheit, wie auch immer die Theorien vorgehen und auf welche Seinsschichten sie sich beziehen mögen, zeigen ein und dasselbe Gesicht. Sie verkennen das Novum des höheren Seins, verstoßen also zugleich auch gegen die Schichtungsgesetze. Sie erklären mit unzureichenden Mitteln; unzureichend eben sind grundsätzlich die niederen Kategorien für eine höhere Seinsschicht.

Insofern ist der umgekehrte Verstoß, der gegen das Gesetz der Stärke — wie ihn die Theorien der Formenteleologie zeigen —, immer noch ein sinnvolleres Unterfangen. Hier wird wenigstens mit grundsätzlich zureichenden Mitteln erklärt, ja sogar mit überzureichenden. Das Unterfangen ist nichtsdestoweniger verkehrt, und zwar eben weil man viel zu große kategoriale Mittel an das weit Einfachere und Ärmere heranträgt. Die suggestive Kraft solchen Vorgehens versteht man indessen sehr wohl: die höheren Kategorien, einmal dem niederen Concretum als die seinigen zugeschrieben, bewältigen dieses natürlich mit Leichtigkeit. Eine Theorie des Organischen auf Grund seelischer Formbildungsprinzipien hat leichtes Spiel; schreibt man gar allen Seinsschichten Vernunft, Wille und planvolle Zwecktätigkeit zu, so wird das Spiel noch um vieles leichter. Es wird so leicht, daß eigentlich schon sein müheloses Gelingen selbst das Falschspiel verrät. Eine solche Theorie setzt nicht nur voraus, was sie erst erklären sollte, sondern weit mehr als sie erklären sollte. Indem sie es sich zu leicht macht, schießt sie zugleich weit übers Ziel.

Der sinnvollere Fehler ist eben nicht weniger ein Fehler. Er vergewaltigt die Phänomene nicht weniger als der sinnwidrigere Fehler.

Dieser trägt darüber hinaus nur noch das Odium der Sinnwidrigkeit selbst. Das Gesetz der Stärke und das Gesetz der Freiheit sind gleich fundamentale Gesetze. Ontologisch ist die Verletzung des einen genau so folgenschwer wie die des anderen. Was den Verstoß gegen das Freiheitsgesetz schwerer belastet, ist vielmehr eine außerontologische Note: die Herabsetzung des Höheren, sofern man in ihr zugleich die Vernichtung eines bestimmten Wert- und Bedeutungsvorranges in Kauf nimmt. Und wo es sich um Herabsetzung des geistigen Seins handelt, empfinden wir das mit Recht als folgenschwer. Als Tun des philosophierenden Geistes ist also der Verstoß gegen das Gesetz der Freiheit zugleich die Selbstverkennung und gleichsam Selbstdeklassierung eben dieses Geistes.

60. Kapitel. Kategoriale Dependenz und Autonomie.

a. Vermeintliche Umkehrung der Dependenz.

An den Dependenzgesetzen hängt die Entscheidung für eine ganze Reihe alter und zentraler Fragen der Metaphysik. Das hat sich zum Teil schon in den letzten Erörterungen erwiesen und wird sich im folgenden weiter bestätigen. Alles aber kommt hierbei auf die genaue Fassung der Dependenz und ihre Begrenzung an. Jede Überspannung eines dieser Gesetze kann die Konsequenzen des Gesamtbildes, das sie umreißen, verfälschen.

Es muß daher vor allem ein Einwand zur Sprache kommen, der sich gegen das Gesetz der Indifferenz erhebt. Dieses Gesetz besagte, daß die niedere Schicht vollkommene Selbständigkeit gegen die höhere hat, von dieser also keinerlei kategorialen Einfluß erfährt. Es stellt somit die unmittelbare Folge aus der Irreversibilität der kategorialen Dependenz selbst dar, so wie das Gesetz der Stärke sie formulierte.

Ist es nun aber wahr, daß im Gefüge der realen Welt die höheren Seinsformen gar nicht bestimmend in das Gebiet der niederen hineinspielen? Es spricht, so scheint es, doch nicht Weniges dagegen. Der Mensch gestaltet doch Naturverhältnisse um, zwar nur in seinem nächsten Umkreise, aber doch im Sinne eines Eingreifens in die natürlichen Abläufe. Er hat die Erdoberfläche in mancher Hinsicht umgestaltet. Viel weiter noch geht im Kleinen seine Dingformung und seine Auswertung von Naturkräften (Technik). Es ist klar, daß hier überall der Geist es ist, der in die Naturzusammenhänge eingreift: er ist die erkennende, planende, im Ausführen lenkende Instanz. Seine Kategorien aber sind die höheren. Ist es also nicht doch so, daß die höheren Kategorien determinierend in die niederen Seinsschichten hinabreichen?

Man kann diese Frage noch auf eine breitere Basis stellen. Der Geist greift auch in das organische Leben ein, er züchtet Pflanzen und Tiere, veranlaßt dadurch echte organische Umgestaltung; er hat auch durch die Methoden der Therapie das eigene leibliche Leben des Menschen in eine gewisse Abhängigkeit von seinem planmäßigen Tun gebracht. Und auch in die seelische Welt greift er ein: er erzieht das Triebleben, schafft Gewohnheiten nach seinen Wertgesichtspunkten, unterdrückt oder steigert bestehende seelische Vorgänge gegen deren mitgebrachte Eigentendenz.

Gegen diese Tatsachen ist nicht zu streiten. Es fragt sich nur, ob sie wirklich das sind, wofür der Einwand sie ausgibt: ein Eingreifen der höheren Formung in das Prinzipielle der niederen, resp. Abhängigkeit der niederen Kategorien von den höheren.

Es läßt sich leicht zeigen, daß dem nicht so ist. Eingreifen in eine Seinsschicht ist etwas ganz anderes als Eingreifen in ihre Gesetzlichkeit und kategoriale Struktur. Das erstere kann der Menschengeist auf mannigfache Weise, und zwar am weitgehendsten der niedersten Seinsschicht gegenüber; das letztere aber kann er auf keine Weise. Über niedere kategoriale Formung hat er keinerlei Macht. Im Gegenteil, daß er über gewisse Naturkräfte seiner nächsten Umgebung Macht gewinnt, beruht darauf, daß er deren Eigengesetzlichkeit verstehen lernt und sich in seinem technischen Schaffen seinerseits ihr anpaßt (vgl. oben Kap. 56b). Die Anpassung aber ist ein Gehorchen, nicht ein Vorschreiben. Was der Geist vorschreibt, ist vielmehr die höhere Form, gegen welche die Naturkräfte indifferent sind.

Man sieht, es handelt sich um Fälle der Überformung. Die Kunstprodukte technischen Tuns sind eben nicht mehr Natur; sie gehören auch keineswegs einfach der Seinsschicht des Anorganischen an, denn ohne den Menschengeist, ohne Erfinden, Ersinnen und planmäßiges Ausführen kommen sie gar nicht zustande. Solche Überformung widerstreitet aber in keiner Weise dem Gesetz der Indifferenz. Sie ist vielmehr nur durch die Indifferenz der Naturgebilde gegen sie möglich.

Dasselbe gilt natürlich auch vom Tun des Züchters, des Mediziners, des Erziehers u. s. f. Weder dem organischen noch dem seelischen Sein kann der Geist Gesetze vorschreiben; denn es hat seine eigenen, und über die hat er keine Gewalt. Er kann auch hier nur in Anpassung an sie überformen, was gegeben ist. Bei allem, womit der schaffende Geist es zu tun hat, gilt die Regel: er kann „gegen" die niedere kategoriale Formung nichts ausrichten, „mit" ihr aber vermag er genau so viel, als er mit ihr anzufangen weiß.

Die Herrschaft des Geistes im Reiche der Natur ist vollkommen begrenzt durch die Naturgesetzlichkeit. Nur in den Grenzen seiner Anschmiegung an sie kann er das Vorgefundene für seine Zwecke auswerten. Auch in seiner Naturbeherrschung bleibt der Geist abhängig von den niederen Kategorien, und seine höheren Kategorien sind und bleiben die schwächeren. Sein Herrschen selbst aber ist eine Überlegenheit ganz anderer Art. Er herrscht durch seine Vorsehung und Zwecktätigkeit; die Natur eben ist nicht zwecktätig, sie ist gleichgültig gegen Richtung und Resultat ihrer Prozesse. Darum ist sie gegen die Zweckgebung des Geistes wehrlos, wenn diese in strenger Anpassung an ihre Gesetze geschieht. Es ist — mit Hegel zu reden — die „List der Vernunft", die in der Kategorie der Zwecktätigkeit steckt. Denn in der Tat ist es eine Art Überlistung der Naturkräfte, die der Mensch treibt, indem er sie für seine Zwecke arbeiten läßt. Und er kann sie für sich arbeiten lassen, sofern er entsprechend ihren an sich ziellosen Eigentendenzen unter ihnen die Mittel für seine Zwecke auswählt.

Dieses Verhältnis ist ein vollkommen eindeutiges und durchsichtiges. Es hat mit Umkehrung der kategorialen Dependenz und Aufhebung des Indifferenzgesetzes nichts zu schaffen. Es ist vielmehr durchaus nur auf Grund dieses Gesetzes möglich: die Indifferenz der an sich stärkeren Naturmächte ist gerade die Bedingung der Herrschaft des an sich schwächeren Geistes über sie.

Das Indifferenzgesetz besagt eben keineswegs, daß die niedere Seinsschicht von einer höheren keinen Einfluß — etwa keine Überformung — erfahren könnte. Es besagt etwas ganz anderes, nämlich nur dieses, daß die „Kategorien" des niederen Seins vom höheren her keine Umformung erleiden können.

b. Der ethische Problemhintergrund des vierten Dependenzgesetzes.

Gewichtiger als diese Dinge ist die Klarstellung des Dependenzverhältnisses nach seiner anderen Seite, die beim Gesetz der Freiheit liegt. Hier steht metaphysisch noch mehr auf dem Spiele als beim kategorialen Grundgesetz; denn hier geht es um das ontische Eigenrecht des Höheren, letzten Endes also um das des Menschen und des geistigen Seins.

Das Kategorienverhältnis, wie es von Schicht zu Schicht sein Widerspiel von Dependenz und Autonomie zeigt, ragt „nach oben zu" über das Seinsproblem hinaus und in das Problemgebiet von Wert und Sinn hinein. Das darf allerdings die Untersuchung nicht verführen, den ontologischen Boden zu verlassen. Wohl aber rechtfertigt es ein besonderes Eingehen auf die Sachlage in dem entsprechenden Seinsverhältnis selbst. Denn hier mischt sich ein Interesse anderer Art in die Problemaufrollung, das ihre nüchterne Sachlichkeit gefährdet. Es ist dieselbe Gefahr, der die Mehrzahl der spekulativen Systeme erlegen ist. Ihr ist nur mit kritischer Wachsamkeit zu begegnen.

Die Aktualität des Freiheitsproblems liegt beim Ethos des Menschen. Ausgefochten werden mußte es aber stets auf ontologischem Boden. Denn bei allem Ausfechten handelt es sich um das Verhältnis zu den determinativen Zusammenhängen, die im Aufbau der realen Welt enthalten sind. Doch war es infolge jener Aktualität immer nur die Willensfreiheit, die man im Auge hatte, und gerade das erschwerte die Sachlage, in der man sich fand. Geschichtlich ist es vollkommen gerechtfertigt, daß eine so ausgedehnte Problematik wie die der Freiheit nicht mit dem Fundamentalen, sondern mit dem Aktuellen beginnt. Daß das letztere ontisch höchst sekundär sein kann, ist eine späte Einsicht. Auf ethischem Gebiet kann man am Freiheitsproblem nicht wohl vorbeikommen, ohne es ausdrücklich zu stellen. Der Sache nach aber ist Willensfreiheit nur ein Spezialfall — zwar ein sehr wichtiger und der einzigartigen Bemühung würdiger, aber doch einer, dem erst das ontologisch generelle Autonomieproblem den Hintergrund und die Wesensstruktur verleiht. In Wirklichkeit wird hier, wie überall, der Spezialfall erst vom Grundproblem aus einer strengeren Behandlung zugänglich.

Dazu kommt ein zweites. Ontologisch ist die Freiheit des Organischen gegenüber der leblosen Natur um nichts weniger wichtig als die des bewußten Willens gegenüber einem Geflecht der seelischen Motivation. Denn das Organische ist ebenso abhängig vom Physischen wie der Wille von den Motiven; in beiden Fällen also setzt sich die Autonomie gegen eine Dependenz durch. Und dasselbe gilt von der Freiheit des Bewußtseins gegen den Organismus, von dem es getragen ist. Hat man den Sinn dieser aufsteigenden Reihe von Freiheitsverhältnissen erfaßt, so ist es ohne weiteres klar, daß Freiheit der Person in ihren Entschlüssen, Handlungen und Gesinnungen nur möglich ist, wenn es überhaupt die Autonomie eines höheren Gebildes gegen die Determination des niederen gibt.

Die vielumstrittene Willensfreiheit hängt ohne Zweifel an sehr mannigfaltigen Bedingungen; in erster Linie aber hängt sie am kategorialen Verhältnis von Dependenz und Autonomie, wie es von Schicht zu Schicht wiederkehrt. Am Verständnis dieses durchgehenden Verhältnisses hat es den Verfechtern der Willensfreiheit von jeher gefehlt. Darum haben sie sich immer wieder verführen lassen, das Weltbild für die Rettung der Freiheit spekulativ zurechtzustutzen, nicht bemerkend, daß sie dabei eben das voraussetzten, was sie erweisen wollten. Besonnenere Köpfe durchschauten das falsche Spiel und ließen die Freiheit fallen. Mit ihr aber fiel auch das eigentliche Sein des menschlichen Ethos.

Das Gewicht der Sache macht es unvermeidlich, an dieser Stelle inhaltlich vorzugreifen und ein Stück speziellerer Kategorialanalyse vorwegzunehmen. Anders läßt sich die Sachlage der Dependenzgesetzlichkeit nicht anschaulich machen.

c. Determinismus und Schichtung der Determinationen.

Wo immer man im Ernst die Willensfreiheit zu verfechten suchte, stieß man unfehlbar auf den Widerstand des Determinismus. Dieser besagt, daß alles, was geschieht, schon durchgehend bestimmt ist und nicht anders ausfallen kann, als es ausfällt. Gemeint ist damit nicht die Determination, die von den Kategorien ausgeht, sondern diejenige, die innerhalb jeder Seinsschicht das Einzelne mit Einzelnem, Reales mit Realem verbindet. Jene betrifft nur das Allgemeine und Prinzipielle, diese aber durchdringt die Einzelfälle bis in ihre Individualität hinein.

Es ist oben (Kap. 31b und c) gezeigt worden, wie in der Tat jede Seinsschicht ihren eigenen Determinationstypus hat, resp. ihre besondere Form des Realnexus, und wie alle diese Typen Abwandlungen der elementaren Determinationskategorie darstellen. Gibt es nämlich in jeder Seinsschicht am Concretum solch einen Nexus, so gibt es offenbar auch in jeder Kategorienschicht eine spezifische Determinationskategorie, welche die reine Form des betreffenden Nexus, resp. sein Gesetz ist.

Der Determinationstypen sind mindestens so viele, als es Schichten des Realen gibt. Tatsächlich sind ihrer mehr, weil die Stufen des geistigen Seins noch eine weitere Mannigfaltigkeit mit sich bringen. Ihr Vorhandensein läßt sich fast überall aufzeigen, der Kategorialanalyse zugänglich sind aber einstweilen nur ganz wenige: der Kausalnexus des physischen Geschehens und der Finalnexus des menschlichen Wollens und Handelns. Die dazwischenliegenden Stufen des Nexus liegen durchaus noch im Dunkel, derjenige des organischen Werdeprozesses (der Entwicklung aus Anlagen) und der des seelischen Vorganges. Diese Sachlage im Determinationsproblem hat es mit sich gebracht, daß in den metaphysischen Theorien nur die beiden bekannten Formen des Nexus zugrundegelegt und dann natürlich auch in entsprechender Einseitigkeit auf die übrigen Schichten übertragen worden sind. Erst durch Vereinseitigung, die offenbar den Typus der „Grenzüberschreitung“ trägt (vgl. Kap. 7b, c), sind die beiden bekannten Formen des „Determinismus“ entstanden.

Das Weltbild dieser Theorien drängte mit einer gewissen Zwangsläufigkeit immer wieder darauf hinaus, daß alles Seiende unter einem einzigen Gesetz durchgehender Folge stehe, welches von unten auf bis in die höchsten Stufen des geistigen Lebens hinein ohne wesentliche Differenzierung alles beherrschen müsse. Ob man dieses Folge-Gesetz nun mehr nach Art der Kausalität oder nach Art der Finalität verstand — und meist hielt man selbst diese beiden nicht einmal streng auseinander —, immer ergab der Gesamtaspekt einen vollkommen einheitlichen Welt-Determinismus, in dem aller Unterschied und alle Überformung niederer Determination durch höhere verloren ging.

Es war erst eine Folge dieser spekulativ konstruierten Einheit, daß das Freiheitsproblem so gut wie aussichtslos wurde. Man fragte: wie ist es möglich, daß persönlicher Wille eine autonome Entscheidung treffe? Man hatte aber bereits zuvor ausgemacht, daß jeder Einsatz der Person, auf dem eine solche Entscheidung beruhen könnte, im Zuge der allgemeinen und einheitlichen Weltdetermination schon vorentschieden sei und nur subjektiv dem Bewußtsein als unbeeinflußt erscheinen könne. Kein Wunder, daß das alte Problem in dieser Fassung nicht nur unlösbar, sondern geradezu unsinnig werden mußte.

Das aber heißt, es ist unlösbar und unsinnig, solange man nicht durchschaut, daß in der realen Welt das Determiniertsein ein nach Schichten verschiedenes und den kategorialen Dependenzgesetzen unterliegendes ist. Der Aspekt ändert sich mit einem Schlage, wenn man inne wird, daß es auch eine Schichtung der Determinationstypen selbst gibt, genau so gut wie es die Schichtung verschiedener Typen der Einheit, der Form, der Kontinuität, der Relation oder des Gefüges gibt. In einer solchen Schichtung ist die höhere Determination von der niederen aus jedenfalls nicht vorentschieden, denn die niedere ist vielmehr indifferent gegen sie. Es waltet dann von Schicht zu Schicht das Doppelverhältnis von Wiederkehr und Novum, Dependenz und Autonomie. Die kategoriale Freiheit des Höheren ist dann ein an jeder Schichtendistanz wiederkehrendes Phänomen; und die Freiheit der Person ist nur ein Spezialfall der kategorialen Freiheit.

d. Die Aufhebung einer falschen Alternative.

Es ist oft versucht worden, der Sachlage im Freiheitsproblem mit Hilfe eines Indeterminismus Herr zu werden. Als gelungen kann man keinen dieser Versuche bezeichnen. Man verschlimmert damit die Schwierigkeit nur. Eine total indeterminierte Welt hat wohl im Ernst keine Theorie gemeint. Ein partialer Indeterminismus aber ist inkonsequent. Übrigens bricht auch ihm die Welt in zusammenhangslose Stücke auseinander, was den Phänomenen widerstreitet.

Oder er hebt die niedere Determination im Überformungsbereich der höheren auf, was gegen das kategoriale Grundgesetz geht. Er hebt z. B. den Kausalnexus im Bereich der Motivation menschlicher Aktivität teilweise auf. Der Kausalnexus aber gehört nicht zu denjenigen Kategorien, die an der psychophysischen Grenzscheide abbrechen; er kehrt mannigfach abgewandelt und überformt wieder. Es gibt auch psychische Kausalität, gibt eine Kausalität der Einflüsse und Beweggründe im moralischen Leben, die bis in die Sphäre der Gesinnungen hinein „wirksam" sind und daher auch in der rechtlichen und sittlichen Beurteilung menschlichen Verhaltens eine breite Rolle spielen. Denn nicht alles im Tun des Menschen ist frei, sondern stets nur ein bestimmtes Moment in ihm.

Der niedere Nexus kann dort, wo er überhaupt hineinspielt, nicht durch höhere Kategorien aufgehoben werden. Er ist der stärkere und kann nur überformt werden. Seine Überformung aber kann nur ein höherer Determinationstypus sein. Indeterministisches Denken verfehlt die Grundstruktur seines Gegenstandes, der Welt.

Die Konsequenz ist: sowohl der Determinismus als auch der Indeterminismus haben sich als unfähig erwiesen, der Sachlage im Freiheitsproblem gerecht zu werden. Der eine macht die Freiheit sinnwidrig, der andere die Welt phänomenwidrig. Ist es nun so, daß den metaphysischen Theorien immer die Alternative „entweder Determinismus oder Indeterminismus" vorschwebte, so daß für sie ein Drittes gar nicht mehr in Frage kommen konnte, so muß dem jetzt mit allem Nachdruck die These entgegengesetzt werden: die Alternative ist falsch, es gibt ein Drittes. Dieses Dritte ist die Schichtung der Determinationstypen.

Auf diese Schichtung der Determinationstypen — und mittelbar auf die ganze Reihe der Schichtungs- und Dependenzgesetze überhaupt — fällt vom Freiheitsproblem her ein neues Licht. Eine kategoriale Gesamtordnung, auf Grund deren ein so zentrales und zugleich hoffnungslos verfahrenes Problem wieder aufgreifbar und behandelbar wird, erweist dadurch eindeutig ihre ontologische Überlegenheit über eine lange Reihe einseitig entworfener Ordnungsschemata, mit denen man den Aufbau der realen Welt meistern wollte. Die Schichtung der Determinationen ist ein mittlerer Weg zwischen den Extremen der spekulativen Theorien. Sie entspricht genau der allgemeinen Schichtung des Realen und seiner übrigen Kategorien; denn in jeder Schicht ist der ihr eigentümliche Nexus nur eine unter vielen Kategorien. Und sie bedeutet zugleich das strenge Festhalten an der Formenmannigfaltigkeit der Phänomene, ohne doch dabei die Einheit des Gesamtgefüges preiszugeben.

Die ontologische Überlegenheit dieses mittleren Weges ist entsprechend den Dependenzgesetzen diese: in jeder Seinsschicht gibt es durchgehende Determination, aber in jeder eine andere, ihr eigentümliche. Die niedere Determination ist zwar immer die stärkere, sie dringt auch nachweisbar stets in die höhere Seinsschicht durch, aber nur als ein untergeordnetes Moment, das vom höheren Nexus wie eine Materie überformt wird. Der höhere Nexus ist ihr gegenüber ein kategoriales Novum. Als Novum aber ist er ihr gegenüber „frei" — und zwar unbeschadet ihres lückenlosen Durchgehens in ihrer Schicht und ihres Durchdringens in die höhere. Denn in der höheren Schicht liegt die Lückenlosigkeit nicht bei ihr, sondern bei der sie überformenden höheren Determination.

e. Der Kausalnexus und seine Überformbarkeit.

Der Erweis dieses Verhältnisses ist dadurch erschwert, daß wir von den Typen des Realnexus nur zwei eigentlich kennen, den Kausalnexus und den Finalnexus; und diese beiden liegen zu weit auseinander, um die aufsteigende Überlagerung der Determinationen direkt an ihnen zu zeigen. Was dazwischen liegt, läßt sich strukturell nur erraten. Nichtsdestoweniger muß man beim Kausalnexus einsetzen, schon weil er das unterste Glied der Reihe ist und die bei weitem meiste Überformung erfährt. Denn diese seine Überformbarkeit selbst ist keineswegs selbstverständlich.

Die Ursprungsschicht des Kausalnexus ist die des Anorganischen. Seine greifbarste Erscheinungsform ist der Mechanismus. Doch bleibt er auf diesen nicht beschränkt; er durchzieht alle Stufen des dynamischen Verhältnisses und erstreckt sich, offenbar nirgends unterbrochen, in den organischen Prozeß hinein. Aber da er nur in der zeitlich progressiven Abhängigkeit der späteren Prozeßstadien von den früheren besteht, so kann er in dieser einfachen Linearität dem organisch-morphogenetischen Prozeß nicht genügen. Hier tritt sichtlich eine anderweitige Determination mitbestimmend hinzu, die ihn überformt: er wird zum Strukturelement eines Nexus, in welchem ein vorbestehendes Formganzes die Direktive gibt. „Wie" dieses Formganze als höhere Determinante und kategoriales Novum in ihm einsetzt, davon wissen wir nur das eine, daß im Entwicklungsgange des Einzelorganismus ein durchaus reales, zeitlich entstandenes, räumlich lokalisiertes, an bestimmte Zellen und Zellteile gebundenes Anlagesystem wirksam ist. „Wie" aber ein Anlagesystem sich kausal im Werdeprozeß des Ganzen auswirkt, läßt sich nur teilweise erraten.

Für die allgemeine Problemfassung ist die Klärung dieses „Wie" einstweilen auch nicht erforderlich. Nur so viel ist wesentlich, daß die unerkannte Eigenstruktur der höheren Determinationsform darin — also die des gesuchten nexus organicus — streng als solche festgehalten werde.

Die vitalistischen Theorien haben an diesem Problempunkte immer vorschnell das determinative Schema des Finalnexus eingeführt. Sie treiben ein gefährliches Spiel, weil sie damit eine viel höhere Kategorie (eine solche des geistig-personalen Seins) auf den organischen Prozeß übertragen und diesem seine kategoriale Selbständigkeit (Indifferenz) nehmen (vgl. oben Kap. 59c). Denn gerade von Zwecktätigkeit läßt sich hier direkt nichts aufweisen; das Phänomen der „Zweckmäßigkeit" rechtfertigt jedenfalls keine Annahme von Zwecktätigkeit. Und soweit wissenschaftliche Analyse vordringt, stößt sie überall nur auf Kausalketten; diese Kausalketten sind verwirrend mannigfaltig, aber sie sind durchaus zusammengefaßt und gleichsam aufeinander abgestimmt in der Einheit des formbildenden Prozesses. Wie die kategoriale Struktur der Zusammenfassung auch sein mag — denn sie eben ist das, was wir nicht kennen —, ihr Vorhandensein ist nicht zu bestreiten. Und wahrscheinlich besteht eben in ihr die höhere Determinationsform des organischen Werdeprozesses, die das Geflecht der Kausalfäden überformt.

Für den Kausalnexus aber folgt hieraus bereits etwas ganz Fundamentales: er muß von Hause aus so beschaffen sein, daß er sich überformen läßt. Das bedeutet: wo es Determinanten von überkausaler Natur gibt, die sich über ihn legen und ihn mit bestimmen können, da ist es seine Art, sie nicht von sich auszuschließen, sondern widerstandslos in sich aufzunehmen und ihre Auswirkungen ebenso getreulich im Prozeß mitzuführen wie die seiner eigenen vorausgehenden Stadien.

Der Kausalnexus ist also imstande, fremde, nicht aus ihm stammende Determination in sich aufzunehmen, ohne dadurch seine Eigenstruktur zu verlieren; was sich mit der Aufnahme ändert, ist nur die inhaltliche Richtung des Prozesses, resp. sein Resultat. Er verhält sich demnach zur kategorialen Struktur des höheren Nexus wie die Materie zur Form; er ist indifferent gegen die höhere Struktur, und diese als solche ist über ihm autonom.

Das Stärkersein der niederen Form des Nexus ist deswegen an ihm nicht aufgehoben. Was einmal Ursache ist in einem bestimmten Prozeßstadium, das wirkt sich unaufhebbar in den nachfolgenden aus, und zwar ohne Unterschied vor wie nach der Überformung. Die höhere Form des Nexus kann ihn nicht aufhalten, kann ihm auch nichts abhandeln. Wohl aber kann sie ihm ein Plus an Determination hinzufügen. Und das genügt schon, ihn auf ein anderes Resultat hinauszulenken. Denn darin eben besteht die Indifferenz des Kausalnexus gegen höhere Determination, daß er nicht auf vorbestimmte Endresultate festgelegt ist, sondern sich widerstandslos auf andere Resultate umlenken läßt.

f. Die überkausalen Determinanten im Kausalprozeß.

Das soeben über den Kausalnexus Ausgemachte, obgleich bloß am Verhältnis zur organischen Determination gewonnen, erweist sich als unmittelbar bedeutsam für das engere Freiheitsproblem im menschlichen Wollen und Handeln. Was war es eigentlich, was man im Freiheitsproblem immer so sehr vom Kausalnexus fürchtete? Es war nichts anderes als die Unaufhaltsamkeit, mit der Ursachen sich auswirken. Man stellte es sich so vor, als könnte bei solcher Beschaffenheit des Kausalzusammenhanges in der von ihm beherrschten Welt kein von ihm unabhängiger Bestimmungsgrund mehr aufkommen.

Diese Vorstellungsweise aber ist es gerade, die auf den Kausalnexus nicht zutrifft. Die Unaufhaltsamkeit bedeutet durchaus kein Vorbestimmtsein des Kommenden und keine Unlenkbarkeit des Prozesses. Man hat sie zu unrecht so sehr gefürchtet, bekämpft, sie als eine scheinbare oder als eine durchbrechbare zu erweisen gesucht. In Wahrheit ist die Unaufhaltsamkeit, mit der alle Ursachenkomplexe im Weltgeschehen sich auswirken, der Autonomie einer kategorial höher gearteten Determination vollkommen ungefährlich. Denn eben weil alle Ursache sich unaufhaltsam im Prozeß auswirkt, müssen auch Determinanten von außerkausaler (überkausaler) Art — wenn sie nur überhaupt im Gesamtprozeß auftauchen — sich genau ebenso in ihm auswirken. Wie sie in den Prozeß eintreten, ist hierbei natürlich eine besondere Frage, die aber das Grundverhältnis nicht betrifft und hier außer Betracht bleiben kann. Ebenso macht es keinen Unterschied aus, von wo die außerkausalen Determinanten herstammen; wesentlich ist nur, daß sie überhaupt der realen Welt angehören (bloße Wertmomente in ihrer Idealität z. B., ohne ein reales Wesen, das sie erfaßt und in Realtendenzen umsetzt, tun es nicht). Im übrigen aber ist es gleichgültig, ob die Instanz der autonomen Bestimmungskomponente beim Leben des Organismus oder beim Bewußtsein oder bei der Aktsphäre eines personalen Wesens mit moralischem Selbstbewußtsein und Anspruch auf Selbstbestimmung liegt.

Für das Verständnis dieser Sachlage hängt offenbar alles an der zutreffenden Fassung der kausalen „Unaufhaltsamkeit". Es sei daher hier noch einmal in etwas anderer Wendung gesagt, was es mit ihr auf sich hat. Die Unaufhaltsamkeit besagt nur, daß Determinanten, die einmal im Gesamtnexus des Kausalprozesses enthalten sind, nicht wieder aus ihm verschwinden, ohne ihre Wirkung in ihm ausgelöst zu haben, d. h. daß sie als Realkomponenten des Realprozesses nicht aufgehoben, also durch keine Macht der Welt vernichtet werden können. Ihre Wirkung kann deswegen sehr wohl durch andere Komponenten aufgewogen, neutralisiert oder inhaltlich abgeändert werden. Denn da die Unaufhaltsamkeit der Auswirkung nicht besagt, daß keine neuen Komponenten hinzutreten könnten, so besagt sie auch keineswegs, daß die Gesamtwirkung eines ganzen Ursachenkomplexes sich nicht ändern könnte. Die Gesamtwirkung vielmehr muß sich ändern, sobald neue Komponenten in den Bestand des Gesamtnexus eintreten. Sie muß es notwendig, und zwar gerade nach dem Gesetz der Unaufhaltsamkeit.

Die Lenkbarkeit des Kausalprozesses beruht also darauf, daß seine kategoriale Struktur dem Einsetzen solcher außerkausaler Determinanten keinen Widerstand entgegensetzt. Diese Lenkbarkeit — kategorial sollte man sie Überformbarkeit nennen — ist und bleibt stets begrenzt durch die große Masse der vom Kausalprozeß selbst mitgebrachten Komponenten, sowie durch die Fülle der besonderen Naturgesetzlichkeit, die ihn beherrscht. Auch der Kausalprozeß nimmt nicht beliebige höhere Determination auf, sondern nur solche, die sich ihm anpaßt, d. h. die wirklich an seiner Eigendetermination angreift. Nur eine solche greift wirklich in ihn ein. Aber diese Begrenzung ist nur das Stärkersein der niederen Kategorie, nicht ein Widerstand gegen Überformung überhaupt. Das Gesetz der Materie bewährt sich auch an ihm.

Darüber hinaus gibt es in ihm keinen Widerstand gegen das Eintreten neuer Determinanten. Er bewahrt getreulich alle Determinationsfäden, die einmal in ihm enthalten sind, aber er ist gleichgültig gegen ihre Herkunft. Er ist gleichsam der Plebejer unter den Determinationstypen. Er führt in seinem breiten Strom den Fremdkörper unbesehen ebenso mit, wie er auch seine eigenen Produkte als Ursachenmomente weiterer Wirkungen mitführt. Diese kategoriale Eigentümlichkeit ist es, die ihn in den Grenzen geeigneter Anpassung in der Tat lenkbar macht — und zwar nicht erst für die bewußte Zwecktätigkeit des Menschengeistes, sondern schon für die vitale Selbstbestimmung im Aufbau des Organismus und die geheimnisvolle Steuerung des morphogenetischen Prozesses von einem Anlagesystem aus.

Das eigentlich Erstaunliche und allen alten, indeterministischen Vorstellungen gegenüber vollkommen Neue an dieser Indifferenz des Kausalnexus ist dieses, daß er bei aller Offenheit für außerkausale Determinanten und aller Lenkbarkeit doch sich selbst vollkommen getreu bleibt. Er ändert sein Wesen nicht, indem er unter die Direktive höherer Formkomponenten tritt. Diese reißen ihn, den von sich aus ziellosen und keine „Bestimmung" verfolgenden, gleichsam an sich, reißen ihn aus seiner Richtung, geben ihm die ihrige, lassen ihn für deren Verwirklichung arbeiten; aber sie heben ihn als solchen nicht auf, können ihm nichts abhandeln, können keine seiner mitgebrachten Kausalkomponenten ausschalten. Sie bleiben vielmehr ihrerseits mit ihrer ihm aufgelegten Eigentendenz auf sein unbeirrbar gleichgültiges Fortlaufen als auf ihre Grundlage angewiesen.

Das drückt sich an seiner kategorialen Struktur darin aus, daß er „blind" ist. Er ist nie ohne Richtung, aber doch stets von sich aus ohne Zielrichtung, ohne vorausbestimmte oder auch nur intendierte Endstadien, auf die er hinauslaufen müßte, ohne Bindung an Zukünftiges, allein gebunden an das zeitlich Vorhergegangene, wie es denn überhaupt Anfang und Ende in irgendeinem angebbaren Sinne in ihm nicht gibt. Er ist also gerade gegen den Ausfall eben desjenigen gleichgültig, dessen Determinationskette er ist.

61. Kapitel. Kategoriale Freiheit und Willensfreiheit.

a. Die Schichtung der Autonomien.

Das soeben gebrachte Bruchstück aus der Kategorialanalyse des Kausalnexus genügt bereits, um das alte, antinomisch zugespitzte Problem von Kausalität und Willensfreiheit grundsätzlich zu lösen.

Die Lösung liegt charakteristischerweise gar nicht im Inhaltsgebiet der Freiheitsfrage selbst, sondern weit diesseits ihrer in einem viel allgemeineren Grundverhältnis. Sie liegt in dem Verhältnis von Dependenz und Autonomie überhaupt, welches die Schichtenfolge von unten auf begleitet. Die Überformbarkeit des Kausalnexus ist dafür der eigentlich ausschlaggebende Punkt. Denn haben schon die morphogenetischen Prozesse des Organischen auf die angegebene Weise ihre Autonomie über dem Kausalnexus, trotzdem dieser sich ungehemmt durch sie hindurch erstreckt, wieviel mehr wird das erst vom seelischen Sein, und nun gar vom ethisch-personalen Sein gelten müssen. Am letzteren können wir überdies das Verhältnis auch inhaltlich übersehen, denn hier kennen wir die Form des höheren Nexus und können an ihm die Überformung direkt zur Anschauung bringen (vgl. unten). Außerdem läßt sich hier auch das Inhaltliche der hinzutretenden Determinanten aufzeigen; es liegt im Reich der Werte und des Sollens. Bei ihm aber steht der überkausale Ursprung außer Zweifel.

Entsprechend der allgemeinen Schichtung des Seienden und seiner Kategorien ist auch in der Schichtung der Determinationstypen stets der niedere Typus im höheren mit determinierend; ob er es in der Weise einer überformten Materie oder bloß als tragende Grundlage ist, macht dabei keinen grundsätzlichen Unterschied aus. Zu beachten ist hierbei allerdings, daß in der Überlagerung der Determinationen die Überformung überall maßgebend zu sein scheint, und zwar auch gerade an denjenigen Schichtendistanzen, die im übrigen ein Überbauungsverhältnis zeigen. Daß hierin keine Ungereimtheit liegt, geht schon aus der oben berührten Tatsache hervor, daß stets ein Teil der niederen Kategorien in der höheren Schicht wiederkehrt, auch wo andere ebenso wesentliche abbrechen. Es gibt eben keine „reinen" Überbauungsverhältnisse, es ist stets auch ein gewisser Einschlag von Überformung dabei. Und die Überhöhung der Determinationen scheint durchgehend von der Art der letzteren zu sein. Mit voller Sicherheit läßt sich das nicht ausmachen, weil wir einstweilen über den organischen Nexus und z. T. auch über den psychischen zu wenig wissen. Aber ohne weiteres sichtbar ist, daß „Motive" spezifisch seelischen und wohl auch leiblichen (also organischen) Ursprungs in die Determination des Handelns inhaltlich hineinspielen. Was sich wohl kaum anders deuten läßt, als daß auch diese in der bewußt-verantwortlichen Willensentscheidung irgendwie mit überformt werden.

Bleibt nun die niedere Determination in der höheren mit determinierend, und ist das Novum der letzteren jedesmal autonom über ihr, so ergibt sich in der Schichtenfolge der Determinationen zugleich eine Schichtung der Autonomien. Die höhere Form des Nexus ist hierbei nirgends Aufhebung oder auch nur Durchbrechung der niederen, sondern durchaus nur Überformung; dabei zieht nach dem Gesetz der Materie die niedere nur „nach unten hin" eine Grenze, läßt aber „nach oben zu" unbegrenzten Spielraum. Es gibt Autonomie nur „in" der Dependenz, eine Schichtung verschiedener Autonomien also auch nur „in" der geschichteten Dependenz verschiedener Determinationstypen. Freiheit also kann es nicht in der Einheit einer einzigen, durchgehenden Determination geben, sondern nur in der Überlagerung mehrerer.

Autonomie ist die kategoriale Begleiterscheinung jeder determinativen Überformung. Wenn sich nun aber in der Mehrzahl der Überformungen auch die Autonomien selbst wiederholen und überhöhen, so muß man auch mit der Konsequenz Ernst machen, daß Willensfreiheit ein Spezialfall solcher Autonomie, d. h. ein Spezialfall der kategorialen Freiheit ist. Sie ist die Autonomie in der Determination bestimmter personaler Akte „über" der Determination der seelischen Abläufe, — genau so wie diese selbst die Autonomie der psychischen Determination „über" dem Nexus der organischen Prozesse enthält, und der letztere wiederum die Autonomie des Organischen „über" dem einfachen Kausalnexus des physisch-materiellen Seins.

b. Die ontologischen Fehler im Determinismus und Indeterminismus.

Damit geschieht der Eigenart jeder einzelnen dieser übereinandergeschichteten Autonomien kein Abbruch. Dieses festzuhalten ist wesentlich, denn selbstverständlich ist die Willensfreiheit ein sehr besonderer Spezialfall, an dem die von Schicht zu Schicht wiederkehrende kategoriale Freiheit nur das allgemein ontologische Schema bildet, wie denn überhaupt ihr Problem hiermit nicht etwa gelöst, sondern nur der Lösbarkeit näher gebracht ist.

Die Eigenart einer jeden dieser Autonomien liegt in der besonderen Weise der Überformung, also in der besonderen Art, wie der niedere Determinationstypus in den höheren eingebaut ist und in ihm als Materie höherer Determination erhalten bleibt. Diese Überformungsweisen können einander so unähnlich sein wie nur irgend möglich, das ändert nichts am kategorialen Verhältnis von Dependenz und Autonomie überhaupt, welches an jeder Schichtendistanz als untrennbare Einheit wiederkehrt.

Die Konsequenzen dieses Verhältnisses sind von größter Tragweite. Sie heben das alte Widerspiel von Determinismus und Indeterminismus aus den Angeln. Wir sahen oben, wie die Alternative dieser beiden Ismen sich als falsch erwies, nämlich als unvollständige Disjunktion (aus der sich also affirmativ nichts schließen läßt). Jetzt aber zeigt sich auch, wie beide das kategoriale Dependenzverhältnis verfehlen.

Der von unten aufgebaute Determinismus verstößt gegen das Gesetz der Freiheit: er macht die niedere Determination zur Totaldetermination der ganzen Welt, also auch des seelischen und des geistig-personalen Seins. Er läßt über dem Kausalnexus keine Überformung zu. Er beraubt dadurch den organischen und psychischen Vorgang, und vollends den Willensakt seiner Eigengesetzlichkeit. Unter seiner Voraussetzung ist Freiheit jeder Art ein Ding der Unmöglichkeit. Freiheit eben kann nur in der Schichtung verschiedener Determinationstypen auftreten. Sie ist dann fortlaufend Begleiterscheinung der Überformung. Der metaphysische Determinismus hat die Schichtung der Determinationen aufgehoben, hat an ihre Stelle die Einheit eines Determinationsschemas gesetzt. Damit hat er alle Überformung ausgeschlossen, und mit ihr zugleich das Widerspiel von Indifferenz des Niederen und Autonomie des Höheren.

Der Indeterminismus aber verstößt gegen das kategoriale Grundgesetz. Er durchbricht die niederen Determinationsketten zugunsten der höheren. Er weiß nicht, daß jene die „stärkeren", diese aber die „schwächeren" sind. Er glaubt, nur auf diese Weise Spielraum für Freiheit gewinnen zu können. Das ist nicht nur Inversion der Schichtenabhängigkeit, sondern auch die vollkommene Verkennung der Sachlage. Denn eben die Inversion der Abhängigkeit ist für die Wahrung höherer Autonomie vollkommen überflüssig. Es bedarf der ausgesparten Lücken in der niederen Determination für das Einsetzen der höheren nicht [1]).

Höhere Determination ist schon ihrem kategorialen Wesen nach — „über" der niederen und „auf" ihr als einer lückenlosen beruhend — ohnehin unbeschränkt autonom. Sie fällt mit ihrer Überformung von vornherein in eine andere Seinsebene. Auch hier ist die kategoriale Schichtung der springende Punkt, freilich nicht eine beliebige, sondern die im Sinne der Dependenzgesetze verstandene. Aber erst mit ihrer Verkennung setzt jene verzweifelte Lage des Freiheitsproblems ein, die zur Konstruktion des Indeterminismus führt, — eine von Grund aus selbstgemachte Schwierigkeit, die von den Dependenzgesetzen auf einen Schlag behoben wird.

c. Die Überformung des Kausalnexus im Finalnexus.

Wir können nun die Überformung der Determinationstypen nicht von Schicht zu Schicht verfolgen, weil wir die mittleren Typen zu wenig kennen. Wir können statt dessen nur mit Überspringung der letzteren den Kausalnexus direkt auf die Willensdetermination beziehen und in dieser Beziehung das Verhältnis von Bedingtheit und Autonomie aufzeigen. Denn ein solches muß es auch bei so weit auseinanderliegenden Stufen geben. Man nähert sich damit der seit Kant traditionell gewordenen Fassung des Freiheitsproblems, wie es in der Kausalantinomie seinen klassischen Ausdruck gefunden hat.

Weder bei Kant selbst noch bei seinen zahlreichen Interpreten und Fortsetzern ist dieses Verhältnis kategorial ausgewertet oder auch nur eigentlich durchanalysiert worden. Es fehlte dazu vor allem die genauere Analyse des Kausalzusammenhanges, in der sich allererst die Überformbarkeit des Kausalnexus aufzeigen läßt (Kap. 60e). Die Analyse wird eben so gut wie undurchführbar, wenn das Problem von Anbeginn mit so metaphysisch schwierigen Dingen wie dem „ersten Anheben einer Kausalreihe in der Zeit" belastet wird. Es gibt hier viel einfachere und besser zugängliche Fragepunkte. Und diese treten greifbar hervor, wenn man zunächst einmal die Determinationsform des Willens und der ihm verwandten sittlichen Akte ins Auge faßt.

Diese Form ist greifbar im Sich-Einsetzen „für" etwas, im Streben „nach" etwas, in der Tendenz oder Neigung „zu" etwas, ja selbst im

[1]) Dieses hat z. B. Emile Boutroux in seinem die Seinsschichtung sonst klar erfassenden Werk De la contigence des lois de la nature (Paris 1913) nicht begriffen.

Gesinntsein „gegen" jemand. Sie zeigt durchgehend ein und denselben Typus, den des Gerichtetseins „auf etwas hin" und des Bestimmtseins von dem „Etwas" her, das den Richtungspunkt bildet. Diese Determinationsform ist die finale. Zum metaphysischen Prinzip erhoben, macht sie das Wesen der Teleologie aus.

Im einfachen Falle handelt es sich nur darum, daß der Wille sich „für" etwas entscheidet oder „zu" etwas entschließt. Dieses Für und Zu zeigt schon die Form der Zweckbestimmung. Alle reale, vom Willen ausgehende Determination hat die Form des Finalnexus. Die Handlung ist finale Aktion.

Wohlverstanden, nicht um Wert und Unwert des Zweckes handelt es sich hier. Das spielt eine Rolle erst für den Unterschied von Gut und Böse, nicht für den von frei und unfrei. Freiheit ist erst die Vorbedingung möglichen Gut- und Bösesseins; unfreier Wille ist überhaupt weder gut noch böse, er steht diesseits des ethischen Wertgegensatzes. Dem entspricht die Tatsache, daß die Grundfähigkeit des Menschen zur Zwecktätigkeit — also zum Setzen und Realisieren von Zwecken überhaupt — an sich noch ganz indifferent gegen Gut und Böse dasteht. Sie wird erst durch die Wertabstufung des Zweckes moralisch relevant.

Dieses vorausgesetzt, läßt sich die kategoriale Struktur des Finalnexus, so wie er in Wille und Handlung vorliegt, in drei Stufen oder Akten beschreiben: 1. das zunächst irreale, noch zukünftige Endstadium der Aktion wird im Geiste vorweggenommen, wird als Zweck „vorgesetzt", und zwar mit Überspringung des realen Zeitflusses, im Vorgriff; 2. vom vorgesetzten Zweck aus werden darauf rückläufig (dem Zeitfluß entgegen) die Mittel bestimmt (seligiert), die für ihn erforderlich sind, immer eines das andere fordernd, bis zurück zum ersten, das im gegenwärtig Gegebenen liegt und in der Macht des Handelnden steht; 3. dann erst setzt von diesem ersten Mittel aus der dritte Akt des Finalnexus ein, die eigentliche Realisation des Zweckes, und zwar durch dieselbe Reihe der Mittel hin, nur in umgekehrter Folge, rechtläufig in der Zeit.

Dieser dritte Akt des Finalnexus ist die eigentliche Handlung. Mit ihm erst greift die Person ein in den Zusammenhang der Realprozesse. Denn dieser Akt ist als Realisation eines Irrealen selbst ein Realprozeß. Seiner Determinationsform nach aber ist er ein rein kausaler Ablauf: in ihm funktioniert die Reihe jener vom vorgesetzten Zweck aus seligierten Mittel nur noch als Reihe der Ursachen: jedes Mittel bringt das nachfolgende als seine Kausalwirkung hervor, und als letztes Bewirktes steht der real gewordene Zweck da. Was diesen Ablauf von anderen Kausalprozessen unterscheidet, ist nur seine Gebundenheit an die rückläufig seligierte Reihe der Mittel, d. h. sein Eingebautsein in die höhere Form des Finalnexus. Seine Kausalität ist keine frei laufende und ziellose, sondern zielgerichtete, vorbestimmte, in der Ursachenreihe vorseligierte und darum final gesteuerte Kausalität.

Hier haben wir nun in aller Form die Wiederkehr der Kausalstruktur in der Finalstruktur. Der dritte Akt des höheren Nexus bleibt deutlich an die allgemeine Kausalstruktur der Realprozesse gebunden. Darin bewährt sich das kategoriale Grundgesetz: die höhere und um vieles komplexere Determination hebt die niedere nicht auf, durchbricht sie auch nicht — dazu hat sie die Kraft nicht —, sondern nimmt sie in ihren eigenen Formbestand auf. Der Finalnexus überformt den Kausalnexus.

Das ist überaus lehrreich sowohl für die Freiheitsfrage als auch für das Verständnis der kategorialen Dependenz: die niedere Form des Nexus ist nicht nur kein Hemmnis der höheren, ist keine Schranke ihrer Autonomie, die diese etwa erst durchbrechen müßte, sondern sie ist geradezu die Basis, auf welcher der höhere Nexus erst möglich wird.

d. Die Seligierbarkeit der Mittel auf ihre Kausalwirkung hin.

Das leuchtet nicht nur am dritten Akt des Finalnexus ein, sondern auch bereits am zweiten, der in der Rückdetermination der Mittel vom vorgesetzten Zweck aus besteht.

Gibt es nämlich keinen durchgehenden Kausalzusammenhang des niederen Seins, so ist es für ein aktiv zwecktätiges Wesen gar nicht möglich, von einem vorgesetzten Zweck aus Mittel für ihn zu seligieren; denn ausgewählt werden die Mittel doch eben darauf hin, ob sie den Zweck „bewirken" oder nicht. Ihre Kausalität ist also gerade die Hauptsache dabei. Wenn keine feste Zuordnung zwischen bestimmter Ursache und bestimmter Wirkung besteht, so ist nicht einzusehen, warum ein Mittel geeigneter als ein anderes sein sollte, die gewünschte Wirkung hervorzurufen. Was als Mittel für einen Zweck in Frage kommt, darüber entscheidet einzig die Voraussicht seiner Wirkung. Voraussicht aber ist nur möglich, wenn bestimmte Ursachen auch bestimmte Wirkungen nach sich ziehen.

Menschliche Voraussicht nun bleibt freilich sehr beschränkt. Aber diese Schranken liegen auf der Seite des Subjekts; sie liegen nicht in einer Grenze des Kausalzusammenhanges, sondern in der Grenze unseres erkennenden Eindringens in ihn. Soweit dieses Eindringen reicht, ist im Entschluß zu etwas jederzeit auch schon die Seligierbarkeit möglicher Mittel in die Erwägung gezogen; denn niemand „entschließt" sich zu etwas, wofür sich ihm nicht überhaupt irgendwie geeignete Mittel darbieten, die er ergreifen könnte. Das aber bedeutet: der Selektionswert der Mittel ist nichts anderes als ihre Kausalwirkung, sofern diese auf den erstrebten Zweck zu führt.

Daraus ergibt sich weiter: in einer nicht kausal determinierten Welt ist gerade das, was dem geistigen Wesen seine hohe Überlegenheit über die Dinge seiner Umwelt gibt, — seine Fähigkeit, sich Zwecke vorzusetzen und zu realisieren, — ein Ding der Unmöglichkeit. Und da an dieser Fähigkeit der Wille, sowie alle ihm verwandten (alle teleologischen) Akte hängen, so wird damit die ganze Sphäre der Aktivität und des Ethos im Menschen zur Unmöglichkeit.

Die höhere Determination ist eben durchaus bedingt durch die niedere. Die Bedingtheit ist zwar nur die der „Materie" nach, aber in dieser Einschränkung ist sie unaufhebbar. Die Autonomie der höheren Determination besteht gerade auf Grund ihrer Bedingtheit durch die niedere — nicht im Gegensatz zu ihr, und vollends nicht im Widerstreit mit ihr. Sie ist Autonomie nicht neben ihr oder außer ihr, sondern „in" ihr als ihrem Element, der kategorialen Form nach aber „über" ihr. Sie ist denn auch in der Form des Finalnexus genau ebenso greifbar wie die Bedingtheit. Sie liegt in der dem Kausalnexus gänzlich fremden und äußerlichen, strukturell aber hoch überlegenen Rückdetermination der Mittel, die das Wunder zuwege bringt, den von sich aus gleichgültigen Ablauf kausalen Geschehens an ein vorbestimmtes Ziel zu binden. —

Mit der eigentlichen Willensfreiheit hat das freilich direkt nichts zu tun. Zwecktätigkeit könnte es an sich wohl auch ohne Willensfreiheit geben; nicht aber umgekehrt Willensfreiheit ohne Zwecktätigkeit. Denn an letzterer hängt alle Aktivität. Für die ethische Freiheitsfrage also liegt in der eigenartigen Überformung des Kausalnexus durch den Finalnexus nur eine Vorbedingung. Diese Vorbedingung aber ist unerläßlich.

Es ist notwendig sich hierbei klarzumachen, daß Willensfreiheit ein überaus komplexes Verhältnis ist. Man kann in ihr drei übereinandergeschaltete Autonomien erkennen. Die eine ist die gegenüber den niederen Determinationen, vor allem also gegenüber dem Kausalnexus, sofern er den Willen mit bestimmt; die zweite aber ist die gegenüber dem moralischen Prinzip (dem Sittengesetz, den Werten), sofern der Wille auch gegen das Prinzip verstoßen kann. Die erste hat die Form der positiven, die zweite die der negativen Freiheit. Und offenbar können erst beide zusammen die eigentliche Willensfreiheit ausmachen. Wie sie sich miteinander reimen und in die Einheit „einer" Freiheit zusammengehen, kann hier freilich nicht ausgeführt werden. Leicht zu sehen ist nur, daß eine ohne die andere sinnlos ist [1]).

Die dritte aber ist die Vorbedingung beider, die Autonomie der kategorialen Finalstruktur im Willen und in der Handlung, so wie sie sich in der Überformung des Kausalnexus darstellt. Sie ist nicht identisch mit der ersten Autonomie, obgleich sie gegenüber derselben niederen Determination besteht. Denn sie betrifft nicht wie diese die Bestimmung des Willens — etwa in der Setzung seiner Zwecke —, sondern die Selektion der Mittel zu einem schon gesetzten Zweck, sowie dessen Realisation. Sie überformt auch nicht die innere, psychische Kausalität der Beweggründe, sondern die äußere der Dinge, Geschehnisse und Situationen. Deswegen ist mit ihr allein über die Willensfreiheit nichts ausgemacht, sondern nur eine kategoriale Voraussetzung für sie geschaffen.

Diese Voraussetzung aber ist überaus lehrreich, weil an ihr in einzigartiger Weise aufzeigbar ist, was es überhaupt mit der Überformung einer niederen Determination durch die höhere auf sich hat, wie überhaupt Bedingtheit und Autonomie zusammenbestehen können. Das Überformungsphänomen im Finalnexus ist das einzige wirklich durchanalysierbare Beispiel kategorialer Freiheit in der Schichtung der Determinationen. Und da Freiheit in jeder Gestalt Überformung eines Geformten ist, so fällt von hier aus in der Tat auch Licht darauf, wie wir uns die beiden höheren Autonomien zu denken haben, die in der Willensfreiheit enthalten sind.

e. Der Finaldeterminismus und die teleologische Metaphysik.

Und noch in einer zweiten Richtung erweist sich die Finalanalyse als bedeutungsvoll. Die Mehrzahl der metaphysischen Systeme in alter und neuer Zeit ist teleologisch. Soweit es ihnen dabei um Freiheit zu tun ist, machen sie alle die stillschweigende Voraussetzung, die Freiheit personaler Akte bestehe am besten zu Recht, wenn der Finalnexus die einheitliche Determinationsform der ganzen Welt ist. Weil dieser Nexus sich als Form der bewußten Aktivität erweist, und Freiheit doch eben an den aktiven Akten besteht, so meint man, die Freiheit müsse sich am leichtesten in einen Realzusammenhang einfügen, der von unten auf bereits dieselbe Determinationsform zeigt.

---

[1]) Die Behandlung dieser Frage setzt eine genaue Entfaltung der „Sollensantinomie" voraus (d. h. der zweiten Freiheitsantinomie, die hinter der Kantischen Kausalantinomie auftaucht). Ich habe sie in meiner „Ethik" [2], Berlin 1935, Kap. 74 b in sechs Aporien entwickelt; zur Lösung dieser Aporien finden sich daselbst in Kap. 84 die nötigen Hinweise.

Ein solcher Finaldeterminismus entspringt nicht nur aus dem spekulativen Einheitsbedürfnis. Es steht vielmehr die Meinung dahinter, es käme nur darauf an, dem blinden „Mechanismus" einer auch das Seelenleben mit umfassenden Kausaldetermination zu entgehen, die man als sinn- und geistwidrig empfindet. Und diese eben scheint doch mit einem Schlage hinzufallen, wenn die Welt von unten auf teleologisch aufgebaut ist, wenn also auch die mechanischen Prozesse in Wahrheit zweckläufig sind. Wille und Handlung fügen sich dann dem Weltgeschehen homogen ein, sind in ihm gleichsam in ihrem Element.

Die wirkliche Konsequenz des Finaldeterminismus ist aber eine ganz andere, der vermeinten geradezu entgegengesetzte. Für die Willensfreiheit ist seine ganze, höchst gewagte Theorie nicht nur überflüssig, sondern direkt vernichtend. Drei grundsätzliche Fehler der Überlegung lassen sich ihr nachweisen. Erstens einmal gibt es in den niederen Seinsschichten durchaus keinen sicheren Anhalt für die Annahme finaler Determination, und zwar nicht nur nicht im Gebiet des Anorganischen, sondern streng genommen nicht einmal im Gebiet des Organischen. Zweitens aber entgeht man mit der Teleologie auf keinem Seinsgebiet der kausalen Determination; man hat sie vielmehr, ohne es zu bemerken, bereits vorausgesetzt. Das beweist ohne weiteres die Kausalstruktur im dritten Akt des Finalnexus (und bei näherem Zusehen auch schon im zweiten). Damit erweist sich die Verallgemeinerung des Finalnexus von vornherein als eine ungeheure Täuschung: sie setzt ebendieselbe Kausalstruktur der niederen Seinsschichten, zu deren Ausschaltung sie unternommen wurde, im allerweitesten Ausmaße als vorbestehend voraus.

Dennoch ist dieses Verfehlen noch das geringste Übel der teleologischen Metaphysik. Die Täuschung geht weiter, steigert sich ins Ungeheuerliche. Denn drittens erweist sich nun auch, daß ein allgemeiner Finaldeterminismus der Willensfreiheit weit gefährlicher wird als der Kausaldeterminismus. Das bleibt freilich undurchschaubar, solange man keinen Überblick über die Schichtungs- und Dependenzgesetze im Aufbau der realen Welt hat. Denn erst diese Gesetze sind imstande zu zeigen, warum Freiheit überhaupt nur in einer Schichtung verschiedener Determinationen möglich ist.

Freiheit ist, wie sich gezeigt hat, die kategoriale Form der Selbständigkeit höherer Determination über einer niederen, sofern erstere von letzterer zugleich „der Materie nach" abhängig ist. Sie besteht also im Verhältnis von Indifferenz des niederen Nexus gegen seine Überformung und inhaltlicher Formautonomie des höheren. Gibt es keine niedere Determination, so gibt es auch keine „höhere", also auch keine Überformung. Ist die Welt schon von unten auf teleologisch determiniert, so steht menschliche Teleologie der Handlung und des Willens auf einer Ebene mit dem Naturprozeß und kann sich über ihn nicht erheben, hat also keine kategoriale Überlegenheit gegen ihn.

Ja, noch mehr: sie findet überhaupt keinen Spielraum mehr für eigene Ziele; sie ist einbezogen in die größeren Finalprozesse des Weltgeschehens, und diese sind schon an Endziele gebunden, die der Mensch nicht mehr verrücken kann, weil sie über ihn hinweg vorbestimmt sind und makrokosmische Mächtigkeit haben. An Größe und Kraft ist eben das Weltgeschehen dem menschlichen Tun unter allen Umständen unermeßlich überlegen. Für den Menschen gibt es gegen diese Übermacht nur eine Form möglicher Überlegenheit: die der höheren kategorialen Struktur, sofern das untermenschliche Geschehen gegen sie indifferent ist. Das teleologische Weltbild aber hat diese einzige Möglichkeit verscherzt: es hat alles Seiende kategorial gleich gemacht, und nun ist weder höhere Struktur einer Determination noch Indifferenz einer niederen mehr möglich.

Denn, wie sich schon mehrfach zeigte, dieses Weltbild ist auf der Inversion des kategorialen Grundgesetzes aufgebaut, es hat die höhere Determination zur stärkeren und allein herrschenden gemacht. Diese Alleinherrschaft rächt sich nun am Menschen. Der Mensch hat die überlegene Waffe, die sein Eigenstes und sein Vorrang war, dem stärkeren Gegner in die Hand gedrückt und ist ihm nun ausgeliefert, ist Knecht und fühlt sich als solcher. Er steht nun wirklich in jenem „Bewußtsein schlechthiniger Abhängigkeit“, das er seine „Religion“ nennt.

Zwecktätigkeit der Natur kommt dem Wollen einer Vorsehung gleich, einerlei wie man sie weiter im Denken ausgestaltet. Sie legt den Menschen lahm. Kosmische Prozesse, an kosmische Endzwecke gebunden, sind nicht lenkbar wie Kausalprozesse, nicht überformbar noch „überlistbar“ durch Zwecktätigkeit des Menschen. Denn sie sind selbst schon verhaftet in ihren Zwecken. Und mit ihnen ist auch der Mensch diesen Zwecken verhaftet: er steht mitsamt seinem Wollen und Zwecksetzen mitten im Weltprozeß drin, und dieser geht durch ihn und sein Tun ebenso unaufhaltsam hindurch wie durch alles übrige Seiende. Wollte er sich da noch einbilden, mit seiner Zwecksetzung und Zweckrealisation gegen den Weltprozeß aufkommen zu können, oder selbst nur in ihm irgendwie relevant zu sein, es wäre der bare Größenwahn.

Das alles widerstreitet nun jener langen Reihe von Grundphänomenen des menschlich-geistigen Seins, die mit dem schlichten Tun der Technik beginnt und sich bis zur sittlichen Verantwortung und Zurechnung hinauf erstreckt. Damit ist das Schicksal des Finaldeterminismus besiegelt, er hat endgültig ausgespielt.

Hält man diese Konsequenzen mit dem zusammen, was oben über

die Teleologie der Formen gesagt wurde (Kap. 57c—e), so sieht man, daß die teleologische Metaphysik in jeder Gestalt dem Durchdringen der kategorialen Gesetzlichkeit ins Bewußtsein weichen muß. Sie hat in dem Augenblick verspielt, wo es klar wird, daß sie das Freiheitsproblem nicht zu fassen, sondern nur zu verfehlen oder zu verunstalten vermag. Das Doppelgesetz von Stärke und Freiheit löst ihr determinatives Schema ab. Das ist das Ende der teleologischen Metaphysik.

f. Das Schichtenreich und die determinativen Monismen.

Eine Welt, in der es Freiheit gibt, muß mindestens zweischichtig sein. In einer vielschichtigen tritt kategoriale Freiheit von Schicht zu Schicht als Begleiterscheinung des Novums am höheren Determinationstypus auf; da gibt es dann so vielerlei Freiheit, als es Schichtendistanzen gibt. In einer einschichtigen Welt mit einem einzigen Determinationstypus ist sie ein Ding der Unmöglichkeit.

In diesem Punkt ist Kant, ohne die Sachlage ganz zu durchschauen, den rechten Weg gegangen, indem er im Gegensatz zur üblichen Auffassung die „Freiheit im positiven Verstande" als eine Determination höherer Ordnung verstand („Freiheit unter dem Gesetz"). Daß er dabei den Unterschied der Schichten, der ihm vorschwebte, dem von intelligibler und sensibler Welt, resp. von Ding an sich und Erscheinung, gleichsetzte, ist sein metaphysisches Vorurteil. Daß er aber überhaupt eine superiore und eine inferiore Welt unterschied, setzte ihn gleichwohl in die Lage, das alte, an Vorurteilen und hergebrachten Denkfehlern krankende Freiheitsproblem erstmalig klar zu fassen und es sogar in seiner ersten Phase auch zu bewältigen.

Mit einer solchen Unterscheidung hielt er den Schlüssel des Rätsels in der Hand. So konnte er als erster lehren, Freiheit bestehe ohne Durchbrechung des Kausalnexus zurecht. In gewissem Sinne darf man sagen, daß er damit das wichtigste Stück der kategorialen Dependenzgesetzlichkeit entdeckt hat. Er erfaßte es nur nicht als solches, und überdies nicht in seiner Allgemeinheit. Er teilte darin das Schicksal vieler großen Entdecker: er wußte nicht, was eigentlich er entdeckt hatte.

Die These ist in der Kantischen Einkleidung auch paradox genug. Und die Interpreten, selbst in den traditionellen Vorurteilen festhängend, haben sie nicht auszuwerten vermocht; sie blickten immer wie festgebannt auf die transzendental-idealistische Metaphysik, in die Kant seine Einsichten gekleidet hatte. Daß der Kern der These in der von Kant aufgerissenen Schichtendistanz als solcher liegt, kann erst einleuchtend werden, wenn man das Verhältnis von Dependenz und

Autonomie in seiner unlösbaren Gebundenheit an die Seinsschichtung generell begriffen hat.

Die Kantische Position, im Kern verstanden und vom Idealismus abgelöst, ist im Freiheitsproblem die einzig mögliche. Ihr gegenüber stehen die beiden traditionellen Formen des Einheitsdeterminismus, die kausale und die finale. Beide sind ausgesprochene determinative Monismen. Beide begehen denselben Grundfehler: sie vereinfachen die Welt, verwischen die Schichtung, zwingen alle Determination in ein einziges Schema. Sie begehen diesen Fehler nur in entgegengesetzter Richtung. Der Kausaldeterminismus mechanisiert Leben, Bewußtsein und geistiges Sein, der Finaldeterminismus teleologisiert den Naturprozeß. Beide vernichten damit den Vorrang und die determinative Überlegenheit des Menschen. Sie reihen ihn als Glied ein in den einen Gesamtnexus, der durch ihn hindurch und über ihn hinweg waltet. Jener invertiert das Gesetz der Freiheit, dieser das kategoriale Grundgesetz. Beide Inversionen sind dieselbe Preisgabe möglicher Freiheit. Dann bleibt als letzte Zuflucht wieder der Indeterminismus übrig; von dem aber sahen wir schon, daß er gleichfalls das kategoriale Grundgesetz verletzt; überdies, wer ihn gelten läßt, macht damit in Wahrheit überhaupt alle Gesetzlichkeit eines Nexus illusorisch, und mit ihr zugleich fast alle konkrete Realgesetzlichkeit.

Alle diese Schwierigkeiten sind künstliche, selbstgemachte, durch spekulative Voraussetzungen verschuldete Aporien. Stellt man das natürliche und in den Phänomenen aufweisbare Verhältnis verschiedener Determinationen wieder her, so fallen sie mit einem Schlage in sich zusammen. Denn so ist die Sachlage: die Einheit „einer" Determinationsweise für alle Seinsstufen ist Konstruktion; gegeben ist sie in keiner Weise, und nimmt man sie an, so sprechen die bekannten Phänomenreihen — besonders die extremen des geistigen und des materiellen Seins — in aller Eindeutigkeit gegen sie. Darum darf die Ontologie sie nicht annehmen. Das Einheitspostulat hat sich schon auf anderen Problemgebieten als Sackgasse erwiesen (Kap. 15). Im Freiheitsproblem aber wird es vollends verhängnisvoll.

g. Die kategorialen Gesetze als Einheitstypus der realen Welt.

Es ist nicht zu befürchten, daß ein philosophisches Weltbild ohne konstruierte Einheit an Einheitlichkeit zu kurz kommen könnte. Gerade an Einheit fehlt es dem Aufbau der realen Welt auch ohne menschliche Zutaten nicht. Im Schichtungs- und Dependenzverhältnis ist das leicht zu erkennen. Dieses Verhältnis ist im Grunde selbst nichts anderes als ein einziger, groß angelegter Einheitstypus — nur eben ein sehr anders beschaffener, als die monistischen Konstruktionen ihn sich vorstellen.

Die vereinfachten Schemata passen auf ihn alle nicht zu. Er ist kein Allgemeines, kein oberstes Prinzip, kein Zentrum, kein Urgrund, kein Endziel. Er ist eine in sich komplexe Beziehungseinheit, in der die umfaßte Mannigfaltigkeit wesentlich bleibt. Man kann diesen Einheitstypus nicht wie ein genus den Spezialfällen überordnen, seine Funktion geht in keiner Subsumption auf. Ein Schichtenbau mit durchgehender Abhängigkeit und ebenso durchgehend wiederkehrender Autonomie läßt durchaus keine andere Einheit zu als die „umfassende", in der die Besonderheit des Umfaßten von Stufe zu Stufe die Art des Umfaßtseins mitbestimmt.

Diese Art Einheit ist von Grund aus Einheit des „Aufbaus" oder des Zusammenbestandes, gegliederte Einheit einer Seinsordnung. Man kann sie nicht anders fassen als in der Gesetzlichkeit der Seinsordnung selbst. Das aber heißt, man kann sie nur in der Schichtung des Seienden erfassen. Diesen Weg ist die Herausarbeitung der kategorialen Gesetze, zumal in deren beiden letzten Gruppen, gegangen.

Die kategorialen Gesetze in ihrer engen Bezogenheit aufeinander sind der eigentliche Einheitstypus der realen Welt. Ihre Zusammenstellung bildet ungesucht ein System von Gesetzen. In diesem System spiegelt sich der Systemtypus des Seienden — soweit wenigstens er sich den vorliegenden Phänomenketten im Überblick abgewinnen läßt.

Ein System konstruieren ist leicht. Der Welt, wie sie ist, ihren Systemtypus abgewinnen, ist etwas ganz anderes. Sucht man die Einheit der Welt, wo sie nicht ist, so wird man sie nie finden. Konstruiert man sie in systembefangener Verblendung, so verbaut man sich damit den Ausblick in die Welt; man verfehlt unrettbar nicht nur die Chance zur „Lösung" der ewigen Grundprobleme, sondern auch die Zugänge zu ihrer Fassung und sachgemäßen Behandlung. Dafür ist das Freiheitsproblem das lehrreichste Beispiel. Folgt man dagegen unbefangen dem Gehalt der Probleme, wie man sie findet, läßt man die vorgefundenen Aporien gelten, wie sie sich darbieten, so wird man durch sie selbst auf das natürliche System des Seienden hinausgeführt.

Denn dafür, daß die Welt, wie sie ist, Einheits- und Systemcharakter hat, fehlt es im Erkennbaren an Hinweisen nicht. Man darf nur nicht erwarten, daß schon die ersten Schritte beginnenden Eindringens das Geheimnis offenbaren müßten.

V. Abschnitt.

Methodologische Folgerungen

62. Kapitel. Die Reflexion auf das Verfahren.

a. Methode und Methodenbewußtsein.

Methodologie ist Rechenschaft über das Verfahren der Erkenntnis. Es ist die Eigenart der kategorialen Gesetze, daß sie nicht nur das Gefüge der Kategorien und den Aufbau der realen Welt, sondern auch das Verfahren der Erkenntnis greifbar machen, welche diesem Gefüge und diesem Aufbau nachspürt. Nicht vor Erörterung der kategorialen Gesetze, wohl aber nach ihr und auf Grund ihrer läßt sich Rechenschaft davon geben, wie die Untersuchung zu ihren Resultaten gekommen ist.

Die Zeit des Methodologismus liegt hinter uns. Es wird heute schwerlich mehr jemand sich einbilden, sein Verfahren erst umständlich schildern zu müssen, bevor er an sein Problem herangeht; gleich als wäre ein Verfahren nicht legitimiert, bevor seine Struktur durchleuchtet ist. Noch weniger wird man meinen, die Sache könne nicht verstanden werden, bevor die Methode verstanden ist. Daß noch vor vier Jahrzehnten führende Köpfe so dachten, daß sie inhaltliche Probleme in Methodenprobleme aufzulösen und ihren Sachgehalt damit zu bewältigen meinten, erscheint uns Heutigen vollends unglaubhaft. Man hat seitdem wohl ein für allemal begriffen, daß ganz im Gegenteil Methodenerkenntnis erstaunlich wenig zu der Sacherkenntnis beisteuert, der die Methode dient, ja daß gemeinhin das Verständnis der Sache durch sie nur erschwert wird. Denn alles fruchtbare Forschen hat die Sache allein im Auge und schreitet im Hinblicken auf sie fort, sein eigenes Verfahren aber „erfährt“ es bestenfalls erst in diesem seinem Tun. Die Reflexion auf das Verfahren folgt nach; was vorausgeht, ist das unreflektierte Verfahren.

Dieses Verhältnis ist von den Schlußmethoden der formalen Logik her wohlbekannt: alles erkennende Überlegen, Erwägen, Schließen verfährt nach ihnen, weiß aber gemeinhin nicht um sie. Der Verstand wartet nicht auf die Theorie des Denkens; er denkt von selbst nach den Gesetzen, welche die Theorie nachträglich ihm ablauscht. Ebenso sind die besonderen Methoden philosophischen Vorgehens zuerst im Denken der Bahnbrechenden und Führenden vorhanden, aber meist ohne zureichendes Wissen um ihre genauere Struktur; erst die Epigonen heben in der Nachlese des Geleisteten die Methode als solche heraus.

Damit aber tragen sie zur bahnbrechenden Leistung kaum mehr etwas bei. Sie machen diese nur als solche verständlich. Auch geschichtlich gilt der Satz: die arbeitende Methode geht voran, das Methodenbewußtsein folgt nach. Begleitendes Methodenbewußtsein gibt es wohl auch im Bahnbrechen selbst, aber nur ein unvollständiges; eigentliche Methodologie ist Epigonenarbeit.

Ist nun dieses Verhältnis auch durchschaubar geworden, so ist doch die Aporie in ihm deswegen noch ungeklärt: wie kann in der lebendigen Sachforschung die Methode bestehen und folgerichtig arbeiten ohne ein leitendes Methodenbewußtsein? Die Methode selbst ist doch eine Form des Sachbewußtseins, die sich sehr wohl von anderem Sachbewußtsein unterscheidet, ja sich auch selbst zu unterscheiden weiß. Die geschichtlich führenden Köpfe, die einen neuen Weg beschritten, haben diese Unterscheidung gemacht. Sie haben auch manche methodologischen Hinweise gegeben; sie waren nur weit entfernt, mit diesen Hinweisen den eigenen Weg erschöpfend zu kennzeichnen. Sie waren wohl die Meister ihrer selbstgeschaffenen Methode, aber ihr Wissen hielt nicht Schritt mit ihrem Können. Die Genialität des Bahnbrechens deckte sich nicht mit ihrem Bewußtsein der gebrochenen Bahn. Sie erkannten, selbst wo sie auf die eigene Meisterschaft reflektierten — wie etwa Hegel auf seine Dialektik —, doch nicht entfernt ihr Wesen.

Die arbeitende Methode ist in jedem forschenden Denken wohl dem Sein nach das Erste, aber nicht dem Erkanntsein nach. Methodenerkenntnis ist, eben weil die Methode selbst in der Sacherkenntnis das erste Bedingende ist, vielmehr die letzte und am meisten bedingte Erkenntnis.

Es spiegelt sich somit in ihr das Grundverhältnis, das wir bereits von der Kategorienerkenntnis her kennen (Kap. 11b—d): für Kategorien der Erkenntnis ist es charakteristisch, daß sie wohl erste Erkenntnisbedingung sind, aber — soweit sie überhaupt erkannt werden — letztes Erkanntes. Damit rückt das Methodenproblem in ein neues Licht. Es steckt in ihm selbst auch ein Kategorienproblem, wennschon ein sehr besonderes. Die Methode ist zwar von ihrem Gegenstand her bestimmt, gehört aber ihrerseits nicht der Seinsschicht des Gegenstandes an (der ja in jeder beliebigen Seinsschicht liegen kann), sondern ausschließlich dem geistigen Sein. Denn Erkenntnis, Wissen, Forschung sind Sache des Geistes; da sie aber die Richtung auf einen Gegenstand haben, der auf beliebiger Seinshöhe stehen kann, so ist die Methode kategorial durch die „Zuordnung" bestimmt, welche die Erkenntnis mit ihrem Gegenstande inhaltlich verbindet (vgl. Kap. 22d und e).

Man kann nicht beliebige Methoden auf beliebige Gegenstände anwenden, sondern nur bestimmte auf bestimmte. Richtiger vielleicht:

man „kann" es wohl, aber die Erkenntnis trifft dann ihren Gegenstand nicht. Die Methode ist bestimmt durch die Angriffsflächen, welche der Gegenstand ihr darbietet; aber das „Darbieten" seinerseits ist nicht vom Gegenstand allein her bestimmt, sondern ebensosehr von der Struktur des Erkenntnisapparates her. Und diese hängt wesentlich an den Erkenntniskategorien.

Darum kann man Methoden nicht willkürlich wählen oder gar machen. Man kann sie vielmehr nur treffen oder verfehlen. Und je nachdem ist das eingeschlagene Verfahren fruchtbar oder nicht. Da man aber den Gegenstand, von dem her die Methode bestimmt ist, erst mit der Methode erforschen will, kann man die Methode nicht zum Voraus vorzeichnen, sondern muß sie im Ringen mit dem Eigensinn des Gegenstandes ihm abgewinnen. Darum zeichnet Methodologie keinen Weg vor, ist nicht normativ. Sie ist vielmehr das Aufdecken der Problemsituation, in der man sich mit seinem Gegenstande befindet.

Diese Problemsituation ist im Kategorienproblem ebensowenig wie in irgendeinem anderen Problem eine willkürlich gemachte, die man auch ändern könnte. Sie ist eine schlechthin gegebene. Ihr gegenüber kommt es nur darauf an, ob man sie erfaßt und auswertet (die Angriffsflächen des Gegenstandes herausfindet) oder verfehlt und verfälscht. Im letzteren Falle verbaut man sich die Zugänge zum kategorialen Gut, im ersteren legt man sie frei.

b. Methode und Problemstellung. Problembewußtsein und Sachbewußtsein.

Am Erfassen der Problemsituation wird es klar, warum das Methodenbewußtsein doch auch schon beim Einsetzen der methodischen Arbeit gefordert ist. Anders könnte sie die Zugänge zum Gegenstande gar nicht treffen. Die Frage ist nur, wie das möglich ist. Die Forderung widerstreitet, so scheint es, dem Wesen der arbeitenden Methode. Man befindet sich hier in einem Zirkel: zur Methodenerkenntnis bedarf es der Methodenerfahrung, diese läßt sich nur an der arbeitenden Methode machen, arbeitende Methode aber setzt nicht ohne eine gewisse Methodenerkenntnis ein.

Dieser Zirkel wäre unlösbar, wenn die Kategorienlehre eine ganz auf sich gestellte Disziplin — eine philosophia prima im Sinne der ratio cognoscendi — wäre, und wenn sie nicht auf eine breite geschichtliche Methodenerfahrung hinblicken könnte. Beides aber ist nicht der Fall. Sie ist nur der ratio essendi nach Grunddisziplin; dem Erkenntniswege nach setzt sie viel voraus, sie darf ihre Ausgangspunkte auf allen Gebieten des Wissens und des Lebens suchen. In diesem Sinne ist sie philosophia ultima. An philosophischer Erfahrung aber hat sie eine reiche Vergangenheit hinter sich. Es handelt sich nicht darum, neue Methoden für sie zu ersinnen; es ist genug an erprobten Methoden vorhanden, es gilt nur, sie herauszufinden aus der Menge der Wege und Irrwege und sie zu verwerten. Und wo auf Grund neuer Sachlage wirklich neue Wege erforderlich werden, da gewährt doch das Wissen um erprobte Methoden stets schon einen Anhalt.

Dazu kommt nun die Konsequenz aus dem oben erwähnten Zuordnungsverhältnis. Echte Methode ist kein abstraktes Schema möglichen Vorgehens, das sich auch „inhaltslos" angeben ließe. Sie ist notwendig sachbezogen, und zwar so sehr, daß sie sich mit dem Gegenstande ändert. Man kann nicht verschieden geartete Sachen mit gleicher Methode behandeln, man würde sie vergewaltigen. Die Methode ändert sich, wennschon nicht von Fall zu Fall, so doch von Art zu Art des Gegenstandes. Zu jedem Gegenstande hat das erkennende Bewußtsein ein anderes Verhältnis. Es bringt seine bestimmte Situiertheit in der Welt mit, und diese bestimmt den Gesichtspunkt, von dem aus es in die Welt sieht. Für seinen Gesichtspunkt also müssen seine Gegenstände sehr verschieden gelagert sein, ihm unter verschiedenem Aspekt erscheinen. Die Verschiedenheit bedingt die Art möglichen Vorgehens.

In der Philosophie nun gibt es für diesen Aspekt immer gleich in der Ausgangsstellung eine objektive und bewußte Ausprägung. Sie liegt in der Art der Frage nach dem Gegenstande, in der Problemstellung. Problem und Methode hängen aufs engste zusammen. Beide sind als solche nicht dem Gegenstande eigentümlich, sondern dem Verhältnis des Subjekts zu ihm; dieses aber ist vom Gegenstande her wesentlich mit bestimmt. Das Problem drückt inhaltlich das aus, was am Gegenstande unerkannt ist und durch die Methode erkannt werden soll. Es ist der Vorgriff der Erkenntnis ins Unerkannte. Die Methode aber ist der auf Grund des Vorgriffs sich eröffnende Pfad des Erkenntnisprozesses, sofern dieser nicht dem Zufall überlassen bleibt, sondern sich auf Grund der Problemstellung unter Auswertung des Erkannten ergibt und aktiv verfolgen läßt.

Dafür ist der innere Zusammenhang von Problembewußtsein und Erkenntnisprozeß das ausschlaggebende Moment. Denn dieser ist ein tief notwendiger. Es gibt kein in sich stehenbleibendes Problembewußtsein; das Subjekt kann bei ihm nicht verharren, es wird darüber hinausgetrieben. Problembewußtsein ist immer zugleich schon die Umschau nach möglicher Lösung. Die Umschau aber ist die Reflexion der Methodenfindung.

Sie ist deswegen freilich noch kein explizites Methodenbewußtsein. Aber sie ist ein Sachbewußtsein aus dem Bewußtsein der Problemsituation heraus, wobei die Chance möglichen Vorwärtskommens auf Grund des Gegebenen der Erwägung unterliegt.

Diese Form des Sachbewußtseins ist es, in welcher der Zirkel des Methodenbewußtseins sich löst. In diesem Sachbewußtsein sind die inhaltlich-kategorialen Voraussetzungen möglicher Sacherkenntnis dem bewußten Überschlag zugänglich und können einer Auslese je nach der Natur der Sache unterworfen werden. Das Problembewußtsein erweist sich so als die Form des Sachbewußtseins, in der die Methode zum voraus diskutierbar wird, ohne doch eigentliches Methodenbewußtsein vorauszusetzen. Oder auch in umgekehrter Wendung: es ist vorgreifendes Methodenbewußtsein in der Form des Sachbewußtseins. Denn das Problembewußtsein gibt über den Weg des Vordringens nicht Rechenschaft, ist aber die Basis, von der aus er gefunden wird. Es ist also nichtsdestoweniger der Punkt im Werden der Sacherkenntnis, in welchem die Art des Vorgehens bewußter Entscheidung unterliegt.

c. Die Problemsituation und ihre methodische Auswertung.

Im Kategorienproblem nun ist die allgemeine Problemsituation die, daß nach ebendenselben Kategorien gefragt ist, die auch die Bedingungen möglicher Methode bilden und in der Umschau des Problembewußtseins zur Verfügung stehen. In der Kategorienforschung ist alles Methodenbewußtsein auch Kategorienbewußtsein. Das Wissen um die Methode ist an die beginnende Arbeit der Methode gebunden, denn die Leistung der Methode ist hier das Wissen um die Kategorien.

Es wäre irrig, hierin einen neuen Zirkel zu erblicken, etwa der Art, daß dieselbe Kategorienerkenntnis, welche von der Methode erarbeitet werden sollte, in ihr schon vorausgesetzt wäre. Sie ist vielmehr keineswegs vorausgesetzt. Vorausgesetzt sind nur die Kategorien selbst, erarbeitet aber soll nur das Wissen um sie werden.

Wohl aber erweist sich in der Kategorienforschung die Methode als ein zugleich sich selbst und seinen Gegenstand durchdringendes Erkennen. Denn darin unterscheidet sich ihr Wesen vom Wesen anderer Methoden, daß sie ihren Gegenstand (die Kategorien) zugleich vor und hinter sich hat. Kategorien eben sind zugleich Voraussetzungen derjenigen Erkenntnis, deren Gegenstand sie sind. Die Methode also, die sie bewußt zum Gegenstand der Forschung macht, kann es gar nicht hindern, daß sie vom ersten Schritt an sich selbst mit erkennt, nämlich sich in ihren eigenen Voraussetzungen durchleuchtet. Dadurch aber kommt sie in die Lage, diese ihre Voraussetzungen gleich im Ansatz — also vor deren vielleicht irriger Auslese und Auswirkung — diskutierbar zu machen und sie so gleichsam in ihre Gewalt zu bringen.

Kein Zweifel, daß diese methodologische Situation im Kategorienproblem eine einzigartige ist, und zwar eine einzigartig günstige. Sie ermöglicht in gewissen Grenzen die Selbstkontrolle, die sonst erst nachträgliche Reflexion leistet, gleich von den ersten Schritten her. Nicht freilich vor den ersten Schritten. Der erste Einsatz muß gemacht sein. Er geschieht noch ohne eigentliches Methodenbewußtsein. Darum war die tastende Diskussion der Fehler und Vorurteile im Beginn unserer Untersuchungen (Kap. 5—17) vonnöten, sowie die geschichtliche Orientierung für die Tafel der Gegensatzkategorien (Kap. 23 c—f). Aber schon der erste Einsatz zieht sofort das Methodenbewußtsein nach sich. Er durchleuchtet gleich von seinen ersten Resultaten aus sich selbst und das Nachfolgende. —

Soweit die prinzipielle Erwägung. Tatsächlich nun stehen wir nach Herausarbeitung der kategorialen Gesetze in einer Problemsituation, die genau die Züge des entwickelten Verhältnisses trägt. Die arbeitende Methode ist schon im Gange, sie hat schon gewisse Grundzüge des Kategorienreiches aufgedeckt. Die ersten Schritte der Kategorialanalyse liegen vor. Ist nun die obige prinzipielle Erwägung stichhaltig, so muß das in diesem ersten Gange Erkannte sich bereits als Voraussetzung des Vorgehens selbst erweisen, sowohl im durchlaufenen Wege als auch in allem weiteren Eindringen. Daß dem so ist, sollen die folgenden Konsequenzen der kategorialen Gesetze zeigen.

Die kategorialen Gesetze betreffen das Ganze des Kategorienreiches; was also an methodologischer Einsicht aus ihnen folgt, muß sich auf alle und jede Kategorienerkenntnis erstrecken. In der Tat ist fast aus jedem dieser Gesetze etwas für den Gang der Untersuchung zu gewinnen, zwar sehr verschieden Gewichtiges, aber doch stets Grundsätzliches. Einige der Gesetze aber erweisen sich geradezu als Fundamentalprinzipien der Methode. Besonders reich ist die Ausbeute in den drei ersten Gesetzesgruppen; die vierte Gruppe tritt dagegen mehr in den Hintergrund, ihre Bedeutung ist eine rein ontologische.

Es läßt sich zeigen, daß den Geltungs-, Kohärenz- und Schichtungsgesetzen je ein bestimmter Methodentypus entspricht, dessen kategoriale Grundlage sie ausmachen. Und wie sie ontologisch gemeinsam die Bezogenheit eines Gefüges zeigen, so bilden auch die Methoden, die auf ihnen fußen, unter sich ein Gefüge der Methoden, in welchem die einzelnen Glieder zwar selbständige Wege sind, aber doch so zusammenhängen, daß sie einander ergänzen und zum Korrektiv haben. Und schaut man von ihnen zurück auf den im Aufweis der kategorialen Gesetze durchlaufenen Weg des Gedankens, so zeigt sich, daß auch dieser schon mit ihnen selbst als kategorialen Voraussetzungen zurückgelegt wurde.

Es ist hierbei von hohem Interesse, zu sehen, wie auch die traditionellen Methoden des fundamentalphilosophischen Denkens der Sache nach bereits mit diesen selben Gesetzes-Voraussetzungen arbeiten. Die Klassiker der Philosophie wissen zwar nicht explizit um sie, wenden sie aber an; wo etwas von den Gesetzen in ihr Bewußtsein durchdringt, sehen sie es doch meist nur methodologisch, also gerade vom Sekundären her. Ihre Methoden waren kategorial fundiert, ihr Methodenbewußtsein aber war es nicht.

63. Kapitel. Analytische Methode und Deskription.

a. Traditionelle Methodenpostulate.

Die Bedeutung des geschichtlichen Anhalts springt in die Augen, wenn man sich erinnert, mit was für Voraussetzungen und Postulaten die Kategorienlehre früherer Zeiten gearbeitet hat. Man kann sich hier nicht genug über Umwege und Abwege wundern, auch bei denen, die bewußt das Problem stellten.

Allbekannt ist der Versuch Kants, eine Kategorientafel aus der logischen Tafel der Urteile abzuleiten. Er ist oft genug kritisiert worden, aber meist nur auf das inhaltliche Verhältnis hin, das Kant zwischen Urteilsform und Erkenntnisform annahm. Die Frage dagegen ist, ob überhaupt Ableitung — einerlei woraus — hier in Frage kommen konnte. Nicht besser steht es mit dem von Reinhold aufgestellten, von Fichte zuerst durchgeführten Anspruch, die Kategorien alle aus einem einzigen Grundsatz abzuleiten. Wohl ergab das Verfahren ein Resultat, aber ein ganz anderes, als man gedacht: es erwies in der Durchführung seine eigene Unmöglichkeit: die Kategorien, zu denen man kam, trugen deutlich den Stempel einer anderen Herkunft, der Herkunft aus dem konkreten Wissen um die Formenfülle der Gegenstände. Die Ableitung als solche war Täuschung.

Weit näher kamen dem wirklichen Verhältnis die Theorien Platonischer Richtung, welche die Quelle des Wissens um Prinzipien in der „Intuition" erblickten. Der Mangel blieb nur, daß Intuition an sich nichts erklärte, sondern das Rätsel unverstanden fortbestehen ließ.

Fragt man sich aber, wie denn jene ältesten Kategoriensysteme gewonnen waren, die von den Späteren so viel kritisiert und doch zugleich nachgeahmt wurden — das Aristotelische vor allem, aber auch das um vieles inhaltsreichere Platonische, das altstoische, das neuplatonische u. s. f. —, so ist eine bündige Antwort nicht leicht zu geben. Sie sind offenbar weder zufällig aufgelesen noch auch von einem Prinzip aus gefunden. Die einzelnen Kategorien zeigen hier überall eine solche

Wirklichkeitsnähe, daß sie schwerlich anders als am Wirklichen gewonnen sein können. Das bestätigt sich denn auch in den einschlägigen Erörterungen der Alten. Bei ihnen liegt die Methode des Findens noch offen zutage. Und charakteristischer Weise fußt sie auf einer Auffassung der Prinzipien, die dem ersten Geltungsgesetz genau entspricht.

b. Rückschließende Methode und Analysis des Seienden.

Das erste Geltungsgesetz nun besagte, daß Kategorien in ihrem Prinzipsein für das Concretum aufgehen und daneben kein anderes Sein haben. Zu dieser Grundgesetzlichkeit fügten die drei anderen Geltungsgesetze drei weitere Momente hinzu: die Unverbrüchlichkeit der Geltung für alle Besonderung der Fälle, die Begrenztheit der Geltung durch die Grenzen der Seinsschicht, sowie das Zureichendsein der Kategorien einer Schicht für alles zu ihr gehörige Concretum (Kap. 44).

Die methodologische Konsequenz hieraus ist sehr einfach, aber von allergrößter Tragweite: Kategorien, die in ihrem Prinzipsein für das Concretum aufgehen, müssen notwendig am Concretum selbst faßbar sein.

Bildeten sie eine Welt für sich jenseits der Dinge, wären sie also noch etwas anderes als die durchgehende Bestimmtheit, die diesen eignet, so ließe sich das nicht behaupten. Gibt es aber keinen Chorismos, ist ihr Sein ein Sein lediglich in und an den Dingen, so muß es inhaltlich an ihnen ablesbar sein, wenn nur irgend man es ihnen abzugewinnen weiß. Es muß in dem Augenblick faßbar werden, wo es gelingt, das Prinzipielle am Concretum rein herauszuheben. Denn die Bestimmtheiten des letzteren sind in den Grenzen jeweiliger Seinserkenntnis zugänglich. Man kann also die Kategorien vom Concretum aus rückerschließen, soweit man das Concretum auf prinzipielle Bestimmtheiten hin zu analysieren vermag. Darin besteht das erste und für alles weitere grundlegende Methodenmoment der Kategorienerkenntnis. Seine Form ist die der Analysis und des Rückschlusses.

Ihre Straffheit und genaue Begrenzung erhält diese Methode von den drei weiteren Geltungsgesetzen her. Das Gesetz der Schichtengeltung sagt, daß die Determination, die von einer Kategorie ausgeht, innerhalb der Seinsschicht eine unverbrüchliche ist. Danach kann es am Concretum keinen Ausnahmefall geben. Für den Rückschluß ist daher jeder einzelne Fall zureichend, jeder ist repräsentativ für die Kategorien der Schicht, jeder hat ihre Bestimmtheit in sich. Man muß sie also auch durch Analyse aus ihm herausholen können. Daß man trotzdem die Fälle auswählt, von denen man ausgeht, hat einen anderen

Grund: analysieren kann man nur, was in sich genügend erkannt und durchleuchtet ist. Erkannt aber ist auch das Concretum stets nur teilweise.

Das Gesetz der Schichtenzugehörigkeit beschränkt diese unverbrüchliche Geltung der Kategorien auf die zugehörige Seinsschicht. Das bedeutet für die Methode, daß der Rückschluß mit Sicherheit nur vom Concretum dieser Seinsschicht aus möglich ist, nicht aber von einem anderweitigen aus. Und das Gesetz der Schichtendetermination besagt, daß die Kategorien einer Seinsschicht diese nicht nur durchgehend determinieren, sondern auch für alles Prinzipielle in ihr aufkommen. Das bedeutet, daß nicht nur grundsätzlich alle Kategorien einer Schicht vom Concretum her auffindbar sind, sondern daß auch umgekehrt alles Prinzipielle, das am Concretum auftritt, auf kategoriale Momente der Schicht hinweist. Praktisch ist freilich der Rückschluß nicht von aller am Concretum gegebenen Bestimmtheit aus durchführbar; aber das liegt nicht an irgendwelchen Lücken der Zuordnung, sondern an mangelndem Erfaßtsein der gegebenen Bestimmtheiten selbst.

Nimmt man diese Konsequenzen aus den Geltungsgesetzen zusammen, so erweist sich die Methode des Rückschlusses als ein sehr einfaches und nahezu universales Instrument der Kategorienforschung. Sie ist das eigentliche Grundverfahren der „Kategorialanalyse": sie analysiert das Concretum auf die in ihm enthaltenen Kategorien hin. Sie folgt dabei der natürlichen Richtung der Erkenntnis vom Bekannten zum Unbekannten. Gäbe es ein unmittelbares Wissen um die Kategorien, so wäre sie überflüssig. Aber es gibt keins; es gibt selbst dann keins, wenn Kategorien einer „reinen Intuition" zugänglich sein sollten. Auch dann nämlich bedürfte es einer Hinführung, die das Einsetzen der höheren Schau erst ermöglichen müßte. Die Hinführung aber müßte unter allen Umständen den Weg der Analysis gehen. In der Tat ist denn auch alle Prinzipienforschung diesen Weg gegangen, freilich oft ohne es zu wissen, und meist ohne ihr wirkliches Verfahren anzugeben. Die natürliche Richtung der Erkenntnis ist eben niemals die auf die Kategorien, sondern die auf das Concretum. Man muß sie erst besonders umlenken, um sie allererst auf Kategorien zu richten. Die Umlenkung ist das Einsetzen des Rückschlusses.

Um eigentliches „Schließen" braucht es sich dabei freilich nicht zu handeln. Die Kategorien sind ja gerade am Concretum selbst greifbar, wennschon im Absehen vom Einzelfall als solchem. Man kann also sehr wohl den Weg vom Concretum zum Prinzip als ein eindringendes und aufweisendes Verfahren verstehen. Dieser Seite der Methode kommt der alte Begriff der „Analysis" entgegen — so wie Descartes ihn im Suchen nach den simplices verstand, wie Leibniz in der distinctio, Kant in der transzendentalen „Analytik" ihn festgehalten haben. Selbst die „Reduktion" in der phänomenologischen Wesensschau steht dem noch ganz nah. Sie ist nur im Irrtum, wenn sie ohne alles Schließen auszukommen meint. Denn die Form des „Rückganges" auf Voraussetzungen ist auch der Analysis eigen. Versteht man den Sinn des Schlusses streng als „Vermittelung" von Einsichten, zu denen man unmittelbar nicht gelangen kann, weil sie über das Gegebene hinaus liegen, so ist auch der Ausdruck „Rückschluß" ohne Zweideutigkeit. Und daß die vermittelte Einsicht intuitiv sei, schließt er nicht aus. Es gibt eben auch ein Schauen, das erst einsetzt, wo unmittelbares Hinschauen sein Ende gefunden hat.

c. Die ontische Dependenz und ihre Umkehrung im Gange der Analysis.

Hierbei verdient der Richtungssinn des „Rückschließens" und des analysierenden „Rückganges" überhaupt noch besondere Beachtung. Im Seinsverhältnis nämlich ist das Concretum von den Kategorien „abhängig"; diese determinieren, das Concretum wird determiniert. Dieses Verhältnis ist in sich irreversibel, die Richtung der Dependenz ist im Wesen des Prinzipseins verankert. Nichtsdestoweniger tritt in der Methode das umgekehrte Abhängigkeitsverhältnis auf: die Erkenntnis der Kategorien ist abhängig vom Wissen um das Concretum.

Diese umgekehrte Abhängigkeit läßt zwar die im Seinsverhältnis waltende unberührt, sie fußt vielmehr auf ihr, setzt sie als unaufhebbar bestehend voraus, aber sie überbaut sie mit dem umgekehrten Verhältnis. Darin ist keinerlei Paradoxie. Denn hier geht es nicht um Kategorie und Concretum selbst, sondern um „Erkenntnis" von Kategorie und Concretum. Die ratio essendi wird von der ratio cognoscendi überlagert, und letztere ist dem Richtungssinne nach die Umkehrung der ersteren.

Dahinter steht das Aristotelische Verhältnis des doppelten prius und posterius: das Gegebene ist das an sich Sekundäre, nichtsdestoweniger aber das „für uns Erste"; und das Gesuchte ist das an sich Frühere, aber „für uns Spätere". Versteht man die Kategorie als Grund des Gegebenen, das Gegebene aber als Grund der Kategorienerkenntnis, so reduziert sich die Umkehrung der Dependenz auf den Gegensatz von Seinsgrund und Erkenntnisgrund. Die natürliche Richtung der Erkenntnis geht zwar auf das Concretum allein, und in ihr bleibt das Walten der Kategorien verborgen. Lenkt man diese natürliche Richtung aber auf die Kategorien um, so schlägt die Erkenntnis den Weg des Rückschlusses ein. Und dann läuft sie der Richtung der ratio essendi entgegen.

Das beruht auf der eigentümlichen Freiheit der Erkenntnis, ihre „Gründe" zu suchen, wo sie sie findet, gleichgültig ob sie mit Seinsgründen zusammenfallen oder nicht. Das Verhältnis von Erkenntnisgrund und Erkenntnisfolge ist beweglich gegen das von Seinsgrund und Seinsfolge; es kann ihm gleichgerichtet sein oder entgegengerichtet, je nachdem auf welcher Seite des Seienden das Gegebene der Erkenntnis liegt. Im Falle der Kategorienerkenntnis ist es ihm entgegengerichtet, weil das Gegebene das ontisch Sekundäre ist.

Auch dieses Verhältnis nun ist im Grunde ein kategoriales, und man kann in ihm unschwer die Dependenzgesetze der Schichtenfolge wiedererkennen. Maßgebend dafür ist die „Überbauung" der ratio essendi durch die ratio cognoscendi, in welcher deutlich das Doppelverhältnis der kategorialen Dependenz aufweisbar ist: die Abhängigkeit des Erkenntnisganges von der zugrunde liegenden Seinsordnung und zugleich seine „Freiheit" ihr gegenüber. So entspricht es dem Widerspiel zwischen dem Gesetz der Stärke und dem der Freiheit. Die Erkenntnis ist in dieser Überbauung das höhere Sein; ihr Novum hat daher Autonomie gegenüber ihrem Gegenstande (den Kategorien und der von ihnen ausgehenden Determination), setzt ihn aber zugleich als ihre Seinsbedingung voraus. Nun ist das Novum der Erkenntnis in diesem Falle die besondere Methode des Rückschlusses. Und so ist es folgerichtig, daß an der Methode jene beiden kategorialen Gesetze sich geltend machen: die Methode ist und bleibt abhängig vom Seinsverhältnis zwischen Kategorie und Concretum, ihr eigenes Fortschreiten aber bewegt sich frei gegen den Richtungssinn dieses Verhältnisses. Sie hebt den letzteren nicht auf, teilt ihn aber auch nicht; sie läßt ihn unangetastet, indem sie ihm zuwiderläuft. Die Richtung der ontischen Abhängigkeit verhält sich „indifferent" gegen die Eigenrichtung der Methode; sie ist für diese bloßer Untergrund, und höchstenfalls „Materie".

Fragt man nun aber, um welche zwei Schichten es sich in diesem Überbauungsverhältnis handelt, so zeigt sich, daß die ratio cognoscendi dem geistigen Sein angehört, während die ratio essendi in der Abhängigkeit alles Seienden von seinen Kategorien der ganzen Schichtenfolge eigentümlich ist. Ontologisch also ist die erforderliche Schichtendistanz überall dort gegeben, wo Erkenntnis sich auf etwas anderes, als sie selbst ist, richtet. Das trifft denn auch noch voll und ganz auf die arbeitende Methode zu; aber es trifft nicht mehr vollständig auf das Methodenbewußtsein zu. Denn, wenn es auch wahr ist, daß sich hier verschiedene Erkenntnisstufen überlagern, so ist doch zugleich einleuchtend, daß dabei die Schichtendistanz in sich zusammensinkt; die Erkenntnis wird ihr eigener Gegenstand. Aber sich selbst überbauen kann sie nicht. Das ist der Grund, warum Methodenerkenntnis im Bewußtsein dessen, der mit der Methode arbeitet, inadäquat bleibt und sich erst im Bewußtsein der Epigonen vollendet.

d. Geschichtliches. Analysis, Hypothesis und transzendentale Erörterung.

Die analytische Methode findet sich in der Geschichte der Philosophie überall da, wo im Ernst nach Prinzipien gesucht wird. Sie ist bewußt von Descartes angewandt und beschrieben worden und durch ihn allbekannt geworden. Aber der Sache nach ist sie viel älter, sie geht nachweisbar bis auf Platon zurück. Platon als erster gebrauchte auch das Bild des Aufstieges: von den gegebenen Einzelfällen aus „besinnt sich" der Mensch auf die Idee, er erhebt sich zu ihr im Schauen. Dunkel erinnern die Dinge an die Idee, denn sie haben teil an ihr; die „Anamnesis" erwacht, geweckt durch die Wahrnehmung, um dann ihren „Schluß auf den Grund" (αἰτίας λογισμός) zu vollziehen. Legt man sie aber nüchtern methodisch auseinander, so nimmt sie die Form eines hypothetischen Verfahrens an.

Dieses Verfahren schildert Platon genau (Phaidon 100a): man legt in jedem Falle einen „Logos" zugrunde, und zwar denjenigen, von dem man urteilt, daß er der „stärkste" ist; sodann aber setzt man das, was mit ihm übereinstimmt, als in Wahrheit seiend. Der Zusammenhang zeigt, daß mit dem „stärksten Logos" die am besten dem Gegebenen entsprechende Aussage über das Prinzip gemeint ist, welches dem fraglichen Fall zugrunde liegt; nur so hat es Sinn, daß das mit ihm Übereinstimmende als wahr gelten soll. Denn es ist nicht die Meinung Platons, daß die Hypothesis am Gegebenen verifiziert werden solle, sondern umgekehrt: man ist wohl vom Gegebenen aus zu ihr hingelangt, hat man sie aber einmal erfaßt, so ist sie die stärkere Instanz und bildet ihrerseits das Kriterium, was am Gegebenen seiend, was bloßer Schein ist.

Das ist nicht die Hypothese im heutigen Sinne. Die „Übereinstimmung" des Gegebenen mit ihr hat einen anderen Charakter. Platon meinte, der „stärkste Logos" wird zwar im Aufstieg vom Gegebenen aus, aber doch im Gegensatz zu ihm „erschaut", wobei das „Schauen" die Rolle der höheren Erkenntnisinstanz spielt. Eine absolute Geltung aber sprach er diesem intuitiven Erfassen nicht zu, wenigstens nicht in begrenzten Problembereichen: man kann sehr wohl nach der Berechtigung einer Hypothesis fragen, und dann muß man weiter aufwärts gehen, muß als neue Hypothesis diejenige wählen, „welche von den höheren als die beste einleuchtet". Und so soll man weitergehen, bis man auf ein „Zureichendes" hinausgelangt (Phaidon 101a).

Wertvoll an dieser klassischen Beschreibung der Methode ist vor allem die enge Verbindung des empirischen Ausganges mit dem apriorisch-intuitiven Höhepunkt des Aufstieges. Nicht weniger wichtig aber ist der Einschlag des Hypothetischen. Man bedenke, der Begriff der „Analysis", wie er seit der Aristotelischen „Analytik" üblich geworden ist, kann einer rückschließenden Methode nicht voll gerecht werden; wohl aber kann es der Platonische Begriff der „Hypothesis". Die Analysis täuscht ein einfaches Auseinanderlegen in Elemente vor. Prinzipien aber sind nicht bloße Inhaltselemente eines Gegebenen, sondern auch Bedingungen; sie sind wohl das Bestimmende in seinen Bestimmtheiten, aber sie sind nicht diese selbst. Analyse des Phänomens kommt nicht ohne weiteres zu Seinsprinzipien, sondern nur zu Wesenszügen des Phänomens. Kategorialanalyse ist kein bloß analysierendes Aufweisen am Phänomen, sondern ein Durchstoßen auf das Dahinterstehende, resp. Zugrundeliegende. Dieses Durchstoßen hat notwendig den Charakter suchenden Tastens, Schließens, Wagens; es bleibt dem Fehlschlag ausgesetzt, solange es keine Gegeninstanz findet, und muß immer wieder neu ansetzen. —

Es ist lehrreich, über den gewaltigen Abstand der Zeit und der allgemeinen Problemlage hinweg die Methode von Kants transzendentaler Ästhetik, Analytik und Dialektik unmittelbar daneben zu stellen. Sie ist gegründet auf der Unterscheidung der quaestio facti und quaestio juris: erst wird die Tatsache (der synthetischen Urteile a priori) auf verschiedenen Erkenntnisgebieten festgestellt, dann erst wird gefragt, wie sie möglich sind. Diese Frage geht auf die Prinzipien (Bedingungen der Möglichkeit), jene Tatsache aber bildet das Concretum. Nun ist das Concretum, hier wie überall, das der Sache nach Sekundäre; folglich ist in der quaestio juris vom Sekundären aus nach dem Primären gefragt. Der Gedankenzug aller transzendentalen Erörterung ist also offenkundig der des Rückganges oder Rückschlusses, der Analysis und des Aufstieges.

Und darum muß er auch den Einschlag des Hypothetischen haben. Man findet diesen Einschlag denn auch in dem zentralen Kapitel der transzendentalen Analytik, der „Deduktion der reinen Verstandesbegriffe". Diese Deduktion betrifft bekanntlich nicht den Inhalt der Kategorien, sondern ausschließlich ihre „objektive Gültigkeit". Damit ist ihre Stichhaltigkeit gemeint, ihr Zutreffen auf die Gegenstände der Erfahrung. Hier ist also der Fall erwogen, daß sie auch nicht zutreffen könnten, daß also die aus ihnen in der Erfahrung gezogenen Konsequenzen, die synthetischen Urteile a priori, unwahr wären. Der bloße Sinn der Frage im transzendentalen Deduktionsproblem beweist also den hypothetischen Charakter, der den reinen Verstandesbegriffen so lange anhaftet, bis sie sich an einer Gegeninstanz als objektiv gültig erweisen.

Wo Kant die Gegeninstanz findet, und wie er sie begründet, spielt für das Methodenproblem keine Rolle mehr. Wichtig ist nur, daß in dem zentralen Problem der Kritik die Überwindbarkeit des hypothetischen Einschlages in den reinen Verstandesbegriffen zur Diskussion steht. Es sind also in der transzendentalen Erörterung sämtliche Momente der analytisch-rückschließenden Methode beisammen. Erst im spekulativen Idealismus der Nachfolger Kants sind sie verlorengegangen.

c. Deskriptiv-phänomenologischer Ausgangspunkt der Analysis.

Da alles, was der Rückschluß aufdecken kann, dem Concretum abgewonnen werden muß, so ist es für ihn von Wichtigkeit, wie weit das Concretum selbst zuvor einmal erfaßt ist. Man setzt zwar das Concretum gern dem „Gegebenen" gleich, aber ist es wirklich vollständig gegeben? Davon kann keine Rede sein, gegeben ist stets nur ein kleiner Ausschnitt; und was schwerer wiegt, die Grenzen des Gegebenen gegen das Unerkannte verschwimmen im Halberkannten und Gemutmaßten. Dieses aber hat nicht die Tragkraft, Ausgangsbasis des Rückschlusses zu sein.

Hier also ist das Feld für eine andere, vorbereitende Methode, deren Aufgabe darin besteht, sich des Vorerkannten und Gegebenen zu versichern. Diese Aufgabe ist fest umrissen durch die quaestio facti. Ihr Mittel ist nicht der Schluß, sondern die Beschreibung. Reine Beschreibung aber ist weit entfernt etwas Leichtes und Einfaches zu sein. Sie muß sich in der Mannigfaltigkeit des Erkannten zurechtfinden, muß vergleichen, Allgemeines und Wesenhaftes herausheben und so erst die Verwertbarkeit des Materials für das Unternehmen des Rückschlusses herstellen. Was zu ihr nötigt, ist das Wagnis des Unternehmens; ohne dieses wäre sie überflüssig. So aber muß sie eine Arbeit leisten, die weder naives noch positiv wissenschaftliches Bewußtsein jemals in Angriff nimmt.

Die Aufgabe ist verantwortungsvoll; denn was eigentlich „gegeben" ist, darüber sind die Meinungen verschieden. Viele Systemfehler in der Geschichte der Metaphysik wurzeln in einseitiger oder irriger Auslese des Gegebenen. Die Aufgabe ist aber auch mühevoll, denn schon die Begriffe der Umgangssprache reichen nicht zu, das Gegebene eindeutig zu fassen; man muß sie erst klären, von Äquivokationen reinigen, muß neue prägen. Das ist nur möglich, wenn man sich auf die Phänomene selbst besinnt, in originäre Fühlung mit dem tritt, was diesseits der Begriffsbildung liegt. Man muß also auf Anschauung rekurrieren. Und eben das ist es, was die „phänomenologische" Methode bewußt in Angriff genommen hat.

Es ist das Verdienst der Phänomenologen, das Gegebene wieder in größerer Fülle und Mannigfaltigkeit greifbar gemacht zu haben — im Gegensatz zu denen, die nur Resultate gewisser Wissenschaften als Ausgangsbasis gelten ließen. Aber auch ihre Tendenz ist ins Extrem gefallen, und zwar in das umgekehrte: sie schaltete die wissenschaftliche Erkenntnis ganz aus und ließ nur die naive gelten. Sie tat das in der Voraussetzung, Wissenschaft sei ein Artefakt des Verstandes, eine Verfälschung der Urtatsachen; diese müßten erst wieder aus dem vorwissenschaftlichen Bewußtsein herausgestellt werden. Sie vergaß darüber, daß Wissenschaft mit zu den Erkenntnisphänomenen gehört und denselben Anspruch auf Beschreibung hat. So unterdrückte sie die eine Seite des Gesamtphänomens zugunsten der anderen; auch sie traf eine Auslese der Phänomene vor der Beschreibung. Als Reaktion mag das verständlich sein, aber eine Art Verrat am Wesen der deskriptiven Methode bleibt es doch; diese hat nicht zu kritisieren und zu seligieren, sondern durchaus nur hinzunehmen und zu beschreiben [1]).

Demgegenüber ist zu fragen: wie soll man die Phänomenebene der Deskription nun wirklich umreißen? Und speziell für das Kategorienproblem: welchen Umfang hat das Gegebene, sofern es gegebenes Concretum für den Rückschluß auf Kategorien ist?

Man möchte meinen, es genügte hier, naive und wissenschaftliche Erkenntnis zusammenzufassen, aus zwei Phänomenbereichen einen größeren zu machen. Die Frage ist nur, ob es sich denn wirklich um zwei heterogene Phänomenbereiche handelt, die erst durch die Methode zusammengebracht werden müßten. Wie, wenn gerade das der Irrtum wäre? In Wahrheit gibt es doch beide Extreme nur in seltenen Grenzfällen, im wirklichen Weltbewußtsein spielen sie kaum eine Rolle. Eine rein naive Erkenntnis ist ein ebenso konstruierter Fall wie eine rein wissenschaftliche; und zwar sind beide von der Theorie konstruiert, sofern sie vor der Beschreibung nicht nur Auslese treibt, sondern das Ausgelesene auch noch mit fragwürdigen Wertakzenten versieht. Das ist schon Verfälschung des Phänomens.

---

[1]) Die Wissenschaftskritik der Phänomenologen spitzte sich schnell zu einer Art Wissenschaftsfeindschaft zu und ging zuletzt in Wissenschaftsunkenntnis über. Sie hing von Anfang an mit zwei anderen Fehlern zusammen. Erstens beschränkte sich die Methode zu Unrecht auf Bewußtseins- und Aktphänomene; sie schloß sich damit von der gerade im unreflektierten Weltbewußtsein allein betonten und ontologisch relevanten Seite des Phänomenbereichs, der Gegenstandsseite, ab. Alle Versuche, mit ihr zum Seinsproblem vorzustoßen, sind darum gleich bei den ersten Schritten gescheitert. Zweitens aber verkannte die Phänomenologie ihre natürliche Rolle als vorbereitende Methode und warf sich zum Inbegriff alles philosophischen Vorgehens auf. Sie meinte auch Probleme lösen zu können; sie hielt die Wesenheiten, die sie beschrieb, schon für das Prinzipielle in den Sachen. In Wahrheit vermag Deskription nicht einmal Probleme zu „stellen". Phänomenologie ist nicht Aporetik.

Was als beschreibbares Phänomen diesseits aller konstruktiven Verbiegung wirklich vorliegt, gehört vielmehr gerade einem gewissen mittleren Niveau zwischen naiver und wissenschaftlicher Erkenntnis an. Dieses Niveau ist weder einheitlich noch fest umrissen, es liegt auch nicht geschichtlich fest; es wandelt sich entsprechend dem Wissens- und Bildungsstande von Völkern und Zeiten. Aber sein Wandel bewegt sich doch in gewissen Grenzen und zeigt qualitativ innerhalb ihrer immer dieselben Grundzüge. Den Extremen nähert es sich nur gelegentlich, und dann ist es am wenigsten beschreibbar.

f. Die Phänomenebene der Deskription.

Das nachzuweisen ist leichter, als man meinen sollte. Vom wissenschaftlichen Bewußtsein ist es eine wohlbekannte Sache, daß es die mitgebrachten „naiven" Vorurteile nicht ganz los wird. Auch ist es inhaltlich nie ein vollständiges. Es muß „Seiten" des Gegenstandes isolieren, verliert aber darüber das Ganze aus den Augen. Auf jedem Gebiet weiß der Fachmann am besten selbst, daß er nur einen Ausschnitt sieht. Anstelle der wirklichen Überschau stellt sich die ungewollte Ergänzung auf Grund von undurchschaut Hingenommenem ein.

Auf der anderen Seite ist der Irrtum nicht geringer. Die Phänomenologie wollte ein naives Gegenstandsbewußtsein beschreiben. Sie setzte bei der Wahrnehmung ein und glaubte ein wissenschaftlich nicht beeinflußtes Bewußtsein zu schildern. Sie hat sich von Grund aus getäuscht: was sie schildert, ist nicht ein naives Bewußtsein, das sie vorfindet, sondern die aprioristische Konstruktion eines solchen. Das Bewußtsein, das sie schildert, ist freilich „intentionaler" Gegenstand ihrer inneren Schau. Aber der „seiende" Gegenstand, den sie treffen möchte, das wirkliche Gegenstandsbewußtsein, ist ganz anders.

Die Sache ist die, daß ein wirklich naives Bewußtsein der philosophischen Umschau nirgends begegnet und wohl auch nicht begegnen kann. Das heißt nicht, daß es nicht eines geben könnte, etwa bei Kindern oder bei Primitiven. Aber wie will der Philosophierende, der doch weder Kind noch Primitiver ist, dahineindringen, um es zu beschreiben? Niemand kann ein fremdes Bewußtsein, und nun gar ein ihm fremdgeartetes, von innen sehen. Man kann wohl seine Äußerungen erfassen oder sich auf seine Aussagen verlassen. Die ersteren aber unterliegen der Deutung nach Analogie des eigenen Bewußtseins, und die letzteren kann nur ein reflektierendes Bewußtsein machen. Wie Wahrnehmung oder sonstige Gegenstandserfassung in einem wirklich naiven Bewußtsein aussehen mag, welches ihre Wesenszüge sein mögen, kann kein philosophisch Denkender jemals erfahren; und zwar eben deswegen, weil er ein philosophisch Denkender ist. Wäre er ein Naiver, er würde zwar wahrnehmen und auffassen wie ein Naiver; aber um die Beschaffenheit seines Wahrnehmens und Auffassens könnte er nicht wissen, und zwar eben weil er ein Naiver wäre. Nur der philosophisch Reflektierende kann überhaupt ein Wissen um das Bewußtsein haben. Aber das Bewußtsein, um das er wissen kann, ist kein naives.

Freilich kann man sich als Philosophierender „erinnern", wie man gewisse Dinge als Kind aufgefaßt hat. Aber auch die Erinnerung wählt aus, deutet, verfälscht. Solche Reminiszenz — sporadisch und aller Kontrolle spottend, wie sie ist, — mag der Kinderpsychologie genügen. Der Kategorialanalyse genügt sie nicht. Nicht anders ist es mit dem „Hineinversetzen" in das kindliche Bewußtsein. Nichts ist willkürlicher, vorurteilsvoller, konstruierter als solches Hineinversetzen. Und in beiden Fällen steigert sich die Verfälschung im Maße der Heterogeneität des fremden Bewußtseins gegen das eigene.

Der Grund dieses unentrinnbaren Verhängnisses ist ein ganz einfacher: unmittelbar gegeben ist dem auf das Bewußtsein Reflektierenden immer nur das eigene Bewußtsein, mittelbar aber nur ein solches, das dem seinigen gleicht. Nur ein solches kann er beschreiben. Alle Versuche, ein anderes zu beschreiben, bleiben Konstruktion. Allerdings kann die Konstruktion auch einmal die Wahrheit treffen. Aber wie wollte man um das Treffen wissen? Man könnte das Zutreffende nicht vom Verkehrten unterscheiden.

So bleibt denn der phänomenologische Versuch, das naive Bewußtsein zu beschreiben, trotz aller ehrlichen Bemühungen wertlos. Um so ernster wird aber die Frage, wie denn die wirkliche Phänomenebene der Deskription gelegen ist. Zu fragen ist also nicht mehr nach dem naiven oder dem wissenschaftlichen Bewußtsein, sondern nach demjenigen, welches das allein gegebene und beschreibbare ist.

Es gibt nur einen Weg der Beantwortung: das philosophierende Bewußtsein muß darauf reflektieren, wie es sich selbst vorfindet. Es darf nicht hinter sich zurückgreifen auf ein naiveres, auch nicht vorgreifen auf ein rein wissenschaftliches. Es muß durchaus bei sich selbst anfangen. Diese Reflexion muß das Bewußtsein in eben demjenigen Punkte abzufassen suchen, in dem es zu reflektieren beginnt. Das ist, wennschon keineswegs einfach, so doch grundsätzlich durchaus möglich.

Das Bewußtsein, das man so zu fassen bekommt, ist ebensowenig ein naives wie ein rein wissenschaftliches. Es ist immer und notwendig ein schon in hohem Maße denkendes, überlegendes, urteilendes. Es hat stets schon einen Bildungsgang hinter sich, in dem es ein breites Gemeingut des Wissens aufgenommen, sich angeeignet und verarbeitet hat. Es sieht alle Dinge unter Gesichtspunkten, die es nicht selbst geschaffen, sondern übernommen hat, in die es mit seiner geistigen Entwicklung hineingewachsen ist. Es ist das Resultat seines Werdeganges.

Ein solches Weltbewußtsein ist jedenfalls kein naives. Es ist durchzogen von unzähligen, nicht aus ihm herauslösbaren Fäden wissenschaftlichen Erkennens. Daß es von vielen Vorgängen der Natur und des Menschenlebens die Gründe weiß (und sei es auch nur annähernd), läßt ihm alles in bestimmtem Licht erscheinen, öffnet den Einblick in ganze Zusammenhänge, bestimmt zuletzt auch die Stellung, die dieses Bewußtsein sich selbst in der Welt zuschreibt. Es determiniert auf diese Weise auch wesentlich die philosophische Reflexion; ja, es treibt sie allererst hervor.

Die Phänomenebene der Deskription ist ein Weltbewußtsein, das zwischen den konstruierten Extremen die Mitte hält — eine zwar schwankende, nicht begrenzbare und geschichtlich bewegliche Mitte, aber doch eine, die in jedem Stadium wieder von neuem Mitte ist. Gegenüber dieser Mitte bleiben die Extreme, ob konstruiert oder annähernd aufzeigbar, immer nur Grenzfälle, die ihr Bild nicht verschieben. Für das Verfahren der Deskription und den philosophischen Wert der Analysis ist das von hoher Bedeutung. Der Befund der Deskription eben bildet die Basis des methodischen Vordringens im Rückschluß auf die Kategorien.

Daß diese Basis von vornherein nicht zweierlei Niveau hat, sondern ein einheitliches, wenn auch breites und in losen Grenzen verschwimmendes, macht die feste Bezogenheit der Kategorialanalyse auf ihre Ausgangsebene allererst möglich. Zweideutig wird das Niveau erst, wenn man es auf seinen Wahrheitsgehalt hin prüft. Das aber liegt im Wesen des bloßen Phänomenseins. Und die Prüfung ist nicht mehr Sache der Phänomenbeschreibung, sondern Sache der Analysis.

64. Kapitel. Dialektische Methode.

a. Die Umbiegung der Betrachtung in die Horizontale.

Dialektik ist weit entfernt, nur Methode zu sein. Es gibt dialektisches Denken im Leben diesseits aller Forschung. Es gibt einen dialektischen Einschlag im seelischen Empfinden und Verhalten, im Wollen und Handeln, in Sprache und Kunst, in Dichtung und Phantasie. Es gibt ihn auch real, ohne unser Zutun in der Welt, wie sie ist, in den menschlichen Verhältnissen, in der Gemeinschaft, in Politik und Geschichte.

Von alledem ist hier nicht die Rede. Dialektik als Methode ist etwas anderes. Sie betrifft nur das Verfahren der Kategorienforschung, sofern dieses einer inhaltlichen Verflochtenheit folgt, welche die Betrachtung zwingt, bei jedem umgrenzten Gebilde über die Umgrenzung hinauszugehen und weitere Zusammenhänge einzubeziehen. Dabei verschiebt sich auch der Inhalt des Umgrenzten wesentlich und erweist sich immer wieder als ein anderer als der, den man ins Auge gefaßt hatte. Ein solcher Zwang zum Hinausgehen besteht zwar in aller Problemverfolgung. Seine Bedeutung aber bekommt er erst in der Prinzipienforschung, weil hier alle Umgrenzung vorläufig ist und, wenn man sie festhält, zum Hemmnis wird.

Man bedenke, der Aufstieg der Analysis geht stets von einem begrenzten Concretum aus. Er kann somit immer nur zu einzelnen Kategorien emporführen, oder höchstens zu einer begrenzten Kategoriengruppe. Erweitern kann er die Sicht nur durch neuen Aufstieg von einem erweiterten Concretum aus. Das aber ist nicht immer gegeben. Und der Zusammenhang der sporadisch erfaßten Kategorien ist erst recht auf diese Weise nicht zu erfassen; er kann nur als Postulat vorschweben, aber nicht an den Kategorien selbst erschaut werden.

Eine solche Methode, solange sie allein arbeitet, kann wohl in das Kategorienreich hineinführen, aber sich in ihm nicht fortbewegen oder auch nur umschauen. Sie müßte dazu die Richtung ändern, sich aus der „Vertikale" des Aufstieges in die „Horizontale" umbiegen. Als rückschließende kann sie das nicht.

Tatsächlich aber gibt es sehr wohl die Fortbewegung der Einsicht innerhalb der kategorialen Mannigfaltigkeit, und alle Prinzipienforschung in der Geschichte der Metaphysik ist den Weg gegangen, vom erstmalig Gefundenen aus sofort weiter vorzudringen. Wenn sie dabei meist vorschnell zu Werke ging, von zu geringem Boden aus gleich auf das Ganze übergreifen wollte, so war das freilich ihr Fehler. Und der Fehler hat sich gerächt. Aber wo Fehler möglich sind, da ist auch folgerichtiges Vorgehen möglich. Die Frage der dialektischen Methode also ist die, wie denn die faktisch oft vollzogene Umbiegung des Vordringens in die Horizontale folgerichtig und problemgerecht durchzuführen ist.

Dazu bieten die Kohärenzgesetze die Handhabe. Das neue Verfahren hat nur dann Berechtigung, wenn es ebenso wie das analytische an einem bestehenden Seinszusammenhange fortschreitet, freilich an einem anderen. Dieser andere Zusammenhang — anders als der von Kategorie und Concretum — ist der inhaltliche Zusammenhang der Kategorien untereinander.

Diesen Zusammenhang gibt es. Seine Gesetze sind die Kohärenzgesetze (Kap. 45b). Das dialektische Verfahren, soweit es Anspruch auf objektive Gültigkeit hat, ist die methodologische Konsequenz aus diesen Gesetzen, genau ebenso wie das rückschließende Verfahren die methodologische Konsequenz aus den Geltungsgesetzen ist. Der formale Unterschied ist nur der, daß dialektisches Verfahren nicht gezwungen ist, der bestehenden ratio essendi „entgegen" zu laufen. Denn die Kohärenz der Kategorien ist richtungslos innerhalb ihrer Dimension; sie beruht, soweit sie überhaupt reicht, auf Gegenseitigkeit. Dadurch hat die Dialektik eine ganz andere Bewegungsfreiheit. Sie findet, einmal an einen Ausgangspunkt gestellt, alle Richtungen offen. Die Kohärenz eben verbindet innerhalb einer Kategorienschicht alles mit allem.

Hiermit ist der Ansatz eines Vordringens in größerem Stile gegeben. Die Umbiegung der Betrachtung in die „Horizontale" ist der Wendepunkt, an dem die konzentrisch auf einzelne Kategorien gerichtete Schau in weite Zusammenschau übergeht. Darin liegt sowohl die Überlegenheit als auch die Gefahr der dialektischen Methode. Beides ist wohlbekannt an den großen geschichtlichen Beispielen dialektischen Vorgehens. Diese Methode ist stets in Versuchung, die Fühlung mit ihrer analytischen Ausgangsbasis preiszugeben, spekulativ zu werden und die eigene Beweglichkeit für eine solche ihres Gegenstandes auszugeben. Die Mehrzahl der dialektischen Köpfe ist dieser Versuchung erlegen. Das ist es, was selbst den Begriff der Dialektik zweideutig gemacht hat.

Im Wesen der Methode aber liegt solche Entgleisung nicht. Nur die Gefahr liegt in ihrem Wesen. Wie ihr zu begegnen ist, lehren eindeutig die kategorialen Kohärenzgesetze.

b. Das Korrektiv der Dialektik zum hypothetischen Einschlag der Analysis.

Die inhaltliche Ergänzung durch Zusammenschau ist nicht die einzige Vervollständigung, welche die Dialektik der Analysis bringt. Die Resultate der letzteren sind nicht nur der Isolierung, sondern auch einer gewissen Unsicherheit ausgesetzt. Der Rückschluß kann den hypothetischen Einschlag nicht vermeiden. Als Korrektiv der Hypothesis hat er nur die Konfrontation mit dem Gegebenen. Aber auch die vollkommenste Zusammenstimmung ist hier kein Wahrheitsbeweis. Es bleibt immer möglich, daß im Ziehen der Konsequenzen aus dem erschlossenen Prinzip derselbe Fehler begangen wird wie im Rückschluß selbst.

Das ändert sich erst, wenn neben das Erschauen des Prinzips vom Concretum aus noch eine zweite Art des Schauens tritt, die ihren Halt an anderen Ansatzpunkten hat: ein Erschauen des einzelnen Prinzips am Zusammenhang der Prinzipien. Ein solches ist freilich nur möglich, wo andere Prinzipien schon bekannt sind; die anderen aber können auch nur im Rückschließen gefunden sein. Der Rückschluß also bleibt Grundlage. Aber es ist doch etwas sehr anderes, ob jeder dieser Rückschlüsse für sich selbst einstehen muß, oder ob sie alle in ihren Resultaten wieder auf einen Zusammenhang hinausführen, der als solcher erfaßt werden und ihnen untereinander zum Korrektiv dienen kann.

Kategoriale Dialektik — so mag sie zum Unterschied von der spekulativen heißen — ist die konspektive Schau der Kategorien an Hand ihrer Schichtenkohärenz. Auch sie führt zwar, als Kontrollinstanz verstanden, auf eine Diallele hinaus. Aber diese ist doch von anderer Art als die in der Analysis. Sie ist nicht zweigliedrig, sondern vielgliedrig, umfaßt den kategorialen Gehalt einer ganzen Seinsschicht. Das allein ergibt schon eine andere Tragkraft. Bedenkt man aber, daß die einzelnen Glieder dieses Zusammenhanges zunächst auf anderem Wege und unabhängig von ihm erschlossen waren, so ergibt sich hier ein Ineinandergreifen zweier heterogener Typen des Zusammenhanges und der Zusammenschau, die sich an jeder einzelnen Kategorie überschneiden: eines horizontalen und eines vertikalen Zusammenhanges, einer Schau vom Concretum aus und einer Schau von der Vielzahl anderer Kategorien aus, die alle inhaltlich miteinander verbunden sind.

Eine eindimensionale Gegenseitigkeit der Übereinstimmung ist ein schwaches Kriterium. Aber zwei heterogene und voneinander unabhängige (weil verschieden dimensionierte) Arten gegenseitiger Zusammenstimmung bilden ein Kriterium von hoher Gewißheit. Sie stützen und ergänzen sich gegenseitig. Ein Irrtum, den die eine nicht aufdeckt, kann der anderen schwerlich entgehen — und zwar um so weniger, je verschiedener geartet und unabhängiger voneinander sie sind. An Selbständigkeit aber und an Heterogeneität lassen Analysis und Dialektik nichts zu wünschen übrig.

Was sich hier als Konsequenz ergeben hat, ist eine methodologische Perspektive von großer Tragweite. Das Ineinandergreifen von Analysis und Dialektik bildet offenbar ein Gefüge der Methoden, in welchem die heterogenen Arbeitsweisen von Schritt zu Schritt einander begleiten und berichtigen. Ja, es ist streng genommen ein Gefüge dreier Methoden; denn auch die Deskription spielt mit hinein, sofern ihr Fortschreiten immer wieder neuen Rückschluß ermöglicht. In diesem Gefüge nimmt die analytische Methode die verbindende Mitte ein, denn Dialektik und Deskription berühren sich nicht unmittelbar. Wohl aber arbeiten sie parallel. Hat die Deskription einen neuen Rückschluß ermöglicht, so ist das von diesem Erschlossene sogleich Basis neuer dialektischer Zusammenschau; hat aber Dialektik zu neuen Kategorien hingeführt, so unterliegen diese wiederum der Kontrolle durch Übereinstimmung mit dem deskriptiv erfaßten Concretum.

c. Spekulative und kategoriale Dialektik.

Indessen ist das Arbeiten mit dialektischer Methode durch traditionelle Belastung von den deutschen Idealisten, und speziell von Hegel her, aufs schwerste bedroht. Man muß daher von den ersten Schritten an kategoriale Dialektik von der spekulativen gänzlich abtrennen, indem man die Vorurteile der letzteren aufdeckt und abwehrt. Der Hegelschen Dialektik liegt der Gedanke einer Weltvernunft zugrunde, deren Wesenszüge auch der menschlichen Vernunft eigen sind. Unter dieser Voraussetzung braucht das philosophische Denken nur ein Prinzip der Selbstentfaltung, gleichsam einen Leitfaden, an dem es sich selbst durchmißt, um die Reihe der Kategorien zu finden; denn es durchmißt damit zugleich die Welt. Ein solches Prinzip findet Hegel in der fortlaufenden Antithetik und der sie ebenso fortlaufend überwindenden Reihe der Synthesen.

Angesichts derartig gewagter Dinge ist es notwendig, die Reduktion des dialektischen Verfahrens vom spekulativ überspannten zum schlicht kategorialen Sinn in ihren Hauptpunkten ausdrücklich anzugeben.

1. Dialektik ist kein freischwebendes reines Denken, kein Komponieren in Begriffen, sondern echtes Erkennen, das seinen Gegenstand (die Kategorien) als einen unabhängig von ihm bestehenden vorfindet. Sie kann, wie jedes Erkennen, nur erfassen, was „ist", und das Erfaßte in Begriffe fassen. Ihre Begriffe stehen zu den Kategorien, die sie fassen sollen, im Verhältnis inhaltlicher Annäherung.

2. Dialektik ist kein rein apriorisches Erkennen ohne empirischen Boden. Ihr legitimes Arbeitsfeld reicht nur so weit, als Rückbindung an ein gegebenes Concretum besteht. Die Rückbindung ist, vermittelt durch Analysis, eine solche an das deskriptiv Aufweisbare.

3. Dialektik verfährt nicht deduktiv. Sie leitet nicht ab und beweist auch nicht. Sie hat keine Prinzipien, aus denen sie ableiten könnte. Was sie in ihre Begriffe faßt, muß sie zuvor an ihrem Gegenstande „erfahren". Sie ist somit eine Erfahrung höherer Ordnung, diejenige nämlich, die das Denken mit seinen eigenen Kategorien und denen des Seienden in deren Gebundenheit aneinander macht.

4. Dialektik hat kein einheitlich formales Schema. Sie schreitet nicht nach einem Rezept fort (etwa nach dem von These, Antithese und Synthese). Sie ändert ihren Duktus mit jedem Inhalt, behandelt jedes kategoriale Verhältnis singulär. Ihr Wesen ist die äußerste Anschmiegung an die Besonderung ihres Gegenstandes. Darum konnten die wirklichen Meister der Dialektik es nie generell aussprechen, wie sie es machten; nicht weil sie es nicht wußten, sondern weil es kein generelles Tun war.

5. Dialektik ist kein Auflösen von Widersprüchen und auch kein

Herstellen von Synthesen. Mit dem „Widerstreit" (nicht Widerspruch) und seiner Lösung hat sie freilich auch zu tun, aber weder mit ihm allein, noch auch vorwiegend mit ihm; auch löst sich keineswegs aller Widerstreit (vgl. Kap. 32c und d). Daß der Widerstreit, wo er auftritt, sich dem Denken aufdrängt, liegt nicht an einer Vorliebe der Dialektik für ihn, sondern an ihrem Versagen vor ihm.

6. Dialektik ist nicht Begriffsbewegung. Wohl sind die Begriffe der Dialektik in Bewegung. Sie ist Begriffsbildung und Begriffsumbildung, wie jede arbeitende Methode und jedes Erkenntnisfortschreiten überhaupt. Aber das Primäre in ihr, wie in jedem Verfahren, ist das fortschreitende Erfassen ihres Gegenstandes, nämlich der Kategorien, und zwar im Verfolgen der kategorialen Kohärenz. Die Begriffe müssen sich also notwendig entsprechend diesem Fortschreiten wandeln.

7. Dialektik ist auch nicht Bewegung des Gegenstandes. Der Gegenstand mag seine Bewegung haben, aber es ist nicht die des ihn fassenden Gedankens. Echte Dialektik kommt also von sich aus gar nicht dazu, sich für die Selbstbewegung der Kategorien, geschweige denn für die einer Weltvernunft zu halten. Wohl ist sie einer Weltgesetzlichkeit auf der Spur, denn sie ist der kategorialen Kohärenz auf der Spur. Aber der Duktus des Aufspürens ist kein Duktus der Kohärenz.

8. Dialektik geht nicht teleologisch auf vorbestimmte Endziele. Sie ist auch kein Aufstieg zu einem Absoluten. Sie hat keine andere Zielstrebigkeit als die aller Methode und aller Erkenntnis: ihren Gegenstand zu erfassen. Wo sie hinausgelangt, „erfährt" sie erst im Fortschreiten. Es gibt für sie keine vorgezeichnete Richtung. Sie ist weder an ein lineares noch an ein zyklisches Schema gebunden. Ihr stehen innerhalb einer Kategorienschicht alle Wege offen. Denn die Kohärenz, der sie folgt, ist durchgehend gegenseitig und richtungslos.

9. Dialektik ist kein Zusichgelangen der Vernunft, kein Sichselbstdenken des Geistes. In ihr ist keine Weltmetaphysik verborgen. Sie ist auch nicht Entwicklung ihrer selbst. Sie entwickelt überhaupt nichts, sondern deckt auf und erfaßt. Sie langt wie alle echte Erkenntnis beim „anderen ihrer selbst" an. Hat sie ihren Gegenstand durchdrungen, so wird sie überflüssig. Praktisch kommt sie allerdings mit ihm sowenig zu Ende wie alle philosophische Erkenntnis.

d. Methodologische Konsequenzen der Kohärenzgesetze.

Schaltet man nun die angegebenen Vorurteile der spekulativen Dialektik aus, so ist das, was übrig bleibt, etwas weit Einfacheres und Durchsichtigeres, das sich in wenigen Strichen umreißen läßt.

Da die kategoriale Dialektik der Kohärenz folgt, und diese in ihren Gesetzen bekannt ist, so braucht man, um die wirkliche Struktur der

Dialektik zu gewinnen, nur die Kohärenzgesetze methodisch auszuwerten. Die zentrale Rolle spielt hierbei das Implikationsgesetz; die Gesetze der Schichteneinheit und Schichtenganzheit ergeben nur mit ihm zusammen Konsequenzen. Das Gesetz der Verbundenheit dagegen spielt methodologisch neben diesen keine Rolle.

Jene drei Gesetze besagen, daß alle Kategorien einer Schicht in Wechselbedingtheit stehen, sich gegenseitig implizieren, isoliert nicht vorkommen; ferner daß ihre Ganzheit das Prius vor den einzelnen hat, daß jede Kategorie ihr Eigenwesen ebensowohl „außer sich" in den anderen, als in sich hat, und daß die Kohärenz der Schicht ebensowohl an jedem Element wie am Ganzen der Schicht total vertreten ist. Daraus ergibt sich:

1. Man kann eine einzelne Kategorie nur dann vollständig erkennen, wenn man alle Kategorien der Schicht erkannt hat.

2. Könnte man eine Kategorie vollständig erkennen, so hätte man damit auch die übrigen Kategorien der Schicht erkannt.

3. Man müßte dann von jeder Kategorie aus, zu der man einmal gelangt ist, die ganze Kategorienschicht aufrollen können.

Da die Bedingung vollständiger Erkenntnis dem menschlichen Erfassen nicht erfüllbar ist, so sind diese methodischen Regeln praktisch wertlos, wenn man sie nicht der endlichen Erkenntnis anpassen kann. Wir können weder von einer vollständig erkannten Kategorie noch von der erkannten Vollständigkeit einer Kategorienschicht ausgehen. Auf beiden Seiten steht uns nur zu Gebote, was die Analysis liefert. Und das eben ist beschränkt. Die großartige Aussicht, die sich auf Grund der kategorialen Kohärenz eröffnet, kann von der menschlichen Erkenntnis nicht voll ausgewertet werden. Reduziert man aber jene drei methodischen Regeln auf das dem Menschen Erreichbare, so sinken sie auch selbst auf eine Art halber Höhe zurück; dafür werden sie praktisch anwendbar. Sie lauten dann folgendermaßen:

1. Eine einzelne Kategorie ist stets nur so weit inhaltlich erkennbar, als die übrigen Kategorien ihrer Schicht erkennbar sind.

2. Hat man eine Kategorie in einigen ihrer Momente erkannt, so ist eben damit vom Ganzen der Kategorienschicht genau ebensoviel erkennbar geworden.

3. Von jeder beliebigen Kategorie kann man die Kohärenz ihrer Schicht genau so weit erfassen, als man sie selbst erfaßt hat.

Daß diese drei Regeln immer noch eine methodische Handhabe ersten Ranges darstellen, bedarf keines Wortes. Sie sprechen klar für sich selbst. Nach ihnen stehen der menschlich begrenzten Erkenntnis von jedem jeweiligen Stande der Kategorienforschung aus zwei Wege der konspektiven Schau offen: vom Ganzen einer Schicht zum Gliede und vom Gliede zum Ganzen, oder — da das Ganze nie gegeben ist — von jeweilig erfaßten Bruchstücken der Schichtenkohärenz zur einzelnen Kategorie, sowie umgekehrt von erfaßten Bruchstücken einer Kategorie zur Schichtenkohärenz.

Denn das ist einmal die Sachlage in aller Kategorienforschung, daß die konspektive Schau auf die Ansatzpunkte angewiesen ist, welche die Analysis ihr darbietet. Ansatzpunkte aber können sehr verschieden liegen: sie können auf eine Vielzahl spärlich erkannter Kategorien verteilt sein, können sich auch auf eine einzelne, in ihren Momenten besser erkannte Kategorie zusammendrängen. Im ersteren Falle wird von der Kohärenz vieler her die einzelne bestimmbar sein, im letzteren von der Innenstruktur der einzelnen Kategorie her ein Ausschnitt vom Gefüge vieler.

Auf dieser doppelten Chance beruht die außerordentliche Bewegungsfreiheit der Dialektik — eine Freiheit, die nichts mit spekulativer Konstruktion zu tun hat, die vielmehr stets dicht am Gegebenen bleibt und geradezu in dieser ihrer unbegrenzten Anschmiegungskraft besteht. Die Form ihrer Fortbewegung ist die Implikation, wie das vierte Kohärenzgesetz sie ausspricht. Die Implikation der Kategorien selbst greift eben über auf das ihr nachspürende Denken und seine Begriffe: soweit in den Begriffen wirklich etwas vom inneren Bau der Kategorien erfaßt ist, unterliegen sie derselben Implikation wie das, was sie fassen. Denn Implikation als solche besteht am Inhalt als solchem; sie ist gleichgültig dagegen, ob der Inhalt nur in Gedanken oder jenseits des Denkens an sich besteht. Das Medium des Gedankens und seiner sekundären (bloß logischen) Seinsweise ändert nichts an ihr. Dieses Medium ist nachgiebig und fast widerstandslos gegen den Eigensinn ontischer Strukturen; es wird erst aufsässig, wenn der Mensch ihm anderweitige, nicht dem Dienste des Erkennens entsprechende Ziele aufzwingt. Spekulative Zielsetzung zerstört alle Methode, nicht nur die dialektische. Wo aber der Gedanke sich von ihr rein hält, müssen Begriffe, die auch nur einen Bruchteil kategorialen Inhalts „begreifen", einander in derselben Weise implizieren wie die Kategorien.

So kommt das Wunder der kategorialen Dialektik zustande, daß die Implikation der Begriffe im Zuge des Denkens eine an sich bestehende Implikation der Kategorien nachformt und wiederkehren läßt. Die Dialektik schafft die Implikation nicht, sie „erfährt" sie an sich selbst als eine solche ihrer Begriffe. Es ist damit nicht anders als im deduktiven Erkennen: die Stringenz der Folgerichtigkeit wird als Denknotwendigkeit „erfahren", ohne daß der Gedanke von sich aus etwas hinzutäte. Das innere Erfahren ist nur in der Dialektik von weit größerem Stil und Strukturenreichtum.

c. Dialektische Begriffsbildung und Begriffsbewegung.

Von hier aus läßt sich die Überwindung des Hypothetischen in der Kategorienerkenntnis, von der oben die Rede war, noch einmal tiefer verstehen. Man sollte ja meinen, wenn eine Methode von den rückerschlossenen Resultaten der Analysis, die selbst schon hypothetisch sind, weiter auf andere Kategorien schließt, so müßten ihre Ergebnisse erst recht hypothetisch sein. Ganz das Gegenteil ist der Fall: an der Implikation der Kategorien stellt sich ein Zusammenhang anderer Art her, der als solcher eine selbständige Einsichtigkeit hat und so zum Gegenhalt des Gefundenen, sowie zur Basis weiteren Findens wird.

Aber nicht nur ungewiß, sondern auch unbestimmt sind die Resultate der Analysis. Sie kann die Kategorien nur aus ihrem Verhältnis zum Concretum heraus definieren. Inhaltlich fallen solche Definitionen notwendigerweise spärlich aus. Das ändert sich unter dem Gesichtspunkt einer Wechselbedingtheit der Kategorien, wie die Kohärenzgesetze sie umreißen. Formal gewinnt man zwar auch aus ihr nur eine Beziehungsdefinition; aber die Beziehungsmannigfaltigkeit ist hier so groß, daß die Definition aus ihr heraus den Wert einer wirklichen Inhaltsbestimmung gewinnt.

Nur dadurch ist die definitorische Kraft der Dialektik begrenzt, daß der endliche Verstand diese Beziehungsmannigfaltigkeit nicht ausschöpfen kann. Für ihn liegt in der kategorialen Begriffsbildung eine schlechterdings unabschließbare Aufgabe. Kategorien-Begriffe sind nie fertig, sie stehen in fortgesetzter Umbildung, entsprechend dem fortgesetzten Umlernen der Erkenntnis über die einzelnen Kategorien; sie bleiben inhaltlich stets Näherungswerte dessen, was sie begreifen sollen. Der Grenzwert liegt in der Totalität der Schichtenkohärenz. Sofern aber diese sich dem Begreifen nur stückweise öffnet, muß der Begriff die Reihe der Näherungswerte durchlaufen. Er muß also beweglich sein, sich dauernd umbilden.

Das und nichts anderes ist der eigentliche Sinn der vielberufenen Begriffsbewegung. Sie ist keineswegs ein Privileg der Dialektik, sie ist allem Erkenntnisfortschritt gemeinsam, auch dem außerphilosophischen, ja sogar dem außerwissenschaftlichen; denn überall liegt dasselbe Zulernen und Umlernen vor. Der Unterschied ist nur, daß in der Dialektik die Begriffsbildung selbst ins volle Licht des Bewußtseins rückt; darum wird das Phänomen der Begriffsbewegung — das ja nichts als die fortgeführte „Bildung" des Begriffs ist — hier in ganz anderem Maße greifbar.

Daß es sich dabei nicht um Bewegung der Kategorien selbst handelt, sollte hiernach eindeutig klar sein. Kategorien werden nicht „gebildet", sie hängen an keinem Erkenntnisfortschritt und keinem Umlernen.

Die Geschichte der Begriffe — in ihrem Wandel durch die Zeiten und die Reihe der „Systeme" — ist nicht die Geschichte dessen, was sie begreifen.

Damit hängt die weitere Frage zusammen, wie denn überhaupt Begriffe sich bewegen können. Diese Frage ist eine zu Unrecht gefürchtete, sie bedroht nicht, wie man gemeint hat, die Logik mit Aufhebung ihrer Gesetze. Ja, sie tangiert nicht einmal die recht verstandene Identität der Begriffe. Endgültig definierte Begriffe mögen invariabel sein; es fragt sich nur, ob es irgendwo im Leben und in der Wissenschaft solche gibt. In der Kategorialanalyse kann es sie nicht geben, weil die Begriffe der Kategorien ja erst gebildet werden sollen. Man kann hier nicht mit Definitionen beginnen, am wenigsten mit solchen, die man festzuhalten gedenkt.

Außerdem widerstreitet die Identität eines Begriffs durchaus nicht seinem inhaltlichen Wandel. Identität ist eben nicht Tautologie. Identisch ist ein Begriff nicht durch Unverrückbarkeit seiner Merkmale, sondern durch seinen Systemcharakter und die eindeutige Bezogenheit auf den Gegenstand, dessen Begriff er ist. Der Gegenstand verschiebt sich nicht, einerlei ob er Concretum oder Kategorie ist; es verschiebt sich nur die Einsicht und mit ihr das Urteil. Neue Einsicht entdeckt neue Merkmale, hebt gelegentlich auch veraltete auf. Die Merkmale werden als Prädikate dem Begriff beigelegt, also dem System seiner Bestimmungen eingefügt. Dieses Einfügen ist das Urteil. In der Reihe der Urteile bildet sich der Begriff um, das System seiner Merkmale erweitert sich. Aber das System bleibt dasselbe, es ist bewegliches System, es erhält sich im Wechsel der Merkmale (vgl. Kap. 33e).

So ist es mit allen Begriffen, im Leben wie in der Wissenschaft. Nur das Tempo der Umbildung ist verschieden. Sie sind überhaupt nur „lebendig", d. h. brauchbare Vehikel der nie ruhenden Erkenntnis, solange sie beweglich sind. Erstarren sie eines Tages in einer nicht mehr verschiebbaren „Definition" — so wie das Wissenschaftsideal der Logistiker es verlangt —, so sind sie tote Begriffe, über die der lebendige Fortschritt der Einsicht hinweggeht.

Begriffsbewegung ist kein Unikum einer Methode. Die Dialektik setzt nur mit Bewußtsein fort, was in allem begriffbildenden Erkennen ohnehin geschieht. Und das ist freilich ihre Besonderheit. Das vollständige System der Merkmale liegt bei einem kategorialen Begriff stets weit über die Grenze jeweiliger Begriffsbestimmung hinaus; es liegt im System der Kategorien einer ganzen Seinsschicht. Die Kohärenzgesetze haben gezeigt, daß dieses System wie eine einzige hochkomplexe Kategorie anzusehen ist, die ihre Momente niemals aus ihrem Verbande entläßt. An jeder jeweiligen Begriffsfassung nun bleibt dieser Systemverband spürbar als ein Fehlendes, d. h. als ein Bezogensein des Begriffs über sich hinaus. Dem Begriff haftet so der Tendenz nach das Begreifen des in ihm Nichtbegriffenen an. Er ist, inhaltlich gesehen, das System seiner Merkmale und dessen, was nicht in seinen Merkmalen ist. Insofern hat er die Tendenz der Umbildung nicht außer sich, wie andere Begriffe, sondern in sich. Die an seinem jeweiligen Bestande sich meldende Implikation der Kategorien drängt ihn über sich hinaus.

Diese innere Bewegungstendenz im Gefüge des Begriffs ist das eigentlich dialektische Moment der philosophischen Begriffsbildung. Es ist ein Phänomen, das rein nur an reinen Kategorienbegriffen auftreten kann. Denn in strenger Kohärenz stehen nur Kategorien. So kommt es, daß eigentlich dialektische Bewegung der Begriffe nur vorliegt, wo es in der Begriffsbildung um Fassung des Prinzipiellen einer Sache geht. Denn nur das Prinzipielle ist Sache der Kategorien.

f. Leistung und Grenzen der kategorialen Dialektik.

Man darf sagen, erst mit dem Einsetzen dialektischen Denkens beginnt die wirkliche kategoriale Begriffsbildung. Erst an der Kohärenz wird kategorialer Inhalt greifbar. Denn erst durch das Eindringen der Implikation in den Begriff selbst wird dieser fähig, dem Prozeß der Orientierung in der kategorialen Mannigfaltigkeit zu folgen. Platons Ideen blieben tautologisch — sie unterlagen der „Homonymie" (Kap. 6c und d) —, bis er sie aus der „Verflechtung" wirklicher Prinzipien („größter Gattungen") heraus verstehen und bestimmen lernte. Diese methodologische Erfahrung ist typisch geblieben für alles inhaltliche Erfassen von Kategorien und hat sich geschichtlich an jedem neuen Versuch wiederholt.

Es ist grundsätzlich ein Ding der Unmöglichkeit, philosophische Fundamentalbegriffe in der Weise einzuführen, daß man ihre Definition vorausschickt. Man hilft sich wohl mit einer Nominaldefinition, aber die ist inhaltlich nichtssagend. Die Erfahrung hat gelehrt, daß der umgekehrte Weg der allein gangbare ist. Der ist freilich paradox: man führt den Begriff in vorläufiger Unbestimmtheit ein und entwickelt statt seines Inhalts seine Beziehungen zu anderen Fundamentalbegriffen, d. h. man wendet ihn an. Man verfährt also mit ihm gerade so, als wäre er schon definiert und als könnte er schon Beziehungspunkt jener Beziehungen sein. Das Resultat aber ist nicht, wie man erwarten sollte, daß die Beziehungen unbestimmt bleiben, sondern das umgekehrte: der unbestimmte Begriff gewinnt aus den Beziehungen Bestimmtheit, er wird im Maße des Fortschreitens an ihnen definiert.

Diese Erfahrung muß rätselhaft und geradezu verdächtig bleiben, solange man sie nicht aus der kategorialen Implikation heraus versteht. Gemeinhin bestehen Begriffe aus ganz anderen Merkmalen als bloßen Außenbeziehungen. Bei Kategorienbegriffen ist das anders, weil die Kategorien selbst nur solche Momente an sich haben, die der allseitigen Kohärenz einer ganzen Prinzipienschicht entsprechen. Darum ist das schrittweise vorrückende gegenseitige Sichdefinieren der kategorialen Begriffe kein Umweg, sondern der einzig gerade Weg. Die kategoriale Implikation dringt in die noch unbestimmten Begriffe durch und vermittelt ihnen die Bestimmtheit, welche die Kategorien selbst aus ihr empfangen.

Auf diesem einzigartigen Verhältnis beruht die Tragkraft des systematischen Denkens, auch weit hinaus über die Grenzen eigentlicher Dialektik. Die Entfaltung des Gedankens und die Definition der ihn tragenden Begriffe ist hier ein und dasselbe. Wollte man mit definierten Begriffen beginnen, wie es positivistische Schulmeisterei verlangt, man müßte, um auch nur anzufangen, vielmehr schon am Ende sein und die ganze Untersuchung hinter sich haben. Hat eine Wissenschaft ihre Begriffe zu Ende definiert, so hat sie auch ihren Gegenstand zu Ende erkannt, hat also nichts mehr zu suchen. Solange sie arbeitet, sind die Begriffe unfertig; in ihrem Anfang sind sie notwendig leer. Denn „erst die Prädikate sagen, was das Subjekt ist" (Hegel). In der Reihe der Prädikate aber besteht der Inhalt des ganzen Forschungsganges.

So inhaltsreich ist eben das Wesen der Kategorien, daß die Definition ihrer Begriffe einer ganzen Wissenschaft gleichkommt. Dieses Verhältnis, ins Bewußtsein gehoben und zur planmäßig arbeitenden Methode ausgeformt, ist die kategoriale Dialektik. Ihr Spielraum ist grundsätzlich genau so weit wie der der kategorialen Kohärenz. Ihre Grenze also fällt mit der Grenze der Seinsschichten gegeneinander zusammen. —

Praktisch ist freilich ihr Spielraum bedeutend enger. Ein unendlicher Intellekt könnte wohl, wie die Idealisten es wollten, von einer einzigen Kategorie aus das Ganze der kategorialen Kohärenz durchmessen. Der endliche Intellekt kann es nicht, weil er nie eine einzelne Kategorie in ihren sämtlichen Momenten begreift. Nichtsdestoweniger ist dialektische Methode auch für ihn ein gangbarer Weg. Es lassen sich in gewissen Grenzen sehr wohl Kategorien auf Grund von Implikation antizipieren; die Antizipation bleibt nur eine inhaltlich beschränkte. Der vorweggenommene Begriff einer Kategorie bleibt in relativer Unbestimmtheit, bis er sich von anderer Seite her ergänzen läßt. Es ergibt sich auf Grund vielseitiger Implikation der Umriß neuer (im analytischen Wege nicht erschlossener) Kategorien, und zwar nicht als ein völlig leerer, sondern als ein im Maße der erfaßten Beziehungsmannigfaltigkeit auch schon teilweise erfüllter. Es gilt dann, die sich überschneidenden Beziehungen in ihrem Gefüge festzuhalten und positiv als definitorische Momente auszuwerten.

Von einer einzigen Kategorie aus ist das nicht menschenmöglich, wohl aber von mehreren aus, soweit sie anderweitig bereits genügend erkannt sind. Diese Bedingung trifft überall da zu, wo analytische Methode vorgearbeitet und auf eine wenigstens lose zusammenhängende Kategoriengruppe hinausgeführt hat. In Wirklichkeit also kommt es auf die Zusammenarbeit analytischer und dialektischer Methode an, und zwar auf fortlaufende Zusammenarbeit. Von jedem Resultat der einen führt dann die andere zu neuen Resultaten. Jede für sich allein kommt schnell zum Stehen. Zusammen führen sie einander dauernd über sich hinaus.

Die Geschichte der Philosophie hat große Beispiele dialektischer Vorwegnahme aufzuweisen. Die reinsten und instruktivsten dürften in Platons „Parmenides" zu finden sein, der ein systematisches Durchprobieren der Ideenkohärenz an Hand einiger weniger Prinzipien darstellt. Hier entsteht in der Verfolgung von Verbindungsfäden eine Reihe höchst bedeutender kategorialer Begriffe, die nicht in der Analysis gewonnen sind. Am besten ist das an dem überraschenden Begriff des „Umschlagens" im 21. Kap. des Dialogs zu sehen. Ähnliches läßt sich aber auch an einer Reihe Aristotelischer Prinzipienbegriffe zeigen. Ein reiches Material dieser Art weisen die Neuplatoniker auf, desgleichen der Cusaner in seinen kühnen Identitätsthesen, Leibniz in seinen Bestimmungen von Substanz, Kraft, Grund, Kontinuität.

Die Hegelsche Logik vollends ist eine wahre Fundgrube neuentdeckten kategorialen Gutes, sowie der zugehörigen Begriffsbildung. Daran ändert auch der Umstand nichts, daß hier die Dialektik gefährliche Wege geht und in ihren Resultaten mit Vorsicht zu nehmen ist. Denn es ist durchaus keine allzuschwere Aufgabe, sie Schritt für Schritt nachträglich an die analytische Vorarbeit anzuschließen und durch diese Rückbindung auf ein kritisches Maß zu restringieren.

65. Kapitel. Die Methode der Schichtenperspektive.

a. Die andere Dimension der konspektiven Schau.

Es gibt nun noch einen anderen Kategorienzusammenhang. Er spielt nicht in der Horizontale der Kohärenz, sondern in der Vertikale des Schichtungsverhältnisses. Er ist also von Grund aus anders dimensioniert, ist an den Gegensatz des Höheren und Niederen gebunden. Die Schichtungs- und Dependenzgesetze haben seine ontologische Struktur entwickelt.

Auch dieser Zusammenhang macht sich in derselben Weise spürbar wie die Kohärenz. Auch von ihm ist stets auf Grund der Resultate analytischen Rückschlusses eine Andeutung mitgegeben. Denn der Rückschluß fördert Kategorien sehr verschiedener Schichten zutage; und an diesen ist die „Höhendistanz" ohne weiteres sichtbar, auch wenn das innere Verhältnis, das hinter ihr steht, verborgen bleibt. Es ist kaum vermeidbar, daß spekulatives Denken an Hand solcher Höhendistanz sich ein Schema konstruiert, nach dem es sich Verbindung, Ordnung und Abhängigkeit von Kategorien verschiedener Höhe vorstellt.

Die spekulative Dialektik hat fast immer den Schritt aus der Horizontale in diese Vertikale hinein vollzogen und die größten Hoffnungen — z. B. auf Totalität aller Kategorien, oder gar auf ihre einheitliche Ableitung — damit verbunden. Schon Plotins Dialektik stand unter einem solchen Denkschema. Die der Idealisten ging darin noch bedeutend weiter; sie glaubte einen einheitlichen Aufstieg durch die ganze Reihe der Kategorien hindurchführen zu können. Aber sie kannte die Gesetze nicht, welche die Kategorien verschiedener Schichtenhöhe miteinander verbinden. Sie folgte einem konstruierten Gesetz, und wurde darum selbst zur Konstruktion.

Nach Hegel gibt es ein dialektisches Hervorgehen des Höheren aus dem Niederen, aber es bedeutet ihm nur ein Zum-Vorschein-Kommen: das Höhere geht im Niederen nicht auf, wohl aber ist es in ihm latent vorausgesetzt und muß ans Licht kommen, wo man das Niedere auf seine Voraussetzung hin untersucht. Der ratio essendi nach hängt dann die niedere Kategorie an der höheren; sie hat die Tendenz zu ihr, denn sie kann sich erst in ihr vollenden. Sie ist also teleologisch abhängig von der höheren Kategorie. Und die Dialektik als Methode läuft dieser Abhängigkeit entgegen, indem sie Schritt für Schritt vom Niederen zum Höheren aufsteigt.

In diesem Schema ist vor allem das Gesetz der Indifferenz verletzt, das da sagt, daß die niederen Kategorien gleichgültig gegen die höheren dastehen und ihrer jedenfalls nicht bedürfen. Zugleich aber ist auch das kategoriale Grundgesetz invertiert, denn die Selbständigkeit (das „Stärkersein") der niederen Kategorien ist aufgehoben zugunsten eines teleologischen Hineinspielens der höheren in ihre Schicht. Das Gesetz der Wiederkehr dagegen ist in gewissen Grenzen gewahrt, denn die niederen Kategorien werden ja in die höheren aufgenommen („aufgehoben"); nur erscheint hier die Wiederkehr als „von oben her" bestimmt, was immerhin nicht in ihrem Wesen liegt, sondern eine Folge der Inversion aller kategorialen Dependenz ist.

Was es mit solcher Inversion auf sich hat, ist oben gezeigt worden (Kap. 57b und c). Im übrigen sieht man leicht, daß hier nur die genaue Kenntnis der kategorialen Gesetze Ordnung schaffen kann.

b. Methodologische Konsequenz der Schichtungsgesetze.

Für den Zweck der Methodenperspektive lassen sich die Schichtungsgesetze in zwei Sätzen zusammenfassen: 1.) Eine Fülle niederer Kategorien kehrt in den höheren abgewandelt wieder, und 2.) die höheren gehen in diesen wiederkehrenden Elementen nicht auf, ihre Distanz gegen diese liegt von Schicht zu Schicht in einem Novum. Diese beiden Sätze vorausgesetzt, würde sich für einen unendlichen Intellekt eine Reihe sehr weitgehender Konsequenzen ergeben:

1. Wäre der Inhalt einer Kategorie (von etwa mittlerer Höhe) total erkannt, so müßte aus ihm die Reihe der niederen Kategorien so weit erkennbar sein, als sie wiederkehrende Elemente dieser Kategorie sind.

2. Wäre der Inhalt der höchsten Kategorien total erkannt, so müßte aus ihm das System aller niederen mitsamt ihrer Rangordnung genau so weit erkennbar sein, als ihre Wiederkehr bis in die höchsten hineinreicht.

3. Wäre der Inhalt aller Kategorien einer Schicht total erkannt, so würde der Inhalt etwaiger höherer Kategorien doch höchstens den überformten Elementen nach, die in ihm wiederkehren, also nicht in seinem Eigentlichen (dem Novum) erkennbar sein.

4. Ob überhaupt es höhere Kategorien über den erkannten gibt, in denen diese als Elemente wiederkehren könnten, wäre damit nicht erkennbar.

Diese methodischen Regeln, obschon so nur für einen unendlichen Verstand gültig, drücken doch in aller Klarheit das Grundsätzliche der Schichtenperspektive aus, daß von den höheren Kategorien aus stets niedere zu erkennen sind, niemals aber von den niederen aus die Eigenart der höheren (ihr Novum).

Hiermit ist der Punkt aufgedeckt, in dem die teleologisch aufwärtsführende Dialektik sich von Grund aus geirrt hat. Diese meinte, innerhalb der kategorialen Schichtung aufwärts schließen zu können, weil das Höhere im Niederen enthalten sei; sie hatte nicht begriffen, daß in der wirklichen Schichtenfolge der Kategorien stets nur die niederen in den höheren enthalten sein können. Das Gesetz der Wiederkehr formuliert zusammen mit dem Gesetz der Stärke den einzigen Modus der Verbundenheit, der zwischen den Schichten waltet. Diese Verbundenheit hat nur einseitige Richtung und irreversible Dependenz. Die Wiederkehr verbindet die Schichten wohl fest miteinander, aber sie bindet nur die höheren an die niederen, nicht die niederen an die höheren.

Aus dem Gesagten läßt sich die weitere Konsequenz ziehen: je höher im Schichtenreich ein Ausschnitt erkannter Kategorien gelegen ist, um so mehr Erkenntnis niederer Kategorien ist aus ihm zu gewinnen. Aufwärts sind eben stets nur Elementarbedingungen möglicher Kategorien erkennbar, nicht diese selbst in ihrem Eigentümlichen und Neuartigen. Abwärts aber ist alles erkennbar, was nur irgend die Rolle des Elementes spielt, und zwar stets bis in das Eigentümliche der niederen Kategorien hinein. Von den höchsten Kategorien aus müßte somit die Totalität aller in ihnen wiederkehrenden Elemente — u. a. also die ganze Reihe der Fundamentalkategorien — erkennbar sein. Von den niedersten aus dagegen ließe sich über das Eigentümliche der höheren in keiner Weise etwas ausmachen.

Man wird die methodologische Chance, die hierin liegt, um so höher einschätzen müssen, als sie sich der Dimension des Vorgehens nach mit derjenigen der kategorialen Dialektik überkreuzt. Letztere ermöglicht ein Vordringen von einer einzelnen Kategorie zur Totalität ihrer ganzen Kategorienschicht, bleibt aber an deren Grenzen gebunden. Die Schichtenperspektive dagegen ermöglicht auch ein Überschreiten dieser Grenzen — allerdings nur ein solches „nach unten zu" und auch das nur in den Grenzen der kategorialen Wiederkehr; aber es besteht damit doch die Möglichkeit, sich von den Kategorien einer Schicht auf die der anderen hinführen zu lassen. Damit wird die Bewegungsfreiheit des konspektiv schauenden Vordringens bedeutend erweitert.

Nun gelten die angegebenen Methodenregeln nur für einen unendlichen Verstand. Sollen sie praktisch verwendbar werden, so muß man sie dem endlichen Verstande entsprechend reduzieren. Die Problemsituation ist dadurch gegeben, daß auf Grund analytischer Methode eine Reihe von Kategorien in einem Teil ihrer Momente vorerkannt ist. Diese Kategorien gehören vorzugsweise den mittleren Schichten an, eben denen, die auch dem Concretum nach am besten bekannt sind. Die Frage geht nun dahin, wieweit von einem solchen Bestande des unvollständig Erkannten aus die Kategorien höherer und niederer Schichten zugänglich gemacht werden können. Unter dieser Fragestellung nehmen die Regeln die folgende Form an.

1. Ist der Inhalt einer Kategorie teilweise erkannt, so ist aus ihm genau so viel an niederen Kategorien erkennbar, als in ihm an wiederkehrenden Elementen erkannt ist. Ist also z. B. nur das Novum erkannt,

nicht aber die Elemente, so sind niedere Kategorien daraus nicht erkennbar.

2. Ist der Inhalt der höchsten Kategorien oder auch nur einer von ihnen teilweise erkannt, so ist aus ihm genau so viel an Kategorien aller Schichten erkennbar, als in ihm selbst an wiederkehrenden Elementen erkannt ist. Vom Aufbau des ganzen Kategoriensystems, soweit es überhaupt erfaßbar ist, läßt sich nur von den höchsten Kategorien aus ein Bild gewinnen.

3. Ist der Inhalt einiger Kategorien gleicher Schicht erkannt, so läßt sich von ihm aus die Eigenart (das Novum) etwaiger höherer Kategorien in keiner Weise erkennen; wohl aber lassen sich gewisse wiederkehrende Elemente höherer Kategorien angeben, sofern diese anderweitig bekannt sind.

4. Ob es überhaupt höhere Kategorien über den erkannten gibt, in denen diese als Elemente wiederkehren könnten, ist daraus in keiner Weise zu ersehen.

Auch in solcher Reduktion verbleibt doch der Schichtenperspektive ein beträchtliches Leistungsfeld. Die letzte Regel ist dieselbe geblieben, weil sie negativ ist. Die Bedeutung der zweiten ist weit herabgesetzt; Bruchstücke des Kategoriensystems werden auch von Kategorien mittlerer Höhe aus faßbar. Die an sich mögliche Überschau von oben also kann dem bei unvollständig erfaßten Ausgangspunkten nur wenig hinzufügen.

Das ganze methodologische Gewicht fällt unter solchen Umständen auf die erste und dritte Regel, wobei aber wiederum die erste die bei weitem wichtigere ist. Denn die erste handelt von der Erkennbarkeit ganzer Kategorien niederer Schicht auf Grund erkannter Elemente von höheren; in der dritten aber geht es um Erkennbarkeit bloßer Elemente höherer Kategorien auf Grund erkannter niederer Kategorien. Die erste Regel ist das Gesetz der eigentlichen, abwärtsgerichteten Schichtenperspektive, die dritte nur ein Gesetz der uneigentlichen, aufwärtsgerichteten. Sie haben dieses gemeinsam, daß die Bindung ausschließlich an den Elementen hängt, und nicht am Novum. Aufwärts aber ist aus bloßen Elementen wenig zu ersehen, denn da ist das Novum die Hauptsache; abwärts dagegen ist das Novum in den Elementen enthalten. Aufwärts muß aus Elementen auf Kategorien geschlossen werden, abwärts brauchen nur aus Kategorien die Elemente aufgewiesen zu werden. In beiden Fällen bleibt das Eigentümliche und Autonome der höheren Kategorien aus dem Spiel.

c. Weitere Konsequenzen. Die Methode der Ergänzung.

Daß in der Schichtenperspektive ein eigentlich positives Vordringen nur abwärts, nicht aber aufwärts möglich ist, liegt keineswegs an der Beschränktheit der Ausgangspunkte im endlichen Verstande; es liegt auch nicht, wie man wohl meinen könnte, an der ontisch aufwärts gehenden Dependenz der höheren von den niederen Kategorien und ihrer Irreversibilität. Wäre nämlich diese Dependenz eine totale, so könnte nichts die Erkenntnis hindern, ebensogut von den niederen zu höheren Kategorien aufzusteigen, wie umgekehrt von diesen zu jenen hinabzusteigen. Die ratio cognoscendi hat Freiheit gegen die Richtung der ratio essendi; sie kann je nach der Lagerung des Gegebenen vom Bedingenden zum Bedingten oder umgekehrt vorgehen. Auch bei noch so endlicher Erkenntnis bleibt diese Bewegungsfreiheit unberührt.

Woran die Beschränkung auf eine Richtung liegt, ist vielmehr das Gesetz des Novums (und mit ihm zusammen das Gesetz der Freiheit). Das Novum der höheren Kategorien bedeutet eben, daß diese nicht im Geflecht der wiederkehrenden Elemente aufgehen, keine bloßen Synthesen sind, sondern stets noch etwas darüber hinaus, was erst mit ihnen einsetzt. Gäbe es nicht von Schicht zu Schicht das Novum der höheren Kategorien gegenüber den niederen, so müßte es möglich sein, auch aufwärts von den niederen zu den höheren methodisch vorzudringen. Denn alles Vordringen solcher Art hängt an der Wiederkehr der niederen Kategorien in den höheren. Diese Wiederkehr aber umfaßt das Novum der höheren nicht mit; und sie ist außerdem noch begrenzt durch die Schranken der Überformung an bestimmten Schichtendistanzen (vgl. Kap. 53c, sowie Kap. 51c—e).

Da nun das Novum nur Novum der höheren gegen die niederen Kategorien ist, und nicht umgekehrt ein solches der niederen gegen die höheren, so folgt, daß es ein an der Wiederkehr der Elemente fortschreitendes Verfahren nur hindert, von den niederen zu den höheren aufzusteigen, nicht aber von diesen zu jenen hinabzusteigen. Und dem entspricht es sehr genau, daß das Aufsteigen der Methode nicht völlig verwehrt, sondern nur auf untergeordnete Momente der höheren Kategorien beschränkt ist (wie die dritte Methodenregel es aussprach). Damit freilich wird der Aufstieg als ein Weg zur Aufdeckung unbekannter Kategorien praktisch wertlos. Nur als Kontrollinstanz anderer Methoden kann er eine Rolle spielen.

Tatsächlich aber ist die Sachlage doch noch anders. Die Methode der Schichtenperspektive arbeitet niemals für sich allein, sie setzt erst ein, wo vielerlei Kategorien verschiedener Schichtenhöhe bereits teilweise erkannt sind. Diese teilweise erkannten — auf analytischem Wege erschlossenen oder auch dialektisch aufgefundenen — Kategorien bedürfen dann der inhaltlichen Ergänzung. Eine solche aber kann die Schichtenperspektive immer bringen: von den teilweise vorerkannten höheren Kategorien aus läßt sich stets die Erkenntnis der niederen inhaltlich ergänzen; und von den niederen aus kann die Erkenntnis der höheren wenigstens den Elementen nach kontrolliert und aufgefüllt werden. Ist das Novum der höheren Kategorie vorerkannt, so kann auf diese Weise mittelbar auch der Aufstieg an Bedeutung gewinnen; denn nur das Novum ist „von unten her" nicht faßbar.

Im Zusammenhang der Methoden also gewinnen die erste und dritte Methodenregel der Schichtenperspektive ganz erheblich an Gewicht; und was vielleicht wichtiger ist, sie werden homogen, das Gewicht verschiebt sich ein wenig zugunsten der dritten. Die erste bleibt ihr zwar immer noch weit überlegen; aber man kann beide nun doch in zwei parallele Regeln der Eränzung umformulieren.

1. Ist an einer höheren Kategorie eine Reihe von Elementen annähernd erkannt, die offenbar niederer Provenienz, aber in ihrer Ursprungsschicht noch unerkannt oder unvollständig erkannt sind, so ist von ihnen aus die Erkenntnis der niederen Kategorienschicht stets ergänzbar.

2. Ist an einer höheren Kategorie das Novum annähernd erkannt, aber nicht die Elemente, die in ihr wiederkehren, und ist andererseits eine Reihe niederer Kategorien erkannt, so ist aus diesen die Erkenntnis der höheren den Elementen nach ergänzbar. Mittelbar kann sich damit auch die Erkenntnis ihres Novums erweitern.

Man kann diese beiden Ergänzungsregeln auch so zusammenfassen: alle Erkenntnis niederer Kategorien ist von erkannten höheren aus ergänzbar, einerlei welcher Schicht diese angehören und wieweit ihr Novum erkannt ist; und alle Erkenntnis höherer Kategorien ist der Elementarstruktur nach von erkannten niederen aus ergänzbar, einerlei welcher Schicht die niederen angehören.

Die Methode der Ergänzung hat auf diese Weise doch einen breiten Spielraum im Gefüge der Methoden. Was die erste Ergänzungsregel anlangt, so hat die Abwandlung der Elementargegensätze ein reiches Material dafür geliefert, wie unübersehbar mannigfaltig der Gewinn für das Erfassen der niedersten Kategorien ist, der sich an der Auswertung von über die ganze Schichtenfolge verstreuten höheren Kategorien aus ergibt, auch wenn diese nur teilweise erkannt sind und nur sporadisch in vorläufiger Auslese herangezogen werden können. Die zweite Ergänzungsregel aber bekommt ihr Gewicht dadurch, daß die Erkenntnis der Elemente erheblich an Bedeutung zunimmt, wenn sie auf ein schon vorerkanntes Novum stößt. Denn sie gibt diesem den Rahmen und die ontische Grundlage.

d. Das Arbeiten „von unten auf" und „aus der Mitte".

Man vergegenwärtige sich dazu die Gesamtsituation. Die Analysis fördert zunächst vom deskriptiv erfaßten Concretum aus gewisse Kategoriengruppen zutage, die verschiedenen Schichten angehören und nur lose Verbindung zeigen. Die Schichtenzugehörigkeit der einzelnen ist mitgegeben, darum setzt hier dialektisch-konspektive Schau ein und erweitert das Gesamtbild der einen und der anderen Schicht. Aber weder die Übersicht der Schicht noch das Bild der Einzelkategorie kommt damit zum Abschluß. Darum bedarf es des dritten Gliedes im System der Methoden, der Schichtenperspektive (rechnet man die Deskription mit ein, so ist sie bereits das vierte Glied). Diese Perspektive aber findet in den mittleren Schichten eine gewisse Verdichtung des bereits Erkannten vor; nach oben und nach unten zu steht sie zunächst vor einer gewissen Leere.

Die höchsten Kategorien sind undurchsichtig wegen ihrer hohen Komplexheit, die niedersten wegen ihrer Einfachheit. Nach beiden Seiten steht der Schichtenperspektive das Vordringen offen, aber in sehr verschiedener Weise und mit noch mehr verschiedener Aussicht.

Die höchsten Kategorien sind etwa die des Gesinntseins, des Wertverständnisses, des Persönlichen, der geformten Gemeinschaft und ihres Geisteslebens, der Geschichte, nicht weniger aber auch die des Erkennens, der Wissenschaft, des künstlerischen Schauens und seiner Gegenstände. Auf diesen Gebieten nun hat analytisches Eindringen mancherlei kategoriales Gut aufgedeckt, aber es meist nur in losen Umrissen, ohne eigentliches Durchschauen der Struktur, zu fassen vermocht. An die innere Formung dieser Kategorien tastet man sich erst auf Umwegen heran; und dabei spielt der Ausgang von bedeutend niederen Kategorien, die in ihnen als Elemente wiederkehren, eine erhebliche Rolle. Erst gegen sie als Elemente hebt sich dann das Novum der höheren deutlich ab. Man erinnere sich dazu etwa der Wiederkehr der Kausalität im dritten Akt des Finalnexus (Kap. 61c).

Ein gewaltiges methodisches Gewicht gewinnt unter diesem Gesichtspunkte die Kenntnis der Fundamentalkategorien, in erster Linie die der oben ausführlich analysierten Seinsgegensätze, aber auch die der Modalitäts-, Qualitäts- und Quantitätskategorien. Sie bilden eine durchgehende Strukturgesetzlichkeit für alle kategoriale Struktur höherer Ordnung. Diese erfaßt zu haben ist wesentliche Voraussetzung für das Verständnis höherer Kategorien; und zwar keineswegs bloß für die

Elementarschichtung in ihnen, sondern mittelbar noch mehr für die Heraushebung des Novums in ihnen.

Hier liegt der Grund, warum die Kategorienlehre „von unten auf" arbeiten muß und nicht — wie etwa die Lebensphilosophie es wollte — mit den höchsten und interessantesten Strukturen beginnen kann. Das bedeutet keineswegs, daß sie von den niederen Kategorien aus die höheren „ableiten" könnte. Ableitung vielmehr wäre grundsätzlich nur von den höheren aus möglich; nur eben fehlt faktisch die Ausgangsbedingung dafür. Das Arbeiten von unten auf bedeutet vielmehr nur die Fundamentalbedingung für das Verständnis solcher höherer Strukturen, die ohnehin bereits aufgefunden, aber in ihrem Aufbau nicht durchschaut sind und darum der Ergänzung von anderer Seite bedürfen.

Andererseits ist freilich zu sagen, daß die Kategorienforschung, im Ganzen genommen, auch keineswegs so ohne weiteres „von unten auf" arbeiten kann. Dazu müßten die niedersten Kategorien vor allem Einsetzen der Schichtenperspektive bekannt sein. Und das ist durchaus nicht der Fall. Sie müßten aus der Analyse an einem Concretum gewonnen sein. Nun aber entspricht ihnen gar kein eigenes Concretum, das direkt auf sie hinführen könnte. Ihr Concretum ist vielmehr das der höheren Kategorienschichten. Aus diesem aber werden zunächst nicht sie selbst analytisch erkannt, sondern Kategorien mittlerer Höhe, entsprechend der Seinshöhe der besonderen Schicht. Und von diesen aus setzt erst die Besinnung auf die einfachsten und fundamentalsten Kategorien ein. Hier freilich setzt sie mit einer gewissen Unaufhaltsamkeit ein, ungesucht, zwangsläufig. Denn die immer wiederkehrenden Grundstrukturen fallen im Vergleich des Spezielleren ohne weiteres auf und drängen auf das Bestehen der Fundamentalkategorien hin.

Man entdeckt z. B., daß in Raum und Zeit, in der Bewegung, im Geschehen aller Art, im Lebensprozeß, in der Geschichte u. a. m. ungesucht immer wieder ein kategoriales Grundmoment des stetigen Überganges auftaucht, das sich in aller Verschiedenartigkeit der besonderen Kontinuen ohne weiteres als ein und dasselbe wiedererkennen läßt. So wird man auf die Fundamentalkategorie der Kontinuität hingedrängt, die sich dann auch als solche fassen läßt. Ähnlich geht es mit allen eigentlichen Fundamentalkategorien; ihre Erfassung geschieht in der „abwärts" gerichteten Schichtenperspektive, und sie setzt fast automatisch ein, sobald eine genügende Mannigfaltigkeit von Kategorien mittlerer Schichten annähernd erfaßt ist. Sie führt dann gleichsam vielstrahlig konvergierend abwärts. Diese Arbeit ist immer schon im Gange, wo Fundamentalkategorien erfaßt werden.

Die Arbeit der Kategorienlehre „von unten auf" wird damit nicht etwa in Frage gestellt. Sie erweist sich nur als bedingt durch einen zunächst in umgekehrter Richtung zurückgelegten Weg, der von halber Seinshöhe ausgeht. Das bedeutet, daß die aufsteigende Schichtenperspektive schon rückbasiert ist auf Vorarbeit der absteigenden. Die Überlegenheit der letzteren beruht (nach der ersten Ergänzungsregel) darauf, daß ontisch die höheren Kategorien das System der niederen stets insoweit enthalten, als sie deren Überformungen sind. Eingeschränkt bleibt sie nur durch die Grenzen unserer Erkenntnis der höheren Kategorien. Aber auch wo sie nicht zur erstmaligen Aufdeckung der niederen führt, bleibt sie doch stets eine Ergänzungs- und Kontrollinstanz für sie.

Es ergeben sich somit drei weitere methodische Konsequenzen:

1. Von den höheren Kategorien aus ist das System der niederen, sofern es anderweitig schon teilweise erkannt ist, stets insoweit inhaltlich komplettierbar und kontrollierbar, als jene selbst inhaltlich erkannt sind.

2. Die Fundamentalkategorien lassen sich nur aus der Elementaranalyse der höheren — und vorwiegend der „mittleren" — erkennen.

3. Von den Fundamentalkategorien aus, soweit sie erkannt sind, ergibt sich ein Grundschema möglicher Elementarstruktur höherer Kategorien überhaupt.

Das Vorgehen der Schichtenperspektive also beruht auf der Gegenseitigkeit zweier dimensional verbundener, der Richtung nach aber entgegengesetzter und in ihrer Kompetenz sehr verschieden gearteter Verfahren. Mit der Gegenseitigkeit im dialektischen Verfahren hat das nichts zu tun. Dialektik ist ebenso richtungslos, wie die Kohärenz der Kategorien, auf der sie beruht. Schichtenperspektive ist so fest an eine Linie der kategorialen Verbundenheit gefesselt wie die Wiederkehr und die Dependenz der Kategorien selbst. Aber sie bewegt sich innerhalb der einen Linie frei aufwärts und abwärts; sie hat als Erkenntnisweg Autonomie der Richtung gegen die einseitige Dependenz der Kategorien.

c. Die Methode der Abwandlung.

Es gibt nun einen besonderen Modus der Betrachtung, bei dem die abwärts gerichtete Schichtenperspektive in die aufwärts gerichtete mit einbezogen ist und in ihr von Schritt zu Schritt die gebende Instanz bildet. Dieser Modus ist an sich nichts Neues gegenüber dem oben Dargelegten. Das Besondere an ihm ist nur, daß die Leistungsfähigkeit der Methode an ihm in eigenartiger Steigerung greifbar wird.

Nach dem zweiten Schichtungsgesetz ist alle Wiederkehr zugleich Abwandlung der wiederkehrenden Kategorien. Als Elemente höherer Kategorien nehmen die niederen neue Gestalt an entsprechend der komplexeren Gesamtstruktur, in die sie eintreten. Indem sie in diese eindringen, erfahren sie deren Rückwirkung. Verfolgt man also die Wiederkehr einer niederen Kategorie durch eine ganze Reihe von Schichten hin, so lernt man ihren Grundcharakter auch in seinen Besonderungen an der Reihe der wechselnden Gestaltungen kennen.

Einem kategorialen Element ist es in sich selbst nicht leicht anzusehen, was alles in ihm liegt; auch die Kohärenz seiner eigenen Schicht reicht dafür nicht aus. Wohl aber gewinnt man ihm sein inneres Wesen ab, wenn man seine Abwandlungen in den höheren Schichten durchläuft. Diese Abwandlungen sind die reine Explikation seines Wesens. Sie sind gleichsam die „Erfahrungen", die das Seiende höherer Ordnung mit ihm als seinem Elemente macht. Und darum liegt hier auch der Boden der Erfahrung, welche das philosophische Denken des Seienden mit ihm macht.

Nicht, als müßten die besonderen Gestaltungen, welche die Abwandlung durchläuft, dem Elemente zugeschrieben werden; sie sind und bleiben vielmehr Funktion des jeweiligen Novums an ihm und gehören ausschließlich den Schichten an, in denen sie auftreten. Wohl aber fällt von diesen Gestalten ein eigenartiges Licht auf die Grundgestalt zurück, welche das unveränderlich durchgehende Formelement und das Schema für sie alle bildet. Denn alle höheren Ausgestaltungen bleiben abhängig von der Grundgestalt. So kann denn diese von ihnen aus sehr wohl erkannt werden — und zwar in der eigentümlichen Weise, wie überhaupt Elementargestalten erkannt werden: aus der Explikation dessen, was in ihrem Schema wesensmöglich ist.

Ein anschauliches Bild von dieser „Methode der Abwandlung" gibt die Kategorialanalyse der elementaren Seinsgegensätze (wie sie in den Kapiteln 27—34 durchgeführt worden ist). Das Wesen von Einheit, Widerstreit, Gefüge, Innerem u. s. f. erschließt sich dem Blick nur spärlich, solange man es in einschichtiger Betrachtung vor Augen hat; verfolgt man es aber durch seine mannigfaltigen Besonderungen im Mathematischen, im Physisch-Materiellen, im Organischen, im Seelischen und nun gar auf den verschiedenen Gebieten und Stufen des Geisteslebens, so ergibt sich ein Reichtum der Formen, an dem der einheitliche Charakter der Grundstruktur sich anschaulich von vielen Seiten her fassen läßt.

Es leuchtet ein, daß diese Methode in erster Linie die niedersten Kategorien betrifft. Das muß schon darum gelten, weil die Abwandlung der höheren Kategorien im Maße ihres Höherseins „kürzer" ist; außerdem ist die Wiederkehr der höheren auch keine vollständige. Es hat aber noch den anderen Grund, daß die niedersten Kategorien als solche nicht direkt analytisch zugänglich sind, sondern auf rückschauende Schichtenperspektive angewiesen sind. So kommt es, daß gerade im Anfang der Kategorienlehre die Methode der Abwandlung das Feld beherrscht, im Maße des Fortschreitens zu höheren Schichten aber immer mehr gegen das analytische und dialektische Verfahren in den Hintergrund tritt.

Nur eins ist hierbei nicht zu vergessen. Die Methode der Abwandlung hat ihre natürliche Richtung, sie arbeitet „von unten auf" und schreitet zum Höheren fort. In jedem einzelnen Punkte aber, an dem sie die Elementarform in höherer Überformung wiederfindet, ist sie vielmehr die umgekehrte Schichtenperspektive: sie erkennt die niedere Kategorie von der höheren aus. Und nur darum kann ihr die aufsteigende Reihe der höheren das vervollständigte Bild der niederen vermitteln. Sie folgt damit der ersten Ergänzungsregel, die da sagt, daß alle Erkenntnis niederer Kategorien sich von der Erkenntnis höherer aus vervollständigen läßt, einerlei welcher Schicht die letzteren angehören.

Sie beruht also trotz der aufwärtsgehenden Folge der Abwandlungen, die sie durchläuft, vielmehr auf der abwärtsgerichteten Erkenntnis des Einfachen vom Komplexen her. Und dadurch stellt sie selbst sich wiederum als ein Doppelverfahren dar, in welchem die Zusammenschau des Ganzen sich nach beiden Seiten ausgleicht. Und wäre nicht durch analytisch Vorerkanntes im Gebiet der höheren Schichten der Ansatz für abwärts schauende Schichtenperspektive bereits in einer gewissen Breite gegeben — wofür die Quellen weit über die Geschichte der Philosophie und der Wissenschaften überhaupt verstreut liegen —, so hätte sie keinen Boden, auf dem sie sich bewegen könnte. —

So wird man von allen Seiten auf das Gefüge der Methoden, als auf ein ständiges Hand-in-Hand-Arbeiten, zurückgewiesen. Es ist eben in Wahrheit so, daß man an jeder einzelnen Kategorie des ganzen Methodenapparates bedarf. Zu jeder einzelnen — mit alleiniger Ausnahme der ersten Elemente — gibt es den direkten analytischen Aufstieg vom Concretum her; an jeder beliebigen gibt es die dialektische Zusammenschau der Kategorienschicht; und an jeder setzt die nach beiden Seiten führende Schichtenperspektive ein. Und je nachdem die eine oder die andere Methode vorangegangen ist, müssen die anderen zur Ergänzung und Kontrolle nachfolgen.

In der Beweglichkeit solchen Ineinandergreifens besteht die alleinige Möglichkeit, daß die Kategorialanalyse ihrer großen Aufgabe in den Grenzen endlicher Erkenntnis Herr werde.

Werke von Nicolai Hartmann

I. Hauptwerke

IM VERLAG WALTER DE GRUYTER & CO.

Grundzüge einer Metaphysik der Erkenntnis, 1921; zweite, ergänzte Auflage 1925. Oktav. XV, 551 Seiten. RM 12.60, geb. 14.40

Ethik, 1926; zweite Auflage 1935. Oktav. XX, 746 Seiten. RM 9.—, geb. 10.—

Das Problem des geistigen Seins, Untersuchungen zur Grundlegung der Geschichtsphilosophie und der Geisteswissenschaften, 1933. Oktav. XIV, 482 Seiten. RM 10.—, geb. 12.—

Zur Grundlegung der Ontologie, 1935. Oktav. XVI, 322 Seiten. RM 8.—, geb. RM 9.—

Möglichkeit und Wirklichkeit (Ontologie Band 2), 1938. Oktav. XVII, 481 Seiten. Geb. RM 12.—

Der Aufbau der realen Welt, Grundriß der allgemeinen Kategorienlehre (Ontologie Band 3), 1940. Oktav. XVIII, 616 Seiten. RM 11.80, geb. 12.80

Die Philosophie des deutschen Idealismus: I. Teil: Fichte, Schelling und die Romantik, 1923. Oktav. VIII, 282 Seiten. RM 3.—, geb. 4.—. II. Teil: Hegel, 1929. Oktav. X, 392 Seiten. RM 9.—, geb. 10.—

II. Frühere Arbeiten

IN ANDEREN VERLAGEN

Platos Logik des Seins (Philosophische Arbeiten III). Berlin, Alfred Töpelmann, 1909. Oktav. X, 512 Seiten. Vergriffen

Des Proklus Diadochus philosophische Anfangsgründe der Mathematik (Philosophische Arbeiten IV. 1). Berlin, Alfred Töpelmann. 1909. Oktav. 57 Seiten. Vergriffen

Philosophische Grundfragen der Biologie (Bd. 6 der Sammlung „Wege zur Philosophie"). Göttingen, Vandenhoek u. Ruprecht. 1912. Kl. Oktav. 172 Seiten. Vergriffen

III. Aufsätze und Beiträge

Zur Methode der Philosophiegeschichte. Kantstudien, Bd. XV. 1910

Systembildung und Idealismus, in Philosophische Arbeiten. Berlin, Bruno Cassirer, 1912

Systematische Methode. Logos, Bd. III. 1912

Über die Erkennbarkeit des Apriorischen. Logos, Bd V. 1914—15

Logische und ontologische Wirklichkeit, Kantstudien. Bd XX. 1915

Die Frage der Beweisbarkeit des Kausalgesetzes. Kantstudien, Bd. XXIV. 1919.

Aristoteles und Hegel, Beiträge zur Philosophie des deutschen Idealismus, Bd. III, 1923; 2. Aufl. (Sonderdruck) Erfurt, Kurt Stenger, 1933

Diesseits von Idealismus und Realismus, ein Beitrag zur Scheidung des Geschichtlichen und Übergeschichtlichen in der Kantischen Philosophie. Kantstudien, Bd. XXIX, auch als Sonderdruck, Pan-Verlag. 1924

Wie ist kritische Ontologie überhaupt möglich? In der Festschrift für Paul Natorp. Berlin, Walter de Gruyter, 1924

Kategoriale Gesetze, ein Kapitel zur Grundlegung der allgemeinen Kategorienlehre. Philosophischer Anzeiger, Bd. I. Bonn 1926

Systematische Philosophie in eigener Darstellung, in Deutsche systematische Philosophie nach ihren Gestaltern, Bd. I (auch als Sonderdruck) Berlin, Junker und Dünnhaupt, 1931; 2 Aufl. 1935

Zum Problem der Realitätsgegebenheit, Philosophische Vorträge der Kantgesellschaft, Nr. 32. Berlin, Pan-Verlag, 1931

Sinngebung und Sinnerfüllung. Blätter für deutsche Philosophie, Bd. VIII. 1934

Das Problem des Apriorismus in der Platonischen Philosophie. Sitzungsberichte der Preuß. Akademie d. Wiss., Phil.-Hist. Klasse 1935. XV (auch als Sonderdruck, RM 2.50)

Hegel und das Problem der Realdialektik. Blätter für deutsche Philosophie, Bd. IX. 1935

Der philosophische Gedanke und seine Geschichte. Abhandlungen der Preuß. Akad. d. Wissenschaften, Phil.-Hist. Klasse 1936, V (auch als Sonderdruck, RM 3.—)

Der Megarische und der Aristotelische Möglichkeitsbegriff, ein Beitrag zur Geschichte des ontologischen Modalitätsproblems. Sitzungsberichte der Preuß. Akad. d. Wissensch., Phil.-Hist. Klasse, 1937, X (auch als Sonderdruck, RM 1.—)

Zeitlichkeit und Substantialität. Blätter für deutsche Philosophie, Bd. XII. 1938

Heinrich Maiers Beitrag zum Problem der Kategorien. Sitzungsberichte der Preuß. Akad. d. Wissensch., Phil.-Hist. Klasse, 1938, VIII (auch als Sonderdruck, RM 1.—)

Aristoteles und das Problem des Begriffs. Abhandlungen der Preuß. Akad. d. Wissensch., Phil.-Hist. Klasse, 1939, V (auch als Sonderdruck, RM 2.—)

Kolibri 360 GmbH
Ferdinand-Jühlke-Straße 7
99095 Erfurt, Deutschland
produktsicherheit@kolibri360.de